积淀孕育创新　智慧创造价值

Excel Home 编著

Excel 2013 函数与公式应用大全

北京大学出版社
PEKING UNIVERSITY PRESS

图书在版编目(CIP)数据

Excel 2013函数与公式应用大全 / Excel Home编著. — 北京:北京大学出版社, 2016.4
ISBN 978-7-301-26191-0

Ⅰ. ①E… Ⅱ. ①E… Ⅲ. ①表处理软件 Ⅳ. ①TP391.13

中国版本图书馆CIP数据核字(2016)第065620号

内容提要

本书全面系统地介绍了Excel 2013函数与公式的技术特点和应用方法，深入揭示背后的原理概念，并配合大量典型实用的应用案例，帮助读者全面掌握Excel的函数与公式。全书共分为4篇共31章，内容包括函数导读、常用函数、函数综合应用、其他功能中的函数应用。附录中还提供了Excel 2013规范与限制、常用快捷键、Excel函数及功能等内容，方便读者查阅。

本书适合各层次的Excel用户，既可作为初学者的入门指南，又可作为中、高级用户的参考手册。书中大量的实例还适合读者直接在工作中借鉴。

书　　名：Excel 2013函数与公式应用大全
Excel 2013 HANSHU YU GONGSHI YINGYONG DAQUAN
著作责任者：Excel Home 编著
责任编辑：尹毅
标准书号：ISBN 978-7-301-26191-0
出版发行：北京大学出版社
地　　址：北京市海淀区成府路205号　100871
网　　址：http://www.pup.cn　　新浪微博：@北京大学出版社
电子信箱：pup7@pup.cn
电　　话：邮购部62752015　发行部62750672　编辑部62580653
印 刷 者：北京大学印刷厂
经 销 者：新华书店
787毫米×1092毫米　16开本　46印张　1101千字
2016年4月第1版　2019年1月第14次印刷
印　　数：75001-81000册
定　　价：99.00元

前　言

非常感谢您选择《Excel 2013 函数与公式应用大全》。

本书是由 Excel Home 技术专家团队继《Excel 2013 应用大全》之后的一部专门阐述函数公式应用的著作，全书分为四大部分，完整详尽地介绍了 Excel 函数公式的技术特点和应用方法。全书从公式与函数基础开始，逐步展开到查找引用、统计求和等常用函数应用，以及数组公式、多维引用等。除此之外，还详细介绍了 Web 函数、宏表函数、自定义函数、数据库函数等知识，另外包括在数据验证、条件格式、高级图表制作中的函数综合应用。形成一套结构清晰、内容丰富的 Excel 函数公式知识体系。

本书的每个部分都采用循序渐进的方式，由易到难地介绍各个知识点。除了原理和基础性的讲解，还配以大量的典型示例帮助读者加深理解，甚至可以在自己的实际工作中直接进行借鉴。

读者对象

本书面向的读者群是所有需要使用 Excel 的用户。无论是初学者，中、高级用户还是 IT 技术人员，都将从本书找到值得学习的内容。当然，希望读者在阅读本书以前至少对 Windows 操作系统有一定的了解，并且知道如何使用键盘与鼠标。

本书约定

在正式开始阅读本书之前，建议读者花上几分钟时间来了解一下本书在编写和组织上使用的一些惯例，这会对您的阅读有很大的帮助。

软件版本

本书的写作基础是安装于 Windows 7 专业版操作系统上的中文版 Excel 2013。尽管本书中的许多内容也适用于 Excel 的早期版本，如 Excel 2003、2007 或 2010，或者其他语言版本的 Excel，如英文版、繁体中文版。但是为了能顺利学习本书介绍的全部功能，仍然强烈建议读者在中文版 Excel 2013 的环境下学习。

菜单命令

我们会这样来描述在 Excel 或 Windows 以及其他 Windows 程序中的操作，例如，在讲到对某张 Excel 工作表进行隐藏时，通常会写成：在 Excel 功能区中单击【开始】选项卡中的【格式】下拉按钮，在其扩展菜单中依次选择【隐藏和取消隐藏】→【隐藏工作表】。

鼠标指令

本书中表示鼠标操作的时候都使用标准方法："指向""单击""右键单击""拖动""双击"等，您可以很清楚地知道它们表示的意思。

键盘指令

当读者见到类似 <Ctrl+F3> 这样的键盘指令时，表示同时按下 <Ctrl> 键和 <F3> 键。

Win 表示 Windows 键，就是键盘上画着 ⊞ 的键。本书还会出现一些特殊的键盘指令，表示方法相同，但操作方法会稍许不一样，有关内容会在相应的章节中详细说明。

Excel 函数与单元格地址

本书中涉及的 Excel 函数与单元格地址将全部使用大写，如 SUM( )、A1:B5。但在讲到函数的参数时，为了和 Excel 中显示一致，函数参数全部使用小写，如 SUM(number1,number2, ...)。

图标

注意	表示此部分内容非常重要或者需要引起重视
提示	表示此部分内容属于经验之谈，或者是某方面的技巧
参考	表示此部分内容在本书其他章节也有相关介绍

本书结构

本书包括 4 篇 31 章以及 3 则附录。

第 1 篇　函数导读

本篇主要介绍函数公式的基础知识，如何创建简单的公式，以及如何在自定义名称中运用各种函数。本篇并非只为初学者准备，中高级用户也能从中找到许多从未接触到的技术细节。

第 2 篇　常用函数

本篇不但介绍了常用函数的多种经典用法，还对其他图书少有涉及的数组公式和多维引用计算、宏表函数、数据库函数以及自定义函数进行了全面细致的讲解。

第 3 篇　函数综合应用

本篇主要介绍如何利用循环引用来实现一些特殊情况的计算，同时详细介绍了利用函数公式进行条件筛选、排名与排序，以及数据重构技巧和数据表处理技术。

第 4 篇　其他功能中的函数应用

本篇主要介绍函数公式在数据验证和条件格式中的应用，另外，对于高级图表制作中的函数公式应用也进行了详细的介绍。

附录

主要包括 Excel 的规范与限制、Excel 的常用快捷键以及 Excel 2013 函数与功能。

阅读技巧

不同水平的读者可以使用不同的方式来阅读本书，以求在相同的时间和精力之下能获得最大的回报。

刚刚接触函数公式的初级用户或者任何一位希望全面熟悉函数公式的读者，可以从头开始阅读，因为本书是按照函数公式的使用频度以及难易程度来组织章节顺序的。

中高级用户可以挑选自己感兴趣的主题来有侧重地学习，虽然各知识点之间有千丝万缕的联系，但通过我们在本书中提示的交叉参考，可以轻松地顺藤摸瓜。

如果遇到困惑的知识点不必烦躁，可以暂时先跳过，先保留个印象即可，今后遇到具体问题时再来研究。当然，更好的方式是与其他爱好者进行探讨。如果读者身边没有这样的人选，可以登录 Excel Home 技术论坛，这里有无数 Excel 爱好者正在积极交流。

另外，本书中为读者准备了大量的示例，它们都有相当的典型性和实用性，并能解决特定的问题。因此，读者也可以直接从目录中挑选自己需要的示例开始学习，然后快速应用到自己的工作中去，就像查辞典那么简单。

扫描二维码轻松查看教学视频

本书提供了 20 段教学视频，你可以在示例或知识点的开始找到二维码，使用微信的“扫一扫”功能就可以快速查看教学视频，轻松学习不用愁。

写作团队

本书由周庆麟策划并组织，绪论部分以及第 1 ～ 11 章、13 ～ 14 章由祝洪忠编写，第 12 章、16 ～ 17 章、19 ～ 20 章由余银编写，第 24 ～ 29 章由李锐编写，第 18 章、21 ～ 23 章、30 ～ 31 章由翟振福编写，第 15 章由李锐和祝洪忠共同编写，最后由祝洪忠和周庆麟完成统稿。

Excel Home 论坛管理团队和 Excel Home 免费在线培训中心教管团队长期以来都是 Excel Home 图书的坚实后盾，他们是 Excel Home 中最可爱的人。最为广大会员所熟知的代表人物有朱尔轩、林树珊、吴晓平、刘晓月、赵刚、陈军、顾斌、黄成武、孙继红、王建民、周文林等，在此向这些最可爱的人表示由衷的感谢。

衷心感谢 Excel Home 论坛的三百万会员，是他们多年来不断的支持与分享，才营造出热火朝天的学习氛围，并成就了今天的 Excel Home 系列图书。

衷心感谢 Excel Home 微博的所有粉丝和 Excel Home 微信的所有好友，你们的“赞”和“转”是我们不断前进的新动力。

后续服务

在本书的编写过程中，尽管我们的每一位团队成员都未敢稍有疏虞，但纰缪和不足之处仍在所难免。敬请读者能够提出宝贵的意见和建议，您的反馈将是我们继续努力的动力，本书的后继版本也将会更臻完善。

您可以访问 http://club.excelhome.net，我们开设了专门的版块用于本书的讨论与交流。您也可以发送电子邮件到 book@excelhome.net，我们将尽力为您服务。

同时，欢迎您关注我们的官方微博（@Excelhome）和微信公众号（iexcelhome），我们每日更新很多优秀的学习资源和实用的 Office 技巧，并与大家进行交流。

QQ 群答疑及本书资源下载

为了更好地服务读者，专门设置了 QQ 群为读者答惑解疑和下载示例文件，同时探讨办公过程中遇到的其他问题及解决办法。

1.QQ 群加入方法

方法 1：通过扫描二维码添加 QQ 群。

如果手机上装有 QQ，则登录你的手机 QQ 账号，点击头像右侧的“+”号，在弹出的下拉列表框中选择【扫一扫】选项，如图 1 所示，进入扫描二维码界面。将扫描框置于图 2 所示二维码位置进行扫描，就会弹出“Excel Home 办公之家”入群申请对话框，点击下方的【申请加群】即可。

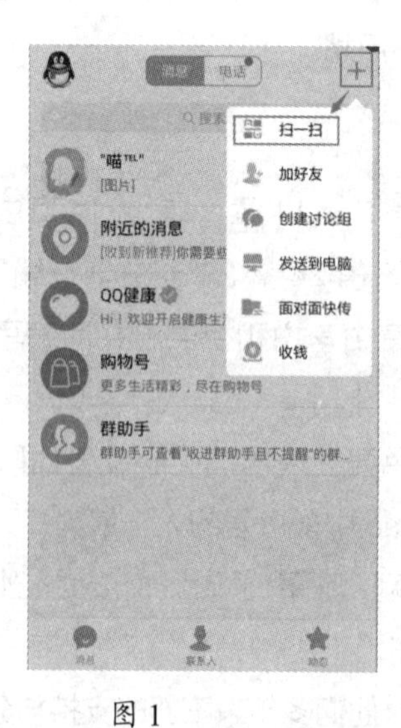

图 1

图 2

提示

如果你的 QQ 没有扫一扫功能，请更新 QQ 为最新版本。如果你手机上装有微信，利用微信的扫一扫功能，也可以加入 QQ 群。

方法 2：通过搜索 QQ 群号（238190427）添加 QQ 群。

（1）手机 QQ 用户。登录 QQ 账号，点击头像右侧的“+”号，在弹出的下拉列表框中选择【加好友】选项，如图 3 所示。进入【添加】界面，选择【找群】选项卡，点击下方的文本框，输入群号“238190427”，点击【搜索】，弹出群信息界面，申请加群即可，如图 4 所示。

图 3

图 4

（2）PC 端 QQ 用户。使用计算机登录 QQ 账号，单击界面下方的【查找】按钮，弹出【查找】窗口，选择【找群】选项卡，在下方的文本框中输入群号“238190427”单击右侧的搜索按钮，下方会显示群信息，单击右下角的【加群】按钮，申请入群，如图 5 所示。

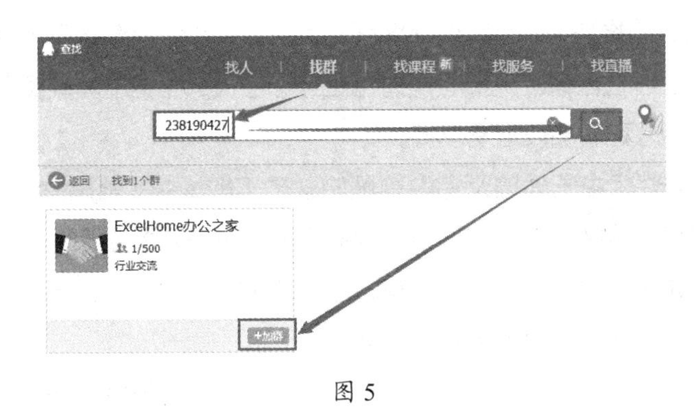

图 5

提示

申请加入 QQ 群会提示“请输入验证信息”，输入本书书名或书号，单击【发送】即可，管理员会在第一时间处理。

2. 资源下载方法

加入 QQ 群后，可以从群共享文件中获得本书资源下载地址。其中案例视频可以直接从 Excel Home 网站上下载，而示例文件则需要按照下载地址从百度云盘上下载。

步骤 1　加入 QQ 群后，进入【群应用】中的【文件】栏目中，打开“资源下载地址列表”表格文件。从表格中找到你所购买的图书，就能够查到该图书附赠的资源下载地址，如图 6 所示。

步骤 2　单击表格中的下载地址链接打开百度云页面，输入提取密码（提取密码印刷在您所购买的图书中，密码所在的位置从表格中可以看到），然后单击【提取文件】进入资源下载界面去下载即可，如图 7 所示。

图 6

图 7

Excel Home 简介

Excel Home(http://www.excelhome.net)，中文名叫“Excel 之家”，于 1999 年 11 月创建，是一个主要从事研究与推广 Microsoft Office(特别是 Microsoft Excel) 应用技术的非营利性网站。目前是微软在线社区联盟成员，同时也是全球最大的华语 Excel 资源网站，拥有大量原创技术文章、视频教程、加载宏及模板。

Excel Home 汇聚了中国大陆及港台地区的众多 Office（特别是 Excel）高手，他们都身处各行各业，并身怀绝技！在他们的热心帮助之下，越来越多的人取得了技术上的进步与应用水平的提高，越来越多的先进管理思想转化为解决方案被部署实施，同时，越来越多的人因此而加入了互相帮助，共同进步的阵营。

无论您是在校学生，普通职员还是企业高管，都将能在这里找到您所需要的。通过学习运用 Office 这样的智能平台，您可以不断拓展自己的知识层面，也可以把自己的行业知识快速转化为生产力，创造价值——这正是 Excel Home 的目标之所在——Let's do it better!

目 录

第一篇 函数导读

第二篇　常用函数

第三篇　函数综合应用

第四篇　其他功能中的函数应用

示例目录

绪论：如何学习函数公式

在 Excel 中，函数公式无疑是最具有魅力的应用之一。使用函数公式，能帮助用户完成多种要求的数据运算、汇总、提取等工作。函数公式与数据验证功能相结合，能限制数据的输入内容或类型。函数公式与条件格式功能相结合，能根据单元格中的内容，显示出不同的自定义格式。在高级图表、透视表等应用中，也少不了函数公式的身影。

虽然学习函数公式没有捷径，但也是讲究方法的。本篇由我们亲身体会和无数 Excel 高手的学习心得总结而来，教给大家正确的学习方法和思路，从而能让大家举一反三，通过自己的实践来获取更多的进步。

1. 学习函数很难吗

“学习函数很难吗？”这是很多朋友在学习函数公式之初最关心的问题。在刚刚接触函数公式时，面对陌生的函数名称和密密麻麻的参数说明的确会令人心存敬畏。我们说任何武功都是讲究套路的，只要肯用心，一旦熟悉了基本的套路章法，函数公式这部“葵花宝典”就不再难以修炼。

“我英文不好，能学好函数吗？”这也是初学者比较关心的问题。其实这个担心是完全多余的，如果你的英文能达到初中水平，学习函数公式就足够了。有些函数的名称特别长，却不需要全部记住，因为从 Excel 2007 开始，增加了屏幕提示功能，可以帮助用户快速地选择适合的函数。这个功能对于有英文恐惧症的读者来说无疑是一个福音。

Excel 2013 中的函数有 400 多个，是不是每个函数都要学习呢？答案是否定的。实际工作中，常用的函数有 30 ~ 50 个，像财务函数、工程函数等专业性比较强的函数，只有与该领域有关的用户才会用到多一些。只要将常用函数的用法弄通理顺了，再去学习那些不常用的函数，就不是困难的事情了。

单个函数的功能和作用还是比较单一有限的，这些常用的函数相互嵌套组合，功能得以极大地增强。并非是会使用多少多少个函数的数量多才算函数高手，真正的高手往往是将简单的函数进行巧妙组合，衍生出精妙的应用。

如果能对这几十个常用的函数有比较透彻的理解，再加上熟悉它们的组合应用，就可以应对工作中的大部分问题了。其余的函数，有时间可以大致浏览一下，能够有一个初步的印象，这样在处理实际问题时，更容易快速找到适合的函数。

万事开头难，当我们开启了函数的大门，就会进入一个全新的领域，无数个函数就像是整装待发的士兵，在等你调遣指挥。要知道，学习是一个加速度的过程，只要基础的东西理解了，后面的学习就会越来越轻松。

2. 从哪里学起

长城不是一天修建的，函数公式也不是一天就能够学会的。不要企图有一本可以一夜精通的函数秘籍，循序渐进、积少成多是每个高手的必经之路。

在开始学习阶段，除了阅读图书学习基础理论知识外，建议大家多到一些 Office 学习论坛看一看免费的教程。本书所依托的 www.excelhome.net 论坛，为广大 Excel 爱好者提供了广阔的学习平台，各个版块的置顶帖，都是难得的免费学习教程，如下图所示。

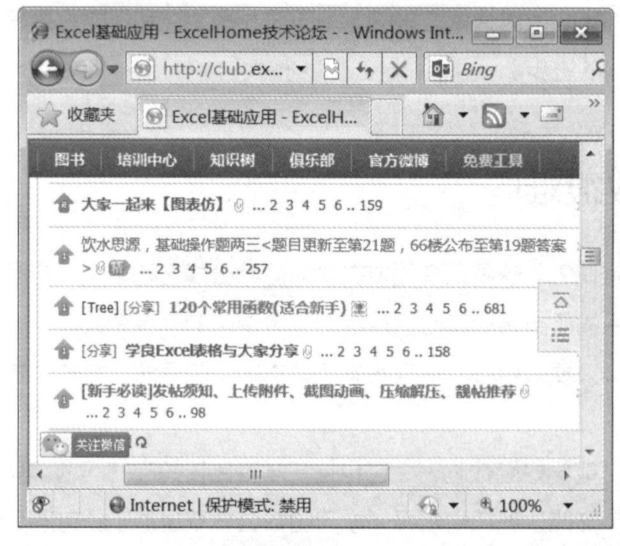

Excel Home 技术论坛的置顶帖

从需要出发，学以致用。从实际工作需要出发，努力用函数公式来解决实际问题，这是学习的动力源泉。

虽然基础理论是很枯燥的，但也是必须的。就像练习武功要先扎马步一样，学习 Excel 函数公式，要先从理解最基础的单元格地址、相对引用和绝对引用开始，千万不要急于求成。在学习的开始阶段就去尝试理解复杂的数组公式或是嵌套公式，这样只会增加挫败感。

从简单公式入手，掌握公式的逻辑关系、功能和运算结果，是初期学习阶段的最佳切入点。对复杂的公式，要逐步学会分段剖析，了解各部分的功能和作用，层层化解，逐个击破。

3. 如何深入学习

带着问题学，是最有效的学习方法。不懂就问，多看别人写的公式和有关 Excel 函数公式的书籍、示例等，这对于提高函数水平有着重要的作用。

当然仅仅通过看书还不够，还要多动手练习，观赏马术表演和自己骑马的感受是不一样的。很多时候，我们看别人的操作轻车熟路，感觉没有什么难度，但是当自己动手时才发现远没有看到的那样简单。熟能生巧，只有自己多动手、多练习，才能更快地练就驰骋千里的真本领。

有人说，兴趣是最好的老师。但是除了一些天生的学霸，对于大多数人来说，能对学习产生兴趣是件很不容易的事情。除了兴趣之外，深入学习 Excel 函数公式的另一个诀窍就是坚持。当我们想去解决一件事，就有一千种方法；如果不想解决这件事，就有一万个理由。学习函数公式也是如此，不懈的坚持是通晓函数公式的催化剂。冰冻三尺非一日之寒，三天打鱼两天晒网很难学好函数公式。放弃是最容易的，但绝不是最轻松的，在职场如战场的今天，有谁敢轻言放弃呢？

分享也是促进深入学习的一个重要方法。当我们对函数公式有了一些最基本的了解，就可以用自己的知识来帮助别人了。Excel Home 论坛每天数千个求助帖，都是练手学习的好素材。不要担心自己的水平太低，而被他人嘲笑，能用自己的知识帮到别人，是一件很惬意的事情。在帮助别人的过程中，可以看看高手的公式是怎样写的，对比一下和自己的解题思路有什么不同。有些时候，即使“现学现卖”也是不错的学习方法。

如果在学习中遇到问题了，除了使用百度等搜索类似的问题，也可以在 Excel Home 论坛中的函数公式版块发帖求助。求助时也是讲究技巧学问的，相对于“跪求”“急救”等词汇，将问题明确清晰地表述会更容易得到高手们的帮助。

提问之前，自己先要理清思路，如我的数据关系是怎样的，问题的处理规则明确吗，希望得到什么样的结果呢？很多时候问题没有及时解决，不是问题本身太复杂，而是因为自己不会提问，翻来覆去说不到点子上。高手不会傲慢的，只是缺少等你说清楚问题的耐心。

在Excel Home技术论坛，有很多帖子的解题思路堪称精妙。对一些让人眼前一亮的帖子，可以收藏起来慢慢消化吸收。但是千万不要认为下载了就是学会了，很多人往往只热衷于下载资料，而一旦下载完成，热情不再，那些资料也就“一入硬盘深似海”了。

微博、微信也是不错的学习平台。随着越来越多传统网站和精英人物的加入，其中的学习资源也丰富起来。只需要登录自己的账号，然后关注那些经常分享 Excel 应用知识的微博和微信公众号，就可以源源不断地接受新内容推送。新浪微博 @ExcelHome 和微信公众号 ExcelHome 每天都会推送最新的原创内容，26 万微博粉丝和 20 万微信粉丝队伍在等待你的加入。

万丈高楼平地起，当我们能将函数公式学以致用，能够应用 Excel 函数公式创造性地对实际问题提出解决方案时，就会实现在 Excel 函数领域中自由驰骋的目标。

祝广大的读者和 Excel 函数公式爱好者在阅读了本书后，能学有所成！

第一篇

函数导读

函数公式是 Excel 的特色之一，充分展示出其出色的计算能力，灵活使用函数公式可以极大地提高数据处理分析的能力和效率。本篇主要讲解函数的结构组成、分类和函数的编辑、审核操作，以及引用、数据类型、运算符的知识，还对自定义名称进行了详细讲解。理解并掌握这些基础知识，对深入学习函数公式会有很大帮助。

第 1 章　认识公式

本章对公式和函数的定义进行讲解，理解并掌握 Excel 函数与公式的基础概念，对于进一步学习和运用函数与公式解决问题将起到重要的作用。

本章学习要点

（1）了解 Excel 函数与公式的基础概念。
（2）公式的组成要素。
（3）公式的输入、编辑、删除和复制。
（4）公式保护。

1.1　公式和函数的概念

Excel 公式是指以等号“=”为引导，通过运算符、函数、参数等按照一定的顺序组合进行数据运算处理的等式。

使用公式是为了有目的的计算结果，或根据计算结果改变其所作用的单元格的条件格式、设置规划求解模型等，因此 Excel 的公式必须（且只能）返回值。

如果在 Excel 文档中选中部分数据，在状态栏中可以显示出所选择数据的常用计算结果。根据所选数据类型的不同，状态栏显示出的计算项目也不同，如图 1-1 所示。

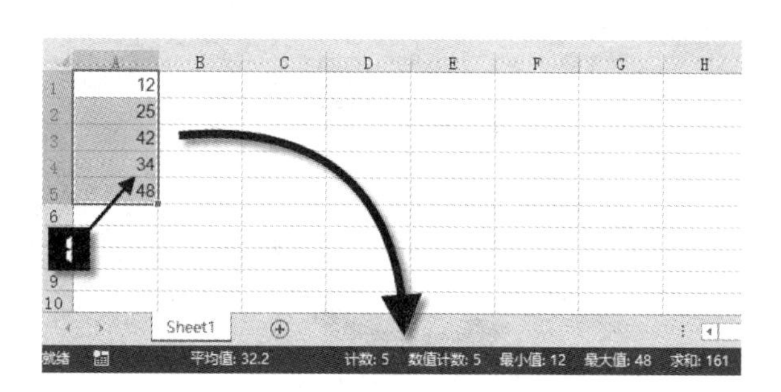

图 1-1　状态栏中显示求和、计数等计算结果

右键单击状态栏，在弹出的【自定义状态栏】菜单中，依次单击【平均值】【计数】【数值计数】【最小值】【最大值】【求和】等选项，可以开启或者关闭状态栏显示的项目，如图 1-2 所示。

本书中所描述的公式，和通过【插入】选项卡下的【公式】扩展菜单中插入的公式不同，后者仅仅能够编辑数学公式，不具备计算功能，如图 1-3 所示。

Excel 函数可以看作预定义的公式，按特定的顺序或结构进行计算。作为 Excel 处理数据的一个重要组成，Excel 函数以其强大的功能，在生活和工作实践中有着广泛的应用。

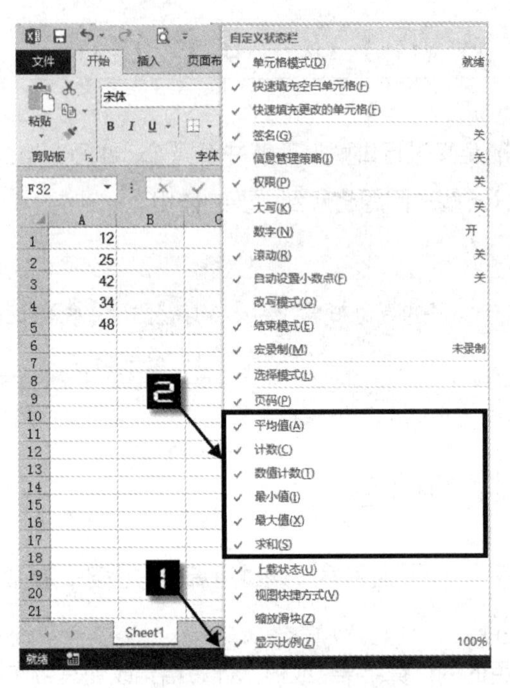

图 1-2 自定义状态栏

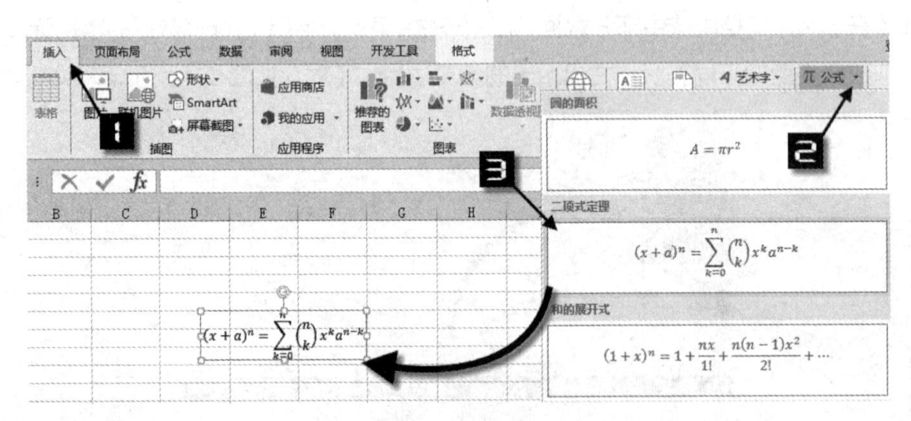

图 1-3 通过【插入】选项卡插入的公式

1.1.1 公式的组成要素

输入单元格的公式包含以下 5 种元素。

- 运算符：是指一些符号，如加（+）、减（-）、乘（*）、除（/）等。
- 单元格引用：包括命名的单元格和范围，既可以是当前工作表，也可以是当前工作簿的其他工作表中的单元格，或是其他工作簿中的单元格。
- 值或字符串：如可以是数字 8 或字符“A”。
- 工作表函数和参数：如 SUM 函数以及它的参数。

❖ 括号：控制着公式中各表达式的计算顺序。

公式的组成要素及其说明如表 1-1 所示。

表 1-1　公式的组成要素

公　式	说　明
=15*3+20*2	包含常量运算的公式
=A1*3+Sheet3!A2*2	包含单元格引用的公式
= 单价 * 数量	包含名称的公式
=SUM(A1*3,A2*2)	包含函数的公式
=(5+9)*4	包含括号的公式

1.2　公式的输入、编辑与删除

除了单元格格式被事先设置为“文本”外，当以等号“=”作为开始在单元格输入时，Excel 将自动变为输入公式状态；当以加号“+”、减号“-”作为开始输入时，系统会自动在其前面加上等号变为输入公式状态。

为保证其他软件的兼容性，如果公式以函数开头，Excel 允许使用“@”符号作为公式的开始。例如，Excel 接受如下格式：

```
=SUM(A2:A4)
@SUM(A2:A4)
```

在输入完第二个公式后，Excel 会用等号“=”替代“@”符号。

在单元格中输入公式可以使用手工输入和单元格引用两种方式。

1. 使用手工方式输入公式

激活一个单元格，然后输入一个等号“=”，再输入公式。当输入字符时，单元格和编辑栏中便会出现这些字符，输入公式后按 <Enter> 键，单元格会显示公式的结果。

2. 使用单元格引用方式输入公式

输入公式的另一种方法需要手工输入一些运算符，但指定的单元格引用可以通过鼠标单击而不需要手工输入的方式来完成。例如，在 A3 单元格中输入公式 =A1+A2，可以执行下列步骤。

（1）鼠标左键单击目标单元格 A3。

（2）输入一个等号“=”，开始公式输入。

（3）鼠标左键单击 A1 单元格。

（4）输入加号（+）。

（5）鼠标左键单击 A2 单元格，按 <Enter> 键结束公式输入。

在步骤 5 中，如果是数组公式，则需按 <Ctrl+Shift+Enter> 组合键。

如果需要对既有公式进行修改，可以通过以下 3 种方式进入单元格编辑状态。

❖ 选中公式所在单元格，并按 <F2> 键。

❖ 双击公式所在单元格（可能光标不会位于公式起始位置）。如果双击无效，则需要依次单击【文件】→【选项】，在弹出的【Excel 选项】对话框中单击【高级】，勾选【允许直接在单元格内编辑】复选框，如图 1-4 所示。

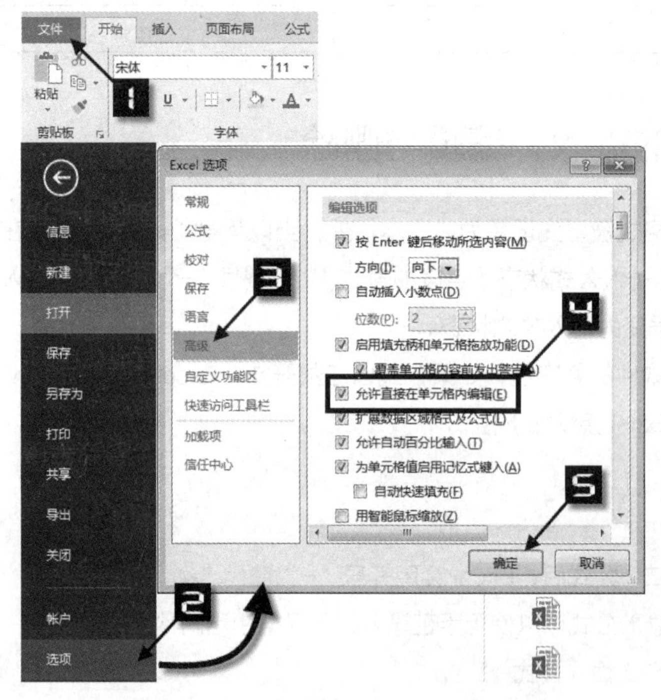

图 1-4　设置允许直接在单元格内编辑

❖ 选中公式所在单元格，单击列标上方的编辑栏，修改完毕后单击编辑栏左侧的输入按钮✓或者按 <Enter> 键，如图 1-5 所示。单击编辑栏左侧的取消按钮×，或者按 <Esc> 键可以取消当前所做的修改并退出编辑公式状态。

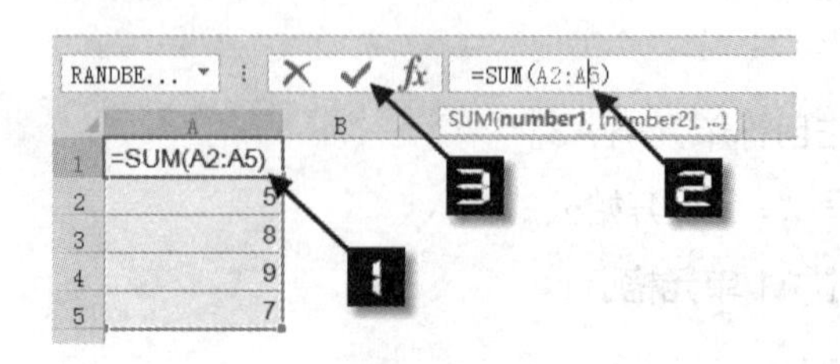

图 1-5　在编辑栏内修改公式

选中公式所在单元格，按 <Delete> 键即可清除单元格中的全部内容。或者进入单元格编辑状态后，将鼠标光标放置在某个位置，使用 <Delete> 键删除光标之后的字符，使用 <Backspace> 键删除光标之前的字符。当需要删除多单元格数组公式时，必须选中其所在的全部单元格后再按 <Delete > 键，否则会弹出如图 1-6 所示的警告对话框。

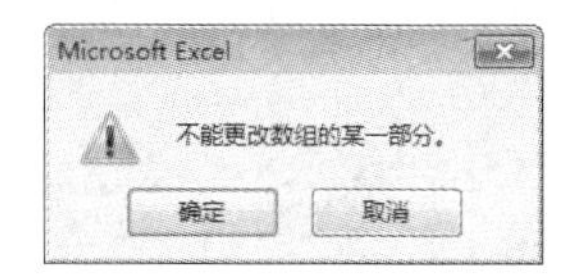

图 1-6　警告对话框

用户可以单击数组公式中的任意单元格，按 <Ctrl+/> 组合键快速选中多单元格数组公式所在的全部单元格。

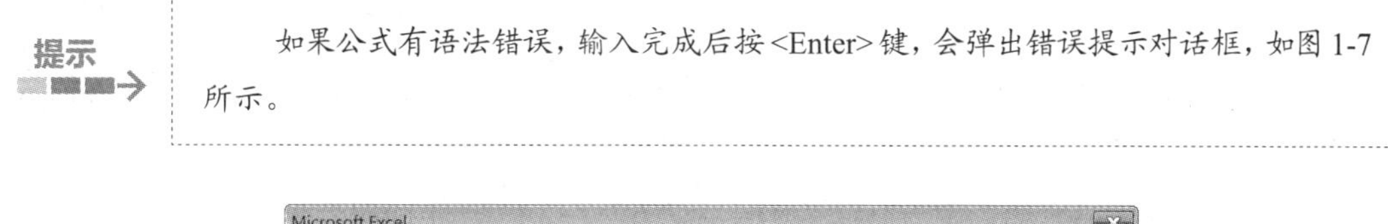

提示

如果公式有语法错误，输入完成后按 <Enter> 键，会弹出错误提示对话框，如图 1-7 所示。

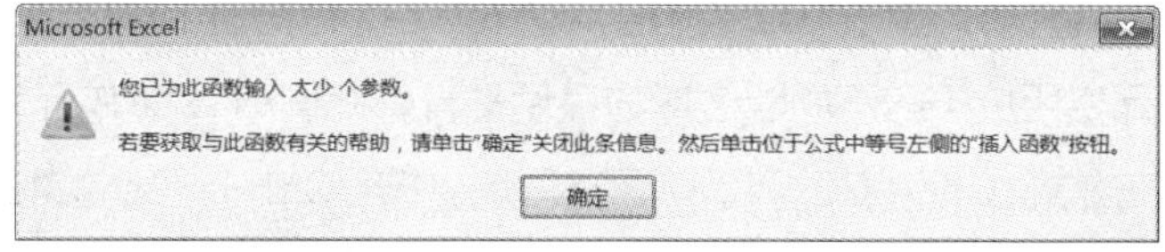

图 1-7　错误提示对话框

如果无法立即找出公式的错误进行修改，已经录入的部分公式不必全部清除，只需删除公式起始位置的等号就可以进行其他编辑。修改完毕后，再将公式字符串前加上等号，把单元格的内容转换成公式即可。

1.3　公式的复制与填充

当需要使用相同的计算方法时，可以通过【复制】和【粘贴】的操作方法实现，而不必逐个单元格编辑公式。此外，可以根据表格的具体情况使用不同的操作方法复制与填充公式，从而提高效率。

示例 1-1　使用公式计算考核总分

图 1-8 是某单位员工考核表的部分内容，需要根据 C 列至 F 列的各项成绩求出每名员工的考核总分。

姓名	理论	实操	综合	现场	总分
杨玉兰	8	7	7	7	29
龚成琴	6	2	2	2	
王莹芬	9	6	6	6	
石化昆	7	10	10	10	
班虎忠	9	5	5	5	
補态福	8	8	8	8	
王天艳	7	9	9	9	
安德运	10	1	1	1	
岑仕美	9	3	3	3	
杨再发	9	3	3	3	

图 1-8　用公式计算总分

在 G3 单元格输入以下公式：

```
=SUM(C3:F3)
```

采用以下 5 种方法，可以将 G3 单元格的公式应用到计算规则相同的 G4:G12 单元格区域。

方法 1：拖曳填充柄。单击 G3 单元格，指向该单元格右下角，当鼠标指针变为黑色“+”字形填充柄时，按住鼠标左键向下拖曳至 G12 单元格。

方法 2：双击填充柄。单击 G3 单元格，双击 G3 单元格右下角的填充柄，公式将向下填充到当前单元格所位于的不间断区域的最后一行，此例即 G12 单元格。

方法 3：填充公式。选中 G3:G12 单元格区域，按 <Ctrl+D> 组合键或单击【开始】选项卡的【填充】下拉按钮，在扩展菜单中单击【向下】选项，如图 1-9 所示。

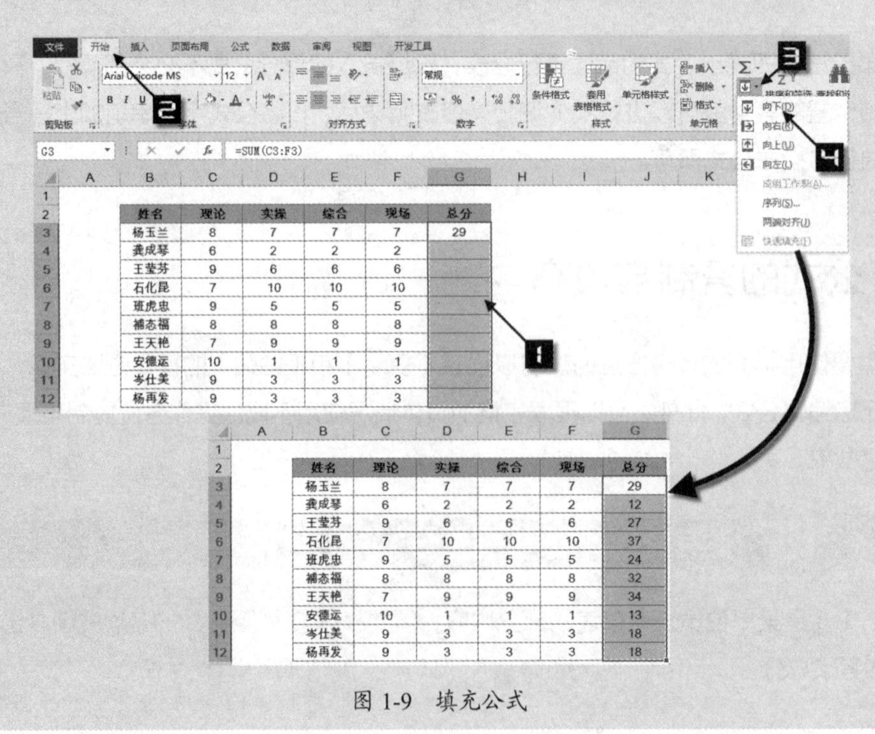

图 1-9　填充公式

当需要向右复制时，可单击【开始】选项卡的【填充】下拉按钮，在扩展菜单中单击【向右】选项，也可以按 <Ctrl+R> 组合键。

方法 4：粘贴公式。单击 G3 单元格，单击【开始】选项卡的【复制】按钮或按 <Ctrl+C> 组合键复制。选中 G4:G12 单元格区域，单击【开始】选项卡的【粘贴】下拉按钮，在扩展菜单中单击【公式】选项，或按 <Ctrl+V> 组合键粘贴。

方法 5：多单元格同时输入。单击 G3 单元格，按住 <Shift> 键，单击需要填充公式的单元格区域右下角单元格（如 G12），接下来单击编辑栏中的公式，最后按 <Ctrl+Enter> 组合键，则 G3:G12 单元格中将输入相同的公式。如果是输入数组公式，需要按 <Ctrl+Shift+Enter> 组合键。

使用这 5 种方法复制公式的区别如下。

- ❖ 方法 1、方法 2、方法 3 和方法 4 中按 <Ctrl+V> 组合键粘贴是复制单元格操作，起始单元格的格式、条件格式、数据验证等属性将被覆盖到填充区域。方法 4 中通过【开始】选项卡进行粘贴操作和方法 5 不会改变填充区域的单元格属性。
- ❖ 方法 5 可用于不连续单元格区域的公式输入。

注意

> 方法 2 操作时需注意表格数据中是否有空行。

在结构相同、计算规则一致的不同工作表中，可以将已有公式快速应用到其他工作表，而无须再次编辑输入公式。

示例 1-2 将公式快速应用到其他工作表

如图 1-10 所示，分别是某单位财务部和销售部的员工考核表，两个表格的结构相同。在“销售部”工作表的 F3:F12 单元格区域使用公式计算出了员工的个人考核总分，需要在“财务部”工作表中使用同样的规则计算出该部门员工的个人考核总分。

选中“销售部”工作表中的 F3:F12 单元格区域，按 <Ctrl+C> 组合键复制，切换到“财务部”工作表，单击 F3 单元格，按 <Ctrl+V> 组合键或是按 <Enter> 键，即可将公式和格式快速应用到“财务部”工作表中。

使用以上方法，也可以将已有公式快速应用到不同工作簿的工作表中。

F3 =SUM(B3:E3)

	A	B	C	D	E	F
1						
2	姓名	理论	实操	综合	现场	总分
3	杨玉兰	8	7	7	7	29
4	龚成琴	6	2	2	2	12
5	王莹芬	9	6	6	6	27
6	石化昆	7	10	10	10	37
7	班虎忠	9				
8	補态福	8				
9	王天艳	7				
10	安德运	10				
11	岑仕美	9				
12	杨再发	9				

销售部 财务部

	A	B	C	D	E	F
1						
2	姓名	理论	实操	综合	现场	总分
3	周志红	9	9	8	9	
4	方佶蕊	10	10	6	10	
5	陈丽娟	6	6	8	10	
6	徐美明	6	8	7	9	
7	梁建邦	7	8	6	8	
8	金宝增	9	9	10	8	
9	陈玉员	7	7	8	6	
10	冯石柱	7	8	7	10	
11	马克军	8	8	8	6	
12	牟玉红	9	6	8	8	

销售部 财务部

图 1-10　员工考核表

1.4　计算文本算式

Lotus 1-2-3 是 Lotus Software（美国莲花软件公司）于 1983 年推出的电子试算表软件，在 DOS 时期广为个人计算机使用者所使用。随着 Windows 的兴起，微软借助操作系统平台的优势，Excel 逐渐取代了 Lotus 1-2-3，成为主流的电子试算表软件，但是微软始终没有忘记做到与 Lotus 1-2-3 的兼容。用户可以通过 Excel 的兼容性设置，实现一些特殊的计算要求。

示例 1-3　计算文本算式

如图 1-11 所示，A2:A10 单元格区域中是部分四则运算的文本算式，需要在 B 列得到对应的算式结果。

	A	B
1	文本算式	算式结果
2	22*16.5*15	
3	(15+22)*6	
4	15/3+22/2	
5	8+(12/2-0.5)	
6	18*2+6*5+15.6/2	
7	15.88*2+13	
8	16+56+13/2	
9	16.8*2+3*15-6	
10	15*2	

图 1-11　计算文本算式

依次单击【文件】→【选项】，打开【Excel 选项】对话框，单击【高级】选项卡，在【Lotus 1-2-3 兼容性设置】下，勾选【转换 Lotus 1-2-3 公式】复选框，单击【确定】按钮，如图 1-12 所示。

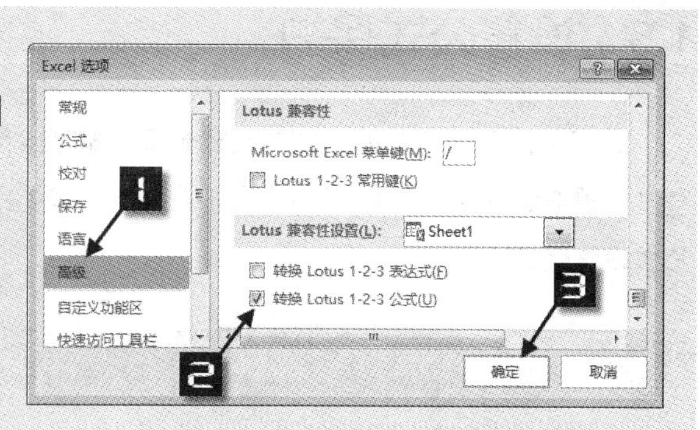

图 1-12 【Excel 选项】对话框

选中 A2:A9 单元格区域，按住 <Ctrl> 键，拖动右下角的填充柄，将内容复制到 B2:B9 单元格区域。

选中 B2:B9 单元格区域，在【数据】选项卡下单击【分列】按钮，在弹出的【文本分列向导－第 1 步，共 3 步】对话框中单击【完成】按钮，如图 1-13 所示。

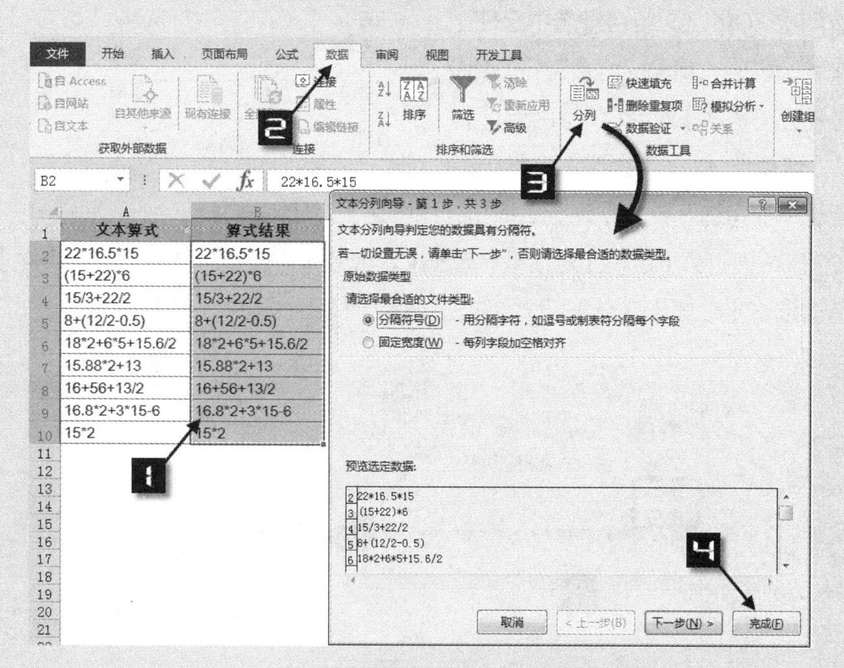

图 1-13 使用【分列】功能转换文本算式结果

完成后的效果如图 1-14 所示。

最后需要在【Excel 选项】对话框的【高级】选项卡下，去掉【转换 Lotus 1-2-3 公式】复选框的选中，否则会影响在当前工作表内正常输入日期等内容。

	A	B
1	文本算式	算式结果
2	22*16.5*15	5445
3	(15+22)*6	222
4	15/3+22/2	16
5	8+(12/2-0.5)	13.5
6	18*2+6*5+15.6/2	73.8
7	15.88*2+13	44.76
8	16+56+13/2	78.5
9	16.8*2+3*15-6	72.6
10	15*2	30

图 1-14 文本算式结果

1.5 设置公式保护

为了防止工作表中的公式被意外修改、删除，或者不想让其他人看到已经编辑好的公式，通过设置 Excel 单元格格式的“保护”属性，配合工作表保护功能，可以实现对工作表中的公式设置保护。

示例 1-4 设置公式保护

在如图 1-15 所示的员工考核表中，F3:F10、B11:F11 单元格区域使用公式对员工的考核成绩进行了汇总，需要对公式进行保护。

	A	B	C	D	E	F
1						
2	姓名	理论	实操	综合	现场	总计
3	杨玉兰	8	7	7	7	29
4	龚成琴	6	2	2	2	12
5	王莹芬	9	6	6	6	27
6	石化昆	7	10	10	10	37
7	班虎忠	9	5	5	5	24
8	補忞福	8	8	8	8	32
9	王天艳	7	9	9	9	34
10	安德运	10	1	1	1	13
11	总计	64	48	48	48	208

图 1-15 员工考核表

步骤① 按两次 <Ctrl+A> 组合键选中全部工作表，再按 <Ctrl+1> 组合键打开【设置单元格格式】对话框，切换到【保护】选项卡，去掉【锁定】和【隐藏】复选框的勾选，单击【确定】按钮，如图 1-16 所示。

步骤② 按 <F5> 键打开【定位】对话框，单击【定位条件】按钮，打开【定位条件】对话框，单击选中【公式】单选按钮，单击【确定】按钮，选中工作表中包含公式的单元格区域。

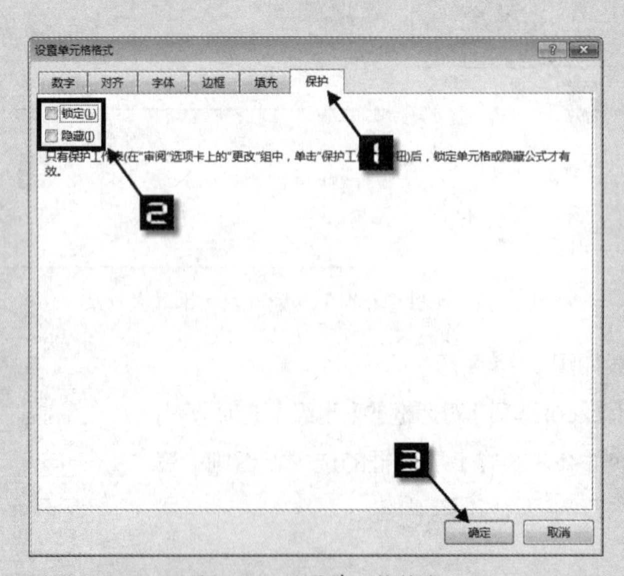

图 1-16 设置单元格格式

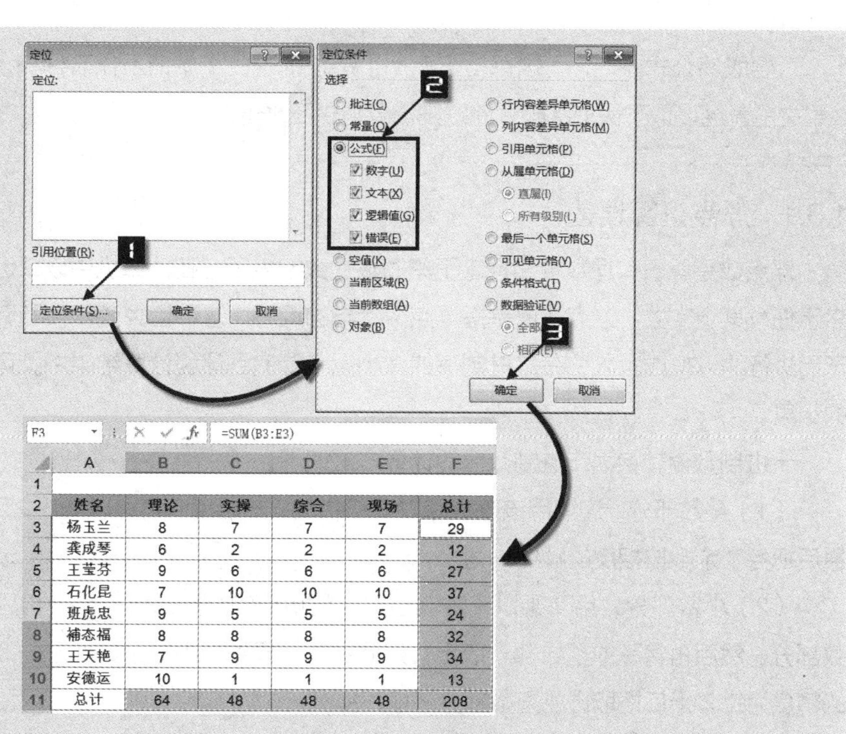

	A	B	C	D	E	F
1						
2	姓名	理论	实操	综合	现场	总计
3	杨玉兰	8	7	7	7	29
4	龚成琴	6	2	2	2	12
5	王莹芬	9	6	6	6	27
6	石化昆	7	10	10	10	37
7	班虎忠	9	5	5	5	24
8	補态福	8	8	8	8	32
9	王天艳	7	9	9	9	34
10	安德运	10	1	1	1	13
11	总计	64	48	48	48	208

图 1-17　定位公式单元格区域

步骤③ 按 <Ctrl+1> 组合键打开【设置单元格格式】对话框，切换到【保护】选项卡，勾选【锁定】和【隐藏】复选框，单击【确定】按钮。

步骤④ 单击【审阅】选项卡中的【保护工作表】按钮，在弹出的【保护工作表】对话框中单击【确定】按钮，如图 1-18 所示。

设置完毕后单击公式所在单元格，如 F4 单元格，编辑栏将不显示公式。如果试图编辑修改该单元格公式内容，Excel 将弹出警告对话框，并拒绝修改，如图 1-19 所示。而工作表中不包含公式的单元格则可正常编辑修改。

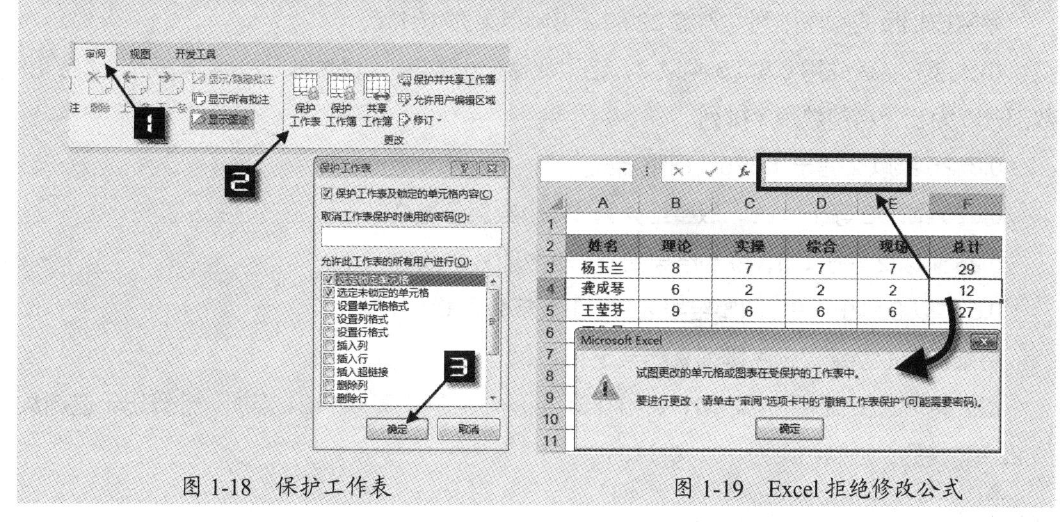

图 1-18　保护工作表

图 1-19　Excel 拒绝修改公式

要取消公式保护，可以单击【审阅】选项卡中的【撤销工作表保护】按钮即可，如果之前曾经设置了保护密码，此时则需要提供正确的密码。

1.5.1 浮点运算误差

浮点数是属于有理数中某特定子集的数的数字表示，在计算机中以二进制存储，以近似表示任意某个实数。浮点计算是指浮点数参与的运算，这种运算通常伴随着因为无法精确表示而进行的近似或舍入，在二进制下的微小误差传递到最终计算结果中，可能会得出不准确的结果。

十进制数值转换为二进制数值的计算方法如下。

（1）整数部分：连续用该整数除以 2 取余数，然后用商再除以 2，直到商等于 0 为止，最后把各个余数按相反的顺序排列。

（2）小数部分：用 2 乘以十进制小数，将得到的整数部分取出，再用 2 乘以余下的小数部分，然后再将积的整数部分取出。如此往复，直到积中的小数部分为 0 或者达到所要求的精度为止，最后把取出的整数部分按顺序排列。

（3）含有小数的十进制数转换成二进制时，先将整数、小数部分分别进行转换，然后将转换结果相加。

如果将十进制数值 22.8125 转换为二进制数值，其计算步骤如下。

22 除以 2 结果为 11，余数为 0。

11 除以 2 结果为 5，余数为 1。

5 除以 2 结果为 2，余数为 1。

2 除以 2 结果为 1，余数为 0。

1 除以 2 结果为 0，余数为 1。

余数按相反的顺序排列，整数 22 的二进制结果为 10110。

小数部分，首先用 0.8125 乘以 2，结果取整。小数部分继续乘以 2，结果取整，得到小数部分 0 为止，将整数顺序排列。

0.8125 乘以 2 等于 1.625，取整结果为 1，小数部分是 0.625。

0.625 乘以 2 等于 1.25，取整结果为 1，小数部分是 0.25。

0.25 乘以 2 等于 0.5，取整结果为 0，小数部分是 0.5。

0.5 乘以 2 等于 1.0，取整结果为 1，小数部分是 0，计算结束。

将乘积的取整结果顺序排列，结果是 0.1101。

最后将 22 的二进制结果 10110 和 0.8125 的二进制结果 0.1101 相加，计算出十进制数值 22.8125 的二进制结果为 10110.1101。

按照上述方法将小数 0.6 转换为二进制代码，计算结果为 0.10011001100110011…，其中的 0011 部分会无限重复，无法用有限的空间量来表示。当结果超出 Excel 计算精度，产生了一个因太小而无法表示的数字时，在 Excel 中的处理结果是 0。

如图 1-20 所示，A2 单元格输入公式 =4.1-4.2+1，B2 单元格输入数值 0.9，在 D2 单元格输入公式 =B2=A2，将返回结果 FALSE。如果在编辑栏中选中 A2 单元格的公式，按 <F9> 键，可以看到计算结果为 0.899999999999999。

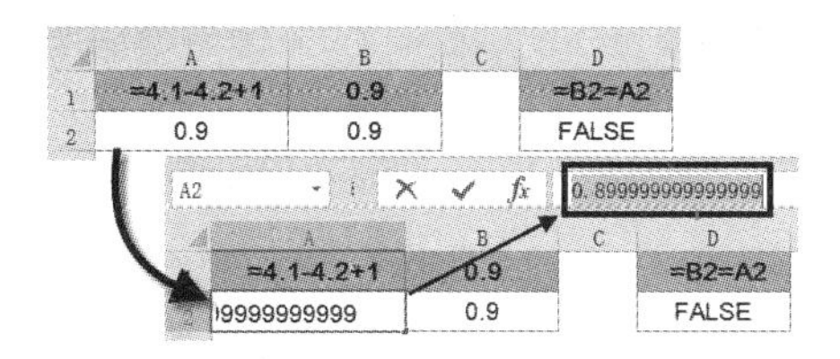

图 1-20 浮点运算误差

Excel 提供两种基本方法来弥补舍入误差。

方法一是使用 ROUND 函数强制将数字四舍五入。A2 单元格修改为以下公式：

```
=ROUND(4.1-4.2+1,1)
```

公式返回保留一位小数的计算结果 0.9。

方法二是使用“以显示精度为准”选项。此选项会强制将工作表中每个数字的值成为显示的值。依次单击【文件】→【选项】，打开【Excel 选项】对话框。然后单击【高级】选项卡，在【计算此工作簿时】部分中，勾选【将精度设为所显示的精度】复选框，如图 1-21 所示。

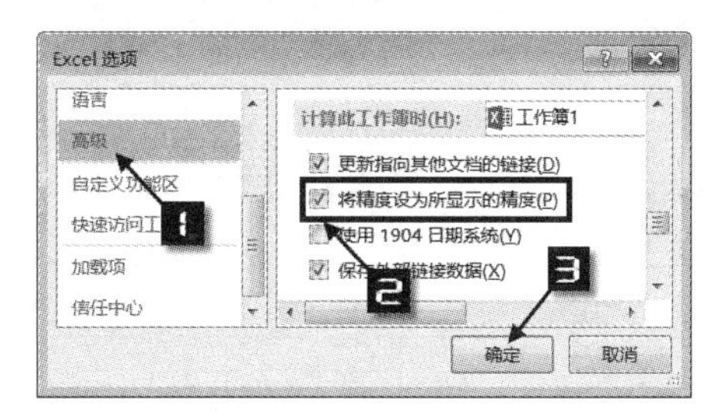

图 1-21 将精度设为所显示的精度

如果选择显示两位小数的数字格式，然后打开“以显示精度为准”选项，则在保存工作簿时，所有超出两位小数的精度均将会丢失。

注意

开启此选项会影响工作簿中的全部工作表，并且无法恢复由此操作所丢失的数据。

第 2 章　公式中的运算符和数据类型

本章对公式中的运算符以及数据类型与数据类型的转换等方面知识进行讲解，深入学习这些基础知识，有助于理解公式的运算顺序及含义。

本章学习要点

（1）认识了解公式中的运算符。

（2）掌握数据类型的概念。

（3）学习数据类型的转换。

2.1　认识运算符

运算符是构成公式的基本元素之一，每个运算符分别代表一种运算方式。Excel 包含 4 种类型的运算符：算术运算符、比较运算符、文本运算符和引用运算符。

- 算术运算符：主要包括加、减、乘、除、百分比以及乘幂等各种常规的算术运算。
- 比较运算符：用于比较数据的大小，包括对文本或数值的比较。
- 文本运算符：主要用于将字符或字符串进行连接与合并。
- 引用运算符：这是 Excel 特有的运算符，主要用于产生单元格引用。

Excel 没有提供逻辑 AND 或 OR 运算符，只能使用函数来完成这些类型的逻辑运算，如表 2-1 所示。

表 2-1　公式中的运算符

符号	说明	实例
-	算术运算符：负号	=8*-5
%	算术运算符：百分号	=60*5%
^	算术运算符：乘幂	=3^2 =16^(1/2)
* 和 /	算术运算符：乘和除	=3*2/4
+ 和 -	算术运算符：加和减	=3+2-5
=、<> >、< >=、<=	比较运算符：等于、不等于、大于、小于、大于等于和小于等于	=(A1=A2)，判断 A1 和 A2 相等 =(B1<>"ABC")，判断 B1 不等于 "ABC" =(C1>=5)，表示判断 C1 大于等于 5
&	文本运算符：连接文本	="Excel"&"Home"，返回文本 "ExcelHome" =123&456，返回文本型数字 "123456"

续表

符号	说明	实例
:（冒号）	区域运算符，引用运算符的一种。生成对两个引用之间的所有单元格的引用	=SUM(A1:B10)，引用冒号两边所引用的单元格为左上角和右下角的矩形单元格区域
（空格）	交叉运算符，引用运算符的一种。生成对两个引用的共同部分的单元格引用	=SUM(A1:B5 A4:D9)，引用 A1:B5 与 A4:D9 的交叉区域，公式相当于 =SUM(A4:B5)
，（逗号）	联合运算符，引用运算符的一种。将多个引用合并为一个引用	=RANK(A1,(A1:A10,C1:C10)) 第 2 参数引用 A1:A10 和 C1:C10 两个不连续的单元格区域

2.1.1　数据比较的原则

在 Excel 中，数据可以分为文本、数值、日期和时间、逻辑值、错误值等几种类型。公式中的文本内容需要用一对半角双引号（""）包含，例如，“ExcelHome”是由 9 个字符组成的文本。日期与时间是数值的特殊表示形式，数值 1 表示 1 天。

逻辑值只有 TRUE 和 FALSE 两种。

错误值主要有 #VALUE!、#DIV/0!、#NAME?、#N/A、#REF!、#NUM!、#NULL!7 种组成。除了错误值外，文本、数值与逻辑值比较时按照以下顺序排列：

```
…,-2,-1,0,1,2,…,A-Z,FALSE,TRUE
```

即数值小于文本，文本小于逻辑值 FALSE，逻辑值 TRUE 最大，错误值不参与排序。文本值之间比较时是按照字符串从左至右每个字符依次比较，如 a1，a2，…，a10 这 10 个字符串升序排列为 a1，a10，a2，…，a9。

注意

数字与数值是两个不同的概念，数字允许以数值和文本两种形式存储。如果将单元格格式设置为“文本”后再输入数字，或先输入撇号（'）再输入数字，都将作为文本形式存储。

示例 2-1　判断考核成绩是否合格

图 2-1 展示的是某单位员工考核表的部分内容，50 分以上为合格，需要使用公式判断 C 列的理论考核成绩是否合格。D2 单元格输入以下公式，复制至 D3:D10 单元格区域，将无法得出正确结果：

```
=IF(C2>50," 合格 "," 不合格 ")
```

C 列的考核成绩是以文本形式存储的数据，其实质是文本。根据数据排序顺序中“文本大于数值”的规则，判断结果全部为及格。可将公式修改为：

```
=IF(C2+0>50," 合格 "," 不合格 ")
```

通过四则运算将文本型数字转换为数值型数字，再进行比较，得出正确结果，如图 2-2 所示。

D2 =IF(C2>50,"合格","不合格")

	A	B	C	D
1	工号	姓名	理论考核	是否合格
2	A1001	梁应珍	45	合格
3	A1002	张宁一	26	合格
4	A1003	袁丽梅	66	合格
5	A1004	保世森	50	合格
6	A1005	刘惠琼	59	合格
7	A1006	葛宝云	61	合格
8	A1007	李英明	39	合格
9	A1008	文德成	52	合格
10	A1009	代云峰	26	合格

图 2-1　判断考核成绩是否及格

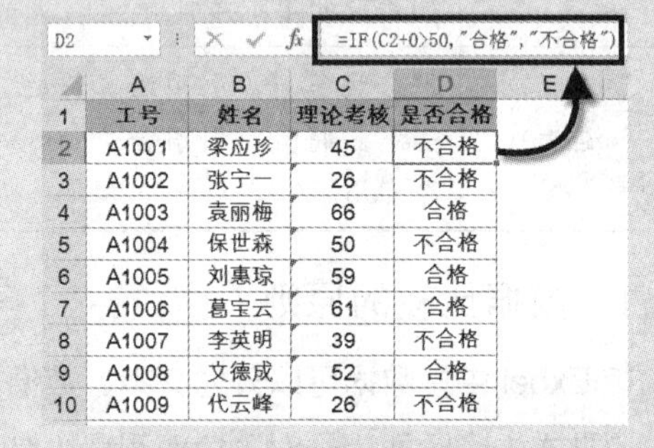
D2 =IF(C2+0>50,"合格","不合格")

	A	B	C	D	E
1	工号	姓名	理论考核	是否合格	
2	A1001	梁应珍	45	不合格	
3	A1002	张宁一	26	不合格	
4	A1003	袁丽梅	66	合格	
5	A1004	保世森	50	不合格	
6	A1005	刘惠琼	59	合格	
7	A1006	葛宝云	61	合格	
8	A1007	李英明	39	不合格	
9	A1008	文德成	52	合格	
10	A1009	代云峰	26	不合格	

图 2-2　正确计算结果

实际工作中，为便于后期数据汇总，可先将工作表中需要计算汇总的文本型数字转换为数值。

2.1.2　运算符的优先顺序

当公式中使用多个运算符时，Excel 将根据各个运算符的优先级顺序进行运算，对于同一级次的运算符，则按从左到右的顺序运算，如表 2-2 所示。

表 2-2　Excel 公式中的运算优先级

顺序	符号	说明
1	:（空格）,	引用运算符：冒号、单个空格和逗号
2	-	算术运算符：负号（取得与原值正负号相反的值）
3	%	算术运算符：百分比
4	^	算术运算符：乘幂
5	* 和 /	算术运算符：乘和除（注意区别数学中的 ×、÷）
6	+ 和 -	算术运算符：加和减
7	&	文本运算符：连接文本
8	=，<，>，<=，>=，<>	比较运算符：比较两个值（注意区别数学中的≠、≤、≥）

2.1.3　嵌套括号

数学计算式中使用小括号“()”、中括号“[]”和大括号“{}”，以改变运算的优先级别。

在 Excel 中均使用小括号代替，而且括号的优先级将高于表 2-2 中所有的运算符，括号中的算式优先计算。如果在公式中使用多组括号进行嵌套，其计算顺序是由最内层的括号逐级向外层进行计算。

例 1 梯形上底长为 5、下底长为 8、高为 4，其面积的数学计算公式为：

```
=(5+8)×4÷2
```

在 Excel 中使用以下公式方可得到正确结果：

```
=(5+8)*4/2
```

由于括号优先于其他运算符，先计算 5+8 得到 13，再从左向右计算 13*4 得到 52，最后计算 52/2 得到 26。

例 2 判断成绩 X 大于等于 60 分且小于 80 分时，其数学计算公式为：

```
60≤X<80 或者 80>X≥60
```

在 Excel 中，假设 A2 单元格成绩为 72，正确的写法应为：

```
=AND(A2>=60,A2<80)
```

使用以下公式计算将无法得到正确结果：

```
=60<=A2<80
```

根据运算符的优先级，<= 与 < 属于相同级次，按照从左到右运算，先判断 60<=72 返回逻辑值 TRUE，再判断 TRUE<80，从而始终返回 FALSE。

在公式中使用的括号必须成对出现。虽然 Excel 在结束公式编辑时会作出判断并自动补充、更正，但是更正结果并不一定是用户所期望的。例如，在单元格中输入以下内容：

```
=((5+8*4/2
```

输入结束后，会弹出如图 2-3 所示的对话框。

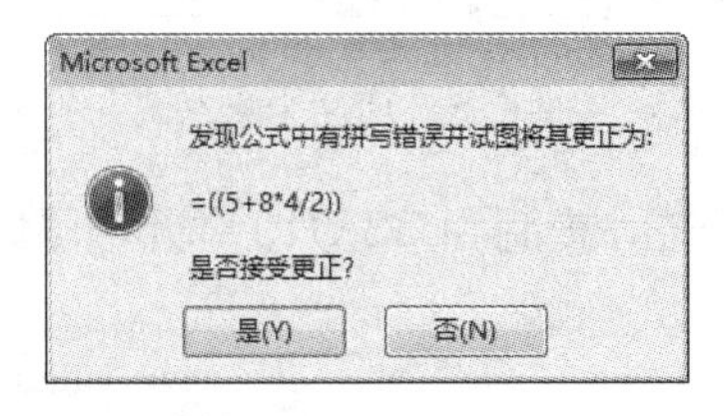

图 2-3　公式自动更正

当公式中有较多的嵌套括号时，选中公式所在单元格，鼠标单击编辑栏中公式的任意位置，不同的成对括号会以不同颜色显示，此项功能可以帮助用户更好地理解公式的运算过程，如图 2-4 所示。

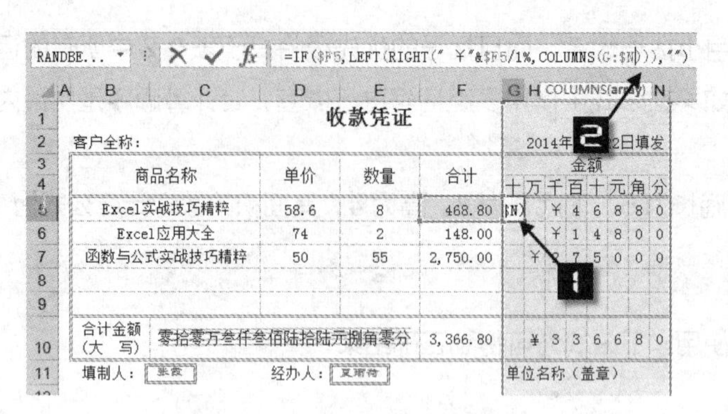

图 2-4　成对括号以不同颜色显示

2.2　数据类型的转换

2.2.1　逻辑值与数值转换

逻辑值与数值有本质的区别，它们之间没有绝对等同的关系，但逻辑值与数值之间允许互相转换。

在四则运算及乘幂、开方运算中，TRUE 的作用等同于 1，FALSE 的作用等同于 0。

示例 2-2　计算员工全勤奖

图 2-5 展示的为员工考勤表的部分内容，需要根据出勤天数计算全勤奖。出勤天数超过 23 天的全勤奖为 50 元，否则为 0。

	A	B	C
1	姓名	出勤天数	全勤奖
2	刘学友	23	0
3	张德华	24	50
4	孟嘉欣	19	0
5	孙凯	24	50
6	周建华	23	0
7	曹萌	24	50
8	孙琳琳	24	50
9	张和平	23	0
10	金维凤	24	50

图 2-5　计算全勤奖

在 C2 单元格输入以下公式，复制到 C3:C10 单元格区域。

```
=(B2>23)*50
```

公式优先计算括号内的 B2>23 部分，结果返回逻辑值 TRUE 或是 FALSE，再使用逻辑值乘以 50。如果 B2 大于 23，则相当于 TRUE*50，结果为 50。如果 B2 不大于 23，则相当于 FALSE*50，结果为 0。

在逻辑判断中，0 的作用相当于 FALSE，所有非 0 数值相当于 TRUE。

示例 2-3　判断员工销售增减情况

图 2-6 展示的是某销售部员工销售增减统计表的部分内容，需要对销售增幅进行判断，增幅为 0 的返回“无变化”。

	A	B	C
1	姓名	销售增幅	变化与否
2	丘处机	12.20%	
3	杨铁心	0%	无变化
4	郭啸天	6.15%	
5	周伯通	0%	无变化
6	黄药师	8.45%	
7	欧阳峰	-2.99%	

图 2-6　销售增幅统计表

在 C2 单元格输入以下公式，复制至 C3:C7 单元格区域。

```
=IF(B2,""," 无变化 ")
```

IF 函数根据条件进行判断，并返回指定的内容，第一参数要求使用结果为 TRUE 或 FALSE 的值或表达式。

本例中第一参数直接使用 B2，如果 B2 不等于 0，则相当于 TRUE，返回第二参数中指定的空文本，否则返回指定的字符串“无变化”。等同于以下公式：

```
=IF(B2<>0,""," 无变化 ")
```

2.2.2　文本型数字与数值转换

文本型数字可以作为数值直接参与四则运算，但当此类数据以数组或者单元格引用的形式作为某些统计函数（如 SUM、AVERAGE 和 COUNT 函数等）的参数时，将被视为文本来运算。

例如，在 A1 单元格数字格式为“常规”的情况下输入数值 1，在 A2 单元格输入前置半角单引号的数字“'2”，对数值 1 和文本型数字 2 的运算结果如表 2-3 所示。

表 2-3　文本型数字参与运算的特性

公式	返回结果	说明
=A1+A2	3	文本“2”参与四则运算被转换为数值
=SUM(A1:A2)	1	文本“2”在单元格引用中，视为文本，未被 SUM 函数统计

示例 2-1 就是利用文本型数字参与四则运算自动转换为数值的原理，实现判断成绩是否合格。此外，使用以下 6 个公式，均能够将 A2 单元格的文本型数字转换为数值。

```
乘法 :=A2*1
除法 :=A2/1
加法 :=A2+0
减法 :=A2-0
减负运算 :=--A2
函数转换 :=VALUE(A2)
```

其中，减负运算实质是以下公式的简化：

```
=0-(-A2)
```

即 0 减去负的 A2 单元格的值，因其输入最为方便而被广泛应用。如果数据量较多，可以先将文本型数字转换为数值，既可以提高公式的运行速度，也可以方便后续的其他分析汇总。

示例 2-4 数值转换为文本型数字

导入某些 ERP 软件的数据，其数字格式要求必须为文本型数字。如图 2-7 所示，如需将 B 列的销售额数值转换为文本型数字，可在 C2 单元格输入以下公式，复制到 C3:C7 单元格区域。

```
=B2&""
```

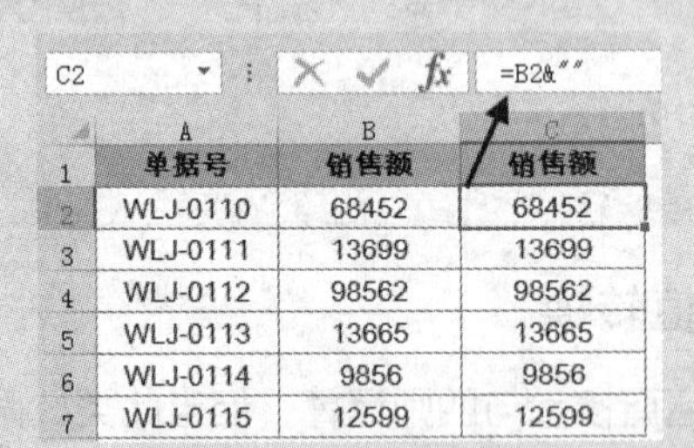

图 2-7 数值转换为文本型数字

选中 C2:C7 单元格区域，按 <Ctrl+C> 组合键复制，右击 B2 单元格，选择性粘贴为“值”。最后删除 C 列内容即可，如图 2-8 所示。

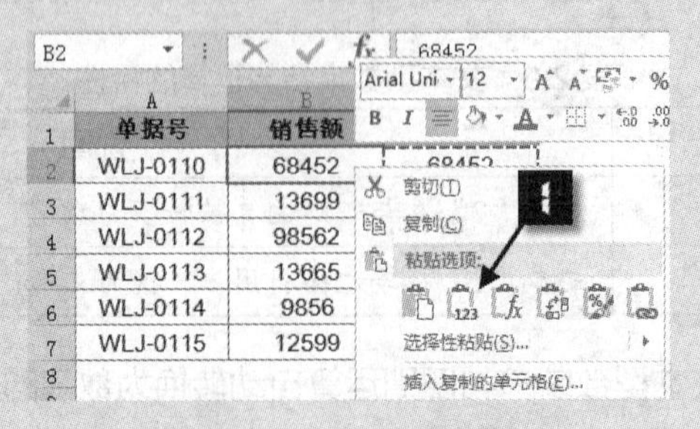

图 2-8 选择性粘贴为“值”

除此之外，也可以使用【分列】功能，快速将数值转换为文本型数字。

步骤① 单击B列列标，在【数据】选项卡下，单击【分列】，在弹出的【文本分列向导-第1步，共3步】对话框中单击【下一步】按钮，如图 2-9 所示。

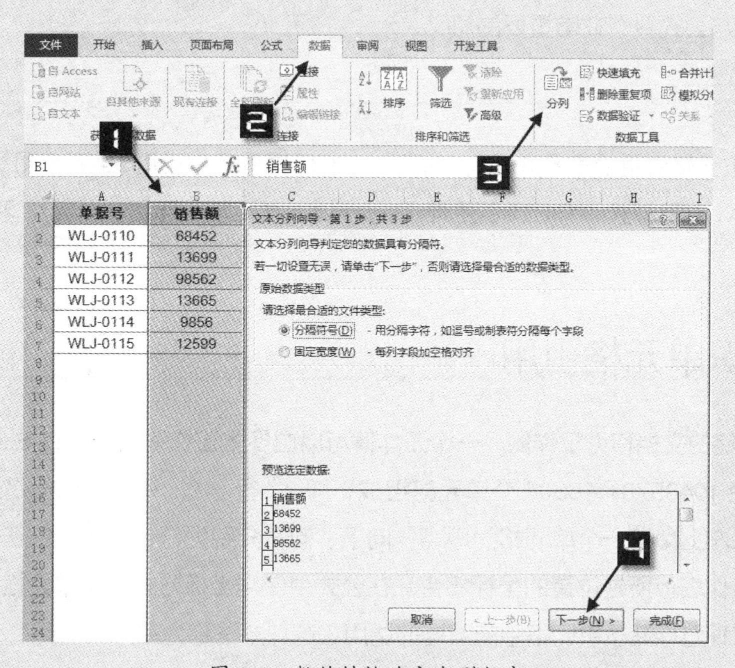

图 2-9　数值转换为文本型数字

步骤② 在弹出的【文本分列向导-第2步，共3步】对话框中单击【下一步】按钮。在弹出的【文本分列向导-第3步，共3步】对话框中，单击【列数据格式】下的【文本】单选按钮，单击【完成】按钮，完成从数值到文本型数字的转换，如图 2-10 所示。

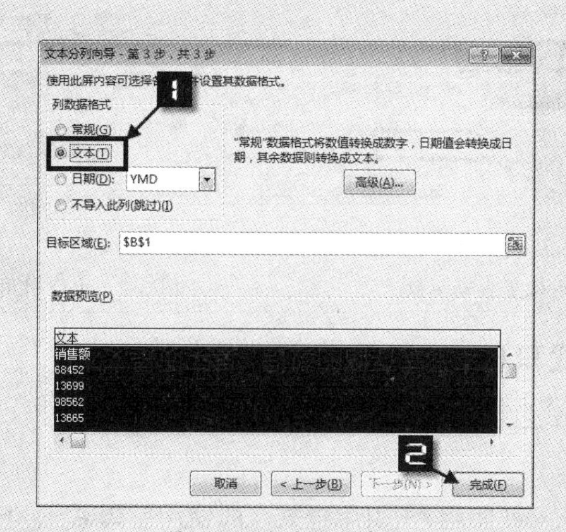

图 2-10　文本分列向导

第 3 章 单元格引用类型

本章对单元格引用类型进行讲解，深刻理解不同单元格引用类型的特点和区别，对于学习和运用函数与公式具有非常重要的意义。

本章学习要点

（1）掌握单元格引用的表示方式。

（2）了解 A1 引用样式和 R1C1 引用样式。

（3）理解相对引用、绝对引用和混合引用。

（4）学习多单元格和单元格区域引用。

3.1 认识单元格引用

Excel 存储的文档称为工作簿，一个工作簿可以由多张工作表组成。在 Excel 2013 中，一张工作表由 1048576×16384 个单元格组成，即 2^{20} 行 ×2^{14} 列。单元格是工作表的最小组成元素，以左上角第一个单元格为原点，向下、向右分别为行、列坐标的正方向，由此构成单元格在工作表上所处位置的坐标集合。在公式中使用坐标方式表示单元格在工作表中的“地址”，实现对存储于单元格中的数据的调用，这种方法称为单元格引用。

在公式中引用单元格时，如果工作表插入或删除行、列，其引用位置会自动更改，如图 3-1 所示。

如果全部删除被引用的单元格区域，或是删除了被引用的工作表，则会出现引用错误，如图 3-2 所示。

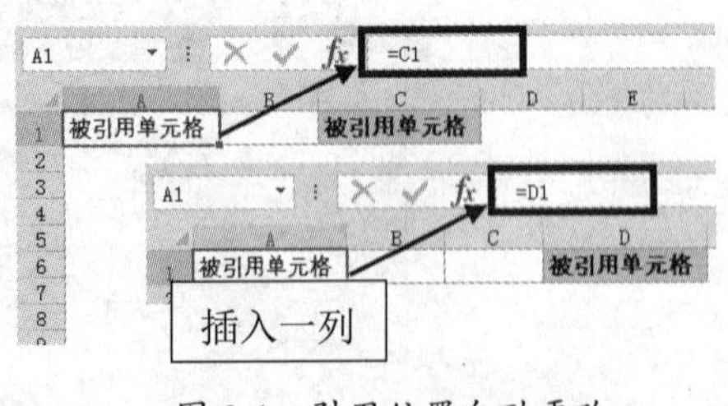

图 3-1 引用位置自动更改

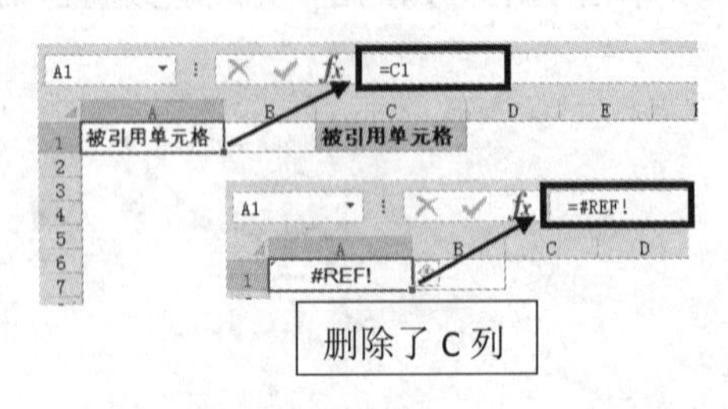

图 3-2 出现引用错误

3.1.1 A1 引用样式和 R1C1 引用样式

Excel 中的引用方式包括 A1 引用样式和 R1C1 引用样式两种。

1. A1 引用样式

在默认情况下，Excel 使用 A1 引用样式，即使用字母 A ~ XFD 表示列标，用数字 1 ~ 1048576 表示行号。通过单元格所在的列标和行号可以准确地定位一个单元格，单元格地址由列标和行号组合而成，列标在前，行号在后。例如，A1 即指该单元格位于 A 列第 1 行，是 A 列和第 1 行交叉处的单元格。

如果要引用单元格区域，可顺序输入区域左上角单元格的引用、冒号（:）和区域右下角单元格的引用。不同 A1 引用样式的示例，如表 3-1 所示。

表 3-1　A1 引用样式示例

表达式	引用
C5	C 列第 5 行的单元格
D15:D20	D 列第 15 行到 D 列第 20 行的单元格区域
B2:D2	B 列第 2 行到 D 列第 2 行的单元格区域
C3:E5	C 列第 3 行到 E 列第 5 行的单元格区域
9:9	第 9 行的所有单元格
9:10	第 9 行到第 10 行的所有单元格
C:C	C 列的所有单元格
C:D	C 列到 D 列的所有单元格

03 章

2. R1C1 引用样式

在 VBA 中计算行和列的位置，或者需要显示单元格相对引用时，经常会用到 R1C1 样式。如图 3-3 所示，单击【文件】选项卡中的【选项】按钮，选择【公式】选项卡，在【使用公式】区域中勾选【R1C1 引用样式】复选框，可以启用 R1C1 引用样式。

图 3-3　启用 R1C1 引用样式

在 R1C1 引用样式中，Excel 使用字母“R”加行数字和字母“C”加列数字来指示单元格的位置。与 A1 引用样式不同，使用 R1C1 引用样式时，行号在前，列号在后。R1C1 即指该单元格位于工作表中的第 1 行第 1 列，如果选择第 2 行和第 3 列交叉处位置，在名称框中即显示为 R2C3。其中，字母“R”“C”分别是英文“Row”“Column”（行、列）的首字母，其后的数字则表示相应的行号列号。R2C4 也就是 A1 引用样式中的 D2 单元格。

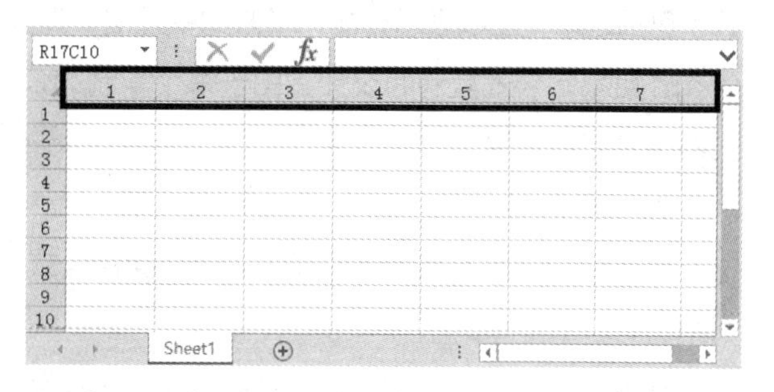

图 3-4　使用 R1C1 引用样式时，列标显示为数字

如果要引用单元格区域，应当顺序输入区域左上角单元格的引用、冒号（:）和区域右下角单元格的引用。不同 R1C1 引用样式的示例，如表 3-2 所示。

表 3-2　R1C1 引用样式示例

表达式	引用
R5C3	第 5 行第 3 列的单元格，即 C5 单元格
R15C4:R20C4	第 15 行第 4 列到第 20 行第 4 列的单元格区域，即 D15:D20 单元格区域
R2C2:R2C4	第 2 行第 2 列到第 2 行第 4 列的单元格区域，即 B2:D2 单元格区域
R3C3:R5C5	第 3 行第 3 列到第 5 行第 5 列的单元格区域，即 C3:E5 单元格区域
R9	第 9 行的所有单元格
R9:R10	第 9 行到第 10 行的所有单元格
C3	第 3 列的所有单元格
C3:C4	第 3 列到第 4 列的所有单元格

3.2　相对引用、绝对引用和混合引用

在公式中引用具有以下关系：如果 A1 单元格公式为“=B1”，那么 A1 就是 B1 的引用单元格，B1 就是 A1 的从属单元格。从属单元格与引用单元格之间的位置关系称为单元格引用的相对性，可分为 3 种不同的引用方式，即相对引用、绝对引用和混合引用，用美元符号“$”进行区别。

1．相对引用

当复制公式到其他单元格时，Excel 保持从属单元格与引用单元格的相对位置不变，称为相对引用。

例如，使用 A1 引用样式时，在 B2 单元格输入公式 =A1，当向右复制公式时，将依次变为 =B1，=C1，=D1，…；当向下复制公式时，将依次变为 =A2，=A3，=A4，…，始终保持引用公式所在单元格的左侧 1 列、上方 1 行位置的单元格。

在 R1C1 引用样式中，则使用相对引用的标识符“[ ]”，将需要相对引用的行号或列号的数字包括起来，正数表示右侧、下方的单元格，负数表示左侧、上方的单元格。表示为 =R[-1]C[-1]，且不随公式复制而改变。由于每个复制的公式在 R1C1 样式中都完全相同，在查找公式错误时非常方便。

2．绝对引用

当复制公式到其他单元格时，Excel 保持公式所引用的单元格绝对位置不变，称为绝对引用。

在 A1 引用样式中，如果希望复制公式时能够固定引用某个单元格地址，需要在行号或

列标前使用绝对引用符号 $。如在 B2 单元格输入公式 =$A$1，当向右复制公式或向下复制公式时，始终为 =$A$1，保持引用 A1 单元格不变。

在 R1C1 引用样式中的绝对引用写法为 =R1C1，公式复制时，保持引用 R1C1 单元格不变。

示例 3-1　计算预计收入

图 3-5 展示的是某企业各销售部门 2015 年的销售数据，需要根据 2015 年的收入合计和 2016 年的预计增长率计算出预计收入。

在 B9 单元格输入以下公式，向右复制到 E9 单元格。

```
=B8*$C$2
```

	A	B	C	D	E
1					
2	2016年预计增长率		105%		
3					
4	2015年收入情况（万元）				
5		销售一部	销售二部	销售三部	销售四部
6	销售收入	792	723	405	755
7	营业外收入	53	43	56	22
8	合计	845	766	461	777
9	2016年预计	887.25	804.3	484.05	815.85

图 3-5　使用相对引用和绝对引用

B8 是销售部门 2015 年的收入合计，每个销售部门的合计数不同，因此使用相对引用，也就是引用公式所在单元格上一行的内容。

各部门的预计增长率是固定的，所以 C2 单元格使用绝对引用，公式向右复制时，每个公式始终引用 C2 单元格中的预计增长率。

3. 混合引用

当复制公式到其他单元格时，Excel 仅保持所引用单元格的行或列方向之一的绝对位置不变，而另一个方向位置发生变化，这种引用方式称为混合引用，可分为对行绝对引用、对列相对引用和对行相对引用、对列绝对引用。

假设公式放在 B1 单元格中对 A1 单元格进行引用，各引用类型的特性如表 3-3 所示。

表 3-3　单元格引用类型及特性

引用类型	A1 样式	R1C1 样式	特性
绝对引用	=$A$1	=R1C1	公式向右向下复制不改变引用关系
行绝对引用、列相对引用	=A$1	=R1C[-1]	公式向下复制不改变引用关系
行相对引用、列绝对引用	=$A1	=RC1	公式向右复制不改变引用关系，因为引用单元格与从属单元格的行相同，故 R 后面的 1 省去
相对引用	=A1	=RC[-1]	公式向右向下复制均会改变引用关系，因为引用单元格与从属单元格的行相同，故 R 后面的 1 省去

示例 3-2 制作九九乘法表

在 Excel 中制作九九乘法表是混合引用的典型应用。图 3-6 是一份在 Excel 中制作完成的九九乘法表，B2:J10 单元格区域是由数字、符号“×”“=”和公式计算出的乘积组成的字符串。

	A	B	C	D	E	F	G	H	I	J
1		1	2	3	4	5	6	7	8	9
2	1	1×1=1								
3	2	1×2=2	2×2=4							
4	3	1×3=3	2×3=6	3×3=9						
5	4	1×4=4	2×4=8	3×4=12	4×4=16					
6	5	1×5=5	2×5=10	3×5=15	4×5=20	5×5=25				
7	6	1×6=6	2×6=12	3×6=18	4×6=24	5×6=30	6×6=36			
8	7	1×7=7	2×7=14	3×7=21	4×7=28	5×7=35	6×7=42	7×7=49		
9	8	1×8=8	2×8=16	3×8=24	4×8=32	5×8=40	6×8=48	7×8=56	8×8=64	
10	9	1×9=9	2×9=18	3×9=27	4×9=36	5×9=45	6×9=54	7×9=63	8×9=72	9×9=81

图 3-6 九九乘法表

制作九九乘法表之前，首先要确定使用哪种引用方式。

观察其中的规律可以发现，在 B2:B10 单元格区域中，“×”前面的数字都是引用了该列首行 B1 单元格中的值 1。以后各列中“×”前面的数字都是引用了公式所在列首行单元格中的值。因此可以确定“×”前面的数字的引用方式为对列相对引用、对行绝对引用。

在 B10:J10 单元格区域中，“×”后面的数字都是引用了首列 A10 单元格中的值 9。之前各行中“×”后的数字都是引用了公式所在行首列单元格中的值。因此可以确定“×”后面的数字为对列绝对引用、对行相对引用。

制作步骤如下。

步骤① 在 B1:J1 单元格区域和 A2:A10 单元格区域依次输入 1 ~ 9 的数字。

步骤② 在 B2 单元格输入以下公式，复制到 B2:J10 单元格区域，如图 3-7 所示。

	A	B	C	D	E	F	G	H	I	J
1		1	2	3	4	5	6	7	8	9
2	1	1×1=1	2×1=2	3×1=3	4×1=4	5×1=5	6×1=6	7×1=7	8×1=8	9×1=9
3	2	1×2=2	2×2=4	3×2=6	4×2=8	5×2=10	6×2=12	7×2=14	8×2=16	9×2=18
4	3	1×3=3	2×3=6	3×3=9	4×3=12	5×3=15	6×3=18	7×3=21	8×3=24	9×3=27
5	4	1×4=4	2×4=8	3×4=12	4×4=16	5×4=20	6×4=24	7×4=28	8×4=32	9×4=36
6	5	1×5=5	2×5=10	3×5=15	4×5=20	5×5=25	6×5=30	7×5=35	8×5=40	9×5=45
7	6	1×6=6	2×6=12	3×6=18	4×6=24	5×6=30	6×6=36	7×6=42	8×6=48	9×6=54
8	7	1×7=7	2×7=14	3×7=21	4×7=28	5×7=35	6×7=42	7×7=49	8×7=56	9×7=63
9	8	1×8=8	2×8=16	3×8=24	4×8=32	5×8=40	6×8=48	7×8=56	8×8=64	9×8=72
10	9	1×9=9	2×9=18	3×9=27	4×9=36	5×9=45	6×9=54	7×9=63	8×9=72	9×9=81

图 3-7 九九乘法表

```
=B$1&"×"&$A2&"="&B$1*$A2
```

公式中的 B$1 部分，“$”符号在行号之前，表示使用对列相对引用、对行绝对引用。$A2 部分，“$”符号在列标之前，表示使用对列绝对引用、对行相对引用。

用连接符“&”分别连接 B$1、“×”、$A1、“=”，以及 B$1*$A1 的计算结果，得到一个简单的九九乘法表雏形。

步骤③ 设置条件格式

在图 3-6 制作完成的九九乘法表中，部分单元格显示为空白，使表格看起来更符合传统九九乘法表的样式。

首先来看显示空白单元格的规律。以 C2 单元格为例，首行数字为 C1 单元格中的 2，首列数字为 A2 单元格中的 1。2>1，单元格显示为空白。其他显示为空白的均为首行数字大于首列数字的单元格。

总结出规律，即可通过条件格式将首行数字大于首列数字的单元格字体颜色设置为白色，使符合条件的单元格显示为空白效果。

选中 B2:J10 单元格区域，依次单击【开始】→【条件格式】按钮，在展开的下拉菜单中，单击【新建规则】选项，打开【新建格式规则】对话框。

在【新建格式规则】对话框的【选择规则类型】列表框中，选择【使用公式确定要设置格式的单元格】，在【编辑规则说明】组合框的【为符合此公式的值设置格式】编辑框中输入条件公式：

```
=B$1>$A2
```

单击【格式】按钮，打开【设置单元格格式】对话框，在【字体】选项卡中，选取颜色为“白色”，然后依次单击【确定】按钮关闭对话框，完成设置。其过程如图 3-8 所示。

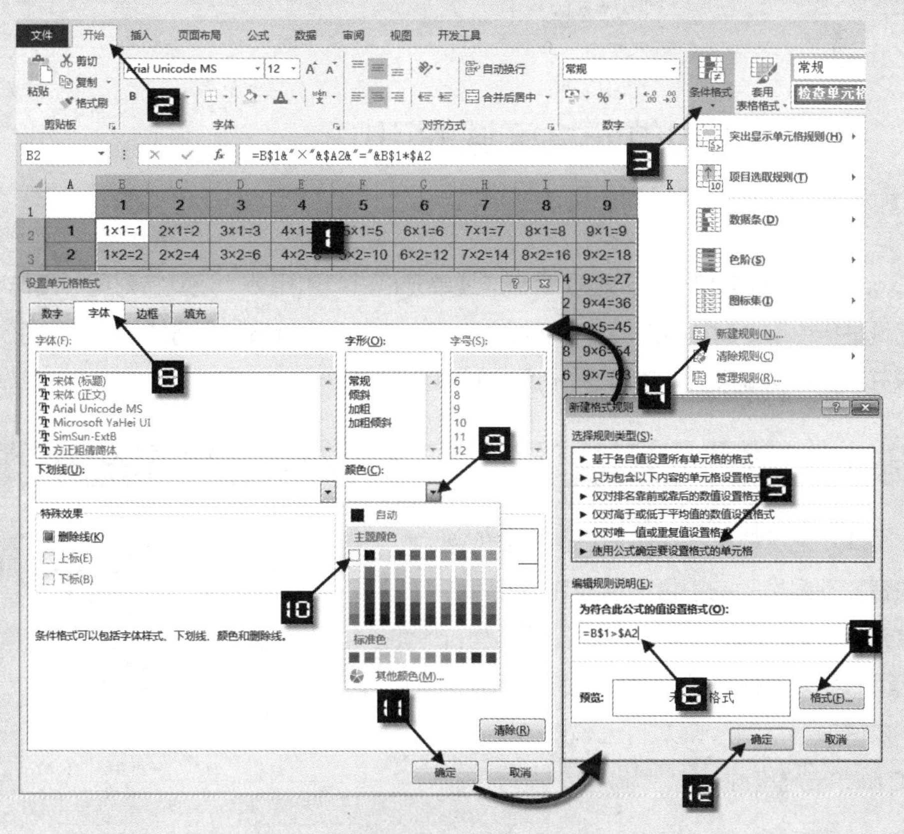

图 3-8 设置条件格式

除此之外，也可以直接在公式中使用 IF 函数进行判断，如果首行中的数字大于等于首列的数字，则返回为空文本。B2 单元格输入以下公式，复制到 B2:J10 单元格区域。

```
=IF(B$1>$A2,"",B$1&"×"&$A2&"="&B$1*$A2)
```

4. 快速切换 4 种不同引用类型

虽然用户可以根据需要对不同的引用类型进行设置，但手工输入符号“$”或“[ ]”都较为烦琐。当输入一个单元格或是单元格范围地址时，可以按 <F4> 键，在 4 种引用类型中循环切换，其顺序如下。

绝对引用→对行绝对引用、对列相对引用→对行相对引用、对列绝对引用→相对引用。

在 A1 引用样式中，A1 单元格输入公式 =B2，依次按 <F4> 键，引用类型切换顺序为：

```
$B$2 → B$2 → $B2 → B2
```

在 R1C1 引用样式中，A1 单元格输入公式 =R[1]C[1]，依次按 <F4> 键，引用类型切换顺序为：

```
R2C2 → R2C[1] → R[1]C2 → R[1]C[1]
```

3.3 多单元格和单元格区域的引用

3.3.1 合并区域引用

Excel 除了允许对单个单元格或多个连续单元格进行引用外，还支持对同一工作表中不连续区域进行引用，通常称为“合并区域”引用，使用联合运算符逗号“,”将各个区域的引用间隔开，并在两端添加半角括号“()”将其包含在内。

示例 3-3 合并区域引用计算排名

图 3-9 展示的是某部门销售情况表的部分内容，不同员工的销售额存放在 B 列和 E 列单元格区域，需要计算各销售员的销售排名，可以通过合并区域引用的方式完成计算。

C2 单元格输入以下公式，复制到 C2:C10 单元格区域。

	A	B	C	D	E	F
1	姓名	销售额	排名	姓名	销售额	排名
2	马行空	1112	10	王语嫣	1109	11
3	马春花	1131	9	乌老大	1259	2
4	徐铮	1240	4	无崖子	905	18
5	商宝震	955	15	云岛主	935	16
6	何思豪	1232	6	云中鹤	995	14
7	阎基	1263	1	止清	1253	3
8	田归农	1233	5	白世镜	1075	13
9	苗人凤	916	17	天山童姥	1078	12
10	刀白凤	1228	7	丁春秋	1214	8

图 3-9 合并区域引用排名

```
=RANK.EQ(B2,($B$2:$B$10,$E$2:$E$10))
```

选中 C2:C10 单元格区域，按 <Ctrl+C> 组合键复制。鼠标单击 F2 单元格，按 <Enter> 键粘贴至 F2:F10 单元格区域。

公式中的 ($B$2:$B$10,$E$2:$E$10) 部分，即为合并区域引用。

注意 合并区域引用的单元格必须位于同一工作表中，否则将返回错误值 #VALUE!。

3.3.2　交叉引用

在公式中，可以使用交叉运算符半角空格取得两个区域的交叉区域。如图 3-10 所示，需要判断 B2 单元格和 C1 单元格是否从属于 A2:E5 单元格区域。

	A	B	C	D	E
1	A1	B1	C1	D1	E1
2	A2	B2	C2	D2	E2
3	A3	B3	C3	D3	E3
4	A4	B4	C4	D4	E4
5	A5	B5	C5	D5	E5
6	判断B2是否从属于A2:E5单元格区域				TRUE
7	判断C1是否从属于A2:E5单元格区域				FALSE

图 3-10　判断某个单元格是否从属于某区域绝对交集

在 E6、E7 单元格分别输入以下公式：

```
=ISREF(B2 A2:E5)
=ISREF(C1 A2:E5)
```

其中，C1 与 A2:E5 之间使用了交叉引用符，以此求两区域是否有交叉。由于 C1 单元格与 A2:E5 无交叉区域，ISREF 函数判断返回逻辑值 FALSE。

按照单个单元格进行计算时，根据公式所在的从属单元格与引用单元格之间的物理位置，返回交叉点值，称为“绝对交集”引用或“隐含交叉”引用。

G3 单元格中包含公式 =C1:C5，且未使用数组公式方式编辑公式，则 G3 单元格返回的值为 C3，这是因为 G3 单元格和 C3 单元格位于同一行，如图 3-11 所示。

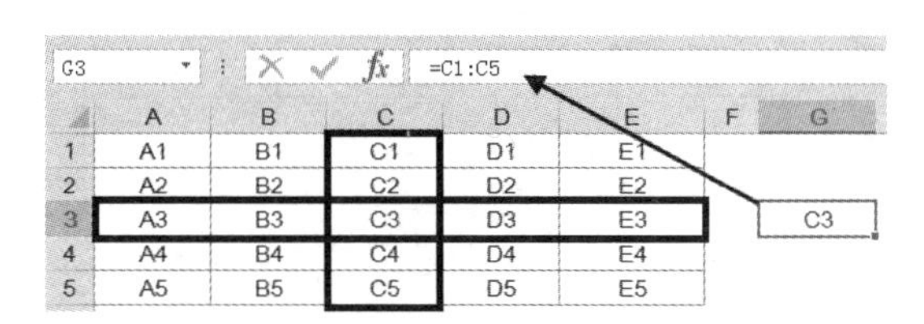

图 3-11　绝对交集引用

如图 3-12 所示，使用以下公式将得到 D3:F4 单元格区域数值之和。

```
=SUM(B2:F4 D3:F10)
```

=SUM(B2:F4 D3:F10)

SUM(number1, [number2], ...)

	A	B	C	D	E	F
1		数据1	数据2	数据3	数据4	数据5
2		53	40	44	39	31
3		30	42	52	40	43
4		58	49	29	28	40
5		20	36	26	42	56
6		32	21	43	56	35
7		24	54	29	42	26
8		18	54	23	48	22
9		16	23	31	39	44
10		41	32	16	37	42

图 3-12　交叉引用求和

B2:F4 与 D3:F10 的交叉区域是 D3:F4 单元格区域，因此公式仅对该区域执行求和计算。

在公式中的运算符前后，允许使用空格或是按 <Alt+Enter> 组合键生成的手动换行符，在嵌套公式中对公式的某一部分进行间隔，能够增加公式的可读性，使公式的各部分关系更加明确，更便于理解。

如图 3-13 所示，分别在公式中使用了空格和手动换行符，但是不会影响公式计算。

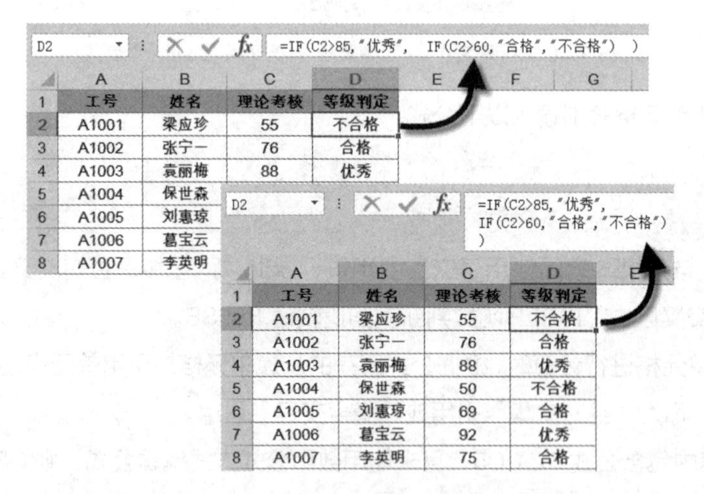

	A	B	C	D
1	工号	姓名	理论考核	等级判定
2	A1001	梁应珍	55	不合格
3	A1002	张宁一	76	合格
4	A1003	袁丽梅	88	优秀
5	A1004	保世森	50	不合格
6	A1005	刘惠琼	69	合格
7	A1006	葛宝云	92	优秀
8	A1007	李英明	75	合格

图 3-13　公式中使用空格和手动换行符进行间隔

第 4 章　跨工作表引用和跨工作簿引用

本章对公式和函数中引用不同工作表、引用不同工作簿中的单元格及单元格区域等方面的知识进行讲解。

本章学习要点

（1）引用其他工作表区域的方法。

（2）引用其他工作簿的工作表区域。

（3）引用连续多工作表的相同区域。

4.1　引用其他工作表区域

公式中，可以引用其他工作表的单元格区域。引用其他工作表的单元格区域时，需要在单元格地址前加上工作表名和半角叹号“!”。例如，以下公式表示对 Sheet2 工作表 A1 单元格的引用。

```
=Sheet2!A1
```

也可以在公式编辑状态下，通过鼠标单击相应的工作表标签，然后选取单元格区域的方式进行引用。使用鼠标选取其他工作表区域后，公式中的单元格地址前自动添加工作表名称和半角叹号“!”。

示例 4-1　引用其他工作表区域

在图 4-1 所示的工资汇总表中，需要在“汇总”工作表中计算“销售部”工作表的工资总额。

	A	B	C
1	工号	姓名	基础工资
2	10110	杨铁心	4380
3	10108	穆念慈	3500
4	10106	杨康	3800
5	10105	周伯通	3500
6	10103	欧阳克	3500
7	10104	欧阳峰	3800
8	10109	梅超风	4000
9	10107	丘处机	4300
10	10102	洪七公	4500

销售部　汇总

图 4-1　工资汇总表

如图 4-2 所示，在“汇总”工作表 B2 单元格输入等号和函数名以及左括号“=SUM(”，然后单击“销售部”工作表标签，选择 C2:C10 单元格区域，并按 <Enter> 键结束编辑，公式自动添加工作表名和右括号。

```
=SUM(销售部!C2:C10)
```

C2 =SUM(销售部!C2:C10

SUM(number1, [number2], ...)

	A	B	C
1	工号	姓名	基础工资
2	10110	杨铁心	4380
3	10108	穆念慈	3500
4	10106	杨康	3800
5	10105	周伯通	3500
6	10103	欧阳克	3500
7	10104	欧阳峰	3800
8	10109	梅超风	4000
9	10107	丘处机	4300
10	10102	洪七公	4500

销售部 汇总

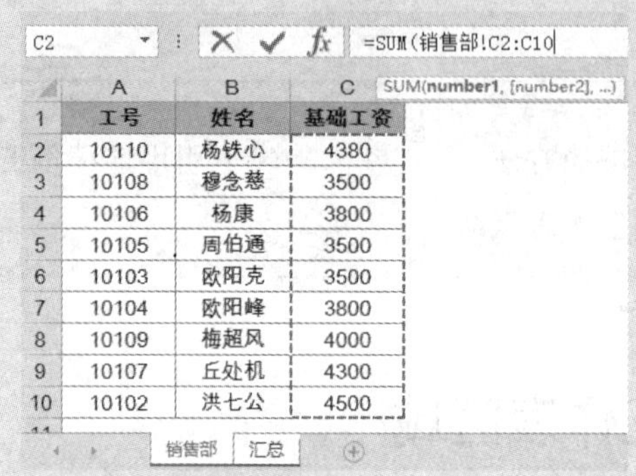

图 4-2 跨工作表引用

跨表引用的表示方式为“工作表名 + 半角感叹号 + 引用区域”。当所引用的工作表名是以数字开头、包含空格或以下特殊字符时，公式中的工作表名称将被一对半角单引号（'）包含。

```
$ % `~!@ # ^ & ( ) + - = ,| ` ;{ }
```

如果更改了被引用的工作表名，公式中的工作表名会自动更改。

例如，将上述示例中的“销售部”工作表的表名修改为“安监部”时，引用公式将变为:

```
=SUM(安监部!C2:C10)
```

4.2 引用其他工作簿中的工作表区域

当引用的单元格与公式所在单元格不在同一工作簿中时，其表示方式如下。

```
[工作簿名称]工作表名!单元格引用
```

当路径或工作簿名称、工作表名称之一以数字开头、包含空格或相关特殊字符时，感叹号之前的部分需要使用一对半角单引号包含。

如图 4-3 所示，使用以下公式引用其他工作簿中的单元格内容。

```
=[分列法提取身份证中的出生日期.xlsx]Sheet1!C2
```

“[分列法提取身份证中的出生日期.xlsx]”部分，是由中括号包含的被引用的工作簿名称，“Sheet1”部分是被引用的工作表名称，最后是用“!”隔开的单元格地址“C2”。

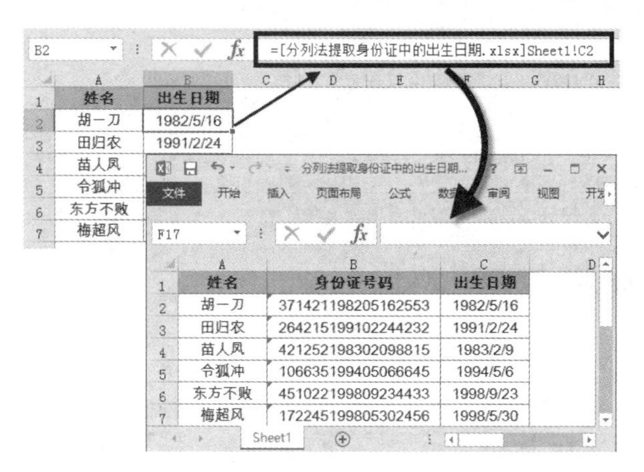

图 4-3　引用其他工作簿单元格

如果关闭被引用的工作簿，公式会自动添加被引用工作簿的路径，如图 4-4 所示。

当打开引用了其他工作簿数据的 Excel 工作簿，且被引用工作簿没有打开，则会出现如图 4-5 所示的安全警告。

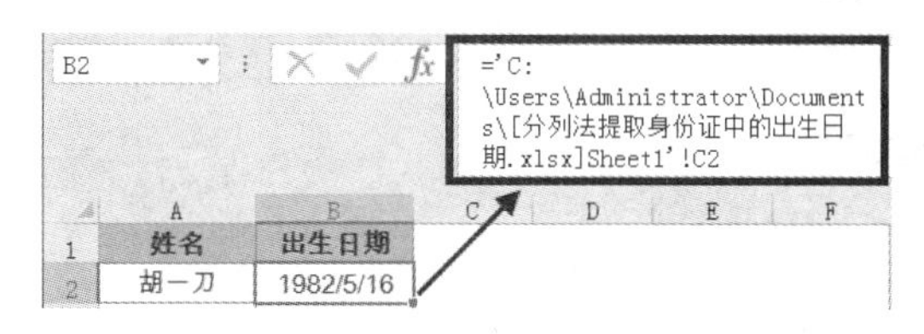

图 4-4　带有路径的单元格引用

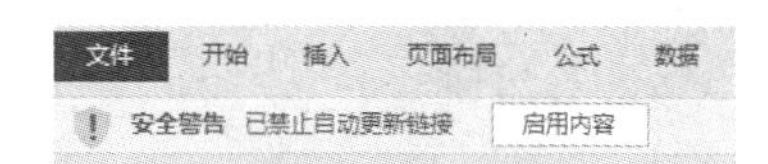

图 4-5　安全警告

用户可以单击【启用内容】按钮更新链接，但是如果使用了 SUMIF、OFFSET 等参数为 range 或 reference 的函数进行跨工作簿引用时，如果被引用的工作簿没有打开，公式将返回错误值。

为便于数据管理，应尽量在公式中减少直接跨工作簿的数据引用。

示例 4-2　导入外部数据，实现多工作簿数据引用汇总

如图 4-6 所示，是某销售公司下属部门的销售数据，分别存放在以部门命名的“销售一部”和“销售二部”工作簿内，要求在“汇总表”工作簿内汇总各销售部不同门店的销售总额。

在“汇总表”工作簿的“汇总表”工作表的 B2 单元格输入以下公式，并将公式向下复制填充。

```
=SUMIF(销售一部.xlsx!$B:$B,A2,销售一部.xlsx!$D:$D)+SUMIF(销售二部.xlsx!$B:$B,A2,销售二部.xlsx!$D:$D)
```

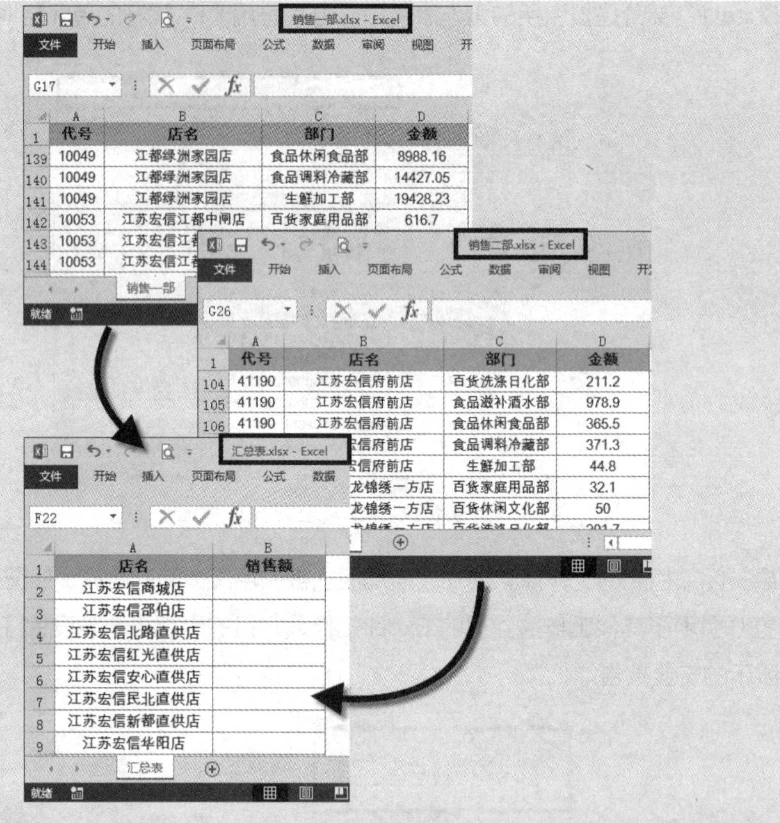

图 4-6　各部门销售数据

按 <Ctrl+S> 组合键保存后，关闭全部工作簿。

当单独打开“汇总表”工作簿时，会弹出如图 4-7 所示的安全警告。此时如果单击【启用内容】按钮更新链接，公式结果将全部变成错误值。

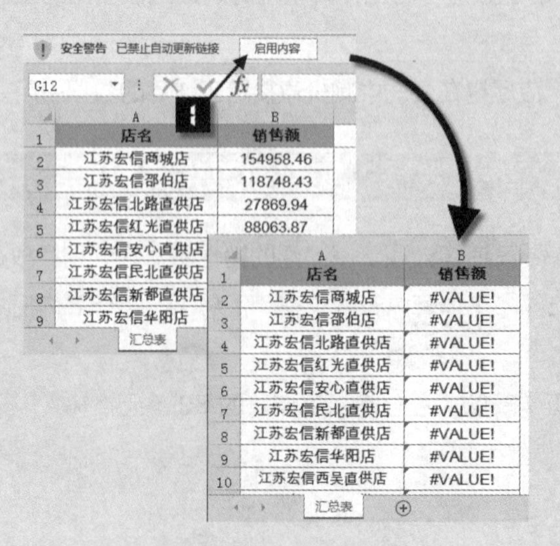

图 4-7　更新链接，公式返回错误值

用户可以使用导入外部数据的方法，将不同工作簿内的数据链接到一个工作簿内，再从同一工作簿内作为不同的工作表引用，可以避免出现以上问题。

步骤① 在“汇总表”工作簿中插入两个工作表，分别命名为“销售一部”和“销售二部”，如图 4-8 所示。

图 4-8　插入新工作表

步骤② 单击“销售一部”工作表标签，使其成为活动工作表。

在【数据】选项卡下单击【现有链接】按钮，在打开的【现有链接】对话框中，单击【浏览更多】按钮，打开【获取数据源】对话框。定位到“销售一部”工作表，单击【打开】按钮，如图 4-9 所示。

图 4-9　获取外部数据选择数据源

步骤③ 在弹出的【选择表格】对话框中，选中“销售一部”工作表，勾选【数据首行包含列标题】复选框，单击【确定】按钮。在弹出的【导入数据】对话框中，“数据的放置位置”选择【现有工作表】单选按钮，并单击 A1 单元格，导入的数据将从当前工作表的 A1 单元格开始顺序排列，如图 4-10 所示。用户也可以根据需要选择【新工作表】，Excel 将新建一个工作表，然后从 A1 单元格开始插入数据。

步骤④ 在【导入数据】对话框中，单击【属性】按钮，弹出【连接属性】对话框，勾选【打开文件时刷新数据】复选框。这样在每次打开当前工作簿时，会自动更新外部数据，如图 4-11 所示。

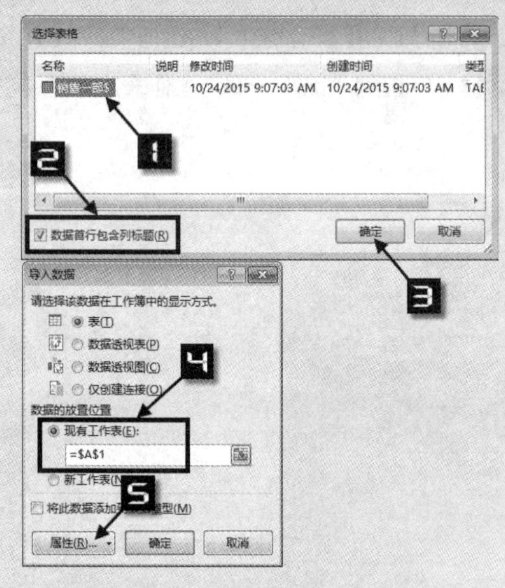

图 4-10　选择表格导入数据

图 4-11　设置打开文件时刷新数据

步骤⑤ 单击【确定】按钮返回【导入数据】对话框，再次单击【确定】按钮，完成数据导入，导入的数据如图 4-12 所示。

以同样的方法，在“销售二部”工作表内导入“销售二部”工作簿的数据。

在“汇总表”工作表内输入以下条件求和公式，如图 4-13 所示。

=SUMIF(销售一部!B:B,A2,销售一部!D:D)+SUMIF(销售二部!B:B,A2,销售二部!D:D)

	A	B	C	D
1	代号	店名	部门	金额
2	10002	江苏宏信商城店	百货家庭用品部	9958
3	10002	江苏宏信商城店	百货休闲文化部	14117.3
4	10002	江苏宏信商城店	百货洗涤日化部	33747.13
5	10002	江苏宏信商城店	食品滋补酒水部	21318.1
6	10002	江苏宏信商城店	食品休闲食品部	29599.6
7	10002	江苏宏信商城店	食品调料冷藏部	39532.76
8	10002	江苏宏信商城店	生鲜加工部	6685.57
9	10003	江苏宏信邵伯店	百货家庭用品部	13391.4
10	10003	江苏宏信邵伯店	百货休闲文化部	1606.3
11	10003	江苏宏信邵伯店	百货洗涤日化部	17914.1

汇总表　销售一部　销售二部

图 4-12　导入的外部数据

通过以上设置，完成数据汇总。如果“销售一部”和“销售二部”工作簿中的数据有更新，“汇总表”工作簿中就可以返回最新的汇总结果。

用户也可以在“销售一部”或者“销售二部”工作表中的任意单元格中单击鼠标右键，在出现的快捷菜单中单击【刷新】命令手动刷新数据，如图 4-14 所示。

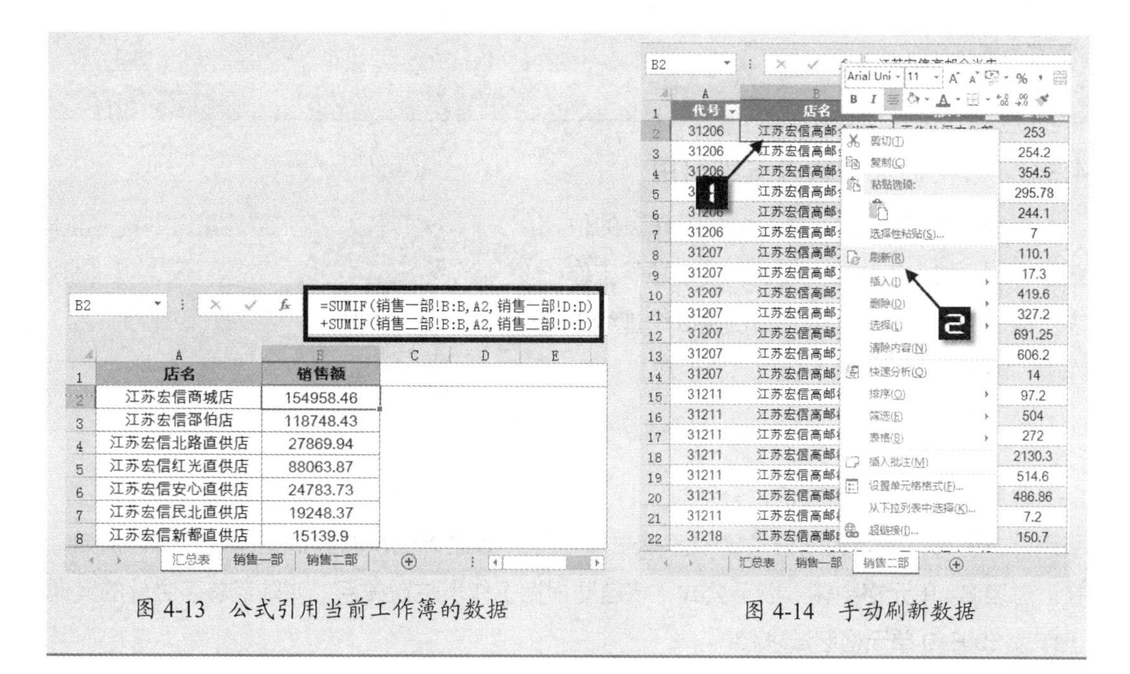

图 4-13　公式引用当前工作簿的数据　　　　图 4-14　手动刷新数据

4.3　引用连续多工作表相同区域

4.3.1　三维引用输入方式

当跨表引用多个相邻工作表的同一单元格区域时，可以使用三维引用进行计算，而无须逐个对工作表的单元格区域进行引用。其表示方式为：按工作表排列顺序，使用冒号将起始工作表和终止工作表名进行连接，作为跨表引用的工作表名，然后连接用“!”隔开的单元格或单元格区域。

示例 4-3　三维引用汇总连续多工作表相同区域

如图 4-15 所示，“1”“2”“3”“4”“5”工作表为连续排列的 5 个工作表，每个表的 A2:E10 单元格区域分别存放着 1 ~ 5 月的饮料销售情况数据。

在“汇总”工作表的 B2 单元格中，输入“=SUM(”，然后鼠标单击工作表标签“1”，按住 <Shift> 键，单击工作表标签“5”，然后选取 E3:E10 单元格区域，按 <Enter> 键结束公式编辑，将得到以下公式。

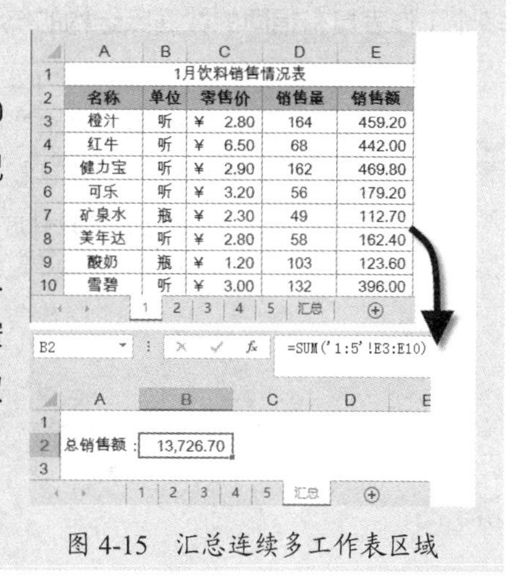

图 4-15　汇总连续多工作表区域

```
=SUM('1:5'!E3:E10)
```

4.3.2 妙用通配符输入三维引用

如图 4-16 所示，当“汇总”工作表的位置在“2”“3”工作表之间时，“汇总”工作表左侧是两个连续工作表，右侧是 3 个连续工作表，因此需要使用以下公式进行汇总。

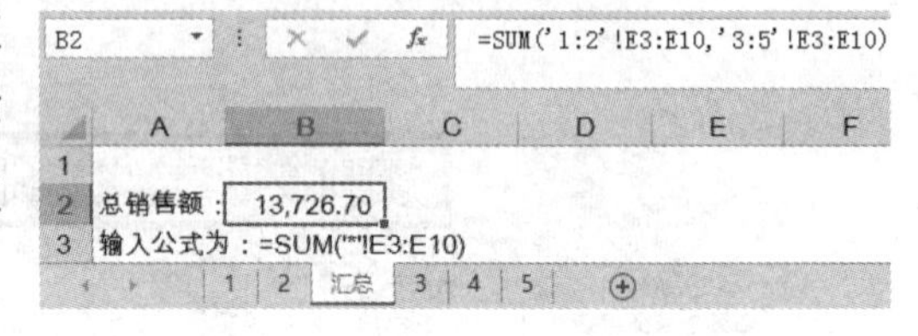

图 4-16 利用通配符快速输入三维引用

```
=SUM('1:2'!E3:E10,'3:5'!E3:E10)
```

除采用示例输入的方法，分别对“1”“2”表和“3”“4”“5”工作表分别进行三维引用外，还可以使用通配符“*”代表公式所在工作表之外的所有其他工作表名称。例如，在汇总表 B2 单元格中输入以下公式，将自动根据工作表位置关系，对除汇总表之外的其他工作表 E3:E10 单元格区域求和。

```
=SUM('*'!E3:E10)
```

由于公式输入后，Excel 会自动将通配符转换为实际的引用，因此，当工作表位置或单元格引用发生改变时，需要重新编辑公式，否则会导致公式运算错误。

4.3.3 三维引用的局限性

三维引用是对多张工作表上相同单元格或单元格区域的引用，其要点是“跨越两个或多个连续工作表”和“相同单元格区域”。

在实际使用中，支持这种连续多表同区域引用的常用函数有 SUM、AVERAGE、AVERAGEA、COUNT、COUNTA、MAX、MIN、PRODUCT、RANK 函数等，主要适用于多个工作表具有相同的数据库结构的统计计算。

三维引用既不能用于引用类型 range 为参数的函数中，如 SUMIF、COUNTIF 函数等，也不能用于大多数函数参数类型为 reference 或 ref 的函数（但 RANK 函数除外），且必须与函数产生的多维引用区分开来。

第 5 章　表格和结构化引用

本章介绍 Excel 2013 的表格功能，对表格和结构化引用等方面知识进行讲解。

本章学习要点

（1）了解 Excel 表格的特点。　　（2）在公式中使用结构化引用。

5.1　创建表格

Excel 中的表格由单元格区域组成，通常情况下，会包含一行文本标题，对每一列的内容进行概括性描述，标题行以下是明细数据。

在 Excel 2013 版中创建表格有 3 种方法。

- 单击【开始】选项卡【套用表格格式】下拉按钮，并在扩展菜单中单击任意一种表样式。
- 单击【插入】选项卡中的【表格】按钮。
- 按 <Ctrl+T> 或 <Ctrl+L> 组合键。

创建完成的表格首行自动添加筛选按钮，并且自动应用表格格式。

在表格中不能使用合并单元格功能，如果数据区域中包含合并单元格，插入表格后合并单元格会自动取消，合并单元格中已有的内容将在原区域的左上角第一个单元格中显示。

单击表格的任意单元格区域，功能区自动出现【表格工具】选项卡，如图 5-1 所示。

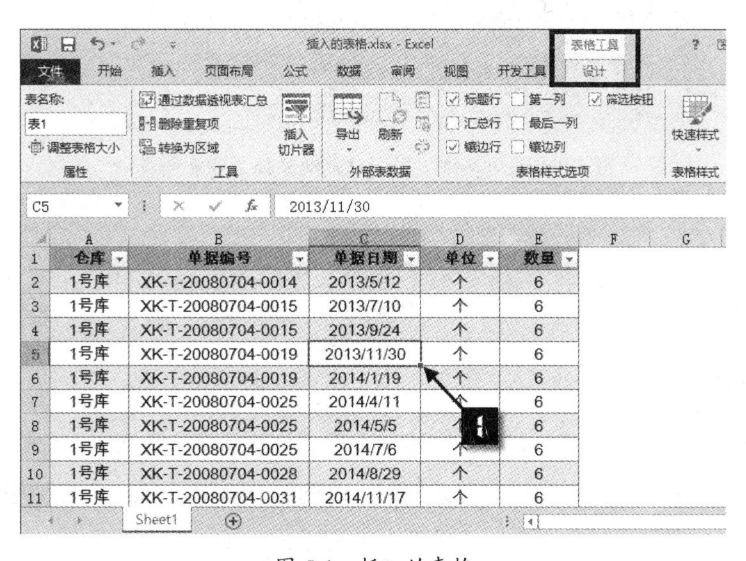

图 5-1　插入的表格

单击表格首行的筛选按钮，在下拉菜单中包含排序和筛选选项，根据每一列数据类型的不同，对应的筛选选项也不同，如图 5-2 所示。

图 5-2　表格的筛选选项

单击表格区域的任意单元格，向下滚动工作表时，表格标题自动替换工作表的列标，如图 5-3 所示。

	仓库	单据编号	单据日期	单位	数量	F
13	1号库	XK-T-20080704-0002	2015/3/8	个	6	
14	1号库	XK-T-20080704-0004	2015/3/13	个	6	
15	1号库	XK-T-20080704-0004	2015/6/4	个	6	
16	1号库	XK-T-20080704-0008	2015/7/24	个	6	
17	1号库	XK-T-20080704-0008	2015/10/14	个	6	
18	1号库	XK-T-20080704-0009	2015/12/30	个	6	
19	1号库	XK-T-20080704-0014	2016/1/17	个	6	
20	1号库	XK-T-20080701-0001	2016/3/24	个	8	
21	1号库	XK-T-20080701-0005	2016/5/2	个	8	
22	1号库	XK-T-20080701-0005	2016/5/11	个	8	

图 5-3　滚动表格，列标题自动替换工作表列标

5.2　表格的计算

5.2.1　计算列

表格默认启用计算列功能。如果在表格右侧相邻列的任意单元格输入公式，表格区域自动扩展为包含公式的列，并且自动将公式应用到该列的所有单元格。如果该列首行的第一个单元格为空白，会自动添加名为“列 + 数字”的列标题，如图 5-4 所示。

表格插入计算列后，会出现一个【自动更正选项】智能标记。假如用户不希望使用计算列功能，可以单击该标记，在下拉菜单中选择【停止自动创建计算列】，如图 5-5 所示。

	A	B	C	D	E	F
1	仓库	单据编号	单据日期	单位	数量	
2	1号库	XK-T-20080704-0014	2013/5/12	个	6	
3	1号库	XK-T-20080704-0015	2013/7/10	个	8	
4	1号库	XK-T-20080704-0015	2013/9/24	个	1	
5	1号库	XK-T-20080704-0019	2013/11/30	个	4	
6	1号库	XK-T-20080704-0019	2014/1/19	个	3	
7	1号库	XK-T-20080704-0025	2014/4/11	个		=E7*0.15
8	1号库	XK-T-20080704-0025	2014/5/5	个	2	
9	1号库	XK-T-20080704-0025	2014/7/6	个	8	
10	1号库	XK-T-20080704-0028	2014/8/29	个	2	
11	1号库	XK-T-20080704-0031	2014/11/17	个	9	

F7　=E7*0.15

	A	B	C	D	E	F
1	仓库	单据编号	单据日期	单位	数量	列1
2	1号库	XK-T-20080704-0014	2013/5/12	个	6	0.9
3	1号库	XK-T-20080704-0015	2013/7/10	个	8	1.2
4	1号库	XK-T-20080704-0015	2013/9/24	个	1	0.15
5	1号库	XK-T-20080704-0019	2013/11/30	个	4	0.6
6	1号库	XK-T-20080704-0019	2014/1/19	个	3	0.45
7	1号库	XK-T-20080704-0025	2014/4/11	个	6	0.9
8	1号库	XK-T-20080704-0025	2014/5/5	个	2	0.3
9	1号库	XK-T-20080704-0025	2014/7/6	个	8	1.2
10	1号库	XK-T-20080704-0028	2014/8/29	个	2	0.3
11	1号库	XK-T-20080704-0031	2014/11/17	个	9	1.35

图 5-4　公式自动应用到一列中

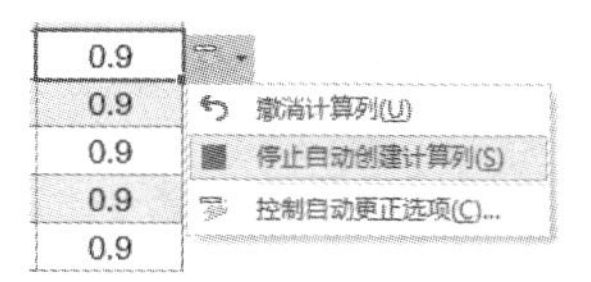

图 5-5　自动更正选项

如果选择了【停止自动创建计算列】功能，在表格右侧相邻列的任意单元格输入公式后，单击【自动更正选项】智能标记，下拉菜单中的选项变为【使用此公式覆盖当前列中的所有单元格】。单击该选项，公式可快速应用到当前列中的所有单元格，如图 5-6 所示。

图 5-6　自动更正选项

除此之外，用户可以在选项中开启或关闭计算列功能。

依次选择【文件】→【选项】，打开【Excel 选项】对话框，在【校对】选项卡下单击【自动更正选项】按钮，打开【自动更正】对话框，在【键入时自动套用格式】选项卡下，勾选或取消勾选【将公式填充到表以创建计算列】复选框，单击【确定】按钮，如图 5-7 所示。

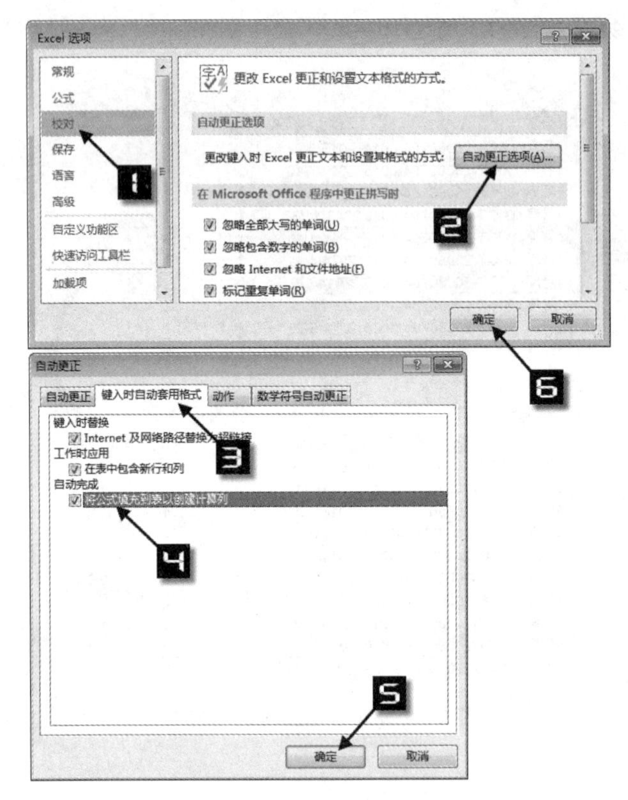

图 5-7 开启或关闭计算列功能

如果使用表格中的数据创建图表或是数据透视表，当在表格中添加数据时，图表的数据系列和数据透视表的引用范围会自动扩展。

5.2.2 汇总行

在表格中可以使用【汇总行】功能。单击表格中的任意单元格，在【设计】选项卡下勾选【汇总行】复选框，表格最后一行将自动添加“汇总”行，默认汇总方式为求和，如图 5-8 所示。

	A	B	C	D	E
1	仓库	单据编号	单据日期	单位	数量
17	1号库	XK-T-20080704-0008	2015/10/14	个	6
18	1号库	XK-T-20080704-0009	2015/12/30	个	6
19	1号库	XK-T-20080704-0014	2016/1/17	个	6
20	1号库	XK-T-20080701-0001	2016/3/24	个	8
21	1号库	XK-T-20080701-0005	2016/5/2	个	8
22	1号库	XK-T-20080701-0005	2016/5/11	个	8
23	汇总				132

图 5-8 表格汇总行

单击汇总行中的单元格，会出现一个下拉按钮，可以在下拉菜单中选择不同的汇总方式，如图 5-9 所示。

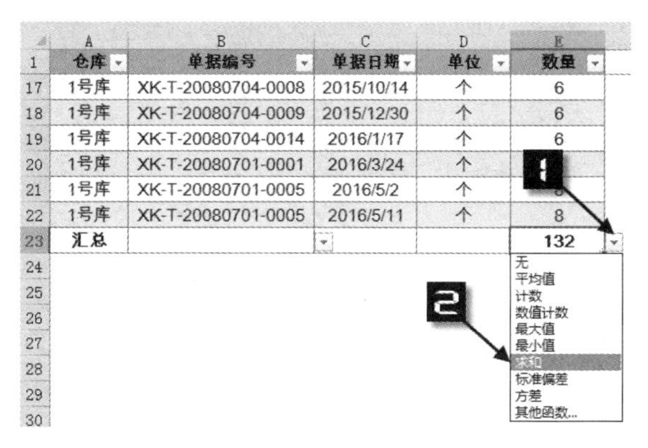

	A	B	C	D	E
1	仓库	单据编号	单据日期	单位	数量
17	1号库	XK-T-20080704-0008	2015/10/14	个	6
18	1号库	XK-T-20080704-0009	2015/12/30	个	6
19	1号库	XK-T-20080704-0014	2016/1/17	个	6
20	1号库	XK-T-20080701-0001	2016/3/24	个	
21	1号库	XK-T-20080701-0005	2016/5/2	个	
22	1号库	XK-T-20080701-0005	2016/5/11	个	8
23	汇总				132

图 5-9 在下拉列表中选择汇总方式

示例 5-1 创建成绩表格并汇总平均分

如图 5-10 所示，是某企业员工考核成绩的部分数据，创建成绩表格可以快速实现多种方式的汇总。

步骤① 单击数据区域任意单元格（如 A4），依次单击【插入】→【表格】，在【创建表】对话框中保持【表包含标题】复选框的勾选，单击【确定】按钮，如图 5-10 所示。

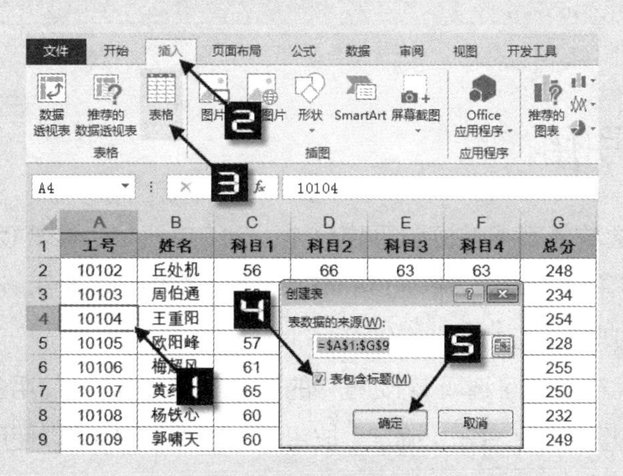

	A	B	C	D	E	F	G
1	工号	姓名	科目1	科目2	科目3	科目4	总分
2	10102	丘处机	56	66	63	63	248
3	10103	周伯通					234
4	10104	王重阳					254
5	10105	欧阳峰	57				228
6	10106	梅超风	61				255
7	10107	黄药	65				250
8	10108	杨铁心	60				232
9	10109	郭啸天	60				249

图 5-10 插入表格

步骤② 单击【设计】选项卡，勾选【汇总行】复选框，在表格最后一行将自动添加“汇总”行。单击 G10 单元格的下拉按钮，在下拉菜单中单击【平均值】，将自动生成以下公式的结果，如图 5-11 所示。

```
=SUBTOTAL(101,[ 总分 ])
```

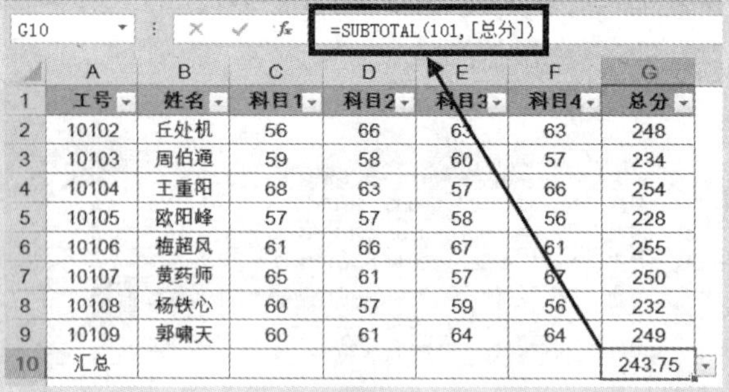

G10 =SUBTOTAL(101,[总分])

	A	B	C	D	E	F	G
1	工号	姓名	科目1	科目2	科目3	科目4	总分
2	10102	丘处机	56	66	63	63	248
3	10103	周伯通	59	58	60	57	234
4	10104	王重阳	68	63	57	66	254
5	10105	欧阳峰	57	57	58	56	228
6	10106	梅超风	61	66	67	61	255
7	10107	黄药师	65	61	57	67	250
8	10108	杨铁心	60	57	59	56	232
9	10109	郭啸天	60	61	64	64	249
10	汇总						243.75

图 5-11　使用表格汇总功能

此时如果对数据进行筛选，公式将仅对筛选后处于显示状态的数据进行汇总，如图 5-12 所示。

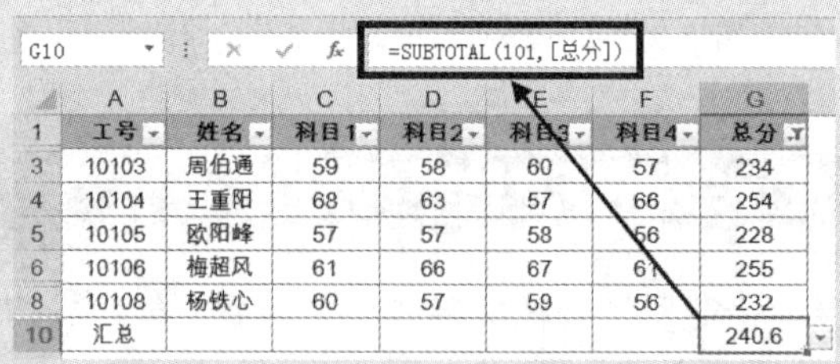

G10 =SUBTOTAL(101,[总分])

	A	B	C	D	E	F	G
1	工号	姓名	科目1	科目2	科目3	科目4	总分
3	10103	周伯通	59	58	60	57	234
4	10104	王重阳	68	63	57	66	254
5	10105	欧阳峰	57	57	58	56	228
6	10106	梅超风	61	66	67	61	255
8	10108	杨铁心	60	57	59	56	232
10	汇总						240.6

图 5-12　筛选后的汇总结果

关于 SUBTOTAL 函数的详细用法，请参阅 15.12.1 小节。

5.3　结构化引用

在示例 5-1 创建成绩表格并汇总平均分中，G10 单元格的公式使用“[总分]”表示 G2:G9 单元格区域，并且可以随表格区域的增减而自动改变引用范围。这种以类似字段名方式表示单元格区域的方法，称为“结构化引用”。

如图 5-13 所示，在【Excel 选项】对话框中的【公式】选项卡的【使用公式】区域，勾选【在公式中使用表名】的复选框，单击【确定】按钮退出对话框，即可以使用结构化引用来表示表格区域中的单元格。

如图 5-14 所示，在编辑公式表格名称后输入左方括号“[”，将弹出表格区域标题行表字段，并支持“公式记忆式键入”功能。

结构化引用包含以下几个元素。

（1）表名称：例如，以上公式中的“表 1”，可以单独使用表名称来引用除标题行和汇总行以外的“表”区域。

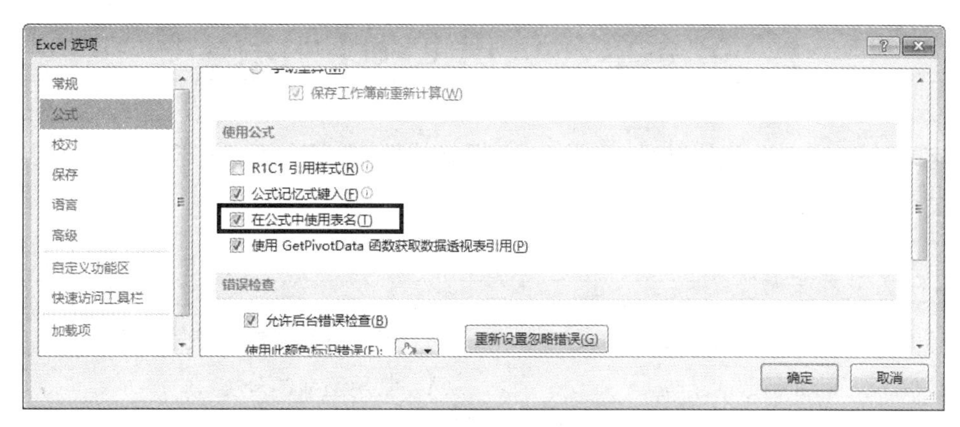

图 5-13　在公式中使用表名

（2）列标题：例如，以上公式中的“[总分]”使用方括号包含，引用的是该列标题和汇总以外的数据区域。

（3）表字段：共有 5 项，即 [# 全部]、[# 数据]、[# 标题]、[# 汇总]、@- 此行，不同选项表示的范围如表 5-1 所示。

表 5-1　不同表字段标识符表示的范围

标识符	说明
[# 全部]	返回包含标题行、所有数据行和汇总行的范围
[# 数据]	返回包含数据行、但不包含标题行和汇总行的范围
[# 标题]	返回只包含标题行的范围
[# 汇总]	返回只包含汇总行的范围，如果没有汇总行则返回错误值 #REF!
@ - 此行	返回公式所在行和表格数据行交叉的范围。如果公式所在行和表格没有交叉，或者与标题行或总行在同一行上，则返回错误值 #VALUE!

如图 5-15 所示，在 G2 单元格中输入“=SUM(”，然后选择 C2:F2 单元格区域，按 <Enter> 键结束编辑后，将生成以下公式，并自动向下填充至表格的末行。

```
=SUM(表1[@[科目1]:[科目4]])
```

图 5-14　可记忆式键入的结构化引用

G2　=SUM(表1[@[科目1]:[科目4]])

	A	B	C	D	E	F	G
1	工号	姓名	科目1	科目2	科目3	科目4	总分
2	10102	丘处机	56	66	63	63	248
3	10103	周伯通	59	58	60	57	234
4	10104	王重阳	68	63	57	66	254
5	10105	欧阳峰	57	57	58	56	228
6	10106	梅超风	61	66	67	61	255
7	10107	黄药师	65	61	57	67	250
8	10108	杨铁心	60	57	59	56	232
9	10109	郭啸天	60	61	64	64	249
10	汇总						243.75

图 5-15　表格区域扩展的结构化引用

第 6 章 认识 Excel 函数

本章对函数的定义进行讲解，掌握 Excel 函数的基础知识，为深入学习和运用函数与公式解决问题奠定基础。

本章学习要点

（1）了解 Excel 函数的基础概念。
（2）掌握 Excel 函数的结构。
（3）了解可选参数与必需参数。
（4）常用函数的分类。

函数的概念

Excel 的工作表函数通常简称为 Excel 函数，它是由 Excel 内部预先定义并按照特定的顺序和结构来执行计算、分析等数据处理任务的功能模块。因此，Excel 函数也常被人们称为“特殊公式”。与公式一样，Excel 函数最终返回的结果为值。

Excel 函数只有唯一的名称且不区分大小写，每个函数都有特定的功能和用途。

1．函数的结构

在公式中使用函数时，通常有表示公式开始的等号、函数名称、左括号、以半角逗号相间隔的参数和右括号构成。此外，公式中允许使用多个函数或计算式，使用运算符进行连接。

部分函数允许多个参数，如 SUM(A1:A10,C1:C10) 使用了两个参数。另外，也有一些函数没有参数或可省略参数，例如，NOW 函数、RAND 函数、PI 函数等没有参数，由等号、函数名称和一对括号组成。

ROW 函数、COLUMN 函数可省略参数。如果参数省略，则返回公式所在单元格的行号和列标数字。

函数的参数由数值、日期和文本等元素组成，可以使用常量、数组、单元格引用或其他函数。当使用函数作为另一个函数的参数时，称为嵌套函数。

图 6-1 所示的是常见的使用 IF 函数判断正数、负数和零的公式，其中，第 2 个 IF 函数是第 1 个 IF 函数的嵌套函数。

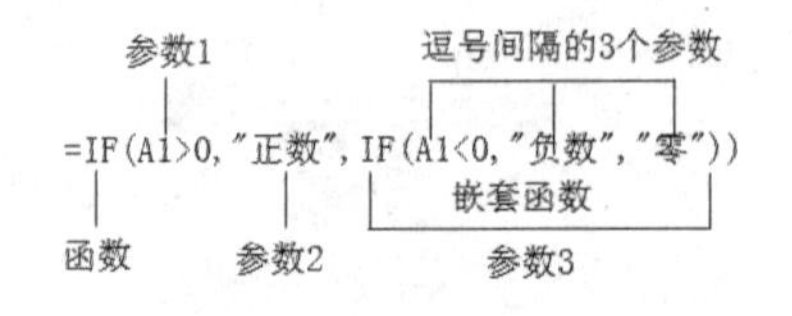

图 6-1 函数的结构

2．可选参数与必需参数

一些函数可以仅使用其部分参数，例如，SUM 函数可支持 255 个参数，其中第 1 个参数为必需参数不能省略，而第 2 ~ 255 个参数都可以省略。在函数语法中，可选参数一般用一对方括号“[ ]”包含起来，当函数有多个可选参数时，可

从右向左依次省略参数。

除了 SUM、COUNT 等函数具有多个相似参数外，表 6-1 列出了常用的函数省略具体参数和相当于设置该参数时的默认处理方式。

表 6-1　常用函数省略可选参数情况

函数名称	参数位置及名称	省略参数后的默认处理方式
IF 函数	第 3 个参数 [value_if_false]	默认为 FALSE
LOOKUP 函数	第 3 个参数 [result_vector]	默认为数组语法
MATCH 函数	第 3 个参数 [match_type]	默认为 1
VLOOKUP 函数	第 4 个参数 [range_lookup]	默认为 TRUE
HLOOKUP 函数	第 4 个参数 [range_lookup]	默认为 TRUE
INDIRECT 函数	第 2 个参数 [a1]	默认为 A1 引用样式
FIND(B) 函数	第 3 个参数 [start_num]	默认为 1
SEARCH(B) 函数	第 3 个参数 [start_num]	默认为 1
LEFT(B) 函数	第 2 个参数 [num_chars]	默认为 1
RIGHT(B) 函数	第 2 个参数 [num_chars]	默认为 1
SUBSTITUTE 函数	第 4 个参数 [instance_num]	默认为替换所有符合第 2 个参数的字符
SUMIF 函数	第 3 个参数 [sum_range]	默认对第 1 个参数 range 进行求和

此外，在公式中有些参数可以省略参数值，在前一参数后仅跟一个逗号，用以保留参数的位置，这种方式称为“省略参数的值”或“简写”，常用于代替逻辑值 FALSE、数值 0 或空文本等参数值。

表 6-2 列出了常见的函数参数简写情况。

表 6-2　参数简写情况

原公式	简写后的公式
=VLOOKUP(E1,A1:B10,2,FALSE) =VLOOKUP(E1,A1:B10,2,0)	=VLOOKUP(E1,A1:B10,2,)
=MAX(D2,0)	=MAX(D2,)
=OFFSET(A1,0,0,10,1)	=OFFSET(A1,,,10,1)
=SUBSTITUTE(A2,"A","")	=SUBSTITUTE(A2,"A",)

省略参数指的是将参数连同前面的逗号（如果有）一同去除，仅适用于可选参数；省略参数的值（即简写）指的是保留参数前面的逗号，但不输入参数的值，既可以是可选参数，也可以是必需参数。

3．为什么需要使用函数

函数具有简化公式、提高编辑效率的特点，可以执行使用其他方式无法实现的数据汇总任务。

某些简单的计算可以通过自行设计的公式完成，如对 A1:A3 单元格求和，可以使用以下公式。

```
=A1+A2+A3
```

但如果要对A1:A100或者更多单元格区域求和，逐个单元格相加的做法将变得无比繁杂、低效、易出错。使用SUM函数则可以大大简化这些公式，使之更易于输入、查错和修改，以下公式可以得到A1:A100的和。

```
=SUM(A1:A100)
```

其中SUM是求和函数，A1:A100是需要求和的区域，表示对A1:A100单元格区域执行求和计算。用户可以根据实际数据情况，将求和区域写成多行多列的单元格引用。

此外，有些函数的功能是自编公式无法完成的，例如使用RAND函数产生大于等于0且小于1的随机值。

使用函数公式对数据汇总，相当于在数据之间搭建了一个关系模型，当数据源中的数据发生变化时，无须对函数公式再次编辑，即可实时得到最新的计算结果。同时，可以将已有的函数公式快速应用到具有相同样式和相同运算规则的新数据源中。

4. 常用函数的分类

在Excel函数中，根据来源的不同可将函数分为以下4类。

（1）内置函数

内置函数是指只要启动了Excel就可以使用的函数。

（2）扩展函数

扩展函数是指必须通过加载宏才能正常使用的函数。例如，EUROCONVERT函数必须选择【开发工具】→【加载项】，在【加载项】对话框中勾选“欧元工具”复选框之后才能正常使用，否则将返回#NAME?错误信息。

在Excel 2013版中，加载后的扩展函数在【插入函数】对话框中类别为“用户定义”函数，如图6-2所示。

图6-2 “用户定义”函数

自Excel 2007版开始，EDATE函数、EOMONTH函数等“分析工具库”函数已转为内置函数，可以直接使用，而在Excel 2003版中使用时必须先加载“分析工具库”。

（3）自定义函数

自定义函数是使用VBA代码进行编制并实现特定功能的函数，这类函数存放于VB编辑器的“模块”中。

（4）宏表函数

该类函数是 Excel 4.0 版函数，需要通过定义名称或在宏表中使用，其中多数函数已逐步被内置函数和 VBA 功能所替代。

自 Excel 2007 版开始，需要将包含自定义函数或宏表函数的文件保存为“启用宏的工作簿 (.xlsm)”或“二进制工作簿 (.xlsb)”，并在首次打开文件后需要单击【宏已被禁用】安全警告对话框中的【启用内容】按钮，否则宏表函数将不可用。

根据函数的功能和应用领域，内置函数可分为以下 12 种类型。

文本函数、信息函数、逻辑函数、查找和引用函数、日期和时间函数、统计函数、数学和三角函数、财务函数、工程函数、多维数据集函数、兼容性函数和 Web 函数。

其中，兼容性函数是 Excel 2013 版中提供的，对早期版本进行精确度改进或更改名称，以更好地反映其用法而保留的旧版函数。虽然这些函数仍可向后兼容，但建议用户从现在开始使用新函数，因为旧版函数在 Excel 的未来版本中可能不再可用。

在实际应用中，函数的功能被不断开发挖掘，不同类型的函数能够解决的问题也不仅仅局限于某个类型。函数的灵活性和多变性，也正是学习函数公式的乐趣所在。Excel 2013 中的内置函数有 400 多个，但是这些函数并不需要全部学习，掌握使用频率较高的几十个函数以及这些函数的组合嵌套使用，就可以应对工作中的绝大部分任务。

5．认识函数的易失性

有时用户打开一个工作簿不做任何更改直接关闭时，Excel 也会提示“是否保存对文档的更改？”，这是因为该工作簿中用到了部分“易失性函数”。

在工作簿中使用了易失性函数，每激活一个单元格或在一个单元格输入数据，甚至只是打开工作簿，具有易失性的函数都会自动重新计算。

易失性函数在以下情形下不会引发自动重新计算。

（1）工作簿的重新计算模式设置为“手动”时。

（2）当手工设置列宽、行高而不是双击调整为合适列宽时，但隐藏行或设置行高值为 0 除外。

（3）当设置单元格格式或其他更改显示属性的设置时。

（4）激活单元格或编辑单元格内容但按 <Esc> 键取消时。

常见的易失性函数有以下几种。

❖ 获取随机数的 RAND 函数和 RANDBETWEEN 函数，每次编辑会自动产生新的随机数。
❖ 获取当前日期、时间的 TODAY 函数、NOW 函数，每次返回当前系统的日期、时间。
❖ 返回单元格引用的 OFFSET 函数、INDIRECT 函数每次编辑都会重新定位实际的引用区域。
❖ 获取单元格信息的 CELL 函数和 INFO 函数，每次编辑都会刷新相关信息。

此外，在公式中使用类似 A1:INDEX( )、INDEX( ):INDEX( ) 结构时，重新打开工作簿会引发重新计算。如果 SUMIF 函数第 3 个参数简写，也会引发重新计算。

第 7 章　函数的输入与查看函数帮助

本章对函数的输入、编辑以及查看函数帮助文件的方法进行讲解，熟悉输入、编辑函数的方法并善于利用帮助文件，将有助于函数的学习和理解。

本章学习要点

（1）输入函数的方式。　　（2）查看函数帮助文件。

7.1　输入函数的几种方式

7.1.1　使用“自动求和”按钮插入函数

许多用户都是从“自动求和”功能开始接触函数和公式的，在【公式】选项卡的函数库命令组中有一个图标为Σ的【自动求和】按钮，在【开始】选项卡的【编辑】命令组中也有此按钮。

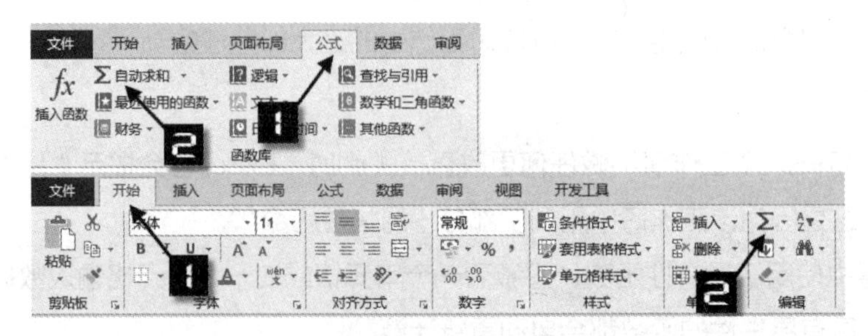

图 7-1　自动求和按钮

默认情况下，单击【自动求和】按钮或者按 <Alt+=> 组合键将插入用于求和的 SUM 函数。单击【自动求和】按钮右侧的下拉按钮，在下拉菜单中包括求和、平均值、计数、最大值、最小值和其他函数 6 个选项，如图 7-2 所示。

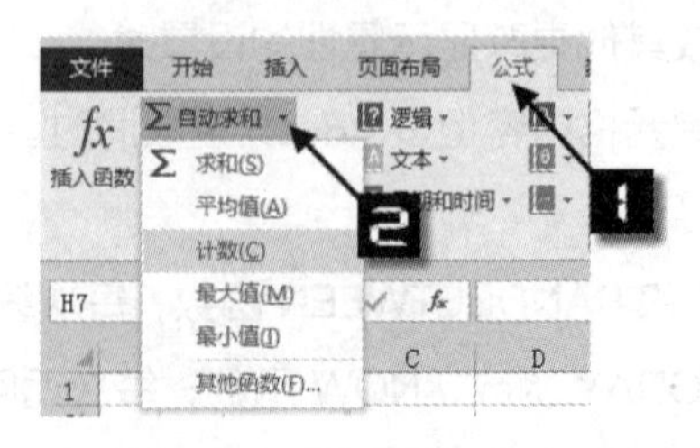

图 7-2　自动求和按钮选项

在下拉菜单中选择【其他函数】命令时，将打开【插入函数】对话框，如图 7-3 所示。

单击其他 5 个按钮时，Excel 将智能地根据所选取单元格区域和数据情况，自动选择公式统计的单元格范围，以实现快捷输入。如图 7-4 所示，选中 C2:G10 单元格区域，单击【公式】选项卡下的【自动求和】按钮，Excel 将分别对 C2:F9 单元格区域的每一列和 C2:F10 单元格区域的每一行进行求和。

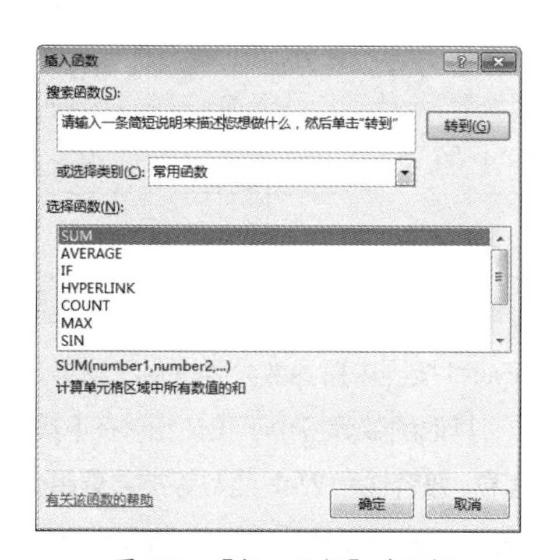

图 7-3　【插入函数】对话框

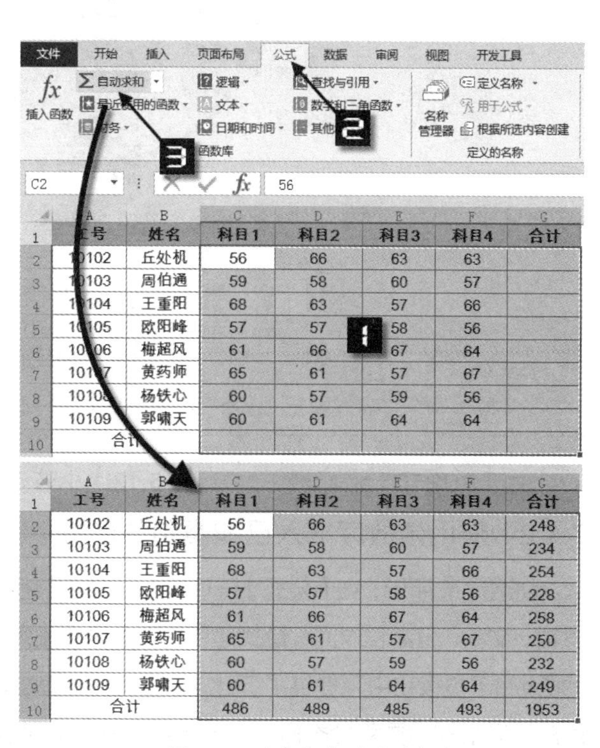

工号	姓名	科目1	科目2	科目3	科目4	合计
10102	丘处机	56	66	63	63	
10103	周伯通	59	58	60	57	
10104	王重阳	68	63	57	66	
10105	欧阳峰	57	57	58	56	
10106	梅超风	61	66	67	64	
10107	黄药师	65	61	57	67	
10108	杨铁心	60	57	59	56	
10109	郭啸天	60	61	64	64	
合计						

工号	姓名	科目1	科目2	科目3	科目4	合计
10102	丘处机	56	66	63	63	248
10103	周伯通	59	58	60	57	234
10104	王重阳	68	63	57	66	254
10105	欧阳峰	57	57	58	56	228
10106	梅超风	61	66	67	64	258
10107	黄药师	65	61	57	67	250
10108	杨铁心	60	57	59	56	232
10109	郭啸天	60	61	64	64	249
合计		486	489	485	493	1953

图 7-4　对多行多列同时求和

通常情况下，如果在数据区域之间使用【自动求和】进行计算，Excel 默认自动选择公式所在行之上的数据部分或是公式所在列左侧的数据部分求和。

当要计算的表格区域处于筛选状态时，单击【自动求和】按钮将应用 SUBTOTAL 函数的相关功能，以便在筛选状态下进行求和、平均值、计数、最大值、最小值等汇总计算。

示例 7-1　筛选状态下使用自动求和

如图 7-5 所示，在员工考核表中，已经对 D 列的科目 2 筛选出 60 分以上的数据，需要对处于显示状态的每个科目的总分进行汇总。

选择 C2:F10 单元格区域，单击【公式】选项卡下的【自动求和】按钮，在 C10:F10 单元格区域自动使用 SUBTOTAL 函数对每一列进行求和汇总，其中 C10 单元格自动生成的求和公式如下。

```
=SUBTOTAL(9,C2:C9)
```

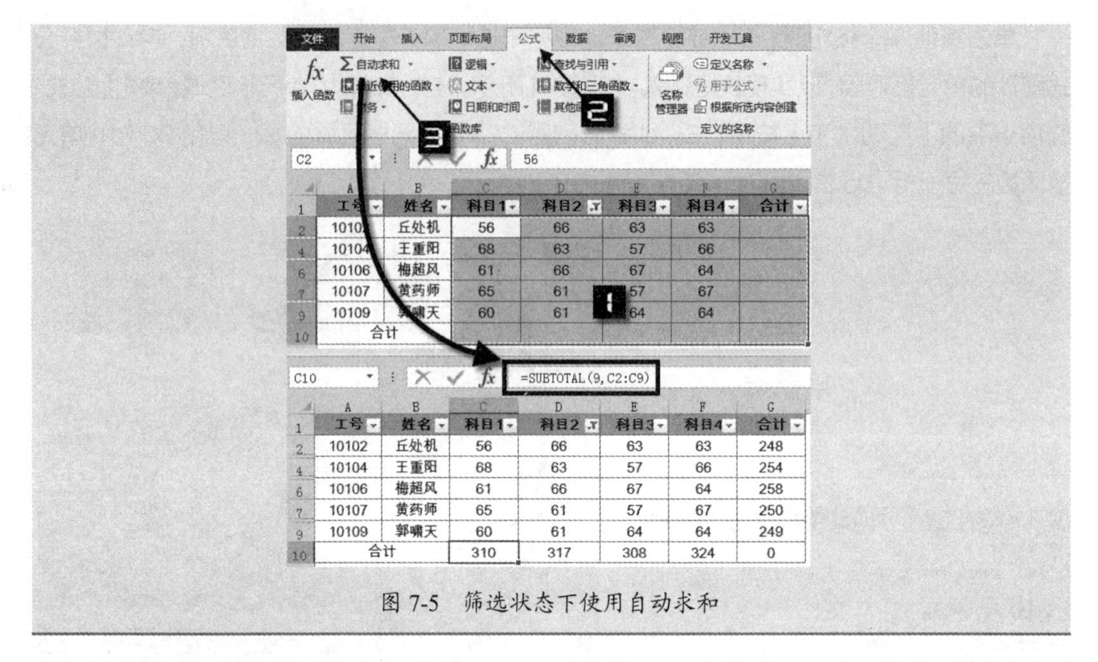

图 7-5　筛选状态下使用自动求和

关于 SUBTOTAL 函数，请参阅 15.12.1 小节。

7.1.2　使用函数库插入已知类别的函数

如图 7-6 所示，在【公式】选项卡【函数库】组中，Excel 按照内置函数分类提供了财务、逻辑、文本、日期和时间、查找与引用、数学和三角函数、其他函数等多个下拉按钮，在【其他函数】下拉按钮中还提供了统计、工程、多维数据集、信息、兼容性和 Web 函数等扩展菜单。用户可以根据需要和分类插入内置函数（数据库函数除外），还可以从【最近使用的函数】下拉按钮中选取最近使用过的 10 个函数。

图 7-6　使用函数库插入已知类别的函数

7.1.3　使用"插入函数"向导搜索函数

如果对函数所归属的类别不太熟悉，还可以使用"插入函数"向导选择或搜索所需函数。以下 4 种方法均可打开"插入函数"对话框。

（1）单击【公式】选项卡上的【插入函数】按钮。

（2）在【公式】选项卡的【函数库】组各个下拉按钮的扩展菜单中，单击【插入函数】

按钮；或单击【自动求和】下拉按钮，在扩展菜单中单击【其他函数】命令。

（3）单击“编辑栏”左侧的【插入函数】按钮。

（4）按 <Shift+F3> 组合键。

如图 7-7 所示，在【搜索函数】编辑框中输入关键字“如果”，单击【转到】按钮，对话框中将显示“推荐”的函数列表，选择具体函数后，单击【确定】按钮，即可插入该函数并切换到【函数参数】对话框。

如图 7-8 所示，在【函数参数】对话框中，从上而下主要由函数名、参数编辑框、函数简介及参数说明和计算结果等几部分组成，其中，参数编辑框允许直接输入参数或单击右侧折叠按钮以选取单元格区域，其右侧将实时显示输入参数的值。

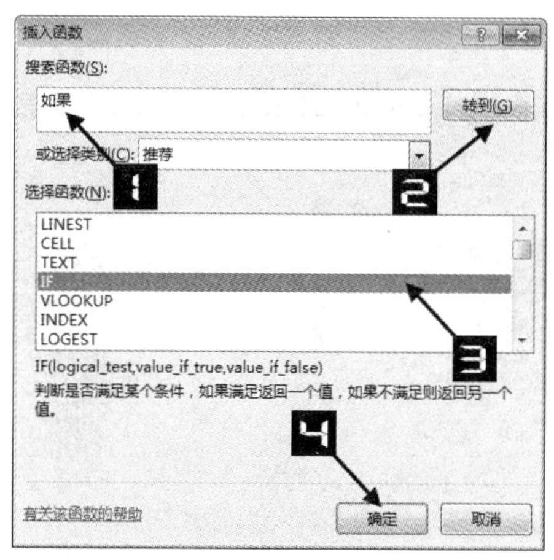

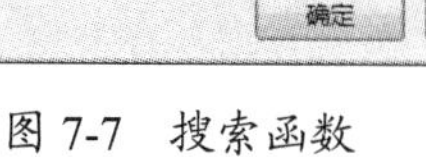

图 7-7　搜索函数

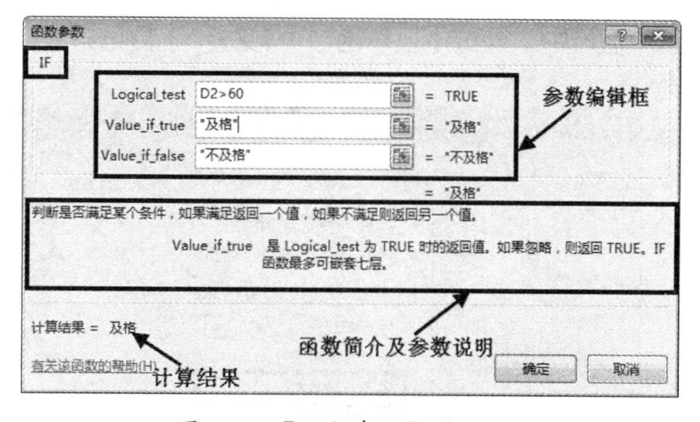

图 7-8　【函数参数】对话框

7.1.4　使用公式记忆式键入手工输入

自 Excel 2007 版本开始新增了“公式记忆式键入”功能，用户输入公式时可以出现备选的函数和已定义的名称列表，以便帮助用户自动完成公式。如果知道所需函数名的全部或开头部分字母，则可直接在单元格或编辑栏中手工输入函数。

在公式编辑模式下，按 <Alt+ ↓ > 组合键可以切换是否启用“公式记忆式键入”功能，也可以选中【文件】→【选项】，在【Excel 选项】对话框的【公式】选项卡中，勾选【使用公式】区域的【公式记忆式键入】复选框，然后单击【确定】按钮关闭对话框。

当用户编辑或输入公式时，就会自动显示以输入的字符开头的函数，或已定义的名称、“表格”名称以及“表格”的相关字段名下拉列表。

例如，在单元格中输入“=SU”后，Excel 将自动显示所有以“=SU”开头的函数、名称或“表格”的扩展下拉菜单。通过在扩展下拉菜单中移动上、下方向键或鼠标选择不同的函数，其右侧将显示此函数功能提示，双击鼠标或者按 <Tab> 键可将此函数添加到当前的编辑位置，既提高了输入效率，又确保输入函数名称的准确性。

随着进一步输入，扩展下拉菜单将逐步缩小范围，如图 7-9 所示。

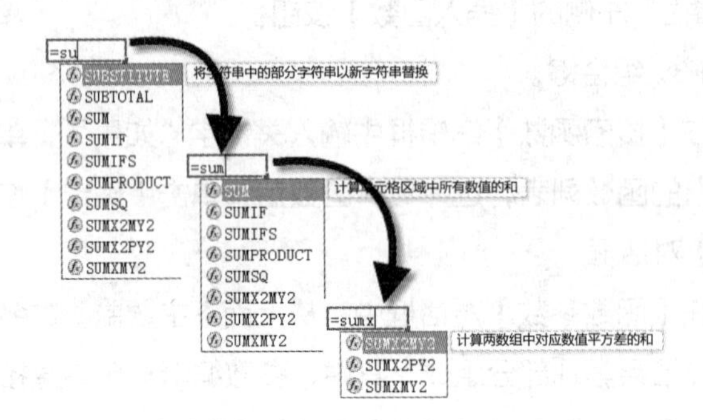

图 7-9 公式记忆式键入

7.1.5 活用函数屏幕提示工具

如图 7-10 所示，选择【文件】→【选项】，在【Excel 选项】对话框【高级】选项卡的【显示】区域中，勾选【显示函数屏幕提示】复选框。

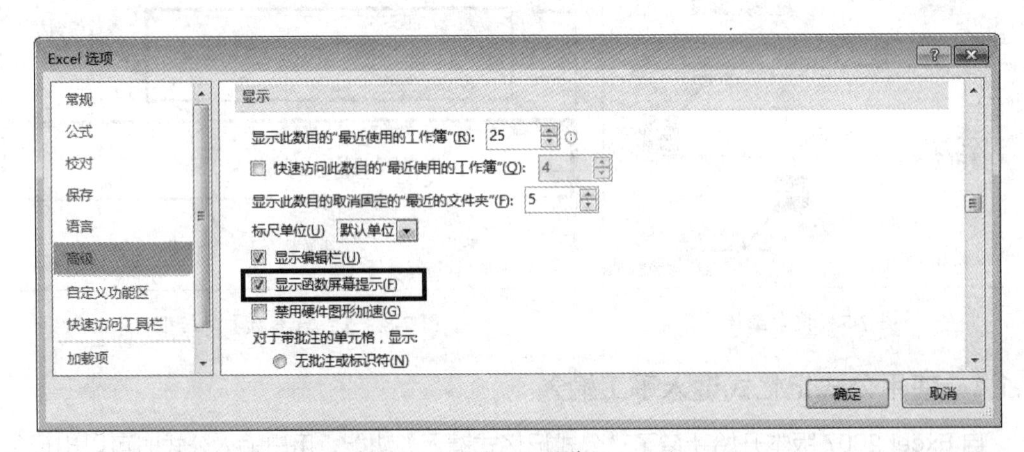

图 7-10 启用函数屏幕提示功能

用户在单元格中或编辑栏中编辑公式时，当正确完整地输入函数名称及左括号后，在编辑位置附近会自动出现悬浮的【函数屏幕提示】工具条，可以帮助用户了解函数语法中参数名称、可选参数或必需参数等，如图 7-11 所示。

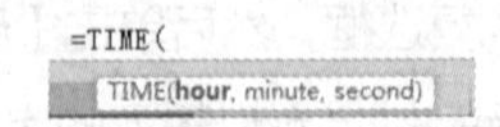

图 7-11 手工输入函数时的提示信息

提示信息中包含了当前输入的函数名称及完成此函数所需要的参数。如图 7-11 所示，输入的 TIME 函数包括了 3 个参数，分别为 hour、minute 和 second，当前光标所在位置的参数以加粗字体显示。

如果公式中已经填入了函数参数，单击【函数屏幕提示】工具条中的某个参数名称时，

编辑栏中自动选择该参数所在部分（包括使用嵌套函数作为参数的情况），并以灰色背景突出显示，如图 7-12 所示。

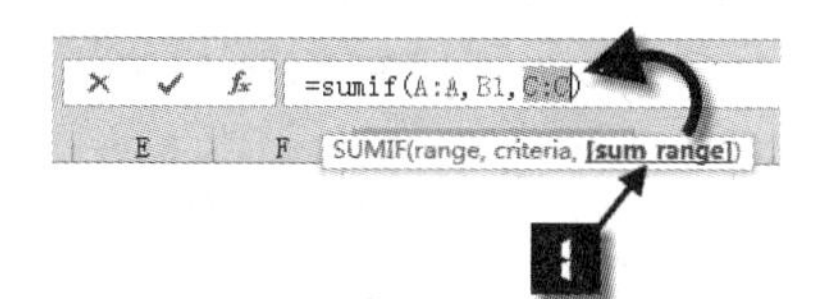

图 7-12　快速选择函数参数

7.2　查看函数帮助文件

如果单击【函数屏幕提示】工具条上的函数名称，将打开【Excel 帮助】对话框，快速获取该函数的帮助信息，如图 7-13 所示。

Excel 2013 的函数帮助文件分为在线和脱机两种，默认打开在线帮助文件。如果计算机网络环境较差，使用在线帮助文件会有延迟。此时可以单击【Excel 帮助】下拉按钮，在下拉菜单中选择【来自您计算机的 Excel 帮助】，如图 7-14 所示。

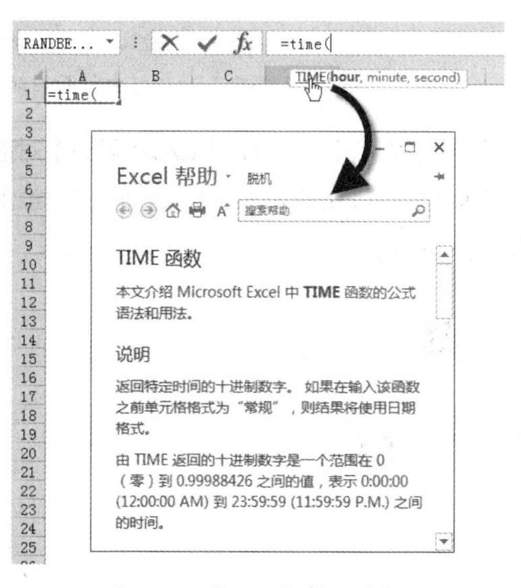

图 7-13　获取函数帮助信息

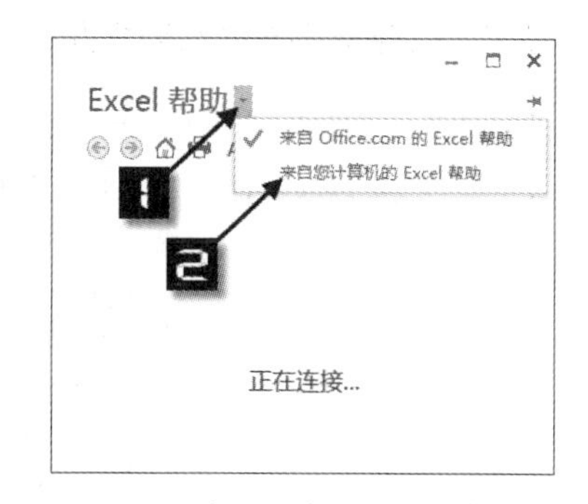

图 7-14　选择使用 Excel 脱机帮助文件

帮助文件中包括函数的说明、语法、参数，以及简单的函数示例，尽管帮助文件中的函数说明有些还不够透彻，甚至有部分描述是错误的，但仍然不失为学习函数公式的好帮手。

除了单击【函数屏幕提示】工具条上的函数名称，使用以下方法也可以打开【Excel 帮助】对话框。

（1）在公式中输入函数名称后按 <F1> 键，将打开关于该函数的帮助文件，如图 7-15 所示。

（2）在【插入函数】对话框中，单击选中函数名称，再单击右下角的【有关该函数的帮助】，将打开关于该函数的帮助文件，如图 7-16 所示。

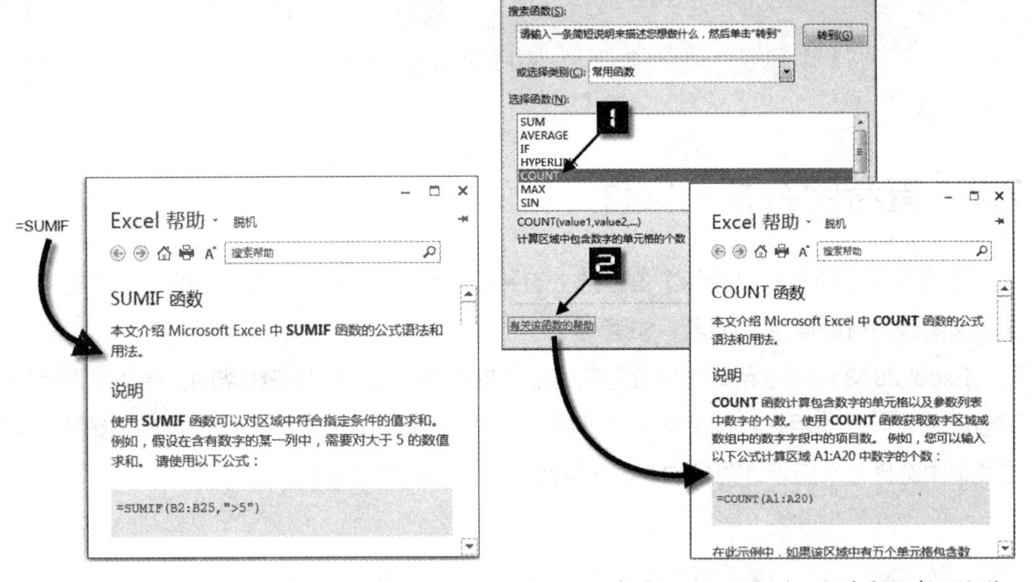

图 7-15　输入函数名称后按 <F1> 键　　　　图 7-16　在【插入函数】对话框中打开帮助文件

（3）直接按 <F1> 键，或是单击工作表右上角的 ? 图标，打开【Excel 帮助】对话框，在【搜索帮助】文本框中输入关键字，单击搜索按钮，即可显示与之有关的函数。单击函数名称，将打开关于该函数的帮助文件，如图 7-17 所示。

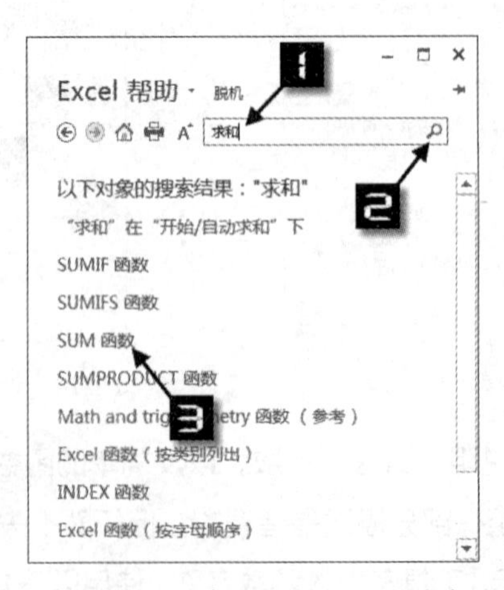

图 7-17　在【Excel 帮助】对话框中搜索关键字

第 8 章　公式结果的检验、验证和限制

本章对公式使用中的常见问题与公式结果的检验验证、函数公式的限制等方面知识进行讲解。学习这些知识，有助于对公式运行中出现的意外问题进行判断和处置。

本章学习要点

（1）公式常见错误与检查。

（2）公式审核功能。

（3）函数与公式的限制。

8.1　使用公式的常见问题

8.1.1　常见错误列表

使用公式进行计算时，可能会因为某种原因而无法得到正确结果，在单元格中返回错误值信息。不同的错误值类型表示该错误值出现的原因，常见的错误值及其含义如表 8-1 所示。

表 8-1　常见错误值及含义

错误值类型	含义
#####	当列宽不够显示数字，或者使用了负的日期或负的时间时出现错误
#VALUE!	当使用的参数类型错误时出现错误
#DIV/0!	当数字被 0 除时出现错误
#NAME?	公式中使用了未定义的文本名称
#N/A	通常情况下，查询类函数找不到可用结果时，会返回 #N/A 错误
#REF!	当被引用的单元格区域或被引用的工作表被删除时，返回 #REF! 错误
#NUM!	公式或函数中使用无效数字值时，如公式 =SMALL(A1:A6,7)，要在 6 个单元格中返回第 7 个最小值，则出现 #NUM! 错误
#NULL!	当用空格表示两个引用单元格之间的交叉运算符，但计算并不相交的两个区域的交点时，出现错误。如公式 =SUM(A:A B:B)，A 列与 B 列不相交

8.1.2　检查公式中的错误

当公式的结果返回错误值时，应及时查找错误原因，并修改公式以解决问题。

Excel 提供了后台错误检查的功能。如图 8-1 所示，在【Excel 选项】对话框【公式】选项卡的【错误检查】区域中，勾选【允许后台错误检查】复选框，并在【错误检查规则】区域勾选 9 个规则所对应的复选框。

08 章

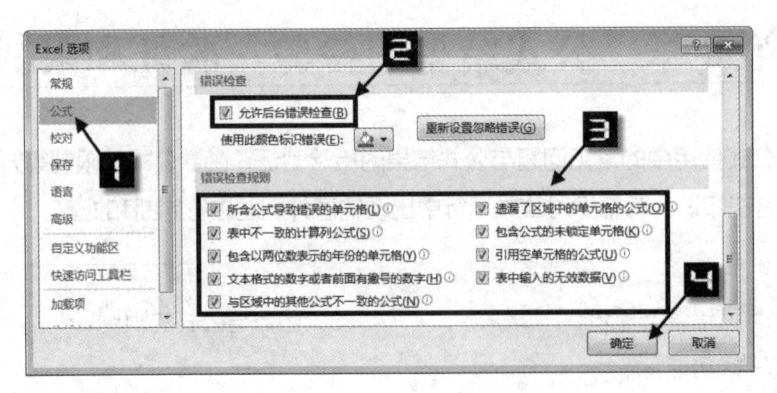

图 8-1 设置错误检查规则

当单元格中的公式或值与上述情况相符时，单元格的左上角将显示一个绿色小三角形智能标记（颜色可在图 8-1 中的【错误检查】区域中设置，默认为绿色）。选定包含该智能标记的单元格，单元格左侧将出现感叹号形状的【错误提示器】下拉按钮，扩展菜单中包括公式错误的类型、关于此错误的帮助、显示计算步骤等信息，如图 8-2 所示。

图 8-2 错误提示器

示例 8-1 使用错误检查工具

如图 8-3 所示，在 C10 单元格使用 AVERAGE 函数计算 C2:C9 单元格的平均值，但结果显示为错误值 #DIV/0!。

C10 =AVERAGE(C2:C9)

	A	B	C
1	工号	姓名	考核成绩
2	10102	郭啸天	76
3	10103	杨铁心	85
4	10104	黄药师	88
5	10108	郭靖	72
6	10109	欧阳克	81
7	10110	穆念慈	79
8	10111	梅超风	84
9	10112	洪七公	82
10	平均分		#DIV/0!

图 8-3 公式返回错误值

（1）在【公式】选项卡【公式审核】工作组中单击【错误检查】按钮，将弹出【错误检查】对话框。提示单元格 C2 中出错，错误原因是“以文本形式存储的数字”，并提供了关于此错误的帮助、显示计算步骤、忽略错误、在编辑栏中编辑等选项，方便用户选择所需执行的操作。

用户也可以通过单击“上一个”或“下一个”按钮查看此工作表中的其他公式所在单元格的错误情况，如图 8-4 所示。

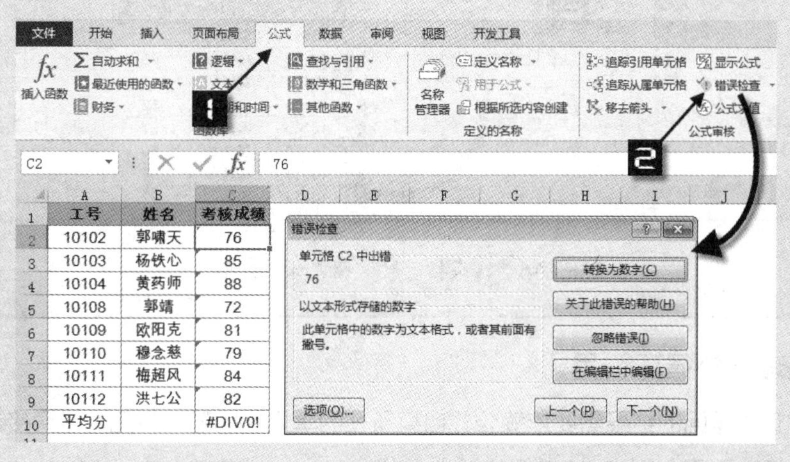

图 8-4　执行错误检查

（2）选定 C10 单元格，在【公式】选项卡中依次选择【错误检查】→【追踪错误】，将在 C2 单元格中出现蓝色的追踪箭头，表示错误可能来源于 C2 单元格，由此可以判断 C2 单元格格式可能存在错误，如图 8-5 所示。

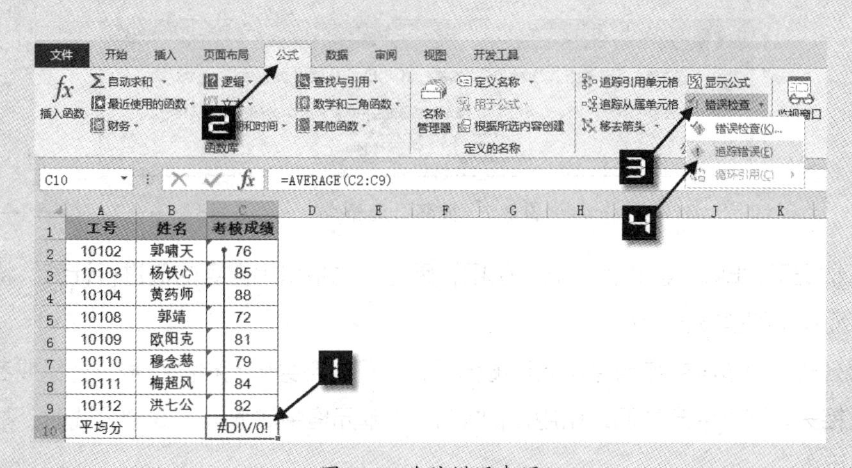

图 8-5　追踪错误来源

如果不再需要显示追踪箭头，可依次在【公式】选项卡下单击【移去箭头】按钮，取消显示。

（3）如图 8-6 所示，选中 C2:C9 单元格区域，单击选中区域左上角的【错误指示器】下拉按钮，在扩展菜单中单击【转换为数字】命令，则 C10 单元格可正确计算平均值。

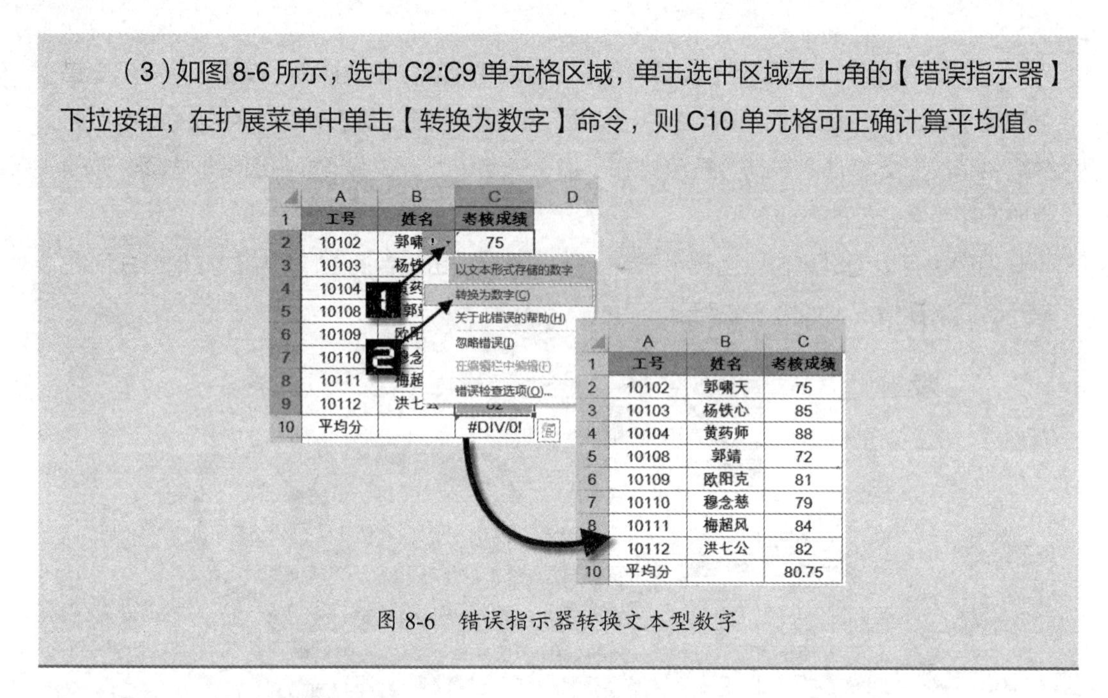

	A	B	C
1	工号	姓名	考核成绩
2	10102	郭啸天	75
3	10103	杨铁心	85
4	10104	黄药师	88
5	10108	郭靖	72
6	10109	欧阳克	81
7	10110	穆念慈	79
8	10111	梅超风	84
9	10112	洪七公	82
10	平均分		80.75

图 8-6　错误指示器转换文本型数字

8.1.3　处理意外循环引用

当公式计算返回的结果需要依赖公式自身所在的单元格的值时，无论是直接还是间接引用，都称为循环引用。例如 A1 单元格输入公式 =A1+1，或者 B1 单元格输入公式 =A1，而 A1 单元格公式为 =B1，都会产生循环引用。

当在单元格中输入包含循环引用的公式时，Excel 将弹出循环引用警告对话框，如图 8-7 所示。

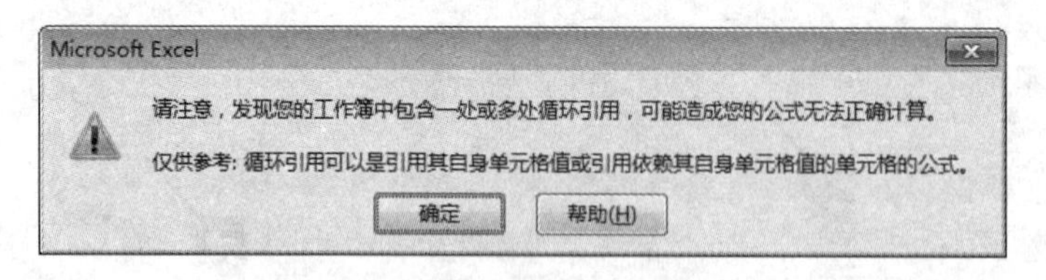

图 8-7　循环引用警告

默认情况下，Excel 禁止使用循环引用，因为公式中引用自身的值进行计算，将永无休止地计算而得不到答案。

如果公式计算过程中与自身单元格的值无关，仅与自身单元格的行号、列标或者文件路径等属性相关，则不会产生循环引用。例如在 A1 单元格中输入以下 3 个公式时，都不会产生循环引用：

```
=ROW(A1)
=COLUMN(A1)
=CELL("filename",A1)
```

示例 8-2　查找包含循环引用的单元格

图 8-8 是某单位员工考核成绩表的部分内容，C10 单元格使用以下公式计算员工考核平均分。

```
=AVERAGE(C2:C10)
```

由于公式中引用了 C10 自身的值，公式无法得出正确的计算结果，结果显示为 0，并且在状态栏的左下角出现文字提示“循环引用：C10”。

在【公式】选项卡中依次单击【错误检查】→【循环引用】，将显示包含循环引用的单元格地址，单击将跳转到对应单元格。如果工作表中包含多个循环引用，此处仅显示一个循环引用的单元格地址。

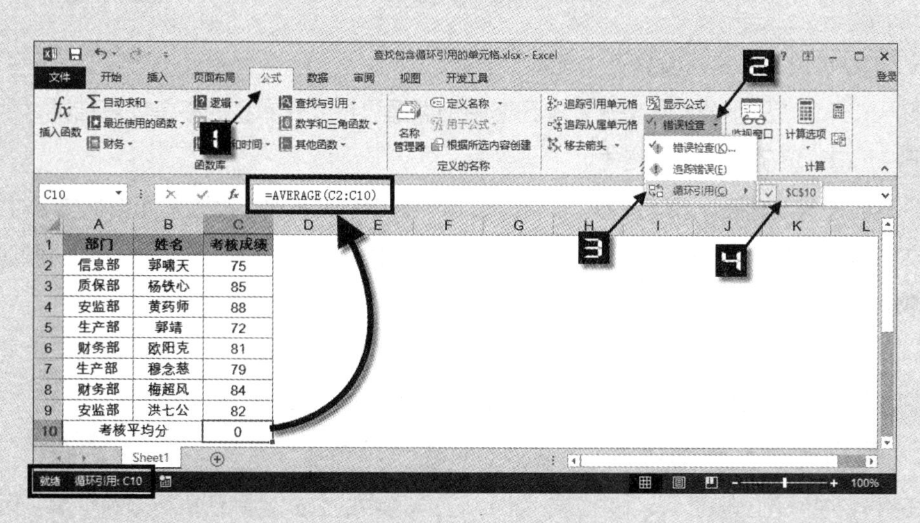

图 8-8　快速定位循环引用

解决方法是修改公式的引用区域为 C2:C9，公式即可正确计算。

8.1.4　显示公式本身

有些时候，当输入完公式并结束编辑后并未得到计算结果，而是显示公式本身。以下是两种可能的原因和解决方法。

（1）检查是否启用了“显示公式”模式。

如图 8-9 所示，D10 单元格只显示求平均值公式而不是结果。

判断：该工作表各单元格的列宽较大，且单元格的居中方式发生变化，【公式】选项卡【显示公式】按钮处于高亮状态。

解决方法：单击【显示公式】按钮或按 <Ctrl+`（在 <Tab> 键之上）> 组合键，可在普通模式和显示公式模式之间进行切换。

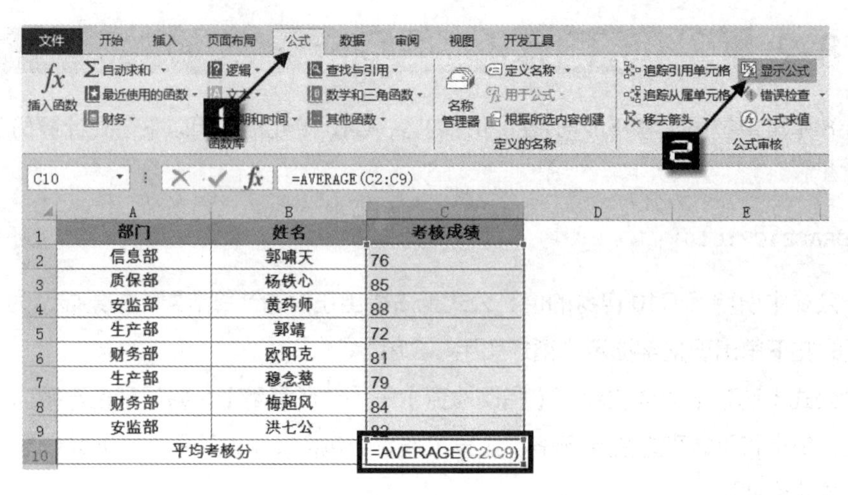

图 8-9 显示公式

（2）检查单元格是否设置了“文本”格式。

如果未开启“显示公式”模式，单元格中仍然是显示公式本身而不是计算结果，则可能是由于单元格设置了“文本”格式。

解决方法 1：选择公式所在单元格，按 <Ctrl+1> 组合键打开【设置单元格格式】对话框，在【数字】选项卡中将格式设置为“常规”，单击【确定】按钮退出对话框，重新激活单元格中的公式并结束编辑。

解决方法 2：如果多个连续单元格使用相同公式，则按照解决方法 1 可设置左上角单元格为常规格式，重新激活公式后，再将公式复制到其他单元格。

8.1.5 自动重算和手动重算

在第一次打开工作簿以及编辑工作簿时，工作簿中的公式会默认执行重新计算。因此当工作簿中使用了大量的公式时，在录入数据期间因不断的重新计算会导致系统运行缓慢。通过设置 Excel 重新计算公式的时间和方式，可以避免不必要的公式重算，减少对系统资源的占用。

如图 8-10 所示，在【Excel】选项对话框【公式】选项卡【计算选项】区域中，单击【手动重算】单选按钮，并根据需要勾选或取消【保存工作簿前重新计算】的复选框，单击【确定】按钮退出对话框。

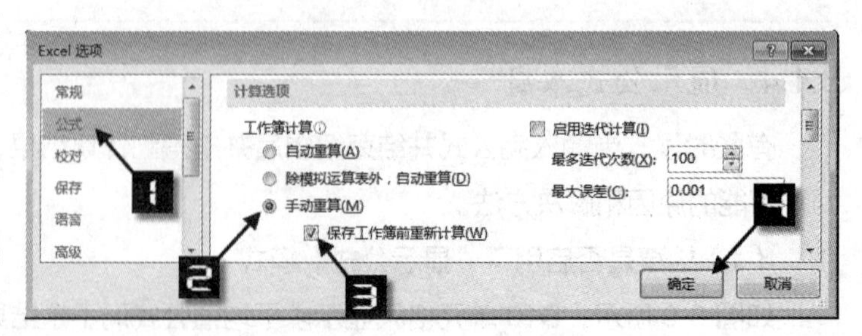

图 8-10 设置手动计算选项

此外，也可以单击【公式】选项卡【计算选项】下拉按钮，在下拉菜单中选择【手动】命令。当工作簿设置为“手动”计算模式时，使用不同的功能键或组合键，可以执行不同的重新计算效果，如表 8-2 所示。

表 8-2　重新计算按键的执行效果

按键	执行效果
F9	重新计算所有打开的工作簿中，自上次计算后进行了更改的公式，以及依赖于这些公式的公式
Shift+F9	重新计算活动工作表中，自上次计算后进行了更改的公式，以及依赖于这些公式的公式
Ctrl+Alt+F9	重新计算所有打开工作簿中所有公式，不论这些公式自上次重新计算后是否进行了更改
Ctrl+Shift+Alt+F9	重新检查相关的公式，然后重新计算所有打开工作簿中的所有公式，不论这些公式自上次重新计算后是否进行了更改

8.2　公式结果的检验和验证

当结束公式编辑后，可能会出现错误值，或者可以得出计算结果但结果不是预期的值。为确保公式的准确性，需要对公式进行检验和验证。

8.2.1　简单统计公式结果的验证

使用公式对单元格区域进行求和、平均值、极值、计数的简单统计时，可以借助状态栏进行验证。

如图 8-11 所示，选择 C2:C9 单元格区域，状态栏上自动显示该区域的平均值、计数等结果，可以用来与 C10 单元格使用的公式计算结果进行简单验证。

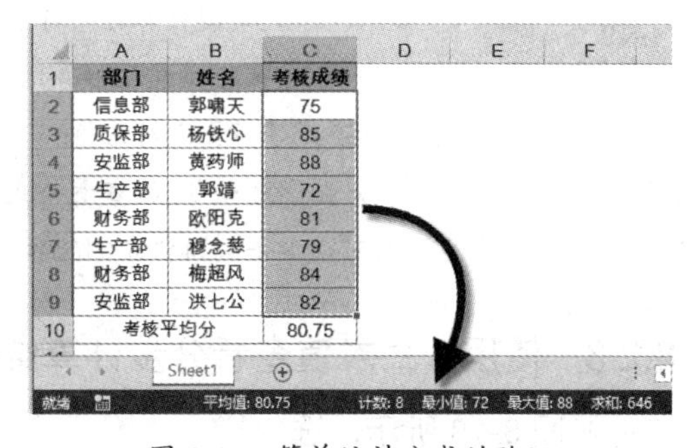

图 8-11　简单统计公式的验证

右击状态栏，在弹出的扩展菜单中可以设置是否显示求和、平均值、最大值、最小值、计数和数值计数 6 个选项。

8.2.2　使用 <F9> 键查看运算结果

在公式编辑状态下，选择全部公式或其中的某一部分，按 <F9> 键可以单独计算并显示该部分公式的运算结果。选择公式段时，必须包含一个完整的运算对象，如选择一个函数时，则必须选定整个函数名称、左括号、参数和右括号，选择一段计算式时，不能截至某个运算符而不包含其后面的必要组成元素。

如图 8-12 所示，在编辑栏选中“C2:C9”部分，按 <F9> 键之后，该部分将显示以下 8 个数值元素组成的数组。

```
{75;85;88;72;81;79;84;82}
```

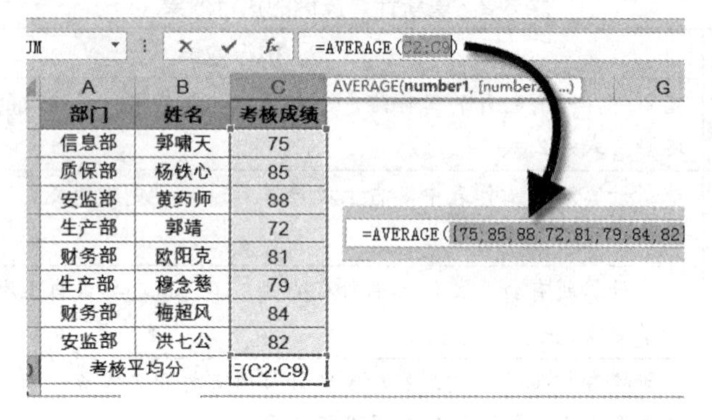

图 8-12 按 <F9> 键查看部分运算结果

在数组中，不同行之间的元素用分号“;”间隔，不同列之间的元素用逗号“,”间隔。例如，输入公式 =A2:B4，在编辑栏选中“A2:B4”部分，按 <F9> 键之后，将显示以下三行两列共 6 个元素组成的数组。

```
{"信息部","郭啸天";"质保部","杨铁心";"安监部","黄药师"}
```

(1) 按 <F9> 键计算时，对空单元格的引用将识别为数值 0。

(2) 当选取的公式段运算结果字符过多时，将弹出“公式太长。公式的长度不得超过 8192 个字符。”对话框。

(3) 在使用 <F9> 键查看公式运算结果后，既可以按 <Esc> 键放弃公式编辑恢复原状，也可以单击编辑栏左侧的取消按钮。

8.2.3 使用公式求值查看分步计算结果

如图 8-13 所示，选择包含公式的 C10 单元格，单击【公式】选项卡【公式求值】按钮，将弹出【公式求值】对话框，单击【求值】按钮，可按照公式运算顺序依次查看公式的分步计算结果。

如果在公式中使用了自定义名称，则可以单击【步入】按钮进入公式当

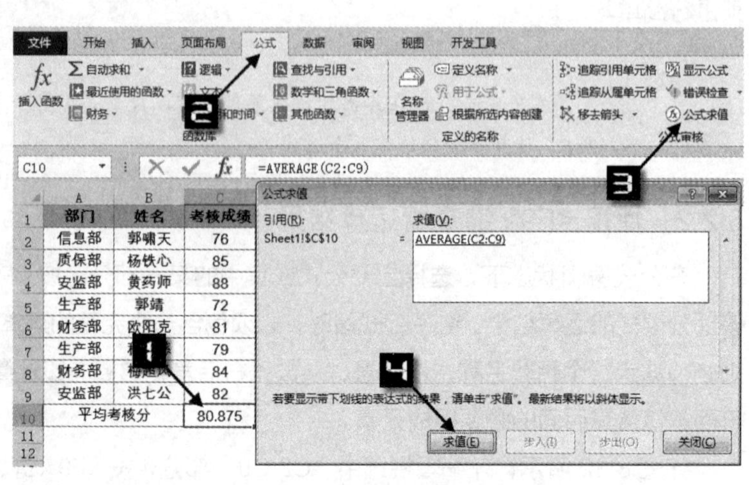

图 8-13 【公式求值】对话框

前所计算部分，并在【公式求值】对话框的【求值】区域显示该分支部分的运算结果，单击【步出】按钮可退出分支计算模式，如图 8-14 所示。

如果公式中使用了易失性函数（不含 SUMIF 和 INDEX 特殊情况下的易失性），【公式求值】对话框下方将提示“此公式的某函数结果在每次电子表格计算时都会发生更改。最终的求值步骤将会与单元格中的结果相符，但在中间步骤中可能会有所不同。”，如图 8-15 所示。

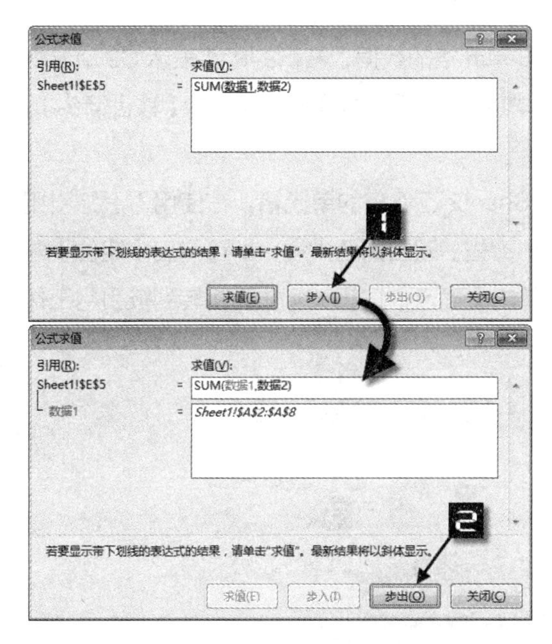

图 8-14　显示分支部分运算结果

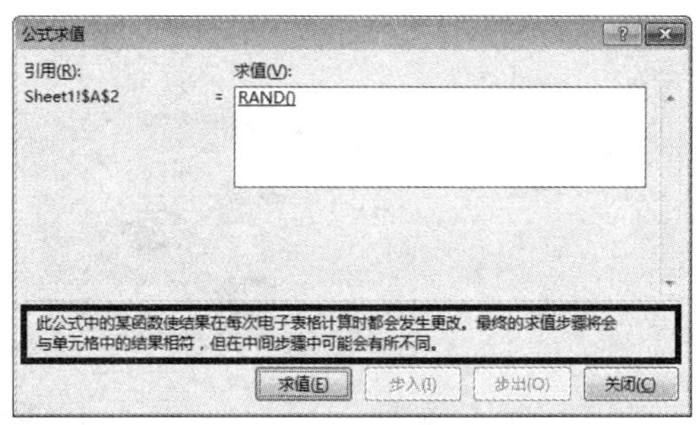

图 8-15　易失性函数求值

提示

（1）使用 <F9> 键查看公式运算结果时，如果公式存在数组运算，则将直接按照数组公式模式进行计算，而【公式求值】功能则依赖于公式是否按 <Ctrl+Shift+Enter> 组合键的方式结束数组公式编辑来执行分步计算。

（2）以上两种方式显示的结果，都可能无法与函数产生多维引用的结果相符。

8.2.4　单元格追踪与监视窗口

在【公式】选项卡的【公式审核】命令组中，还包括【追踪引用单元格】、【追踪从属单元格】和【监视窗口】等功能。

使用【追踪引用单元格】和【追踪从属单元格】命令时，将在公式与其引用或从属的单元格之间用蓝色箭头连接，方便用户查看公式与各单元格之间的引用关系。如图 8-16 所示，左侧为使用【追踪引用单元格】、右侧为使用【追踪从属单元格】时的效果。

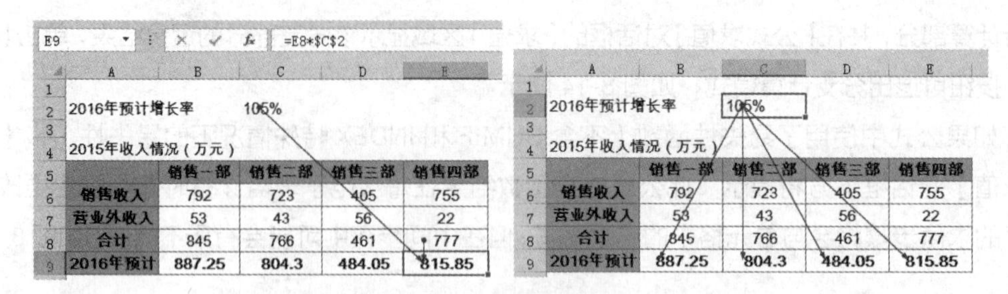

图 8-16　追踪引用单元格与追踪从属单元格

左侧的箭头表示 E9 单元格引用了 C2 和 E8 单元格的数据，右侧的箭头表示 C2 单元格同时被 B9、C9、D9 和 E9 单元格引用。检查完毕后，单击【公式】选项卡下的【移去箭头】，可恢复正常视图显示。

如图 8-17 所示，C2 单元格公式中引用了 Sheet2 工作表的单元格，在使用【追踪引用单元格】命令时，会出现一条黑色虚线连接到小窗格。双击黑色虚线，即可弹出【定位】对话框。在【定位】对话框中单击单元格地址，单击【确定】按钮，可快速跳转到被引用工作表的相应单元格。

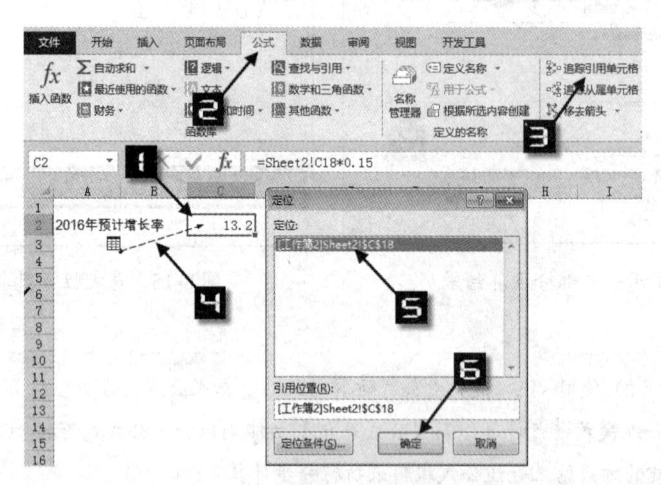

图 8-17　不同工作表之间追踪引用单元格

示例 8-3　添加监视窗口

如果重点关注的数据分布在不同工作表中或者分布在大型工作表的不同位置时，频繁切换工作表或者滚动定位去查看这些数据，将会非常麻烦，同时也会影响工作效率。

利用【监视窗口】功能，可以把重点关注的数据添加到监视窗口中，随时查看数据的变化情况。切换工作表或是调整工作表滚动条时，【监视窗口】始终在最前端显示。

具体操作方法如下。

步骤① 单击【公式】选项卡中的【监视窗口】按钮。

步骤② 在弹出的【监视窗口】对话框中，单击【添加监视】按钮。

步骤③ 在弹出的【添加监视点】对话框中输入需要监视的单元格，或者单击右侧的折叠按钮选择目标单元格，单击【添加】按钮完成操作，如图 8-18 所示。

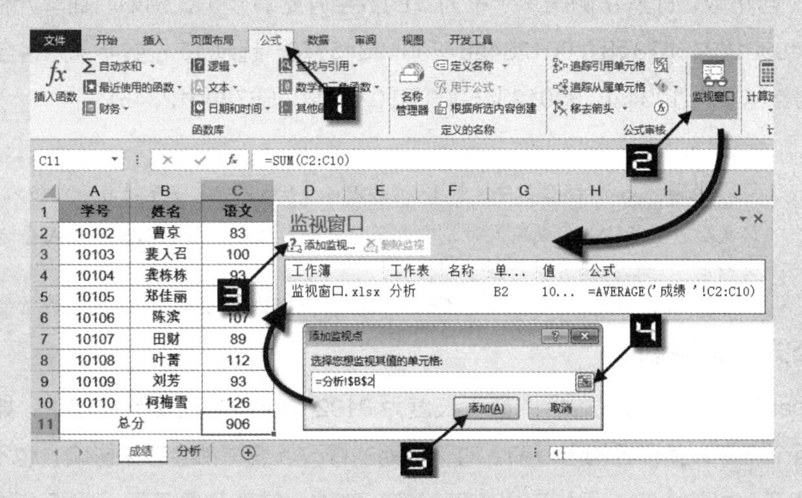

图 8-18　添加监视窗口

【监视窗口】会显示目标监视点单元格所属的工作簿、工作表、自定义名称、单元格、值以及公式状况，并且可以随着这些项目的变化实时更新显示内容。【监视窗口】中可添加多个目标监视点，也可以拖动【监视窗口】对话框到工作区边界位置，使其成为固定的侧边栏或底边栏，如图 8-19 所示。

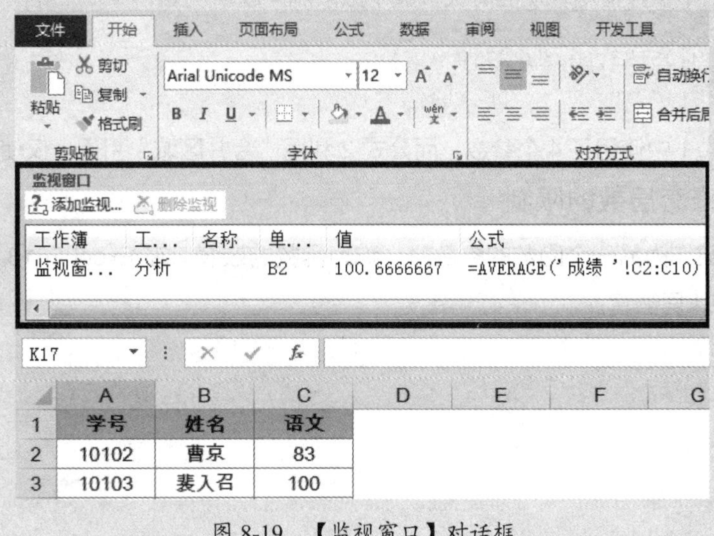

图 8-19　【监视窗口】对话框

8.3 函数与公式的限制

8.3.1 计算精度限制

Excel 允许在单元格中输入的最大数值为 9.99999999999999E+307，但其计算精度为 15 位数字（含小数，即从左侧第 1 个不为 0 的数字开始算起），例如，在单元格中输入数字 123456789012345678 和 0.00123456789012345678，超过 15 位数字部分将自动变为 0，输入后的最终结果为 123456789012345000 和 0.00123456789012345。

在输入超过 15 位数字（如 18 位身份证号码）时，需事先设置单元格为“文本”格式后再进行输入，或输入时先输入半角单引号“'”，强制以文本形式存储数字，否则后 3 位数转为 0 之后将无法逆转。

8.3.2 公式字符限制

在 Excel 2013 中，公式内容的最大长度为 8192 个字符。在实际应用中，如果公式长度达到数百个字符，就已经相当复杂，对于后期的修改、编辑都会带来影响，也不便于其他用户快速理解公式的含义。用户可以借助排序、筛选、辅助列等手段，降低公式的长度和 Excel 的计算量。

8.3.3 函数参数的限制

在 Excel 2013 中，内置函数最多可以包含 255 个参数。当使用单元格引用作为函数参数且超过参数个数限制时，可使用逗号将多个引用区域间隔后用一对括号包含，形成合并区域，整体作为一个参数使用，从而解决参数个数限制问题。例如，

```
公式 1:=SUM(J3:K3,L3:M3,K7:L7,N9)
公式 2:=SUM((J3:K3,L3:M3,K7:L7,N9))
```

其中，公式 1 中使用了 4 个参数，而公式 2 利用“合并区域”引用，仅使用 1 个参数。

8.3.4 函数嵌套层数的限制

当使用函数作为另一个函数的参数时，称为函数的嵌套。在 Excel 2013 中，一个公式最多可以包含 64 层嵌套。

第 9 章　使用命名公式——名称

本章主要介绍使用单元格引用、常量数据、公式进行命名的方法与技巧，让读者认识并了解名称的分类和用途，能够运用名称解决日常应用中的一些具体问题。

本章学习要点

（1）了解名称的概念和命名限制。

（2）理解名称的级别和应用范围。

（3）掌握常用定义、筛选、编辑名称的操作技巧。

9.1　认识名称

9.1.1　名称的概念

名称是一类较为特殊的公式，多数名称是由用户预先自行定义，但不存储在单元格中的公式。也有部分名称可以在创建表格、设置打印区域等操作时自动产生。

名称是被特殊命名的公式，也是以等号“=”开头，可以由常量数据、常量数组、单元格引用、函数与公式等元素组成，已定义的名称可以在其他名称或公式中调用。

名称不仅可以通过模块化的调用使公式变得更加简洁，在数据验证、条件格式、高级图表等应用上也都具有广泛的用途。

9.1.2　为什么要使用名称

合理使用名称主要有以下优点。

（1）增强公式的可读性。

例如，将存放在 B3:B12 单元格区域的考核成绩数据定义名称为“考核”，使用以下两个公式都可以求考核平均成绩，显然，公式 1 比公式 2 更易于理解其意图。

公式 1：=AVERAGE(考核)

公式 2：=AVERAGE(B3:B12)

（2）方便输入。

输入公式时，描述性的名称“考核”比单元格地址 B3:B12 更易于记忆，输入名称比输入单元格区域地址更不容易出错。

（3）快速进行区域定位。

单击位于编辑栏左侧名称框的下拉箭头，在弹出的下拉菜单中选择已定义的名称，可以快速定位到工作表的特定区域。

在【开始】选项卡中依次单击【查找和选择】下拉按钮→【转到】，打开【定位】对话框（或者按 <F5> 键），选择已定义的名称，单击【确定】按钮，可以快速移动到工作表的某个区域，如图 9-1 所示。

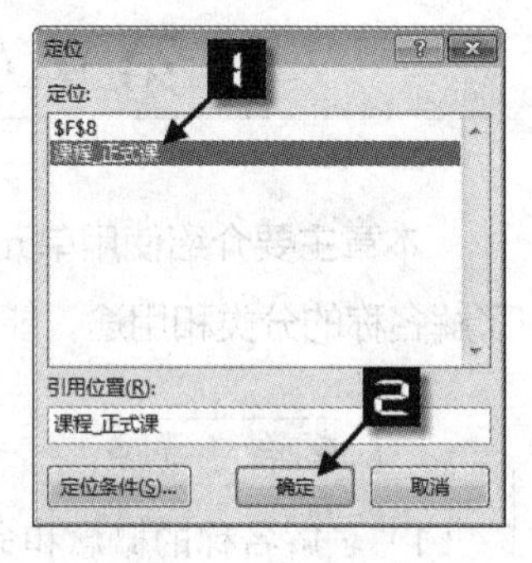

图 9-1　定位名称

（4）便于公式的统一修改。

例如，在工资表中有多个公式都使用 3500 作为基本工资，乘以不同系数进行奖金计算。当基本工资额发生改变时，要逐个修改相关公式将较为烦琐。如果定义“基本工资”的名称并使用到公式中，则只需修改一个名称即可。

（5）有利于简化公式。

在一些较为复杂的公式中，可能需要重复使用相同的公式段进行计算，导致整个公式冗长，不利于阅读和修改。例如：

```
=IF(SUM($B2:$F2)=0,0,G2/SUM($B2:$F2))
```

将其中 SUM（$B2:$F2）部分定义为“库存”，则公式可简化为：

```
=IF(库存=0,0,G2/库存)
```

（6）可代替单元格区域存储常量数据。

在一些查询计算中，常使用关系对应表作为查询依据。使用常量数组定义名称，省去了单元格存储空间，能避免因删除或修改等操作导致的关系对应表缺失或变动。

（7）可解决数据验证和条件格式中无法使用常量数组、交叉引用的问题。

Excel 不允许在数据验证和条件格式中直接使用含有常量数组或交叉引用的公式（即使用交叉运算符获取单元格区域交集），但可以将常量数组或交叉引用部分定义为名称，然后在数据验证和条件格式中进行调用。

（8）解决在工作表中无法使用宏表函数问题。

宏表函数不能直接在工作表的单元格中使用，必须通过定义名称来调用。

（9）为高级图表或数据透视表设置动态的数据源。

（10）通过设置数据验证，制作二级下拉菜单或复杂的多级下拉菜单，简化输入。

9.2　名称的级别

部分名称可以在一个工作簿的所有工作表中直接调用，而部分名称则只能在某一工作表中直接调用，这是由于名称的作用范围不同。根据作用范围的不同，Excel 的名称可分为工作簿级名称和工作表级名称。

9.2.1　工作表级名称和工作簿级名称

依次选择【公式】→【名称管理器】，或者按 <Ctrl+F3> 组合键，可打开如如图 9-2 所

示的【名称管理器】对话框。【名称】列表中的【范围】属性显示了各个名称的作用范围，其中“人员”和“姓名”都是工作表级名称，分别作用于“采购部”工作表和“销售部”工作表。“优秀等级”是工作簿级名称，其作用范围涵盖整个工作簿。

默认情况下，新建的名称作用范围均为工作簿级，如果要创建作用于某个工作表的局部名称，可以在新建名称时，在【新建名称】对话框的【范围】下拉菜单中选择指定的工作表，如图 9-3 所示。

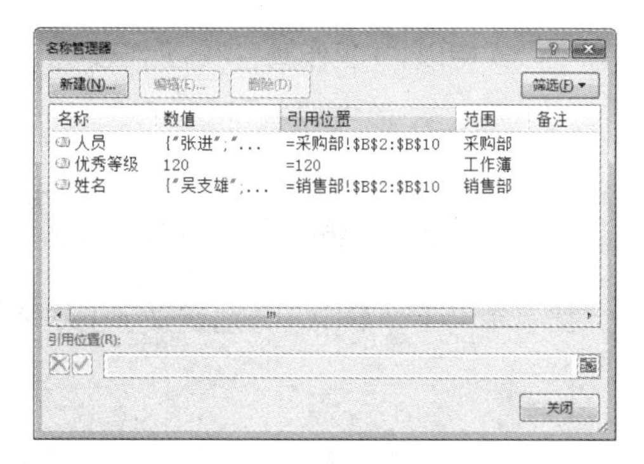

图 9-2　名称的作用范围

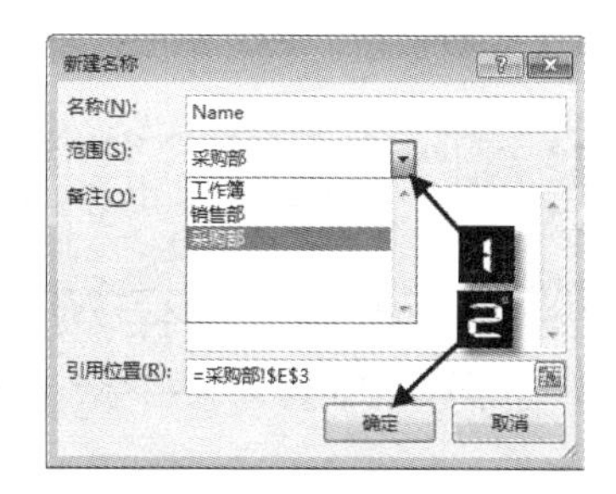

图 9-3　选择名称作用范围

9.2.2　跨工作表和跨工作簿引用名称

工作表级别的名称在所属工作表中可以直接调用，当跨表引用某个工作表级名称时，则需在公式中以“工作表名 + 半角感叹号 + 名称”形式输入。

示例 9-1　统计采购部人数

如图 9-4 所示，“采购部”工作表已定义工作表级名称“人员”，需要在“销售部”工作表中计算“采购部”工作表的人员总数，可使用以下公式完成计算。

```
=COUNTA(采购部!人员)
```

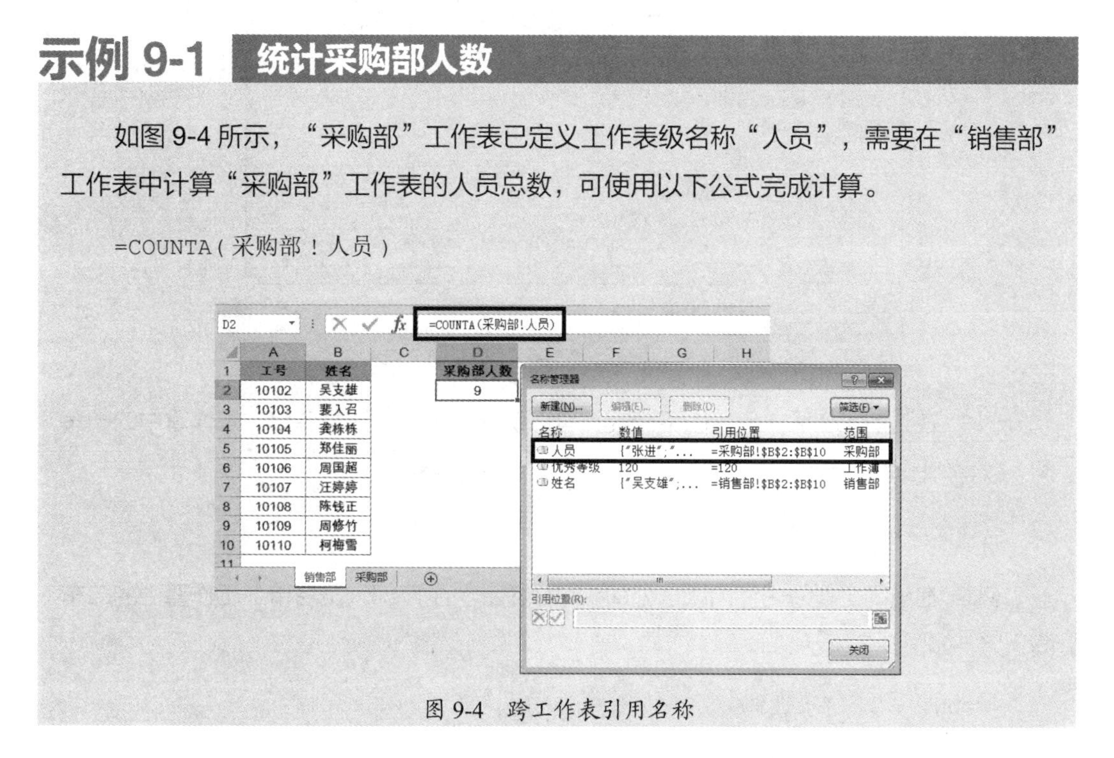

图 9-4　跨工作表引用名称

当被引用工作表名称中的首个字符是数字，或名称中包含空格等特殊字符时，需使用一对半角单引号包含，例如：

```
=COUNTA('1车间'!人员)
```

当跨工作簿引用某个工作簿级名称时，需在公式中以“工作簿名＋半角感叹号＋名称”形式输入。

当跨工作簿引用某个工作表级名称时，则需在公式中以“[工作簿名]+工作表名＋半角感叹号＋名称”形式输入。

示例 9-2 引用其他工作簿中的名称

如图 9-5 所示，在已经打开的“生产部人员名单”工作簿中，分别定义了工作表级名称“人员”和工作簿级名称“二车间人员”。

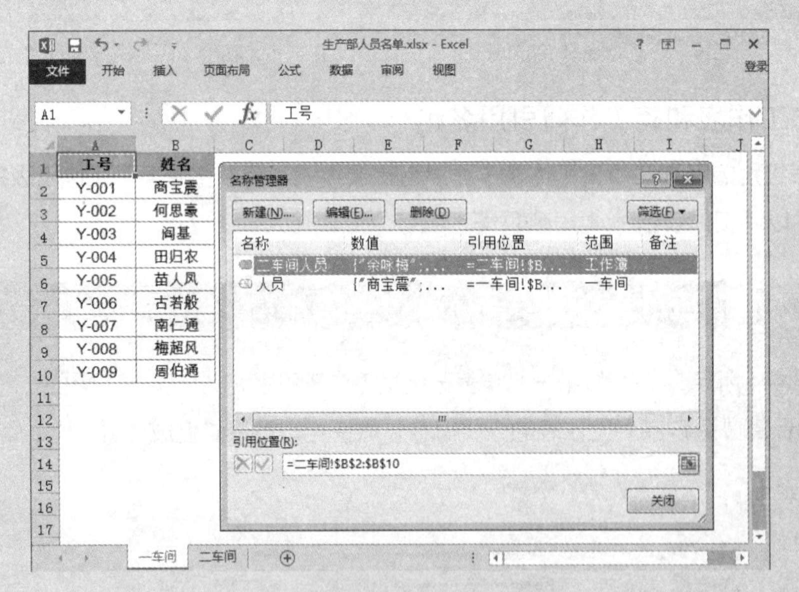

图 9-5　其他工作簿中已定义的名称

例 1　在当前工作簿内使用以下公式，可以统计“生产部人员名单”工作簿中的一车间人数，如图 9-6 所示。

```
=COUNTA([生产部人员名单.xlsx]一车间!人员)
```

例 2　在当前工作簿内使用以下公式，可以统计“生产部人员名单”工作簿中的二车间人数，如图 9-7 所示。

```
=COUNTA(生产部人员名单.xlsx!二车间人员)
```

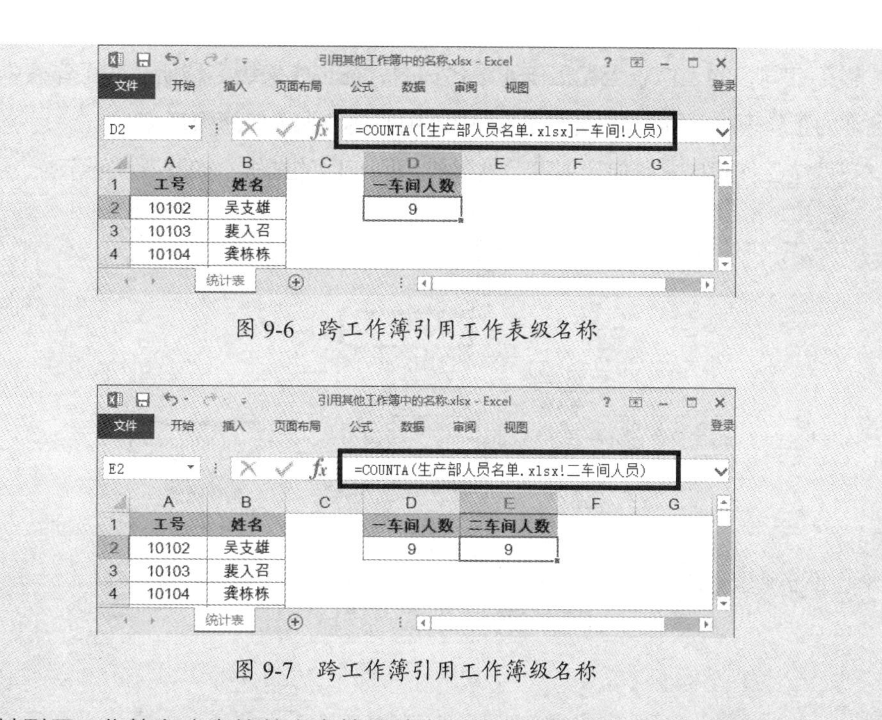

图 9-6　跨工作簿引用工作表级名称

图 9-7　跨工作簿引用工作簿级名称

当被引用工作簿名称中的首个字符是数字，或名称中包含空格等特殊字符时，需使用一对半角单引号包含，例如：

```
=COUNTA('生产部人员名单.xlsx'!二车间人员)
```

Excel 允许工作表级、工作簿级名称使用相同的命名，工作表级名称优先于工作簿级名称。

示例 9-3　不同级别名称使用相同的命名

如图 9-8 所示，分别定义了工作簿级名称“人员”和工作表级名称“人员”。

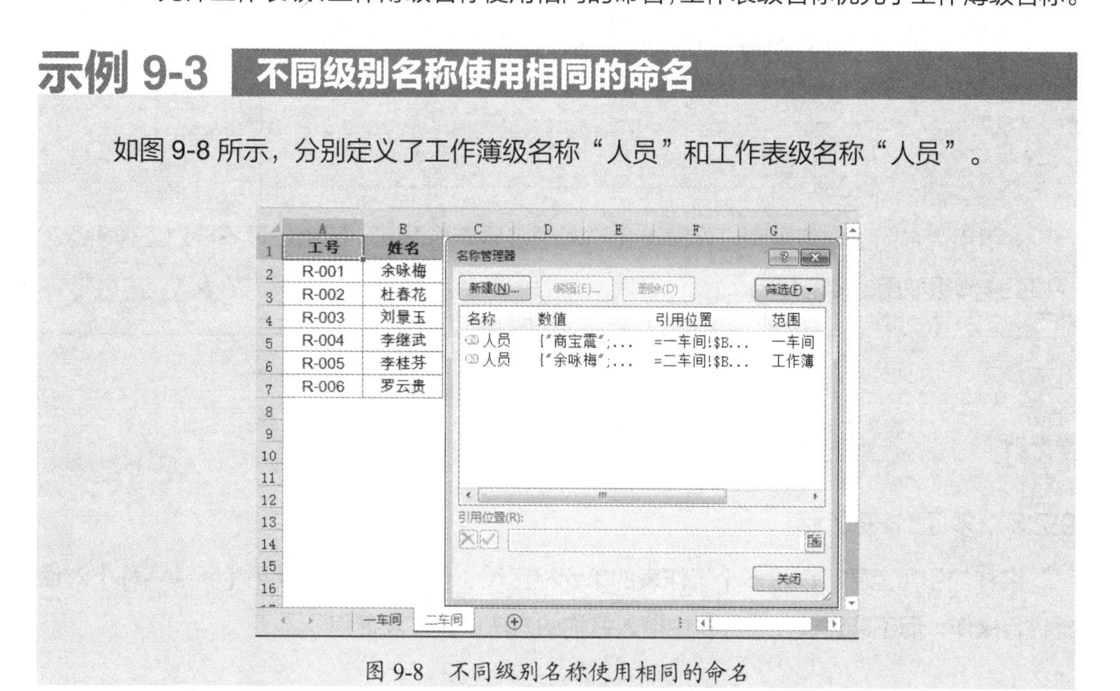

图 9-8　不同级别名称使用相同的命名

当存在同名的工作表级和工作簿级名称时，在工作表级名称所在的工作表中，调用的名称为工作表级名称，在其他工作表中调用的名称为工作簿级名称。

在两个工作表内分别使用以下公式，将返回不同的结果，如图 9-9 所示。

```
=COUNTA（人员）
```

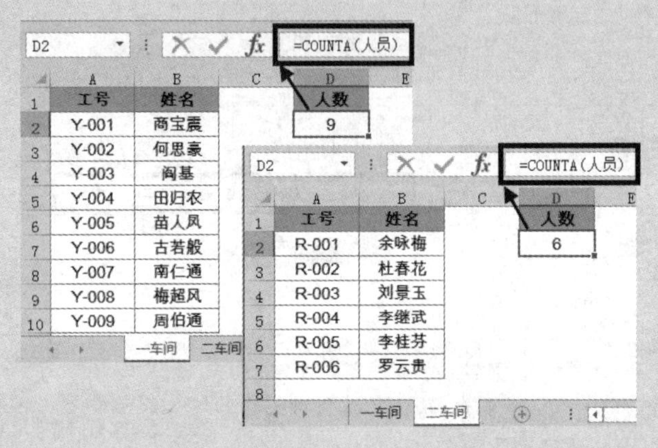

图 9-9　引用不同级别的名称

激活"一车间"工作表时，"人员"代表工作表级名称。当激活"二车间"工作表时，"人员"代表工作簿级名称。

如果公式中使用了具有不同的级别的名称，并且名称为相同命名时，在不同工作表之间复制公式会弹出以下提示，单击【是】按钮，则使用活动工作表默认的优先名称级别。

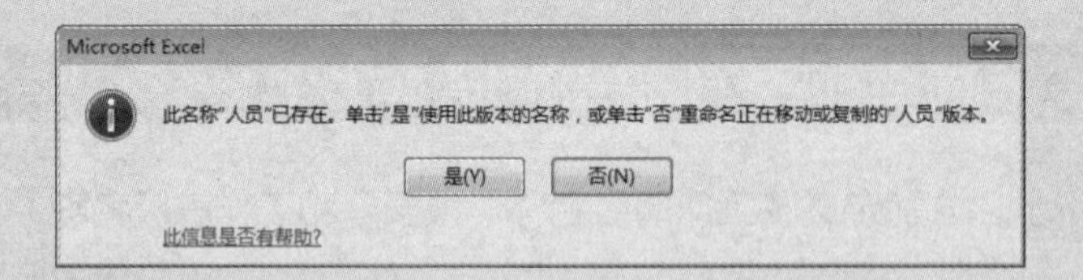

引用同名的工作表级和工作簿级名称时很容易造成混乱，因此尽量不要对工作表级和工作簿级使用相同的命名。

本章中如未加特殊说明，所定义和使用的名称均为工作簿级名称。

9.2.3　多工作表名称

名称的引用范围可以是多个工作表的单元格区域，但创建时必须使用【新建名称】对话框进行操作，而不能通过在名称框中输入名称的方法创建多表名称。

示例 9-4　统计全部考核考试平均分

图 9-10 展示的是某企业员工考核的成绩表，不同月份的考核成绩存放在不同工作表内，各工作表的数据结构和数据行数均相同，需要统计各次考核的总平均分。

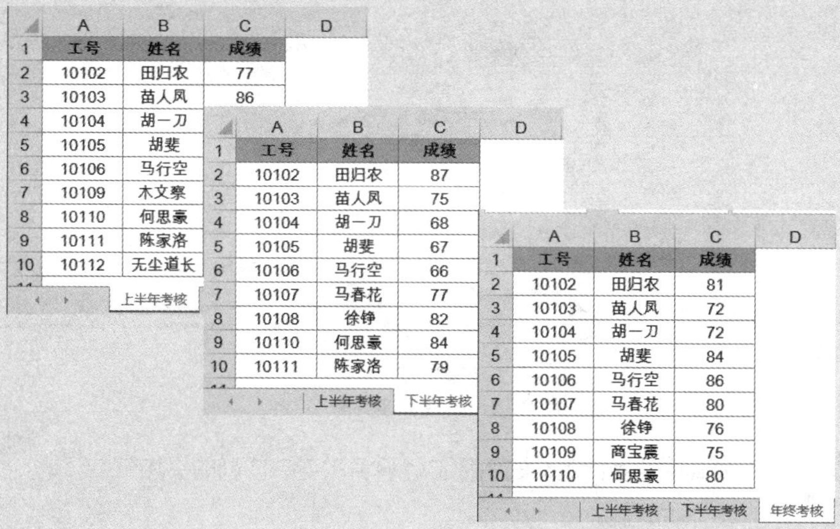

上半年考核

	A	B	C
1	工号	姓名	成绩
2	10102	田归农	77
3	10103	苗人凤	86
4	10104	胡一刀	
5	10105	胡斐	
6	10106	马行空	
7	10109	木文察	
8	10110	何思豪	
9	10111	陈家洛	
10	10112	无尘道长	

下半年考核

	A	B	C
1	工号	姓名	成绩
2	10102	田归农	87
3	10103	苗人凤	75
4	10104	胡一刀	68
5	10105	胡斐	67
6	10106	马行空	66
7	10107	马春花	77
8	10108	徐铮	82
9	10110	何思豪	84
10	10111	陈家洛	79

年终考核

	A	B	C
1	工号	姓名	成绩
2	10102	田归农	81
3	10103	苗人凤	72
4	10104	胡一刀	72
5	10105	胡斐	84
6	10106	马行空	86
7	10107	马春花	80
8	10108	徐铮	76
9	10109	商宝震	75
10	10110	何思豪	80

图 9-10　各次考核成绩

步骤 1 激活“上半年考核”工作表。选中 C2 单元格，在【公式】选项卡中单击【定义名称】按钮，弹出【新建名称】对话框，在【名称】文本框中输入“全部考核成绩”，如图 9-11 所示。

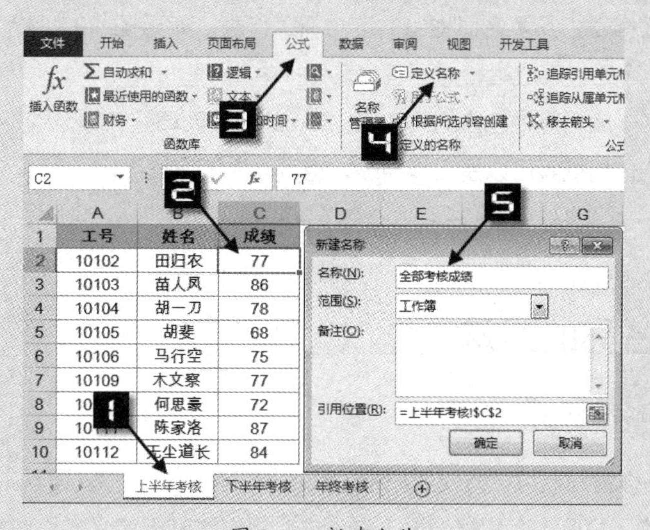

图 9-11　新建名称

步骤 2 单击【引用位置】选择框，按住 <Shift> 键单击“年终考核”工作表标签，再单击“年终考核”工作表的 C10 单元格，此时编辑框中的内容如下。

```
='上半年考核：年终考核'!$C$2:$C$10
```

单击【确定】按钮完成定义名称，如图 9-12 所示。

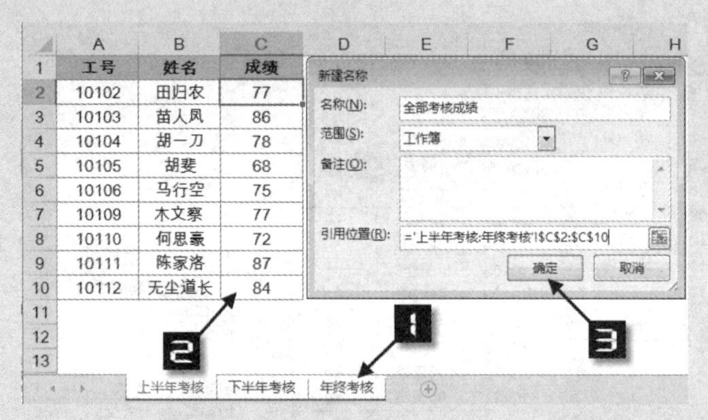

	A	B	C
1	工号	姓名	成绩
2	10102	田归农	77
3	10103	苗人凤	86
4	10104	胡一刀	78
5	10105	胡斐	68
6	10106	马行空	75
7	10109	木文察	77
8	10110	何思豪	72
9	10111	陈家洛	87
10	10112	无尘道长	84

图 9-12　创建多工作表名称

用户可以在公式中使用已定义的名称，计算各次考核成绩的平均分。

```
=AVERAGE(全部考核成绩)
```

已定义的多表名称不会出现在名称框或【定位】对话框中，多表名称引用的格式如下。

```
=开始工作表名：结束工作表名！单元格区域
```

已定义多表名称的工作簿中，如果在定义名称的第一个工作表和最后一个工作表之间插入一个新工作表，多表名称将包括这个新工作表。如果插入的工作表在第一个工作表之前或最后一个工作表之后，则不包含在名称中。

如果删除了多表名称中包含的工作表，Excel 将自动调整名称范围。

多表名称的作用域既可以是工作簿级，也可以是工作表级。

9.3 定义名称的方法

9.3.1 认识名称管理器

Excel 中的名称管理器可以方便用户维护和编辑名称，在名称管理器中可以查看、创建、编辑或者删除名称。打开【名称管理器】对话框，可以看到已定义名称的命名、名称指代的内容、引用位置、名称的作用范围和注释，各字段的列宽可以手动调整，以便显示更多的内容。单击列标，可以对名称进行排序，如图 9-13 所示。

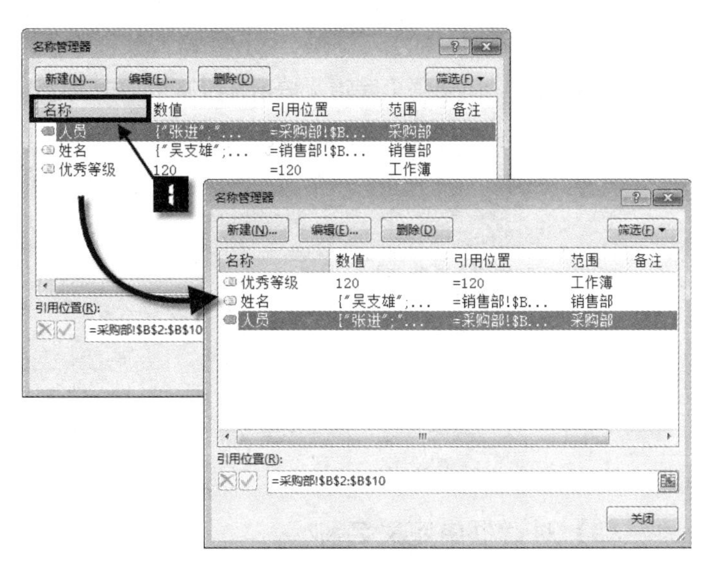

图 9-13　名称排序

【名称管理器】具有筛选器功能，单击【筛选】按钮，在下拉菜单中，按不同类型划分为 3 组供用户筛选：“名称扩展到工作表范围”和“名称扩展到工作簿范围”，“有错误的名称”和“没有错误的名称”，“定义的名称”和“表名称”，如图 9-14 所示。

图 9-14　名称筛选器

如果在下拉菜单中选中【名称扩展到工作表范围】选项，名称列表中将仅显示工作表级名称，如图 9-15 所示。

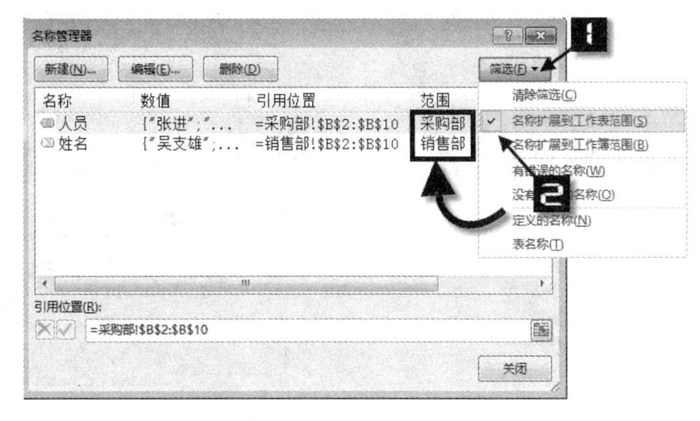

图 9-15　名称筛选

单击【新建】按钮，弹出【新建名称】对话框，可以再新建一个名称。

单击列表框中已定义的名称，再单击【编辑】按钮，打开【编辑名称】对话框，可以对已定义的名称修改命名或是重新设置引用位置，如图 9-16 所示。

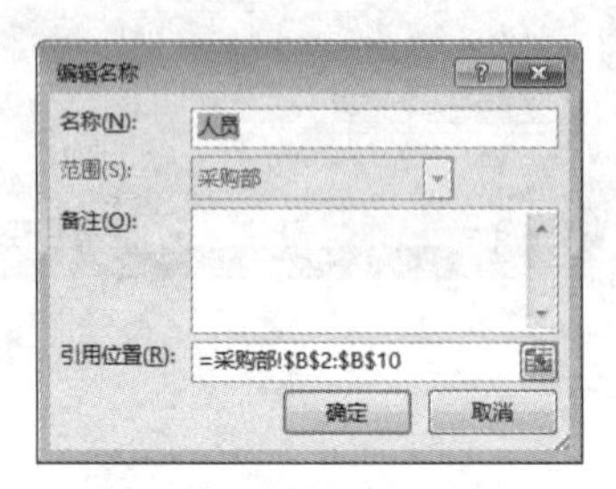

图 9-16　编辑名称

9.3.2　在【新建名称】对话框中定义名称

以下两种方式可以打开【新建名称】对话框。

方法 1：单击【公式】选项卡【定义名称】按钮，弹出【新建名称】对话框。

在【新建名称】对话框中可以对名称命名。单击【范围】右侧的下拉按钮，能够将定义名称指定为工作簿范围或是某个工作表范围。

在【备注】文本框内可以添加注释，以便于使用者理解名称的用途。

在【引用位置】编辑框中，既可以直接输入公式，也可以单击右侧的折叠按钮，选择单元格区域作为引用位置。

最后单击【确定】按钮，完成设置，如图 9-17 所示。

方法 2：单击【公式】选项卡中的【名称管理器】按钮，在弹出的【名称管理器】对话框中，单击【新建】按钮，弹出【新建名称】对话框。之后的设置步骤与方法 1 相同，如图 9-18 所示。

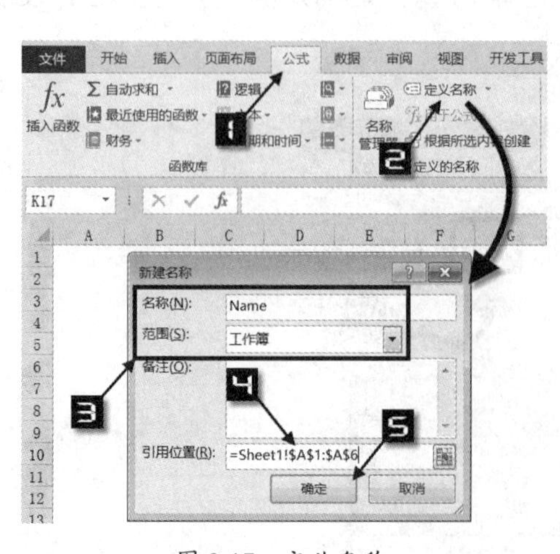

图 9-17　定义名称

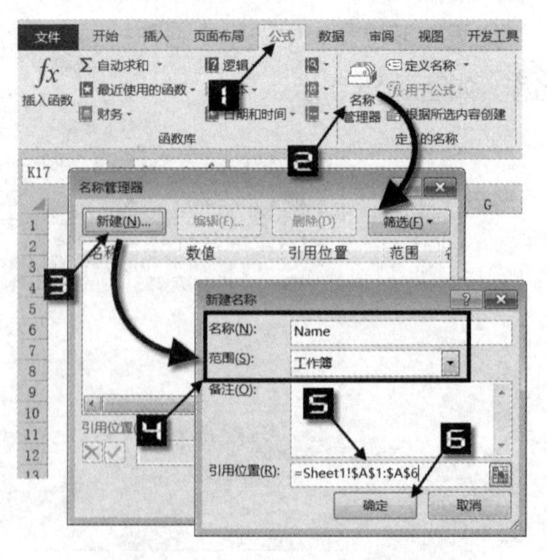

图 9-18　使用名称管理器新建名称

9.3.3　使用名称框快速创建名称

使用【名称框】可以快速将单元格区域定义为名称。在如图 9-19 所示的工作表内，选择 B2:B10 单元格区域，鼠标光标定位到【名称框】内，输入“姓名”后按 <Enter> 键结束编辑，即可将 B2:B10 单元格区域定义名称为“姓名”。

使用【名称框】定义的名称默认为工作簿级，如需定义为工作表级名称，需要在名称前添加工作表名和感叹号。例如，在【名称框】中输入“销售部 ! 姓名”，则该名称的作用范围为“销售部”工作表（前提条件是当前工作表名称与此相符），如图 9-20 所示。

图 9-19　名称框创建名称

图 9-20　名称框创建工作表级名称

使用【名称框】创建名称有一定的局限性，如果名称已经存在，则不能使用【名称框】修改该名称引用的范围。在【名称框】中输入名称后，必须按 <Enter> 键进行记录。如果在未记录的情况下单击了工作表中的单元格，则不能创建该名称。

【名称框】仅适用于当前已经选中的范围，如果为未激活的工作表创建工作表级名称，则会弹出错误提示，如图 9-21 所示。

【名称框】除了可以定义名称外，还可以激活已经命名的单元格区域。单击【名称框】下拉按钮，在下拉菜单中选择已经定义的名称，即可选中命名的单元格区域，如图 9-22 所示。

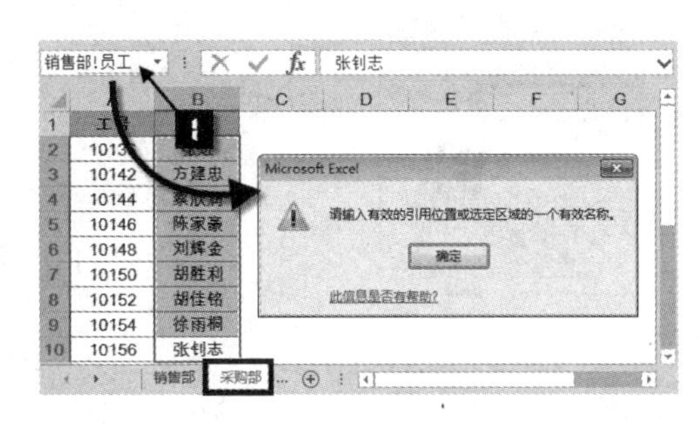

图 9-21　错误提示

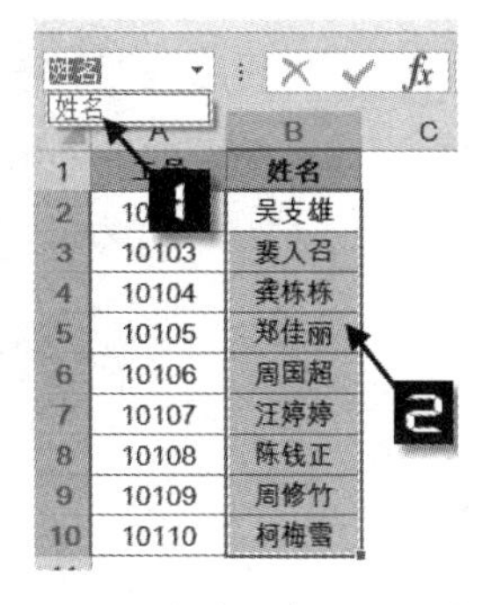

图 9-22　快速选取命名的区域

同一单元格或单元格区域允许有多个名称，在实际应用时应尽量避免为同一单元格或区域定义多个名称。如果同一单元格或区域有多个名称，选中这些单元格或区域时，“名称框”内只显示按升序排列的第一个名称。

定义名称允许引用非连续的单元格范围。按住 <Ctrl> 键不放，鼠标选择多个单元格或单元格区域，在“名称框”中输入名称，按 <Enter> 键即可，如图 9-23 所示。

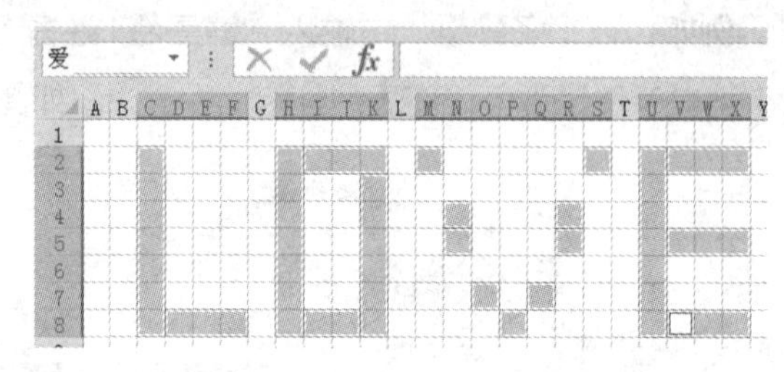

图 9-23 定义不连续的单元格区域

9.3.4 根据所选内容批量创建名称

如果需要对表格中多行多列的单元格区域按标题行或标题列定义名称，可以使用【根据所选内容创建名称】命令快速创建多个名称。

示例 9-5 批量创建名称

选择需要定义名称的范围（如 A1:C10 单元格区域），依次单击【公式】选项卡→【根据所选内容创建】，或者按 <Ctrl+Shift+F3> 组合键，在弹出的【以选定区域创建名称】对话框中，保留默认的【首行】复选框的勾选，单击【确定】按钮完成设置，如图 9-24 所示。

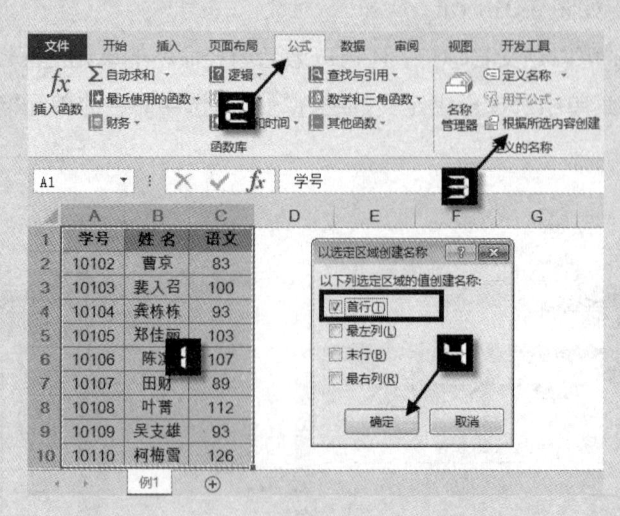

图 9-24 根据所选内容批量创建名称

打开【名称管理器】对话框，可以看到以选定区域首行单元格中的内容命名的 3 个工作簿级名称。由于 B1 单元格中的字段标题“姓名”包含空格，命名的名称会自动修改为“姓 _ 名”，如图 9-25 所示。

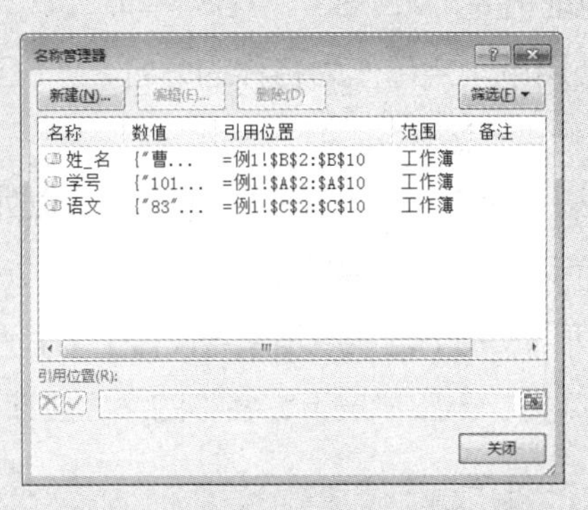

图 9-25　名称管理器

【以选定区域创建名称】对话框中的复选标记会对 Excel 已选中的范围进行自动分析，如果选区首行是文本，Excel 将建议根据首行的内容创建名称。【以选定区域创建名称】对话框中各复选框的作用如表 9-1 所示。

表 9-1　【以选定区域创建名称】选项说明

复选框选项	说明
首行	将顶端行的文字作为该列的范围名称
最左列	将最左列的文字作为该行的范围名称
末行	将底端行的文字作为该列的范围名称
最右列	将最右列的文字作为该行的范围名称

使用【根据所选内容创建】功能所创建的名称仅引用包含值的单元格，并且不包括现有行和列标签。Excel 基于自动分析的结果有时并不完全符合用户的期望，应进行必要的检查。

9.4　名称命名的限制

用户在定义名称时，可能会弹出如图 9-26 所示的错误提示，这是因为名称的命名不符合 Excel 限定的命名规则。

（1）名称的命名可以用任意字母与数字组合在一起，但不能以纯数字命名或以数字开头，如“1Pic”将不被允许。

（2）除了字母 R、C、r、c，其他单个字母均可作为名称的命名。因为 R、C 在 R1C1 引用样式中表示工作表的行、列。

命名也不能与单元格地址相同，如“B3”“D5”等。一般情况下，不建议用户使用单个字母作为名称的命名，命名的原则应有具体含义且便于记忆。

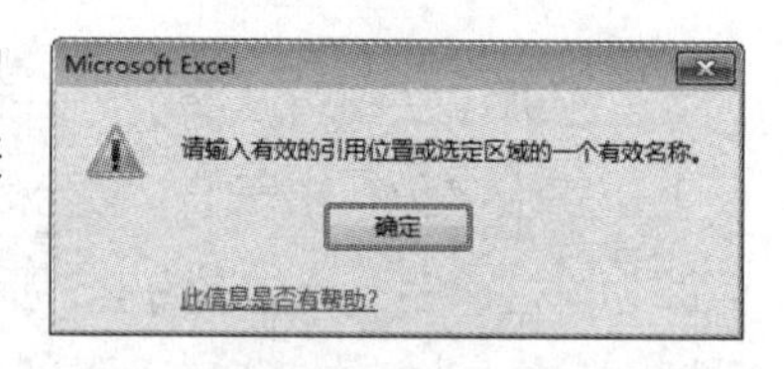

图 9-26　错误提示

（3）不能使用除下划线、点号和反斜线（\）、问号（?）以外的其他符号，使用问号（?）时不能作为名称的开头，如可以用“Name?”，但不可以用“?Name”。

（4）不能包含空格。可以使用下划线或是点号代替空格，例如，“一部_二组”。

（5）不能超过 255 个字符。一般情况下，名称的命名应该便于记忆且尽量简短，否则就违背了定义名称的初衷。

（6）名称不区分大小写，如“DATA”与“Data”是相同的，Excel 会按照定义时输入的命名进行保存，但在公式中使用时视为同一个名称。

Excel 保留了几个名称供程序本身使用。常用的内部名称有 Print_Area、Print_Titles、Consolidate_Area、Database、Criteria、Extract 和 FilterDatabase，创建名称时应避免覆盖 Excel 的内部名称。

此外，名称作为公式的一种存在形式，同样受函数与公式关于嵌套层数、参数个数、计算精度等方面的限制。

从使用名称的目的来看，名称应尽量直观地体现所引用数据或公式的含义，不宜使用可能产生歧义的名称，尤其是使用较多名称时，如果命名过于随意，则不便于名称的统一管理和对公式的解读与修改。

9.5　定义名称可用的对象

9.5.1　Excel 创建的名称

除了用户创建的名称外，Excel 还可以自动创建某些名称。例如，设置了工作表打印区域，Excel 会为这个区域自动创建名为“Print_Area”的名称。如果设置了打印标题，Excel 会定义工作表级名称“Print_Titles”，另外当工作表中插入了表格或是执行了高级筛选操作，Excel 也会自动创建默认的名称。

注意

部分 Excel 宏和插件可以隐藏名称，这些名称在工作簿中虽然存在，但是不出现在【名称管理器】对话框或名称框中。

9.5.2 使用常量

如果需要在整个工作簿中多次重复使用相同的常量，如产品利润率、增值税率、基本工资额等，可以将其定义为一个名称并在公式中使用，使公式的修改和维护变得更加容易。

例如，员工考核分析时，需要分析各个部门的优秀员工，以全体员工成绩的前 20% 为优秀员工。在调整优秀员工比例时，需要修改多处公式，而且容易出错，可以定义一个名称“优秀率”，以便公式调用和修改。

步骤① 依次单击【公式】选项卡中的【定义名称】按钮，弹出【新建名称】对话框，在【名称】文本框中输入名称“优秀率”。

步骤② 在【引用位置】编辑框中输入 =20%，单击【确定】按钮完成设置，如图 9-27 所示。

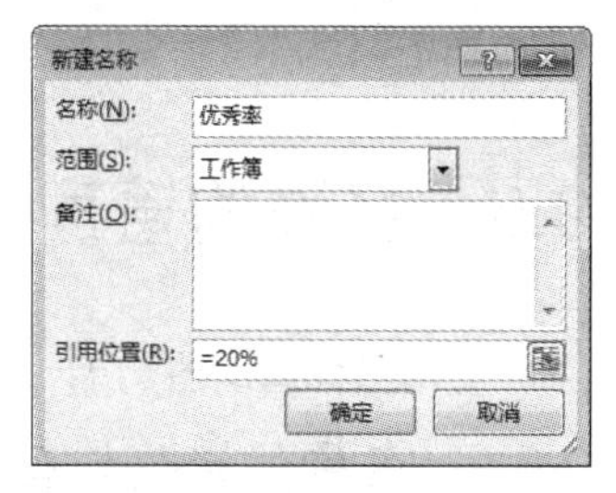

图 9-27 定义引用常量的名称

除了数值常量，还可以使用文本常量，例如，可以创建名为“EH”的公式。

```
="ExcelHome"
```

因为这些常量不存储在任何单元格内，所以使用常量的名称在名称框中不会显示。

9.5.3 使用函数与公式

除了常量，像月份等经常随着表格打开时间而变化的内容，需要使用工作表函数定义名称。定义名称“当前月份”，引用位置使用以下公式，如图 9-28 所示。

```
=MONTH(TODAY())&"月"
```

图 9-28 使用工作表函数定义名称

公式中使用了两个函数。TODAY 函数返回系统当前日期，MONTH 函数返回这个日期变量的月份，再使用文本连接符 &，将月份数字和文字“月”连接。

在单元格输入以下公式，则返回系统当前月份。

```
= 当前月份
```

假设系统日期是 10 月 24 日，则返回结果为 10 月。

也可在公式中使用已定义的名称再次定义新的名称，如使用以下公式定义名称“本月1日”。

```
=当前月份 &"1 日 "
```

在单元格输入以下公式，假设系统日期是 10 月 24 日，则返回文本结果“10 月 1 日”。

```
=本月 1 日
```

9.6 名称的管理

使用名称管理器功能，用户能够方便地对名称进行查阅、修改、筛选和删除。

9.6.1 名称的修改与备注信息

1. 修改已有名称的命名

在 Excel 97 版本以上至 Excel 2003 的版本中，不支持直接对名称的命名进行修改，需要先添加为新名称后再删除旧名称，并且当删除旧名称之后，所有引用旧名称的公式将出现 #NAME? 错误。

在 Excel 2013 中，可对已有名称的命名进行编辑修改。修改命名后，公式中使用的名称会自动应用新的命名。

如图 9-29 所示，单击【公式】选项卡中的【名称管理器】按钮，或者按 <Ctrl+F3> 组合键，打开【名称管理器】对话框。

选择名称“姓名”后，单击【编辑】按钮，弹出【编辑名称】对话框。在【名称】文本框中修改命名为“人员”，在【备注】文本框中根据需要添加备注信息。最后单击【确定】按钮退出对话框，再单击【关闭】按钮退出【名称管理器】，则公式中已使用的名称“姓名”将自动变为“人员”。

2. 修改名称的引用位置

在【编辑名称】对话框中的【引用位置】编辑框中，可以修改已定义名称使用的公式或单元格引用。

用户也可以在【名称管理器】中选择名称后，直接在【引用位置】编辑框中输入新的公式或是单元格引用区域，单击左侧的输入按钮☑确认输入，最后单击【关闭】按钮，完成修改，如图 9-30 所示。

3. 修改名称的级别

使用编辑名称的方法，无法实现工作表级和工作簿级名称之间的互换。用户可以先复制既有名称【引用位置】编辑框中的公式，再单击【名称管理器】对话框中的【新建】按钮，新建一个同名的不同级别的名称，然后单击旧名称，再单击【删除】按钮将其删除。

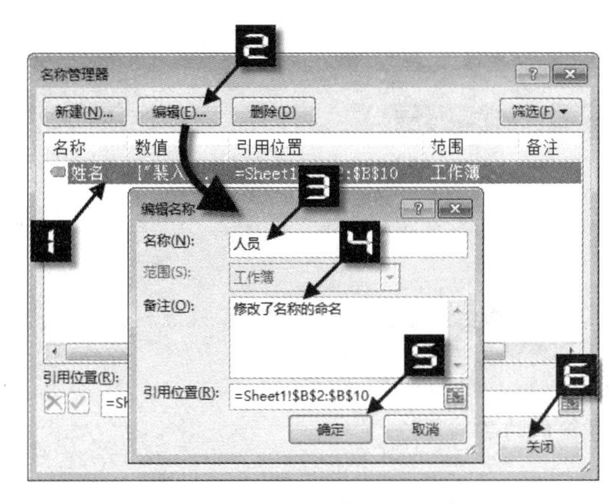

图 9-29　修改已有名称的命名

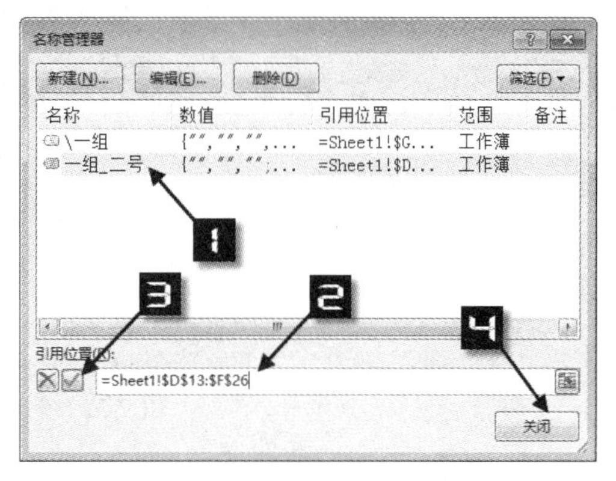

图 9-30　修改名称的引用位置

提示

在编辑【引用位置】编辑框中的公式时，按方向键或 <Home>、<End> 以及鼠标单击单元格区域，都会将光标激活的单元格区域以绝对引用方式添加到【引用位置】公式中。这是由于【引用位置】编辑框在默认状态下是“点选”模式，按下方向键只是对单元格进行操作，按 <F2> 键切换到“编辑”模式，就可以在编辑框的公式中移动光标，以修改公式。

9.6.2　筛选和删除错误名称

当不需要使用名称或名称出现错误无法正常使用时，可以在【名称管理器】对话框中进行筛选和删除操作。

步骤① 单击【筛选】按钮，在下拉菜单中选择【有错误的名称】命令，如图 9-31 所示。

图 9-31　筛选有错误的名称

步骤② 如图 9-32 所示，在筛选后的名称管理器中，按住 <Shift> 键选择首个和最底端的名称，单击【删除】按钮，有错误的名称将全部删除，单击【关闭】按钮退出对话框。

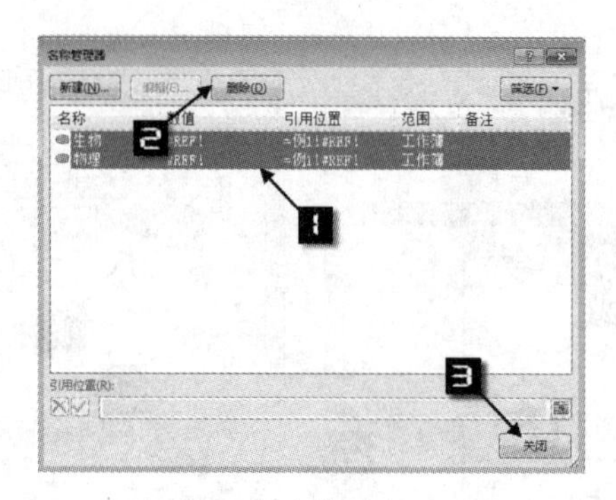

图 9-32　删除有错误的名称

9.6.3　在单元格中查看名称中的公式

在【名称管理器】中虽然也可以查看名称使用的公式，但受限于对话框大小，有时无法显示整个公式，可以将定义的名称全部在单元格中罗列出来。

如图 9-33 所示，选择需要显示公式的单元格，依次单击【公式】→【用于公式】→【粘贴名称】，弹出【粘贴名称】对话框，或按 <F3> 键弹出该对话框。单击【粘贴列表】，所有已定义的名称将粘贴到单元格区域中，并且以一列名称、一列公式文本的形式显示。

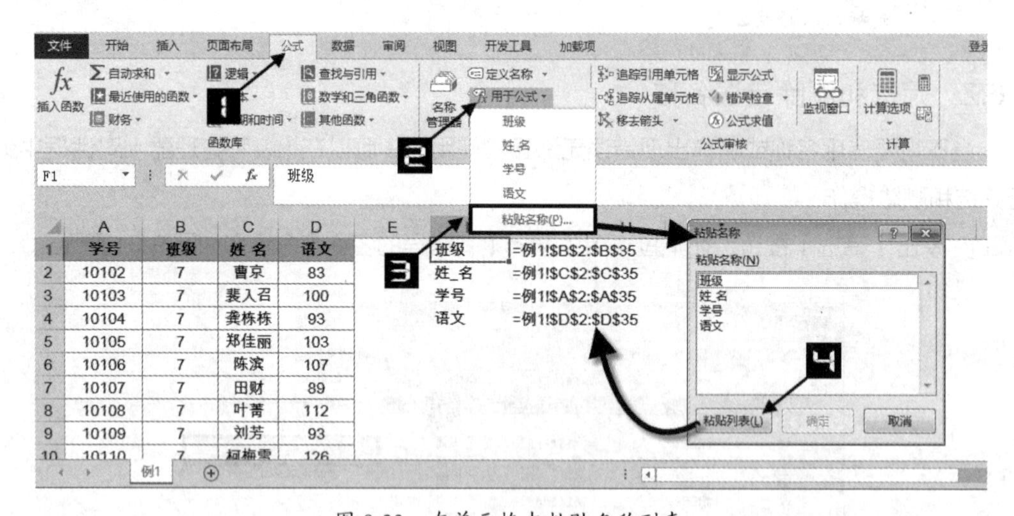

图 9-33　在单元格中粘贴名称列表

粘贴到单元格的名称，将按照命名排序后逐行列出，如果名称中使用了相对引用或混合引用，则粘贴后的公式文本将根据其相对位置发生改变。

9.6.4　查看命名范围

工作表显示比例小于 40% 时，可以显示命名范围的边界和名称，名称显示为蓝色，如图 9-34 所示。边界和名称有助于观察工作表中的命名范围，打印工作表时，这些内容不会被打印。

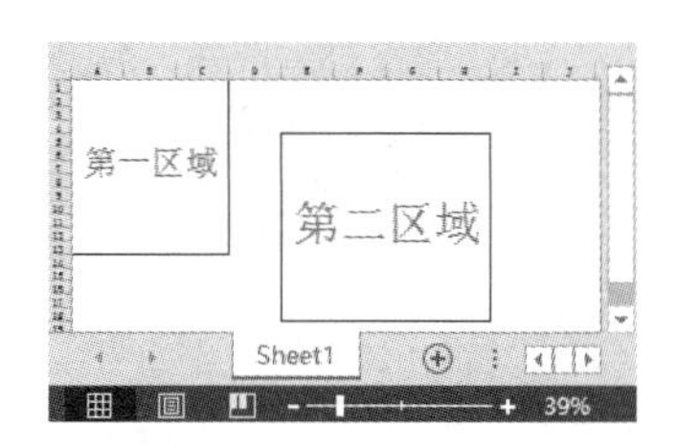

图 9-34　查看命名范围

9.7　名称的使用

9.7.1　输入公式时使用名称

需要在单元格的公式中调用已定义的名称时，可以在【公式】选项卡中单击【用于公式】下拉按钮并选择相应的名称，如图 9-35 所示。

用户也可以在公式编辑状态手工输入，已名称的名称将出现在“公式记忆式键入”列表中。如图 9-36 所示，工作簿中定义了成绩区域为“语文”，在单元格输入其开头汉字“语”，该名称即出现在“公式记忆式键入”列表中。

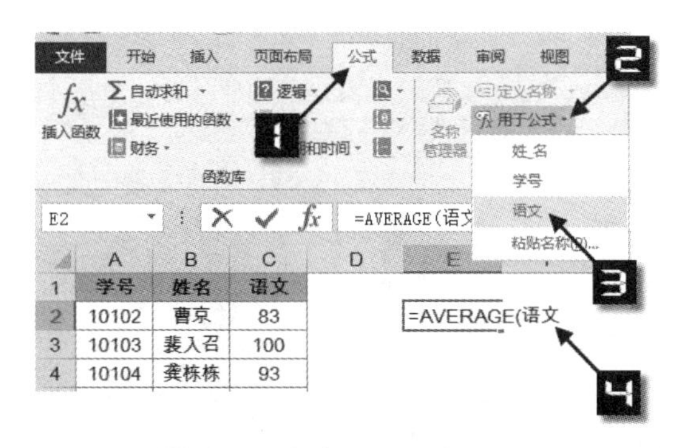

图 9-35　公式中调用名称

图 9-36　在“公式记忆式键入”列表中的名称

如果某个单元格或区域中设置了名称，在输入公式过程中，使用鼠标选择该区域作为需要插入的引用，Excel 会自动应用该单元格或区域的名称。Excel 没有提供关闭该功能的选项，如果需要在公式中使用常规的单元格或区域引用，则需要手工输入单元格或区域的地址。

9.7.2　现有公式中使用名称

如果在工作表内已经输入了公式，再进行定义名称，Excel 不会自动用新名称替换公式中的单元格引用。用户可以通过设置，使 Excel 将名称应用到已有公式中。

示例 9-6　现有公式中使用名称

如图 9-37 所示，是某单位员工考核成绩的部分内容。在 H2、I2、J2 单元格分别使用以下公式，用于计算考核成绩的平均分、总分和最高分。

```
=AVERAGE(C2:C9,F2:F9)
=SUM(C2:C9,F2:F9)
=MAX(C2:C9,F2:F9)
```

	A	B	C	D	E	F	G	H	I	J
1	小组	姓名	考核分	小组	姓名	考核分		平均分	总分	最高分
2	1	刘景玉	25	2	徐德虎	21		34.13	546.00	63.00
3	1	王本顿	63	2	焦金华	20				
4	1	马德超	27	2	杨新省	24				
5	1	张培军	25	2	马万明	62				
6	1	孙朝杰	34	2	张吉胜	21				
7	1	于道水	52	2	李照军	15				
8	1	赵林山	25	2	朱秀华	44				
9	1	赵云庆	47	2	王爱林	41				

=AVERAGE(C2:C9,F2:F9)
=SUM(C2:C9,F2:F9)
=MAX(C2:C9,F2:F9)

图 9-37　汇总员工考核成绩

分别使用以下公式定义名称为“一组”和“二组”，如图 9-38 所示。

一组　　=Sheet1!$C$2:$C$9

二组　　=Sheet1!$F$2:$F$9

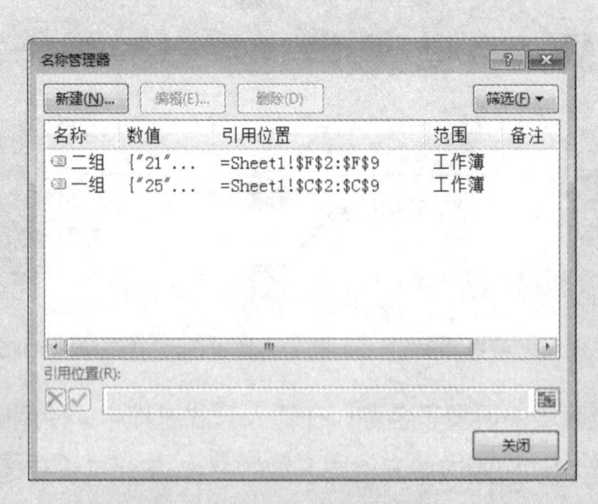

图 9-38　定义的名称

选择需要进行转换的包含公式的范围 H2 和 I2 单元格，依次单击【公式】选项卡中的【定义名称】下拉按钮，在下拉菜单中选择【应用名称】命令，弹出【应用名称】对话框。在【应用名称】列表中选择需要应用于公式中的名称，单击【确定】按钮。被选中的名称将应用到所选单元格范围内的公式中，如图 9-39 所示。

如果需要将名称应用到工作表内的所有公式中，可选中任意一个单元格，再按如图 9-39 所示的步骤进行操作即可。

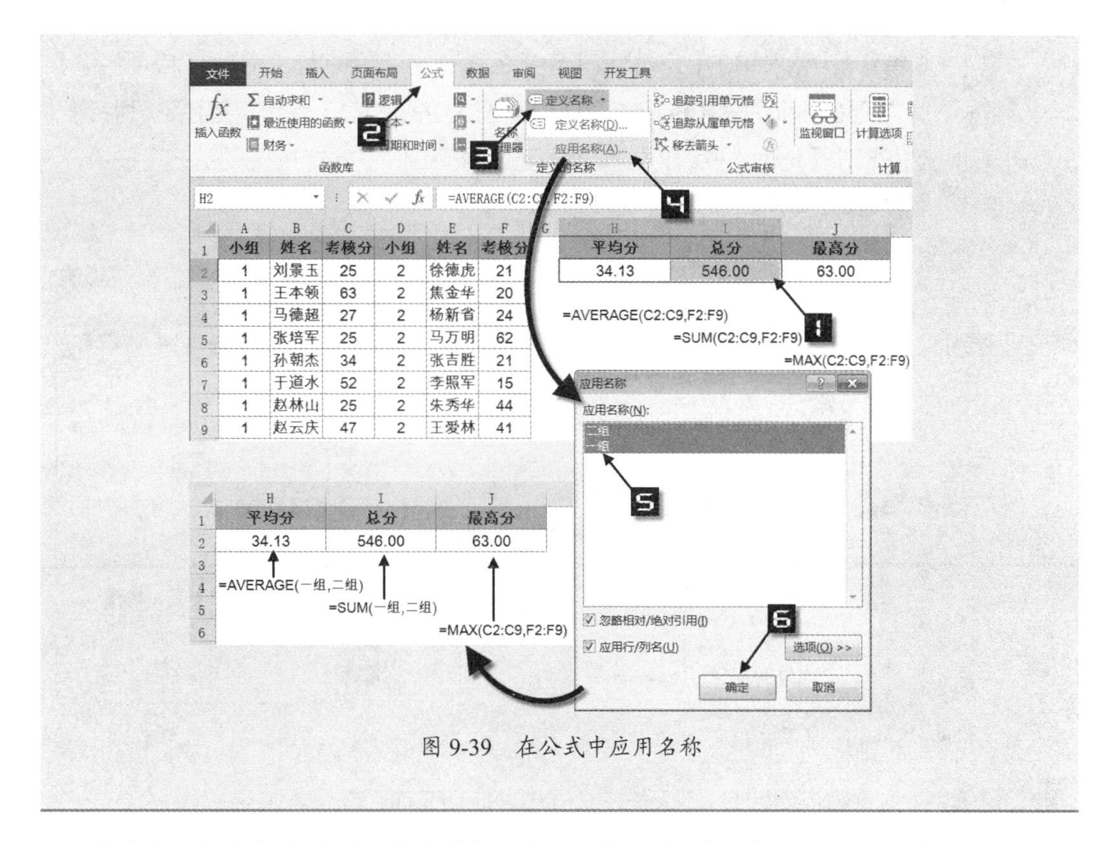

图 9-39　在公式中应用名称

在【应用名称】对话框中，包括【忽略相对 / 绝对引用】和【应用行 / 列名】两个复选框。【忽略相对 / 绝对引用】复选框控制着用名称替换单元格地址的操作，如果勾选了该复选框，则只有与公式引用完全匹配时才会应用名称。多数情况下，可保留默认勾选。

如果选中【应用行 / 列名】复选框，Excel 在应用名称时使用交叉运算符。如果 Excel 找不到单元格的确切名称，则使用表示该单元格的行和列范围的名称，并且使用交叉运算符连接名称。

示例 9-7　名称中使用交叉运算符

如图 9-40 所示，是某单位员工考核成绩的部分内容，在 H3 单元格使用以下公式计算二组大于 20 的总分。

```
=SUMIF(F2:F9,">"&F3)
```

分别使用以下公式定义名称为“二组”和“标准”。

```
=Sheet1!$F$2:$F$9
=Sheet1!$3:$3
```

定义名称后，使用名称替换 H3 单元格公式中的单元格引用。

选中 H3 单元格，依次单击【公式】→【定义名称】→【应用名称】，弹出【应用名称】对话框。在【应用名称】列表中选择需要应用于公式中的名称，保留【应用行 / 列名】复选框的勾选，单击【选项】按钮，去掉【同行省略行名】的勾选，单击【确定】按钮，完成设置，如图 9-41 所示。

	A	B	C	D	E	F	G	H
1	小组	姓名	考核分	小组	姓名	考核分		
2	1	刘景玉	25	2	徐德虎	21		二组大于20的总分
3	1	王本领	63	2	焦金华	20		213
4	1	马德超	27	2	杨新省	24		=SUMIF(F2:F9,">"&F3)
5	1	张培军	25	2	马万明	62		
6	1	孙朝杰	34	2	张吉胜	21		
7	1	于道水	52	2	李熙军	15		
8	1	赵林山	25	2	朱秀华	44		
9	1	赵云庆	47	2	王爱林	41		

图 9-40　计算二组大于 20 的总分

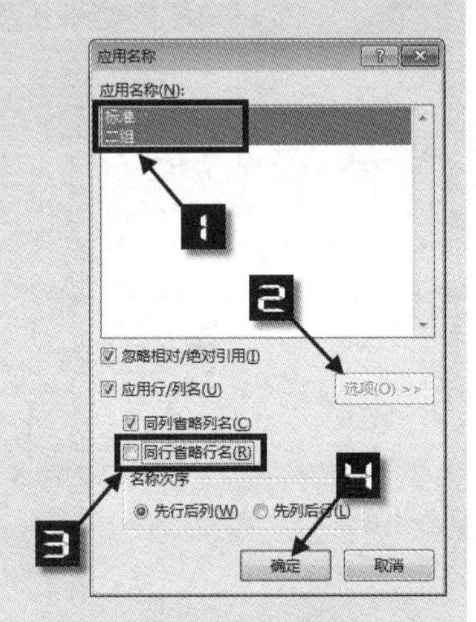

图 9-41　应用名称

被选中的名称将应用到 H3 单元格的公式中，应用名称后的公式如下。

```
=SUMIF(二组,">"&标准 二组)
```

SUMIF 函数第一参数 F2:F9 被替换为定义的名称“二组”。

SUMIF 函数的第二参数 F3 单元格，相当于 $F$2:$F$9 和 $3:$3 的交集，Excel 找不到 F3 单元格的确切名称，因此使用表示该单元格行范围的名称“标准”和表示列范围的名称“二组”，并且使用交叉运算符（空格）连接名称“标准二组”。

如果勾选【同行省略行名】的复选框，由于公式和表示行范围的名称“标准”在同一行内，SUMIF 函数第二参数应用名称后，会省略行范围的名称“标准”，应用名称后的公式如下。

```
=SUMIF(二组,">"&二组)
```

SUMIF 函数的第一参数和第二参数使用相同的名称，其结果实际为数组：

```
{171;213;147;0;171;233;62;106}
```

由于公式在引用数据区域的第二行，所以 Excel 根据公式所在单元格与引用单元格区域之间的物理位置返回交叉点值，以隐含交叉引用的方式返回数组结果中的第二个元素，结果为 213。

9.8　定义名称的技巧

9.8.1　相对引用和混合引用定义名称

在名称管理器和定义名称对话框中使用鼠标选择方式输入单元格引用时，默认使用带工作表名称的绝对引用方式。例如，单击【引用位置】对话框右侧的折叠按钮，然后单击选择 Sheet1 工作表中的 A1 单元格，相当于输入 =Sheet1!$A$1，当需要使用相对引用或混合引用时，可以连续按 <F4> 键切换。

在单元格中的公式内使用相对引用，是与公式所在单元格形成相对位置关系。在名称中使用相对引用，则是与定义名称时的活动单元格形成相对位置关系。

如图 9-42 所示，当 B2 单元格为活动单元格时创建工作簿级名称为“左侧单元格”，在【引用位置】编辑框中使用公式并相对引用 A2 单元格。

```
=销售一部!A2
```

如果 B3 单元格中输入公式“= 左侧单元格”，将调用 A3 单元格。如果在 A 列单元格中输入公式“= 左侧单元格”，将调用与公式处于同一行中的工作表最右侧的 XFD 列单元格。

如图 9-43 所示，由于名称“= 左侧单元格”使用了相对引用，如果激活不是 B2 单元格的其他单元格，如 E5 单元格，按 <Ctrl+F3> 组合键，在弹出的【名称管理器】对话框中可以看到引用位置指向了活动单元格的左侧单元格。

```
=销售一部!D5
```

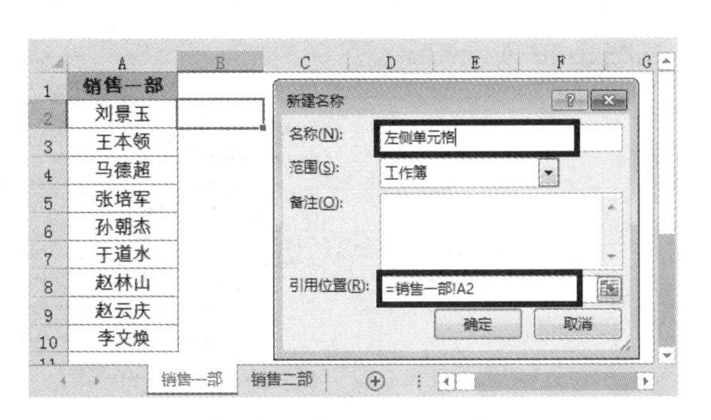

图 9-42　相对引用左侧单元格

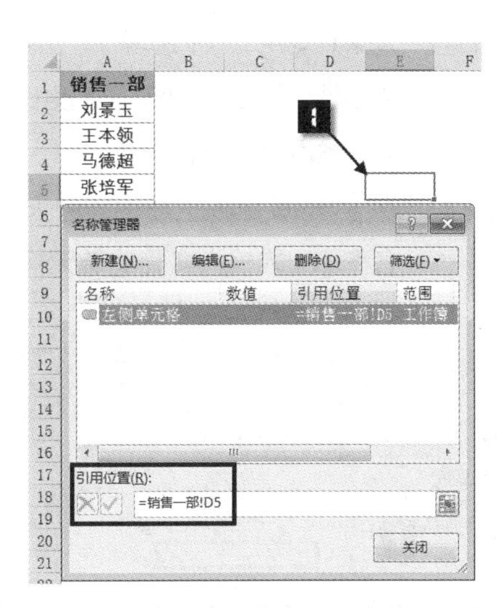

图 9-43　不同活动单元格中的名称引用位置

混合引用定义名称的方法与相对引用类似，不再赘述。

9.8.2 引用位置始终指向当前工作表内的单元格

如图 9-44 所示，刚刚定义的名称“左边单元格”虽然是工作簿级名称，但在“销售二部”工作表中使用时，仍然会调用“销售一部”工作表的 A2 单元格。

如果需要名称在任意工作表内都能引用该工作表的单元格，则需在【名称管理器】中，只保留“!”和单元格区域，去掉“!”前面的工作表名称，即“=!A2”，如图 9-45 所示。

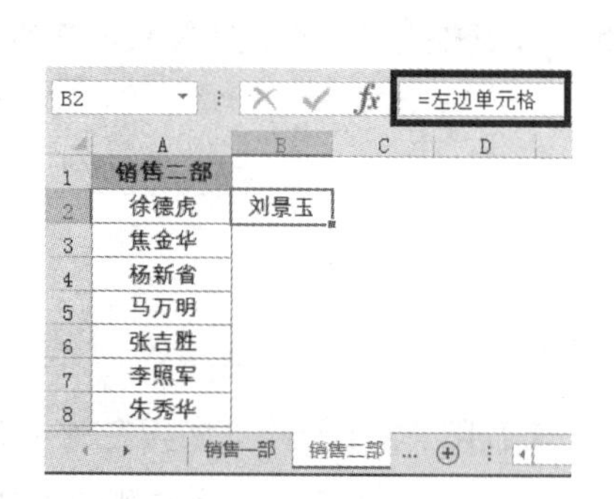

图 9-44 引用结果错误

图 9-45 引用位置不使用工作表名

单击【确定】按钮关闭【名称管理器】对话框。修改完成后，在公式中使用名称“左边单元格”时，任意工作表中均引用公式所在工作表的相同位置的单元格。

9.8.3 公式中的名称转换为单元格引用

Excel 不能自动使用单元格引用替换公式中的名称，可以使用以下方法实现将公式中的名称转换为单元格引用。

步骤① 选择【文件】→【选项】，在弹出的【Excel 选项】对话框中单击【高级】，在【Lotus 兼容性设置】中勾选【转换 Lotus 1-2-3 公式】复选框，单击【确定】按钮。

步骤② 重新激活公式所在单元格。

步骤③ 从【Excel 选项】对话框中去掉【转换 Lotus 1-2-3 公式】复选框的勾选，公式中的名称即可转换为实际的单元格引用，如图 9-46 所示。

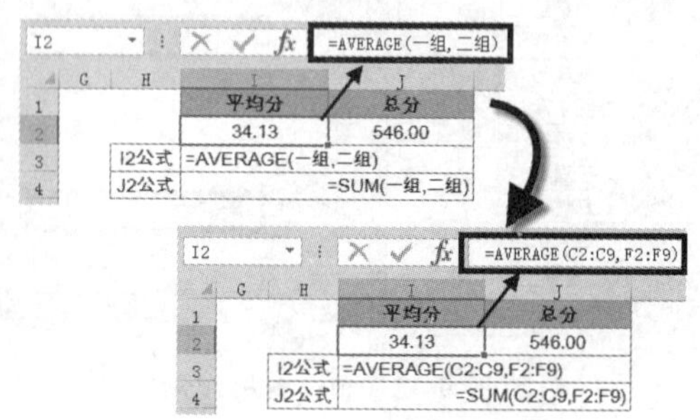

图 9-46 名称转换为单元格引用

9.9　使用名称的注意事项

9.9.1　工作表复制时的名称问题

Excel 允许用户在任意工作簿之间进行工作表的复制，名称会随着工作表一同被复制。如果不了解名称随工作表复制的原则，很可能会对公式中名称的使用产生误解。

如图 9-47 所示，假设在工作簿 1 中有“报名表”工作表，同时有以下几个名称。

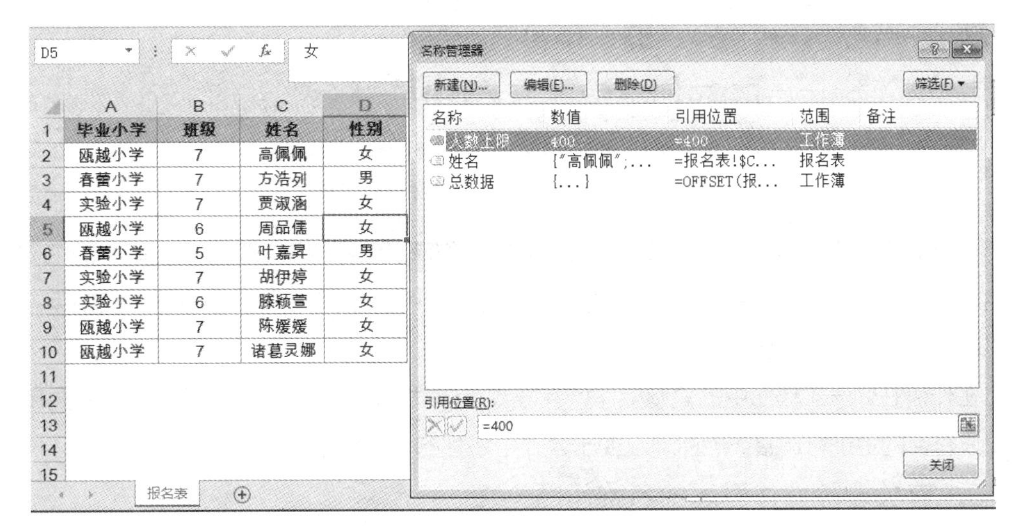

图 9-47　名称管理器中的不同级别名称

工作簿级别名称：

```
人数上限 =400
```

工作簿级别名称：

```
总数据 =OFFSET(报名表!$A$1,0,0,COUNTA(报名表!$A:$A),COUNTA(报名表!$1:$1))
```

报名表的工作表级别名称：

```
姓名 = 报名表!$C$2:$C$10
```

当复制包含名称的工作表或公式时，应注意因此出现的名称混乱。

（1）不同工作簿建立副本工作表

在不同工作簿建立副本工作表时，涉及源工作表的所有名称（含工作簿、工作表级和使用常量定义的名称）将被原样复制。

（2）同一工作簿内建立副本工作表

如图 9-48 所示，鼠标右键单击报名表工作表标签，在弹出的菜单中选择【移动或复制】命令，打开“移动或复制工作表”对话框，勾选【建立副本】复选框，单击【确定】按钮退出对话框，则建立了“报名表（2）”工作表。

此时【名称管理器】中的名称如图 9-49 所示。

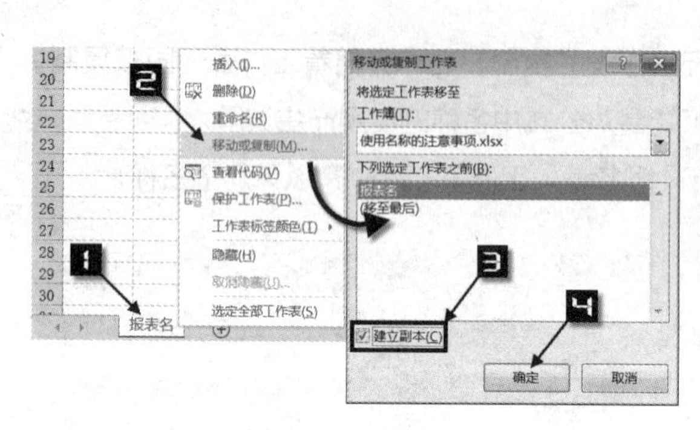

图 9-48 建立工作表副本

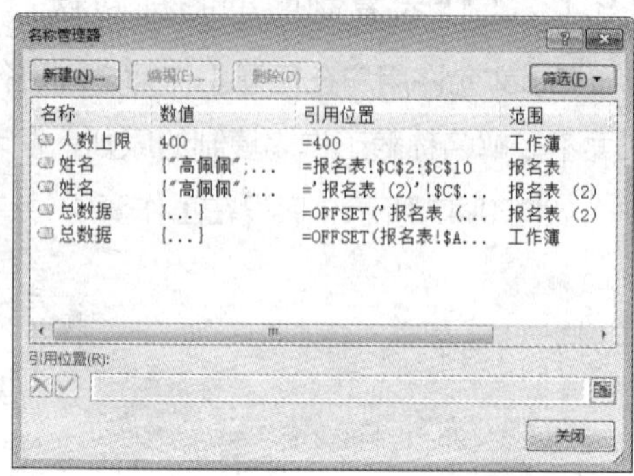

图 9-49 建立副本工作表后的名称

建立副本工作表时，原引用该工作表区域的工作簿级名称将被复制，产生同名的工作表级名称。原引用该工作表的工作表级名称也将被复制，产生同名工作表级名称。仅使用常量定义的名称不会发生改变。

工作表在同一工作簿中的复制操作，会导致工作簿中存在名字相同的全局名称和局部名称，应有目的地进行调整或删除，以便于公式中名称的合理利用。

9.9.2 有关删除操作引起的名称问题

当删除某个工作表时，属于该工作表的工作表级名称会被全部删除，而引用该工作表的工作簿级名称将被保留，但【引用位置】文本框中的公式将产生 #REF! 错误。

例如，定义工作簿级名称 Data 如下。

```
=Sheet2!$A$1:$A$10
```

（1）删除 Sheet2 工作表时，Data 的【引用位置】变化如下。

```
=#REF!$A$1:$A$10
```

（2）删除 Sheet2 表中的 A1:A10 单元格区域时，Data 的【引用位置】变化如下。

```
=Sheet2!#REF!
```

（3）删除 Sheet2 表中的 A2:A5 单元格区域时，Data 的【引用位置】随之缩小。

```
=Sheet2!$A$1:$A$6
```

反之，如果是在 A1:A10 单元格区域中间插入行，则 Data 的引用区域将随之增加。

（4）在【名称管理器】中删除名称“Data”之后，工作表所有调用该名称的公式都将返回错误值 #NAME?。

9.10　命名工作表中的对象

当激活插入工作表中的对象时（如控件或是自选形状等），名称框中会出现由对象类型和序号组成的默认名称。如需修改对象名称，可在名称框中输入新的名称，按 <Enter> 键，如图 9-50 所示。

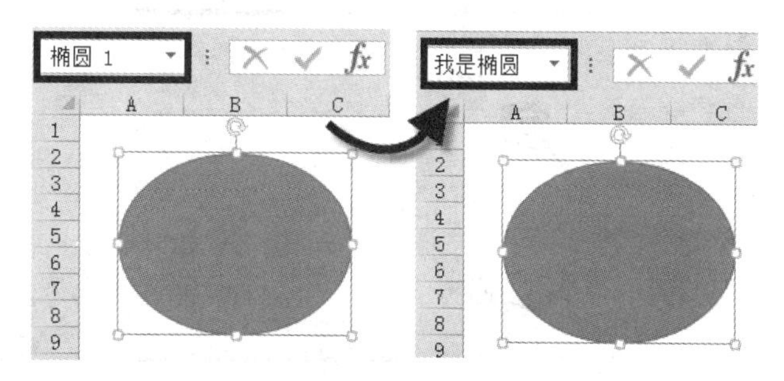

图 9-50　修改图形对象名称

使用名称框可以重命名对象名称，但是名称框不显示对象的名称列表，也无法通过名称框选中对象。Excel 允许定义和对象同名的名称，也允许多个对象使用同一名称。

9.11　使用 INDIRECT 函数创建不变的名称

名称的单元格引用，即便使用了绝对引用，也可能因为数据所在单元格区域的插入行（列）、删除行（列）、剪切操作等而发生改变，导致名称与实际期望引用的区域不符。

如图 9-51 所示，名称“基本工资”的引用范围为 C2:C8 单元格区域，且使用默认的绝对引用。

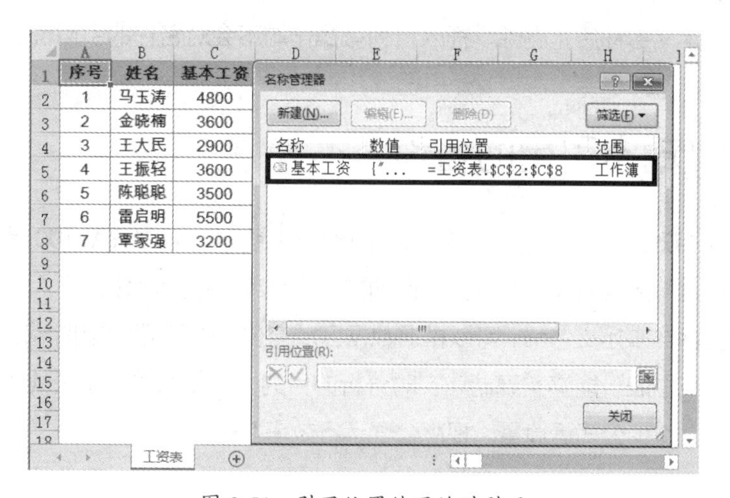

图 9-51　引用位置使用绝对引用

将第 3 行整行剪切，在第 9 行执行【插入剪切的单元格】命令后，名称“基本工资”引用的单元格区域自动更改为 C2:C7，如图 9-52 所示。

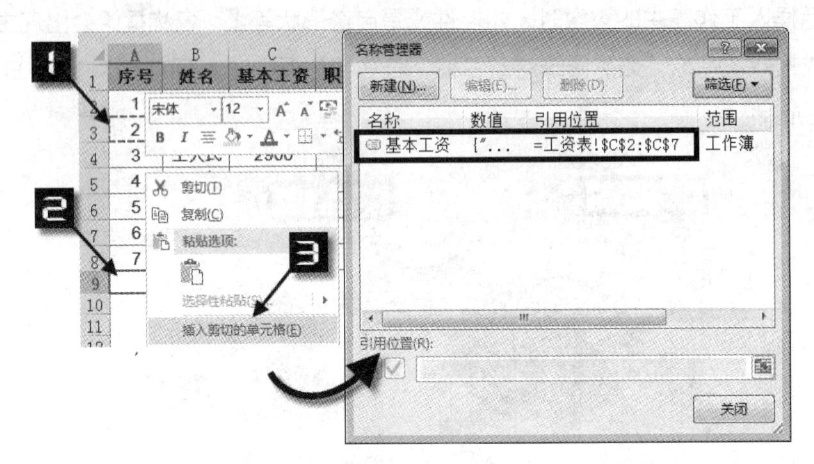

图 9-52　剪切数据后引用区域发生变化

如需始终引用“工资表”工作表的 C2:C8 单元格区域，可以将名称“基本工资”的【引用位置】改为：

```
=INDIRECT(" 工资表 !$C$2:$C$8")
```

如需定义的名称能够在各个工作表分别引用各自的 C2:C8 单元格区域，可将【引用位置】公式改为：

```
=INDIRECT("C2:C8")
```

“$C$2:$C$8”是作为文本常量使用，再由 INDIRECT 函数返回文本字符串的引用，INDIRECT 函数的常量参数使用“C2:C8”与使用“$C$2:$C$8”相同。

使用此方法定义名称后，删除、插入行列等操作均不会对名称的引用位置造成影响。

9.12　定义动态引用的名称

动态引用是相对静态而言的，一个静态的区域引用，如 $A$1:$A$100 是始终不变的。动态引用则可以随着数据的增加或减少，自动扩大或是缩小引用区域。

借助引用类函数来定义名称，可以根据数据区域变化，对引用区域进行实时的动态引用。配合数据透视表或图表，能够实现动态实时分析的目的。在复杂的数组公式中，结合动态引用的名称，还可以减少公式运算量，提高公式运行效率。

示例 9-8 设置动态打印区域

图 9-53 展示的是某商品 5 月份在各门店的销售记录表，销售记录会不断更新增加。通过设置动态的打印区域，可以仅打印有数据的区域范围。

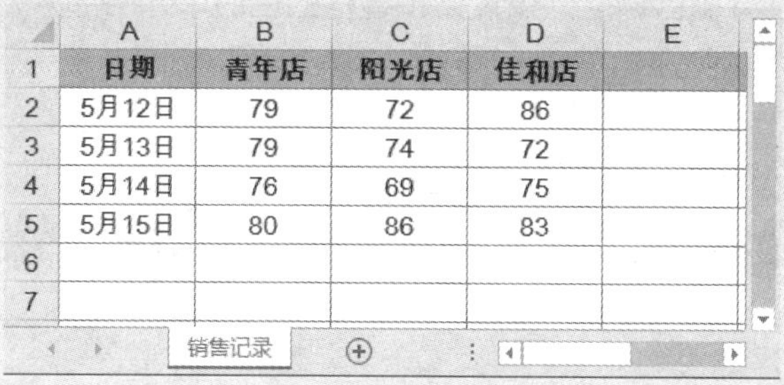

	A	B	C	D	E
1	日期	青年店	阳光店	佳和店	
2	5月12日	79	72	86	
3	5月13日	79	74	72	
4	5月14日	76	69	75	
5	5月15日	80	86	83	
6					
7					

销售记录

图 9-53 销售记录表

如图 9-54 所示，在【公式】选项卡中单击【定义名称】按钮，弹出【新建名称】对话框，在【名称】文本框中输入“Print_Area”，在【范围】下拉菜单中选择当前工作表名称，在【引用位置】文本框中输入以下公式后，单击【确定】按钮，退出【新建名称】对话框。

```
=OFFSET(销售记录!$A$1,,,COUNTA(销售记录!$A:$A),COUNTA(销售记录!$1:$1))
```

定义名称命名为“Print_Area”，使用了设置打印区域时系统自动产生的内部名称。如果使用其他命名，通过公式设置的打印区域将无法被系统调用。

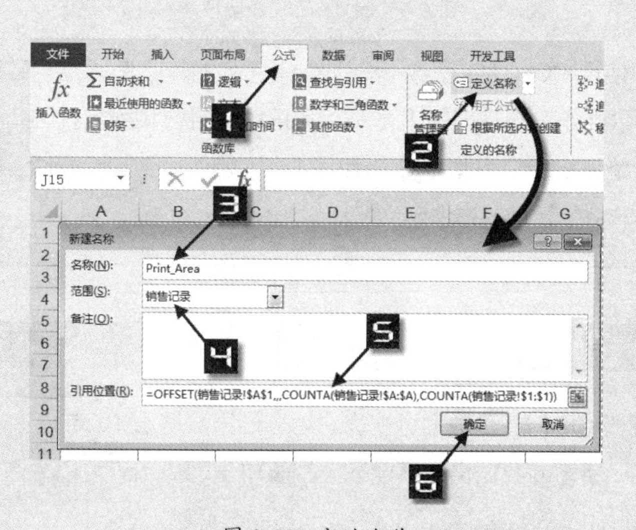

图 9-54 定义名称

COUNTA（销售记录!$A:$A）部分，返回“销售记录”工作表 A 列非空的单元格个数。COUNTA（销售记录!$1:$1）部分，返回“销售记录”工作表首行非空的单元格个数。

OFFSET函数以"销售记录"工作表A1单元格为起点，向下偏移0行，向右偏移0列，新引用区域的高度为A列非空单元格个数，新引用区域的宽度为首行非空单元格个数，以此作为打印区域。

设置完毕后，如果在工作表中添加或是减少数据，打印区域则根据数据的实际区域自动进行调整。而在数据区域之外仅设置了边框的空白单元格部分，则不会出现在打印区域中，如图9-55所示。

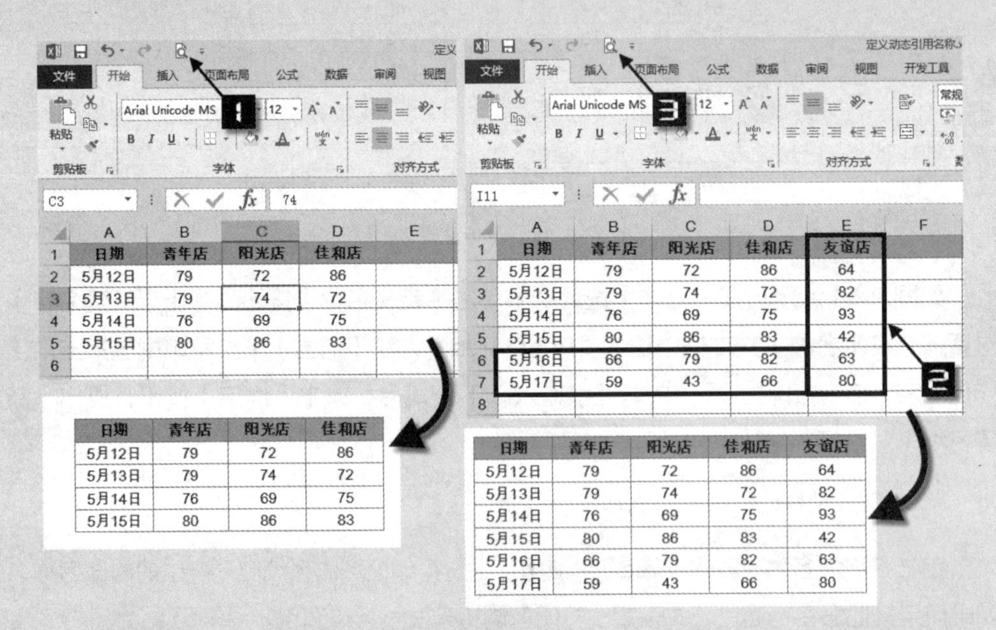

日期	青年店	阳光店	佳和店
5月12日	79	72	86
5月13日	79	74	72
5月14日	76	69	75
5月15日	80	86	83

日期	青年店	阳光店	佳和店	友谊店
5月12日	79	72	86	64
5月13日	79	74	72	82
5月14日	76	69	75	93
5月15日	80	86	83	42
5月16日	66	79	82	63
5月17日	59	43	66	80

图9-55　打印区域自动调整

由于公式中使用COUTNA函数，分别统计A列的非空单元格个数以及首行的非空单元格个数，并以此作为OFFSET函数新引用区域的行数和列数，因此当A列或首行数据区域中存在空单元格时，用此方法引用区域将不能引用到实际最后一行数据，可以按照定位最后一个非空单元格的方法定义名称。

示例9-9 创建动态的数据透视表

通常情况下，用户创建了数据透视表之后，如果数据源中增加了新的行或列，即使刷新数据透视表，新增的数据仍然不能在透视表中呈现。用户可以为数据源定义名称或使用列表功能获得动态的数据源，从而生成动态的数据透视表。

在如图9-56所示的销售明细表中定义名称。

```
data=OFFSET(销售明细表!$A$1,,,COUNTA(销售明细表!$A:$A),COUNTA(销售明细表!$1:$1))
```

	A	B	C	D	E	F
1	销货单号	销售人员	产品规格	出库单号	销售数量	销售额
190	X3708-189	郭啸天	SX-D-128	0504	1	158000
191	X3708-190	杨铁心	SX-D-128	0505	1	158000
192	X3708-191	黄药师	SX-D-128	0507	1	230000
193	X3708-192	周伯通	SX-D-192	0506	1	178000
194	X3708-193	郭啸天	SX-D-192	0508	1	250000
195	X3708-194	杨铁心	SX-D-192	0509	1	280000
196	X3708-195	黄药师	SX-D-192	0510	1	190000
197	X3708-196	周伯通	SX-D-192	0511	1	158000
198	X3708-197	郭啸天	SX-D-192	0511	1	158000
199	X3708-198	杨铁心	SX-D-192	0512	1	158000
200	X3708-199	黄药师	SX-D-128	0514	1	180000

销售明细表

图 9-56　销售明细表

使用定义的名称作为数据源，生成数据透视表。

步骤① 单击数据明细表中的任意单元格，如 A5 单元格，在【插入】选项卡下单击【数据透视表】按钮，弹出【创建数据透视表】对话框，如图 9-57 所示。

步骤② 在【创建数据透视表】对话框的【表 / 区域】文本框中输入已经定义好的动态名称“data”，单击【确定】按钮完成数据区域指定，如图 9-58 所示。

步骤③ 此时自动创建一个包含透视表的工作表“Sheet1”，在【数据透视表字段列表】中，依次将“销售人员”字段拖动到行区域，将“产品规格”字段拖动到列区域，将“销售数量”字段拖动到值区域，完成透视表布局设置，如图 9-59 所示。

数据透视表设置完毕，此时在销售明细表中增加一条数据，右击数据透视表，在扩展菜单中选择【刷新】命令，如图 9-60 所示。

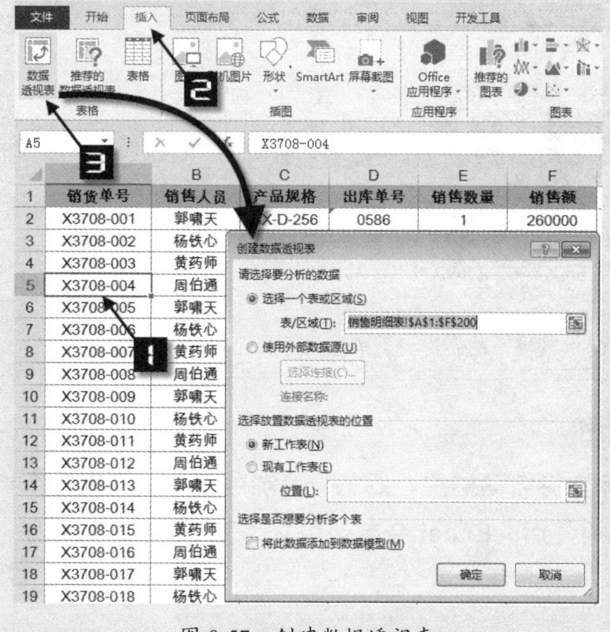

图 9-57　创建数据透视表

图 9-58　将定义名称应用到数据透视表

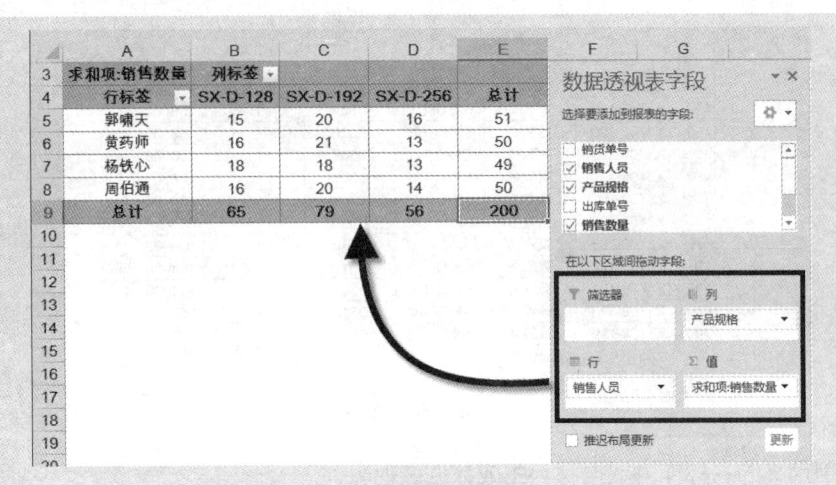

求和项:销售数量	列标签			
行标签	SX-D-128	SX-D-192	SX-D-256	总计
郭啸天	15	20	16	51
黄药师	16	21	13	50
杨铁心	18	18	13	49
周伯通	16	20	14	50
总计	65	79	56	200

图 9-59　设置透视表布局

图 9-60　刷新数据透视表

刷新后的数据透视表即可自动添加新增加的数据汇总内容，如图 9-61 所示。

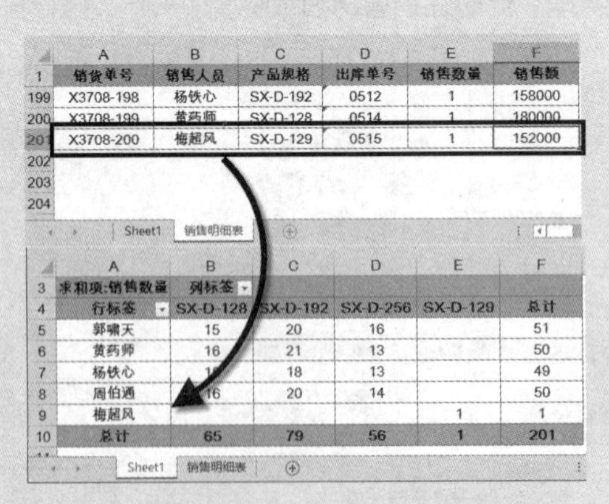

销货单号	销售人员	产品规格	出库单号	销售数量	销售额
X3708-198	杨铁心	SX-D-192	0512	1	158000
X3708-199	黄药师	SX-D-128	0514	1	180000
X3708-200	梅超风	SX-D-129	0515	1	152000

求和项:销售数量	列标签				
行标签	SX-D-128	SX-D-192	SX-D-256	SX-D-129	总计
郭啸天	15	20	16		51
黄药师	16	21	13		50
杨铁心	18	18	13		49
周伯通	16	20	14		50
梅超风				1	1
总计	65	79	56	1	201

图 9-61　数据源增加数据，刷新透视表后自动添加

9.12.1　利用“表”区域动态引用

Excel 2013 的“表格”功能除支持自动扩展、汇总行等功能以外，还支持结构化引用。当单元格区域创建为“表格”后，Excel 会自动定义“表 1”样式的名称，并允许修改命名。

示例 9-10 利用“表”区域动态引用

如图 9-62 所示，选择 A1 单元格，单击【插入】选项卡中的【表格】按钮，弹出【创建表】对话框。在【表数据的来源】编辑框中，Excel 会自动判断数据区域的范围，单击【确定】按钮，该区域创建名称为“表 1”。

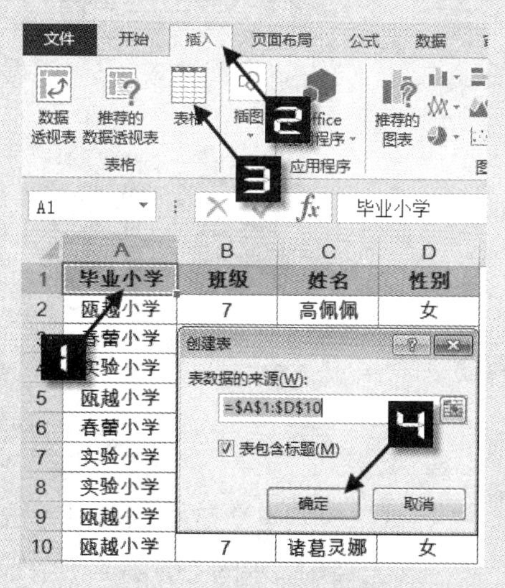

图 9-62 创建表区域动态引用

如图 9-63 所示，按 <Ctrl+F3> 组合键弹出【名称管理器】对话框，单击名称“表 1”，此时【删除】按钮不可用，引用位置也呈灰色无法修改状态，随着数据的增加，名称“表 1”的引用范围会自动变化。

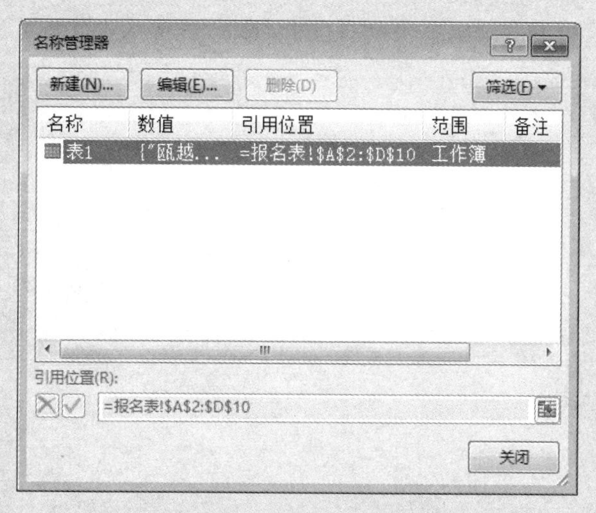

图 9-63 插入“表”产生的名称不能编辑或删除

用户可以以此名称创建数据透视表或是图表，实现动态引用数据的目的。

第二篇

常用函数

本篇从函数自身特性的角度，重点介绍了 Excel 2013 中的主要函数使用方法及常用技巧。主要包括文本处理技术、信息提取与逻辑判断、数学计算、日期和时间计算、查找与引用、统计与求和、数组公式、多维引用、财务金融函数、工程函数、Web 类函数、数据库函数、宏表函数和自定义函数等。

第 10 章 文本处理技术

文本型数据是 Excel 的主要数据类型之一，在日常工作中被大量使用。本章主要介绍如何利用 Excel 提供的文本函数来对此类数据进行合并、提取、查找、替换和转换以及格式化等处理方法。

本章学习要点

（1）认识单元格文本格式。

（2）了解 Excel 文本函数。

（3）理解并掌握文本函数的综合运用。

10.1 接触文本数据

10.1.1 认识文本数据

Excel 的数据主要分为文本、数值、逻辑值和错误值等几种类型。其中，文本型数据主要是指常规的字符串，如员工姓名、部门名称、公司名称和英文单词等。在单元格中，输入姓名等常规字符串时，即可被 Excel 识别为文本，在单元格默认格式下，文本类型数据在单元格中靠左对齐。在公式中，文本需要以一对半角双引号包含，例如 =" 我爱 "&" 中国 "。

如果公式中的“中国”不以半角双引号包含，将被识别为未定义的名称而返回错误值 #NAME?。此外，在公式中要表示带半角双引号的字符，则需要再多使用两对半角双引号将其包含。例如，要在公式中使用带半角双引号的“" 中国 "”，则应该按如图 10-1 所示进行输入。

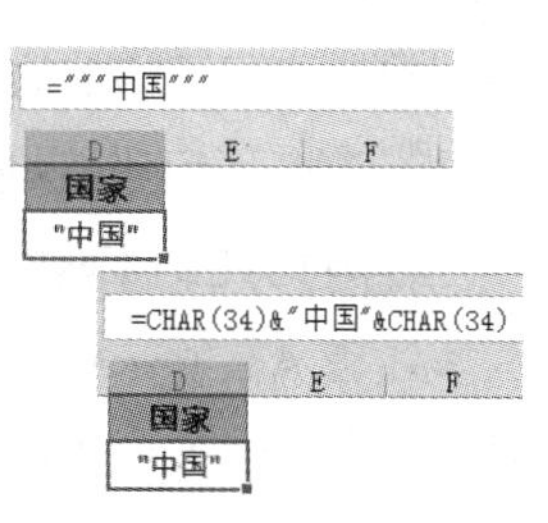

图 10-1 公式中输入带半角引号的文字

```
=""" 中国 """
```

或者用：

```
=CHAR(34)&" 中国 "&CHAR(34)
```

除了输入的文本，使用 Excel 中的文本函数、文本合并符号得到的结果也是文本型。此外，文本数据中还有一个比较特殊的值，即空文本，用一对半角双引号表示（""），常用来将公式结果显示为“空”。

在 Excel 中，“空格”一般指按 <Space> 键得到的值，是有字符长度的文本；空单元格指的是单元格中没有任何数据或公式。

10.1.2　区分空单元格与空文本

当单元格未经赋值，或赋值后用 <Delete> 键清除值，则该单元格被认为是空单元格。表示空文本的半角双引号 ""，其性质是文本，表示文本里无任何内容，字符长度为 0。

空单元格和空文本有着共同的特性，但又不完全相同。使用定位功能时，定位条件选择“空值”时，结果不包括“空文本”。而在筛选操作中，筛选条件为“空白”时，则包括“空值”与“空文本”。

如图 10-2 所示，A1 单元格是空单元格，使用以下两个公式都将返回逻辑值 TRUE。

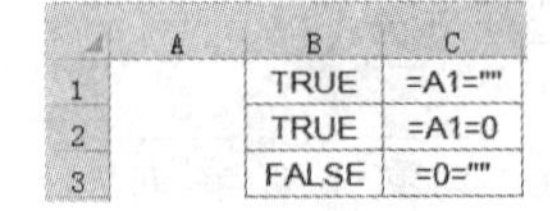

图 10-2　区分空单元格与空文本

```
=A1=""
=A1=0
```

虽然空文本 "" 在以上公式中等价于数值 0，但是并不等于数值 0。例如，公式 =0="" 将返回逻辑值 FALSE。"" 是字符长度为 0 的文本，0 是字符长度为 1 的数值。

10.1.3　区分文本型数字和数值

默认情况下，在单元格中输入数值和日期时，自动使用右对齐方式显示，错误值和逻辑值自动居中显示，而文本型数据则以左对齐方式显示。

在设置了居中对齐或是取消了错误检查选项的工作表中，由于用户不能很明确的区分文本型数字和真正的数值，如果使用 VLOKUP 函数或 MATCH 函数进行数据查找，往往因为格式不匹配而返回错误值。

使用 ISTEXT 函数或是 ISNUMBER 函数，可以对文本型数字和真正的数值进行区分。

如果 A1 单元格为文本型数字 1，B1 输入公式“=ISTEXT(A1)”，公式结果将返回 TRUE，否则返回 FALSE。如果使用“ISNUMBER(A1)”判断，结果与 ISTEXT 函数相反。

除此之外，能够返回数值类型还有 TYPE 函数。该函数以整数形式返回参数的数据类型，唯一参数 value 在不同类型情况下，函数返回的结果如表 10-1 所示。

表 10-1　TYPE 函数返回结果

如果 value 为以下类型	TYPE 函数返回结果
数字	1
文本	2
逻辑值	4
错误值	16
数组常量	64

需要注意的是，当 A1 单元格为空时，使用以下公式判断 A1 单元格数值类型，公式会

把 A1 当做数字 0 处理，结果仍然为 1。

```
=TYPE(A1)
```

示例 10-1 计算文本型数字

如图 10-3 所示，是从网上银行导出的银行卡收支情况的部分内容，“借”“贷”和“余额”字段均为文本型数字，需要计算 D 列的总额。

	A	B	C	D	E	F	G
1	交易日期	摘要	借	贷	余额		
2	2015-10-07	他行汇入	200.00		10186.50		
3	2015-10-07	支付宝转账		299.00	9986.50	=SUM(D2:D10)	0
4	2015-10-06	CFT		155.00	10285.50	{=SUM(1*D2:D10)}	3113.5
5	2015-10-05	ATM取款		2000.00	10440.50		
6	2015-10-04	现存	5000.00		12440.50		
7	2015-10-04	消费		500.00	7440.50		
8	2015-10-04	支付宝转账		159.50	7940.50		
9	2015-10-03	现存	3000.00		8100.00		
10	2015-10-02	他行汇入	1500.00		5100.00		

图 10-3 收支明细表

如果直接使用 SUM 函数求和，计算结果将返回 0。使用以下数组公式可以计算出正确结果。

```
{=SUM(1*D2:D10)}
```

公式中使用 1* 的方法，将文本型数字转换为数值型数字，再使用 SUM 函数求和。

除了通过 1* 运算的方法将文本型数字转换为数值，还可以使用 /1、-0、+0、--（两个减号）以及使用 VALUE 函数实现从文本型数字到数值型数字的转换。使用 *1、/1、-0、+0 和 --（两个减号）并不是标准的转换方式，但在实际应用中使用频率非常高。如果对公式返回的逻辑值使用 *1、/1、-0、+0 和 --（两个减号）进行转换，逻辑值 TRUE 将返回 1，FALSE 返回 0。

--（两个减号）转换方式即通常所说的减负运算，第二个减号先将文本型数字转换为负数，再使用一个减号将负数转换为正数，即负负得正。

在四则运算过程中，会自动将文本型数字转换为数值，再与数值进行运算，负值运算（-）也是一种运算，能将文本转换成数值，如以下公式将返回逻辑值 TRUE。

```
=-"25"=-25
```

文本型数字不仅影响求和、计数等统计汇总，还会影响 VLOOKUP、MATCH 等函数的查询结果。

示例 10-2 多列数值快速转换为文本型数字

图 10-4 是某企业固定资产表的部分内容，在数据导入 ERP 系统之前，需要将工作表内的数值全部转换为文本型数字。

资产名称	规格型号	资产原值	累计折旧	净残值	折旧年限
电动推拉门	HM100	915991	732792	183199	10
电子磅	300T	543363	434690	108673	10
自卸翻板器	AM-2600	464443	371554	92889	10
螺旋计量秤	L-520	171119	136895	34224	10
水平输送机	300	188061	150448	37613	10
螺旋输送机	39	956460	765168	191292	10
清理振动筛	ZDS-2	70611	56488	14123	10
永磁筒	350	828012	662409	165603	10
电动推车	KJ-11	934849	747879	186970	10
多层烘干机	5*12	319499	255599	63900	10
包装机	1522-3	20993	16794	4199	10
电子称	400KG	84922	67937	16985	10
静电感应器	X 1000	444721	355776	88945	10

图 10-4 固定资产表

步骤① 单击数据区域任意单元格，如 B5 单元格，按 <Ctrl+A> 组合键选定全部数据区域，在【开始】选项卡，数字格式下拉菜单中选择【文本】，如图 10-5 所示。

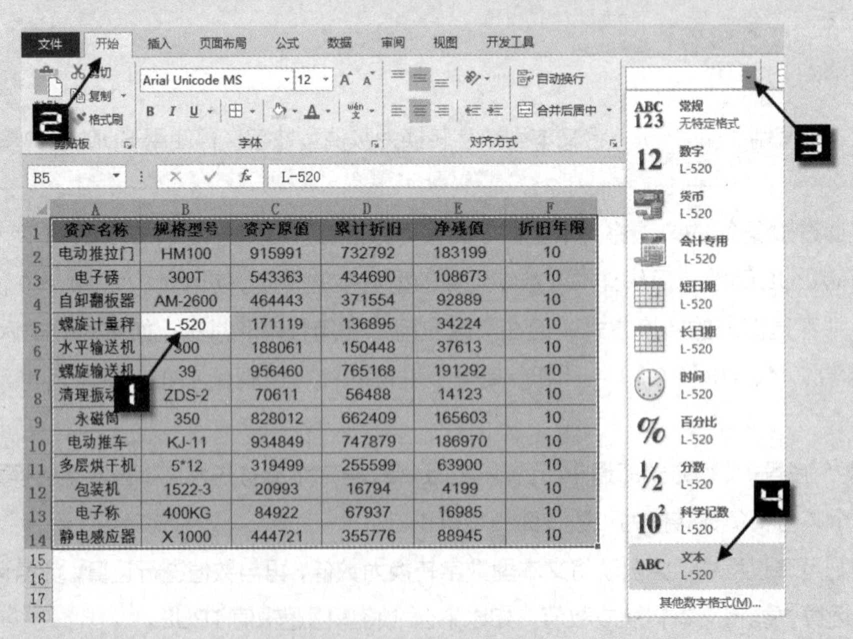

图 10-5 设置数字格式

步骤② 保持数据选中状态，按 <Ctrl+C> 组合键复制，打开【剪贴板】命令组中的【对话框启动器】按钮，在【Office 剪贴板】窗格中单击【全部粘贴】按钮，工作表中的数值即可全部转换为文本格式，如图 10-6 所示。

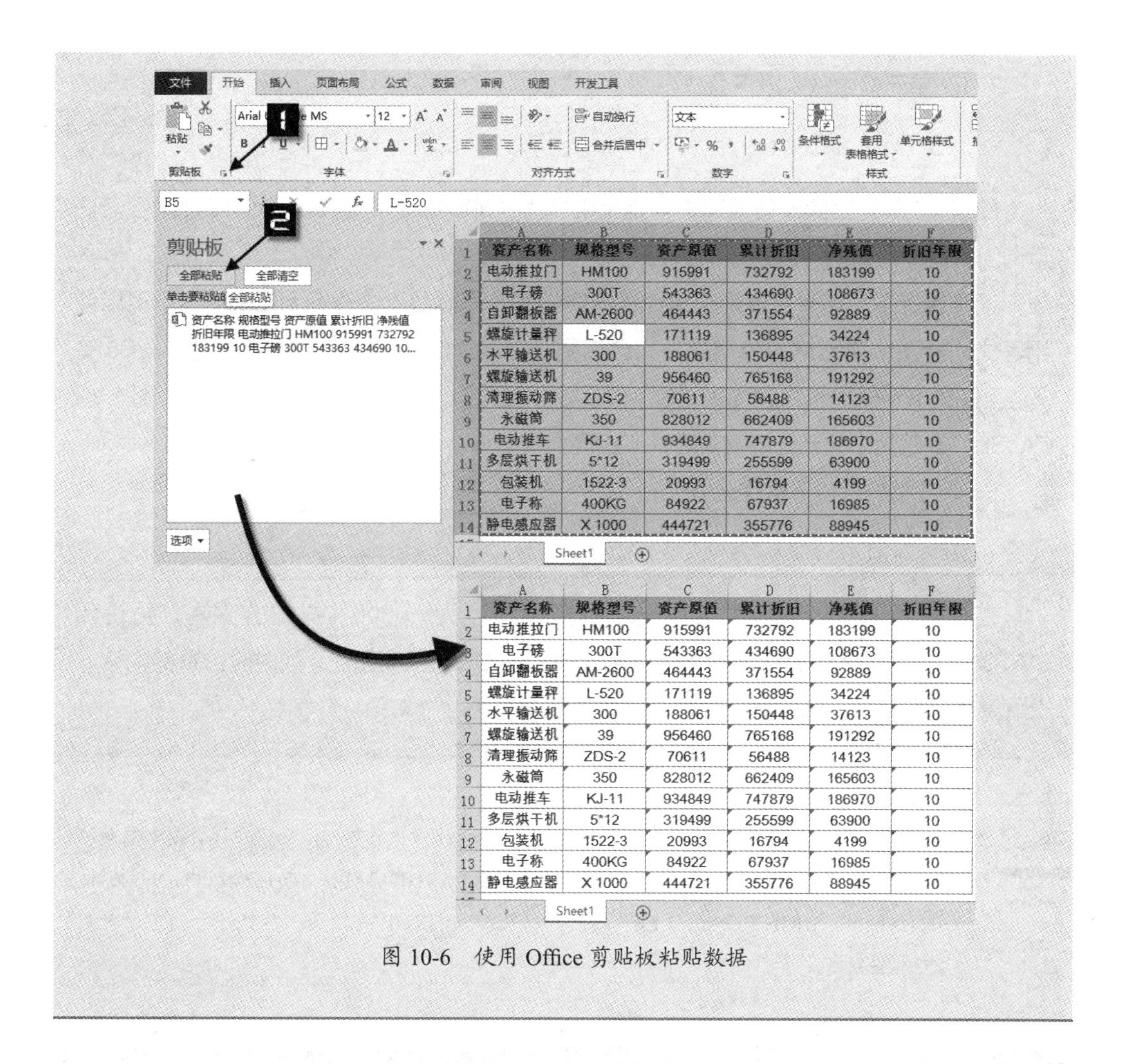

	A	B	C	D	E	F
1	资产名称	规格型号	资产原值	累计折旧	净残值	折旧年限
2	电动推拉门	HM100	915991	732792	183199	10
3	电子磅	300T	543363	434690	108673	10
4	自卸翻板器	AM-2600	464443	371554	92889	10
5	螺旋计量秤	L-520	171119	136895	34224	10
6	水平输送机	300	188061	150448	37613	10
7	螺旋输送机	39	956460	765168	191292	10
8	清理振动筛	ZDS-2	70611	56488	14123	10
9	永磁筒	350	828012	662409	165603	10
10	电动推车	KJ-11	934849	747879	186970	10
11	多层烘干机	5*12	319499	255599	63900	10
12	包装机	1522-3	20993	16794	4199	10
13	电子称	400KG	84922	67937	16985	10
14	静电感应器	X 1000	444721	355776	88945	10

图 10-6　使用 Office 剪贴板粘贴数据

示例 10-3　文本型数字的查询

图 10-7 展示了某企业设备明细表的部分内容，B 列的设备编码为文本型数字，要求根据 E2 单元格的设备编码查询对应的设备名称。

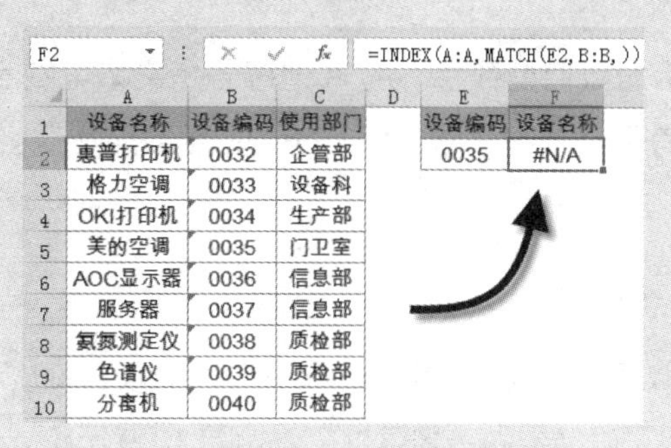

	A	B	C	D	E	F
1	设备名称	设备编码	使用部门		设备编码	设备名称
2	惠普打印机	0032	企管部		0035	#N/A
3	格力空调	0033	设备科			
4	OKI打印机	0034	生产部			
5	美的空调	0035	门卫室			
6	AOC显示器	0036	信息部			
7	服务器	0037	信息部			
8	氦氮测定仪	0038	质检部			
9	色谱仪	0039	质检部			
10	分离机	0040	质检部			

图 10-7　查询设备名称

在 F2 单元格中输入以下公式。

```
=INDEX(A:A,MATCH(E2,B:B,))
```

由于 E2 单元格的设备编码是自定义格式为“0000”的数值 35，MATCH 函数无法查询到设备编码而返回错误值 #N/A。

通常情况下，如果目测两个单元格内容相同，而函数无法查询到正确结果，可以使用等式判断两个单元格的内容是否完全相同，以便于快速修正公式。如本例中，B5 单元格和 E2 单元格显示内容均为“0035”，使用公式 =B5=E2 判断时，结果返回逻辑值 FALSE，说明两个单元格内容实际并不相同。

F3 单元格输入以下数组公式，按 <Ctrl+Shift+Enter> 组合键。

```
{=INDEX(A:A,MATCH(TEXT(E2,"0000"),B:B,))}
```

首先使用 TEXT 函数将 E2 单元格的数值转换为“0000”样式的文本，再使用 MATCH 函数常查询 E2 在 B 列中的位置，并由 INDEX 函数返回 A 列对应位置的内容，公式最终结果为“美的空调”。

提示

部分函数的参数使用文本型数字时不会对计算造成影响。例如，INDEX 函数、CHOOSE 函数、OFFSET 函数、SMALL 函数、LARGE 函数、MOD 函数、TEXT 函数、MID 函数、RIGHT 函数、LEFT 函数，以及 VLOOKUP 函数第三参数等，均可以使用文本型数字。

示例 10-4 根据编号查询设备名称

图 10-8 展示的是某单位设备信息表的部分内容，需要根据 D4 单元格的编号查询设备名称，在 E4 单元格使用以下公式，结果将返回错误值 #N/A。

```
=VLOOKUP(D4,A:B,2,)
```

本例中 D4 单元格为数值型数字，而 A 列编号是文本型数字，由于搜索的值和包含数据的单元格区域首列格式不一致，VLOOKUP 函数无法返回正确结果。E4 单元格公式修改如下。

```
=VLOOKUP(D4&"",A:B,2,)
```

在 VLOOKUP 函数第一参数后连接一个空文本 ""，使其变成与“编号”字段格式相同的文本型数字，得出正确结果为“割草机”，如图 10-9 所示。

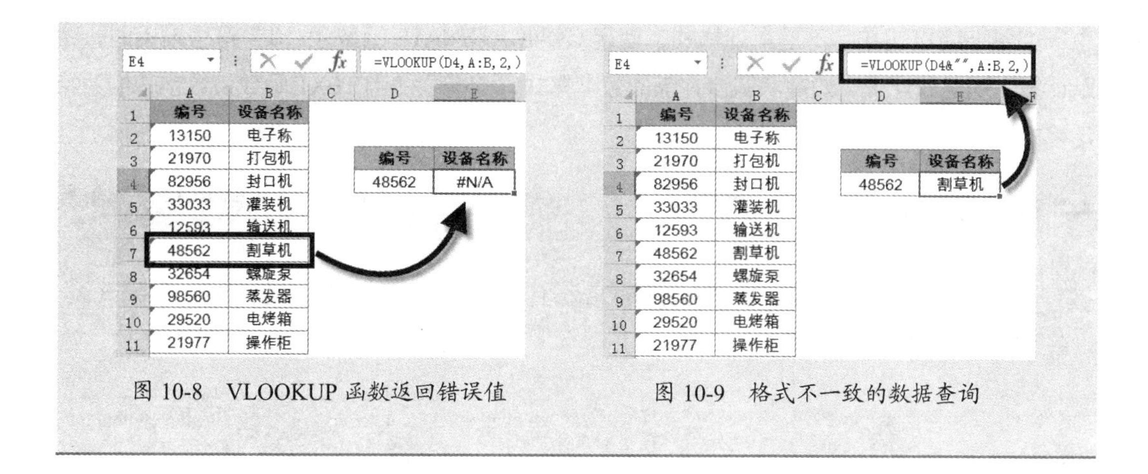

图 10-8　VLOOKUP 函数返回错误值　　　图 10-9　格式不一致的数据查询

10.2　文本的合并

10.2.1　连接字符串

如果用户希望使用函数公式将多个文本连接生成新的文本字符串，可以用 CONCATENATE 函数、“&”符号及 PHONETIC 函数进行处理。

示例 10-5　合并多个单元格文本内容

图 10-10 所示的 A2 单元格为“中国”，B2 单元格为“北京”，使用以下公式可以将两个字符串合并为新字符串“中国北京”。

```
=CONCATENATE(A2,B2)
```

CONCATENATE 函数可将最多 255 个字符串合并为一个文本字符串，但是由于该函数的参数不支持单元格区域引用，合并多个单元格时编写公式比较烦琐，因此实际应用中使用较少。

在 Excel 中，还可以使用“&”符号实现单元格字符合并，相对于 CONCATENATE 函数，使用“&”符号更加简便易用。如上述示例中，可以使用以下公式实现同样的效果。

```
=A2&B2
```

	A	B	C	D
1	国家	城市	国家 城市	公式
2	中国	北京	中国北京	=CONCATENATE(A2,B2)
3	美国	纽约	美国纽约	=A3&B3

图 10-10　合并多个单元格文本内容

如果被连接的数字不是常规格式，使用 CONCATENATE 函数和“&”符号连接时，将默认按常规格式处理。如需保留合并前的数字格式，则需要使用 TEXT 函数将数字转换为特定格式的文本，然后再进行连接。

示例 10-6 合并文本和带有格式的数字

图 10-11 展示的是某企业销售数据的部分内容，需要将各销售部的信息合并到一个单元格内，形成完整的信息。

	A	B	C	D	E
1	部门	日期	销售额	销售增长率	连接
2	销售一部	2015年2月	22,465.00	11.25%	销售一部2015年2月销售额22,465.00销售增长率11.25%
3	销售二部	2015年2月	24,352.00	12.34%	销售二部2015年2月销售额24,352.00销售增长率12.34%
4	销售三部	2015年2月	23,202.00	12.06%	销售三部2015年2月销售额23,202.00销售增长率12.06%
5	销售四部	2015年2月	16,883.00	8.45%	销售四部2015年2月销售额16,883.00销售增长率8.45%

图 10-11 合并文本和带有格式的数字

在 E2 单元格输入以下公式，向下复制到 E5 单元格。

```
=A2&B2&C$1&C2&D$1&D2
```

此时将无法得到需要的结果，如图 10-12 所示。

E2 =A2&B2&C$1&C2&D$1&D2

	A	B	C	D	E
1	部门	日期	销售额	销售增长率	连接
2	销售一部	2015年2月	22,465.00	11.25%	销售一部42036销售额22465销售增长率0.1125
3	销售二部	2015年2月	24,352.00	12.34%	销售二部42037销售额24352销售增长率0.1234
4	销售三部	2015年2月	23,202.00	12.06%	销售三部42036销售额23202销售增长率0.1206
5	销售四部	2015年2月	16,883.00	8.45%	销售四部42037销售额16883销售增长率0.0845

图 10-12 合并后无法返回需要的结果

E2 单元格修改为以下公式。

```
=A2&TEXT(B2,"e年m月")&C$1&TEXT(C2,"#,##0.00")&D$1&TEXT(D2,"0.00%")
```

公式中，使用 TEXT 函数分别将 B2 单元格的日期数字转换为“四位年份 + 两位月份”格式的文本型日期，将 C2 单元格的数值转换为“0,00.00”样式的文本型数字，将 D2 单元格的百分数转换为“0.00%”样式的文本型数字，最后使用“&”符号连接，得出需要的结果。

关于 TEXT 函数，请参阅 10.9 节。

使用 CONCATENATE 函数和“&”符号连接单元格数字内容时，无论数据所在单元格的格式为文本型数字或数值型数字，得到的结果均为文本型数字。

示例 10-7　合并数字内容

如图 10-13 所示，A 列和 B 列均为数值型数字，在 C2 单元格和 C3 单元格分别使用以下公式对两列数字进行连接。

```
=CONCATENATE(A2,B2)
=A3&B3
```

在 C4 单元格中使用 SUM 函数对 C2:C3 单元格求和计算时，结果将返回 0。

	A	B	C	D
1	数值1	数值2	合并内容	公式
2	97	65	9765	=CONCATENATE(A2,B2)
3	64	35	6435	=A3&B3
4	合计		0	=SUM(C2:C3)

图 10-13　数值合并后成为文本格式

如果需要对连接后的文本型数字进行计算，需转换为数值型数字。C2 单元格可写成以下数组公式，按 <Ctrl+Shift+Enter> 组合键。

```
{=SUM(--C2:C3)}
```

10.2.2　连接多个查询条件

在多条件查询汇总的函数公式中，使用“&”符号实现多个条件的合并，可以使公式变得更为简洁。

示例 10-8　用“&”符号实现多个条件的合并

图 10-14 展示的是某企业各销售部的员工 1 月份的销售额，现需要统计不同员工的销售额。由于 A 列的员工有重复姓名，因此需要根据 E4 单元格的“姓名”和 F4 单元格的“部门”两个条件统计，才能返回正确的结果。

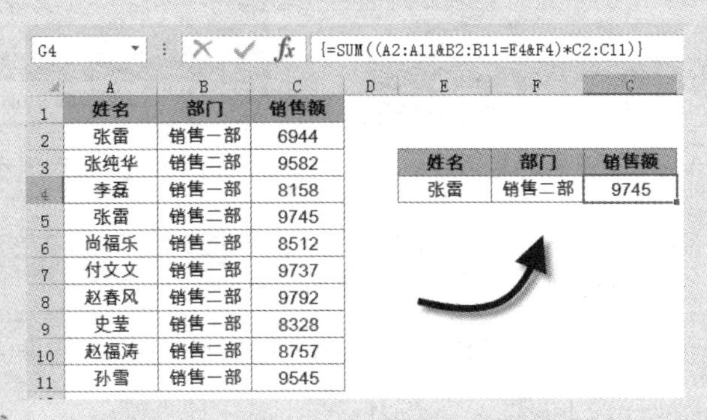

G4　{=SUM((A2:A11&B2:B11=E4&F4)*C2:C11)}

	A	B	C
1	姓名	部门	销售额
2	张雷	销售一部	6944
3	张纯华	销售二部	9582
4	李磊	销售一部	8158
5	张雷	销售二部	9745
6	尚福乐	销售一部	8512
7	付文文	销售一部	9737
8	赵春风	销售二部	9792
9	史莹	销售一部	8328
10	赵福涛	销售二部	8757
11	孙雪	销售一部	9545

姓名	部门	销售额
张雷	销售二部	9745

图 10-14　用“&”符号实现多个条件的合并

G4 单元格输入以下数组公式，按 <Ctrl+Shift+Enter> 组合键。

```
{=SUM((A2:A11&B2:B11=E4&F4)*C2:C11)}
```

公式中，用“&”符号连接 A2:A11 和 B2:B11 单元格区域，使其变成一组文本字符串。

```
{"张雷销售一部";"张纯华销售二部";"李磊销售一部";"张雷销售二部";……;"孙雪销售一部"}
```

用“&”符号连接 E4 和 F4 单元格，使其变成字符串 " 张雷销售二部 "。再比较该字符串与上述一组文本字符串是否相同，返回由逻辑值 TRUE 和 FALSE 组成的数组，并与 C2:C11 单元格相乘，使其变成新的数组。

```
{0;0;0;9745;0;0;0;0;0;0}
```

最后使用 SUM 函数求和，计算出姓名为张雷、部门为销售二部的销售额，结果为 9745。

10.2.3 使用 PHONETIC 函数连接文本数据

除了 CONCATENATE 函数和“&”符号，PHONETIC 函数也可以实现文本合并。PHONETIC 函数用于提取拼音字符，作为合并文本使用时有一定的局限性。仅支持对包含文本字符串的连续单元格区域的引用，不支持函数公式返回的结果以及其他数据类型。

如图 10-15 所示，A2 单元格为数值，B2 单元格为文本型数字，C2 单元格为文本，D2 单元格为公式 =" 广州 "，E2 单元格为错误值。使用以下公式，结果仅连接 B2 和 C2 单元格文本格式的内容“45 中国”。

```
=PHONETIC(A2:E2)
```

如果单元格中使用【拼音指南】功能设置了拼音，PHONETIC 函数将会仅返回拼音信息而忽略单元格中的文本，如图 10-16 所示。

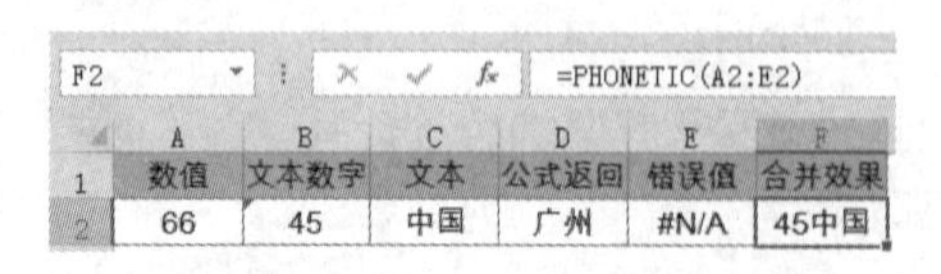

	A	B	C	D	E	F
1	数值	文本数字	文本	公式返回	错误值	合并效果
2	66	45	中国	广州	#N/A	45中国

图 10-15 合并不同类型数据

图 10-16 获取单元格拼音信息

示例 10-9 合并姓名到一个单元格

图 10-17 展示的是某集团下属单位年终先进人物评选情况，需要将各单位的姓名合并到一个单元格内，姓名之间以“、”隔开。

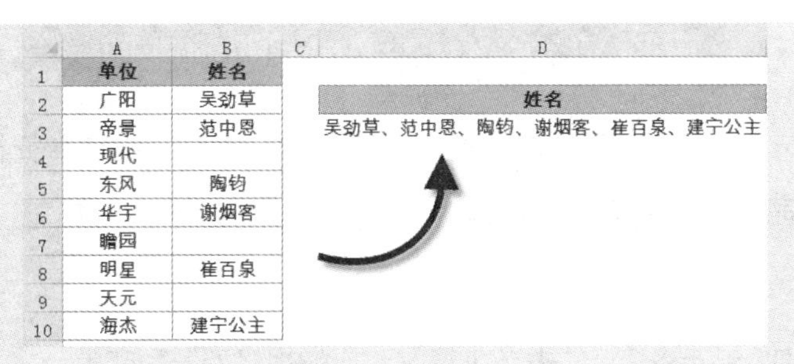

图 10-17　合并姓名到一个单元格

PHONETIC 函数会自动忽略公式、数值和错误值，并且要求参数必须是连续的单元格区域引用，所以要实现这样的文本连接效果需要借助 C 列作为辅助列。

由于 B 列数据之间有部分为空单元格，如果在辅助列直接输入“、”，使用以下公式连接出来的字符串中间和结尾会有多余的“、”号，如图 10-18 所示。

```
=PHONETIC(B2:C10)
```

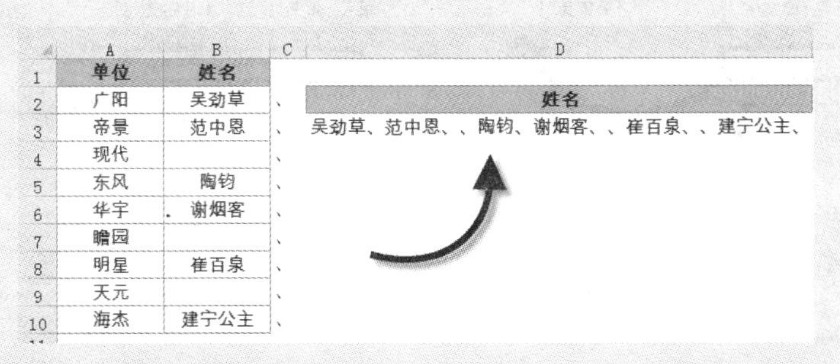

图 10-18　字符串有多余的“、”号

为了解决这个问题，可在 C2 单元格中输入一个空格，向下复制到 C10 单元格。

在 D3 单元格输入以下公式。

```
=SUBSTITUTE(TRIM(PHONETIC(B2:C10))," ","、")
```

首先用 PHONETIC 函数连接 B2:C10 单元格区域的内容，返回结果如下。

" 吴劲草、范中恩、、陶钧、谢烟客、、崔百泉、、建宁公主 "

再使用 TRIM 函数去掉字符串中多余的空格，最后用 SUBSTITUTE 函数将空格全部替换为顿号（、）。

10.2.4　合并空单元格与空文本的妙用

在使用 VLOOKUP、OFFSET 等查找引用类函数时，如果目标单元格为空，公式将返回 0。使用 & 符号将公式与空文本 "" 连接，可将无意义 0 值显示为空文本，省去了使用 IF 函数判断的步骤。

示例 10-10 屏蔽 VLOOKUP 函数返回的 0 值

图 10-19 展示的是某企业固定资产表的部分内容，需要根据 D2 单元格的资产编号，查询对应的规格型号。E2 单元格使用以下公式。

```
=VLOOKUP(D2,A:B,2,)
```

由于 A 列与 D2 单元格资产“办公家具”对应的规格型号为空单元格，公式返回无意义的 0 值。

如图 10-20 所示，使用以下公式可以将 0 值屏蔽，使查询结果更准确。

```
=VLOOKUP(D2,A:B,2,)&""
```

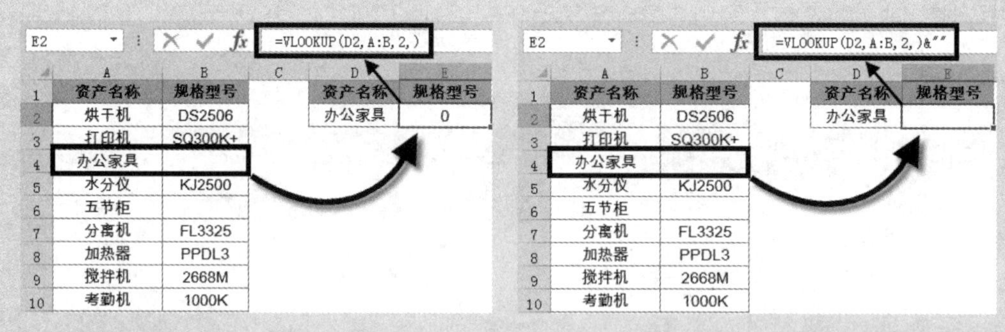

图 10-19　VLOOKUP 函数返回 0 值　　　图 10-20　使用 &"" 屏蔽无意义 0 值

10.3 文本值的比较

在 Excel 中，文本数据根据系统字符集中的排序，具有类似数值的大小顺序。在公式运算中，常使用“吖”作为最小汉字，使用字符“々”作为最大汉字，用以判断字符是否为汉字，“々”的输入方法为 <Alt+41385> 组合键，其中数字 41385 需要使用数字小键盘依次输入，笔记本电脑需要结合 <Fn> 功能键进行相应的输入。

10.3.1 比较文本值的大小

使用比较运算符 >、<、=、>=、<= 可以比较文本值的大小关系，并遵循以下规则。

（1）区分半角与全角字符。全角字母“Ａ”在字符集中的代码是 41921（与计算机使用的字符集有关），半角字母“A”在字符集中的代码是 65。使用公式 ="Ａ"="A" 将返回 FALSE。

（2）区分文本型数字与数值。在 Excel 中，文本始终大于数值，使用公式 ="3">5 将返回 TRUE。

（3）不区分字母大小写。虽然大写字母和小写字母在字符集中的代码并不相同，但使用公式 ="a"="A" 时，Excel 返回结果为 TRUE。

示例 10-11 汇总各店铺销售额

图 10-21 展示的是某连锁超市各店铺的销售数据，其中 A 列的店铺已经按店铺名称排序，需要在每个店铺最后一条记录合计该店铺的销售额。

	A	B	C	D
1	店铺	姓名	销售额	店铺合计
2	广场店	包惜弱	9122	
3	广场店	陆乘风	7280	
4	广场店	郭啸天	8775	
5	广场店	洪七公	9924	35101
6	青年店	柯镇恶	9109	
7	青年店	穆念慈	8756	
8	青年店	裘千仞	8992	
9	青年店	杨康	9851	36708
10	嘉禾阳光	察合台	9762	
11	嘉禾阳光	欧阳克	8760	
12	嘉禾阳光	欧阳锋	7344	
13	嘉禾阳光	梅超风	7110	32976

图 10-21 汇总各店铺销售额

D2 单元格输入以下公式，向下复制到 D13 单元格。

```
=IF(A2=A3,"",SUMIF(A:A,A2,C:C))
```

公式中使用 A2=A3 判断当前行与下一行的店铺名称是否一致，如果一致则返回空文本 ""，否则返回 SUMIF 函数条件求和结果，完成该店铺的销售总额。

示例 10-12 合并员工信息

图 10-22 展示的是某单位员工信息表的部分内容，A 列分公司使用了合并单元格，为了便于查看，需要将员工信息合并处理。

	A	B	C	D	E
1	分公司	姓名	电话		分公司 姓名 电话
2	天源地产	易堂主	20901210583		天源地产 易堂主 20901210583
3		英白罗	20901210584		天源地产 英白罗 20901210584
4		英长老	20901210585		天源地产 英长老 20901210585
5		岳不群	20901210586		天源地产 岳不群 20901210586
6	长江置业	郑镖头	20901210587		长江置业 郑镖头 20901210587
7		马行空	20901210588		长江置业 马行空 20901210588
8		周孤桐	20901210589		长江置业 周孤桐 20901210589
9	联信投资	苗人凤	20901210590		联信投资 苗人凤 20901210590
10		封不平	20901210591		联信投资 封不平 20901210591
11		任我行	20901210592		联信投资 任我行 20901210592

图 10-22 合并员工信息

E2 单元格输入以下公式，将公式向下复制到 E11 单元格。

```
=LOOKUP("々",A$2:A2)&" "&B2&" "&C2
```

引用合并单元格数据时，只有引用最左上角的单元格才能获得合并单元格的值，其他都是空单元格。因此在本例中如果直接使用连接符“&”连接各单元格的内容，将无法得到需要的结果。

=LOOKUP("々",A$2:A2) 部分，使用字符“々”作为 LOOKUP 函数的查找值，将返回指定区域内的最后一条文本内容。

LOOKUP 函数第二参数使用 A$2:A2，当公式向下复制填充时，引用范围依次变为 A$2:A3、A$2:A4、A$2:A5……即随着公式的复制填充，自动扩展引用区域。公式的作用是返回自 A2 单元格至公式所在行 A 列范围内的最后一条文本内容。

最后将 LOOKUP 函数返回的分公司信息和 B 列的姓名以及 C 列的电话号码，使用连接符“&”连接，并在各条信息之间加上用于起到间隔作用的空格，得到完整的员工信息。

10.3.2 比较内容是否完全相同

由于使用等号比较文本值时不区分字母大小写，在一些需要区分大小写的汇总计算中，可以使用 EXACT 函数比较两个文本值是否完全相同，返回 TRUE 或是 FALSE。

EXACT 函数用于比较两个文本字符串，如果它们完全相同，则返回 TRUE，否则返回 FALSE。函数的语法如下。

```
EXACT(text1,text2)
```

如果其中一个参数是多个单元格的区域引用，EXACT 函数会将另一个参数与这个单元格区域中的每一个元素分别进行比较。使用以下公式，EXACT 函数将返回 A1:A5 单元格区域中每个元素与 C1 单元格的比较结果，如图 10-23 所示。

```
=EXACT(A1:A5,C1)
```

公式返回内存数组结果如下。

```
{FALSE;TRUE;FALSE;FALSE;FALSE}
```

如果 EXACT 函数的两个参数都是多个单元格区域的引用，会将两个参数中的每一个元素分别进行比较，并返回内存数组结果。例如，公式 =EXACT(A1:A5,C1:C5)，其比较方式如图 10-24 所示。

EXACT 函数区分大小写，但忽略格式上的差异，不同字符串的比较结果如图 10-25 所示。

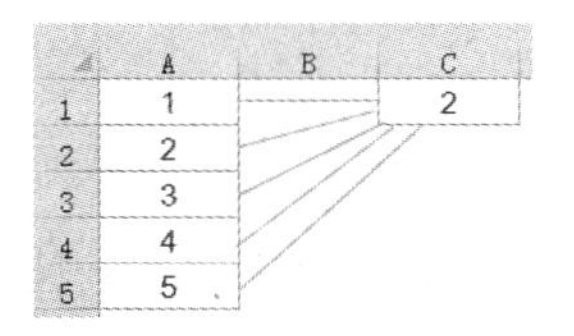

图 10-23 一对多的比较

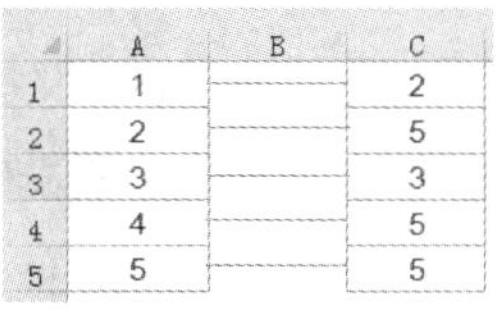

	A	B	C
1	1		2
2	2		5
3	3		3
4	4		5
5	5		5

图 10-24 多对多的比较

	A	B	C	D
1	字符串1	字符串2	是否相同	说明
2	word	word	TRUE	两个字符串完全相同
3	Word	word	FALSE	A3中的首字母为大写
4	w ord	word	FALSE	A4的"w"后包含一个空格
5	word	**word**	TRUE	两个字符串格式不同
6	4643	4643	TRUE	B6为文本格式的数字
7	2015/12/15	42353	TRUE	A7为日期格式

图 10-25 EXACT 函数对字符的判断结果

示例 10-13 区分大小写的判断

图 10-26 展示的是一份电子版英文练习的部分内容，A 列是中文内容，B 列是英文翻译的参考答案，C 列是收集的答题内容。需要判断 C 列的答题内容与 B 列的参考答案是否完全一致，并返回“Y”或者“N”。

	A	B	C	D
1	中文内容	参考答案	练习结果	是否正确
2	我	I	i	N
3	瓷器	china	China	N
4	中国	China	China	Y
5	可以，好的	OK	ok	N
6	星球大战	Star Wars	Star wars	N

图 10-26 区分大小写的判断

由于需要区分大小写，如果使用等式判断将无法得到正确结果。

D2 单元格输入以下公式，向下复制到 D6 单元格。

```
=IF(EXACT(B2,C2),"Y","N")
```

EXACT(B2,C2) 部分首先用 EXACT 函数，判断 C2 单元格内容与 B2 单元格中的参考答案是否完全相同，得到逻辑值 TRUE 或者 FALSE。

再使用 IF 函数判断，如果 EXACT 函数的结果为逻辑值 TRUE，则返回字符“Y”，否则返回字符“N”。

示例 10-14 比较两组账号的不同

图 10-27 展示的是某财务部门的客户账号记录，两组账号的排列顺序并不相同。需

要把账号 1 中与账号 2 中不匹配的账号进行标记。

可以用条件格式实现内容差异的标记效果。

步骤① 选中 A2:A14 单元格区域，依次单击【开始】→【条件格式】→【新建规则】。

步骤② 在【新建格式规则】对话框中，单击【使用公式确定要设置格式的单元格】，在【为符合此公式的值设置格式】文本框中输入以下公式。

```
=OR(EXACT(A2,$B$2:$B$14))=FALSE
```

步骤③ 单击【格式】按钮，在【单元格格式】对话框的【填充】选项卡中选择单元格背景色为淡绿色，单击【确定】按钮。

步骤④ 单击【新建格式规则】对话框中的【确定】按钮。

完成以上步骤后，账号 1 中所有与账号 2 中不匹配的内容以淡绿色背景突出显示，如图 10-28 所示。

	A	B
1	账号1	账号2
2	371325197402237829	429006197907102176
3	429006197301182781	429006199008251716
4	371325197702178584	371325198409196024
5	429006197303123507	371325198305114362
6	429006197805193601	429006197303123507
7	429006197806222427	429006197805193601
8	371325197009275888	429006198806155150
9	429006198703228820	429006198108283091
10	371325197107177720	371325197009275888
11	371325197902269026	371325197107177720
12	371325198901105788	371325197902269026
13	371325198409196024	371325197402237829
14	371325198305114362	429006198503222053

图 10-27 需标记的两组账号

	A	B
1	账号1	账号2
2	371325197402237829	429006197907102176
3	429006197301182781	429006199008251716
4	371325197702178584	371325198409196024
5	429006197303123507	371325198305114362
6	429006197805193601	429006197303123507
7	429006197806222427	429006197805193601
8	371325197009275888	429006198806155150
9	429006198703228820	429006198108283091
10	371325197107177720	371325197009275888
11	371325197902269026	371325197107177720
12	371325198901105788	371325197902269026
13	371325198409196024	371325197402237829
14	371325198305114362	429006198503222053

图 10-28 完成标记后的账号

在条件格式使用的公式中，EXACT 函数分别比较 A2 单元格与 B2:B14 单元格区域内容是否完全相同。共返回 13 个逻辑值，相同的返回 TRUE，不相同的返回 FALSE。当 B2:B14 单元格区域中所有单元格与 A2 单元格内容均不相同时，OR 函数返回逻辑值 FALSE，条件格式执行预先设置的格式效果。

在条件格式中，使用以下几种公式，也能够实现同样的效果。

```
=ISNA(MATCH(A2,$B:$B,))
=NOT(OR(A2=$B$2:$B$14))
=COUNTIF($B:$B,A2&"*")=0
```

10.4 大小写、全角半角转换

使用函数公式既可以实现对英文字母大小写之间的转换，也可以实现全角半角字符的转换。

10.4.1　大小写字母转换

以下 3 个函数用于字母大小写之间的转换。

LOWER 函数：将所有字母转换为小写字母，如果 A1 单元格内容为“CCTV”，以下公式返回结果为“cctv”。

```
=LOWER(A1)
```

UPPER 函数：将所有字母转换为大写字母，相当于 LOWER 函数的逆运算。如果 A1 单元格内容为“cctv”，以下公式返回结果为“CCTV”。

```
=LOWER(A1)
```

PROPER 函数：将单词首字母转换成大写，其余字母转换为小写。如果单元格包含字母和非中文字符，则将首字母和非字母字符之后的首个字母转换为大写，其余字母转换为小写。如果 A1 单元格内容为“may i help you?”，以下公式返回结果为“May I Help You?”

LOWER 函数、UPPER 函数以及 PROPER 函数只能对字母进行转换，对于汉字内容，函数的结果与原字符串相同。

示例 10-15　转换小写英文姓名

图 10-29 展示的是某企业篮球队的队员表，A 列姓名全部为小写字母，需要转换为首字母大写的形式。

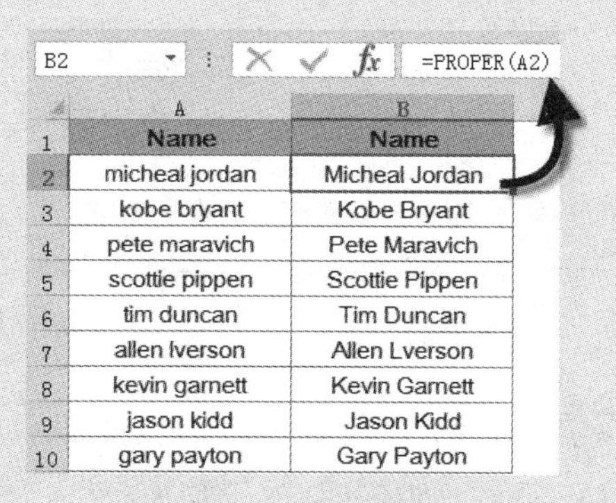

B2　=PROPER(A2)

	A	B
1	Name	Name
2	micheal jordan	Micheal Jordan
3	kobe bryant	Kobe Bryant
4	pete maravich	Pete Maravich
5	scottie pippen	Scottie Pippen
6	tim duncan	Tim Duncan
7	allen lverson	Allen Lverson
8	kevin garnett	Kevin Garnett
9	jason kidd	Jason Kidd
10	gary payton	Gary Payton

图 10-29　转换小写英文姓名

B2 单元格输入以下公式，向下复制到 B10 单元格。

```
=PROPER(A2)
```

10.4.2　全角半角字母转换

全角字符是指一个字符占用两个标准字符位置的字符，又称为双字节字符。所有汉字均

为双字节字符。半角字符是指一个字符占用一个标准字符位置的字符，又称为单字节字符。

字符长度可以使用 LEN 函数和 LENB 函数统计。其中 LEN 函数对任意单个字符都按一个长度计算。LENB 函数则将任意单个的单字节字符按一个长度计算，将任意单个的双字节字符按两个长度计算。

例如，使用以下公式将返回 5，表示该字符串共有 5 个字符。

```
=LEN("微软MVP")
```

使用以下公式将返回 7，因为该字符串中的两个汉字占 4 个字节长度。

```
=LENB("微软MVP")
```

使用 ASC 函数和 WIDECHAR 函数，可以用来实现半角字符和全角字符之间的相互转换。两个函数均只有一个参数，如果单元格内包含中文字符，则该部分仍然返回原内容。

示例 10-16 全角字符转换为半角字符

图 10-30 展示的是从软件导出的设备运行数据，A 列中是全角数字、字母，需要将这些全角字符全部转换为半角字符。

	A	B
1	全角字符	半角字符
2	９０＃２５１５６．１０＃２５１２１．８	90#25156.10#25121.8
3	９０＃２５１５６．１０＃２５１２１．９	90#25156.10#25121.9
4	９０＃２５１５６．１０＃２５１２１．１０	90#25156.10#25121.10
5	９０＃２５１５６．１０＃２５１２１．１１	90#25156.10#25121.11
6	９０＃２５１５６．１０＃２５１２１．１２	90#25156.10#25121.12
7	９０＃２５１５６．１０＃２５１２１．１３	90#25156.10#25121.13
8	９０＃２５１５６．１０＃２５１２１．１４	90#25156.10#25121.14
9	９０＃２５１５６．１０＃２５１２１．１５	90#25156.10#25121.15
10	９０＃２５１５６．１０＃２５１２１．１６	90#25156.10#25121.16

图 10-30　全角字符转换为半角字符

B2 单元格输入以下公式，向下复制到 B10 单元格。

```
=ASC(A2)
```

ASC 函数用于将全角字符转换为半角字符。反之，如果需要将半角字符转换为全角字符，则可使用 WIDECHAR 函数，如在 C2 单元格以下输入公式，则将 B2 单元格的半角字符全部转换为全角字符。

```
=WIDECHAR(B2)
```

在单元格中单独输入全角数值，可能会自动转换为半角数值。此外，文本型的半角数字在参与四则运算时，也会被转换为数值处理。

10.5 字符与编码转换

在计算机领域中，字符（Character）是一个信息单位，指计算机中使用的字母、数字、字和符号的总称，不同的国家和地区有不同的字符编码标准。

字符集（Character set）是多个字符的集合，每个字符集包含的字符个数不同。常见字符集包括 ASCII 字符集、GB2312 字符集、BIG5 字符集、GB18030 字符集、Unicode 字符集等。简体中文一般采用 GB2312 编码，繁体中文一般采用 BIG5 编码，这些使用 1 ～ 4 个字节来代表一个字符的各种汉字延伸编码方式，称为 ANSI 编码。

CHAR 函数和 CODE 函数常用于处理字符与编码转换。CODE 函数返回文本字符串中第一个字符的数字编码，返回的编码对应于本机所使用的字符集。

例如，以下公式返回字母“a”的编码 97。

```
=CODE("a")
```

CHAR 函数能够根据本机中的字符集，返回由代码数字指定的字符。以下公式返回编码为 65 的对应字符，结果为大写字母“A”。

```
=CHAR(65)
```

在 Excel 帮助文件中，CHAR 函数的参数范围要求为 1 ～ 255 的数字，实际上参数范围还可以使用大于 33024 的数值，例如，公式 =CHAR(55289) 返回字符“座”。

另外，处理字符与编码转换的还有 UNICHAR 函数和 UNICODE 函数，UNICHAR 函数返回由指定数值引用的 Unicode 字符，UNICODE 函数返回文本内容中的第一个字符的 Unicode 值。两个函数的用法分别与 CHAR 函数和 CODE 函数类似。

注意

使用 CODE 函数取得的字符编码，并不能完全再用 CHAR 函数转换为原来的字符。例如，表示平方的符号“²”，使用 CODE 函数返回其编码为 63，而使用公式 =CHAR(63) 的结果为“?”。

10.5.1 生成字母序列

示例 10-17 生成字母序列

大写字母 A ～ Z 的 ANSI 编码为 65 ～ 90，小写字母 a ～ z 的 ANSI 编码为 97 ～ 122，使用 CHAR 函数与 COLUMN 函数结合，可以在水平方向生成 26 个大写字母或小写字母，如图 10-31 所示。

	A	B	C	D	E	F	G	H	I	J	K	L	M	N	O	P	Q	R	S	T	U	V	W	X	Y	Z
1	生成字母序列																									
2	A	B	C	D	E	F	G	H	I	J	K	L	M	N	O	P	Q	R	S	T	U	V	W	X	Y	Z
3	a	b	c	d	e	f	g	h	i	j	k	l	m	n	o	p	q	r	s	t	u	v	w	x	y	z

图 10-31　生成字母序列

A2 单元格输入以下公式，将公式复制到 A2:Z2 单元格区域。

```
=CHAR(COLUMN(A1)+64)
```

CHAR 函数将数字编码转换为计算机所用字符集中的字符。用变量 COLUMN(A1) 加上 64 作为 CHAR 函数的参数，=CHAR(COLUMN(A1)+64) 就是显示字符集中的第 65 个字符，结果为“A”。

随着公式的向右复制，COLUMN(A1) 依次变成 COLUMN(B1)、COLUMN(C1)、…、COLUMN(Z1)，CHAR 函数依次得到字符集中的第 65 ~ 90 个字符 A ~ Z。

同理，A3 单元格输入以下公式，将公式复制到 A3:Z3 单元格区域，会依次得到字符集中的第 97 ~ 122 个字符 a ~ z。

```
=CHAR(COLUMN(A2)+96)
```

10.5.2　生成可换行的文本

示例 10-18　合并后换行显示的姓名和电话

如图 10-32 所示，A 列为姓名，B 列为电话号码，需要在 C 列合并姓名和电话，并在同一单元格中换行显示。

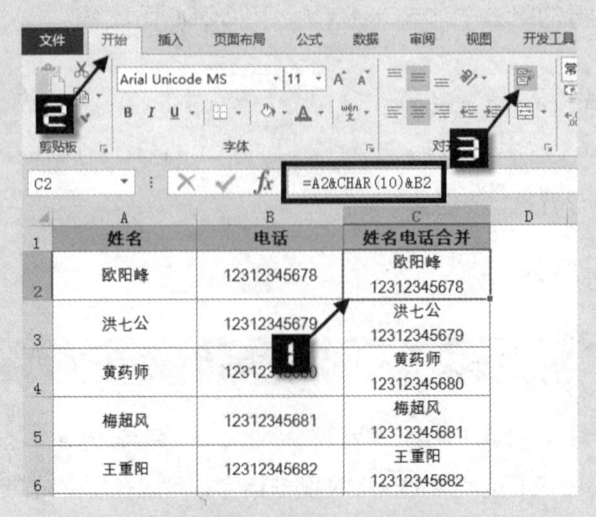

图 10-32　合并后换行显示的姓名和电话

C2 单元格输入以下公式，将公式向下复制到 C6 单元格。

```
=A2&CHAR(10)&B2
```

单击 C2 单元格，在【开始】选项卡中单击【自动换行】按钮。

10 是换行符的 ANSI 编码。先使用 CHAR(10) 返回换行符，再用 & 符号连接 A2 与换行符以及 B2 单元格。在设置单元格对齐方式为自动换行的前提下，即可实现合并字符与换行显示的效果。

10.6　字符串提取

日常工作中，字符串提取的应用非常广泛。例如，从身份证号码中提取出生日期、从产品编号中提取字符来判断产品的类别、将金额分列后打印等。常用于字符提取的函数主要包括 LEFT(B) 函数、RIGHT(B) 函数、MID(B) 函数等。

10.6.1　从单元格左侧或右侧提取字符串

LEFT 函数用于从字符串左侧的起始位置返回指定数量的字符。函数语法如下。

```
LEFT(text,[num_chars])
```

第一参数 text，包含要提取字符的文本字符串。第二参数 [num_chars] 可选，指定要提取的字符的数量。

RIGHT 函数用于从字符串右侧的结尾位置返回指定数量的字符，函数语法与 LEFT 函数类似。

对于需要区分处理双字节字符的情况，分别对应 LEFTB 函数、RIGHTB 函数，即在原函数名称后加上字母“B”。

LEFTB 函数基于所指定的字节数，返回文本字符串中的第一个或前几个字符。

RIGHTB 函数根据所指定的字节数，返回文本字符串中最后一个或多个字符。

当 LEFT 函数、RIGHT 函数省略第二参数时，分别取参数最左和最右的一个字符。当 LEFTB(RIGHTB) 函数也省略第二参数时，如果参数最左（右）的字符为单字节字符，则返回该字符，否则返回空格 ""，如图 10-33 所示。

	A	B	C	D	E
1	型号名称	RIGHT	RIGHTB	LEFT	LFETB
2	M-1/2/B 冷却器	器		M	M
3	励磁机冷却器S	S	S	励	

图 10-33　LEFT（B）函数、RIGHT（B）函数省略第二参数

示例 10-19 根据货号判断类别

图 10-34 展示的是某服装专卖店的日销售记录，需要根据 B 列货号首位字母判断相应的类别。

货号首位字母等于“C”时，类别为“衬衣”。

货号首位字母等于“W”时，类别为“外套”。

其余部分的类别为“其他”。

	A	B	C	D
1	业务员	货号	数量	类别
2	刀白凤	C10052	1	衬衣
3	丁春秋	C10048	1	衬衣
4	马夫人	Q10050	2	其他
5	马五德	W10022	1	外套
6	小翠	W10026	2	外套
7	于光豪	L10048	1	其他
8	巴天石	C10050	2	衬衣
9	不平道人	W10026	2	外套
10	封不平	W10028	2	外套
11	任我行	C10052	1	衬衣

图 10-34 根据货号判断类别

D2 单元格输入以下公式，向下复制到 D11 单元格。

```
=IF(LEFT(B2)="C","衬衣",IF(LEFT(B2)="W","外套","其他"))
```

公式中，LEFT 函数省略第二参数，相当于第二参数为 1，用于返回 B2 单元格最左侧的字符。再用 IF 函数判断该字符是否等于“C”或“W”，并返回指定的内容。

示例 10-20 提取混合内容中的姓名

图 10-35 展示的是某企业员工通讯录的一部分，A 列为员工姓名和电话号码的混合内容，需要在 B 列提取出员工姓名。

	A	B
1	姓名电话	提取姓名
2	洪七公12345669218	洪七公
3	黄蓉88261526	黄蓉
4	郭靖13512345678	郭靖
5	陈玄风15523411569	陈玄风
6	曲灵风66523418	曲灵风
7	欧阳锋88257326	欧阳锋
8	裘千仞83298011	裘千仞
9	华筝15212345678	华筝
10	完颜洪烈15597654321	完颜洪烈
11	木华黎88261555	木华黎

图 10-35 提取混合内容中的姓名

在本例中，A 列内容中的员工姓名部分是双字节字符，而电话号码部分则是单字节字符。根据此规律，只要计算出 A 列单元格中的字符数和字节数之差，也就是员工姓名的字符数，再从第一个字符开始，提取出指定个数的字符，结果即是员工的姓名。

B2 单元格输入以下公式，向下复制到 B11 单元格。

```
=LEFT(A2,LENB(A2)-LEN(A2))
```

LENB 函数将每个汉字（双字节字符）的字符数按 2 计数，LEN 函数则对所有的字符都按 1 计数。因此，“LENB(A2)-LEN(A2)”返回的结果就是文本字符串中的汉字个数。

LEFT 函数从文本字符串的第一个字符开始，返回指定个数的字符，最终提取出员工姓名。

10.6.2 从单元格任意位置提取字符串

MID 函数用于在字符串任意位置上返回指定数量的字符，函数语法如下。

```
MID(text,start_num,num_chars)
```

第一参数 text 是包含要提取字符的文本字符串。第二参数 start_num 用于指定文本中要提取的第一个字符的位置。第三参数 num_chars 指定从文本中返回字符的个数。无论是单字节还是双字节字符，MID 函数始终将每个字符按 1 计数。

对于需要区分处理双字节字符的情况，可以使用 MIDB 函数完成，MIDB 函数根据指定的字节数，返回文本字符串中从指定位置开始的特定数目的字符。

用户刚刚接触此类函数时，对 MID 函数和 MIDB 函数容易混淆，MID 函数是按字符数处理，而 MIDB 函数是按字节数处理。

MID 函数与 MIDB 函数的 3 个参数都不能省略，如果 MIDB 函数的第三参数为 1，且该位置字符为双字节字符，如公式 =MIDB(" 我喜欢 Excel",4,1)，将返回空格 " "。

注意

如果使用 LEFT(B) 函数、RIGHT(B) 函数和 MID（B）函数在数值字符串中提取内容，提取结果全部为文本型数字，如需将结果转换为数值，请参阅 10.1.3 小节。

示例 10-21 分列显示开奖号码

图 10-37 展示的是某福利彩票开奖记录的部分内容，需要将 B 列的开奖号码依次提取至 D 列至 H 列单元格区域中。

	A	B	C	D	E	F	G	H
1	开奖时间	开奖号码		开奖号提取				
2	20140812	81579		8	1	5	7	9
3	20140813	63874		6	3	8	7	4
4	20140814	76081		7	6	0	8	1
5	20140815	37049		3	7	0	4	9
6	20140816	63142		6	3	1	4	2
7	20140817	56098		5	6	0	9	8
8	20140818	59614		5	9	6	1	4
9	20140819	23170		2	3	1	7	0
10	20140820	29057		2	9	0	5	7
11	20140821	35846		3	5	8	4	6
12	20140822	47210		4	7	2	1	0

图 10-36　分列显示开奖号码

D2 单元格输入以下公式，复制到 D2:H12 单元格区域。

```
=MID($B2,COLUMN(A1),1)
```

公式向右复制到 H 列时，COLUMN(A1) 部分依次生成 1 ~ 5 的递增自然数序列。使用 MID 函数分别从 B2 单元格的第 1 ~ 5 位开始，截取长度为 1 的字符。

示例 10-22　分列显示年、月、日

图 10-37 展示的是从系统导出的部分日期数据，A 列数据以四位年份 + 两位月份 + 两位天数组成的数字表示日期，需要将年、月、日依次提取至 C 列到 E 列单元格区域中。

	A	B	C	D	E
1	年月日		年	月	日
2	20150812		2015	08	12
3	20150813		2015	08	13
4	20150814		2015	08	14
5	20160521		2016	05	21
6	20160612		2016	06	12
7	20150817		2015	08	17
8	20160118		2016	01	18
9	20160219		2016	02	19
10	20160320		2016	03	20

图 10-37　分列显示年、月、日

同时选中 C2:E2 单元格区域，输入以下数组公式，按 <Ctrl+Shift+Enter> 组合键，再将公式向下复制到 C2:E10 单元格区域。

```
{=MID(A2,{1,5,7},{4,2,2})}
```

MID 函数第二参数和第三参数均使用了常量数组形式，根据数字的组成特点，依次从数字中的第 1 位、第 5 位和第 7 位开始，分别提取长度为 4、2、2 的字符串。

从数字中的第 1 位开始，提取长度为 4 的字符串，结果为“2015”。

从数字中的第 5 位开始，提取长度为 2 的字符串，结果为“08”。

从数字中的第 7 位开始，提取长度为 2 的字符串，结果为“12”。

公式结果存放在 C2:E2 单元格中，即分别是表示年份的 4 位数和分别表示月份和天数的两位数。

示例 10-23　提取规格名称中的编号

图 10-38 展示的是某企业物料表的部分内容，A 列的物料名称由编号和物料名以及规格型号组成。需要提取物料名称中的编号，即首个汉字左侧的内容。

	A	B
1	名称	编号
2	200518内六角螺钉M10×80(全螺纹)	200518
3	210005平垫圈　10（Φ20×Φ10.5×2）	210005
4	695A081垫圈PA3800-08-09 外购	695A081
5	720A479XA头板下封板PA4700-08-66	720A479XA
6	720A788XAS59封板PA4700-08-01A	720A788XAS59
7	720A988S59盖板PA4700-08-100	720A988S59

图 10-38　提取规格名称中的编号

A 列字符串中，单字节字符和双字节字符出现的位置不规律，因此首先需要确定首个汉字出现的位置，再从第一个字符开始提取字符，其长度为汉字的位置减 1。

B2 单元格输入以下数组公式，按 <Ctrl+Shift+Enter> 组合键，向下复制到 B7 单元格。

```
{=LEFT(A2,MATCH(" ",MIDB(A2,ROW($1:$99),1),)-1)}
```

MIDB(A2,ROW($1:$99),1) 部分，依次从 A2 单元格第 1 ~ 99 位开始，提取字节长度为 1 的字符串。相当于将 A2 单元格进行了内部拆分，单字节字符返回本身的值，双字节字符将返回空格 " "，结果如下。

```
{"2";"0";"0";"5";"1";"8";" ";" ";……;"M";"1";"0";" ";" ";"8";"0";"(";" ";……;""}
```

再使用 MATCH 函数，以空格 "" 作为查找值，在 MIDB 函数返回的结果中，查找空格 "" 第一次出现的精确位置 7，也就是首个双字节字符出现的位置。结果减 1，得到首个汉字左侧半角字符的字符长度。

再使用 LEFT 函数，从 A2 单元格首个字符开始返回字符，字符长度为 MATCH 函数的计算结果减 1。最终提取出物料名称中的编号，结果为“20518”。

10.6.3 提取身份证信息

我国现行居民身份证号码是由18位数字组成的，其中第7 ~ 14位数字表示出生年月日：7 ~ 10位是年，11 ~ 12位是月，13 ~ 14位是日。第17位是性别标识码，奇数为男，偶数为女。第18位数字是校检码，包括0 ~ 9的数字和字母X。使用文本函数可以从身份证号码中提取出身份证持有人的出生日期、性别等信息。

示例 10-24 从身份证号码中提取出生日期

图10-39展示的某公司员工信息表的部分内容，要求根据B列的身份证号码，提取持有人的出生日期。

	A	B	C	D
1	姓名	身份证号码	出生日期	出生日期
2	周志红	422827198807180011	19880718	1988/07/18
3	方佶蕊	330824199107267026	19910726	1991/07/26
4	陈利君	330381198810127633	19881012	1988/10/12
5	徐美明	341221197912083172	19791208	1979/12/08
6	梁建邦	340828198307144816	19830714	1983/07/14
7	金宝蕊	500222198209136646	19820913	1982/09/13
8	陈玉圆	350322199402084363	19940208	1994/02/08
9	冯石柱	530381197811133530	19781113	1978/11/13
10	马克君	411528196912213722	19691221	1969/12/21
11	王福东	330302198902136091	19890213	1989/02/13
12	杨利波	330324197709126142	19770912	1977/09/12

图 10-39 从身份证号码中提取信息

C2单元格输入以下公式，向下复制到C12单元格，可提取身份证持有人的出生日期。

```
=MID(B2,7,8)
```

公式使用MID函数从B2单元格的第7个字符开始，截取长度为8的字符串，结果为“19880718”。

由于公式结果为文本型字符串，并非真正的日期，如果需要进行日期计算，可借助TEXT函数进行格式转换。

```
=--TEXT(MID(B2,7,8),"0-00-00")
```

使用TEXT函数将MID函数得到的字符串“19880718”转换为“0-00-00”样式，变成文本字符串“1988-07-18”，再使用减负运算，转换为真正的日期。

如果单元格的格式设置为“常规”，结果将显示为数值，即日期1988年7月18日的日期序列值32342，此时可将单元格格式设置为“日期”。

计算结果如图10-40中D列所示。

D2　=--TEXT(MID(B2,7,8),"0-00-00")

	A	B	C	D
1	姓名	身份证号码	出生日期	出生日期
2	周志红	422827198807180011	19880718	1988/07/18
3	方佶蕊	330824199107267026	19910726	1991/07/26
4	陈利君	330381198810127633	19881012	1988/10/12
5	徐美明	341221197912083172	19791208	1979/12/08
6	梁建邦	340828198307144816	19830714	1983/07/14
7	金宝蕊	500222198209136646	19820913	1982/09/13
8	陈玉圆	350322199402084363	19940208	1994/02/08
9	冯石柱	530381197811133530	19781113	1978/11/13
10	马克君	411528196912213722	19691221	1969/12/21
11	王福东	330302198902136091	19890213	1989/02/13
12	杨利波	330324197709126142	19770912	1977/09/12

图 10-40　转换 MID 函数计算结果

示例 10-25　从身份证号码中提取性别信息

仍以图 10-39 中的数据为例，使用以下公式，可以提取持有人的性别信息。

```
=IF(MOD(MID(B2,15,3),2),"男","女")
```

首先使用 MID 函数从 B2 单元格字符的第 15 位开始，截取长度为 3 的字符串，结果为“001”。再利用 MOD 函数计算这个结果与 2 相除的余数，相当于判断其奇偶性，得到结果为 1 或 0。IF 函数以此计算判断出持有人的性别，如果 MOD 函数计算结果为 1，返回“男”，否则返回“女”。

结果如图 10-41 所示。

	A	B	C
1	姓名	身份证号码	性别
2	周志红	422827198807180011	男
3	方佶蕊	330824199107267026	女
4	陈利君	330381198810127633	男
5	徐美明	341221197912083172	男
6	梁建邦	340828198307144816	男
7	金宝蕊	500222198209136646	女
8	陈玉圆	350322199402084363	女
9	冯石柱	530381197811133530	男
10	马克君	411528196912213722	女
11	王福东	330302198902136091	男
12	杨利波	330324197709126142	女

图 10-41　提取身份证中的性别信息

10.6.4　提取字符串中的数字

日常工作中，经常会遇到一些不规范的数据源需要处理，如果数据量较多，在不便于重新录入的情况下，可使用文本函数进行数据的提取。

示例 10-26 提取字符串中的数字

如图 10-42 所示，A 列是一些不规范的数据记录，文本和数值混杂，并且数字所在的位置不同，字符长度不一，需要在 B 列提取其中的数字。

	A	B
1	混合内容	提取数值
2	吃饭15元	15
3	朋友过生日送VIP卡300元	300
4	买米95.25	95.25
5	火车票20.3块回家	20.3
6	房租900元	900
7	水费200块钱	200
8	电费250元	250
9	电话费25.1	25.1

图 10-42　提取字符串中的数字

B2 单元格输入以下数组公式，按 <Ctrl+Shift+Enter> 组合键，将公式向下复制到 B9 单元格。

```
{=MAX(--TEXT(MID(A2,ROW($1:$26),COLUMN(A:J)),"0.00;;0;!0"))}
```

MID 函数的第二参数和第三参数分别使用垂直数组 ROW($1:$26) 和水平数组 COLUMN(A:J)。表示从 A2 单元格第 1 ~ 26 位开始，分别提取长度为 1 ~ 10 的字符串。

{"吃","吃饭","吃饭1","吃饭15","吃饭15元",……;"饭","饭1","饭15","饭15元","饭15元",……;"1","15","15元","15元","15元",……;"5","5元","5元","5元","5元",……;"元","元","元","元","元",……}

公式中的 ROW($1:$26)，表示假定单元格中的最大字符数不超过 26 个。COLUMN(A:J) 表示假定字符串中的最大数值位数不超过 10 位，可根据实际数据调整。

TEXT 函数用于转换 MID 函数的提取结果，使用格式代码“0.00;;0;!0”，将大于 0 的值转换为两位小数，文本强制转换为 0，结果如下。

{0,0,0,0,0,……;0,0,0,0,0,……;1.00,15.00,0,0,0,……;5.00,0,0,0,0,……}

再使用减负运算转换为真正的数值后，用 MAX 函数提取其中的最大值。

该公式是提取字符串应用时的一种比较典型的方法，但是相对比较复杂。实际应用时可以借助 Word 程序，利用替换的方法快速提取出字符串中的数值。

步骤① 选中 A2:A9 单元格区域，按 <Ctrl+C> 组合键复制。新建一个 Word 文档，按 <Ctrl+V> 组合键粘贴到 Word 文档中。

步骤② 按 <Ctrl+H> 组合键调出【查找和替换】对话框，在【查找内容】编辑框中输入以下代码。

```
[!0-9.]
```

【替换为】对话框留空，单击【更多】按钮，此时【更多】按钮的文字自动变为【更少】。在【搜索选项】区域中勾选【使用通配符】复选框，单击【全部替换】按钮，如图 10-43 所示。

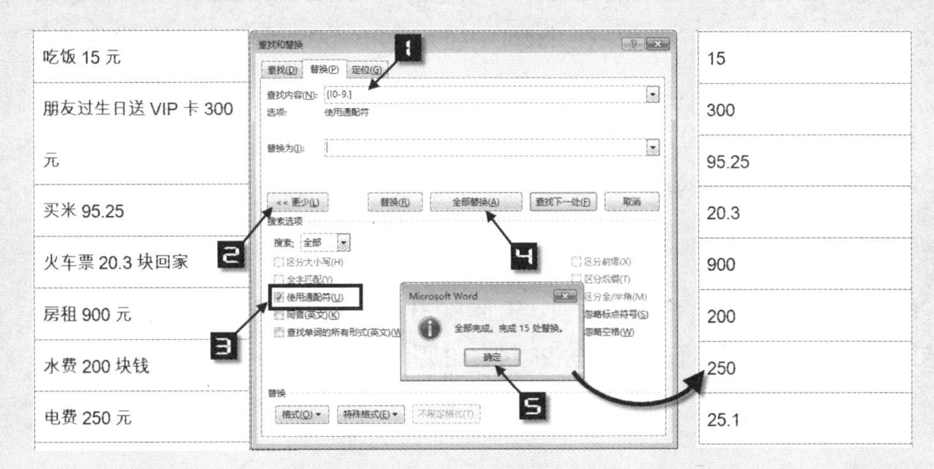

图 10-43　“查找和替换”对话框

步骤③ 复制替换后的内容，粘贴到 Excel 中，完成数字的提取。

查找内容使用代码 [!0-9.]，中括号内第一个字符使用感叹号，表示指定范围 0 ~ 9 和小数点之外的任意字符，也就是将 0 ~ 9 和小数点之外的字符全部替换为空。

示例 10-27　提取字符串左右侧的连续数字

如图 10-44 中 A 列所示，字符串中包含汉字、字母和数字，长度不一的数字分别位于字符串的右侧和左侧，需要从字符串中提取出连续的数字。

	A	B	C
1	源数据	数字	备注
2	王芳芳ID：103	103	数值在右侧
3	刘雯ID：4225	4225	数值在右侧
4			
5	6543VIP贵宾室	6543	数值在左侧
6	2-14情人节	41684	数值在左侧

图 10-44　提取字符串左右侧的连续数字

1．提取字符串右侧数字

B2 单元格输入以下公式，复制到 B3 单元格。

```
=LOOKUP(9E+307,--RIGHT(A2,ROW($1:$12)))
```

先使用 RIGHT 函数从 A2 单元格右侧，分别截取长度为 1 ~ 12 的文本字符串，再使用减负运算将数字转换为可运算的数值，文本内容转换为错误值 #VALUE!。最后使用 LOOKUP 函数，以 9E+307 作为查找值，在由数值和错误值组成的内存数组中，提取最后一个数值。

9E+307 是使用科学记数法表示的 9*10^307，接近 Excel 允许输入的最大数值 9.99999999999999E+307，所以在 Excel 中经常用 9E+307 代表最大数，作为数值查找以及数值比较等。

2. 提取字符串左侧数字

B5 单元格输入以下公式，复制到 B6 单元格。

```
=LOOKUP(9E+307,--LEFT(A5,ROW($1:$12)))
```

公式思路与从右侧取值完全相同。由于 A6 单元格中的数字为简写形式的日期，公式结果返回 41684，即系统当前年份 2014 年 2 月 14 日的日期序列值。

虽然使用 Excel 函数可以从部分混合字符串中提取出数字，但并不意味着在工作表中可以随心所欲的录入数据。格式不规范、结构不合理的基础数据，对后续的汇总、计算、分析等工作都将带来很多麻烦。

10.6.5 按指定小数位数舍入数值

在 Excel 中，除了常规的舍入函数，使用 FIXED 函数也可实现按指定小数位数舍入数值的目的。

FIXED 函数用于将数字舍入指定的小数位数，使用句点和逗号进行格式设置，并返回文本形式的结果。该函数语法如下。

```
FIXED(number,[decimals],[no_commas])
```

第一参数是需要舍入处理的数字。

第二参数可选，是需要保留的小数位数，如果省略则假设其值为 2。

第三参数是一个可选逻辑值，如果为 TRUE，则会禁止在返回的文本中包含逗号。

示例 10-28 奖金保留指定小数位

图 10-45 展示的是某单位员工奖金分配表的部分内容，需要将 B 列的奖金分配金额保留两位小数。

	A	B	C
1	姓名	奖金分配	保留两位小数
2	朱江	76.51594044	76.52
3	刘录华	283.5649036	283.56
4	张雨田	79.32284644	79.32
5	张椿云	82.62135745	82.62
6	王昭明	103.078469	103.08
7	史学工	92.73097652	92.73
8	王汝凯	112.9303919	112.93
9	许海	117.6680369	117.67
10	吴佳曦	121.3352517	121.34

图 10-45　奖金保留指定小数位

C2 单元格输入以下公式，向下复制到 C10 单元格。

```
=1*FIXED(B2)
```

本例中 FIXED 函数第二参数和第三参数均省略，返回保留两位小数的文本型数字，用 1* 的方式将结果转换为数值型数字。

10.6.6　金额数字分列

在一些没有应用财务软件的小微型企业中，经常需要利用 Excel 制作财务凭证，以便于财务核算。其中，收款凭证中的金额需要分列填写在与货币单位对应的单元格中，同时还需要在金额前加上￥符号，如果手工输入，将会非常烦琐。

示例 10-29　使用文本函数进行数字分列

图 10-46 模拟了一张商业收款凭证的样张，其中 F 列为各商品的合计金额，在 G ~ N 列则是利用公式实现的金额数值分列效果。

收款凭证

客户全称：　　　　2014年11月22日填发

商品名称	单价	数量	合计	金额 十万	万	千	百	十	元	角	分
Excel实战技巧精粹	58.6	8	468.80			￥	4	6	8	8	0
Excel应用大全	74	2	148.00			￥	1	4	8	0	0
函数与公式实战技巧精粹	50	55	2,750.00		￥	2	7	5	0	0	0
合计金额（大　写）	零拾零万叁仟叁佰陆拾陆元捌角零分		3,366.80		￥	3	3	6	6	8	0

填制人：　　　经办人：　　　单位名称（盖章）

图 10-46　模拟发票中金额分列填写

G5 单元格输入以下公式，复制到 G5:N10 单元格区域。

```
=IF($F5,LEFT(RIGHT(" ￥"&$F5/1%,COLUMNS(G:$N))),"")
```

$F5/1% 部分，表示将 F5 单元格的数值放大 100 倍，转换为整数。再将字符串“ ￥”与其连接，变成新的字符串“ ￥46880”。

使用 RIGHT 函数在这个字符串的右侧开始取值，长度为 COLUMNS(G:$N) 部分的计算结果。COLUMNS(G:$N) 用于计算从公式当前列至 N 列的列数，计算结果为 8。

在公式向右复制时，COLUMNS 函数形成一个递减的自然数序列。即每向右一列，RIGHT 函数的取值长度减少 1。

如果 RIGHT 函数指定要截取的字符数超过字符串总长度，结果仍为原字符串。RIGHT(" ￥46880",8) 的结果为“ ￥46880”，最后使用 LEFT 函数取得首字符，结果为空格。

再以 I5 单元格中的公式为例。

```
=IF($F5,LEFT(RIGHT(" ￥"&$F5/1%,COLUMNS(I:$N))),"")
```

其中，" ￥"&$F5/1% 结果仍为“ ￥46880”，但 COLUMNS(I:$N) 部分的计算结果变为 6，因此 RIGHT(" ￥46880",6) 只取出右边的 6 个字符“￥46880”，最后通过 LEFT 函数取得首字符“￥”。

其他单元格中的公式计算过程以此类推，不再赘述。

RIGHT 函数中的字符串“ ￥”前面多加入一个半角空格，目的在于将未涉及金额的部分置为空格，使其在表格中显示为空白。

IF 函数的作用是判断 F5 单元格是否大于 0，如果为 0，返回空文本 ""。

10.7 查找字符

在从单元格中提取部分字符串时，提取的位置和提取的字符数量往往是不确定的，需要根据条件进行定位。使用 FIND 函数和 SEARCH 函数，以及用于双字节字符的 FINDB 函数及 SEARCHB 函数可以解决在字符串中的文本查找问题。

10.7.1 认识常用字符查找函数

FIND 函数和 SEARCH 函数都是用于定位某一个字符（串）在指定字符串中的起始位置，结果以数字表示。如果在同一字符串中存在多个被查找的子字符串，函数只能返回从左至右方向第一次出现的位置。如果查找字符（串）在源字符串中不存在，则返回错误值 #VALUE!。

FIND 函数的语法如下。

```
FIND(find_text,within_text,[start_num])
```

第一参数 find_text 是查找的文本。第二参数 within_text 是包含要查找文本的源文本。第三参数 [start_num] 可选，表示从指定字符位置开始进行查找，如果该参数省略，默认为 1。

SEARCH 函数的语法与 FIND 函数类似。

例如，以下两个公式都返回“公司”在字符串“精工 Bandi 公司北京分公司”中第一次出现的位置 8，即从左向右第 8 个字符。

```
=FIND(" 公司 "," 精工 Bandi 公司北京分公司 ")
=SEARCH(" 公司 "," 精工 Bandi 公司北京分公司 ")
```

此外，还可以使用第三参数从指定的位置开始查找。例如，以下公式从字符串“精工 Bandi 公司北京分公司”中第 9 个字符（含）开始查找“公司”，因此结果为 13。

```
=FIND(" 公司 "," 精工 Bandi 公司北京分公司 ",9)
```

```
=SEARCH(" 公司 "," 精工 Bandi 公司北京分公司 ",9)
```

两个函数的区别主要在于：FIND 函数区分大小写，并且不允许使用通配符。而 SEARCH 函数不区分大小写，但是允许在参数中使用通配符。

当需要处理区分双字节字符时，可以使用 FINDB 和 SEARCHB 函数。这两个函数按 1 个双字节字符占 2 个位置计算，例如以下两个公式都返回 5，两个汉字“精工”按 4 个字符计算。

```
=FINDB("Bandi"," 精工 Bandi 公司北京分公司 ")
=SEARCHB("Bandi"," 精工 Bandi 公司北京分公司 ")
```

示例 10-30　获取邮箱后缀名

图 10-47 是模拟的部分电子邮箱地址，需要提取邮箱后缀名，即字符“@”后面的内容。

	A	B
1	邮箱地址	后缀名
2	gushenyouzhi@sogou.com	sogou.com
3	zhu9808@sogou.com	sogou.com
4	yubingfun@yahoo.com	yahoo.com
5	an107mll@sina.com	sina.com
6	kzong781523@qq.com	qq.com
7	yueliang1982@msn.com	msn.com
8	ceo1962130@163.com	163.com
9	lan1986@sohu.com	sohu.com
10	twb1939@soho.com	soho.com

图 10-47　获取邮箱后缀名

B2 单元格输入以下公式，向下复制到 B10 单元格。

```
=MID(A2,FIND("@",A2)+1,99)
```

首先用 FIND 函数查找字符“@”在 A2 单元格中的起始位置，返回的结果作为 MID

函数要提取的第一个字符的位置。加 1 的目的是让 MID 函数能够从字符“@”所在位置的右侧开始取值。

MID 函数提取字符长度为 99 的字符串，此处可以写成一个较大的任意数值。如果 MID 函数的第二参数加上第三参数超过了文本的长度，则 MID 只返回至多到文本末尾的字符。

除了使用公式的方法，此类有规则的数据截取也可以使用替换的方法实现。

步骤1 选中 A2:A10 单元格区域，按 <Ctrl+C> 组合键复制，单击 B2 单元格，按 <Enter> 键粘贴。

步骤2 保持 B 列选中状态，按 <Ctrl+H> 组合键调出【查找和替换】对话框，在【查找内容】文本框中输入“*@”，单击【全部替换】按钮，在弹出的提示框中单击【确定】按钮，最后单击【关闭】按钮，完成替换，如图 10-48 所示。

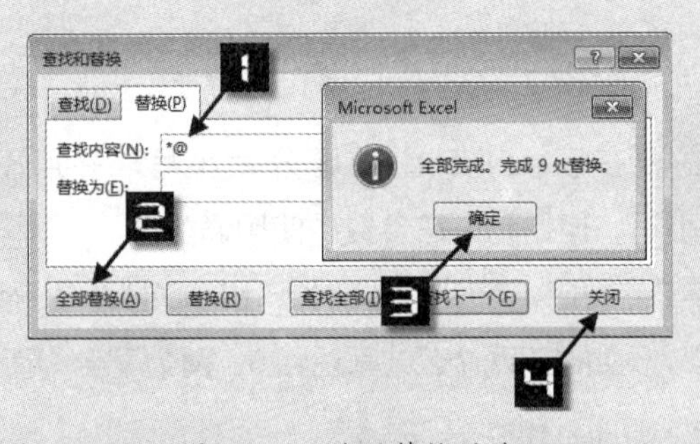

图 10-48　使用替换功能

查找内容中的星号“*”是通配符，表示任意多个字符，也就是将字符“@”和“@”之前的所有字符全部替换为空。

示例 10-31 查找开奖号码

图 10-49 展示的是某福利彩票开奖记录的部分内容，需要判断 B 列的开奖号码中是否包含 D1:M1 单元格中的数值，如果包含则显示 D1:M1 单元格对应的数值，否则返回空白。

	A	B	C	D	E	F	G	H	I	J	K	L	M
1	开奖时间	中奖号码		0	1	2	3	4	5	6	7	8	9
2	20140812	81579			1				5		7	8	9
3	20140813	63874					3	4		6	7	8	
4	20140814	76081		0	1					6	7	8	
5	20140815	37049		0			3	4			7		9
6	20140816	63142			1	2	3	4		6			
7	20140817	56098		0					5	6		8	9
8	20140818	59614			1			4	5	6			9
9	20140819	23170		0	1	2	3				7		
10	20140820	29057		0		2			5		7		9
11	20140821	35846					3	4	5	6		8	
12	20140822	47210		0	1	2		4			7		

图 10-49　查找开奖号码

D2 单元格输入以下公式，复制到 D2:M12 单元格区域。

```
=IF(COUNT(FIND(D$1,$B2)),D$1,"")
```

使用 FIND 函数，查找 D1 单元格的数值在 B2 单元格字符串中的起始位置。如果在 B2 单元格中查找不到 D1 单元格的数值，FIND 函数返回错误值 #VALUE!，相当于判断 B2 单元格内容中是否包含 D1 单元格中的数值。

COUNT 函数计算 FIND 函数结果中数字的个数，如果 FIND 函数的计算结果为数值，返回 1，否则返回 0。

最后使用 IF 函数进行判断，如果 COUNT 函数计算结果为 1，即表示 B2 单元格内容中包含 D1 单元格中的数值，则公式返回 D1 单元格的数值，否则返回空文本 ""。

示例 10-32 提取字符串中的第一个数字

图 10-50 展示的是部分汽车型号信息，需要从 A 列的厂牌车型中提取出第一个数字。

	A	B
1	厂牌车型	提取第一个数字
2	北京现代BH6440AY轻型客车	6
3	北京现代BH7160BMY轿车	7
4	北京现代BH9167AY轿车	9
5	比亚迪QCJ0100L轿车	0
6	马自达CAF7162A轿车	7

图 10-50　提取字符串中的第一个数字

B2 单元格输入以下数组公式，按 <Ctrl+Shift+Enter> 组合键，向下复制到 B6 单元格。

```
{=MID(A2,MIN(FIND(ROW($1:$10)-1,A2&5/19)),1)}
```

5/19 部分，换算成小数等于 0.263157894736842，其中包含 0 ~ 9 的所有数字。用 A2 连接 5/19，其作用是避免 FIND 函数在查找不到 0 ~ 9 的数字时返回错误值 #VALUE!。

公式中的“&5/19”也可以写成“&1/17”，但是这两种用法会导致公式较难理解，实际应用中可以写成“&"0123456789"”，使公式更易读。

ROW($1:$10)-1 部分，结果为 {0;1;2;3;4;5;6;7;8;9}，也就是分别以 0 ~ 9 的所有数字作为 FIND 函数的查找值，依次返回数字 0 ~ 9 在 A2&5/19 中出现的起始位置。计算结果如下。

```
{10;22;19;21;8;23;7;24;25;26}
```

用 MIN 函数计算出其中的最小值，结果为 7。也就是在 A2&5/19 中首个数字的起始位置。

最后使用 MID 函数，返回 A2 单元格中自第 7 个字符起，字符长度为 1 的字符串。

10.7.2 模糊查找字符

利用 SEARCH 函数支持使用通配符的特性，可以实现模糊查找字符。与其他函数结合，能够实现模糊匹配的汇总计算。

示例 10-33 模糊查找数字号码的条件求和

图 10-51 展示的是某单位第二季度业务汇总表的部分内容，A 列是由数字组成的客户代码，B 列是不同客户的业务发生金额。需要对客户代码第一位是 2，第四位是 1 的业务金额进行汇总。

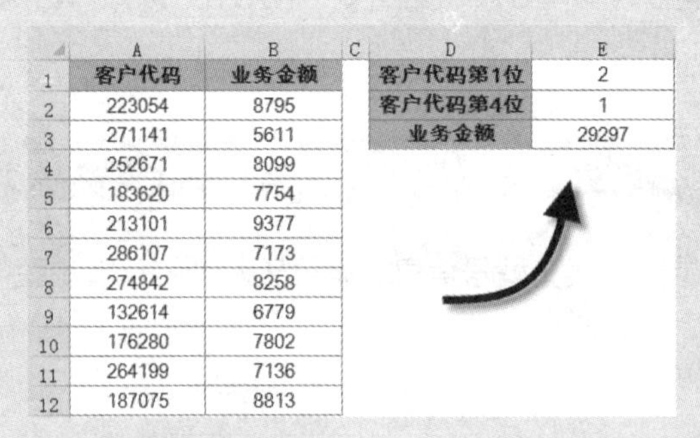

	A	B	C	D	E
1	客户代码	业务金额		客户代码第1位	2
2	223054	8795		客户代码第4位	1
3	271141	5611		业务金额	29297
4	252671	8099			
5	183620	7754			
6	213101	9377			
7	286107	7173			
8	274842	8258			
9	132614	6779			
10	176280	7802			
11	264199	7136			
12	187075	8813			

图 10-51 数字号码的条件求和

E3 单元格输入以下公式，计算结果为 29297。

```
=SUMPRODUCT(ISNUMBER(SEARCH("2??1??",A2:A12))*B2:B12)
```

SEARCH("2??1??",A2:A12) 部分，“?”代表任意单个字符，由 SEARCH 函数实现带有通配符的查找，如果 A2:A12 单元格内容符合首字符为 2、第四个字符为 1 的条件则返回 1，否则返回错误值 #VALUE!。

```
{#VALUE!;1;#VALUE!;#VALUE!;1;1;#VALUE!;#VALUE!;#VALUE!;1;#VALUE!}
```

再由 ISNUMBER 函数判断 SEARCH 函数的计算结果是否为数值，返回一组逻辑值 TRUE 或 FALSE。

最后用逻辑值乘以 B 列的业务金额，再使用 SUMPRODUCT 函数计算出乘积之和。

除此之外，也可以使用以下公式实现同样的计算。

```
=SUMPRODUCT((LEFT(A2:A12)&MID(A2:A12,4,1)=E1&E2)*B2:B12)
```

LEFT(A2:A12) 部分，用于提取 A2:A12 单元格区域首位的字符。

MID(A2:A12,4,1) 部分，用于提取 A2:A12 单元格区域第四位的字符。

分别用 & 符号将 LEFT 函数和 MID 函数的运算结果进行连接，将 E1 和 E2 单元格的指定条件进行连接，两者进行对比后返回一组逻辑值 TRUE 或 FALSE。

最后用逻辑值乘以 B 列的业务金额，再使用 SUMPRODUCT 函数计算出乘积之和。

如果使用以下 SUMIF 函数结合通配符“?”的公式进行求和，结果将返回 0。

```
=SUMIF(A:A,"2??1??",B:B)
```

这是因为客户代码是由数字组成，而 SUMIF 函数仅支持在文本内容中使用通配符。

10.7.3 使用通配符的字符查找

利用 SEARCHB 函数支持通配符并且可以区分双字节字符的特性，可以在单字节和双字节混合的内容中查找并提取出指定的字符串。

示例 10-34 去掉单元格最后的中文字符

如图 10-52 所示，A 列为中文、英文和数字组成的不同种类的客车品牌型号，需要将每个单元格最后的“客车”“豪华旅游客车”等中文字符去掉。

	A	B
1	品牌型号	提取字符
2	牡丹江MDJ6860BD1J客车	牡丹江MDJ6860BD1J
3	牡丹江MDJ6801D1HZ客车	牡丹江MDJ6801D1HZ
4	华夏HX6800D1客车	华夏HX6800D1
5	北方集团BF6800D4A城市客车	北方集团BF6800D4A
6	平安PAC6120K豪华旅游客车	平安PAC6120K
7	千里马QLM6120-2DB旅游客车	千里马QLM6120-2DB
8	北方BFC6120-2D2豪华旅游客车	北方BFC6120-2D2
9	北方BFC6120WD2S豪华旅游卧铺客车	北方BFC6120WD2S
10	北方BFC23A豪华旅游客车	北方BFC23A

图 10-52 去掉单元格最后的中文字段

A 列数据的特点是首尾均为双字节中文字符，中间部分为单字节字符，首先需要确定首个单字节字符出现的位置，再加上单字节字符的个数，就是需要提取的内容长度。

B2 单元格输入以下公式，向下复制到 B10 单元格。

```
=LEFTB(A2,SEARCHB("?",A2)+LEN(A2)*2-LENB(A2))
```

SEARCHB 函数使用通配符“?”作为查找值，用于匹配任意 1 个单字节字符。因此，SEARCHB 函数查找结果就是第一个单字节字符“M”的位置。SEARCHB 函数将一个汉字的字节长度计算为 2，字符“牡丹江”字节长度计算为 6，所以返回“M”的位置为 7。

LEN(A2)*2-LENB(A2) 计算结果为 A2 单元格中单字节字符的个数，结果为 11。

再利用 LEFTB 函数从 A2 单元格左侧开始提取字符串。指定的字节长度为首个单字节字符起始位置加上单字节字符的个数，也就是提取了单元格中所有单字节字符以及单字节字符左侧的内容。

如果字符串的前半部分是双字节字符，后半部分是单字节字符，使用 SEARCHB 函数查找通配符的方式，可以对字符进行分离。

示例 10-35 分离双字节字符和单字节字符

如图 10-53 所示，A 列是客户姓名和电话号码混合内容，使用以下公式可以提取出电话号码。

```
=MIDB(A2,SEARCHB("?",A2),LEN(A2))
```

首先用 SEARCHB 函数查找到第一个单字节字符的位置 7。再利用 MIDB 提取从第 7 个字符长度的位置开始（前面两个汉字的字节长度是 4），提取 LEN(A2) 个字符，也就是截取了姓名后面的数字部分。

	A	B
1	客户及联系电话	提取电话号码
2	刘胜男18165441234	18165441234
3	牛芬芳01081234567	01081234567
4	刘华053125123456	053125123456
5	俞海坤8329801	8329801
6	肖灿063588123456	063588123456
7	肖明明02164341234	02164341234

图 10-53 提取电话号码

如果 A2 的字符数共有 14 个，那么需要截取的数字个数肯定不会超过 14 个。因此，LEN(A2) 可以看作一个“大于等于需要截取字符长度”的变量。实际应用时，也可以写成一个较大的值。

以下公式也可以完成同样的提取效果。

```
=RIGHTB(A2,2*LEN(A2)-LENB(A2))
```

使用 RIGHTB 函数从 A2 单元格右侧开始截取字符，指定长度为 2*LEN(A2)-LENB(A2) 的计算结果，也就是 A2 单元格字符串中单字节字符的个数。

10.8 替换字符或字符串

在 Excel 中，除了替换功能可以对字符进行批量的替换，使用文本替换函数也可以将字符串中的部分或全部内容替换为新的字符串。文本替换类函数包括 SUBSTITUTE 函数、REPLACE 函数，以及用于区分双字节字符的 REPLACEB 函数。

10.8.1 认识 SUBSTITUTE 函数

SUBSTITUTE 函数主要用于将目标文本字符串中指定的字符串替换为新的字符串，函数语法如下。

```
SUBSTITUTE(text,old_text,new_text,[instance_num])
```

第一参数 text 是需要替换其中字符的文本或是单元格引用。第二参数 old_text 是需要替换的文本。第三参数 new_text 是用于替换 old_text 的文本。第四参数 [instance_num] 可选，指定要替换第几次出现的旧字符串。

SUBSTITUTE 函数具有以下特点。

（1）区分大小写和全角半角字符，当第一参数源字符串中没有包含第二参数指定的字符串时，函数结果与源字符串相同。例如以下公式仍然返回第一参数的完整字符“ExcelHome”。

```
=SUBSTITUTE("ExcelHome","home",2013)
```

（2）当第三参数为空文本或是省略该参数的值而仅保留参数之前的逗号时，相当于将需要替换的文本删除。例如以下公式返回字符串“Excel”。

```
=SUBSTITUTE("ExcelHome","Home",)
```

（3）当第四参数省略时，源字符串中的所有与参数 old_text 相同的文本都将被替换。如果第四参数指定为 2，则只第 2 次出现的才会被替换。例如以下公式返回字符串“ExcelHome是 office 学习者的乐园”。

```
=SUBSTITUTE("ExcelHome 是 Excel 学习者的乐园 ","Excel","office",2)
```

SUBSTITUTE 函数不同参数设置返回的结果如图 10-54 所示。

	A	B
1	SUBSTITUTE函数返回结果	公式
2	ExcelHome	=SUBSTITUTE("ExcelHome","Forum","Website")
3	Excel	=SUBSTITUTE("ExcelHome","Home",)
4	ExcelHome是office学习者的乐园	=SUBSTITUTE("ExcelHome是Excel学习者的乐园","Excel","office",2)

图 10-54　SUBSTITUTE 函数返回结果

示例 10-36　计算不规范考核分数的平均值

图 10-55 展示的是某单位员工考核表的部分内容，由于数据录入不规范，部分考核分数中包含文本“分”，需要计算员工的平均考核分数。

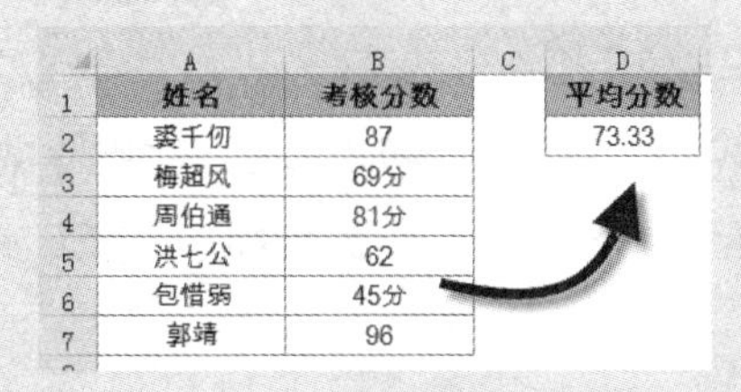

	A	B	C	D
1	姓名	考核分数		平均分数
2	裘千仞	87		73.33
3	梅超风	69分		
4	周伯通	81分		
5	洪七公	62		
6	包惜弱	45分		
7	郭靖	96		

图 10-55　计算不规范考核分数的平均值

D2 单元格输入以下数组公式，按 <Ctrl+Shift+Enter> 组合键。

```
{=ROUND(AVERAGE(--SUBSTITUTE(B2:B7," 分 ",)),2)}
```

SUBSTITUTE(B2:B7," 分 ",) 部分，SUBSTITUTE 函数省略第三参数的值，相当于将 B2:B7 单元格内的字符“分”删除。

使用减负运算，将 SUBSTITUTE 函数返回的文本型数字转换为数值型数字，再使用 AVERAGE 函数计算出平均值。

最后使用 ROUND 函数，将计算结果保留为两位小数。

本例仅作为 SUBSTITUTE 函数的一项使用方法说明，不代表所有不规范的数据都能够通过函数的方法完成计算。实际录入数据时可将不同类别的数据单独一列存放，数值后面不加文本。如果使用类似“1 箱 54 只”“3 包 22 个”的数据录入形式，将对后续的汇总带来极大的麻烦。

示例 10-37 计算单元格内的最大值

图 10-56 展示的是一份录入不规范的销售考核表，每个销售部的所有成绩都被录入 B 列一个单元格内，需要计算各销售部的最高考核分数。

	A	B	C
1	部门	考核情况	最高分数
2	销售一部	柯镇恶：87；梅超风：96；黄药师：87；郭啸天：79	96
3	销售二部	马行空：95；苗人凤：92；胡一刀：79	95
4	销售三部	凤天南：83；丘处机：86；全真道人：87	87
5	销售四部	周伯通：92；洪七公：86	92

图 10-56　计算各部门的最高考核分数

C2 单元格输入以下数组公式，按 <Ctrl+Shift+Enter> 组合键。

```
{=MAX((SUBSTITUTE(B2,ROW($1:$100),)<>B2)*ROW($1:$100))}
```

SUBSTITUTE(B2,ROW($1:$100),) 部分，SUBSTITUTE 函数第二参数使用 ROW($1:$100)，并且省略第三参数的值，如果 B2 单元格中包含 1 ~ 100 的数字，则这些数字被删除，否则返回 B2 单元格本身的值。

SUBSTITUTE(B2,ROW($1:$100),)<>B2 部分，将删除数字后的字符与 B2 进行比较，如果不等于 B2，返回逻辑值 TRUE，否则返回 FALSE。相当于判断 B2 单元格中是否包含 1 ~ 100 的数字。

再使用逻辑值与序号 ROW($1:$100) 相乘。在四则运算中 TRUE 相当于 1，FALSE 相当于 0，相乘后的结果即是 B2 单元格中包含的全部数字和 0。

MAX 函数计算其中的最大值，得出该部门最高考核分数。

10.8.2　借助 SUBSTITUTE 函数提取字符

示例 10-38　删除补位的 0 值

如图 10-57 所示，B 列是一组用半角逗号分隔的两位数，不足两位的用 0 补位，需要将补位的 0 值删除。

	A	B	C
1	期数	数字以0补位	删除补位的0值
2	2015-32	07,01,11,20,07,05,00,00	7,1,11,20,7,5,0,0
3	2015-33	00,01,11,10,07,05,00,20	0,1,11,10,7,5,0,20
4	2015-34	30,01,11,12,07,05,00,20	30,1,11,12,7,5,0,20

图 10-57　删除补位的 0 值

C2 单元格使用以下公式，向下复制到 C4 单元格。

```
=MID(SUBSTITUTE(B2,",0",","),1+(LEFT(B2)="0"),99)
```

从用于分隔的逗号位置来看，如果两位数的首位是 0，则可以看作“,0”。使用 SUBSTITUTE 函数将“,0”替换为“,”，即可删除字符中间部分用于补位的 0 值。但是如果单元格内第一个字符是补位的 0 值，则无法直接删除。

再使用 MID 函数，对 SUBSTITUTE 函数返回的结果进行处理，指定的取值位置是 1+(LEFT(B2)="0")，提取的字符长度为 99。

指定取值位置的 1+(LEFT(B2)="0") 部分，就是用 LEFT 函数判断 B2 单元格首位是否为 0，返回逻辑值 TRUE 或是 FALSE。如果为 0，则取值的位置是 1+TRUE=2，否则为 1+FALSE=1。MID 函数从替换后的字符左侧第 1 或是第 2 位开始，提取长度为 99 的字符串。

示例 10-39　借助 SUBSTITUTE 函数提取会计科目

如图 10-58 所示，A 列是部分会计科目名称，不同级别的科目之间以符号“/”分隔，需要在 B、C、D 列，分别提取一级科目、二级科目和三级科目。

	A	B	C	D
1	会计科目	一级科目	二级科目	三级科目
2	管理费用/税费/水利建设资金	管理费用	税费	水利建设资金
3	管理费用/研发费用/材料支出	管理费用	研发费用	材料支出
4	管理费用/研发费用/人工支出	管理费用	研发费用	人工支出
5	管理费用/研发费用	管理费用	研发费用	
6	管理费用	管理费用		
7	应收分保账款/保险专用	应收分保账款	保险专用	
8	应交税金/应交增值税/进项税额	应交税金	应交增值税	进项税额
9	应交税金/应交增值税/已交税金	应交税金	应交增值税	已交税金
10	应交税金/应交增值税/减免税款	应交税金	应交增值税	减免税款
11	应交税金/应交营业税	应交税金	应交营业税	
12	应交税金	应交税金		
13	生产成本/基本生产成本/直接人工费	生产成本	基本生产成本	直接人工费
14	生产成本/基本生产成本/直接材料费	生产成本	基本生产成本	直接材料费

图 10-58　提取会计科目

对于这种很有规律的数据源，可以使用分列的方法快速地将数据拆分开。

步骤① 选中 A2:A14 单元格区域，在【数据】选项卡下，单击【分列】按钮，在弹出的【文本分列向导－第 1 步，共 3 步】对话框中，单击【下一步】按钮，如图 10-59 所示。

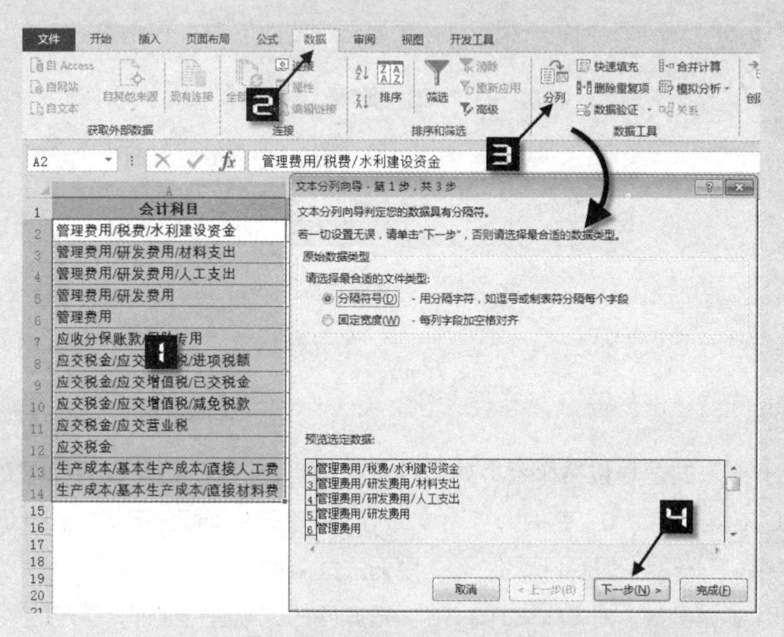

图 10-59　使用文本分列向导

步骤② 在弹出的【文本分列向导－第 2 步，共 3 步】对话框中的【分割符号】区域中勾选【其他】复选框，在文本框中输入“/”，单击【下一步】按钮。在弹出的【文本分列向导－第 3 步，共 3 步】对话框中，“目标区域”文本框中输入“=$B$2”，单击【完成】按钮，如图 10-60 所示。

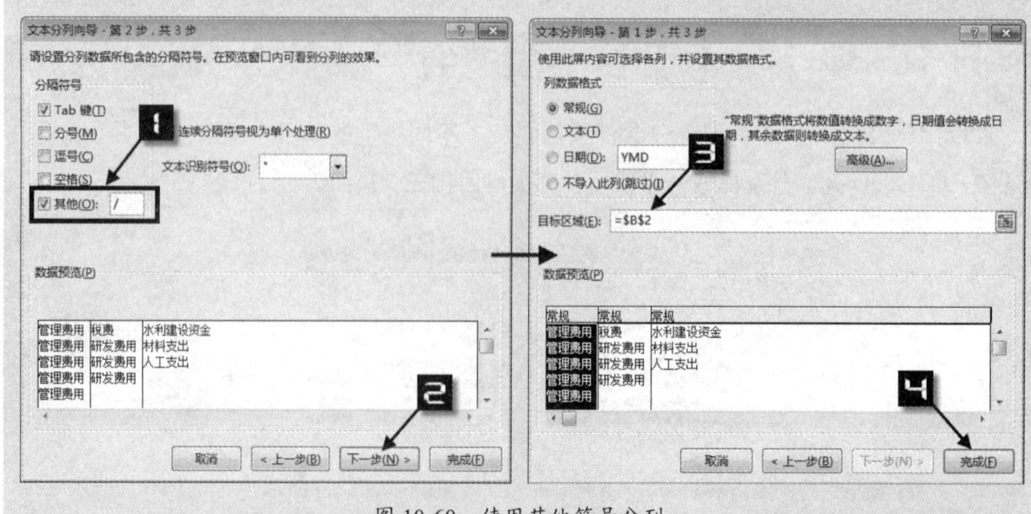

图 10-60　使用其他符号分列

使用技巧操作的方法不需要使用复杂的公式，但如果数据源是不断变化的，每次都要用基础操作的方法就显得比较烦琐。

B2 单元格输入以下公式，复制到 B2:D14 单元格区域。

```
=TRIM(MID(SUBSTITUTE($A2,"/",REPT(" ",99)),COLUMN(A1)*99-98,99))
```

REPT 函数的作用是按照给定的次数重复显示文本。REPT 函数的第一参数 text 是需要重复的文本，第二参数 number_times 是指定要重复的次数，如果为 0，REPT 函数返回空文本 ""；如果不为整数，则被截尾取整。

REPT(" ",99) 就是将 " "（空格）重复 99 次。

SUBSTITUTE($A2,"/",REPT(" ",99)) 部分，分别将 $A2 单元格中的 "/" 替换成 99 个空格，作用是用空格间隔将各字段的距离拉大。

在公式向右复制时，COLUMN(A1)*99-98 部分得到 1，100，199，…递增的自然数序列，计算结果作为 MID 函数的参数。

MID 函数分别从 SUBSTITUTE 函数返回结果的第 1 位、第 100 位、第 199 位、……开始，截取长度为 99 的字符串。

最后用 TRIM 函数清除文本两侧多余的空格，得到相应的科目内容。

示例 10-40　借助 SUBSTITUTE 函数提取字符串

图 10-61 展示的是电磁阀生产企业产品型号表的部分内容，需要从 A 列的型号中，提取出最后一个“-”之后的内容。

	A	B
1	电磁阀型号	最后一个"-"之后的内容
2	淹没式电磁脉冲阀DSF-25	25
3	直角式电磁脉冲阀DMF-Z-20	20
4	叠加式流量控制阀MFA-03-X-11	11
5	速连式电磁脉冲阀DMF-ZM-40	40
6	淹没式电磁脉冲阀DSF-50	50
7	电磁换向阀DSG-03-3C2-D24-50	50
8	电磁换向阀 DSG-01-2B3B-D24V	D24V
9	日本油研型电磁阀DSG-3C4-02	02
10	温度补偿式叠加式节流阀MSTA-03-X-20	20

图 10-61　借助 SUBSTITUTE 函数提取字符串

B2 单元格输入以下公式，向下复制到 B10 单元格。

```
=TRIM(RIGHT(SUBSTITUTE(A2,"-",REPT(" ",99)),99))
```

在这些型号字符串中，“-”的个数不一，最后一个“-”之后的字符数也不相同。首先使用 SUBSTITUTE 函数将 A2 单元格型号中的“-”替换为 99 个空格，用空格间隔将各字段的距离拉大。

再使用 RIGHT 函数从替换后的字符串最后部分开始，截取指定长度为 99 的字符串。最后使用 TRIM 函数清除多余的空格，得到需要的结果。

10.8.3 计算指定字符出现次数

如果需要计算指定字符在某个字符串中出现的次数，可以使用 SUBSTITUTE 函数将其全部删除，通过计算删除前后字符长度的变化来完成。

示例 10-41 统计终端个数

图 10-62 展示的是某通信公司不同商户终端使用登记表的部分内容，需要统计每个商户的终端个数。

	A	B	C
1	商户代码	终端号	终端个数
2	898320259982983	55378572,55378573,55378571,55378575,55378574	5
3	898320259982982	55378569,55378570	2
4	898320250130190	55378577,55378591,55378576	3
5	898320250130191	55378578,55378579	2
6	302516821125031	55378581	1
7	292983201301887	55378583,88378584,55378585	3
8	422151583245557	55378590,55378591	2
9	102548953652211	55378593	1
10	325122612223425	55378595,55378596,55378597,55378598	4

图 10-62 统计终端个数

C2 单元格输入以下公式，向下复制到 C10 单元格。

```
=LEN(B2)-LEN(SUBSTITUTE(B2,",",))+1
```

先用 LEN(B2) 计算 B2 单元格字符串的总长度等于 44。

再用 SUBSTITUTE(B2,",",) 将字符串中的“,”删除后，用 LEN 函数计算其字符长度等于 40。

用含有“,”的字符串长度减去不含有“,”的字符串长度，结果就是“,”的个数，加 1 后得到 B2 单元格的终端个数。

10.8.4 认识 REPLACE 函数

REPLACE 函数用于将部分文本字符串替换为不同的文本字符串。函数语法如下。

```
REPLACE(old_text,start_num,num_chars,new_text)
```

第一参数 old_text，表示要替换其部分字符的源文本。第二参数 start_num，指定源文本中要替换为新字符的位置。第三参数 num_chars 表示希望使用新字符串替换源字符串中

的字符数，如果该参数为 0 或省略参数值，可以实现类似插入字符（串）的功能。第四参数 new_text 表示将替换源文本中字符的文本。

示例 10-42 使用 REPLACE 函数隐藏部分电话号码

图 10-63 展示的是某商场有奖销售活动的获奖者名单及电话号码，在打印中奖结果时，需要将电话号码中的第 4 ~ 7 位内容隐藏。

	A	B	C
1	姓名	中奖者电话	中奖者电话
2	韩**	13212342678	132****2678
3	郑**	13212344679	132****4679
4	何**	13866534378	138****4378
5	叶**	13243959677	132****9677
6	吴**	13280100672	132****0672
7	郑**	13299225673	132****5673
8	刘**	13233144671	132****4671
9	吴**	13269275321	132****5321
10	杨**	13253493679	132****3679

图 10-63 隐藏部分电话号码

C2 单元格输入以下公式，向下复制到 C10 单元格。

```
=REPLACE(B2,4,4,"****")
```

公式的意思是从 B2 单元格第 4 个字符开始，用字符串“****”替换掉其中的 4 个字符。最后将 B 列隐藏，即可实现打印需要的效果。

示例 10-43 英文大写语句替换为首字母大写

如图 10-64 所示，需将 A 列的大写英文语句转换为句首字母大写形式。

	A	B
1	英文大写语句	首字母大写
2	I AM LISTENING TO THE RADIO.	I am listening to the radio.
3	MY HEART CHOSE YOU.	My heart chose you.
4	I AM LISTENING TO MY HEART.	I am listening to my heart.
5	MAY I BUY YOU A GLASS OF BEER?	May i buy you a glass of beer?
6	A SMALL PRINTER PRODUCES A RECEIPT.	A small printer produces a receipt.
7	THE VIDEOS USE COMPUTER ANIMATION.	The videos use computer animation.

图 10-64 英文大写语句替换为首字母大写

B2 单元格输入以下公式，向下复制到 B7 单元格。

```
=REPLACE(LOWER(A2),1,1,LEFT(A2))
```

LOWER(A2) 部分，使用 LOWER 函数将 A2 单元格的内容全部转换为小写形式。

因为 A2 本身全部为大写，所以 LEFT(A2) 的返回结果也是大写字母。最后使用 REPLACE 函数将小写转换后的第 1 个字符，替换为 LEFT(A2) 的结果。

也可以使用以下公式完成。

```
=LEFT(A2)&LOWER(MID(A2,2,99))
```

首先用 MID 函数，从第 2 位开始提取字符串，再使用 LOWER 函数将这些内容全部转换为小写，最后使用连接符“&”将 LEFT 函数提取的首字符与小写内容连接，完成转换。

10.8.5 了解 REPLACEB 函数

REPLACEB 函数的语法与 REPLACE 函数类似，用法基本相同。可以处理区分双字节字符的文本替换或内容插入。

示例 10-44 在姓名与电话号码之间添加文字

如图 10-65 所示，A 列为某单位业务员姓名和联系电话的混合内容，为了便于识别，需要在姓名和电话号码之间添加字符串“联系电话：”。

	A	B
1	姓名电话	姓名后添加文字
2	韩力民13812345678	韩力民 联系电话：13812345678
3	郑婷婷83654268	郑婷婷 联系电话：83654268
4	何梦13723901182	何梦 联系电话：13723901182
5	叶淑霞13622345678	叶淑霞 联系电话：13622345678
6	吴丹65326868	吴丹 联系电话：65326868
7	郑晓婷8329800	郑晓婷 联系电话：8329800
8	刘莉芳13900401010	刘莉芳 联系电话：13900401010
9	刘晓丹66326810	刘晓丹 联系电话：66326810
10	金波9987536	金波 联系电话：9987536

图 10-65 在姓名与电话号码之间添加文字

A 列姓名和电话号码的字符数均不固定，需要首先确定首个单字节的位置，再从此位置插入指定的字符。

B2 单元格输入以下公式，向下复制到 B10 单元格。

```
=REPLACEB(A2,SEARCHB("?",A2),," 联系电话：")
```

首先使用 SEARCHB 函数，以通配符的查找方式，返回 A2 单元格字符串中首个单字节字符出现的位置 7。

REPLACEB 函数省略第三参数的参数值，表示从第 7 个字节位置开始，插入新字符串“联系电话：”。

10.8.6 清理非打印字符和字符串中的多余空格

部分从网页或是从其他软件中导出的文本，会存在一些非打印字符，影响正常的数据查找及汇总计算。此外，由于数据录入时的疏忽，可能会在英文单词或中文姓名之间输入多个空格。

在 ERP 系统内导出的对账单往往会有一些空格或是不可见字符，影响正常汇总计算。使用 CLEAN 函数可以将文本中 ASCII 码值为 0 ~ 31 的非打印字符清除，使用 TRIM 函数清除文本中除了单词之间的单个空格外的所有空格。它们的语法分别如下。

```
CLEAN(text)
TRIM(text)
```

示例 10-45 清除对账单内的非打印字符

图 10-66 展示的是某单位在银行系统导出的对账单的部分内容，使用 SUM 函数对 C 列的交易金额和 D 列的手续费求和，结果返回 0 值。

C10 =SUM(C2:C9)

	A	B	C	D
1	付款日期	交易日期	交易金额	手续费
2	20150824	20150823	69	1.1700
3	20150824	20150823	1880	31.9600
4	20150824	20150823	187	3.1800
5	20150824	20150823	633	10.7600
6	20150824	20150823	1050	17.8500
7	20150824	20150823	37500	637.5000
8	20150824	20150823	2092	35.5600
9	20150824	20150823	1955.2	50.8400
10	合计		0	0

图 10-66 系统导出的对账单无法求和

对于此类无法求和的数据，首先应检查单元格的数据后面是否存在空格。检查处理后，单元格输入以下数组公式，按 <Ctrl+Shift+Enter> 组合键。如果单元格是文本型数字，使用此公式可返回正确求和结果。

```
{=SUM(--C2:C9)}
```

如图 10-67 所示，如果使用减负运算的求和结果为错误值 #VALUE!，此时可判定数据中包含非打印字符，影响正常计算。

C10 单元格可使用以下数组公式，按 <Ctrl+Shift+Enter> 组合键，向右复制到 D10 单元格，如图 10-68 所示。

```
{=SUM(--CLEAN(C2:C9))}
```

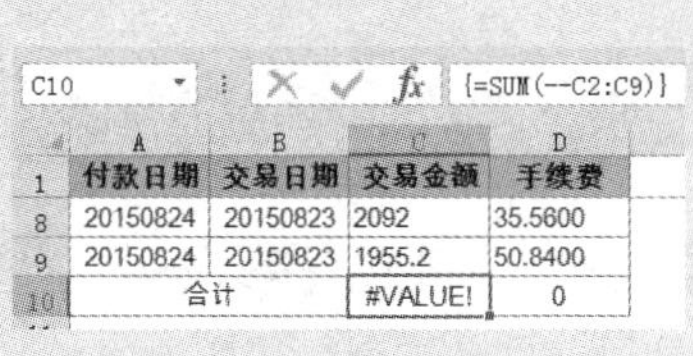

C10 {=SUM(--C2:C9)}

	A	B	C	D
1	付款日期	交易日期	交易金额	手续费
8	20150824	20150823	2092	35.5600
9	20150824	20150823	1955.2	50.8400
10	合计		#VALUE!	0

图 10-67 求和结果错误

C10 {=SUM(--CLEAN(C2:C9))}

	A	B	C	D	E
1	付款日期	交易日期	交易金额	手续费	
2	20150824	20150823	69	1.1700	
3	20150824	20150823	1880	31.9600	
4	20150824	20150823	187	3.1800	
5	20150824	20150823	633	10.7600	
6	20150824	20150823	1050	17.8500	
7	20150824	20150823	37500	637.5000	
8	20150824	20150823	2092	35.5600	
9	20150824	20150823	1955.2	50.8400	
10	合计		45366.2	788.82	

图 10-68 清除非打印字符求和

公式中使用 CLEAN 函数清除非打印字符，再使用减负运算将文本型数字转换为数值型数字，最后使用 SUM 函数计算出求和结果。

示例 10-46 清理多余空格

如图 10-69 所示，A 列字符中包含部分多余空格，需将其中的多余空格清除，使之成为包含正常空格的字符串。

	A	B
1	包含多余空格的字符	处理后的字符
2	Excel Home	Excel Home
3	Excel VBA	Excel VBA
4	微信号： iexcelhome	微信号：iexcelhome
5	Windows 10	Windows 10

图 10-69 清理多余空格

B2 单元格输入以下公式，复制到 B2:B5 单元格区域。

```
=TRIM(A2)
```

使用 TRIM 函数可以清除字符串两端的空格，以及在字符串中多于一个以上的连续重复空格，将多个空格压缩为一个空格，适合不规范英文字符串的修整处理。

空格是指在半角输入状态下按 <Space> 键产生的空格，即 ASCII 码值为 32 的空格。全角空格字符无法使用 TRIM 函数清除，但可使用 SUBSTITUTE 函数清除。

10.8.7 不规范数字的转换

在整理表格数据的过程中，经常会有一些不规范的数字影响数据的汇总分析。例如，数字中混有空格，或者夹杂全角数字以及文本型数字等。对于文本数据，可以使用 TRIM 函数清理多余空格，使用 ASC 函数将全角字符转换为半角字符。对于数字内容，使用 Excel 2013 版本中新增的 NUMBERVALUE 函数可以兼容以上两种功能，在数据整理方面显示出强大的威力。

示例 10-47 不规范数字的转换

如图 10-70 所示，A 列数据中包含空格、全角字符和不规则的符号 %%，需要将其转换为正常的半角数值。

	A	B	C
1	转换前	NUMBERVALUE	VALUE
2	33 457 76 9	33457769	#VALUE!
3	4 8 6 1	4861	4861
4	7 4 3 0 %	74.3	#VALUE!
5	3 . 1 2 %	0.0312	0.0312
6	9 . 5 5 %%	0.000955	#VALUE!
7	123	123	123
8	42232	42232	42232

图 10-70　不规范数字的转换

B2 单元格输入以下公式，向下复制到 B8 单元格。

```
=NUMBERVALUE(A2)
```

NUMBERVALUE 函数是 Excel 2013 版本中的新增函数，也是在 VALUE 函数功能上的一次提升。该函数不仅可以实现 VALUE 函数日期转换为数值序列、文本型数字转换为数值型数字、全角数字转换为半角数字等功能，还可以处理混杂空格的数值以及符号混乱等特殊情况。

对于“9.55%%”这样的数据，NUMBERVALUE 函数能够将其转换为 0.000955，而使用 VALUE 函数，则返回错误值。

图 10-70 中的 B 列和 C 列，是分别使用 NUMBERVALUE 函数和 VALUE 函数对于数字转换的效果对比。

10.9　格式化文本

Excel 的自定义数字格式功能可以将单元格中的数值显示为自定义的格式，而 TEXT 函数也具有类似的功能，可以将数值转换为按指定数字格式所表示的文本。

10.9.1　认识 TEXT 函数

TEXT 函数是使用频率非常高的文本函数之一。虽然 TEXT 函数的基本语法十分简单，但是由于它的参数规则变化多端，能够演变出十分精妙的应用，是字符处理函数中少有的几个具有丰富想象力的函数之一。

1. TEXT 函数的基本语法

TEXT 函数的基本语法如下。

```
TEXT(value,format_text)
```

参数 value 既可以是数值型，也可以是文本型数字；参数 format_text 用于指定格式代码，与单元格数字格式中的大部分代码都基本相同。有少部分代码仅适用于自定义格式，不能在 TEXT 函数中使用。

例如，TEXT 函数无法使用星号（*）来实现重复某个字符以填满单元格的效果。同时也无法实现以某种颜色显示数值的效果，如格式代码“#,##0;[红色]-#,##0”。

除此之外，设置单元格格式与 TEXT 函数还有以下两点区别。

（1）设置单元格的格式，仅仅是数字显示外观的改变，其实质仍然是数值本身，不影响进一步的汇总计算，即得到的是显示的效果。

（2）使用 TEXT 函数可以将数值转换为带格式的文本；其实质已经是文本，不再具有数值的特性，即得到的是实际的效果。

2. 了解 TEXT 函数的格式代码

与自定义格式代码类似，TEXT 函数的格式代码也分为 4 个条件区段，各区段之间用半角分号间隔，默认情况下，这 4 个区段的定义如下。

```
[>0];[<0];[=0];[ 文本 ]
```

示例 10-48 根据条件进行判断

如图 10-71 所示，需要在 B 列单元格中对 A 列的数据对象进行条件判断：大于 0 时按四舍五入保留两位小数；小于 0 时进位到整数；等于 0 时显示为短横线“-”；如果为文本，则显示字符“文本”。

	A	B
1	数值	TEXT函数
2	2.9542	2.95
3	1.3	1.30
4	-3.66	-4
5	-1.35	-1
6	0	-
7	Excel	文本

图 10-71　按条件转换格式

如果对以上条件使用 IF 函数判断，公式需要多次嵌套。而使用 TEXT 函数，公式则比较简短。

```
=TEXT(A2,"0.00;-#;-; 文本 ")
```

TEXT 函数第二参数所使用的格式代码包含了 4 个区段，用分号进行间隔，每个区段分别对应了大于 0、小于 0、等于 0 以及文本数据所需匹配的格式。

示例 10-49 按条件返回结果

TEXT 函数不仅可以根据条件设置数据的显示格式，也可以根据条件直接返回指定的结果。

如图 10-72 所示，需要在 B 列单元格中对 A 列的数据对象进行条件判断：大于 0 时返回 100；小于 0 时返回 50；等于 0 时返回 0；如果为文本，则显示为指定的内容“文本”。

	A	B
1	数值	TEXT函数
2	2.9542	100
3	1.3	100
4	-3.66	50
5	-1.35	50
6	0	0
7	Excel	文本

图 10-72　按条件返回结果

B2 单元格使用以下公式，向下复制到 B7 单元格。

```
=TEXT(A2,"1!0!0;5!0;0;文本")
```

公式中使用的感叹号是转义字符，表示强制使其后跟随的第一个字符不具备代码的含义，而仅仅以字符显示。在数字格式代码中，0 具有特殊的含义，公式中只希望返回字符形式的 0，因此在这个代码前加上感叹号进行强制定义。

3. 省略部分条件区段

在实际使用中，可以根据需要省略 TEXT 函数第二参数的部分条件区段，条件含义也会发生相应变化。

（1）如果使用 3 个条件区段，其含义如下。

```
[>0];[<0];[=0]
```

（2）如果使用两个条件区段，其含义如下。

```
[>=0];[<0]
```

除了以上默认以大于或等于 0 为判断条件的区段之外，TEXT 函数还可以使用自定义的条件，自定义条件的四区段可以表示如下。

```
[条件1];[条件2];[不满足条件的其他部分];[文本]
```

自定义条件的三区段可以表示如下。

```
[条件1];[条件2];[不满足条件的其他部分]
```

自定义条件的两区段可以表示如下。

```
[条件];[不满足条件]
```

示例 10-50 使用 TEXT 函数判断考评成绩

图 10-73 展示的是某单位员工考核表的部分内容，需要根据考核分数进行评定：85 分以上为良好，76 ~ 85 分为合格，小于等于 75 分则为不合格。

	A	B	C
1	姓名	考核分数	成绩考评
2	丘处机	92	良好
3	王重阳	65	不合格
4	欧阳锋	84	合格
5	梅超风	73	不合格
6	穆念慈	59	不合格
7	杨铁心	78	合格

图 10-73 判断考评成绩

C2 单元格输入以下公式，向下复制到 C7 单元格。

```
=TEXT(B2,"[>85] 良好 ;[>75] 合格 ; 不合格 ")
```

公式中使用的是包含自定义条件的三区段格式代码。分别对应大于 85 分显示为“良好”，大于 75 且小于等于 85 分显示为“合格”，其余部分显示为“不合格”。

使用 TEXT 函数嵌套，可以完成多个自定义条件的判断。

示例 10-51 使用 TEXT 函数完成多条件判断

在图 10-74 展示的员工考核表内，需要根据考核分数进行多个条件的评定：60 分以下显示为“不及格”，60 ~ 69 分显示为“及格”，70 ~ 89 分显示为“良好”，大于等于 90 分显示为“优秀”。

	A	B	C
1	姓名	考核分数	评语
2	杨铁心	66	及格
3	余兆兴	97	优秀
4	张阿生	55	不及格
5	张十五	78	良好
6	忽都虎	85	良好
7	欧阳峰	57	不及格
8	欧阳克	94	优秀
9	拖雷	79	良好
10	者勒米	66	及格
11	周伯通	98	优秀
12	段天德	67	及格
13	郭靖	96	优秀
14	郭啸天	88	良好

图 10-74 多条件评定考核成绩

C2 单元格输入以下公式，向下复制到 C14 单元格。

```
=TEXT(TEXT(B2-60,"[>=30]优秀;不及格;0"),"[>=10]良好;及格")
```

这是 TEXT 函数嵌套的典型用法。

TEXT(B2-60,"[>=30] 优秀；不及格;0") 部分，通过 B2-60 的运算，小于 60 的分数将显示为负数，目的是与 TEXT 函数三区段格式代码中负数部分显示为“不及格”相匹配。

TEXT 的格式代码将 B2 数值分为 >=90、<60、60 ~ 89 三个范围。如果 B2-60 的结果 >=30，则显示优秀。如果 B2-60<0，则显示不及格；60 ~ 89 部分的值显示为 B2-60 的四舍五入整数结果。

最外层的 TEXT 函数使用格式代码为“[>=10] 良好；及格”。

如果内层 TEXT 函数部分的结果为“优秀”或者“不及格”，则返回文本本身。如果结果为数值（即 60 ~ 89），则当 B2-60>=10 时显示良好，否则显示及格。

10.9.2 TEXT 函数使用变量参数

TEXT 函数的第二参数 format_text，除了可以引用单元格格式代码或是使用自定义格式代码字符串之外，还可以通过 & 符号添加变量或是公式运算结果，构造出符合代码格式的文本字符串，使 TEXT 函数具有动态的第二参数。

示例 10-52 生成指定区间的日期

如图 10-75 所示，A2 单元格和 A5 单元格是以 6 位数值表示的起始年月和结束年月，需要生成在两个时间段之间以 6 位数值表示的年月，效果如图 10-75 中 C 列所示。

	A	B	C
1	起始日期		生成
2	201109		201109
3			201110
4	结束日期		201111
5	201202		201112
6			201201
7			201202
8			
9			
10			

图 10-75 生成指定区间的日期

C2 单元格输入以下公式，向下复制到出现空白单元格为止。

```
=TEXT(TEXT(EDATE(TEXT(A$2,"0!-00"),ROW(A1)-1),"emm"),"[>"&A$5&"];0")
```

TEXT(A$2,"0!-00") 部分，强制将 A2 单元格的数值转换为字符串“2011-09”，再用 EDATE 函数计算出“2011-09”之后指定月份的日期。EDATE 函数第二参数

ROW(A1)-1 是一个变量，公式每向下复制一行，计算日期时增加一个月。

TEXT(EDATE(TEXT(A$2,"0!-00"),ROW(A1)-1),"emm") 部分，使用 TEXT 函数将 EDATE 函数计算出的日期转换为“emm”格式，即 4 位数年份和两位数月份表示的日期。

最后使用字符串与 A5 连接成的格式代码“"[>"&A$5&"] ;0"”，作为最外层 TEXT 函数的变量参数。

当“emm”格式的日期大于 A5 单元格的值时，返回空格，否则返回“emm”格式的日期。

10.9.3 数值与中文数字的转换

使用 TEXT 函数不仅可以将数值转换为中文数字，也可以将中文数字转换为数值格式。

示例 10-53 利用 TEXT 函数转换中文格式的月份

如图 10-76 所示，需要将 A 列的日期格式转换为中文格式的月份。

	A	B
1	签约日期	中文月份
2	2014/02/03	二月
3	2014/12/22	十二月
4	2014/01/02	一月
5	2014/03/12	三月
6	2014/07/06	七月
7	2014/08/10	八月
8	2014/09/12	九月
9	2014/05/01	五月
10	2014/10/22	十月
11	2014/11/23	十一月

图 10-76 转换中文格式的月份

B2 单元格输入以下公式，向下复制到 B11 单元格。

```
=TEXT(A2,"[DBnum1]m 月")
```

格式代码“m”用于提取 A2 单元格中的月份，再使用格式代码 [DBnum1] 将其转换为中文小写数字格式。

示例 10-54 将中文小写数字转换为数值

如图 10-77 所示，需要将 A 列的中文小写数字转换为数值。

B2 单元格输入以下数组公式，按 <Ctrl+Shift+Enter> 组合键，向下复制到 B11 单元格。

```
{=MATCH(A2,TEXT(ROW($1:$9999),"[DBnum1]"),)}
```

	A	B
1	中文小写	数值
2	八十八	88
3	一百七十六	176
4	四十八	48
5	五十七	57
6	三千四百二十	3420
7	九百二十三	923
8	一百九十九	199
9	一十	10
10	一百	100
11	一千	1000

图 10-77　中文小写数字转换为数值

ROW($1:$9999) 用于生成 1 ~ 9999 的自然数序列。TEXT 函数使用格式代码 [DBnum1] 将其全部转换为中文小写格式。再由 MATCH 函数从中精确查找 A2 单元格字符所处的位置，变相完成从中文大写到数值的转换。

公式适用于一至九千九百九十九的整数中文小写数字转换，可根据需要调整 ROW 函数的参数范围。

10.9.4　转换中文大写金额

在部分单位的财务中，经常会使用 Excel 制作一些票据和凭证，这些票据和凭证中的小写金额往往需要转换为中文大写样式。

根据《票据法》的有关规定，对中文大写金额有以下要求。

（1）中文大写金额数字到“元”为止的，在“元”之后，应写“整”（或“正”）字，在“角”之后，可以不写“整”（或“正”）字。大写金额数字有“分”的，“分”后面不写“整”（或“正”）字。

（2）数字小写金额中有“0”时，中文大写应按照汉语语言规律、金额数字构成和防止涂改的要求进行书写。

（3）数字中间有“0”时，中文大写要写“零”字。数字中间连续有几个“0”时，中文大写金额中间可以只写一个“零”字。金额数字万位和元位是“0”，或者数字中间连续有几个“0”，万位、元位也是“0”，但千位、角位不是“0”时，中文大写金额中可以只写一个“零”字，也可以不写“零”字。

（4）阿拉伯金额数字角位是“0”，而分位不是“0”时，中文大写金额“元”后面应写“零”字。

示例 10-55　利用公式生成中文大写金额

如图 10-78 所示，A 列是小写的金额，使用公式可以转换为中文大写金额。

	A	B
1	小写金额	中文大写金额
2	1700.25	壹仟柒佰元贰角伍分
3	100520.1	壹拾万零伍佰贰拾元壹角整
4	332	叁佰叁拾贰元整
5	0.6	陆角整
6	-0.01	负壹分
7	1	壹元整

图 10-78 生成中文大写金额

B2 单元格输入以下公式，向下复制到 B7 单元格。

```
=SUBSTITUTE(SUBSTITUTE(IF(-RMB(A2,2),TEXT(A2,"; 负 ")&TEXT(INT(ABS(A2)+0.5%),"[dbnum2]G/通用格式元;;")&TEXT(RIGHT(RMB(A2,2),2),"[dbnum2]0角0分;;整"),),"零角",IF(A2^2<1,,"零")),"零分","整")
```

公式的 RMB(A2,2) 部分，作用是依照货币格式将数值四舍五入到两位小数并转换成文本。

使用TEXT函数分别将金额数值的整数部分和小数部分以及正负符号进行格式转换。

TEXT(A2,"; 负 ") 部分，如果 A2 单元格的金额小于 0，则返回字符“负”。

TEXT(INT(ABS(A2)+0.5%),"[dbnum2]G/ 通用格式元 ;;") 部分的作用是，将金额取绝对值后的整数部分转换为大写。+0.5% 的作用是为了避免 0.999 元、1.999 元等情况下出现的计算错误。

TEXT(RIGHT(RMB(A2,2),2),"[dbnum2]0 角 0 分 ;; 整 ") 部分，将金额的小数部分转换为大写。

再使用连接符号 & 连接 3 个 TEXT 函数的结果。

IF 函数对 -RMB(A2,2) 进行判断，如果金额 >=1 分，则返回连接 TEXT 函数的转换结果，否则返回空值。

最后使用两个SUBSTITUTE函数将“零角”替换为“零”或空值，将“零分”替换为“整”。

10.9.5 生成 R1C1 引用样式

TEXT 函数使用格式代码可以将数值转换为 R1C1 引用样式的字符串，在需要使用 R1C1 单元格引用方式的数组公式中，这种转换方式应用非常广泛。

示例 10-56 提取不重复任课老师姓名

图 10-79 展示的是某班级的老师值班表，需要在 H 列提取出不重复的任课老师姓名。

H2 单元格输入以下数组公式，按 <Ctrl+Shift+Enter> 组合键，向下复制到出现空白单元格为止。

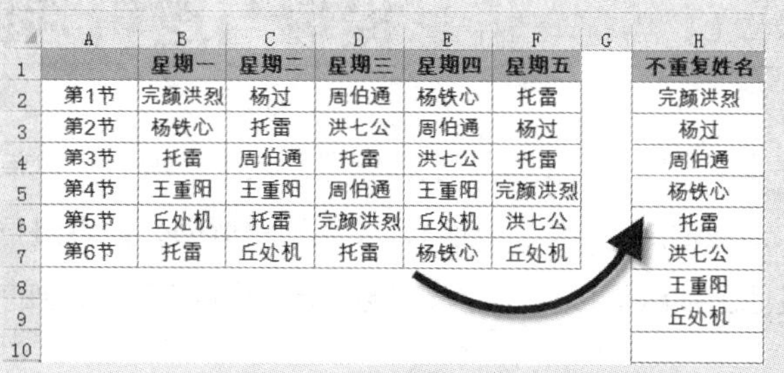

	A	B	C	D	E	F	G	H
1		星期一	星期二	星期三	星期四	星期五		不重复姓名
2	第1节	完颜洪烈	杨过	周伯通	杨铁心	托雷		完颜洪烈
3	第2节	杨铁心	托雷	洪七公	周伯通	杨过		杨过
4	第3节	托雷	周伯通	托雷	洪七公	托雷		周伯通
5	第4节	王重阳	王重阳	周伯通	王重阳	完颜洪烈		杨铁心
6	第5节	丘处机	托雷	完颜洪烈	丘处机	洪七公		托雷
7	第6节	托雷	丘处机	托雷	杨铁心	丘处机		洪七公
8								王重阳
9								丘处机
10								

图 10-79　提取不重复任课老师姓名

```
{=INDIRECT(TEXT(MIN(IF(COUNTIF(H$1:H1,B$2:F$7)=0,ROW($2:$7)*100+COLUMN(B:F),99999)),"R0C00"),)&""}
```

COUNTIF(H$1:H1,B$2:F$7) 部分，计算从 H1 到公式上一个单元格的区域内，是否包含 B$2:F$7 单元格区域中的姓名。如果不包含，则用行号 *100+ 列号，否则返回一个较大值 99999。

TEXT 函数使用公式代码“R0C00”将 MIN 函数的计算结果 202 转换为单元格地址字符串“R2C02”。

再使用 INDIRECT 函数，根据 R1C1 引用样式的文本字符串，返回单元格中的具体内容。

第 11 章　信息提取与逻辑判断

信息类函数能够返回系统当前的某些状态信息，如工作簿名称、单元格格式等。

逻辑类函数可以对数据进行相应的判断，如判断真假值，或者进行复合检验。在实际应用中，这些函数与其他函数嵌套使用，能够在更广泛的领域完成复杂的逻辑判断。

本章学习要点

（1）了解 CELL 函数。　　（2）学习常用的逻辑判断函数。

11.1　单元格信息函数

CELL 函数用于获取单元格信息。根据第一参数设定的值，返回引用区域左上角单元格的格式、位置、内容以及文件所在路径等，其语法如下。

```
CELL(info_type,[reference])
```

第一参数 info_type 必需，指定要返回的单元格信息的类型。

第二参数 reference 可选，需要得到其相关信息的单元格。如果省略该参数，则将 info_type 参数中指定的信息返回给最后更改的单元格。如果参数 reference 是某一单元格区域，CELL 函数只将该信息返回给该区域左上角的单元格。

使用不同 info_type 参数，CELL 函数返回的结果如表 11-1 所示。

表 11-1　CELL 函数不同参数返回的结果

info_type 参数取值	函数返回结果
address	返回单元格的地址
col	返回单元格的列标
color	如果单元格中的负值以不同颜色显示，返回 1；否则返回 0（零）
contents	返回左上角单元格的值
filename	返回包含引用的文件名（包括全部路径）。如果包含目标引用的工作表尚未保存，则返回空文本（"")
format	返回表示单元格中数字格式的字符代码
parentheses	如果单元格使用了自定义格式，并且格式的类型包含括号“()”，返回 1；否则返回 0
prefix	返回表示单元格文本对齐方式的字符代码
protect	如果单元格没有锁定，返回 0；如果单元格锁定，则返回 1
row	返回单元格的行号
type	返回表示单元格中数据类型的字符代码
width	返回取整后的单元格的列宽

11.1.1　获取单元格列宽

CELL 函数第一参数为“width”时，能够得到取整后的单元格列宽。利用这一特点，可以实现忽略隐藏列的汇总计算。

示例 11-1　忽略隐藏列的汇总

图 11-1 是某公司上半年的销售业绩表，B ~ G 列是不同业务员的销售额，H 列是销售额合计。现在需要以忽略隐藏列的方式查看不同业务员的合计数。

Excel 没有提供忽略隐藏列汇总的函数，通过使用 CELL 函数添加辅助行，能够实现这样的汇总要求。

在 B9 单元格输入以下公式，向右复制到 G9 单元格。

```
=CELL("width",B1)
```

H2 单元格输入以下公式，向下复制到 H7 单元格。

```
=SUMIF(B$9:G$9,">0",B2:G2)
```

隐藏 B ~ G 列的任意列内容，并按 <F9> 键重新计算，H 列可得到忽略隐藏列的汇总结果，效果如图 11-2 所示。

	A	B	C	D	E	F	G	H
1		华筝	黄蓉	周伯通	郭靖	杨康	杨过	合计
2	1月份	143	115	930	338	803	803	3132
3	2月份	774	653	601	986	244	662	3920
4	3月份	617	385	499	323	571	881	3276
5	4月份	807	875	684	717	706	295	4084
6	5月份	276	584	796	897	317	456	3326
7	6月份	381	139	727	726	169	916	3058

图 11-1　销售业绩表

H2　=SUMIF(B$9:G$9,">0",B2:G2)

	A	B	C	G	H	I	J
1		华筝	黄蓉	杨过	合计		
2	1月份	143	115	803	1061		
3	2月份	774	653	662	2089		
4	3月份	617	385	881	1883		
5	4月份	807	875	295	1977		
6	5月份	276	584	456	1316		
7	6月份	381	139	916	1436		
8							
9	辅助行	7	7	7			

图 11-2　忽略隐藏列的汇总结果

CELL("width",B1) 得到 B1 单元格的列宽，第二参数“B1”可以写成公式所在列的任意单元格地址。当公式所在列隐藏时，CELL 函数结果返回 0。

SUMIF 函数的第一参数 B$9:G$9 使用行相对引用，公式向下复制时，引用区域不会发生变化。第二参数求和条件为“>0”，也就是计算 B$9:G$9 大于 0 的对应的 B2:G2 单元格区域的和，最终实现忽略隐藏列汇总的目的。

注意

CELL 函数第一参数为“width”时，如果目标单元格内容发生变化，需要按 <F9> 键或双击单元格激发重新计算，才能更新计算结果。

11.1.2 获取单元格数字格式

当 CELL 函数第一参数选择“format”，以及第二参数为内置数字格式时，CELL 函数能够返回与单元格数字格式相对应的文本值，如表 11-2 所示。

表 11-2 与数字格式相对应的文本值

如果 Excel 的格式为以下形式	CELL 函数返回值
G/ 通用格式	"G"
0	"F0"
#,##0	",0"
0.00	"F2"
#,##0.00	",2"
$#,##0_);($#,##0)	",0"
$#,##0_);[红色]($#,##0)	",0-"
$#,##0.00_);($#,##0.00)	",2"
$#,##0.00_):[红色]($#,##0.00)	",2-"
0%	"P0"
0.00%	"P2"
0.00E+00	"S2"
# ?/? 或 # ??/??	"G"
m/d/yy 或 d-mmm-yy 或 yyyy" 年 "m" 月 "d" 日 " yyyy/m/d 或 yyyy/m/d h:mm 或 yyyy" 年 "m" 月 "d" 日 "	"D1"
yyyy" 年 "m" 月 " 或 mmm-yy	"D2"
m" 月 "d" 日 " 或 d-mmm	"D3"
h:mm:ss AM/PM 或上午 / 下午 h" 时 "mm" 分 "ss" 秒 "	"D6"
h:mm AM/PM 或上午 / 下午 h" 时 "mm" 分 "	"D7"
h:mm 或 h" 时 "mm" 分 "	"D9"
h:mm:ss 或 h" 时 "mm" 分 "ss" 秒 "	"D8"

示例 11-2 限制输入指定格式的数据

利用数据验证结合 CELL 函数，可以限制单元格只能输入特定格式的数据。在图 11-3 所示的测试结果记录表中，为了规范数据的录入，要求在 B2:B7 单元格区域内只能输入“0%”格式的内容。

选择 B2:B7 单元格区域，在【数据】选项卡中单击【数据验证】按钮，在弹出的【数据验证】对话框中单击【设置】选项卡，【允许】下拉列表中选择“自定义”，在【公式】

文本框中输入以下公式。

```
=CELL("format",B2)="P0"
```

单击【确定】按钮，完成设置。

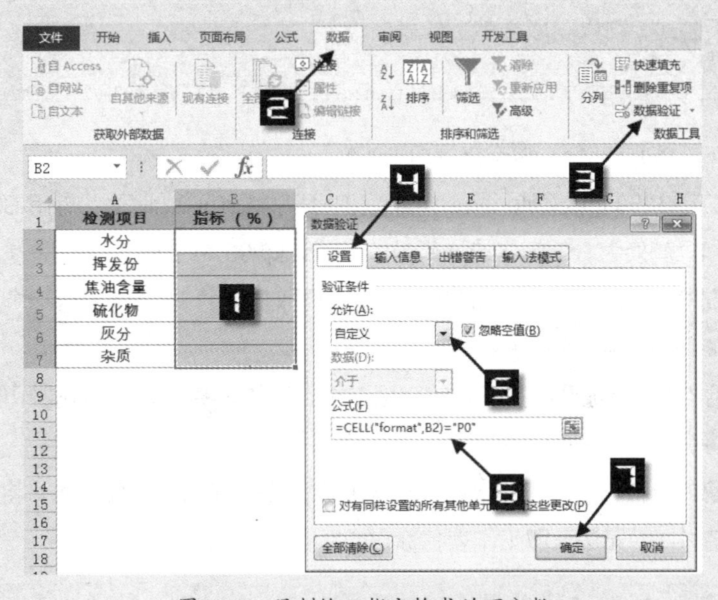

图 11-3　限制输入指定格式的百分数

设置完成后，在 B2:B7 单元格区域仅允许输入取整的百分数，如果输入其他格式的内容，Excel 将弹出警告对话框并拒绝数据录入，如图 11-4 所示。

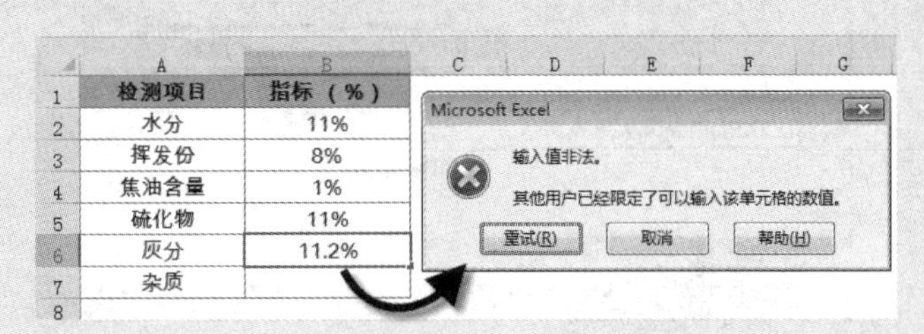

图 11-4　拒绝录入其他格式的数据

CELL 函数第一参数使用“filename”时，可以获取包含引用的工作簿名称和工作表名称，并且带有全部路径。

示例 11-3 获取工作表名称

假设当前工作簿名称为“工作簿 1”，工作表名称为“Cell 函数示例”，使用以下公式，可以获取带有完整路径的工作簿名称和工作表名称。如果包含目标引用的工作表尚未保存，则返回空文本（""）。

```
=CELL("filename",A1)
```

返回结果为“D:\[工作簿1.xlsx]Cell 函数示例”，公式结果和文件存放位置有关。

使用以下公式，可以获取当前工作表名称。

```
=TRIM(RIGHT(SUBSTITUTE(CELL("filename",A1),"]",REPT(" ",99)),99))
```

“REPT(" ",99)”部分，将空格重复 99 次。

“SUBSTITUTE(CELL("filename",Al),"]",REPT(" ",99))”部分，使用 SUBSTITUTE 函数将字符“]”替换为 REPT(" ",99) 函数的结果，即 99 个空格。

使用 RIGHT 函数，从替换后的字符右侧，提取长度为 99 的字符串，得到带有空格的工作表名称“……Cell 函数示例”。

最后使用 TRIM 函数清除掉多余的空格，得到工作表名称“Cell 函数示例”。

如果工作簿内只有一个与工作簿名称相同的工作表，使用以下公式时，将只能得到完整路径和工作簿名称，而无法获取工作表名称，如图 11-5 所示。

```
=CELL("filename",A1)
```

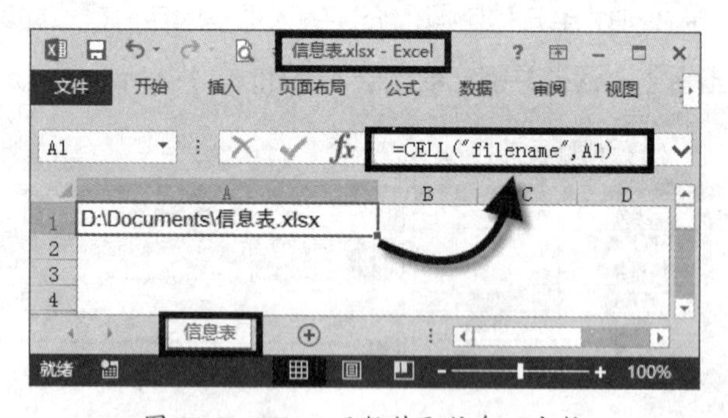

图 11-5　CELL 函数获取信息不完整

解决方法是既可以插入一个新工作表，也可以重命名工作表名称，使其与工作簿的名称不同。

11.2　常用 IS 类判断函数

Excel 2013 提供了 12 个 IS 开头的信息类函数，主要用于判断数据类型、奇偶性、空单元格、错误值等，各函数功能如表 11-3 所示。

表 11-3　常用 IS 类判断函数

函数名称	在以下情况返回 TRUE
ISBLANK 函数	值为空白单元格
ISERR 函数	值为除 #N/A 以外的任意错误值
ISERROR 函数	值为任意错误值
ISLOGICAL 函数	值为逻辑值
ISNA 函数	值为 #N/A 错误值
ISNONTEXT 函数	值为不是文本的任意项
ISNUMBER 函数	值为数值
ISREF 函数	值为引用
ISTEXT 函数	值为文本
ISEVEN 函数	数字为偶数
ISODD 函数	数字为奇数
ISFORMULA 函数	存在包含公式的单元格引用

11.2.1　常见错误值的判断

在函数公式中，由于参数类型不正确、数字被 0 除、数值不可用、单元格引用无效、使用了无效的数值及交叉引用区域不相交等原因，公式结果可能会返回不同类型的错误值。

示例 11-4　判断函数公式出现错误值的原因

如图 11-6 所示，B 列函数公式的运算结果中有不同类型的错误值，使用 ERROR.TYPE 函数结合 A12:C19 单元格区域的对照表，能够判断出 B 列函数公式产生错误值的原因。

C2 单元格输入以下公式，向下复制。

```
=OFFSET(C$12,ERROR.TYPE(B2),)
```

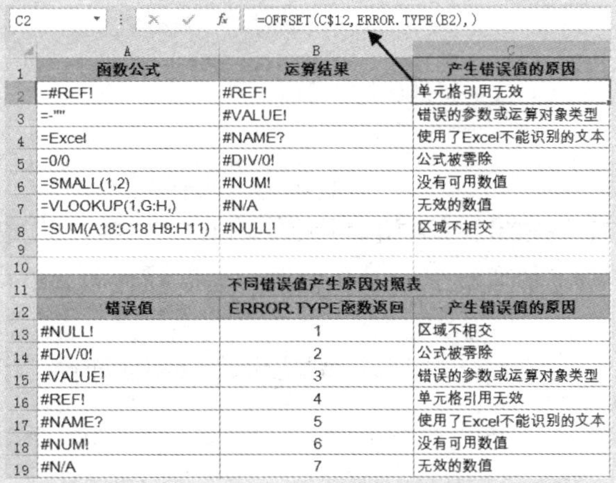

C2　=OFFSET(C$12,ERROR.TYPE(B2),)

	A	B	C
1	函数公式	运算结果	产生错误值的原因
2	=#REF!	#REF!	单元格引用无效
3	=-""	#VALUE!	错误的参数或运算对象类型
4	=Excel	#NAME?	使用了Excel不能识别的文本
5	=0/0	#DIV/0!	公式被零除
6	=SMALL(1,2)	#NUM!	没有可用数值
7	=VLOOKUP(1,G:H,)	#N/A	无效的数值
8	=SUM(A18:C18 H9:H11)	#NULL!	区域不相交
9			
10			
11	不同错误值产生原因对照表		
12	错误值	ERROR.TYPE函数返回	产生错误值的原因
13	#NULL!	1	区域不相交
14	#DIV/0!	2	公式被零除
15	#VALUE!	3	错误的参数或运算对象类型
16	#REF!	4	单元格引用无效
17	#NAME?	5	使用了Excel不能识别的文本
18	#NUM!	6	没有可用数值
19	#N/A	7	无效的数值

图 11-6　判断函数公式出现错误值的原因

ERROR.TYPE 函数返回对应于 Excel 中错误值的数字。

OFFSET 函数以 C12 单元格为基点，向下偏移的行数由 ERROR.TYPE 函数的运算结果指定，得到 B 列函数公式产生不同错误值的原因。

11.2.2 判断数值的奇偶性

ISODD 函数和 ISEVEN 函数能够判断数字的奇偶性，如果参数不是整数，将被截尾取整后再进行判断。

ISODD 函数用于判断参数是否为奇数，该函数只有一个参数，如果参数为奇数返回 TRUE，否则返回 FALSE。如果参数为非数值型，则返回错误值 #VALUE!。

ISEVEN 函数用于判断参数是否为偶数，该函数也只有一个参数，如果参数为偶数返回 TRUE，否则返回 FALSE。如果参数为非数值型，也会返回错误值 #VALUE!。

示例 11-5 根据身份证号码统计不同性别人数

我国现行居民身份证由 17 位数字本体码和 1 位数字校验码组成，其中第 17 位数字表示性别，奇数代表男性，偶数代表女性。

如图 11-7 所示，需要根据 A 列的一组身份证号码，统计出不同性别的人数。

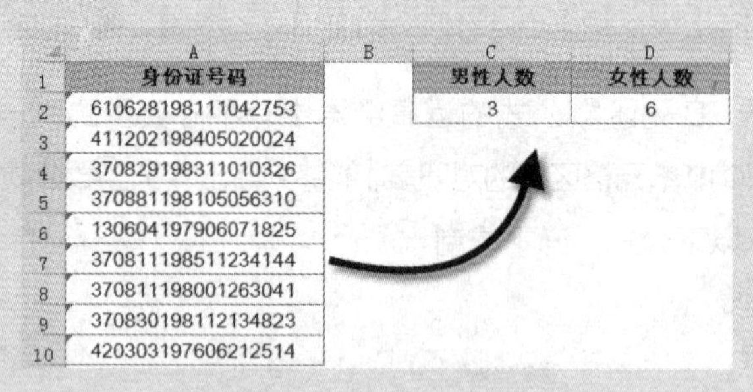

	A	B	C	D
1	身份证号码		男性人数	女性人数
2	610628198111042753		3	6
3	411202198405020024			
4	370829198311010326			
5	370881198105056310			
6	130604197906071825			
7	370811198511234144			
8	370811198001263041			
9	370830198112134823			
10	420303197606212514			

图 11-7 根据身份证号码统计不同性别人数

在 C2 单元格输入以下公式统计男性人数。

```
=SUMPRODUCT(--ISODD(MID(A2:A10,17,1)))
```

首先用 MID 函数分别提取 A2:A10 单元格中的第 17 个字符，也就是性别验证码。

```
{"5";"2";"2";"1";"2";"4";"4";"2";"1"}
```

再使用 ISODD 函数判断这一组结果是否为奇数，返回逻辑值 TRUE 或 FALSE。

```
{TRUE;FALSE;FALSE;TRUE;FALSE;FALSE;FALSE;FALSE;TRUE}
```

使用两个减号进行减负运算，将 ISODD 函数返回的逻辑值转换为数值，如果逻辑值为 TRUE，返回 1，如果逻辑值为 FALSE，返回 0。

最后使用 SUMPRODUCT 函数计算出数值之和，就是其中男性的人数。

在 D2 单元格输入以下公式统计女性人数。

```
=SUMPRODUCT(--ISEVEN(MID(A2:A10,17,1)))
```

公式思路与计算男性人数的公式相同，MID 函数分别提取出 A2:A10 单元格中的性别验证码后，再使用 ISEVEN 判断这一组结果是否为偶数，通过减负运算转换为数值后，结果相加即是女性人数。

11.2.3 判断是否为数值

ISNUMBER 函数用于判断参数是否为数字，返回 TRUE 或 FALSE。该函数支持数组运算，在实际应用中，与其他函数嵌套使用，可以完成指定条件的汇总计算。

示例 11-6 统计指定部门的考核人数

图 11-8 是一份部门考核情况表，C 列的考核情况包括考核成绩和部分文字说明，需要统计采购部参加考核的实际人数，也就是符合 B 列为采购部、C 列为数值的个数。

	A	B	C
1	姓名	部门	考核情况
2	张进江	财务部	88
3	范承云	采购部	87
4	刘永岗	采购部	事假
5	李菊莲	财务部	85
6	张义	销售部	95
7	余咏梅	销售部	婚假
8	毛淑芳	财务部	83
9	郭立好	采购部	89
10	李继武	销售部	91
11	李桂芬	采购部	弃考
12	罗云贵	销售部	94
13	罗正常	销售部	84
14	杜永兴	采购部	82
15	康凯	销售部	事假
16	赵亚萍	采购部	88

图 11-8 考核情况表

可以使用以下公式完成。

```
=SUMPRODUCT((B2:B16="采购部")*ISNUMBER(C2:C16))
```

公式中包含两个条件，一是使用等式判断 B2:B16 单元格区域是否等于指定的部门“采购部”，二是用 ISNUMBER 函数判断 C2:C16 单元格区域是否为数值，最后用 SUMPRODUCT 函数计算出符合两个条件的个数。

也可使用以下公式完成计算。

```
=COUNTIFS(B2:B16,"采购部",C2:C16,"<9e307")
```

“C2:C16,"<9e307"”部分，是 COUNTIFS 函数的第二个区域/条件对，使用“<9e307”的方法判断 C2:C16 单元格区域是否为数值。

11.3 逻辑判断函数

使用逻辑函数可以对单个或多个表达式的逻辑关系进行判断，返回一个逻辑值。

11.3.1 逻辑函数与乘法、加法运算

AND 函数、OR 函数和 NOT 函数分别对应 3 种常用的逻辑关系，即“与”“或”“非”。

对于 AND 函数，所有参数的逻辑值为真时返回 TRUE，只要一个参数的逻辑值为假即返回 FALSE。

对于 OR 函数，只要一个参数的逻辑值为真即返回 TRUE，当所有参数的逻辑值都为假时，才返回 FALSE。

对于 NOT 函数，如果其条件参数的逻辑值为真时，返回结果假。如果其条件参数的逻辑值为假时，返回结果真，即对原有表达式的逻辑值进行反转。

示例 11-7 判断员工是否符合奖励标准

图 11-9 是某企业员工奖励评定表的部分数据。根据规定，岗位性质是一线，并且工作年限大于 10 年的可以进行奖励，现要求根据岗位性质和工作年限，判断其是否符合奖励标准。

E2 单元格输入以下公式，向下复制到 E15 单元格。

```
=IF(AND(B2="一线",C2>10),"是","否")
```

	A	B	C	D	E
1	姓名	岗位性质	工作年限	突出贡献	是否奖励
2	韦小宝	一线	11	有	是
3	王武通	后勤	3	无	否
4	白寒松	后勤	10	有	否
5	归二娘	一线	13	有	是
6	司徒鹤	一线	5	有	否
7	冯难敌	后勤	1	无	否
8	沐剑屏	一线	2	无	否
9	吴三桂	后勤	5	无	否
10	李自成	一线	8	有	否
11	陈圆圆	后勤	2	无	否
12	鳌拜	一线	3	无	否
13	建宁公主	一线	11	无	是
14	皇甫阁	一线	9	无	否
15	巴颜法师	后勤	5	有	否

图 11-9 判断是否符合奖励标准

首先使用 AND 函数，分别对 B2 单元格的岗位性质和 C2 单元格的工作年限判断，如果 B 岗位性质等于“一线”，同时工作年限大于 10，则返回逻辑值 TRUE，否则返回 FALSE。

IF 函数以 AND 函数的返回结果作为第一参数，如果 AND 函数的结果是 TRUE，则返回“是”，否则返回“否”。

示例 11-8　多个复杂条件判断员工是否符合奖励标准

仍以图 11-9 中的数据为例，符合以下两组条件之一的，均可进行奖励。

（1）岗位性质是一线，并且工作年限大于 10 年的。

（2）岗位性质是后勤，并且有突出贡献的。

本例中，分为两组具有“或者”关系的条件，每组又细分为两个“并且”关系的条件。也就是说，作为同一组内的判断，两个条件必须同时符合。而最终这两组条件满足其一，即可判定为符合奖励条件。

E2 单元格输入以下公式，向下复制到 E15 单元格，如图 11-10 所示。

```
=IF(OR(AND(B2="一线",C2>10),AND(B2="后勤",D2="有")),"是","否")
```

E2　=IF(OR(AND(B2="一线",C2>10),AND(B2="后勤",D2="有")),"是","否")

	A	B	C	D	E
1	姓名	岗位性质	工作年限	突出贡献	是否奖励
2	韦小宝	一线	11	有	是
3	王武通	后勤	3	无	否
4	白寒松	后勤	10	有	是
5	归二娘	一线	13	有	是
6	司徒鹤	一线	5	有	否
7	冯难敌	后勤	1	无	否
8	沐剑屏	一线	2	无	否
9	吴三桂	后勤	5	无	否
10	李自成	一线	8	有	否
11	陈圆圆	后勤	2	无	否
12	鳌拜	一线	3	无	否
13	建宁公主	一线	11	无	是
14	皇甫阁	一线	9	无	否
15	巴颜法师	后勤	5	有	是

图 11-10　多个复杂条件的判断

公式中的“AND(B2="一线",C2>10)”部分，对 B2 单元格的岗位性质和 C2 单元格的工作年限判断，如果岗位性质等于“一线”，同时工作年限大于 10，则返回逻辑值 TRUE，否则返回 FALSE。

“AND(B2="后勤",D2="有")”部分，对 B2 单元格的岗位性质和 D2 单元格是否有突出贡献进行判断，如果岗位性质等于“后勤”，同时突出贡献为“有”，则返回逻辑值 TRUE，否则返回 FALSE。

OR 函数将两个 AND 函数的运算结果作为参数，其中任意一个 AND 函数的运算结果为 TRUE，即返回逻辑值 TRUE。

最后用 IF 函数判断，如果逻辑值为 TRUE，返回“是”，否则返回“否”。

使用以下公式，同样可以完成是否符合奖励标准的判断。

```
=IF((B2="一线")*(C2>10)+(B2="后勤")*(D2="有"),"是","否")
```

该公式中，使用乘法替代 AND 函数，使用加法替代 OR 函数。使用乘法替代 AND 函数时，如果多个判断条件中的任意一个结果返回逻辑值 FALSE，则乘法结果为 0。使用加法替代 OR 函数时，如果多个判断条件中的任意一个结果返回逻辑值 TRUE，则加法的结果大于 0。在 IF 函数的第一参数中，0 的作用相当于逻辑值 FALSE，其他非 0 数值的作用相当于逻辑值 TRUE，因此使用乘法和加法可得到与 AND 函数与 OR 函数相同的计算目的。

提示

由于 AND 函数和 OR 函数的运算结果只能是单值，无法返回数组结果，因此当逻辑运算需要返回包含多个结果的数组时，必须使用数组间的乘法、加法运算。

11.3.2 IF 函数判断条件“真”“假”

IF 函数的第一参数为计算结果可能为 TRUE 或 FALSE 的任意值或表达式，该函数能够根据第一参数指定的条件来判断其“真”(TRUE)、“假”(FALSE)，从而返回预先定义的内容。

当第一参数的计算结果为 TRUE 或者为非 0 数值时，返回第二参数的值。反之，则返回第三参数的值，如果第三参数省略，将返回逻辑值 FALSE。

IF 函数可以嵌套 64 层关系式，构造复杂的判断条件进行综合评测。但在实际应用中，使用 IF 函数判断多个条件，公式会非常冗长，可以使用其他方法替代 IF 函数计算，使公式更加简洁。

示例 11-9 使用 IF 函数计算提成比例

图 11-11 是一份员工销售业绩表，需要根据销售额计算提成比例。

销售额小于 100000 的，提成比例为 0.03%。

销售额为 100000 ~ 149999 的，提成比例为 0.05%。

销售额大于等于 150000 的，提成比例为 0.06%。

	A	B	C
1	姓名	销售额	提成比例
2	王武通	91000	0.03%
3	白寒松	138600	0.05%
4	冯难敌	169800	0.06%
5	吴三桂	120500	0.05%
6	沐剑屏	180000	0.06%
7	巴颜法师	198600	0.06%
8	韦小宝	145200	0.05%
9	归二娘	166500	0.06%
10	司徒鹤	125300	0.05%

图 11-11 IF 函数计算提成比例

C2 单元格输入以下公式，向下复制到 C10 单元格。

```
=IF(B2<100000,0.03%,IF(B2<150000,0.05%,0.06%))
```

如果B2单元格的值小于100000，IF函数返回指定内容“0.03%”。如果不满足该条件，则继续判断 B2 单元格的值是否小于 150000，满足小于 150000 的条件返回“0.05%”。如果以上两个条件均不满足，则说明B2单元格的值大于等于150000，公式返回“0.06%”。

使用 IF 函数的嵌套时，需要注意区段划分的完整性和唯一性，可以理解为从一个极端开始，向另一个极端递进式判断。例如，可以先判断是否小于条件中的最小标准值，然后逐层判断，最后是判断是否小于条件中的最大标准值。用户也可以先判断是否大于条件中的最大标准值，然后逐层判断，最后是判断是否大于条件中的最小标准值。

使用以下公式，能够完成同样的计算要求。

```
=IF(B2>=150000,0.06%,IF(B2>=100000,0.05%,0.03%))
```

11.4　屏蔽函数公式返回的错误值

在函数公式的应用中，经常会由于多种原因而返回错误值，为了表格更加美观，往往需要屏蔽这些错误值的显示。常用于屏蔽错误值的有 IFERROR 函数和 IFNA 函数。

IFERROR 函数的作用是当公式的计算结果错误，则返回指定的值，否则返回公式的结果。第一参数是用于检查错误值的公式，第二参数是公式计算结果为错误值时要返回的值。

IFNA 函数是 Excel 2013 的新增函数，它的作用和语法与 IFERROR 函数类似，但是仅对 #N/A 错误值有效，而 IFERROR 函数则可以屏蔽所有类型的错误值，因此在实际应用中，IFERROR 函数的使用率更高。

示例 11-10　屏蔽函数公式返回的错误值

如图 11-12 所示，E2 单元格使用 VLOOKUP 函数查询 D2 单元格城市的区号。

```
=IFNA(VLOOKUP(D2,A2:B8,2,),"无对应信息")
```

因为在查找区域中找不到沈阳，VLOOKUP 将返回错误值 #N/A，使用 IFNA 函数返回指定字符串“无对应信息”。

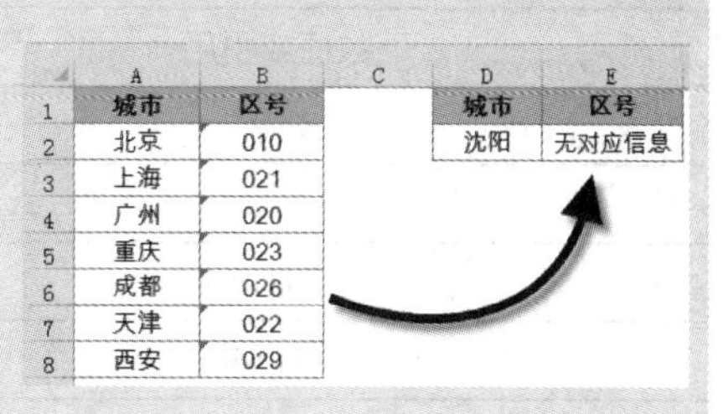

	A	B	C	D	E
1	城市	区号		城市	区号
2	北京	010		沈阳	无对应信息
3	上海	021			
4	广州	020			
5	重庆	023			
6	成都	026			
7	天津	022			
8	西安	029			

图 11-12　屏蔽函数公式返回的错误值

示例 11-11 有错误值的数据求和

如图 11-13 所示，需要对存在不同类型错误值的数据进行求和汇总。

由于 SUM 函数不能忽略错误值求和，因此无法完成计算。

D2 单元格输入以下数组公式，按 <Ctrl+Shift+Enter> 组合键。

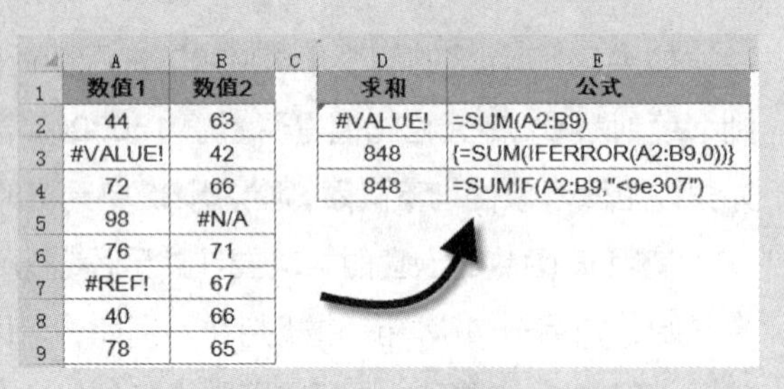

	A	B	C	D	E
1	数值1	数值2		求和	公式
2	44	63		#VALUE!	=SUM(A2:B9)
3	#VALUE!	42		848	{=SUM(IFERROR(A2:B9,0))}
4	72	66		848	=SUMIF(A2:B9,"<9e307")
5	98	#N/A			
6	76	71			
7	#REF!	67			
8	40	66			
9	78	65			

图 11-13 有错误值的数据求和

```
{=SUM(IFERROR(A2:B9,0))}
```

IFERROR 函数支持数组运算，使用 IFERROR 函数分别判断 A2:B9 单元格区域中的数据是否为错误值，错误值转换为指定值 0，数值部分返回原值。最后再使用 SUM 函数求和，计算结果为 848。

使用以下公式，也可忽略错误值求和。

```
=SUMIF(A2:B9,"<9e307")
```

SUMIF 函数的第三参数求和区域省略，因此求和区域与条件区域相同。求和的条件为“<9e307”，也就是对条件区域中所有的数值部分求和。

11.5 认识 N 函数

N 函数返回转化为数值后的值。该函数只有一个参数 value，表示要转换的值。要转换的值为不同类型时，N 函数返回的结果如表 11-4 所示。

表 11-4 N 函数返回的值

数值或引用	返回值
数字	该数字
日期	该日期的序列号
TRUE	1
FALSE	0
错误值	错误值
其他值	0

利用 N 函数能够将文本值转化为 0 的特点，可以在较为复杂的公式中添加注解信息，使公式更具可读性。

示例 11-12 为公式添加注解信息

图 11-14 展示的是某企业生产任务完成情况表，需要汇总某员工在指定日期前的完成数量。

	A	B	C
1	姓名	日期	数量
2	马行空	2月6日	48
3	郭啸天	2月7日	53
4	杨铁心	2月8日	54
5	梅超风	2月9日	45
6	梅超风	2月10日	97
7	郭啸天	2月11日	72
8	杨铁心	2月12日	85
9	梅超风	2月13日	49
10	梅超风	2月14日	46

	E	F	G
2	姓名	截止日期	数量
3	郭啸天	2月11日	53

图 11-14　任务完成情况表

G3 单元格使用以下数组公式，按 <Ctrl+Shift+Enter> 组合键。

```
{=SUM((A2:A10=E3&T(N("判断姓名是否符合条件")))*(B2:B10<F3+N("判断日期是否符合条件"))*C2:C10)}
```

“B2:B10<F3+N("判断日期是否符合条件")”部分，以“+N("注解内容")”的形式添加注解文字，相当于在原公式部分 +0。

“A2:A10=E3&T(N("判断姓名是否符合条件"))”部分，由于“A2:A10=E3”是文本值比较，不能使用 +0 计算。因此，先使用“+N("注解内容")”的形式添加注解文字，再使用 T 函数将 0 值转换为空文本 ""，即在原公式部分连接空文本 &""。

公式添加了注解信息而不会影响到计算结果，相当于：

```
{=SUM((A2:A10=E3&"")*(B2:B10<F3+0)*C2:C10)}
```

最终计算结果为 53。

除此之外，N 函数还常用于数组公式中多维引用时的降维计算。关于多维引用，请参阅第 17 章。

第 12 章　数学计算

利用和掌握 Excel 数学计算类函数的基础应用技巧，可以在工作表中快速完成求和、取余、随机和修约等数学计算过程。

同时，掌握常用数学函数的应用技巧，在构造数组序列、单元格引用位置变换、日期函数综合应用以及文本函数的提取中都起着重要的作用。

本章学习要点

（1）不同角度度量单位之间的转换。

（2）罗马数字与阿拉伯数字的相互转换。

（3）取余函数及其应用。

（4）常用舍入函数的介绍。

（5）随机函数的应用。

12.1　弧度与角度

在数学和物理学中，弧度是角的度量单位。它是由国际单位制导出的单位，单位缩写为 rad。在 Excel 中的三角函数也采用弧度作为角的度量单位。然而在日常生活中，人们常以角度作为角的度量单位，因此存在角度与弧度的相互转换问题。

360° 角 =2π 弧度，利用这个关系式，可借助 PI 函数进行角度与弧度间的转换，也可直接使用 DEGREES 函数和 RADIANS 函数实现转换。

DEGREES 函数将弧度转化为角度，其语法结构如下。

```
DEGREES(angle)
```

其中，angel 是以弧度表示的角。

RADIANS 函数将角度转化为弧度，其语法结构如下。

```
RADIANS(angle)
```

其中，angel 是以角度表示的角。

示例 12-1　弧度与角度相互转换

如图 12-1 所示，需根据已知正切值，计算角度值。

C3 单元格输入以下公式，并复制到 C3:C7 单元格区域。

```
=DEGREES(ATAN(B3))
```

公式利用 ATAN 函数计算正切值对应的以弧度表示的角，并使用 DEGREES 函数将弧度转化为角度。

如图 12-2 所示，需根据已知角度，计算正弦值。

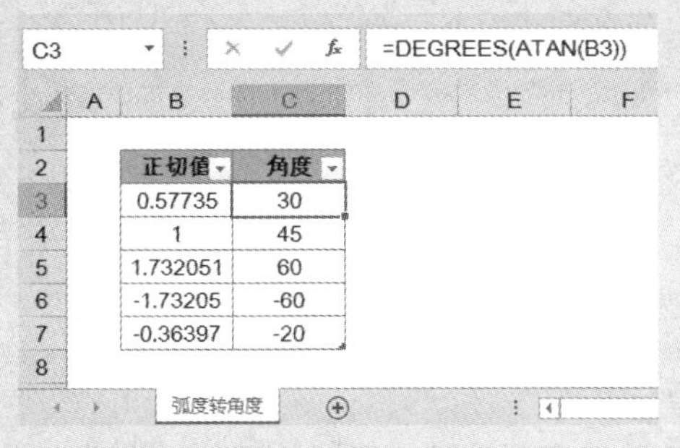

C3　=DEGREES(ATAN(B3))

正切值	角度
0.57735	30
1	45
1.732051	60
-1.73205	-60
-0.36397	-20

图 12-1　弧度转角度

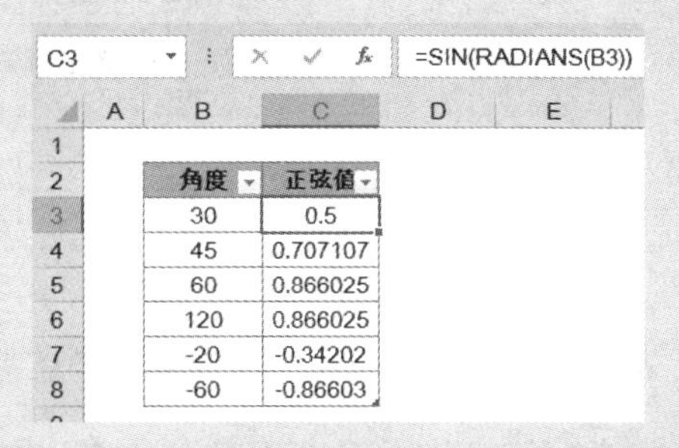

C3　=SIN(RADIANS(B3))

角度	正弦值
30	0.5
45	0.707107
60	0.866025
120	0.866025
-20	-0.34202
-60	-0.86603

图 12-2　角度转弧度

C3 单元格输入以下公式，并复制到 C3:C8 单元格区域。

```
=SIN(RADIANS(B3))
```

公式利用 RADIANS 函数将角度转化为弧度，并以此作为 SIN 函数的参数，返回其正弦值。

12.2　罗马数字与阿拉伯数字的转换

罗马数字是最早的数字表示方式，比阿拉伯数字早 2000 多年。罗马数字的组数规则较复杂，记较大的数非常麻烦，如今主要用于某些代码，如产品型号、序列编号等。

标准键盘中没有罗马数字，因此输入罗马数字的过程较复杂。在 Excel 中，可以使用 ROMAN 函数将阿拉伯数字转换为罗马数字。ROMAN 函数的语法结构如下。

```
ROMAN(number,[form])
```

其中，number 为需要转换的阿拉伯数字，是必需参数。form 指定所需罗马数字类型的数字，可以取值 0、1、2、3、4。罗马数字样式的范围从古典到简化，形式值越大，样式越简明。

ARABIC 函数将罗马数字转换为阿拉伯数字，方便统计计算。其语法结构如下。

```
ARABIC(text)
```

其中，text 为用双引号包围的罗马数字或空字符串。

示例 12-2 罗马数字与阿拉伯数字相互转换

图 12-3 展示了使用函数输入罗马数字以及将罗马数字转化为阿拉伯数字的方法。

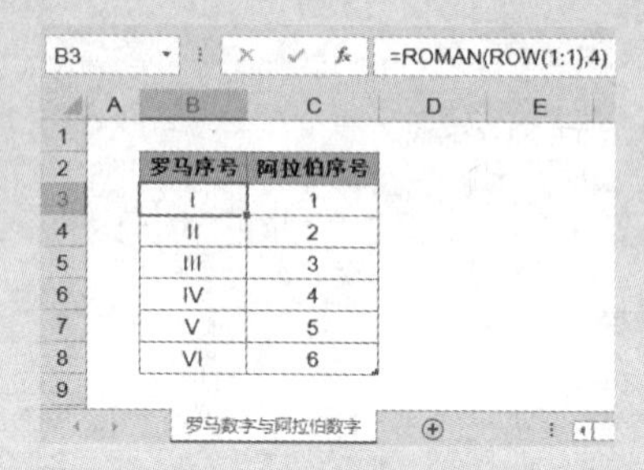

罗马序号	阿拉伯序号
I	1
II	2
III	3
IV	4
V	5
VI	6

图 12-3 罗马数字与阿拉伯数字相互转换

B3 单元格输入以下公式，并将公式复制到 B3:B8 单元格区域，可以生成对应的罗马数字序号。

```
=ROMAN(ROW(1:1),4)
```

C3 单元格输入以下公式，并将公式复制到 C3:C8 单元格区域，可以将对应的罗马数字转换为阿拉伯数字。

```
=ARABIC(B3)
```

12.3 最大公约数和最小公倍数

最大公约数是指两个或多个整数共有约数中最大的一个。最小公倍数是指两个或多个整数共有倍数中最小的一个。

GCD 函数返回两个或多个整数的最大公约数，LCM 函数返回两个或多个整数的最小公倍数，它们的语法结构分别如下。

```
GCD(number1,[number2],…)
LCM(number1,[number2],…)
```

number1 是必需参数，后续数字是可选的。如果任意数值不是整数，将被截尾取整。

如果任一参数为非数值型，则 GCD 函数和 LCM 函数返回错误值 #VALUE!。如果任一参数小于 0，则 GCD 函数和 LCM 函数返回错误值 #NUM!。如果 GCD 函数的任一参数大于等于 2^53，或 LCM 函数返回的值大于等于 2^53，GCD 函数和 LCM 函数返回错误值 #NUM!。

示例 12-3　最大公约数和最小公倍数

如图 12-4 所示，B 列和 C 列为整数列，需要分别计算最大公约数和最小公倍数。

	A	B	C	D	E
1					
2		number1	number2	最大公约数	最小公倍数
3		25	75	25	75
4		12	30	6	60
5		21	10	1	210
6		70	42	14	210
7		10	12	2	60
8		3	5	1	15

图 12-4　最大公约数和最小公倍数

D3 单元格输入以下公式，并将公式复制到 D3:D8 单元格区域，计算 B ~ C 列数值的最大公约数。

```
=GCD(B3:C3)
```

E3 单元格输入以下公式，并将公式复制到 E3:E8 单元格区域，计算 B ~ C 列数值的最小公倍数。

```
=LCM(B3:C3)
```

12.4　取余函数

在数学概念中，余数是被除数与除数进行整除运算后剩余的数值，余数的绝对值必定小于除数的绝对值。例如，13 除以 5，余数为 3。

MOD 函数用来返回两数相除后的余数，其结果的正负号与除数相同。MOD 函数的语法结构如下。

```
MOD(number,divisor)
```

其中，number 是被除数，divisor 是除数。

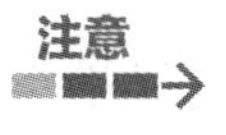

在 Excel 2003 和 2007 中，被除数与除数的商必须小于 2 的 27 次方（134 217 728）；而在 Excel 2010 和 2013 中，被除数与除数的商必须小于 1 125 900 000 000，否则函数返回错误结果 #NUM!。

示例 12-4　利用 MOD 函数计算余数

计算数值 23 除以 7 的余数，可以使用以下公式。

```
=MOD(23,7)      结果为 2
```

MOD 函数的被除数与除数都允许使用小数，以下公式用于计算数值 7.23 除以 1.7 的余数。

```
=MOD(7.23,1.7) 结果为 0.43
```

如果被除数是除数的整数倍，MOD 函数将返回结果 0。以下公式用于计算数值 15 除以 3 的余数。

```
=MOD(15,3)      结果为 0
```

MOD 函数的被除数和除数允许使用负数，以下公式用于计算数值 22 除以 -6 的余数。

```
=MOD(22,-6)     结果为 -2
```

MOD 函数结果的正负号与除数相同。

12.4.1　判断奇偶性

整数包括奇数和偶数，能被 2 整除的数是偶数，否则为奇数。在实际工作中，可以使用 MOD 函数计算数值除以 2 的余数，利用余数的大小判断数值的奇偶性。

示例 12-5　利用 MOD 函数计算数值的奇偶性

以下公式可以判断数值 13 的奇偶性。

```
=IF(MOD(13,2)," 奇数 "," 偶数 ")
```

MOD(13,2) 部分的计算结果为 1，在 IF 函数的第一参数中，非零数值相当于逻辑值 TRUE，最终返回判断结果为“奇数”。

利用 MOD 函数判断身份证号码中性别标识位的奇偶性，可以识别男女性别。

```
=IF(MOD(MID(A1,15,3),2)," 男 "," 女 ")
```

公式的 A1 是指身份证号所在的单元格。先使用 MID 函数从 A1 单元格第 15 位开始，提取长度为 3 的字符串，再使用 MOD 函数计算与 2 相除的余数，最后使用 IF 函数根据 MOD 函数的计算结果返回指定值。

12.4.2　生成循环序列

学校考试座位排位或引用固定间隔单元格区域等应用中经常用到循环序列。循环序列是基于自然数序列，按固定的周期重复出现的数字序列。其典型形式是 1，2，3，4，1，2，3，

4，…，3，4。利用 MOD 函数可生成这样的数字序列。

示例 12-6　利用 MOD 函数生成循环序列

如图 12-5 所示，A 列是用户指定的循环周期，B 列是初始值，利用 MOD 函数结合自然数序列可以生成指定周期和初始值的循环序列。

	A	B	C	D	E	F	G	H	I	J
1	自然数序列		1	2	3	4	5	6	7	8
2	周期	初始值	生成循环序列							
3	4	1	1	2	3	4	1	2	3	4
4	3	3	3	4	5	3	4	5	3	4

图 12-5　利用 MOD 函数生成循环序列

假如 A3 的周期为 4，B3 的初始值为 1，需要生成横向的循环序列。C3 单元格输入以下公式，并向右填充至 J3 单元格。

```
=MOD(C$1-1,$A3)+$B3
```

利用自然数序列生成循环序列的通用公式如下。

```
=MOD(自然数序列(或行号、列号引用)-1,周期)+初始值
```

12.5　数值取舍函数

在对数值的处理中，经常会遇到进位或舍去的情况。例如，去掉某数值的小数部分、按 1 位小数四舍五入或保留 4 位有效数字等。

为了便于处理此类问题，Excel 2013 提供了以下常用的取舍函数，如表 12-1 所示。

表 12-1　常用的取舍函数汇总

函数名称	功能描述
INT	取整函数，将数字向下舍入为最接近的整数
TRUNC	将数字直接截尾取整，与数值符号无关
ROUND	将数字四舍五入到指定位数
MROUND	返回参数按指定基数进行四舍五入后的数值
ROUNDUP	将数字朝远离 0 的方向舍入，即向上舍入
ROUNDDOWN	将数字朝向 0 的方向舍入，即向下舍入
CEILING 或 CEILING.MATH	将数字向上舍入为最接近的整数，或最接近的指定基数的整数倍 CEILING.MATH 为 Excel 2013 新增函数，可指定数字的舍入方向

续表

函数名称	功能描述
FLOOR 或 FLOOR.MATH	将数字向下舍入为最接近的整数，或最接近的指定基数的整数倍 FLOOR.MATH 为 Excel 2013 新增函数，可指定数字的舍入方向
EVEN	将正数向上舍入、负数向下舍入为最接近的偶数
ODD	将正数向上舍入、负数向下舍入为最接近的奇数

注意

以上函数处理的结果都是对数值进行物理的截位，数值本身的数据精度已经发生改变。

12.5.1 INT 和 TRUNC 函数

INT 函数和 TRUNC 函数通常用于舍去数值的小数部分，仅保留整数部分，因此常被称为取整函数。虽然这两个函数功能相似，但在实际使用上又存在一定的区别。

INT 函数用于取得不大于目标数值的最大整数，其语法结构如下。

```
INT(number)
```

其中，number 是需要取整的实数。

TRUNC 函数是对目标数值进行直接截位，其语法结构如下。

```
TRUNC(number,[num_digits])
```

其中，number 是需要截尾取整的实数，num_digits 是可选参数，用于指定取整精度的数字，num_digits 的默认值为 0。

两个函数对正数的处理结果相同，对负数的处理结果会有一定的差异。

示例 12-7 对数值进行取整计算

对于正数 7.64，两个函数的取整结果相同。

```
=INT(7.64)=7
=TRUNC(7.64)=7
```

对于负数 -5.8，两个函数的取整结果不同。

```
=INT(-5.8)=-6          结果为不大于 -5.8 的最大整数
=TRUNC(-5.8)=-5        结果为直接截去小数部分的数值
```

INT 函数只能保留数值的整数部分，而 TRUNC 函数可以指定小数位数，相对而言，TRUNC 函数更加灵活。例如，需要将数值 37.639 仅保留 1 位小数，直接截去 0.039，

TRUNC 函数就非常方便，INT 函数则相对复杂。

```
=TRUNC(37.639,1)=37.6
=INT(37.639*10)/10=37.6
```

在 12.4.2 小节中曾经介绍利用 MOD 函数生成指定周期和初始值的循环序列，但在实际应用中，往往需要符合特殊要求的循环序列。例如，需要生成类似 1，2，3，4，2，3，4，1，3，4，1，2，…的序列，那么仅使用 MOD 函数则难以实现，可以利用 INT 函数结合 MOD 函数来生成。

示例 12-8 利用函数生成滚动的循环序列

如图 12-6 所示，在 A 列指定循环序列的循环周期，需要在 B:Q 列生成：1234、2341、3412、…这样的滚动循环序列。

	A	B	C	D	E	F	G	H	I	J	K	L	M	N	O	P	Q
1	自然数	1	2	3	4	5	6	7	8	9	10	11	12	13	14	15	16
2	周期	生成滚动的循环序列															
3	4	1	2	3	4	2	3	4	1	3	4	1	2	4	1	2	3

图 12-6 生成滚动的循环序列

B3 单元格公式如下。

```
=MOD(B1-1+INT((B1-1)/$A3),$A3)+1
```

该公式利用 INT 函数生成重复序列：0，0，0，0，1，1，1，1，2，2，2，2，3，3，3，3，…将此重复序列与自然数序列相加，利用 MOD 生成循环序列的方法，从而生成滚动的循环序列。最终将 B3 单元格公式复制到 B3:Q3 单元格区域，即可得出上述结果。

12.5.2 ROUNDUP 函数和 ROUNDDOWN 函数

从函数名称来看，ROUNDUP 函数与 ROUNDDOWN 函数对数值的取舍方向相反。ROUNDUP 函数向绝对值增大的方向舍入，ROUNDDOWN 函数向绝对值减小的方向舍去。两个函数的语法结构如下。

```
ROUNDUP(number,num_digits)
ROUNDDOWN(number,num_digits)
```

其中，number 是需要舍入的任意实数，num_digits 是要将数字舍入的位数。

示例 12-9 对数值保留两位小数的计算

对于数值 27.718 保留两位小数，两个函数都不会进行四舍五入，而是直接进行数值的舍入和舍去。

```
=ROUNDUP(27.718,2)=27.72
=ROUNDDOWN(27.718,2)=27.71
```

由于 ROUNDDOWN 函数向绝对值减小的方向舍去，其原理与 TRUNC 函数完全相同，因此 TRUNC 函数可代替 ROUNDDOWN 函数。例如：

```
=TRUNC(27.718,2)=27.71
```

对于负数 -18.487，保留两位小数的结果如下。

```
=ROUNDUP(-18.487,2)=-18.49
=ROUNDDOWN(-18.487,2)=-18.48
=TRUNC(-18.487,2)=-18.48
```

ROUNDUP 函数结果向绝对值增大的方向舍入，ROUNDDOWN 函数和 TRUNC 函数结果则向绝对值减小的方向舍去。

12.5.3 CEILING 函数和 FLOOR 函数

CEILING 函数与 FLOOR 函数也是取舍函数，但是它们与 12.5.2 小节的两个函数取舍的原理不同。ROUNDUP 函数和 ROUNDDOWN 函数是按小数位数进行取舍，而 CEILING 函数和 FLOOR 函数则是按指定基数的整数倍进行取舍。

CEILING 函数是向上舍入，FLOOR 函数是向下舍去，两者的取舍方向相反。

两个函数的语法结构相同，分别如下。

```
CEILING(number,[significance])
FLOOR(number,[significance])
```

其中，number 是需要进行舍入计算的值，significance 是可选参数，表示舍入的基数。

示例 12-10 将数值按照整数倍进行取舍计算

如图 12-7 所示，A 列为需要进行舍入计算的值，B 列为舍入的基数。在 C 列和 D 列分别使用 CEILING 函数和 FLOOR 函数进行取舍。

	A	B	C	D
1	number	significance	CEILING	FLOOR
2	5.38	2.4	7.2	4.8
3	-10.8	-3	-12	-9
4	-4.99	3.4	-3.4	-6.8
5	7.35	-1.6	#NUM!	#NUM!

图 12-7 将数值按整数倍进行取舍

C2 单元格公式如下。

```
=CEILING(A2,B2)
```

D2 单元格公式如下。

```
=FLOOR(A2,B2)
```

以上公式表明，当舍入数值为正数，基数为负数时，结果返回错误值 #NUM!。

为了避免函数运算结果出现错误值，在 Excel 2013 中还提供了另外几个函数，如 ISO.CEILING、CEILING.PRECISE、CEILING.MATH 和 FLOOR.PRECISE、FLOOR.MATH，这几个函数与前者原理一样，只是会忽略第二参数中数值符号的影响。

CEILING.MATH 函数和 FLOOR.MATH 函数是 Excel 2013 中新增的函数，语法结构如下。

```
CEILING.MATH(number,[significance],[mode])
FLOOR.MATH(number,[significance],[mode])
```

增加了可选参数 mode，用于控制负数的舍入方向（接近或远离 0）。

示例 12-11 将负数按指定方向进行取舍计算

对于负数 -7.58 按 1.2 的整数倍进行取舍，使用 CEILING.MATH 函数和 FLOOR.MATH 函数的计算结果如下。

```
=CEILING.MATH(-7.58,1.2,0)=-7.2    朝接近 0 的方向舍入
=CEILING.MATH(-7.58,1.2,1)=-8.4    朝远离 0 的方向舍入
=FLOOR.MATH(-7.58,1.2,0)=-8.4      与 CEILING.MATH 相反
=FLOOR.MATH(-7.58,1.2,1)=-7.2      与 CEILING.MATH 相反
```

12.6 四舍五入函数

12.6.1 常用的四舍五入

ROUND 函数是最常用的四舍五入函数之一，用于将数字四舍五入到指定的位数。该函数对需要保留位数的右边 1 位数值进行判断，若小于 5 则舍弃，若大于等于 5 则进位。

其语法结构如下。

```
ROUND(number,num_digits)
```

第二参数 num_digits 是小数位数。若为正数，则对小数部分进行四舍五入；若为负数，

则对整数部分进行四舍五入。

例如，对于数值 728.49 四舍五入保留 1 位小数为 728.5，公式如下。

```
=ROUND(728.49,1)
```

对于数值 -257.1 四舍五入到十位为 -260，公式如下。

```
=ROUND(-257.1,-1)
```

由此可见，ROUND 函数对于负数与正数的处理原理相同。

12.6.2 特定条件下的舍入

在实际工作中，不仅需要按照常规的四舍五入法来进行取舍计算，而且需要更灵活的特定舍入方式。以下是两则常用的算法技巧。

按 0.5 单位取舍技巧：将目标数值乘以 2，按其前 1 位置数值进行四舍五入后，所得数值再除以 2。

按 0.2 单位取舍技巧：将目标数值乘以 5，按其前 1 位置数值进行四舍五入后，所得数值再除以 5。

另外，MROUND 函数可返回参数按指定基数四舍五入后的数值，语法结构如下。

```
MROUND(number,multiple)
```

如果数值 number 除以基数 multiple 的余数大于或等于基数的一半，则 MROUND 函数向远离 0 的方向舍入。

当 MROUND 函数的两个参数符号相反时，函数返回错误值 #NUM!。

示例 12-12 特定条件下的舍入计算

如图 12-8 所示，分别使用不同的公式对数值进行按条件取舍运算。

	A	B	C	D	E
1	数值	按0.2单位取舍		按0.5单位取舍	
2		ROUND应用	MROUND应用	ROUND应用	MROUND应用
3	-7.35	-7.4	-7.4	-7.5	-7.5
4	3.3	3.4	3.4	3.5	3.5
5	6.523	6.6	6.6	6.5	6.5
6	-3.7	-3.8	-3.8	-3.5	-3.5

图 12-8 按指定条件取舍实例

B3 单元格使用 ROUND 函数的公式如下。

```
=ROUND(A3*5,0)/5
```

C3 单元格使用 MROUND 函数的公式如下。

```
=MROUND(A3,SIGN(A3)*0.2)
```

SIGN 函数用于取得数值的符号，如果数字为正数，返回 1；如果数字为 0，则返回零 (0)；如果数字为负数，则返回 -1。其目的是保证 MROUND 函数的两个参数符号相同，避免 MROUND 函数返回错误值。

利用上述原理，可以将数值舍入至 0.5 单位。

D3 单元格的公式如下。

```
=ROUND(A3*2,0)/2
```

E3 单元格的公式如下。

```
=MROUND(A3,SIGN(A3)*0.5)
```

12.6.3 四舍六入五成双法则

常规的四舍五入直接进位，因此从统计学的角度来看会偏向大数，误差积累而产生系统误差。而四舍六入五成双的误差均值趋向于 0，因此是一种比较科学的计数保留法，是较为常用的数字修约规则。

四舍六入五成双，具体来讲就是保留数字后一位小于等于 4 时舍去，大于等于 6 时进位，等于 5 且后面有非零数字时进位，等于 5 且后面没有非零数字时分两种情况：保留数字为偶数时舍去，保留数字为奇数时进位。

示例 12-13 利用取舍函数解决四舍六入五成双问题

如图 12-9 所示，对 A 列的数值按四舍六入五成双法则进行修约计算。

	A	B	C	D
1	修约数值	修约结果		指定位数
2	2.424	2.42		2
3	2.425	2.42		
4	2.4252	2.43		
5	2.426	2.43		
6	2.435	2.44		

图 12-9 利用 ROUND 函数实现四舍六入

B2 单元格使用以下公式。

```
=ROUND(A2,2)-(MOD(A2*10^3,20)=5)*10^(-2)
```

若 D2 为指定的保留小数位数，其 B2 单元格修约的通用公式如下。

```
=ROUND(A2,D$2)-(MOD(A2*10^(D$2+1),20)=5)*10^-D$2
```

12.7 随机函数

随机数是一个事先不确定的数，在随机抽取试题、随机安排考生座位、随机抽奖等应用中，都需要使用随机数进行处理。使用 RAND 函数和 RANDBETWEEN 函数均能生成随机数。

RAND 函数不需要参数，可以随机生成一个大于等于 0 且小于 1 的小数，而且产生的随机小数几乎不会重复。

RANDBETWEEN 函数的语法结构如下。

```
RANDBETWEEN(bottom,top)
```

两个参数分别为下限和上限，用于指定产生随机数的范围，可以生成一个大于等于下限值且小于等于上限值的整数。

这两个函数都是“易失性”函数，有关“易失性”函数的更多内容，请参阅 6.1.5 小节。

示例 12-14 产生 60 ~ 100 的随机整数

以下的函数公式将产生 60 ~ 100 的随机整数，生成结果如图 12-10 所示。

	A	B	C
1	产品	2014年8月	2014年9月
2	A	79	100
3	B	67	86
4	C	99	91
5	D	61	84
6	E	72	70
7	F	67	97
8	G	63	80

图 12-10 产生 60 ~ 100 的随机整数

B2 单元格的公式如下。

```
=INT(RAND()*41+60)
```

C2 单元格公式如下。

```
=RANDBETWEEN(60,100)
```

在 ANSI 字符集中大写字母 A ~ Z 的代码为 65 ~ 90，因此利用随机函数生成随机数的原理，先在此数值范围中生成一个随机数，再用 CHAR 函数进行转换，即可得到随机生成的大写字母，公式如下。

```
=CHAR(RANDBETWEEN(65,90))
```

示例 12-15 随机产生数字与大小写字母

在 ANSI 字符集中，数字 0 ~ 9 的代码为 48 ~ 57，字母 A ~ Z 的代码为 65 ~ 90，字母 a ~ z 的代码为 97 ~ 122。

因此，利用 ROW 函数产生 1 ~ 26 的数字再加上 {31,64,96} 就可以生成 32 ~ 57、65 ~ 90、97 ~ 122 的字符代码数字集合。

利用随机函数生成 1 ~ 62 的随机数，再利用 LARGE 函数从大到小提取代码值，过滤掉 32 ~ 47 之间的代码值，就必定包含所有的数字和字母的代码值，最后用 CHAR 函数转换得结果。

如图 12-11 所示，A2 单元格输入以下数组公式，按 <Ctrl+Shift+Enter> 组合键，并将 A2 单元格的公式复制到 A2:J11 单元格区域。

```
{=CHAR(LARGE(ROW($1:$26)+{31,64,96},RANDBETWEEN(1,62)))}
```

	A	B	C	D	E	F	G	H	I	J
1	随机产生数字与大小写字母的测试数据									
2	V	4	W	U	L	a	y	R	w	u
3	U	E	3	U	P	m	u	G	2	W
4	O	9	2	y	e	J	x	h	B	L
5	c	A	n	4	o	x	2	7	9	z
6	E	9	I	G	Q	4	V	8	L	i
7	W	g	K	4	e	4	A	f	C	K
8	f	P	d	G	A	S	e	U	I	D
9	1	Y	0	3	J	u	H	E	V	9
10	C	A	U	i	2	J	U	T	E	V
11	3	f	1	1	8	D	y	K	5	U

图 12-11 随机产生数字和大小写字母

用户也可以用 RAND 函数代替 RANDBETWEEN 函数，缩短公式字符长度。

```
{=CHAR(-SMALL(-ROW($1:$26)-{31,64,96},RAND()*62+1))}
```

注意

公式中分别使用了 LARGE 函数或 SMALL 函数来提取数值，关于这两个函数的详细用法，请参阅 17.6.2 小节。

12.8 矩阵运算函数

矩阵是一个按照长方阵列排列的复数或实数集合，它是高等代数中的常用工具，也常见于统计分析等应用数学学科中。

在 Excel 2013 中，常用的处理矩阵的函数有 MDETERM 函数、MINVERSE 函数和 MMULT 函数。

MDETERM 函数返回一个数组的矩阵行列式的值。MINVERSE 函数返回数组中存储的矩阵的逆矩阵。它们的语法结构如下。

```
MDETERM(array)
MINVERSE(array)
```

其中，array 是行数和列数相等的数值数组。array 可以是单元格区域，或数组常量，或区域或数组常量的名称。

若 array 的行与列的数目不相等，以及 array 中单元格为空或包含文本，MDETERM 函数返回错误值 #VALUE!。

若 array 是不可逆矩阵，MINVERSE 函数返回错误值 #NUM!，不可逆矩阵的行列式值为 0。

MDETERM 函数和 MINVERSE 函数的精确度可达 16 位有效数字，因此运算结果因位数的取舍可能会导致小的误差。例如，奇异矩阵的行列式值可能在 0±1E-16 之间。

MMULT 函数返回两个数组的矩阵乘积。其语法结构如下。

```
MMULT(array1,array2)
```

其中，array1、array2 是需要进行矩阵乘法运算的数值数组。array1 和 array2 可以是单元格区域，或数组常量，或名称。

根据矩阵乘法的定义，array1 的列数必须等于 array2 的行数，否则 MMULT 函数返回错误值 #VALUE!。

若 array1 和 array2 中任意单元格为空或包含文本，MMULT 函数返回错误值 #VALUE!。

12.9 幂级数之和

幂级数是指在级数中的每一项均为与级数项序号 n 相对应的常数倍的（x-a）的 n 次方。若对幂级数中的每一个 x 都有

$$\sum_{n=0}^{+\infty} a_n x^n = \mathrm{S}(x)$$

则 S(x) 为幂级数的和函数。

许多函数都可由幂级数展开式近似地得到。SERIESSUM 函数返回基于以下公式的有限

项幂级数之和。

$$\text{SERIESSUM}(x,n,m,a)=a_1x^n+a_2x^{n+m}+a_3x^{n+2m}+\cdots+a_ix^{n+(i-1)m}$$

SERIESSUM 函数的语法结构如下。

```
SERIESSUM(x,n,m,coefficients)
```

其中，x 指定幂级数中 x 的值，n 指定幂级数首项的乘幂，m 指定级数中每一项乘幂的步长增加值，coefficients 指定与乘幂相乘的一组系数 u_n。

如果任一参数是非数值的，SERIESSUM 函数返回错误值 #VALUE!。

示例 12-16 幂级数近似计算自然常数

自然常数 e 是一个无理数，可以通过幂级数求和的方法求解出 e 的具体数值。

函数 $f(x)=e^x$ 在点 $x=0$ 处的泰勒展开式如下。

$$e^x=1+x+\frac{1}{2!}x^2+\frac{1}{3!}x^3+\cdots+\frac{1}{n!}x^n+R_n(x)$$

令 $x=1$，即可通过增加幂级数的求和项来提高自然常数的计算精度。图 12-12 展示了逐步提高自然常数精度的计算过程。

F3 =SERIESSUM(C$2,C$3,C$4,E$3:E3)

	B	C	D	E	F
2	x	1		coefficients	自然常数e
3	n	0		1	1
4	m	1		1	2
5				0.5	2.5
6				0.166666667	2.66666666666667
7				0.041666667	2.70833333333333
8				0.008333333	2.71666666666667
9				0.001388889	2.71805555555556
10				0.000198413	2.71825396825397
11				2.48016E-05	2.71827876984127
12				2.75573E-06	2.71828152557319
13				2.75573E-07	2.71828180114638
14				2.50521E-08	2.71828182619849
15				2.08768E-09	2.71828182828617
16				1.6059E-10	2.71828182844676
17				1.14707E-11	2.71828182845823
18				7.64716E-13	2.71828182845899
19				4.77948E-14	2.71828182845904
20				2.81146E-15	2.71828182845905
21				1.56192E-16	2.71828182845905
22				8.22064E-18	2.71828182845905

图 12-12 自然常数 e

E3 单元格输入以下公式，并将公式复制到 E3:E22 单元格区域。

```
=1/FACT(ROW()-3)
```

公式利用 FACT 函数计算阶乘，并取其倒数来构造幂级数的系数。

F3 单元格输入以下公式，并将公式复制到 F3:F22 单元格区域。

```
=SERIESSUM(C$2,C$3,C$4,E$3:E3)
```

公式利用 SERIESSUM 函数返回有限项幂级数的和，来逼近自然常数 e。

由于 Excel 2013 只有 15 位有效数字的计算精度，故自然常数最多只能精确到 15 位，如图 12-12 中 F20:F22 三个单元格数值所示。

12.10 数学函数的综合应用

12.10.1 统计奇数个数

示例 12-17 统计单元格内奇数个数

如图 12-13 所示，需要统计 B 列各单元格内各位数字的奇数个数。

	A	B	C
1	序号	数值	奇数个数
2	1	17679526	5
3	2	322	1
4	3	5553083206	5
5	4	92453	3
6	5	48	0

图 12-13 统计单元格内奇数个数

根据 MOD 函数判断奇偶性的原理（详见 12.4.1 小节），C2 单元格使用以下公式。

```
=SUMPRODUCT(N(MOD(0&MID(B2,ROW($1:$15),1),2)=1))
```

首先利用 MID 函数提取单元格内各数字。由于需要统计的是奇数，所以在各数字前连接 0，并不影响奇数的总个数，同时应对 B 列数值长度不足 15 位的情况。

然后利用 MOD 函数判断 MID 函数返回结果的奇偶性，奇数返回逻辑值 TRUE，偶数返回逻辑值 FALSE。并用 N 函数将逻辑值转换为数值，以便求和统计。

最后，利用 SUMPRODUCT 函数求和，即得奇数个数。

同理，若需统计单元格内偶数个数，C2 单元格可使用以下公式。

```
=SUMPRODUCT(N(MOD(1&MID(B2,ROW($1:$15),1),2)=0))
```

12.10.2　计扣个人所得税

示例 12-18　速算个人所得税

2011 年 9 月 1 日启用的个人所得税率，提缴区间等级为 7 级，起征点为 3500 元，如图 12-14 所示。

	A	B	C	D	E	F
1		2011年9月1日开始启用的个税税率表				
2					起征点	3,500
3		级数	应纳税所得额	级别	税率	速算扣除数
4		1	1,500以下	0	0.03	0
5		2	1,500~4,500	1,500	0.10	105
6		3	4,500~9,000	4,500	0.20	555
7		4	9,000~35,000	9,000	0.25	1,005
8		5	35,000~55,000	35,000	0.30	2,755
9		6	55,000~80,000	55,000	0.35	5,505
10		7	80,000以上	80,000	0.45	13,505

图 12-14　现行个人所得税税率表

应纳个人所得税 = 应纳税所得额 × 税率 − 速算扣除数
应纳税所得额 = 应发薪金 − 个税起征点金额

假设某员工应发薪金为 9000 元，那么应纳税所得额 =9000- 起征点金额 =9000-3500=5500 元，对应 4500 ~ 9000 的级数，税率为 0.20，速算扣除数为 555，应纳个人所得税公式如下。

```
=(9000-3500)*0.20-555=545
```

由上所示，计算个人所得税的关键是根据“应纳税所得额”找到对应的“税率”和“速算扣除数”，LOOKUP 函数可实现此模糊查询。

如图 12-15 所示，D14 单元格的公式如下。

```
=IF(C14<F$2,0,LOOKUP(C14-F$2,D$4:D$10,(C14-F$2)*E$4:E$10-F$4:F$10))
```

其中 LOOKUP 函数根据“应纳税所得额”查找对应的个人所得税，考虑“应发薪金”可能小于起征点，使用 IF 函数确保该种情况下返回 0。

使用速算法，还可以直接使用以下数组公式，按 <Ctrl+Shift+Enter> 组合键。

```
{=MAX((C14-F$2)*E$4:E$10-F$4:F$10,0)}
```

其中，MAX 函数的第一个参数部分将“应纳税所得额”与各个“税率”“速算扣除数”进行运算，得到一系列备选“应纳个人所得税”，其中数值最大的一个即为所求。MAX 函数的第二个参数 0，是为了应对应发薪金小于起征点时，公式计算结果出现负数的情况。

```
=IF(C14<F$2,0,LOOKUP(C14-F$2,D$4:D$10,(C14-F$2)*E$4:E$10-F$4:F$10))
```

2011年9月1日开始启用的个税税率表

级数	应纳税所得额	级别	税率	速算扣除数
			起征点	3500
1	1500以下	0	0.03	0
2	1500~4500	1500	0.10	105
3	4500~9000	4500	0.20	555
4	9000~35000	9000	0.25	1005
5	35000~55000	35000	0.30	2755
6	55000~80000	55000	0.35	5505
7	80000以上	80000	0.45	13505

姓名	应发薪金	个人所得税	实发工资	MAX解法
张迁	9000	545	8455	545
李国发	2700	0	2700	0
沈碧	5400	85	5315	85
魏征	86300	23755	62545	23755

图 12-15　个人所得税计算结果

12.10.3　数字校验应用

示例 12-19　利用 MOD 函数生成数字检测码

如图 12-16 所示，模拟了一份产品检测的动态码生成实例。该产品检测过程中将通过 3 台仪器对每个产品生成一个两位数检测值，并按照下列要求生成检测动态码。

```
=MOD(-MOD(SUM(B2:D2)-1,9)*3-3,10)
```

产品名称	仪器X	仪器Y	仪器Z	检测动态码
A产品	45	68	49	3
B产品	85	65	61	8
C产品	78	74	65	7
D产品	53	99	80	9

图 12-16　生成数字检测动态码

（1）3 个检测值进行求和，将汇总结果的个、十、百位数字逐位相加，直到得出个位数值 X。

（2）用 10 减去 X 与 3 的乘积，得数值 R。

（3）若数值 R 为正数，则对 10 取余得出结果；若数值 R 为负数，则将其累加 10 直到得出正个位数，即得最终结果。

由于需要将检测数值之和按各位数逐位累加为个位数，利用 MOD 函数的特性，则可以使用 MOD(数值 -1,9)+1 的技巧来实现，从而得出个位数值 X。同时针对数值 R 的负数转换，同样也可以利用 MOD 函数来解决。E2 单元格生成动态检测码的公式如下。

```
=MOD(10-(MOD(SUM(B2:D2)-1,9)+1)*3,10)
```

E2 单元格检测码的计算步骤如下。

直接计算 X 的公式如下。

```
=45+68+49=162  → 1+6+2=9
```

利用 MOD 函数计算 X 的公式如下。

```
=MOD(SUM(B2:D2)-1,9)+1 → =MOD(162-1,9)+1 → =9
```

R 结果：=10-9*3=-17 → MOD(-17,10)=3

利用 MOD 函数对负数取余的特性，将第 2 步与第 3 步合并，公式可简化如下。

```
=MOD(-MOD(SUM(B2:D2)-1,9)*3-3,10)
```

在原公式中，第 2 步中的 10 正好是第 3 步 MOD 函数的周期，可以做如上简化。

12.10.4　指定有效数字

在数字修约应用中，经常需要根据有效数字进行数字舍入。保留有效数字实质也是对数值进行四舍五入，关键是确定需要保留的数字位。因此，可以使用 ROUND 函数作为主函数，关键是控制其第二参数 num_digits。除规定的有效数字外，num_digits 与数值的整数位数有关，如 12345，保留 3 位有效数字变成 12300，num_digits=-2=3-5，于是可以得到以下等式。

```
num_digits=有效数字 - 数值的整数位数
```

数值的整数位数可由 LOG 函数求得，如 LOG(1000)=3，LOG(100)=2。

示例 12-20　按要求返回指定有效数字

在如图 12-17 所示的数据表中，B 列为待舍入的数值，E1 单元格指定需要保留的有效数字位数为 3，要求返回 3 位有效数字的结果。

E3　=ROUND(B3,INT(E$1-LOG(ABS(B3))))

	A	B	C	D	E
1				有效数字位数	3
2	序号	模拟数值	LOG结果	num_digits	3位有效数字结果
3	1	5.340806669	0.727607	2	5.34
4	2	-479.5531708	2.680837	0	-480
5	3	0.00565254	-2.247756	5	0.00565
6	4	72.51426147	1.860423	1	72.5
7	5	-0.451287379	-0.345547	3	-0.451
8	6	359104970937	11.55522	-9	359000000000

图 12-17　按要求返回指定有效数字

E3 单元格的公式如下。

```
=ROUND(B3,INT(E$1-LOG(ABS(B3))))
```

在公式中，ABS 函数返回数字的绝对值，用于应对负数，使 LOG 函数能够返回数值的整数位数。再利用 INT 函数截尾取整的原理，使用 INT 函数返回小于等于 E$1-LOG(ABS(B3)) 的最大整数，即为 ROUND 函数的第二参数。

12.10.5 生成不重复随机序列

为了模拟场景或出于公平公正的考虑，经常需要用到随机序列。例如，在面试过程中面试的顺序对评分有一定影响，因此需要随机安排出场顺序。

示例 12-21 随机安排面试顺序

如图 12-18 所示，有 9 人参加面试，出于公平公正的考虑，使用 1 ~ 9 的随机序列来安排出场顺序。

	A	B	C	D	E
1	序号	姓名	性别	学历	面试顺序
2	1	柳品琼	女	研究生	5
3	2	赵琳	女	本科	4
4	3	黄传义	男	双学位	9
5	4	汪雪芹	女	本科	8
6	5	陈美芝	女	本科	2
7	6	董明	男	研究生	1
8	7	林天蓉	女	本科	3
9	8	谷春	男	双学位	7
10	9	杨国富	男	本科	6

图 12-18 随机安排面试顺序

（1）常规数组公式。

E2 单元格输入以下数组公式，按 <Ctrl+Shift+Enter> 组合键，并将公式复制到 E2:E10 单元格区域。

```
{=SMALL(COUNTIF(E$1:E1,A$2:A$10)/1%+A$2:A$10,1+INT(RAND()*(11-ROW())))}
```

公式利用 COUNTIF 函数统计之前单元格中随机序号的使用情况，使用过的序号返回 1，尚未出现过的序号返回 0。

然后将上述生成的数组乘以 100，再加上序号数组，确保已出现过的序号值大于 100 且大于未出现过的序号。随着公式向下复制，未出现过的序号个数为 11-ROW( )。

最后，用 SMALL 函数随机提取未出现过的序号。

此法的优点是可以兼容 2003 版本的 Excel。

（2）区域数组公式。

选中 E2:E10 单元格区域，在编辑栏中输入以下数组公式，按 <Ctrl+Shift+Enter>

组合键。

```
{=MOD(SMALL(RANDBETWEEN(ROW(1:9)^0,999)*10+ROW(1:9),ROW(1:9)),10)}
```

首先利用 RANDBETWEEN 函数生成一个数组，共包含 9 个元素，各元素为 1 ~ 999 之间的一个随机整数。由于各元素都是随机产生的，因此数组元素的大小是随机排列的。

然后对上述生成的数组乘以 10，再加上由 1 ~ 9 构成的序数数组。如此，在确保数组元素大小随机的前提下最后 1 位数字为序数 1 ~ 9。

其次用 SMALL 函数对经过乘法和加法处理后的数组进行重新排序，由于原始数组的大小是随机的，因此排序使得各元素最后 1 位数字对应的序数成为随机排列。

最后用 MOD 函数取出各元素最后 1 位数字，即可得到由序数 1 ~ 9 组成的随机序列。

此方法的优点是能够生成随机不重复的内存数组。

第 13 章　日期和时间计算

日期和时间是 Excel 中一种特殊类型的数据，有关日期和时间的计算在各个领域中都具有非常广泛的应用。本章重点讲解日期和时间类数据的特点及计算方法，以及日期与时间函数的相关应用。

本章学习要点

（1）认识日期和时间。

（2）日期和时间函数的应用。

（3）星期和工作日相关函数的运用。

（4）DATEDIF 函数的运用。

13.1　认识日期和时间数据

在 Excel 中，系统把日期和时间数据作为一类特殊的数值表现形式。通过将包含日期或时间的单元格格式设置为“常规”格式，可以查看以序列值显示的日期和以小数值显示的时间。

Excel 支持 1900 日期系统和 1904 日期系统两种日期系统，不同的日期系统决定了在工作簿中使用的日期计算基础。1900 日期系统使用 1900 年 1 月 1 日作为日期序列值 1。1904 日期系统使用 1904 年 1 月 1 日作为基础日期，1904 年 1 月 1 日的日期序列值为 0。

默认状态下，Excel for Windows 使用 1900 日期系统，用户可以在 Excel 选项中选择 1904 日期系统，如图 13-1 所示。

图 13-1　选择日期系统

使用 1900 日期系统时，如果公式返回负时间值或负的日期，单元格将以一组“#”填充。使用 1904 日期系统时，则可以正常显示负时间值或负的日期，如图 13-2 所示。

	A	B	C	D
1	使用1900年日期系统		公式	结果
2	2015/1/15	2015/8/15	=A2-B2	##############
3	20:15:00	21:59:00	=A3-B3	##############

	A	B	C	D
1	使用1904年日期系统		公式	结果
2	2015/1/16	2015/8/16	=A2-B2	-212
3	20:15:00	21:59:00	=A3-B3	-1:44:00

图 13-2　不同日期系统的负时间日期显示效果

提示

本篇中如无特殊说明，均使用 1900 日期系统。

13.1.1　了解日期数据

Excel 将日期存储为整数序列值，日期取值区间为 1900 年 1 月 1 日至 9999 年 12 月 31 日，1900 年之前和 9999 年 12 月 31 日之后的日期不会被正确识别。

一个日期对应一个数字，常规数值的 1 个单位在日期中代表 1 天。数值 1 表示 1900 年 1 月 1 日，同理，2016 年 10 月 1 日国庆节，与其对应的日期序列值为 42644。

在函数公式中，可以用两位数字的短日期形式来表示年份，其中 00 ~ 29 会转化为 2000 ~ 2029 年，30 ~ 99 则自动转化为 1930 ~ 1999 年。单元格输入以下两条公式，前者得到 1930 年 2 月 12 日的日期序列值 11001，后者得到 2029 年 2 月 12 日的日期序列值 47161，如图 13-3 所示。

```
=--(30&"-2-12")
=--(29&"-2-12")
```

	A	B	C
1	公式	=--(30&"-2-12")	=--(29&"-2-12")
2	结果	11001	47161

图 13-3　两位数字表示年份

通过减负运算，将文本型字符串“30-2-12”和“29-2-12”变为日期对应的序列值。除了使用减负运算，也可以使用 DATEVALUE 函数将文本字符串转换为日期序列值。

```
=DATEVALUE(30&"-2-12")
```

如果输入日期时仅输入年月部分，Excel 会以此月的 1 日作为其日期。例如，输入“2015-5”，将自动转化为日期“2015 年 5 月 1 日”。

默认情况下，年月日之间的间隔符号包括“/”和“-”两种，二者可以混合使用。例如，输入“2015/5-12”，Excel 能自动转化为“2015 年 5 月 12 日”。

使用其他间隔符号将无法正确识别为有效的日期格式，如使用小数点“.”和反斜杠“\”做间隔符输入的“2015.6.12”和“2015\6\12”，将被 Excel 识别为文本字符串。除此之外，在中文操作系统下使用部分英语国家所习惯的月份日期在前，年份在后的日期形式，如“4/5/2015”，Excel 也无法正确识别。

在中文操作系统下，文本字符串中的“年”“月”“日”可以作为日期数据的单位被正确识别，如输入以下公式，可以得到 2015 年 2 月 16 日的日期序列值 42051。

```
=--"2015年2月16日"
```

Excel 可以识别以英文单词或英文缩写形式表示月份的日期，如单元格输入“May-15”，Excel 会识别为系统当前年份的 5 月 15 日。

当单击日期所在单元格时，无论使用了哪种日期格式，编辑栏都会以系统默认的短日期格式显示，如图 13-4 所示。

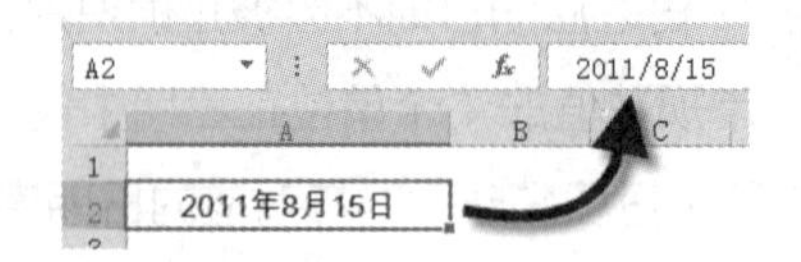

图 13-4 日期在编辑栏内的显示效果

提示

在 Windows 控制面板的区域和语言选项中，可以改变系统默认的日期和时间格式。

13.1.2 了解时间数据

Excel 中的时间可以精确到千分之一秒，时间数据被存储为 0.0 ~ 0.99999999 之间的小数。每一小时的值为 1/24（1 天除以 24 小时），每一分钟的值为 1/24/60（1 天除以 24 小时除以 60 分钟），每一秒钟的值为 1/24/60/60（1 天除以 24 小时除以 60 分钟除以 60 秒）。其中 0.0 表示 00:00:00.000，而 0.99999999 则表示 23:59:59.999。小数 0.5 可以转化为时间 12:00，而 0.75 则可以转化为时间 18:00。

构成日期的整数和构成时间的小数可以组合在一起，生成既有小数部分又有整数部分的数字。例如，数字 42004.49 代表的日期和时间为 2014/12/31 11:45 AM。

在时间数据中使用半角冒号“:”作为分隔符时，表示秒的数据部分允许使用小数，如“21:32:32.5”。

使用中文字符“时”“分”“秒”作为 Excel 的时间单位时，各数据部分均不允许出现小数。例如，输入“21 时 29 分 32 秒”时，Excel 会自动转化为时间格式，而输入“21 时 29 分 32.5 秒”则会被识别为文本字符串。

Excel 允许省略秒的时间数据输入，如“21 时 29 分”或“21:29”。

如果输入时间数据的小时数超过 24，或是分钟、秒数超过 60，Excel 会自动进行进制的转换，但一组时间数据中只能有一个超出进制的数。例如，输入“21:62:33”，Excel 自动转化为 22:02:33 的时间序列值 0.9184375。而输入“21:62:63”则会被识别为文本字符串。如果使用中文字符作为时间单位，则小时、分钟、秒的数据均不允许超过进制限制，否则无法正确识别。

使用中文字符作为时间单位时，表示方式为“0 时 0 分 0 秒”。表述小时单位的“时”不能以日常习惯中的“点”代替。

如果输入的时间没有指定具体的日期，在 1900 日期系统下，Excel 默认使用 1900 年 1 月 0 日这样一个实际上不存在的日期作为其日期序列值。

如果单元格中输入数值 0，将其设置为短日期格式时，也会显示为不存在的日期“1900/1/0”，如图 13-5 所示。

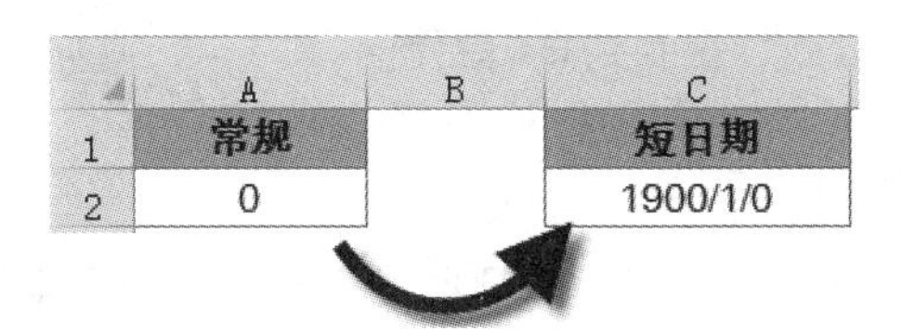

图 13-5　不存在的日期

日期和时间都是数值，因此也可以进行加、减等各种运算。同时，某些用于数值运算的函数也同样适用于日期和时间数据的处理，如 MOD 函数、INT 函数、ROUND 函数等。

示例 13-1　将系统导出的字符串转换为日期

图 13-6 展示的是一份从 ERP 系统中导出的数据，B 列的日期数据为 4 位年份 + 两位月份 + 两位天数的形式。Excel 默认将这样的内容识别为数值，除了使用分列的方法转换为日期，也可以用公式进行转换。

	A	B	C	D	E
1	凭证号	日期	金额	制单人	日期
2	1213456288	20150313	82108	张霞	2015/3/13
3	1213456289	20150314	68071	张霞	2015/3/14
4	1213456290	20150315	59917	张霞	2015/3/15
5	1213456291	20150316	91994	张霞	2015/3/16
6	1213456292	20150317	82779	张霞	2015/3/17
7	1213456293	20150318	49992	张霞	2015/3/18
8	1213456294	20150319	49720	张霞	2015/3/19
9	1213456295	20150320	59609	张霞	2015/3/20
10	1213456296	20150321	79816	张霞	2015/3/21

图 13-6　字符串转换为日期

E2 单元格输入以下公式，复制到 E10 单元格。

```
=--TEXT(B2,"0-00-00")
```

TEXT 函数使用格式代码“0-00-00”，将 B2 单元格的数值转换成为具有日期样式的文本字符串“2015-03-13”。

再使用减负运算将 TEXT 函数得到的文本型结果转换为日期序列值，最后将 E2:E10 单元格区域的单元格格式设置为日期。

除此之外，还可以使用公式将 4 位年份 + 两位月份 + 两位天数 +6 位时间样式的字符串，转换为日期时间格式，如图 13-7 所示。

	A	B
1	日期时间	日期时间
2	20150313082430	2015/03/13 08:24:30
3	20150313122431	2015/03/13 12:24:31
4	20150313090632	2015/03/13 09:06:32

图 13-7 字符串转换为日期时间

B2 单元格输入以下公式，复制到 B4 单元格。

```
=--TEXT(A2,"0!/00!/00 00!:00!:00")
```

TEXT 函数使用格式代码“0!/00!/00 00!:00!:00”，在 A2 单元格右起第 2 位之前和右起第 4 位之前强制加上冒号“:”，在右起第 6 位之前加上空格，在右起第 8 位之前和右起第 10 位之前强制加上斜杠符号“/”，使其成为文本型日期时间样式“2015/03/13 08:24:30”。

再使用减负运算将 TEXT 函数得到的文本型结果转换为日期时间序列值，最后将 B2:B4 单元格区域的单元格格式设置为“e/mm/dd hh:mm:ss”。

关于 TEXT 函数，请参阅 10.9 节。

示例 13-2 日期转换为文本字符串

利用 TEXT 函数的格式化功能，可以将日期转换为指定样式的文本字符串。例如，A1 单元格输入日期 2015-12-6，使用以下公式可以返回“20151206”格式的文本字符串。

```
=TEXT(A1,"yyyymmdd")
=TEXT(A1,"emmdd")
```

在 TEXT 函数格式代码中，月份和一月中的天数分别使用 mm 和 dd 表示，该部分被显示为两位数。如果月份和一月中的天数为一位数，将以 0 补齐。

如果使用 m 和 d 表示月份和一月中的天数，该部分将以实际的月份和天数显示。使用以下公式，日期 2015-12-6 将返回“2015126”，如图 13-8 所示。

```
=TEXT(A1,"yyyymd")
```

	A	B	C	D
1	日期	=TEXT(A2,"emmdd")	=TEXT(A2,"yyyymmdd")	=TEXT(A2,"yyyymd")
2	2015/12/6	20151206	20151206	2015126

图 13-8　日期转换为文本字符串

13.2　日期函数

Excel 2013 提供了丰富的日期函数用来处理日期数据，常用的日期函数及其功能如表 13-1 所示。

表 13-1　常用的日期函数及其功能

函数名称	功能
DATE 函数	根据指定的年份、月份和日期返回日期序列值
DATEDIF 函数	计算日期之间的年数、月数或天数
DAY 函数	返回某个日期的在一个月中的天数
MONTH 函数	返回日期中的月份
YEAR 函数	返回对应某个日期的年份
TODAY 函数	用于生成系统当前的日期
NOW 函数	用于生成系统日期时间格式的当前日期和时间
EDATE 函数	返回指定日期之前或之后指定月份数的日期
EOMONTH 函数	返回指定日期之前或之后指定月份数的月末日期
WEEKDAY 函数	以数字形式返回指定日期是星期几
WORKDAY 函数	返回指定工作日之前或之后的日期
WORKDAY.INTL 函数	使用自定义周末参数，返回指定工作日之前或之后的日期
NETWORKDAY 函数	返回两个日期之间的完整工作日数
NETWORKDAYS.INTL 函数	使用自定义周末参数返回两个日期之间的完整工作日数
DAYS360 函数	按每年 360 天返回两个日期间相差的天数（每月 30 天）
DAYS 函数	返回两个日期之间的天数

13.2.1　基本日期函数的用法

示例 13-3　生成当前时间和日期

如图 13-9 所示，C2 单元格输入以下公式，可以生成系统当前的日期。

```
=TODAY()
```

将单元格格式设置为自定义格式“"今""天""是"e"年"m"月"d"日"”，单元格将显示为“今天是 2015 年 11 月 6 日”。

C3 单元格输入以下公式，可以生成系统当前的日期和时间。

```
=NOW()
```

将单元格格式设置为自定义格式“"现""在""是"e"年"m"月"d"日" h:mm”，单元格将显示为“现在是 2015 年 11 月 6 日 14:34”。

	A	B	C
1	公式	自定义单元格格式	显示内容
2	=TODAY()	"今""天""是"e"年"m"月"d"日"	今天是2015年11月6日
3	=NOW()	"现""在""是"e"年"m"月"d"日" h:mm	现在是2015年11月6日 14:34

图 13-9　系统当前日期和时间

TODAY 函数和 NOW 函数均不需要使用参数，且都属于易失性函数。在编辑单元格、打开其他包含易失性函数的工作簿或者重新打开包含该函数的工作簿等操作时，公式都会重新计算，并返回当时的系统日期和时间。

示例 13-4　记录当前日期时间且不再变化

在某些时效性强的记录中，需要记录数据录入时的日期和时间。通过设置数据验证，可以实现这一目的，如图 13-10 所示。

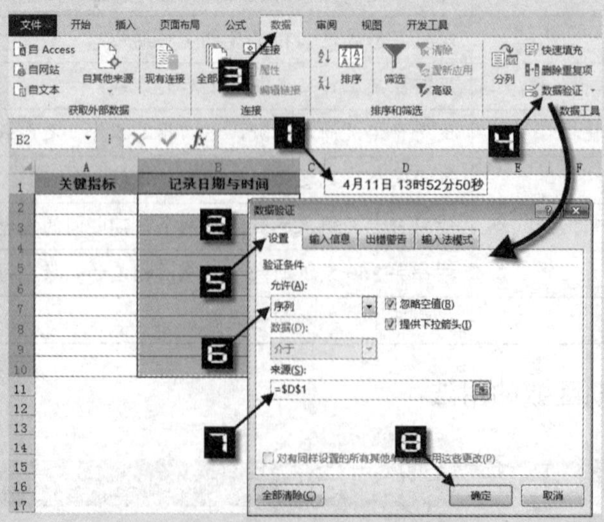

图 13-10　记录当前日期时间且不再变化

步骤① 在任意单元格中输入公式 =NOW()，本例选择 D1 单元格。

步骤② 选中 B2:B10 单元格区域，依次单击【数据】→【数据验证】，弹出【数据验证】对话框。在【设置】选项卡中选择“允许”条件为“序列”，在【来源】编辑框中输入“=$D$1”，单击【确定】按钮。

步骤③ 设置B2:B10单元格区域的格式设置为自定义格式“m"月"dd"日"h"时"mm"分"ss"秒""”。

设置完毕后，在 B2:B10 单元格区域单击单元格右侧的下拉列表，即可快速输入当前的系统日期和时间。通过此方法输入的日期和时间，不再具有易失性的特性，已输入日期时间内容不会再自动更新，如图 13-11 所示。

	A	B	C
1	关键指标	记录日期与时间	
2	42.66%	4月11日 14时00分46秒	
3	23.45%		
4		6月01日 8时54分55秒	
5			
6			
7			
8			
9			
10			

图 13-11 从下拉列表中选择日期时间

DATE 函数可以根据指定的年份数、月份数和一月中的天数返回日期序列，其语法格式如下。

```
DATE(year,month,day)
```

第一参数是表示年份的值，第二参数是表示月份的值，第三参数是表示天数的值。

如果根据年月日指定的日期不存在，DATE 函数会自动调整无效参数的结果，顺延得到新的日期，而不会返回错误值。

如图 13-12 所示，A10 单元格的月份数为 11，B10 单元格的天数为 31，11 月没有 31 日，使用公式以下公式将返回 2015/12/1。

```
=DATE(2015,A10,B10)
```

使用 DATE 函数时，如果年份参数缺省，系统默认为 1900 年。如果月份参数默认为 0 时，表示上一年的 12 月。如果日期参数默认为 0 时，则表示上月的最后一天。各参数默认时返回的结果如图 13-13 所示。

	A	B	C
9			
10	11	31	2015/12/1
11			=DATE(2015,A10,B10)

图 13-12 自动调整生成的日期

	A	B
1	公式	结果
2	=DATE(2015,9,)	2015/8/31
3	=DATE(2015,,9)	2014/12/9
4	=DATE(2015,,)	2014/11/30
5	=DATE(,1,1)	1900/1/1

图 13-13 DATE 函数省略参数

示例 13-5 利用 DATE 函数生成指定日期

在如图 13-14 所示的现金日记账中，A1 单元格为年份值，A3:A7、B3:B7 单元格区域分别为月份和一个月中的天数。

	A	B	C	D	E	F	G	H
1	2015		日期	凭证	摘　要	借　方	贷　方	余额
2	月	日						
3	9	15	2015/9/15	账单1	原始金额	6,531.00		6,531.00
4	9	30	2015/9/30	账单2	09/15至09/30费用		1,086.00	5,445.00
5	10	5	2015/10/5	账单3	预收租金	4,266.00		9,711.00
6	10	9	2015/10/9	账单4	9月份水电费		2,100.00	7,611.00
7	10	12	2015/10/12	账单5	应收账款	3,342.00		10,953.00

图 13-14　DATE 函数生成日期

在 C3 单元格使用以下公式，将返回具体的日期。

```
=DATE(A$1,A3,B3)
```

DATE 函数的第一参数使用行绝对引用，公式向下复制时年份均引用 A1 单元格的值。第二参数和第三参数分别为月份和一个月中的天数。

YEAR 函数返回对应于某个日期的年份，结果为 1900 ~ 9999 之间的整数。

MONTH 函数返回日期中的月份，结果是 1（一月）到 12（十二月）之间的整数。

DAY 函数返回某日期的天数，结果是 1 到 31 之间的整数。

如图 13-15 所示，使用以下公式将分别提取出 A2 单元格的年份、月份和一月中的天数。

```
年份　　=YEAR(A2)
月份　　=MONTH(A2)
日期　　=DAY(A2)
```

除此之外，也可以使用 TEXT 函数提取出日期数据中的年份、月份和一个月中的天数。

```
年份　　=TEXT(A2,"Y")
月份　　=TEXT(A2,"M")
日期　　=TEXT(A2,"D")
```

TEXT 函数格式代码中的“Y”“M”“D”，分别表示年、月、日。

使用 YEAR 函数、MONTH 函数和 DAY 函数时，如果目标单元格为空单元格，Excel 会默认按照不存在的日期 1900 年 1 月 0 日进行处理，实际应用时可加上一个空单元格的判断条件，如图 13-16 所示。

	A	B	C	D
1	日期	年份	月份	一月中的天数
2	2015/8/16	2015	8	16
3	公式	=YEAR(A2)	=MONTH(A2)	=DAY(A2)

图 13-15　年、月、日计算

	A	B	C	D
1	空单元格	年份	月份	一月中的天数
2		1900	1	0
3	公式	=YEAR(A2)	=MONTH(A2)	=DAY(A2)

图 13-16　处理空单元格时出错

示例 13-6 英文月份转换为月份值

如图 13-17 所示，A 列为英文的月份名称，需要在 B 列转换为对应的月份数值。

	A	B
1	英文	月份
2	Apr	4
3	Oct	10
4	Dec	12
5	Jan	1
6	Mar	3
7	Jul	7
8	Feb	2
9	Nov	11
10	Aug	8
11	May	5
12	Sep	9
13	Jun	6

图 13-17 英文月份转换

在 B2 单元格输入以下公式，向下复制到 B13 单元格。

```
=MONTH(A2&1)
```

使用连接符“&”将 A2 单元格与数值“1”连接，得到新字符串“Apr1”，成为系统可识别的文本型日期样式，再使用 MONTH 函数提取出日期字符串中的月份。

YEAR 函数、MONTH 函数和 DAY 函数均支持数组计算，在按时间段的统计汇总中被广泛应用。

示例 13-7 汇总指定时间段的销售额

图 13-18 展示的是某设备制造企业在西北区域 2015 年的销售明细表，A 列是业务发生日期，D 列是销售额，需要计算 1 ~ 6 月的销售总额。

	A	B	C	D
1	业务日期	单据号	经手人	金额
2	2015/1/10	GS-89398	郭啸天	274500
3	2015/3/20	GS-82204	杨铁心	776000
4	2015/6/19	GS-84431	梅超风	716300
5	2015/2/21	GS-84535	丘处机	593700
6	2015/6/27	GS-89229	周伯通	289900
7	2015/3/5	GS-83883	欧阳克	767100
8	2015/4/15	GS-85008	欧阳峰	304600
9	2015/6/12	GS-86983	王重阳	504100
10	2015/7/17	GS-83833	郭靖	627500
11	2015/8/12	GS-82824	黄蓉	542400
12	2015/6/19	GS-83698	黄药师	229500
13	2015/11/1	GS-87629	穆念慈	523200

图 13-18 销售明细表

用户可以使用以下公式完成汇总。

```
=SUMPRODUCT((MONTH(A2:A13)<7)*D2:D13)
```

MONTH 函数返回 A2:A13 单元格中日期数据的月份值，结果如下。

```
{1;3;6;2;6;3;4;6;7;8;6;11}
```

因为要计算 1 ~ 6 月的销售总额，所以要判断月份值是否小于 7。

用“MONTH(A2:A13)<7”计算出的一组逻辑值与 D2:D13 单元格区域的数值相乘，最后用 SUMPRODUCT 函数返回乘积之和。

在示例 13-7 中，由于 A 列日期的年份相同，因此仅需要按月份判断。如果有不同年份的数据，则需要增加年份的判断。

示例 13-8 汇总指定年份和月份的销售额

图 13-19 展示的是某单位销售表的部分内容，业务日期分布在不同年份，需要计算 2014 年 7 月之前的销售额。

	A	B	C
1	客户名	业务日期	金额
2	大河置业	2014/2/25	91363
3	大河置业	2014/3/12	97021
4	大河置业	2015/3/17	34093
5	大路车业	2014/10/15	18260
6	大路车业	2014/11/8	29126
7	黎明热电	2014/2/13	7172
8	黎明热电	2015/3/16	37590
9	泰达机械	2014/7/5	74817
10	泰达机械	2014/9/4	54795
11	泰达机械	2015/1/23	62036
12	泰达机械	2015/2/27	44919

	E	F	G
1	业务年份	此月份之前	金额
2	2014	7	195556

图 13-19 汇总指定年份和月份的销售额

G2 单元格输入以下公式。

```
=SUMPRODUCT((YEAR(B2:B12)=E2)*(MONTH(B2:B12)<F2)*C2:C12)
```

YEAR(B2:B12)=E2 部分，使用 YEAR 函数分别计算 B2:B12 单元格的年份，并判断是否等于 E2 单元格指定的年份值。

MONTH(B2:B12)<F2 部分，使用 MONTH 函数分别计算 B2:B12 单元格的月份，并判断是否小于 F2 单元格指定的月份值。

将两组逻辑值相乘，如果对应位置均为逻辑值 TRUE，相乘后结果为 1，否则返回 0。

```
{1;1;0;0;0;1;0;0;0;0;0}
```

再与 C2:C12 单元格的金额相乘，最后用 SUMPRODUCT 函数返回乘积之和。

13.2.2　计算两个日期相差天数

日期数据具有常规数值所具备的运算功能，其运算结果也往往具有特殊的意义。例如，两个日期相减，即表示两个日期之间相差的天数。

日期数据的常用加减计算可以归纳为以下 3 种。

```
结束日期 - 起始日期 = 日期相差天数
日期 - 指定天数 = 指定天数之前的日期
日期 + 指定天数 = 指定天数之后的日期
```


在公式中直接使用日期作为参数时，需要将日期使用半角双引号包含。如需计算 2015 年 12 月 20 日之后 100 天的日期序列值，可以使用以下公式完成。

```
="2015-12-20"+100
```

用户也可以使用 Excel 能够识别的其他标准日期格式，例如：

```
="2015 年 12 月 20 日 "+100
```

在 Excel 2013 中，使用 DAYS 函数可以返回两个日期之间的天数，该函数的语法如下。

```
DAYS(end_date,start_date)
```

第一参数是结束日期，第二参数是开始日期。如果参数是文本型字符串，DAYS 函数将自动转换为日期序列值后进行计算。

DAYS360 函数也用于计算两个日期之间间隔的天数，该函数的语法如下。

```
DAYS360(start_date,end_date,[method])
```

第一参数是开始日期，第二参数是结束日期，第三参数用于指示计算时使用美国或者欧洲方法。

其计算规则是按照一年 360 天，每个月以 30 天计，在一些会计计算中会用到。如果会计系统是基于一年 12 个月，每月 30 天，则可用此函数帮助计算支付款项。

示例 13-9　计算项目完成天数

图 13-20 展示的是某企业新生产线的设备安装与调试计划表，需要根据开始日和结束日，计算每个项目的天数。

D2 单元格输入以下公式，将单元格格式设置为常规后，向下复制到 D6 单元格。

```
=DAYS(C2,B2)+1
```

公式也可以写成以下形式。

```
=C2-B2+1
```

	A	B	C	D
1	项目	开始日	结束日	天数
2	设备采购	8月12日	9月16日	36
3	设备安装	8月20日	10月15日	57
4	单机调试	10月16日	10月25日	10
5	联动调试	10月26日	11月1日	7
6	试机生产	11月5日	11月10日	6

图 13-20　项目计划表

在实际应用中，使用两个日期直接相减的方式计算相差天数，更受用户欢迎。

示例 13-10 计算今天是本年度的第几天

如图 13-21 所示，设置 A2 单元格格式为自定义格式“第 0 天”，使用以下公式将返回系统当前日期是本年度的第几天。

```
=TODAY()-"1-1"+1
```

图 13-21　日期相减

在 Excel 中输入“月 - 日”形式的日期，系统会默认按当前年份处理，TODAY( )-"1-1" 就是用系统当前的日期减去本年度的 1 月 1 日，再加上一天得到今天是本年度的第几天。

同理，使用以下公式可以计算本年度有多少天。

```
="12-31"-"1-1"+1
```

在公式中直接输入日期数据时，必须使用半角双引号进行包含，否则系统会因为无法正确识别而造成计算结果错误，以下写法会优先计算 2018-6-8 部分，得到计算结果 2004，进一步计算 2004-TODAY( )。

```
=2018-6-8-TODAY()
```

正确写法如下。

```
="2018-6-8"-TODAY()
```

如果公式引用包含日期或时间的单元格时，Excel 有可能会将公式所在单元格的格式自动更改为日期或时间，此时可根据需要重新调整单元格格式。

示例 13-11　计算项目在每月的天数

图 13-22 展示的是某企业新项目从考察立项到调试生产的具体工期安排，需要根据开始日期和结束日期，计算各阶段项目在每月的天数。

D1 单元格输入项目起始月份的第一天 2014-8-1，设置单元格格式为“yy" 年 "m" 月 ""，向右复制到 K1 单元格，单击 K1 单元格右下角的【自动填充选项】按钮，选择【以月填充】单选按钮，如图 13-23 所示。

	A	B	C
1	项目	开始日期	结束日期
2	考察立项	2014/8/2	2014/9/18
3	基建工程	2014/10/20	2015/1/6
4	设备安装	2014/11/22	2015/1/3
5	调试生产	2015/2/1	2015/3/12

图 13-22　工期安排表

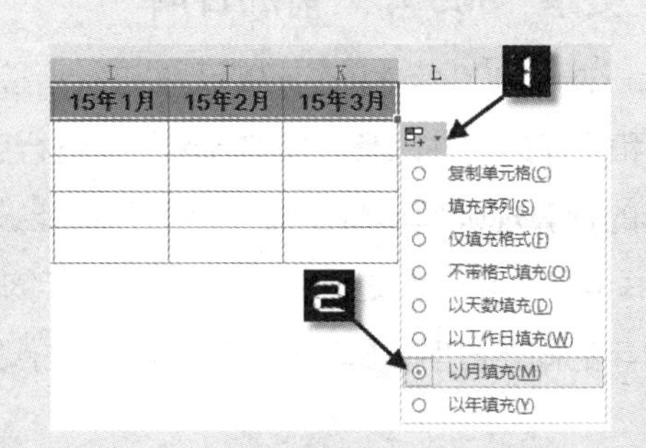

图 13-23　以月填充

D1:K1 单元格分别显示为 14 年 8 月、14 年 9 月……15 年 3 月。实际应用时，可根据项目结束日期确定填充日期的单元格范围。

D2 单元格输入以下公式，复制至 D2:K5 单元格区域，效果如图 13-24 所示。

```
=TEXT(MIN($C2+1,E$1)-MAX(D$1,$B2),"0;;")
```

	A	B	C	D	E	F	G	H	I	J	K
1	项目	开始日期	结束日期	14年8月	14年9月	14年10月	14年11月	14年12月	15年1月	15年2月	15年3月
2	考察立项	2014/8/2	2014/9/18	30	18						
3	基建工程	2014/10/20	2015/1/6			12	30	31	6		
4	设备安装	2014/11/22	2015/1/3				9	31	3		
5	调试生产	2015/2/1	2015/3/12							28	12

图 13-24　计算项目在每月的天数

MIN($C2+1,E$1) 部分，用于计算 C2 单元格的项目结束日期与 E1 单元格，即下个月 1 日的最小值。MIN 函数计算时忽略空单元格，如果 E1 单元格为空，则返回 $C2+1 的计算结果。

MAX(D$1,$B2) 部分，用于计算 D1 单元格的当月 1 日与 B2 单元格项目开始日期的最大值。

如果项目结束日期大于或等于下个月 1 日，则用下个月 1 日作为当月的截止日期，否则使用项目的结束日期作为当月的截止日期。

如果当月 1 日大于或等于项目开始日期，则用当月 1 日作为当月的起始日期，否则使用项目的开始日期作为当月的起始日期。

用项目结束日期与下个月 1 日两者之间较小的值，减去当月 1 日与项目开始日期两者之间较大的值，得出项目在该月的天数。

如果在当月项目未开始或已结束，此时用 MIN 函数计算出的当月截止日期会小于用 MAX 函数计算出的当月起始日期，公式结果返回负数。TEXT 函数的格式代码使用 "0;;"，将 0 值和负数显示为空白。

13.2.3 处理 1900 年之前的日期

Excel 对于 1900 年之前的日期无法进行直接处理，如需处理 1900 年之前的日期，可以结合闰年和平年的特性以及星期的周期特性进行变通处理。

闰年的计算规则是年份能被 4 整除且不能被 100 整除，或者年份能被 400 整除，因此可以得出闰年平年的周期是 400 年。每 400 年的天数是 146097 天，为 7 的整数倍。因此，相隔 400 年的同一日期，具有相同的星期属性，如图 13-25 所示。

	A	B	C	D
1	日期	星期	400年后的日期	星期
2	2015/4/1	三	2415/4/1	三
3	2015/5/1	五	2415/5/1	五
4	2018/6/1	五	2418/6/1	五
5	2032/10/1	五	2432/10/1	五
6	2015/11/1	日	2415/11/1	日
7	1997/12/1	一	2397/12/1	一
8	2016/1/1	五	2416/1/1	五
9	2000/1/2	日	2400/1/2	日
10	2013/1/3	四	2413/1/3	四

图 13-25 间隔 400 年的日期

根据此规律，可以计算出 1900 年之前的日期是星期几。

示例 13-12 计算科学家出生日期是星期几

如图 13-26 所示，需要根据科学家的出生日期计算该日期是星期几。

	A	B	C
1	科学家	出生日期	星期
2	艾萨克·牛顿	1643-1-4	7
3	托马斯·阿尔瓦·爱迪生	1847-2-11	4
4	阿尔伯特·爱因斯坦	1879-3-14	5
5	阿尔弗雷德·伯纳德·诺贝尔	1833-10-21	1
6	玛丽·居里	1867-11-7	4
7	尼古拉·特斯拉	1856-7-10	4
8	迈克尔·法拉第	1791-9-22	4
9	欧内斯特·卢瑟福	1871-8-30	3
10	德米特里·伊万诺维奇·门捷列夫	1834-2-8	6

图 13-26 计算科学家出生日期是星期几

C2 单元格输入以下公式，向下复制到 C10 单元格。

```
=WEEKDAY(LEFT(B2,4)+400&MID(B2,5,9),2)
```

LEFT(B2,4)+400 部分，提取出 B2 单元格最左侧的 4 个字符，即年份值。结果加上日期数据的周期 400。

MID(B2,5,9) 部分，从 B2 单元格第 5 位开始，提取长度为 9 的字符串，此处的 9 可以写成任意一个较大的值。

使用“&”符号将年份值加 400 的结果与 MID 函数的结果进行连接，使其成为字符串“2043-1-4”，也就是 400 年后的日期。

最后使用 WEEKDAY 函数计算出该日期是星期几。

关于 WEEKDAY 函数，请参阅 13.5.1 小节。

13.2.4　与季度有关的计算

一年分为 4 个季度，1 ~ 3 月为第一季度，4 ~ 6 月为第二季度，7 ~ 9 月为第三季度，10 ~ 12 月为第四季度。在 Excel 中，可以通过日期函数和部分财务类函数完成与季度有关的计算。

示例 13-13　判断指定日期所在的季度

部分公司会以季度作为时间段，对运营数据进行统计。如图 13-27 所示，A 列为日期数据，使用以下公式可以计算出日期所在的季度。

```
=LEN(2^MONTH(A2))
```

公式首先用 MONTH 函数计算出 A 列单元格的月份，计算结果用做 2 的乘幂。如图 13-28 所示，2 的 1 ~ 3 次幂结果是 1 位数，2 的 4 ~ 6 次幂结果是 2 位数，2 的 7 ~ 9 次幂结果是 3 位数，2 的 10 ~ 12 次幂结果是 4 位数。根据这个特点，用 LEN 函数计算乘幂结果的字符长度，即为日期所在的季度。

	A	B
1	日期	所在的季度
2	2007/1/1	1
3	2004/6/18	2
4	2009/12/14	4
5	2010/2/8	1
6	2008/8/11	3
7	2014/7/10	3

图 13-27　判断日期所在季度

	A	B	C
1	公式	结果	字符长度
2	=2^1	2	1
3	=2^2	4	1
4	=2^3	8	1
5	=2^4	16	2
6	=2^5	32	2
7	=2^6	64	2
8	=2^7	128	3
9	=2^8	256	3
10	=2^9	512	3
11	=2^10	1024	4
12	=2^11	2048	4
13	=2^12	4096	4

图 13-28　2 的乘幂运算

有多种公式可以计算指定日期的季度，以下是有代表性的两种。

```
=INT((MONTH(A2)+2)/3)
=CEILING(MONTH(A2)/3,1)
```

第一个公式使用的是数学计算的方式，使用月份加 2 之后再除以 3，最后使用 INT 函数对计算结果取整。第二个公式用月份除以 3，再用 CEILING 函数向上舍入为整数，得出日期所在季度。

示例 13-14 判断指定日期是所在季度的第几天

如图 13-29 所示，需要根据 A 列日期，计算出该日期是所在季度的第几天。

在 B2 单元格输入以下公式，向下复制到 B10 单元格。

```
=COUPDAYBS(A2,"9999-1",4,1)+1
```

	A	B
1	日期	当日是所在季度第几天
2	2015/3/1	60
3	2012/5/2	32
4	2014/6/18	79
5	2013/12/1	62
6	2015/4/1	1
7	2011/2/28	59
8	2015/3/19	78
9	2012/3/28	88
10	2015/3/9	68

图 13-29 指定日期是所在季度的第几天

该函数为财务函数范畴，用于返回从付息期开始到结算日的天数。

函数的基本语法如下。

```
COUPDAYBS(settlement,maturity,frequency,[basis])
```

第一参数 settlement 是有价证券的结算日。第二参数 maturity 是有价证券的到期日，这里写成一个较大的日期序列值。第三参数 frequency 使用 4，表示年付息次数按季支付。第四参数 basis 使用 1，表示按实际天数计算日期。

本例中，年付息次数选择按季支付，所以 A2 单元格日期所在季度的付息期，即为该季度第一天的日期 2015/1/1。通过计算日期所在季度第一天到当前日期的间隔天数，结果加 1，变通得到指定日期是所在季度的第几天。

示例 13-15 计算日期所在季度的总天数

如图 13-30 所示，需要根据 A 列日期，需要计算日期所在季度的总天数。

在 B2 单元格输入以下公式，向下复制到 B10 单元格。

```
=COUPDAYS(A2,"9999-1",4,1)
```

COUPDAYS 函数也属于财务函数的范畴，用于返回指定结算日所在付息期的天数。

该函数的参数与 COUPDAYBS 函数相同。第一参数是有价证券的结算日，第二参数是有价证券的到期日。第三参数使用 4，表示年付息次数按季支付。第四参数使用 1，表示按实际天数计算日期。公式用于计算 A2 单元格日期所在付息期的天数，也就是该日期所在的季度的总天数。

	A	B
1	日期	日期所在季度有多少天
2	2015/3/14	90
3	2014/7/2	92
4	2015/9/14	92
5	2012/7/16	92
6	2014/4/2	91
7	2015/8/5	92
8	2012/11/15	92
9	2016/8/25	92
10	2017/9/18	92

图 13-30 日期所在季度总天数

示例 13-16 计算日期所在季度末日期

如图 13-31 所示，需要根据 A 列的日期，计算日期所在季度末的日期值。

在 B2 单元格输入以下公式，复制到 B10 单元格。

```
=COUPNCD(A2,"9999-1",4,1)-1
```

	A	B
1	日期	日期所在季度末日期
2	2014/5/31	2014/6/30
3	2015/4/10	2015/6/30
4	2015/9/2	2015/9/30
5	2016/4/20	2016/6/30
6	2017/4/21	2017/6/30
7	2014/12/8	2014/12/31
8	2015/2/6	2015/3/31
9	2016/11/22	2016/12/31
10	2016/8/19	2016/9/30

图 13-31 日期所在季度末日期

COUPNCD 函数也属于财务函数的范畴，用于返回结算日之后的下一个付息日。

该函数的参数与 COUPDAYBS 函数相同。第一参数和第二参数分别是有价证券的结算日和有价证券的到期日。第三参数使用 4，表示年付息次数按季支付。第四参数使用 1，表示按实际天数计算日期。公式用于计算 A2 单元格日期之后的下一个付息日，也就是下一个季度的第一天。

用下个季度的第一天减 1，变通得到日期所在季度末的日期值。

13.2.5 判断是否为闰年

闰年是为了弥补因历法年度天数与地球实际公转周期的时间差而设立的，补上时间差的年份为闰年。公元年数可被 4 整除为闰年，但是整百（个位和十位均为 0）的年数必须是可以被 400 整除的才是闰年，闰年的 2 月有 29 天。

示例 13-17 判断指定日期是否为闰年

如图 13-32 所示，需要根据 A 列的日期，判断该年份是否为闰年。

在 B2 单元格输入以下公式，复制到 B10 单元格。

```
=IF(COUNT(-(YEAR(A2)&"-2-29")),"闰年","平年")
```

首先使用 YEAR(A2) 计算 A2 单元格日期的年份，与字符串 "-2-29" 连接，生成

“2014-2-29”样式的字符串。如果该年份中的2月29日不存在，公式中的“年份 -2-29”部分将会按文本进行处理。

字符串前加上负号，如果字符串是日期，则返回一个负数，否则返回错误值 #VALUE!。再通过用 COUNT 函数判断是否为数值，确定当前年份是否为闰年。

除此之外，也可以使用以下公式。

```
=IF(MONTH(DATE(YEAR(A2),2,29))=2,"闰年","平年")
```

	A	B
1	日期	是否为闰年
2	2014/5/31	平年
3	2015/4/10	平年
4	2010/9/2	平年
5	2012/4/20	闰年
6	2008/4/21	闰年
7	2004/12/8	闰年
8	2009/2/6	平年
9	2016/11/22	闰年
10	2018/8/19	平年

图 13-32　闰年判断

DATE(YEAR(A2),2,29) 部分，使用 DATE 函数构造出该年度的 2 月 29 日。如果该年度没有 2 月 29 日，将返回该年度 3 月 1 日的日期序列值。

再用 MONTH 函数判断该日期是否为 2 月，如果是，则表示该年份是闰年。

以下公式也可实现闰年平年的判断。

```
=IF(DAY(DATE(YEAR(A2),3,0))=29,"闰年","平年")
```

DATE(YEAR(A2),3,0) 部分，使用 DATE 函数构造出该年度的 3 月 0 日，也就是 2 月的最后一天。

再用 DAY 函数判断是否为 29 日，如果是，则表示该年份是闰年。

根据系统默认将“月 - 日”形式的日期按当前年份处理的特点，使用以下公式，可以判断系统日期的当前年份是否为闰年。

```
=IF(COUNT(-"2-29"),"闰年","平年")
```

1900 年实际为平年，但是在 Excel 默认的 1900 日期系统中，为了兼容其他程序，保留了 1900-2-29 这个不存在的日期，并将 1900 年处理为闰年。

“2-29”的写法在不同语言的 Excel 版本中可能会有差异。

13.2.6　计算指定月份后的日期

EDATE 函数用于返回某个日期相隔指定月份之前或之后的，处于一月中同一天的日期。其语法如下。

```
EDATE(start_date,months)
```

第一参数是一个代表开始日期的日期。第二参数是开始日期之前或之后的月份数，为正值将生成未来日期，为负值将生成过去日期，如果该参数不是整数，将截尾取整。

示例 13-18 计算合同到期日

图 13-33 展示的是某业务部门整理的合同记录，需要根据合同签订日期和有效月数计算合同到期时间。

	A	B	C	D
1	经手人	签订日期	有效月数	到期日期
2	段誉	2015/8/12	5	2016/1/12
3	段延庆	2015/8/24	6	2016/2/24
4	刀白凤	2015/9/5	2	2015/11/5
5	王语嫣	2015/9/17	4	2016/1/17
6	云中鹤	2015/9/29	2	2015/11/29
7	萧远山	2015/10/11	1	2015/11/11
8	萧峰	2015/10/23	6	2016/4/23
9	无涯子	2015/11/4	1	2015/12/4
10	乌老大	2015/11/16	6	2016/5/16

图 13-33 计算合同到期时间

D2 单元格输入以下公式，向下复制到 D10 单元格。

```
=EDATE(B2,C2)
```

EDATE 函数使用 B2 单元格中的日期作为指定的开始日期，返回由 C2 单元格指定的月份后的日期。

示例 13-19 使用日期函数计算员工退休日期

根据规定，男性退休年龄为 60 岁，女性退休年龄为 50 岁，女性干部退休年龄为 55 岁。在如图 13-34 所示的员工信息表中，需要根据 B 列的出生日期、C 列的性别信息以及 D 列的职工身份综合判断员工的退休日期。

	A	B	C	D	E
1	姓名	出生日期	性别	职工身份	退休日期
2	岳灵珊	1965/8/12	女	干部	2020/8/12
3	贾人达	1959/5/22	男	干部	2019/5/22
4	岳不群	1976/11/5	男	工人	2036/11/5
5	定逸师太	1982/5/12	女	工人	2032/5/12
6	洪人雄	1971/12/2	男	工人	2031/12/2
7	令狐冲	1983/2/22	男	干部	2043/2/22
8	曲非烟	1985/6/15	女	工人	2035/6/15
9	蓝凤凰	1979/12/2	女	干部	2034/12/2
10	东方不败	1980/5/13	女	工人	2030/5/13

图 13-34 计算员工退休日期

50 岁换算为月份结果为 600，55 岁换算为月份结果为 660，60 岁换算为月份结果为 720。

E2 单元格输入以下公式，向下复制。

```
=EDATE(B2,IF((C2="女")*(D2="干部"),660,IF(C2="女",600,720)))
```

EDATE 函数返回指定月份之后的日期值，指定月份值由 IF 函数判断后得出。如果 C2 单元格性别为“女”，并且 D2 单元格等于“干部”，返回 660。如果以上条件不符合，则继续判断下一组条件：如果 C2 单元格性别为“女”，返回 600，以上条件均不符合，则返回 720。

13.2.7 返回指定月份的总天数

由于每个月的月末日期即是当月的总天数，因此当希望得到某个月份的总天数时，可以使用该原理来处理。

示例 13-20 计算本月总天数

EOMONTH 函数返回指定月数之前或之后月份的最后一天的日期，如图 13-35 所示，使用以下公式可以计算系统所在日期当前月的天数。

```
=DAY(EOMONTH(TODAY(),0))
```

TODAY 函数生成系统当前的日期。EOMONTH 函数返回当前日期的 0 个月之后，也就是本月最后一天的日期序列值，最后使用 DAY 函数计算出该日期是当月的第几天。

同理，使用以下公式，可以计算本月剩余天数，如图 13-36 所示。

```
=EOMONTH(TODAY(),0)-TODAY()
```

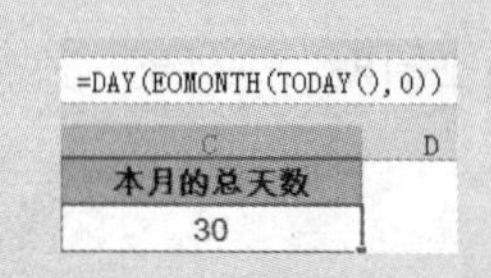

图 13-35 计算本月天数

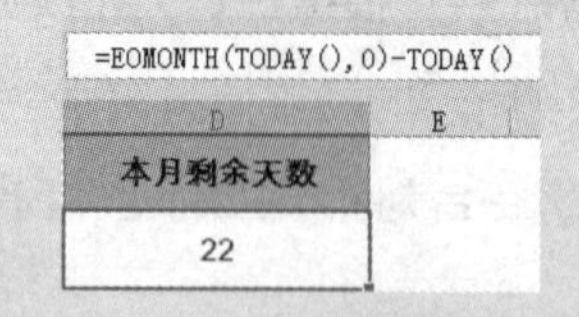

图 13-36 本月剩余天数

使用本公式时，Excel 会自动将单元格格式更改为日期格式，需手动设置为常规格式，才能返回正确计算结果。

13.3 认识 DATEDIF 函数

DATEDIF 函数是一个隐藏的，但是功能十分强大的日期函数，用于计算两个日期之间的天数、月数或年数。在 Excel 的函数列表中没有显示此函数，帮助文件中也没有相关说明。

其基本语法如下。

```
DATEDIF(start_date,end_date,unit)
```

start_date 代表时间段内的起始日期，可以是带引号的日期文本串（如 "2014/1/30"）、日期序列值、其他公式或函数的运算结果（如 DATE(2014,1,30)）等。

end_date 代表时间段内的结束日期。结束日期要大于起始日期，否则将返回错误值 #NUM!。

unit 为所需信息的返回类型，该参数不区分大小写。不同 unit 参数返回的结果如表 13-2 所示。

表 13-2　DATEDIF 函数不同参数的作用

unit 参数	函数返回结果
Y	时间段中的整年数
M	时间段中的整月数
D	时间段中的天数
MD	日期中天数的差。忽略日期中的月和年
YM	日期中月数的差。忽略日期中的日和年
YD	日期中天数的差。忽略日期中的年

13.3.1　函数的基本用法

DATEDIF 函数第三参数使用“Y”，表示计算时间段中的整年数。

示例 13-21 计算员工工龄费

如图 13-37 所示，是某公司 2015 年 10 月的工资表，需要根据 B 列的入司时间计算工龄费。入司时间每满一年，工龄费 50 元，最高 300 元封顶，工龄计算的结束时间为 2015 年 10 月 1 日。

	A	B	C	D	E	F	G
1	姓名	入司时间	工龄费	基本工资	岗位补助	代扣款项	应发工资
2	马行空	2012/7/15	150	3600	137		3887
3	马春花	2011/6/22	200	3600	121	145	3776
4	徐峥	2013/8/25	100	4000	199		4299
5	商宝震	2014/10/2	0	3200	169		3369
6	何思豪	2010/5/20	250	4300	186	26	4710
7	阎基	2008/5/1	300	3800	190		4290
8	田归农	2009/10/25	250	3800	106		4156
9	苗人凤	2007/5/6	300	3200	122		3622
10	南仁通	2010/9/14	250	4000	171	99	4322

图 13-37　员工工资表

C2 单元格输入以下公式，向下复制。

```
=MIN(300,DATEDIF(B2,"2015/10/1","Y")*50)
```

DATEDIF 函数第三参数使用“Y”，不足一年的部分将被舍去，如 B5 单元格的入司时间为 2014/10/2，距截止时间 2015/10/1 相差一天，DATEDIF 函数计算整年数时判断为 0。

用 DATEDIF 函数计算出员工入职的整年数，结果乘以 50 计算出工龄费。最后使用 MIN 函数，在计算出的工龄费和 300 两个数值中取最小值。也就是当工龄费高于 300 元时，按 300 元计算；当工龄费不足 300 元时，按实际计算结果。

DATEDIF 函数第二参数使用“M”，表示计算时间段中的整月数。

示例 13-22 计算职工参保未缴月数

图 13-38 展示的是某单位员工参加社会保险登记表的部分内容。由于参加工作时间与参加社会保险时间不同步，需要计算所差月数，以便补缴保险费。

D2 单元格使用以下公式，向下复制到 D12 单元格。

```
=DATEDIF(B2,C2,"M")
```

	A	B	C	D
1	姓名	工作时间	参保时间	未缴月数
2	青灵子	1987/4/1	1994/5/1	85
3	欧阳峰	1993/7/1	1994/5/1	10
4	耶律齐	1995/11/1	1996/1/1	2
5	金轮法王	1997/11/1	1998/1/1	2
6	周伯通	1993/7/1	1994/5/1	10
7	洪凌波	1993/2/1	1994/5/1	15
8	郭破虏	1994/5/1	1994/5/1	0
9	完颜萍	2003/6/1	2003/6/1	0
10	陆冠英	2000/12/1	2000/12/1	0
11	尹志平	1992/11/1	2004/3/23	136
12	公孙绿萼	1997/1/1	1998/1/1	12

图 13-38 社会保险登记表

DATEDIF 函数第二参数使用“M”，计算 B2 单元格工作时间与 C2 单元格参保时间间隔的整月数，不足一个月的部分被舍去。

示例 13-23 计算账龄区间

账龄分析是指企业对应收账款按账龄长短进行分类，并分析其可回收性，是财务工作中一个重要的组成。图 13-39 展示的是某企业账龄分析表的部分内容，B 列是业务发生日期，需要在 D 列计算出对应的账龄区间。

	A	B	C	D
1	业务单位	业务发生日期	业务金额（万元）	账龄
2	华阳能源	2014/4/12	120	1-2年
3	郑州天元	2015/3/30	46	6个月以内
4	新澳华康	2013/8/15	113	1-2年
5	天马股份	2014/9/25	65	6-12个月
6	黎明纺织	2012/7/2	123	2年以上
7	赛客机械	2014/1/15	94	1-2年
8	新阳化工	2014/6/24	109	6-12个月
9	光辉电控	2014/6/11	20	6-12个月

图 13-39 账龄分析表

D2 单元格使用以下公式，向下复制。

```
=LOOKUP(DATEDIF(B2,TODAY(),"M"),{0,6,12,24},{"6 个 月 以 内 ","6-12 个 月
","1-2 年 ","2 年以上 "})
```

DATEDIF 函数第二参数使用“M”，计算 B2 单元格日期与当前日期间隔的整月数。假设当前日期为 2015 年 6 月 10 日，计算结果为 13，用作 LOOKUP 函数的第一参数查询值。

LOOKUP 函数在 { 0,6,12,24 } 中查找小于或等于 13 的最大值进行匹配，然后返回第三参数 { "6 个月以内 ","6-12 个月 ","1-2 年 ","2 年以上 " } 中相同位置的值，最终计算结果为“1-2 年”。

13.3.2 设置员工生日提醒

DATEDIF 函数第二参数使用“YD”，表示计算时间段中忽略年份的天数差。

示例 13-24 员工生日提醒

在图 13-40 所示的员工信息表中，B 列是员工的出生日期。HR 部门在员工生日时需要送出生日礼物，因此希望在生日之前提前 10 天进行提醒。

	A	B	C
1	姓名	出生日期	生日提醒
2	汪家明	1973/10/4	还有3天生日
3	王兴洪	1981/10/1	今天生日
4	段兆燕	1985/3/4	
5	毕雪峰	1992/10/8	还有7天生日
6	苏燕飞	1969/5/30	
7	王丽萍	1989/6/2	
8	曾蓉	1980/10/6	还有5天生日
9	李留华	1978/6/9	

图 13-40 员工生日提醒

C2 单元格使用以下公式。

```
=TEXT(10-DATEDIF(B2-10,TODAY(),"YD")," 还有 0 天生日 ;; 今天生日 ")
```

DATEDIF 函数第二参数使用“YD”忽略年份计算天数差。假定当前日期为 2014 年 10 月 1 日，C2 单元格使用以下公式时，会返回结果为 362 天。

```
=DATEDIF(B2,TODAY(),"YD")
```

DATEDIF 函数第二参数使用“YD”时的运算规则具体如表 13-3 所示。

表 13-3　Unit 参数使用“YD”时的处理规则

结束日期为以下情况	两者相减规则	
	够减	不够减
当结束日期为 3 月份，且结束日期的 day 大于等于起始日期的 day 时 当结束日期不是 3 月份时	（起始日期年份 & 结束日期的日期值）- 起始日期	（起始日期年份 +1& 结束日期的日期值）- 起始日期
当结束日期为 3 月份，且结束日期的 day 小于起始日期的 day 时	结束日期 -（结束日期年份 & 起始日期的日期值）	结束日期 -（结束日期年份 -1& 起始日期的日期值）

DATEDIF(B2-10,TODAY( ),"YD") 部分，因为希望提前 10 天提醒，所以先使用出生日期 -10。计算结果为 7，也就是两个日期实际相差 10-7=3 天。

最后使用 TEXT 函数处理 DATEDIF 函数的计算结果。大于 0 显示为“还有 N 天生日”，小于 0 显示为空值，等于 0 显示为“今天生日”。

由于 DATEDIF 函数第二参数在使用“YD”时有特殊的计算规则，因此当结束日期是 3 月份时，计算结果可能会出现一天的误差。如需得到精确结果，可以使用以下数组公式完成。

```
{=TEXT(IFERROR(MATCH(TEXT(B2,"mmdd"),TEXT(NOW()+ROW($1:$11)-1,"mmdd"),)-1,-1)," 还有 0 天生日 ;; 今天生日 ")}
```

公式的主要思路是先构造从今天开始连续的 11 个日期所组成的一个数组，也就是当前日期 0 ~ 10 天后的日期。然后用 MATCH 函数在这个数组中查找 B2 单元格的生日日期的位置，如果 MATCH 函数返回一个数值，则表明出生日期在这个 11 个日期中存在，也就是在未来 10 日内生日。

TEXT(B2,"mmdd") 部分，用于返回 B2 单元格“mmdd”样式的月份和日期。

以 TEXT 函数将 B2 单元格的日期转换为“mmdd”样式的月份和日期，例如将 10 月 4 日转换为 1004，并对 11 个日期构成的数组做同样的转换处理，用来避免类似 1 月 29 日与 12 月 9 日、1 月 11 日与 11 月 1 日等情况下的误判。

TEXT(NOW( )+ROW($1:$11)-1,"mmdd")部分，用当前日期 NOW( ) 分别加上 0 ~ 10，

即当前日期 0 ～ 10 天后的日期，再用 TEXT 函数返回相加后的“mmdd”样式的月份和日期。

使用 MATCH 函数，精确查找 B2 单元格的月份日期在这一组日期中的位置，如果 MATCH 函数返回 1，则说明是今天生日，为了套用 TEXT 函数参数代码为 0 时，返回“今天生日”，这里进行了 -1 处理。

如果 MATCH 函数在这一组日期中查找不到结果，也就是生日日期不在未来 10 天，函数返回错误值，而实际需要公式返回空白。这里使用 IFERROR 函数，当 MATCH 函数结果为错误值时，指定返回值为 -1。再将 TEXT 函数参数代码中的负数部分指定返回为空白，从而实现生日不在未来 10 天，公式最终返回空白的目的。

TEXT 函数格式代码使用“"还有0天生日;;今天生日"”，分别指定大于0时显示为“还有 N 天生日”，小于 0 时显示为空白，等于 0 时显示为“今天生日”。

如果出生日期是闰年 2 月 29 日，可以特别指定平年的 2 月 28 日或是 3 月 1 日生日，否则只能每 4 年过一次生日。

示例 13-25 精确计算员工工龄

如图 13-41 所示，需要根据员工的入职时间和截止时间，按年数、月数、天数精确计算该员工的工龄。

	A	B	C	D	E	F	G
1	姓名	入职时间	工龄				截止时间
2			年	月	天		2015/5/1
3	杨洪斌	2008/2/28	7	2	3		
4	曾玉琨	2012/5/13	2	11	18		
5	曾桂芬	2007/4/2	8	0	29		
6	陈世巧	2007/9/13	7	7	18		
7	和彦中	2009/7/17	5	9	14		
8	周婕	2010/7/18	4	9	13		
9	郑德莉	2006/8/4	8	8	27		
10	段金玲	2011/2/2	4	2	29		

图 13-41 精确计算员工工龄

同时选中 C3:E10 单元格区域，在编辑栏中输入以下多单元格数组公式，按 <Ctrl+Shift+Enter> 组合键。

```
{=DATEDIF(B3:B10,G2,{"y","ym","md"})}
```

“y”返回时间段中的整年数，“ym”返回时间段中忽略日和年的月数差，“md”返回时间段中忽略忽略月和年的天数差。

公式以 B3:B10 单元格区域的日期为起始日期，以 G2 单元格的日期为结束日期，第三参数使用常量数组“{ "y","ym","md" }”，返回 3 列 8 行的数组运算结果。

```
{7,2,3;2,11,18;8,0,29;7,7,18;5,9,14;4,9,13;8,8,27;4,2,29}
```

运算结果存放在 C3:E10 单元格 3 列 8 行的区域中，每一行的结果自左向右依次为该行 B 列日期与 G2 单元格日期之间的整年数、月数差和天数差。

关于多单元格数组公式，请参阅 16.2.2 小节。

YEARFRAC 函数返回开始日期和结束日期之间的天数占全年天数的百分比。在计算两个日期之间相差年数时，用 YEARFRAC 函数外套 INT 函数可以代替 DATEDIF 函数。

示例 13-26 使用 YEARFRAC 函数计算员工年龄

图 13-42 展示的是某单位员工信息表的部分内容，需要根据 D 列的出生年月计算员工年龄。

在 E2 单元格输入以下公式，复制到 E11 单元格。

```
=INT(YEARFRAC(D2,$G$2,1))
```

YEARFRAC 函数第一参数为开始日期，第二参数为结束日期，第三参数使用 1，表示实际天数 / 实际天数。

注意这里的两个“实际天数”含义并不完全相同。前面的“实际天数”为开始日期减去结束日期的差。后面的“实际天数”为开始年份到结束年份每一年的实际天数相加后，再除以两个日期之间年份数的平均值。

下面以图 13-43 为例，C2 单元格使用以下公式，计算结果为 2.000912409。

```
=YEARFRAC(A2,B2,1)
```

	A	B	C	D	E	F	G
1	序号	姓名	性别	出生年月	年龄		统计日期
2	1	乔峰	男	1957-03-15	58		2015/06/30
3	2	全冠清	男	1957-08-05	57		
4	3	阿紫	女	1963-01-23	52		
5	4	段誉	男	1963-09-27	51		
6	5	陈孤雁	男	1968-10-31	46		
7	6	苏辙	女	1971-07-01	43		
8	7	石清露	女	1961-06-30	54		
9	8	来福儿	男	1964-01-08	51		
10	9	耶律洪基	男	1965-03-07	50		
11	10	符敏仪	女	1965-10-05	49		

图 13-42 计算员工年龄

	A	B	C
1	开始日期	结束日期	YEARFRAC函数结果
2	2012/5/12	2014/5/13	2.000912409
3	2010/5/2	2014/6/1	4.082694414

图 13-43 YEARFRAC 函数第三参数使用 1

公式计算过程如下。

```
=(B2-A2)/((2012 年天数 366+2013 年天数 365+2014 年天数 365)/3)
```

提示

YEARFRAC 函数不严格要求开始日期和结束日期的参数位置，二者位置可以互换。

13.4　返回日期值的中文短日期

DATESTRING 函数用于返回指定日期值的中文短日期，同 DATEDIF 函数一样，该函数也属于隐藏函数，在 Excel 的函数列表中没有显示此函数，帮助文件中也没有相关说明。

示例 13-27　返回中文短日期

如图 13-44 所示，A 列为日期值，B2 单元格使用以下公式，将返回"yy 年 mm 月 dd 日"格式的中文短日期。

```
=DATESTRING(A2)
```

	A	B
1	日期值	中文短日期
2	2015/2/14	15年02月14日
3	2014/3/31	14年03月31日
4	2014/12/31	14年12月31日
5	2015/1/1	15年01月01日
6	2015/2/18	15年02月18日
7	2014/6/30	14年06月30日
8	1998/2/15	98年02月15日
9	2000/2/16	00年02月16日

图 13-44　返回中文短日期

13.5　星期相关函数

Excel 2013 提供的用于处理星期的函数主要包括 WEEKDAY 函数、WEEKNUM 函数以及 ISOWEEKNUM 函数。除此之外，也经常用 MOD 函数和 TEXT 函数完成星期值的处理。

13.5.1　返回指定日期的星期值

WEEKDAY 函数返回对应于某个日期的一周中的第几天。默认情况下，天数是 1（星期日）~ 7（星期六）范围内的整数，该函数的基本语法如下。

```
WEEKDAY(serial_number,[return_type])
```

return_type 参数用于确定返回值类型的数字，不同的参数对应返回值的类型如表 13-4 所示。

表 13-4　WEEKDAY 函数返回值类型

Return_type	返回的数字
1 或省略	数字 1（星期日）～ 7（星期六）
2	数字 1（星期一）～ 7（星期日）
3	数字 0（星期一）～ 6（星期日）
11	数字 1（星期一）～ 7（星期日）
12	数字 1（星期二）～数字 7（星期一）
13	数字 1（星期三）～数字 7（星期二）
14	数字 1（星期四）～数字 7（星期三）
15	数字 1（星期五）～数字 7（星期四）
16	数字 1（星期六）～数字 7（星期五）
17	数字 1（星期日）～数字 7（星期六）

在中国，习惯上把星期一到星期日作为一周。WEEKDAY 函数第二参数使用 2 时，返回的数字 1 ～ 7 即分别表示星期一至星期日。以下公式可以返回系统当前年份国庆节的星期值。

```
=WEEKDAY("10-1",2)
```

如果系统当前年份为 2015 年，公式结果将返回 4。

示例 13-28　计算指定日期是星期几

如图 13-45 所示，分别使用不同函数公式返回 B1:H1 单元格日期对应的星期值。

	A	B	C	D	E	F	G	H
1	公式	2015/11/7	2015/11/8	2015/11/9	2015/11/10	2015/11/11	2015/11/12	2015/11/13
2	WEEKDAY(B1,2)	6	7	1	2	3	4	5
3	MOD(B1-2,7)+1	6	7	1	2	3	4	5
4	TEXT(B1,"aaaa")	星期六	星期日	星期一	星期二	星期三	星期四	星期五
5	TEXT(B1,"aaa")	六	日	一	二	三	四	五
6	TEXT(B1,"dddd")	Saturday	Sunday	Monday	Tuesday	Wednesday	Thursday	Friday
7	TEXT(B1,"ddd")	Sat	Sun	Mon	Tue	Wed	Thu	Fri

图 13-45　计算指定日期是星期几

B2 单元格的公式如下。

```
=WEEKDAY(B1,2)
```

WEEKDAY 函数第二参数为 2，返回 1 ～ 7 的数字，表示从星期一到星期日为一周。

B3 单元格的公式如下。

```
=MOD(B1-2,7)+1
```

MOD 函数根据每周均由星期一到星期日 7 天循环的原理，计算日期与 7 相除的余数。MOD 函数被除数减 2 结果 +1，返回结果与 WEEKDAY 函数相同的数值。

B4 ～ B7 单元格公式分别如下。

```
=TEXT(B1,"aaaa")
=TEXT(B1,"aaa")
=TEXT(B1,"dddd")
=TEXT(B1,"ddd")
```

TEXT 函数第二参数利用了 Excel 的内置数字格式代码。

第二参数使用 "aaaa" 时，返回中文“星期六”。

第二参数使用 "aaa" 时，返回中文星期简写“六”。

第二参数使用 "dddd" 时，返回英文“Saturday”。

第二参数使用 "ddd" 时，返回英文星期简写“Sat”。

提示

使用 TEXT 函数计算某一日期的星期时，由于 Excel 为了兼容其他程序，保留了 1900 年 2 月 29 日这个不存在的日期，如果日期设置在 1900 年 3 月 1 日之前，将不能得出正确的结果。

注意

与设置自定义格式有所不同，自定义格式只影响单元格显示效果，不会改变单元格的实际内容，而 TEXT 函数返回的星期值为文本内容，失去了日期的意义，不能参与后续的计算。

13.5.2　星期有关的计算

示例 13-29　计算 2016 年每月工资发放日期

某公司财务部门规定，每月的 20 日发放工资，如果恰逢 20 日是周六或周日，则提前至周五发放。如图 13-46 所示，需要根据 A 列中的月份，计算出 2016 年每月应发工资的日期。

B3 单元格输入以下公式，向下复制到 B14 单元格。

```
=DATE(2016,A3,20)-TEXT(WEEKDAY(DATE(2016,A3,20),2)-5,"0;!0;!0")
```

首先用 DATE(2016,A3,20) 组成一个日期，该日期年份为 2016，月份由 A3 单元格指定，一月中的天数为 20。再用 WEEKDAY 函数计算出该日期是星期几，第二参数使用 2，结果返回 1 ~ 7 的数字，表示从星期一到星期日。

用WEEKDAY的计算结果减去5之后，如果日期是星期六，则结果为 1。如果日期是星期日，则结果为 2，如果日期是星期一到星期五，则显示为负数或 0。

TEXT 函数使用格式代码""0;!0;!0""，将正数部分显示为原有的值，将负数和 0 强制显示为 0。

	A	B
1	2016年每月工资发放日	
2	月份	发放日
3	1	2016/1/20
4	2	2016/2/19
5	3	2016/3/18
6	4	2016/4/20
7	5	2016/5/20
8	6	2016/6/20
9	7	2016/7/20
10	8	2016/8/19
11	9	2016/9/20
12	10	2016/10/20
13	11	2016/11/18
14	12	2016/12/20

图 13-46　每月工资发放日

最后用 DATE(2016,A3,20)，也就是计划工资发放日，减去 TEXT 函数的计算结果，最终得到实际工资发放日期。如果日期是星期一到星期五，则减去 0；如果日期是星期六，则减去 1；如果日期是星期日，则减去 2。

示例 13-30 计算指定日期所在月份有几个星期日

如图 13-47 所示，A 列为目标日期，需要在 B 列计算日期所在月份有几个星期日。

B2 单元格输入以下数组公式，按 <Ctrl+Shift+Enter> 组合键，向下复制到 B7 单元格。

```
{=COUNT(0/(MOD(TEXT(A2,"e-m")&-ROW($1:$31),7)=1))}
```

	A	B
1	日期	数组公式
2	2015/2/5	4
3	2015/3/20	5
4	2015/8/15	5
5	2015/6/1	4
6	2015/10/3	4
7	2015/12/25	4

图 13-47　日期所在月份有几个星期日

首先用 TEXT 函数返回 A2 单元格日期的"年 - 月"，再用文本连接符与 ROW($1:$31) 连接，得到一组日期样式的字符串。

```
{"2015-2-1";"2015-2-2";……;"2015-2-29";"2015-2-30";"2015-2-31"}
```

MOD 函数计算日期字符串与 7 相除的余数，如果日期为星期日，MOD 函数结果为 1。对于 2015-2-30、2015-2-31 等不存在的日期，返回错误值 #VALUE!。

"MOD(TEXT(A2,"e-m")&-ROW($1:$31),7)=0"部分，用等式判断 MOD 函数的结果是否等于 1，返回一组由逻辑值 TRUE 和 FALSE 以及错误值 #VALUE! 构成的内存数组。

0 除以逻辑值 TRUE，返回数值 0，其他将返回错误值 #DIV/0! 或 #VALUE!。

最后使用 COUNT 函数计算相除后的数值个数，结果为 4。

使用以下数组公式也可完成计算。

```
{=COUNT(0/(WEEKDAY(TEXT(A2,"e-m")&-ROW($1:$31))=1))}
```

13.5.3　判断指定日期是本年的第几周

WEEKNUM 函数返回指定日期属于全年的第几周，该函数的语法结构与 WEEKDAY 函数的语法结构完全相同。因为习惯上把星期一到星期日算作一周，所以通常将 WEEKNUM 函数的 return_type 参数设置为 2。

ISOWEEKNUM 函数是 Excel 2013 新增的一个星期类函数，用于返回给定日期在全年中的 ISO 周数。ISO 8601 是国际标准化组织的国际标准日期和时间表示方法，主要在欧洲流行。

示例 13-31　判断指定日期是当年的第几周

如图 13-48 所示，A 列为目标日期，B 列和 C 列分别使用 WEEKNUM 函数和 ISOWEEKNUM 函数，判断目标日期是该年的第几周。

	A	B	C
1	日期	WEEKNUM函数	ISOWEEKNUM函数
2	2012/1/1	1	52
3	2012/1/2	2	1
4	2014/5/31	22	22
5	2014/6/1	22	22
6	2014/8/25	35	35
7	2014/11/6	45	45

图 13-48　判断指定日期是本年的第几周

B2 单元格的公式如下。

```
=WEEKNUM(A2,2)
```

WEEKNUM 函数将包含 1 月 1 日的周识别为该年的第 1 周，A2 单元格中的 2012 年 1 月 1 日被判断为该年度的第 1 周。

C2 单元格的公式如下。

```
=ISOWEEKNUM(A2)
```

ISOWEEKNUM 函数将包含该年的第一个星期四的周识别为该年的第 1 周。2012 年 1 月 1 日为星期日，因此判断为上年度的第 52 周。

13.5.4　返回最近星期日的日期

示例 13-32　返回过去最近星期日的日期

以下公式将返回当前日期上一个星期日的日期，如果当前日期是星期日，则返回前一个星期日的日期。

```
=TODAY()-WEEKDAY(TODAY(),2)
```

WEEKDAY(TODAY( ),2) 部分返回系统当前日期的星期值，用当前日期减去当前日期的星期值，得到上一个星期日的日期。

同理，以下公式将返回当前日期下一个星期日的日期，如果当前日期是星期日，则返回当前的日期。

```
=TODAY()-WEEKDAY(TODAY(),2)+7
```

13.5.5 计算指定年份母亲节的日期

每年5月份的第二个星期日是母亲节，利用星期类函数可以计算出指定年份母亲节的日期。

示例 13-33 计算母亲节的日期

如图 13-49 所示，需要根据 A2 单元格的年份值计算出该年母亲节的日期。

B2 单元格使用以下公式。

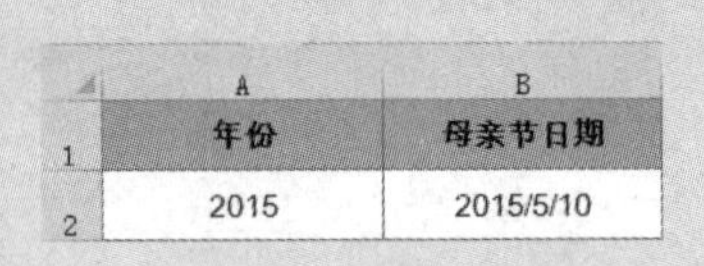

	A	B
1	年份	母亲节日期
2	2015	2015/5/10

图 13-49 母亲节日期

```
=(A2&"-5-1")-WEEKDAY(A2&"-5-1",2)+14
```

首先将 A2 与字符串“-5-1”连接，得到能够被 Excel 识别为日期的新字符串“2015-5-1”。使用 WEEKDAY 函数计算出“2015-5-1”的星期值，再用“2015-5-1”减去当天的星期值，得到上一个星期日的日期。再加上 14 天，计算出该年 5 月份的第二个星期日，即母亲节的日期。

13.6 工作日相关函数

Excel 2013 提供了 4 个用于计算工作日的函数，分别是 WORKDAY 函数、NETWORKDAYS 函数、NETWORKDAYS.INTL 函数和 WORKDAY.INTL 函数。

13.6.1 WORKDAY 函数

WORKDAY 函数用于返回在起始日期之前或之后、与该日期相隔指定工作日的日期。

函数的基本语法如下。

```
WORKDAY(start_date,days,[holidays])
```

第一参数 start_date 为起始日期。第二参数 days 为开始日期之前或之后不含周末及节假日的天数。第三参数 holidays 可选，为包含需要从工作日历中排除的一个或多个节假日日期。

示例 13-34 计算发票寄送日期

某在线培训公司规定，从学员培训费用交齐之日起，15 个工作日内寄送发票，遇休息日和法定节假日顺延。在如图 13-50 所示的交费记录表中，B 列为学员交费日期，E 列为法定节假日，需要在 C 列计算发票寄送日期。

	A	B	C	D	E
1	办理时限	15个工作日			法定假日
2					2016/1/1
3	学员姓名	交费日期	此日期之前寄出		2016/1/2
4	万里风	2015/10/27	2015/11/17		2016/1/3
5	多尔衮	2015/10/30	2015/11/20		
6	袁承志	2015/11/3	2015/11/24		
7	安剑清	2015/11/12	2015/12/3		
8	冯不破	2015/11/3	2015/11/24		
9	木桑道长	2015/12/19	2016/1/11		
10	水云道人	2015/12/25	2016/1/18		

图 13-50 计算发票寄送日期

C4 单元格使用以下公式，向下复制到 C10 单元格。

```
=WORKDAY(B4,15,E$2:E$4)
```

公式中，B4 为起始日期，指定的工作日天数为 15，E$2:E$4 单元格区域为需要排除的节假日日期，Excel 计算时自动忽略这些日期来计算工作日，返回发票寄送日期为 2015/11/17。

13.6.2 NETWORKDAYS 函数

NETWORKDAYS 函数用于返回两个日期之间完整的工作日天数。

该函数的基本语法如下。

```
NETWORKDAYS(start_date,end_date,[holidays])
```

第一参数 start_date 为起始日期。第二参数 end_date 为结束日期。第三参数 holidays 可选，为包含需要从工作日历中排除的一个或多个节假日日期。

示例 13-35 计算员工应出勤天数

图 13-51 是某公司人事部门的员工考勤表的部分数据，需要根据 B1 单元格指定的年份和 D1 单元格指定的月份，在 C 列计算员工本月应出勤天数。

	A	B	C	D
1	年份	2016	月份	3
2				
3	姓名	部门	本月应出勤	实出勤
4	段誉	总经办	23	
5	阮星竹	总经办	23	
6	李秋水	销售部	23	
7	朱丹臣	销售部	23	
8	刀白凤	企管部	23	
9	风波恶	企管部	23	
10	司马林	财务部	23	

图 13-51 计算员工应出勤天数

C4 单元格计算考勤天数的公式如下。

```
=NETWORKDAYS(B$1&-D$1,EOMONTH(B$1&-D$1,0))
```

首先使用 B$1&-D$1 组成开始日期的字符串“2016-3”，日期字符串中忽略天数，默认按该月份的 1 日处理，也就是 3 月份的考勤起始时间是 3 月 1 日。

EOMONTH(B$1&-D$1,0) 部分，用 EOMONTH 函数计算出 3 月份的最后一天，也就是 3 月份的考勤结束时间是 3 月 31 日。

使用 NETWORKDAYS 函数计算出两个日期间的工作日天数，结果为 23。

13.6.3 NETWORKDAYS.INTL 函数

NETWORKDAYS.INTL 函数的作用是使用自定义周末参数，返回两个日期之间的工作日天数。

该函数的基本语法如下。

```
NETWORKDAYS.INTL(start_date,end_date,[weekend],[holidays])
```

第一参数 start_date 为起始日期。第二参数 end_date 为结束日期。第三参数 weekend 可选，为指定的自定义周末类型。第四参数 holidays 可选，为包含需要从工作日历中排除的一个或多个节假日日期。

NETWORKDAYS.INTL 函数使用不同 weekend 参数时，对应的自定义周末日如表 13-5 所示。

表 13-5 weekend 参数对应的周末日

周末数字	周末日
1 或省略	星期六、星期日
2	星期日、星期一
3	星期一、星期二
4	星期二、星期三
5	星期三、星期四

续表

周末数字	周末日
6	星期四、星期五
7	星期五、星期六
11	仅星期日
12	仅星期一
13	仅星期二
14	仅星期三
15	仅星期四
16	仅星期五
17	仅星期六

示例 13-36 处理企业 6 天工作制的应出勤日期

继续以示例 13-35 中的员工考勤表为例，不同的是每周 6 天工作日，星期日为休息日，需要在 C 列计算员工本月应出勤天数。

	A	B	C	D
1	年份	2016	月份	3
2				
3	姓名	部门	本月应出勤	实出勤
4	段誉	总经办	27	
5	阮星竹	总经办	27	
6	李秋水	销售部	27	
7	朱丹臣	销售部	27	
8	刀白凤	企管部	27	
9	风波恶	企管部	27	
10	司马林	财务部	27	

图 13-52 计算 6 天工作制的应出勤日期

C4 单元格使用以下公式。

```
=NETWORKDAYS.INTL(B$1&-D$1,EOMONTH(B$1&-D$1,0),11)
```

NETWORKDAYS.INTL 函数第三参数使用 11，表示仅星期日为休息日。

weekend 参数也可以使用由 1 和 0 组成的 7 位数字符串，0 为工作日，1 为休息日。这种表现形式更为直观，也更便于记忆。

以下公式也可完成相同的计算。

```
=NETWORKDAYS.INTL(B$1&-D$1,EOMONTH(B$1&-D$1,0),"0000001")
```

weekend 参数使用 7 位数字符串，处理自定义休息日时非常方便灵活，如果周二、周四和周六为休息日，则可使用“0101010”表示。

根据 NETWORKDAYS.INTL 函数能够自定义周末参数的特点，在示例 13-30 中，也可以使用以下公式计算指定日期所在月份中有多少个星期日。

```
=NETWORKDAYS.INTL(A2-DAY(A2)+1,EOMONTH(A2,0),"1111110")
```

NETWORKDAYS.INTL 函数的第三参数使用“1111110”，表示仅以星期日作为工作日，计算 A2 单元格日期值的当月第一天至最后一天之间的工作日数。计算结果如图 13-53 所示。

C2 =NETWORKDAYS.INTL(A2-DAY(A2)+1,EOMONTH(A2,0),"1111110")

	A	B	C
1	日期	数组公式	NETWORKDAYS.INTL函数
2	2015/2/5	4	4
3	2015/3/20	5	5
4	2015/8/15	5	5
5	2015/6/1	4	4
6	2015/10/3	4	4
7	2015/12/25	4	4

图 13-53　日期所在月份有多少个星期日

13.6.4　WORKDAY.INTL 函数

WORKDAY.INTL 函数的作用是使用自定义周末参数，返回在起始日期之前或之后、与该日期相隔指定工作日的日期。其基本语法如下。

```
WORKDAY.INTL(start_date,days,[weekend],[holidays])
```

start_date 参数表示开始日期。days 参数表示开始日期之前或之后的工作日的天数，正值表示未来日期，负值表示过去日期，零值表示开始日期。weekend 参数可选，用于指定一周中属于周末和不作为工作日的日子。

与 NETWORKDAYS.INTL 函数一样，WORKDAY.INTL 函数通过设置不同的 weekend 参数，可以非常灵活地实现非 5 天工作日的日期计算。

示例 13-37　按自定义周末计算项目完成工期

图 13-54 展示的是某企业新项目工期安排表的部分内容，需要根据开始日期和拟定的工期天数，计算出项目的结束日期。计算时需按每周 6 天工作日、星期日为休息日计算，并且需要在工作日中去除 F 列的假期。

	A	B	C	D	E	F	G
1	项目	开始时间	工期天数	完成日期		其他假期安排	
2	考察立项	2014/10/14	45	2014/12/5		2015/1/1	元旦
3	基建项目	2014/12/6	110	2015/4/21		2015/1/2	元旦
4	设备招标	2015/2/1	30	2015/3/11		2015/2/18	春节
5	设备安装	2015/3/5	90	2015/6/19		2015/2/19	春节
6	调试生产	2015/6/15	10	2015/6/26		2015/2/20	春节
7						2015/4/4	清明
8						2015/4/5	清明

图 13-54　按自定义周末计算项目完成工期

D2 单元格输入以下公式，向下复制到 D6 单元格。

```
=WORKDAY.INTL(B2,C2,11,F$2:F$8)
```

WORKDAY.INTL 第三参数使用 11，表示仅以星期日作为休息日。其设置规则与 NETWORKDAYS.INTL 函数的第三参数设置规则相同。

第四参数可选，表示要从工作日日历中排除的日期。该参数既可以是一个包含相关日期的单元格区域，也可以是由日期序列值构成的数组常量。

WORKDAY.INTL 函数的第三参数同样可以使用由 1 和 0 组成的 7 位数字符串。0 表示工作日，1 表示休息日。公式可以写成以下形式。

```
=WORKDAY.INTL(B2,C2,"0000001",F$2:F$8)
```


13.7　时间的计算

Excel 2013 提供了部分用于处理时间的函数，常用的时间类函数及其作用如表 13-6 所示。

表 13-6　常用的时间类函数及其作用

函数名称	作用
TIME 函数	根据指定的小时、分钟和秒数返回时间
HOUR 函数	返回时间数据中的小时
MINUTE 函数	返回时间数据中的分钟
SECOND 函数	返回时间数据中的秒

13.7.1　时间的加减计算

在处理时间数据时，一般仅对数据进行加法和减法的计算，如计算累计通话时长、两个时间的间隔时长等。

示例 13-38　计算故障处理时长

图 13-55 是某运营商网络故障报修记录表的一部分，需要根据 B 列的报修时间和 C 列的故障恢复时间，计算故障处理时长。

D2 单元格输入以下公式，向下复制。

```
=INT((C2-B2)*1440)
```

	A	B	C	D
1	终端编号	报修时间	故障恢复时间	处理时长（分钟）
2	KD1855	2015-7-12 12:30:00	2015-7-14 23:25:45	3535
3	KD2143	2015-7-12 10:40:00	2015-7-13 08:21:03	1301
4	KD6441	2015-7-11 20:56:00	2015-7-13 00:27:30	1651
5	KD5242	2015-7-12 21:44:00	2015-7-14 10:43:23	2219
6	KD3682	2015-7-12 20:32:00	2015-7-13 01:43:44	311
7	KD3035	2015-7-12 15:00:00	2015-7-13 01:44:33	644
8	KD8679	2015-7-12 08:50:00	2015-7-12 10:18:55	88
9	KD3144	2015-7-12 08:10:00	2015-7-12 10:28:29	138
10	KD8588	2015-7-14 19:40:00	2015-7-15 00:18:55	278

图 13-55　计算故障处理时长

1 天等于 24 小时，1 小时等于 60 分钟，即一天有 1440 分钟。要计算两个时间间隔的分钟数，只要用终止时间减去开始时间，再乘以 1440 即可。最后用 INT 函数舍去计算结果中不足一分钟的部分，计算出时长的分钟数。

如果需要计算两个时间间隔的秒数，可使用以下公式。

```
=(C2-B2)*86400
```

一天有 86400 秒，所以计算秒数时使用结束时间减去开始时间，再乘以 86400。

除此之外，使用 TEXT 函数能够以文本格式的数字返回两个时间的间隔。

```
取整的间隔小时数 :=TEXT(C2-B2,"[h]")
取整的间隔分钟数 :=TEXT(C2-B2,"[m]")
取整的间隔秒数 :=TEXT(C2-B2,"[s]")
```

13.7.2　计算车辆运行时长

示例 13-39　计算员工在岗时长

图 13-56 是某危化品生产企业员工出入车间的部分记录，需要根据 B 列的到岗时间和 C 列的离岗时间，计算员工的在岗时长。

F2 单元格使用以下公式计算。

```
=C2-B2
```

由于部分员工的离岗时间为次日凌晨，仅从时间来判断，离岗时间小于到岗时间，两者相减得出负数，计算结果会出现错误，如 D2:D4 单元格所示。

通常情况下，员工在岗的时长不会超过 24 小时，因此可以借助 MOD 函数，将运算结果转换为正值。

```
=MOD(C2-B2,1)
```

MOD 函数计算 C2-B2 的结果除 1 的余数，运算结果的正负符号与除数 1 相同，因此能够得出正确计算结果，修正后的计算结果如图 13-57 中 E 列所示。

	A	B	C	D
1	姓名	到岗时间	离岗时间	在岗时长
2	郭啸天	22:36	1:20	########
3	杨铁心	18:20	1:10	########
4	王重阳	20:20	3:35	########
5	丘处机	16:00	19:30	3:30
6	梅超风	21:20	22:55	1:35

图 13-56　人员出入记录

	A	B	C	D	E
1	姓名	到岗时间	离岗时间	在岗时长	MOD函数
2	郭啸天	22:36	1:20	########	2:44
3	杨铁心	18:20	1:10	########	6:50
4	王重阳	20:20	3:35	########	7:15
5	丘处机	16:00	19:30	3:30	3:30
6	梅超风	21:20	22:55	1:35	1:35

图 13-57　在岗时长公式修正结果

13.7.3　文本格式时间的计算

示例 13-40　计算员工技能考核平均用时

图 13-58 是某企业员工技能考核表的部分数据，B 列是以文本形式记录的员工操作用时，需要计算员工的平均操作时长。

D2 单元格使用以下数组公式，按 <Ctrl+Shift+Enter> 组合键。

```
{=SUM(--TEXT({"0 时 ","0 时 0 分 "}&B2:B10,"h:m:s;;;!0"))/9}
```

	A	B	C	D
1	姓名	测试结果		平均时长
2	臧自良	1分18秒		0:01:12
3	史应芳	59秒		
4	李秀梅	57秒		
5	蔡云梅	1分20秒		
6	李秀忠	1分32秒		
7	彭本昌	57秒		
8	范润金	1分12秒		
9	苏家华	1分6秒		
10	梁认喜	1分27秒		

图 13-58　技能考核平均用时

由于 B 列的时间记录是文本内容，Excel 无法直接识别和计算。

使用字符串 { "0 时 ","0 时 0 分 " } 与 B2:B10 单元格的内容连接，变成 9 行 2 列的内存数组{ "0 时 1 分 18 秒 ","0 时 0 分 1 分 18 秒 ";"0 时 59 秒 ","0 时 0 分 59 秒 ";……;"0 时 1 分 27 秒 ","0 时 0 分 1 分 27 秒 " } 。

Excel 将“0 时 0 分 0 秒”样式的文本字符串识别为时间，将“0 时 0 秒”“0 时 0 分 0 分 0 秒”等样式的字符串仍然识别为文本。

TEXT 函数第二参数使用“h:m:s;;;!0”，将时间样式的字符串转换为“h:m:s”样式，非时间样式的文本字符串强制显示为 0。计算结果为 { "0:1:18","0";"0","0:0:59";……;"0:1:27","0" } 。

TEXT 函数计算出的结果仍然为文本，加上两个负号，即负数的负数为正数，通过减负运算将文本结果转换为可运算的数值。

最后使用 SUM 函数求和，求和结果除以总人数 9，得到考核平均用时。

如果计算结果显示为小数，可设置 D2 单元格的单元格格式为“h:mm:ss”格式。

13.7.4 在日期时间数据中提取时间或日期

示例 13-41 提取时间或日期

从数据库中导出的日期数据往往同时包含日期和时间，如图 13-59 所示，需要在 B 列和 C 列分别提取 A 列数据中的日期和时间。

由于时间和日期数据的实质都是序列值，因此既包含日期又包含时间的数据可以看作是带小数的数值。其中整数部分代表日期的序列值，小数部分代表时间的序列值。

	A	B	C
1	日期与时间	日期	时间
2	2012/5/29 01:13:26	2012/5/29	1:13:26
3	2012/5/24 09:21:36	2012/5/24	9:21:36
4	2012/6/3 13:29:17	2012/6/3	13:29:17
5	2012/6/2 16:16:19	2012/6/2	16:16:19
6	2012/5/30 21:37:26	2012/5/30	21:37:26
7	2012/5/19 20:24:00	2012/5/19	20:24:00
8	2012/5/24 11:11:02	2012/5/24	11:11:02
9	2012/5/28 07:29:17	2012/5/28	7:29:17
10	2012/5/18 02:44:10	2012/5/18	2:44:10
11	2012/5/28 08:09:36	2012/5/28	8:09:36

图 13-59 提取日期和时间

B2 单元格可使用以下公式提取日期数据。

```
=INT(A2)
=TRUNC(A2)
```

使用 INT 函数或 TRUNC 函数提取 A 列数值的整数部分，结果即为代表日期的序列值。

C2 单元格可使用以下公式提取时间数据。

```
=A2-INT(A2)
=MOD(A2,1)
```

使用 MOD 函数计算 A2 单元格与 1 相除的余数，得到 A2 数值的小数部分，结果即为代表时间的序列值。如果结果显示为小数，可将单元格格式设置为“h:mm:ss”。

除此之外，使用 TEXT 函数也可以日期时间的提取，使用以下公式可以提取出 A 列中的日期。

```
=--TEXT(A2,"e-m-d")
```

格式代码使用“e-m-d”，即“年 - 月 - 日”。

使用以下公式可以提取出 A 列中的时间。

```
=--TEXT(A2,"h:m:s")
```

格式代码使用“h:m:s”，即“时 : 分 : 秒”

13.8 时间和日期函数的综合运用

13.8.1 计算两个日期相差的年、月、日数

在计算工龄、发票报销期限等日期计算应用中，经常要求两个日期的时间差以“0 年 0

个月 0 天”的样式表现。

示例 13-42　计算新生儿年龄

图 13-60 展示的是某防疫部门新生儿信息表的部分内容，B 列数据为出生日期，C 列数据为计算截止日期，需要在 D 列计算以岁、月、日的显示样式计算新生儿年龄。

D2 单元格使用以下公式。

```
=DATEDIF(B2,C2,"Y")&"岁"&DATEDIF(B2,C2,"YM")&"个月"&DATEDIF(B2,C2,"MD")&"天"
```

公式中使用了 3 个 DATEDIF 函数。第二参数分别使用“Y”，计算时间段中的整年数。使用“YM”，忽略日和年计算日期相差的月数。使用“MD”，忽略月和年计算日期相差的天数。

最后将 3 个函数的计算结果与字符串“岁”“个月”“天”进行连接，最终得到“0 岁 0 个月 0 天”样式的结果。

由于月份和天数均不会超过两位数，也可使用以下公式完成计算。

```
=TEXT(SUM(DATEDIF(B2,C2,{"Y","YM","MD"})*{10000,100,1}),"0岁00个月00天")
```

计算结果如图 13-61 中 E 列所示。

	A	B	C	D
1	姓名	出生日期	截至日期	年龄
2	小龙女	2014/12/30	2015/12/31	1岁0个月1天
3	尹志平	2014/8/27	2015/12/31	1岁4个月4天
4	公孙止	2015/3/25	2015/12/31	0岁9个月6天
5	沙通天	2014/7/3	2015/12/31	1岁5个月28天
6	耶律燕	2015/1/12	2015/12/31	0岁11个月19天
7	欧阳峰	2014/9/12	2015/12/31	1岁3个月19天
8	黄蓉	2014/2/15	2015/12/31	1岁10个月16天
9	柯镇恶	2015/3/30	2015/12/31	0岁9个月1天
10	洪七公	2015/5/12	2015/12/31	0岁7个月19天

图 13-60　计算新生儿年龄

	A	B	C	D	E
1	姓名	出生日期	截至日期	年龄	年龄
2	小龙女	2014/12/30	2015/12/31	1岁0个月1天	1岁00个月01天
3	尹志平	2014/8/27	2015/12/31	1岁4个月4天	1岁04个月04天
4	公孙止	2015/3/25	2015/12/31	0岁9个月6天	0岁09个月06天
5	沙通天	2014/7/3	2015/12/31	1岁5个月28天	1岁05个月28天
6	耶律燕	2015/1/12	2015/12/31	0岁11个月19天	0岁11个月19天
7	欧阳峰	2014/9/12	2015/12/31	1岁3个月19天	1岁03个月19天
8	黄蓉	2014/2/15	2015/12/31	1岁10个月16天	1岁10个月16天
9	柯镇恶	2015/3/30	2015/12/31	0岁9个月1天	0岁09个月01天
10	洪七公	2015/5/12	2015/12/31	0岁7个月19天	0岁07个月19天

图 13-61　计算新生儿年龄

DATEDIF 函数第二参数使用常量数组 { "Y","YM","MD" }，分别计算时间段中的整年数、忽略日和年的相差月数、忽略月和年的相差天数，返回内存数组 { 9,0,1 }。

用该内存数组与 { 10000,100,1 } 相乘，即年数乘 10000，月数乘 100，天数乘 1。使用 SUM 函数求和后得到由年数和两位月数、两位天数组成的数值 90001。

TEXT 函数第二参数使用“0 年 00 个月 00 天”，分别在数值右起第一位后面加上字符“天”，右起第三位后面加上字符“个月”，右起第五位后面加上字符“岁”，最终得到“0 岁 00 个月 00 天”样式的结果。

13.8.2 生成指定范围内的随机时间

使用 RANDBETWEEN 函数，可以生成一组指定范围内的时间。

示例 13-43 生成指定范围内的随机时间

如图 13-62 所示，需要生成一组 9:00 ~ 11:00 之间，以分钟为单位的随机时间。

A2 单元格输入以下公式，复制至 A2:C11 单元格区域。

```
="9:00"+RANDBETWEEN(0,120)/1440
```

9:00 ~ 11:00 间隔为 120 分钟，因此先使用 RANDBETWEEN 函数生成 0 ~ 120 之间的随机整数，再除以 1440（一天的分钟数），即得到两小时内的随机分钟的序列值。

随机分钟序列值加上起始时间“9:00”，得到 9:00 ~ 11:00 之间以分钟为单位的随机时间。

用户也可以使用以下公式计算，则不必单独计算起始和结束时间的分钟数。

```
=RANDBETWEEN("9:00"*1440,"11:00"*1440)/1440
```

如需生成 9:00 ~ 11:00 之间以秒为单位的随机时间，可使用以下公式完成。

```
="9:00"+RANDBETWEEN(0,7200)/86400
```

9:00 ~ 11:00 间隔为 7200 秒，因此先使用 RANDBETWEEN 函数生成 0 ~ 7200 之间的随机整数，再除以 86400（一天的秒数），即得到两小时内的随机秒数的序列值。

随机秒数序列值加上起始时间“9:00”，得到 9:00 ~ 11:00 之间以秒为单位的随机时间，效果如图 13-63 所示。

	A	B	C
1	以分钟为单位的随机时间		
2	9:21	9:06	11:00
3	10:44	9:03	10:08
4	9:41	10:52	10:25
5	10:17	10:50	9:18
6	10:02	10:31	10:48
7	9:39	9:12	9:38
8	10:09	10:43	9:29
9	9:58	9:21	10:00
10	10:41	10:20	10:14

图 13-62 以分钟为单位的随机时间

	A	B	C
1	以秒为单位的随机时间		
2	9:10:15	9:03:56	10:22:40
3	10:35:39	9:14:33	10:38:06
4	10:06:30	9:54:38	9:55:31
5	10:41:55	9:53:28	10:47:46
6	9:27:04	9:46:12	10:37:44
7	9:22:06	9:12:20	10:30:52
8	10:30:34	10:43:00	10:11:16
9	9:44:09	9:43:43	10:39:14
10	9:12:48	9:19:43	9:01:28

图 13-63 以秒为单位的随机时间

用户也可以使用以下公式实现同样的目的。

```
=RANDBETWEEN("9:00"*86400,"11:00"*86400)/86400
```

13.8.3 制作员工考勤表

设计合理的考勤表不仅能够直观显示员工的考勤状况，还可以减少统计人员的工作量。

示例 13-44 制作员工考勤表

如图 13-64 所示，展示了一份使用窗体工具结合函数公式和条件格式制作的考勤表，当用户调整单元格上的微调按钮时，考勤表中的日期标题会随之调整，并高亮显示周末日期。

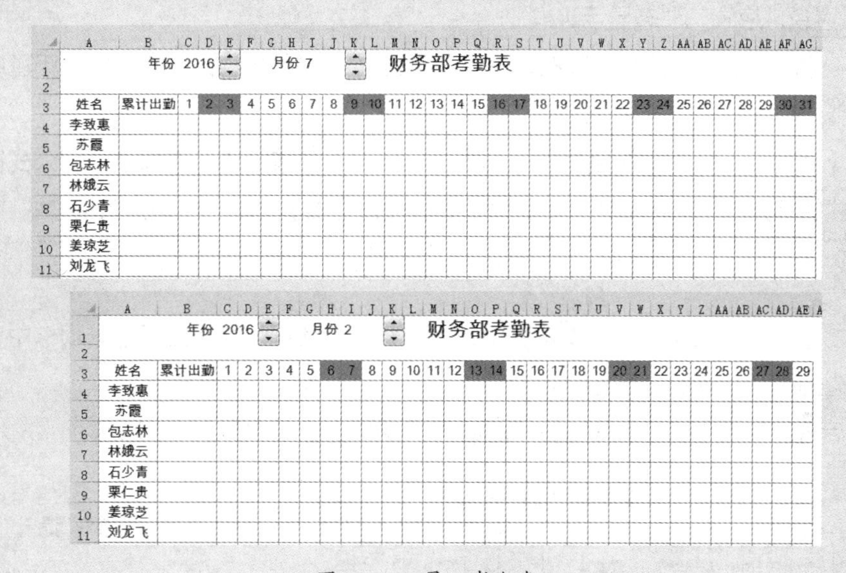

图 13-64 员工考勤表

操作步骤如下。

步骤 1 使用公式完成日期标题填充。

C3 单元格输入以下公式，向右复制到 AG3 单元格。

```
=IF(COLUMN(A1)<=DAY(EOMONTH($C1&-$I1,0)),COLUMN(A1),"")
```

效果如图 13-65 所示。

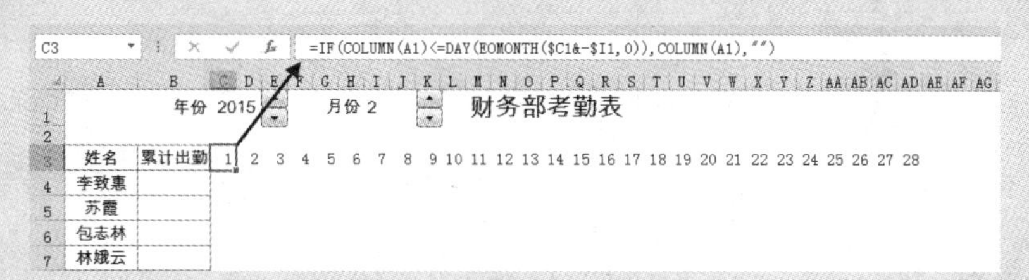

图 13-65 使用公式完成日期填充

设置公式的目的是在 C3:AG3 单元格区域生成能随着年份、月份动态调整的日数序列值，作为考勤表的参照日期。

首先用 C1 单元格指定的年份值和 I1 单元格指定的月份值，连接成日期字符串

“2016-2”，EOMONTH($C1&-$I1,0) 部分，返回日期字符串当月最后一天的日期。再用 DAY 函数计算出该月份最后一天的天数值。

COLUMN(A1) 返回 A1 单元格的列号 1，参数 A1 为相对引用，公式向右复制时依次变成 B1、C1、D1…，COLUMN 函数的结果变成 2、3、4…，得到步长值为 1 的递增序列。

使用 IF 函数进行判断，如果 COLUMN 函数生成的序列值小于等于该月份最后一天的日期，返回 COLUMN 函数结果，否则返回空白。

步骤② 设置条件格式，动态显示边框。

选中 C3:AG20 单元格区域，在【开始】选项卡中依次单击【条件格式】→【新建规则】，弹出【新建格式规则】对话框。

在【新建格式规则】对话框的【选中规则类型】列表框中，选择【使用公式确定要设置格式的单元格】。在【为符合此公式的值设置格式】文本框中输入条件公式。

```
=C$3<>""
```

单击【格式】按钮，打开【设置单元格格式】对话框。在【边框】选项卡中，选取合适的边框颜色，单击【外边框】按钮。

最后依次单击【确定】按钮关闭对话框，完成设置，如图 13-66 所示。

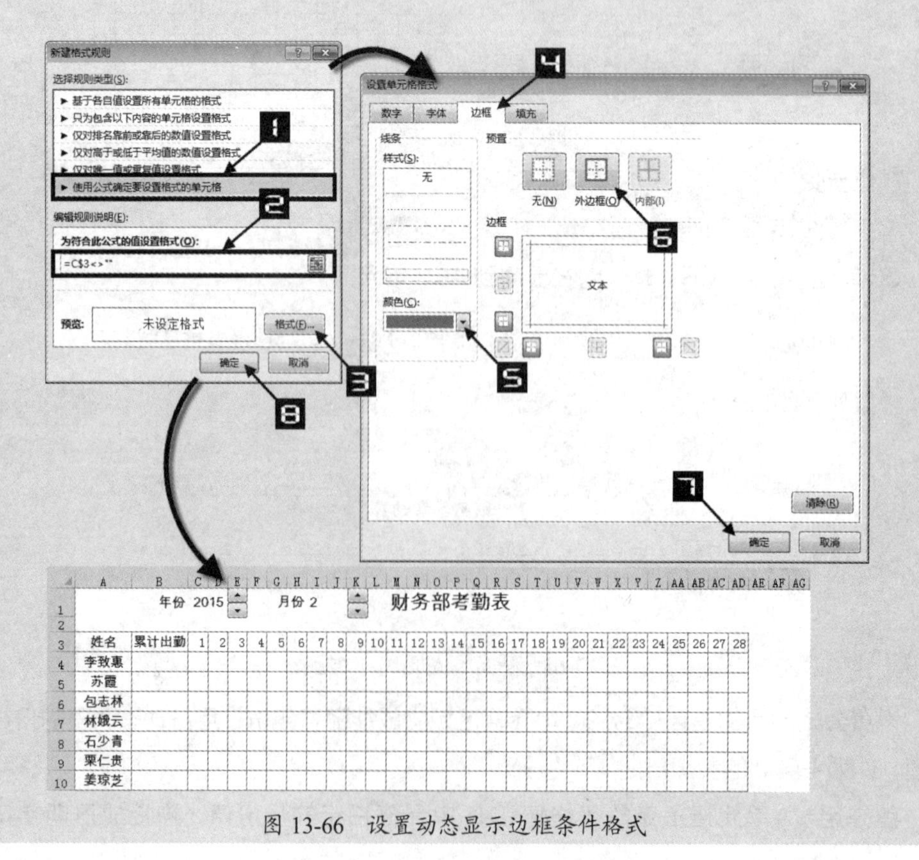

图 13-66 设置动态显示边框条件格式

步骤3 设置条件格式，高亮显示周末日期。

选中 C3:AG3 单元格区域，重复上述条件格式设置步骤 1 和步骤 2，在【编辑规则说明】组合框的【为符合此公式的值设置格式】编辑框中输入条件公式。

```
=(WEEKDAY(DATE($C1,$I1,C3),2)>5)*(C3<>"")
```

单击【格式】按钮，打开【设置单元格格式】对话框。在【填充】选项卡中，选择合适的背景颜色，如“绿色”。

依次单击【确定】按钮关闭对话框，完成设置，最终效果如图 13-64 所示。

条件格式公式中的 DATE($C1,$I1,C3) 部分，使用 DATE 函数生成递增的日期值。其中年份值由 C1 单元格指定，月份值由 I1 单元格指定，天数值为 C3:AG3 单元格区域的数字。

WEEKDAY 函数返回 DATE 函数生成日期的星期值。如果星期值大于 5 并且单元格不为空时，单元格将以指定的格式高亮显示。

第 14 章　查找与引用

查找与引用类函数是应用频率较高的函数之一，可以用来在数据清单或表格的指定单元格区域范围内查找特定内容。本章重点介绍查找与引用函数的常用技巧，以及使用查找引用函数的典型应用。

本章学习要点

（1）了解常用的查找函数。

（2）认识理解引用函数。

（3）查找函数和引用函数的应用。

14.1　认识理解引用函数

INDIRECT 函数能够根据第一参数的文本字符串生成具体的单元格引用，主要用于创建对静态命名区域的引用、从工作表的行列信息创建引用以及创建固定的数值组等，利用文本连接符“&”，可以构造“常量 + 变量”“静态 + 动态”相结合的单元格引用方式。

INDIRECT 函数常见的用途包括以下几种。

（1）通过其他运算得到部分引用元素的单元格地址引用。

（2）在数据验证中实现动态更新的区域引用。

（3）通过指定的工作表名称在多表之间引用数据。

（4）与 TEXT 函数结合，在数据区域中提取符合指定条件的内容。

该函数的基本语法如下。

```
INDIRECT(ref_text,[a1])
```

第一参数 ref_text 是一个表示单元格地址的文本，既可以是 A1 或者 R1C1 引用样式的字符串，也可以是已定义的名称或“表”的结构化引用。但如果自定义名称是使用函数公式产生的动态引用，则无法用“=INDIRECT(名称)”再次引用。

第二参数是一个逻辑值，用于指定使用 A1 引用样式还是 R1C1 引用样式，如果该参数为 TRUE 或省略，第一参数中的文本被解释为 A1 样式的引用。如果为 FALSE 或是写成 0，则将第一参数中的文本解释为 R1C1 样式的引用。

INDIRECT 函数默认采用 A1 引用样式。采用 R1C1 引用样式时，参数中的“R”与“C”分别表示行 (ROW) 与列 (COLUMN)，与各自后面的数值组合起来表示具体的区域。例如 R8C1 表示工作表中的第 8 行第 1 列，即 A8 单元格。如果在数值前后加上“[ ]”，则是指与公式所在单元格相对位置的行列。表示行列时，字母 R 和 C 不区分大小写。

例如在工作表首行任意单元格使用以下公式。

```
=INDIRECT("R[-1]C1",)
```

将返回 A 列最后一个单元格的引用，即 A1048576 单元格。

例如在 A1 单元格使用以下公式。

```
=INDIRECT("R[-1]C[-1]",)
```

将返回工作表右下最后一个单元格的引用，即 XFD1048576 单元格。

例 1：如图 14-1 所示，C1 单元格输入以下公式。

```
=INDIRECT("A1")
```

函数参数为”A1”，INDIRECT 函数将字符串“A1”变成实际的引用，因此返回的是对 A1 单元格的引用。

例 2：如图 14-2 所示，A1 单元格输入文本“B5”，在 C1 单元格中输入以下公式。

```
=INDIRECT(A1)
```

INDIRECT 函数将 A1 单元格内的文本“B5”变成实际的引用，实现对 B5 单元格的间接引用效果。

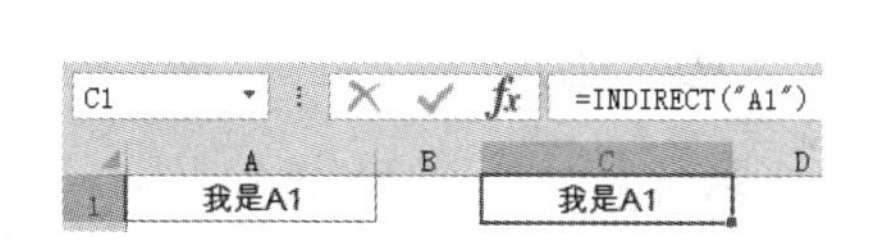

图 14-1 文本“A1”变成实际的引用

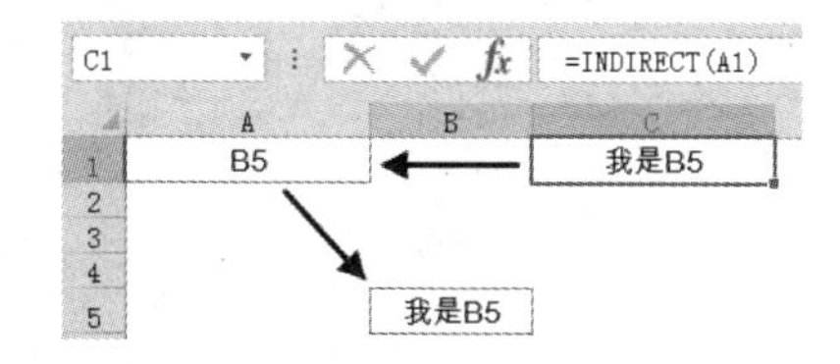

图 14-2 间接引用单元格

例 3：如图 14-3 所示，D3 单元格输入文本“A1:B5”，D1 单元格使用以下公式将计算 A1:B5 单元格区域之和。

```
=SUM(INDIRECT(D3))
```

D1 =SUM(INDIRECT(D3))

	A	B	C	D	E
1	1	9		45	
2	5	7			
3	3	5		A1:B5	← 文本
4	2	3			
5	6	4			

图 14-3 间接引用单元格区域

“A1:B5”只是 D3 单元格中普通的文本内容，INDIRECT 函数将表示引用的字符串转换为真正的 A1:B5 单元格区域的引用，最后使用 SUM 函数计算引用区域的和。

例 4：如图 14-4 所示，在 C2 单元格中输入以下公式，向下复制到 C5 单元格，将根据 A 列和 B 列指定的数值，以 R1C1 引用样式返回对应单元格的引用。

```
=INDIRECT(A$1&A2&B$1&B2,0)
```

	A	B	C	D	E	F
1	R	C	INDIRECT函数RICI引用			
2	2	5	第2行第5列 E2单元格		第2行第5列 E2单元格	
3	4	6	第4行第6列 F4单元格		第3行第5列 E3单元格	
4	5	6	第5行第6列 F5单元格			第4行第6列 F4单元格
5	3	5	第3行第5列 E3单元格			第5行第6列 F5单元格

图 14-4 INDIRECT 函数返回 R1C1 样式的引用

“A$1&A2&B$1&B2”部分，将 4 个单元格的内容连接成为文本字符串“R2C5”，INDIRECT 函数第二参数使用 0，表示使用 R1C1 引用样式，最终返回工作表第 2 行第 5 列，也就是 E2 单元格的引用。

示例 14-1 汇总各部门考核平均分

图 14-5 是某企业员工考核表的部分内容，不同部门的考核数据分别存放在以部门名称命名的工作表内，要求在“汇总”工作表 B 列汇总各部门的考核平均分。

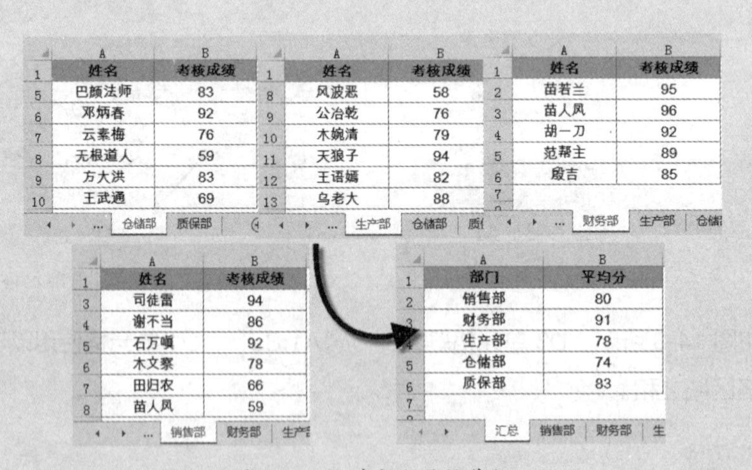

	姓名	考核成绩
5	巴颜法师	83
6	邓炳春	92
7	云素梅	76
8	无根道人	59
9	方大洪	83
10	王武通	69

	姓名	考核成绩
8	风波恶	58
9	公冶乾	76
10	木婉清	79
11	天狼子	94
12	王语嫣	82
13	乌老大	88

	姓名	考核成绩
2	苗若兰	95
3	苗人凤	96
4	胡一刀	92
5	范帮主	89
6	殷吉	85

	姓名	考核成绩
3	司徒雷	94
4	谢不当	86
5	石万嗔	92
6	木文察	78
7	田归农	66
8	苗人凤	59

	部门	平均分
2	销售部	80
3	财务部	91
4	生产部	78
5	仓储部	74
6	质保部	83

图 14-5 汇总分公司销售额

在汇总工作表的 B2 单元格中输入以下公式，向下复制到 B6 单元格。

```
=ROUND(AVERAGE(INDIRECT(A2&"!B:B")),0)
```

首先将 A2 单元格的内容与字符串“!B:B”连接，组成新字符串“销售部 !B:B”。INDIRECT 函数将返回“销售部”工作表 B 列单元格区域的整列引用。

使用 AVERAGE 函数对 INDIRECT 函数的引用结果计算出平均值，最后使用 ROUND 函数将结果保留为整数。

注意

如果引用工作表标签名中包含有空格等特殊符号时，工作表的标签名中必须使用一对半角单引号进行包含，否则返回错误值 #REF!。例如引用工作表名称为“Excel Home”的 B2 单元格内容，公式应为 =INDIRECT（"'Excel Home'!2"）。

使用时可以在空白单元格内先输入等号“=”，再用鼠标单击对应的工作表标签，激活该工作表之后，单击任意单元格，按 <Enter> 键结束公式输入后，观察等式中的半角单引号位置。

示例 14-2　汇总分表中的合计数

图 14-6 是某机关税收汇总表的部分内容，各工作表结构相同，第 8 行是不同税种的合计数，要求在汇总表 B 列汇总各组不同税种的税收额。

一组：

序号	企业名称	增值税	营业税
1	耶琳电气有限公司	20025	2807
2	泛塞机电设备有限公司	23080	4661
3	福泰电器有限公司	12382	3449
4	圳香贸易有限公司	11455	6474
5	华星陶瓷经营部	9119	4423
6	子鱼服饰有限公司	26334	3430
7	合　计	102395	25244

二组：

序号	企业名称	增值税	营业税	城市维护建设税
1	夏新展柜设计制作公司	10889	2586	943.25
2	天鼎精细化工公司	9406	5013	1009.33
3	鑫冠宇达电源科技公司	9138	728	690.62
4	安而固五金制品公司	9559	6037	1091.72
5	盛劳保五金贸易部	12038	6220	1278.06
6	昌丰皮革材料有限公司	9298	3659	906.99
7	合　计	60328	24243	5919.97

三组：

序号	企业名称	增值税	营业税
1	大朗展宏包装用品店	11964	5892
2	古镇佳茵五金加工店	9495	3944
3	生科包装材料有限公司	10964	6490
4	奥科机械公司	10303	5836
5	圣邦新材料有限公司	10597	6053
6	韩方科颜商贸有限公司	10034	2456
7	合　计	63357	30671

汇总：

单位	增值税	营业税	城市维护建设税	教育费附加
一组	102395	25244	8934.73	3829.2
二组	60328	24243	5919.97	2537
三组	63357	30671	6581.96	2820.8

图 14-6　税收汇总表

在“汇总”工作表的 B2 单元格使用以下公式，向右向下复制到 B2:R4 单元格区域。

```
=INDIRECT($A2&"!R8C[1]",)
```

INDIRECT 函数的参数使用了 R1C1 引用样式的混合引用。公式在 B2 单元格中使用，“R8C[1]”即表示引用行号为 8，列号为当前单元格所处的 B 列加 1 的列号，也就是 C8 单元格。“!”号前的内容表示引用工作表的名称，“!”号后的内容表示引用工作表中的单元格或单元格区域，最终返回“一组 !C8”单元格的引用。

公式向右复制时，引用单元格地址将依次变成“一组 !D8”“一组 !E8”……最终实现绝对引用行号、相对引用列号的效果。

注意

使用 INDIRECT 函数创建对另一个工作簿的引用时，被引用工作簿必须打开，否则公式将返回错误值 #REF!。

示例 14-3 恒定的引用区域

在函数公式中直接使用单元格引用时，即使是使用绝对引用，也可能因为单元格、行或列的插入和删除等操作，造成公式引用范围的改变，影响汇总结果，甚至产生 #REF! 错误。

如图 14-7 所示，在 E2 和 E3 单元格中分别输入以下公式，用于计算 C2:C8 单元格区域的和。

```
=SUM($C$2:$C$8)
=SUM(INDIRECT("C2:C8"))
```

	A	B	C	D	E	F
1	序号	日期	销量		C2:C8的总和	公式
2	1	2015/5/21	16		161	=SUM($C$2:$C$8)
3	2	2015/5/22	32		161	=SUM(INDIRECT("C2:C8"))
4	3	2015/5/23	26			
5	4	2015/5/24	29			
6	5	2015/5/25	22			
7	6	2015/5/26	22			
8	7	2015/5/27	14			
9	8	2015/5/28	30			
10	9	2015/5/29	32			

图 14-7　恒定的引用区域

正常情况下，两个公式的计算结果相同。当在引用区域内删除或插入行时，E2 单元格内公式的引用范围会发生变化，影响到统计结果。如图 14-8 所示，删除引用区域内的第 5 行和第 6 行后，E2 单元格公式中的引用区域变成了 $C$2:$C$6。

	A	B	C	D	E	F
1	序号	日期	销量		C2:C8的总和	公式
2	1	2015/5/21	16		117	=SUM($C$2:$C$6)
3	2	2015/5/22	32		179	=SUM(INDIRECT("C2:C8"))
4	3	2015/5/23	26			
5	4	2015/5/24	29			
6	7	2015/5/27	14			
7	8	2015/5/28	30			
8	9	2015/5/29	32			

图 14-8　删除行列影响公式引用范围

在引用区域中删除或增加行列对公式引用的影响如下。

（1）删除部分引用：当删除引用区域的 5 ~ 6 行时，$C$2:$C$8 变成 $C$2:$C$6。

（2）删除全部引用：当删除引用区域的 1 ~ 8 行时，公式变成 =SUM(#REF!) 错误。

（3）在引用区域的第 1 行之前插入 1 行，则 \$C\$2:\$C\$8 变成 \$C\$3:\$C\$9。

（4）在引用区域的第 1 行～第 8 行之间插入 1 行，则 \$C\$2:\$C\$8 变成 \$C\$2:\$C\$9。

（5）在引用区域的第 8 行之后插入 1 行，公式中的引用范围不变。

而 INDIRECT 函数使用文本常量“C2:C8”，不会因为引用区域的增删而改变，公式始终引用 C2:C8 单元格，为 SUM 函数提供恒定的计算区域。

示例 14-4 统计员工考核不合格人数

图 14-9 展示的是一份二维表样式的员工考核记录。低于 60 分的为考核不合格，需要统计考核不合格人数。

	A	B	C	D	E	F	G	H
1	组	姓名	成绩	组	姓名	成绩		不合格人数
2	2	马行空	56	3	南仁通	87		6
3	3	马春花	57	2	补锅匠	95		
4	3	徐铮	75	2	钟兆能	92		
5	3	商宝震	58	1	王剑杰	71		
6	2	何思豪	71	2	蒋调侯	78		
7	2	阎基	57	2	胡斐	90		
8	1	田归农	96	1	苗若兰	53		
9	1	苗人凤	61	3	钟兆英	79		
10	3	古若般	60	3	福康安	59		

图 14-9 员工考核表

E2 单元格中输入以下公式。

```
=SUM(COUNTIF(INDIRECT({"C2:C10","F2:F10"}),"<60"))
```

直接使用 COUNTIF 函数统计时，需排除考核表中的员工小组信息。由于 COUNTIF 函数第一参数不支持联合区域的引用，因此需要引用不同区域分别进行统计，在数据量比较大的情况下，将会非常烦琐。

INDIRECT 函数返回文本字符串“{ "C2:C10","F2:F10" }”的引用，为 COUNTIF 函数间接提供引用区域。

COUNTIF 函数分别返回 C2:C10 单元格区域小于 60 和 F2:F10 单元格区域小于 60 的人数。最后使用 SUM 函数对 COUNTIF 函数的计算结果求和，统计出不合格人数。

示例 14-5 计算同一单元格内的数值之差

图 14-10 展示的是某同学购买图书《Excel 2013 应用大全》后的阅读学习计划，需要根据 B 列的页码范围，计算出每天的阅读页数。

	A	B	C
1	日期	页码范围	阅读页数
2	11月25日	1至8	8
3	11月26日	9至22	14
4	11月27日	23至37	15
5	11月28日	38至59	22
6	11月29日	60至85	26

图 14-10　阅读记录

C2 单元格中输入以下公式，向下复制到 C6 单元格。

```
=ROWS(INDIRECT(SUBSTITUTE(B2,"至",":")))
```

“SUBSTITUTE(B2,"至",":")”部分，将 B2 单元格中的“至”替换为半角的冒号(:)，使其变成字符串“1:8”。

INDIRECT 函数返回文本字符串的引用，将字符串“1:8”变成 1:8 的整行引用。

最后使用 ROWS 函数，根据 INDIRECT 函数的结果，计算出引用范围的总行数，也就是每天阅读的页数。

14.2　行号和列号函数

ROW 函数和 COLUMN 函数分别根据参数指定的单元格或区域，返回对应的行号或列号。如果参数省略，则返回公式所在单元格的行号或列号，如图 14-11 所示。

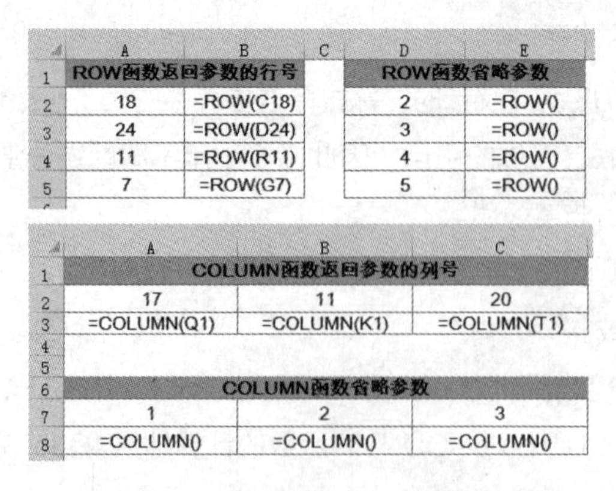

	A	B	C	D	E
1	ROW函数返回参数的行号			ROW函数省略参数	
2	18	=ROW(C18)		2	=ROW()
3	24	=ROW(D24)		3	=ROW()
4	11	=ROW(R11)		4	=ROW()
5	7	=ROW(G7)		5	=ROW()

	A	B	C
1	COLUMN函数返回参数的列号		
2	17	11	20
3	=COLUMN(Q1)	=COLUMN(K1)	=COLUMN(T1)
4			
5			
6	COLUMN函数省略参数		
7	1	2	3
8	=COLUMN()	=COLUMN()	=COLUMN()

图 14-11　ROW 函数和 COLUMN 函数

ROW 函数和 COLUMN 函数仅仅返回参数所在单元格的行号列号信息，与单元格的实际内容无关，因此在 A1 单元格中使用以下公式时，将不会产生循环引用。

```
=ROW(A1)
=COLUMN(A1)
```

如果参数引用多行或多列的单元格区域，ROW 函数和 COLUMN 函数将返回连续的自然数序列，以下公式用于生成垂直序列 { 1;2;3;4;5;6;7;8;9;10 } 。

```
{=ROW(A1:A10)}
```

以下公式用于生成水平序列 { 1,2,3,4,5,6,7,8,9,10 } 。

```
{=COLUMN(A1:J1)}
```

ROW 函数和 COLUMN 函数既可以返回单个值的数组，又可以返回一个自然数的序列数组，在数组公式中经常使用类似的方法构建序列。

例如计算 1 ~ 100 所有整数的和，可以在单元格中输入以下数组公式，按 <Ctrl+Shift+Enter> 组合键结束。

```
{=SUM(ROW(1:100))}
```


ROW(1:100) 部分，生成 1 ~ 100 的自然数序列，使用 SUM 函数求和结果为 5050。

ROWS 函数返回指定引用区域或数组的总行数，例如公式 =ROWS(A4:C8)，用于计算 A4:C8 单元格区域的行数，结果等于 5。

COLUMNS 函数返回指定引用区域或数组的总列数，例如公式 =COLUMNS(C1:F4)，用于计算 C1:F4 单元格区域的列数，结果等于 4。

ROWS 函数和 COLUMNS 函数通常与其他函数嵌套使用，可以避免生成自然数时人工判断行号和列号差值出现的错误。

提示

Microsoft Excel 2013 工作表最大行数为 1048576 行，最大列数为 16384 列。因此，ROW 函数产生的行序号最大值为 1048576，COLUMN 函数产生的结果最大值为 16384。

当 ROW 函数返回的结果为一个数值时，实质上是返回了单一元素的数组，如 ROW(A5) 返回结果为 {5} 。如果在 OFFSET 函数参数中使用时，某些情况下可能无法返回正确的引用，需要使用 N 函数进行处理，或使用 ROWS 函数代替 ROW 函数。

14.2.1 生成自然数序列

示例 14-6 生成连续序号

图 14-12 是员工补助汇总表的部分内容，如果手工填充 A 列的序号，可能会由于姓名或补助金额的重新排序以及删除行等操作导致序号混乱，使用 ROW 函数可以让序号始终保持连续。

A2 单元格输入以下公式，向下复制到 A8 单元格。

```
=ROW()-1
```

	A	B	C	D	E
1	序号	姓名	岗位补助	学历补助	合计
2	1	黄黎云	850	150	1000
3	2	陈家壬	700	50	750
4	3	景海林	600	200	800
5	4	杨建明	850	150	1000
6	5	常锦明	950	350	1300
7	6	杨炳清	550	350	900
8	7	朱德英	800	250	1050

图 14-12 生成连续序号

ROW( ) 函数省略参数，返回公式所在行的行号。因为公式位于第二行，因此需要减去 1 才能返回正确的结果。如果数据表起始行位于其他位置，则需要减去相差的行号差值。

示例 14-7 生成递增、递减和循环序列

在数组公式中，经常会使用 ROW 函数生成具有一定规律的自然数序列。以下是几种生成常用递增、递减和循环序列的通用公式写法，实际应用时将公式中的 N 修改为需要的数字即可。

❖ 如图 14-13 所示，生成 1、1、2、2、3、3、…或 1、1、1、2、2、2、…，即间隔 *n* 个相同数值的递增序列，通用公式如下。

```
=INT(行号/n)
```

用 ROW 函数产生的行号除以循环次数 *n*，初始值行号等于循环次数，随着公式向下填充，行号逐渐递增，最后使用 INT 函数对两者相除的结果取整。

❖ 如图 14-14 所示，生成 1、2、1、2、…或 1、2、3、1、2、3、…，即 1 ~ *n* 的循环序列，通用公式如下。

```
=MOD(行号,n)+1
```

	A	B	C
1	=INT(ROW(2:2)/2)	=INT(ROW(3:3)/3)	=INT(ROW(4:4)/4)
2	1	1	1
3	1	1	1
4	2	1	1
5	2	2	1
6	3	2	2
7	3	2	2
8	4	3	2
9	4	3	2
10	5	3	3
11	5	4	3
12	6	4	3
13	6	4	3

图 14-13 生成 11、22…递增序列

	A	B	C
1	=MOD(ROW(2:2),2)+1	=MOD(ROW(3:3),3)+1	=MOD(ROW(4:4),4)+1
2	1	1	1
3	2	2	2
4	1	3	3
5	2	1	4
6	1	2	1
7	2	3	2
8	1	1	3
9	2	2	4
10	1	3	1
11	2	1	2
12	1	2	3
13	2	3	4

图 14-14 生成循环序列

以循环序列中的最大值作为起始行号，MOD 函数计算行号与循环序列中的最大值相除的余数，结果为 0、1、0、1、…或 0、1、2、0、1、2、…的序列。结果加 1，使其成为自 1 开始的循环序列。

❖ 如图 14-15 所示，生成 2、2、4、4、…或 3、3、6、6、…，即以 *n* 次循环的递增序列，通用公式如下。

```
=CEILING(行号,n)
```

	A	B	C
1	=CEILING(ROW(1:1),2)	=CEILING(ROW(1:1),3)	=CEILING(ROW(1:1),4)
2	2	3	4
3	2	3	4
4	4	3	4
5	4	6	4
6	6	6	8
7	6	6	8
8	8	9	8
9	8	9	8
10	10	9	12
11	10	12	12
12	12	12	12
13	12	12	12

图 14-15　生成 22、44…循环递增序列

使用 CEILING 函数，将 ROW 函数的结果向上舍入为最接近指定基数的倍数，其倍数由需要循环递增的间隔值指定。

❖ 如图 14-16 所示，生成 2、1、2、1、…或 3、2、1、3、2、1、…，即 *n* ~ 1 的逆序循环序列，通用公式如下。

```
=MOD(n-行号,n)+1
```

	A	B	C
1	=MOD(2-ROW(1:1),2)+1	=MOD(3-ROW(1:1),3)+1	=MOD(4-ROW(1:1),4)+1
2	2	3	4
3	1	2	3
4	2	1	2
5	1	3	1
6	2	2	4
7	1	1	3
8	2	3	2
9	1	2	1
10	2	1	4
11	1	3	3
12	2	2	2
13	1	1	1

图 14-16　生成 21、321…逆序循环序列

先计算循环序列中的最大值减去行号的差，再用 MOD 函数计算这个差与循环序列中的最大值相除的余数，得到 1、0、1、0、…或 2、1、0、2、1、0、…的逆序循环序列。结果加 1，使其成为 *n* ~ 1 的循环序列。

14.2.2 行列函数构建序列

使用 COLUMN 函数，可以在水平方向生成连续递增的自然数序列，其原理和语法与 ROW 函数相似。使用 ROW 函数和 COLUMN 函数生成指定规则的序列，结合 INDIRECT 函数，可以将一列数据的内容转换为多行多列。

示例 14-8 将单列数据转换为多行多列

图 14-17 是一份某单位员工姓名表，要求将 A 列姓名清单转换为适合打印的多行 5 列。

	A	B	C	D	E	F	G
1	源数据						
2	马行空						
3	马春花		转换后的数据				
4	徐铮		马行空	马春花	徐铮	商宝震	何思豪
5	商宝震		阎基	田归农	苗人凤	南仁通	补锅匠
6	何思豪		脚夫	车夫	蒋调侯	店伴	钟兆文
7	阎基		钟兆英	钟兆能	南兰	苗若兰	商老太
8	田归农		平四	胡斐	张总管	王剑英	王剑杰
9	苗人凤		陈禹	古若般	殷仲翔	福康安	赵半山
10	南仁通		孙刚峰	吕小妹	钟四嫂	钟小二	钟阿四
11	补锅匠		胖商人	瘦商人	凤南天	凤七	俞朝奉
12	脚夫		蛇皮张	邝宝官	凤一鸣	大汉	孙伏虎
13	车夫		尉迟连	杨宾	中年武师	同桌后生	袁紫衣
14	蒋调侯		刘鹤真	崔百胜	曹猛	蓝秦	易吉
15	店伴		王仲萍	张飞雄	程灵素	慕容景岳	姜铁山
16	钟兆文		薛鹊	王铁匠			
17	钟兆英						
18	钟兆能						
19	南兰						
20	苗若兰						

图 14-17 转换员工姓名表

C4 单元格输入以下公式，复制至 C4:G12 单元格区域。

```
=INDIRECT("A"&5*ROW(A1)-4+COLUMN(A1))&""
```

“5*ROW(A1)-4+COLUMN(A1)”部分的计算结果为 2，公式向下复制时，ROW(A1) 依次变为 ROW(A2)、ROW(A3)、…，计算结果分别为 7、12、…，即生成步长为 5 的自然数序列。

公式向右复制时 COLUMN(A1) 依次变为 COLUMN(B1)、COLUMN(C1)、…，计算结果分别为 2、3、…即生成步长为 1 的自然数序列。

与字符“A”连接成一个单元格地址“An”，最后用 INDIRECT 函数返回相应单元格的内容。INDIRECT 函数返回的引用为空单元格时，会得到无意义的 0 值，公式最后连接一个空文本，使无意义的 0 值显示为空白。

如需调整转换后的列数为 6 列，可修改公式如下。

```
=INDIRECT("A"&6*ROW(A1)-5+COLUMN(A1))&""
```

提示

COLUMN(A1:E1) 或 COLUMN(A:E)，返回的结果是 1 ～ 5 的横向数组序列。ROW(A1:A5) 或 ROW(1:5) 返回的结果是 1 ～ 5 的纵向数组序列。而 COLUMN(1:5) 这样是非正确的用法，它表示的是第 1 ～ 5 行的区域共有多少列，返回结果是 1 ～ 16384 的横向数组序列。

14.3　基本的查找函数

VLOOKUP 函数是使用频率非常高的查询函数之一，函数名称中的“V”表示 vertical，即“垂直的”。

VLOOKUP 函数的语法如下。

```
VLOOKUP(lookup_value,table_array,col_index_num,[range_lookup])
```

第一参数是要在表格或区域的第一列中查询的值。

第二参数是需要查询的单元格区域，这个区域中的首列必须要包含查询值，否则公式将返回错误值。如果查询区域中包含多个符合条件的查询值，VLOOKUP 函数只能返回第一个查找到的结果。

第三参数用于指定返回查询区域中第几列的值，该参数如果超出待查询区域的总列数，VLOOKUP 函数将返回错误值 #REF!，如果小于 1 返回错误值 #VALUE!。

第四参数决定函数的查找方式，如果为 0 或 FASLE，用精确匹配方式，而且支持无序查找；如果为 TRUE 或被省略，则使用近似匹配方式，同时要求查询区域的首列按升序排序。

14 章

示例 14-9　使用 VLOOKUP 函数查询员工信息

图 14-18 展示的是某企业职工信息表的部分内容。需要根据 F3 单元格中的员工姓名，在 G3:H3 单元格中，分别查询该员工的部门及职务信息。

	A	B	C	D	E	F	G	H
1	序号	员工姓名	部门	职务				
2	1	乔峰	总经办	法律顾问		姓名	部门	职务
3	2	全冠清	财务部	财务总监		段誉	质检部	质检员
4	3	阮星竹	财务部	部长				
5	4	段誉	质检部	质检员				
6	5	许卓诚	生产部	生产部长				
7	6	朱丹臣	仓储部	保管员				
8	7	竹剑	仓储部	发货员				
9	8	萧远山	销售部	部长				
10	9	耶律重元	销售部	业务经理				

图 14-18　使用 VLOOKUP 函数查询员工信息

G3 单元格输入以下公式，向右复制到 H3 单元格。

```
=VLOOKUP($F$3,$B$1:$D$10,COLUMN(B1),0)
```

COLUMN(B1) 的计算结果为 2。向右复制时，得到起始值为 2，步长为 1 的自然数序列，用作 VLOOKUP 函数的第三参数。

VLOOKUP 函数根据 F3 单元格中的员工姓名，在 $B$1:$B$10 单元格区域中查找其位置，并分别返回同一行中第 2 列和第 3 列的内容。

VLOOKUP 函数第三参数中的列号，不能理解为工作表中实际的列号，而是指定要返回查询区域中第几列的值。如果有多条满足条件的记录时，VLOOKUP 函数默认只能返回第一个查找到的记录。

VLOOKUP 函数的查询值要求必须位于查询区域中的首列，因此默认情况下，VLOOKUP 函数只能实现从左到右的查询。如果被查找值不在数据表的首列时，可以先将目标数据进行特殊的转换，再使用 VLOOKUP 函数来实现此类查询。

示例 14-10 逆向查询员工信息

如图 14-19 所示，要求根据 F5 单元格的职务，在 G5 单元格中查询员工的姓名。

	A	B	C	D	E	F	G
1	序号	员工姓名	部门	职务			
2	1	苏霞	法务部	法律顾问			
3	2	包志林	财务部	财务总监			
4	3	林娥云	安监部	部长		职务	员工姓名
5	4	石少青	质检部	质检员		生产部长	于冰福
6	5	于冰福	生产部	生产部长			
7	6	姜琼芝	仓储部	保管员			
8	7	刘龙飞	供应部	发货员			
9	8	毕晓智	采购部	部长			
10	9	张金飞	销售部	业务经理			

图 14-19 逆向查询员工信息

G5 单元格中使用以下公式。

```
=VLOOKUP(F5,CHOOSE({1,2},D2:D10,B2:B10),2,0)
```

CHOOSE 函数第一参数使用常量数组 { 1,2 } ，将查询值所在的 D2:D10 和返回值所在的 B2:B10 整合成一个新的两列多行的内存数组。

{"法律顾问","苏霞";…;"生产部长","于冰福";"保管员","姜琼芝";…;"业务经理","张金飞"}

生成的内存数组符合 VLOOKUP 函数的查询值必须处于数据区域中首列的要求。VLOOKUP 函数以职务作为查询条件，在内存数组中查询并返回对应的姓名信息，从而

实现了逆向查询的目的。

用户也可以通过 IF({ 1,0 } , 区域 2, 区域 1) 的方法重新构建查询区域。关于 IF 函数生成二维数组的方法，请参阅示例 14-14。关于 CHOOSE 函数，请参阅 14.8 节。

实际应用中，使用 VLOOKUP 函数借助简单的辅助列，可以返回多个符合条件的记录。

示例 14-11　VLOOKUP 函数返回符合条件的多个记录

图 14-20 展示的是某单位员工职务表的部分内容，需要根据 E2 单元格指定的职务，查询符合该职务的所有员工姓名。

首先使用 A 列作为辅助列，在 A2 单元格输入以下公式，向下复制到 A10 单元格，如图 14-21 所示。

```
=(C2=$E$2)+A1
```

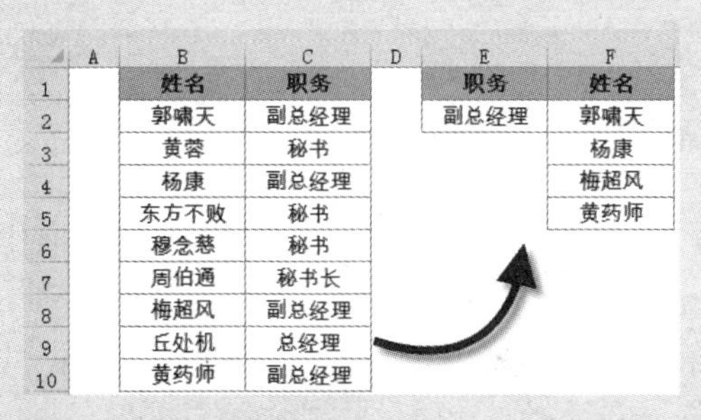

	A	B	C	D	E	F
1		姓名	职务		职务	姓名
2		郭啸天	副总经理		副总经理	郭啸天
3		黄蓉	秘书			杨康
4		杨康	副总经理			梅超风
5		东方不败	秘书			黄药师
6		穆念慈	秘书			
7		周伯通	秘书长			
8		梅超风	副总经理			
9		丘处机	总经理			
10		黄药师	副总经理			

图 14-20　返回符合条件的多个记录

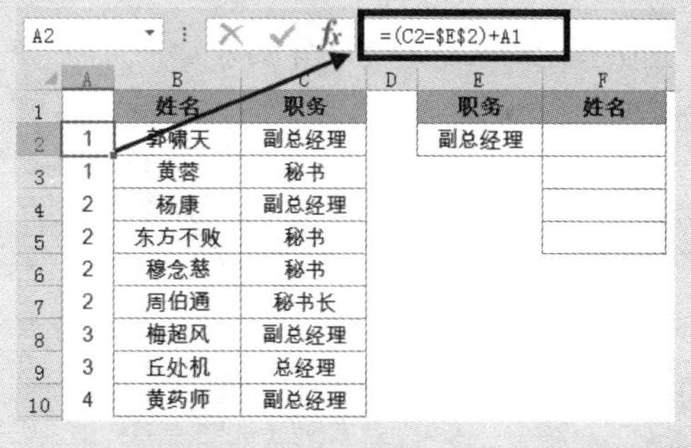

A2　=(C2=$E$2)+A1

	A	B	C	D	E	F
1		姓名	职务		职务	姓名
2	1	郭啸天	副总经理		副总经理	
3	1	黄蓉	秘书			
4	2	杨康	副总经理			
5	2	东方不败	秘书			
6	2	穆念慈	秘书			
7	2	周伯通	秘书长			
8	3	梅超风	副总经理			
9	3	丘处机	总经理			
10	4	黄药师	副总经理			

图 14-21　建立辅助列

公式使用等式判断 C2 单元格的职务与 E2 单元格待查询的职务是否相同，公式等同于以下形式。

```
=IF(C2=$E$2,1,0)+A1
```

如果职务列内容与查找的职务相同，则按顺序显示 1、2、3、…从而将相同职务用不同的序号进行区分，C 列的职务每重复出现一次，A 列的序号增加 1。

辅助列设置完毕后，在 F2 单元格中输入以下公式，向下复制填充至单元格返回空文本 ""。

```
=IFERROR(VLOOKUP(ROW(A1),A:B,2,0),"")
```

ROW(A1) 部分，公式向下复制时，依次变为 ROW(A2)、ROW(A3)、…即 1 ~ n 的递增序列。

VLOOKUP 函数使用 1 ~ n 的递增序列作为查询值，使用 A:B 列作为查询区域，以精确匹配的方式返回与之相对应的 B 列的姓名。注意查找区域必须由辅助列 A 列开始。

由于 VLOOKUP 函数默认只能返回第一个满足条件的记录，因此得到序号第一次出现的对应结果，也就是 C 列的职务与 E2 单元格职务相同的对应姓名。

当 ROW 函数的结果大于 A 列中的最大的数字时，VLOOKUP 函数会因为查询不到结果而返回错误值 #N/A，IFERROR 函数用于屏蔽 VLOOKUP 返回的错误值，使之返回空文本 ""。

最后将辅助列字体设置为白色或进行隐藏即可。

VLOOKUP 函数的第三参数支持数组形式，在需要返回多项查询结果时，使用多单元格数组公式使查询更加方便快捷。

示例 14-12 使用 VLOOKUP 函数查询多个内容

图 14-22 展示的是某单位员工信息表的部分内容。需要根据 G 列指定的姓名，在 A:E 列中查询对应的职务和年龄。

	A	B	C	D	E	F	G	H	I
1	姓名	部门	职务	籍贯	年龄		姓名	职务	年龄
2	郭啸天	安监部	部长	上海	36		柯镇恶	出纳	29
3	马青雄	保卫科	科长	河南	39		尹志平	内勤	26
4	马钰	仓储部	主管	广东	42		丘处机	高工	57
5	柯镇恶	财务部	出纳	上海	29		郭啸天	部长	36
6	木华黎	销售部	经理	北京	35		木华黎	经理	35
7	丘处机	生产部	高工	上海	57				
8	沈青刚	采购部	经理	广东	43				
9	尹志平	法务部	内勤	北京	26				
10	一灯大师	后勤部	总厨	四川	32				

图 14-22 员工信息表

选中 H2:I2 单元格区域，在编辑栏中输入以下数组公式，按 <Ctrl+Shift+Enter> 组合键，复制到 H2:I6 单元格区域。

```
{=VLOOKUP(G2,A:E,{3,5},)}
```

待查询的职务和年龄字段分别处于 A1:E10 单元格区域中的第 3 列和第 5 列，因此 VLOOKUP 函数的第三参数使用常量数组 { 3,5 } 。

第四参数仅以逗号占位，与使用 0 或逻辑值 FASLE 的效果相同，表示使用精确匹配。公式在 H2:I2 单元格区域同时输入，即返回数据区域中与指定姓名对应的第 3 列和第 5 列中的内容。

VLOOKUP 函数在精确匹配模式下支持通配符“*”和“?”，当查找内容不完整时，可以使用通配符实现模糊查询。

示例 14-13　使用通配符实现模糊查询

图 14-23 展示的是某单位员工信息表的部分内容。根据 E2 单元格指定的姓氏，可以查询到员工的完整姓名和部门职务等信息。

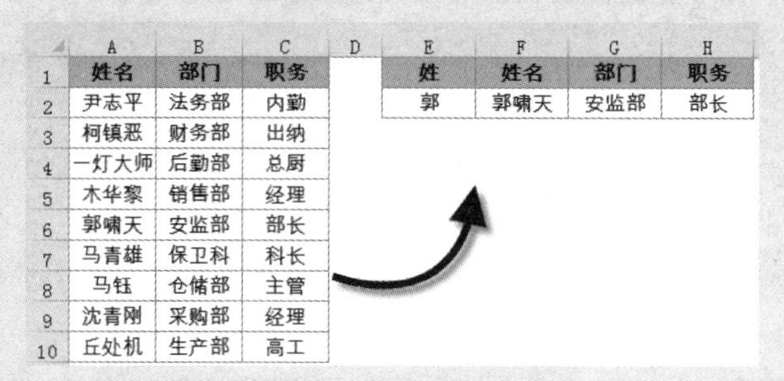

	A	B	C	D	E	F	G	H
1	姓名	部门	职务		姓	姓名	部门	职务
2	尹志平	法务部	内勤		郭	郭啸天	安监部	部长
3	柯镇恶	财务部	出纳					
4	一灯大师	后勤部	总厨					
5	木华黎	销售部	经理					
6	郭啸天	安监部	部长					
7	马青雄	保卫科	科长					
8	马钰	仓储部	主管					
9	沈青刚	采购部	经理					
10	丘处机	生产部	高工					

图 14-23　查询员工信息

F2 单元格中输入以下公式，复制至 F2:H2 单元格区域。

```
=VLOOKUP($E2&"*",$A:$C,COLUMN(A1),)
```

通配符“*”表示任意多个字符，VLOOKUP 函数第一参数使用“$E2&"*"”，即在 A 列中查询以 E2 单元格内容开头的内容，并返回对应列的信息。

提示　如需返回同一姓氏的多个员工信息，可参考示例 14-11 中的方法。

示例 14-14　符合两个条件的查询

在图 14-24 所示的员工信息表中，不同部门有同名的员工，需要根据 E2 单元格的姓名和 F2 单元格的部门两个条件，查询对应的职务信息。

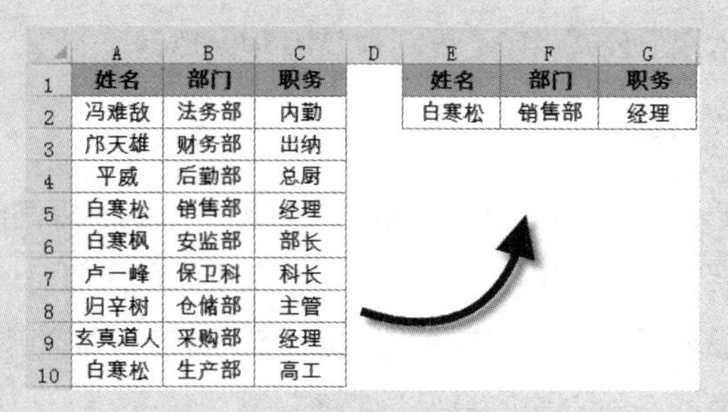

	A	B	C	D	E	F	G
1	姓名	部门	职务		姓名	部门	职务
2	冯难敌	法务部	内勤		白寒松	销售部	经理
3	邝天雄	财务部	出纳				
4	平威	后勤部	总厨				
5	白寒松	销售部	经理				
6	白寒枫	安监部	部长				
7	卢一峰	保卫科	科长				
8	归辛树	仓储部	主管				
9	玄真道人	采购部	经理				
10	白寒松	生产部	高工				

图 14-24　符合两个条件的查询

G2 单元格中输入以下数组公式，按 <Ctrl+Shift+Enter> 组合键。

```
{=VLOOKUP(E2&F2,IF({1,0},A2:A10&B2:B10,C2:C10),2,)}
```

E2&F2 部分，使用连接符“&”将姓名和部门合并成文本字符串“白寒松销售部”，以此作为 VLOOKUP 函数的查询条件。

IF({1,0},A2:A10&B2:B10,C2:C10) 部分，先将 A2:A10 和 B2:B10 进行连接，再使用 IF({1,0} 的方式，构造出姓名部门在前、职务在后的两列 9 行的内存数组：

{"冯难敌法务部","内勤";"邝天雄财务部","出纳";……;"玄真道人采购部","经理";"白寒松生产部","高工"}

VLOOKUP 函数在 IF 函数构造出的内存数组首列中查询姓名部门字符串的位置，返回对应的部门信息，结果为“经理”。

VLOOKUP 函数第四参数为 TRUE 或被省略，使用近似匹配方式，通常情况下用于累进数值的查找。

示例 14-15 使用 VLOOKUP 函数判断考核等级

图 14-25 是员工考核成绩表的部分内容，F2:G6 单元格区域是考核等级对照表，首列已按成绩升序排序，需要在 D 列根据考核成绩查询出对应的等级。

	A	B	C	D	E	F	G
1	序号	员工姓名	考核成绩	等级		等级对照表	
2	1	苏霞	79	合格		成绩	等级
3	2	包志林	95	优秀		0	不合格
4	3	林娥云	59	不合格		60	合格
5	4	石少青	80	良好		80	良好
6	5	于冰福	90	优秀		90	优秀
7	6	姜琼芝	65	合格			
8	7	刘龙飞	88	良好			
9	8	毕晓智	75	合格			
10	9	张金飞	55	不合格			

图 14-25 VLOOKUP 函数判断考核等级

D2 单元格中输入以下公式，向下复制到 D10 单元格。

```
=VLOOKUP(C2,F$3:G$6,2)
```

VLOOKUP 函数第四参数被省略，在近似匹配模式下返回查询值的精确匹配值或近似匹配值。如果找不到精确匹配值，则返回小于查询值的最大值。

C2 单元格的成绩 79 在对照表中未列出，因此 Excel 在 F 列中查找小于 79 的最大值，即 60 进行匹配，并返回 G 列对应的等级“合格”。

使用近似匹配时，查询区域的首列必须按升序排序，否则无法得到正确的结果。

如果 VLOOKUP 函数的查找值与数据区域关键字的数据类型不一致，会返回错误值 #N/A。

示例 14-16 查询银行日记账月末余额

图 14-26 展示的是某单位 2014 年度银行日记账的部分内容，每月的业务笔数不一，日期不固定。需要根据 H 列指定的月份，查询该月份的月末余额。

	A	B	C	D	E	F	G	H	I
1	日期	种类	项目	收入	付出	余额		月份	月末余额
2						1461.58		6	35851.58
3	2014/6/2	收	现金存入	1500		2961.58		7	13914.78
4	2014/6/2	付	其他付出		1500	1461.58		8	4924.78
5	2014/6/2	收	现金存入	350000		351461.58		9	26741.41
6	2014/6/2	付	付货款		80000	271461.58		10	8613.41
7	2014/6/2	付	付货款		44000	227461.58		11	72613.41
8	2014/6/3	付	付货款		130000	97461.58			
9	2014/6/5	付	付货款		16800	80661.58			
10	2014/6/10	付	付货款		10500	70161.58			
11	2014/6/16	付	付货款		34310	35851.58			
12	2014/7/5	收	现金存入	5000		40851.58			
13	2014/7/5	付	付货款		39000	1851.58			
14	2014/7/8	收	客户回款	51075		52926.58			

银行日记帐

图 14-26 查询银行日记账月末余额

I2 单元格输入以下公式，向下复制到 I7 单元格。

```
=VLOOKUP(("2014/"&H2+1)-1,A:F,6)
```

("2014/"&H2+1)-1 部分，用连接符将“2014/”和 H2+1 的结果连接，得到一个年份为 2014，月份为 H2 数值 +1 的日期字符串，也就是 H2 单元格指定月份的下个月 1 日。结果再减 1，得到 H2 单元格指定月份最后一天的日期。

VLOOKUP 函数第四参数省略，如果 A 列中包含指定月份最后一天的日期，则返回该日期对应的 F 列内容。如果找不到精确匹配值，则匹配该月份的最大日期，并返回对应的 F 列余额结果。

HLOOKUP 函数与 VLOOKUP 函数的语法非常相似，用法基本相同。两者的区别在于 VLOOKUP 函数在纵向区域或数组中查询，而 HLOOKUP 函数则在横向区域或数组中查询。

示例 14-17 使用 HLOOKUP 函数查询图纸信息

图 14-27 展示的是某设计院图纸审查表的部分内容，数据源工作表内存放着图纸的总量及完成审查等多项信息。需要在查询工作表内，根据 A 列的专业名称查询对应的完成审查数量。

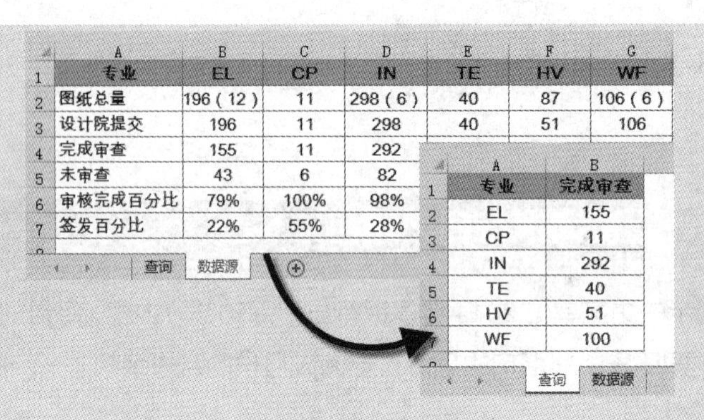

	A	B	C	D	E	F	G
1	专业	EL	CP	IN	TE	HV	WF
2	图纸总量	196 (12)	11	298 (6)	40	87	106 (6)
3	设计院提交	196	11	298	40	51	106
4	完成审查	155	11	292			
5	未审查	43	6	82			
6	审核完成百分比	79%	100%	98%			
7	签发百分比	22%	55%	28%			

	A	B
1	专业	完成审查
2	EL	155
3	CP	11
4	IN	292
5	TE	40
6	HV	51
7	WF	100

图 14-27　查询图纸信息

查询工作表 B2 单元格中输入以下公式，复制至 B2:B7 单元格区域。

```
=HLOOKUP($A2,数据源!$1:$7,4,)
```

HLOOKUP 函数用于在单元格区域或数组中的首行搜索值，然后返回单元格区域或数组中与查询值对应行的值。名称中的 H 表示 horizontal，即“水平的”。

本例中要查询的专业名称在数据源工作表中的首行，要返回的完成审查信息在数据源工作表的第四行，因此第三参数使用 4。HLOOKUP 函数以精确匹配的方式，先在数据源工作表首行搜索 A2 单元格的专业名称，然后返回与之对应的第四行的值。

14.4　特殊的查找函数

LOOKUP 函数主要用于在查找范围中查询指定的查找值，并返回另一个范围中对应位置的值。该函数支持忽略空值、逻辑值和错误值来进行数据查询，几乎可以完成 VLOOKUP 函数和 HLOOKUP 函数的所有查找任务。

LOOKUP 函数具有向量和数组两种语法形式，基本语法如下。

```
LOOKUP(lookup_value,lookup_vector,[result_vector])
LOOKUP(lookup_value,array)
```

向量语法是在由单行或单列构成的第二参数中，查找第一参数，并返回第三参数中对应位置的值。

第一参数可以使用单元格引用和数组。第二参数为查找范围。第三参数可选，为结果范围，同样支持单元格引用和数组，必须与第二参数大小相同。

如需在查找范围中查找一个明确的值，查找范围必须升序排列；当需要查找一个不确定的值时，如查找一列或一行数据的最后一个值，查找范围并不需要严格地升序排列。

如果 LOOKUP 函数找不到查询值，则该函数会与查询区域中小于查询值的最大值进行匹配。

如果查询值小于查询区域中的最小值，则 LOOKUP 函数会返回 #N/A 错误值。

如果查询区域中有多个符合条件的记录，LOOKUP 函数仅返回最后一条记录。

示例 14-18　获得本季度第一天的日期

如图 14-28 所示，使用以下公式，可以获得本季度的第一天的日期。

```
=LOOKUP(NOW(),--({1,4,7,10}&"-1"))
```

图 14-28　本季度第一天的日期

使用连接符号“&”将字符串｛1,4,7,10｝与 "-1" 连接，使其变成一个省略年份的日期样式的常量数组。

```
{"1-1","4-1","7-1","10-1"}
```

如果日期以仅以月份和天数表示，在 Excel 中被识别为当前年度的日期。加上两个负号，用减负运算的方式，使其分别转换为本年度 1 月 1 日、4 月 1 日、7 月 1 日和 10 月 1 日的日期序列值，即以升序排列的四个季度第一天的日期。

NOW 函数返回系统当前的日期和时间。

LOOKUP 函数以当前的日期和时间作为查找值，在已经升序排列的日期中查找并返回等于或小于系统日期的最大值，得到本季度第一天的日期。

以下是 LOOKUP 函数的模式化用法。

例 1：返回 A 列最后一个文本。

```
=LOOKUP(" 々 ",A:A)
```

“々”通常被看作是一个编码较大的字符，输入方法为 <Alt+41385> 组合键，其中数字 41385 需要使用小键盘来进行输入。一般情况下，第一参数写成“座”，也可以返回一列或一行中的最后一个文本内容。

例 2：返回 A 列最后一个数值。

```
=LOOKUP(9E+307,A:A)
```

9E+307 是 Excel 里的科学计数法，即 9*10^307，被认为是接近 Excel 允许输入的最大数值。用它做查询值，可以返回一列或一行中的最后一个数值。

例 3：返回 A 列最后一个非空单元格内容。

```
=LOOKUP(1,0/(A:A<>""),A:A)
```

以 0/(条件), 构建一个由 0 和错误值 #DIV/0! 组成的数组，再用比 0 大的数值 1 作为查找值，即可查找结果区域中最后一个满足条件的记录，并返回第三参数中对应位置的内容。

LOOKUP 函数的典型用法可以归纳如下。

```
=LOOKUP(1,0/(条件),目标区域或数组)
```

示例 14-19 根据商品名称判断所属类别

如图 14-29 所示，D:E 列是商品类别对照表，不同的关键字对应不同的所属类别，需要根据 A 列的商品名称查询对应的商品类别。

	A	B
1	商品名称	商品类别
2	作业本	本子系列
3	圆珠笔	笔系列
4	双鹿电池	电池系列
5	三圈电池	电池系列
6	铅笔	笔系列
7	南孚电池	电池系列
8	练习本	本子系列
9	钢笔	笔系列
10	打印纸	打印设备、耗材
11	打印机	打印设备、耗材
12	草稿本	本子系列
13	打印墨盒	打印设备、耗材

	D	E
3	关键字	所属类别
4	电池	电池系列
5	笔	笔系列
6	本	本子系列
7	打印	打印设备、耗材

图 14-29 根据客户简称查询联系人

B2 单元格中输入以下公式，向下复制到 B13 单元格区域。

```
=LOOKUP(1,0/FIND(D$4:D$7,A2),E$4:E$7)
```

FIND 函数返回文本字符在另一个字符串中的起始位置，如果找不到要查找的字符，返回错误值 #VALUE!。

“0/FIND(D$4:D$7,A2)”部分，首先用 FIND 函数依次查找 D$4:D$7 单元格中的关键字在 A2 单元格的起始位置，得到由起始位置数值和错误值 #VALUE! 组成的数组。

```
{#VALUE!;#VALUE!;3;#VALUE!}
```

再用 0 除以该数组，返回由 0 和错误值 #VALUE! 组成的新数组。

```
{#VALUE!;#VALUE!;0;#VALUE!}
```

LOOKUP 函数用 1 作为查找值，由于数组中的数字都小于 1，因此以该数组中小于 1 的最大值 0 进行匹配，并返回第三参数 E$4:E$7 单元格区域对应位置的值。

LOOKUP 函数第二参数既可以是单行或单列，也可以是多行或多列的二维数组。LOOKUP 函数会根据第二参数的范围，执行类似 VLOOKUP 函数或 HLOOKUP 函数升序查找的功能，返回二维数组中最后一列或最后一行的结果。

示例 14-20　使用 LOOKUP 函数查询考核等级

仍以示例 14-15 中的数据为例，在员工考核成绩表中，根据 F3:G6 单元格区域已按成绩升序排序的对照表，查询 C 列考核成绩对应的等级。使用 LOOKUP 函数能够完成同样的查询，效果如图 14-30 所示。

D2 单元格中使用以下公式，向下复制到 D10 单元格。

```
=LOOKUP(C2,F$3:G$6)
```

D2　fx　=LOOKUP(C2,F$3:G$6)

	A	B	C	D
1	序号	员工姓名	考核成绩	等级
2	1	苏霞	79	合格
3	2	包志林	95	优秀
4	3	林娥云	59	不合格
5	4	石少青	80	良好
6	5	于冰福	90	优秀
7	6	姜琼芝	65	合格
8	7	刘龙飞	88	良好
9	8	毕晓智	75	合格
10	9	张金飞	55	不合格

	F	G
1	等级对照表	
2	成绩	等级
3	0	不合格
4	60	合格
5	80	良好
6	90	优秀

图 14-30　使用 LOOKUP 函数查询考核等级

使用该公式的优势在于仅需引用单元格区域，而无须指定返回查询区域的列号。

如果不使用对照表，可以使用以下公式实现同样的要求。

```
=LOOKUP(C2,{0,60,80,90},{"不合格","合格","良好","优秀"})
```

LOOKUP 函数第二参数使用升序排列的常量数组，在第二参数中查询小于或等于 C2 的最大值的位置，并返回对应的第三参数中对应位置的值。这种方法可以取代 IF 函数完成多个区间的判断查询。

利用 LOOKUP 函数的查找特点，可以从混合内容中提取有规律的数字。

示例 14-21　使用 LOOKUP 函数提取单元格内的数字

如图 14-31 所示，A 列为数量和单位混合的文本内容，需要提取其中的数量。

B2 单元格中输入以下公式，向下复制到 B10 单元格。

```
=-LOOKUP(1,-LEFT(A2,ROW($1:$99)))
```

	A	B
1	数量/单位	数量
2	22.9kg	22.9
3	88.45公斤	88.45
4	45m³	45
5	3.14km	3.14
6	26.99平方	26.99
7	9.75g	9.75
8	125W	125
9	123首MP3	123
10	63A	63

图 14-31　提取单元格内的数字

首先用 LEFT 函数从 A2 单元格左起第一个字符开始，依次返回长度为 1 ~ 99 的字符串，结果为 { "2";"22";"22.";"22.9";"22.9k";"22.9kg";……;"22.9kg" }。

添加负号后，数值转换为负数，含有文本字符的字符串则变成错误值 #VALUE!：{ -2;-22;-22;-22.9;#VALUE!;……;#VALUE! }。

LOOKUP 函数使用 1 作为查询值，在由负数、0 和错误值 #VALUE! 构成的数组中，忽略错误值提取最后一个等于或小于 1 的数值。最后再使用负号，将提取出的负数转为正数。

LOOKUP 函数要求必须按升序排列查询的数据，在升序前提下，最大值也是这个区域中的最后一个值。所以在实际使用中，无论查询的数据是否为升序，LOOKUP 函数均默认已经按升序处理，会返回最后一个符合条件的结果。

LOOKUP 函数的第二参数可以是多个逻辑判断相乘组成的多条件数组，函数的常用写法如下。

```
=LOOKUP(1,0/((条件 1)*(条件 2)*……*(条件 N)),目标区域或数组)
```

使用这种方法能够完成多条件的数据查询任务。

示例 14-22 使用 LOOKUP 函数多条件查询

图 14-32 展示的是某单位员工信息表的部分内容，不同部门有重名的员工，需要根据部门和姓名两个条件，查询员工的职务信息。

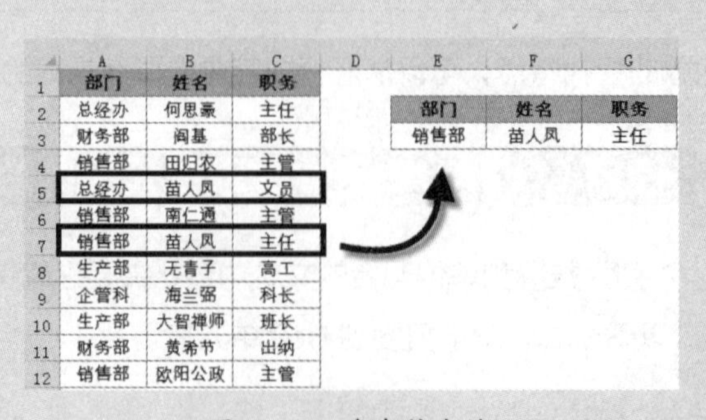

	A	B	C
1	部门	姓名	职务
2	总经办	何思豪	主任
3	财务部	阎基	部长
4	销售部	田归农	主管
5	总经办	苗人凤	文员
6	销售部	南仁通	主管
7	销售部	苗人凤	主任
8	生产部	无青子	高工
9	企管科	海兰弼	科长
10	生产部	大智禅师	班长
11	财务部	黄希节	出纳
12	销售部	欧阳公政	主管

部门	姓名	职务
销售部	苗人凤	主任

图 14-32　多条件查询

G3 单元格中输入以下公式。

```
=LOOKUP(1,0/((A2:A12=E3)*(B2:B12=F3)),C2:C12)
```

LOOKUP 函数第二参数使用两个等式相乘，分别比较 E3 单元格的部门与 A 列中的部门是否相同；F3 单元格的姓名与 B 列中的姓名是否相同。当两个条件同时满足时，对比后的逻辑值相乘返回数值 1，否则返回 0。

```
{0;0;0;0;0;1;0;0;0;0;0}
```

再用 0 除以该数组，返回由 0 和错误值 #VALUE! 组成的新数组。

```
{#DIV/0!;#DIV/0!;……;0;#DIV/0!;#DIV/0!;#DIV/0!;#DIV/0!;#DIV/0!}
```

LOOKUP 函数用 1 作为查找值，由于数组中的数字都小于 1，因此以该数组中小于 1 的最后一个 0 进行匹配，并返回第三参数 C2:C12 单元格区域对应位置的值。

用户也可以使用以下公式完成同样的查询。

```
=LOOKUP(1,0/(A2:A12&B2:B12=E3&F3),C2:C12)
```

公式分别将 A2:A12 和 B2:B12 单元格区域以及 E3 和 F3 单元格使用文本连接符进行连接，将两个判断条件合并为一个条件处理，使公式更加简短。

使用 LOOKUP 函数可以实现灵活的多条件查询，或是从右向左以及从下向上的各类查询。

示例 14-23　有合并单元格的数据汇总

图 14-33 展示的是某单位的销售情况表，A 列的部门信息中有多个合并单元格，需要根据 F 列指定的部门名称，计算出该营业部的销售总额。

G3 单元格中输入以下数组公式，按 <Ctrl+Shift+Enter> 组合键，向下复制到 G6 单元格。

```
{=SUM((LOOKUP(ROW($2:$13),IF(A$2:A$13<>"",ROW($2:$13)),A$2:A$13)=F3
)*D$2:D$13)}
```

A 列的部门信息中有多个合并单元格。在合并单元格中，只有左上角的单元格有数据，其他都是空单元格。本例中有数据的为 A2、A5、A7、A11 四个单元格。

IF(A$2:A$13<>" ",ROW($2:$13)) 部分，利用 IF 函数判断 A 列中是否为空，返回 A 列非空单元格的行号与逻辑值 FALSE 组成的数组，结果如下。

```
{2;FALSE;FALSE;5;FALSE;7;FALSE;FALSE;FALSE;11;FALSE;FALSE}
```

LOOKUP(ROW($2:$13),IF(A$2:A$13<>" ",ROW($2:$13)),A$2:A$13) 部分，以 ROW($2:$13) 构成的行号数组 {2;3;4;5;6;7;8;9;10;11;12;13} 作为 LOOKUP 函数的查找值，在 IF 函数返回的内存数组中分别查找这些行号的位置，并返回对应 A 列的值。

LOOKUP 返回查找区域中等于或小于查找值的最大值。例如查找行号 4，在 IF 函数返回的内存数组中没有 4，则与小于等于 4 的最大值 2 进行匹配，并返回对应的 A2 单元格的“营业 1 部”，其他行同理类推。

由 LOOKUP 函数构建出一个 12 行的内存数组，相当于将部门名称中的空白单元格分别填补数据后再进行统计，如图 14-34 所示。

	A	B	C	D
1	部门名称	业务员	数量	金额
2	营业1部	努儿海	5	9000
3		宋长老	15	27000
4		苏星河	5	9000
5	营业2部	苏辙	13	23400
6		完颜阿古打	3	5400
7	营业3部	吴长风	16	28800
8		枯荣长老	4	7200
9		邓百川	12	21600
10		风波恶	7	12600
11	营业4部	司马林	4	7200
12		公冶乾	11	19800
13		木婉清	13	23400

F	G
部门名称	销售总额
营业1部	45000
营业2部	28800
营业3部	70200
营业4部	50400

图 14-33　有合并单元格的数据汇总

E	F	G
部门名称		部门名称
营业1部	2	营业1部
	2	营业1部
	2	营业1部
营业2部	5	营业2部
	5	营业2部
营业3部	7	营业3部
	7	营业3部
	7	营业3部
	7	营业3部
营业4部	11	营业4部
	11	营业4部
	11	营业4部

图 14-34　LOOKUP 函数构建内存数组

最后比较内存数组中的部门与 F 列指定的部门是否相同，返回逻辑值 TRUE 或是 FALSE。与 D 列的金额相乘后，由 SUM 函数计算出销售总额。

14.5　常用的定位函数

MATCH 函数可以在单元格区域中搜索指定项，然后返回该项在单元格区域中的相对位置。函数的语法如下。

```
MATCH(lookup_value,lookup_array,[match_type])
```

其中，第一参数为指定的查找对象，第二参数为可能包含查找对象的单元格区域或数组，第三参数为查找的匹配方式。

当第三参数为 0、1 或省略、-1 时，分别表示精确匹配、升序查找、降序查找模式。

例 1：当第三参数为 0 时，第二参数无须排序。以下公式在第二参数的数组中精确查找出字母“A”第一次出现的位置，结果为 2，不考虑第 2 次出现的位置。

```
=MATCH("A",{"C","A","B","A","D"},0)
```

例 2：当第三参数为 1 时，第二参数要求按升序排列。以 6 作为查找值，查找小于或等于 6 的最大值，即数组中的 5，在数组中的第 3 个元素位置，结果返回 3。

```
=MATCH(6,{1,3,5,7},1)
```

例 3：当第三参数为 -1 时，第二参数要求按降序排列。以 8 作为查找值，查找大于或等于 8 的最小值，即数组中的 9，在数组的第 2 个元素位置，结果返回 2。

```
=MATCH(8,{11,9,6,5,3,1},-1)
```

示例 14-24 动态查询不固定项目的结果

如图 14-35 所示，是某单位员工工资表的部分内容，在 C15 单元格可以实现员工不固定项目的动态查询。

C15　=VLOOKUP(A15,A1:I11,MATCH(B15,A1:I1,),)

	A	B	C	D	E	F	G	H	I
1	姓名	入司时间	工龄费	基本工资	岗位补助	代扣款项	应发工资	代缴个税	实发工资
2	李润祥	2012/7/15	100	3600	137		3837	10.11	3826.89
3	赵嘉玲	2011/6/22	150	3600	121	145	3726	6.78	3719.22
4	贾伟卿	2013/8/25	50	4000	199		4249	22.47	4226.53
5	王美芬	2013/10/2	0	3200	169		3369	0.00	3369.00
6	王琼华	2010/5/20	200	4300	186	26	4660	34.80	4625.20
7	蔡明成	2008/5/1	300	3800	190		4290	23.70	4266.30
8	钟煜	2009/10/25	200	3800	106		4106	18.18	4087.82
9	王美华	2007/5/6	350	3200	122		3672	5.16	3666.84
10	丁志忠	2010/9/14	200	4000	171	99	4272	23.16	4248.84
11	宋天祥	2011/9/6	150	3600	193		3943	13.29	3929.71
12									
13									
14	姓名	项目	返回结果						
15	蔡明成	基本工资	3800						

图 14-35　动态查询不固定项目的结果

C15 单元格中使用以下公式。

```
=VLOOKUP(A15,A1:I11,MATCH(B15,A1:I1,),)
```

MATCH(B15,A1:I1,) 部分，MATCH 函数省略第三参数的值，仅以逗号占位，表示使用 0，也就是精确匹配方式。以 B15 单元格的项目作为查询值，返回 B15 单元格的项目在 A1:I1 单元格区域内的位置 4，计算结果用作 VLOOKUP 函数的第三参数。

VLOOKUP 函数根据 MATCH 函数计算出的结果，确定要在查询区域中返回第几列的值。如果 B15 单元格内项目发生变化，MATCH 函数将计算出的动态结果传递给 VLOOKUP 函数，最终实现动态查询的效果。

用户也可以使用 HLOOKUP 函数完成同样的查询。

```
=HLOOKUP(B15,A1:I11,MATCH(A15,A1:A11,),)
```

与 VLOOKUP 函数的方法类似，先使用 MATCH 函数，返回 A15 单元格的姓名在 A1:A11 单元格区域内的位置。HLOOKUP 函数以 B15 单元格的项目作为查询值，再根据 MATCH 函数计算出的结果，确定返回 A1:I11 单元格区域中第几行的值。

使用以上技巧，公式不会受行列中姓名、项目变化的影响，使查找更加方便灵活。

MATCH 函数要求查找值与查找范围的数据类型匹配，否则会返回错误值 #N/A。

在日常工作中，经常需要处理一些带有合并单元格的数据。而合并单元格中，实际上只有左上角的单元格有内容，其他均为空白。使用 MATCH 函数结合 LOOKUP 函数和 INDIRECT 函数，可以完成相关数据的查询。

示例 14-25 有合并单元格的数据查询

如图 14-36 所示，是某单位卫生安全与工艺纪律检查小组人员编制表的部分内容，A 列中的检查组使用了合并单元格，需要根据 D3 单元格的姓名，查询该员工所属的检查组。

	A	B	C	D	E
1	职能安排	人员编制			
2	卫生检查组	李沅芷		姓名	职能安排
3		陆菲青		余鱼同	纪律检查组
4		韩五娘			
5	安全检查组	赵半山			
6		王维扬			
7		于万亭			
8		陈家洛			
9		骆元通			
10	纪律检查组	陈正德			
11		余鱼同			
12	工艺检查组	卫春华			
13		杨成协			
14		袁士霄			
15		蒋四根			

图 14-36 有合并单元格的数据查询

E3 单元中格使用以下公式。

```
=LOOKUP("々",INDIRECT("A1:A"&MATCH(D3,B1:B15,)))
```

首先使用“MATCH(D3,B1:B15,)”，精确定位 D3 单元格姓名“余鱼同”在 B1:B15 单元格区域中的位置，计算结果为 11。

再使用连接符 &，将文本字符串“A1:A”和 MATCH 函数的计算结果 11 合并，成为新的字符串“A1:A11”。

INDIRECT 函数利用 A1 引用样式，返回由文本字符串“A1:A11”指定的引用区域。

最后使用 LOOKUP 函数，以“々”作为查找值，返回 A1:A11 单元格区域内最后一个文本，结果为“财务部”。

除了可以返回查询值的位置，利用 MATCH 函数结合 COUNT 函数，还可以比较两列或两行区域中相同的单元格个数。

示例 14-26　统计两项考核同时进入前十的人数

图 14-37 展示的是某单位员工考核记录表的部分内容，A 列是理论考核前十名的员工，B 列是操作考核前十名的员工，需要统计两项考核同时进入前十的人数。

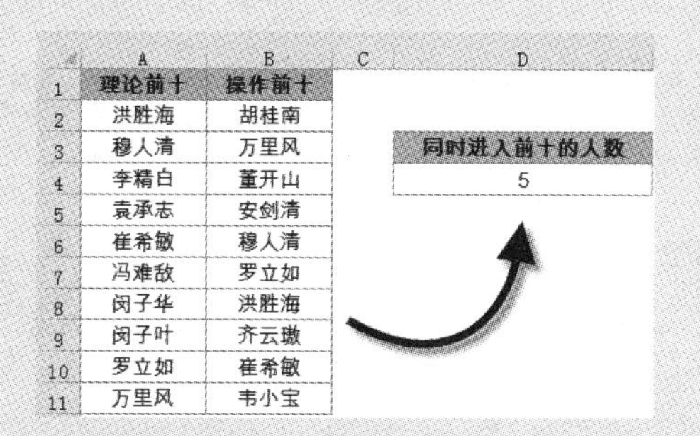

	A	B	C	D
1	理论前十	操作前十		
2	洪胜海	胡桂南		
3	穆人清	万里风		同时进入前十的人数
4	李精白	董开山		5
5	袁承志	安剑清		
6	崔希敏	穆人清		
7	冯难敌	罗立如		
8	闵子华	洪胜海		
9	闵子叶	齐云璈		
10	罗立如	崔希敏		
11	万里风	韦小宝		

图 14-37　统计两项考核同时进入前十的人数

D4 单元格中输入以下数组公式，按 <Ctrl+Shift+Enter> 组合键。

```
{=COUNT(MATCH(A2:A10,B2:B10,0))}
```

MATCH 函数使用 A2:A10 作为查询值，查询区域是 B2:B10 单元格区域。第三参数使用 0，表示以精确匹配的方式，分别返回 A2:A10 中的每个元素在 B2:B10 单元格区域首次出现的位置。

如果 A2:A10 单元格区域中的数据在 B2:B10 单元格区域中存在，则返回数值。如果不存在，函数返回错误值 #N/A，运算结果如下。

```
{3;#N/A;#N/A;#N/A;7;#N/A;#N/A;2;#N/A}
```

最后使用 COUNT 函数，统计出其中数值的个数，得到两项考核同时进入前十的人数。

如果查询区域中包含多个查询值，MATCH 函数只返回查询值首次出现的位置。利用这一特点，可以统计出一行或一列数据中的不重复的个数。

示例 14-27 统计发货批次数

图 14-38 展示的是某企业 2015 年 10 月份发货记录的部分内容，一个批次号的产品有多次发货，需要统计当月发出批次数，即 B 列的不重复批次号个数。

	A	B	C	D	E	F
1	发货时间	批次号	发货数量	运输司机		发出批次数
2	2015/10/15	20151001-3	32.4	冯明芳		9
18	2015/10/25	20151018-2	33.8	赵坤		
19	2015/10/25	20151018-2	32.8	张晓祥		
20	2015/10/25	20151018-2	33.9	李福学		
21	2015/10/25	20151018-3	30.3	魏靖晖		
22	2015/10/26	20151018-3	31.6	张映菊		
23	2015/10/27	20151020-1	33.9	谭艺		
24	2015/10/28	20151020-1	31.8	杨柳		
25	2015/10/28	20151020-1	31.3	金宝增		
26	2015/10/28	20151020-1	29.6	江建安		
27	2015/10/29	20151020-2	31.4	刘向碧		
28	2015/10/30	20151020-2	31.2	陈玉员		
29	2015/10/31	20151020-3	34.7	张贵金		

图 14-38　统计产品发出批次数

F2 单元格中输入以下数组公式，按 <Ctrl+Shift+Enter> 组合键。

```
{=SUM(--(MATCH(B2:B29,B2:B29,)=ROW(B2:B29)-1))}
```

MATCH(B2:B29,B2:B29,) 部分，MATCH 函数查询值和查询区域均使用 B2:B29 单元格区域，并以精确匹配的查询方式，分别查找 B2:B29 单元格区域中的每个批次号在该区域中首次出现的位置。返回结果如下。

```
{1;……;17;17;17;20;20;22;22;22;22;26;26;28}
```

在以上结果中，无论批次号出现几次，MATCH 函数始终返回其首次出现的位置。

ROW(B2:B29)-1 部分，得到 1 ~ 28 的连续自然数序列，与批次号所在单元格区域的行数相同。用 MATCH 函数得到的批次号首次出现的位置，与 ROW 函数生成的序列进行比较。如果批次号是首次出现，则比较的结果为 TRUE，否则为 FALSE。

通过减负运算将逻辑值转换为数值，再使用 SUM 求和，结果即为 B 列中不重复批次号的个数，也就是发出批次数。

提示

如果 MATCH 函数的查询值参数使用多个单元格的区域引用，并且在这个区域中包含空白单元格，MATCH 函数对该元素的查询结果为错误值 #N/A。假如 B 列批次中有空白单元格，可以在 MATCH 函数的单元格区域引用后连接空文本 ""，将空单元格作为空文本处理，公式即能够正常运算，如公式 MATCH(B2:B29&"",B2:B29&"",)。

14.6 认识 OFFSET 函数

OFFSET 函数功能十分强大，在数据动态引用以及后续的多维引用等很多应用实例中都会用到。

该函数以指定的引用为参照，通过给定偏移量得到新的引用，返回的引用既可以为一个单元格或单元格区域，也可以指定返回的行数或列数。

函数基本语法如下。

```
OFFSET(reference,rows,cols,[height],[width])
```

第一参数 reference 必需。作为偏移量参照的起始引用区域，该参数必须为对单元格或相连单元格区域的引用，否则 OFFSET 返回错误值 #VALUE!。

第二参数 rows 必需。相对于偏移量参照系的左上角单元格，向上或向下偏移的行数。行数为正数时，代表在起始引用的下方。行数为负数时，代表在起始引用的上方。如省略必须用半角逗号占位，默认值为 0（即不偏移）。

第三参数 cols 必需。相对于偏移量参照系的左上角单元格，向左或向右偏移的列数。列数为正数时，代表在起始引用的右边。列数为负数时，代表在起始引用的左边。例如省略必须用半角逗号占位，默认值为 0（即不偏移）。

第四参数 height 可选。要返回的引用区域的行数。

第五参数 width 可选。要返回的引用区域的列数。

14.6.1 OFFSET 函数偏移方式

1. 图解 OFFSET 函数

如图 14-39 所示，以下数组公式将返回对 C4:E8 单元格的引用。

```
{=OFFSET(A2,2,2,5,3)}
```

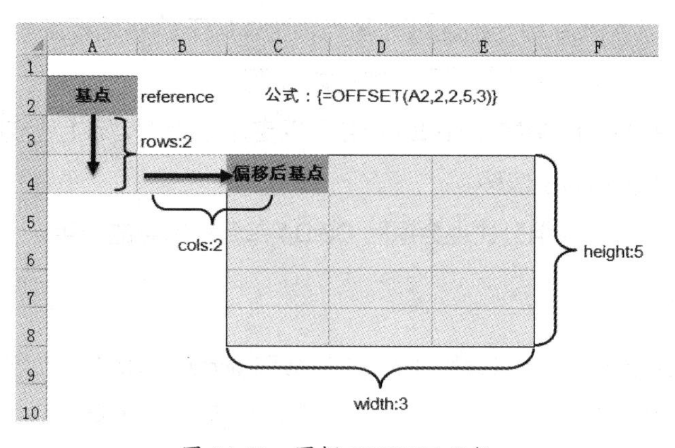

图 14-39 图解 OFFSET 函数

其中，A2 单元格为 OFFSET 函数的引用基点。

rows 参数为 2，表示以 A2 为基点向下偏移两行，至 A4 单元格。

cols 参数为 2，自 A4 单元格向右偏移两列，至 C4 单元格。

height 参数为 5，width 参数为 3，表示 OFFSET 函数返回的是 5 行 3 列的单元格区域。因此，该公式返回的是以 C4 单元格为左上角、5 行 3 列的单元格区域，即 C4:E8 单元格区域的引用。

OFFSET 函数结合 COUNTA 等函数，可以构建动态的引用区域，常用于数据验证中的动态下拉菜单，以及在图表中构建动态的数据源等。

2. OFFSET 函数参数规则

在使用 OFFSET 函数时，如果参数 height 或参数 width 省略，则视为其高度或宽度与引用基点的高度或宽度相同。

如果引用基点是一个多行多列的单元格区域，当指定了参数 height 或参数 width，则以引用区域的左上角单元格为基点进行偏移，返回的结果区域的宽度和高度仍以 width 参数和 height 参数的值为准。

如图 14-40 所示，以下数组公式返回对 C3:D4 单元格区域的引用。

```
{=OFFSET(A1:C9,2,2,2,2)}
```

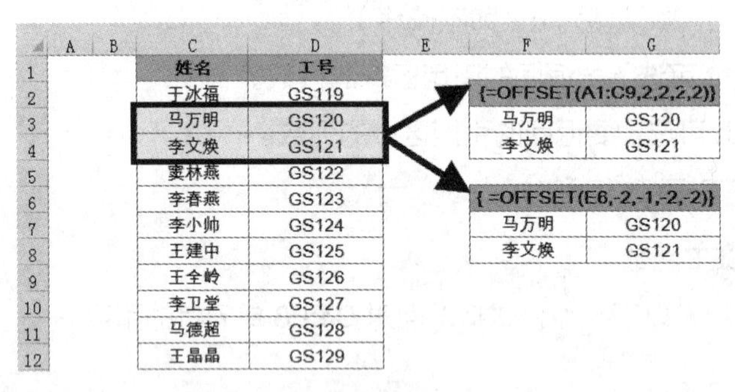

图 14-40 OFFSET 偏移方式

公式的意思是以 A1:C9 单元格区域为基点，整体向下偏移两行到第 3 行，向右偏移两列到 C 列，新引用的行数为两行，新引用的列数为两列。

OFFSET 函数的 height 参数和 width 参数不仅支持正数，实际上还支持负数，负行数表示向上偏移，负列数表示向左偏移。

在图 14-40 中，以下数组公式也会返回 C3:D4 单元格区域的引用。

```
{=OFFSET(E6,-2,-1,-2,-2)}
```

公式中的 rows 参数、cols 参数、height 参数和 width 参数均为负数，表示以 E6 单元格为基点，向上偏移两行到第 4 行，向左偏移 1 列到 D 列，此时偏移后的基点为 D4 单元格。在此基础上返回高度向上两行，宽度向左两列的单元格区域的引用，也就是以 D4 单元格为右下角，两行两列的单元格区域。

OFFSET 函数如果使用数组参数，则会返回多维引用，在数组公式中使用频率非常高。

3. OFFSET 函数参数自动取整

如图 14-41 所示，如果 OFFSET 函数的 rows 参数、cols 参数、height 参数和 width 参数不是整数，OFFSET 函数会自动舍去小数部分，进行截尾取整计算。

	A	B	C	D	E	F	G	H
1	工号	姓名	工资	奖金		{=OFFSET(A1,3.2,1.8,2.5,3.2)}		
2	GS119	陆海娟	5500	500		张继明	7600	800
3	GS120	赵祖明	4800	450		马国平	5500	460
4	GS121	张继明	7600	800				
5	GS122	马国平	5500	460		{=OFFSET(A1,3,1,2,3)}		
6	GS123	冯敏华	6550	270		张继明	7600	800
7	GS124	赵玉珍	7200	660		马国平	5500	460
8	GS125	李军平	15000	430				
9	GS126	魏竞生	3999	270				
10	GS127	周兴全	15000	660				

图 14-41　OFFSET 函数参数取整

以下两个公式的参数分别使用小数和整数，结果都将返回 B4:D5 单元格区域的引用。

选中 F2:H3 单元格区域，输入以下数组公式，按 <Ctrl+Shift+Enter> 组合键。

```
{=OFFSET(A1,3.2,1.8,2.5,3.2)}
```

选中 F6:H8 单元格区域，输入以下数组公式，按 <Ctrl+Shift+Enter> 组合键。

```
{=OFFSET(A1,3,1,2,3)}
```

公式以 A1 单元格为基点，向下偏移 3 行，向右偏移 1 列，新引用的区域为 2 行 3 列。

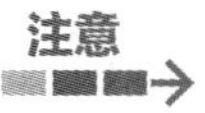

如果 OFFSET 函数行数或列数的偏移量超出工作表边缘，将返回错误值 #REF!。

示例 14-28　动态汇总销售额

如图 14-42 所示，是某单位销售部门各业务员在不同月份的销售数据。要求根据 A11 单元格指定的姓名和 B11、D11 单元格指定的起止月份，汇总该业务员在指定期间的销售额。

F11 单元格中输入以下公式。

```
=SUM(OFFSET(A1,MATCH(A11,A2:A7,),B11,,D11-B11+1))
```

MATCH(A11,A2:A7,) 部分，用于查询 A11 单元格的姓名在 A2:A7 单元格区域的位置，结果为 4。

OFFSET 函数以 A1 单元格为基点，向下偏移 4 行到 A5 单元格。向右偏移的列数为 B11 单元格的起始月份值 3，也就是从 A5 单元格向右偏移 3 列，到 D5 单元格。第四参数简写，表示要返回引用区域的高度与基点相同，仍为 1 行。新引用区域的列数为终止月减去起始月之后再加 1，最终得到对 D5:F5 单元格区域的引用，如图 14-43 所示。

	A	B	C	D	E	F	G
1	姓名	1月份	2月份	3月份	4月份	5月份	6月份
2	周伯通	135	247	20	237	239	91
3	洪七公	211	70	35	233	225	245
4	欧阳克	176	113	146	133	102	243
5	郭啸天	69	179	18	97	59	30
6	黄药师	209	236	14	110	42	95
7	梅超风	85	159	197	38	121	26
8							
9							
10	姓名	起始月		终止月		合计	
11	郭啸天	3		5		174	

图 14-42　动态汇总销售额

	A	B	C	D	E	F	G
1	姓名	1月份	2月份	3月份	4月份	5月份	6月份
2	周伯通	135	247	20	237	239	91
3	洪七公	211	70	35	233	225	245
4	欧阳克	176	113	146	133	102	243
5	郭啸天	69	179	18	97	59	30
6	黄药师	209	236	14	110	42	95
7	梅超风	85	159	197	38	121	26
8							
9							
10	姓名	起始月		终止月		合计	
11	郭啸天	3		5		174	

图 14-43　偏移示意图

再使用 SUM 函数对 D5:F5 单元格区域求和，得出汇总结果。

示例 14-29　统计新入职员工前三个月培训时间

图 14-44 展示的是某单位 1 ~ 6 月新入职员工的培训记录，新员工从入职第一个月开始，每月需进行培训，现需要计算每名员工前三个月的培训总时间。

	A	B	C	D	E	F	G	H
1	姓名	1月份	2月份	3月份	4月份	5月份	6月份	合计
2	丘处机					2	4	6
3	周伯通		5	2	2	3	1	9
4	王重阳						2	2
5	杨铁心		1	3	2	3	2	6
6	穆念慈			2	2	3	1	7
7	欧阳峰		4	1	2	4	3	7
8	黄药师	1	3	2	3	1	2	6

图 14-44　统计新入职员工前三个月培训时间

H2 单元格中输入以下数组公式，按 <Ctrl+Shift+Enter> 组合键，向下复制到 H8 单元格。

```
{=SUM(OFFSET(A2,,MATCH(,0/B2:G2,),,3) B2:G2)}
```

公式中 MATCH 函数的第一参数、第三参数以及 OFFSET 函数的第二参数和第四参数均省略了参数值 0，仅以逗号占位，公式相当于以下形式。

```
{=SUM(OFFSET(A2,0,MATCH(0,0/B2:G2,0),1,3) B2:G2)}
```

MATCH(,0/B2:G2,) 部分，用 0 除以 B2:G2 单元格中的数值，得到 0 和错误值 #DIV/0! 组成的数组结果。

```
{#DIV/0!,#DIV/0!,#DIV/0!,#DIV/0!,0,0}
```

再以 0 作为查找值，在由 0 和错误值组成的数组结果中进行查找。返回第一个 0 所在的位置，也就是第一次出现数值的位置，结果为 5。

OFFSET 函数以 A2 单元格为基点，第二参数省略参数值，表示向下偏移行数为 0。

向右偏移的列数为 MATCH 函数的计算结果 5。

第四参数也省略参数值，表示新引用区域的行数与基点 A2 的行数相同，结果为 1。

再以此为基点向右 3 列作为新引用区域的列数，最终返回 F2:H2 单元格区域的引用。

由于 B2:G2 单元格中的数值不足 3 个，也就是新员工入职时间不足 3 个月，此时 OFFSET 函数引用的区域已经超出 B2:G2 单元格的范围。如果直接使用 SUM 函数求和，会与公式所在的 H2 单元格产生循环引用而无法正常运算。

以 OFFSET 函数返回的引用区域和“B2:G2”使用交叉引用的方式，得到两个引用区域重叠部分，即 F5:G5 单元格区域。最后使用 SUM 函数进行求和。

通过设置 OFFSET 函数的偏移量，能够快速实现有规律数据的转置。

示例 14-30 利用 OFFSET 函数实现数据转置

如图 14-45 所示，A 列和 B 列是 OFFICE 术语中英文对照表的部分内容，中文内容和英文对照分别在同一行中并排显示，使用 OFFSET 函数，能够将中英文内容转换为在同一列依次显示。

	A	B	C	D
1	英文	中文	效果→	OFFICE术语中英文对照
2	log off	注销		log off
3	round	四舍五入		注销
4	sensitive data	敏感数据		round
5	child business unit	下级业务部门		四舍五入
6	record number	记录编号		sensitive data
7	quiet mode	安静模式		敏感数据
8	linked virtual hard disk	链接的虚拟硬盘		child business unit
9	Telephone User Interface	电话用户界面		下级业务部门
10	service order line	服务订单行		record number
11				记录编号
12				quiet mode
13				安静模式
14				linked virtual hard disk
15				链接的虚拟硬盘
16				Telephone User Interface
17				电话用户界面
18				service order line
19				服务订单行

图 14-45　中英文内容在同一列显示

D2 单元格中输入以下公式，向下复制至单元格显示空白为止。

```
=OFFSET($A$2,(ROW(A1)-1)/2,MOD(ROW(A1)-1,2))&""
```

公式以“(ROW(A1)-1)/2”部分的计算结果作为 OFFSET 函数的行偏移参数，在 D2 单元格中的计算结果为 0。ROW 函数使用了相对引用，在公式向下复制时计算结果依次为 0、0.5、

1、1.5…即从 0 开始构成一个步长值为 0.5 的递增序列。OFFSET 函数对参数自动截尾取整，因此，ROW 函数生成的序列在 OFFSET 中的作用相当于 0、0、1、1…即公式每向下复制两行，OFFSET 偏移的行数增加 1。

“MOD(ROW(A1)-1,2)”部分的计算结果作为 OFFSET 函数的列偏移参数，在 D2 单元格中的计算结果为 0。在公式向下复制时计算结果依次为 0、1、0、1…即从 0 开始构成一个 0 和 1 的循环序列。

OFFSET 函数以 A2 单元格为基点，使用 ROW 函数和 MOD 函数构建的有规律的序列作为行列偏移量，完成数据转置，如图 14-46 所示。

	A	B
1	英文	中文
2	log off	注销
3	round	四舍五入
4	sensitive data	敏感数据
5	child business unit	下级业务部门
6	record number	记录编号
7	quiet mode	安静模式
8	linked virtual hard disk	链接的虚拟硬盘
9	Telephone User Interface	电话用户界面
10	service order line	服务订单行

自A2开始 依次偏移
0行0列 A2
0行1列 B2
1行0列 A3
1行1列 B3
2行0列 A4
2行1列 B4
3行0列 A5
3行1列 B5
4行0列 A6
4行1列 B6
5行0列 A7
5行1列 B7

图 14-46 有规律的偏移

如果 OFFSET 函数返回的引用为空单元格，公式结果将返回 0，&"" 部分用于屏蔽无意义的 0 值。

示例 14-31 计算员工考核最高成绩的平均分

图 14-47 展示的是某单位员工成绩表的部分内容，每位员工有 4 次考核成绩，需要按各员工的最高成绩计算平均分。

	A	B	C	D	E	F	G
1		第1次	第2次	第3次	第4次		各员工最高成绩的平均分
2	小龙女	90	68	83	82		90.89
3	尹志平	78	78	79	90		
4	丘处机	74	67	92	88		
5	公孙止	94	86	65	79		
6	天竺僧	89	80	72	93		
7	李莫愁	88	70	81	73		
8	曲傻姑	88	75	81	91		
9	陆二娘	80	72	72	84		
10	阿根	81	69	93	96		

图 14-47 计算员工考核最高成绩的平均分

G2 单元格中输入以下数组公式，按 <Ctrl+Shift+Enter> 组合键。

```
{=ROUND(AVERAGE(SUBTOTAL(4,OFFSET(B1:E1,ROW(1:9),))),2)}
```

OFFSET(B1:E1,ROW(1:9),) 部分，OFFSET 函数以 B1:E1 单元格区域为基点，行偏移量为 ROW(1:9)，即分别向下偏移 1 行、2 行、3 行、…、9 行，依次得到 B2:E2、B3:E3、B4:E4、…、B10:E10 单元格区域的多维引用。

SUBTOTAL 函数用来返回列表或数据库中的分类汇总。第一参数使用 4，表示使用 MAX 函数在列表中进行分类汇总计算。SUBTOTAL(4,OFFSET(B1:E1,ROW(1:9),)) 部分的计算结果如下。

```
{90;90;92;94;93;88;91;84;96}
```

即 B2:E2、B3:E3、B4:E4…B10:E10 单元格区域中，每一行的最大值。

最后使用 AVERAGE 函数计算出平均值，并使用 ROUND 函数对计算结果保留两位小数。

关于 SUBTOTAL 函数，请参阅 15.12.1 小节。

14.7 理解 INDEX 函数

INDEX 函数是常用的引用类函数之一，可以在一个区域引用或数组范围中，根据指定的行号和列号来返回值或引用。

其基本语法如下。

```
引用形式 INDEX(reference,row_num,[column_num],[area_num])
数组形式 INDEX(array,row_num,[column_num])
```

第一参数 array 必需，表示一个单元格区域或数组常量。如果数组只包含一行或一列，则相对应的参数 row_num 或 column_num 为可选参数。如果数组有多行和多列，但参数只使用 row_num 或 column_num，INDEX 函数返回数组中的整行或整列，且返回值也为数组。

第二参数 row_num 必需，用于选择数组中的某行，函数从该行返回数值。如果省略 row_num 参数，则必须有 column_num 参数。

第三参数 column_num 可选，用于选择数组中的某列，函数从该列返回数值。如果省略 column_num 参数，则必须有 row_num 参数。

如果同时使用 row_num 参数和 column_num 参数，INDEX 函数返回 row_num 和 column_num 交叉处的单元格中的值。

如以下公式可以返回 A1:C10 区域中，第 5 行第 2 列的单元格引用，即 B5 单元格。

```
=INDEX(A1:C10,5,2)
```

以下公式将从数组参数中返回第 3 行第 2 列的数值 8。

```
=INDEX({1,2,3;4,5,6;7,8,9},3,2)
```

以下公式第四参数指定为 2，表示在（C1:D9,A3:B10）中的第二个区域 A3:B10 中，返回第 3 行第 2 列的单元格引用，即 B5 单元格。

```
=INDEX((C1:D9,A3:B10),3,2,2)
```

如果将参数 row_num 或 column_num 设置为 0（零），INDEX 函数则分别返回第一参数中列或行范围内的全部数值。

例如，以下公式返回的数组结果为 A1:D10 单元格区域中第 4 行的全部内容，即 A4:D4 单元格区域。

```
=INDEX(A1:D10,4,0)
```

以下公式返回的数组结果为 A1:D10 单元格区域中第 2 列的全部内容，即 B1:B10 单元格区域。

```
=INDEX(A1:D10,0,2)
```

根据公式的需要，INDEX 函数的返回值可以作为引用或是数值。例如，以下第一个公式等价于第二个公式，CELL 函数将 INDEX 函数的返回值作为 B1 单元格的引用。

```
=CELL("width",INDEX(A1:B2,1,2))
=CELL("width",B1)
```

而在以下公式中，则将 INDEX 函数的返回值解释为 B1 单元格中的数字。

```
=2*INDEX(A1:B2,1,2)
```

示例 14-32 使用 INDEX 函数和 MATCH 函数实现逆向查找

INDEX 函数和 MATCH 函数结合运用，能够完成类似 VLOOKUP 函数和 HLOOKUP 函数的查找功能，并且可以实现灵活的逆向查询，即从右向左或者从下向上查询。

图 14-48 展示的是某单位员工信息表的部分内容，包括工号、姓名以及所在部门等信息，需要根据 E 列指定的姓名查询对应的工号。

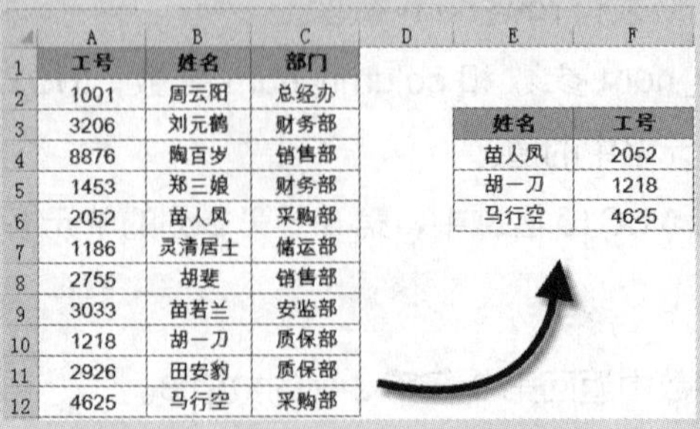

	A	B	C
1	工号	姓名	部门
2	1001	周云阳	总经办
3	3206	刘元鹤	财务部
4	8876	陶百岁	销售部
5	1453	郑三娘	财务部
6	2052	苗人凤	采购部
7	1186	灵清居士	储运部
8	2755	胡斐	销售部
9	3033	苗若兰	安监部
10	1218	胡一刀	质保部
11	2926	田安豹	质保部
12	4625	马行空	采购部

姓名	工号
苗人凤	2052
胡一刀	1218
马行空	4625

图 14-48 根据姓名查询工号

F4 单元格中输入以下公式，向下复制到 F6 单元格。

```
=INDEX(A:A,MATCH(E4,B:B,))
```

首先用 MATCH 函数，以精确匹配的方式定位 E4 单元格姓名在 B 列中的位置，结果为 6。再用 INDEX 函数根据此索引值，返回 A 列中相应行数的工号。

使用以下公式可以返回指定姓名的部门信息。

```
=INDEX(C:C,MATCH(E4,B:B,))
```

使用 INDEX 函数和 MATCH 函数的组合应用来查询数据，公式看似相对复杂，但在实际应用中更加灵活多变。

14.8 了解 CHOOSE 函数

CHOOSE 函数可以根据指定的数字序号返回与其对应的数据值、区域引用或嵌套函数结果。根据此函数的特性，可以在某些条件下用它替代 IF 函数实现多条件的判断。

CHOOSE 函数基本语法如下。

```
CHOOSE(index_num,value1,[value2],...)
```

第一参数 index_num 为 1 ~ 254 的数字，也可以是包含 1 ~ 254 数字的公式或单元格引用。如果为 1，返回 value1；如果为 2，则返回 value2，以此类推。如果第一参数为小数，则在使用前将被截尾取整。

示例 14-33 生成指定的不连续随机数

如图 14-49 所示，在一组实验数据中，要求随机生成 2、17、19、25、30 这 5 个随机数。

	A	B	C
1	生成指定的不连续随机数		
2	2	19	25
3	30	2	2
4	2	17	25
5	19	19	19
6	19	17	2
7	19	17	30
8	17	30	30
9	30	30	19
10	30	2	17
11	25	17	30

图 14-49 生成指定的不连续随机数

A2 单元格中输入以下公式，复制到 A2:C11 单元格区域。

```
=CHOOSE(RANDBETWEEN(1,5),2,17,19,25,30)
```

首先使用 RANDBETWEEN 函数生成 1 ~ 5 的随机数。

再使用 CHOOSE 函数，以 RANDBETWEEN 函数生成的随机数作为第一参数，返回与其对应的数据值。

示例 14-34 判断奇、偶数出现的次数

如图 14-50 所示，要求根据 A、B、C 列的数字，判断奇、偶数出现的个数。

3 列数字奇、偶数出现的情况有“偶偶偶”“2 偶 1 奇”“2 奇 1 偶”和“奇奇奇”4 种，如果使用 IF 函数判断，公式会比较冗长。

	A	B	C	D
1	三位数字			奇偶判断
2	9	2	7	2奇1偶
3	3	6	8	2偶1奇
4	6	4	2	偶偶偶
5	2	4	8	偶偶偶
6	9	4	4	2偶1奇
7	6	9	3	2奇1偶
8	4	8	7	2偶1奇
9	2	4	6	偶偶偶
10	1	7	0	2奇1偶
11	1	8	8	2偶1奇

图 14-50　判断奇、偶数出现的次数

D2 单元格中输入以下数组公式，按 <Ctrl+Shift+Enter> 组合键，向下复制到 D11 单元格。

```
{=CHOOSE(SUM(MOD(A2:C2,2))+1,"偶偶偶","2偶1奇","2奇1偶","奇奇奇")}
```

首先使用 MOD 函数分别判断 A2:C2 单元格数值除以 2 的余数：偶数的余数为 0，奇数的余数为 1。

再使用 SUM 函数对 A2:C2 单元格的余数求和，结果即为奇数的个数。

由于 CHOOSE 函数的第一参数要求是 1 ~ 254 的自然数，因此将求和结果加 1 作为第一参数。如果奇数的个数为 0，加 1 后对应的判断结果为“偶偶偶”。如果奇数的个数为 1，加 1 后对应的判断结果为“2 偶 1 奇”，其他判断依此类推。

14.9　转置数据区域

TRANSPOSE 函数用于转置数组或工作表上单元格区域。转置单元格区域包括将行单元

格区域转置成列单元格区域，或将列单元格区域转置成行单元格区域，类似于基础操作中的【选择】→【复制】→【选择性粘贴】→【转置】，如图 14-51 所示。

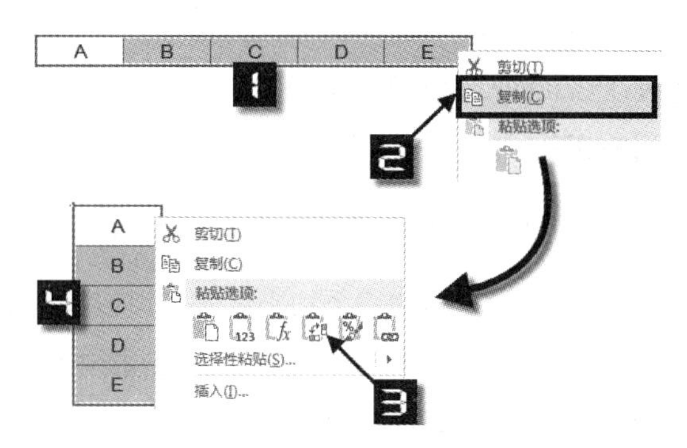

图 14-51　【选择】→【复制】→【选择性粘贴】→【转置】

示例 14-35　按权重计算考核成绩

图 14-52 展示的是某单位员工综合考核表的部分内容，不同考核项目的权重比例各不相同。需要根据各考核项目的得分乘以对应的权重，计算出员工的综合考核成绩。

如果使用以下数组公式，将无法得出正确的计算结果。

```
{=SUM(B2:E2*I2:I5)}
```

B2:E2*I2:I5 部分实际得到一个矩阵相乘的结果，即 E2 单元格的 6.9 分别与 4 个权重相乘，C2 单元格的 7.1 分别与 4 个权重相乘……如图 14-53 所示。

	A	B	C	D	E	F	G	H	I
1	姓名	安全	现场	操作	理论	综合		权重比例	
2	商宝震	6.9	7.1	8.8	7.1	7.72		安全	0.3
3	何思豪	8.3	8.4	8.2	9	8.35		现场	0.2
4	阎基	7.1	6.9	8.5	8.4	7.75		操作	0.4
5	田归农	6.8	8.6	6.1	9.6	7.16		理论	0.1
6	苗人凤	6.2	9.3	8.4	8.5	7.93			
7	古若般	8.6	6.7	8.9	9.1	8.39			
8	南仁通	7.6	8.5	7.7	7.8	7.84			

图 14-52　按权重计算考核成绩

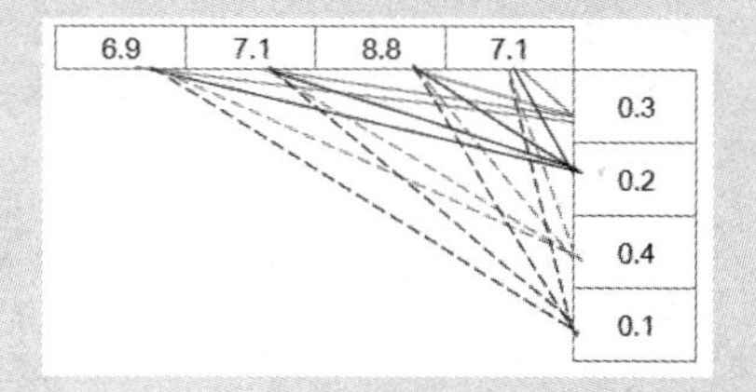

图 14-53　矩阵相乘

而实际要求是：安全得分 6.9× 权重 0.3+ 现场得分 7.1× 权重 0.2+ 操作得分 8.8× 权重 0.4+ 理论得分 7.1× 权重 0.1，即 6.9*0.3+7.1*0.2+8.8*0.4+7.1*0.1。

F2 单元格中输入以下数组公式，按 <Ctrl+Shift+Enter> 组合键，复制至 F2:F8 单元格区域。

```
{=SUM(B2:E2*TRANSPOSE(I$2:I$5))}
```

TRANSPOSE 函数将 I2:I5 单元格区域的列单元格区域 { 0.3;0.2;0.4;0.1 } 转换为行单元格区域 { 0.3,0.2,0.4,0.1 } 。经过转置处理后 B2:E2 即可与对应的单个权重比例相乘。

最后使用 SUM 函数计算出乘积之和，得到员工综合考核成绩。

14.10 使用公式创建超链接

HYPERLINK 函数是 Excel 中唯一一个可以返回数据值以外，还能够生成链接的特殊函数。以下介绍如何利用 HYPERLINK 函数建立超链接。

HYPERLINK 函数语法如下。

```
HYPERLINK(link_location,friendly_name)
```

参数 link_location 是要打开的文档的路径和文件名，可以指向 Excel 工作表或工作簿中特定的单元格或命名区域，或者指向 Microsoft Word 文档中的书签。路径既可以表示存储在硬盘驱动器上的文件，也可以是 UNC 路径或是 URL 路径。除了使用直接的文本链接以外，还支持使用在 Excel 中定义的名称，但相应的名称前必须加上前缀“#”号，如 #DATA、#Name。对于当前工作簿中的链接地址，也可以使用前缀“#”号来代替当前工作簿名称。

参数 friendly_name 可选，表示单元格中显示的跳转文本或数字值。如果省略，HYPERLINK 函数建立超链接后将显示第一参数的内容。

若要选择一个包含超链接的单元格但不跳转到超链接目标，可单击单元格并按住鼠标左键不放，直到指针变成空心十字“✜”，然后释放鼠标即可。

示例 14-36 创建有超链接的工作表目录

如图 14-54 所示，是某单位财务处理系统的部分内容，为了方便查看数据，要求在目录工作表中创建指向各工作表的超链接。

	A	B	C	D	E
1		工作表名称	点击跳转		
2		银行存款余额调节表	银行存款余额调节表		
3		会计科目表	会计科目表		
4		凭证录入	凭证录入		
5		科目余额表	科目余额表		
6		汇总凭证	汇总凭证		
7		总账	总账		
8		明细分类账	明细分类账		
9		资产负债表	资产负债表		
10		利润表	利润表		
11		通用记账凭证	通用记账凭证		
12		分数记账凭证	分数记账凭证		

目录 | 银行存款余额调节表 | 会计科目表 | 凭证录入 | 科目余额表

图 14-54 为工作表名称添加超链接

C2 单元格中使用以下公式，向下复制到 C12 单元格。

```
=HYPERLINK("#"&B2&"!A1",B2)
```

公式中“"#"&B2&"!A1"”部分指定了当前工作簿内链接跳转的具体单元格位置，第二参数为 B2，表示建立超链接后显示的内容为 B2 单元格的文字。

设置完成后，鼠标光标靠近公式所在单元格时，会自动变成手形，单击超链接，即跳转到相应工作表的 A1 单元格。

使用 HYPERLINK 函数，除了可以链接到当前工作簿内的单元格位置，还可以在不同工作簿之间建立超链接或者链接到其他应用程序。

示例 14-37 在不同工作簿之间建立超链接

如图 14-55 所示，需要根据指定的目标工作簿的名称、工作表名称和单元格地址，建立带有超链接的文件目录。

	A	B	C	D
1	工作簿名称	工作表名称	单元格地址	链接到
2	项目进度表	一期项目进度	A3	项目进度表
3	项目跟进表	一期项目跟进	A2	项目跟进表

图 14-55　在不同工作簿之间建立超链接

假定目标工作簿存放在 E 盘根目录，D2 单元格可输入以下公式，向下复制到 D3 单元格。

```
=HYPERLINK("[E:\"&A2&".xlsx]"&B2&"!"&C2,A2)
```

首先使用连接符“&”，将字符串“[E:\”“.xlsx]”“!”分别与 A2、B2 和 C2 单元格进行连接，使其成为带有路径和工作簿名称、工作表名称以及单元格地址的文本字符串，作为 HYPERLINK 函数跳转的具体位置。

```
"[E:\项目进度表.xlsx]一期项目进度!A3"
```

第二参数引用 A2 单元格，表示建立超链接后显示的内容为 A2 单元格的文字。

在工作簿名称和工作表名称之间使用符号“#”，能够代替公式中的一对中括号“[]”，D2 单元格也可使用以下公式。

```
=HYPERLINK("E:\"&A2&".xlsx#"&B2&"!"&C2,A2)
```

设置完成后，单击公式所在单元格的超链接，即打开相应的工作簿，并跳转到指定工作表中的单元格位置，如图 14-56 所示。

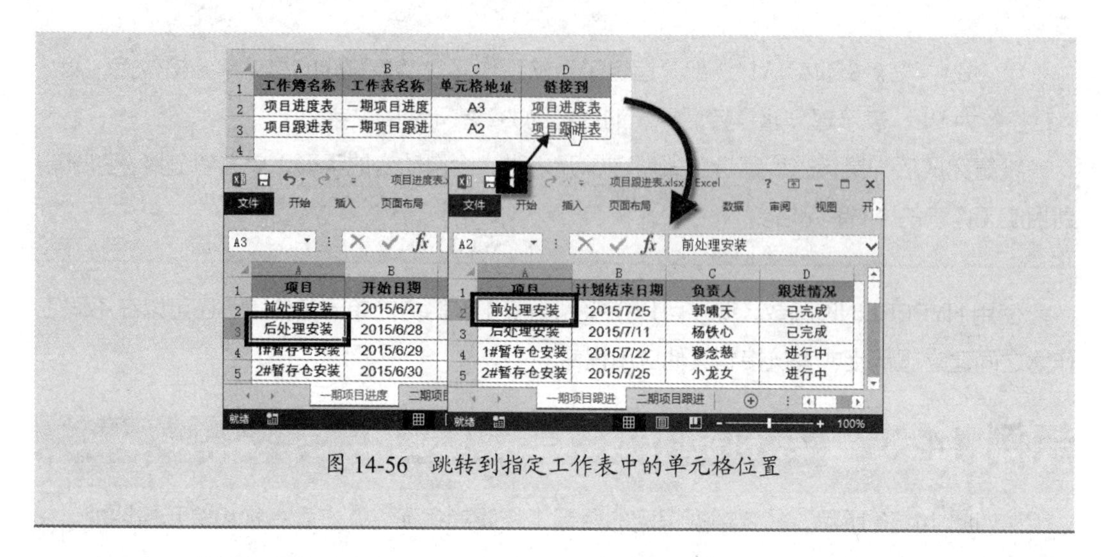

图 14-56　跳转到指定工作表中的单元格位置

当目标工作簿包含特殊字符时，按常规方法创建的超链接单击后将提示“无法打开指定的文件”，如图 14-57 所示。

图 14-57　无法打开指定的文件

示例 14-38　创建超链接到名称中包含特殊字符的工作簿

对于包含特殊字符的目标工作簿，除了修改文件名之外，在公式中对文件名进行必要的处理后，也可完成超链接的创建。

如图 14-58 所示，需要创建指定工作簿的超链接，但目标文件的文件名中含有字符“#”，

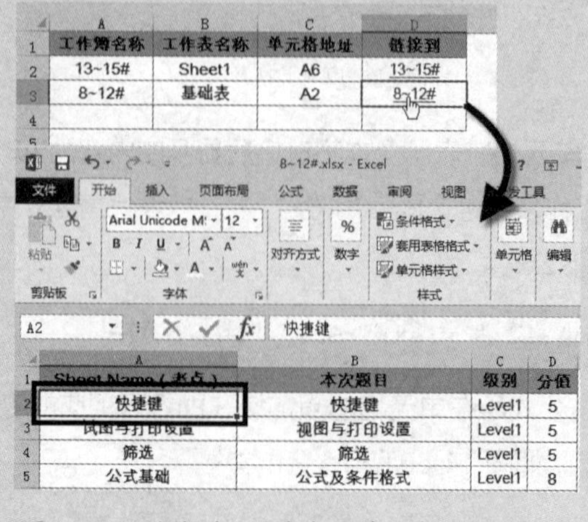

图 14-58　链接到名称中包含特殊字符的工作簿

符号“#”在超链接中表示本工作簿或本工作表的引用，具有特殊的含义，因此直接使用示例 14-37 中的公式将不能正确链接。

对于链接中不支持的符号，可先将该字符转换为十六进制的 ASCII 值，再使用百分号（%）连接转换后的结果。

符号“#”的十六进制 ASCII 值为 23，其转换方法如下。

```
=DEC2HEX(CODE("#"))
```

在公式中使用“%23”代替符号“#”，并且在链接中使用 File Protocol 本地文件传输协议格式，即可正确链接到目标工作簿。

假设目标工作簿存放在 E 盘根目录下，可在 D2 单元格输入以下公式，向下复制到 D3 单元格。

```
=HYPERLINK("file:///E:\"&SUBSTITUTE(A2,"#","%23")&".xlsx#"&B2&"!"&C2,A2)
```

SUBSTITUTE(A2,"#","%23") 部分，将 A2 单元格表示的工作簿名称中的“#”替换为“%23”。

使用连接符“&”，将字符串“file:///E:\”“.xlsx#”“!”分别连接指定的工作簿名称、工作表名称和单元格地址，使其成为符合 File 协议格式，并且带有路径和文件名的文本字符串，作为 HYPERLINK 函数跳转的具体位置。

```
file:///E:\13~15%23.xlsx#Sheet1!A6
```

通过对文件名中特殊字符的处理，即可以正常链接到名称中包含特殊字符的工作簿。

File 协议主要用于访问本地计算机中的文件，基本格式为：file:/// 文件路径 /。如需打开 D 盘 flash 文件夹中的 EH.swf 文件，可以在资源管理器或 IE 浏览器地址栏中输入 file:///D:/flash/EH.swf，按 <Enter> 键。

示例 14-39　创建超链接到 Word 文档的指定位置

如图 14-59 所示，展示的是某单位项目文件的部分内容，有关的 Word 资料存放在 E 盘“项目资料”文件夹内，需要在工作表中创建指向 Word 文档的超链接。

B2 单元格中输入以下公式，向下复制到 B3 单元格。

```
=HYPERLINK("[E:\项目资料\"&A2&".docx]",A2)
```

先使用连接符“&”，连接出一个包含完整路径和文件名称以及后缀名的字符串“[E:\项目资料\项目情况说明 .docx]”。HYPERLINK 函数使用该字符串作为跳转的具体位置，公式输入后，单击链接即可打开相应的 Word 文档。

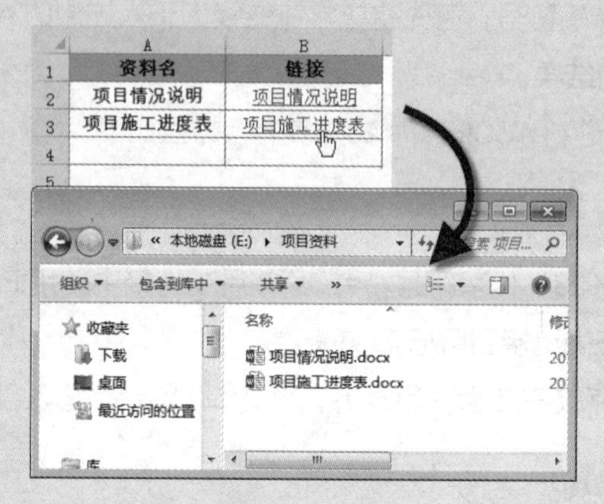

图 14-59　创建指向 Word 文档的超链接

若要创建指向 Word 文档中特定位置的超链接，必须使用书签来定义文件中所要跳转到的位置。以《项目施工进度表》为例，单击需要跳转的位置，再单击【插入】选项卡下的【书签】按钮，在弹出的【书签】对话框中输入【书签名】为“表二”，单击【添加】按钮，最后单击【保存】按钮，如图 14-60 所示。

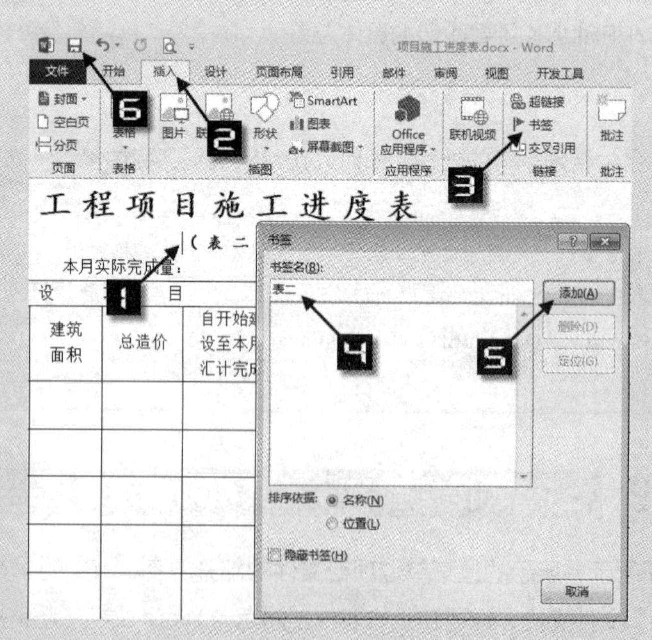

图 14-60　Word 文档中添加书签

插入书签后，在 Excel 中输入以下公式。

```
=HYPERLINK("[E:\项目资料\"&A3&".docx]表二",A3)
```

HYPERLINK 函数第一参数使用“[路径 + 文件名 + 后缀名]+ 书签”的格式。单击超链接，即可自动打开 E 盘“项目资料”文件夹中的 Word 文档“项目施工进度表”，并指向书签“表二”的位置，如图 14-61 所示。

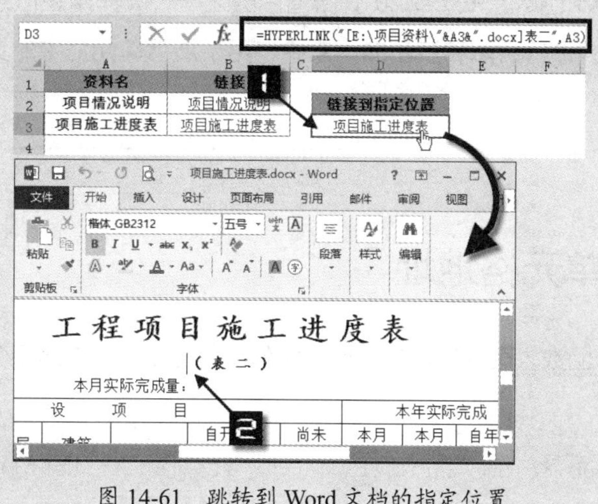

图 14-61　跳转到 Word 文档的指定位置

14.11　提取公式字符串

在低版本的 Excel 中，如需提取单元格中的公式字符串，需要借助宏表函数中的 GET.CELL 函数才能实现。在 Excel 2013 中，可以直接使用 FORMULATEXT 函数完成，而不再需要定义名称和启用宏。

示例 14-40　提取公式字符串

如图 14-62 所示，C 列使用了不同的公式完成奖励金额的查询，需要在 D 列提取公式字符串。

解法	姓名	奖励	公式表达式
1	张黎明	403	=DSUM(对照表!A1:B8,"奖励",B1:B2)
2	黄德万	877	=SUMIF(对照表!A:A,B3,对照表!B:B)
3	杨绍才	994	=OFFSET(对照表!B1,MATCH(B4,对照表!A:A,)-1,)
4	薛扬涛	420	=INDEX(对照表!B:B,MATCH(B5,对照表!A:A,))
5	冯小青	626	=LOOKUP(1,0/(B6=对照表!A:A),对照表!B:B)
6	周子文	921	=SUMPRODUCT((B7=对照表!A2:A8)*对照表!B2:B8)
7	李润云	535	=VLOOKUP(B8,对照表!A:B,2,)

图 14-62　提取公式字符串

D2 单元格中输入以下公式，向下复制到 D8 单元格。

```
=FORMULATEXT(C2)
```

FORMULATEXT 函数是 Excel 2013 新增函数之一，其作用是以字符串的形式返回公式。在一些对公式进行讲解和演示的场景中，用于展示单元格中的具体公式，使用非常方便。

14.12 获得单元格地址

使用 ADDRESS 函数，可以根据指定行号和列号获得工作表中的某个单元格的地址，函数的语法如下。

```
ADDRESS(row_num,column_num,[abs_num],[a1],[sheet_text])
```

第一参数 row_num 指定要在单元格引用中使用的行号。

第二参数 column_num 指定要在单元格引用中使用的列号。

第三参数 abs_num 可选，指定要返回的引用类型。参数是 1 ~ 4 的数值，依次为绝对引用、行绝对引用列相对引用、行相对引用列绝对引用、相对引用。

第四参数可选，是一个逻辑值，用于指定 A1 或是 R1C1 的引用样式。

第五参数可选，指定要用作外部引用的工作表的名称。

ADDRESS 函数使用不同参数返回的结果如表 14-1 所示。

表 14-1 ADDRESS 函数不同参数返回的结果

公式	说明	结果
=ADDRESS（2,3）	绝对引用	$C$2
=ADDRESS（2,3,2）	行绝对引用列相对引用	C$2
=ADDRESS（2,3,2,FALSE）	R1C1 引用样式的行绝对引用、列相对引用	R2C［3］
=ADDRESS（2,3,1,FALSE,"Sheet1"）	R1C1 引用样式对另一个工作表的绝对引用	Sheet1!R2C3

示例 14-41 利用 ADDRESS 函数生成大写字母

利用 ADDRESS 函数，能够生成 A ~ Z 的大写字母，如图 14-63 所示，在 A2 单元格中输入以下公式，向右复制到 Z2 单元格。

```
=SUBSTITUTE(ADDRESS(1,COLUMN(A1),4),1,)
```

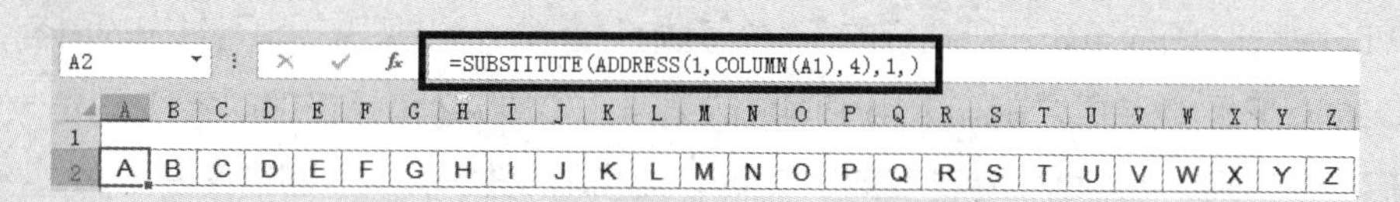

图 14-63　生成大写字母

ADDRESS 函数第一参数为 1，也就是使用 1 作为单元格的行号。以 COLUMN(A1) 作为第二参数，公式向右复制时，COLUMN(A1) 部分的计算结果依次递增，用作单元格的列号。第三参数使用 4，表示使用相对引用。公式最终得到 A1 ~ Z1 样式的单元格地址。

最后使用 SUBSTITUTE 函数将单元格地址中的 1 替换掉，得到 A ~ Z 的大写字母。

14.13　查找引用函数的综合应用

14.13.1　合并多个同类项目

示例 14-42　合并同部门员工姓名

如图 14-64 所示，是单位员工各部门信息表的部分内容。A 列是部门名称，B 列是不同部门的员工姓名，同一个部门有一个或多个员工。为了便于打印，需要将同一部门的员工姓名存放到一个单元格内，姓名之间用逗号隔开。

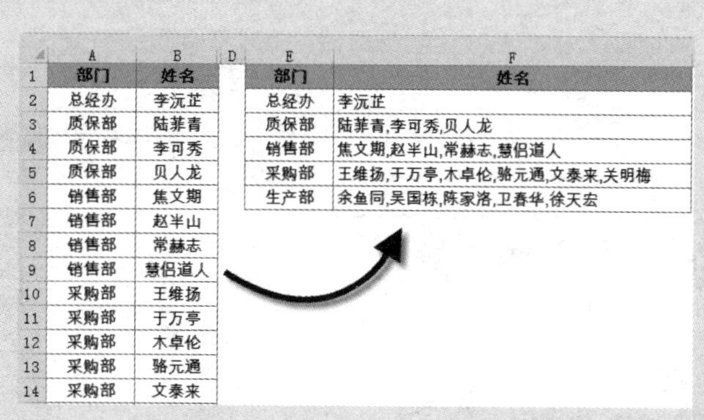

	A	B
1	部门	姓名
2	总经办	李沉芷
3	质保部	陆菲青
4	质保部	李可秀
5	质保部	贝人龙
6	销售部	焦文期
7	销售部	赵半山
8	销售部	常赫志
9	销售部	慧侣道人
10	采购部	王维扬
11	采购部	于万亭
12	采购部	木卓伦
13	采购部	骆元通
14	采购部	文泰来

	E	F
1	部门	姓名
2	总经办	李沅芷
3	质保部	陆菲青,李可秀,贝人龙
4	销售部	焦文期,赵半山,常赫志,慧侣道人
5	采购部	王维扬,于万亭,木卓伦,骆元通,文泰来,关明梅
6	生产部	余鱼同,吴国栋,陈家洛,卫春华,徐天宏

图 14-64　合并同一部门员工姓名

在 Excel 中并没有提供可以合并同类项的函数，可以使用 VLOOKUP 函数，借助辅助列变通实现。

步骤 1　建立辅助列。

以 C 列作为辅助列，C2 单元格中输入以下公式，向下复制。

```
=B2&IFNA(","&VLOOKUP(A2,A3:C99,3,),"")
```

VLOOKUP 函数自公式所在行的下一行开始，查找 A 列部门在 C 列对应的内容，并在 VLOOKUP 函数结果之前加上用于间隔的逗号。如果 A2 单元格部门名称是唯一值或是最后一条记录，VLOOKUP 函数向下查询不到对应的数据，将返回错误值 #N/A。

用 IFNA 函数判断 VLOOKUP 函数的结果，错误值返回空白，否则返回公式本身的结果。再用 B2 单元格的值与 IFNA 函数返回的结果连接。

本例利用 VLOOKUP 函数有多个匹配结果时返回首个结果的特点，如果 A 列部门对应有多个姓名，公式向下复制时，计算结果将被上一条公式再次引用。

公式效果如图 14-65 所示。

注意

VLOOKUP 函数第二参数的引用范围，是自公式所在单元格往下一行开始，引用的行数要大于数据表的最大行数。

步骤 2 提取不重复的部门名称。

隐藏 C 列辅助列，复制 A 列部门名称至任意空白列（本例是 E 列）。单击 E 列数据区域的任意单元格，如 E4，在【数据】选项卡下，单击【删除重复项】，在弹出的【删除重复项】对话框中，保留“数据包含标题”的勾选，勾选【部门】复选框，单击【确定】按钮，完成不重复部门名称的提取，如图 14-66 所示。

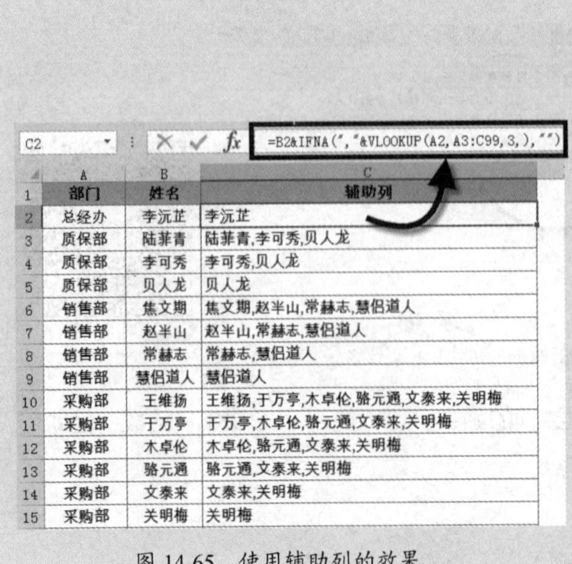

C2 =B2&IFNA(","&VLOOKUP(A2,A3:C99,3,),"")

	A	B	C
1	部门	姓名	辅助列
2	总经办	李沅芷	李沅芷
3	质保部	陆菲青	陆菲青,李可秀,贝人龙
4	质保部	李可秀	李可秀,贝人龙
5	质保部	贝人龙	贝人龙
6	销售部	焦文期	焦文期,赵半山,常赫志,慧侣道人
7	销售部	赵半山	赵半山,常赫志,慧侣道人
8	销售部	常赫志	常赫志,慧侣道人
9	销售部	慧侣道人	慧侣道人
10	采购部	王维扬	王维扬,于万亭,木卓伦,骆元通,文泰来,关明梅
11	采购部	于万亭	于万亭,木卓伦,骆元通,文泰来,关明梅
12	采购部	木卓伦	木卓伦,骆元通,文泰来,关明梅
13	采购部	骆元通	骆元通,文泰来,关明梅
14	采购部	文泰来	文泰来,关明梅
15	采购部	关明梅	关明梅

图 14-65　使用辅助列的效果

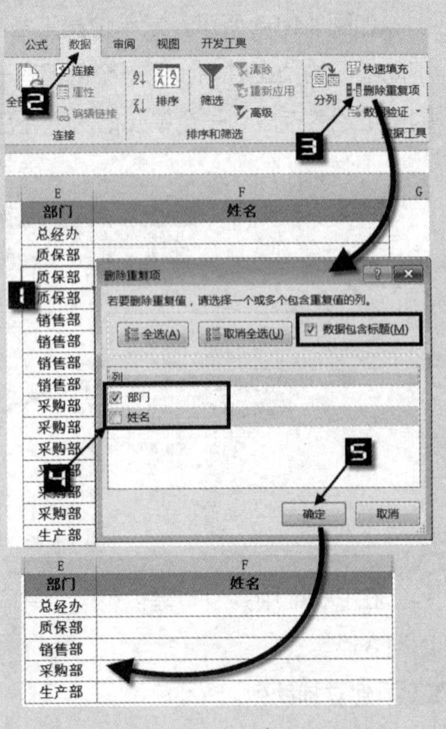

图 14-66　提取不重复部门名称

步骤③ 使用 VLOOKUP 函数完成引用。

F2 单元格中使用以下公式，向下复制。

```
=VLOOKUP(E2,A:C,3,)
```

VLOOKUP 函数在 A:C 列数据区域中查询 E2 单元格的部门名称，并返回符合条件的 C 列中第一条记录，实现合并多个同类项目的目的，效果如图 14-64 中 E、F 列所示。

14.13.2　有特殊字符的数据查询

Excel 将问号（ ? ）和星号（ * ）视为通配符。问号匹配任意单个字符，星号匹配任意一串字符，将波形符（ ~ ）用作表示下一个字符是文本的标记，如果数据中包含这些特殊字符，使用常规查询方法将无法得到正确结果。

示例 14-43　在有特殊字符的数据源中查询数据

如图 14-67 所示，是某家具公司定制办公家具的部分产品尺码，A 列的产品尺码中包含多个星号和波形符。需要在“查询”工作表中，根据产品尺码查询对应的客户姓名。

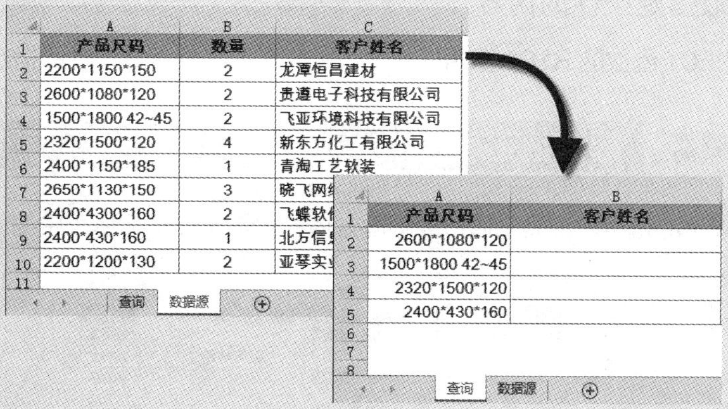

	A	B	C
1	产品尺码	数量	客户姓名
2	2200*1150*150	2	龙潭恒昌建材
3	2600*1080*120	2	贵遵电子科技有限公司
4	1500*1800 42~45	2	飞亚环境科技有限公司
5	2320*1500*120	4	新东方化工有限公司
6	2400*1150*185	1	青淘工艺软装
7	2650*1130*150	3	晓飞网
8	2400*4300*160	2	飞蝶软
9	2400*430*160	1	北方信
10	2200*1200*130	2	亚琴实
11			

查询　数据源

	A	B
1	产品尺码	客户姓名
2	2600*1080*120	
3	1500*1800 42~45	
4	2320*1500*120	
5	2400*430*160	
6		
7		
8		

查询　数据源

图 14-67　有特殊字符的数据源

在“查询”工作表的 B2 单元格中使用以下公式，向下复制到 B5 单元格。

```
=VLOOKUP(A2,数据源!A:C,3,)
```

如图 14-68 所示，虽然 VLOOKUP 函数使用了精确匹配方式，但返回的是不正确的结果或是错误值 #N/A。

VLOOKUP 函数将字符中的星号识别为通配符进行查询，如 A5 单元格中的产品编号“2400*430*160”，即被识别为以“2400”开头，以“160”结尾，中间包含“430”的字符串。并且 VLOOKUP 函数有多个匹配结果时，只返回第一条内容，因此无法精确查询到需要的结果。对于含有波形符的查询值，VLOOKUP 函数返回错误值 #N/A，同样无法实现查询要求。

利用等式中不支持通配符的特点，可以使用 LOOKUP 函数完成此类查询。

查询工作表 C2 单元格输入以下公式，向下复制到 C5 单元格。

```
=LOOKUP(1,0/(A2=数据源!A$2:A$10),数据源!C$2:C$10)
```

LOOKUP 函数的第二参数使用等式，比较 A2 单元格中的产品编号与数据源中 A 列的数据是否完全相同，避免了通配符造成的查询错误，最终结果如图 14-69 中 C 列所示。

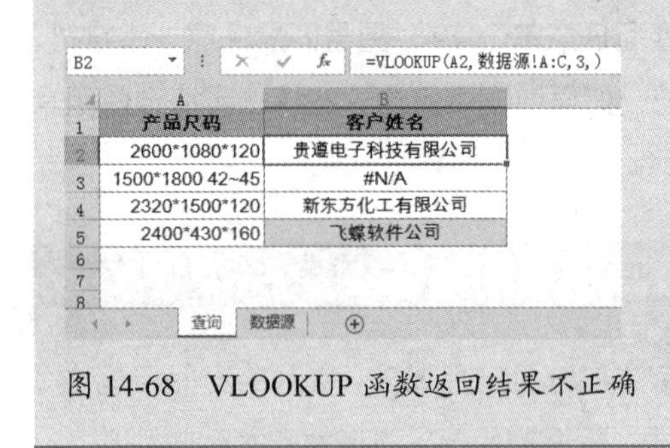

B2 =VLOOKUP(A2,数据源!A:C,3,)

	A	B
1	产品尺码	客户姓名
2	2600*1080*120	贵遵电子科技有限公司
3	1500*1800 42~45	#N/A
4	2320*1500*120	新东方化工有限公司
5	2400*430*160	飞蝶软件公司

查询　数据源

图 14-68　VLOOKUP 函数返回结果不正确

C2 =LOOKUP(1,0/(A2=数据源!A$2:A$10),数据源!C$2:C$10)

	A	B	C
1	产品尺码	客户姓名	LOOKUP函数
2	2600*1080*120	贵遵电子科技有限公司	贵遵电子科技有限公司
3	1500*1800 42~45	#N/A	飞亚环境科技有限公司
4	2320*1500*120	新东方化工有限公司	新东方化工有限公司
5	2400*430*160	飞蝶软件公司	北方信息科技有限公司

图 14-69　LOOKUP 函数完成有特殊字符的查询

14.13.3　提取指定条件的内容

借助 INDIRECT 函数的 R1C1 引用样式，可以实现在某一区域中提取指定条件的内容。

示例 14-44　提取值班表中的人员名单

图 14-70 展示的是某单位员工值班表的部分内容，需要提取值班表中的人员名单。

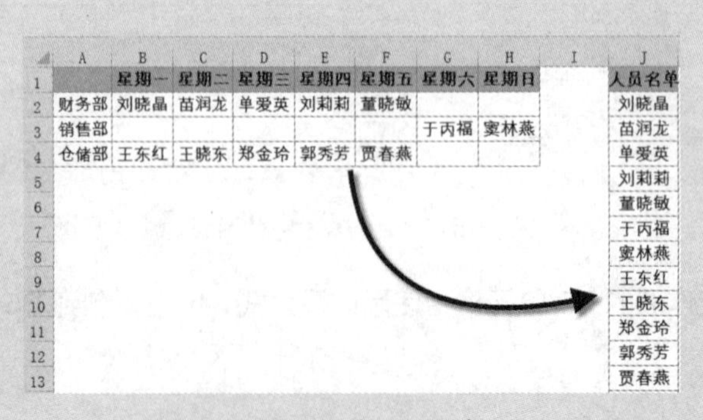

	A	B	C	D	E	F	G	H	I	J
1		星期一	星期二	星期三	星期四	星期五	星期六	星期日		人员名单
2	财务部	刘晓晶	苗润龙	单爱英	刘莉莉	董晓敏				刘晓晶
3	销售部						于丙福	窦林燕		苗润龙
4	仓储部	王东红	王晓东	郑金玲	郭秀芳	贾春燕				单爱英
5										刘莉莉
6										董晓敏
7										于丙福
8										窦林燕
9										王东红
10										王晓东
11										郑金玲
12										郭秀芳
13										贾春燕

图 14-70　员工值班表

J2 单元格中输入以下数组公式，按 <Ctrl+Shift+Enter> 组合键，向下复制公式至单元格显示为空白为止。

```
{=INDIRECT(TEXT(SMALL(IF(B$2:H$4<>"",ROW($2:$4)*1000+COLUMN(B:H),2^
20),ROW(A1)),"r0c000"),)&""}
```

这是一个典型的在多行多列中提取符合指定条件内容的公式，本例中指定的条件是区域内的单元格不为空白。

IF(B$2:H$4<>" ",ROW($2:$4)*100+COLUMN(B:H),4^8) 部分，判断 B$2:H$4 单元格区域是否为空。如果不为空，返回对应的行号乘以 1000 加列号，否则返回 2^20 即 1048576。

行号乘以 1000 加列号的目的是行号放大 1000 倍后再与列号相加，使其后 3 位为列号，之前的部分为行号，相加时互不干扰，结果如下。

```
{2002,2003,2004,2005,2006,1048576,1048576;1048576,1048576,1048576,
1048576,1048576,3007,3008;4002,4003,4004,4005,4006,1048576,
1048576}
```

公式向下复制时，SMALL 函数自小到大依次提取加权计算后的行列号：2002、2003…3007、3008…1048576…

TEXT 函数再将数值转换为“R1C1”引用样式的文本型单元格地址字符串，以上数字分别转换为：R2C002、R2C003…R3C007、R3C008…R1048C576…

INDIRECT 函数第二参数使用逗号占位，省略了数字 0，表示以“R1C1”引用样式返回对文本型单元格地址字符串的引用。如 R2C002 引用 C2 单元格、R3C008 引用 H3 单元格、R1048C576 引用 VD1048 单元格。

VD1048 单元格位于工作表的 1048 行第 576 列，一般情况下不会填写内容。当 INDIRECT 函数引用此单元格时，公式结果将返回无意义的 0，公式最后使用 &" " 的作用是将无意义的 0 值转换为空文本 " "。

14.13.4 制作统一格式的考场安排通知

示例 14-45 制作统一格式的考场安排通知

图 14-71 展示的是某院校考生信息表的部分内容，需要根据考生信息工作表的内容，制作每页包含 20 条记录的考场安排通知表。

步骤 1 插入数值调节钮。

单击【开发工具】的【插入】命令，在控件列表中单击【表单控件】下的【数值调节钮（窗体控件）】，此时鼠标光标变成黑十字形，在工作表区域按住鼠标左键不放，拖动鼠标画出一个矩形区域，释放鼠标后即可插入数值调节钮，如图 14-72 所示。

行	序号	姓名	准考证号	毕业学校
986	985	张琼仙	01120047	运河二中
987	986	谢祥富	01120644	运河二中
988	987	孔令文	01120183	原平中学
989	988	王桂芳	01030183	城区一中
990	989	戴春萍	01120060	城区一中
991	990	唐榕	01120018	黎明学校
992	991	赵捷亚	01120181	黎明学校
993	992	吕安安	01120644	开发区一中
994	993	吴永康	01120054	开发区一中
995	994	杨艳馨	01120016	原平中学
996	995	毛银奎	01124692	运河二中
997	996	赵婧	01120104	铁路中学
998	997	李鑫	01121742	开发区一中
999	998	郭存德	01120014	铁路中学
1000	999	杨虹	01030158	原平中学
1001	1000	徐思源	01120040	铁路中学

考生信息　考场安排通知

考场安排通知

以下考生为第1考场

序号	姓名	准考证号	毕业学校
11	张鹤翔	01120018	城区一中
	王丽卿	01030230	运河二中
	杨红	01121141	铁路中学
	徐翠芬	01110270	城区一中
	纳红	01030230	原平中学
	张坚	01120644	原平中学
	施文庆	01120181	开发区一中
	李承谦	01120101	运河二中
	杨启	01030230	黎明学校
	向建荣	01021182	黎明学校

考试时间：8月5日 9:00至11:30

区教育招生考试办公室

2015年6月2日

考生信息　考场安排通知

图 14-71　生成统一格式的考场安排通知

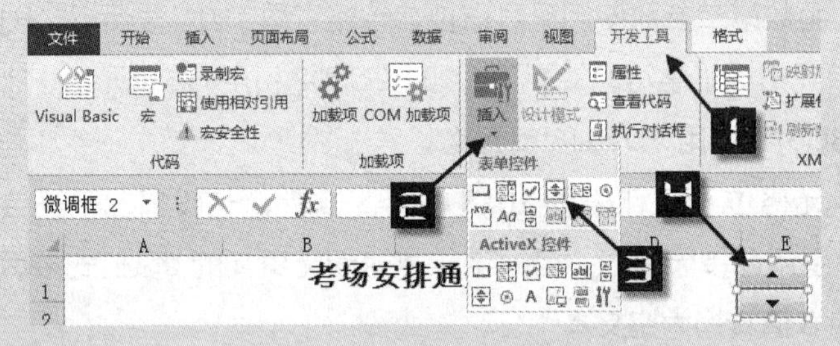

图 14-72　插入数值调节钮

步骤② 设置控件格式。

鼠标右键单击数值调节钮，在下拉菜单中单击【设置控件格式】。在弹出的【设置控件格式】对话框中单击【控制】选项卡，设置【当前值】为 1，设置【最小值】为 1，设置【最大值】为 50，设置【步长】为 1，【单元格链接】设置为 $A$2。实际应用时最大值可根据数据量进行调整。

不要关闭【设置控件格式】对话框，继续单击【属性】选项卡，去掉【打印对象】的勾选，单击【确定】按钮，如图 14-73 所示。

步骤③ 设置单元格格式。

单击 A2 单元格，按 <Ctrl+1> 组合键，弹出【设置单元格格式】对话框。依次单击【数字】→【自定义】，在类型编辑框中输入自定义格式代码“以下考生为第 0 考场”，单击【确定】按钮，如图 14-74 所示。

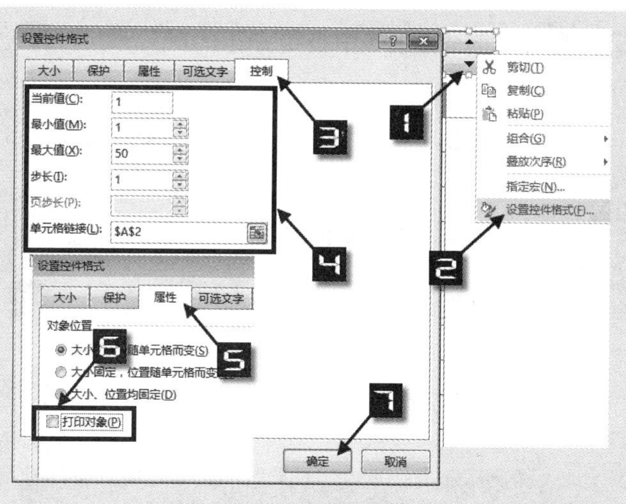

图 14-73　设置控件格式

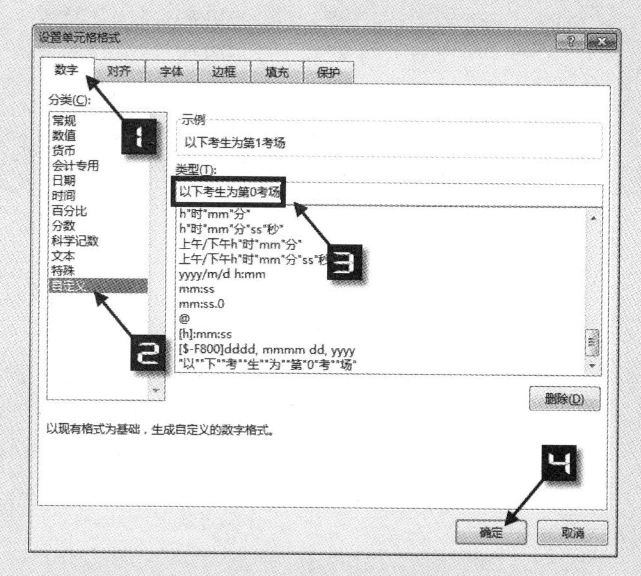

图 14-74　设置单元格格式

步骤 4　输入公式。

选中 A4:D23 单元格区域，在编辑栏中输入以下多单元格数组公式，按 <Ctrl+Shift+Enter> 组合键。

```
{=OFFSET(考生信息!A2:D21,$A$2*20-20,)&""}
```

OFFSET 函数以考生信息工作表 A2:D21 单元格区域为基点，向下偏移的行数为 A2 单元格中数值的 20 倍，偏移列参数省略。

公式中的 20 为每页中的考生记录数，A2 单元格数值增加 1，OFFSET 函数行偏移量增加 20。当 A2 单元格数值为 1 时，实际需要的偏移行数为 0，因此要减去 20。

如果 OFFSET 函数引用的数据区域中包含空白单元格，则返回无意义的 0 值，&" " 的作用是对无意义 0 值进行屏蔽。

设置完成后，单击调节按钮，可显示不同考场的考生安排情况，如图 14-75 所示。

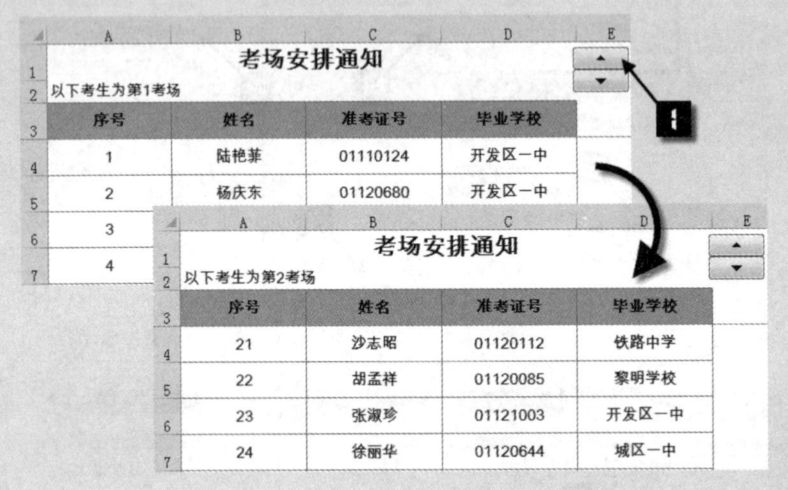

图 14-75　完成后的考场安排通知表

第 15 章　统计与求和

Excel 提供了丰富的统计与求和函数，处理数据的功能十分强大，在工作与生活中有多种应用。本章介绍常用的统计与求和函数的基本用法，并结合实例介绍其在多种场景下的实际应用方法。

本章学习要点

（1）认识基本的统计函数与求和函数。
（2）统计函数与求和函数的应用。
（3）单条件和多条件统计与求和的应用。
（4）均值类函数的应用。
（5）频率类函数的应用。
（6）极值类函数的应用。
（7）多工作表下的统计与求和。
（8）筛选和隐藏状态下的统计与求和。

15.1　认识 COUNT 函数

COUNT 函数是一个十分常用的计数统计函数，用于计算包含数字的单元格以及参数列表中数字的个数。使用 COUNT 函数能够获取数字区域或数组中的数字字段中的项目数。

其基本语法如下。

```
COUNT(value1,[value2],...)
```

value1 为必需。要计算其中数字的个数的第一项、单元格引用或区域。

value2 为可选。要计算其中数字的个数的其他项、单元格引用或区域，最多可包含 255 个。

说明：

（1）如果参数为数字、日期或者代表数字的文本（例如，用引号引起的数字，如“1”），则将被计算在内。

（2）逻辑值和直接输入参数列表中代表数字的文本被计算在内。

（3）如果参数为错误值或不能转换为数字的文本，则不会被计算在内。

（4）如果参数是一个数组或引用，则只计算其中的数字。数组或引用中的空白单元格、逻辑值、文本或错误值将不计算在内。

如图 15-1 所示，C2 单元格输入以下公式，可以统计 A2:A9 单元格区域的数字个数。其中 A7 单元格为空。

```
=COUNT(A2:A9)
```

COUNT 函数返回的统计结果为 3，单元格区域中的文本、错误值、逻辑值都不参与统计。

如图 15-2 所示，COUNT 函数可以统计代表数字的文本和日期格式的数据。A2 单元格中输入以下公式。

```
=COUNT(1,2,"3","2016-5-20")
```

COUNT 函数返回结果 4。因为日期也属于数值，只是表现形式不同。

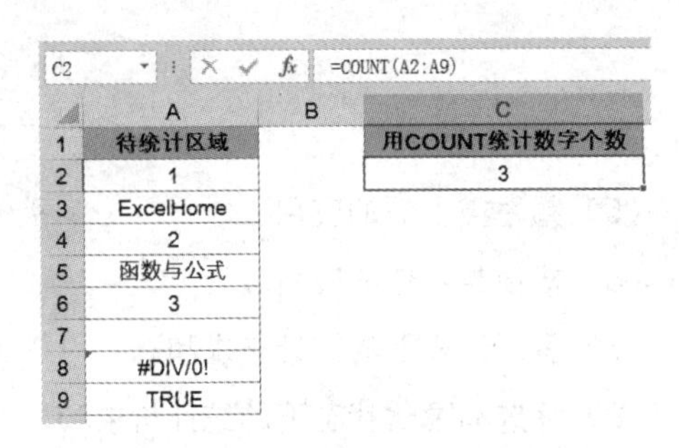

图 15-1　认识 COUNT 函数

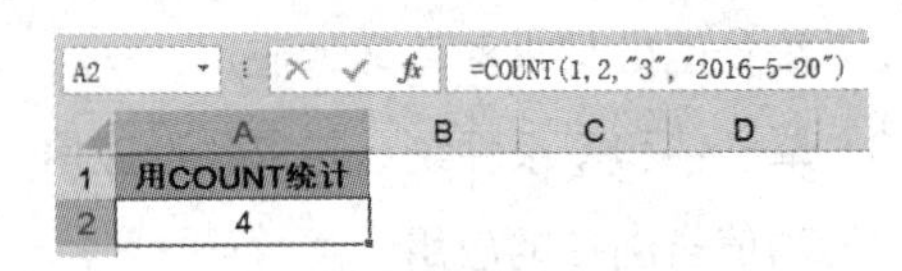

图 15-2　COUNT 函数统计文本数字和日期

如图 15-3 所示，A2 单元格中输入以下公式。

```
=COUNT(1,{2,3,4})
```

COUNT 函数返回结果 4，常量数组中的每一项都参与了统计。

如图 15-4 所示，A2 单元格中输入以下公式。

```
=COUNT(1,{"2",3,4})
```

COUNT 函数返回结果 3，常量数组中的文本数字不参与统计。

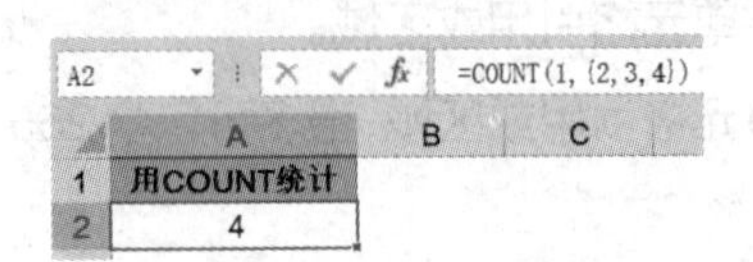

图 15-3　COUNT 函数统计常量数组

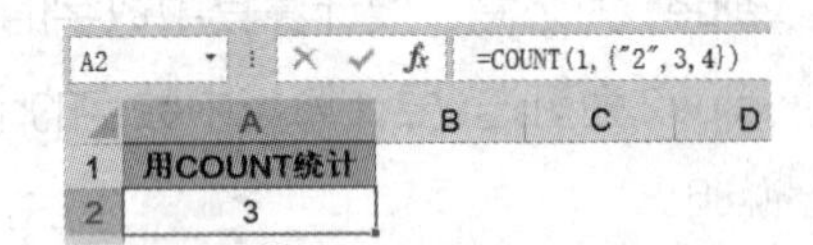

图 15-4　COUNT 函数不统计常量数组中的文本数字

示例 15-1　COUNT 函数统计不重复值

图 15-5 展示的是某班级的学生信息表，包含学生的姓名和对应的省份信息，需要统计省份的不重复值。

D2 单元格中输入以下数组公式，按 <Ctrl+Shift+Enter> 组合键。

```
{=COUNT(0/(MATCH(B2:B11,B2:B11,0)=ROW(1:10)))}
```

公式中的 MATCH(B2:B11,B2:B11,0) 部分，利用 MATCH 函数分别提取 B2:B11 中每个元素在单元格区域 B2:B11 中的排位，返回数组结果

{ 1;2;3;1;5;6;1;6;3;10 } 。

D2　{=COUNT(0/(MATCH(B2:B11,B2:B11,0)=ROW(1:10)))}

	A	B	C	D	E	F	G
1	姓名	所属省份		公式			
2	宋美佳	河北		6			
3	林淑佳	山东					
4	李沐天	四川					
5	刘璐璐	河北					
6	张文宇	安徽					
7	宋慧婷	湖北					
8	高俊杰	河北					
9	陆泉秀	湖北					
10	楚欣怡	四川					
11	朱天艳	山西					
12							

图 15-5　COUNT 函数统计不重复值

ROW(1:10) 部分，利用 ROW 函数生成一个 1 ~ 10 的自然数构成的常量数组 { 1;2;3;4;5;6;7;8;9;10 } 。再用等式判断两个数组对应的元素是否相同，相同即代表该省份是第一次出现，最终返回一个由逻辑值构成的数组，其中 TRUE 的位置标识着不重复省份所在位置。

```
{TRUE;TRUE;TRUE;FALSE;TRUE;TRUE;FALSE;FALSE;FALSE;TRUE}
```

用 0 除以这个由逻辑值构成的数组，利用逻辑值在参与运算时 TRUE 转换为 1，FALSE 转换为 0 的特性，返回一个由 0 和错误值构成的数组，即：

```
{0;0;0;#DIV/0!;0;0;#DIV/0!;#DIV/0!;#DIV/0!;0}
```

最后利用 COUNT 函数忽略错误值的特性，统计这个数组中 0 的个数，即不重复省份的个数。

示例 15-2　COUNT 函数统计达标率

图 15-6 展示的是某企业员工考核得分表的部分内容，按规定考核得分大于等于 3 即达标，需要统计参与考核员工的整体达标率。

E2　{=TEXT(COUNT(0/(C2:C11>=3))/COUNT(C2:C11),"0.00%")}

	A	B	C	D	E	F	G
1	姓名	入职日期	考核得分		达标率		
2	宋美佳	2014/8/12	4.9		80.00%		
3	林淑佳	2009/3/18	4.3				
4	李沐天	2013/4/7	2.8				
5	刘璐璐	2012/7/17	3.6				
6	张文宇	2010/5/22	4.2				
7	宋慧婷	2012/5/12	2.2				
8	高俊杰	2005/2/22	3.3				
9	陆泉秀	2015/6/15	3.9				
10	楚欣怡	2014/12/2	4.1				
11	朱天艳	2015/5/13	4.7				
12							

图 15-6　COUNT 函数统计达标率

E2 单元格中输入以下数组公式，按 <Ctrl+Shift+Enter> 组合键。

```
{=TEXT(COUNT(0/(C2:C11>=3))/COUNT(C2:C11),"0.00%")}
```

公式中的 COUNT(0/(C2:C11>=3)) 部分，先用 C2:C11>=3 依次判断每个员工的考核得分是否达标，返回一个由逻辑值构成的内存数组。

```
{TRUE;TRUE;FALSE;TRUE;TRUE;FALSE;TRUE;TRUE;TRUE;TRUE}
```

其中 TRUE 表示达标，用 0 除以这个数组，得到由 0 和错误值构成的内存数组。

```
{0;0;#DIV/0!;0;0;#DIV/0!;0;0;0;0}
```

再用 COUNT 函数统计其中 0 的个数，即返回达标员工的人数。

COUNT(C2:C11) 统计所有参加考核的员工人数。用达标员工的人数除以所有参加考核的员工人数，最后用 TEXT 函数将结果转换为百分数形式，保留两位小数。

示例 15-3 COUNT 函数统计投诉快递的个数

图 15-7 展示的是某企业售后部门收集的顾客投诉记录表，其中投诉快递的记录中都包含“慢”字，需要统计投诉快递的记录数。

E2 {=COUNT(SEARCH("慢",C2:C13))}

	A	B	C	D	E
1	售后日期	顾客ID	投诉说明		公式
2	2016/5/10	金刀兔	料子单薄不厚实，失望，要退款		6
3	2016/5/10	xufeng	物流太慢了，3天还没到		
4	2016/5/10	网络人	急穿，嫌快递慢		
5	2016/5/10	qulei4845	不如图片好看，色差严重		
6	2016/5/10	黑白色	送货太慢，安排的送货员不接电话		
7	2016/5/10	清晨	地铁上撞衫了，不喜欢了要退款		
8	2016/5/11	仰望天猪	刚穿两天就起球		
9	2016/5/11	fangcloudy	物流慢的要死，买了几天都是通知揽件		
10	2016/5/11	liweike	袖子短了，肩膀箍得太紧难受		
11	2016/5/11	嘉诚	发货速度太慢了，这物流真让人呵呵		
12	2016/5/11	天涯浪子	老公说不好看，不要了		
13	2016/5/11	dingdang	我都买了5天了还没到货，还能再慢点吗？		
14					

图 15-7 COUNT 函数统计投诉快递的个数

E2 单元格中输入以下数组公式，按 <Ctrl+Shift+Enter> 组合键。

```
{=COUNT(SEARCH("慢",C2:C13))}
```

公式中的 SEARCH("慢",C2:C13) 部分，利用 SEARCH 函数提取“慢”在每条投诉记录中的位置。如果投诉说明包含“慢”字，则返回代表排位的数字，否则返回错误值。得到了一个由数字和错误值构成的内存数组。

```
{#VALUE!;4;7;#VALUE!;4;#VALUE!;#VALUE!;3;#VALUE!;6;#VALUE!;16}
```

再利用 COUNT 函数忽略错误值的特性，对数组中的数字进行统计个数，即得到了投诉快递的个数。

示例 15-4　为合并单元格添加序号

图 15-8 展示了某单位各部门的员工信息，不同的部门使用了合并单元格，需要在 A 列大小不一的合并单元格内添加序号。

如果按常规方法，在首个合并单元格内输入数值 1，拖动填充柄填充序列时会弹出如图 15-9 所示的对话框，无法完成操作。

	A	B	C
1	编号	部门	姓名
2	1	保卫科	梅超风
3			东方不败
4	2	工会	风波恶
5	3	采购部	令狐冲
6			胡一刀
7			苗人凤
8	4	销售部	凤天南
9			马行空
10			韦小宝
11	5	公关部	丘处机
12			任逍遥

图 15-8　合并单元格添加序号

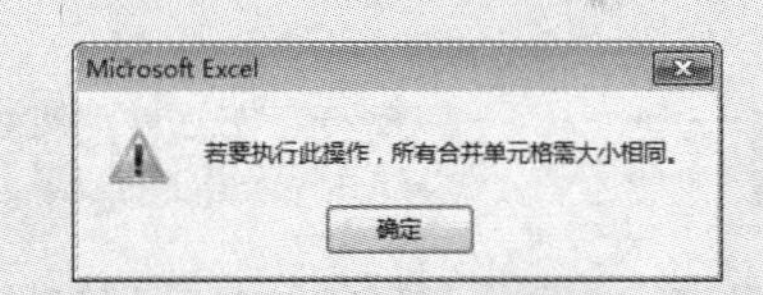

图 15-9　提示对话框

此时可同时选中 A2:A12 单元格区域，在编辑栏中输入以下公式，按 <Ctrl+Enter> 组合键。

```
=COUNTA(B$2:B2)
```

以 B$2:B2 作为 COUNTA 函数的参数，第一个 B2 使用行绝对引用，第二个 B2 使用相对引用。在多单元格同时输入公式后，引用区域自动进行扩展。

COUNTA 函数始终计算 B 列自第 2 行开始，至公式所在行区域中不为空的单元格个数。计算结果即等同于序号的作用。

示例 15-5　合并单元格内快速填充部门信息

图 15-10 展示了某单位员工年终奖发放表的部分内容，需要根据 E 列的部门列表，在 A2:A12 合并单元格区域内依次填充部门信息。

同时选中 A2:A12 单元格区域，在编辑栏中输入以下公式，按 <Ctrl+Enter> 组合键。

```
=OFFSET(E$1,COUNTA(A$1:A1),)
```

	A	B	C	D	E
1	部门	姓名	年终奖		部门列表
2	安监部	者勒米	15751		安监部
3		周伯通	13359		后勤部
4	后勤部	段天德	9592		采购部
5	采购部	郭靖	10736		销售部
6		郭啸天	16246		公关部
7		郝大通	18787		
8	销售部	洪七公	16255		
9		侯通海	18083		
10		杨铁心	19270		
11	公关部	[illegible]	[illegible]		
12		张阿生	18564		

图 15-10 快速填充部门信息

COUNTA(A$1:A1) 部分，在多单元格同时输入公式后，引用区域自动进行扩展。即计算自 A1 单元格开始，至公式所在行的上一行范围内，不为空的单元格个数。

随公式所在单元格的不同，COUNTA 函数的计数范围逐渐增加。同时，公式返回的结果会被之后的公式再次统计。计算结果用作 OFFSET 函数的行偏移参数。

OFFSET 函数以 E1 单元格为基点，向下偏移的行数顺序递增，完成部门信息的快速填充。

示例 15-6 合并单元格内计算各部门人数

图 15-11 展示了某单位各部门的员工信息，不同的部门使用了合并单元格，需要在 C 列大小不一的合并单元格内计算各部门的人数。

	A	B	C
1	部门	姓名	部门人数
2	保卫科	梅超风	2
3		东方不败	
4	工会	风波恶	1
5	采购部	令狐冲	4
6		胡一刀	
7		胡斐	
8		苗人凤	
9	销售部	凤天南	3
10		马行空	
11		韦小宝	
12	公关部	丘处机	2
13		任逍遥	

图 15-11 计算各部门人数

同时选中 C2:C13 单元格区域，在编辑栏中输入以下公式，按 <Ctrl+Enter> 组合键。

```
=COUNTA(B2:B$13)-SUM(C3:C$14)
```

COUNTA(B2:B$13) 部分，使用 COUNTA 函数对 B 列的非空单元格计数。计数范围自公式所在行开始，至第 13 行为止。

SUM(C3:C$14) 部分，使用 SUM 函数对 C 列进行求和。求和范围自公式所在行的下一行开始，至第 14 行为止。如果 SUM 函数的参数使用 C3:C$13，在最后一个部门只有一人的情况下会造成循环引用。因此，选择范围时要比实际数据区域多出一行。

当公式在多单元格同时输入公式后，随公式所在单元格的不同，计数及求和范围逐渐缩小，同时，公式的计算结果会被之前的公式再次引用，以错位计算的方式统计出不同部门的实际人数。

15.2　认识 COUNTA 函数

COUNTA 函数计算范围中不为空的单元格的个数，其基本语法如下。

```
COUNTA(value1,[value2],...)
```

value1 为必需。表示要计数的值的第一个参数。

value2 为可选。表示要计数的值的其他参数，最多可包含 255 个参数。

说明：

（1）COUNTA 函数计算包含任何类型的信息（包括错误值和空文本 " "）的单元格。例如，如果区域中包含的公式返回空字符串，COUNTA 函数计算该值。

（2）COUNTA 函数不会对空单元格进行计数。

如图 15-12 所示，A2:A9 单元格区域为待统计区域，其中 A4 单元格为空单元格，A7 单元格中为空文本 " "，具体可见 B 列的对应说明。需要统计 A2:A9 单元格区域中非空单元格个数。

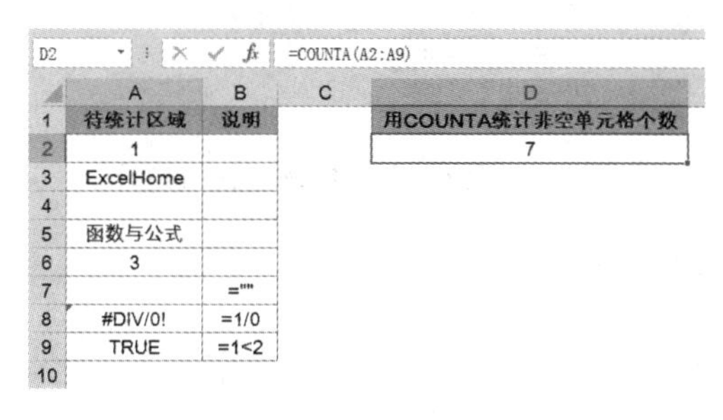

D2　=COUNTA(A2:A9)

	A	B	C	D
1	待统计区域	说明		用COUNTA统计非空单元格个数
2	1			7
3	ExcelHome			
4				
5	函数与公式			
6	3			
7		=""		
8	#DIV/0!	=1/0		
9	TRUE	=1<2		
10				

图 15-12　认识 COUNTA 函数

D2 单元格中输入以下公式。

```
=COUNTA(A2:A9)
```

COUNTA 函数对错误值和由公式计算得到的空文本也统计在内，结果为 7。

如图 15-13 所示，A2 单元格中输入以下公式。

```
=COUNTA(1,2,"")
```

空文本 "" 也参与了统计，结果为 3。

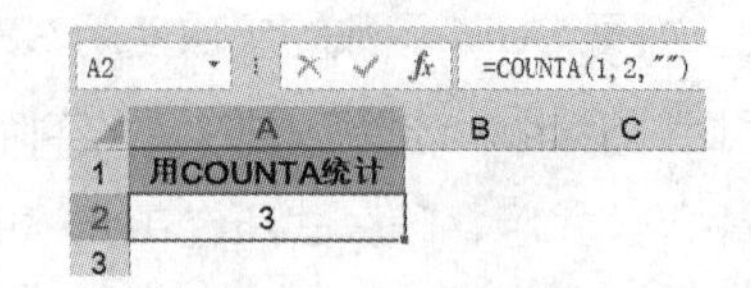

图 15-13　COUNTA 函数统计空文本

15.3　认识 COUNTBLANK 函数

COUNTBLANK 函数用于计算指定单元格区域中空白单元格的个数，其基本语法如下。

```
COUNTBLANK(range)
```

Range 为必需。需要计算其中空白单元格个数的区域。

说明：

（1）包含返回 " "（空文本）的公式的单元格也会计算在内。

（2）包含零值的单元格不计算在内。

如图 15-14 所示，需要统计 A2:A9 单元格区域内的空白单元格数量。

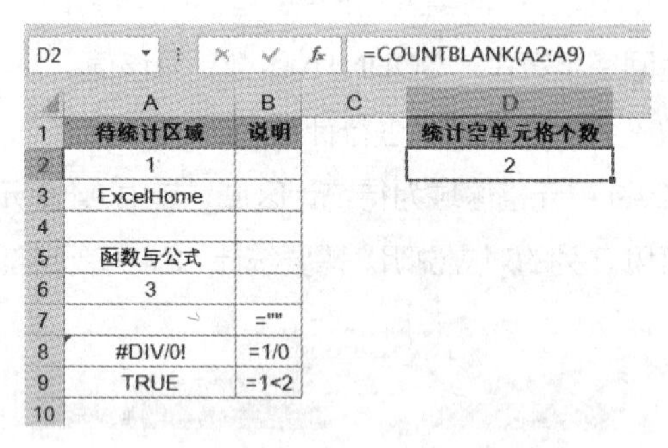

图 15-14　COUNTBLANK 函数统计

在 D2 单元格中输入以下公式。

```
=COUNTBLANK(A2:A9)
```

A7 单元格返回的空文本 " " 也包含在统计结果中，结果为 2。

15.4　条件计数函数

15.4.1　认识 COUNTIF 函数

COUNTIF 函数是一个十分强大的统计函数，在工作中有极其广泛的应用。COUNTIF 函数主要用于统计满足某个条件的单元格的数量，其基本语法如下。

```
COUNTIF(range,criteria)
```

range 为必需。表示要统计数量的单元格的范围。range 可以包含数字、数组或数字的引用。

criteria 为必需。用于决定要统计哪些单元格的数量的数字、表达式、单元格引用或文本字符串。

说明：

（1）criteria 不区分大小写，即字符串“EXCELHOME”和字符串“excelhome”将返回相同的匹配结果，如图 15-15 所示。

A2 单元格为字符串“EXCELHOME”，B2 单元格中输入以下公式，返回结果为 1，如 15-15 所示。

```
=COUNTIF(A2,"excelhome")
```

（2）criteria 参数可以使用通配符，即问号“?”和星号“*”。问号匹配任何单个字符，星号匹配任何字符序列。如果要查找实际的问号或星号，则在字符前输入波形符号“~”，如图 15-16 所示。

C2 单元格中输入以下公式，用来统计 A2:A5 单元格区域中问号“?”的个数。

```
=COUNTIF(A2:A5,"~?")
```

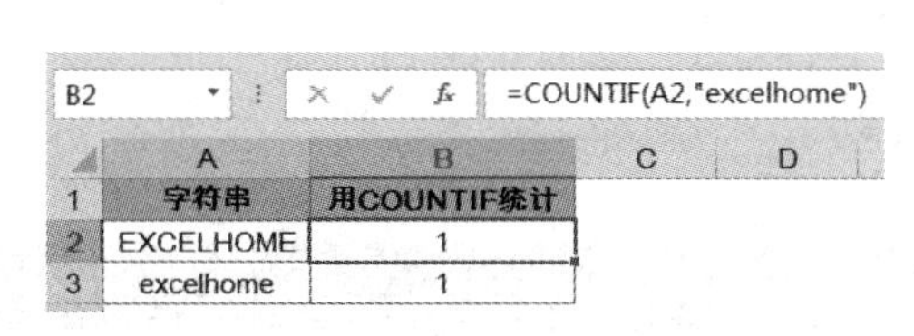

图 15-15 COUNTIF 函数不区分大小写

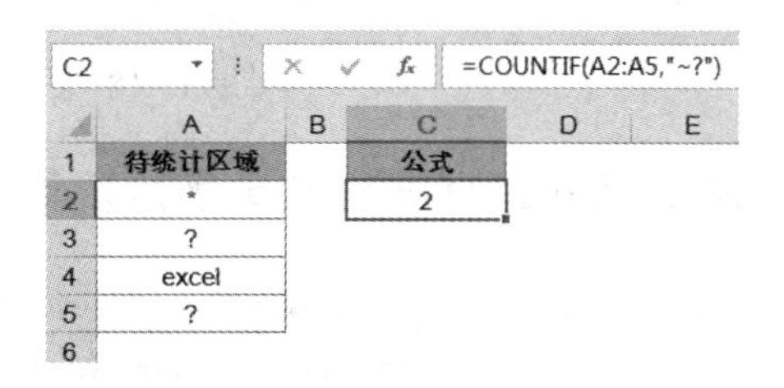

图 15-16 COUNTIF 函数支持通配符

（3）使用 COUNTIF 函数匹配超过 255 个字符的字符串时，将返回不正确的结果。如图 15-17 所示，B2 单元格使用以下公式，公式返回错误值 #VALUE!。

```
=COUNTIF(A2,REPT("excelhome",30))
```

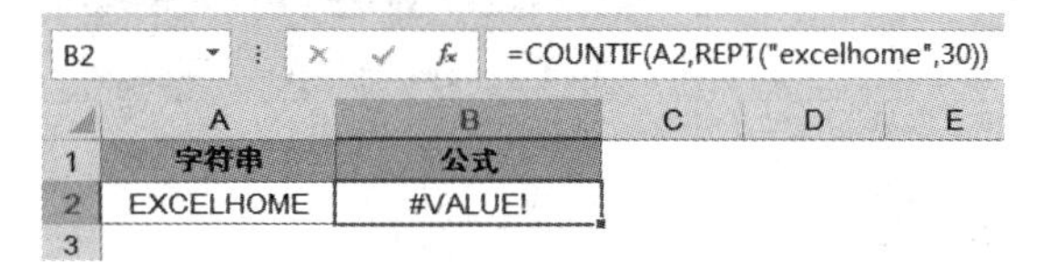

图 15-17 不能匹配超过 255 个字符的字符串

REPT 函数将字符串“excelhome”重复 30 次，即“excelhomeexcelhome……”，以此作为 COUNTIF 函数的 criteria 参数，由于字符串长度超过 255 个字符，COUNTIF 函数无法正常计算，返回错误值。

（4）COUNTIF 函数中 criteria 参数的格式会限定 COUNTIF 函数的统计范围。如果第二参数是数值，COUNTIF 函数就只在第一参数符合数值格式的单元格中进行统计，而忽略其他格式如文本、逻辑值、错误值等。

（5）统计文本值数量时，请确保数据没有前导空格、尾部空格、直引号与弯引号不一致或非打印字符，否则，COUNTIF 函数可能返回非预期的值。

COUNTIF 函数的 criteria 参数有着十分丰富的用法，可以满足多种条件下的统计需求。图 15-18 展示的是 COUNTIF 函数的 17 种用法，其中 A2:A18 单元格区域是待统计区域。

	A	B	C	D	E	F
1	待统计区域	说明		公式内容	公式结果	说明
2	5			=COUNTIF(A$2:A$18,">5")	2	统计大于5的单元格数量
3	6			=COUNTIF(A$2:A$18,"<5")	1	统计小于5的单元格数量
4	7			=COUNTIF(A$2:A$18,">=5")	3	统计大于或等于5的单元格数量
5	"			=COUNTIF(A$2:A$18,"<=5")	2	统计小于或等于5的单元格数量
6	2			=COUNTIF(A$2:A$18,"<>5")	16	统计不等于5的单元格数量
7	Excel			=COUNTIF(A$2:A$18,"*")	9	统计文本单元格数量
8	ExcelHome			=COUNTIF(A$2:A$18,"?????")	3	统计文本长度为5的单元格数量
9	abcdE			=COUNTIF(A$2:A$18,"e*")	2	统计以"e"（不区分大小写）开头的单元格数量
10	hello			=COUNTIF(A$2:A$18,"*e")	2	统计以"e"（不区分大小写）结尾的单元格数量
11	爱excel			=COUNTIF(A$2:A$18,"?e*")	2	统计第2个字符是"e"（不区分大小写）的单元格数量
12		真空		=COUNTIF(A$2:A$18,"=")	1	统计真空单元格数量
13	TRUE	=1=1		=COUNTIF(A$2:A$18,"<>")	16	统计非空单元格数量
14	#DIV/0!	=1/0		=COUNTIF(A$2:A$18,TRUE)	1	统计逻辑值为TRUE的单元格数量
15	FALSE	=1>2		=COUNTIF(A$2:A$18,FALSE)	1	统计逻辑值为FALSE的单元格数量
16		=""		=COUNTIF(A$2:A$18,"")	3	统计空单元格（包扩真空和假空）数量
17		=LEFT(B1,0)		=COUNTIF(A$2:A$18,"<>""")	16	统计区域内不等于"（单引号）的单元格数量
18		空格		=COUNTIF(A$2:A$18," ")	1	统计单元格为空格的单元格数量

图 15-18　COUNTIF 函数用法集锦

15.4.2　COUNTIF 函数单字段多条件统计

示例 15-7　COUNTIF 函数单字段多条件统计

图 15-19 展示的是某班级的小组成绩表，需要根据不同的要求统计符合条件的学生总数。

	A	B	C	D	E
1	姓名	小组	成绩		统计1组和3组的学生总数
2	宋美佳	1组	81		6
3	林淑佳	1组	76		=SUM(COUNTIF(B2:B11,{"1组","3组"}))
4	李沐天	1组	97		
5	刘璐璐	2组	85		统计成绩大于等于80且小于90的学生数
6	李文	2组	90		3
7	宋慧婷	2组	97		=SUM(COUNTIF(C2:C11,{">=80",">=90"})*{1,-1})
8	李俊杰	2组	62		
9	陆泉秀	3组	94		
10	楚欣怡	3组	80		
11	朱天艳	3组	59		
12					

图 15-19　COUNTIF 函数单字段多条件统计

1. 统计 1 组和 3 组的学生总数。

E2 单元格中输入以下公式：

```
=SUM(COUNTIF(B2:B11,{"1 组 ","3 组 "}))
```

公式使用常量数组 { "1 组 ","3 组 " } 作为 COUNTIF 函数的 criteria 参数，分别统计在单元格 B2:B11 中 1 组、3 组的学生个数，返回结果为 { 3,3 } ，再使用 SUM 函数汇总，得到结果 6。

2. 统计成绩大于等于 80 且小于 90 的学生数。

E6 单元格中输入以下公式。

```
=SUM(COUNTIF(C2:C11,{">=80",">=90"})*{1,-1})
```

公式中的 { ">=80",">=90" } 部分，使用两个条件构成的常量数组作为 COUNTIF 函数的 criteria 参数，分别统计大于等于 80 分、大于等于 90 分的学生个数，返回内存数组 { 7,4 } 。

使用 COUNTIF 返回的结果乘以一个常量数组 { 1,-1 } ，数组的对应元素相乘，即 { 7*1,4*-1 } ，结果为 { 7,-4 }

最后使用 SUM 函数对两个数组相乘后的结果求和，即使用大于等于 80 分的学生个数减去大于等于 90 分的学生个数，得到成绩大于等于 80 且小于 90 的学生数，结果为 3。

15.4.3　COUNTIF 函数使用通配符条件计数

示例 15-8　COUNTIF 函数使用通配符条件计数

图 15-20 展示的是某班级的小组成绩表，需要统计姓“李”且姓名为 3 个字的学生人数。

	A	B	C	D	E
1	姓名	小组	成绩		统计姓"李"且姓名为三个字的学生数量
2	宋美佳	1组	81		2
3	林淑佳	1组	76		=COUNTIF(A2:A11,"李??")
4	李沐天	1组	97		
5	刘璐璐	2组	85		
6	李文	2组	90		
7	宋慧婷	2组	97		
8	李俊杰	2组	62		
9	陆泉秀	3组	94		
10	楚欣怡	3组	80		
11	朱天艳	3组	59		
12					

图 15-20　COUNTIF 函数使用通配符统计

E2 单元格中输入以下公式：

```
=COUNTIF(A2:A11,"李??")
```

公式中的“李??”部分，利用通配符?可以匹配任何单个字符的功能，对以“李”开头且姓名为3个字的学生数量进行统计。

15.4.4 COUNTIF 函数统计中国式排名

中国式排名，即无论有几个并列名次，后续的排名紧跟前面的名次顺延生成，并列排名不占用名次。例如对100、100、90统计的中国式排名结果为第一名、第一名、第二名。

示例 15-9 COUNTIF 函数统计中国式排名

图15-21展示的是某班级的成绩表，需要统计每名学生的成绩的中国式排名。

C2 {=SUM(IF(B$2:B$11>=B2,1/COUNTIF(B$2:B$11,B$2:B$11)))}

	A	B	C
1	姓名	成绩	公式
2	宋美佳	81	3
3	林淑佳	76	4
4	李沐天	97	1
5	刘璐璐	65	5
6	张文宇	59	7
7	宋慧婷	97	1
8	高俊杰	62	6
9	陆泉秀	94	2
10	楚欣怡	65	5
11	朱天艳	59	7
12			

图 15-21 COUNTIF 函数统计中国式排名

C2单元格中输入以下数组公式，按 <Ctrl+Shift+Enter> 组合键，并将公式向下复制到C11单元格。

```
{=SUM(IF(B$2:B$11>=B2,1/COUNTIF(B$2:B$11,B$2:B$11)))}
```

中国式排名的并列成绩不占用名次，即统计大于等于该学生成绩的不重复成绩的个数。用户可以分解为先依次判断单元格区域中的每个成绩是否大于等于当前行的成绩，如果符合条件再返回大于等于该成绩的不重复的个数，否则不参与统计。

并列排名不占用名次，可以先统计出并列排名的个数，再取其倒数求和。例如要统计100在100、100、90中的名次，先统计出并列排名的有两个，再对{1/2,1/2}求和得到结果1。要统计90的名次，则对{1/2,1/2,1}求和得到结果2。

公式中的B$2:B$11>=B2部分，用于判断单元格区域中的每个成绩是否大于等于当前行成绩，返回内存数组结果如下。

```
{TRUE;FALSE;TRUE;FALSE;FALSE;TRUE;FALSE;TRUE;FALSE;FALSE}
```

其中，TRUE 标识着需要统计不重复的成绩个数的位置。

公式中的 COUNTIF(B$2:B$11,B$2:B$11) 部分，表示在 B$2:B$11 单元格区域中依次统计 B2 ~ B11 中每个单元格出现的个数，返回内存数组结果为{ 1;1;2;2;2;2;1;1;2;2 }。

当符合第一步的条件时，需要统计不重复的排名，使用 1 除以数组{ 1;1;2;2;2;2;1;1;2;2 }，得到数组结果如下。

```
{1;1;1/2;1/2;1/2;1/2;1;1;1/2;1/2}
```

最后用 SUM 函数对需要统计的位置进行求和，即得到该行成绩的中国式排名。

15.4.5　COUNTIF 函数检查重复身份证号码

示例 15-10　COUNTIF 函数检查重复身份证号码

图 15-22 展示的是某企业员工信息表，需要核对 B 列的身份证号码中是否存在重复。

C2　=IF(COUNTIF(B$2:B$11,B2&"*")>1,"是","")

	A	B	C	D	E
1	姓名	身份证号码	公式检查是否重复		
2	蒋成煜	330181200409272113			
3	倪语婷	330109200501252122			
4	高俊杰	330109200504212118			
5	许雨婷	330109200506102123	是		
6	陈昱妍	330109200507312122			
7	王晓丫	330109200502142128			
8	赵梦岚	330181200410042120			
9	钱慧玲	330109200506102123	是		
10	朱依晨	330109200506292123			
11	王华珏	330109200506292118			
12					

图 15-22　COUNTIF 函数检查重复身份证号码

C2 单元格中输入以下公式，将公式向下复制到 C11 单元格。

```
=IF(COUNTIF(B$2:B$11,B2&"*")>1,"是","")
```

因为身份证号码是 18 位数字，而 Excel 的数字精度是 15 位，对身份证号码中 15 位以后的数字都视为 0 处理。这种情况下 COUNTIF 函数对前 15 位相同的身份证号码无论后 3 位是否相同都会判断为重复。

COUNTIF 函数的 criteria 部分使用 B2&"*"，将字符串转化为文本格式，表示查找以 B2 单元格内容开始的文本，最终返回单元格区域 B$2:B$11 中该身份证号码的个数。如果大于 1，则表示该身份证号码重复。

通配符只能对文本型数据进行统计，其他类型的数据使用通配符无效，结果返回 0。

15.4.6 COUNTIF 函数统计不重复值个数

示例 15-11 COUNTIF 函数统计不重复值个数

图 15-23 展示的是某企业员工的籍贯省份信息表，需要统计员工所属省份的不重复值个数。

D2 {=SUM(1/COUNTIF(B2:B11,B2:B11))}

	A	B	C	D	E	F	G
1	姓名	所属省份		公式			
2	宋美佳	河北		6			
3	林淑佳	山东					
4	李沐天	四川					
5	刘璐璐	河北					
6	张文宇	安徽					
7	宋慧婷	湖北					
8	高俊杰	河北					
9	陆泉秀	湖北					
10	楚欣怡	四川					
11	朱天艳	山西					
12							

图 15-23 COUNTIF 函数统计不重复值个数

D2 单元格中输入以下数组公式，按 <Ctrl+Shift+Enter> 组合键。

```
{=SUM(1/COUNTIF(B2:B11,B2:B11))}
```

公式中的 COUNTIF（B2:B11,B2:B11）部分，表示在 B2:B11 单元格区域中依次统计 B2 ~ B11 中每个元素出现的个数，返回数组 { 3;1;2;3;1;2;3;2;2;1 } 。

用 1 除以这个数组得到每个省份的倒数。

```
{1/3;1;1/2;1/3;1;1/2;1/3;1/2;1/2;1}
```

如果单元格的值在区域中是唯一值，这一步的结果是 1。如果重复出现两次，这一步的结果就有两个 1/2。如果单元格的值在区域中重复出现 3 次，结果就有 3 个 1/3，即每个元素对应的倒数合计起来结果仍是 1。最后用 SUM 函数求和，结果就是不重复省份的个数。

示例 15-12 按部门添加序号

图 15-24 展示了某企业员工信息表的部分内容，要求根据 B 列的职工所在部门编写序号，遇不同的部门，序号从 1 重新开始编写。

	A	B	C	D
1	序号	部门	姓名	工号
2	1	财务部	杨玉兰	MS090
3	2	财务部	龚成琴	MS132
4	1	销售部	王莹芬	MS091
5	2	销售部	石化昆	MS074
6	3	销售部	班虎忠	MS094
7	4	销售部	補态福	MS085
8	1	采购部	王天艳	MS079
9	2	采购部	安德运	MS100
10	3	采购部	岑仕美	MS095
11	1	质保部	杨再发	MS099

图 15-24　按部门添加序号

在 A2 单元格中输入以下公式，向下复制到 A11 单元格。

```
=COUNTIF(B$2:B2,B2)
```

使用 B$2:B2 作为 COUNTIF 函数的第一参数。表示引用区域开始位置的 B$2 使用了行绝对引用，表示引用区域结束位置的 B2 使用了相对引用。公式向下复制时，依次变成 B$2:B3、B$2:B4…这样逐行扩大的引用区域。通过统计在此区域中与 B 列部门相同的单元格个数，实现按部门填写序号的目的。

提示

COUNTF 函数第二参数使用比较运算符时，比较运算符和单元格引用之间必须用文本连接符“&”进行连接，而不能使用 =COUNTIF(A2:A14,>A2) 的类似写法。

COUNTIF 函数第二参数使用带有比较运算符的单元格时，能够完成多个区间的判断计数。

示例 15-13　统计不同区间的业务笔数

图 15-25 展示了某单位销售业绩表的部分内容，需要统计不同区间销售额的业务笔数。

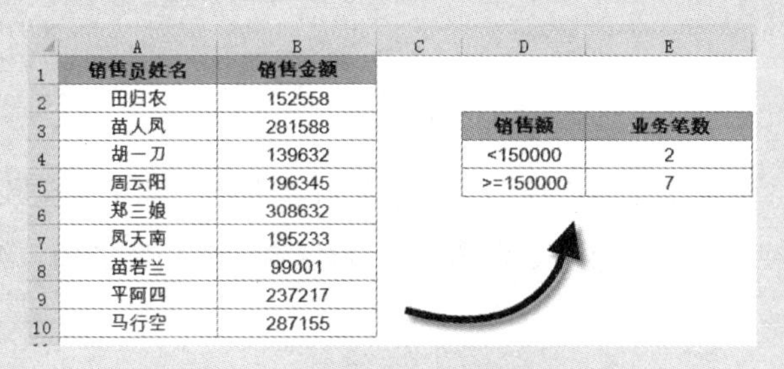

	A	B
1	销售员姓名	销售金额
2	田归农	152558
3	苗人凤	281588
4	胡一刀	139632
5	周云阳	196345
6	郑三娘	308632
7	凤天南	195233
8	苗若兰	99001
9	平阿四	237217
10	马行空	287155

	D	E
3	销售额	业务笔数
4	<150000	2
5	>=150000	7

图 15-25　统计不同区间的业务笔数

E4 单元格中输入以下公式，向下复制到 E5 单元格。

```
=COUNTIF($B$2:$B$10,D4)
```

COUNTIF 函数的第二参数使用字符串表达式，统计条件为“<150000”，计算结果为 2。

COUNTIF 函数第二参数可以是带有比较运算符的多个单元格区域，结合 LOOKUP 函数，能够实现多区间的模糊查询。

示例 15-14 多区间查询加工费单价

图 15-26 展示了某企业加工费计算表的部分内容，E ~ F 列为多个区间的价格对照表，班产量越高，其结算单价就越高。需要根据 B 列的完成数量，计算对应的加工费单价。

	A	B	C	D	E	F
1	姓名	完成数量	单价		价格对照表	
2	胡一刀	186	6		班产量	单价
3	凤天南	160	5		<160	4
4	马行空	201	7.2		>=160	5
5	田归农	80	4		>180	6
6	胡斐	172	5		>=190	7.2
7	马春花	252	8		>=220	7.8
8	陆伃韧	226	7.8		>240	8

图 15-26 查询加工费单价

C2 单元格中输入以下公式，向下复制到 C8 单元格。

```
=LOOKUP(1,0/COUNTIF(B2,E$3:E$8),F$3:F$8)
```

COUNTIF(B2,E$3:E$8) 部分，使用多个带有运算符的单元格区域作为 COUNTIF 函数的第二参数，相当于在 B2 单元格内分别统计 <160、>=160、>180…>240 的数量，符合条件的返回 1，否则返回 0。

下面以 C2 单元格为例，数量为 186，满足 >=160 和 >180 两个条件，COUNTIF 函数结果均返回 1，其余返回 0。运算结果如下。

```
{0;1;1;0;0;0}
```

再使用 0 除以 COUNTIF 函数的计算结果，使其转换为由 0 和错误值 #DIV/0! 组成的内存数组。

```
{#DIV/0!;0;0;#DIV/0!;#DIV/0!;#DIV/0!}
```

LOOKUP 函数使用 1 作为查找值，由于在数组中找不到 1，因此以该数组中最后一个 0 进行匹配，并返回第三参数 F$3:F$8 单元格区域对应位置的值，结果为 6。

示例 15-15 标记不同部门的数据

图 15-27 展示了某单位销售数据的部分内容，虽然按部门进行了排序处理，但是不同部门之间的数据仍然不能较好的辨识。通过设置条件格式，能够将不同部门的数据以颜色进行标记，方便数据的核对。

	A	B	C
1	部门	日期	销售额
2	销售一部	8月20日	11904
3	销售一部	8月21日	11857
4	销售一部	8月22日	10615
5	销售二部	8月21日	12106
6	销售二部	8月22日	6746
7	销售二部	8月25日	8823
8	销售二部	8月26日	8550
9	销售三部	8月21日	10699
10	销售三部	8月22日	10423
11	销售四部	8月21日	9068
12	销售四部	8月22日	9556
13	销售五部	8月24日	7873
14	销售五部	8月25日	11857
15	销售五部	8月26日	10615

	A	B	C
1	部门	日期	销售额
2	销售一部	8月20日	11904
3	销售一部	8月21日	11857
4	销售一部	8月22日	10615
5	销售二部	8月21日	12106
6	销售二部	8月22日	6746
7	销售二部	8月25日	8823
8	销售二部	8月26日	8550
9	销售三部	8月21日	10699
10	销售三部	8月22日	10423
11	销售四部	8月21日	9068
12	销售四部	8月22日	9556
13	销售五部	8月24日	7873
14	销售五部	8月25日	11857
15	销售五部	8月26日	10615

图 15-27　标记不同部门的数据

本例的切入点是：自 A2 单元格开始，向下依次判断有多少个不重复值，再判断不重复值的数量是不是 2 的倍数；将公式运用到条件格式当中，即可将不同部门的数据以颜色进行标记。

具体操作方法如下。

步骤① 选中 A2:C15 单元格区域，在【开始】选项卡中依次单击【条件格式】→【新建规则】，弹出【新建格式规则】对话框。

步骤② 在【新建格式规则】对话框的【选择规则类型】列表框中，选择【使用公式确定要设置格式的单元格】，在【为符合此公式的值设置格式】编辑框中输入以下公式。

```
=MOD(ROUND(SUM(1/COUNTIF($A$2:$A2,$A$2:$A2)),),2)
```

步骤③ 单击【格式】按钮，打开【设置单元格格式】对话框。在【填充】选项卡中，选取合适的背景色，如"灰色"。

步骤④ 依次单击【确定】按钮关闭对话框，完成设置，如图 15-28 所示。

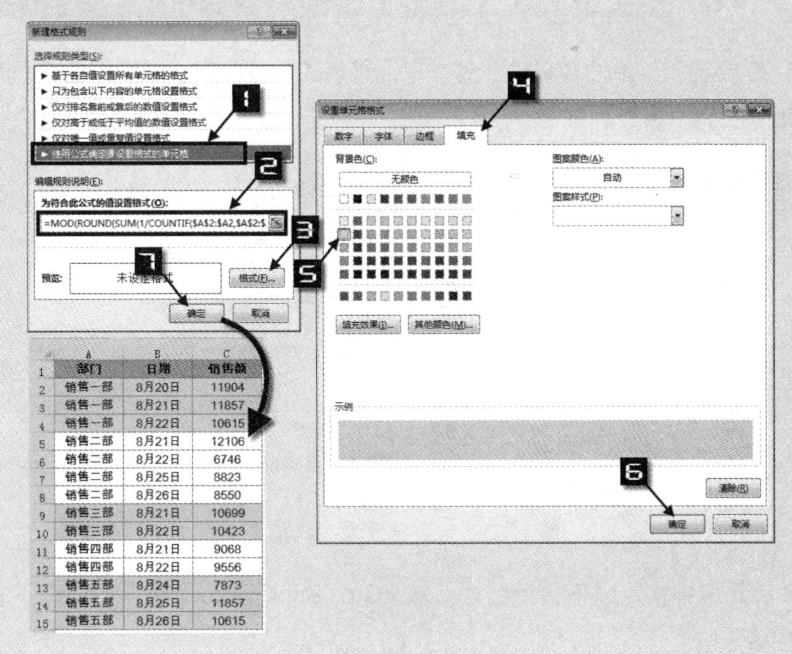

图 15-28　设置条件格式

在条件格式中针对活动单元格使用公式，Excel 会自动将该规则应用到已经选中的单元格区域（A2:C15）。公式各部分的含义如下。

SUM(1/COUNTIF($A$2:$A2,$A$2:$A2)) 部分，公式计算原理与示例 15-11 相同，不同之处在于数据区域的选择。COUNTIF 函数的两个参数均使用 $A$2:$A2，$A$2 使用绝对引用，$A2 使用了列绝对引用、行相对引用。也就是统计自 A2 单元格开始到公式所在行的 A 列数据区域中，不重复的部门个数。

使用 ROUND 函数对公式结果进行修约，目了为了避免因为浮点误差对最终的计算结果造成影响。

MOD 函数返回两数相除的余数。第二参数使用 2，如果不重复部门的计算结果是奇数，MOD 函数的计算结果为 1；反之，MOD 函数的计算结果为 0。以此作为设置条件格式的最终依据。

在条件格式中，如果公式返回逻辑值 TRUE 或者不等于 0，条件格式成立，单元格返回预先指定的格式。通过计算不重复部门出现的次数，并且判断其是否为奇数，实现了将不同部门的数据以颜色进行标记的目的。

15.4.7 提取一列数据中的不重复内容

COUNTIF 函数结合 INDEX 函数及 MATCH 函数，可以提取出一列数据中的不重复内容。

示例 15-16 提取不重复客户清单

图 15-29 展示了某单位 3 月份业务往来记录表的部分内容，需要根据 B 列的客户名提取出不重复的客户清单。

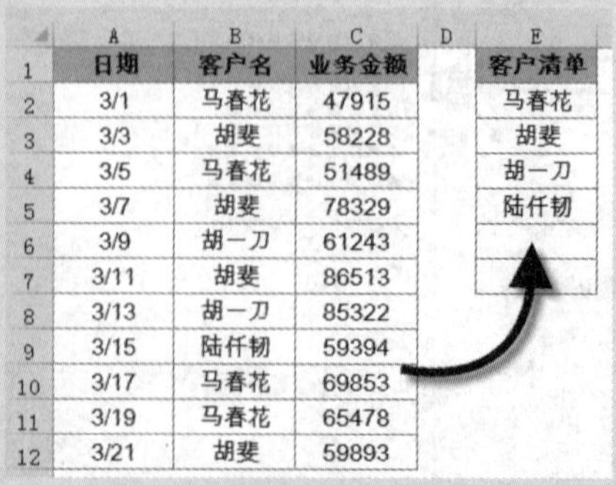

	A	B	C	D	E
1	日期	客户名	业务金额		客户清单
2	3/1	马春花	47915		马春花
3	3/3	胡斐	58228		胡斐
4	3/5	马春花	51489		胡一刀
5	3/7	胡斐	78329		陆仟钧
6	3/9	胡一刀	61243		
7	3/11	胡斐	86513		
8	3/13	胡一刀	85322		
9	3/15	陆仟钧	59394		
10	3/17	马春花	69853		
11	3/19	马春花	65478		
12	3/21	胡斐	59893		

图 15-29 提取不重复客户清单

在 E2 单元格中输入以下数组公式，按 <Ctrl+Shift+Enter> 组合键，向下复制公式至出现空白单元格。

```
{=INDEX(B:B,1+MATCH(,COUNTIF(E$1:E1,B$2:B$13),))&""}
```

“COUNTIF(E$1:E1,B$2:B$13)”部分，用来计算 E$1:E1 单元格区域中，包含 B$2:B$13 单元格区域中每一个值的个数。如果包含，公式返回 1，否则返回 0。计算结果是一个与 B$2:B$13 单元格区域行数相同的数组。

```
{0;0;0;0;0;0;0;0;0;0;0;0;0}
```

MATCH 函数的第一参数简写，表示以 0 作为查询值，在 COUNTIF 函数计算结果中查询第一个 0 的位置，结果为 1。将 MATCH 函数的结果代入公式，则相当于以下形式。

```
{=INDEX(B:B,1+1)}&""
```

最终结果为“马春花”。

COUNTIF 函数第二参数范围比实际数据多出一行，返回的数组结果中最后一个值始终为 0，MATCH 函数在这个数组中查询 0 的位置时，不会返回错误值 #N/A。

15.4.8　认识 COUNTIFS 函数

COUNTIFS 函数将条件应用于跨多个区域的单元格，并计算符合所有条件的次数，其基本语法如下。

```
COUNTIFS(criteria_range1,criteria1,[criteria_range2,criteria2],…)
```

criteria_range1 为必需。在其中计算关联条件的第一个区域。

criteria1 为必需。条件的形式为数字、表达式、单元格引用或文本，它定义了要计数的单元格范围。

criteria_range2，criteria2，... 为可选。附加的区域及其关联条件，最多允许 127 个区域及条件对。

说明：

（1）每一个附加的 criteria 区域都必须与参数 criteria_range1 具有相同的行数和列数，这些区域无须彼此相邻。

（2）可以在条件中使用通配符，即问号“?”和星号“*”。问号匹配任意单个字符，星号匹配任意字符串。如果要查找实际的问号或星号，请在字符前输入波形符“~”。

（3）如果条件参数是对空单元格的引用，COUNTIFS 会将该单元格的值视为 0。

COUNTIFS 函数的参数特性与 COUNTIF 函数一致，可以参照 15.4.1 小节认识 COUNTIF 函数中的说明及示例，此处不再赘述。

15.4.9 COUNTIFS 函数单字段多条件统计

示例 15-17 COUNTIFS 函数单字段多条件统计

图 15-30 展示的是某企业的员工信息表，包含员工的姓名、性别、年龄、入职日期和职称信息。

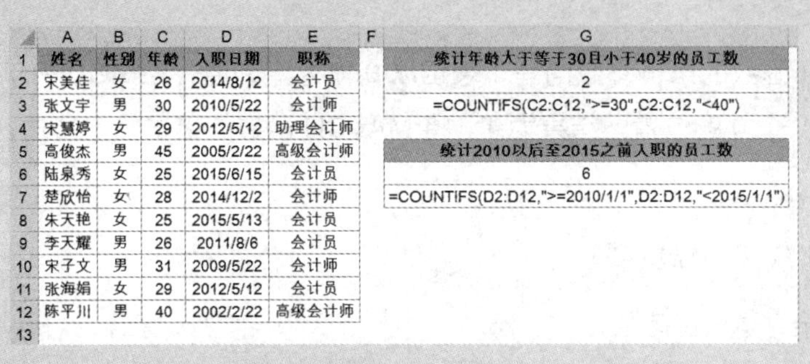

	A	B	C	D	E
1	姓名	性别	年龄	入职日期	职称
2	宋美佳	女	26	2014/8/12	会计员
3	张文宇	男	30	2010/5/22	会计师
4	宋慧婷	女	29	2012/5/12	助理会计师
5	高俊杰	男	45	2005/2/22	高级会计师
6	陆泉秀	女	25	2015/6/15	会计员
7	楚欣怡	女	28	2014/12/2	会计师
8	朱天艳	女	25	2015/5/13	会计员
9	李天耀	男	26	2011/8/6	会计员
10	宋子文	男	31	2009/5/22	会计师
11	张海娟	女	29	2012/5/12	会计员
12	陈平川	男	40	2002/2/22	高级会计师
13					

	G
1	统计年龄大于等于30且小于40岁的员工数
2	2
3	=COUNTIFS(C2:C12,">=30",C2:C12,"<40")
5	统计2010以后至2015之前入职的员工数
6	6
7	=COUNTIFS(D2:D12,">=2010/1/1",D2:D12,"<2015/1/1")

图 15-30 COUNTIFS 函数单字段多条件统计

（1）统计年龄大于等于 30 且小于 40 岁的员工数。

G2 单元格中输入以下公式。

```
=COUNTIFS(C2:C12,">=30",C2:C12,"<40")
```

（2）统计 2010 年以后至 2015 年之前入职的员工数。

G6 单元格中输入以下公式。

```
=COUNTIFS(D2:D12,">=2010/1/1",D2:D12,"<2015/1/1")
```

15.4.10 COUNTIFS 函数多字段多条件统计

示例 15-18 COUNTIFS 函数多字段多条件统计

图 15-31 展示的是某班级的学生分组成绩表，包含学生姓名、性别、所属小组和考试成绩。

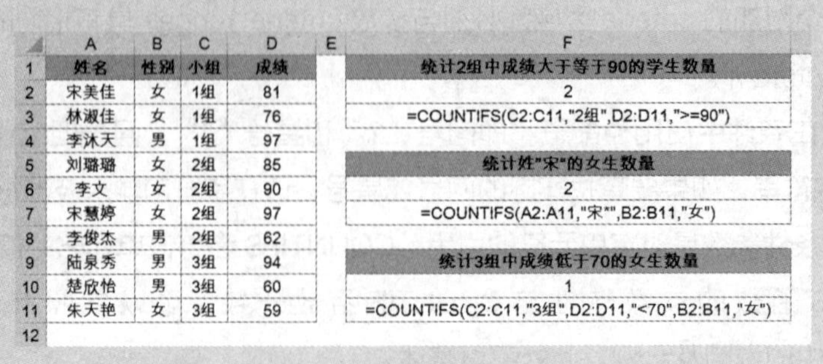

	A	B	C	D
1	姓名	性别	小组	成绩
2	宋美佳	女	1组	81
3	林淑佳	女	1组	76
4	李沐天	男	1组	97
5	刘璐璐	女	2组	85
6	李文	女	2组	90
7	宋慧婷	女	2组	97
8	李俊杰	男	2组	62
9	陆泉秀	男	3组	94
10	楚欣怡	男	3组	60
11	朱天艳	女	3组	59
12				

	F
1	统计2组中成绩大于等于90的学生数量
2	2
3	=COUNTIFS(C2:C11,"2组",D2:D11,">=90")
5	统计姓"宋"的女生数量
6	2
7	=COUNTIFS(A2:A11,"宋*",B2:B11,"女")
9	统计3组中成绩低于70的女生数量
10	1
11	=COUNTIFS(C2:C11,"3组",D2:D11,"<70",B2:B11,"女")

图 15-31 COUNTIF 函数多字段多条件统计

（1）统计两组中成绩大于等于 90 的学生人数。

F2 单元格中输入以下公式。

```
=COUNTIFS(C2:C11,"2 组",D2:D11,">=90")
```

（2）统计姓“宋”的女生人数。

F6 单元格中输入以下公式。

```
=COUNTIFS(A2:A11,"宋*",B2:B11,"女")
```

（3）统计 3 组中成绩低于 70 的女生人数。

F10 单元格中输入以下公式。

```
=COUNTIFS(C2:C11,"3 组",D2:D11,"<70",B2:B11,"女")
```

使用 COUNTIFS 函数不仅可以在单个工作表内完成多条件计数，通过对区域参数的设置，还可以实现多个工作表的多条件计数统计。

示例 15-19 多工作表多条件计数

图 15-32 展示了某学校竞赛成绩的部分内容，不同学科的信息保存在以学科命名的工作表内，数据信息包含学校、班级、姓名以及竞赛成绩。现需要汇总各工作表内不同学校、不同班级的参加考试总人数。

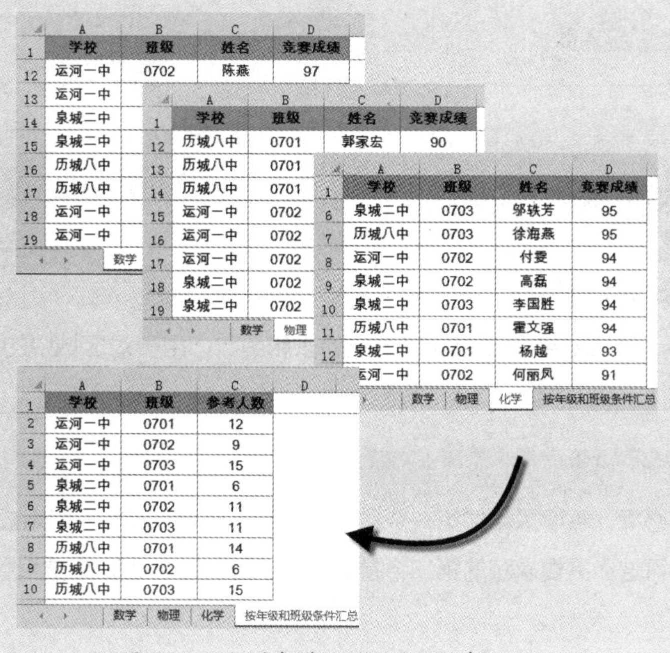

	A	B	C	D
1	学校	班级	姓名	竞赛成绩
12	运河一中	0702	陈燕	97
13	运河一中			
14	泉城二中			
15	泉城二中			
16	历城八中			
17	历城八中			
18	运河一中			
19	运河一中			

	A	B	C	D
1	学校	班级	姓名	竞赛成绩
12	历城八中	0701	郭家宏	90
13	历城八中	0701		
14	历城八中	0701		
15	运河一中	0702		
16	运河一中	0702		
17	运河一中	0702		
18	泉城二中	0702		
19	泉城二中	0702		

	A	B	C	D
1	学校	班级	姓名	竞赛成绩
6	泉城二中	0703	邬轶芳	95
7	历城八中	0703	徐海燕	95
8	运河一中	0702	付雯	94
9	泉城二中	0702	高磊	94
10	泉城二中	0703	李国胜	94
11	历城八中	0701	霍文强	94
12	泉城二中	0701	杨越	93
13	运河一中	0702	何丽凤	91

	A	B	C	D
1	学校	班级	参考人数	
2	运河一中	0701	12	
3	运河一中	0702	9	
4	运河一中	0703	15	
5	泉城二中	0701	6	
6	泉城二中	0702	11	
7	泉城二中	0703	11	
8	历城八中	0701	14	
9	历城八中	0702	6	
10	历城八中	0703	15	

图 15-32 汇总各学校不同班级的考试人数

在“按年级和班级条件汇总”工作表的 C2 单元格中输入以下公式，向下复制到 C10 单元格区域。

```
=SUM(COUNTIFS(INDIRECT({"数学";"化学";"物理"}&"!A:A"),A2,INDIRECT({"数学";"化学";"物理"}&"!B:B"),B2))
```

首先看 INDIRECT({ " 数学 ";" 化学 ";" 物理 " } &"!A:A") 部分，使用连接符“&”将字符串 { " 数学 ";" 化学 ";" 物理 " } 与“!A:A”连接，使其成为带有工作表名称的文本样式的地址字符串：{ " 数学 !A:A";" 化学 !A:A";" 物理 !A:A" }，再由 INDIRECT 函数转换为真正的引用后，作为 COUNTIFS 函数的第一个区域参数。

同理，INDIRECT({ " 数学 ";" 化学 ";" 物理 " } &"!B:B") 部分，由 INDIRECT 函数将字符串 { " 数学 !B:B";" 化学 !B:B";" 物理 !B:B" } 转换为真正的引用后，作为 COUNTIFS 函数的第二个区域参数。

COUNTIFS 函数分别判断“数学”“化学”“物理”3 个工作表 A 列的学校，是否等于“按年级和班级条件汇总”工作表 A2 单元格的学校名称。

再分别判断“数学”“化学”“物理”3 个工作表 B 列的班级，是否等于“按年级和班级条件汇总”工作表 B2 单元格的班级名称。

最后将两个条件按“并且”关系，分别统计出“数学”“化学”“物理”3 个工作表内符合条件的结果 { 4;4;4 } 。

SUM 函数对 COUNTIFS 函数的计算结果求和后，得到多个工作表内不同学校、不同班级的参加考试总人数。

15.5 基本的求和函数

15.5.1 认识 SUM 函数

SUM 函数是一个 Excel 中使用极其广泛的求和函数，用于对区域中的数字求和，其基本语法如下。

```
SUM(number1,[number2],...)
```

number1 为必需。需要求和的第一个参数，可以是数字、数组、引用或单元格区域。

number2 为可选。需要求和的第二个参数，最多可以指定 255 个求和数字。

说明：

如果 SUM 函数的参数是一个数组或引用，则只计算其中的数字，数组或引用中的空白单元格、逻辑值或文本将被忽略。

1. 基本用法

如图 15-33 所示，需要对 A2:A8 单元格区域求和。

C2 单元格中输入以下公式。

```
=SUM(A2:A8)
```

单元格区域中的空白单元格和文本被忽略，SUM 函数求和结果为 10。

2. 区域求和

图 15-34 展示的是某班级两组学生的成绩表，需要统计这两组学生的成绩总和。

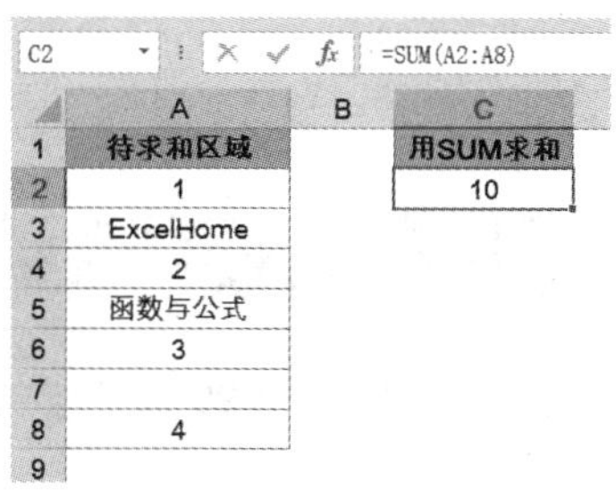

C2 =SUM(A2:A8)

	A	B	C
1	待求和区域		用SUM求和
2	1		10
3	ExcelHome		
4	2		
5	函数与公式		
6	3		
7			
8	4		
9			

图 15-33 SUM 函数基本用法

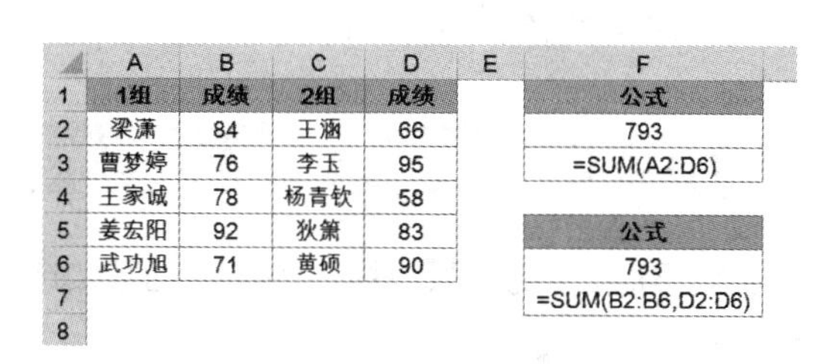

	A	B	C	D	E	F
1	1组	成绩	2组	成绩		公式
2	梁潇	84	王涵	66		793
3	曹梦婷	76	李玉	95		=SUM(A2:D6)
4	王家诚	78	杨青钦	58		
5	姜宏阳	92	狄箫	83		公式
6	武功旭	71	黄硕	90		793
7						=SUM(B2:B6,D2:D6)
8						

图 15-34 SUM 函数区域求和

方法 1：F2 单元格中输入以下公式。

```
=SUM(A2:D6)
```

方法 2：F6 单元格中输入以下公式。

```
=SUM(B2:B6,D2:D6)
```

两种方法都可以得到正确结果。

3. 交叉区域求和

图 15-35 所示为两个交叉单元格区域 A1:D4 和 C3:F6。需要对其交叉区域，即对 C3:D4 单元格区域求和。

A9 单元格中输入以下公式。

```
=SUM(A1:D4C3:F6)
```

公式中的两个单元格区域之间使用空格连接，表示对这两个单元格区域的交集部分求和。

4. 快捷行列求和

图 15-36 展示的是某企业的区域销售记录表，包含各个分公司在每个季度的销售情况，需要在合计区域将对应的行、列数据求和。

A9 =SUM(A1:D4 C3:F6)

	A	B	C	D	E	F
1	13	14	20	11		
2	13	11	15	19		
3	17	17	19	20	12	15
4	12	18	14	12	12	21
5			21	14	20	17
6			15	22	22	11
7						
8	交叉区域求和					
9	65					
10						

图 15-35 SUM 函数交叉区域求和

	A	B	C	D	E	F
1	季度 分公司	第1季度	第2季度	第3季度	第4季度	合计
2	北京分公司	180,996	197,432	166,097	174,036	
3	天津分公司	189,548	166,204	190,355	169,939	
4	上海分公司	197,054	156,433	185,108	163,873	
5	广州分公司	199,949	197,317	178,263	161,685	
6	成都分公司	189,067	197,112	193,919	164,429	
7	合计					
8						

图 15-36 SUM 函数快捷行列求和

选中 B2:F7 单元格区域，按 <Alt+=> 组合键。合计区域自动填充 SUM 函数组成的求和公式，完成对应的行、列求和。

15.5.2 SUM 函数按条件求和

示例 15-20 统计大于 90 分的学生总成绩

图 15-37 展示的是某班级 1 组学生的考试成绩，需要统计其中大于 90 分的学生成绩之和。

D2 {=SUM((B2:B11>90)*B2:B11)}

	A	B	C	D	E
1	1组	成绩		公式	
2	梁潇	84		187	
3	曹梦婷	76			
4	王家诚	78			
5	姜宏阳	92			
6	武功旭	71			
7	王涵	66			
8	李玉	95			
9	杨青钦	58			
10	狄箫	83			
11	黄硕	90			
12					

图 15-37 SUM 函数条件求和

D2 单元格中输入以下数组公式，按 <Ctrl+Shift+Enter> 组合键。

```
{=SUM((B2:B11>90)*B2:B11)}
```

公式中的 B2:B11>90 部分，逐个判断 B2:B11 的每一个单元格是否等于 90 分，返回一个由逻辑值 TRUE 和 FALSE 构成的数组。

```
{FALSE;FALSE;FALSE;TRUE;FALSE;FALSE;TRUE;FALSE;FALSE;FALSE}
```

其中，TRUE 在数组中所处位置对应着大于 90 分的学生成绩。

公式中的（B2:B11>90）*B2:B11 部分，将两个数组相乘，即：

```
{FALSE;FALSE;FALSE;TRUE;FALSE;FALSE;TRUE;FALSE;FALSE;FAL
SE}*{84;76;78;92;71;66;95;58;83;90}
```

数组中的逻辑值 TRUE 在运算中转换为 1，FALSE 转换为 0，两个数组中的每个元素对应相乘，其中大于 90 分的成绩乘以 1 结果保持不变，不大于 90 分的成绩乘以 0 结果为 0，返回内存数组结果如下。

```
{0;0;0;92;0;0;95;0;0;0}
```

最后使用 SUM 函数求和，即得到了大于 90 分的成绩之和。

15.5.3 SUM 函数对日销售额累计求和

示例 15-21 SUM 函数对日销售额累计求和

图 15-38 展示的是某业务员的日销售额记录表，需要统计从 2016 年 7 月 1 日起至当前天的累计销售额。

C2 =SUM(B$2:B2)

	A	B	C
1	日期	销售额	公式
2	2016/7/1	84	84
3	2016/7/2	76	160
4	2016/7/3	78	238
5	2016/7/4	92	330
6	2016/7/5	71	401
7	2016/7/6	66	467
8	2016/7/7	95	562
9	2016/7/8	58	620
10	2016/7/9	83	703
11	2016/7/10	90	793
12			

图 15-38 SUM 函数对日销售额累计求和

C2 单元格中输入以下公式，将公式向下复制到 C11 单元格。

```
=SUM(B$2:B2)
```

公式中的 B$2:B2 部分利用绝对引用和相对引用，随着公式的向下填充，求和区域向下延展。C3、C4、C5 单元格的公式依次如下。

```
=SUM(B$2:B3)
=SUM(B$2:B4)
=SUM(B$2:B5)
...
```

SUM 函数对递增的单元格区域求和，得到日销售额的累计值。

15.5.4 SUM 函数对 1 到 100 累加求和

示例 15-22 SUM 函数对 1 ~ 100 累加求和

如图 15-39 所示，需要统计 1 ~ 100 累加求和，即 1+2+3+…+99+100。

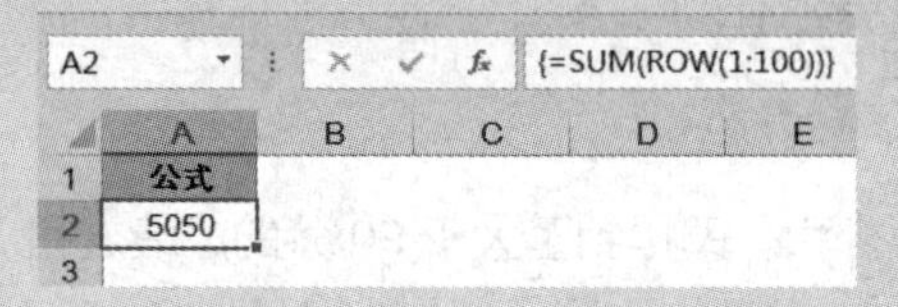

图 15-39 SUM 函数对 1 ~ 100 累加求和

在 A2 单元格中输入以下数组公式，按 <Ctrl+Shift+Enter> 组合键。

```
{=SUM(ROW(1:100))}
```

公式中的 ROW(1:100) 部分，利用 ROW 函数生成一个 1 ~ 100 的数组。

```
{1;2;3;4;5;6;…;96;97;98;99;100}
```

再使用 SUM 函数对这个数组的每个元素汇总求和，即实现 1 ~ 100 的累加求和。

15.5.5 认识 SUMSQ 函数

SUMSQ 函数返回参数的平方和，其基本语法如下。

```
SUMSQ(number1,[number2],...)
```

number1 为必需。需要求平方和的第一个参数，可以是数字、数组、引用或单元格区域。

number2 为可选。需要求平方和的第二个参数，最多可以指定 255 个求和数字。

说明：

（1）参数可以是数字或者是包含数字的名称、数组或引用。

（2）直接在参数列表中输入的数字、逻辑值和数字的文字表示等形式的参数均为有效参数。

（3）如果参数是一个数组或引用，则只计算其中的数字。数组或引用中的空白单元格、逻辑值、文本或错误值将被忽略。

（4）如果参数为错误值或为不能转换为数字的文本，将会导致错误。

如图 15-40 所示，要统计 A2:A8 的单元格区域的平方和。

在 C2 单元格中输入以下公式，结果为 14。

```
=SUMSQ(A2:A8)
```

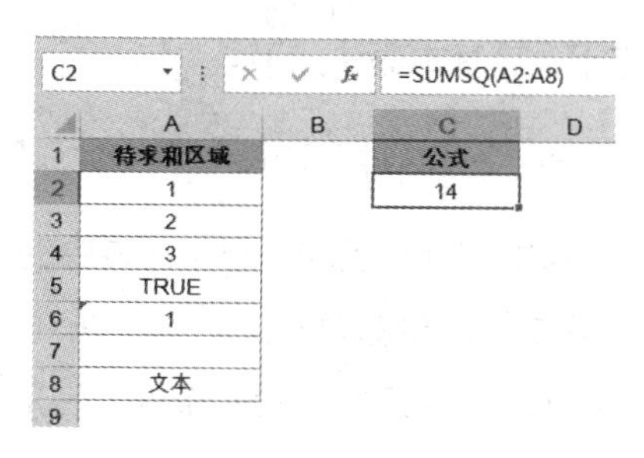

C2　=SUMSQ(A2:A8)

	A	B	C	D
1	待求和区域		公式	
2	1		14	
3	2			
4	3			
5	TRUE			
6	1			
7				
8	文本			
9				

图 15-40　认识 SUMSQ 函数

SUMSQ 函数对于引用区域中的逻辑值、文本数字、空值、文本全部忽略。

15.5.6　SUMSQ 函数判别直角三角形

示例 15-23　SUMSQ 函数判别直角三角形

图 15-41 展示的是 7 组三角形的边长信息，3 条边长按从小到大的顺序排列，需要根据三角形的边长 a、b、c 判别其是否是直角三角形。

E2　=IF(SUMSQ(B2:C2)=D2^2,"是","")

	A	B	C	D	E	F
1	三角形编号	边长a	边长b	边长c	公式	
2	第1个三角形	3	4	5	是	
3	第2个三角形	12	15	18		
4	第3个三角形	4	5	6		
5	第4个三角形	6	8	10	是	
6	第5个三角形	7	8	9		
7	第6个三角形	6	6	6		
8	第7个三角形	15	20	25	是	
9						

图 15-41　SUMSQ 函数判别直角三角形

利用勾股定理逆定理：如果三角形两边的平方和等于第三边的平方，那么这个三角形是直角三角形。

在 E2 单元格中输入以下公式，将公式向下复制到 E8 单元格。

```
=IF(SUMSQ(B2:C2)=D2^2," 是 ","")
```

公式中的 D2^2 表示 D2 的平方，即边长 c 的平方和。利用 SUMSQ 函数统计边长 a 和边长 b 的平方和，再与边长 c 的平方和比较，如果相等，则可以判别为直角三角形。

15.6　条件求和函数

15.6.1　认识 SUMIF 函数

SUMIF 函数可以对范围中符合指定条件的值求和。该函数拥有十分强大的条件求和功能，在工作中有极其广泛的应用，其基本语法如下。

```
SUMIF(range,criteria,[sum_range])
```

range 为必需。用于条件计算的单元格区域。每个区域中的单元格都必须是数字或名称、数组或包含数字的引用。空值和文本值将被忽略。

criteria 为必需。用于确定对哪些单元格求和的条件，其形式可以为数字、表达式、单元格引用、文本或函数。

sum_range 为可选。要求和的实际单元格（如果要对未在 range 参数中指定的单元格求和）。如果省略 sum_range 参数，Excel 会对在 range 参数中指定的单元格（即应用条件的单元格）求和。

说明：

（1）criteria 中的任何文本条件或任何含有逻辑或数学符号的条件都必须使用双引号括起来。如果条件为数字，则无须使用双引号。

（2）criteria 参数中支持使用通配符（包括问号“?”和星号“*”）。问号匹配任意单个字符；星号匹配任意一串字符。如果要查找实际的问号或星号，请在该字符前输入波形符“~”。

（3）使用 SUMIF 函数匹配超过 255 个字符的字符串或字符串 #VALUE! 时，将返回不正确的结果。

（4）当 sum_range 参数与 range 参数的大小和形状可以不同。求和的实际单元格通过以下方法确定：使用 sum_range 参数中左上角的单元格作为起始单元格，然后包括与 range 参数大小和形状相对应的单元格。注意：这种情况下会使 SUMIF 函数具有易失性，即引发工作表重算。

SUMIF 函数本身不是易失性函数，但当 SUMIF 函数中的 range 和 sum_range 参数包含的单元格个数不相等时，会具备易失性。例如以下公式。

```
=SUMIF(B2:B9,"女",C2:C3)
=SUMIF(B2:B9,"女",C2:C99)
=SUMIF(B2:B9,"女",C2)
```

3 个公式返回的结果一致，SUMIF 函数的 sum_range 参数的单元格个数都与 range 的单元格个数不同，但都会将 sum_range 的区域按照 C2:C9 计算，即以 C2 为起始单元格，延伸至大小和形状与 B2:B9 相同的单元格。相当于以下公式。

```
=SUMIF(B2:B9,"女",C2:C9)
```

易失性会引发工作表的重新计算，计算时间会比预期的要长，工作中应尽量避免这种情况出现。

（5）SUMIF 函数中 criteria 参数的格式会限定其选择条件求和的范围，即如果第二参数是数值，SUMIF 函数就只对第一参数是数值格式的单元格对应的求和区域中进行统计，而忽略其他格式，如文本、逻辑值、错误值等。利用 SUMIF 函数的这个特性，我们可以排除错误值进行求和。

示例 15-24 SUMIF 函数省略第三参数的用法

图 15-42 展示的是某班级的成绩表，需要统计大于 60 分的学生成绩之和。

E2 =SUMIF(C2:C12,">60")

	A	B	C	D	E	F
1	姓名	性别	成绩		公式	
2	宋美佳	女	54		450	
3	张文宇	男	63			
4	宋慧婷	女	82			
5	高俊杰	男	78			
6	陆泉秀	女	59			
7	楚欣怡	女	55			
8	朱天艳	女	59			
9	李天耀	男	49			
10	宋子文	男	87			
11	张海娟	女	73			
12	陈平川	男	67			
13						

图 15-42 SUMIF 函数基本用法

在 E2 单元格中输入以下公式。

```
=SUMIF(C2:C12,">60")
```

SUMIF 函数的第三参数省略时，会对第一参数进行条件求和，相当于以下公式。

```
=SUMIF(C2:C12,">60",C2:C12)
```

示例 15-25 SUMIF 函数单字段并列求和

图 15-43 展示的是某企业销售团队的分组业绩表，需要统计 1 组和 3 组业务员的销售额之和。

G2 单元格中输入以下公式。

```
=SUM(SUMIF(C2:C12,{"1 组","3 组"},E2:E12))
```

公式使用常量数组 { "1 组 ", "3 组 " } 作为 SUMIF 函数的 criteria 参数，分别统计 1 组和 3 组的销售金额，返回数组结果为 { 195171，223854 } 。再使用 SUM 函数对其求和，即得到了 1 组和 3 组的销售额之和。

G2 =SUM(SUMIF(C2:C12,{"1组","3组"},E2:E12))

	A	B	C	D	E	F	G
1	业务员	性别	组别	年龄	金额		公式
2	宋美佳	女	1组	26	31,227		419,025
3	张文宇	男	1组	30	27,989		
4	宋慧婷	女	1组	29	49,872		
5	高俊杰	男	1组	45	86,083		
6	陆泉秀	女	2组	25	29,521		
7	楚欣怡	女	2组	28	78,906		
8	朱天艳	女	2组	25	67,896		
9	李天耀	男	2组	26	7,354		
10	宋子文	男	3组	31	79,034		
11	张海娟	女	3组	29	92,377		
12	陈平川	男	3组	40	52,443		
13							

图 15-43　SUMIF 函数单字段并列条件求和

示例 15-26　SUMIF 函数实现多条件求和

图 15-44 展示的是某企业的财务明细账，需要统计科目代码为 1001、1003、1007、1008 的金额之和。

F2 {=SUM(SUMIF(A2:A12,D2:D5,B2:B12))}

	A	B	C	D	E	F	G
1	科目代码	金额		多条件		公式	
2	1001	1		1001		19	
3	1002	2		1003			
4	1003	3		1007			
5	1004	4		1008			
6	1005	5					
7	1006	6					
8	1007	7					
9	1008	8					
10	1009	9					
11	1010	10					
12	1011	11					

图 15-44　SUMIF 函数多条件求和

在 F2 单元格中输入以下数组公式，按 <Ctrl+Shift+Enter> 组合键。

```
{=SUM(SUMIF(A2:A12,D2:D5,B2:B12))}
```

SUMIF 函数使用单元格区域 D2:D5 作为 criteria 参数，分别对该区域中的每个单元格为条件进行条件求和，得到数组 { 1;3;7;8 } 。

使用 SUM 函数对 SUMIF 函数条件求和的结果进行汇总，结果为 19。

此示例还可以使用以下公式，可以达到同样结果。

```
=SUM(SUMIF(A2:A12,{1001;1003;1007;1008},B2:B12))
```

此公式直接使用常量数组{ 1001;1003;1007;1008 }作为 SUMIF 函数的 criteria 参数，不必以数组公式的方式输入，直接按 <Enter> 键即可。

示例 15-27　SUMIF 函数在多列区域条件求和

图 15-45 展示的是某企业的员工编码信息表，编码对应姓名放置在多列区域中，需要在 B10:B12 单元格区域根据员工的姓名提取对应的员工编码。

B10　=SUMIF(B$2:F$6,A10,A$2:E$6)

	A	B	C	D	E	F
1	员工编码	姓名	员工编码	姓名	员工编码	姓名
2	101	张建	106	李晶晶	111	王涵
3	102	乔恩傲	107	梁潇	112	李玉
4	103	楚欣怡	108	曹梦婷	113	杨青钦
5	104	朱天艳	109	王家诚	114	狄策
6	105	张文宇	110	姜宏阳	115	黄硕
7						
8	根据员工的姓名提取员工编码					
9	姓名	编码				
10	曹梦婷	108				
11	乔恩傲	102				
12	黄硕	115				
13						

图 15-45　SUMIF 函数在多列区域条件求和

在 B10 单元格中输入以下公式，将公式向下复制到 B12 单元格。

```
=SUMIF(B$2:F$6,A10,A$2:E$6)
```

因为员工编号均为数值，可以借助 SUMIF 函数条件求和实现员工编码的提取。

公式中条件区域为 B$2:F$6，求和区域为 A$2:E$6，两个区域大小相同且单元格一一对应，SUMIF 函数会依次判断 B$2:F$6 单元格区域中的每一个单元格是否符合条件，如果是，则返回 A$2:E$6 单元格区域中对应位置的值，这样就实现了借助 SUMIF 函数条件区域与求和区域的偏移关系实现数据提取。

需要注意的是，在使用这种方式进行条件求和时，要求 SUMIF 函数的条件区域必须与求和区域尺寸相同，否则可能返回错误结果。

示例 15-28　SUMIF 函数使用通配符模糊条件求和

图 15-46 展示的是某车间的员工计件记录表，需要统计姓“张”和“宋”的员工计件之和。

在 D2 单元格中输入以下公式。

```
=SUM(SUMIF(A2:A12,{"张*","宋*"},B2:B12))
```

SUMIF 函数的 criteria 参数支持使用通配符，将数组 { "张*","宋*" } 作为 SUMIF 函数的第二参数，表示分别统计以“张”和“宋”开头，后续字符个数不限制的字符串

15章

对应的求和区域。

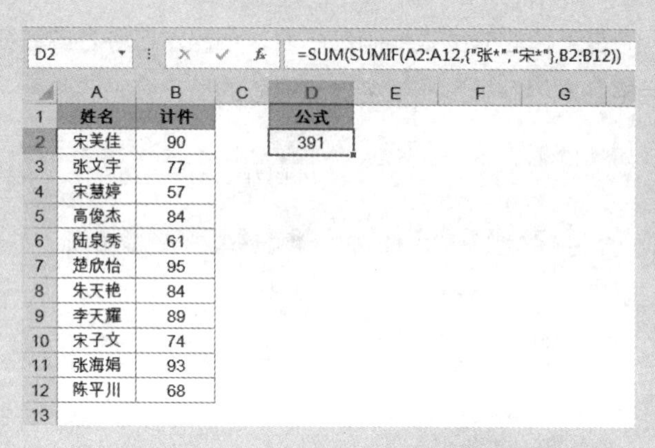

D2 =SUM(SUMIF(A2:A12,{"张*","宋*"},B2:B12))

	A	B	C	D
1	姓名	计件		公式
2	宋美佳	90		391
3	张文宇	77		
4	宋慧婷	57		
5	高俊杰	84		
6	陆泉秀	61		
7	楚欣怡	95		
8	朱天艳	84		
9	李天耀	89		
10	宋子文	74		
11	张海娟	93		
12	陈平川	68		

图 15-46　SUMIF 函数使用通配符

SUMIF 函数返回数组 { 170,221 }，再使用 SUM 函数对返回的数组求和，结果为 391。

示例 15-29　SUMIF 函数排除错误值求和

如图 15-47 所示，待求和区域 A2:A9 中包含数字、文本和多种错误值，直接求和会返回错误值，需要对该区域排除错误值再进行求和。

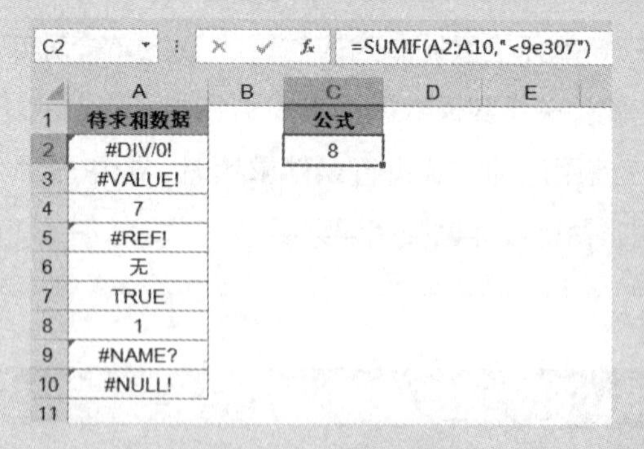

C2 =SUMIF(A2:A10,"<9e307")

	A	B	C
1	待求和数据		公式
2	#DIV/0!		8
3	#VALUE!		
4	7		
5	#REF!		
6	无		
7	TRUE		
8	1		
9	#NAME?		
10	#NULL!		

图 15-47　SUMIF 函数排除错误值求和

C2 单元格中输入以下公式。

```
=SUMIF(A2:A9,"<9e307")
```

SUMIF 函数中 criteria 参数的格式会限定其选择条件求和的范围，即如果第二参数是数值，SUMIF 函数就只对第一参数是数值格式的单元格对应的求和区域中进行统计，而忽略其他格式如文本、逻辑值、错误值等。利用 SUMIF 函数的这个特性，可以排除错误值进行求和。

9e307 是使用科学记数法表示的 9*10^307，是接近 Excel 允许输入的最大数值 9.99999999999999E+307 的一个数，这样可以使 SUMIF 函数的条件范围包括所有数字。

公式中使用 "<9e307" 作为 SUMIF 的第二参数，即表示只对待求和区域中的数值进行统计，忽略文本、逻辑值、错误值等其他格式。SUMIF 函数省略了第三参数，即表示求和区域等同于第一参数 A2:A9 单元格区域。

示例 15-30 根据等级计算分值

如图 15-48 所示，是某单位 5S 考核表的部分内容，在 A1:F10 单元格区域中，各部门考核项目使用不同的等级来表示。需要根据 I3:J7 单元格区域的分值对照表，计算出每个部门的总分值。

	A	B	C	D	E	F	G	H	I	J
1	部门	整理	整顿	清扫	清洁	素养	总分值		对照表	
2	财务部	C	A	B	A	B	9.8		等级	分值
3	销售部	C	B	C	A	B	10.2		A	1.8
4	采购部	D	A	D	A	C	11.0		B	2
5	市场部	A	A	C	D	C	10.6		C	2.2
6	仓储部	A	E	E	A	B	8.4		D	2.6
7	品保部	D	B	D	B	C	11.4		E	1.4
8	企管部	D	D	A	A	E	10.2			
9	妇联	D	C	B	E	D	10.8			
10	工会	B	B	C	C	D	11.0			

图 15-48 5S 考核表

G2 单元格中输入以下数组公式，按 <Ctrl+Shift+Enter> 组合键，向下复制到 G10 单元格。

```
{=SUM(SUMIF(I$3:I$7,B2:F2,J$3:J$7))}
```

SUMIF 函数第二参数使用了多单元格的区域引用“B2:F2”。如果计算条件区域 I3:I7 单元格与 B2:F2 单元格内容相同，SUMIF 函数则分别对与之对应的 J3:J7 单元格区域求和。返回数组结果如下。

```
{2.2,1.8,2,1.8,2}
```

最后使用 SUM 函数求和得出计算结果。

15.6.2 认识 SUMIFS 函数

SUMIFS 函数用于计算其满足多个条件的全部参数的总量，其基本语法如下。

```
SUMIFS(sum_range,criteria_range1,criteria1,[criteria_range2,criteria2],...)
```

sum_range 为必需。要求和的区域。

criteria_range1 为必需。用于条件计算的第一个单元格区域。

criteria1 为必需。用于条件计算的第一个单元格区域对应的条件。

[criteria_range2,criteria2] ,…为可选。附加的区域及其关联条件，最多可以输入 127 个区域 / 条件对。

说明：

（1）criteria_range 参数与 sum_range 参数必须包含相同的行数和列数。

（2）criteria 参数中支持使用通配符（包括问号“?”和星号“*”）。问号匹配任意单个字符；星号匹配任意一串字符。如果要查找实际的问号或星号，请在该字符前输入波形符“ ~ ”。

如图 15-49 所示，要根据学生成绩表统计姓“宋”的女生成绩之和。

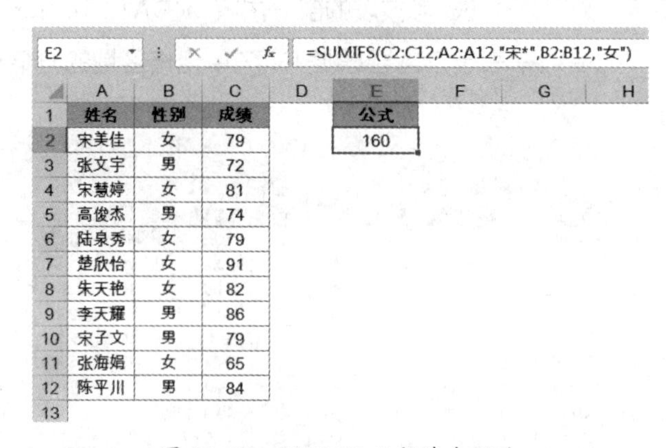
E2 =SUMIFS(C2:C12,A2:A12,"宋*",B2:B12,"女")

	A	B	C	D	E
1	姓名	性别	成绩		公式
2	宋美佳	女	79		160
3	张文宇	男	72		
4	宋慧婷	女	81		
5	高俊杰	男	74		
6	陆泉秀	女	79		
7	楚欣怡	女	91		
8	朱天艳	女	82		
9	李天耀	男	86		
10	宋子文	男	79		
11	张海娟	女	65		
12	陈平川	男	84		

图 15-49 SUMIFS 函数基本用法

E2 单元格中输入以下公式。

```
=SUMIFS(C2:C12,A2:A12,"宋*",B2:B12,"女")
```

公式中的 C2:C12 是求和区域，“A2:A12,"宋*"”和“B2:B12,"女"”分别是两组区域 / 条件对，如果 A2:A12 单元格区域以“宋”开头，并且 B2:B12 单元格区域等于“女”，则对对应的 C2:C12 单元格区域求和。

示例 15-31 统计指定范围的销量

图 15-50 展示的是某企业的销售业绩表，需要统计其中销售数量大于 30 且小于 40 的销售总数。

G2 单元格中输入以下公式。

```
=SUMIFS(E2:E12,E2:E12,">30",E2:E12,"<40")
```

G2 　=SUMIFS(E2:E12,E2:E12,">30",E2:E12,"<40")

	A	B	C	D	E	F	G	H
1	业务员	组别	性别	产品	销售数量		公式	
2	宋美佳	1组	女	苹果	26		70	
3	张文宇	1组	男	桔子	10			
4	宋慧婷	1组	女	梨	39			
5	高俊杰	1组	男	西瓜	45			
6	陆泉秀	2组	女	苹果	25			
7	楚欣怡	2组	女	桔子	28			
8	朱天艳	2组	女	梨	25			
9	李天耀	3组	男	苹果	16			
10	宋子文	3组	男	桔子	31			
11	张海娟	3组	女	梨	29			
12	陈平川	3组	男	西瓜	40			
13								

图 15-50　SUMIFS 函数单字段多条件求和

示例 15-32　SUMIFS 函数多字段多条件求和

图 15-51 展示的某企业的销售业绩表。

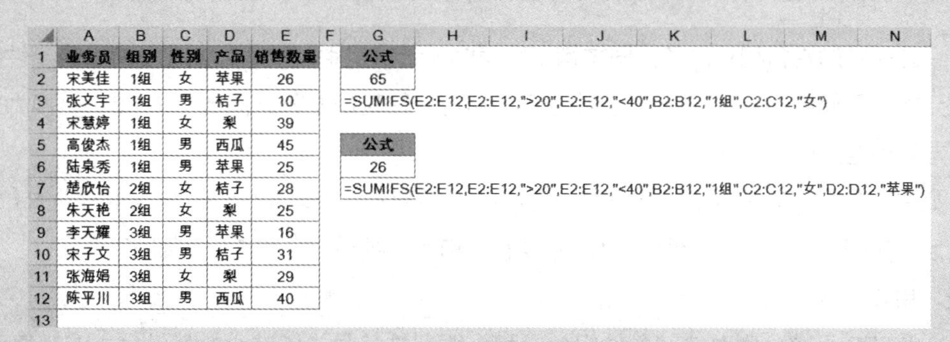

	A	B	C	D	E	F	G
1	业务员	组别	性别	产品	销售数量		公式
2	宋美佳	1组	女	苹果	26		65
3	张文宇	1组	男	桔子	10		=SUMIFS(E2:E12,E2:E12,">20",E2:E12,"<40",B2:B12,"1组",C2:C12,"女")
4	宋慧婷	1组	女	梨	39		
5	高俊杰	1组	男	西瓜	45		公式
6	陆泉秀	1组	男	苹果	25		26
7	楚欣怡	2组	女	桔子	28		=SUMIFS(E2:E12,E2:E12,">20",E2:E12,"<40",B2:B12,"1组",C2:C12,"女",D2:D12,"苹果")
8	朱天艳	2组	女	梨	25		
9	李天耀	3组	男	苹果	16		
10	宋子文	3组	男	桔子	31		
11	张海娟	3组	女	梨	29		
12	陈平川	3组	男	西瓜	40		
13							

图 15-51　SUMIFS 函数多字段多条件求和

❖　统计销售数量大于 20 且小于 40 的 1 组女业务员的销售量之和。

G2 单元格中输入以下公式。

```
=SUMIFS(E2:E12,E2:E12,">20",E2:E12,"<40",B2:B12,"1 组 ",C2:C12," 女 ")
```

❖　统计销售数量大于 20 且小于 40 的 1 组女业务员销售苹果的数量之和。

G6 单元格中输入以下公式。

```
=SUMIFS(E2:E12,E2:E12,">20",E2:E12,"<40",B2:B12,"1组",C2:C12,"女",D2:D12,"苹果")
```

SUMIFS 函数条件参数形式与 SUMIF 函数相同，可以为数字、表达式、单元格引用或文本，也可以使用通配符。通过对 SUMIFS 函数的条件参数进行设置，可以实现多字段多条件的求和计算。

示例 15-33 统计指定业务员不同月份的销售额

图 15-52 展示了某单位业务员一季度销售业绩表的部分内容。

例 1：需要统计业务员杨铁心 1 月份的销售额与郭啸天 3 月份的销售额合计。

F7 单元格中输入以下数组公式，按 <Ctrl+Shift+Enter> 组合键。

```
{=SUM(SUMIFS(C2:C11,A2:A11,E5:E6,B2:B11,F5:F6))}
```

公式中的姓名和月份条件均使用两个单元格引用，分别为 E5:E6 和 F5:F6 单元格区域。SUMIFS 函数分别计算姓名为“杨铁心”月份为 1 的销售额，以及姓名为“郭啸天”月份为 3 的销售额，计算结果为 { 1115;3697 } 。

最后使用 SUM 函数对 SUMIF 函数的计算结果求和汇总，计算结果为 4812。

例 2：需要统计业务员杨铁心与郭啸天分别在 1 月份和 3 月份的销售额合计。

G7 单元格中输入以下数组公式，按 <Ctrl+Shift+Enter> 组合键。

```
{=SUM(SUMIFS(C2:C11,A2:A11,E5:E6,B2:B11,TRANSPOSE(G5:G6)))}
```

公式中的姓名和月份条件同样均使用两个单元格引用。不同之处在于将月份条件的单元格引用使用 TRANSPOSE 函数进行了转置，使其由垂直方向数组 { 1;3 } 转换为水平方向数组 { 1,3 } 。

姓名条件引用的 E5:E6 单元格为垂直方向 { " 杨铁心 ";" 郭啸天 " }，与水平方向的 { 1,3 } 组合后，实际产生了 4 个条件组合：“杨铁心”和 1, “杨铁心”和 3，“郭啸天”和 1，“郭啸天”和 3。

SUMIFS 函数分别对这些条件组合求和，得到姓名为“杨铁心”月份为 1 的销售额为 1115、姓名为“杨铁心”月份为 3 的销售额为 7255。姓名为“郭啸天”月份为 1 的销售额为 1436、姓名为“郭啸天”月份为 3 的销售额为 3697。

最后用 SUM 函数求和汇总，计算结果为 13503，如图 15-53 所示。

	A	B	C	D	E	F
1	业务员	月份	销售额			
2	杨铁心	3	7255			
3	杨铁心	2	1600			
4	公孙止	1	8258		业务员	月份
5	欧阳克	1	7458		杨铁心	1
6	郭啸天	3	3697		郭啸天	3
7	公孙止	3	2269		销售额	4812
8	杨铁心	1	1115			
9	郭啸天	1	1436			
10	公孙止	2	4355			
11	欧阳克	2	6636			

图 15-52 销售业绩表

	A	B	C	D	E	F	G
1	业务员	月份	销售额				
2	杨铁心	3	7255				
3	杨铁心	2	1600				
4	公孙止	1	8258		业务员		月份
5	欧阳克	1	7458		杨铁心		1
6	郭啸天	3	3697		郭啸天		3
7	公孙止	3	2269		销售额		13503
8	杨铁心	1	1115				
9	郭啸天	1	1436				
10	公孙止	2	4355				
11	欧阳克	2	6636				

图 15-53 销售业绩表

SUMIFS 函数的参数支持其他函数返回的多维引用。利用这个特性，可以进行多个条件下的多表求和。

示例 15-34 SUMIFS 函数多表多条件求和

图 15-54 展示了某超市 1 ~ 3 月份各连锁店饮料进货情况表的部分内容，不同月份的数据保存在以月份命名的工作表内。需要将各连锁店 3 个月不同商品的进货数量，填入“汇总”工作表中。

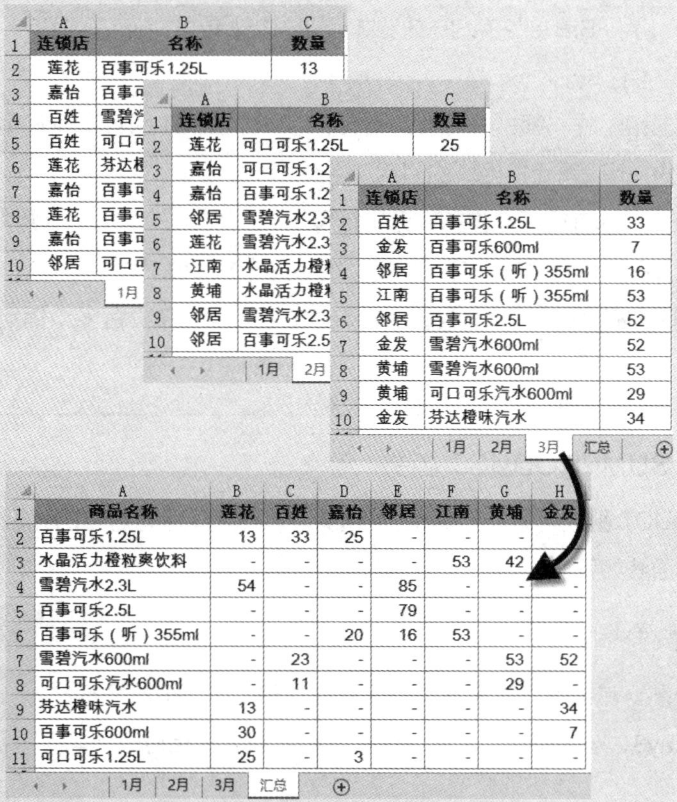

1月

连锁店	名称	数量
莲花	百事可乐1.25L	13
嘉怡	百事可	
百姓	雪碧汽	
百姓	可口可	
莲花	芬达橙	
嘉怡	百事可	
莲花	百事可	
嘉怡	百事可	
邻居	可口可	

2月

连锁店	名称	数量
莲花	可口可乐1.25L	25
嘉怡	可口可乐1.2	
嘉怡	百事可乐1.2	
邻居	雪碧汽水2.3	
莲花	雪碧汽水2.3	
江南	水晶活力橙	
黄埔	水晶活力橙	
邻居	雪碧汽水2.3	
邻居	百事可乐2.5	

3月

连锁店	名称	数量
百姓	百事可乐1.25L	33
金发	百事可乐600ml	7
邻居	百事可乐（听）355ml	16
江南	百事可乐（听）355ml	53
邻居	百事可乐2.5L	52
金发	雪碧汽水600ml	52
黄埔	雪碧汽水600ml	53
黄埔	可口可乐汽水600ml	29
金发	芬达橙味汽水	34

汇总

商品名称	莲花	百姓	嘉怡	邻居	江南	黄埔	金发
百事可乐1.25L	13	33	25	-	-	-	
水晶活力橙粒爽饮料	-	-	-	-	53	42	-
雪碧汽水2.3L	54	-	-	85	-	-	-
百事可乐2.5L	-	-	-	79	-	-	-
百事可乐（听）355ml	-	-	20	16	53	-	-
雪碧汽水600ml	-	23	-	-	-	53	52
可口可乐汽水600ml	-	11	-	-	-	29	-
芬达橙味汽水	13	-	-	-	-	-	34
百事可乐600ml	30	-	-	-	-	-	7
可口可乐1.25L	25	-	3	-	-	-	-

图 15-54 SUMIFS 函数多表多条件求和

首先选中“汇总”工作表 B2:H11 单元格区域，设置格式为“财务专用”，使公式计算得到的 0 值显示为短横线“-”。

B2 单元格中输入以下数组公式，按 <Ctrl+Shift+Enter> 组合键，复制到 B2:H11 单元格区域。

```
{=SUM(SUMIFS(INDIRECT("'"&ROW($1:$3)&"月'!C:C"),INDIRECT("'"&ROW($1:$3)&"月'!A:A"),B$1,INDIRECT("'"&ROW($1:$3)&"月'!B:B"),$A2))}
```

公式中的 INDIRECT("'"&ROW($1:$3)&" 月 '!C:C") 部分，用连接符“&”连接各字符串，使其成为带有工作表名称的文本型地址 { "'1 月 '!C:C";"'2 月 '!C:C";"'3 月 '!C:C" }，再由 INDIRECT 函数转换为真正的引用，结果用作 SUMIFS 函数的求和区域。

同理，INDIRECT("'"&ROW($1:$3)&" 月 '!A:A") 部分，先连接出带有工作表名称的文本型地址 { "'1 月 '!A:A";"'2 月 '!A:A";"'3 月 '!A:A" }，由 INDIRECT 函数转换为真正的引用后，用作 SUMIFS 函数的第一个条件区域。

INDIRECT("'"&ROW($1:$3)&" 月 '!B:B") 部分，则是由 INDIRECT 函数将连接后的文本型字符串 { "'1 月 '!B:B";"'2 月 '!B:B";"'3 月 '!B:B" } 转换为真正引用后，用作 SUMIFS 函数的第二个条件区域。

公式中的求和区域、关联条件区域，均使用了 INDIRECT 函数实现对“1 月”“2 月”“3 月”3 个工作表中相应单元格区域的引用。

用 SUMIFS 函数进行条件求和，分别计算出“1 月”“2 月”“3 月”3 个工作表内符合指定连锁店名称和商品名称的进货量，结果为 { 13;0;0 }。

最后用 SUM 函数进行数组求和，计算出 3 个工作表内符合多个指定条件的总和，结果为 13。

15.6.3 认识 SUMPRODUCT 函数

SUMPRODUCT 函数可以在给定的几组数组中，将数组间对应的元素相乘，并返回乘积之和。其基本语法如下。

```
SUMPRODUCT(array1,[array2],[array3],...)
```

array1 为必需。其相应元素需要进行相乘并求和的第一个数组参数。

array2，array3，…为可选。2 ~ 255 个数组参数，其相应元素需要进行相乘并求和。

说明：

（1）数组参数必须具有相同的维数，否则 SUMPRODUCT 函数将返回错误值 #VALUE!。

（2）SUMPRODUCT 函数将非数值型的数组元素作为 0 处理。

SUMPRODUCT 函数多条件求和的通用写法如下。

```
=SUMPRODUCT(条件1*条件2*…条件n,求和区域)
```

SUMPRODUCT 函数多条件计数的通用写法如下。

```
=SUMPRODUCT(条件1*条件2*…条件n)
```

示例 15-35 计算员工津贴

图 15-55 展示的是某车间的员工津贴登记表，其中包含每个员工的基础津贴和工种强度系数，要发放的津贴等于基础津贴乘以工种强度系数。

	A	B	C	D	E
1	姓名	基础津贴	工种强度系数		公式
2	宋美佳	200	1.1		4140
3	张文宇	300	1.2		=SUMPRODUCT(B2:B12,C2:C12)
4	宋慧婷	400	1.2		
5	高俊杰	200	1.5		公式
6	陆泉秀	500	1.1		4140
7	楚欣怡	200	1.4		=SUMPRODUCT(B2:B12*C2:C12)
8	朱天艳	300	1.2		
9	李天耀	200	1.1		
10	宋子文	400	1.2		
11	张海娟	500	1.3		
12	陈平川	200	1.2		
13					

图 15-55 SUMPRODUCT 函数基本用法

在 E2 单元格中输入以下公式。

```
=SUMPRODUCT(B2:B12,C2:C12)
```

SUMPRODUCT 函数将给定的两个数组的对应元素相乘，再返回求和结果。计算过程可以拆分为以下 3 步。

```
=SUMPRODUCT({200;300;400;200;500;200;300;200;400;500;200},
{1.1;1.2;1.2;1.5;1.1;1.4;1.2;1.1;1.2;1.3;1.2})
=SUMPRODUCT({220;360;480;300;550;280;360;220;480;650;240})
=4140
```

还可以将两个数组直接相乘，再使用 SUMPRODUCT 函数求和。

E6 单元格中输入以下公式。

```
=SUMPRODUCT(B2:B12*C2:C12)
```

需要注意的是，当求和区域中包含文本时，这种形式的公式会返回错误值。而使用第一种公式，以逗号间隔 SUMPRODUCT 函数的两个数组，可以返回正确结果，如图 15-56 所示。

	A	B	C	D	E
1	姓名	基础津贴	工种强度系数		公式
2	宋美佳	200	1.1		3590
3	张文宇	300	1.2		=SUMPRODUCT(B2:B12,C2:C12)
4	宋慧婷	400	1.2		
5	高俊杰	200	1.5		公式
6	陆泉秀	500	待定		#VALUE!
7	楚欣怡	200	1.4		=SUMPRODUCT(B2:B12*C2:C12)
8	朱天艳	300	1.2		
9	李天耀	200	1.1		
10	宋子文	400	1.2		
11	张海娟	500	1.3		
12	陈平川	200	1.2		
13					

图 15-56 文本参与计算时出错

15.6.4 SUMPRODUCT 函数多条件计数

SUMPRODUCT 函数不仅能进行条件求和，还可以进行条件计数统计。

示例 15-36 SUMPRODUCT 函数多条件计数

图 15-57 展示的是某班级的成绩登记表。

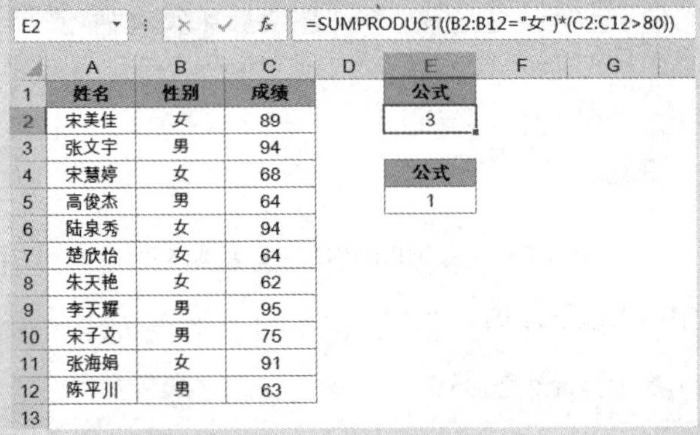

E2 =SUMPRODUCT((B2:B12="女")*(C2:C12>80))

	A	B	C	D	E	F	G
1	姓名	性别	成绩		公式		
2	宋美佳	女	89		3		
3	张文宇	男	94				
4	宋慧婷	女	68		公式		
5	高俊杰	男	64		1		
6	陆泉秀	女	94				
7	楚欣怡	女	64				
8	朱天艳	女	62				
9	李天耀	男	95				
10	宋子文	男	75				
11	张海娟	女	91				
12	陈平川	男	63				
13							

图 15-57 SUMPRODUCT 函数多条件计数

❖ 统计成绩大于 80 分的女生的数量之和。

E2 单元格中输入以下公式。

```
=SUMPRODUCT((B2:B12="女")*(C2:C12>80))
```

B2:B12="女"返回一个由逻辑值 TRUE 和 FALSE 构成的数组。

```
{TRUE;FALSE;TRUE;FALSE;TRUE;TRUE;TRUE;FALSE;FALSE;TRUE;FALSE}
```

C2:C12>80 返回数组。

```
{TRUE;TRUE;FALSE;FALSE;TRUE;FALSE;FALSE;TRUE;FALSE;TRUE;FALSE}
```

公式中的 (B2:B12="女")*(C2:C12>80) 部分，对应统计要求构建两个条件数组。再将其相乘，返回一个由 1 和 0 构成的数组 { 1;0;0;0;1;0;0;0;0;1;0 }，再使用 SUMPRODUCT 函数对这个数组的每个元素求和。

统计成绩大于 80 分的姓“宋”的女生的数量之和。

E5 单元格中输入以下公式。

```
=SUMPRODUCT((B2:B12="女")*(C2:C12>80)*(LEFT(A2:A12)="宋"))
```

要统计姓“宋”的学生，即姓名以“宋”开头，使用 LEFT（A2:A12）提取学生姓名的首个字符，判断其是否为“宋”，其余思路与上例相同，此处不再赘述。

SUMPRODUCT 函数不支持使用通配符构建条件，所以如果使用以下公式会返回错误的结果。

```
=SUMPRODUCT((B2:B12="女")*(C2:C12>80)*(A2:A12="宋*"))
```

由这两个示例可见，SUMPRODUCT 函数进行多条件计数可以使用如下形式的公式。

```
=SUMPRODUCT(条件区域1*条件区域2*……*条件区域n)
```

如果 n=1，即只有一个条件区域时，可以使用如下两种形式的公式。

```
=SUMPRODUCT(条件区域1*1)
```

```
=SUMPRODUCT(n(条件区域1))
```

将条件区域 1*1 或者外面套用一个 N 函数，是为了将条件区域 1 返回的由逻辑值 TRUE 和 FALSE 构成的数组转换为由 1 和 0 构成的数组，便于 SUMPRODUCT 函数进行计数统计。

15.6.5 SUMPRODUCT 函数多条件求和

示例 15-37 SUMPRODUCT 函数多条件求和

图 15-58 展示的是某班级的成绩表。

E2　=SUMPRODUCT((B2:B12="女")*(C2:C12>80)*C2:C12)

	A	B	C	D	E
1	姓名	性别	成绩		公式
2	宋美佳	女	89		274
3	张文宇	男	94		
4	宋慧婷	女	68		公式
5	高俊杰	男	64		89
6	陆泉秀	女	94		
7	楚欣怡	女	64		
8	朱天艳	女	62		
9	李天耀	男	95		
10	宋子文	男	75		
11	张海娟	女	91		
12	陈平川	男	63		

图 15-58　SUMPRODUCT 函数多条件求和

❖ 统计成绩大于 80 分的女生成绩之和。

在 E2 单元格中输入以下公式。

```
=SUMPRODUCT((B2:B12="女")*(C2:C12>80)*C2:C12)
```

还可以使用以下公式。

```
=SUMPRODUCT((B2:B12="女")*(C2:C12>80),C2:C12)
```

❖ 统计成绩大于 80 分的姓“宋”的女生的成绩之和。

在 E5 单元格中输入以下公式。

```
=SUMPRODUCT((B2:B12="女")*(C2:C12>80)*(LEFT(A2:A12)="宋")*C2:C12)
```

还可以使用以下公式。

```
=SUMPRODUCT((B2:B12="女")*(C2:C12>80)*(LEFT(A2:A12)="宋"),C2:C12)
```

当 C 列成绩中含有文本字符，如 C3 单元格为“缺考”时，使用连乘方式的公式会返回错误值 #VALUE!，使用逗号间隔的公式依然可以返回正确结果。

SUMPRODUCT 函数进行多条件求和可以使用如下两种形式的公式。

```
=SUMPRODUCT(条件区域1*条件区域2*……*条件区域n,求和区域)
=SUMPRODUCT(条件区域1*条件区域2*……*条件区域n*求和区域)
```

两个公式的区别在于最后连接求和区域时使用的是逗号“,”还是乘号“*”。

使用乘号连接时，当参数区域中包含非数值格式的数据，会由于对文本相乘返回 #VALUE! 错误值。

15.6.6 SUMPRODUCT 函数二维区域条件求和

示例 15-38 SUMPRODUCT 函数二维区域条件求和

图 15-59 展示的是某企业的销售记录表，其中包含各个子公司分产品的销量，现在需要按照子公司和产品两个维度，分别统计每个产品在每个子公司下的销量。

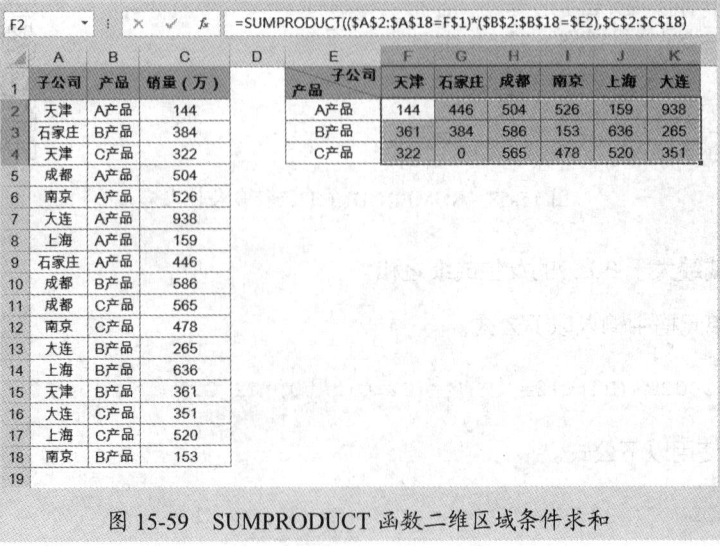

F2 =SUMPRODUCT(($A$2:$A$18=F$1)*($B$2:$B$18=$E2),$C$2:$C$18)

	A	B	C
1	子公司	产品	销量（万）
2	天津	A产品	144
3	石家庄	B产品	384
4	天津	C产品	322
5	成都	A产品	504
6	南京	A产品	526
7	大连	A产品	938
8	上海	A产品	159
9	石家庄	A产品	446
10	成都	B产品	586
11	成都	C产品	565
12	南京	C产品	478
13	大连	B产品	265
14	上海	B产品	636
15	天津	B产品	361
16	大连	C产品	351
17	上海	C产品	520
18	南京	B产品	153
19			

子公司/产品	天津	石家庄	成都	南京	上海	大连
A产品	144	446	504	526	159	938
B产品	361	384	586	153	636	265
C产品	322	0	565	478	520	351

图 15-59 SUMPRODUCT 函数二维区域条件求和

选定 F2:K4 单元格区域，输入以下公式，按 <Ctrl+Enter> 组合键批量填充公式。

```
=SUMPRODUCT(($A$2:$A$18=F$1)*($B$2:$B$18=$E2),$C$2:$C$18)
```

公式中的 F$1 使用混合引用，相对引用列绝对引用行，当公式填充时，列标自动扩展而行标固定是 1，实现了公式填充过程中，统计区域对应的子公司由 F1 的“天津”变更为 K1 的“大连”。

公式中的 $A$2:$A$18=F$1 部分，用于判断 $A$2:$A$18 中的每个子公司是否为公式所在单元格对应的子公司，返回一个由逻辑值构成的数组。

公式中的 $B$2:$B$18=$E2 部分，用于判断是否满足产品条件，原理同子公司条件。

($A$2:$A$18=F$1)*($B$2:$B$18=$E2) 用于筛选同时满足子公司和产品两个条件，两个逻辑值构成的数组相乘，返回一个由 1 和 0 构成的数组，其中 1 的位置标识着同时满足两个条件的位置。

最后使用 SUMPRODUCT 函数，对满足条件的位置，在对应的 $C$2:$C$18 单元格区域中求和。

15.6.7　SUMPRODUCT 函数实现多权重综合评价

示例 15-39　SUMPRODUCT 函数实现多权重综合评价

图 15-60 展示的是某企业的员工考核评价表，包含每个员工在每个考核项的得分，以及每个考核项的权重。现在需要根据考核得分和考核权重，计算每个员工的最终总分。

F3　=SUMPRODUCT(B$2:E$2,B3:E3)

	A	B	C	D	E	F
1	考核项 / 产品	考核项1	考核项2	考核项3	考核项4	总分
2		40%	25%	20%	15%	
3	张雪	8	7	4	4	6.35
4	李军	6	7	6	9	6.7
5	李刚	9	6	9	2	7.2
6	王娟	7	6	6	9	6.85
7	赵达	8	6	9	8	7.7
8	宋乐福	9	5	4	6	6.55
9	张杰	5	10	4	7	6.35
10	木兰	3	2	5	8	3.9
11	朱莉	5	9	10	6	7.15
12						

图 15-60　SUMPRODUCT 函数实现多权重综合评价

F3 单元格中输入以下公式，将公式向下复制到 F11 单元格。

```
=SUMPRODUCT(B$2:E$2,B3:E3)
```

公式中的 B$2:E$2 部分，绝对引用行号 2，使公式向下填充时行号不会自动扩展。公式中的 B3:E3 部分，相对引用行号 3，使公式向下填充时行号自动扩展。

填充完成后，F4 单元格的公式如下。

```
=SUMPRODUCT(B$2:E$2,B4:E4)
```

F5 单元格的公式如下。

```
=SUMPRODUCT(B$2:E$2,B5:E5)
```

依此类推。也就是使用每一行中的数据依次与第二行中的数据对应相乘，再计算出乘积之和。

使用 SUMPRODUCT 函数求和时，如果目标求和区域的数据类型全部为数值，最后一个参数前的运算符使用“,”和“*”无区别。如果目标求和的区域中存在文本类型数据，使用“*”会返回错误值 #VALUE!。使用“，”则会将非数值型的元素作为 0 处理，不会报错。

示例 15-40 SUMPRODUCT 函数中的乘号与逗号的区别

图 15-61 展示了某单位销售情况表的部分内容，需要计算各部门 3 月份的销售量。

	A	B	C	D	E	F
1	销售部门	销售月份	销售台数		计算各部门3月份的销售量	
2	销售一部	1月	2		销售部门	销售台数
3	销售一部	2月	2		销售一部	0
4	销售一部	3月	无		销售二部	1
5	销售二部	1月	2		销售三部	3
6	销售二部	2月	1		销售四部	2
7	销售二部	3月	1			
8	销售三部	2月	3			
9	销售三部	3月	3			
10	销售三部	4月	3			
11	销售四部	2月	无			
12	销售四部	3月	2			

图 15-61 计算各部门 3 月份销量

C 列的销售台数中，没有销量的单元格内填写了文本“无”，使用以下公式计算时将返回错误值 #VALUE!，如图 15-62 所示。

```
=SUMPRODUCT((A$5:A$12=E3)*(B$5:B$12="3 月")*C$5:C$12)
```

正确公式写法如下。

```
=SUMPRODUCT((A$5:A$12=E3)*(B$5:B$12="3 月"),C$5:C$12)
```

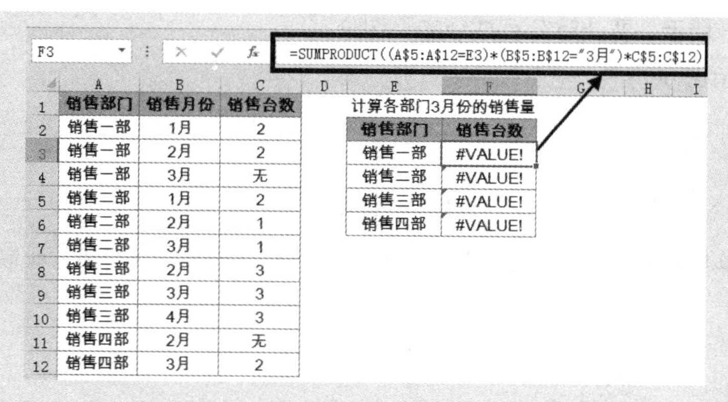

	A	B	C
1	销售部门	销售月份	销售台数
2	销售一部	1月	2
3	销售一部	2月	2
4	销售一部	3月	无
5	销售二部	1月	2
6	销售二部	2月	1
7	销售二部	3月	1
8	销售三部	2月	3
9	销售三部	3月	3
10	销售三部	4月	3
11	销售四部	2月	无
12	销售四部	3月	2

销售部门	销售台数
销售一部	#VALUE!
销售二部	#VALUE!
销售三部	#VALUE!
销售四部	#VALUE!

图 15-62　SUMPRODUCT 函数返回错误值

两个公式唯一不同之处在于最后一个参数之前，一个使用了乘号“*”，另一个使用了逗号“,”。这也是常常会让初学者感到困惑的地方。

从 SUMPRODUCT 函数的语法中可知，其标准用法是在各参数之间以逗号“,”进行分隔。使用标准用法时，可以将非数值的数据当作 0 来处理，因此第二个公式可以正常计算。

而使用星号“*”，实际上是把几个区域和条件的判断连为一体。第一个公式中的“(A$5:A$12=E3)*(B$5:B$12="3 月"), *C$5:C$12”，SUMPRODUCT 函数只作为一个参数来处理，C 列中的文本内容不能参与乘积计算，因此公式返回错误值 #VALUE!。

15.7　均值函数和条件均值函数

15.7.1　认识 AVERAGE 函数

AVERAGE 函数返回参数的算术平均值，其基本语法如下。

```
AVERAGE(number1,[number2],...)
```

number1 为必需。要计算平均值的第一个数字、单元格引用或单元格区域。

number2，... 为可选。要计算平均值的其他数字、单元格引用或单元格区域，最多可包含 255 个。

说明：

（1）参数可以是数字或者是包含数字的名称、单元格区域或单元格引用。

（2）逻辑值和直接输入参数列表中代表数字的文本被计算在内。

（3）如果区域或单元格引用参数包含文本、逻辑值或空单元格，则这些值将被忽略，但包含零值的单元格将被计算在内。

（4）如果参数为错误值或为不能转换为数字的文本，将会导致错误。

如图 15-63 所示，要计算 B 列成绩的平均分。

D2 单元格中输入以下公式。

```
=AVERAGE(B2:B12)
```

1. 参数中的区域如拆分为多个不影响统计结果

如图 15-64 所示，AVERAGE 函数的参数 B2:B12 无论被拆分为两个还是多个，都不影响统计结果。

D2 =AVERAGE(B2:B12)

	A	B	C	D	E
1	姓名	成绩		公式	
2	宋美佳	69		80	
3	张文宇	70			
4	宋慧婷	89			
5	高俊杰	60			
6	陆泉秀	83			
7	楚欣怡	86			
8	朱天艳	85			
9	李天耀	90			
10	宋子文	61			
11	张海娟	93			
12	陈平川	96			
13					

图 15-63　AVERAGE 函数基本用法

	A	B	C	D
1	姓名	成绩		公式
2	宋美佳	69		82
3	张文宇	70		=AVERAGE(B2:B12)
4	宋慧婷	89		
5	高俊杰	缺考		公式
6	陆泉秀	83		82
7	楚欣怡	86		=AVERAGE(B2:B6,B7:B12)
8	朱天艳	85		
9	李天耀	90		公式
10	宋子文	61		82
11	张海娟	93		=AVERAGE(B2:B4,B5:B10,B11:B12)
12	陈平川	96		
13				

图 15-64　参数中的区域如拆分为多个不影响统计结果

以下 3 个公式，返回同样的结果。

```
=AVERAGE(B2:B12)
=AVERAGE(B2:B6,B7:B12)
=AVERAGE(B2:B4,B5:B10,B11:B12)
```

2. 区域中的文本、空单元格、逻辑值将被忽略

如图 15-65 所示，AVERAGE 函数引用的单元格中包含文本、逻辑值或空单元格，则这些值将被忽略。

	A	B	C	D
1	姓名	成绩		公式
2	宋美佳	缺考		72
3	张文宇			=AVERAGE(B2:B12)
4	宋慧婷	TRUE		
5	高俊杰	85		公式
6	陆泉秀	83		72
7	楚欣怡	0		=AVERAGE(B5:B12)
8	朱天艳	85		
9	李天耀	76		
10	宋子文	61		
11	张海娟	93		
12	陈平川	96		
13				

图 15-65　区域中的文本、空单元格、逻辑值将被忽略

由于 B2:B4 单元格区域是文本、空单元格和逻辑值，所以以下两个公式返回同样的结果。

```
=AVERAGE(B2:B12)
=AVERAGE(B5:B12)
```

15.7.2　认识 AVERAGEIF 函数和 AVERAGEIFS 函数

1. 认识 AVERAGEIF 函数

AVERAGEIF 函数返回某个区域内满足给定条件的所有单元格的算术平均值，其基本语法如下。

```
AVERAGEIF(range,criteria,[average_range])
```

range 为必需。要计算平均值的一个或多个单元格，其中包含数字或包含数字的名称、数组或引用。

criteria 为必需。形式为数字、表达式、单元格引用或文本的条件，用来定义将计算平均值的单元格。

average_range 为可选。计算平均值的实际单元格组。如果省略，则使用 range。

说明：

（1）忽略区域中包含 TRUE 或 FALSE 的单元格。

（2）忽略 average_range 中的单元格为空单元格。

（3）如果 range 为空值或文本值，AVERAGEIF 将返回错误值 #DIV0!。

（4）如果条件中的单元格为空单元格，AVERAGEIF 就会将其视为 0 值。

（5）如果区域中没有满足条件的单元格，AVERAGEIF 将返回错误值 #DIV/0!。

（6）可以在条件中使用通配符，即问号“？”和星号“*”。问号匹配任意单个字符，星号匹配任意一串字符。如果要查找实际的问号或星号，请在字符前输入波形符“～”。

（7）average_range 无须与 range 具备同样的大小和形状。确定计算平均值的实际单元格的方法为：使用 average_range 中左上角的单元格作为起始单元格，然后包括与 range 大小和形状相对应的单元格。

图 15-66 展示的是某企业的人员信息表，要统计其中女性员工的平均年龄。

E2　=AVERAGEIF(B2:B12,"女",C2:C12)

	A	B	C	D	E	F
1	姓名	性别	年龄		公式	
2	宋美佳	女	69		84	
3	张文宇	男	70			
4	宋慧婷	女	89			
5	高俊杰	男	60			
6	陆泉秀	女	83			
7	楚欣怡	女	86			
8	朱天艳	女	85			
9	李天耀	男	90			
10	宋子文	男	61			
11	张海娟	女	93			
12	陈平川	男	96			
13						

图 15-66　AVERAGEIF 函数的基本用法

在 E2 单元格中输入以下公式。

```
=AVERAGEIF(B2:B12," 女 ",C2:C12)
```

如果 B2:B12 单元格区域等于指定的条件“女”，则对对应的 C2:C12 单元格区域计算平均值。

2. 认识 AVERAGEIFS 函数

AVERAGEIFS 函数返回满足多个条件的所有单元格的算术平均值，其基本语法如下。

```
AVERAGEIFS(average_range,criteria_range1,criteria1,[criteria_range2,
criteria2],...)
```

average_range 为必需。要计算平均值的一个或多个单元格，其中包含数字或包含数字的名称、数组或引用。

criteria_range1、criteria_range2 等：criteria_range1 是必需的，后续 criteria_range 是可选的。在其中计算关联条件的 1 ~ 127 个区域。

criteria1、criteria2 等：criteria1 是必需的，后续 criteria 是可选的。形式为数字、表达式、单元格引用或文本的 1 ~ 127 个条件，用来定义将计算平均值的单元格。

说明：

（1）如果 average_range 为空值或文本值，则 AVERAGEIFS 返回错误值 #DIV0!。

（2）如果条件区域中的单元格为空，AVERAGEIFS 将其视为 0 值。

（3）区域中包含 TRUE 的单元格计算为 1；区域中包含 FALSE 的单元格计算为 0（零）。

（4）仅当 average_range 中的每个单元格满足为其指定的所有相应条件时，才对这些单元格进行平均值计算。

（5）与 AVERAGEIF 函数中的区域和条件参数不同，AVERAGEIFS 中每个 criteria_range 的大小和形状必须与 average_range 相同。

（6）如果 average_range 中的单元格无法转换为数字，则 AVERAGEIFS 返回错误值 #DIV0!。

（7）如果没有满足所有条件的单元格，则 AVERAGEIFS 返回错误值 #DIV/0!。

（8）可以在条件中使用通配符，即问号“?”和星号“*”。问号匹配任意单个字符，星号匹配任意一串字符。如果要查找实际的问号或星号，请在字符前输入波形符“~”。

图 15-67 展示的是某企业的人员信息表，要统计其中年龄大于 30 岁的女性员工的平均年龄。

在 E2 单元格中输入以下公式。

```
=AVERAGEIFS(C2:C12,B2:B12," 女 ",C2:C12,">30")
```

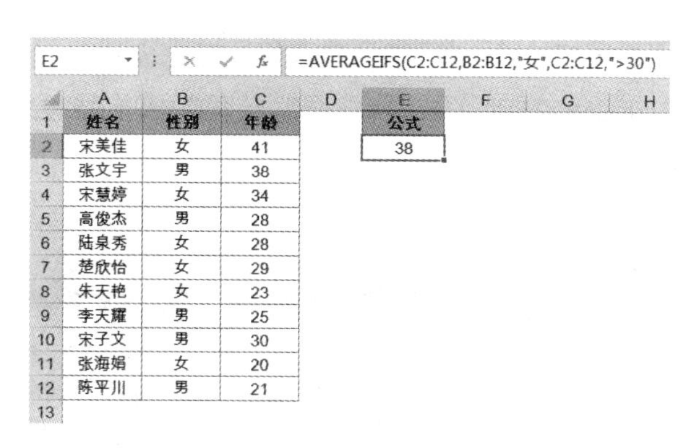

E2 =AVERAGEIFS(C2:C12,B2:B12,"女",C2:C12,">30")

	A	B	C	D	E
1	姓名	性别	年龄		公式
2	宋美佳	女	41		38
3	张文宇	男	38		
4	宋慧婷	女	34		
5	高俊杰	男	28		
6	陆泉秀	女	28		
7	楚欣怡	女	29		
8	朱天艳	女	23		
9	李天耀	男	25		
10	宋子文	男	30		
11	张海娟	女	20		
12	陈平川	男	21		
13					

图 15-67 AVERAGEIFS 函数基本用法

公式表示如果 B2:B12 单元格区域等于指定的条件“女”，并且 C2:C12 单元格区域大于 30，则对对应的 C2:C12 单元格计算平均值。

15.7.3 认识 TRIMMEAN 函数

TRIMMEAN 函数返回数据集的内部平均值，即先在数据集的头部和尾部排除对称数量的数据，再计算平均值，其基本语法如下。

```
TRIMMEAN(array,percent)
```

array 为必需。需要进行整理并求平均值的数组或数值区域。

percent 为必需。从计算中排除数据点的百分数。例如，如果 percent=0.2，array 有 20 个点，从 20 点 (20x0.2) 的数据集中剪裁 4 点，即数据集顶部的 2 点和底部的 2 点。

说明:

（1）如果 percent<0 或 percent>1，则 TRIMMEAN 返回错误值 #NUM!。

（2）TRIMMEAN 函数将排除的数据点数向下舍入到最接近的 2 的倍数。如果 percent=0.1，30 个数据点的 10% 等于 3 个数据点。为了对称，TRIMMEAN 排除数据集顶部和底部的单个值。

（3）当 array 的区域中包含文本、逻辑值、空单元格等非数值格式的数据时，TRIMMEAN 函数将忽略非数值数据再进行统计。

如图 15-68 所示，需要从学生成绩中排除一个最高分和一个最低分后再求平均值。

在 D2 单元格中输入以下公式。

```
=TRIMMEAN(B2:B11,0.2)
```

数据集 B2:B11 一共有 10 个数，排除一个最高分和一个最低分，即需要排除两个数据，所以第二参数使用 0.2，10*0.2=2。

如果计算区域中包含非数值内容，计算时会忽略非数值内容，仅使用数值的个数乘以百分比来计算排除数据的个数。

1．TRIMMEAN 函数第二参数会向下舍入到最接近的 2 的倍数

如图 15-69 所示，TRIMMEAN 函数的第一参数数据集中的个数为 10，第二参数分别为 0.3 和 0.5 时，会向下舍入到 2 的倍数。

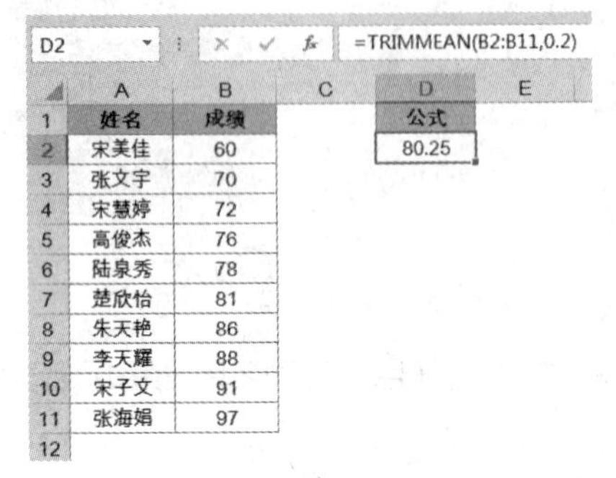

D2 =TRIMMEAN(B2:B11,0.2)

	A	B	C	D	E
1	姓名	成绩		公式	
2	宋美佳	60		80.25	
3	张文宇	70			
4	宋慧婷	72			
5	高俊杰	76			
6	陆泉秀	78			
7	楚欣怡	81			
8	朱天艳	86			
9	李天耀	88			
10	宋子文	91			
11	张海娟	97			
12					

图 15-68　TRIMMEAN 函数基本用法

	A	B	C	D	E
1	姓名	成绩		TRIMMEAN公式	AVERAGE公式
2	宋美佳	60		80.25	80.25
3	张文宇	70		=TRIMMEAN(B2:B11,0.3)	=AVERAGE(B3:B10)
4	宋慧婷	72			
5	高俊杰	76		TRIMMEAN公式	AVERAGE公式
6	陆泉秀	78		80.16666667	80.16666667
7	楚欣怡	81		=TRIMMEAN(B2:B11,0.5)	=AVERAGE(B4:B9)
8	朱天艳	86			
9	李天耀	88			
10	宋子文	91			
11	张海娟	97			
12					

图 15-69　TRIMMEAN 函数第二参数会向下舍入到最接近的 2 的倍数

D2 单元格中的公式如下。

```
=TRIMMEAN(B2:B11,0.3)
```

数据集个数为 10，10*0.3=3，3 向下舍入为 2，即从数据集头部和尾部各排除一个极值后再计算内部平均值。效果等同于使用 AVERGE 的以下公式。

```
=AVERAGE(B3:B10)
```

同理，以下两个公式的统计结果也相同。

```
=TRIMMEAN(B2:B11,0.5)
```

```
=AVERAGE(B4:B9)
```

2．统计区域中含非数值数据时，这些非数值数据将被忽略

图 15-70 展示的是 TRIMMEAN 函数的统计区域中含有不同个数的非数值数据时，TRIMMEAN 函数的求解过程及结果。

B2:K21 单元格区域是待统计数据，其中每一行是一组测试数据。背景颜色标记为深色的单元格，表示被 TRIMMEAN 函数排除的头部和尾部数据。为了便于查看，将 L 列公式内容展示在 M 列，N 列公式内容展示在 O 列。

P 列是使用公式自动计算得到的要排除的数据的个数，即头部 + 尾部数据个数之和。计算原理是忽略数据集中的非数值数据，使用数值格式的数据个数乘以百分比。

```
=(全部数据集个数 - 非数值数据个数)* 百分比
= 数值数据的个数 * 百分比
```

	A	B	C	D	E	F	G	H	I	J	K	L	M	N	O	P	Q
1													TRIMMEAN公式		AVERAGE公式		原理
2	第1组	1	2	3	3.5	5	7	8	9	10	文本	5.389	=TRIMMEAN(B2:K2,0.2)	5.389	=AVERAGE(B2:J2)	0	5.389
3	第2组	1	2	3	3.5	5	7	8	9	10	文本	5.357	=TRIMMEAN(B3:K3,0.4)	5.357	=AVERAGE(C3:I3)	2	5.357
4	第3组	1	2	3	3.5	5	7	8	9	10	文本	5.3	=TRIMMEAN(B4:K4,0.6)	5.3	=AVERAGE(D4:H4)	4	5.3
5	第4组	1	2	3	3.5	5	7	8	9	10	文本	5.167	=TRIMMEAN(B5:K5,0.8)	5.167	=AVERAGE(E5:G5)	6	5.167
6	第5组	1	2	3	3.5	5	7	8	9	文本	文本	4.813	=TRIMMEAN(B6:K6,0.2)	4.813	=AVERAGE(B6:I6)	0	4.813
7	第6组	1	2	3	3.5	5	7	8	9	文本	文本	4.75	=TRIMMEAN(B7:K7,0.4)	4.75	=AVERAGE(C7:H7)	2	4.75
8	第7组	1	2	3	3.5	5	7	8	9	文本	文本	4.625	=TRIMMEAN(B8:K8,0.6)	4.625	=AVERAGE(D8:G8)	4	4.625
9	第8组	1	2	3	3.5	5	7	8	9	文本	文本	4.25	=TRIMMEAN(B9:K9,0.8)	4.25	=AVERAGE(E9:F9)	6	4.25
10	第9组	1	2	3	3.5	5	7	8	文本	文本	文本	4.214	=TRIMMEAN(B10:K10,0.2)	4.214	=AVERAGE(B10:H10)	0	4.214
11	第10组	1	2	3	3.5	5	7	8	文本	文本	文本	4.1	=TRIMMEAN(B11:K11,0.4)	4.1	=AVERAGE(C11:G11)	2	4.1
12	第11组	1	2	3	3.5	5	7	8	文本	文本	文本	3.833	=TRIMMEAN(B12:K12,0.6)	3.833	=AVERAGE(D12:F12)	4	3.833
13	第12组	1	2	3	3.5	5	7	8	文本	文本	文本	3.833	=TRIMMEAN(B13:K13,0.8)	3.833	=AVERAGE(D13:F13)	4	3.833
14	第13组	1	2	3	3.5	5	7	文本	文本	文本	文本	3.583	=TRIMMEAN(B14:K14,0.2)	3.583	=AVERAGE(B14:G14)	0	3.583
15	第14组	1	2	3	3.5	5	7	文本	文本	文本	文本	3.375	=TRIMMEAN(B15:K15,0.4)	3.375	=AVERAGE(C15:F15)	2	3.375
16	第15组	1	2	3	3.5	5	7	文本	文本	文本	文本	3.375	=TRIMMEAN(B16:K16,0.6)	3.375	=AVERAGE(C16:F16)	2	3.375
17	第16组	1	2	3	3.5	5	7	文本	文本	文本	文本	3.25	=TRIMMEAN(B17:K17,0.8)	3.25	=AVERAGE(D17:E17)	4	3.25
18	第17组	1	2	3	3.5	5	文本	文本	文本	文本	文本	2.9	=TRIMMEAN(B18:K18,0.2)	2.9	=AVERAGE(B18:F18)	0	2.9
19	第18组	1	2	3	3.5	5	文本	文本	文本	文本	文本	2.833	=TRIMMEAN(B19:K19,0.4)	2.833	=AVERAGE(C19:E19)	2	2.833
20	第19组	1	2	3	3.5	5	文本	文本	文本	文本	文本	2.833	=TRIMMEAN(B20:K20,0.6)	2.833	=AVERAGE(C20:E20)	2	2.833
21	第20组	1	2	3	3.5	5	文本	文本	文本	文本	文本	3	=TRIMMEAN(B21:K21,0.8)	3	=AVERAGE(D21)	4	3

图 15-70 统计区域中的非数值数据将被忽略

再用这个结果向下舍入到最接近 2 的倍数的值。

P2 单元格的公式如下。

```
=FLOOR(LEFT(RIGHT(M2,4),3)*COUNT(B2:K2),2)
```

Q 列是使用公式还原 TRIMMEAN 函数的计算过程。计算原理是用数据集所有数据之和，减去头部的极值，减去尾部的极值，得到的结果再除以数据集中数值个数减需排除的个数的差，即（数据集所有数据之和 - 头部极值 - 尾部极值）÷（数值个数 - 排除个数）。

其中需排除的头部极值的个数 = 尾部极值的个数 =P 列单元格中数值的一半。

Q2 单元格的数组公式如下。

```
{=IF(P2,(SUM(B2:K2)-SUM(LARGE(B2:K2,ROW(INDIRECT("1:"&P2/2))))-SUM(SMALL(B2:K2,ROW(INDIRECT("1:"&P2/2)))))/(COUNT(B2:K2)-P2),AVERAGE(B2:K2))}
```

以第 20 组数据为例，L21 单元格的公式如下。

```
=TRIMMEAN(B21:K21,0.8)
```

数据集中数据个数是 10，其中包含 5 个文本数据，剩余的数值数据个数为 5，要计算需排除的数据个数则用 5*0.8=4，4 向下舍入到最接近 2 的倍数还是 4，即从头部和尾部各排除两个极值，剩余的数据为 3，再内部求平均值，结果为 3。

以第 16 组数据为例，L17 单元格中的公式如下。

```
=TRIMMEAN(B17:K17,0.8)
```

数据集中数据个数是 10，其中包含 4 个文本数据，剩余的数值数据个数为 6，要计算需排除的数据个数则用 6*0.8=4.8，4.8 向下舍入到最接近 2 的倍数得到 4，即从头部和尾部各排除两个极值，剩余的数据为 3 和 3.5，再内部求平均值，（3+3.5）/2 结果为 3.25。

其他组的测试过程同理，不再赘述，示例中使用“文本”作为非数值数据，将其换成逻辑值或空单元格，测试效果与图中一致。

15.7.4 TRIMMEAN 函数去除极值后统计平均值

示例 15-41 TRIMMEAN 函数去除极值后统计平均值

图 15-71 展示的是某场比赛中的评委评分表，其中每名选手都由 7 个评委依次评分。比赛的评分规则为去掉一个最高分，去掉一个最低分，再统计平均分作为该选手的最后得分。

I2 =TRIMMEAN(B2:H2,2/COUNT(B2:H2))

	A	B	C	D	E	F	G	H	I
1	姓名	评委1	评委2	评委3	评委4	评委5	评委6	评委7	最后得分
2	宋美佳	9	9.9	6.3	3.9	2.3	5.7	5	5.98
3	张文宇	5.4	7.3	10	6	9.8	2.1	7.4	7.18
4	宋慧婷	9.2	9.5	9.4	6	2.7	3.4	6.9	6.98
5	高俊杰	6.3	5.7	8.5	2.8	2.3	9.7	2.5	5.16
6	陆泉秀	6.2	4.6	6.4	4.3	5.5	2.5	5.3	5.18
7	楚欣怡	8.8	5.3	4.1	3.9	3.2	3	8.7	5.04
8	朱天艳	5.5	4.9	7.9	7.8	4.3	8.8	9.1	6.98
9	李天耀	7	3.4	8.2	7.7	7.8	5.5	6.6	6.92
10	宋子文	10	3.5	5.3	6.6	4.8	9.9	5.1	6.34
11	张海娟	9.2	6.5	9.4	6	5.7	3.4	6.9	6.86
12	陈平川	6.3	7.7	8.5	4.8	3.3	9.7	5.5	6.56
13									

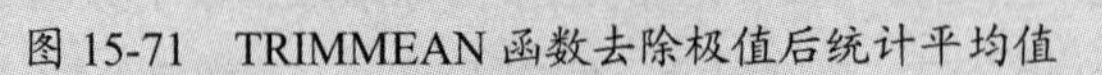
图 15-71 TRIMMEAN 函数去除极值后统计平均值

在 I2 单元格中输入以下公式，将公式向下复制到 I12 单元格。

```
=TRIMMEAN(B2:H2,2/COUNT(B2:H2))
```

公式中的 COUNT(B2:H2) 部分，利用 COUNT 函数计算数据集的个数。由于要去掉一个最高分，去掉一个最低分，共计需要排除两个数据，所以用 2/COUNT(B2:H2) 来得到 TRIMMEAN 函数的 percent 参数。

15.8 频率统计函数

15.8.1 认识 FREQUENCY 函数

FREQUENCY 函数计算数值在某个区域内的出现频率，然后返回一个垂直数组，其基本语法如下。

```
FREQUENCY(data_array,bins_array)
```

data_array 为必需。要对其频率进行计数的一组数值或对这组数值的引用。如果 data_array 中不包含任何数值，则 FREQUENCY 返回一个零数组。

bins_array 为必需。要将 data_array 中的值插入到的间隔数组或对间隔的引用。如果 bins_array 中不包含任何数值，则 FREQUENCY 返回 data_array 中的元素个数。

FREQUENCY 函数将 data_array 中的数值以 bins_array 为间隔进行分组，计算数值在各个区域出现的频率。FREQUENCY 函数的 data_array 可以升序排列，也可以乱序排列。无论 bins_array 中的数值是升序还是乱序排列，统计时都会按照间隔点的数值升序排列，对各区间的数值个数进行统计，并且按照原本 bins_array 中间隔点的顺序返回对应的统计结果，即按 n 个间隔点划分为 $n+1$ 个区间。对于每一个间隔点，统计小于等于此间隔点且大于上一个间隔点的数值个数。结果生成了 $n+1$ 个统计值，多出的元素表示大于最高间隔点的数值个数。

对于 data_array 和 bins_array 相同时，FREQUENCY 函数只对 data_array 中首次出现的数字返回其统计频率，其后重复出现的数字返回的统计频率都为 0。

说明：

（1）FREQUENCY 函数将忽略空白单元格和文本。

（2）对于返回结果为数组的公式，必须以数组公式的形式输入。

（3）返回的数组中的元素比 bins_array 中的元素多一个。返回的数组中的额外元素返回最高的间隔以上的任何值的计数。例如，在对输入到 3 个单元格中的 3 个值范围（间隔）进行计数时，确保将 FREQUENCY 函数输入到结果的 4 个单元格。额外的单元格将返回 data_array 中大于第 3 个间隔值的值的数量。

如图 15-72 所示，需要将 A2:A12 单元格区域中的数据按 C2:C4 单元格区域的区间分割点分割，并统计每个区间的数据个数。

选定 D2:D5 单元格区域，输入以下数组公式，按 <Ctrl+Shift+Enter> 组合键。

D2　{=FREQUENCY(A2:A12,C2:C4)}

	A	B	C	D	E	F
1	数据		区间分割点	公式		
2	1		1	1		
3	2		5	4		
4	3		7	2		
5	4			4		
6	5					
7	6					
8	7					
9	8					
10	9					
11	10					
12	11					
13						

图 15-72　FREQUENCY 函数基本用法

```
{=FREQUENCY(A2:A12,C2:C4)}
```

FREQUENCY 函数按 { 1;5;7 } 进行区间分割，结果为 { 1;4;2;4 }，分别表示如下。

小于等于 1 的数据个数为 1；大于 1 且小于等于 5 的数据个数为 4；大于 5 且小于等于 7 的数据个数为 2；大于 7 的数据个数为 4。

15.8.2 FREQUENCY 函数分段计数统计

示例 15-42 FREQUENCY 函数分段计数统计

图 15-73 展示的是某班级的学生成绩表，需要按区间分割点统计对应区间内的数据个数。

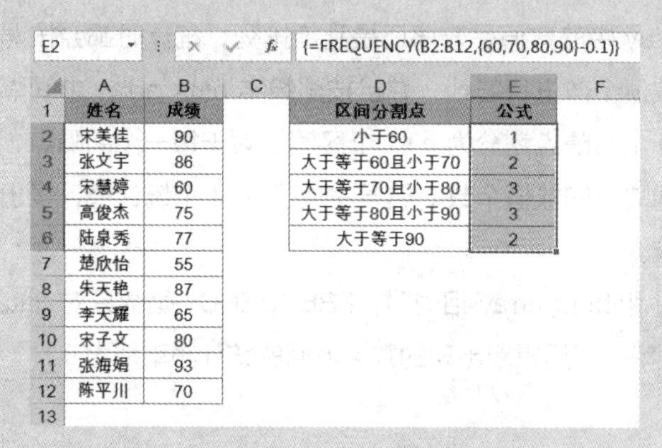

E2 {=FREQUENCY(B2:B12,{60,70,80,90}-0.1)}

	A	B	C	D	E	F
1	姓名	成绩		区间分割点	公式	
2	宋美佳	90		小于60	1	
3	张文宇	86		大于等于60且小于70	2	
4	宋慧婷	60		大于等于70且小于80	3	
5	高俊杰	75		大于等于80且小于90	3	
6	陆泉秀	77		大于等于90	2	
7	楚欣怡	55				
8	朱天艳	87				
9	李天耀	65				
10	宋子文	80				
11	张海娟	93				
12	陈平川	70				
13						

图 15-73 FREQUENCY 函数分段计数统计

选定 E2:E6 单元格区域，输入以下数组公式，按 <Ctrl+Shift+Enter> 组合键。

```
{=FREQUENCY(B2:B12,{60,70,80,90}-0.1)}
```

如果直接用 { 60,70,80,90 } 作为 FREQUENCY 函数的第二参数，统计区间会设定为小于等于 60、大于 60 小于等于 70、大于 70 小于等于 80、大于 80 小于等于 90、大于 90。

为了符合图中的统计要求，可以从 { 60,70,80,90 } 减去一个很小的数来解决问题，如 0.1。当成绩中含有带一位小数的数据时，可以将公式中的 0.1 改为更小的数字。

15.8.3 FREQUENCY 函数统计最多重复次数

示例 15-43 FREQUENCY 函数统计最多重复次数

图 15-74 展示的是某企业销售冠军团队的月登记表，记录了每个月荣获冠军的团队名称，现在需要统计同一团队连续夺冠的最多次数。

在 D2 单元格中输入以下数组公式，按 <Ctrl+Shift+Enter> 组合键。

```
{=MAX(FREQUENCY(ROW(B2:B13),IF(B2:B13<>B3:B14,ROW(B2:B13))))}
```

D2 {=MAX(FREQUENCY(ROW(B2:B13),IF(B2:B13<>B3:B14,ROW(B2:B13))))}

	A	B	C	D
1	月份	冠军团队		公式
2	1月	销售一部		4
3	2月	销售一部		
4	3月	销售一部		
5	4月	销售二部		
6	5月	销售二部		
7	6月	销售二部		
8	7月	销售二部		
9	8月	销售一部		
10	9月	销售二部		
11	10月	销售一部		
12	11月	销售二部		
13	12月	销售一部		
14				

图 15-74 FREQUENCY 函数统计最多重复次数

公式中的 ROW(B2:B13) 部分，利用 ROW 函数生成一个数组 { 2;3;4;5;6;7;8;9;10;11;12;13 }，作为 FREQUENCY 函数的第一参数。

IF(B2:B13<>B3:B14,ROW(B2:B13)) 部分，利用 IF 函数依次判断 B2:B13 单元格区域中的每一个单元格是否与 B3:B14 单元格区域中的对应单元格相等，如果相等则返回数组 { 2;3;4;5;6;7;8;9;10;11;12;13 } 对应的元素，否则返回 FALSE。得到一个由数值和 FALSE 构成的数组。

```
{FALSE;FALSE;4;FALSE;FALSE;FALSE;8;9;10;11;12;13}
```

其中数值的位置标识着冠军团队连续夺冠的最后一次的位置，即 FREQUENCY 函数第二参数 bins_array 中的间隔点。

```
FREQUENCY({2;3;4;5;6;7;8;9;10;11;12;13},{FALSE;FALSE;4;FALSE;FALSE;
FALSE;8;9;10;11;12;13})
```

将行号构成的数组按照间隔点划分区间统计频率，即将 12 个数按照 7 个间隔点划分为 8 个区间统计频率，得到数组 { 3;4;1;1;1;1;1;0 }，数组中每个元素的数值代表着同一个冠军团队连续夺冠的重复次数。最后用 MAX 函数提取这个数组中最大的数值，即得到了同一团队连续夺冠的最多次数。

15.8.4 FREQUENCY 函数统计文本分布频率

示例 15-44 FREQUENCY 函数统计文本分布频率

图 15-75 展示的是联欢晚会上用的气球拱桥的颜色排列，现在需要统计每种颜色的气球个数。

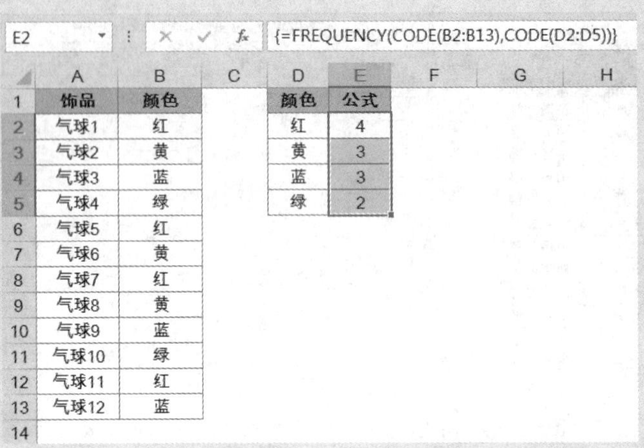

E2 {=FREQUENCY(CODE(B2:B13),CODE(D2:D5))}

	A	B	C	D	E	F	G	H
1	饰品	颜色		颜色	公式			
2	气球1	红		红	4			
3	气球2	黄		黄	3			
4	气球3	蓝		蓝	3			
5	气球4	绿		绿	2			
6	气球5	红						
7	气球6	黄						
8	气球7	红						
9	气球8	黄						
10	气球9	蓝						
11	气球10	绿						
12	气球11	红						
13	气球12	蓝						
14								

图 15-75 FREQUENCY 函数统计文本分布频率

选定 E2:E5 单元格区域，输入数组公式，按 <Ctrl+Shift+Enter> 组合键。

```
{=FREQUENCY(CODE(B2:B13),CODE(D2:D5))}
```

FREQUENCY 函数只能对数值统计频率，而 B 列的颜色都是文本，所以需要将文本转换为数值再由 FREQUENCY 函数进行计算。

CODE 函数可以返回文本字符串中第一个字符的数字代码，利用 CODE 函数将不同的颜色转换为对应的数字代码。例如 FREQUENCY 函数的第二参数 CODE(D2:D5) 返回数组 { 47852;48070;49334;49868 }，即划分区间的 4 个间隔点。

公式转换如下。

```
=FREQUENCY({47852;48070;49334;……;49334},{47852;48070;49334;49868})
```

结果是数组 { 4;3;3;2;0 }，由于输入数组公式时选定的单元格是 E2:E5 单元格区域，是 4 行 1 列的区域，只能显示出数组 { 4;3;3;2;0 } 的前 4 个元素，即对应红、黄、蓝、绿色气球的个数。

此示例中 B 列的文本只有单个字符且不重复，所以 CODE 函数返回的数字代码不会重复。如果遇到长度多于一位的文本作为间隔点统计频率时，需要注意字符串的首个字符是否重复，如果重复可能返回错误的结果。例如，“河北”“河南”的首字符相同，会返回错误的统计结果。

15.8.5 FREQUENCY 函数计算不重复值

根据 FREQUENCY 函数对重复数值只在首次出现时统计个数，其余分段点返回 0 的特点，可以完成很多与不重复值有关的计算。

示例 15-45 统计不重复数值的个数

如图 15-76 所示，A2:A15 单元格中的数据包括数值、文本和空白单元格，需要统计 A 列不重复数值的个数。

C2 单元格中输入以下公式。

```
=COUNT(1/FREQUENCY(A2:A15,A2:A15))
```

FREQUENCY 函数返回数组结果 { 5;0;1;0;0;1;3;1;0;0;0;1;0 }，再用 1 除，返回由错误值 #DIV/0! 和数值组成的新数组。用 COUNT 函数统计数组中数值的个数，即得到 A 列忽略文本和空单元格的不重复数值个数。

为了加深理解，对本例中 FREQUENCY 函数返回数组结果的运算过程进行简单说明。

因为 A 列共有 12 个数值，所以选中 B2:B14 共 13 个单元格的区域，输入以下数组公式，按 <Ctrl+Shift+Enter> 组合键。

```
{=FREQUENCY(A2:A15,A2:A15)}
```

返回的结果及每部分的说明如图 15-77 所示。

	A	B	C
1	数字		不重复数值个数
2	9		6
3	9		
4	12		
5	9		
6	9		
7	15		
8			
9	33		
10	4		
11	ExcelHome		
12	33		
13	9		
14	33		
15	3		

图 15-76 统计不重复数值的个数

	A	B	C
1	数字	返回的数组	公式说明
2	9	5	A2是第一次出现的9，统计A列有5个9
3	9	0	A3是第二次出现的9，返回0
4	12	1	A4是第一次出现的12，统计A列有1个12
5	9	0	A5是第三次出现的9，返回0
6	9	0	A6是第四次出现的9，返回0
7	15	1	A7是第一次出现的15，统计A列有1个15
8		3	A8为空，跳过。统计A9，第一次出现的33，统计A列有3个33
9	33	1	A10是第一次出现的4，统计A列有1个4
10	4	0	A11是文本，再跳过，统计A12。是第二次出现的33，返回0
11	ExcelHome	0	A13是第五次出现的9，返回0
12	33	0	A14是第三次出现的33，返回0
13	9	1	A15是第一次出现的3，统计A列有1个3
14	33	0	A列共12个数值，返回的元素个数为13个，多出的元素返回0
15	3		

图 15-77 FREQUENCY 函数运算过程解析

15.8.6 FREQUENCY 函数统计字符串内不重复字符数

示例 15-46 FREQUENCY 函数统计字符串内不重复字符数

如图 15-78 所示，需要统计 A 列字符串内不重复字符数。

❖ 区分大小写统计字符串内不重复字符。

在 B2 单元格中输入以下公式，将公式向下复制到 B9 单元格。

B2 =COUNT(0/FREQUENCY(FIND(MID(A2,ROW($1:$99),1),A2),ROW($1:$99)))

	A	B	C	D	E
1	字符串	区分大小写	不区分大小写		
2	ExcelHome	8	7		
3	let's do it better	11	11		
4	best wishes for you	13	13		
5	好好学习，天天向上	7	7		
6	只要我们能梦想的，我们就能实现	12	12		
7	成功需要朋友，巨大的成功还需要敌人	13	13		
8	要做什么，能做什么，该做什么	7	7		
9	好的东西往往说不清楚，说得清楚的东西往往不好	11	11		
10					

图 15-78　FREQUENCY 函数统计字符串内不重复字符数

```
=COUNT(0/FREQUENCY(FIND(MID(A2,ROW($1:$99),1),A2),ROW($1:$99)))
```

公式中的 MID(A2,ROW($1:$99),1) 部分，先利用 ROW 函数生成一个包含 1 ~ 99 的自然数的数组，再利用 MID 函数分别从 A2 的第 1 位开始提取 1 位字符，从第 2 位开始提取 1 位字符，……，从第 99 位开始提取 1 位字符，即分别提取 A2 单元格字符串每一位上的字符。这里使用 99，表示用一个大于字符串长度的数字，使 MID 函数截取字符时能包含全部字符。超出字符串长度的位置 MID 返回空字符 " "。以 A2 单元格为例，返回的数组如下。

```
{"E";"x";"c";"e";"l";"H";"o";"m";"e";"";……;"";"";"";"";"";""}
```

公式中的 FIND(MID(A2,ROW($1:$99),1),A2) 部分，利用 FIND 函数在 A2 单元格字符串中分别区分大小写查找该字符串每一位上的字符，返回代表其在字符串中的位置的数字，多于字符串长度的位置都返回 1。以 A2 单元格为例，返回的数组如下。

```
{1;2;3;4;5;6;7;8;4;1;1;1;……;1;1;1;1;1}
```

利用 FREQUENCY 函数将这个数组按照 ROW($1:$99) 生成的数组为间隔点划分区间，计算每个区间内的数值个数。在这个过程中，FREQUENCY 函数计算的特性是将重复出现的数字返回 0，只对首次出现的数字进行计算，所以返回一个由数字和 0 构成的数组，其中数字所在位置对应着 A2 单元格字符串中不重复字符所在位置。

用 0 除以 FREQUENCY 函数返回的数组，0 除以数字结果为 0，0 除以 0 结果为错误值 #DIV/0!。所以得到一个由 0 和 #DIV/0! 构成的数组，0 的个数即 A2 单元格字符串中不重复字符的个数。

最后用 COUNT 函数统计这个数组中 0 的个数，即返回 A2 单元格字符串中不重复字符的个数。

❖ 不区分大小写统计字符串内不重复字符。

在 C2 单元格中输入以下公式，将公式向下复制到 C9 单元格。

```
=COUNT(0/FREQUENCY(SEARCH(MID(A2,ROW($1:$99),1),A2),ROW($1:$99)))
```

公式的原理同上例，只是把 FIND 函数换为 SEARCH 函数。FIND 函数可以区分大小写进行查找，SEARCH 函数不区分大小写进行查找。

15.8.7 FREQUENCY 函数按重复次数生成数据

示例 15-47 FREQUENCY 函数按重复次数生成数据

如图 15-79 所示，需要在 D 列按 B 列指定的重复次数生成 A 列数据的列表。

D2 =INDEX(A:A,1+MATCH(1,FREQUENCY(ROW(A1),SUBTOTAL(9,OFFSET(B$2,,,ROW($1:$4)))),))&""

	A	B	C	D	E
1	姓名	重复次数		公式	
2	张小雪	2		张小雪	
3	王小雨	3		张小雪	
4	李小凤	4		王小雨	
5	赵小双	5		王小雨	
6				王小雨	
7				李小凤	
8				李小凤	
9				李小凤	
10				李小凤	
11				赵小双	
12				赵小双	
13				赵小双	
14				赵小双	
15				赵小双	
16					
17					

图 15-79 FREQUENCY 函数按重复次数生成数据

在 D2 单元格中输入以下公式，将公式向下复制到 D17 单元格。

```
=INDEX(A:A,1+MATCH(1,FREQUENCY(ROW(A1),SUBTOTAL(9,OFFSET(B$2,,,
ROW($1:$4)))),))&""
```

公式中的 SUBTOTAL(9,OFFSET(B$2,,,ROW($1:$4))) 部分，生成一个由 B 列的重复次数累加值构成的数组 { 2;5;9;14 } 。

将这个数组作为 FREQUENCY 函数的第二参数，依次统计 1、2、3、…、*n* 以此数组中的每个元素为区间分割点的频率，生成一个由 1 和 0 构成的数组。其中 1 在数组中的位置代表需重复的姓名的对应位置。

利用 MATCH 函数查找 1 在 FREQUENCY 函数返回的数组中的排位，将其加 1 就是 A 列中需重复的姓名的行号。

最后用 INDEX 函数提取数据，为了避免超出部分显示 0，使用连接符 “&” 连接空本文 "" 使超出部分显示为空文本 ""。

15.8.8 FREQUENCY 函数提取不重复的前 3 名成绩

示例 15-48 FREQUENCY 函数提取不重复的前 3 名成绩

图 15-80 展示的是某班级的考试成绩表，现在需要统计前 3 个不重复的名次对应的成绩。例如成绩表中最高分 98 有两个学生并列，但只占用一个名次。

E2 =LARGE(IF(FREQUENCY(B$2:B$15,B$2:B$15),B$2:B$15),ROW(A1))

	A	B	C	D	E
1	姓名	成绩		不重复的名次	成绩
2	宋美佳	90		最高分	98
3	张文宇	98		第二高分	96
4	宋慧婷	96		第三高分	93
5	高俊杰	98			
6	陆泉秀	77			
7	楚欣怡	96			
8	朱天艳	87			
9	李天耀	65			
10	宋子文	96			
11	张海娟	93			
12	陈平川	70			
13	李沐天	80			
14	张月华	93			
15	刘明娜	70			
16					

图 15-80 FREQUENCY 函数提取不重复的前 3 名成绩

在 E2 单元格中输入以下公式，将公式向下复制到 E4 单元格。

```
=LARGE(IF(FREQUENCY(B$2:B$15,B$2:B$15),B$2:B$15),ROW(A1))
```

解决思路是先提取成绩中的不重复值，再从中分别提取第 1、第 2、第 3 大的数字。

公式中的 FREQUENCY(B$2:B$15,B$2:B$15) 部分将重复值对应的返回 0，返回数组 { 1;2;3;0;1;0;1;1;0;2;2;1;0;0;0 } 。

利用 IF 函数返回成绩中的不重复值，即数组如下。

```
{90;98;96;FALSE;77;FALSE;87;65;FALSE;93;70;80;FALSE;FALSE;FALSE}
```

最后用 LARGE 函数分别提取这个数组中第 1、第 2、第 3 大的数字，LARGE 函数的第二参数 ROW(A1) 随着公式向下填充，会由 1 变为 2、3，从而实现了提取不重复的前 3 名成绩。

15.8.9 认识 MODE 函数

MODE 函数返回在某一数组或数据区域中的众数，即出现频率最多的数值，其基本语法如下。

```
MODE(number1,[number2],...)
```

Number1 为必需。要计算其众数的第一个数字参数。

Number2，... 为可选。要计算其众数的 2 ~ 255 个数字参数。也可以用单一数组或对某个数组的引用来代替用逗号分隔的参数。

说明：

（1）参数可以是数字或者是包含数字的名称、数组或引用。

（2）如果数组或引用参数包含文本、逻辑值或空白单元格，则这些值将被忽略；但包含零值的单元格将计算在内。

（3）如果参数为错误值或为不能转换为数字的文本，将会导致错误。

（4）如果数据集合中不包含重复的数据点，则 MODE 返回错误值 #N/A。

如图 15-81 所示，要统计 A2:A9 单元格区域中出现频率最高的数字。

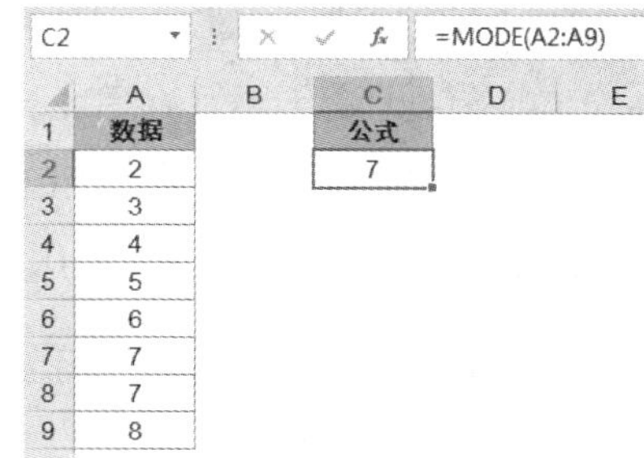

C2 =MODE(A2:A9)

	A	B	C
1	数据		公式
2	2		7
3	3		
4	4		
5	5		
6	6		
7	7		
8	7		
9	8		

图 15-81　MODE 函数基本用法

在 C2 单元格中输入以下公式，计算结果为 7。

```
=MODE(A2:A9)
```

从 Excel 2010 版本开始，用于计算众数的 MODE 函数被 MODE.SNGL 函数和 MODE.MULT 函数取代。MODE 函数则被归入兼容性函数类别，保留该函数是为了保持与 Excel 早期版本的兼容性。

MODE.SNGL 函数和 MODE.MULT 函数用于返回一组数据或数据区域中出现频率最高的数值。如果有多个众数，使用 MODE.MULT 函数将返回多个结果。

示例 15-49　统计出现次数最多的开奖号码

图 15-82 展示了双色球开奖记录的部分内容，需要统计出现次数最多的开奖号码。

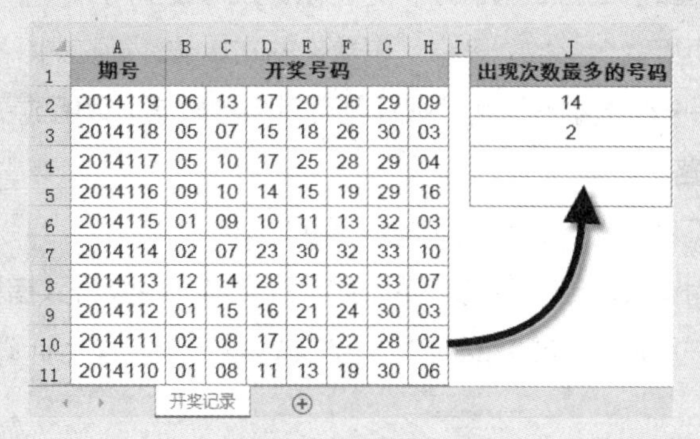

	A	B	C	D	E	F	G	H	I	J
1	期号	开奖号码								出现次数最多的号码
2	2014119	06	13	17	20	26	29	09		14
3	2014118	05	07	15	18	26	30	03		2
4	2014117	05	10	17	25	28	29	04		
5	2014116	09	10	14	15	19	29	16		
6	2014115	01	09	10	11	13	32	03		
7	2014114	02	07	23	30	32	33	10		
8	2014113	12	14	28	31	32	33	07		
9	2014112	01	15	16	21	24	30	03		
10	2014111	02	08	17	20	22	28	02		
11	2014110	01	08	11	13	19	30	06		

开奖记录

图 15-82　双色球开奖记录

J2 单元格中输入以下公式，向下复制至出现空白。

```
=IFERROR(INDEX(MODE.MULT(--$B$2:$H$74),ROW(A1)),"")
```

引用区域前加两个负号，使用减负运算将文本型数值转换为可计算的数值。

由于数值 14 和 2 在 B2:H74 单元格区域均出现 24 次，“MODE.MULT(--$B$2:$H$74)”部分返回多个众数组成的数组结果 {14;2}。

返回结果作为 INDEX 函数的第一参数，根据 ROW(A1) 产生的递增序列，依次索引定位，得到计算结果为 14 和 2。再使用 IFERROR 函数屏蔽公式返回的错误值。

如果数据集不包含重复的数据点，则 MODE.MULT 返回错误值 #N/A。利用这个特点，可以使用以下公式判断 A1:A100 单元格区域中是否有重复数据。

```
=IF(ISNA(MODE.MULT(A1:A100)),"无重复","有重复")
```

15.9 极值与中值函数

15.9.1 认识 MIN 和 MAX 函数

1. 认识 MIN 函数

MIN 函数返回一组值中的最小值，其基本语法如下。

```
MIN(number1,[number2],...)
```

number1，number2，...：number1 是必需的，后续数字是可选的。要从中查找最小值的 1 ~ 255 个数字。

说明：

（1）参数可以是数字或者是包含数字的名称、数组或引用。

（2）逻辑值和直接输入参数列表中代表数字的文本被计算在内。

（3）如果参数是一个数组或引用，则只使用其中的数字。数组或引用中的空白单元格、逻辑值或文本将被忽略。

（4）如果参数不包含任何数字，则 MIN 返回 0。

（5）如果参数为错误值或为不能转换为数字的文本，将会导致错误。

（6）如果想要在引用中将逻辑值和数字的文本表示形式作为计算的一部分包括，则使用 MINA 函数。

如图 15-83 所示，要统计 A2:A10 单元格区域中最小的数字。

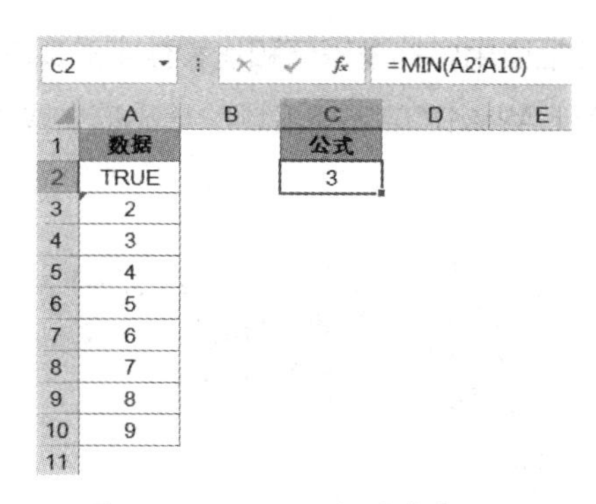

图 15-83　MIN 函数的基本用法

C2 单元格中输入以下公式。

```
=MIN(A2:A10)
```

由于 A2 单元格是逻辑值，A3 单元格是文本，都被 MIN 函数忽略，所以返回最小的数字 3。

2. 认识 MAX 函数

MAX 函数返回一组值中的最大值，其基本语法如下。

```
MAX(number1, [number2], ...)
```

number1，number2，...:number1 是必需的，后续数字是可选的。要从中查找最小值的 1 ～ 255 个数字。

MAX 函数的参数特性和使用方法与 MIN 函数一致，此处不再赘述。

15.9.2　认识 MINA 和 MAXA 函数

1. 认识 MINA 函数

MINA 函数返回参数列表中的最小值，其基本语法如下。

```
MINA(value1, [value2], ...)
```

value1，value2，...:value1 是必需的，后续值是可选的。要从中查找最小值的 1 ～ 255 个数值。

说明：

（1）参数可以是下列形式：数值；包含数值的名称、数组或引用；数字的文本表示；或者引用中的逻辑值，例如 TRUE 和 FALSE。

（2）如果参数为数组或引用，则只使用其中的数值。数组或引用中的空白单元格和文本值将被忽略。

（3）包含 TRUE 的参数作为 1 来计算；包含文本或 FALSE 的参数作为 0（零）来计算。

（4）如果参数为错误值或为不能转换为数字的文本，将会导致错误。

（5）如果参数不包含任何值，则 MINA 返回 0。

（6）如果要使计算不包括引用中的逻辑值和代表数字的文本，请使用 MIN 函数。

如图 15-84 所示，要统计 A2:A10 单元格区域的最小值，需要同时考虑逻辑值和数字的文本。

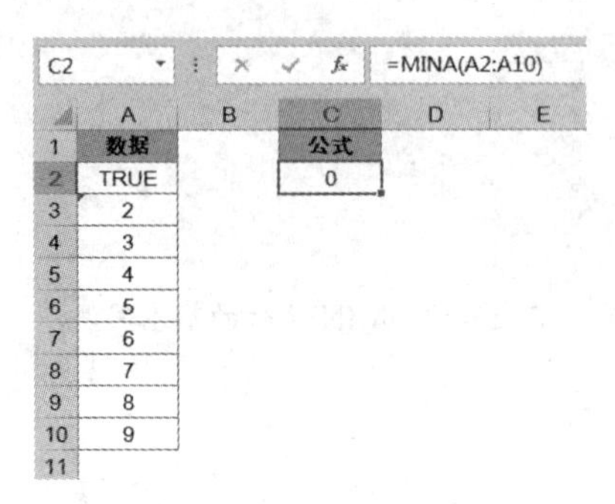

图 15-84　MINA 函数的基本用法

在 C2 单元格中输入以下公式：

```
=MINA(A2:A10)
```

由于 A3 单元格为文本格式的数字 2，MINA 函数对文本会作为 0 来计算，所以结果为 0。

2．认识 MAXA 函数

MAXA 函数返回一组值中的最大值，其基本语法如下。

```
MAXA(value1, [value2], ...)
```

value1 为必需。要从中找出最大值的第一个数值参数。

value2，... 为可选。要从中找出最大值的 2 ~ 255 个数值参数。

MAXA 函数的参数特性是使用方法与 MINA 函数一致，此处不再赘述。

15.9.3　MIN 函数根据 KPI 得分在奖金上限内计算月奖金

示例 15-50　MIN 函数根据 KPI 得分在奖金上限内计算月奖金

图 15-85 展示的是某部门的奖金核算表，其中包括员工的奖金基数和 KPI 得分，部门奖金的计算规则如下。

（1）月奖金 = 奖金基数 *KPI 得分。

（2）月奖金上限最高为 2000 元。

在 D2 单元格中输入以下公式，将公式向下复制到 D12 单元格。

```
=MIN(B2*C2,2000)
```

公式中的 B2*C2 部分，计算得出不考虑上限时的月奖金金额。利用 MIN 函数当 B2*C2 大于 2000 时，返回 2000，小于 2000 时，返回 B2*C2 的值，从而得到不超过月奖金上限的根据 KPI 得分计算的月奖金金额。

D2 =MIN(B2*C2,2000)

	A	B	C	D	E
1	姓名	奖金基数	KPI得分	月奖金	
2	宋美佳	500	1.7	850	
3	张文宇	800	3	2,000	
4	宋慧婷	600	2.4	1,440	
5	高俊杰	500	3.7	1,850	
6	陆泉秀	600	2.1	1,260	
7	楚欣怡	1000	2.8	2,000	
8	朱天艳	500	1.9	950	
9	李天耀	700	3.9	2,000	
10	宋子文	1000	2.4	2,000	
11	张海娟	600	3.9	2,000	
12	陈平川	500	2.7	1,350	
13					

图 15-85 MIN 函数应用实例

15.9.4 MAX 函数根据员工强度系数计算不低于规定下限的月津贴

示例 15-51 MAX 函数根据员工强度系数计算不低于规定下限的月津贴

图 15-86 展示的是某车间员工的津贴核算表，其中包括每个员工的津贴基数和工种强度系数，月津贴的计算规则如下。

（1）月津贴 = 津贴基数 * 强度系数。

（2）月奖金下限最低为 200 元。

D2 =MAX(B2*C2,200)

	A	B	C	D	E
1	姓名	津贴基数	强度系数	月津贴	
2	宋美佳	100	1.3	200	
3	张文宇	150	1.2	200	
4	宋慧婷	150	1.4	210	
5	高俊杰	250	1.5	375	
6	陆泉秀	300	1.1	330	
7	楚欣怡	200	1.3	260	
8	朱天艳	200	1.2	240	
9	李天耀	150	1.3	200	
10	宋子文	200	1.2	240	
11	张海娟	100	1.1	200	
12	陈平川	150	1.3	200	
13					

图 15-86 MAX 函数应用实例

在 D2 单元格中输入以下公式，将公式向下复制到 D12 单元格。

```
=MAX(B2*C2,200)
```

公式中的 B2*C2 部分，计算得出不考虑下限时的月津贴金额，利用 MAX 函数当 B2*C2 大于 200 时，返回 B2*C2；小于 200 时，返回 200 的值，从而根据员工强度系数计算不低于规定下限的月津贴。

15.9.5　在设定的上、下限内根据销售额计算提成奖金

示例 15-52　在设定的上、下限内根据销售额计算提成奖金

图 15-87 展示的是某企业销售部门的奖金核算表，奖金的核算规则如下。

（1）月奖金提成按照销售额的 1% 发放。

（2）月奖金的上限为 1 万元。

（3）对于全勤员工，月奖金的下限为 100 元。

D2　=MAX(MIN(C2*0.01,10000),100*(B2="是"))

	A	B	C	D
1	业务员	是否全勤	销售额	月奖金
2	宋美佳	是	50,000	500
3	张文宇	是	5,000	100
4	宋慧婷	否	550,000	5,500
5	高俊杰	否	1,200,000	10,000
6	陆泉秀	是	60,000	600
7	楚欣怡	是	200,000	2,000
8	朱天艳	否	2,000	20
9	李天耀	是	3,000	100
10	宋子文	否	8,000	80
11	张海娟	是	20,000	200
12	陈平川	是	30,000	300
13				

图 15-87　在设定的上、下限内根据销售额计算提成奖金

在 D2 单元格中输入以下公式，将公式向下复制到 D12 单元格。

```
=MAX(MIN(C2*0.01,10000),100*(B2="是"))
```

MIN(C2*0.01,10000) 部分，利用 MIN 函数限定月奖金的上限为 10000，当 C2*0.01 超过 10000 时返回 10000，否则返回 C2*0.01。

100*(B2="是") 部分，根据员工是否全勤判断是否满足月奖金下限的条件，利用 MAX 函数对全勤员工设定奖金下限为 100。

利用 MAX 函数和 MIN 函数嵌套，实现在设定的上、下限内根据销售额计算提成奖金。

示例 15-53　计算符合条件的最大值和最小值

图 15-88 展示了某单位考核成绩表的部分内容，需要计算各部门的最高考核分数和最低考核分数。

例 1：F5 单元格中输入以下数组公式，按 <Ctrl+Shift+Enter> 组合键，向下复制到 F8 单元格，计算各部门的最高考核分数。

```
{=MAX(IF(A$2:A$14=E5,C$2:C$14))}
```

	A	B	C	D	E	F	G
1	部门	姓名	考核分数				
2	安监部	梅超风	68				
3	销售部	欧阳克	73				
4	安监部	杨铁心	95		部门	最高考核分数	最低考核分数
5	生产部	郭啸天	71		安监部	95	68
6	生产部	穆念慈	84		销售部	85	60
7	采购部	周伯通	72		生产部	84	68
8	销售部	洪七公	85		采购部	96	72
9	生产部	欧阳峰	80				
10	安监部	郭靖	90				
11	采购部	杨过	96				
12	销售部	陆冠英	60				
13	安监部	沙通天	77				
14	生产部	吴青烈	68				

图 15-88 考核成绩表

首先使用 IF 函数，判断 A2:A14 单元格区域是否等于 E5 单元格指定的部门。IF 函数第三参数省略，如果符合指定的部门条件，返回 C2:C14 单元格区域中对应的内容，否则返回逻辑值 FALSE。

```
{68;FALSE;95;FALSE;FALSE;FALSE;FALSE;FALSE;90;FALSE;FALSE;77;FALSE}
```

MAX 函数忽略其中的逻辑值 FALSE，计算出最大值。

例 2：MIN 函数计算时同样会忽略数组或引用中的逻辑值。G5 单元格中输入以下数组公式，按 <Ctrl+Shift+Enter> 组合键，向下复制到 G8 单元格，计算各部门的最低考核分数。

```
{=MIN(IF(A$2:A$14=E5,C$2:C$14))}
```

实际应用中，也可以使用以下数组公式计算指定条件的最大值。

```
{=MAX((A$2:A$14=E5)*C$2:C$14)}
```

A$2:A$14=E5 部分，用等式判断是否符合指定的部门条件，返回逻辑值 TRUE 或是 FALSE，再用逻辑值乘以 C 列对应的考核分数。四则运算中，逻辑值 TRUE 和 FALSE 分别等同于 1 和 0，如果符合指定的部门条件，返回 C 列对应的考核分数，否则返回 0。

最后使用 MAX 函数在相乘后的数组结果中计算出最大值。

示例 15-54 各业务员中的最高销售总量

图 15-89 展示了某单位销售业绩表的部分内容，需要统计各业务员中的最高销售总量。

E4 单元格输入以下数组公式，按 <Ctrl+Shift+Enter> 组合键。

```
{=MAX(SUMIF(B2:B11,B2:B11,C2:C11))}
```

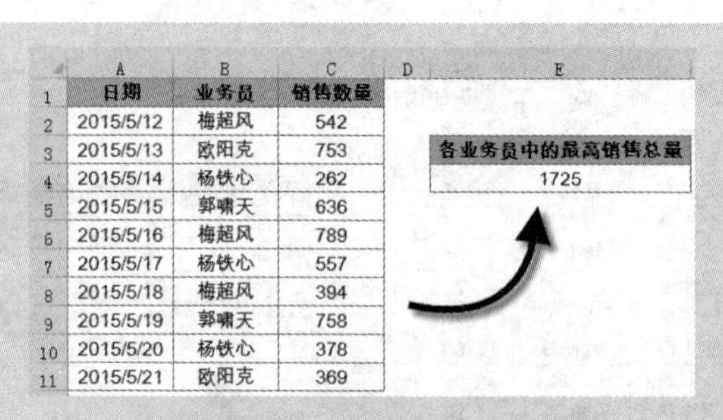

	A	B	C	D	E
1	日期	业务员	销售数量		
2	2015/5/12	梅超风	542		
3	2015/5/13	欧阳克	753		各业务员中的最高销售总量
4	2015/5/14	杨铁心	262		1725
5	2015/5/15	郭啸天	636		
6	2015/5/16	梅超风	789		
7	2015/5/17	杨铁心	557		
8	2015/5/18	梅超风	394		
9	2015/5/19	郭啸天	758		
10	2015/5/20	杨铁心	378		
11	2015/5/21	欧阳克	369		

图 15-89　销售业绩表

SUMIF 函数第一参数和第二参数使用相同的单元格区域引用，公式依次计算 B2:B11 各单元格对应的 C 列之和，结果如下。

```
{1725;1122;1197;1394;1725;1197;1725;1394;1197;1122}
```

最后使用 MAX 函数计算出最大值，结果为 1725。

15.9.6　认识 MEDIAN 函数

中值是一组数的中间数，MEDIAN 函数返回一组已知数字的中值，其基本语法如下。

```
MEDIAN(number1,[number2],...)
```

number1，number2，...:number1 是必需的，后续数字是可选的。要计算中值的 1 ~ 255 个数字。

说明:

（1）如果参数集合中包含偶数个数字，MEDIAN 将返回位于中间的两个数的平均值。

（2）参数可以是数字或者是包含数字的名称、数组或引用。

（3）逻辑值和直接输入参数列表中代表数字的文本被计算在内。

（4）如果数组或引用参数包含文本、逻辑值或空白单元格，则这些值将被忽略；但包含零值的单元格将计算在内。

（5）如果参数为错误值或为不能转换为数字的文本，将会导致错误。

示例 15.9.5 中的公式，也可以使用 MEDIAN 函数实现。公式如下。

```
=MEDIAN(C2*0.01,10000,100*(B2="是"))
```

MEDIAN 函数的 3 个参数分别为月奖金按销售额提成的计算金额、上限金额和下限金额，公式返回的结果为在上、下限内根据销售额计算的提成奖金。

15.9.7　认识 SMALL 和 LARGE 函数

1．认识 SMALL 函数

SMALL 函数返回数据集中的第 *k* 个最小值，使用此函数以返回在数据集内特定相对位置上的值，其基本语法如下。

```
SMALL(array,k)
```

array 为必需。需要找到第 *k* 个最小值的数组或数值数据区域。

k 为必需。要返回的数据在数组或数据区域里的位置（从小到大）。

说明：

（1）如果 array 为空，则 SMALL 函数返回错误值 #NUM!。

（2）如果 $k \leqslant 0$ 或 *k* 超过了数据点个数，则 SMALL 函数返回错误值 #NUM!。

（3）如果 *n* 为数组中的数据点个数，则 SMALL(array,1) 等于最小值，SMALL(array,*n*) 等于最大值。

2. 认识 LARGE 函数

LARGE 函数返回数据集中第 *k* 个最大值，使用此函数以返回在数据集内特定相对位置上的值，其基本语法如下。

```
LARGE(array,k)
```

LARGE 函数的参数特性和使用方法与 SMALL 函数相同，此处不再赘述。

15.9.8 LARGE 函数统计班级前三名成绩之和

示例 15-55 LARGE 函数统计班级前三名成绩之和

图 15-90 展示的是某班级的学生成绩表，现在需要统计前三名成绩之和。

D2 =SUM(LARGE(B2:B16,{1,2,3}))

	A	B	C	D
1	姓名	成绩		公式
2	张建	66		274
3	乔恩傲	96		
4	楚欣怡	90		
5	朱天艳	87		
6	张文宇	82		
7	李晶晶	78		
8	梁潇	88		
9	曹梦婷	86		
10	王家诚	80		
11	姜宏阳	62		
12	王涵	83		
13	李玉	70		
14	杨青钦	63		
15	狄棠	75		
16	黄硕	87		

图 15-90 LARGE 函数统计班级前三名成绩之和

D2 单元格中输入以下公式。

```
=SUM(LARGE(B2:B16,{1,2,3}))
```

公式使用常量数组 { 1,2,3 } 作为 LARGE 函数的第二参数，表示分别提取第一名、第二名、第三名的成绩，返回数组 { 96,90,88 }，再使用 SUM 函数对这个数组求和，即得到了前三名成绩之和。

15.10 其他常用统计函数

15.10.1 认识 RANK 函数

RANK 函数返回一列数字的数字排位，数字的排位是其相对于列表中其他值的大小，其基本语法如下。

```
RANK(number,ref,[order])
```

Number 为必需。要找到其排位的数字。

ref 为必需。数字列表的数组，对数字列表的引用。ref 中的非数字值会被忽略。

order 为可选。一个指定数字排位方式的数字。

如果 order 为 0（零）或省略，对数字的排位是基于 ref 为按照降序排列的列表。如果 order 不为零，对数字的排位是基于 ref 为按照升序排列的列表。

说明：

RANK 函数赋予重复数相同的排位，但重复数的存在将影响后续数值的排位。例如，在列表 7、7、6 中，数字 7 出现两次，且其排位为 1，则 6 的排位为 3（没有排位为 2 的数值）。

如图 15-91 所示，需要在 B 列统计对应的 A 列数据的排名。

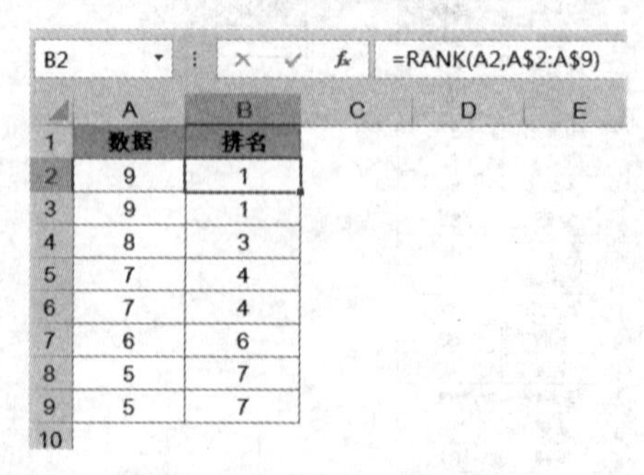

图 15-91 认识 RANK 函数

B2 单元格中输入以下公式，将公式向下复制到 B9 单元格。

```
=RANK(A2,A$2:A$9)
```

RANK 函数第三参数省略，表示按照降序排列。

15.10.2　RANK 函数多工作表下统计排名

图 15-92 展示的是某年级的学生成绩表，其中包括 3 个班级每个学生的成绩，现在需要在 RANK 工作表的 D 列统计每个学生的年级排名。

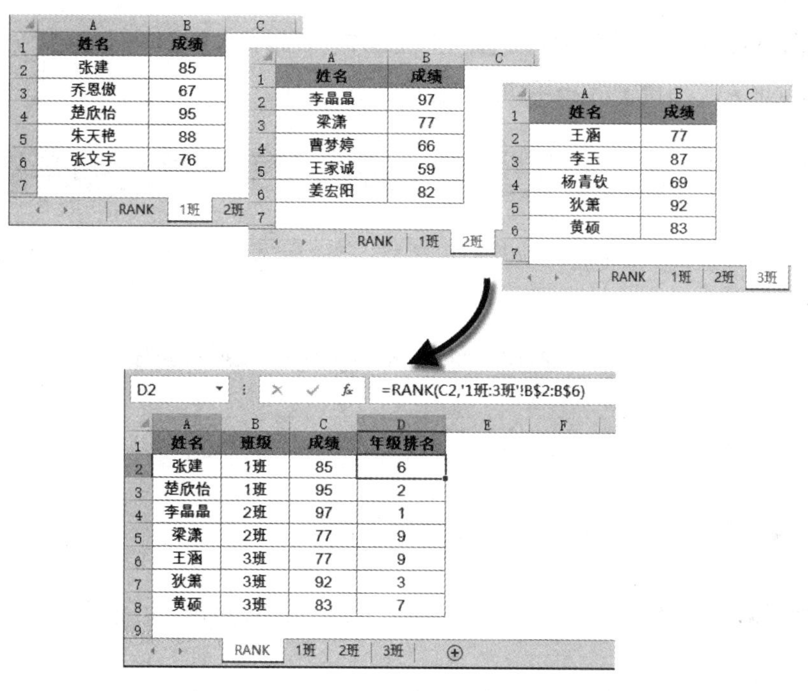

图 15-92　RANK 函数多工作表下统计排名

在 RANK 工作表的 D2 单元格中输入以下公式，将 D2 公式向下复制到 D8 单元格。

```
=RANK(C2,'1 班 :3 班 '!B$2:B$6)
```

利用 RANK 函数在 1 班、2 班、3 班 3 个工作表的 B$2:B$6 单元格区域下，计算当前学生的年级排名。

除了 RANK 函数之外，Excel 2013 中的排名函数还包括 RANK.AVG 函数和 RANK.EQ 函数，RANK 函数则被归入到兼容性函数类别，保留该函数是为了保持与 Excel 早期版本的兼容性。

RANK.AVG 函数和 RANK.EQ 函数的基本语法如下。

```
RANK.AVG(number,ref,[order])
RANK.EQ(number,ref,[order])
```

第一参数 number 是需要排位的数字。第二参数 ref 是排序区域。第三参数 order 可选，指明排位的方式，如果为 0（零）或省略，对数字的排位是基于数据区域按降序排列。如果不为 0，则是基于数据区域按升序排列。

两个函数处理数据排序时的基本原理类似，共同特点如下。

（1）排名范围只能是单元格引用，不支持数组引用。

（2）支持跨多表的区域引用，如使用公式“=RANK.AVG(B2,Sheet1:Sheet3!B:B)”，可进行多表联合排名。

两个函数的区别在于处理相同数值的排位名次存在差异：RANK.EQ 函数按最高名次进行排名，RANK.AVG 函数则是按平均值进行排名。

示例 15-56 销售业绩排名

图 15-93 展示了某公司销售业绩表的部分内容，需要对销售员的销售业绩进行排名。

	A	B	C	D	E
1	部门	销售员	销售额	RANK.EQ函数	RANK.AVG函数
2	销售一部	刘立伟	22850	4	4.5
3	销售一部	肖勇	19050	6	6
4	销售二部	叶文斌	86500	2	2
5	销售一部	丁志勇	22850	4	4.5
6	销售二部	文慧	95680	1	1
7	销售二部	马玉斌	53640	3	3

图 15-93　销售业绩排名

D2 单元格和 E2 单元格分别使用 RANK.EQ 函数和 RANK.AVG 函数的排名公式如下。

```
=RANK.EQ(C2,C$2:C$7)
=RANK.AVG(C2,C$2:C$7)
```

由于 C2 单元格与 C5 单元格数值相同，RANK.EQ 函数按最高名次进行排名，排名结果均为 4。排名中没有第 5 名，下一个名次为第 6 名。

RANK.AVG 函数则按平均并列排名，排名结果为 4.5。排名中没有第 4 名和 5 名，下一个名次为第 6 名。

15.10.3 认识 PERCENTRANK 函数

PERCENTRANK 函数将某个数值在数据集中的排位作为数据集的百分比值返回，此处的百分比值的范围为 0 ~ 1。此函数可用于计算值在数据集内的相对位置，其基本语法如下。

```
PERCENTRANK(array,x,[significance])
```

array 为必需。定义相对位置的数值数组或数值数据区域。

X 为必需。需要得到其排位的值。

significance 为可选。用于标识返回的百分比值的有效位数的值。如果省略，则 PERCENTRANK 函数使用 3 位小数（0.xxx）。

说明：

（1）如果数组为空，则 PERCENTRANK 函数返回错误值 #NUM!。

（2）如果 significance<1，则 PERCENTRANK 函数返回错误值 #NUM!。

（3）如果数组里没有与 *x* 相匹配的值，PERCENTRANK 函数将进行插值以返回正确的百分比排位。

如图 15-94 所示，需要根据员工的 KPI 得分进行晋升或降级，规则是排在头部的 20% 晋升，排在尾部的 10% 降级，中间的 70% 保持不动。

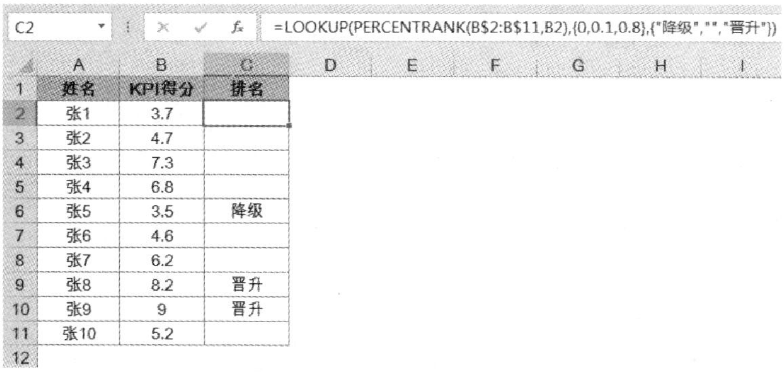

C2　=LOOKUP(PERCENTRANK(B$2:B$11,B2),{0,0.1,0.8},{"降级","","晋升"})

	A	B	C
1	姓名	KPI得分	排名
2	张1	3.7	
3	张2	4.7	
4	张3	7.3	
5	张4	6.8	
6	张5	3.5	降级
7	张6	4.6	
8	张7	6.2	
9	张8	8.2	晋升
10	张9	9	晋升
11	张10	5.2	
12			

图 15-94　认识 PERCENTRANK 函数

C2 单元格中输入以下公式将公式向下复制到 C11 单元格。

=LOOKUP(PERCENTRANK(B$2:B$11,B2), { 0,0.1,0.8 } , { " 降级 ",""," 晋升 " }) 公式中的 PERCENTRANK(B$2:B$11,B2) 部分，利用 PERCENTRANK 函数返回对应的 KPI 得分在 B 列中的百分比排位，再利用 LOOKUP 函数构建常量数组，根据百分比排位返回对应的数据。

15.10.4　认识 PERMUT 函数

PERMUT 函数返回可从数字对象中选择的给定数目对象的排列数。排列为对象或事件的任意集合或子集，内部顺序很重要。排列与组合不同，组合的内部顺序并不重要。其基本语法如下。

```
PERMUT(number,number_chosen)
```

number 为必需。表示对象个数的整数。

number_chosen 为必需。表示每个排列中对象个数的整数。

说明：

（1）两个参数将被截尾取整。

（2）如果 number 或 number_chosen 是非数值的，则 PERMUT 函数返回错误值 #VALUE!。

（3）如果 number ≤ 0 或 number_chosen<0，则 PERMUT 函数返回错误值 #NUM!。

（4）如果 number<number_chosen，则 PERMUT 函数返回错误值 #NUM!。

如需要求一组 3 个数字对象中包含两个对象的所有可能的排列数，使用以下公式。

```
=PERMUT(3,2)
```

结果为 6。

15.10.5 认识 COMBIN 函数

COMBIN 函数返回给定数目项目的组合数，使用函数 COMBIN 确定给定数目项目可能的总组数，其基本语法如下。

```
COMBIN(number,number_chosen)
```

number 为必需。项目的数量。

number_chosen 为必需。每一组合中项目的数量。

说明：

（1）数字参数截尾取整。

（2）如果参数为非数值型，则 COMBIN 函数返回错误值 #VALUE!。

（3）如果任意参数 <0 或是第一参数小于第二参数，COMBIN 函数将返回错误值 #NUM!。

（4）组合是项目的任意集合或子集，而不管其内部顺序。组合与排列不同，排列的内部顺序非常重要。

如需要求一组 3 个数字对象中包含两个对象的所有可能的组合数，使用以下公式，结果为 3。

```
=COMBIN(3,2)
```

15.11 多工作表下的统计与求和

在实际工作中，原始数据经常分布在多个工作表中，需要从中汇总统计得到想要的数据。很多统计求和函数都支持这种多表引用，如对多张工作表上相同单元格区域进行统计求和。

示例 15-57 多工作表下的统计与求和

图 15-95 展示的是某企业的销售信息表，其中包含全年每个分公司在各个季度下分产品的销售数据，现在需要在汇总表中进行一系列统计与求和。

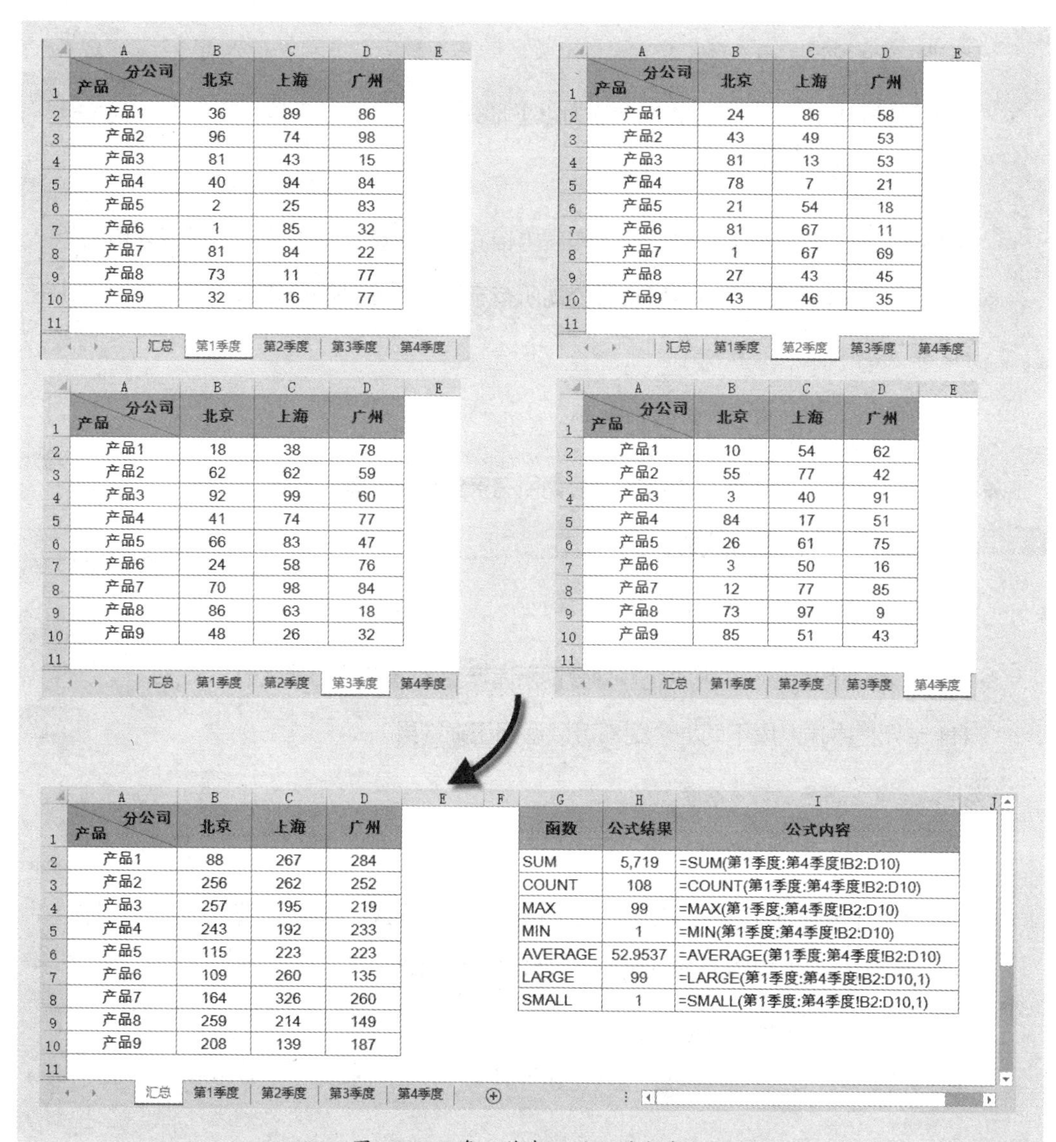

第1季度

产品 \ 分公司	北京	上海	广州
产品1	36	89	86
产品2	96	74	98
产品3	81	43	15
产品4	40	94	84
产品5	2	25	83
产品6	1	85	32
产品7	81	84	22
产品8	73	11	77
产品9	32	16	77

第2季度

产品 \ 分公司	北京	上海	广州
产品1	24	86	58
产品2	43	49	53
产品3	81	13	53
产品4	78	7	21
产品5	21	54	18
产品6	81	67	11
产品7	1	67	69
产品8	27	43	45
产品9	43	46	35

第3季度

产品 \ 分公司	北京	上海	广州
产品1	18	38	78
产品2	62	62	59
产品3	92	99	60
产品4	41	74	77
产品5	66	83	47
产品6	24	58	76
产品7	70	98	84
产品8	86	63	18
产品9	48	26	32

第4季度

产品 \ 分公司	北京	上海	广州
产品1	10	54	62
产品2	55	77	42
产品3	3	40	91
产品4	84	17	51
产品5	26	61	75
产品6	3	50	16
产品7	12	77	85
产品8	73	97	9
产品9	85	51	43

汇总

产品 \ 分公司	北京	上海	广州
产品1	88	267	284
产品2	256	262	252
产品3	257	195	219
产品4	243	192	233
产品5	115	223	223
产品6	109	260	135
产品7	164	326	260
产品8	259	214	149
产品9	208	139	187

函数	公式结果	公式内容
SUM	5,719	=SUM(第1季度:第4季度!B2:D10)
COUNT	108	=COUNT(第1季度:第4季度!B2:D10)
MAX	99	=MAX(第1季度:第4季度!B2:D10)
MIN	1	=MIN(第1季度:第4季度!B2:D10)
AVERAGE	52.9537	=AVERAGE(第1季度:第4季度!B2:D10)
LARGE	99	=LARGE(第1季度:第4季度!B2:D10,1)
SMALL	1	=SMALL(第1季度:第4季度!B2:D10,1)

图 15-95 多工作表下的统计与求和

❖ 按分公司和产品统计多工作表下的销售额之和。

选定汇总表的 B2:D10 单元格区域，输入以下公式，按 <Ctrl+Enter> 组合键批量填充公式。

```
=SUM('*'!B2)
```

填充完成后，B2 单元格公式自动变为以下形式。

```
=SUM(第 1 季度：第 4 季度!B2)
```

B3 单元格公式自动变为以下形式。

```
=SUM(第1季度:第4季度!B3)
```

依此类推，D10 单元格公式自动变为以下形式。

```
=SUM(第1季度:第4季度!D10)
```

利用 SUM 函数，对 4 个季度的工作表内相同的单元格区域中的数字进行求和。

❖ 统计 4 个季度的工作表中所有分公司所有产品的销售额的总和。

H2 单元格中输入以下公式。

```
=SUM(第1季度:第4季度!B2:D10)
```

❖ 统计 4 个季度的工作表中所有分公司所有产品的销售额的个数。

H3 单元格中输入以下公式。

```
=COUNT(第1季度:第4季度!B2:D10)
```

❖ 统计 4 个季度的工作表中所有分公司所有产品销售额中的最大值。

H4 单元格中输入以下两种公式都可以返回正确结果。

```
=MAX(第1季度:第4季度!B2:D10)
=LARGE(第1季度:第4季度!B2:D10,1)
```

❖ 统计 4 个季度的工作表中所有分公司所有产品销售额中的最小值。

H5 单元格中输入以下两种公式都可以返回正确结果。

```
=MIN(第1季度:第4季度!B2:D10)
=SMALL(第1季度:第4季度!B2:D10,1)
```

❖ 统计 4 个季度的工作表中所有分公司所有产品销售额中的平均值。

H6 单元格中输入以下公式。

```
=AVERAGE(第1季度:第4季度!B2:D10)
```

15.12 筛选和隐藏状态下的统计与求和

15.12.1 认识 SUBTOTAL 函数

SUBTOTAL 函数返回列表或数据库中的分类汇总，包括求和、计数、平均值、最大值、最小值、标准差、方差等多种统计方式。其基本语法如下。

```
SUBTOTAL(function_num,ref1,[ref2],...)
```

Function_num 为必需。数字 1 ~ 11 或 101 ~ 111，用于指定要为分类汇总使用的函数。如果使用 1 ~ 11，将包括手动隐藏的行；如果使用 101 ~ 111，则排除手动隐藏的行；始终排除已筛选掉的单元格。

SUBTOTAL 函数的第一参数说明及其作用如表 15-1 所示。

表 15-1　SUBTOTAL 函数不同的第一参数及其作用

Function_num（忽略隐藏值）	Function_num（包含隐藏值）	函数	说明
1	101	AVERAGE	求平均值
2	102	COUNT	求数值的个数
3	103	COUNTA	求非空单元格的个数
4	104	MAX	求最大值
5	105	MIN	求最小值
6	106	PRODUCT	求数值连乘的乘积
7	107	STDEV.S	求样本标准偏差
8	108	STDEV.P	求总体标准偏差
9	109	SUM	求和
10	110	VAR.S	求样本样本的方差
11	111	VAR.P	求总体方差

Ref1 为必需。要对其进行分类汇总计算的第一个命名区域或引用。

Ref2,... 为可选。要对其进行分类汇总计算的第 2 ~ 254 个命名区域或引用。

说明：

（1）如果在 ref1、ref2…中有其他的分类汇总（嵌套分类汇总），将忽略这些嵌套分类汇总，以避免重复计算。

（2）当 function_num 为 1 ~ 11 的常数时，SUBTOTAL 函数将包括通过“隐藏行”命令所隐藏的行中的值。当 function_num 为 101 ~ 111 的常数时，SUBTOTAL 函数将忽略通过“隐藏行”命令所隐藏的行中的值。

（3）SUBTOTAL 函数忽略任何不包括在筛选结果中的行，不论使用什么 function_num 值。

（4）SUBTOTAL 函数适用于数据列或垂直区域，不适用于数据行或水平区域。例如，当 function_num 大于或等于 101 时需要分类汇总某个水平区域时，如 SUBTOTAL（109,

B2:G2），则隐藏某一列不影响分类汇总。但是隐藏分类汇总的垂直区域中的某一行就会对其产生影响。

图 15-96 展示的是某门店的销售数据表，登记了不同日期各个业务员销售各种水果的金额。

为了便于查看苹果的销售明细，店长对表格的产品进行了筛选，并在产品的筛选列下选择了“苹果”，如图 15-97 所示。

	A	B	C	D
1	日期	业务员	产品	销售额
2	2016-7-6	小雪	苹果	622
3	2016-7-6	小雪	梨	665
4	2016-7-6	小凤	苹果	866
5	2016-7-6	小凤	桔子	732
6	2016-7-6	小曼	香蕉	1,125
7	2016-7-6	小曼	梨	816
8	2016-7-7	小雪	苹果	1,834
9	2016-7-7	小凤	苹果	1,626
10	2016-7-7	小凤	梨	986
11	2016-7-7	小曼	梨	1,034
12	2016-7-8	小雪	葡萄	1,504
13	2016-7-8	小凤	梨	978
14	2016-7-8	小曼	苹果	995
15	2016-7-9	小雪	香蕉	832
16	2016-7-9	小曼	桔子	1,043
17				

图 15-96　认识 SUBTOTAL 函数

	A	B	C	D
1	日期	业务员	产品	销售额
2	2016-7-6	小雪	苹果	622
4	2016-7-6	小凤	苹果	866
8	2016-7-7	小雪	苹果	1,834
9	2016-7-7	小凤	苹果	1,626
14	2016-7-8	小曼	苹果	995
17				

图 15-97　筛选苹果的明细数据

现在需要在筛选状态下分别对苹果的销售总额、平均销售额、最大销售额、最小销售额、销售笔数进行统计。

（1）筛选状态下求和。

以下两个公式都可以返回正确结果。

```
=SUBTOTAL(9,D$2:D$16)
=SUBTOTAL(109,D$2:D$16)
```

（2）筛选状态下求平均值。

以下两个公式都可以返回正确结果。

```
=SUBTOTAL(1,D$2:D$16)
=SUBTOTAL(101,D$2:D$16)
```

（3）筛选状态下求最大值。

以下两个公式都可以返回正确结果。

```
=SUBTOTAL(4,D$2:D$16)
=SUBTOTAL(104,D$2:D$16)
```

（4）筛选状态下求最小值。

以下两个公式都可以返回正确结果。

```
=SUBTOTAL(5,D$2:D$16)
=SUBTOTAL(105,D$2:D$16)
```

（5）筛选状态下求销售笔数。

以下两个公式都可以返回正确结果。

```
=SUBTOTAL(2,D$2:D$16)
=SUBTOTAL(102,D$2:D$16)
```

SUBTOTAL 函数忽略任何不包括在筛选结果中的行，所以其第一参数不论使用 1 ～ 11 的常数还是 101 ～ 111 的常数，都可以得到正确结果。

15.12.2　SUBTOTAL 函数在隐藏行状态下统计

示例 15-58　SUBTOTAL 函数在隐藏行状态下统计

在图 15-96 所示的销售数据表中，手动隐藏 2016 年 7 月 6 日的数据，即隐藏第 2 ～ 7 行后，需要对剩余的数据进行求和，如图 15-98 所示。

	A	B	C	D
1	日期	业务员	产品	销售额
8	2016-7-7	小雪	苹果	1,834
9	2016-7-7	小凤	苹果	1,626
10	2016-7-7	小凤	梨	986
11	2016-7-7	小曼	梨	1,034
12	2016-7-8	小雪	葡萄	1,504
13	2016-7-8	小凤	梨	978
14	2016-7-8	小曼	苹果	995
15	2016-7-9	小雪	香蕉	832
16	2016-7-9	小曼	桔子	1,043
17				

图 15-98　SUBTOTAL 函数在隐藏行状态下统计

输入以下公式，可以得到正确结果。

```
=SUBTOTAL(109,D$2:D$16)
```

当 SUBTOTAL 函数的 function_num 参数为 101 ～ 111 的常数时，将忽略通过“隐藏行”命令所隐藏的行中的值。第一参数设为 109，排除隐藏行的数据后求和，得到结果 10832。

15.12.3　实现在报表中筛选、隐藏、插入、删除行，序号依然能保持连续

示例 15-59　实现在报表中筛选、隐藏、插入、删除行，序号依然能保持连续

图 15-99 展示的是某企业的人员信息表，需要实现在报表中筛选、隐藏、插入、删除行，A 列的序号依然能保持连续。

A2 =SUBTOTAL(103,B$2:B2)*1

序号	部门	姓名
1	市场部	张一宁
2	市场部	白雪
3	市场部	李傲云
4	市场部	白兰
5	财务部	江涛
6	财务部	马力
7	财务部	刘波特
8	行政部	克里琴
9	行政部	赵凯
10	培训部	徐峰

图 15-99 序号保持连续

定位到数据表中任意单元格，如 A2，按 <Ctrl+T> 组合键，将数据区域转换为表，当插入行时可以将 A 列公式自动填充。

在 A2 单元格中输入以下公式。

```
=SUBTOTAL(103,B$2:B2)*1
```

由于表具备公式自动填充的功能，A2 的公式将被自动向下填充到 A11 单元格。

SUBTOTAL 函数第一参数是 103 时，等同于 COUNTA 函数功能，即统计非空单元格的个数，并且 103 参数可以排除隐藏行后进行统计。

公式中的 B$2:B2 部分，利用绝对引用和相对引用，实现当公式向下填充时依次变为 B$2:B3、B$2:B4，即 SUBTOTAL 函数的统计区域自动扩展至当前行所在位置。

公式中的 SUBTOTAL(103,B$2:B2) 部分，统计出 A 列从数据开始位置到当前位置的单元格区域中非空单元格数量，即序号。

直接使用 SUBTOTAL 函数时，筛选状态下 Excel 会将末行当做汇总行。最后乘以 1 是为了避免筛选时导致末行序号出错。

15.12.4 有错误值的筛选汇总

AGGREGATE 函数可以返回列表或数据库中的合计，用法与 SUBTOTAL 函数类似，但在功能上比 SUBTOTAL 函数更加强大，不仅可以实现诸如 SUM、AVERAGE、COUNT、LARGE、MAX 等 19 个函数的功能，而且还可以忽略隐藏行、错误值、空值等，并且支持常量数组。

当数据区域中存在错误值时，使用 SUM、MIN、MAX、LARGE、SMALL 等函数将返回错误值。在条件格式中使用上述函数，也会影响某些条件格式规则的相应功能。如果使用 AGGREGATE 函数计算，数据区域中的所有错误值将被忽略，可以实现这些函数的全部功能。

AGGREGATE 函数基本语法如下。

```
引用形式 :AGGREGATE(function_num,options,ref1,[ref2],…)
数组形式 :AGGREGATE(function_num,options,array,[k])
```

第一参数 function_num 为一个 1 ~ 19 的数字，为 AGGREGATE 函数指定要使用的汇总方式。不同 function_num 参数对应的功能如表 15-2 所示。

表 15-2　function_num 参数含义

数字	对应函数	功能
1	AVERAGE	计算平均值
2	COUNT	计算参数中数字的个数
3	COUNTA	计算区域中非空单元格的个数
4	MAX	返回参数中的最大值
5	MIN	返回参数中的最小值
6	PRODUCT	返回所有参数的乘积
7	STDEV.S	基于样本估算标准偏差
8	STDEV.P	基于整个样本总体计算标准偏差
9	SUM	求和
10	VAR.S	基于样本估算方差
11	VAR.P	计算基于样本总体的方差
12	MEDIAN	返回给定数值的中值
13	MODE.SNGL	返回数组或区域中出现频率最多的数值
14	LARGE	返回数据集中第 *k* 个最大值
15	SMALL	返回数据集中的第 *k* 个最小值
16	PERCENTILE.INC	返回区域中数值的第 *k*（$0 \leqslant k \leqslant 1$）个百分点的值
17	QUARTILE.INC	返回数据集的四分位数（包含 0 和 1）
18	PERCENTILE.EXC	返回区域中数值的第 *k*（$0<k<1$）个百分点的值
19	QUARTILE.EXC	返回数据集的四分位数（不包括 0 和 1）

第二参数 options 为一个 0 ~ 7 的数字，决定在计算区域内要忽略哪些值。不同 options 参数对应的功能如表 15-3 所示。

表 15-3　不同 options 参数代表忽略的值

数字	作用
0 或省略	忽略嵌套 SUBTOTAL 和 AGGREGATE 函数
1	忽略隐藏行、嵌套 SUBTOTAL 和 AGGREGATE 函数
2	忽略错误值、嵌套 SUBTOTAL 和 AGGREGATE 函数
3	忽略隐藏行、错误值、嵌套 SUBTOTAL 和 AGGREGATE 函数

续表

数字	作用
4	忽略空值
5	忽略隐藏行
6	忽略错误值
7	忽略隐藏行和错误值

当第一参数 function_num 为 1 ～ 13 时，第三参数为区域引用，第四参数是可选的。

当第一参数 function_num 为 14 ～ 19 时，第三参数支持数组，而且第四参数是必需的。

示例 15-60 有错误值的筛选汇总

图 15-100 展示了某单位的部分销售记录，需要对按“部门”筛选后的销售额进行汇总。

	A	B	C	D
1	部门	姓名	销售额	
2	销售一部	朱丽萍	88450	
3	销售一部	常加旭	96480	
7	销售一部	李娜	132500	
8	销售一部	李惠芳	#N/A	
11	销售一部	马仲春	96320	
12				
13				
14	销售总额	#N/A	=SUBTOTAL(9,C2:C11)	
15	销售总额	413750	=AGGREGATE(9,3,C2:C11)	
16	第二个最低值	96320	=AGGREGATE(15,3,C2:C11,2)	

图 15-100 AGGREGATE 函数忽略错误值

B14 单元格中输入以下公式时，由于数据表中存在错误值，SUBTOTAL 函数无法完成计算，结果返回错误值 #N/A。

```
=SUBTOTAL(9,C2:C11)
```

B15 单元格中输入以下公式。

```
=AGGREGATE(9,3,C2:C11)
```

AGGREGATE 函数第一参数为 9，表示执行求和运算。第二参数为 3，表示忽略隐藏行、错误值和嵌套分类汇总。

B16 单元格使用以下公式计算筛选后的第二个最低值。

```
=AGGREGATE(15,3,C2:C11,2)
```

AGGREGATE 函数第一参数为 15，表示使用 SMALL 函数。第二参数为 3，表示忽略隐藏行、错误值和嵌套分类汇总。第四参数为 2，表示 SMALL 函数的 k 值，即计算第 2 个最小值。

AGGREGATE 函数参数支持常量数组。如图 15-101 所示，选择 B21:C22 单元格区域，输入以下多单元格数组公式，按 <Ctrl+Shift+Enter> 组合键。将分别返回显示值平均、显示值求和、全部值平均、全部值求和的计算结果。

```
{=AGGREGATE({1,9},{3;6},C2:C11)}
```

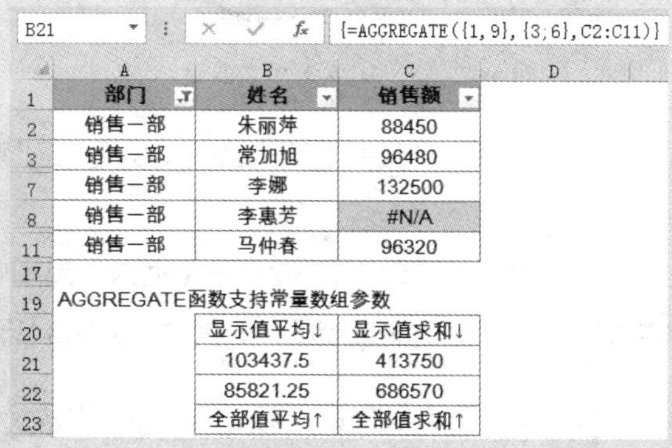

B21　{=AGGREGATE({1,9},{3;6},C2:C11)}

	A	B	C	D
1	部门	姓名	销售额	
2	销售一部	朱丽萍	88450	
3	销售一部	常加旭	96480	
7	销售一部	李娜	132500	
8	销售一部	李惠芳	#N/A	
11	销售一部	马仲春	96320	
17				
19	AGGREGATE函数支持常量数组参数			
20		显示值平均↓	显示值求和↓	
21		103437.5	413750	
22		85821.25	686570	
23		全部值平均↑	全部值求和↑	

图 15-101　AGGREGATE 函数参数支持常量数组

注意　同 SUBTOTAL 函数一样，AGGREGATE 函数仅支持行方向上的隐藏统计，不支持隐藏列的统计。

15.13　插值计算

插值法又称“内插法”，在工程、财务等领域中有广泛的应用，Excel 中用于插值计算的函数包括 TREND 函数、FORECAST 函数等。

TREND 函数用于返回一条线性回归拟合线的值，即找到适合已知数组 *y* 轴和 *x* 轴的直线（用最小二乘法），并返回指定数组 new_x’s 在直线上对应的 *y* 值。

该函数语法如下。

```
TREND(known_y's,[known_x's],[new_x's],[const])
```

第一参数表示已知关系 $y=mx+b$ 中的 *y* 值集合。第二参数表示已知关系 $y=mx+b$ 中可选的 *x* 值的集合。第三参数表示需要函数 TREND 返回对应 *y* 值的新 *x* 值。第四参数表示逻辑值，指明是否将常量 b 强制为 0。

示例 15-61 插值法计算电阻值

图 15-102 展示了某物体在不同温度下的电阻值，需要使用插值法预测在指定温度时的电阻值。

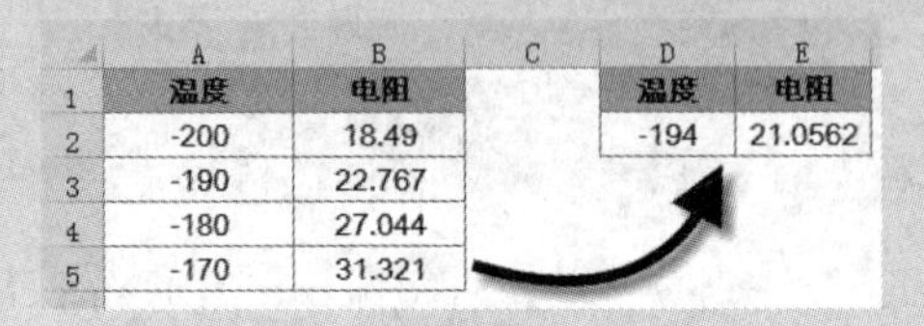

	A	B	C	D	E
1	温度	电阻		温度	电阻
2	-200	18.49		-194	21.0562
3	-190	22.767			
4	-180	27.044			
5	-170	31.321			

图 15-102 插值法计算电阻值

使用 TREND 函数时，应注意检查数据是否为线性。为便于观察，必要时可将数据生成散点图。

单击 B2:B5 区域任意单元格，依次单击【插入】→【插入散点图（X、Y）或气泡图】，在下拉列表中选择【带直线和数据标记的散点图】，如图 15-103 所示。

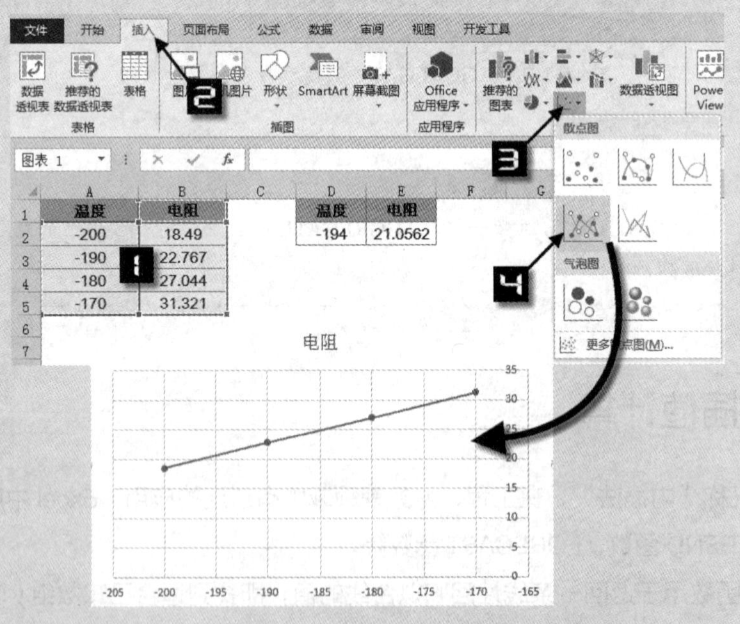

图 15-103 带直线和数据标记的散点图

图 15-103 中可见数据为线性，E2 单元格输入以下公式，可计算出温度为 -194° 时的结果。

```
=TREND(B2:B5,A2:A5,D2)
```

TREND 函数第一参数和第二参数为已知 y 值和已知 x 值，分别对应于 B 列的电阻值和 A 列的温度，第三参数为需要计算插值的数值，公式计算结果为 21.0562。

如果 TREND 函数第四参数为 FALSE，拟合直线的截距将强制为 0，m 被调整，以使 y=mx。本例中的第四参数省略，已知关系 y=mx+b 中的常量 b 将按正常计算。

使用以下公式也可实现相同的计算。

```
=FORECAST(D2,B2:B5,A2:A5)
```

FORECAST 函数根据现有值计算或预测未来值。已知值为现有的 x 值和 y 值，并通过线性回归来预测新值，预测值为给定 x 值后求得的 y 值。可以使用该函数来预测未来销售、库存需求或消费趋势等。

FORECAST 函数第一参数为需要进行值预测的数据点，第二参数和第三参数分别对应已知 y 值和 x 值。

当数据是线性时，TREND 函数的已知 y 值和已知 x 值可以使用整个数据区域，否则应分段进行计算。

示例 15-62 计算不同食盐摄入量的最高血压

图 15-104 展示了一份每日食盐摄入量与最高血压的观测记录表，需要根据每日食盐摄入量，用插值法预测计算最高血压值。

首先插入一个带直线和数据标记的散点图，检查数据是否为线性，效果如图15-105所示。

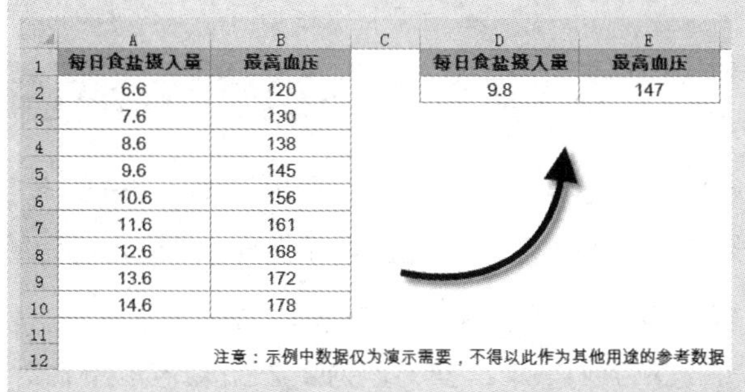

	A	B	C	D	E
1	每日食盐摄入量	最高血压		每日食盐摄入量	最高血压
2	6.6	120		9.8	147
3	7.6	130			
4	8.6	138			
5	9.6	145			
6	10.6	156			
7	11.6	161			
8	12.6	168			
9	13.6	172			
10	14.6	178			
11					
12		注意：示例中数据仅为演示需要，不得以此作为其他用途的参考数据			

图 15-104 计算不同食盐摄入量的最高血压值

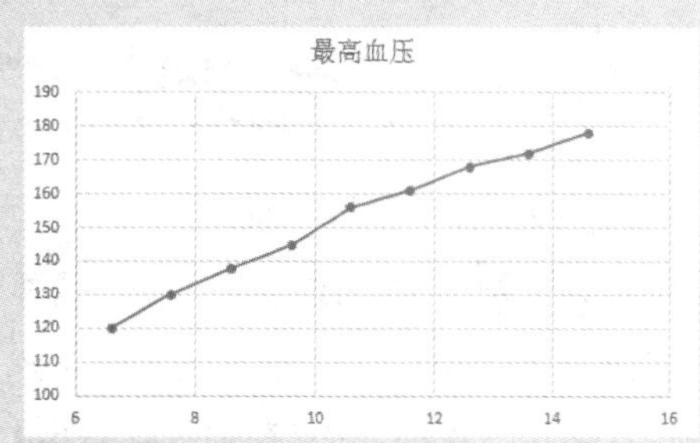

图 15-105 带直线和数据标记的散点图

图 15-105 中可见整体数据并不是线性，仅每两个点之间可以近似看作一段直线。因此直接使用 TREND 函数将无法得到准确结果。用户可将整个数据表分成若干段，在每段内进行线性插值的计算。E2 单元格中输入以下公式。

```
=ROUND(TREND(OFFSET(B1,MATCH(D2,A2:A10),,2),OFFSET(A1,MATCH(D2,A2:A10),,2),D2),)
```

MATCH(D2,A2:A10) 部分，以升序查找的方式，在 A2:A0 单元格区域中查找小于或等于 D2 的最大值，并返回其相对位置 4。结果用作 OFFSET 函数的行偏移参数。

OFFSET(B1,MATCH(D2,A2:A10),,2) 部分，以 B1 单元格为基点，向下偏移 4 行，向右偏移 0 列，新引用的行数为两行，即 B5:B6 单元格区域。引用结果用作 TREND 函数的已知 *y* 轴。

OFFSET(A1,MATCH(D2,A2:A10),,2) 部分的计算原理与之相同，返回 A5:A6 单元格区域的引用，用作 TREND 函数的已知 *x* 轴。

TREND 函数的计算结果为 147.444444444444。最后使用 ROUND 函数将计算结果四舍五入保留到整数。

使用此公式时，如果需要计算插值的数值超出 A 列数据范围或等于 A 列最大值时，由于 OFFSET 函数引用了范围以外的区域，公式将返回错误值。必要时可嵌套 IFERROR 函数进行除错。

15.14 方差计算

在概率论和数理统计中，方差用来度量随机变量和其数学期望（即均值）之间的偏离程度，是测算数值型数据离散程度的重要方法之一。方差越小，表示一组数据越稳定; 方差越大，则表示数据越不稳定。

示例 15-63 判断开奖号码是否为五连号

图 15-106 展示了某彩票开奖记录的部分内容，A 列的开奖号码为 00 ~ 99 的 5 个数字，数字之间由逗号间隔，需要判断开奖号码是否为五连号。例如 A5 单元格为“08,12,09,10,11”，组成的序列为 8、9、10、11、12，即为五连号。

假设任意 5 个连续整数分别为 *n*-2、*n*-1、*n*、*n*+1、*n*+2，其方差为 2。其计算过程如下。

```
=((n-2)^2+(n-1)^2+n^2+(n+1)^2+(n+2)^2)/5-n^2
```

	A	B
1	开奖号码	是否五连号
2	03,01,02,04,05	是
3	11,04,09,03,08	否
4	03,01,02,08,05	否
5	08,12,09,10,11	是
6	04,08,02,03,09	否
7	06,05,04,11,02	否
8	10,09,07,06,08	是
9	05,01,08,03,07	否
10	08,06,01,05,09	否
11	08,09,11,10,06	否

图 15-106 判断开奖号码是否为五连号

B2 单元格中输入以下公式，向下复制到 B11 单元格。

```
=IF(VAR.P(-MID(A2,{1,4,7,10,13},2))=2,"是","否")
```

-MID(A2,{ 1,4,7,10,13 },2) 部分，使用 MID 函数依次从 A2 单元格的第 1、第 4、第 7、第 10 和第 13 位开始，提取长度为 2 的字符，结果为 { "03","01","02","04","05" }。加上负号使其转换为 { -3,-1,-2,-4,-5 }。

使用 VAR.P 函数计算基于整个样本总体的方差。再使用 IF 函数判断，如果方差为 2，则说明 A2 单元格中包含 5 个连续整数，即五连号。

15.15 统计与求和函数的综合应用

15.15.1 根据每日工时记录拆分统计正常工时与加班工时

示例 15-64 根据每日工时记录拆分统计正常工时与加班工时

图 15-107 展示的是某企业的工时记录表，其中登记了每个员工分时段上班的工时记录，现在需要统计每个员工的正常工时与加班工时，计算规则是将员工累计日工时记录超过 8 小时的部分记为加班工时。

C2 =MIN(VALUE(B2),8-SUMIF(A$1:A1,A2,C$1:C1))

姓名	日工时记录	正常工时	加班工时
张三	9	8	1
李四	5	5	0
李四	3	3	0
李四	2	0	2
王五	6	6	0
王五	3	2	1
马六	5	5	0
马六	4	3	1
马六	1	0	1

图 15-107 根据每日工时记录拆分统计正常工时与加班工时

在 C2 单元格中输入以下公式，计算正常工时的公式如下。

```
=MIN(VALUE(B2),8-SUMIF(A$1:A1,A2,C$1:C1))
```

D2 单元格中输入以下公式，计算加班工时的公式如下。

```
=B2-C2
```

将 C2:D2 的公式向下复制到 C10:D10 单元格区域。

公式中的 SUMIF(A$1:A1,A2,C$1:C1) 部分，利用 SUMIF 函数进行条件求和，得到在当前记录之前该员工累积的正常工时（此值不大于 8）。用 8 减去这个值，得到该员工还差几小时做满 8 小时的正常工时。

利用 MIN 函数，将当前的记录工时与第 2 步的值作比较，提取两者中的较小值，即当前记录应计入正常工时的小时数。

公式中的 VALUE(B2) 部分，利用 VALUE 函数将文本字符串转换为数值，以兼容当日记录工时为空时能够正确统计，最后计算加班工时，为日记录工时减去正常工时。

15.15.2 根据采购记录统计水果的平均进价

示例 15-65 根据采购记录统计水果的平均进价

图 15-108 展示的是某水果店的采购记录表，其中包含不同日期下各种水果的采购数量和进货价格，由于水果市场价格波动频繁，进货价格经常变动，现在需要统计每种水果的平均进价。

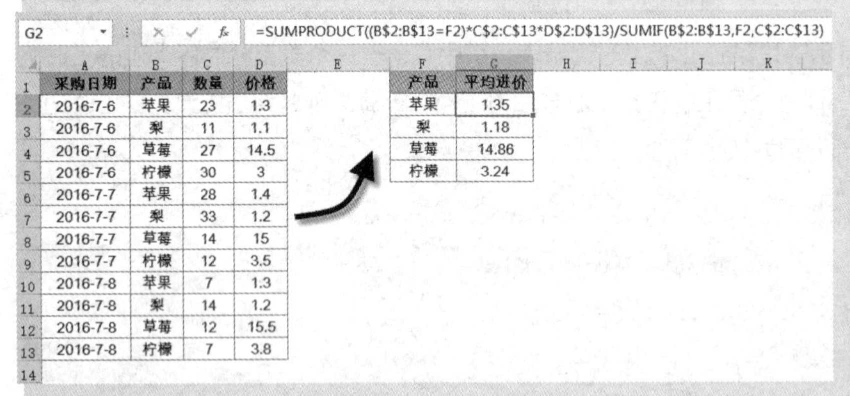

G2 =SUMPRODUCT((B$2:B$13=F2)*C$2:C$13*D$2:D$13)/SUMIF(B$2:B$13,F2,C$2:C$13)

采购日期	产品	数量	价格
2016-7-6	苹果	23	1.3
2016-7-6	梨	11	1.1
2016-7-6	草莓	27	14.5
2016-7-6	柠檬	30	3
2016-7-7	苹果	28	1.4
2016-7-7	梨	33	1.2
2016-7-7	草莓	14	15
2016-7-7	柠檬	12	3.5
2016-7-8	苹果	7	1.3
2016-7-8	梨	14	1.2
2016-7-8	草莓	12	15.5
2016-7-8	柠檬	7	3.8

产品	平均进价
苹果	1.35
梨	1.18
草莓	14.86
柠檬	3.24

图 15-108 根据采购记录统计水果的平均进价

在 G2 单元格中输入以下公式，将公式向下复制到 G5 单元格。

```
=SUMPRODUCT((B$2:B$13=F2)*C$2:C$13*D$2:D$13)/SUMIF(B$2:B$13,F2,C$2:C$13)
```

要计算水果的平均进价，思路是先计算出该水果的总采购金额，再除以总数量，即得到平均进价。先利用 SUMPRODUCT 函数的条件求和功能，统计出采购记录表中给定水果的总采购金额。再利用 SUMIF 函数，统计出给定水果的总数量。用总金额除以总数量，得到平均进价。

15.15.3　根据发货日期和经销商编排发货批次

示例 15-66　根据发货日期和经销商编排发货批次

图 15-109 展示的是某厂家的发货登记表，其中包含发往的经销商名称、发货日期、产品、数量。为了便于月底核对每个经销商的发货明细，需要按照发货日期和经销商编排发货批次，规则为对同一个经销商同一天内的发货都算一批。

E2　{=TEXT(COUNT(0/FREQUENCY(B$2:B2,IF(A$2:A2=A2,B$2:B2))),"第0批")}

	A	B	C	D	E
1	经销商	发货日期	产品	数量	发货批次
2	欢乐多超市	2016-9-6	苹果	23	第1批
3	欢乐多超市	2016-9-13	梨	11	第2批
4	乐天超市	2016-9-13	苹果	27	第1批
5	欢乐多超市	2016-9-20	苹果	30	第3批
6	开心超市	2016-9-20	苹果	28	第1批
7	乐天超市	2016-9-20	苹果	33	第2批
8	欢乐多超市	2016-9-20	梨	14	第3批
9	开心超市	2016-9-25	梨	12	第2批
10	欢乐多超市	2016-9-25	苹果	7	第4批
11					

图 15-109　根据发货日期和经销商编排发货批次

E2 单元格中输入以下数组公式，按 <Ctrl+Shift+Enter> 组合键，将公式向下复制到 E10 单元格。

```
{=TEXT(COUNT(0/FREQUENCY(B$2:B2,IF(A$2:A2=A2,B$2:B2))),"第0批")}
```

要按照发货日期和经销商编排发货批次，同一天内的发货都算一批，即需要统计满足同个经销商的条件下发货日期的不重复值的个数，有几个不重复个数就是第几批。

公式中的 IF(A$2:A2=A2,B$2:B2) 部分，利用 IF 函数结合混合引用，用于判断从数据首行到当前行的 A 列数据，是否等于当前经销商。如果是，则返回对应的 B 列日期，否则返回逻辑值 FALSE。得到一个由日期和 FALSE 组成的数组。

公式中的 FREQUENCY(B$2:B5,IF(A$2:A5=A5,B$2:B5)) 部分，利用 FREQUENCY 函数将 B 列的日期，按照第一步返回的间隔点划分区间，对首次出现的日期计算频率，重复出现过的日期返回 0，得到一个由自然数和 0 构成的数组。这个数组中自然数的个数就是批次数。

利用 0 除以这个数组，得到一个由 0 和错误值 #DIV/0! 构成的数组。再利用 COUNT 函数统计数组中 0 的个数，即得到批次数。最后用 TEXT 函数将数字转换第 *n* 批样式。

15.15.4　将数据按类别分区间统计

示例 15-67　将数据按类别分区间统计

图 15-110 展示的是某企业的工资表，其中包含各个部门员工的工资，现在需要按照工资的金额，统计各部门下不同金额区间内的人数，汇总表中的 N 代表工资金额。

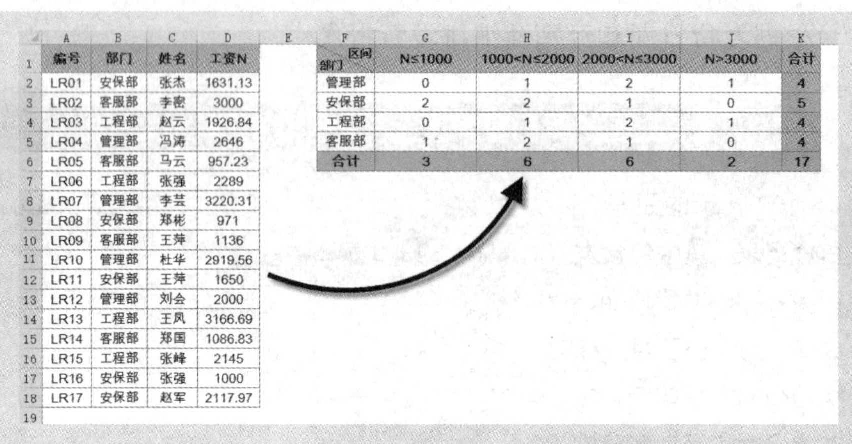

	A	B	C	D
1	编号	部门	姓名	工资N
2	LR01	安保部	张杰	1631.13
3	LR02	客服部	李密	3000
4	LR03	工程部	赵云	1926.84
5	LR04	管理部	冯涛	2646
6	LR05	客服部	马云	957.23
7	LR06	工程部	张强	2289
8	LR07	管理部	李芸	3220.31
9	LR08	安保部	郑彬	971
10	LR09	客服部	王萍	1136
11	LR10	管理部	杜华	2919.56
12	LR11	安保部	王萍	1650
13	LR12	管理部	刘会	2000
14	LR13	工程部	王凤	3166.69
15	LR14	客服部	郑国	1086.83
16	LR15	工程部	张峰	2145
17	LR16	安保部	张强	1000
18	LR17	安保部	赵军	2117.97
19				

F	G	H	I	J	K
区间 部门	N≤1000	1000<N≤2000	2000<N≤3000	N>3000	合计
管理部	0	1	2	1	4
安保部	2	2	1	0	5
工程部	0	1	2	1	4
客服部	1	2	1	0	4
合计	3	6	6	2	17

图 15-110　将数据按类别分区间统计

方法 1：选定 G2:J2 单元格区域，输入多单元格数组公式，按 <Ctrl+Shift+Enter> 组合键，再将公式向下复制到 G5:J5 单元格区域。

```
{=TRANSPOSE(FREQUENCY(IF(B$2:B$18=$F2,D$2:D$18),1000*{1,2,3}))}
```

公式中的 1000*｛1,2,3｝部分，是构建一个常量数组，用于 FREQUENCY 函数作为分割区间的间隔点。

公式中的 IF(B$2:B$18=$F2,D$2:D$18) 部分，利用 IF 函数依次判断 B$2:B$18 单元格的数据是否等于当前部门。如果是，则返回对应的工资，否则返回 FALSE，得到一个由符合部门要求的工资和 FALSE 构成的数组。

利用 FREQUENCY 函数将这个数组按 3 个间隔点划分为 4 个区间统计频率，得到一个 4 行 1 列数组。最后用 TRANSPOSE 函数将这个 4 行 1 列数组转置为 1 行 4 列数组。

方法 2：选定 G2:J5 单元格区域，输入以下公式，按 <Ctrl+Enter> 组合键。

```
=SUMPRODUCT(($B$2:$B$18=$F2)*($D$2:$D$18<=1000*IF(COLUMN(A1)>3,99,
COLUMN(A1))))-SUM($F2:F2)
```

公式中的 IF(COLUMN(A1)>3,99,COLUMN(A1)) 部分，利用 IF 函数 COLUMN 函数，实现随着公式从 G 列扩展至 J 列，结果分别变为 1、2、3、99。

由于工资的区间分割点都是 1000 的整数倍，用 1000* 第一步的结果，分别得到 1000、2000、3000、99000 这几个区间分割点。

利用SUMPRODUCT函数统计满足部门和小于等于当前分割点这两个条件下的员工人数。

公式中的 SUM($F2:F2) 部分，用于统计当前行中，公式所在单元格左侧的数值之和。

用 SUMPRODUCT 函数得到的结果减去 SUM 函数得到的结果，即同时满足部门要求和区间要求的员工人数。

第 16 章　数组公式

如果希望精通 Excel 函数与公式，那么数组公式是必须跨越的门槛。通过本章的学习，能够深刻地理解数组公式和数组运算，并能够利用数组公式来解决实际工作中的一些疑难问题。

本章学习要点

（1）理解数组、数组公式与数组运算。
（2）掌握数组的构建及数组填充。
（3）理解并掌握数组公式的一些高级应用。
（4）统计类函数的综合应用。

16.1　理解数组

16.1.1　Excel 中数组的相关定义

在 Excel 函数与公式中，数组是指按一行、一列或多行多列排列的一组数据元素的集合。数据元素可以是数值、文本、日期、逻辑值和错误值等。

数组的维度是指数组的行列方向，一行多列的数组为横向数组，一列多行的数组为纵向数组，多行多列的数组则同时拥有纵向和横向两个维度。

数组的维数是指数组中不同维度的个数。只有一行或一列的数组，称为一维数组；多行多列拥有两个维度的数组称为二维数组。

数组的尺寸是以数组各行各列上的元素个数来表示的。一行 N 列的一维横向数组的尺寸为 $1 \times N$；一列 N 行的一维纵向数组的尺寸为 $N \times 1$；M 行 N 列的二维数组的尺寸为 $M \times N$。

16.1.2　Excel 中数组的存在形式

1．常量数组

常量数组是指直接在公式中写入数组元素，并用大括号“{ }”在首尾进行标识的字符串表达式。常量数组不依赖单元格区域，可直接参与公式的计算。

常量数组的组成元素只可为常量元素，不能是函数、公式或单元格引用。数值型常量元素中不可以包含美元符号、逗号和百分号。

一维纵向数组的各元素用半角分号“;”间隔，以下公式表示尺寸为 6×1 的数值型常量数组。

```
={1;2;3;4;5;6}
```

一维横向数组的各元素用半角逗号“,”间隔，以下公式表示尺寸为 1×4 的文本型常量数组。

```
={"二","三","四","五"}
```

文本型常量元素必须用半角双引号" "将首尾标识出来。

二维数组的每一行上的元素用半角逗号“,”间隔，每一列上的元素用半角分号“;”间隔。以下公式表示尺寸为 4×3 的二维混合数据类型的数组，包含数值、文本、日期、逻辑值和错误值。

```
={1,2,3;"姓名","刘丽","2014/10/13";TRUE,FALSE,#N/A;#DIV/0!,#NUM!,#REF!}
```

如果将这个数组填入表格区域中，排列方式如图 16-1 所示。

1	2	3
姓名	刘丽	2014/10/13
TRUE	FALSE	#N/A
#DIV/0!	#NUM!	#REF!

图 16-1　4 行 3 列的数组

手工输入常量数组的过程比较烦琐，可以借助单元格引用来简化常量数组的录入。例如，在单元格 A1:A7 中分别输入“A-G”的字符后，在 B1 单元格中输入公式：=A1:A7，然后在编辑栏中选中公式，按 <F9> 键即可将单元格引用转换为常量数组。

2. 区域数组

区域数组实际上就是公式中对单元格区域的直接引用，维度和尺寸与常量数组完全一致。例如，以下公式中的 A1:A9 和 B1:B9 都是区域数组。

```
=SUMPRODUCT(A1:A9*B1:B9)
```

示例 16-1　计算商品总销售额

图 16-2 展示的是不同商品销售情况的部分内容，需要根据 B 列的单价和 C 列的数量计算商品的总销售额。

E4 单元格中输入以下数组公式，按 <Ctrl+Shift+Enter> 组合键。

```
{=SUM(B2:B10*C2:C10)}
```

公式中的 B2:B10 和 C2:C10 都是区域数组，首先执行 B2:B10*C2:C10 的多项乘积计算，返回 9 行 1 列的数组结果。

```
{150;252;85;88;90;104;74;138;264}
```

最后再执行求和运算，最终结果为 1245。

公式计算过程如图 16-3 所示。

	A	B	C	D	E
1	商品	单价	数量		
2	商品A	75	2		
3	商品B	63	4		总销售额
4	商品C	17	5		1245
5	商品D	22	4		
6	商品E	45	2		
7	商品F	26	4		
8	商品G	37	2		
9	商品H	46	3		
10	商品I	66	4		

图 16-2　计算商品总销售额

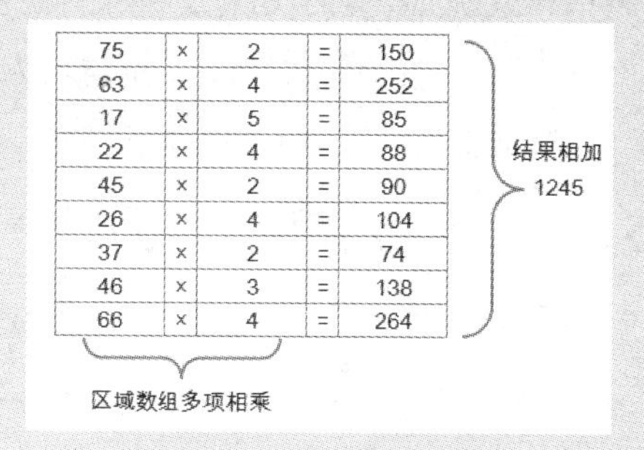

图 16-3　多项运算的过程

3. 内存数组

内存数组是指通过公式计算，返回的多个结果值在内存中临时构成的数组。内存数组不必存储到单元格区域中，可作为一个整体直接嵌套到其他公式中继续参与计算。例如：

```
{=SMALL(A1:A9,{1,2,3})}
```

公式中，{ 1,2,3 } 是常量数组，而整个公式的计算结果为 A1:A9 单元格区域中最小的 3 个数组成的 1 行 3 列的内存数组。

示例 16-2　计算前三名的销售额占比

图 16-4 展示的是某单位员工销售业绩表的部分内容，需要计算前三名的销售额在销售总额中所占的百分比。

	A	B	C	D
1	姓名	销售额		
2	周伯通	150		
3	杨铁心	252		前三名占总额的百分比
4	郭啸天	85		53.5%
5	郭靖	88		
6	杨康	90		
7	洪七公	104		
8	黄药师	74		
9	梅超风	138		
10	丘处机	264		

图 16-4　前三名的销售额占比

D4 单元格中输入以下数组公式，按 <Ctrl+Shift+Enter> 组合键。

```
{=SUM(LARGE(B2:B10,ROW(1:3)))/SUM(B2:B10)}
```

公式中，ROW(1:3) 部分返回 1 ~ 3 的序列值。LARGE(B2:B10,ROW(1:3)) 部分用于计算 B2:B10 单元格区域中第 1 ~ 3 个最大值，返回 1 列 3 行的内存数组结果为 { 264;252;150 } 。使用 SUM 函数对其求和，得到前三名的销售总额 666。

再除以 SUM(B2:B10) 得到的销售总额，得到前三名的销售额在销售总额中的占比，最后将单元格格式设置为百分数，结果为 53.5%。

内存数组与区域数组的主要区别如下。

- 区域数组通过单元格区域引用获得，内存数组通过公式计算获得。
- 区域数组依赖于引用的单元格区域，内存数组独立存在于内存中。

4. 命名数组

命名数组是使用命名公式（即名称）定义的一个常量数组、区域数组或内存数组，该名称可在公式中作为数组来调用。在数据验证（验证条件的序列除外）和条件格式的自定义公式中，不接受常量数组，但可使用命名数组。

示例 16-3 突出显示销量最后三名的数据

图 16-5 展示的是某单位员工销售情况表的部分内容，为了便于查看数据，需要通过设置条件格式的方法，突出显示销量最后三名的数据所在行。

步骤① 定义名称。

单击【公式】选项卡中的【定义名称】按钮，弹出【新建名称】对话框。

在【名称】编辑框中输入命名“Name”。

在【引用位置】编辑框中，输入以下公式。

```
=SMALL($C$2:$C$10,{1,2,3})
```

最后单击【确定】按钮完成设置，如图 16-6 所示。

	A	B	C
1	序号	销售员	销售额
2	1	任继先	212.5
3	2	陈尚武	87.5
4	3	李光明	120
5	4	李厚辉	157.5
6	5	毕淑华	120
7	6	赵会芳	160
8	7	赖群毅	125
9	8	李从林	105
10	9	路燕飞	133

图 16-5 销售情况表

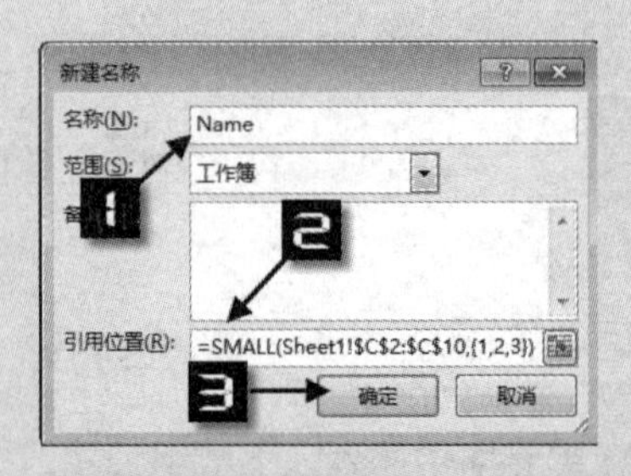

图 16-6 定义名称

步骤② 设置条件格式。

选中 A2:C10 单元格区域，在【开始】选项卡中依次单击【条件格式】→【新建规则】，弹出【新建格式规则】对话框。

在【新建格式规则】对话框的【选中规则类型】列表框中，选择【使用公式确定要设置格式的单元格】。在【为符合此公式的值设置格式】编辑框中输入条件公式。

```
=OR($C2=Name)
```

单击【格式】按钮，打开【设置单元格格式】对话框。在【填充】选项卡中，选取合适的颜色，如红色。

最后依次单击【确定】按钮关闭对话框完成设置，设置后的显示效果如图 16-7 所示。由于 C4 单元格和 C6 单元格数值相同，并且都在最后 3 名的范围内，因此条件格式突出显示 4 行内容。

在自定义名称的公式中，SMALL 函数第二参数使用了常量数组“{1,2,3}”，用于计算 \$C\$2:\$C\$10 单元格区域中的第 1 ～ 3 个最小值。该公式可以在单元格区域中正常使用，但在数据验证和条件格式的自定义公式中不能使用常量数组，因此需要先将 SMALL（\$C\$2:\$C\$10，{1,2,3}）部分定义为名称，通过迂回的方式进行引用。

在条件格式中，OR 函数用于判断 C 列单元格的数值是否包含在定义的名称 Name 中。如果包含，则公式返回逻辑值 TRUE，条件格式成立，单元格以红色填充色突出显示。

如果事先未定义名称，而尝试在设置条件格式时使用以下公式，将弹出如图 16-8 所示的警告对话框，拒绝公式录入。


```
=OR($C2=SMALL($C$2:$C$10,{1,2,3}))
```

	A	B	C
1	序号	销售员	销售额
2	1	任继先	212.5
3	2	陈尚武	87.5
4	3	李光明	120
5	4	李厚辉	157.5
6	5	毕淑华	120
7	6	赵会芳	160
8	7	赖群毅	125
9	8	李从林	105
10	9	路燕飞	133

图 16-7　条件格式显示效果

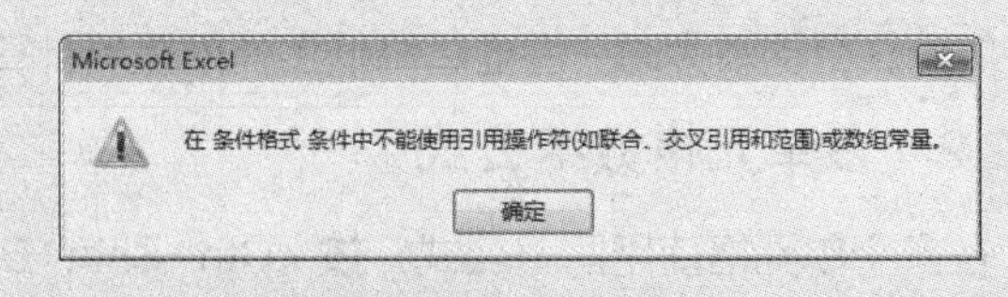

图 16-8　警告对话框

也可将公式修改如下。

```
=$C2<=SMALL($C$2:$C$10,3)
```

公式首先用 SMALL 函数计算出 C2:C10 单元格区域中的第 3 个最小值，再判断 C2 单元格是否小于等于 SMALL 函数的计算结果，如果返回逻辑值 TRUE，则条件格式成立。

16.2 数组公式与数组运算

16.2.1 认识数组公式

数组公式不同于普通公式，是以按 <Ctrl+Shift+Enter> 组合键完成编辑的特殊公式。作为数组公式的标识，Excel 会自动在数组公式的首尾添加大括号“{ }”。数组公式的实质是单元格公式的一种书写形式，用来显式地通知 Excel 计算引擎对其执行多项计算。

当编辑已有的数组公式时，大括号会自动消失，需要重新按 <Ctrl+Shift+Enter> 组合键完成编辑，否则公式将无法返回正确的结果。

在数据验证和条件格式的自定义公式中，使用数组公式的规则和在单元格中使用有所不同，仅需输入公式即可，无须按 <Ctrl+Shift+Enter> 组合键完成编辑。

多项计算是对公式中有对应关系的数组元素同时分别执行相关计算的过程。按 <Ctrl+Shift+Enter> 组合键，即表示通知 Excel 执行多项计算。

以下两种情况下，必须使用数组公式才能得到正确结果。

（1）当公式的计算过程中存在多项计算，并且使用的函数不支持非常量数组的多项计算时。

（2）当公式的计算结果为数组，需要在多个单元格内存放公式计算结果时。

但是，并非所有执行多项计算的公式都必须以数组公式的输入方式来完成编辑。在 array 数组型或 vector 向量类型的函数参数中使用数组，并返回单一结果时，不需要使用数组公式就能自动进行多项计算，例如，SUMPRODUCT 函数、LOOKUP 函数、MMULT 函数以及 MODE.MULT 函数等。

数组公式的优势是能够实现其他方法无法完成的复杂计算，但是也有一定的局限性。

一是数组公式相对较难理解，尤其是在修改由他人编辑完成的复杂数组公式时，如果不能完全理解编辑者的思路，将会非常困难。

二是由于数组公式执行的是多项计算，如果工作簿中使用较多的数组公式，或是数组公式中的计算范围较大时，会显著降低工作簿重新计算的速度。

16.2.2 多单元格数组公式

在多个单元格使用同一公式，按 <Ctrl+Shift+Enter> 组合键结束编辑形成的公式，称为多单元格数组公式。

在单个单元格中使用数组公式进行多项计算后，有时可以返回一组运算结果，但单元格中只能显示单个值（通常是结果数组中的首个元素），而无法完整显示整组运算结果。使用多单元格数组公式，则可以在选定的范围内完全展现出数组公式运算所产生的数组结果，每个单元格分别显示数组中的一个元素。

使用多单元格数组公式时，所选择的单元格个数必须与公式最终返回的数组元素个数相同。如图 16-9 所示，假设 A1:A6 单元格分别输入 2、6、-5、3、-2、-1，此时同时选中 C2:C7 单元格区域，编辑栏中输入以下公式（不包括两侧大括号），并按 <Ctrl+Shift+Enter> 组合键结束编辑，这样就完成了一组多单元格数组公式的输入。

```
{=A1:A6*(A1:A6>0)}
```

观察 C2:C7 单元格中的公式，会发现其中所含的都是相同的公式内容。与常规公式的复制填充不同的是，使用这种输入方法，公式中引用的行号范围不会产生相对引用时的自动递增现象。

如果输入数组公式时，选择区域大于公式最终返回的数组元素个数，多出部分将显示为错误值，如图 16-9 中 E2:E9 单元格所示。如果所选择的区域小于公式最终返回的数组元素个数，则公式结果显示不完整，如图 16-9 中 G2:G6 单元格所示。

用户必须使用多单元格数组公式，才能在单元格区域中显示内存数组结果。但是多单元格数组公式返回的除了内存数组，还有可能是单值。

如图 16-10 所示，同时选中 D3:D7 单元格，输入以下数组公式，按 <Ctrl+Shift+Enter> 组合键。

```
{=INDEX(B:B,ROW(4:8))}
```

	A	B	C	D	E	F	G
1	2		正确		错误		不完整
2	6		2		2		2
3	-5		6		6		6
4	3		0		0		0
5	-2		3		3		3
6	-1		0		0		0
7			0		0		
8					#N/A		
9					#N/A		

图 16-9　多单元格数组公式

	A	B	C	D	E	F	G
1		38					
2		20		{=INDEX(B:B,ROW(4:8))}			
3		29		52		{=INDEX(B:B,{3;5;7;9})}	
4		52		37		29	
5		37		38		37	
6		38		51		51	
7		51		45		21	
8		45					
9		21					
10		17					

图 16-10　多单元格数组公式返回单值

同时选中 F4:F8，输入以下数组公式，按 <Ctrl+Shift+Enter> 组合键。

```
{=INDEX(B:B,{3;5;7;9})}
```

两个公式虽然使用的是数组参数，但返回的都是单个计算结果而不是内存数组。

判断多单元格数组公式返回的结果是否为内存数组，可以使用以下两种方法。

（1）选中任意单元格中的公式按 <F9> 键，如果显示的计算结果与多单元格数组公式的整体结果不一致，则说明公式结果是单值。

（2）在原公式外嵌套使用 ROWS 函数或是 COLUMNS 函数，如果得到的行、列数结果与多单元格数组公式的整体行列数不符，而是返回结果为 1，则说明公式结果是单值。

使用以上两种方法，都可以判定以下多单元格数组公式返回的结果是内存数组。

```
{=N(OFFSET(B1,{3;5;7},))}
```

示例 16-4 多单元格数组公式计算销售额

图 16-11 展示的是某超市销售记录表的部分内容。需要以 E3:E10 的单价分别乘以 F3:F10 的数量，计算不同业务员的销售额。

G3 {=E3:E10*F3:F10}

	利润率：	20%				
序号	销售员	饮品	单价	数量	销售额
1	任继先	可乐	2.5	85	212.50
2	陈尚武	雪碧	2.5	35	87.50
3	李光明	冰红茶	2	60	120.00
4	李厚辉	鲜橙多	3.5	45	157.50
5	毕淑华	美年达	3	40	120.00
6	赵会芳	农夫山泉	2	80	160.00
7	赖群毅	营养快线	5	25	125.00
8	李从林	原味绿茶	3	35	105.00

图 16-11 多单元格数组公式计算销售额

同时选中 G3:G10 单元格区域，在编辑栏中输入以下公式（不包括两侧大括号），按 <Ctrl+Shift+Enter> 组合键。

```
{=E3:E10*F3:F10}
```

此公式将各种商品的单价分别乘以各自的销售数量，获得一个内存数组。

```
{212.5;87.5;120;157.5;120;160;125;105}
```

公式编辑完成后，在 G3:G10 单元格区域中将其依次显示出来（在本示例中生成的内存数组与单元格区域尺寸完全一致）。

为便于识别，本书中所有数组公式的首尾均使用大括号“{ }”包含。在 Excel 中实际输入时，大括号由 <Ctrl+Shift+Enter> 组合键自动生成，如果手工输入，Excel 会将其识别为文本字符，而无法当做公式正确地运算。

示例 16-5 计算前三位的商品销售额

图 16-12 展示的是某商品销售记录表的部分内容，需要根据 B 列的单价和 C 列的数量，计算前三位的商品销售额。

同时选中 E4:E6 单元格区域，编辑栏中输入以下数组公式，按 <Ctrl+Shift+Enter> 组合键。

```
{=LARGE(B2:B10*C2:C10,{1;2;3})}
```

	A	B	C	D	E
1	商品	单价	数量		
2	商品A	75	2		
3	商品B	63	4		前三名的销售额
4	商品C	17	5		264
5	商品D	22	4		252
6	商品E	45	2		150
7	商品F	26	4		
8	商品G	37	2		
9	商品H	46	3		
10	商品I	66	4		

图 16-12 计算前三位的商品销售额

B2:B10*C2:C10 部分，将每个商品的单价分别乘以各自的销售数量，获得一个内存数组。

```
{150;252;85;88;90;104;74;138;264}
```

再使用 LARGE 函数，以 { 1;2;3 } 作为第二参数，在内存数组中分别提取出第 1 ~ 3 个最大值。因为 LARGE 函数的第二参数使用的是 1 列 3 行的常量数组，因此得到的结果也是 1 列 3 行的数组运算结果。

使用多单元格数组公式的输入方式，将数组结果中的每一个元素分别显示在 E4:E6 单元格区域中。

16.2.3 单个单元格数组公式

单个单元格数组公式是指在单个单元格中进行多项计算并返回单一值的数组公式。

示例 16-6 单个单元格数组公式

沿用示例 16-4 的销售数据，可以使用单个单元格数组公式统计所有饮品的总销售利润。

G12 {=SUM(E3:E10*F3:F10)*G1}

	A	B	C	D	E	F	G
1						利润率：	20%
2		序号	销售员	饮品	单价	数量	销售额
3		1	任继先	可乐	2.5	85	212.5
4		2	陈尚武	雪碧	2.5	35	87.5
5		3	李光明	冰红茶	2	60	120
6		4	李厚辉	鲜橙多	3.5	45	157.5
7		5	毕淑华	美年达	3	40	120
8		6	赵会芳	农夫山泉	2	80	160
9		7	赖群毅	营养快线	5	25	125
10		8	李从林	原味绿茶	3	35	105
11							
12						销售利润合计	217.5

图 16-13 单个单元格数组公式

如图 16-13 所示，G12 单元格使用以下数组公式，按 <Ctrl+Shift+Enter> 组合键。

```
{=SUM(E3:E10*F3:F10)*G1}
```

该公式先将各商品的单价和销量分别相乘，然后用 SUM 函数汇总数组中的所有元素，得到总销售额。最后乘以 G1 单元格的利润率，即得出所有饮品的总销售利润。

由于 SUM 函数的参数为 number 类型，不能直接支持多项运算，所以该公式必须以数组公式的形式按 <Ctrl+Shift+Enter> 组合键输入，显式通知 Excel 执行多项运算。

本例中的公式可用 SUMPRODUCT 函数代替 SUM 函数。

```
=SUMPRODUCT(E3:E10*F3:F10)*G1
```

SUMPRODUCT 函数的参数是 array 数组类型，直接支持多项运算，因此该公式以普通公式的形式输入就能够得出正确结果。

16.2.4 数组公式的编辑

针对多单元格数组公式的编辑有如下限制。

- 不能单独改变公式区域中某一部分单元格的内容。
- 不能单独移动公式区域中某一部分单元格。
- 不能单独删除公式区域中某一部分单元格。
- 不能在公式区域插入新的单元格。

当用户进行以上操作时，Excel 会弹出“不能更改数组的某一部分”的提示对话框，如图 16-14 所示。

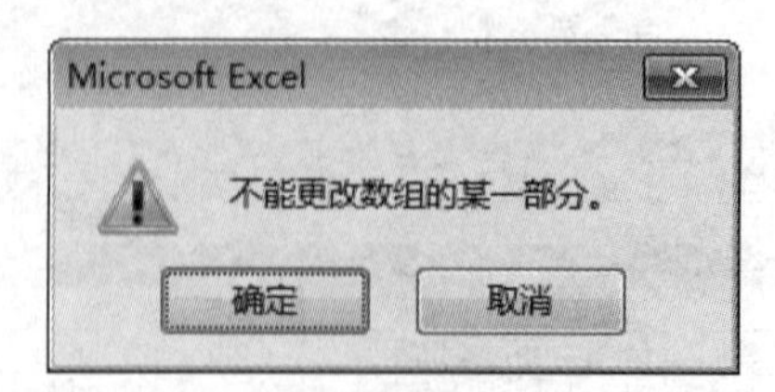

图 16-14 不能更改数组的某一部分

如需修改多单元格数组公式，操作步骤如下。

步骤① 选择公式所在单元格或单元格区域，按 <F2> 键进入编辑模式。

步骤② 修改公式内容后，按 <Ctrl+Shift+Enter> 组合键结束编辑。

如需删除多单元格数组公式，操作步骤如下。

步骤① 选择数组公式所在的任意一个单元格，按 <F2> 键进入编辑状态。

步骤② 删除该单元格公式内容后，按 <Ctrl+Shift+Enter> 组合键结束编辑。

另外，还可以先选择数组公式所在的任意一个单元格，按 <Ctrl+/> 组合键选择多单元格数组公式区域后，按 <Delete> 键进行删除。

16.2.5　数组的直接运算

所谓直接运算，指的是不使用函数，直接使用运算符对数组进行运算。由于数组的构成元素包含数值、文本、逻辑值、错误值，因此数组继承着错误值之外的各类数据的运算特性。数值型和逻辑型数组可以进行加减乘除等常规的算术运算，文本型数组可以进行连接运算。

1. 数组与单值直接运算

数组与单值（或单元素数组）可以直接运算，返回一个数组结果，并且与原数组尺寸相同。

例如以下公式。

```
{=5+{1,2,3,4}}
```

返回与 { 1,2,3,4 } 相同尺寸的结果。

```
{6,7,8,9}
```

2. 同方向一维数组之间的直接运算

两个同方向的一维数组直接进行运算，会根据元素的位置进行一一对应运算，生成一个新的数组。

例如以下公式。

```
{={1;2;3;4}*{2;3;4;5}}
```

返回结果如下。

```
{2;6;12;20}
```

公式的运算过程如图 16-15 所示。

1	*	2	=	2
2	*	3	=	6
3	*	4	=	12
4	*	5	=	20

图 16-15　同方向一维数组的运算

参与运算的两个一维数组需要具有相同的尺寸，否则运算结果的部分数据为错误值 #N/A。例如以下公式。

```
{={1;2;3;4}+{1;2;3}}
```

返回结果如下。

```
{2;4;6;#N/A}
```

超出较小数组尺寸的部分会出现错误值。

示例 16-7 多条件成绩查询

图 16-16 展示的是学生成绩表的部分内容，需要根据姓名和科目查询学生的成绩。

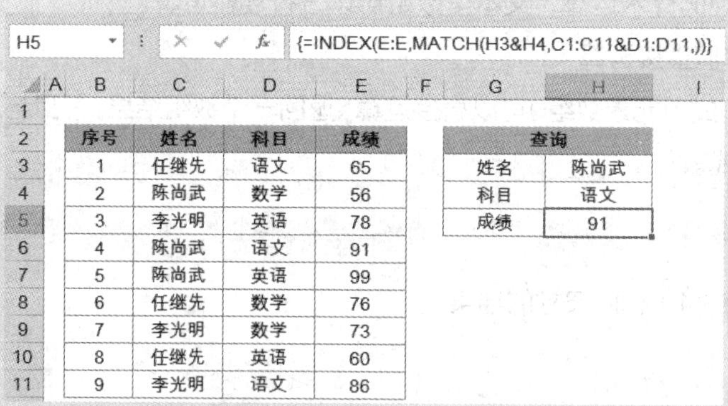

H5 {=INDEX(E:E,MATCH(H3&H4,C1:C11&D1:D11,))}

序号	姓名	科目	成绩
1	任继先	语文	65
2	陈尚武	数学	56
3	李光明	英语	78
4	陈尚武	语文	91
5	陈尚武	英语	99
6	任继先	数学	76
7	李光明	数学	73
8	任继先	英语	60
9	李光明	语文	86

查询	
姓名	陈尚武
科目	语文
成绩	91

图 16-16　根据姓名和科目查询成绩

H5 单元格中输入以下数组公式，按 <Ctrl+Shift+Enter> 组合键。

```
{=INDEX(E:E,MATCH(H3&H4,C1:C11&D1:D11,))}
```

首先使用文本连接符“&”，将 H3 单元格的姓名和 H4 单元格的科目连接成新的字符串“陈尚武语文”。

再将两个一维区域引用进行连接运算，即 C1:C11&D1:D11，生成同尺寸的一维数组。

```
{"";"姓名科目";"任继先语文";"陈尚武数学";"李光明英语";"陈尚武语文";......}
```

然后利用 MATCH 函数，以精确匹配方式进行查找定位，返回字符串“陈尚武语文”在一维数组中的位置 6。结果再用做 INDEX 函数的索引值，在 E 列中返回对应位置的值，最终查询出指定学生的成绩。

3. 不同方向一维数组之间的直接运算

$M\times1$ 的垂直数组与 $1\times N$ 的水平数组直接运算的运算方式是：数组中每个元素分别与另一数组的每个元素进行运算，返回 $M\times N$ 二维数组。

例如以下公式。

```
{={1,2,3}+{1;2;3;4}}
```

返回结果如下。

```
{2,3,4;3,4,5;4,5,6;5,6,7}
```

公式运算过程如图 16-17 所示。

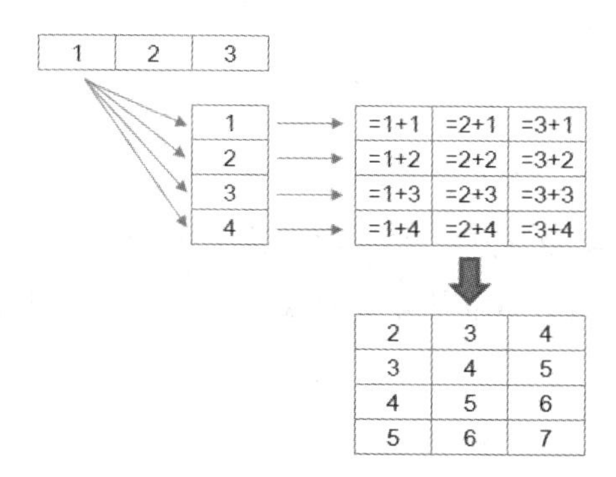

图 16-17 不同方向一维数组的运算过程

示例 16-8 多单元格数组公式制作九九乘法表

如图 16-18 所示，是使用多单元格数组公式制作的九九乘法表。

	A	B	C	D	E	F	G	H	I	J
1		1	2	3	4	5	6	7	8	9
2	1	1×1=1								
3	2	1×2=2	2×2=4							
4	3	1×3=3	2×3=6	3×3=9						
5	4	1×4=4	2×4=8	3×4=12	4×4=16					
6	5	1×5=5	2×5=10	3×5=15	4×5=20	5×5=25				
7	6	1×6=6	2×6=12	3×6=18	4×6=24	5×6=30	6×6=36			
8	7	1×7=7	2×7=14	3×7=21	4×7=28	5×7=35	6×7=42	7×7=49		
9	8	1×8=8	2×8=16	3×8=24	4×8=32	5×8=40	6×8=48	7×8=56	8×8=64	
10	9	1×9=9	2×9=18	3×9=27	4×9=36	5×9=45	6×9=54	7×9=63	8×9=72	9×9=81

图 16-18 九九乘法表

同时选中 B2:J10 单元格区域，输入以下数组公式，按 <Ctrl+Shift+Enter> 组合键。

```
{=IF(B1:J1<=A2:A10,B1:J1&"×"&A2:A10&"="&B1:J1*A2:A10,"")}
```

B1:J1<=A2:A10 部分，分别判断 B1:J1 是否小于等于 A2:A10，返回由逻辑值 TRUE 和 FALSE 组成的 9 列 9 行的内存数组。

```
{TRUE,FALSE,FALSE,FALSE,FALSE,FALSE,FALSE,FALSE,FALSE;…TRUE,TRUE}
```

B1:J1&"×"&A2:A10&"="&B1:J1*A2:A10 部分，使用连接符“&”将单元格内容和运算符以及算式进行连接，同样返回 9 列 9 行的内存数组结果。

```
{"1×1=1","2×1=2","3×1=3","4×1=4","5×1=5","6×1=6",…,"9×9=81"}
```

使用 IF 函数进行判断，如果第一个内存数组中为逻辑值 TRUE，则返回第二个内存数组中对应位置的文本算式，否则返回空文本。

计算得到的数组结果存放在 9 列 9 行的单元格区域内，每个单元格显示出数组结果中对应的元素。

4. 一维数组与二维数组之间的直接运算

如果一维数组的尺寸与二维数组的同维度上的尺寸一致，则可以在这个方向上进行一一对应的运算。即 $M \times N$ 的二维数组可以与 $M \times 1$ 或 $1 \times N$ 的一维数组直接运算，返回一个 $M \times N$ 的二维数组。

例如以下公式。

```
{={1;2;3}*{1,2;3,4;5,6}}
```

返回结果如下。

```
{1,2;6,8;15,18}
```

公式运算过程如图 16-19 所示。

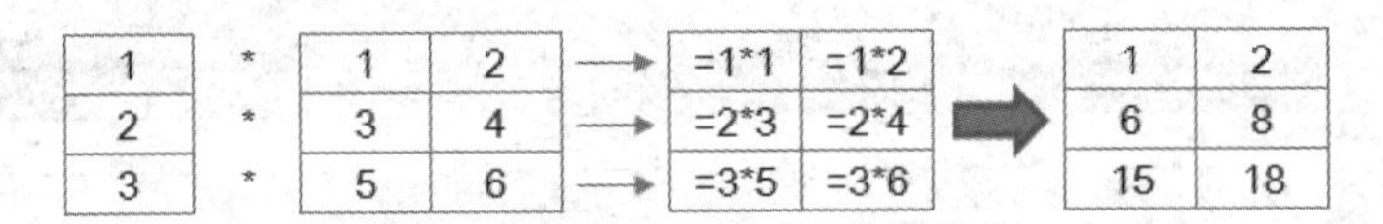

图 16-19　一维数组与二维数组的运算过程

如果一维数组与二维数组的同维度上的尺寸不一致，则结果将包含错误值 #N/A。

例如以下公式。

```
{={1;2;3}*{1,2;3,4}}
```

返回结果如下。

```
{1,2;6,8;#N/A,#N/A}
```

5. 二维数组之间的直接运算

两个具有相同尺寸的二维数组可以直接运算，运算过程是将相同位置的元素两两对应进行运算，返回一个与原数组尺寸一致的二维数组。

例如以下公式。

```
{={1,2;2,4;3,6;4,8}+{7,9;5,3;3,1;1,5}}
```

返回结果如下。

```
{8,11;7,7;6,7;5,13}
```

公式运算过程如图 16-20 所示。

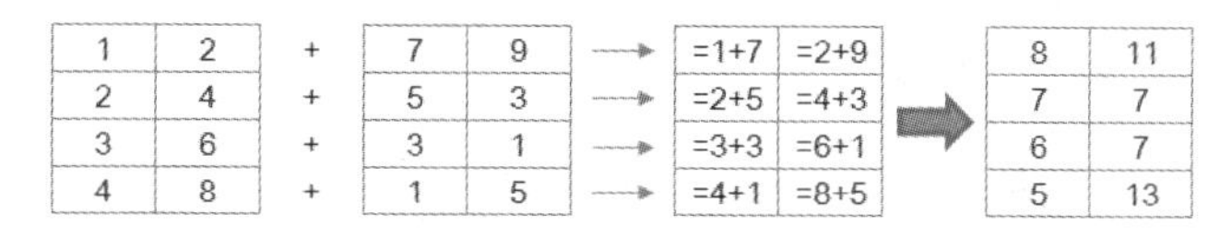

图 16-20 二维数组之间的运算过程

如果参与运算的两个二维数组尺寸不一致，生成的结果以两个数组中的最大行列尺寸为新的数组尺寸，但超出小尺寸数组的部分会产生错误值 #N/A。

例如以下公式。

```
{={1,2;2,4;3,6;4,8}+{7,9;5,3;3,1}}
```

返回结果如下。

```
{8,11;7,7;6,7;#N/A,#N/A }
```

16.2.6 数组的矩阵运算

MMULT 函数用于计算两个数组的矩阵乘积，其语法结构如下。

```
MMULT(array1,array2)
```

其中，array1、array2 是要进行矩阵乘法运算的两个数组。array1 的列数必须与 array2 的行数相同，而且两个数组都只能包含数值元素。array1 参数和 array2 参数可以是单元格区域、数组常量或引用。

示例 16-9 了解 MMULT 函数运算过程

MMULT 函数在计算时，将 array1 参数各行中的每一个元素与对应的 array2 参数各列中的每一个元素相乘，返回对应的乘积之和。计算结果的行数等于 array1 参数的行数，列数等于 array2 参数的列数。

例 1：如图 16-21 所示，B6:D6 单元格区域分别输入数字 1、2、3，F2:F4 单元格区域分别输入数字 4、5、6，C3 单元格输入以下公式，得到 B6:D6 与 F2:F4 单元格区域的矩阵乘积之和。

```
=MMULT(B6:D6,F2:F4)
```

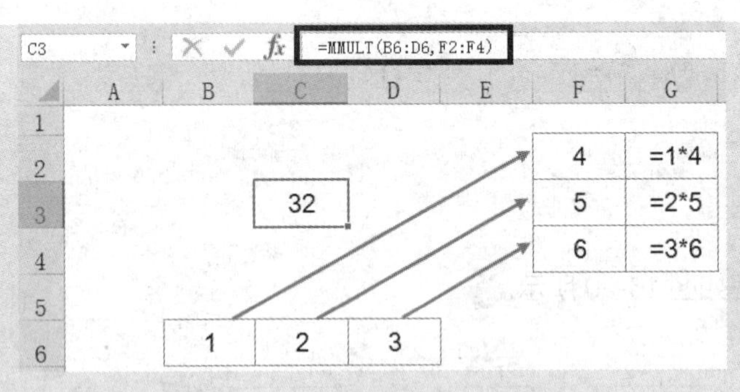

图 16-21　计算矩阵乘积之和

其计算过程如下。

```
=1*4+2*5+3*6
```

当 array1 的列数与 array2 的行数不相等，或是任意单元格为空或包含文字时，MMULT 函数返回将返回错误值 #VALUE!。

在图 16-21 中，array1 参数是 B6:D6 单元格区域，其行数为 1；array2 参数是 F2:F4 单元格区域，其列数也为 1，因此 MMULT 函数的计算结果为 1 行 1 列的单个值。

例 2：如图 16-22 所示，B12:B14 单元格区域分别输入数字 4、5、6，C15:E15 单元格区域分别输入数字 1、2、3。同时选中 C12:E14 单元格区域，输入以下多单元格数组公式，按 <Ctrl+Shift+Enter> 组合键。

```
{=MMULT(B12:B14,C15:E15)}
```

C12　{=MMULT(B12:B14,C15:E15)}

	A	B	C	D	E	F
11						
12		4	4	8	12	
13		5	5	10	15	
14		6	6	12	18	
15			1	2	3	

图 16-22　计算矩阵乘积之和

MMULT 函数的 array1 参数使用 B12:B14 单元格区域的 3 行垂直数组，array2 参数使用 C15:E15 单元格区域的 3 列水平数组，其计算结果为 3 行 3 列的内存数组。

```
{4,8,12;5,10,15;6,12,18}
```

计算得到的数组结果存放在在 3 列 3 行的单元格区域内，每个单元格显示出数组结果中对应的元素。

在数组运算中，MMULT 函数常用于生成内存数组，其结果用作其他函数的参数。通常情况下 array1 参数使用水平数组，array2 参数使用 1 列的垂直数组。

示例 16-10　使用 MMULT 函数计算英语成绩

图 16-23 展示的是学生英语成绩表的部分内容，需要根据出勤得分、期末笔试得分以及期末口试得分计算最终成绩。其中，出勤、期末笔试、期末口试所占比率分别是 0.3、0.5 和 0.2。

G3　{=MMULT(D3:F11,J4:J6)}

序号	姓名	出勤	期末笔试	期末口试	成绩
1	代垣垣	60	94	90	83
2	靳明珍	100	88	65	87
3	马惠	70	78	75	75
4	李琼仙	80	75	75	76.5
5	谢永明	80	82	80	81
6	纪福生	90	75	65	77.5
7	施丽华	100	70	65	78
8	刘华	90	85	85	86.5
9	吴巧琼	80	66	95	76

成绩构成	
项目	占比
出勤	0.3
期末考试	0.5
期末口试	0.2

图 16-23　学生英语成绩汇总

选中 G3:G11 单元格区域，在编辑栏中输入以下数组公式，按 <Ctrl+Shift+Enter> 组合键。

```
{=MMULT(D3:F11,J4:J6)}
```

由于左表的得分与右表的占比一一对应，因此使用 MMULT 函数计算得分数组与占比数组的矩阵乘积，从而得到最终的成绩。

例如，第三行中的 D3:F3 与 J4:J6 分别相乘，运算过程如下。

```
=60*0.3+94*0.5+90*0.2
```

其他行的计算过程以此类推。本例中，MMULT 函数返回的是 1 列 9 行的数组结果，为了将结果填入 G3:G11 单元格区域中，该公式必须以多单元格数组公式进行输入。

G3 单元格中输入以下数组公式，按 <Ctrl+Shift+Enter> 组合键，向下复制到 G11 单元格，也可完成同样的计算。

```
{=SUM(D3:F3*TRANSPOSE(J$4:J$6))}
```

首先使用 TRANSPOSE 函数，将 J$4:J$6 单元格垂直方向的｛0.3;0.5;0.2｝转换为水平方向的｛0.3,0.5,0.2｝。转换时，数组的第一行作为新数组的第一列，数组的第二行作为新数组的第二列，以此类推。

再使用 D3:F3 单元格区域与水平方向的{0.3,0.5,0.2}相乘，同一方向的数组直接计算时，会根据元素的位置进行一一对应运算，生成一个新的数组{18,47,18}。最后使用 SUM 函数进行求和，得到最终成绩。

示例 16-11 计算餐费分摊金额

图 16-24 展示的是某单位餐厅的员工进餐记录，B 列是不同日期的餐费金额，C2:G10 单元格区域是员工的进餐情况，1 表示当日进餐，空白表示当日没有进餐。需要在 C11:G11 单元格区域中，根据每日的进餐人数和餐费，计算每个人应分摊的餐费金额。

个人餐费计算方法为当日餐费除以当日进餐人数，如 5 月 21 日餐费为 44 元，进餐人数为 2 人，周伯通和杨铁心每人分摊 22 元，其他人不分摊。

	A	B	C	D	E	F	G
1	日期	餐费	周伯通	黄药师	杨铁心	郭啸天	梅超风
2	5月21日	44	1		1		
3	5月22日	29		1		1	
4	5月23日	32			1	1	
5	5月24日	15	1		1		1
6	5月25日	89		1			
7	5月26日	16				1	
8	5月27日	22	1		1		1
9	5月28日	18	1			1	
10	5月29日	45	1	1			1
11	分摊金额		58.33	118.50	50.33	55.50	27.33

图 16-24 计算餐费分摊金额

C11 单元格中输入以下数组公式，按 <Ctrl+Shift+Enter> 组合键，向右复制到 G11 单元格。

```
{=SUM($B2:$B10/MMULT(--$C2:$G10,ROW(1:5)^0)*C2:C10)}
```

C2:G10 单元格区域中存在空白单元格，直接使用 MMULT 函数时将返回错误值，因此先使用减负运算，目的是将区域中的空白单元格转换为 0。

ROW(1:5)^0 部分，返回 1 列 5 行的内存数组{1;1;1;1;1}，结果用作 MMULT 函数的 array2 参数。任意非 0 数值的 0 次幂结果均为 1，根据此特点，常用于快速生成结果为 1 的水平或垂直内存数组。

MMULT(--$C2:$G10,ROW(1:5)^0) 部分，计算减负运算后的 C2:G10 与{1;1;1;1;1}的矩阵乘积。以 C2:G2 为例，计算过程如下。

```
=1*1+0*1+1*1+0*1+0*1
```

其他行以此类推。

MMULT 函数依次计算每一行的矩阵相乘之和，返回内存数组结果如下。

```
{2;2;2;3;1;1;3;2;3}
```

结果相当于 C2:G10 单元格区域中每一行的总和，即每日进餐的人数。

使用 $B2:$B10 单元格区域的每日餐费，除以 MMULT 函数得到的每日进餐人数，结果即为每一天的进餐人员应分摊金额。再乘以 C2:C10 单元格区域的个人进餐记录，得到“周伯通”每天的应分摊金额。

```
{22;0;0;5;0;0;7.33333333333333;9;15}
```

最后使用 SUM 函数求和，得到“周伯通”应分摊餐费总额，将单元格设置保留两位小数，结果为 58.33。

示例 16-12 使用 MMULT 函数求解鸡兔同笼

我国古代数学著作《孙子算经》中有这样一个题目：今有鸡兔同笼，上有三十五头，下有九十四足，问鸡兔各几何?

此题目包含生活常识：一只鸡有一个头两只脚，一只兔有一个头四只脚。因此题目中的等量关系可转换如下。

鸡只数 + 兔只数 =35。

2* 鸡只数 +4* 兔只数 =94。

设鸡的只数为 x，兔的只数为 y，使用二元一次方程组表示如下。

$$\begin{cases} x + y = 35 \\ 2x + 4y = 94 \end{cases}$$

如图 16-25 所示，在 A2:C3 单元格区域根据二元一次方程组中的等量关系，依次输入基础数据。

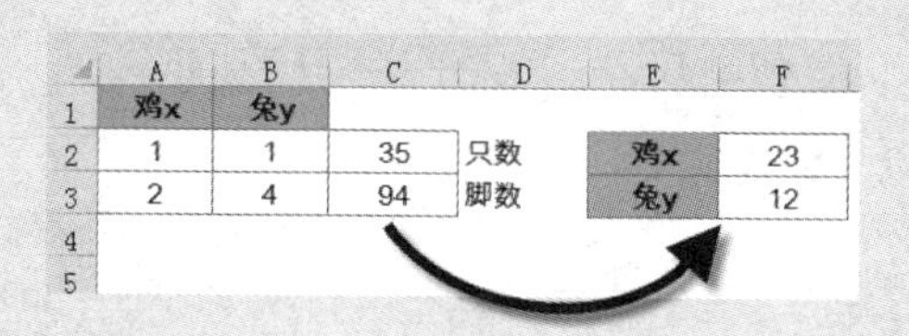

	A	B	C	D	E	F
1	鸡x	兔y				
2	1	1	35	只数	鸡x	23
3	2	4	94	脚数	兔y	12
4						
5						

图 16-25　求解鸡兔同笼

同时选中 F2:F3 单元格区域，输入以下数组公式，按 <Ctrl+Shift+Enter> 组合键。

```
{=MMULT(MINVERSE(A2:B3),C2:C3)}
```

首先使用 MINVERSE 函数，返回由 A2:B3 单元格区域构建的矩阵的逆距阵，结果如下。

```
{2,-0.5;-1,0.5}
```

MINVERSE 函数的计算结果用作 MMULT 函数的 array1 参数，MMULT 函数的 array2 参数使用垂直数组 C2:C3。最终返回这两个数组的矩阵乘积结果为｛23;12｝，即 *x* 值（鸡的只数）为 23，和 *y* 值（兔的只数）为 12。

提示 关于矩阵、逆矩阵的知识，可查阅线性代数等相关专业书籍。

COUNTIF 函数、SUMIF 函数以及 SUBTOTAL 等函数都可以运用于条件求和、条件计数等统计需求，但这些函数都要求其第一参数为单元格区域的直接引用。在问题比较复杂、统计条件比较多的情况下，无法直接使用这些函数进行条件统计，而使用 MMULT 函数可以替代这些函数，完成复杂条件下的汇总统计。

示例 16-13 计算单日库存最大值

图 16-26 展示的是某商品出入库记录表的部分内容，包含不同仓库每日的出库量和入库量记录，需要计算 A 仓库的单日库存最大值。

	A	B	C	D	E	F
1	仓库	日期	入库量	出库量		A仓库单日最大库存
2	B	2015/6/10	57	22		29
3	A	2015/6/11	55	53		
4	B	2015/6/12	74	42		
5	B	2015/6/13	41	65		
6	A	2015/6/14	10	9		
7	B	2015/6/15	3	40		
8	A	2015/6/16	57	47		
9	A	2015/6/17	89	73		
10	A	2015/6/18	82	84		
11	B	2015/6/19	8	47		

图 16-26　计算单日库存最大值

F2 单元格中输入以下公式。

```
=MAX(MMULT(N(ROW(1:10)>=COLUMN(A:J)),(A2:A11="A")*(C2:C11-D2:D11)))
```

公式首先使用 N(ROW(1:10)>=COLUMN(A:J)) 创建一个三角矩阵，用作 MMULT 函数的 array1 参数。为便于理解，可同时选中 I2:R11 单元格区域，输入此部分公式，按 <Ctrl+Shift+Enter> 组合键，结果如图 16-27 所示。

I2 {=N(ROW(1:10)>=COLUMN(A:J))}

	H	I	J	K	L	M	N	O	P	Q	R	S	T
1													
2		1	0	0	0	0	0	0	0	0	0		
3		1	1	0	0	0	0	0	0	0	0		
4		1	1	1	0	0	0	0	0	0	0		
5		1	1	1	1	0	0	0	0	0	0		
6		1	1	1	1	1	0	0	0	0	0		
7		1	1	1	1	1	1	0	0	0	0		
8		1	1	1	1	1	1	1	0	0	0		
9		1	1	1	1	1	1	1	1	0	0		
10		1	1	1	1	1	1	1	1	1	0		
11		1	1	1	1	1	1	1	1	1	1		

图 16-27 创建三角矩阵

注意创建三角矩阵时，COLUMN 函数参数中的最大列号要与实际数据的行数相同。

(A2:A11="A")*(C2:C11-D2:D11) 部分，使用等式判断 A 列的仓库是否符合指定的仓库“A”，再乘以 C 列的入库量减去 D 列的出库量，结果为仓库 A 每一天的入库量减去出库量的差。

```
{0;2;0;0;1;0;10;16;-2;0}
```

以此作为 MMULT 函数的 array2 参数，与之前创建的三角矩阵对应相乘。已知 MMULT 函数的结果行数与 array1 参数的行数相同、列数与 array2 参数的列数相同，最终返回 10 行 1 列的内存数组结果。

```
{0;2;2;2;3;3;13;29;27;27}
```

最后用 MAX 函数计算出其中的最大值，结果为 29。

示例 16-14 指定型号的单月最高产量

图 16-28 展示的是某企业产品加工表的部分内容，包含不同日期、不同型号的产量记录，需要计算“E”型产品的单月最高产量。

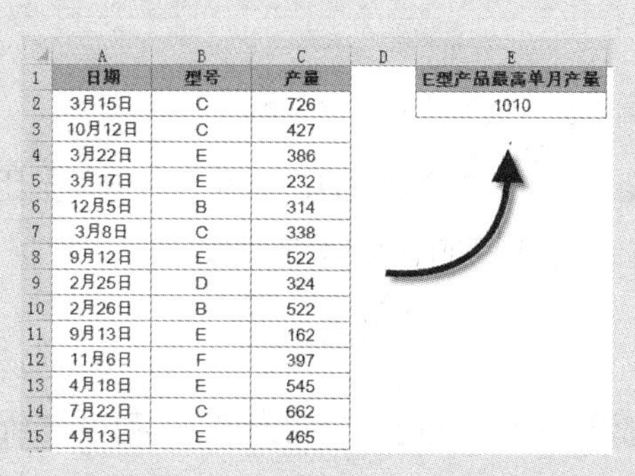

	A	B	C	D	E
1	日期	型号	产量		E型产品最高单月产量
2	3月15日	C	726		1010
3	10月12日	C	427		
4	3月22日	E	386		
5	3月17日	E	232		
6	12月5日	B	314		
7	3月8日	C	338		
8	9月12日	E	522		
9	2月25日	D	324		
10	2月26日	B	522		
11	9月13日	E	162		
12	11月6日	F	397		
13	4月18日	E	545		
14	7月22日	C	662		
15	4月13日	E	465		

图 16-28 指定型号的单月最高产量

E2 单元格中输入以下数组公式，按 <Ctrl+Shift+Enter> 组合键。

```
{=MAX(MMULT(TRANSPOSE(C2:C15),(MONTH(A2:A15)=COLUMN(A:L))*(B2:B15="E")))}
```

首先使用 TRANSPOSE 函数将 C2:C15 转置为水平数组，结果用作 MMULT 函数的 array1 参数。

```
{726,427,386,232,314,338,522,324,522,162,397,545,662,465}
```

(MONTH(A2:A15)=COLUMN(A:L))*(B2:B15="E") 部分，先使用 MONTH 函数计算出 A2:A15 单元格中各日期的月份，再分别判断是否与 COLUMN(A:L) 得到的水平数组 { 1,2,3,4,5,6,7,8,9,10,11,12 } 相同，乘以 (B2:B15="E") 的作用是指定 B 列要统计的产品型号。最终得到一个二维的内存数组，其列方向为月份，行方向为型号，结果用作 MMULT 函数的 array2 参数。

为便于理解，首先在 I2:T2 单元格区域中依次输入月份做为列标题，将 B2:B15 单元格区域中的型号复制到 H3:H16 单元格区域作为行标题。同时选中 I3:T16 单元格区域，输入以下数组公式，按 <Ctrl+Shift+Enter> 组合键，结果如图 16-29 所示。

```
{=(MONTH(A2:A15)=COLUMN(A:L))*(B2:B15="E")}
```

I3　{=(MONTH(A2:A15)=COLUMN(A:M))*(B2:B15="E")}

	H	I	J	K	L	M	N	O	P	Q	R	S	T
1													
2	型号	1月	2月	3月	4月	5月	6月	7月	8月	9月	10月	11月	12月
3	C	0	0	0	0	0	0	0	0	0	0	0	0
4	C	0	0	0	0	0	0	0	0	0	0	0	0
5	E	0	0	1	0	0	0	0	0	0	0	0	0
6	E	0	0	1	0	0	0	0	0	0	0	0	0
7	B	0	0	0	0	0	0	0	0	0	0	0	0
8	C	0	0	0	0	0	0	0	0	0	0	0	0
9	E	0	0	0	0	0	0	0	0	1	0	0	0
10	D	0	0	0	0	0	0	0	0	0	0	0	0
11	B	0	0	0	0	0	0	0	0	0	0	0	0
12	E	0	0	0	0	0	0	0	0	1	0	0	0
13	F	0	0	0	0	0	0	0	0	0	0	0	0
14	E	0	0	0	1	0	0	0	0	0	0	0	0
15	C	0	0	0	0	0	0	0	0	0	0	0	0
16	E	0	0	0	1	0	0	0	0	0	0	0	0

图 16-29　二维内存数组

MMULT 函数的 array1 参数使用 C2:C15 转置后的水平数组，array2 参数使用以上二维内存数组，得到一个 1 行 12 列的内存数组结果。

```
{0,0,618,1010,0,0,0,0,684,0,0,0}
```

内存数组结果的行数与 array1 参数的行数相同，列数与 array2 参数的列数相同，每一个元素即是“E”型产品在每个月的总产量，各参数和公式结果如图 16-30 所示。

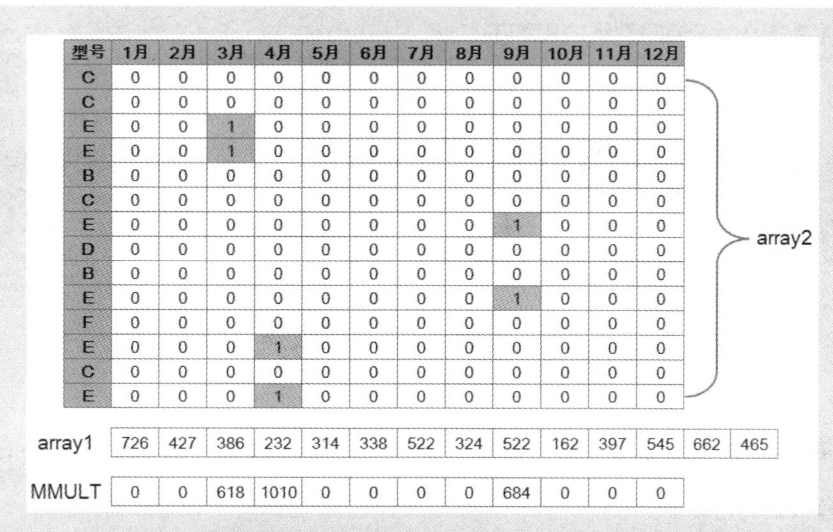

型号	1月	2月	3月	4月	5月	6月	7月	8月	9月	10月	11月	12月
C	0	0	0	0	0	0	0	0	0	0	0	0
C	0	0	0	0	0	0	0	0	0	0	0	0
E	0	0	1	0	0	0	0	0	0	0	0	0
E	0	0	1	0	0	0	0	0	0	0	0	0
B	0	0	0	0	0	0	0	0	0	0	0	0
C	0	0	0	0	0	0	0	0	0	0	0	0
E	0	0	0	0	0	0	0	0	1	0	0	0
D	0	0	0	0	0	0	0	0	0	0	0	0
B	0	0	0	0	0	0	0	0	0	0	0	0
E	0	0	0	0	0	0	0	0	1	0	0	0
F	0	0	0	0	0	0	0	0	0	0	0	0
E	0	0	0	1	0	0	0	0	0	0	0	0
C	0	0	0	0	0	0	0	0	0	0	0	0
E	0	0	0	1	0	0	0	0	0	0	0	0

array1	726	427	386	232	314	338	522	324	522	162	397	545	662	465

MMULT	0	0	618	1010	0	0	0	0	684	0	0	0

图 16-30　MMULT 函数运算过程

最后使用 MAX 函数计算出其中的最大值，结果为 1010。

16.2.7　单元格区域转换为数组参数

某些函数的参数不能直接使用单元格区域引用，否则结果将返回错误值。通过简单运算，可将单元格区域引用转换为数组，再以此作为函数的参数。

示例 16-15　判断区域内有几个偶数

ISEVEN 函数用于判断参数的奇偶性，其参数不支持单元格区域引用。如图 16-31 所示，需要判断 A1:A10 单元格区域中有几个偶数。

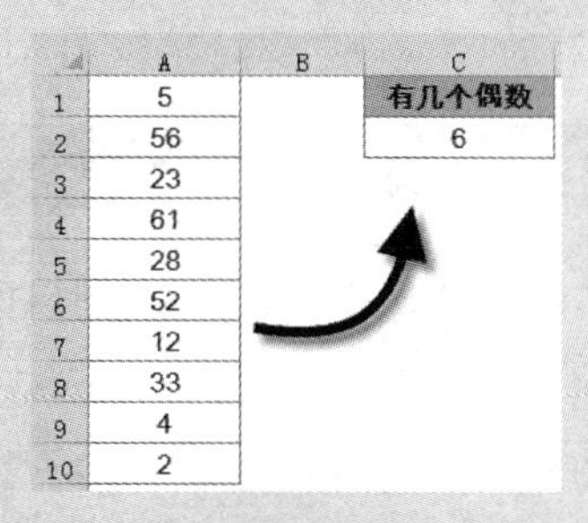

	A	B	C
1	5		有几个偶数
2	56		6
3	23		
4	61		
5	28		
6	52		
7	12		
8	33		
9	4		
10	2		

图 16-31　判断有几个偶数

G2 单元格中输入以下数组公式，按 <Ctrl+Shift+Enter> 组合键。

```
{=COUNT(0/ISEVEN(--A1:A10))}
```

首先使用减负运算将 A1:A10 的单元格区域引用转换为内存数组，再由 ISEVEN 函数来判断其奇偶性，返回数组结果如下。

```
{FALSE;TRUE;FALSE;FALSE;TRUE;TRUE;TRUE;FALSE;TRUE;TRUE}
```

最后通过减负运算将逻辑值转换为数值，并使用 SUM 函数求和，计算出偶数个数为 6。

16.3 数组构建及填充

在数组公式中，经常使用函数来重新构造数组。掌握相关的数组构建方法，对于数组公式的运用有很大的帮助。

16.3.1 行列函数生成数组

数组公式中经常需要使用“自然数序列”作为函数的参数，如 LARGE 函数的第二个参数、OFFSET 函数除第一个参数以外的其他参数等。手工输入常量数组比较麻烦，且容易出错，而利用 ROW 函数、COLUMN 函数生成序列则非常方便、快捷。

以下公式产生 1 ~ 10 的自然数垂直数组。

```
{=ROW(1:10)}
```

以下公式产生 1 ~ 10 的自然数水平数组。

```
{=COLUMN(A:J)}
```

16.3.2 一维数组生成二维数组

1. 一维区域重排生成二维数组

示例 16-16 随机安排考试座位

图 16-32 展示的是某学校的部分学员名单，要求将 B 列的 18 位学员随机排列到 6 行 3 列的考试座位中。

D3:F8 单元格区域中输入以下多单元格数组公式，按 <Ctrl+Shift+Enter> 组合键。

```
{=INDEX(B2:B19,RIGHT(SMALL(RANDBETWEEN(A2:A19^0,999)/1%+A2:A19,ROW(1:6)*3-{2,1,0}),2))}
```

首先利用 RANDBETWEEN 函数生成一个数组，数组中各元素为 1 ~ 1000 之间的一个随机整数，共包含 18 个。由于各元素都是随机产生，因此数组元素的大小是随机排列。

D3 {=INDEX(B2:B19,RIGHT(SMALL(RANDBETWEEN(A2:A19^0,999)/1%+A2:A19,ROW(1:6)*3-{2,1,0}),2))}

	A	B	C	D	E	F
1	序号	姓名				
2	1	毛仁初		考试座位表		
3	2	刘金凤		李伟	郑雪婷	刘金凤
4	3	杨光才		罗莉	杨光才	蔡昆碧
5	4	姚冬梅		徐富陆	胡虹	张跃东
6	5	郑雪婷		姚冬梅	吴开荣	李潇潇
7	6	张跃东		涂文杰	甄树芬	闫慕伟
8	7	刘秀芬		刘秀芬	罗树仙	毛仁初
9	8	蔡昆碧				
10	9	甄树芬				
11	10	胡虹				
12	11	李潇潇				
13	12	罗莉				
14	13	徐富陆				
15	14	罗树仙				
16	15	李伟				
17	16	吴开荣				
18	17	涂文杰				
19	18	闫慕伟				

图 16-32 随机安排考试座位

然后对上述生成的数组乘以 100，再加上由 1 ~ 18 构成的序数数组，确保数组元素大小随机的前提下最后两位数字为序数 1 ~ 18。

ROW(1:6)*3-{2,1,0}部分，首先利用 ROW(1:6) 生成垂直数组{1;2;3;4;5;6}，乘以 3 之后成为{3;6;9;12;15;18}，再减去水平数组{2,1,0}，根据数组直接运算的原理生成 6 行 3 列的二维数组。

```
{1,2,3;4,5,6;7,8,9;10,11,12;13,14,15;16,17,18}
```

该结果作为 SMALL 函数的第 2 个参数，对经过乘法和加法处理后的数组进行重新排序。由于原始数组的大小是随机的，因此排序使得各元素最后两位数字对应的序数成为随机排列。

最后，用 RIGHT 函数取出各元素最后的两位数字，并通过 INDEX 函数返回 B 列相应位置的学员姓名，即得到随机安排的学员考试座位表。

2. 两列数据合并生成二维数组

在利用 VLOOKUP 函数进行从右向左查询时，可以利用数组运算原理，借助 IF 函数来将两列数据进行左右位置对调，生成新的二维数组。

示例 16-17 构造数组使 VLOOKUP 函数实现逆向查询

图 16-33 展示的学员信息表的部分内容，需要通过查询学员姓名返回对应的准考证号。

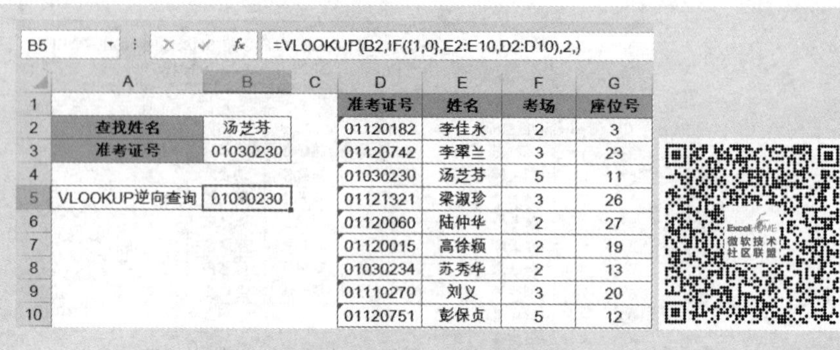
B5 =VLOOKUP(B2,IF({1,0},E2:E10,D2:D10),2,)

	A	B	C	D	E	F	G
1				准考证号	姓名	考场	座位号
2	查找姓名	汤芝芬		01120182	李佳永	2	3
3	准考证号	01030230		01120742	李翠兰	3	23
4				01030230	汤芝芬	5	11
5	VLOOKUP逆向查询	01030230		01121321	梁淑珍	3	26
6				01120060	陆仲华	2	27
7				01120015	高徐颖	2	19
8				01030234	苏秀华	2	13
9				01110270	刘义	3	20
10				01120751	彭保贞	5	12

图 16-33 利用 IF 函数生成二维数组

对于此类查询问题，通常使用 INDEX+MATCH 函数完成。在 B3 单元格中输入以下公式，即可返回指定姓名的准考证号。

```
=INDEX(D:D,MATCH(B2,E:E,))
```

B5 单元格中输入以下公式。

```
=VLOOKUP(B2,IF({1,0},E2:E10,D2:D10),2,)
```

该公式的核心部分是 IF({ 1,0 } ,E2:E10,D2:D10)，它利用 { 1,0 } 的横向数组，与两个纵向数组进行运算，实现姓名与准考证号所在列的位置互换，其结果如下。

{"李佳永","01120182";"李翠兰","01120742";"汤芝芬","01030230";…;"彭保贞","01120751"}

然后通过 VLOOKUP 函数查询姓名返回对应的准考证号。

16.3.3 提取子数组

1. 从一维数据中提取子数组

在日常应用中，经常需要从一列数据中取出部分数据，并进行再处理。例如，在员工信息表中提取指定要求的员工列表、在成绩表中提取总成绩大于平均成绩的人员列表等。下面介绍从一列数据中提取部分数据形成子数组的方法。

示例 16-18 按条件提取人员名单

图 16-34 展示的某学校语文成绩表的部分内容，使用以下公式可以提取成绩大于 100 分的人员姓名生成内存数组。

```
{=T(OFFSET(B1,SMALL(IF(C2:C9>100,A2:A9),ROW(INDIRECT("1:"&COUNTIF(C2:C9,">100")))),))}
```

E3 fx {=T(OFFSET(B1,SMALL(IF(C2:C9>100,A2:A9),ROW(INDIRECT("1:"&COUNTIF(C2:C9,">100")))),))}

	A	B	C	D	E
1	序号	姓名	语文成绩		成绩大于100分的人员名单
2	1	李春梅	104		
3	2	李萍	120		李春梅
4	3	肖成彬	86		李萍
5	4	张丽莹	114		张丽莹
6	5	段远香	111		段远香
7	6	许聪	80		杨艳
8	7	张桂英	94		
9	8	杨艳	139		

图 16-34 提取成绩大于 100 分的人员名单

首先利用 IF 函数判断成绩是否满足条件，若成绩大于 100 分，则返回序号，否则返回逻辑值 FALSE。

然后利用 COUNTIF 函数统计成绩大于 100 分的人数 *n*，并结合 ROW 函数和 INDIRECT 函数生成 1 ~ *n* 的自然数序列。

再利用 SMALL 函数提取成绩大于 100 分的人员序号，OFFSET 函数根据 SMALL 函数返回的结果逐个提取人员姓名。

最终利用 T 函数将 OFFSET 函数返回的多维引用转换为内存数组。

关于多维引用请参阅第 17 章。

2. 从二维区域中提取子数组

示例 16-19 提取单元格区域内的文本

如图 16-35 所示，A2:D5 单元格区域包含文本和数值两种类型的数据。

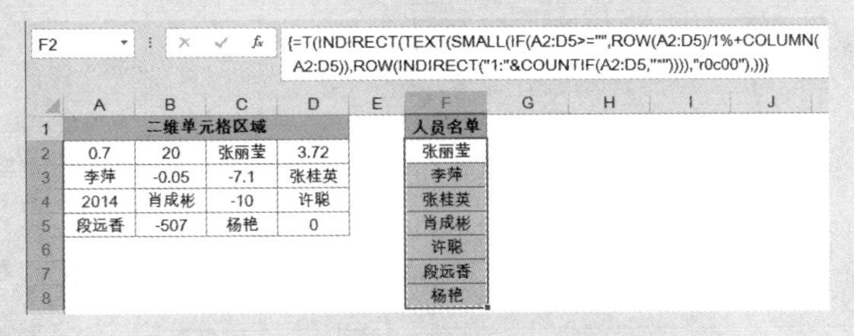
F2 fx {=T(INDIRECT(TEXT(SMALL(IF(A2:D5>="",ROW(A2:D5)/1%+COLUMN(A2:D5)),ROW(INDIRECT("1:"&COUNTIF(A2:D5,"*")))),"r0c00"),))}

	A	B	C	D	E	F
1	二维单元格区域					人员名单
2	0.7	20	张丽莹	3.72		张丽莹
3	李萍	-0.05	-7.1	张桂英		李萍
4	2014	肖成彬	-10	许聪		张桂英
5	段远香	-507	杨艳	0		肖成彬
6						许聪
7						段远香
8						杨艳

图 16-35 提取单元格区域内的文本

使用以下公式可以提取单元格区域内的文本，并形成内存数组。

```
{=T(INDIRECT(TEXT(SMALL(IF(A2:D5>="",ROW(A2:D5)/1%+-
COLUMN(A2:D5)),ROW(INDIRECT("1:"&COUNTIF(A2:D5,"*")))),"r0c00"),))}
```

首先利用 IF 函数判断单元格区域内的数据类型。若为文本，则返回单元格行号扩大

100 倍后与其列号的和，否则返回逻辑值 FALSE。

然后利用 COUNTIF 函数统计单元格区域内的文本个数 *n*，结合 ROW 函数和 INDIRECT 函数生成 1 ~ *n* 的自然数序列。

再利用 SMALL 函数提取文本所在单元格的行列位置信息，结果如下。

```
{203;301;304;402;404;501;503}
```

利用 TEXT 函数将位置信息转换为 R1C1 引用样式，再使用 INDIRECT 函数返回单元格引用。最终利用 T 函数将 INDIRECT 函数返回的多维引用转换为内存数组。

16.3.4 填充带空值的数组

在合并单元格中，往往只有第一个单元格有值，而其余单元格是空单元格。数据后续处理过程中，经常需要为合并单元格中的空单元格填充相应的值以满足计算需要。

示例 16-20 填充合并单元格

图 16-36 展示了某单位销售明细表的部分内容，因为数据处理的需要，需将 A 列的合并单元格中的空单元格填充对应的地区名称。

E2 {=LOOKUP(ROW(A2:A12),ROW(A2:A12)/(A2:A12>""),A2:A12)}

	A	B	C	D	E
1	地区	客户名称	9月销量		LOOKUP
2	北京	国美	454		北京
3		苏宁	204		北京
4		永乐	432		北京
5		五星	376		北京
6	上海	国美	404		上海
7		苏宁	380		上海
8		永乐	473		上海
9	重庆	国美	403		重庆
10		苏宁	93		重庆
11		永乐	179		重庆
12		五星	492		重庆
13	合计		3890		

图 16-36 填充空单元格生成数组

使用以下公式可实现这种要求。

```
{=LOOKUP(ROW(A2:A12),ROW(A2:A12)/(A2:A12>""),A2:A12)}
```

公式中 ROW(A2:A12)/(A2:A12>"") 是解决问题的关键，它将 A 列的非空单元格赋值行号，空单元格则转化为错误值 #DIV/0!，结果如下。

```
{2;#DIV/0!;#DIV/0!;#DIV/0!;6;#DIV/0!;#DIV/0!;9;#DIV/0!;#DIV/0!;#DIV/0!}
```

然后利用 LOOKUP 函数，在内存数组中查询序号 ROW(A2:A12)，并返回对应的地区名称。

16.3.5　二维数组转换一维数组

一些函数的参数只支持一维数组，而不支持二维数组。例如 MATCH 函数的第二参数，LOOKUP 函数向量用法的第二参数等。如果希望在二维数组中完成查询，就需要先将二维数组转换成一维数组。

示例 16-21　查询小于等于 100 的最大数值

如图 16-37 所示，A3:C6 单元格区域为一个二维的数据区域，使用以下公式可以返回单元格区域中小于等于 100 的最大数值。

```
=LOOKUP(100,SMALL(A3:C6,ROW(1:12)))
```

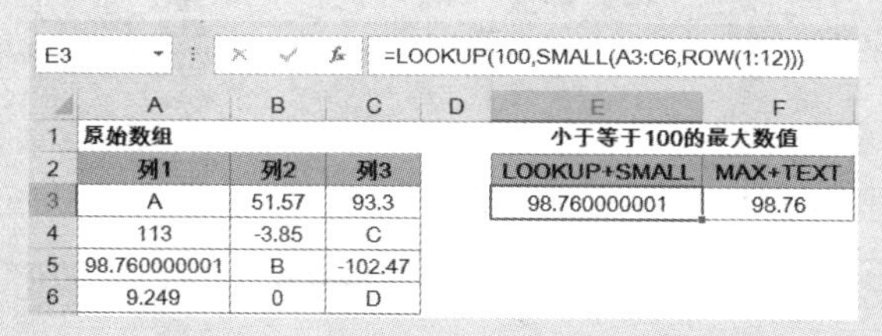

E3　=LOOKUP(100,SMALL(A3:C6,ROW(1:12)))

	A	B	C	D	E	F
1	原始数组				小于等于100的最大数值	
2	列1	列2	列3		LOOKUP+SMALL	MAX+TEXT
3	A	51.57	93.3		98.760000001	98.76
4	113	-3.85	C			
5	98.760000001	B	-102.47			
6	9.249	0	D			

图 16-37　查询小于等于 100 的最大数值

因为 A3:C6 单元格区域是 4 行 3 列，共包含 12 个元素的二维数据区域，所以使用 ROW 函数产生 1 ~ 12 的自然数序列。然后利用 SMALL 函数对二维数组排序，转换成一维数组，结果如下。

```
{-102.47;-3.85;0;9.249;51.57;93.3;98.760000001;113;…;#NUM!}
```

由于二维数组中包含文本，因此结果包含错误值 #NUM!。LOOKUP 函数使用 100 作为查询值，返回小于等于 100 的最大数值 98.760000001。

除此之外，还可以利用 MAX 函数结合 TEXT 函数来实现相同的目的，公式如下。

```
{=MAX(--TEXT(A3:C6,"[<=100];;!0;!0"))}
```

首先利用 TEXT 函数将二维数组中的文本和大于 100 的数值都强制转化为 0，通过减负运算将 TEXT 函数返回的文本型数值转化为真正的数值。结果如下。

```
{0,51.57,93.3;0,-3.85,0;98.76,0,-102.47;9.249,0,0}
```

最终利用 MAX 函数返回其中的最大数值 98.76。

TEXT 函数可能会导致浮点误差。如图 16-37 所示，TEXT 函数在转化数值的过程中，丢失了数值 98.760000001 末尾的 1。

在实际工作中，用户经常需要将数据表中的二维区域转换为一维区域或数组，按转换方式的不同，可分为先行后列和先列后行两种。

示例 16-22 先行后列转换员工名单

如图 16-38 所示，需要将 B2:E8 单元格区域二维表中的姓名，以先行后列的方式提取到 G 列显示，即按照水平方向逐行提取。

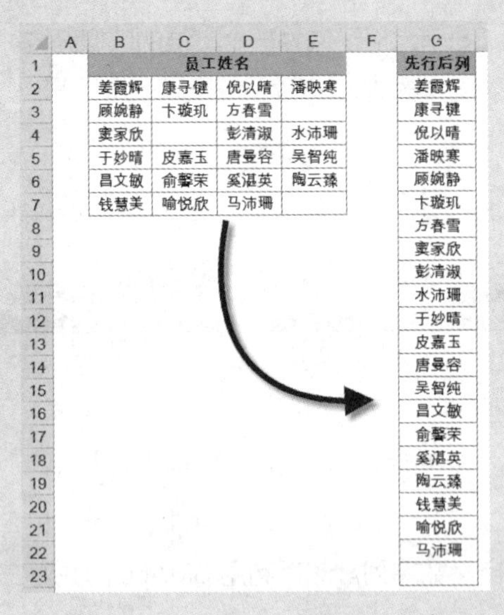

图 16-38 先行后列转换员工名单

G2 单元格中输入以下数组公式，按 <Ctrl+Shift+Enter> 组合键，向下复制公式，至单元格显示为空白。

```
{=INDIRECT(TEXT(SMALL(IF($B$2:$E$7<>"",ROW($2:$7)/1%+COLUMN(B:E),9999),ROW(A1)),"R0C00"),)&""}
```

首先用 IF 函数对 $B$2:$E$7 单元格区域进行判断，如果不等于空，则将对应的行号放大 100 倍后与对应的列号相加，否则返回一个较大的值 9999，生成一个行列号数组。

```
{202,203,204,205;302,303,304,9999;402,9999,404,405;502,503,504,505;602,603,604,605;702,703,704,9999}
```

再使用 SMALL 函数自小到大依次提取数组中的值。

TEXT 函数第二参数使用格式代码 "R0C00"，将 SAMLL 函数返回的位置信息转换为 R1C1 引用样式的字符串，再使用 INDIRECT 函数返回单元格引用，员工姓名即以先行后列的排列方式显示在 G 列单元格中。

示例 16-23　先列后行转换员工名单

仍以示例 16-22 中的数据为例，需要将 B2:E7 单元格区域中的姓名，以先列后行的方式提取到 G 列显示，即按照垂直方向逐列提取，如图 16-39 所示。

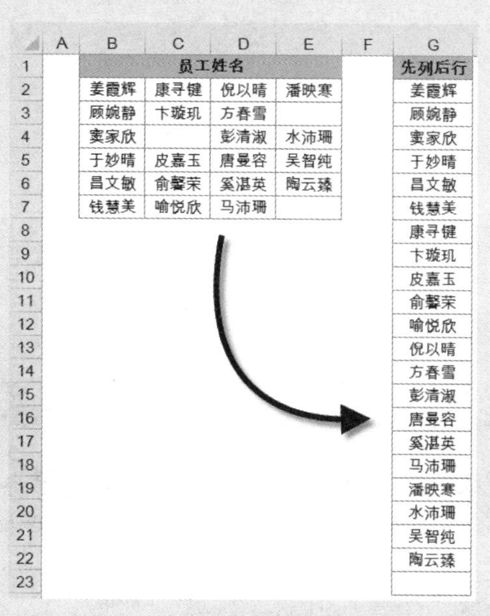

图 16-39　先列后行转换员工姓名

G2 单元格中输入以下数组公式，按 <Ctrl+Shift+Enter> 组合键，向下复制公式，至单元格显示为空白。

```
{=INDIRECT(TEXT(RIGHT(SMALL(IF(B$2:E$7<>"",COLUMN(B:E)*10001+ROW
($2:$7)/1%,99999),ROW(A1)),3),"R0C00"),)&""}
```

首先用 IF 函数对 $B$2:$E$7 单元格区域进行判断，如果不等于空，则将对应的列号乘以 10001，再与对应的行号乘以 100 相加；如果为空白，则返回一个较大值 99999，最后生成一个对行列号按不同权重加权处理后的数组。

```
{20202,30203,40204,50205;20302,30303,40304,99999;20402,99999,40404,50405
;20502,30503,40504,50505;20602,30603,40604,50605;20702,30703,40704,99999}
```

通过加权处理后，同一行中相邻列数值相差 10001，同一列中相邻行数值相差 100。得到一组由列号、行号并排构成的、彼此互不干扰的数字串。

使用 SMALL 函数自小到大依次提取该数组中的值，再使用 RIGHT 函数截取数字右侧的 3 位字符串，作为单元格位置信息。

最后使用 TEXT 函数将 RIGHT 函数返回的位置信息转换为 R1C1 引用样式的字符串，

再使用 INDIRECT 函数返回对应的单元格引用，员工姓名即以先列后行的排列方式显示在 G 列单元格中。

16.4 条件统计应用

16.4.1 单条件统计

在实际应用中，经常需要进行单条件下的不重复统计，如统计人员信息表中不重复人员数或部门数，某品牌不重复的型号数量等。下面主要学习利用数组公式针对单列或单行的一维数据进行不重复统计的方法。

示例 16-24 多种方法统计不重复职务数量

图 16-40 展示的是某单位人员信息表的部分内容，需要统计不重复的职务个数。

G2 {=COUNT(1/(MATCH(D2:D9,D:D,)=ROW(D2:D9)))}

	A	B	C	D	E	F	G
1	员工号	姓名	部门	职务		职务统计	
2	1001	黄民武	技术支持部	技术支持经理		MATCH函数法	5
3	2001	董云春	产品开发部	技术经理		COUNTIF函数法	5
4	3001	昂云鸿	测试部	测试经理			
5	2002	李枝芳	产品开发部	技术经理			
6	7001	张永红	项目管理部	项目经理			
7	1045	徐芳	技术支持部				
8	3002	张娜娜	测试部	测试经理			
9	8001	徐波	人力资源部	人力资源经理			

图 16-40 统计不重复职务数

因为部分员工没有职务，因此需要过滤掉空白单元格进行不重复统计，解决此问题有两种处理方法。

（1）MATCH 函数法。

G2 单元格中的数组公式如下。

```
{=COUNT(1/(MATCH(D2:D9,D:D,)=ROW(D2:D9)))}
```

利用 MATCH 函数的定位结果与序号进行比较，来判断哪些职务是首次出现的记录。首次出现的职务返回逻辑值 TRUE，重复出现的职务返回逻辑值 FALSE，空白单元格返回错误值 #N/A，结果如下。

```
{TRUE;TRUE;TRUE;FALSE;TRUE;#N/A;FALSE;TRUE}
```

利用 1 除以 MATCH 函数的比较结果，将逻辑值 FALSE 转换为错误值 #DIV/0!。再用 COUNT 函数忽略错误值，统计数值个数，返回不重复的职务个数。

（2）COUNTIF 函数法。

G3 单元格中的数组公式如下。

```
{=SUM((D2:D9>"")/COUNTIF(D2:D9,D2:D9&""))}
```

利用 COUNTIF 函数返回区域内每个职务名称出现次数的数组，被 1 除后再对得到的商求和，即得不重复的职务数量。

公式原理：假设职务“测试经理”出现了 *n* 次，则每次都转化为 1/*n*，*n* 个 1/*n* 求和得到 1，因此 *n* 个“测试经理”将被计数为 1。另外，(D2:D9>"") 的作用是过滤掉空白单元格，让空白单元格计数为 0。

示例 16-25　分段统计学生成绩

图 16-41 展示了某班级部分学生的数学成绩，为了全面地了解班级的数学成绩情况，对学生成绩进行分段统计。大于等于 90 分为优秀，大于等于 80 分且小于 90 分为良好，大于等于 60 分且小于 80 分为及格，小于 60 分为不及格。

F3　{=FREQUENCY(-C3:C12,-{90,80,60,0})}

姓名	数学成绩
杨玉兰	90
龚成琴	89
王莹芬	91
石化昆	74
班虎忠	59
補态福	85
王天艳	79
安德运	100
岑仕美	80
杨再发	83

成绩分段	人数
优秀	3
良好	4
及格	2
不及格	1

图 16-41　分段统计成绩

选中 F3:F6 单元格区域，在编辑栏中输入以下数组公式，按 <Ctrl+Shift+Enter> 组合键。

```
{=FREQUENCY(-C3:C12,-{90,80,60,0})}
```

公式利用 FREQUENCY 函数分段计数的功能，统计成绩在各个区间内的数量。FREQUNCY 函数是统计小于等于间隔数组值的数量，与成绩区段划分中的大于等于不相吻合，因此使用取负运算将大于等于转化为小于等于，以满足 FREQUNCY 函数的计数条件，从而得到正确结果。

由于成绩得分均为整数，也可将间隔数组值减 1 来统一成绩区段划分条件以满足 FREQUNCY 函数的计数条件。

```
{=FREQUENCY(C3:C12,{100,89,79,59})}
```

16.4.2 多条件统计应用

在 Excel 2013 中，有类似 COUNTIFS、SUMIFS 和 AVERAGEIFS 等函数可处理简单的多条件统计问题，但在特殊条件情况下仍需借助数组公式来处理。

示例 16-26 统计销售人员的业绩

图 16-42 展示的是某单位销售业绩表的部分内容，为了便于发放销售提成，需分地区统计各销售人员的销售总金额。

由于一个销售人员可能同时负责多个地区多种产品的销售，因此需要按地区和销售人员姓名进行多条件统计，H2 单元格中输入以下数组公式，按 <Ctrl+Shift+Enter> 组合键。

```
{=SUM((F2=A$2:A$11)*(G2=B$2:B$11)*D$2:D$11)}
```

H2 {=SUM((F2=A$2:A$11)*(G2=B$2:B$11)*D$2:D$11)}

	A	B	C	D	E	F	G	H
1	地区	销售人员	产品名称	销售金额		地区	销售人员	销售总金额
2	北京	陈玉萍	冰箱	¥14,000		北京	陈玉萍	¥22,900
3	北京	刘品国	微波炉	¥8,700		北京	刘品国	¥8,700
4	上海	李志国	洗衣机	¥9,400		上海	李志国	¥22,800
5	深圳	肖青松	热水器	¥10,300		上海	刘品国	¥12,900
6	北京	陈玉萍	洗衣机	¥8,900		上海	肖青松	¥7,000
7	深圳	王运莲	冰箱	¥11,500		深圳	肖青松	¥10,300
8	上海	刘品国	微波炉	¥12,900		深圳	王运莲	¥23,800
9	上海	李志国	冰箱	¥13,400				
10	上海	肖青松	热水器	¥7,000				
11	深圳	王运莲	洗衣机	¥12,300				
12		合计		¥108,400				

图 16-42 统计销售人员的销售业绩

该公式主要利用了多条件比较判断的方式分别按“地区”和“销售人员”进行过滤后，再对销售金额进行统计。

用户也可以使用 SUMIFS 函数来完成这个多条件统计，H2 单元格可使用以下公式，并将 H2 单元格公式复制到 H2:H8 单元格区域。

```
=SUMIFS(D$2:D$11,A$2:A$11,F2,B$2:B$11,G2)
```

示例 16-27 统计特定身份信息的员工数量

图 16-43 展示的是某企业人员信息表的部分内容，出于人力资源管理的要求，需要统计出生在 20 世纪六七十年代并且目前已有职务的员工数量。

E16 {=SUM((MID(C2:C14,7,3)>="196")*(MID(C2:C14,7,3)<"198")*(E2:E14<>""))}

	A	B	C	D	E
1	工号	姓名	身份证号	性别	职务
2	D005	常会生	370826197811065178	男	项目总监
3	A001	袁瑞云	370828197602100048	女	
4	A005	王天富	370832198208051945	女	
5	B001	沙宾	370883196201267352	男	项目经理
6	C002	曾蜀明	370881198409044466	女	
7	B002	李姝亚	370830195405085711	男	人力资源经理
8	A002	王薇	370826198110124053	男	产品经理
9	D001	张锡媛	370802197402189528	女	
10	C001	吕琴芬	370811198402040017	男	
11	A003	陈虹希	370881197406154846	女	技术总监
12	D002	杨刚	370826198310016815	男	
13	B003	白娅	370831198006021514	男	
14	A004	钱智跃	37088119840928534x	女	销售经理
15					
16	统计出生在六七十年代并且已有职务的员工数量				3

图 16-43 统计特定身份的员工数量

由于身份证号码中包含了员工的出生日期，因此只需要取得相关的出生年份就可以判断出生年代进行相应统计。E16 单元格中输入以下数组公式，按 <Ctrl+Shift+Enter> 组合键。

```
{=SUM((MID(C2:C14,7,3)>="196")*(MID(C2:C14,7,3)<"198")*(E2:E14<>""))}
```

公式利用 MID 函数分别取得员工的出生年份进行比较判断，再判断 E 列区域是否为空（非空则写明了职务名称），最后统计出满足条件的员工数量。

除此之外，还可以借助 COUNTIFS 函数来实现，E16 单元格中输入以下数组公式，按 <Ctrl+Shift+Enter> 组合键。

```
{=SUM(COUNTIFS(C2:C14,"??????"&{196,197}&"*",E2:E14,"<>"))}
```

先将出生在 20 世纪六七十年代的身份证号码用通配符构造出来，然后利用 COUNTIFS 函数进行多条件统计，得出六十年代和七十年代出生并且已有职务的员工数量，结果为 { 1,2 } 。最后利用 SUM 函数汇总上述结果，最终结果为 3。

16.4.3 条件查询及定位

产品在一个时间段的销售情况是企业销售部门需要掌握的重要数据之一，以便于对市场行为进行综合分析和制定销售策略。利用查询函数借助数组公式可以实现此类查询操作。

示例 16-28 确定商品销量最大的最近月份

图 16-44 展示的是某超市 6 个月的饮品销量明细表，每种饮品的最旺销售月份各不相同，以下数组公式可以查询各饮品的最近销售旺月。

```
{=INDEX(1:1,RIGHT(MAX(OFFSET(C1,MATCH(L3,B2:B11,),,,6)/1%+COLUMN(C:H)),2))}
```

该公式利用 MATCH 函数查找饮品所在行，结合 OFFSET 函数形成动态引用，定位被查询饮品的销售量（数据行）。将销售量乘以 100，并加上列号序列，这样就在销量末尾附加了对应的列号信息。

通过 MAX 函数定位最大销售量的数据列，得出结果 20007，最后两位数字即为最大销量所在的列号。

最终利用 INDEX 函数返回查询的具体月份。

L4 {=INDEX(1:1,RIGHT(MAX(OFFSET(C1,MATCH(L3,B2:B11,),,,6)/1%+COLUMN(C:H)),2))}

	B	C	D	E	F	G	H	I	J	K	L
1	产品	五月	六月	七月	八月	九月	十月	汇总			
2	果粒橙	174	135	181	139	193	158	980		数据查询	
3	营养快线	169	167	154	198	150	179	1017		商品名称	蒙牛特仑苏
4	美年达	167	192	162	147	180	135	983		查询月份	九月
5	伊力牛奶	146	154	162	133	162	150	907			
6	冰红茶	186	159	176	137	154	175	987			
7	可口可乐	142	166	190	150	163	176	987			
8	雪碧	145	194	190	158	170	143	1000			
9	蒙牛特仑苏	142	137	166	144	200	155	944			
10	芬达	159	170	159	130	137	199	954			
11	统一鲜橙多	161	199	139	167	144	168	978			

图 16-44 查询产品最佳销售量的最近月份

除此之外，还可以直接利用数组运算来完成查询，公式如下。

```
{=INDEX(1:1,RIGHT(MAX((C2:H11/1%+COLUMN(C:H))*(B2:B11=L3)),2))}
```

该公式直接将所有销量放大 100 倍后附加对应的列号，并利用商品名称完成过滤，结合 MAX 函数和 RIGHT 函数得到相应饮品最大销量对应的列号，最终利用 INDEX 函数返回查询的具体月份。

16.5 数据提取技术

示例 16-29 从消费明细中提取消费金额

图16-45展示了一份生活费消费明细表，由于数据录入不规范，无法直接汇总生活费。

为便于汇总及其他各项统计分析，需将消费金额从消费明细中提取出来，单独存放。

D2　{=-LOOKUP(1,-MID(C2,MIN(FIND(ROW($1:$10)-1,C2&1/17)),ROW($1:$16)))}

	B	C	D	E	F
1	日期	消费明细	金额		
2	2015年10月1日	朋友婚礼送礼金800元	800		
3	2015年10月2日	火车票260元去杭州	260		
4	2015年10月3日	西湖一日游300元	300		
5	2015年10月7日	火车票260元回家	260		
6	2015年10月8日	请朋友吃饭340元	340		
7	2015年10月9日	超市买生活用品332.4元	332.4		
8	2015年10月10日	房租2000元	2000		
9	2015年10月10日	水费128.6元	128.6		
10	2015年10月10日	电费98.1元	98.1		
11	2015年10月14日	买菜34.7元	34.7		

图 16-45　消费明细表

每条消费明细记录中只包含一个数字字符串，即提取到的数字即为消费金额，没有其他数字字符串的干扰。

D2 单元格中输入以下数组公式，按 <Ctrl+Shift+Enter> 组合键，并将公式复制到 D2:D11 单元格区域。

```
{=-LOOKUP(1,-MID(C2,MIN(FIND(ROW($1:$10)-1,C2&1/17)),ROW($1:$16)))}
```

公式利用 FIND 函数查找并返回 0 ~ 9 这 10 个数字在消费明细中最先出现的位置。公式中 1/17=0.0588235294117647，是一个包含 0 ~ 9 的数字字符串，作用是确保 FIND 函数能查找到 0 ~ 9 的所有数字，不返回错误值。

使用 MIN 函数返回消费明细中第一个数字的位置，结合 MID 函数依次提取长度为 1 ~ 16 的数字字符串，结果如下。

```
{"8";"80";"800";"800 元 ";"800 元 ";"800 元 ";"800 元 ";"800 元 ";"800 元
";"800 元 ";"800 元 ";"800 元 ";"800 元 ";"800 元 ";"800 元 ";"800 元 "}
```

取负运算将文本型数字转化为负数，同时将文本字符串转化为错误值。

最终利用 LOOKUP 函数忽略错误值返回数组中最后一个数值，结合取负运算得到消费金额。

示例 16-30　提取首个手机号码

图 16-46 展示了某经销商的客户信息，需要从中提取手机号码，使手机号码一目了然，便于数据管理和联系。

手机号码是以 13、15、17 及 18 开头的 11 位数字字符串。

16 章

C3 {=MID(B3,MIN(MATCH(1&{3,5,8},LEFT(MID(B3&3^42,ROW($1:90),11)/10^9,2),)),11)}

	A	B	C
1			
2		客户信息	首个手机号码
3		香港XX集团公司 联系人 M先生 电 话 18605359998 13580315792传 真 020-88226955	18605359998
4		广州XX化妆品有限公司 联系人 SS小姐 电话020-38627230/13302297598传真 020-38627227	13302297598
5		厦门XX发展有限公司 联系人 hzh 电话 059237462626/13099845886传真 0592-6666666	13099845886
6		广州YY集团公司 联系人 LK先生 电话 15580315762 18908990899传真 020-88226955	15580315762
7		广州ZZ集团公司 联系人 CD先生 电话 020-88226955 13580311192传真 020-88226955	13580311192
8		上海YYY化妆品有限公司 联系人 DGH(市场部)电话 021—64736960、64720013	
9		上海KK公司 联系人 DFGH电话 02154156226传真 02154159241	
10		大连PPP文化有限公司 联 系 人 HJD电话13898467444传真 0411-4628111	13898467444

图 16-46　客户信息表

客户信息中，包含公司名称、联系人姓名、固定电话、移动手机号及传真，有多个数字字符串对手机号码形成干扰，需甄别后方能提取。

C3 单元格中输入以下数组公式，按 <Ctrl+Shift+Enter> 组合键，并将公式复制到 C3:C10 单元格区域。

```
{=MID(B3,MIN(MATCH(1&{3,5,7,8},LEFT(MID(B3&1.13000151718E+21,ROW($1:90),11)/10^9,2),)),11)}
```

公式利用 MID 函数从客户信息中依次提取 11 个字符长度的字符串，通过“/10^9”的数学运算，将 11 位均为数字的字符串转化为大于 0 且小于 100 的小数，将包含非数字的文本字符串转化为错误值。

使用 LEFT 函数提取左边两个字符，通过 MATCH 函数查找 13、15、17 及 18，分别返回以 13、15、17 及 18 开头的手机号码在客户信息中的位置。

使用 MIN 函数返回手机号码在客户信息中的最小位置，即首个手机号码的位置。

最终利用 MID 函数从客户信息中首个手机号码的位置处提取 11 个字符长度的字符串，得到首个手机号码。

公式中，“1.13000151718E+21”是一个包含 13、15、17 及 18 开头的 4 类手机号码的数值。将其连接在客户信息之后，是为了避免 MATCH 函数在查找这 4 类手机号码时返回错误值，达到容错的目的。

16.6　数据筛选技术

提取不重复数据是指在一个数据表中提取出唯一的记录，即重复的记录只算一条。使用函数和“高级筛选”功能均能够生成不重复记录结果。

16.6.1　一维区域取得不重复记录

示例 16-31　从销售业绩表提取唯一销售人员姓名

图 16-47 展示的是某单位的销售业绩表，为了便于发放销售人员的提成工资，需要取得唯一的销售人员姓名列表，并统计各销售人员的销售总金额。

（1）MATCH 函数去重法。

根据 MATCH 函数查找数据原理，当查找的位置序号与数据自身的位置序号不一致时，表示该数据重复。F3 单元格可使用以下数组公式，按 <Ctrl+Shift+Enter> 组合键，并将公式复制到 F3:F9 单元格区域。

```
{=INDEX(B:B,SMALL(IF(MATCH(B$2:B$11,B:B,)=ROW($2:$11),ROW($2:$11),
65536),ROW(A1)))&""}
```

公式利用 MATCH 函数定位销售人员姓名，当 MATCH 函数结果与数据自身的位置序号相等时，返回当前数据行号，否则指定一个行号 65536（这是容错处理，工作表的 65536 行通常是无数据的空白单元格）。再通过 SMALL 函数将行号逐个取出，最终由 INDEX 函数返回不重复的销售人员姓名列表。

提取的销售人员姓名列表如图 16-48 所示。

	A	B	C	D	E	F	G
1	地区	销售人员	产品名称	销售金额		各销售人员销售总金额	
2	北京	陈玉萍	冰箱	¥14,000		销售人员	销售总金额
3	北京	刘品国	微波炉	¥8,700			
4	上海	李志国	洗衣机	¥9,400			
5	深圳	肖青松	热水器	¥10,300			
6	北京	陈玉萍	洗衣机	¥8,900			
7	深圳	王运莲	冰箱	¥11,500			
8	上海	刘品国	微波炉	¥12,900			
9	上海	李志国	冰箱	¥13,400			
10	上海	肖青松	热水器	¥7,000			
11	深圳	王运莲	洗衣机	¥12,300			
12	合计			¥108,400			

图 16-47　销售业绩表提取唯一销售人员姓名

	E	F	G
1		各销售人员销售总金额	
2		销售人员	销售总金额
3		陈玉萍	¥22,900
4		刘品国	¥21,600
5		李志国	¥22,800
6		肖青松	¥17,300
7		王运莲	¥23,800
8			
9			

图 16-48　销售汇总表

（2）COUNTIF 函数去重法。

F3 单元格中输入以下数组公式，按 <Ctrl+Shift+Enter> 组合键，并将公式复制到 F3:F9 单元格区域。

```
{=INDEX(B:B,1+MATCH(,COUNTIF(F$2:F2,B$2:B12),))&""}
```

公式利用 COUNTIF 函数统计已有结果区域中所有销售人员出现的次数，使用 MATCH 函数查找第一个 0 的位置，并结合 INDEX 函数返回销售人员姓名，即已有结果区域中尚未出现的首个销售人员姓名。随着公式向下复制，即可依次提取不重复的销售人员名单。

COUNTIF 函数结合 FREQUENCY 函数及 LOOKUP 函数，可使用普通公式提取唯一的销售人员名单。F3 单元格中输入以下公式，并将公式复制到 F3:F9 单元格区域。

```
=LOOKUP(,0/FREQUENCY(0,COUNTIF(F$2:F2,B$2:B12)),B$2:B12)&""
```

公式利用 COUNTIF 函数统计已有结果区域中所有销售人员出现的次数，使用 FREQUENCY 函数将数字 0 按销售人员出现的次数数组分段计频，在首个 0 的位置计数 1，即首个未出现的销售人员位置计数 1。“0/”运算将 1 转化为 0，其余值转化为错误值。最终通过 LOOKUP 函数忽略错误值，查找 0，返回对应位置的销售人员姓名。

B12 单元格是真空单元格，用于容错处理。F2:F8 单元格区域没有真空单元格，所以 COUNTIF 函数计数始终为 0。当销售人员姓名提取完毕时，其余单元格计数均为 1，只有空白单元格计数 0，如 F8 单元格公式中 COUNTIF 函数结果为{1;1;1;1;1;1;1;1;1;1;0;0;0;0;0;0}，此时 FREQUENCY 函数分频计数，在第一个 0 的位置计数 1，经过“0/”运算，通过 LOOKUP 函数返回 0 对应位置即 B12 单元格的值，最终在 F8:F9 单元格区域显示空白。

G3 单元格中使用以下公式统计所有销售人员的销售总金额。

```
=IF(F3="","",SUMIF(B:B,F3,D:D))
```

SUMIF 函数统计各销售人员的销售总金额，IF 函数用于屏蔽 F 列主空时公式返回的无意义 0 值。

16.6.2 多条件提取唯一记录

示例 16-32 提取唯一品牌名称

图 16-49 展示的是某商场商品进货明细表的部分内容，当指定商品大类后，需要筛选其下品牌的不重复记录列表。

方法 1：F7 单元格中输入以下数组公式，按 <Ctrl+Shift+Enter> 组合键，并将公式复制到 F7:F14 单元格区域。

```
{=INDEX(B:B,1+MATCH(,COUNTIF(F$6:F6,B$2:B$18)+(A$2:A$18<>F$4)*(A$2:A$18<>""),))&""}
```

公式利用 COUNTIF 函数统计当前公式所在的 F 列中已经提取过的品牌名称，“+(A$2:A$18<>F$4)*(A$2:A$18<>"")”，公式段的作用是为商品大类不为空并且不满足提取条件的数据计数增加 1，从而使未提取出来的品牌记录计数为 0。最终通过 MATCH 函数定位 0 值的技巧来取得唯一记录。

F7

```
{=INDEX(B:B,1+MATCH(,COUNTIF(F$6:F6,B$2:B$18)+(A$2:A$18<>F$4)*(A$2:A$18<>""),))&""}
```

	A	B	C	D
1	商品大类	品牌	型号	进货量
2	空调	美的	KFR-33GW	2
3	空调	美的	KFR-25GW	3
4	空调	海尔	KFR-65LW	6
5	空调	海尔	KFR-34GW	10
6	空调	格力	KFR-50LW	6
7	空调	格力	KFR-58LW	3
8	冰箱	海尔	KFR-39GW	6
9	冰箱	海尔	KFR-20LW	8
10	冰箱	美的	KFR-45LW	3
11	冰箱	西门子	KFR-33GW	9
12	冰箱	西门子	KFR-37LW	4
13	洗衣机	海尔	KFR-27GW	3
14	洗衣机	海尔	KFR-25LW	9
15	洗衣机	小天鹅	KFR-76LW	5
16	洗衣机	美的	KFR-79GW	6
17	洗衣机	美的	KFR-37LW	4
18				

根据商品提取唯一品牌

提取条件
洗衣机

简化解法	常规解法	普通公式解法
海尔	海尔	海尔
小天鹅	小天鹅	小天鹅
美的	美的	美的

图 16-49　根据商品大类提取唯一品牌名称

公式利用 A18 单元格容错，其计数始终为 0，在提取完满足条件的品牌名称之后，则始终提取 A18 单元格，用以返回空数据，如 F10:F14 单元格区域所示。

方法 2：利用 INDEX 函数、SMALL 函数和 IF 函数的常规解法也可以实现，G7 单元格中输入以下数组公式，按 <Ctrl+Shift+Enter> 组合键，并将公式复制到 G7:G14 单元格区域。

```
{=INDEX(B:B,SMALL(IF((F$4=A$2:A$17)*(MATCH(A$2:A$17&B$2:B$17,A$2:A$17&B$2:B$17,)=ROW($1:$16)),ROW($2:$17),4^8),ROW(A1)))&""}
```

该解法利用连接符将多关键字连接生成单列数据，利用 MATCH 函数的定位结果与序号比较，并结合提取条件的筛选，让满足提取条件且首次出现的品牌记录返回对应行号，而不满足提取条件或重复的品牌记录返回 65536。

然后利用 SMALL 函数逐个提取行号，借助 INDEX 函数返回对应的品牌名称。

方法 3：利用 LOOKUP 函数、FREQUENCY 函数和 COUNTIF 函数可以通过普通公式提取唯一品牌名称。

H7 单元格中输入以下公式，并将公式复制到 H7:H14 单元格区域。

```
=LOOKUP(,0/FREQUENCY(1,(A$2:A$17=F$4)-COUNTIF(H$6:H6,B$2:B$17)),B$2:B$18&"")
```

公式段“(A$2:A$17=F$4)”判断商品大类是否满足提取条件，返回由逻辑值组成的数组。

```
{FALSE;FALSE;FALSE;FALSE;FALSE;FALSE;FALSE;FALSE;FALSE;FALSE;FALSE;TRUE;TRUE;TRUE;TRUE;TRUE}
```

利用 COUNTIF 函数统计当前公式所在的 H 列中已经提取过的品牌名称，并与上述逻辑值数组相减构造间隔数组。商品大类满足提取条件且未提取的品牌返回 1，商品大类满足提取条件且已提取的品牌返回 0，商品大类不满足提取条件且未提取的品牌返回 0，商品大类不满足提取条件且已提取的品牌返回 -1。

使用 FREQUENCY 函数将数字 1 按间隔数组进行分段计频，在间隔数组中的首个 1 的位置计数 1，其余位置返回 0。即商品大类满足提取条件且未提取的首个品牌位置返回 1，其余位置为 0。

最终通过 LOOKUP 函数在数组中查找 1，并返回对应 B 列品牌的名称。

当满足提取条件的品牌都已提取时，间隔数组将由 -1 和 0 构成，FREQUENCY 函数分段计频将在最后增加的位置计数 1，LOOKUP 函数查找 1 的位置返回对应的 B18 单元格，并最终显示空白，这是本公式的容错技巧。

16.6.3 二维数据表提取不重复记录

示例 16-33 二维单元格区域提取不重复姓名

如图 16-50 所示，A2:C5 单元格区域内包含重复的姓名、空白单元格和数字，需要提取不重复的姓名列表。

E2 {=INDIRECT(TEXT(MIN((COUNTIF(E$1:E1,$A$2:$C$5)+(A$2:C$5<=""))/1%%+ROW(A$2:C$5)/1%+COLUMN(A$2:C$5)),"r0c00"),)&""}

	A	B	C	D	E	F	G
1	列1	列2	列3		不重复姓名		
2	普祖祥	杜建国	于魏魏		普祖祥		
3	毛福有	普祖祥	毛福有		杜建国		
4		3.6	林莉		于魏魏		
5	杜建国		-5		毛福有		
6					林莉		
7							
8							

图 16-50 二维单元格区域提取不重复姓名

E2 单元格中输入以下数组公式，按 <Ctrl+Shift+Enter> 组合键，并将公式向下复制，至单元格显示为空为止。

```
{=INDIRECT(TEXT(MIN((COUNTIF(E$1:E1,$A$2:$C$5)+(A$2:C$5<=""))/1%%+
ROW(A$2:C$5)/1%+COLUMN(A$2:C$5)),"r0c00"),)&""}
```

该公式利用“+(A$2:C$5<="")”来过滤掉空白单元格和数字单元格。利用

COUNTIF 函数统计当前公式所在的 E 列中已经提取过的姓名，达到去重复的目的。

通过数组运算“ROW(A$2:C$5)/1%+COLUMN(A$2:C$5)”构造 A2:C5 单元格区域行号列号位置信息数组。

利用 MIN 函数从小到大逐个提取不重复的单元格位置信息。

最终利用 INDIRECT 函数结合 TEXT 函数将位置信息转化为该位置的单元格内容。

有时数据并不是存放在一个连续的单元格区域，这种情况下提取不重复记录的方法略有不同。

示例 16-34　不连续单元格区域提取不重复商家名称

图 16-51 展示的是国内大型商场销售情况明细表的部分内容，销售数据按各地理区域划分，需要从商家名称中筛选不重复的商家列表。

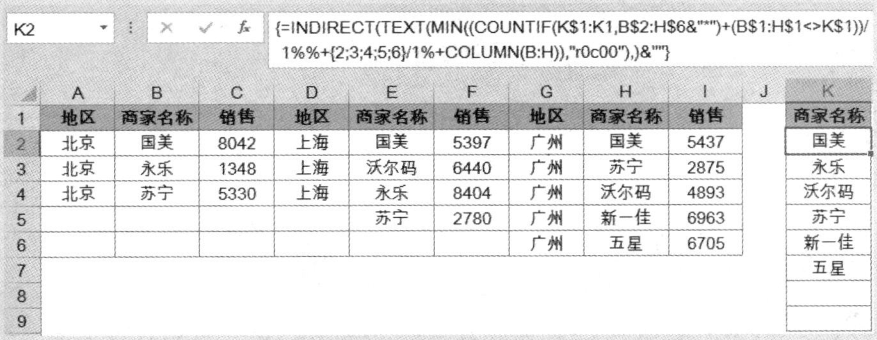

K2　{=INDIRECT(TEXT(MIN((COUNTIF(K$1:K1,B$2:H$6&"*")+(B$1:H$1<>K$1))/1%%+{2;3;4;5;6}/1%+COLUMN(B:H)),"r0c00"),)&""}

	A	B	C	D	E	F	G	H	I	J	K
1	地区	商家名称	销售	地区	商家名称	销售	地区	商家名称	销售		商家名称
2	北京	国美	8042	上海	国美	5397	广州	国美	5437		国美
3	北京	永乐	1348	上海	沃尔码	6440	广州	苏宁	2875		永乐
4	北京	苏宁	5330	上海	永乐	8404	广州	沃尔码	4893		沃尔码
5					苏宁	2780	广州	新一佳	6963		苏宁
6							广州	五星	6705		新一佳
7											五星
8											
9											

图 16-51　商场销售情况明细表

K2 单元格中输入以下数组公式，按 <Ctrl+Shift+Enter> 组合键，并将公式向下复制，至单元格显示为空白为止。

```
{=INDIRECT(TEXT(MIN((COUNTIF(K$1:K1,B$2:H$6&"*")+(B$1:H$1<>K$1))/1%
%+{2;3;4;5;6}/1%+COLUMN(B:H)),"r0c00"),)&""}
```

该公式的整体思路与示例 16-33 中的公式一致，只是在细节处理上略有不同。

在 COUNTIF 函数统计当前公式所在的 K 列中已经提取过的商家名称过程中，使用了“B$2:H$6&"*"”的方法来过滤 B2:H6 单元格区域内的空白单元格。同时使用“(B$1:H$1<>K$1)”来排除非商家名称列。

其余函数处理思路和过程参见示例 16-33。

16.6.4 提取满足条件的多条记录

示例 16-35 最高产量的生产线

图 16-52 展示了某工厂 4 条生产线三季度的生产情况表，为提高生产积极性，拟对产量最高的生产线进行奖励，需提取三季度产量并列第一的生产线名称。

	A	B	C	D	E	F	G
1						三季度最高产量生产线	
2		月份	生产线	产量		方案1	方案2
3		7月	1号线	63		1号线	1号线
4		7月	2号线	53		4号线	4号线
5		7月	3号线	58			
6		7月	4号线	70			
7		8月	1号线	63			
8		8月	2号线	65			
9		8月	3号线	64			
10		8月	4号线	62			
11		9月	1号线	72			
12		9月	2号线	67			
13		9月	3号线	65			
14		9月	4号线	66			

图 16-52 三季度生产情况表

方案 1：选中 F3:F6 单元格区域，在编辑栏中输入以下数组公式，按 <Ctrl+Shift+Enter> 组合键。

```
{=INDEX(C:C,SMALL(IF(SUMIF(C3:C14,C3:C6,D3)=MAX(SUMIF(C3:C14,C3:C6,
D3)),ROW(C3:C6),99),ROW()-2))&""}
```

该公式利用 SUMIF 函数汇总 4 条生产线在三季度的产量，由 MAX 函数返回各生产线三季度的最高产量。将各生产线的产量与最高产量进行比较，相等时返回对应生产线所在的行号，不等时返回一个大值（对应空行的行号）。

再通过 SMALL 函数将行号升序取出，最终由 INDEX 函数返回最高产量生产线的名称列表。

方案 2：选中 G3:G6 单元格区域，在编辑栏中输入以下数组公式，按 <Ctrl+Shift+Enter> 组合键。

```
{=INDEX(C:C,-MOD(LARGE(SUMIF(C3:C14,C3:C6,D3)/1%-
(COLUMN(A:L)>1)*50-ROW(C3:C6),ROW()-2),-100))&""}
```

首先利用 SUMIF 函数汇总 4 条生产线在三季度的产量，并放大 100 倍，结果为列数组 { 19800;18500;18700;19800 } 。

公式中的“(COLUMN(A:L)>1)*50”是第一个元素为 0，其余元素为 50 的常量行数组，即 { 0,50,50,50,50,50,50,50,50,50,50,50 } 。产量列数组减去该常量行数组，作用是在最高产量与第二高产量间插入了 11 个“最高产量 /1%-50”的数值，从而确保 LARGE 函数降序依次提取时，不会取到最高产量以外的其他产量。

然后将新构建的产量数组与行号组合生成新的数组，如图 16-53 所示。

生产线	产量/1%	产量/1%-50										
1号线	19797	19747	19747	19747	19747	19747	19747	19747	19747	19747	19747	19747
2号线	18496	18446	18446	18446	18446	18446	18446	18446	18446	18446	18446	18446
3号线	19695	19645	19645	19645	19645	19645	19645	19645	19645	19645	19645	19645
4号线	19794	19744	19744	19744	19744	19744	19744	19744	19744	19744	19744	19744

图 16-53 产量与行号组合的新数组

使用 LARGE 函数降序依次提取，通过 MOD 函数还原出行号，最终由 INDEX 函数返回最高产量对应的生产线名称列表。

提示

方案 2 只汇总了一次各生产线三季度的产量，而方案 1 汇总了两次。当汇总产量较复杂时，方案 2 比方案 1 更简洁、有效。

16.7 利用数组公式排序

16.7.1 快速实现中文排序

利用 SMALL 函数和 LARGE 函数可以对数值进行升降序排列。而利用函数对文本进行排序则相对复杂，需要根据各个字符在系统字符集中内码值的大小，借助 COUNTIF 函数才能实现。

示例 16-36 将成绩表按姓名排序

图 16-54 展示的是某班级学生成绩表的部分内容，已经按学号升序排序。现需要通过公式将成绩表按姓名升序排列。

E2

```
{=INDEX(B:B,RIGHT(SMALL(COUNTIF(B$2:B$11,"<"&B$2:B$11)/1%%%+ROW($2:$11),ROW()-1),6))}
```

	A	B	C	D	E	F	G	H
1	学号	姓名	总分		姓名排序	总分		
2	508001	何周利	516		毕祥	601		
3	508002	鲁黎	712		何周利	516		
4	508003	李美湖	546		姜禹贵	520		
5	508004	王润恒	585		李波	582		
6	508005	姜禹贵	520		李美湖	546		
7	508006	熊有田	651		鲁黎	712		
8	508007	许涛	612		汤汝琼	637		
9	508008	汤汝琼	637		王润恒	585		
10	508009	毕祥	601		熊有田	651		
11	508010	李波	582		许涛	612		

图 16-54 对姓名进行升序排序

E2 单元格中输入以下数组公式，按 <Ctrl+Shift+Enter> 组合键，并将公式复制到 E2:E11 单元格区域。

```
{=INDEX(B:B,RIGHT(SMALL(COUNTIF(B$2:B$11,"<"&B$2:B$11)/1%%+ROW($2:$11),ROW()-1),6))}
```

该公式关键的处理技巧是利用 COUNTIF 函数对姓名按 ASCII 码值进行大小比较，统计出小于各姓名的姓名个数，即是姓名的升序排列结果。本例姓名的升序排列结果为{ 1;5;4;7;2;8;9;6;0;3 }。

将 COUNTIF 函数生成的姓名升序排列结果与行号组合生成新的数组，再由 SMALL 函数从小到大逐个提取，最后根据 RIGHT 函数提取的行号，利用 INDEX 函数返回对应的姓名。

在数据表中，可以使用“排序”菜单功能进行名称排序。但在某些应用中，需要将姓名排序结果生成内存数组，供其他函数调用进行数据再处理，这时就必须使用函数公式来实现。以下公式可以生成姓名排序后的内存数组。

```
{=LOOKUP(--RIGHT(SMALL(COUNTIF(B$2:B$11,"<"&B$2:B$11)/1%%+ROW($2:$11),ROW($1:$10)),6),ROW($2:$11),B$2:B$11)}
```

COUNTIF 函数排序结果为按音序的排列，升序排列即公式中的 "<"&B$2:B$11；降序排列只需将其修改为 ">"&B$2:B$11，或使用 LARGE 函数代替 SMALL 函数。

16.7.2 根据产品产量进行排序

示例 16-37 按产品产量降序排列

图 16-55 展示的是某企业各生产车间钢铁生产的产量明细表，需要按产量降序排列产量明细表。

	A	B	C	D
1	生产部门	车间	产品类别	产量（吨）
2	钢铁一部	1车间	合金钢	833.083
3	钢铁二部	1车间	结构钢	1041.675
4	钢铁一部	4车间	碳素钢	1140
5	钢铁三部	1车间	角钢	639.06
6	钢铁三部	2车间	铸造生铁	1431.725
7	钢铁一部	3车间	工模具钢	1140
8	钢铁二部	2车间	特殊性能钢	618.7

图 16-55　产量明细表

方法 1：产量附加行号排序法。

选中 G2:G8 单元格区域，在编辑栏中输入以下数组公式，按 <Ctrl+Shift+Enter> 组合键。

```
{=INDEX(C:C,MOD(SMALL(ROW(2:8)-D2:D8/1%%%,ROW(1:7)),100))}
```

该公式利用 ROW 函数产生的行号序列与产量的 1000000 倍组合生成新的内存数组，再利用 SMALL 函数从小到大逐个提取，MOD 函数返回排序后的行号，最终利用 INDEX 函数返回产品类别。

H2 单元格中输入以下公式计算产量。

```
=VLOOKUP(G2,C:D,2,)
```

方法 2：RANK 函数化零为整排序法。

选中 K2:K8 单元格区域，在编辑栏中输入以下数组公式，按 <Ctrl+Shift+Enter> 组合键。

```
{=INDEX(C:C,RIGHT(SMALL(RANK(D2:D8,D2:D8)/1%+ROW(2:8),ROW()-1),2))}
```

利用 RANK 函数将产量按降序排名，与 ROW 函数产生的行号数组组合生成新的数组，再利用 SMALL 函数从小到大逐个提取，RIGHT 函数返回排序后的行号，最终利用 INDEX 函数返回产品类别。

L2 单元格输入以下公式计算产量。

```
=SUMIF(C:C,K2,D:D)
```

方法 3：SMALL 函数结合 COUNTIF 函数排名法。

P2 单元格使用以下公式先将产量降序排列。

```
=LARGE(D$2:D$8,ROW(A1))
```

O2 单元格中输入以下数组公式，按 <Ctrl+Shift+Enter> 组合键。

```
{=INDEX(C:C,SMALL(IF(P2=D$2:D$8,ROW($2:$8)),COUNTIF(P$1:P2,P2)))}
```

根据产量返回对应的产品类别。当存在相同产量时，使用 COUNTIF 函数统计当前产量出现的次数，来分别返回不同的产品类别。

各方法的排序结果如图 16-56 所示。

	E	F	G	H	I	J	K	L	M	N	O	P
1		方法1	产品类别	产量		方法2	产品类别	产量		方法3	产品类别	产量
2		1	铸造生铁	1431.725		1	铸造生铁	1431.725		1	铸造生铁	1431.725
3		2	碳素钢	1140		2	碳素钢	1140		2	碳素钢	1140
4		3	工模具钢	1140		3	工模具钢	1140		3	工模具钢	1140
5		4	结构钢	1041.675		4	结构钢	1041.675		4	结构钢	1041.675
6		5	合金钢	833.083		5	合金钢	833.083		5	合金钢	833.083
7		6	角钢	639.06		6	角钢	639.06		6	角钢	639.06
8		7	特殊性能钢	618.7		7	特殊性能钢	618.7		7	特殊性能钢	618.7

图 16-56　按产量降序排序后的明细表

注意

当产量数值较大或小数位数较多时，方法1受到Excel的15位有效数字的限制，而不能返回正确排序结果。方法2利用RANK函数将数值化零为整，转化为数值排名，可有效应对大数值和小数位数多的数值，避免15位有效数字的限制，返回正确的排序结果。

16.7.3 多关键字排序技巧

示例16-38 按各奖牌数量降序排列奖牌榜

图16-57展示的是2014年仁川亚运会奖牌榜的部分内容，需要依次按金、银、铜牌数量对各个国家或地区进行降序排列。

	A	B	C	D	E
1	国家/地区	金牌	银牌	铜牌	总数
2	韩国	79	71	84	234
3	印度	11	10	36	57
4	伊朗	21	18	18	57
5	朝鲜	11	11	14	36
6	卡塔尔	10	0	4	14
7	哈萨克斯坦	28	23	33	84
8	中国	151	108	83	342
9	日本	47	76	77	200
10	泰国	12	7	28	47

图16-57 仁川亚运会奖牌榜

由于各个奖牌数量都为数值，且都不超过3位数，因此可以通过“*10^N”的方式，将金、银、铜牌3个排序条件整合在一起。

选中G2:G10单元格区域，在编辑栏中输入以下数组公式，按<Ctrl+Shift+Enter>组合键。

```
{=INDEX(A:A,RIGHT(LARGE(MMULT(B2:D10,10^{8;5;2})+ROW(2:10),ROW()-2),2))}
```

公式利用MMULT函数将金、银、铜牌数量分别乘以10^8、10^5、10^2后求和，把3个排序条件整合在一起形成一个新数组。该数组再与行号构成的序数数组组合，确保数组元素大小按奖牌数量排序的前提下最后两位数为对应的行号。

然后利用LARGE函数从大到小逐个提取，完成降序排列。再利用RIGHT函数返回对应的行号，最终利用INDEX函数返回对应的国家或地区。

排序结果如图16-58所示。

G2　{=INDEX(A:A,RIGHT(LARGE(MMULT(B2:D10,10^{8;5;2})+ROW(2:10),ROW()-1),2))}

	A	B	C	D	E	F	G	H
1	国家/地区	金牌	银牌	铜牌	总数		国家/地区	奖牌总数
2	韩国	79	71	84	234		中国	342
3	印度	11	10	36	57		韩国	234
4	伊朗	21	18	18	57		日本	200
5	朝鲜	11	11	14	36		哈萨克斯坦	84
6	卡塔尔	10	0	4	14		伊朗	57
7	哈萨克斯坦	28	23	33	84		泰国	47
8	中国	151	108	83	342		朝鲜	36
9	日本	47	76	77	200		印度	57
10	泰国	12	7	28	47		卡塔尔	14

图 16-58　根据各奖牌数量降序排列结果

在 H2 单元格中输入以下公式，查询各国家或地区的奖牌总数。

```
=VLOOKUP(G2,A:E,5,)
```

16.8　组合问题

组合是指从给定个数的元素中取出指定个数的元素，形成一组，不考虑排序。组合问题是研究满足给定要求的所有组合情况。

16.8.1　组合因子

对于给定的 n（正整数）个元素，从中任取 m（$0<=m<=n$ 的整数）个元素的组合数如下。

$$\mathrm{C}_n^m=\frac{n!}{m!\,(n-m)!}$$

根据二项式定理，取 0，1，…，n 个元素的所有组合数之和如下。

$$\sum_{m=0}^{n}\mathrm{C}_n^m=2^n$$

用 0 表示取元素时不选取该元素，1 表示选取该元素，那么 n 个元素的所有组合如图 16-59 所示。

	n个元素					
2^n种组合	1	0	0	0	…	0
	0	1	0	0	…	0
	1	1	0	0	…	0
	0	0	1	0	…	0
	1	0	1	0	…	0
	⋮	⋮	⋮	⋮	⋱	⋮
	1	1	1	1	…	1

图 16-59　所有组合列表

组合因子是以函数公式表达的所有组合列表数组。利用二进制计算原理，常用的组合因子表达式有以下几种。

```
INT(MOD({1;2;3;...;S}*2/2^{1,2,3,...,n},2))
-(MOD({1;2;3;...;S}*2/2^{1,2,3,...,n},2)<1)
MID(BASE({1;2;3;...;S},2,n),{1,2,3,...,n},1)
MID(DEC2BIN({1;2;3;...;S},n),{1,2,3,...,n},1)
```

公式中的参数 S=2^n，在实际运用中，可使用 ROW 函数和 COLUMN 函数灵活构造 { 1;2;3;…;S } 和 { 1,2,3,…,n } 。

当 $S \geqslant 512$ 时，DEC2BIN 函数将返回 #NUM! 错误值，无法构造组合因子，故 DEC2BIN 函数构造组合因子法只适用于 $n \leqslant 9$ 的情况。

16.8.2 组合应用示例

示例 16-39 斗牛游戏

“斗牛”是一种流行扑克牌游戏，可由 2 ~ 10 人参与。去除一副牌中的大小王，剩余的 52 张用于牌局。每人每局发 5 张牌，根据这 5 张牌面计算点数，比较大小。

牌面点数计算规则如下。

JQKA 均视作 0 计算，首先判断是否存在任意 3 张牌面之和为 10 的整数倍; 若不存在，牌型视为无点，牌面点数为 5 张牌中最大一张牌面 Y，并在末尾连接一个“大”字，即“Y 大”；若存在，牌型为有点，牌面点数以剩余两张牌面之和的个位数确定，个位数为 0，则结果为“牛”；个位数非 0 的 X，则结果为“X 点”。

图 16-60 展示了 4 名参与者在一轮游戏中的牌面，需要根据游戏规则计算每名参与者的牌面点数，以便决出胜利者。

H3 =IF(Test,IF_True,IF_False)

参与者	牌面					点数
张志明	J	7	9	3	J	9点
周詠蓮	7	6	Q	10	5	Q大
李平	A	7	A	J	6	3点
李润祥	5	10	7	10	8	牛

图 16-60 斗牛游戏

为便于公式理解，先将公式中的部分要点定义名称。

（1）组合因子：CombArr。

```
=MOD(INT(COLUMN(A:AF)/2^ROW($1:$5)*2),2)
```

结合 16.8.1 小节所述内容，每人有 5 张牌，n=5，“ROW($1:$5)”即为 1 ~ 5 的竖向数组；总的组合数 S=2^5=32，“COLUMN(A:AF)”为 1 ~ 32 的横向数组。

（2）判断“有点”与“无点”的条件：Test。

```
=OR(MMULT(1+TEXT(C3:G3,"0;;;!0")%,CombArr)={3;3.1;3.2;3.3})
```

公式利用 TEXT 函数将 5 张牌中的文本“JQKA”强制转化为 0，缩小 100 倍后加上 1，把 5 张牌转化为可计数与求和的数字数组 { 1,1.07,1.09,1.03,1 } 。

使用 MMULT 函数计算牌面与组合因子的矩阵乘积，得到各种组合的牌面之和。

```
{1.09,2.09,2.16,3.16,1.03,2.03,2.1,3.1,2.12,3.12,3.19,4.19,1,2,2.07,3.
07,2.09,3.09,3.16,4.16,2.03,3.03,3.1,4.1,3.12,4.12,4.19,5.19,0,1,1.07}
```

其中，个位数表示组合中牌的张数，小数部分则是组合中牌面之和。

根据游戏规则，3 张牌面之和为 10 的整数倍才是“有点”牌型，即个位数是 3，小数部分是 0.1 的整数倍。经过 TEXT 函数转化之后，每张牌的牌面大于等于 0 且小于等于 10，所以 3 张牌和牌面之和大于等于 0 且小于等于 30，缩小 100 倍后即为大于等于 0 且小于等于 0.3 的小数。在这个范围内又满足 0.1 的整数倍的条件的值，只有 0，0.1，0.2 和 0.3，于是得到了常量数组 { 3;3.1;3.2;3.3 } 。

只要有一个组合满足要求，即为“有点”牌型，最终利用 OR 函数，返回判断结果。

（3）对于“有点”的牌型，进一步判断是“X 点”与“牛”：IF_True。

```
=TEXT(RIGHT(SUM(C3:G3)),"0 点;;牛")
```

由于已有 3 张牌面之和为 10 的整数倍，剩余两张牌面之和的个位数等于 5 张牌面之和的个位数。

公式利用 SUM 函数忽略文本汇总 5 张牌的牌面之和，RIGHT 函数截取个位数，最后通过 TEXT 函数区分 0 与 1 ~ 9，返回“牛”与“X 点”。

（4）对于“无点”的牌型，进一步计算 5 张牌的最大牌面：IF_False。

```
=INDEX(3:3,RIGHT(MAX(COLUMN(C:G)+FIND(C3:G3,"2345678910JQ
KA")/1%)))&"大"
```

公式首先利用 FIND 函数将 JQKA 转化为数值：11、12、13、14；再与列号组合生成新的数组，借助 MAX 函数返回最大值，通过 RIGHT 函数截取最大值末尾的列号，最终利用 INDEX 函数返回最大的牌面。

利用以上名称，结合 IF 函数，就可以得出牌面点数。在 H3 单元格中输入以下公式，将公式复制到 H3:H6 单元格区域。

```
=IF(Test,IF_True,IF_False)
```

用户也可不定义名称，直接在 H3 单元格输入以下数组公式，并将公式复制到 H3:H6 单元格区域。

```
{=IF(OR(MMULT(1+TEXT(C3:G3,"0;;;!0")%,CombArr)={3;3.1;3.2;3.3}),TEXT
(RIGHT(SUM(C3:G3)),"0 点 ;; 牛 "),INDEX(3:3,RIGHT(MAX(COLUMN(C:G)+FIND(C3:
G3,"2345678910JQKA")/1%)))&" 大 ")}
```

示例 16-40 购买零食

图 16-61 展示了商店里所有零食种类及其单价，小林计划用 100 元去购买零食，每种零食最多可以购买两件，为了剩余尽可能少的钱，需拟订一个购买方案。

为便于公式理解，先将部分公式要点定义名称。

组合因子：CombArr。

```
=MOD(INT(ROW(1:729)*3/3^COLUMN(A:F)),3)
```

有 6 种玩具模型，*n*=6：每种零食的购买数量可以是 0、1、2，共 3 种情况，于是所有的组合数 S=3^6=729 种，根据 16.8.1 小节得出组合因子公式，运算结果如图 16-62 所示。

	A	B	C	D
1				
2		玩具模型	单价	购买数量
3		酒鬼花生	16.5	1
4		薯片	25.5	0
5		豆干	18.5	2
6		果冻	25.9	0
7		蜜饯	17.2	1
8		饼干	29.1	1
9		开销合计		99.8元

图 16-61　零食列表

3^6=729种组合	6种玩具模型					
	1	0	0	0	0	0
	2	0	0	0	0	0
	0	1	0	0	0	0
	1	1	0	0	0	0
	2	1	0	0	0	0
	0	2	0	0	0	0
	1	2	0	0	0	0
	2	2	0	0	0	0
	⋮	⋮	⋮	⋮	⋮	⋮
	1	2	2	2	2	2
	2	2	2	2	2	2
	0	0	0	0	0	0

图 16-62　组合因子数组

选中 D3:D9 单元格区域，在编辑栏中输入以下数组公式，按<Ctrl+Shift+Enter>组合键。

```
{=--(0&MID(1000+LOOKUP(100.1,SMALL(MMULT(CombArr,C3:C8+10^-
ROW(2:7)),ROW(1:729))),(ROW()+3)^(ROW()<9)+1,5^(ROW()=9)))}
```

公式首先利用“10^-ROW(2:7)”在每种玩具单价的不同小数位上赋值 1，用于记录参与组合的零食种类和数量，单价变为 {16.51;25.501;18.5001;25.90001;17.200001;

29.1000001}。

使用 MMULT 函数计算组合因子与单价的矩阵乘积，得到各个购买组合的合计开销。

```
{16.51;33.02;25.501;42.011;58.521;51.002;67.512;...;248.9122222;265.4222222;0}
```

其中，十分位及以左的数字表示组合的合计消费金额，百分位及以右的数字表示构成此组合的零食种类及数量，如 58.521 表示购买 2 袋酒鬼花生、1 包薯片共消费 58.5 元。

利用 SMALL 函数将各种购买组合的消费金额升序排列，借助 LOOKUP 函数返回消费金额小于等于 100 元的最大值 99.8102011。加上 1000，统一提取位置和提取位数。最终通过 MID 函数依次提取百分位及以右的数字和消费金额，得到最终的购买方案和开销合计。

D3　{=--(0&MID(1000+LOOKUP(100.1,SMALL(MMULT(CombArr,C3:C8+10^-ROW(2:7)),ROW(1:729))),(ROW()+3)^(ROW()<9)+1,5^(ROW()=9)))}

玩具模型	单价	购买数量
巡洋舰	16.5	1
火炮	25.5	0
皮卡车	18.5	2
坦克	25.9	0
歼击机	17.2	1
航母	29.1	1
开销合计		99.8元

图 16-63　最终购买方案

16.9　连续性问题

示例 16-41　最大连续次数

如图 16-64 所示，A2:A14 单元格区域为数字及空白单元格构成的数据源，需计算最大连续空格的数量。

C3 单元格输入以下数组公式，按 <Ctrl+Shift+Enter> 组合键。

```
{=MAX(FREQUENCY(IF(A2:A14="",ROW(2:14)),IF(A2:A14<>"",ROW(2:14))))}
```

公式利用 IF 函数判断 A2:A14 单元格区域是否为空，返回空单元格对应的行号，构成 data_array；返回非空单元格对应的行号构成间隔数组 bins_array。

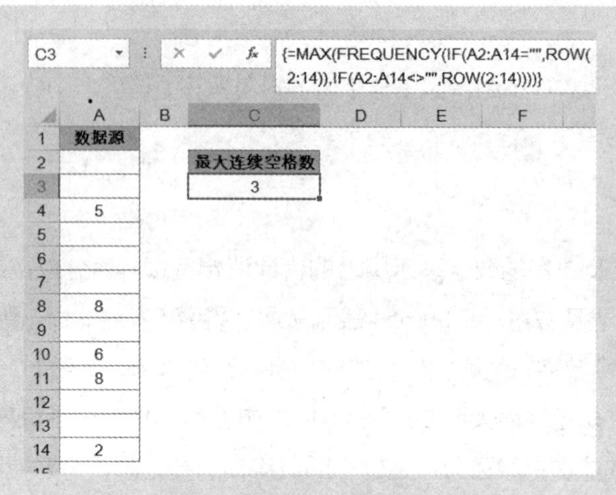

图 16-64　最大连续空格数

借助 FREQUENCY 函数分段计频，统计每段连续空白单元格的数量，最终使用 MAX 函数返回最大连续空白单元格的数量。

示例 16-42　最长等差数列数字个数

如图 16-65 所示，A2:A14 单元格区域为整数，需计算最长的等差数列的数字个数。

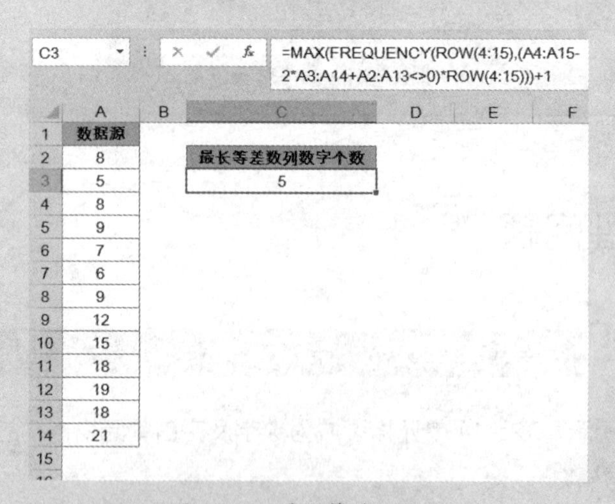

图 16-65　最长等差数列链

C3 单元格输入以下数组公式，按 <Ctrl+Shift+Enter> 组合键。

```
{=MAX(FREQUENCY(ROW(4:15),(A4:A15-2*A3:A14+A2:A13<>0)*ROW(4:15)))+1}
```

相邻两数之差等于同一个常数的数列即为等差数列，根据这个定义，公式中使用“(A4:A15-2*A3:A14+A2:A13<>0)”公式段判断等差数列的起点及终点，并借助 FREQUNCY 函数分段计数返回各等差数列段的数字长度。最终通过 MAX 函数返回最长等差数列的数字个数。

由于前一个等差数列的终点即为下一个等差数列的起点，FREQUENCY 函数在分段计数时将临界点计为等差数列的终点，而少计了下一个等差数列的起点，因此在公式末尾为每个等差数列的数字个数增加 1。

16.10　数组公式的优化

如果工作簿中使用了较多的数组公式，或者数组公式中的计算范围较大时，会显著降低工作簿重新计算的速度。通过对公式进行适当优化，可在一定程度上提高公式运行效率。

对数组公式的优化主要包括以下几种。

1. 减小公式引用的区域

实际工作中，一个工作表中的记录数量通常是随时增加的。编辑公式时，可事先估算记录的大致数量，公式引用范围略多于实际数据范围即可，避免公式进行过多无意义的计算。

2. 谨慎使用易失性函数

如果在工作表中使用了易失性函数，每次对单元格进行编辑操作时，所有包含易失性函数的公式都会全部重算。为了减少自动重算对编辑效率造成的影响，可将工作表先设置为手动重算，待全部编辑完成后，再启用自动重算。

3. 使用多单元格数组公式替代单个单元格数组公式

使用单个单元格数组公式时，每个单元格中的公式都要分别计算。而使用多单元格数组公式时，整个区域中的公式只计算一次，然后把得到的数组结果中的 *n* 个元素分别赋值给 *n* 个单元格。

4. 适当使用辅助列，善于利用排序、筛选等基础操作

使用辅助列的办法，将数组公式中的多项计算化解为多个单项计算，在数据量比较大时，可以显著提升运算处理的效率。

同理，在编辑公式之前，先利用排序、筛选、取消合并单元格等基础操作，使数据结构更趋于合理，可以降低公式的编辑难度，减少公式的运算次数。

第 17 章　多维引用

多维引用是一项非常实用的技术，可取代辅助单元格公式，在内存中构造出对多个单元格区域的引用。各区域独立参与运算，同步返回结果，从而提高公式编辑和运算效率。

本章介绍多维引用的工作原理，并通过实例说明多维引用的使用方法。

本章学习要点

（1）多维引用的概念。

（2）多维引用的工作原理。

（3）多维引用的应用实例。

17.1　多维引用的工作原理

17.1.1　认识引用的维度和维数

引用的维度是指引用中单元格区域的排列方向。维数是引用中不同维度的个数。

单个单元格引用可视作一个无方向的点，没有维度和维数；一行或一列的连续单元格区域引用可视作一条直线，拥有一个维度，称为一维横向引用或一维纵向引用；多行多列的连续单元格区域引用可视作一个平面，拥有纵横两个维度，称为二维引用，如图 17-1 所示。

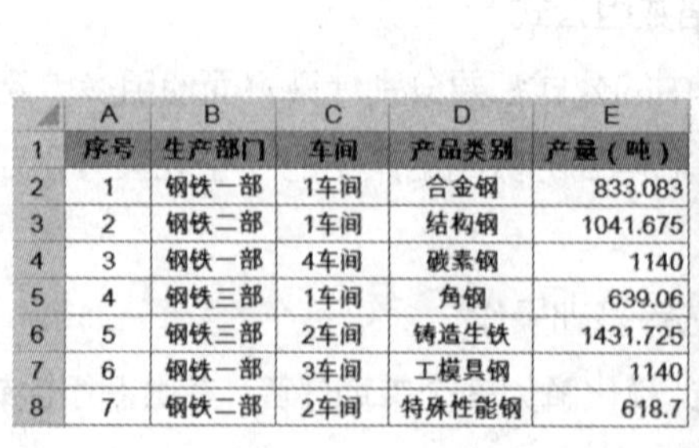

	A	B	C	D	E
1	序号	生产部门	车间	产品类别	产量（吨）
2	1	钢铁一部	1车间	合金钢	833.083
3	2	钢铁二部	1车间	结构钢	1041.675
4	3	钢铁一部	4车间	碳素钢	1140
5	4	钢铁三部	1车间	角钢	639.06
6	5	钢铁三部	2车间	铸造生铁	1431.725
7	6	钢铁一部	3车间	工模具钢	1140
8	7	钢铁二部	2车间	特殊性能钢	618.7

	A	B	C	D	E
10		单个单元格引用（点）			
11		角钢	=D5		
12					
13		一列单元格区域引用（直线/一维纵向）			
14		钢铁一部	=B2:B5		
15		钢铁二部			
16		钢铁一部			
17		钢铁三部			
18					
19		一行单元格区域引用（直线/一维横向）			
20		3车间	工模具钢	1140	=C7:E7
21					
22		多行多列连续单元格区域引用（平面/二维引用）			
23		钢铁二部	1车间	结构钢	=B3:D5
24		钢铁一部	4车间	碳素钢	
25		钢铁三部	1车间	角钢	

图 17-1　二维平面中引用的维度和维数

将多个单元格或多个单元格区域分别放在不同的二维平面上，就构成多维引用。若各平面在单一方向上扩展（横向或纵向），呈线状排列，就是三维引用，如图 17-2 所示。若各平面同时在纵横两个方向上扩展，呈面状排列，则是四维引用，如图 17-3 所示。

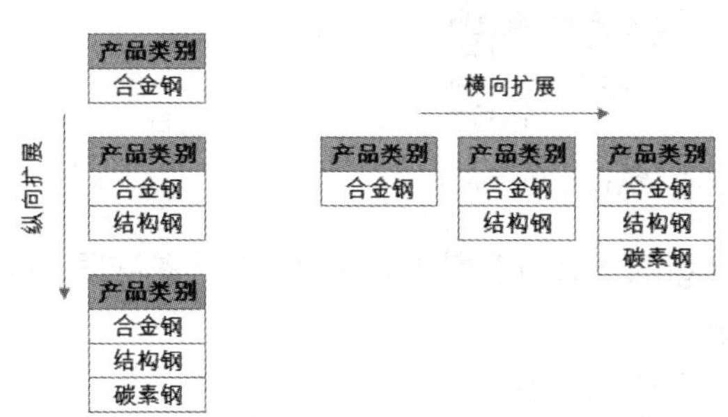

图 17-2　三维引用

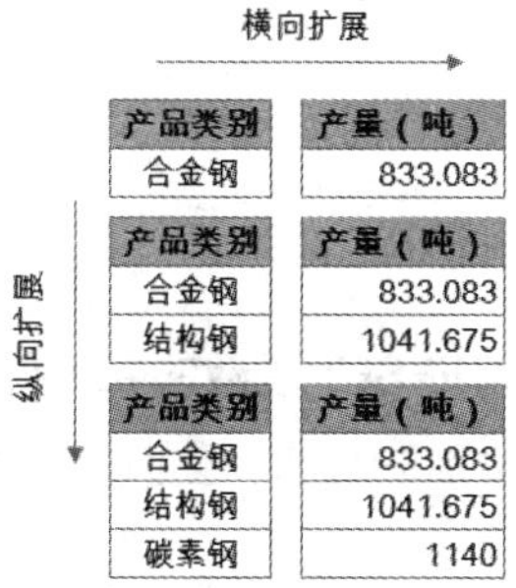

图 17-3　四维引用

三维、四维引用可看作是以单元格“引用”或单元格区域“引用”为元素的一维、二维“数组”。各“引用”作为数组的元素，以一个整体参与运算。

注意

目前已有函数仅支持最多四维的单元格或单元格区域引用。

17.1.2　引用函数生成的多维引用

OFFSET 函数和 INDIRECT 函数是通常用来生成多维引用的引用类函数。当它们对单元格或单元格区域进行引用时，若直接在其部分或全部参数中使用数组（常量数组、内存数组或命名数组），所返回的引用称为函数生成的多维引用。

1. 使用一维数组生成三维引用

以图 17-1a 的数据表为引用数据源，以下数组公式可以返回纵向三维引用。

```
{=OFFSET(D1,,,{2;3;4})}
```

结果如图 17-2a 所示。公式表示在数据源表格中以 D1 单元格为基点，单元格区域的高度分别为 2、3、4 行的 3 个单元格区域引用。由于其中的 { 2;3;4 } 为一维纵向数组，因此最终取得对 D1:D2、D1:D3、D1:D4 呈纵向排列的单元格区域引用。

该纵向三维引用是由 OFFSET 函数在 height 参数中使用一维纵向数组产生的。

同理，在 OFFSET 函数的 rows、cols、width 参数中使用一维纵向数组，也将返回纵向三维引用。

仍以图 17-1a 侧的数据表为引用数据源，以下数组公式可以返回横向三维引用。

```
{=OFFSET(A1,,{0,1,2},{2,3,4})}
```

结果如图 17-4 所示。公式表示在数据源表格中以 A1 单元格为基点，分别偏移 0、1、2 列，同时单元格区域高度分别为 2、3、4 行的单元格区域引用。由于其中 { 0,1,2 } 和 { 2,3,4 } 是对应的一维横向数组，因此最终取得对 A1:A2、B1:B3、C1:C4 呈横向排列的单元格区域引用。

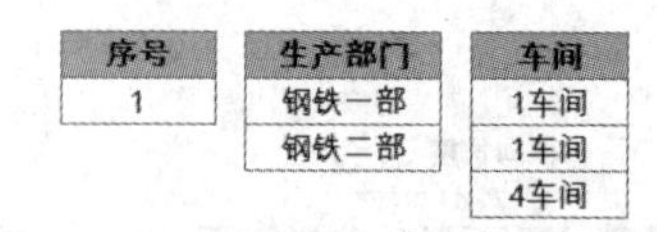

图 17-4 横向三维引用

在 OFFSET 函数的 rows、cols、height、width 参数中，一个或多个参数同时使用等尺寸的一维横向数组，将返回横向三维引用。

示例 17-1 标示连续三月无数据的客户

图 17-5 展示了某厂商 2015 年度的部分销售记录情况，本年度内连续 3 个月及以上未购买本厂产品的客户为不活跃客户。该厂商拟在年终开展返利活动，返回活跃客户部分利润以示奖励，因此需在 M 列标示客户是否活跃。

	A	B	C	D	E	F	G	H	I	J	K	L	M
1	客户姓名	1月	2月	3月	4月	5月	6月	7月	8月	9月	10月	11月	标记
2	杨玉兰		729		894			707	677	218	202		活跃
3	龚成琴		526	276		226	629						不活跃
4	王莹芬	237	718	282	679			673	543	326	170	220	活跃
5	石化昆	865	246	768	545	896	884		601	846		141	活跃
6	班虎忠	192		632				528		283		867	不活跃
7	補态福	206	409			892	182	404	857			423	活跃
8	王天艳	604			593	772			600		704		活跃
9	安德运	864	707			519				890	817		不活跃
10	岑仕美	858		658	467	155		874	831		175	497	活跃
11	杨再发	842	302	482	716	655			629	537		367	活跃

图 17-5 销售记录表

M2 单元格输入以下数组公式，按 <Ctrl+Shift+Enter> 组合键，并将公式复制到 M2:M11 单元格区域。

```
{=IF(OR(COUNTBLANK(OFFSET(A2,,COLUMN(A:I),,3))=3),"不活跃","活跃")}
```

公式利用 COLUMN 函数生成一维横向数组 {1,2,3,4,5,6,7,8,9}，然后使用 OFFSET 函数生成以 A2 单元格为基点，依次向右偏移 1 ~ 9 个单元格，宽度为 3 个单元格的横向三维引用，结果是以下 9 个单元格区域引用构成的数组：B2:D2、C2:E2、D2:F2…J2:L2。

借助 COUNTBLANK 函数分别统计 OFFSET 函数返回的各引用区域中空白单元格（无数据单元格）的数量。

```
{2,1,2,2,2,1,0,0,1}
```

然后将各引用区域中无数据单元格的数量与 3 进行比较，并结合 OR 函数判断是否存在任意一个引用区域的 3 个单元格均为无数据单元格，如果存在，则返回 TRUE，否则返回 FALSE。

最后通过 IF 函数将存在连续 3 个月无数据的客户标记为“不活跃”，否则标记为“活跃”。

除了三维引用，还可以使用 FREQUNCY 函数统计连续无数据单元格的数量，进而判断客户是否活跃。M2 单元格输入以下数组公式，按 <Ctrl+Shift+Enter> 组合键。

```
{=IF(OR(FREQUENCY(IF(B2:L2="",COLUMN(B:L)),IF(B2:L2<"",COLUMN
(B:L)))>=3)," 不活跃 "," 活跃 ")}
```

公式利用 IF 函数返回空白单元格对应的列号数组作为 FREQUNCY 函数的 data_array 参数，其运算结果如下。

```
{2,FALSE,4,FALSE,6,7,FALSE,FALSE,FALSE,FALSE,12}
```

同样利用 IF 函数返回有数据单元格对应的列号数组作为间隔数组 bins_array 参数，其运算结果如下。

```
{FALSE,3,FALSE,5,FALSE,FALSE,8,9,10,11,FALSE}
```

然后使用 FREQUNCY 函数忽略逻辑值进行分段计数，统计 data_array 在 bins_array 各区间内的数量，返回各段连续空白单元格的数量。

```
{1;1;2;0;0;0;1}
```

然后将各段连续空白单元格数量与 3 进行比较，并结合 OR 函数判断是否存在任意一段连续空白单元格的数量大于等于 3，如果存在，则返回 TRUE，否则返回 FALSE。

最后通过 IF 函数将存在连续 3 个月及以上无数据的客户标记为“不活跃”，否则标记为“活跃”。

2. 使用不同维度的一维数组生成四维引用

在 OFFSET 函数的 rows、cols、height、width 参数中，两个或多个参数分别使用一维横向数组和一维纵向数组，将返回四维引用。

以下数组公式将返回四维引用。

```
{=OFFSET(A2,{0;1;2},{2,3})}
```

公式表示在数据源表格中以 A2 单元格为基点，分别偏移 0 行 2 列、0 行 3 列、1 行 2 列、1 行 3 列、2 行 2 列、2 行 3 列的单元格引用。由于 { 0;1;2 } 是一维纵向数组，{ 2,3 } 是一维横向数组，因此最终取得对“ { C2,D2;C3,D3;C4,D4 } ”共 6 个单元格的引用，并呈 3 行 2 列二维排列。

示例 17-2 出现次数最多的数字

如图 17-6 所示，C3:H9 单元格区域为数据区，均为 0 ~ 9 之间的整数，需要在 J4 单元格统计出现次数最多的数字，统计条件为在同一行中重复出现的数字只计一次。例如工作表第 3 行，虽然数字 1 重复出现，但统计时，数字 1 在第 3 行内只计 1 次。

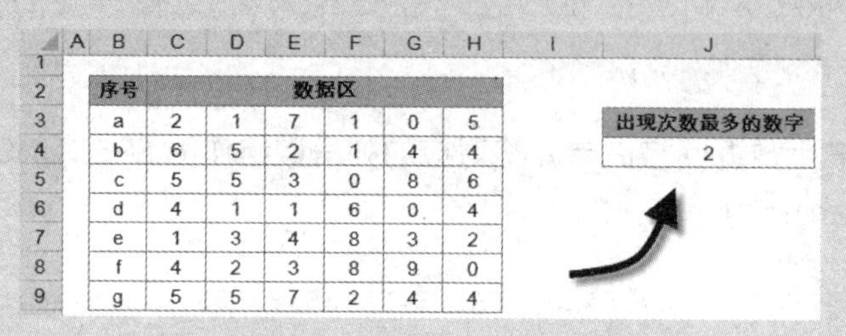

序号	数据区					
a	2	1	7	1	0	5
b	6	5	2	1	4	4
c	5	5	3	0	8	6
d	4	1	1	6	0	4
e	1	3	4	8	3	2
f	4	2	3	8	9	0
g	5	5	7	2	4	4

出现次数最多的数字
2

图 17-6 出现次数最多的数字

J4 单元格输入以下数组公式，按 <Ctrl+Shift+Enter> 组合键。

```
{=MODE(IF(COUNTIF(OFFSET(B2,ROW(1:7),,,COLUMN(A:F)),C3:H9)=0,C3:H9))}
```

公式利用 ROW 函数生成竖向数组 { 1;2;3;4;5;6;7 }，利用 COLUMN 函数生成横向数组 { 1,2,3,4,5,6 }，根据这两个不同维度的一维数组，通过 OFFSET 函数返回四维引用。

借助 COUNTIF 函数统计数据区内各个值在与之对应的四维引用中的出现次数，其对应关系如图 17-7 所示。

OFFSET(B2,ROW(1:7),,,COLUMN(A:F))

B3	B3:C3	B3:D3	B3:E3	B3:F3	B3:G3
B4	B4:C4	B4:D4	B4:E4	B4:F4	B4:G4
B5	B5:C5	B5:D5	B5:E5	B5:F5	B5:G5
B6	B6:C6	B6:D6	B6:E6	B6:F6	B6:G6
B7	B7:C7	B7:D7	B7:E7	B7:F7	B7:G7
B8	B8:C8	B8:D8	B8:E8	B8:F8	B8:G8
B9	B9:C9	B9:D9	B9:E9	B9:F9	B9:G9

C3:H9

C3	D3	E3	F3	G3	H3
C4	D4	E4	F4	G4	H4
C5	D5	E5	F5	G5	H5
C6	D6	E6	F6	G6	H6
C7	D7	E7	F7	G7	H7
C8	D8	E8	F8	G8	H8
C9	D9	E9	F9	G9	H9

图 17-7 四维引用与二维数组一一对应关系

不难发现，COUNTIF 函数统计的是数据区内各单元格在同一行之前单元格区域内的出现次数。如果出现次数为 0，表明此数字在本行内首次出现，则通过 IF 函数返回该数字本身；如果出现次数非 0，表明此数字在本行之前的单元格内已出现，该数字在本行内重复，则通过 IF 函数返回逻辑值 FALSE，在后续统计时不计次数。行内去重后的数据如下。

```
{2,1,7,FALSE,0,5;6,5,2,1,4,FALSE;5,FALSE,3,0,8,6;4,1,FALSE,6,0,FALSE;
1,3,4,8,FALSE,2;4,2,3,8,9,0;5,FALSE,7,2,4,FALSE}
```

最终利用 MODE 函数忽略逻辑值，返回数据的众数，即出现次数最多的数字。

3. 使用二维数组生成四维引用

在 OFFSET 函数的 rows、cols、height、width 参数和 INDIRECT 函数的 ref_text 参数中，如果任意一个参数使用二维数组，都将返回四维引用。

以下数组公式也将返回四维引用。

```
{=OFFSET(B1:C1,{1,2,3;4,5,6},)}
```

公式表示在数据源表格中以 B1 单元格为基点，按照 B1:C1 单元格区域的尺寸大小，分别偏移“{ 1 行 ,2 行 ,3 行 ;4 行 ,5 行 ,6 行 }”的单元格区域引用。由于其中 { 1,2,3;4,5,6 } 是二维数组，因此最终取得“{ B2:C2,B3:C3,B4:C4;B5:C5,B6:C6,B7:C7 }”共 6 个单元格区域的引用，并呈 2 行 3 列二维排列。

4. 跨多表区域的多维引用

示例 17-3 跨多表汇总工资

图 17-8 展示了某公司 8 ~ 10 月份的部分员工工资明细表，需要在“工资汇总”工作表中汇总各位员工的工资。

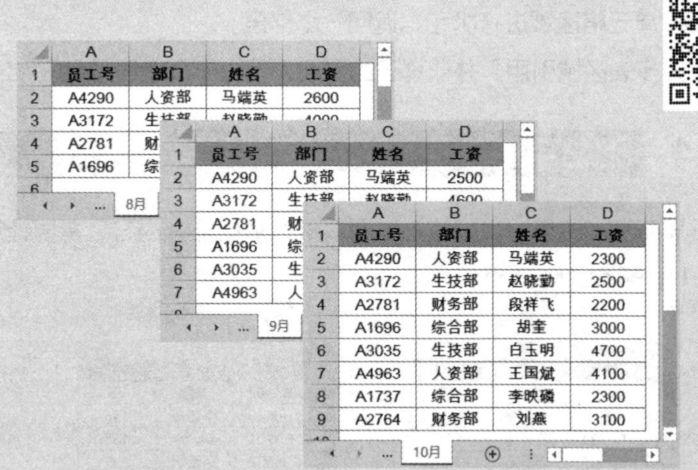

	A	B	C	D
1	员工号	部门	姓名	工资
2	A4290	人资部	马端英	2300
3	A3172	生技部	赵晓勤	2500
4	A2781	财务部	段祥飞	2200
5	A1696	综合部	胡奎	3000
6	A3035	生技部	白玉明	4700
7	A4963	人资部	王国斌	4100
8	A1737	综合部	李映祺	2300
9	A2764	财务部	刘燕	3100

图 17-8　员工工资明细表

在“工资汇总”工作表的 D2 单元格输入以下数组公式，按 <Ctrl+Shift+Enter> 组合键，并将公式复制到 D2:D9 单元格区域。

```
{=SUM(SUMIF(INDIRECT({8,9,10}&"月!A:A"),A2,INDIRECT({8,9,10}&"月!D:D")))}
```

该公式首先利用 INDIRECT 函数返回对 8 月、9 月、10 月工作表的 A 列和 D 列的三维引用，然后利用支持多维引用的 SUMIF 函数分别统计各工作表中对应员工号的工资，最终利用 SUM 函数汇总 3 个工作表中对应员工的工资，结果如图 17-9 所示。

D2 {=SUM(SUMIF(INDIRECT({8,9,10}&"月!A:A"),A2,INDIRECT({8,9,10}&"月!D:D")))}

	A	B	C	D
1	员工号	部门	姓名	总工资
2	A4290	人资部	马端英	7400
3	A3172	生技部	赵晓勤	11100
4	A2781	财务部	段祥飞	10400
5	A1696	综合部	胡奎	11500
6	A3035	生技部	白玉明	8200
7	A4963	人资部	王国斌	7700
8	A1737	综合部	李映磷	2300
9	A2764	财务部	刘燕	3100

工资汇总 | 8月 | 9月 | 10月

图 17-9　工资汇总结果

17.1.3　函数生成的多维引用和“跨多表区域引用”的区别

除了 OFFSET 函数和 INDIRECT 函数产生的多维引用以外，还有一种“跨多表区域引用”。例如，公式“=SUM(1 学期 :4 学期 !A1:A6)”可以对 1 学期、2 学期、3 学期和 4 学期这 4 张工作表的 A1:A6 单元格区域进行求和，返回一个结果。

实际上，“跨多表区域引用”并非真正的引用，而是一个连续多表区域的引用组合。

示例 17-4　汇总平均总分

图 17-10 展示了某班级一次模拟考试各科成绩单的部分内容，需要计算学生语文、数学和英语 3 科的平均总分。

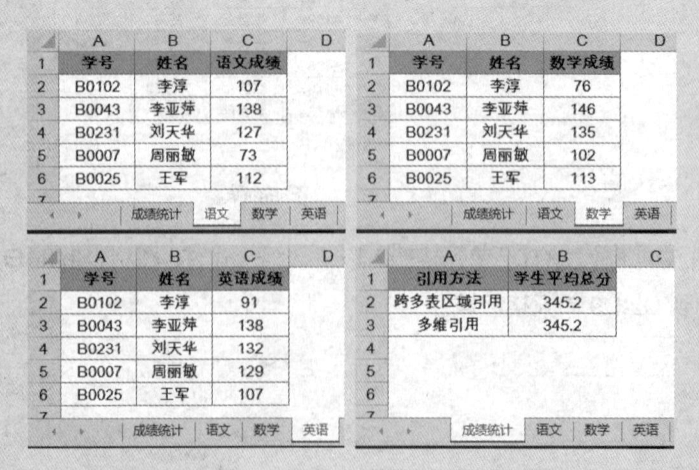

学号	姓名	语文成绩
B0102	李淳	107
B0043	李亚萍	138
B0231	刘天华	127
B0007	周丽敏	73
B0025	王军	112

学号	姓名	数学成绩
B0102	李淳	76
B0043	李亚萍	146
B0231	刘天华	135
B0007	周丽敏	102
B0025	王军	113

学号	姓名	英语成绩
B0102	李淳	91
B0043	李亚萍	138
B0231	刘天华	132
B0007	周丽敏	129
B0025	王军	107

引用方法	学生平均总分
跨多表区域引用	345.2
多维引用	345.2

成绩统计 | 语文 | 数学 | 英语

图 17-10　根据各科成绩统计平均总分

在“成绩统计”工作表的 B2 单元格可输入以下公式。

```
=SUM(语文:英语!C2:C6)/5
```

公式通过“跨多表区域引用”，利用 SUM 函数进行求和，得出语文、数学、英语成绩之总和。最后除以学生人数，返回平均总分。

除此之外，也可以使用函数生成的三维引用来计算平均总分。“成绩统计”工作表 B3 单元格输入以下数组公式，按 <Ctrl+Shift+Enter> 组合键。

```
{=SUM(SUBTOTAL(9,INDIRECT({"语文","数学","英语"}&"!C2:C6")))/5}
```

公式通过 INDIRECT 函数返回对各科成绩单元格区域的三维引用，利用 SUBTOTAL 函数汇总各单元格区域的成绩，再利用 SUM 函数返回语文、数学、英语成绩之总和。最后除以学生人数，返回平均总分。

函数生成的多维引用与“跨多表区域引用”的主要区别如下。

- 函数生成的多维引用将不同工作表上的各单元格区域引用作为多个结果返回给 Excel，而“跨多表区域引用”作为一个结果返回给 Excel。
- 两者支持的参数类型不相同。函数生成的多维引用可以在 reference、range 和 ref 类型的参数中使用，而由于“跨多表区域引用”不是真正的引用，故一般不能在这三类参数中使用。
- 函数生成的多维引用将对每个单元格区域引用分别计算，同时返回多个结果值。“跨多表区域引用”将作为一个整体返回一个结果值。
- 函数生成的多维引用中每个被引用区域的大小和行列位置可以不同，工作表顺序可以是任意的。“跨多表区域引用”的各工作表必须相邻，且被引用区域的大小和行列位置也必须相同。

提示

多维引用实际上是一种非平面的单元格区域引用，它已经扩展到立体空间上，各个引用区域相对独立，外层函数只能分别对多维引用的各个区域进行单独计算。

17.2　多维引用的应用

17.2.1　支持多维引用的函数

在 Excel 2013 中，带有 reference、range 或 ref 参数的部分函数以及数据库函数，可对多维引用返回的各区域引用进行独立计算，并对应每个区域，返回一个由计算结果值构成的一维或二维数组。结果值数组的元素个数和维度与多维引用返回的区域个数和维度是一致的。

可处理多维引用的函数有AREAS、AVERAGEIF、AVERAGEIFS、COUNTBLANK、COUNTIF、COUNTIFS、PHONETIC、RANK、RANK.AVG、RANK.EQ、SUBTOTAL、SUMIF、SUMIFS等，以及所有数据库函数，如DSUM、DGET等。

此外，还有N和T两个函数，虽然它们不带range或ref参数，但它们可以返回多维引用中每个区域的第一个值，并将其转化为数值或文本，组成一个对应的一维或二维数组。所以当多维引用的每个区域都是一个单元格时，使用这两个函数比较适合。

17.2.2 统计多学科不及格人数

每次考试结束后，在统计学员成绩的工作中，通常需要统计不及格的学员人数，以下介绍3种方法来完成这种统计。

示例17-5 统计多学科不及格人数

图17-11展示了某班级期末考试成绩表的部分内容，需要统计出有任意两科不及格（小于60分）的学员人数。

	A	B	C	D	E	F	G	H	I	J
1	姓名	语文	数学	英语	物理	化学	生物	总分		辅助列
2	陈莉	99	53	60	79	95	84	470		1
3	吴封志	97	95	49	99	95	79	514		1
4	师琼华	40	66	53	72	46	58	335		4
5	蒋升昌	81	87	68	83	65	72	456		0
6	李永华	89	83	48	44	66	70	400		2
7	龚从德	52	57	54	96	66	69	394		3
8	李朝荣	93	94	73	81	85	86	512		0

图17-11 学员成绩表

方法1：辅助列统计法。

将J列作为辅助列，统计各学员不及格科目的数量。在J2单元格输入以下公式，并将公式复制到J2:J8单元格区域。

```
=COUNTIF(B2:G2,"<60")
```

再利用COUNTIF函数统计J列辅助列大于等于2的记录数，即得任意两科不及格的学员人数。B12单元格输入以下公式。

```
=COUNTIF(J2:J8,">=2")
```

方法2：三维引用法。

很多时候，用户往往不希望添加辅助列，而趋向于直接通过公式进行统计，这就需要使用三维引用来协助处理。B13 单元格输入以下数组公式，按 <Ctrl+Shift+Enter> 组合键。

```
{=SUM(N(COUNTIF(OFFSET(B1:G1,ROW(B2:G8)-ROW(B1),),"<60")>=2))}
```

公式首先利用 OFFSET 函数来生成三维引用，将各个学员的成绩分别作为独立区域单独引用，结果为以下 7 个单元格区域：B2:G2、B3:G3、B4:G4、B5:G5、B6:G6、B7:G7、B8:G8。

然后利用 COUNTIF 函数分别对 OFFSET 函数返回的各引用区域进行统计计数，实现类似 J 列辅助列的效果。结果为 { 1;1;4;0;2;3;0 }，与 J 列辅助列一致，只是该统计结果存放在内存中。

将 COUNTIF 函数的统计结果与 2 相比较，得出不及格学科数大于等于 2 的记录，最后利用 SUM 函数对其汇总得出结果。

方法 3：数组直接运算法。

由于学生成绩是一个连续的单元格区域，所以也可以使用数组直接运算法来统计。

B14 单元格输入以下公式。

```
=SUMPRODUCT(N(MMULT(N(B2:G8<60),1^ROW(1:6))>=2))
```

公式首先将成绩与 60 相比较，得出不及格的记录。然后利用 MMULT 函数汇总每一行，返回各学员不及格科目的数量，并判断是否大于等于 2。

然后利用 SUMPRODUCT 函数和 N 函数汇总得出最终结果，此过程与方法 2 相同，不再赘述。

3 种方法得到的任意两科不及格学员人数，如图 17-12 所示。

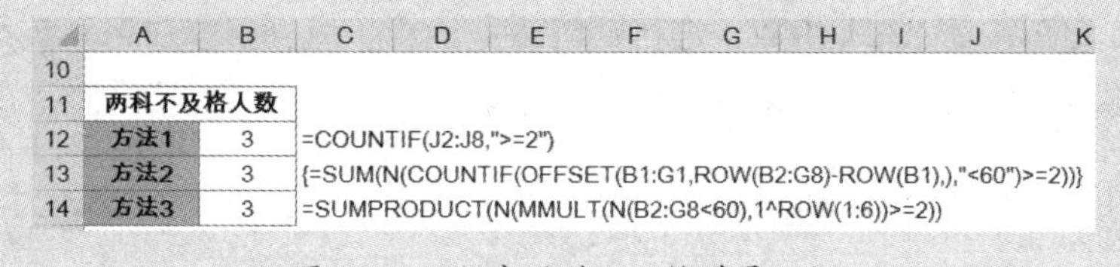

	A	B	C
10			
11	两科不及格人数		
12	方法1	3	=COUNTIF(J2:J8,">=2")
13	方法2	3	{=SUM(N(COUNTIF(OFFSET(B1:G1,ROW(B2:G8)-ROW(B1),),"<60")>=2))}
14	方法3	3	=SUMPRODUCT(N(MMULT(N(B2:G8<60),1^ROW(1:6))>=2))

图 17-12　任意两科不及格学员人数

17.2.3　排名及评分

在统计学生成绩的工作中，有时需要进行特殊的排名。

示例 17-6　学生成绩特殊排名

图 17-13 展示了某班级部分学生的各科成绩明细，依据学生各科成绩在班级中的名次之和，对班级内所有学生进行排名。

H2 单元格输入以下数组公式，按 <Ctrl+Shift+Enter> 组合键，并将公式复制到 H2:H8 单元格区域。

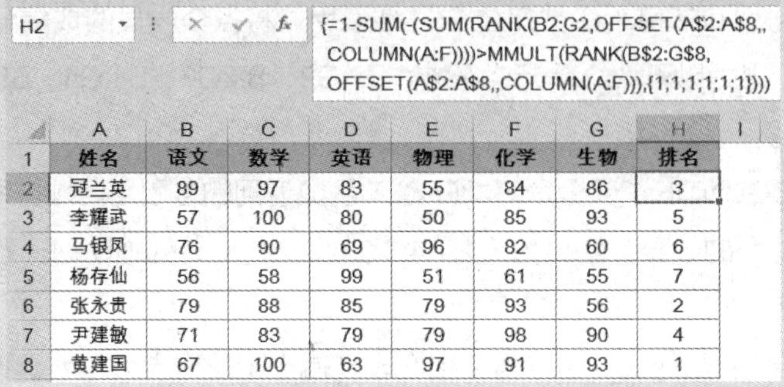

H2 {=1-SUM(-(SUM(RANK(B2:G2,OFFSET(A$2:A$8,,COLUMN(A:F))))>MMULT(RANK(B$2:G$8,OFFSET(A$2:A$8,,COLUMN(A:F))),{1;1;1;1;1;1})))}

	A	B	C	D	E	F	G	H
1	姓名	语文	数学	英语	物理	化学	生物	排名
2	冠兰英	89	97	83	55	84	86	3
3	李耀武	57	100	80	50	85	93	5
4	马银凤	76	90	69	96	82	60	6
5	杨存仙	56	58	99	51	61	55	7
6	张永贵	79	88	85	79	93	56	2
7	尹建敏	71	83	79	79	98	90	4
8	黄建国	67	100	63	97	91	93	1

图 17-13　特殊排名

```
{=1-SUM(-(SUM(RANK(B2:G2,OFFSET(A$2:A$8,,COLUMN(A:F))))>MMULT(RANK
(B$2:G$8,OFFSET(A$2:A$8,,COLUMN(A:F))),{1;1;1;1;1;1})))}
```

公式首先利用 OFFSET 函数来生成三维引用，将班级各科成绩分别作为独立区域单独引用，结果为以下 6 个单元格区域引用组成的数组：B2:B8、C2:C8、D2:D8、E2:E8、F2:F8、G2:G8。

然后利用 RANK 函数来计算学生各科成绩在班级中的排名。

RANK(B2:G2,OFFSET(A$2:A$8,,COLUMN(A:F))) 返回单个学生各科成绩在班级中的名次，使用 SUM 函数得到名次之和。

RANK(B$2:G$8,OFFSET(A$2:A$8,,COLUMN(A:F))) 返回所有学生各科成绩在班级中的名次，使用 MMULT 函数，进行矩阵乘积运算，返回各学生各科成绩名次之和的数组。

```
{21;23;26;35;20;22;18}
```

将单个学生的各科成绩名次之和与所有学生的各科成绩名次之和比较，判断名次之和小于自身的学生个数，最后再加上 1，即为该学生的排名。

在员工考核工作中，往往需要根据员工在各项目中的综合表现，进行累计评分，作为最终的考核指标。

示例 17-7　综合排名评分

图 17-14 展示了某公司 5 名员工在所参加的 3 个项目中的表现得分情况，根据各

员工在各项目中的得分排名，按照评分标准进行评分，以各员工 3 个项目的累计评分作为考核依据。

G7　{=SUM(SUMIF(B$2:F$2,RANK(N(OFFSET(D$6,{0,5,10}+ROW($1:$5),)),OFFSET(D$7:D$11,{0,5,10},)),B$3:F$3)*(T(OFFSET(C$6,{0,5,10}+ROW($1:$5),))=F7))}

	A	B	C	D	E	F	G	H	I
1	评分标准								
2	排名	1	2	3	4	5			
3	评分	10	7	5	3	2			
4									
5	明细数据					结果			
6	序号	项目	成员	得分		成员	累计评分		
7	1		A	87		A	17		
8	2		B	80		B	14		
9	3	项目1	C	97		C	23		
10	4		D	71		D	11		
11	5		E	72		E	16		
12	6		D	73					
13	7		A	79					
14	8	项目2	C	77					
15	9		E	93					
16	10		B	82					
17	11		C	93					
18	12		E	73					
19	13	项目3	B	72					
20	14		D	88					
21	15		A	83					

图 17-14　员工考核评分汇总

G7 单元格输入以下数组公式，按 <Ctrl+Shift+Enter> 组合键，并将公式复制到 G7:G11 单元格区域。

```
{=SUM(SUMIF(B$2:F$2,RANK(N(OFFSET(D$6,{0,5,10}+ROW($1:$5),)),OFFSET(D
$7:D$11,{0,5,10},)),B$3:F$3)*(T(OFFSET(C$6,{0,5,10}+ROW($1:$5),))=F7))}
```

公式利用 OFFSET 函数多维引用和 N 函数的组合，重构得分数据列，按项目分为 3 列，返回 5 行 3 列的数组。

然后利用 OFFSET 函数生成三维引用，将 3 个项目的得分区域单独引用，结果为以下 3 个单元格区域引用组成的数组：D7:D11、D12:D16、D17:D21。

RANK 函数返回各成员得分在各项目内的排名，然后使用 SUMIF 函数返回排名所对应的评分。

利用 OFFSET 函数多维引用和 T 函数的组合，重构成员数据列，按项目分为 3 列，返回 5 行 3 列的姓名数组，与得分排名得出的评分一一对应。通过与结果成员比较，过滤出结果中成员所对应的评分。最终通过 SUM 函数进行汇总，得出累计评分。公式计算过程如图 17-15 所示。

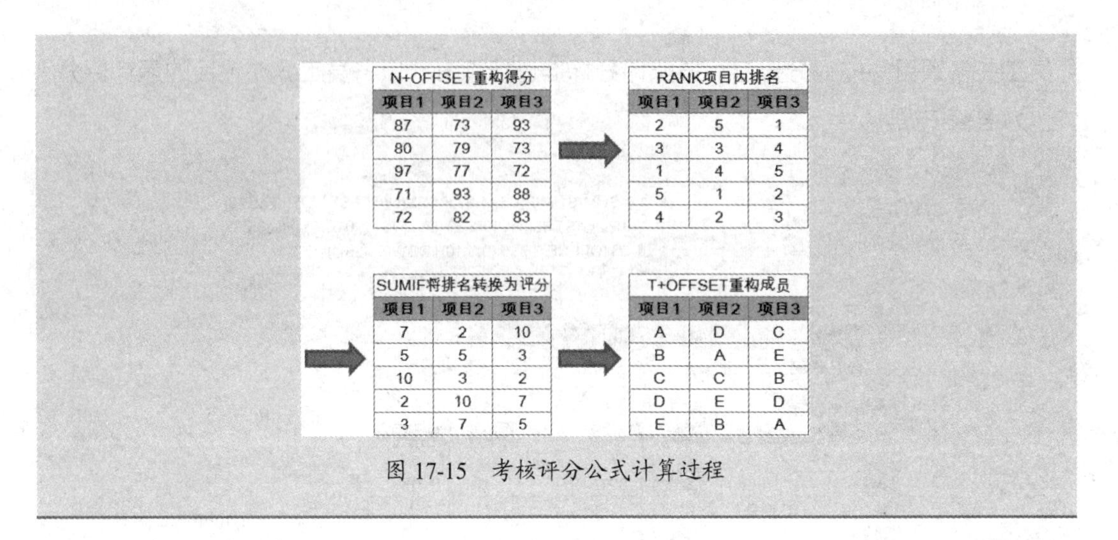

N+OFFSET重构得分

项目1	项目2	项目3
87	73	93
80	79	73
97	77	72
71	93	88
72	82	83

RANK项目内排名

项目1	项目2	项目3
2	5	1
3	3	4
1	4	5
5	1	2
4	2	3

SUMIF将排名转换为评分

项目1	项目2	项目3
7	2	10
5	5	3
10	3	2
2	10	7
3	7	5

T+OFFSET重构成员

项目1	项目2	项目3
A	D	C
B	A	E
C	C	B
D	E	D
E	B	A

图 17-15　考核评分公式计算过程

17.2.4　条件统计

示例 17-8　最大销售金额汇总

图17-16展示了某公司2015年度各销售点的销售明细表。为了了解公司的销售情况，需要汇总各销售点的最大销售金额。

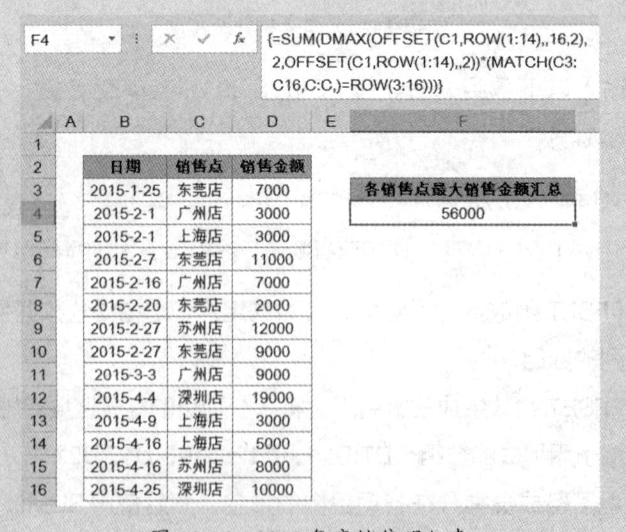

日期	销售点	销售金额
2015-1-25	东莞店	7000
2015-2-1	广州店	3000
2015-2-1	上海店	3000
2015-2-7	东莞店	11000
2015-2-16	广州店	7000
2015-2-20	东莞店	2000
2015-2-27	苏州店	12000
2015-2-27	东莞店	9000
2015-3-3	广州店	9000
2015-4-4	深圳店	19000
2015-4-9	上海店	3000
2015-4-16	上海店	5000
2015-4-16	苏州店	8000
2015-4-25	深圳店	10000

图 17-16　2015 年度销售明细表

F4 单元格输入以下数组公式，按 <Ctrl+Shift+Enter> 组合键。

```
{=SUM(DMAX(OFFSET(C1,ROW(1:14),,16,2),2,OFFSET(C1,ROW(1:14),,2))*(MATCH(C3:C16,C:C,)=ROW(3:16)))}
```

公式利用 OFFSET 产生三维引用作为数据库，并使用 OFFSET 函数产生的三维引用作为条件单元格区域，通过 DMAX 数据库函数得到各销售点的最大销售金额。计算过程如图 17-17 所示。

	A	B	C	D	E	F	G
1	DMAX函数计算销售点最大销售金额						
2	第一个参数	对应标志项	第二个参数	第三个参数	对应条件项	计算结果	结果说明
3	C2:C17	销售点	2	C2:C3	东莞店	11000	计算C2:C17这个区域中以C2为标志项，C3为条件对应的销售金额最大值
4	C3:C18	东莞店	2	C3:C4	广州店	9000	计算C3:C18这个区域中以C3为标志项，C4为条件对应的销售金额最大值
5	C4:C19	广州店	2	C4:C5	上海店	5000	计算C4:C19这个区域中以C4为标志项，C5为条件对应的销售金额最大值
6	C5:C20	上海店	2	C5:C6	东莞店	11000	计算C5:C20这个区域中以C5为标志项，C6为条件对应的销售金额最大值
7	C6:C21	东莞店	2	C6:C7	广州店	9000	计算C6:C21这个区域中以C6为标志项，C7为条件对应的销售金额最大值
8	C7:C22	广州店	2	C7:C8	东莞店	9000	计算C7:C22这个区域中以C7为标志项，C8为条件对应的销售金额最大值
9	C8:C23	东莞店	2	C8:C9	苏州店	12000	计算C8:C23这个区域中以C8为标志项，C9为条件对应的销售金额最大值
10	C9:C24	苏州店	2	C9:C10	东莞店	9000	计算C9:C24这个区域中以C9为标志项，C10为条件对应的销售金额最大值
11	C10:C25	东莞店	2	C10:C11	广州店	9000	计算C10:C25这个区域中以C10为标志项，C11为条件对应的销售金额最大值
12	C11:C26	广州店	2	C11:C12	深圳店	19000	计算C11:C26这个区域中以C11为标志项，C12为条件对应的销售金额最大值
13	C12:C27	深圳店	2	C12:C13	上海店	5000	计算C12:C27这个区域中以C12为标志项，C13为条件对应的销售金额最大值
14	C13:C28	上海店	2	C13:C14	上海店	5000	计算C13:C28这个区域中以C13为标志项，C14为条件对应的销售金额最大值
15	C14:C29	上海店	2	C14:C15	苏州店	8000	计算C14:C29这个区域中以C14为标志项，C15为条件对应的销售金额最大值
16	C15:C30	苏州店	2	C15:C16	深圳店	10000	计算C15:C30这个区域中以C15为标志项，C16为条件对应的销售金额最大值

图 17-17 DMAX 函数运算过程

利用 MATCH 函数查找各销售点在 C 列中第一次出现的位置，并与行号比较，达到销售点去重复的目的。

最终使用 SUM 函数对各销售点的最大销售金额求和，得出结果。

17.2.5 多表单条件统计

通常在集团公司中，各个分公司不同月份的销售数据是以多个工作表分别存储的。如果希望统计各分公司在某个期间内的销售情况，则需要使用多表统计技术。

示例 17-9 跨多表销量统计

图 17-18 展示了某集团公司上半年的销售明细表，每个月的销售数据分别存放在不同的工作表中。为了了解各业务员的销售情况，需要分季度统计各业务员的销售总量。

为了便于多表的三维引用，定义一个工作表名的名称为 ShtName。

```
={"1 月 ","4 月 ";"2 月 ","5 月 ";"3 月 ","6 月 "}
```

这是一个二维数组，第一列表示一季度的工作表，第二列表示二季度的工作表，便于分季度统计。如需动态生成工作表名数组，请参阅 22.4.1 小节。

选中“汇总”工作表的 B3:C3 单元格区域，输入以下数组公式，按 <Ctrl+Shift+Enter> 组合键，并将公式复制到 B3:C6 单元格区域。

```
{=MMULT({1,1,1},SUMIF(INDIRECT(ShtName&"!B:B"),A3,INDIRECT(ShtName&
"!C:C")))}
```

客户名称	业务负责人	本月销量
永辉	李淳	107
山东	李亚萍	138
烟台	刘天华	127
北京	李亚萍	73
广州	刘天华	112

客户名称	业务负责人	本月销量
烟台	李淳	120
香港	李亚萍	135
北京	周丽敏	173
青岛	周丽敏	143
泉州	李亚萍	141

客户名称	业务负责人	本月销量
北京	李亚萍	76
广州	李亚萍	146
香港	周丽敏	135
天津	周丽敏	102
重庆	李亚萍	113

客户名称	业务负责人	本月销量
南京	周丽敏	62
三明	刘天华	165
永辉	周丽敏	98
山东	周丽敏	198
福州	刘天华	168

客户名称	业务负责人	本月销量
兰州	李亚萍	91
福州	周丽敏	138
深圳	李淳	132
南京	周丽敏	129
山东	李亚萍	107

客户名称	业务负责人	本月销量
香港	刘天华	100
重庆	刘天华	71
天津	李淳	191
深圳	周丽敏	155
北京	刘天华	96

图 17-18　1～6 月份销售明细表

公式利用 INDIRECT 函数生成各月份 B 列和 C 列的四维引用，借助 SUMIF 函数，根据指定的业务员姓名对销量进行求和，返回各月份指定业务员的销售总量。

根据名称 ShtName 的定义，第一列返回一季度各月份的销量，第二列返回二季度各月份的销量。最后利用 MMULT 函数分别汇总两列，即得业务员分季度的销售总量。结果如图 17-19 所示。

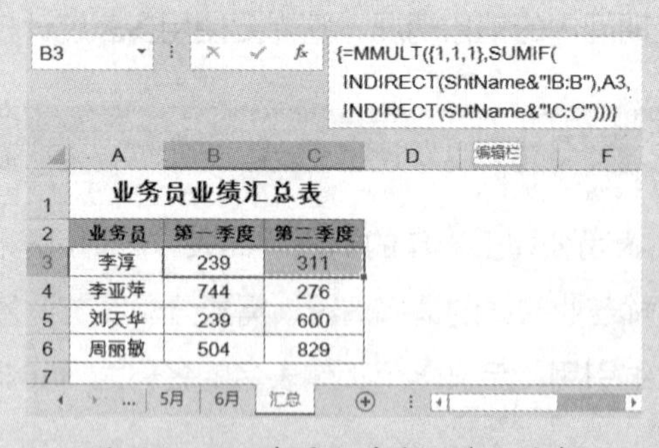

```
{=MMULT({1,1,1},SUMIF(INDIRECT(ShtName&"!B:B"),A3,INDIRECT(ShtName&"!C:C")))}
```

业务员业绩汇总表

业务员	第一季度	第二季度
李淳	239	311
李亚萍	744	276
刘天华	239	600
周丽敏	504	829

图 17-19　业务员分季度业绩汇总表

17.2.6　多表多条件统计

示例 17-10　多表多条件商品进货统计

图 17-20 展示了某商城三季度白电商品进货明细表的部分内容，商城管理部希望了解所有商品的进货情况，需要用公式完成进货汇总统计。

	A	B	C	D
1	商品名称	品牌	型号	进货量
2	空调	格力	KFR-32GW	7
3	空调	格力	KFR-35GW	5
4	洗衣机	西门子	WS12M468TI	4
5	洗衣机	海尔	XQG60-QHZB1286	8
6	冰箱	美的	KA62NV00TI	2
7	冰箱	海尔	BCD-248WBCSF	10

7月 | 8月 | 9月 | 进货汇总

	A	B	C	D
1	商品名称	品牌	型号	进货量
2	空调	格力	KFR-32GW	8
3	空调	美的	KFR-51LW	7
4	洗衣机	西门子	WS12M468TI	6
5	洗衣机	海尔	XQG60-QHZB1286	7
6	洗衣机	西门子	WS08M360TI	2
7	洗衣机	海尔	XQG55-H12866	4
8	冰箱	美的	KA62NV00TI	9
9	冰箱	美的	BCD-210TSM	8
10	冰箱	海尔	BCD-539WT	8
11	冰箱	海尔	BCD-248WBCSF	4

7月 | 8月 | 9月 | 进货汇总

	A	B	C	D
1	商品名称	品牌	型号	进货量
2	空调	格力	KFR-32GW	10
3	空调	美的	KFR-51LW	7
4	空调	格力	KFR-35GW	3
5	洗衣机	西门子	WS12M468TI	7
6	洗衣机	海尔	XQG60-QHZB1286	7
7	冰箱	美的	KA62NV00TI	3
8	冰箱	美的	BCD-210TSM	4
9	冰箱	海尔	BCD-539WT	8
10	冰箱	海尔	BCD-248WBCSF	8

7月 | 8月 | 9月 | 进货汇总

图 17-20　白电商品三季度进货明细表

为了便于多表的三维引用，定义一个工作表名的名称为 ShtName。

```
={"7 月 ","8 月 ","9 月 "}
```

由于各类商品中存在多种品牌重复的情况，因此在统计表中需要针对不同品牌进行条件统计。

在“进货汇总”工作表 B4 单元格输入以下数组公式，按 <Ctrl+Shift+Enter> 组合键，并将公式复制到 B4:E6 单元格区域。

```
{=SUM(SUMIFS(INDIRECT(ShtName&"!D:D"),INDIRECT(ShtName&"!A:A"),$A4,
INDIRECT(ShtName&"!B:B"),B$3))}
```

该公式主要利用 INDIRECT 函数，分别针对 7 月、8 月、9 月 3 张工作表，生成 D 列、A 列和 B 列的三维引用。再利用 SUMIFS 函数支持三维引用的特性，分别对各工作表的商品类别和品牌名称，进行两个条件的数据汇总，从而实现商品进货量的条件统计，统计结果如图 17-21 所示。

B4　{=SUM(SUMIFS(INDIRECT(ShtName&"!D:D"),INDIRECT(ShtName&"!A:A"),$A4,INDIRECT(ShtName&"!B:B"),B$3))}

2014年白电商品进货统计表

单位：台

品牌 类别	格力	美的	海尔	西门子
空调	33	14	0	0
冰箱	0	26	38	0
洗衣机	0	0	26	19

... | 8月 | 9月 | 进货汇总

图 17-21　三季度白电商品进货统计表

17.2.7 另类多条件汇总技术

17.2.6 小节演示了利用 SUMIFS 函数在跨多表直接区域引用中进行多条件统计的技术，但是如果需要对多表数据进行转换后的多条件汇总，则需要使用本节的技术。

示例 17-11 另类多表多条件统计

图 17-22 展示了某集团公司四季度东西部片区的电子商品销售情况明细表，需要根据商品品牌按销售月份进行汇总。

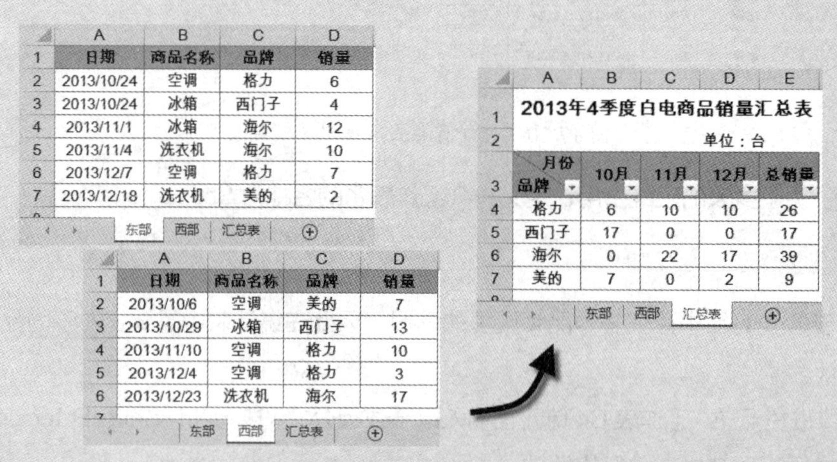

东部

日期	商品名称	品牌	销量
2013/10/24	空调	格力	6
2013/10/24	冰箱	西门子	4
2013/11/1	冰箱	海尔	12
2013/11/4	洗衣机	海尔	10
2013/12/7	空调	格力	7
2013/12/18	洗衣机	美的	2

西部

日期	商品名称	品牌	销量
2013/10/6	空调	美的	7
2013/10/29	冰箱	西门子	13
2013/11/10	空调	格力	10
2013/12/4	空调	格力	3
2013/12/23	洗衣机	海尔	17

汇总表

2013年4季度白电商品销量汇总表

单位：台

月份 / 品牌	10月	11月	12月	总销量
格力	6	10	10	26
西门子	17	0	0	17
海尔	0	22	17	39
美的	7	0	2	9

图 17-22 另类多表多条件统计

由于 SUMIFS 函数的三维引用只能进行多条件区域直接引用的统计，而本示例需要按商品品牌和销售日期两个条件汇总，并且需要将销售日期转换为销售月份，因此 SUMIFS 函数不便在本示例中使用。本示例利用 INDIRECT 函数将各表的数据逐项提取出来，重新生成二维内存数组，再利用数组比较判断进行多条件求和，最终完成多条件统计。

为了简化公式，同时便于公式的理解，定义以下两个名称。

（1）工作表名 ShtName。

```
={"东部","西部"}
```

（2）数据行序列 DataRow。

```
=ROW(INDIRECT("2:"&MAX(COUNTIF(INDIRECT(ShtName&"!A:A"),"<>"))))
```

该名称利用 COUNTIF 函数结合三维引用分别统计各表数据个数，得出各表中最大的数据行数 7，并利用 ROW 函数和 INDIRECT 函数生成 2 ~ 7 的自然数序列，便于后续公式调用，提高统计公式的运行效率。

在“汇总表”工作表的 B4 单元格，输入以下公式，并将公式复制到 B4:D7 单元格区域。

```
=SUMPRODUCT((T(INDIRECT(ShtName&"!C"&DataRow))=$A4)*(MONTH(N(INDIRECT(ShtName&"!A"&DataRow)))-LEFTB(B$3,2)=0)*N(INDIRECT(ShtName&"!D"&DataRow)))
```

该公式的一个关键点是 T(INDIRECT(ShtName&"!"&DataRow)) 公式段，它通过 INDIRECT 函数将东部、西部两张工作表中的 C 列数据逐行提取出来，形成四维引用。再利用 T 函数返回各个区域第一个单元格的文本值，形成 6 行 2 列的二维数组，结果为 {"格力","美的";"西门子","西门子";"海尔","格力";"海尔","格力";"格力","海尔";"美的",""}。

公式中另外两个 N 函数分别返回东部、西部工作表中的 A 列和 D 列数据形成的二维数组。最后通过多条件比较判断求和进行汇总。

17.2.8　筛选状态下的统计汇总

示例 17-12　筛选状态下的条件求和

图 17-23 展示了某电商 2015 年度部分销售业绩表，已经对 5 月份销售记录进行了筛选。需要汇总单笔销售数量大于等于 10 的销售数量和销售金额。

E14　=SUMPRODUCT(SUBTOTAL(3,OFFSET(E2,ROW(E3:E13)-ROW(E2),))*($E3:$E13>=10)*E3:E13)

筛选条件：5月　2015年度销售业绩表

	A	B	C	D	E	F
2	序号	日期	货名	颜色	销售数量	销售金额
9	7	2015-5-8	皮具	060 黄色	20	4980
10	8	2015-5-17	秋季浅口单	081 草绿	1	459
11	9	2015-5-20	秋季深口单	033 粉色	4	1528
12	10	2015-5-23	夏季凉鞋	060 黄色	19	7296
13	11	2015-5-28	夏季女包	081 草绿	10	3840
14	汇总				49	16116

图 17-23　筛选 5 月份销售记录

由于数据已经按“日期”进行了筛选，因此解决问题的关键就是确定哪些数据处于筛选可见状态。SUBTOTAL 函数能够忽略隐藏的数据，只统计筛选可见的数据。

利用该特性，E14 单元格输入以下公式，并将公式复制到 E14:F14 单元格区域。

```
=SUMPRODUCT(SUBTOTAL(9,OFFSET(E2,ROW(E3:E13)-ROW(E2),))*($E3:$E13>=10))
```

该公式利用 OFFSET 函数返回 E3:E13 各个单元格的三维引用，结合 SUBTOTAL 函数判断各单元格的可见性，返回筛选可见状态下的销售数据，处于隐藏状态下的数据则返回 0。

将销售数量与 10 比较，判断销售数量大于等于 10 的销售记录。

最后将 SUBTOTAL 函数返回的销售数据与销售数量判断结果相乘，并使用 SUMPRODUCT 函数求和，得出筛选状态下销售数量大于等于 10 的销售数量之和。

示例 17-13 筛选状态下提取不重复记录

图 17-24 展示了某企业 2014 年度培训计划表，已经对授课时间大于等于 5 课时的数据进行了筛选。需要提取出筛选后的不重复部门列表。

	A	B	C	D	E	F	G	H
1	2014年度培训计划表						筛选条件：>=5课时	
2	序号	类别	培训名称	部门	讲师	课时		
4	2	技术	Flash Builder开发培训	开发部	刀锋	8		
6	4	技术	Oracle系统优化及管理培训	信息部	毕琼华	14		
7	5	技术	Java基础开发培训	开发部	杨艳凤	14		
8	6	技术	Linux操作系统基础培训	技术部	王建昆	6		
10	8	技术	Android系统开发培训	技术部	张哲	7		
12	10	技术	Solaris system admin	系统部	蒋俊华	6		
14								

图 17-24 筛选大于等于 5 课时的培训明细表

与示例 17-12 类似，使用 SUBTOTAL 函数判断数据是否处于筛选可见状态，将筛选可见状态下的数据计数为 1，筛选隐藏的数据计数为 0。

D18 单元格输入以下数组公式，按 <Ctrl+Shift+Enter> 组合键，并将公式复制到 D18:D23 单元格区域。

```
{=INDEX(D:D,MIN(IF((COUNTIF(D$17:D17,D$3:D$13)=0)*SUBTOTAL(3,OFFSET
(D$2,ROW(D$3:D$13)-ROW(D$2),)),ROW(D$3:D$13),4^8)))&""}
```

该解法利用 COUNTIF 函数过滤重复数据，利用 SUBTOTAL 函数判断筛选状态，最终提取出筛选条件下的唯一部门列表。

该公式的关键技术在于 SUBTOTAL 函数的三维引用用法，利用它能够排除非筛选状态下的数据记录，从而生成最终的部门列表。

提取出的不重复部门列表如图 17-25 中 D 列所示。

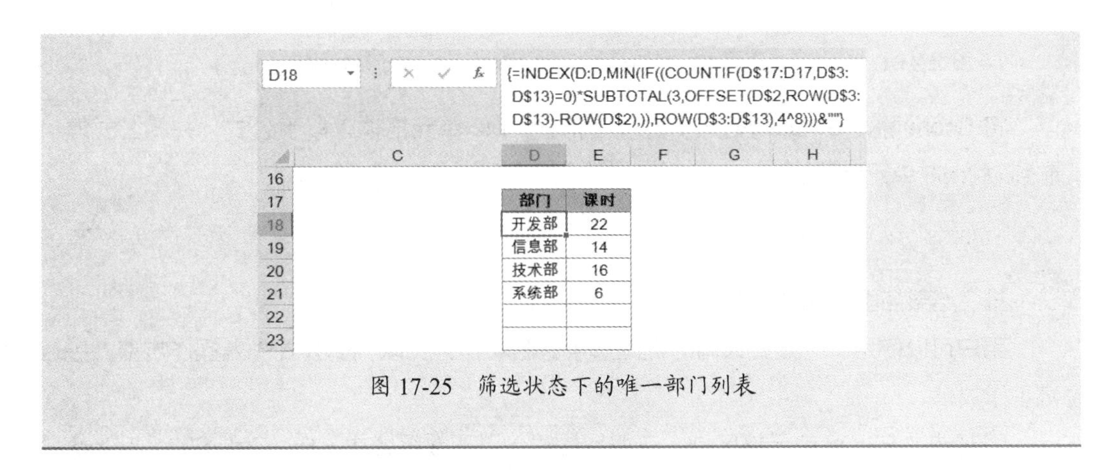

图 17-25　筛选状态下的唯一部门列表

17.2.9　根据比赛评分进行动态排名

在国际体育竞技比赛中，为了彰显公平公正，经常将所有得分的极值去掉一部分后再求平均值，作为运动员的最终成绩。常用的评分规则是：去掉一个最高分和一个最低分，取平均值为最后得分。

示例 17-14　根据跳水比赛成绩动态排名

图 17-26 展示了某次跳水比赛的评分明细表，8 位裁判分别对 7 位选手进行评分，比赛成绩为去掉一个最高分和一个最低分的平均值。需要根据最终得分降序排列各选手的顺序。

	A	B	C	D	E	F	G	H	I
1	参赛选手	评委A	评委B	评委C	评委D	评委E	评委F	评委G	评委H
2	俄罗斯	8.5	8.5	8	8.5	9	7.5	9	8.5
3	中国	9	9.5	9.5	9.5	10	9.5	9	10
4	英国	8.5	9	8	9	8.5	7	9	9
5	加拿大	9.5	9	9.5	9.5	8.5	10	9	9.5
6	澳大利亚	9	8.5	9.5	9	9.5	9	8.5	8.5
7	美国	8	9.5	10	8.5	9.5	9	9.5	9
8	日本	7.5	9	8.5	9	9	9	8.5	9

图 17-26　跳水比赛评分明细表

为了简化公式和便于公式的理解，使用以下公式定义名称 Score，计算去掉最高分和最低分后的选手总得分。

```
{=MMULT(SUBTOTAL({9,5,4},OFFSET($B$1:$I$1,ROW($1:$7),)),{1;-1;-1})}
```

名称中主要使用 SUBTOTAL 函数结合三维引用，分别计算每个选手总分、最高分和最低分，再利用 MMULT 函数进行横向汇总，即与 { 1;-1;-1 } 逐项相乘，相当于总分减去最高分和最低分的最终总得分，其结果为 { 51;57;52;56;53.5;55;53 } 。

L2 单元格输入以下数组公式，按 <Ctrl+Shift+Enter> 组合键，并将公式复制到 L2:L8 单元格区域。

```
{=INDEX(A:A,RIGHT(LARGE(Score*1000+ROW($2:$8),ROW()-1),2))}
```

将 Score 除以 6，即得各选手的最终得分。M2 单元格输入以下公式，并将公式复制到 M2:M8 单元格区域。

```
=LARGE(Score,ROW()-1)/6
```

排名结果如图 17-27 所示。

用户可以使用一个公式来同时提取选手姓名和得分，以减少公式输入操作步骤，提高工作效率。

同时选中 P2:Q8 单元格区域，在编辑栏输入以下数组公式，按 <Ctrl+Shift+Enter> 组合键。

```
{=INDEX(IF({1,0},A1:A8,ROW(1:600)/60),MID(LARGE(Score*1000+ROW(2:8),
ROW()-1),{4,1},3))}
```

该公式首先利用 IF 函数将参赛选手和可能出现的所有得分合并成一个二维数组，作为 INDEX 函数的第一参数。

然后将选手总得分 Score 与其对应的行序号组合，并利用 LARGE 函数对它降序排列，返回按选手得分降序排列的总得分和行序号，结果为 { 57003;56005;55007;53506;53008;52004;51002 } 。

再利用 MID 函数取出总得分和行序号，最后利用 INDEX 函数返回对应的参赛选手姓名和最终得分。

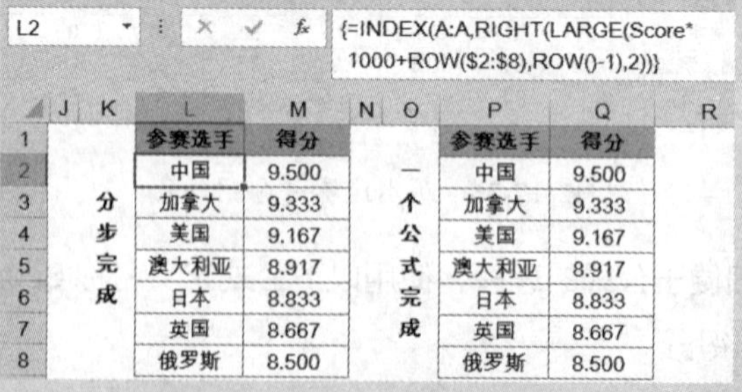

L2   fx   {=INDEX(A:A,RIGHT(LARGE(Score*1000+ROW($2:$8),ROW()-1),2))}

	J	K	L	M	N	O	P	Q	R
1			参赛选手	得分			参赛选手	得分	
2			中国	9.500		一	中国	9.500	
3		分	加拿大	9.333		个	加拿大	9.333	
4		步	美国	9.167		公	美国	9.167	
5		完	澳大利亚	8.917		式	澳大利亚	8.917	
6		成	日本	8.833		完	日本	8.833	
7			英国	8.667		成	英国	8.667	
8			俄罗斯	8.500			俄罗斯	8.500	

图 17-27 比赛成绩排名结果

17.2.10 先进先出法应用

示例 17-15 先进先出法库存统计

图17-28展示了某产品原料出入库明细表，按先进先出法计算每次出库原料的实际价格。

根据先进先出核算法，出库价值先计出库时库存中最先入库批次的价值，不足部分再计下批次入库的货物价值，以此类推。L 列展示了出库金额的演算过程。

	A	B	C	D	E	F	G	H	I	J	K	L	M
1	日期	入库			出库			结余				出库金额演算	
2		数量	单价	金额	数量	单价	金额	数量	单价	金额		公式	结果
3	2013-10-1	50	1.20	60.00				50	1.200	60.00			
4	2013-10-2	12	1.30	15.60				62	1.219	75.60			
5	2013-10-4				51	1.202	61.30	11	1.300	14.30		50*1.2+1*1.3	61.30
6	2013-10-5				10	1.300	13.00	1	1.300	1.30		10*1.3	13.00
7	2013-10-6	34	1.40	47.60				35	1.397	48.90			
8	2013-10-8				12	1.392	16.70	23	1.400	32.20		1*1.3+11*1.4	16.70
9	2013-10-9				20	1.400	28.00	3	1.400	4.20		20*1.4	28.00
10	2013-10-12	32	1.50	48.00				35	1.491	52.20			
11	2013-10-13	88	1.20	105.60				123	1.283	157.80		3*1.4+32*1.5	
12	2013-10-14				48	1.413	67.80	75	1.200	90.00		+13*1.2	57.60

图 17-28　先进先出法计算出库金额

首先将鼠标光标定位到 G3 单元格，使用行相对引用定义两个名称，分别将入库数量和入库金额逐行累加，如图 17-29 所示。

累加入库数量的名称 InQuantity。

```
=SUMIF(OFFSET(出入库明细表!$B$2,,,ROW(出入库明细表!$B$3:$B3)-ROW(出入库明细表!$B$2)),"<>")
```

累加入库金额的名称 InMoney。

```
=SUMIF(OFFSET(出入库明细表!$D$2,,,ROW(出入库明细表!$D$3:$D3)-ROW(出入库明细表!$D$2)),"<>")
```

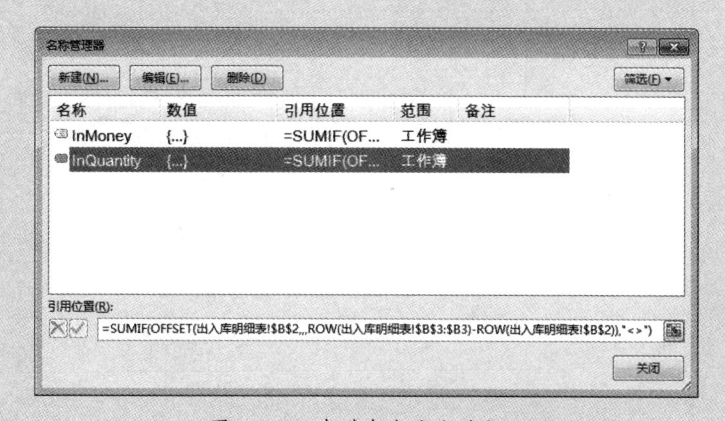

图 17-29　先进先出法名称定义

G3 单元格输入以下数组公式，按 <Ctrl+Shift+Enter> 组合键，并将公式复制到 G3:G12 单元格区域。

```
{=LOOKUP(SUM(E$2:E3),InQuantity,InMoney+(SUM(E$2:E3)-InQuantity)*
```

```
C$3:C3)-SUM(G$2:G2)}
```

公式利用总出库量在累加入库数量 InQuantity 数组中查找，并根据累加入库金额返回具体出库金额。

以 G12 单元格的出库金额为例，G12 单元格的公式如下。

```
{=LOOKUP(SUM(E$2:E12),InQuantity,InMoney+(SUM(E$2:E12)-
InQuantity)*C$3:C12)-SUM(G$2:G11)}
```

截至 2013 年 10 月 14 日，总出库量为 141。

截至 2013 年 10 月 13 日，累加入库数量 InQuantity 为 { 0;50;62;62;62;96;96;96;128;216 }，累加入库金额 InMoney 为 { 0;60;75.6;75.6;75.6;123.2;123.2;123.2;171.2;276.8 }。

公式段 (SUM(E$2:E12)-InQuantity)*C$3:C12，将当前的总出库量与累加入库数量数组相减，得出出库数量中未在上一次入库中扣除的部分 { 141;91;79;79;79;45;45;45;13;-75 }，再与入库单价相乘得到本次部分出库的出库金额 { 169.2;118.3;0;0;110.6;0;0;67.5;15.6;0 }。

再利用 LOOKUP 函数模糊查询，返回截至目前的上次完全出库和本次部分出库之和：171.2+15.6=186.6。

最后减去之前已经出库的累计总金额 119 元，返回本次出库金额 67.80 元。

第 18 章　财务金融函数

目前投资理财日渐普及，银行、证券、保险等都是属于投资的金融产品。越来越多的人开始了解和学习财务金融方面的知识。Excel 2013 版本中共有 53 个财务类函数，本章所要讨论的是，如何利用 Excel 财务函数来更好地处理在财务金融计算方面的需求。

本章学习要点

（1）财务相关的基础知识。
（2）投资价值函数。
（3）折旧函数。

18.1　财务基础相关知识

18.1.1　货币时间价值

货币时间价值是指货币随着时间的推移而发生的增值。可以简单地认为，随着时间的增长，货币的价值会不断地增加。例如，将 100 元存入银行，会产生利息，到一定时期可以取出超过 100 元的金额。

18.1.2　单利和复利

利息的计算有单利和复利两种计算方式。

单利是指按照固定的本金计算的利息，即本金固定，到期后一次性结算利息，而本金所产生的利息不再计算利息，例如银行的定期存款。

复利是指在每经过一个计息期后，都要将所生利息加入本金，以计算下期的利息。这样，在每一个计息期，上一个计息期的利息都将成为生息的本金，即以利生利，也就是俗称的“利滚利”，例如银行的购房贷款。

示例 18-1　单利和复利的对比

如图 18-1 所示，分别使用单利和复利两种方式来计算收益，本金为 100 元，利率为 10%。可以明显看出两种计息方式所获得收益的差异，随着期数越多，两者的差异越大。

在 B5 单元格输入以下公式，并向下复制到 B14 单元格。

```
=$B$2*$B$1*$A5
```

在 C5 单元格输入以下公式，并向下复制到 C14 单元格。

```
=$B$2*((1+$B$1)^$A5-1)
```

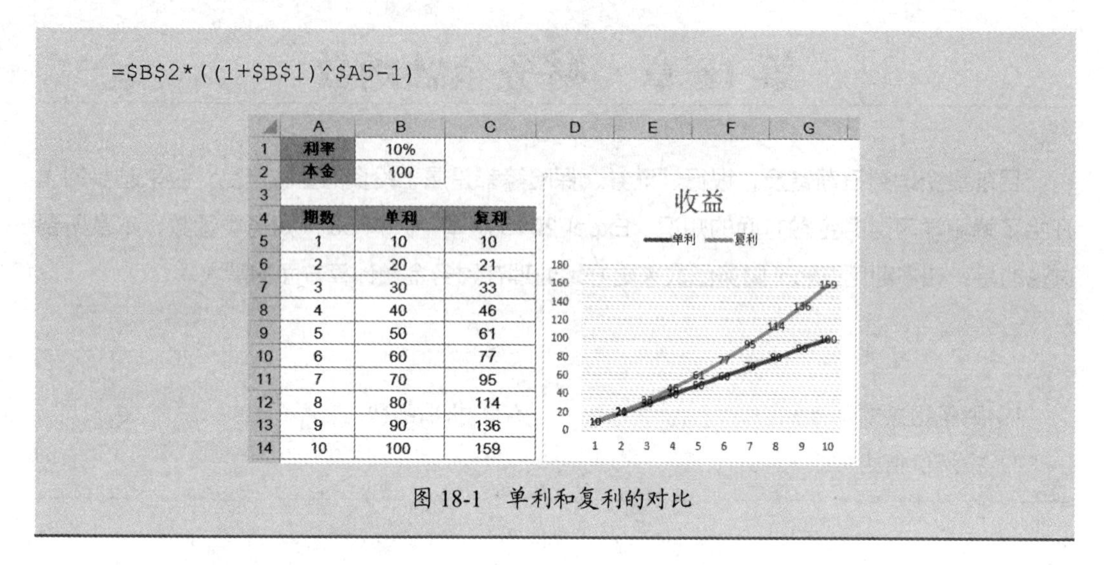

	A	B	C
1	利率	10%	
2	本金	100	
3			
4	期数	单利	复利
5	1	10	10
6	2	20	21
7	3	30	33
8	4	40	46
9	5	50	61
10	6	60	77
11	7	70	95
12	8	80	114
13	9	90	136
14	10	100	159

图 18-1　单利和复利的对比

18.1.3　现金的流入与流出

所有的财务公式都基于现金流，即现金流入与现金流出。所有的交易也都伴随着现金流入与现金流出。

例如买车，对于购买者是现金流出，而对于销售者就是现金流入。

例如存款，对于存款人是现金流出，取款是现金流入。而对于银行，存款是现金流入，取款则是现金流出。

所以在构建财务公式的时候，首先要确定决策者是谁，以确定每一个参数应是现金流入还是现金流出。在 Excel 内置的财务函数计算结果和参数中，正数代表现金流入，负数代表现金流出。

18.2　借贷和投资函数

Excel 中有 5 个基本的借贷和投资函数，它们彼此之间是相关的，分别是 FV 函数、PV 函数、RATE 函数、NPER 函数和 PMT 函数。各自的功能如表 18-1 所示。

表 18-1　Excel 中的基本财务函数

函数	功能	语法
FV	缩写于 Future Value。基于固定利率及等额分期付款方式，返回某项投资的未来值	FV(rate,nper,pmt,[pv],[type])
PV	缩写于 Present Value。返回投资的现值。现值为一系列未来付款的当前值的累积和	PV(rate,nper,pmt,[fv],[type])
RATE	返回年金的各期利率	RATE(nper,pmt,pv,[fv],[type],[guess])

续表

函数	功能	语法
NPER	缩写于 Number of Periods。基于固定利率及等额分期付款方式，返回某项投资的总期数	NPER(rate,pmt,pv,[fv],[type])
PMT	缩写于 Payment。基于固定利率及等额分期付款方式，返回贷款的每期付款额	PMT(rate,nper,pv,[fv],[type])

这 5 个财务函数之间的关系可以用以下表达式来表达。

$$FV + PV \times (1 + RATE)^{NPER} + PMT \times \sum_{i=0}^{NPER-1} (1 + RATE)^i = 0$$

进一步简化如下。

$$FV + PV \times (1 + RATE)^{NPER} + PMT \times \frac{(1 + RATE)^{NPER} - 1}{RATE} = 0$$

当 PMT 为 0，即在初始投资后不再追加资金，则公式可以简化如下。

$$FV + PV \times (1 + RATE)^{NPER} = 0$$

18.2.1　未来值函数 FV

在利率（RATE）、总期数（NPER）、每期付款额（PMT）、现值（PV）、支付时间类型（TYPE）已确定的情况下，可利用 FV 函数求出未来值。

示例 18-2　整存整取

将 10000 元购买一款理财产品，年收益率是 6%，按月计息，计算两年后的本利合计，如图 18-2 所示。

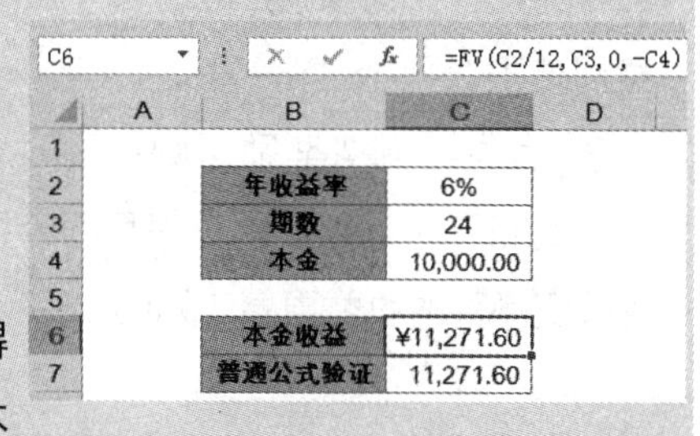

图 18-2　整存整取

在 C6 单元格输入公式：=FV（C2/12，C3，0，-C4）。

由于是按月计息，使用 6% 的年收益率除以 12 得到每个月的收益率。期数 24 代表 2 年共 24 个月。本金 10000 元购买理财产品，是属于现金流出，所以使用负值 -C4。最终的本金收益结果为正值，说明是现金流入。

由财务函数得到的金额，默认会将单元格格式设置为“货币”格式。

C7 单元格中的普通验证公式为 =C4*（1+C2/12）^C3。

参数 Type 可选，其值为 1 或 0，用以指定各期的付款时间是在期初还是期末。期初发生为 1，期末发生为 0。如果省略 type，则假定其值为 0。

通常情况下第一次付款是在第一期之后进行的，即付款发生在期末。例如购房贷款是在 2015 年 11 月 28 日，则第一次还款是在 2015 年 12 月 28 日。

考虑 TYPE 参数的情况下，以上 5 个财务函数之间的表达式如下。

$$FV + PV * (1 + RATE)^{NPER} + PMT * \frac{(1 + RATE)^{NPER} - 1}{RATE} * (1 + TYPE) = 0$$

示例 18-3 零存整取

将 10000 元购买一款理财产品，而且每月再固定投资 500 元，年收益率是 6%，按月计息，计算两年后的本利合计，如图 18-3 所示。

在 C7 单元格输入公式 =FV(C2/12,C3,-C5,-C4)

其中每月投资额是每月固定投资给理财产品，属于现金流出，所以使用 -C5。

C7 单元格中的普通验证公式 =C4*(1+C2/12)^C3+C5*((1+C2/12)^C3-1)/(C2/12)

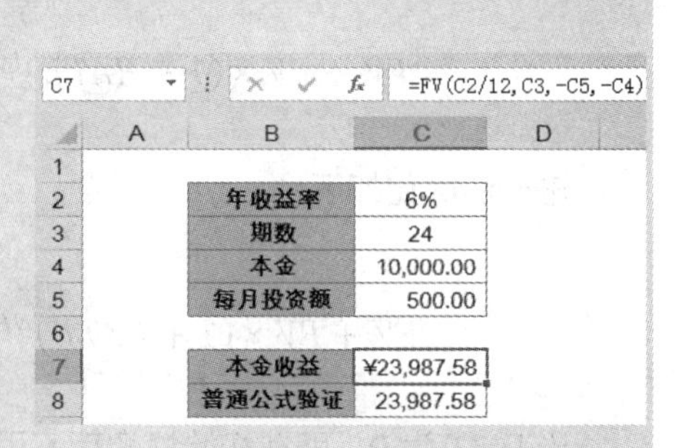
C7 =FV(C2/12,C3,-C5,-C4)

	A	B	C	D
1				
2		年收益率	6%	
3		期数	24	
4		本金	10,000.00	
5		每月投资额	500.00	
6				
7		本金收益	¥23,987.58	
8		普通公式验证	23,987.58	

图 18-3 零存整取

银行的零存整取的利息计算方式并不适合于这个公式，因为在与银行签订的储蓄存期内，银行每月利息执行的是单利计算，不是复利。

示例 18-4 对比投资保险收益

有这样一份保险产品：孩子从 8 岁开始投资，每个月固定交给保险公司 100 元，一直到孩子长到 18 岁，共计 10 年。到期归还本金共计 100×12×10=12000 元，如果孩子考上大学，额外奖励 4000 元。

另有一份理财产品，每月固定投资 100 元，年收益率 6%，按月计息。计算以上两种投资哪种的收益更高。如图 18-4 所示。

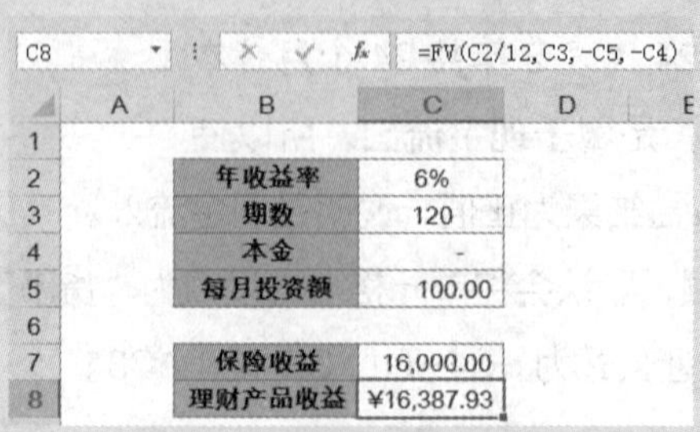

C8 =FV(C2/12,C3,-C5,-C4)

	A	B	C	D	E
1					
2		年收益率	6%		
3		期数	120		
4		本金	-		
5		每月投资额	100.00		
6					
7		保险收益	16,000.00		
8		理财产品收益	¥16,387.93		

图 18-4 对比投资保险收益

在 C7 单元格输入以下公式，结果为 16000。

```
=100*120+4000
```

在 C8 单元格输入以下公式，结果为 16387.93。

```
=FV(C2/12,C3,-C5,-C4)
```

如果默认孩子能够考上大学并且在不考虑出险及保险责任的情况下，投资保险的收益要比投资合适的理财产品少近 400 元。

18.2.2　现值函数 PV

在利率（RATE）、总期数（NPER）、每期付款额（PMT）、未来值（FV）、支付时间类型（TYPE）已确定的情况下，可利用 PV 函数求出现值。

示例 18-5　计算存款金额

银行 1 年期定期存款利率为 3%，如果希望在 30 年后个人银行存款可以达到 100 万元，那么现在一次性存入多少钱可以达到这个目标？如图 18-5 所示。

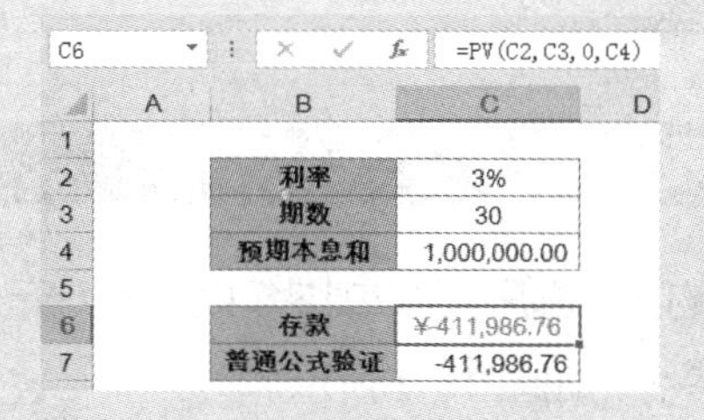

	A	B	C	D
1				
2		利率	3%	
3		期数	30	
4		预期本息和	1,000,000.00	
5				
6		存款	¥-411,986.76	
7		普通公式验证	-411,986.76	

图 18-5　计算存款金额

在 C6 单元格输入以下公式，结果为 -411986.76。

```
=PV(C2,C3,0,C4)
```

因为是存款，属于现金流出，所以最终计算结果为负值。

C7 单元格中的普通验证公式如下。

```
=-C4/(1+C2)^C3
```


示例 18-6　整存零取

现在有一笔钱存入银行，银行 1 年期定期存款利率为 3%，希望在之后的 30 年内每年从银行取 10 万元，直到将全部存款领完。计算现在需要存入多少钱？如图 18-6 所示。

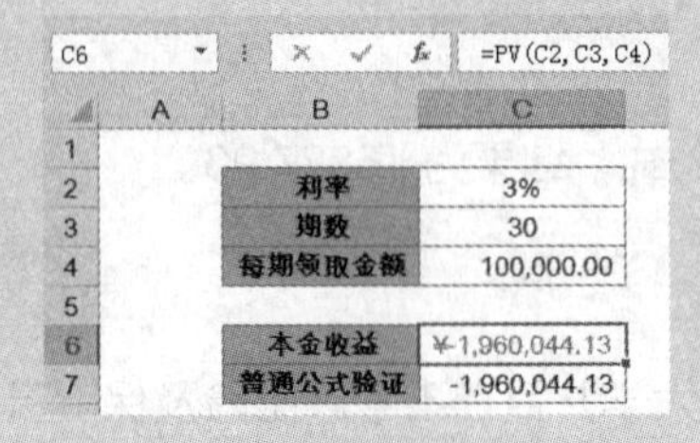

图 18-6 整存零取

在 C6 单元格输入以下公式，结果为 1960044.13。

```
=PV(C2,C3,C4)
```

由于最终全部取完，即未来值 FV 为 0，所以可以省略第四个参数。

C7 单元格中的普通验证公式如下。

```
=-C4*(1-1/(1+C2)^C3)/C2
```

18.2.3 利率函数 RATE

RATE 函数计算未来的现金流的利率或贴现利率。如果期数是按月计息，得到结果乘以 12 便得到相应条件下的年利率。

示例 18-7 房屋收益率

在 2000 年花 12 万元购买一套房，到 2015 年以 150 万元价格卖出，总计 15 年时间。计算平均每年的收益率为多少？如图 18-7 所示。

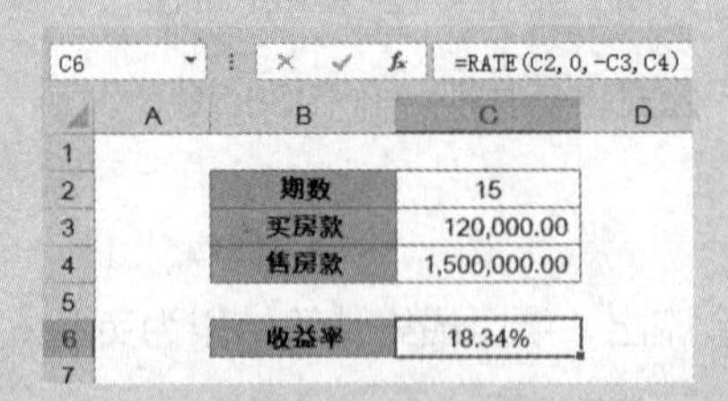

图 18-7 房屋收益率

在 C6 单元格输入以下公式，结果为 18.34%。

```
=RATE(C2,0,-C3,C4)
```

其中 C2 单元格为从买房到卖房这之间的期数。中间没有额外的投资，所以第二参数 pmt 为 0。在 2000 年花 12 万元，所以在 2000 年属于现值，使用 -C3，现金流出 12 万元。卖房时间是 2015 年，相对于 2000 年属于未来值，所以最后一个参数 fv 使用 C4。

示例 18-8　借款利率

因资金需要，张三向某人借款 10 万元，约定每季度还款 1.2 万元，共计 3 年还清，那么这个借款的利率为多少？如图 18-8 所示。

在 C6 单元格输入以下公式，结果为 6.11%。

```
=RATE(C2,-C3,C4)
```

由于期数 12 是按照季度来算的，即 3 年内共有 12 个季度，所以这里计算得到的利率为季度利率。

在 C7 单元格输入以下公式，结果为 24.44%。

```
=RATE(C2,-C3,C4)*4
```

将季度利率乘以 4，便得到了相应的年利率值。

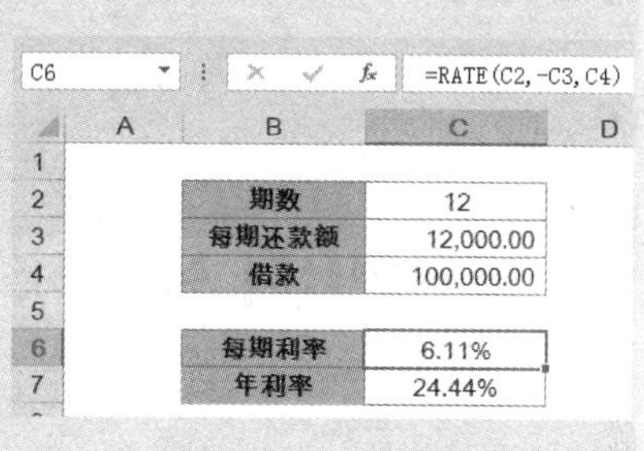

C6　=RATE(C2,-C3,C4)

	A	B	C	D
1				
2		期数	12	
3		每期还款额	12,000.00	
4		借款	100,000.00	
5				
6		每期利率	6.11%	
7		年利率	24.44%	

图 18-8　借款利率

RATE 是通过迭代计算的，如同解一元多次方程，可以有零个或多个解法。如果在 20 次迭代之后，RATE 的连续结果不能收敛于 0.0000001 之内，则 RATE 返回错误值 #NUM!。

RATE 函数的语法如下。

```
RATE(nper,pmt,pv,[fv],[type],[guess])
```

其中最后一个参数 guess 为预期利率，是可选的。如果省略 guess，则假定其值为 10%。如果 RATE 不能收敛，请尝试不同的 guess 值。如果 guess 值为 0 ~ 1，RATE 通常会收敛。

18.2.4　期数函数 NPER

NPER 函数用于计算基于固定利率及等额分期付款方式，返回某项投资的总期数。其计算结果是一个计算值，会包含小数，需根据实际情况将结果向上舍入或向下舍去得到合理的实际值。

示例 18-9　计算存款期数

现有存款 10 万元，每月工资可以剩余 5000 元用于购买理财产品。某理财产品的年利率为 6%，按月计息，需要连续多少期购买该理财产品可以使总额达到 100 万元，如图 18-9 所示。

C7 =NPER(C2/12,-C3,-C4,C5)

	A	B	C	D
1				
2		年利率	6%	
3		每月存款额	5,000.00	
4		现有存款	100,000.00	
5		目标存款总额	1,000,000.00	
6				
7		期数	119.8660702	
8		普通公式验证	119.8660702	

图 18-9　计算存款期数

在 C7 单元格输入以下公式。

```
=NPER(C2/12,-C3,-C4,C5)
```

计算结果为 119.8660702，由于期数都必须为整数，所以最终结果应为 120 个月，即 10 年整。

C8 单元格中的普通验证公式如下。

```
=LOG(((-C3)-C5*C2/12)/((-C3)+(-C4)*C2/12),1+C2/12)
```

18.2.5　付款额函数 PMT

PMT 函数的计算是把某个现值（PV）增加或降低到某个未来值（FV）所需要的每期金额。

示例 18-10　每期存款额

银行 1 年期定期存款利率为 3%。现有存款 10 万元，如果希望在 30 年后，个人银行存款可以达到 100 万元，那么在这 30 年中，需要每年向银行存款多少钱？如图 18-10 所示。

在 C7 单元格输入以下公式，结果为 15917.33。

```
=PMT(C2,C3,-C4,C5)
```

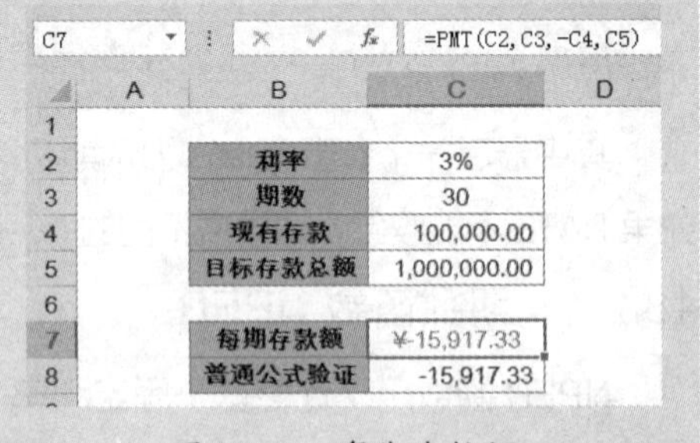
C7 =PMT(C2,C3,-C4,C5)

	A	B	C	D
1				
2		利率	3%	
3		期数	30	
4		现有存款	100,000.00	
5		目标存款总额	1,000,000.00	
6				
7		每期存款额	¥-15,917.33	
8		普通公式验证	-15,917.33	

图 18-10　每期存款额

C8 单元格中的普通验证公式如下。

```
=(-C5*C2+C4*(1+C2)^C3*C2)/((1+C2)^C3-1)
```

示例 18-11　贷款每期还款额计算

从银行贷款 100 万元，年利率为 5%，共贷款 30 年，采用等额还款方式，则每月还款额为多少？如图 18-11 所示。

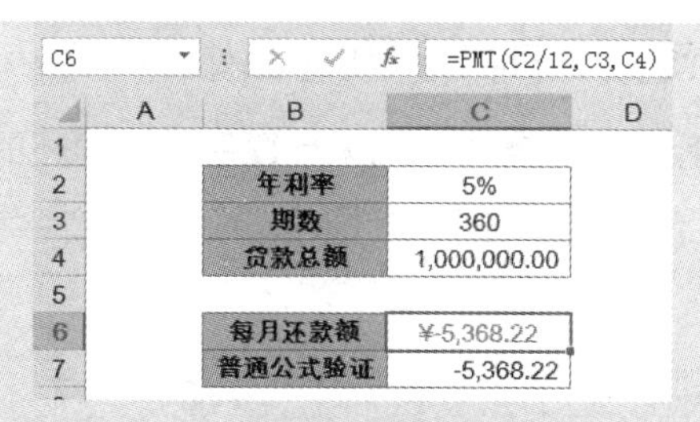

图 18-11 贷款每期还款额计算

在 C7 单元格输入以下公式，结果为 5368.22。

```
=PMT(C2/12,C3,C4)
```

银行贷款的利率为年利率，由于是按月计息，所以需要除以 12 得到每月的利息。贷款的期数则用 30 年乘以 12，得到总计 360 个月。贷款是属于现金流入，所以这里的现值使用正数。

C8 单元格中的普通验证公式如下。

```
=(-C4*(1+C2/12)^C3*C2/12)/((1+C2/12)^C3-1)
```

18.3 计算本金与利息函数

除了计算投资、存款的起始或终止值等函数之外，还有一些函数是可以计算在这过程中某个时间点的本金与利息，或某两个时间段之间的本金与利息的累计值，如表 18-2 所示。

表 18-2 计算本金与利息函数

函数	功能	语法
PPMT	缩写于 Principal of PMT。返回根据定期固定付款和固定利率而定的投资在已知期间内的本金偿付额	PPMT(rate,per,nper,pv,[fv],[type])
IPMT	缩写于 Interest of PMT。基于固定利率及等额分期付款方式，返回给定期数内对投资的利息偿还额	IPMT(rate,per,nper,pv,[fv],[type])
CUMPRINC	缩写于 Cumulative Principal。返回一笔贷款在给定的 start_period 到 end_period 期间累计偿还的本金数额	CUMPRINC(rate,nper,pv,tart_period,end_period,type)
CUMIPMT	缩写于 Cumulative IPMT。返回一笔贷款在给定的 start_period 到 end_period 期间累计偿还的利息数额	CUMIPMT(rate,nper,pv,start_period,end_period,type)

18.3.1 每期还贷本金函数 PPMT 和利息函数 IPMT

PMT 函数常被用在等额还贷业务中，用来计算每期应偿还的贷款金额。而 PPMT 函数和 IPMT 函数则可分别用来计算该业务中每期还款金额中的本金和利息部分，PPMT 函数和 IPMT 函数的语法如下。

```
PPMT(rate,per,nper,pv,[fv],[type])
IPMT(rate,per,nper,pv,[fv],[type])
```

其中的参数 per，缩写于 period，用于计算其利息数额的期数，必须在 1 到 nper 之间。

示例 18-12 贷款每期还款本金与利息

从银行贷款 100 万元，年利率为 5%，共贷款 30 年，采用等额还款方式，计算第 10 个月还款时候的本金和利息各还多少？如图 18-12 所示。

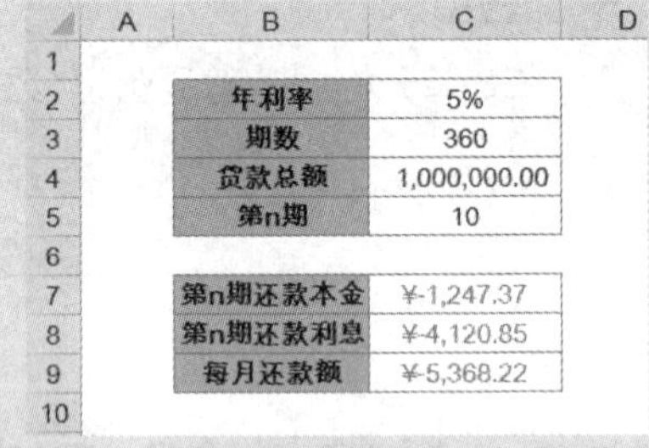

	A	B	C	D
1				
2		年利率	5%	
3		期数	360	
4		贷款总额	1,000,000.00	
5		第n期	10	
6				
7		第n期还款本金	¥-1,247.37	
8		第n期还款利息	¥-4,120.85	
9		每月还款额	¥-5,368.22	
10				

图 18-12 贷款每期还款本金与利息

在 C7 单元格输入以下公式。

```
=PPMT(C2/12,C5,C3,C4)
```

在 C8 单元格输入以下公式。

```
=IPMT(C2/12,C5,C3,C4)
```

在 C9 单元格输入以下公式。

```
=PMT(C2/12,C3,C4)
```

C7 和 C8 单元格分别计算出此贷款在第 10 个月时还款时所还的本金与利息。在等额还款方式中，还款的初始阶段，所还的利息要远远大于本金。但二者金额的和始终等于每期的还款总额，即在相同条件下 PPMT+IPMT=PMT。

18.3.2 累计还贷本金函数 CUMPRINC 和利息函数 CUMIPMT

使用 CUMPRINC 函数和 CUMIPMT 函数可以计算某一个阶段所需要还款的本金和利息的和。CUMPRINC 函数和 CUMIPMT 函数的语法如下。

```
CUMPRINC(rate,nper,pv,start_period,end_period,type)
CUMIPMT(rate,nper,pv,start_period,end_period,type)
```

示例 18-13 贷款累计还款本金与利息

从银行贷款 100 万元，年利率为 5%，共贷款 30 年，采用等额还款方式。需要计算第 2 年，即第 13 个月到第 24 个月这期间需要还款的累计本金和利息，如图 18-13 所示。

	A	B	C	D
1				
2		年利率	5%	
3		期数	360	
4		贷款总额	1,000,000.00	
5		start_period	13	
6		end_period	24	
7				
8		第2年还款本金和	¥-15,508.48	
9		第2年还款利息和	¥-48,910.12	
10		第2年还款总和	¥-64,418.59	

图 18-13　贷款累计还款本金与利息

在 C8 单元格输入以下公式。

```
=CUMPRINC(C2/12,C3,C4,C5,C6,0)
```

在 C9 单元格输入以下公式。

```
=CUMIPMT(C2/12,C3,C4,C5,C6,0)
```

在 C10 单元格输入以下公式。

```
=PMT(C2/12,C3,C4)*(C6-C5+1)
```

C8 和 C9 单元格分别计算出此贷款在第 2 年时所还款的本金和与利息和，它们和 PMT 的关系如下。

```
CUMPRINC+CUMIPMT=PMT* 求和期数
```

这两个函数与之前介绍的财务函数不同，最后一个参数 type 不可省略，通常情况下，第一次付款是在第一期之后发生的，所以 type 一般使用参数 0。

18.3.3　制作贷款计算器

利用财务函数可以制作贷款计算器，以方便了解还款过程中的每一个细节。

示例 18-14 制作贷款计算器

C2 单元格输入贷款的年利率，C3 单元格输入贷款的总月数，即贷款年数乘以 12。C4 单元格输入贷款总额。本例中以年利率为 5%，共贷款 30 年，贷款总额 100 万元为参考，如图 18-14 所示。

在 C6 单元格输入以下公式，计算每月的还款额。

```
=PMT(C2/12,C3,C4)
```

	B	C
1	等额贷款还款计算	
2	年利率	5%
3	期数（月）	360
4	贷款总额	1,000,000.00
5		
6	每月还款额	¥-5,368.22
7	还款总金额	¥-1,932,557.84
8	还款利息总金额	¥-932,557.84

	E	F	G	H	I
1	第n期	所还本金	所还利息	剩余未还本金	剩余未还利息
2	1	-1,201.55	-4,166.67	998,798.45	928,391.18
3	2	-1,206.56	-4,161.66	997,591.89	924,229.52
4	3	-1,211.58	-4,156.63	996,380.31	920,072.88
5	4	-1,216.63	-4,151.58	995,163.68	915,921.30
6	5	-1,221.70	-4,146.52	993,941.98	911,774.78
7	6	-1,226.79	-4,141.42	992,715.19	907,633.36
8	7	-1,231.90	-4,136.31	991,483.28	903,497.04
9	8	-1,237.04	-4,131.18	990,246.25	899,365.86
356	355	-5,235.95	-132.27	26,508.80	332.28
357	356	-5,257.76	-110.45	21,251.04	221.83
358	357	-5,279.67	-88.55	15,971.37	133.28
359	358	-5,301.67	-66.55	10,669.70	66.73
360	359	-5,323.76	-44.46	5,345.94	22.27
361	360	-5,345.94	-22.27	-	-
362					

图 18-14　制作贷款计算器

在 C7 单元格输入以下公式，计算连本带息的还款总金额。

```
=C6*C3
```

在 C8 单元格输入以下公式，计算还款利息总金额。

```
=C7+C4
```

此公式还可以使用 CUMIPMT 函数直接计算，公式如下。

```
=CUMIPMT(C2/12,C3,C4,1,C3,0)
```

在 E2:E361 单元格区域输入 1 ~ 360 的序数。

在 F2 单元格输入以下公式，并向下复制到 F361 单元格，计算每一期还款中所还本金。

```
=PPMT($C$2/12,$E2,$C$3,$C$4)
```

在 G2 单元格输入以下公式，并向下复制到 G361 单元格，计算每一期还款中所还利息。

```
=IPMT($C$2/12,$E2,$C$3,$C$4)
```

在 H2 单元格输入以下公式，并向下复制到 H361 单元格，计算剩余未还本金。

```
=$C$4+CUMPRINC($C$2/12,$C$3,$C$4,1,E2,0)
```

此公式还可以使用 FV 函数做计算，理解为期初 100 万元投资，每月取款 5368.22 元，第 *n* 期后的未来值是多少，公式如下。

```
=-FV($C$2/12,E2,$C$6,$C$4)
```

在 I2 单元格输入以下公式，并向下复制到 I361 单元格，计算剩余未还利息。

```
=CUMIPMT($C$2/12,$C$3,$C$4,1,E2,0)-$C$8
```

至此贷款计算器便制作完成，可以较为直观地看到所需要还款的金额以及每期的还款金额。通过每期的还款情况可以看出，初期还款所还利息远远大于本金。随着时间推移，每月还款的本金越来越多，所还利息越来越少直到为 0，如图 18-15 所示。

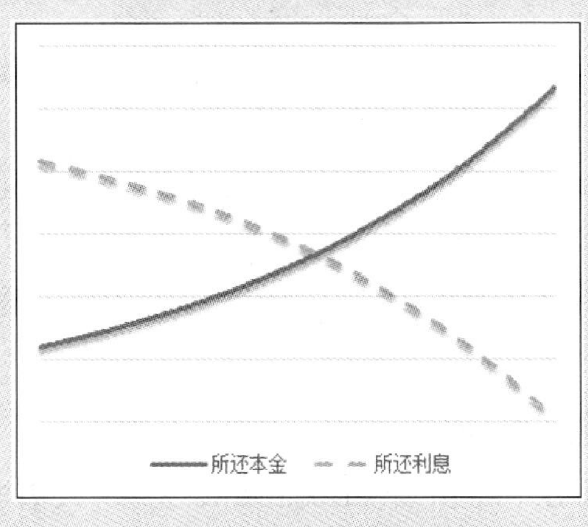

图 18-15　还款趋势图

18.4　新增投资函数

Excel 2013 版新增了两个投资函数 PDURATION 函数和 RRI 函数，它们都是根据投资的现值和投资目标的未来值做计算，如表 18-3 所示。

表 18-3　新增投资函数

函数	功能	语法
PDURATION	返回投资到达指定值所需的期数	PDURATION(rate,pv,fv)
RRI	返回投资增长的等效利率	RRI(nper,pv,fv)

18.4.1　投资期数函数 PDURATION

PDURATION 函数是基于现值与目标未来值来计算投资期数，其计算结果是一个计算值，会包含小数，需根据实际情况将结果向上舍入或向下舍去得到合理的实际值。该函数参数之间的关系如下。

$$PDURATION = log_{(1+RATE)}\frac{FV}{PV}$$

示例 18-15 计算投资期数

有一项投资，每年收益率预计为 6%，现投资 10 万元，目标本利总计达到 15 万元，需要投资多少年？如图 18-16 所示。

在 C6 单元格输入以下公式。

```
=PDURATION(C2,C3,C4)
```

计算结果为 6.96，由于期数都必须为整数，所以最终结果应为 7 年整。

C7 单元格中的普通验证公式如下。

```
=LOG(C4/C3,1+C2)
```

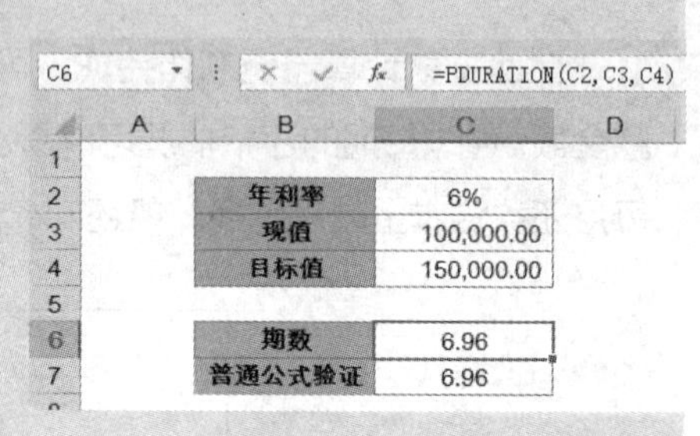

	A	B	C	D
1				
2		年利率	6%	
3		现值	100,000.00	
4		目标值	150,000.00	
5				
6		期数	6.96	
7		普通公式验证	6.96	

图 18-16 计算投资期数

18.4.2 投资等效利率函数 RRI

RRI 函数缩写于 Rate of Return on Investment，是基于现值与目标未来值来计算投资增长的等效利率，它与参数之间的关系如下。

$$RRI = \sqrt[NPER]{\frac{FV}{PV}}$$

示例 18-16 计算投资等效利率

有一项投资，现有资金 10 万元，投资 10 年，目标本利总计达到 50 万元，需要每年的收益率达到多少？如图 18-17 所示。

在 C6 单元格输入以下公式。

```
=RRI(C2,C3,C4)
```

计算结果为 17.46%，即需要投资到一项年收益率达到 17.46% 的项目中可以达到目标。

C7 单元格中的普通验证公式如下。

```
=(C4/C3)^(1/C2)-1
```

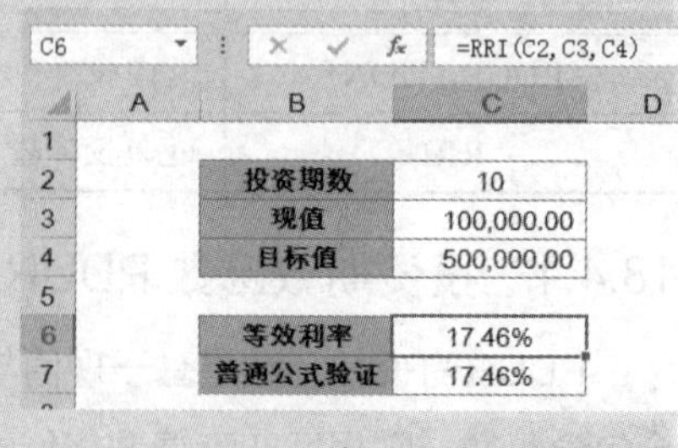

	A	B	C	D
1				
2		投资期数	10	
3		现值	100,000.00	
4		目标值	500,000.00	
5				
6		等效利率	17.46%	
7		普通公式验证	17.46%	

图 18-17 计算投资等效利率

18.5 投资评价函数

Excel 中常用的有 4 个投资评价函数，用以计算净现值和收益率，其功能和语法如表 18-4 所示。

表 18-4 投资评价函数

函数	功能	语法
NPV	使用贴现率和一系列未来支出（负值）和收益（正值）来计算一项投资的净现值	NPV(rate,value1,[value2],...)
IRR	返回由值中的数字表示的一系列现金流的内部收益率	IRR(values,[guess])
XNPV	返回一组现金流的净现值，这些现金流不一定定期发生	XNPV(rate,values,dates)
XIRR	返回一组不一定定期发生的现金流的内部收益率	XIRR(values,dates,[guess])

18.5.1 净现值函数 NPV

净现值是指一个项目预期实现的现金流入的现值与实施该项计划的现金支出的差额。净现值为正值的项目可以为股东创造价值，净现值为负值的项目会损害股东价值。

NPV 函数缩写于 Net Present Value，是根据设定的贴现率或基准收益率来计算一系列现金流的合计。用 n 代表现金流的笔数，value 代表各期现金流，则 NPV 的公式如下。

$$NPV=\sum_{i=0}^{n}\frac{value_i}{(1+RATE)^i}$$

NPV 投资开始于 $value_i$ 现金流所在日期的前一期，并以列表中最后一笔现金流为结束。NPV 的计算基于未来的现金流。如果第一笔现金流发生在第一期的期初，则第一笔现金必须添加到 NPV 的结果中，而不应包含在值参数中。

NPV 类似于 PV 函数。PV 与 NPV 的主要差别在于：PV 既允许现金流在期末开始，也允许现金流在期初开始。与可变的 NPV 的现金流值不同，PV 现金流在整个投资中必须是固定的。

示例 18-17 计算投资净现值

已知贴现率为 8%，某工厂投资 50000 万元购买一套设备，之后的 5 年内每年的收益情况如图 18-18 所示，求得此项投资的净现值。

在 C10 单元格输入以下公式。

```
=NPV(C2,C4:C8)+C3
```

其中 C3 为第 1 年年初的现金流量。该公式等价于以下公式。

```
=NPV(C2,C3:C8)*(1+C2)
```

计算结果为负值，如果此设备的使用年限只有 5 年，那么截至目前来看买这个设备并不是一个好的投资。

C11 单元格中的使用 PV 函数进行验证，输入以下数组公式，按 <Ctrl+Shift+Enter> 组合键。

C10 =NPV(C2,C4:C8)+C3

	A	B	C
1			
2		贴现率	8%
3		投资	-50,000.00
4		第1年收益	9,000.00
5		第2年收益	10,200.00
6		第3年收益	11,000.00
7		第4年收益	13,000.00
8		第5年收益	15,500.00
9			
10		净现值	¥-4,085.23
11		使用PV函数验证	¥-4,085.23
12		普通公式验证	¥-4,085.23

图 18-18 计算投资净现值

```
{=SUM(-PV(C2,ROW(1:5),0,C4:C8))+C3}
```

C12 单元格中输入以下验证公式，按 <Ctrl+Shift+Enter> 组合键。

```
{=SUM(C4:C8/(1+C2)^(ROW(1:5)))+C3}
```

示例 18-18 出租房屋收益

已知贴现率为 8%，投资者投资 80 万元购买了一套房屋，然后以 6 万元的价格出租一年，以后每年的出租价格比上一年增加 3600 元，出租 5 年后，在第 5 年的年末以 85 万元的价格卖出，计算出这个投资的收益情况。

在 C11 单元格输入以下公式。

```
=NPV(C2,C5:C9)+C3+C4
```

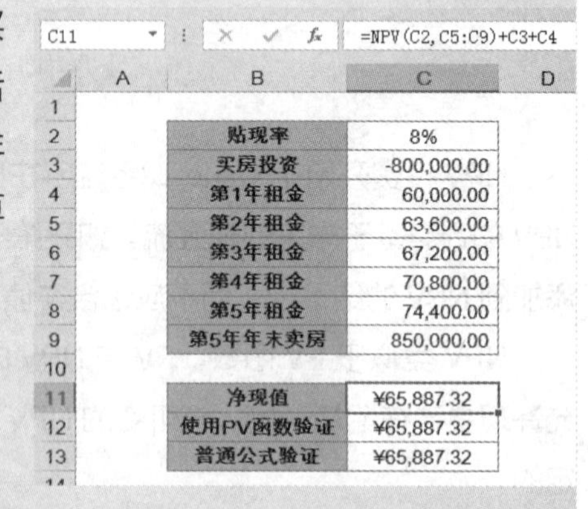

C11 =NPV(C2,C5:C9)+C3+C4

	A	B	C	D
1				
2		贴现率	8%	
3		买房投资	-800,000.00	
4		第1年租金	60,000.00	
5		第2年租金	63,600.00	
6		第3年租金	67,200.00	
7		第4年租金	70,800.00	
8		第5年租金	74,400.00	
9		第5年年末卖房	850,000.00	
10				
11		净现值	¥65,887.32	
12		使用PV函数验证	¥65,887.32	
13		普通公式验证	¥65,887.32	

图 18-19 出租房屋收益

此公式等价于以下公式。

```
=NPV(C2,C3+C4,C5:C9)*(1+C2)
```

由于第 1 年的租金是在出租房屋之前立即收取，即收益发生在期初，所以第 1 年租金与买房投资的钱都在期初来做计算。房屋在第 5 年年末以升值后的价格卖出，相当于第 5 期的期末值。最终计算得到净现值 65887 元，为一个正值，说明此项投资获得了较高的回报。

C12 单元格中的使用 PV 函数进行验证，输入以下数组公式，按 <Ctrl+Shift+Enter>

组合键。

```
{=SUM(-PV(C2,ROW(1:5),0,C5:C9))+C3+C4}
```

C13 单元格中输入以下验证公式，按 <Ctrl+Shift+Enter> 组合键。

```
{=SUM(C5:C9/(1+C2)^(ROW(1:5)))+C3+C4}
```

18.5.2 内部收益率函数 IRR

IRR 函数缩写于 Internal Rate of Return，是根据值中的数字表示的一系列现金流的内部收益率，使得投资的净现值变成零。也可以说，IRR 函数是一种特殊的 NPV 的过程。

$$\sum_{i=0}^{n}\frac{value_i}{(1+IRR)^i}=0$$

因为这些现金流可能作为年金，因此不必等同。但是，现金流必须定期（如每月或每年）出现。内部收益率是针对包含付款（负值）和收入（正值）的定期投资收到的利率。

示例 18-19 计算内部收益率

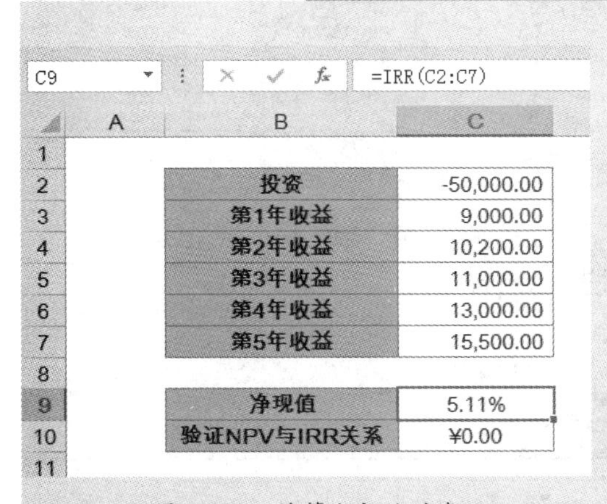

C9 =IRR(C2:C7)

	A	B	C
1			
2		投资	-50,000.00
3		第1年收益	9,000.00
4		第2年收益	10,200.00
5		第3年收益	11,000.00
6		第4年收益	13,000.00
7		第5年收益	15,500.00
8			
9		净现值	5.11%
10		验证NPV与IRR关系	¥0.00
11			

图 18-20 计算内部收益率

某工厂投资 50 000 万元购买了一套设备，之后的 5 年内每年的收益情况如图 18-20 所示，计算内部收益率为多少?

在 C9 单元格输入以下公式。

```
=IRR(C2:C7)
```

得到结果为 5.11%，如果此设备的使用年限只有 5 年，那么说明如果现在的贴现率低于 5.11%，那么购买此设备并生产得到的收益更高。反之如果贴现率高于 5.11%，那么这样的投资便是失败的。

在 C10 单元格输入以下公式，其结果为 0，以此来验证 NPV 与 IRR 之间的关系。

```
=NPV(C9,C3:C7)+C2
```

18.5.3 不定期净现值函数 XNPV

XNPV 函数返回一组现金流的净现值，这些现金流不一定定期发生。它与 NPV 函数的区别在于以下几点。

（1）NPV 函数是基于相同的时间间隔定期发生，而 XNPV 是不定期的。

（2）NPV 的现金流发生是在期末，而 XNPV 是在每个阶段的开头。

P_i 代表第 i 个支付金额，d_i 代表第 i 个支付日期，d_1 代表第 0 个支付日期，则 XNPV 的计算公式如下。

$$XNPV = \sum_{i=1}^{n} \frac{P_i}{(1+RATE)^{\frac{d_i-d_1}{365}}}$$

XNPV 函数是基于一年 365 天制来计算，将年利率折算成等价的日实际利率。

示例 18-20 不定期现金流量净现值

已知贴现率为 8%，某工厂在 2013 年 1 月 1 日投资 5 万元购买了一套设备，不等期的收益金额情况如图 18-21 所示，求得此项投资的净现值。

在 C10 单元格输入以下公式。

```
=XNPV(C2,C3:C8,B3:B8)
```

此结果为正值，说明此项投资是一个好的投资，有超过预期的收益。

C11 单元格中输入以下验证公式，按 <Ctrl+Shift+Enter> 组合键。

```
{=SUM(C3:C8/(1+C2)^((B3:B8-B3)/365))}
```

C10 =XNPV(C2,C3:C8,B3:B8)

	A	B	C	D
1				
2		贴现率	8%	
3		2013/1/1	-50,000.00	
4		2013/6/29	10,500.00	
5		2013/9/17	8,500.00	
6		2014/1/9	10,000.00	
7		2014/10/26	14,300.00	
8		2015/8/5	14,600.00	
9				
10		净现值	¥1,797.22	
11		普通公式验证	¥1,797.22	

图 18-21　不定期现金流量净现值

18.5.4　不定期内部收益率函数 XIRR

XIRR 函数返回一组不一定定期发生的现金流的内部收益率。与 XNPV 函数一样，它与 IRR 的区别也是需要具体日期，而这些日期不需要定期发生。

P_i 代表第 i 个支付金额，d_i 代表第 i 个支付日期，d_1 代表第 0 个支付日期，则 XIRR 计算的收益率即为函数 XNPV = 0 时的利率，其计算公式如下。

$$\sum_{i=1}^{n} \frac{P_i}{(1+RATE)^{\frac{d_i-d_1}{365}}} = 0$$

示例 18-21　不定期现金流量收益率

某工厂在 2013 年 1 月 1 日投资 5 万元购买了一套设备，不等期的收益金额情况如图 18-22 所示，求得此项投资的收益率。

C9　=XIRR(C2:C7,B2:B7)

	A	B	C	D
1				
2		2013/1/1	-50,000.00	
3		2013/6/29	10,500.00	
4		2013/9/17	8,500.00	
5		2014/1/9	10,000.00	
6		2014/10/26	14,300.00	
7		2015/8/5	14,600.00	
8				
9		收益率	10.73%	

图 18-22　不定期现金流量收益率

在 C10 单元格输入以下公式。

```
=XIRR(C2:C7,B2:B7)
```

其结果为 10.73%，如果当前的贴现率超过此数值，说明此项投资并不是一个好的投资。反之，则说明此项投资可以获得更高的收益。

18.6　名义利率 NOMINAL 与实际利率 EFFECT

在经济分析中，复利计算通常以年为计息周期。但在实际经济活动中，计息周期有半年、季度、月、周、日等多种。当利率的时间单位与计息期不一致时，就出现了名义利率和实际利率问题。

Excel 提供了名义利率函数 NOMINAL 和实际利率函数 EFFECT，它们的语法分别如下。

```
NOMINAL(effect_rate,npery)
EFFECT(nominal_rate,npery)
```

其中 npery 参数代表每年的复利期数。

它们二者之间的数学关系如下。

$$EFFECT = \left(1 + \frac{NOMINAL}{npery}\right)^{npery} - 1$$

示例 18-22 名义利率与实际利率

如图 18-23 所示，是将 7.2% 的名义利率转化为按一年 12 个月计算的实际利率，以及将 8% 的实际利率转化为按季度计算的名义利率。

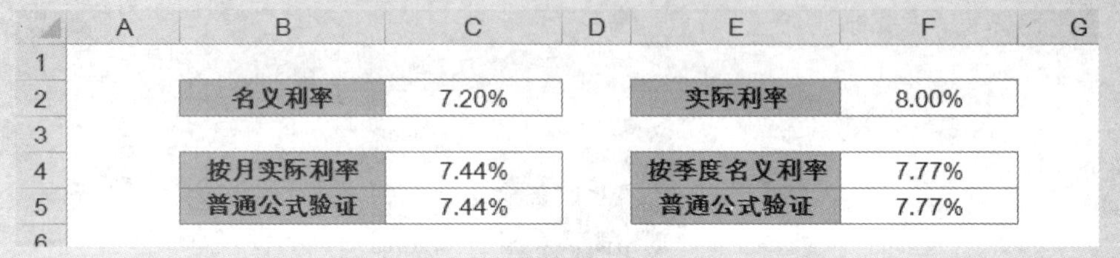

图 18-23　名义利率与实际利率

在 C4 单元格输入以下公式，即一年内计息 12 次。

```
=EFFECT(C2,12)
```

C5 单元格中的普通验证公式如下。

```
=(1+C2/12)^12-1
```

在 F4 单元格输入以下公式，即一年内计息 4 次。

```
=NOMINAL(F2,4)
```

F5 单元格中的普通验证公式如下。

```
=((F2+1)^(1/4)-1)*4
```

在计算实际利率时是使用复利的计算方式，所以实际利率会比名义利率要高。

18.7　折旧函数

折旧是指资产价值的下降，指在固定资产使用寿命内，按照确定的方法对应计折旧额进行系统分摊，分为直线折旧法和加速折旧法。

SLN 函数用于计算直线折旧法。用于加速折旧法计算的函数有 SYD 函数、DB 函数、DDB 函数和 VDB 函数。它们的功能与语法参考如表 18-5 所示。

表 18-5　折旧函数

函数	功能	语法
SLN	返回一个期间内的资产的直线折旧	SLN(cost,salvage,life)

续表

SYD	返回在指定期间内资产按年限总和折旧法计算的折旧	SYD(cost,salvage,life,per)
DB	使用固定余额递减法，计算一笔资产在给定期间内的折旧值	DB(cost,salvage,life,period,[month])
DDB	用双倍余额递减法或其他指定方法，返回指定期间内某项固定资产的折旧值	DDB(cost,salvage,life,period,[factor])
VDB	使用双倍余额递减法或其他指定方法，返回一笔资产在给定期间（包括部分期间）内的折旧值	VDB(cost,salvage,life,start_period,end_period,[factor],[no_switch])

以上函数中各参数的含义如表 18-6 所示。

表 18-6　折旧函数参数及其含义

参数	含义
cost	资产原值
salvage	折旧末尾时的值（有时也称为资产残值）
life	资产的折旧期数（有时也称作资产的使用寿命）
per 或 period	计算折旧的时间区间
month	DB 函数的第一年的月份数。如果省略月份，则假定其值为 12
start_period	计算折旧的起始时期
end_period	计算折旧的终止时期
factor	余额递减速率，如果省略 factor，其默认值为 2，即双倍余额递减法
no_switch	逻辑值，指定当折旧值大于余额递减计算值时，是否转用直线折旧法。值为 TRUE 则不转用直线折旧法，值为 FALSE 或省略则转用直线折旧法

18.7.1　折旧函数对比

直线折旧法：SLN 函数是指按固定资产的使用年限平均计提折旧的一种方法，计算公式如下。

$$SLN=\frac{cost-salvage}{life}$$

年限总和折旧法：SYD 函数是以剩余年限除以年度数之和为折旧率，然后乘以固定资产原值扣减残值后的金额，计算公式如下。

$$SYD=(cost-salvage)\frac{life-per+1}{life*(life+1)/2}$$

固定余额递减法：DB 函数以固定资产原值减去前期累计折旧后的金额，乘以 1 减去几何平均残值率得到的折旧率，再乘以当前会计年度实际需要计提折旧的月数除以 12，计算出对应会计年度的折旧额，计算公式如下。

$$DB_{per} = \left(cost - \sum_{i=1}^{per-1} DB_i\right) * ROUND\left(1 - \sqrt[life]{\frac{salvage}{cost}}, 3\right) * \frac{month}{12}$$

双倍余额递减法：DDB 函数用年限平均法折旧率的两倍作为固定的折旧率乘以逐年递减的固定资产期初净值，得出各年应提折旧额的方法，计算公式分两部分。

$$DDB_{per} = MIN\left[\left(cost - \sum_{i=1}^{per-3} DDB_i\right) * \frac{factor}{life}, \frac{cost - salvage - \sum_{i=1}^{per-1} DB_i}{life - per}\right]$$

示例 18-23 折旧函数对比

固定资产原值为 5 万元，残值率为 10%，使用年限为 5 年。分别使用 5 个函数来计算每年的折旧额，如图 18-24 所示。

资产原值	cost	50,000.00
资产残值	salvage	5,000.00
使用年限	life	5
余额递减速率	factor	2
不转直线折旧	no_switch	TRUE

年度	每年折旧额				
	SLN	SYD	DB	DDB	VDB
1	¥9,000.00	¥15,000.00	¥18,450.00	¥20,000.00	¥20,000.00
2	¥9,000.00	¥12,000.00	¥11,641.95	¥12,000.00	¥32,000.00
3	¥9,000.00	¥9,000.00	¥7,346.07	¥7,200.00	¥39,200.00
4	¥9,000.00	¥6,000.00	¥4,635.37	¥4,320.00	¥43,520.00
5	¥9,000.00	¥3,000.00	¥2,924.92	¥1,480.00	¥45,000.00

图 18-24 折旧函数对比

C10 单元格输入公式如下。

```
=SLN($D$2,$D$3,$D$4)
```

D10 单元格输入公式如下。

```
=SYD($D$2,$D$3,$D$4,B10)
```

E10 单元格输入公式如下。

```
=DB($D$2,$D$3,$D$4,B10)
```

F10 单元格输入公式如下。

```
=DDB($D$2,$D$3,$D$4,B10,$D$5)
```

G10 单元格输入公式如下。

```
=VDB($D$2,$D$3,$D$4,0,B10,$D$5,$D$6)
```

通过以上计算结果可以看出，SLN 函数的折旧额每年相同的，这种直线折旧法是最简单、最普遍的折旧方法。

VDB 函数的计算结果是返回一段期间内的累计折旧值，将函数的 start_period 设置为 0，以计算从开始截至每一个时期的累计折旧值。这里将 VDB 的 factor 参数设置为 2，并且不转线性折旧，相当于 DDB 函数的计算。

SLN、SYD、DB、DDB 四个函数的残值变化曲线如图 18-25 所示，加速折旧法在初期折旧率较大，后期较小并趋于平稳。

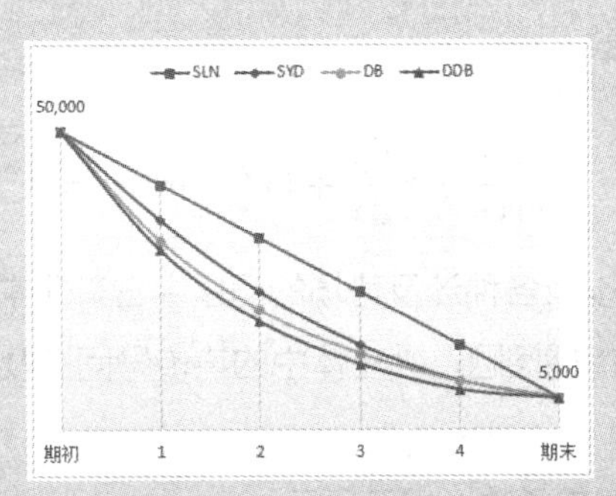

图 18-25　不同折旧法残值曲线

第 19 章　工程函数

工程函数属于专业领域计算分析用的函数，是专门为工程设计人员准备的。

本章学习要点

（1）贝塞尔函数。

（2）数字进制转换函数。

（3）度量衡转换函数。

（4）与积分运算有关的误差函数。

（5）处理复数的函数。

19.1　贝塞尔（Bessel）函数

贝塞尔函数是数学上的一类特殊函数的总称。一般贝塞尔函数是下列常微分方程（常称为贝塞尔方程）的标准解函数 $y(x)$。

$$x^2\frac{\mathrm{d}^2y}{\mathrm{d}x^2}+x\frac{\mathrm{d}y}{\mathrm{d}x}+(x^2-\alpha^2)y=0$$

贝塞尔函数在波动问题以及各种涉及势场的问题中占有非常重要的地位，最典型的问题为在圆柱形波导中的电磁波传播问题、圆柱体中的热传导问题及圆形薄膜的振动模态分析问题等。

Excel 共提供了 4 个贝塞尔函数，如下所示。

第一类贝塞尔函数——J 函数

$$BESSELJ(x,n)=\mathrm{J}_n(x)=\sum_{k=0}^{\infty}\frac{(-1)^k}{k!\,\Gamma(n+k+1)}(\frac{x}{2})^{n+2k}$$

第二类贝塞尔函数——诺依曼函数

$$BESSELY(x,n)=\mathrm{Y}_n(x)=\lim_{v\to n}\frac{\mathrm{J}_v(x)\,cos(v\pi)-\mathrm{J}_{-v}(x)}{\sin\,(v\pi)}$$

第三类贝塞尔函数——汉克尔函数

$$BESSELK(x,n)=\mathrm{K}_n(x)=\frac{\pi}{2}i^{n+1}[\mathrm{J}_n(ix)+i\mathrm{Y}_n(ix)]$$

虚宗量的贝塞尔函数

$$BESSELI(x,n)=\mathrm{I}_n(x)=i^{-n}\mathrm{J}_n(ix)$$

注意

当 x 或 n 为非数值型时，贝塞尔函数返回错误值 #VALUE!。当 $n<0$ 时，贝塞尔函数返回错误值 #NUM!。

19.2　数字进制转换函数

工程函数中提供了二进制、八进制、十进制和十六进制之间的数值转换函数。这类函数名称非常容易记忆，其中二进制为 BIN，八进制为 OCT，十进制为 DEC，十六进制为 HEX，数字 2（英文 two、to 的谐音）表示转换的意思。例如，需要将十进制的数转换为十六进制，前面为 DEC，中间加 2，后面为 HEX，因此完成此转换的函数名为 DEC2HEX。所有进制转换函数如表 19-1 所示。

表 19-1　不同数字系统间的进制转换函数

	二进制	八进制	十进制	十六进制
二进制	—	BIN2OCT	BIN2DEC	BIN2HEX
八进制	OCT2BIN	—	OCT2DEC	OCT2HEX
十进制	DEC2BIN	DEC2OCT	—	DEC2HEX
十六进制	HEX2BIN	HEX2OCT	HEX2DEC	—

进制转换函数的语法如下。

```
函数(number,places)
```

其中，参数 number 为待转换的数字进制下的数值。参数 places 为需要使用的字符数，如果省略此参数，函数将使用必要的最少字符数；如果结果的位数少于指定的位数，将在返回值的左侧自动添加 0。

除此之外，Excel 2013 中新增了两个进制转换函数：BASE 函数和 DECIMAL 函数。它们可以进行任意数字进制之间的转换，而不仅仅局限于二进制、八进制和十六进制。

BASE 函数可以将十进制数转换为给定基数下的文本表示，函数语法如下。

```
BASE(number,radix,[min_length])
```

其中，参数 number 为待转换的十进制数字，必须为大于等于 0 且小于 2^53 的整数。参数 radix 是要将数字转换成的基本基数，必须为大于等于 2 且小于等于 36 的整数。[min_length] 是可选参数，指定返回字符串的最小长度，必须为大于等于 0 的整数。

DECIMAL 函数可以按给定基数将数字的文本表示形式转换成十进制数，它的语法如下。

```
DECIMAL(text,radix)
```

其中，参数 text 是给定基数数字的文本表示形式，字符串长度必须小于等于 255，text 参数可以是对于基数有效的字母数字字符的任意组合，并且不区分大小写。参数 radix 是 text 参数的基本基数，必须大于等于 2 且小于等于 36。

示例 19-1 不同进制数字的相互转换

将十进制数 8642138 转换为十六进制数值，可以使用以下公式。

```
=DEC2HEX(8642138)        结果为 "83DE5A"
=BASE(8642138,16)        结果为 "83DE5A"
```

将八进制数 303343577 转换为十六进制数值，可以使用以下公式。

```
=OCT2HEX(303343577)      结果为 "30DC77F"
=BASE(DECIMAL(303343577,8),16)      结果为 "30DC77F"
```

将二十四进制数“16KH7A9”转换为三十六进制数值，可以使用以下公式。

```
=BASE(DECIMAL("16KH7A9",24),36)      结果为 "42BCMX"
```

19.3 度量衡转换函数

CONVERT 函数可以将数字从一种度量系统转换为另一种度量系统，函数语法如下。

```
CONVERT(number,from_unit,to_unit)
```

其中，参数 number 为以 from_unit 为单位的需要进行转换的数值，参数 from_unit 为数值 number 的单位，参数 to_unit 为结果的单位。

CONVERT 函数中 from_unit 参数和 to_unit 参数接受的部分文本值（区分大小写），如表 19-2 所示。

表 19-2 CONVERT 函数的单位参数

重量和质量	unit	距离	unit	时间	unit	压强	unit	力	unit
克	g	米	m	年	yr	帕斯卡	Pa	牛顿	N
斯勒格	sg	英里	mile	日	day	大气压	atm	达因	dyn
磅（常衡制）	lbm	海里	nmile	小时	hr	毫米汞柱	mmHg	磅力	lbf
U（原子质量单位）	u	英寸	in	分钟	min	磅平方英寸	psi	朋特	pond
盎司	ozm	英尺	ft	秒	s	托	Torr		
吨	ton	码	yd						
		光年	ly						

续表

能量	unit	功率	unit	磁	unit	温度	unit	容积	unit
焦耳	J	英制马力	HP	特斯拉	T	摄氏度	C	茶匙	tsp
尔格	erg	公制马力	PS	高斯	ga	华氏度	F	汤匙	tbs
热力学卡	c	瓦特	W			开氏温标	K	U.S. 品脱	pt
IT 卡	cal					兰氏度	Rank	夸脱	qt
电子伏	eV					列氏度	Reau	加仑	gal
马力 - 小时	HPh							升	L
瓦特 - 小时	Wh							立方米	m^3
英尺磅	flb							立方英寸	ly^3

例如，将 1 标准大气压转换为毫米汞柱，可以使用以下公式。

```
=CONVERT(1,"atm","mmHg")
```

公式结果为 760.002100178515，即 1atm=760.002100178515mmHg。

19.4　误差函数

在数学中，误差函数（也称为高斯误差函数）是一个非基本函数，在概率论、统计学以及偏微分方程中都有广泛的应用。自变量为 x 的误差函数定义为 $\mathrm{erf}(x)=\frac{2}{\sqrt{\pi}}\int_0^x \mathrm{e}^{-\eta^2}\,\mathrm{d}\eta$，且有 erf（∞）=1 和 erf（-x）=-erf（x）。余补误差函数定义为 $\mathrm{erfc}(x)=1-\mathrm{erf}(x)=\frac{2}{\sqrt{\pi}}\int_x^{\infty} \mathrm{e}^{-\eta^2}\,\mathrm{d}\eta$。

在 Excel 中，ERF 函数返回误差函数在上下限之间的积分，函数语法如下。

ERF(lower_limit,[upper_limit])= $\frac{2}{\sqrt{\pi}}\int_{\mathrm{lower\_limti}}^{\mathrm{upper\_limit}} \mathrm{e}^{-\eta^2}\,\mathrm{d}\eta$

其中，lower_limit 参数为 ERF 函数的积分下限。upper_limit 参数为 ERF 函数的积分上限，如果省略，ERF 函数将在 0 到 lower_limit 之间积分。

ERFC 函数即余补误差函数，函数语法如下。

```
ERFC(x)
```

其中，x 为 ERFC 函数的积分下限。

例如，计算误差函数在 1 ~ 1.5 之间的积分，可以使用以下公式。

```
=ERF(1,1.5)
```

计算结果为 0.123404353525596。

19.5 处理复数的函数

工程函数中有许多处理复数的函数。例如，IMSUM 函数，可以返回以 x+yi 文本格式表示的两个或多个复数的和，它的语法如下。

```
IMSUM(inumber1,[inumber2],...)
```

其中，inumber1、inumber2 等为文本格式表示的复数。

示例 19-2 旅行费用统计

图 19-5 展示了出国旅行的费用明细，其中包括人民币和美元两部分，需要计算一次出国旅行的平均费用。

G3 {=SUBSTITUTE(IMDIV(IMSUM(D3:D9&"i"),7),"i",)}

姓名	日期	费用（RMB+$）
李德琴	2014-10-1	3200+1200
李盛忠	2014-10-1	3500+1471
韩德明	2014-10-1	3000+900
刘瑞静	2014-10-2	3100+1500
马煊	2014-10-2	4180+1132
董洁	2014-10-2	3040+1270
陈红梅	2014-10-2	3150+1333

平均费用	3310+1258

图 19-1 旅行费用明细

G3 单元格输入以下数组公式，按 <Ctrl+Shift+Enter> 组合键。

```
{=SUBSTITUTE(IMDIV(IMSUM(D3:D9&"i"),7),"i",)}
```

公式首先将费用与字母“i”连接，将其转换为文本格式表示的复数。然后利用 IMSUM 函数返回复数的和，再利用 IMDIV 函数将得到的复数的和除以 7，返回复数的平均值。最后利用 SUBSTITUTE 函数将作为复数标志的字母“i”替换为空，即得平均费用。

第 20 章　Web 类函数

Web 类函数是 Excel 2013 中新增的一个函数类别，目前只包含 3 个函数：ENCODEURL、WEBSERVICE 和 FILTERXML 函数。它们可以通过网页链接直接用公式从 Web 服务器获取数据，将类似有道翻译、天气查询、股票、汇率等网络应用方便地引入 Excel，进而衍生出无数精妙的函数应用。

本章学习要点

（1）认识 Web 类函数。　　（2）Web 类函数应用实例。

20.1　Web 类函数简介

20.1.1　ENCODEURL 函数

ENCODEURL 函数的作用是对 URL 地址（主要是中文字符）进行 UTF-8 编码，其基本语法如下。

```
ENCODEURL(text)
```

其中，text 参数为需要进行 UTF-8 编码的字符串。

使用以下公式可以生成谷歌翻译的网址，将“漂亮”翻译成英文。

```
="http://translate.google.cn/?#zh-CN/en/"&ENCODEURL("漂亮")
```

公式将字符串“漂亮”进行 UTF-8 编码，将生成的网址复制到浏览器地址栏中，可以直接打开 Google 翻译页面，如图 20-1 所示。

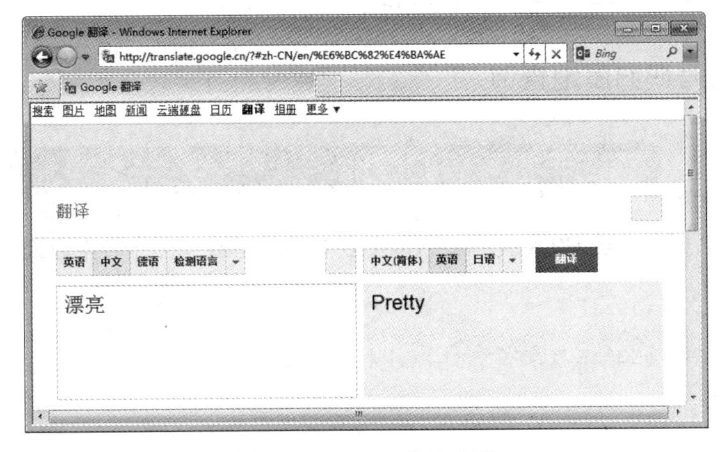

图 20-1　Google 翻译界面

ENCODEURL 函数不仅适用于生成网址，而且适用于所有以 UTF-8 编码方式对中文字符进行编码的场合。以前在 VBA 网页编程中可能需要自己编写函数来实现这个编码过程，现在这个工作表函数可以直接实现。

20.1.2 WEBSERVICE 函数

WEBSERVICE 函数可以通过网页链接地址直接从 Web 服务器获取数据，其基本语法如下。

```
WEBSERVICE(url)
```

其中，url 是 Web 服务器的网页地址。如果 url 字符串长度超过 2048 个字符，则 WEBSERVICE 函数返回错误值 #VALUE!。

只有在计算机联网的前提下，才能使用 WEBSERVICE 函数从 Web 服务器获取数据。

20.1.3 FILTERXML 函数

FILTERXML 函数可以获取 XML 结构化内容中指定格式路径下的信息，其基本语法如下。

```
FILTERXML(xml,xpath)
```

其中，xml 参数是有效 XML 格式文本，xpath 参数是需要查询的目标数据在 XML 中的标准路径。

FILTERXML 函数可以结合 WEBSERVICE 函数一起使用，如果 WEBSERVICE 函数获取到的是 XML 格式的数据，则可以通过 FILTERXML 函数直接从 XML 的结构化信息中过滤出目标数据。

20.2 Web 类函数综合应用

20.2.1 手机号码归属地查询

示例 20-1 查询手机号码归属地

如图 20-2 所示，在 B2 单元格输入以下公式，就可以在工作表中查询手机号码的归属地城市。

```
=FILTERXML(WEBSERVICE("http://www.apifree.net/mobile/"&ENCODEURL(A2)
&".xml"),"//c")
```

公式利用 ENCODEURL 函数将手机号码转换为 UTF-8 编码，并应用于 url 中。然后利用 WEBSERVICE 函数获取包含对应手机号码归属地城市、省份及所属运营商的 XML 格式文本，最后利用 FILTERXML 函数从中提取出目标归属地城市。

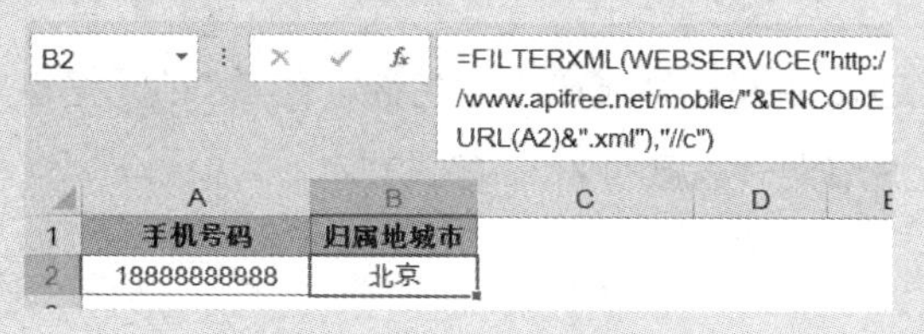

图 20-2 查询手机号码归属地

20.2.2　将有道翻译装进 Excel

示例 20-2　英汉互译

B2　=FILTERXML(WEBSERVICE("http://fanyi.youdao.com/translate?&i="&ENCODEURL(A2)&"&doctype=xml&version"),"//translation")

	A	B	C
1	原文	有道翻译	api翻译
2	你真漂亮。	You are so beautiful.	You are so beautiful.
3	I love you.	我爱你。	我爱你。
4	建筑抗震设计规范	Building seismic design code	Code for seismic design of buildings
5	appointments	任命	约会
6	你好吗？	How are you?	Are you ok?
7	I would like a cup of tea.	我想喝杯茶。	我想要一杯茶。

图 20-3　使用函数实现英汉互译

如图 20-3 所示，在 B2 单元格输入以下公式，并将公式复制到 B2:B7 单元格区域，就可以在工作表中利用有道翻译实现英汉互译。

```
=FILTERXML(WEBSERVICE("http://fanyi.youdao.com/translate?&i="&ENCODEURL(A2)&"&doctype=xml&version"),"//translation")
```

公式利用 ENCODEURL 函数将原文转换为 UTF-8 编码，并应用于 url 中。然后利用 WEBSERVICE 函数从有道翻译获取包含对应译文的 XML 格式文本，最后利用 FILTERXML 函数从中提取出目标译文。

网络上还有其他实现英汉互译的 API 可供调用。例如，C2 单元格输入以下公式，也可以返回对应的译文。

```
=WEBSERVICE("http://api.fengzhigang.com.cn/fanyi/?word="&A2)
```

20.2.3 将百度天气预报装进 Excel

示例 20-3 将百度天气预报装进 Excel

如图 20-4 所示，A2 单元格为城市中文名称，在 B2 单元格输入以下公式，可从百度天气预报获取相应城市天气信息的 XML 格式文本。

```
=WEBSERVICE("http://api.map.baidu.com/telematics/v3/weather?location="&A2&"&output=xml&ak=A72e372de05e63c8740b2622d0ed8ab1")
```

	A	B	C	D
1	城市	从服务器获取的XML格式文本		
2	杭州	<?xml version="1.0" encoding="utf-8" ?> <CityWeatherR		
3				
4	date	weather	wind	temperature
5	周三 01月21日 (实时：16℃)	多云	北风微风	16 ~ 2℃
6	周四	晴	北风3-4级	10 ~ 0℃
7	周五	晴转多云	东风微风	12 ~ 2℃
8	周六	多云	东南风微风	17 ~ 7℃

图 20-4 将百度天气预报装进 Excel

A5 单元格输入以下公式，并将公式复制到 A5:D8 单元格区域。

```
=INDEX(FILTERXML($B$2,"//"&A$4),ROW(1:1)+(A$4=$A$4))
```

以 B5 单元格公式为例，公式利用 FILTERXML 函数提取 B2 单元格中 XML 数据 weather 路径下的内容。由于 weather 路径下存在多个内容，所以 FILTERXML 函数返回一个数组，如杭州未来 4 天的天气：{"多云";"晴";"晴转多云";"多云"}。最后使用 INDEX 函数将各数据依次显示在 B5:B8 单元格中。

第 21 章 数据库函数

Excel 中包含一些工作表函数，用于对存储的列表或数据库中的数据进行分析，这些函数统称为数据库函数。由于这些函数都以字母 D 开头，又被称为 D 函数。

本章学习要点

（1）认识全部数据库函数。

（2）使用数据库函数进行数据统计。

（3）跨工作表统计。

21.1 数据库函数基础

数据库函数与高级筛选较为相似，区别在于：高级筛选是根据一些条件筛选出相应的数据记录，数据库函数则为根据条件进行分析与统计。

Excel 中有 12 个标准的数据库函数，都以字母 D 开头，各函数的主要功能如表 21-1 所示。

表 21-1　常用数据库函数与主要功能

函数	说明
DAVERAGE	返回所选数据库条目的平均值
DCOUNT	计算数据库中包含数字的单元格的数量
DCOUNTA	计算数据库中非空单元格的数量
DGET	从数据库提取符合指定条件的单个记录
DMAX	返回所选数据库条目的最大值
DMIN	返回所选数据库条目的最小值
DPRODUCT	将数据库中符合条件的记录的特定字段中的值相乘
DSTDEV	基于所选数据库条目的样本估算标准偏差
DSTDEVP	基于所选数据库条目的样本总体计算标准偏差
DSUM	对数据库中符合条件的记录的字段列中的数字求和
DVAR	基于所选数据库条目的样本估算方差
DVARP	基于所选数据库条目的样本总体计算方差

这 12 个数据库函数的语法与参数完全一致，统一如下。

```
数据库函数 (database,field,criteria)
```

各参数的说明如表 21-2 所示。

表 21-2 数据库函数参数说明

参数	说明
database	构成列表或数据库的单元格区域 数据库是包含一组相关数据的列表，其中包含相关信息的行为记录，而包含数据的列为字段。列表的第一行包含每一列的标签
field	指定函数所使用的列 输入两端带双引号的列标签，如"使用年数"或"产量"；或是代表列表中列位置的数字（不带引号）：1 表示第一列，2 表示第二列，依此类推
criteria	包含指定条件的单元格区域 可以为参数指定 criteria 任意区域，只要此区域包含至少一个列标签，并且列标签下至少有一个在其中为列指定条件的单元格

数据库函数具有以下优势。

（1）运算速度快。

（2）支持多工作表的多重区域引用。

（3）可以较为方便直观的设置复杂的统计条件。

同时也有一定的局限，database 和 criteria 参数只能使用单元格区域，不支持内存数组。

21.2 数据库函数的基础用法

21.2.1 第二参数 field 为列标签

示例 21-1 第二参数 field 为列标签

如图 21-1 所示，A1:H19 为构成列表或数据库的单元格区域 database，J1:J2 为包含指定条件的单元格区域 criteria。

J5 单元格输入以下公式，计算“员工部门”为“蜀国”的“人数”。

```
=DCOUNTA(A1:H19,"姓名",J1:J2)
```

J8 单元格输入以下公式，计算“员工部门”为“蜀国”的“销售总数量”。

```
=DSUM(A1:H19,"销售数量",J1:J2)
```

J11 单元格输入以下公式，计算“员工部门”为“蜀国”的“人均销售金额”。

```
=DAVERAGE(A1:H19,"销售金额",J1:J2)
```

J14 单元格输入以下公式，计算“员工部门”为“蜀国”的“个人最小销售数量”。

```
=DMIN(A1:H19,"销售数量",J1:J2)
```

J17 单元格输入以下公式，计算“员工部门”为“蜀国”的“个人最大销售金额”。

```
=DMAX(A1:H19,"销售金额",J1:J2)
```

序号	姓名	性别	员工部门	岗位属性	员工级别	销售数量	销售金额
1	刘备	男	蜀国	文	2级	14	13800
2	法正	男	蜀国	文	11级	3	3000
3	吴国太	女	吴国	文	4级	10	11400
4	陆逊	男	吴国	文	5级	17	10200
5	张昭	男	吴国	文	10级	4	4200
6	孙策	男	吴国	武	3级	21	12600
7	孙权	男	吴国	文	2级	12	13800
8	荀彧	男	魏国	文	5级	17	10200
9	司马懿	男	魏国	文	5级	9	10200
10	张辽	男	魏国	武	10级	4	4200
11	曹操	男	魏国	文	2级	23	13800
12	孙尚香	女	吴国	文	4级	10	11400
13	小乔	女	吴国	文	8级	7	6600
14	关羽	男	蜀国	武	7级	13	7700
15	诸葛亮	男	蜀国	文	4级	11	11300
16	马岱	男	蜀国	武	11级	3	2800
17	太史慈	男	吴国	武	11级	5	2800
18	于禁	男	魏国	武	8级	5	6300

员工部门
蜀国

人数	公式
5	=DCOUNTA(A1:H19,"姓名",J1:J2)

销售总数量	公式
44	=DSUM(A1:H19,"销售数量",J1:J2)

人均销售金额	公式
7720	=DAVERAGE(A1:H19,"销售金额",J1:J2)

个人最小销售数量	公式
3	=DMIN(A1:H19,"销售数量",J1:J2)

个人最大销售金额	公式
13800	=DMAX(A1:H19,"销售金额",J1:J2)

图 21-1　第二参数 field 为列标签

注意

第二参数 field，其字符必须要与 database 中的完全一致，但是可以不必区分英文字母的大小写。

21.2.2　第二参数 field 为表示列位置的数字

示例 21-2　第二参数 field 为表示列位置的数字

如图 21-2 所示，J5 单元格输入以下公式，计算“岗位属性”为“武”的“人数”。

```
=DCOUNTA(A1:H19,2,J1:J2)
```

J8 单元格输入以下公式，计算“岗位属性”为“武”的“销售总数量”。

```
=DSUM(A1:H19,7,J1:J2)
```

J11 单元格输入以下公式，计算“岗位属性”为“武”的“人均销售金额”。

```
=DAVERAGE(A1:H19,8,J1:J2)
```

J14 单元格输入以下公式，计算“岗位属性”为“武”的“个人最小销售数量”。

```
=DMIN(A1:H19,7,J1:J2)
```

J17 单元格输入以下公式，计算“岗位属性”为“武”的“个人最大销售金额”。

```
=DMAX(A1:H19,8,J1:J2)
```

序号	姓名	性别	员工部门	岗位属性	员工级别	销售数量	销售金额
1	刘备	男	蜀国	文	2级	14	13800
2	法正	男	蜀国	文	11级	3	3000
3	吴国太	女	吴国	文	4级	10	11400
4	陆逊	男	吴国	文	5级	17	10200
5	张昭	男	吴国	文	10级	4	4200
6	孙策	男	吴国	武	3级	21	12600
7	孙权	男	吴国	文	2级	12	13800
8	荀彧	男	魏国	文	5级	17	10200
9	司马懿	男	魏国	文	5级	9	10200
10	张辽	男	魏国	武	10级	4	4200
11	曹操	男	魏国	文	2级	23	13800
12	孙尚香	女	吴国	文	4级	10	11400
13	小乔	女	吴国	文	8级	7	6600
14	关羽	男	蜀国	武	7级	13	7700
15	诸葛亮	男	蜀国	文	4级	11	11300
16	马岱	男	蜀国	武	11级	3	2800
17	太史慈	男	吴国	武	11级	5	2800
18	于禁	男	魏国	武	8级	5	6300

岗位属性
武

人数	公式
6	=DCOUNTA(A1:H19,2,J1:J2)

销售总数量	公式
51	=DSUM(A1:H19,7,J1:J2)

人均销售金额	公式
6066.666667	=DAVERAGE(A1:H19,8,J1:J2)

个人最小销售数量	公式
3	=DMIN(A1:H19,7,J1:J2)

个人最大销售金额	公式
12600	=DMAX(A1:H19,8,J1:J2)

图 21-2　第二参数 field 为表示列位置的数字

其中，数字 7 代表 database 中的第 7 列，即“销售数量”列。同样，数字 8 代表“销售金额”列。

21.2.3　数据库区域第一行标签为数字

示例 21-3　数据库区域第一行标签为数字

如图21-3所示，D1:I1 单元格代表1月到6月，D2:I8 单元格代表每人每月的销售数量。

序号	姓名	员工部门	1	2	3	4	5	6
1	刘备	蜀国	100	200	300	400	500	600
2	法正	蜀国	100	200	300	400	500	600
3	吴国太	吴国	100	200	300	400	500	600
4	陆逊	吴国	100	200	300	400	500	600
5	张昭	吴国	100	200	300	400	500	600
6	孙策	吴国	100	200	300	400	500	600
7	孙权	吴国	100	200	300	400	500	600

员工部门
蜀国

4月销售总数量	公式
200	=DSUM(A1:I8,4,K1:K2)

4月销售总数量	公式
800	=DSUM(A1:I8,MATCH(4,A1:I1,),K1:K2)

图 21-3　数据库区域第一行标签为数字

K5 单元格输入以下公式，计算 4 月蜀国的销售总数量。

```
=DSUM(A1:I8,4,K1:K2)
```

此时求得的结果为 200，并未能正确得到 4 月的数据，这个 200 是 1 月蜀国的销售总数量，即数据库区域中第 4 列的数据。

K8 单元格输入以下两种公式，都可计算出正确的结果。

```
=DSUM(A1:I8,"4",K1:K2)
```

将第二参数写为文本形式 "4"，按列标签计算。

```
=DSUM(A1:I8,MATCH(4,A1:I1,),K1:K2)
```

首先通过 MATCH(4,A1:I1,)，得到 4 月在数据库区域中位于第 7 列。然后再通过 DSUM 函数求得数据库区域中第 7 列的数据。

提示

对于第一行标签为数字的情况，若想直接使用列标签名作为第二参数，会存在以上的问题，建议在建立表格时，第一行使用文本标题。

21.3　比较运算符和通配符的使用

数据库函数的条件区域，可以使用比较运算符“>”“<”“=”“>=”“<=”“<>”，同时也支持通配符“*”“?”“~”的使用。

21.3.1　比较运算符的使用

示例 21-4　比较运算符的使用

如图 21-4 所示，J3 单元格输入条件“>10000”，L3 单元格输入以下公式，计算销售金额大于 10000 元的员工的销售金额合计。

```
=DSUM(A1:H19,"销售金额",J2:J3)
```

J7 单元格输入条件“<=10”，L7 单元格输入以下公式，计算销售数量小于等于 10 的员工的数量。

```
=DCOUNT(A1:H19,,J6:J7)
```

提示

只有 DCOUNT 和 DCOUNTA 两个函数，可以简写第二参数 field，其他数据库函数不可以简写。如果简写该字段，DCOUNT 和 DCOUNTA 计算数据库中符合条件的所有记录数。

J11 单元格输入条件“<> 蜀国”，L11 单元格输入以下公式，计算非蜀国员工的销售数量，即计算魏国和吴国员工的销售数量。

```
=DSUM(A1:H19,"销售数量",J10:J11)
```

J15 单元格输入条件“孙权”，L15 单元格输入以下公式，计算姓名以“孙权”二字开头的员工的销售数量。

```
=DSUM(A1:H19," 销售数量 ",J18:J19)
```

J19 单元格输入条件“'= 孙权”，L19 单元格输入以下公式，计算孙权的销售数量。

```
=DSUM(A1:H19," 销售数量 ",J14:J15)
```

输入不带等号“=”的字符，以查找列中文本值以这些字符开头的行，即默认是等同于最后加通配符“*”。条件前加等号“=”，表示精确查找，并且文本无须加半角双引号。

例如，输入文本“孙权”作为条件，则将匹配“孙权”“孙权之兄”和“孙权之妹”。输入文本“'= 孙权”，则只匹配“孙权”。

	A	B	C	D	E	F	G	H	J	L	M
1	序号	姓名	性别	员工部门	岗位属性	员工级别	销售数量	销售金额			
2	1	刘备	男	蜀国	文	2级	14	13800	销售金额	金额	公式
3	2	法正	男	蜀国	文	11级	3	3000	>10000	118700	=DSUM(A1:H19,"销售金额",J2:J3)
4	3	吴国太	女	吴国	文	4级	10	11400			
5	4	陆逊	男	吴国	文	5级	17	10200			
6	5	张昭	男	吴国	文	10级	4	4200	销售数量	人数	公式
7	6	荀彧	男	魏国	文	5级	17	10200	<=10	10	=DCOUNT(A1:H19,,J6:J7)
8	7	司马懿	男	魏国	文	5级	9	10200			
9	8	张辽	男	魏国	武	10级	4	4200			
10	9	曹操	男	魏国	文	2级	23	13800	员工部门	数量	公式
11	10	孙权	男	吴国	文	2级	12	13800	<>蜀国	144	=DSUM(A1:H19,"销售数量",J10:J11)
12	11	孙权之兄	男	吴国	武	3级	21	12600			
13	12	孙权之妹	女	吴国	文	4级	10	11400			
14	13	小乔	女	吴国	文	8级	7	6600	姓名	数量	公式
15	14	关羽	男	蜀国	武	7级	13	7700	孙权	43	=DSUM(A1:H19,"销售数量",J14:J15)
16	15	诸葛亮	男	蜀国	文	4级	11	11300			
17	16	马岱	男	蜀国	武	11级	3	2800			
18	17	太史慈	男	吴国	武	11级	5	2800	姓名	数量	公式
19	18	于禁	男	魏国	武	8级	5	6300	=孙权	12	=DSUM(A1:H19,"销售数量",J18:J19)

图 21-4　比较运算符的使用

21.3.2　通配符的使用

在函数公式中，有以下几个通配符。

“*”代表 0 个或任意多个字符。

“?”（英文状态下的半角问号，非中文状态下的全角问号）代表 1 个字符。

“~”后紧跟“*”“?”“~”，将这些通配符变成普通文本，失去其通配符的性质。

示例 21-5 通配符的使用

如图 21-5 所示，J3 单元格输入条件“* 马 *”，L3 单元格输入以下公式，计算姓名中包含“马”的员工人数。

```
=DCOUNT(A1:H19,,J2:J3)
```

J7 单元格输入条件“马 ??”，L7 单元格输入以下公式，计算首个字符为“马”，且名字至少为 3 个字的员工人数，即统计 B19 单元格的“马 ?*”。

```
=DCOUNT(A1:H19,,J6:J7)
```

J11 单元格输入条件“马 ~ *”，L11 单元格输入以下公式，计算姓名为“马 *”的员工的销售金额。

```
=DSUM(A1:H19,"销售金额",J10:J11)
```

J15 单元格输入条件“= 马 ?”，L15 单元格输入以下公式，计算首个字符为“马”，且姓名为两个字的员工的销售金额。

```
=DSUM(A1:H19,"销售金额",J14:J15)
```

J19 单元格输入条件“?? 级”，L19 单元格输入以下公式，计算员工级别为 2 位数字的员工的销售数量，即 10 级和 11 级员工的销售数量。

```
=DSUM(A1:H19,"销售数量",J18:J19)
```

	A	B	C	D	E	F	G	H	I	J	K	L	M
1	序号	姓名	性别	员工部门	岗位属性	员工级别	销售数量	销售金额					
2	1	刘备	男	蜀国	文	2级	14	13800		姓名		人数	公式
3	2	法正	男	蜀国	文	11级	3	3000		*马*		4	=DCOUNT(A1:H19,,J2:J3)
4	3	吴国太	女	吴国	文	4级	10	11400					
5	4	陆逊	男	吴国	文	5级	17	10200					
6	5	张昭	男	吴国	文	10级	4	4200		姓名		人数	公式
7	6	孙策	男	吴国	武	3级	21	12600		马??		1	=DCOUNT(A1:H19,,J6:J7)
8	7	孙权	男	吴国	文	2级	12	13800					
9	8	荀彧	男	魏国	文	5级	17	10200					
10	9	张辽	男	魏国	武	10级	4	4200		姓名		销售金额	公式
11	10	曹操	男	魏国	文	2级	23	13800		马~*		3000	=DSUM(A1:H19,"销售金额",J10:J11)
12	11	孙尚香	女	吴国	文	4级	10	11400					
13	12	小乔	女	吴国	文	8级	7	6600					
14	13	关羽	男	蜀国	武	7级	13	7700		姓名		销售金额	公式
15	14	诸葛亮	男	蜀国	文	4级	11	11300		=马?		5800	=DSUM(A1:H19,"销售金额",J14:J15)
16	15	司马懿	男	魏国	文	5级	9	10200					
17	16	马岱	男	蜀国	武	11级	3	2800					
18	17	马*	男	吴国	武	11级	5	3000		员工级别		数量	公式
19	18	马?*	男	魏国	武	8级	6	6300		??级		19	=DSUM(A1:H19,"销售数量",J18:J19)

图 21-5　通配符的使用

21.4　多条件统计

第三参数 criteria 可以接受多条件统计，当条件处于同一行内时，表示逻辑“且”的关系，当条件处于多行之间时，表示逻辑“或”的关系。

示例 21-6 多条件统计

仍以示例 21-5 中 A1:H19 单元格区域的数据为例。

例 1：在 J2:L3 单元格区域，按图 21-6 所示设置条件，J5 单元格输入以下公式，计算员工部门为蜀国，并且销售金额在 7000 ~ 12000 元之间的员工的销售金额合计。

```
=DSUM(A1:H19,"销售金额",J2:L3)
```

条件区域可以对每个标签进行多次设置，如图 21-6 中“销售金额”的设置，使用两个条件来表示 7000 ~ 12000 元这个范围。

例 2：在 J7:N9 单元格区域，按图 21-7 所示设置条件，J11 单元格输入以下公式，计算岗位属性为武官或者性别为女性的员工的销售金额合计。

```
=DSUM(A1:H19,"销售金额",J7:N9)
```

	J	K	L	M	N
2	员工部门	销售金额	销售金额		
3	蜀国	>7000	<12000		
4					
5	19000	=DSUM(A1:H19,"销售金额",J2:L3)			

图 21-6　同一行内表示逻辑“且”的关系

	J	K	L	M	N
7	员工部门	岗位属性	性别	销售金额	姓名
8		武			
9			女		
10					
11	66000	=DSUM(A1:H19,"销售金额",J7:N9)			

图 21-7　多行之间表示逻辑“或”的关系

在条件区域中，部分标签下没有设置相应的条件，如图 21-7 中“员工部门”“销售金额”“姓名”的设置，表示对相应的列不做任何筛选统计。

例 3：在 J13:O16 单元格区域，按图 21-8 所示设置条件，J18 单元格输入以下公式，计算以下 3 类员工的销售金额合计。

（1）员工部门为蜀国，并且销售金额为 7000 ~ 12000 元。

（2）员工部门为吴国，并且岗位属性为文官，性别为男性。

（3）员工部门为魏国，并且姓名中包含“马”字。

```
=DSUM(A1:H19,"销售金额",J13:O16)
```

	J	K	L	M	N	O
13	员工部门	岗位属性	性别	销售金额	销售金额	姓名
14	蜀国			>7000	<12000	
15	吴国	文	男			
16	魏国					*马*
17						
18	63700	=DSUM(A1:H19,"销售金额",J13:O16)				

图 21-8　多条件统计

21.5 数据库函数在多单元格区域的使用

数据库函数一般是对满足一个条件区域的设置后得出一个统计值，结合 SUM 函数可以实现在多单元格区域的使用。

示例 21-7 数据库函数在多单元格区域的使用

仍以示例21-5中A:H列的数据为例，需要依次计算：部门为“蜀国”岗位属性为“文”、部门为“蜀国”岗位属性为“武”……部门为“魏国”岗位属性为“武”的销售金额与人数。按图 21-9 中 J2:K8 单元格所示设置条件。

L3 单元格输入以下公式，向下复制到 L8 单元格。

```
=DSUM($A$1:$H$19," 销售金额 ",$J$2:K3)-SUM($L$2:L2)
```

M3 单元格输入以下公式，向下复制到 M8 单元格。

```
=DCOUNT($A$1:$H$19," 销售金额 ",$J$2:K3)-SUM($M$2:M2)
```

	J	K	L	M	N	O
2	员工部门	岗位属性	销售金额	人数		
3	蜀国	文	28100	3		
4	蜀国	武	10500	2		
5	吴国	文	57600	6		
6	吴国	武	15600	2		
7	魏国	文	34200	3		
8	魏国	武	10500	2		
9						
10	L3公式：	=DSUM($A$1:$H$19,"销售金额",$J$2:K3)-SUM($L$2:L2)				
11	M3公式：	=DCOUNT($A$1:$H$19,"销售金额",$J$2:K3)-SUM($M$2:M2)				

图 21-9 数据库函数在多单元格区域的使用

以 L5 单元格公式为例，公式如下。

```
=DSUM($A$1:$H$19," 销售金额 ",$J$2:K5)-SUM($L$2:L4)
```

DSUM($A$1:$H$19," 销售金额 ",$J$2:K5) 部分，条件区域为 $J$2:K5，不同行之间表示逻辑“或”的关系，实际计算的是部门为“蜀国”岗位属性为“文”、部门为“蜀国”岗位属性为“武”、部门为“吴国”岗位属性为“文”这 3 部分员工的销售金额合计。

SUM($L$2:L4) 部分，计算的是 L5 上方单元格合计，即“蜀国”岗位属性为“文”、部门为“蜀国”岗位属性为“武”这两部分员工的销售金额合计。

最后将两部分相减，结果即为部门为“吴国”岗位属性为“文”的销售金额。

使用 DSUM 函数的公式看似较为复杂，但在处理数据量较大时，运算效率远远高于 SUMIF、SUMIFS 等条件汇总类函数。

提示

以上方法只对 DSUM、DCOUNT、DCOUNTA 三个数据库函数有效。对于其他数据库函数，要经过较为复杂的处理，不建议使用。

21.6 使用公式作为筛选条件

21.6.1 公式中使用列标签作为筛选条件

如果在公式中使用列标签而不是相对单元格引用或区域名称，Excel 会在包含条件的单元格中显示错误值 #NAME? 或 #VALUE!，但不影响区域的筛选。

示例 21-8 公式中使用列标签作为筛选条件

如图 21-10 所示，分别使用以下公式完成不同需求的汇总计算。

例 1：J3 单元格输入以下公式作为计算条件，用于汇总销售金额大于 10000 的员工人数。

```
=销售金额>10000
```

M3 单元格输入以下公式。

```
=DCOUNTA(A1:H19,"姓名",J2:J3)
```

例 2：J7 单元格和 K7 单元格分别输入以下公式作为计算条件，用于汇总员工部门为魏国，并且销售金额大于 10000 元的员工人数。

```
=销售金额>10000
=员工部门="魏国"
```

M7 单元格计算公式如下。

```
=DCOUNTA(A1:H19,"姓名",J6:K7)
```

例 3：J11、K11、J12 单元格分别输入以下公式作为计算条件，用于汇总员工部门为魏国，并且销售金额大于 10000 元，或者是性别为女的员工人数。

```
=销售金额>10000
=员工部门="魏国"
=性别="女"
```

M11 单元格计算公式如下。

```
=DCOUNTA(A1:H19,"姓名",J10:K12)
```

例 4：J15 单元格输入以下公式作为计算条件，用于汇总员工级别大于 4 并且小于 8 的员工的销售数量。

```
=AND(--SUBSTITUTE(员工级别,"级",)<8,--SUBSTITUTE(员工级别,"级",)>4)
```

M15 单元格计算公式如下。

```
=DSUM($A$1:$H$19,"销售数量",J14:J15)
```

	A	B	C	D	E	F	G	H	I	J	K	L	M	N
1	序号	姓名	性别	员工部门	岗位属性	员工级别	销售数量	销售金额						
2	1	刘备	男	蜀国	文	2级	14	13800					人数	公式
3	2	孙权	男	吴国	文	2级	12	13800		#NAME?			10	=DCOUNTA(A1:H19,"姓名",J2:J3)
4	3	曹操	男	魏国	文	2级	23	13800						
5	4	孙策	男	吴国	武	3级	21	12600						
6	5	吴国太	女	吴国	文	4级	10	11400					人数	公式
7	6	孙尚香	女	吴国	文	4级	10	11400		#NAME?	#NAME?		3	=DCOUNTA(A1:H19,"姓名",J6:K7)
8	7	诸葛亮	男	蜀国	文	4级	11	11300						
9	8	陆逊	男	吴国	文	5级	17	10200						
10	9	荀彧	男	魏国	文	5级	17	10200					人数	公式
11	10	司马懿	男	魏国	文	5级	9	10200		#NAME?	#NAME?		6	=DCOUNTA(A1:H19,"姓名",J10:K12)
12	11	关羽	男	蜀国	武	7级	13	7700		#NAME?				
13	12	小乔	女	吴国	文	8级	7	6600						
14	13	马?*	男	魏国	武	8级	6	6300					销售数量	公式
15	14	张昭	男	吴国	文	10级	4	4200		#NAME?			56	=DSUM($A$1:$H$19,"销售数量",J14:J15)
16	15	张辽	男	魏国	武	10级	4	4200						
17	16	法正	男	蜀国	文	11级	3	3000						
18	17	马*	男	吴国	武	11级	5	3000						
19	18	马岱	男	蜀国	武	11级	3	2800						

图 21-10　公式中使用列标签作为筛选条件

数据源中，所有的员工级别都是数字与“级”字的组合，因此用 SUBSTITUTE(员工级别,"级",)将“级”字替换掉，得到结果为文本型的数字。然后通过减负(--)运算，将文本型数字转化为数值型。

最后使用 AND 函数，判断出每一个员工级别是否大于 4 并且小于 8。

提示

使用公式作为筛选条件时，条件标签可以保留为空，或者使用区域中并非列标签的标签，如图 21-10 中 J2、J6、K6 等单元格。公式中所有使用到的标签名称，均无须使用半角双引号。

21.6.2　公式中使用单元格引用作为筛选条件

公式中不仅可以使用列标签作为筛选条件，同样可以使用单元格引用作为筛选条件。用作条件的公式必须使用相对引用，不能使用绝对引用。另外，单元格引用要使用相应列的第二行单元格，即列标签下一行的单元格。

示例 21-9 公式中使用单元格引用作为筛选条件

仍以示例 21-8 中 A:H 列的数据为例，如图 21-11 所示，分别使用以下公式完成不同需求的汇总计算。

例 1：J3 单元格输入以下公式作为计算条件，用于汇总销售金额大于 10000 元的员工人数。

```
=H2>10000
```

M3 单元格输计算公式为如下。

```
=DCOUNTA(A1:H19,"姓名",J2:J3)
```

例 2：J7 和 K7 单元格分别输入以下公式作为计算条件，用于汇总员工部门为魏国，并且销售金额大于 10000 元的员工人数。

```
=H2>10000
=D2="魏国"
```

M7 单元格计算公式如下。

```
=DCOUNTA(A1:H19,"姓名",J6:K7)
```

例 3：J11、K11、J12 单元格分别输入以下公式作为计算条件，用于汇总工部门为魏国，并且销售金额大于 10000 元，或者是性别为女的员工人数。

```
=H2>10000
=D2="魏国"
=C2="女"
```

M11 单元格计算公式如下。

```
=DCOUNTA(A1:H19,"姓名",J10:K12)
```

例 4：J15 单元格输入以下公式作为计算条件，用于汇总员工级别大于 4 并且小于 8 的员工的销售数量。

```
=AND(--SUBSTITUTE(F2,"级",)<8,--SUBSTITUTE(F2,"级",)>4)
```

M15 单元格计算公式如下。

```
=DSUM($A$1:$H$19,"销售数量",J14:J15)
```

如果使用的不是列标签下一行的单元格，则会因为相对位置的关系，造成计算错误。如图 21-12 所示，J19 单元格使用以下公式作为计算条件。

```
=H10>10000
```

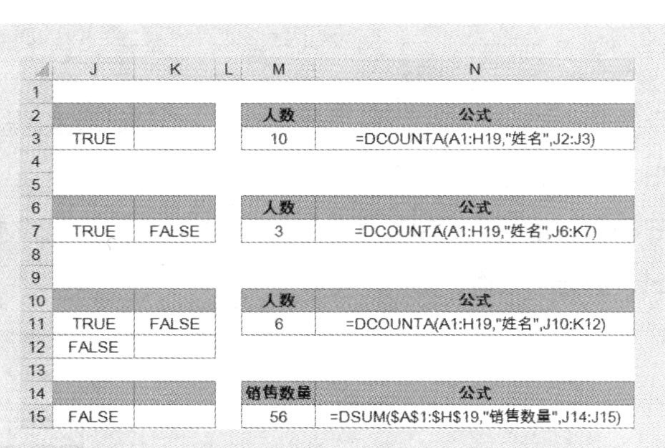

	J	K	L	M	N
1					
2				人数	公式
3	TRUE			10	=DCOUNTA(A1:H19,"姓名",J2:J3)
4					
5					
6				人数	公式
7	TRUE	FALSE		3	=DCOUNTA(A1:H19,"姓名",J6:K7)
8					
9					
10				人数	公式
11	TRUE	FALSE		6	=DCOUNTA(A1:H19,"姓名",J10:K12)
12	FALSE				
13					
14				销售数量	公式
15	FALSE			56	=DSUM($A$1:$H$19,"销售数量",J14:J15)

图 21-11　公式中使用单元格引用作为筛选条件

M19 单元格输入以下公式，计算销售金额大于 10000 元的员工人数。

=DCOUNTA(A1:H19," 姓名 ",J18:J19)

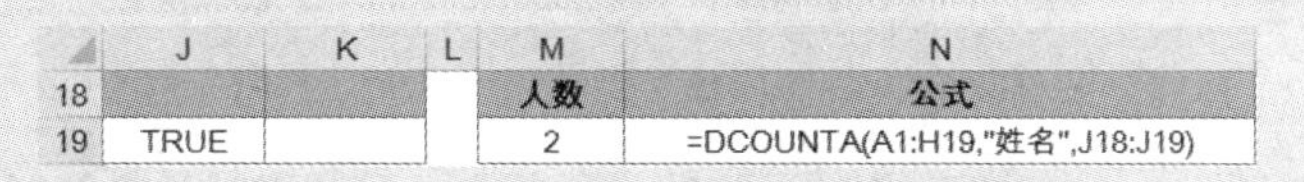

	J	K	L	M	N
18				人数	公式
19	TRUE			2	=DCOUNTA(A1:H19,"姓名",J18:J19)

图 21-12　列标签下一行的单元格引用

此时的计算并不从数据库的第 2 行开始，而是从第 10 行向下到第 19 行的区域中，符合条件的汇总结果。

21.7　认识 DGET 函数

数据库函数中，其他函数都是根据一定的条件，最终计算得到一个数值。只有 DGET 函数是根据一定的条件从数据库中提取一个值，这个值可以是数值，也可以是文本。

如果没有满足条件的记录，DGET 函数将返回错误值 #VALUE!。

如果有多个记录满足条件，则 DGET 函数返回错误值 #NUM!。

示例 21-10　使用 DGET 函数提取值

仍以示例 21-8 中 A:H 列的数据为例，分别使用以下公式完成不同需求的汇总计算。

例 1：如图 21-13 所示，J3 单元格输入条件“武”，K3 输入条件“>10000”，M3 单元格输入以下公式，提取岗位属性为武并且销售金额大于 10000 元的员工姓名。

```
=DGET(A1:H19," 姓名 ",J2:K3)
```

例 2：J7 单元格输入条件“魏国”，K7 单元格输入条件“= 销售金额 =MAX(H:H)”，M7 单元格输入以下公式，提取员工部门为魏国，并且销售金额最高的员工姓名。

=DGET(A1:H19," 姓名 ",J6:K7)

当没有满足条件的记录或有多个记录满足条件时，DGET 函数将返回错误值。可以结合 ERROR.TYPE 函数，得到相应结论。

ERROR.TYPE 的函数语法为 ERROR.TYPE(error_val)，如图 21-14 所示，当 error_val 为以下错误值时，函数结果返回对应的数字。

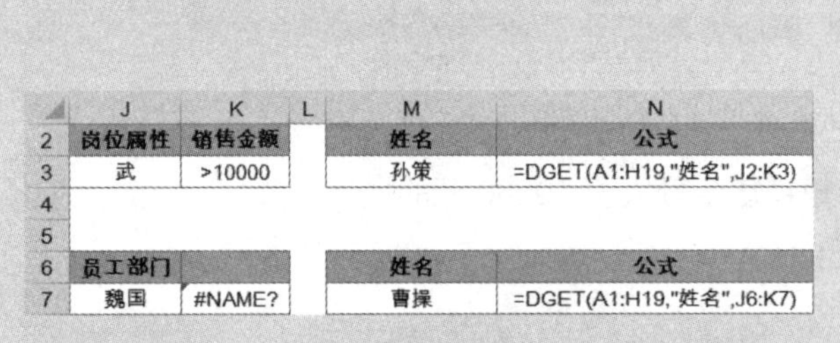

	J	K	L	M	N
2	岗位属性	销售金额		姓名	公式
3	武	>10000		孙策	=DGET(A1:H19,"姓名",J2:K3)
4					
5					
6	员工部门			姓名	公式
7	魏国	#NAME?		曹操	=DGET(A1:H19,"姓名",J6:K7)

图 21-13　DGET 函数提取唯一条件值

如果 error_val 为	函数 ERROR.TYPE 返回
#NULL!	1
#DIV/0!	2
#VALUE!	3
#REF!	4
#NAME?	5
#NUM!	6
#N/A	7
#GETTING_DATA	8
其他值	#N/A

图 21-14　ERROR.TYPE 参数的对应值

如图 21-15 所示，J11 单元格输入条件“魏国”，M11 单元格输入以下公式，提取部门为魏国的员工姓名。

=IFERROR(DGET(A1:H19," 姓 名 ",J10:J11),CHOOSE(ERROR.TYPE(DGET(A1:H19," 姓名 ",J10:J11))/3," 无人符合条件 "," 有多人符合条件 "))

由于有多名魏国的人员，所以 DGET(A1:H19," 姓名 ",J10:J11) 部分得到错误值为 #NUM!，然后使用 ERROR.TYPE 函数处理错误值，得到对应的数字 6。

因为 #VALUE! 和 #NUM! 分别对应数字 3 和 6，除以数字 3 后，得到 1 和 2，恰好可以作为 CHOOSE 函数的参数，以使公式的长度缩短。最后得到结果为：有多人符合条件。

同理，当提取销售数量大于 30 的员工姓名时，由于无人满足条件，所以 DGET(A1:H19," 姓名 ",J10:J11) 部分得到错误值为 #VALUE!。然后使用 CHOOSE 函数，得到结果为：无人符合条件。M17 单元格公式如下。

=IFERROR(DGET(A1:H19," 姓 名 ",J16:J17),CHOOSE(ERROR.TYPE(DGET(A1:H19," 姓名 ",J16:J17))/3," 无人符合条件 "," 有多人符合条件 "))

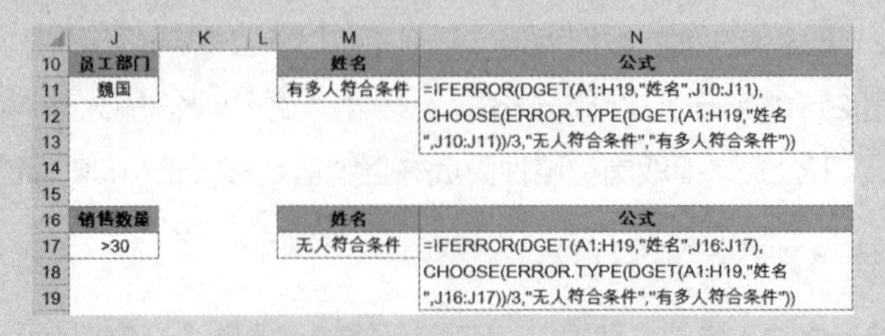

	J	K	L	M	N
10	员工部门			姓名	公式
11	魏国			有多人符合条件	=IFERROR(DGET(A1:H19,"姓名",J10:J11),CHOOSE(ERROR.TYPE(DGET(A1:H19,"姓名",J10:J11))/3,"无人符合条件","有多人符合条件"))
14					
15					
16	销售数量			姓名	公式
17	>30			无人符合条件	=IFERROR(DGET(A1:H19,"姓名",J16:J17),CHOOSE(ERROR.TYPE(DGET(A1:H19,"姓名",J16:J17))/3,"无人符合条件","有多人符合条件"))

图 21-15　DGET 函数错误值处理

21.8 跨工作表统计

多工作表汇总时，如果工作表名称有一定的数字规律，可以使用ROW函数构造多维区域。当工作表的名称无规律时，可以通过宏表函数 GET.WORKBOOK 构造多维区域。然后结合 INDIRECT 函数以进行跨工作表统计。

21.8.1 有规律名称的跨工作表统计

示例 21-11 有规律名称的跨工作表统计

如图 21-16 所示，工作表名称分别为 1 月、2 月、3 月、4 月、5 月。

	A	B	C	D
1	序号	姓名	员工部门	销售数量
2	1	刘备	蜀国	28
3	2	孙权	吴国	22
4	3	曹操	魏国	6
5	4	孙策	吴国	14
6	5	吴国太	吴国	14
7	6	孙尚香	吴国	25
8	7	诸葛亮	蜀国	21
9	8	陆逊	吴国	14
10	9	荀彧	魏国	21
11	10	司马懿	魏国	14
12	11	关羽	蜀国	23

汇总 | 1月 | 2月 | 3月 | 4月 | 5月

图 21-16 工作表名称

例 1：如图 21-17 所示，在汇总表 A2:B3 单元格区域设置筛选条件。D3 单元格输入以下公式，计算 1 月到 5 月部门为蜀国并且销售数量大于 20 的人次。

```
=SUMPRODUCT(DCOUNT(INDIRECT(ROW($1:$5)&"月!A:D"),,A2:B3))
```

	A	B	C	D	E
2	员工部门	销售数量		人数	公式
3	蜀国	>20		11	=SUMPRODUCT(DCOUNT(INDIRECT(ROW($1:$5)&"月!A:D"),,A2:B3))

图 21-17 设置计数条件

ROW($1:$5)&"月!A:D"部分，根据工作表名称的规律，构造每个工作表的数据区域。

```
{"1月!A:D";"2月!A:D";"3月!A:D";"4月!A:D";"5月!A:D"}
```

其中 A:D 部分，使用整列引用形式，可以避免因每个工作表内数据的行数不一致，造成统计结果不正确的问题。

INDIRECT(ROW(1:5)&"月!:D") 部分，使用 INDIRECT 函数使文本形式的单元格地址转换为实际的引用区域。

再使用 DCOUNT 函数依次对各个工作表区域计数，得到在每个工作表内满足条件的人数。

```
{3;3;2;2;1}
```

最后通过 SUMPRODUCT 函数求和，得到最终结果为 11。

例 2：如图 21-18 所示，在汇总表 A5:B6 单元格区域设置筛选条件。D6 单元格输入以下公式，计算 1 月到 5 月员工部门为魏国并且销售数量小于 10 的员工的销售数量。

```
=SUMPRODUCT(DSUM(INDIRECT(ROW($1:$5)&"月!A:D"),"销售数量",A5:B6))
```

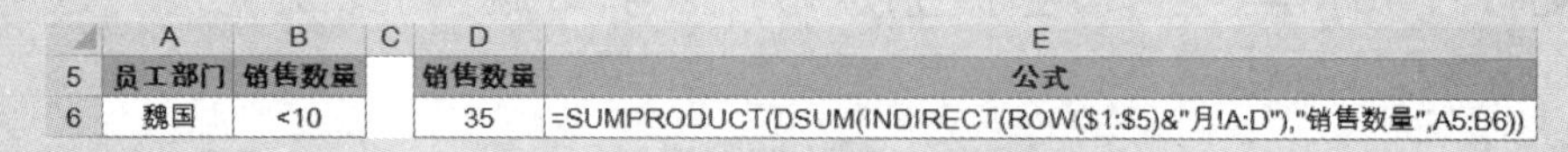

	A	B	C	D	E
5	员工部门	销售数量		销售数量	公式
6	魏国	<10		35	=SUMPRODUCT(DSUM(INDIRECT(ROW($1:$5)&"月!A:D"),"销售数量",A5:B6))

图 21-18　设置求和条件

也可以使用 SUMIFS 函数完成相同的汇总。

```
=SUMPRODUCT(SUMIFS(INDIRECT(ROW($1:$5)&"月!D:D"),INDIRECT(ROW($1:$5)&"
月!C:C"),"魏国",INDIRECT(ROW($1:$5)&"月!D:D"),"<10"))
```

21.8.2　无规律名称的跨工作表统计

示例 21-12　无规律名称的跨工作表统计

如图 21-19 所示，工作表名称分别为刘备、曹操、关羽等 11 个没有规律的文字。

	A	B	C	D
1	月份	销售数量		
2	1月	25		
3	2月	25		
4	3月	5		
5	4月	0		
6	5月	40		
7	6月	10		
8	7月	15		
9	8月	35		
10	9月	10		
11	10月	35		

汇总 | 刘备 | 曹操 | 关羽 | ...

图 21-19　工作表名称

首先定义名称“工作表名”，公式如下。

```
=GET.WORKBOOK(1)&T(NOW())
```

例 1：如图 21-20 所示，在汇总表 A2:B3 单元格区域设置筛选条件，D3 单元格输入以下公式，计算所有员工在 5 月的销售数量大于 20 的人数。

```
=SUMPRODUCT(DCOUNT(INDIRECT("'"&工作表名&"'!A:D"),,A2:B3))
```

	A	B	C	D	E
2	月份	销售数量		人数	公式
3	5月	>20		6	=SUMPRODUCT(DCOUNT(INDIRECT("'"&工作表名&"'!A:D"),,A2:B3))

图 21-20　设置计数条件

"'"& 工作表名 &"'!A:D" 部分，通过定义名称中的宏表函数，得到包含所有工作表名称的数组，然后连接上 !A:D，形成每个工作表中对应区域的完整名称。

```
{"'[无规律名称的跨工作表引用.xlsm]汇总'!A:D","'[无规律名称的跨工作表引用.xlsm]刘备'!A:D",……,"'[无规律名称的跨工作表引用.xlsm]诸葛亮'!A:D"}
```

公式中使用一个较大的区域 A:D 作为引用范围，可以增加公式的扩展性，当数据不仅只有 A、B 两列时候，无须修改公式即可完成统计。

在工作表名两侧都加上半角的单引号，当工作表或工作簿的名称中包含非字母字符，则必须将相应名称（或路径）用单引号（'）括起来。如果相应名称中不含以上情况，则无须使用单引号。

例 2：如图 21-21 所示，在汇总表 A5:B6 单元格区域设置筛选条件。D6 单元格输入以下数组公式，按 <Ctrl+Shift+Enter> 组合键，计算在 7 月销售数量小于 20 的员工的销售数量合计。

```
{=SUM(IFERROR(DSUM(INDIRECT("'"&工作表名&"'!A:D"),"销售数量",A5:B6),0))}
```

	A	B	C	D	E
5	月份	销售数量		销售数量	
6	7月	<20		35	{=SUM(IFERROR(DSUM(INDIRECT("'"&工作表名&"'!A:D"),"销售数量",A5:B6),0))}

图 21-21　设置求和条件

由于 DSUM 函数会引用“汇总”工作表，而汇总表的 A:D 列区域内的第一行没有列标签，所以会计算得到带有错误值的数组结果。

```
{#VALUE!,15,0,10,0,0,0,0,0,0,10,0}
```

使用 IFERROR 函数，将错误值 #VALUE! 变为 0，不影响最终计算结果。

第 22 章　宏表函数

宏表函数是 Excel 中一类特殊的函数，它无法在工作表中直接使用，而且所有功能都可以被 VBA 取代。但是它可以帮助用户处理其他 Excel 函数无法解决的问题，而且可以让不熟悉 VBA 的用户完成一些特殊功能。本章着重对一些常用的宏表函数进行介绍。

本章学习要点

（1）初步认识宏表。

（2）信息类宏表函数的应用。

（3）制作工作簿及工作表的超链接。

（4）使用宏表函数制作“聚光灯”。

22.1　什么是宏表

在 Microsoft Excel 4.0 及以前的版本中，并未包含 VBA，那时的 Excel 需要通过宏表来实现一些特殊功能。1993 年，微软公司在 Microsoft Excel 5.0 中首次引入了 Visual Basic，并逐渐形成了我们现在所熟知的 VBA。

经过多年的发展，VBA 已经可以完全取代宏表，成为 Microsoft Excel 二次开发的主要语言，但出于兼容性和便捷性，微软在 Microsoft Excel 5.0 及以后的版本中，一直还保留着宏表。

22.1.1　插入宏表

在 Excel 文档中插入宏表的方法如下，如图 22-1 所示。

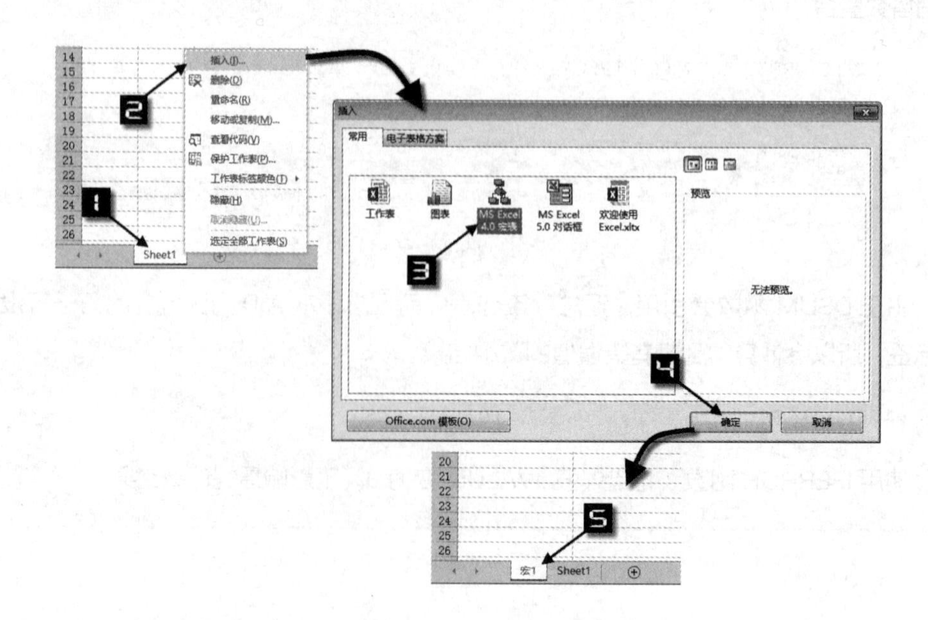

图 22-1　插入宏表

步骤① 鼠标右键单击工作表标签，在弹出的快捷菜单上，单击【插入】命令。

步骤② 在【插入】对话框中，选中【MS Excel 4.0 宏表】，单击【确定】按钮。

也可以按 <Ctrl+F11> 组合键插入宏表。

22.1.2　宏表与工作表的区别

（1）在宏表公式列表中增加了很多宏表函数，这些函数在工作表中使用时会提示函数无效，如图 22-2 所示。

（2）新建的宏表，默认是“显示公式”状态。

（3）在宏表中有一些不可使用的功能，比如条件格式、透视表、迷你图、数据验证等，如图 22-3 所示。

（4）宏表中的函数公式，无法自动计算，可以按照执行宏的方式使用 <Alt+F8> 组合键运行代码，实现计算。使用【分列】或【替换】，也可以实现宏表函数的重新计算。

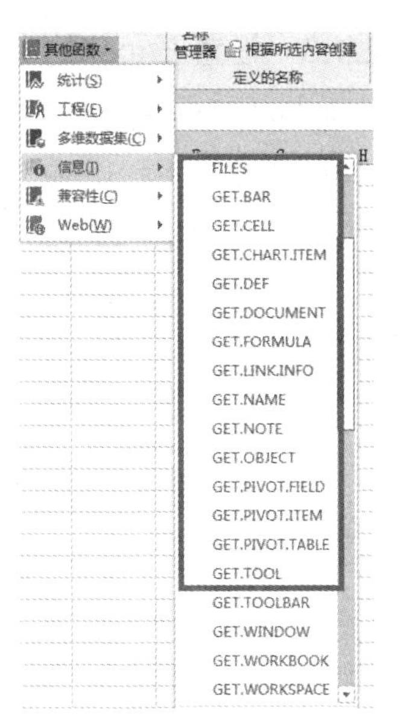

图 22-2　宏表中增加的部分函数

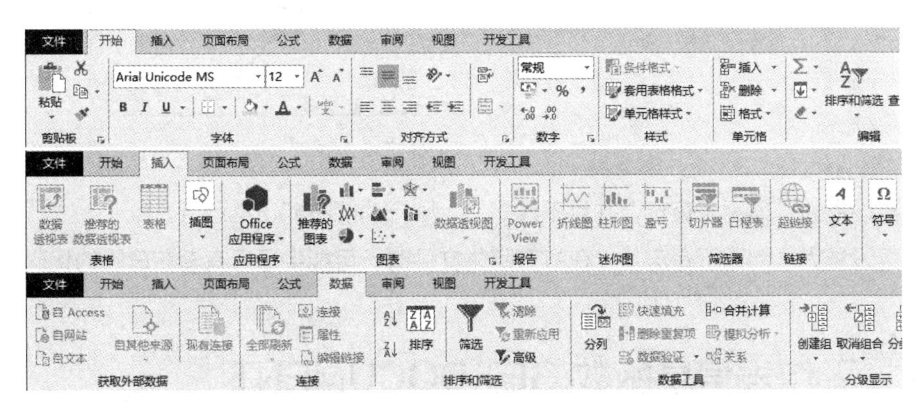

图 22-3　宏表中不可使用的功能

（5）带有宏表函数的工作簿要保存成后缀名为 xlsm、xlsb 等可以保存宏代码的工作簿。如果保存成默认的后缀名为 xlsx 的工作簿，则会弹出如图 22-4 所示的提示。单击“是”按钮，则保存成为不含任何宏功能的 xlsx 工作簿。单击“否”按钮，可以重新选择文件格式进行保存。

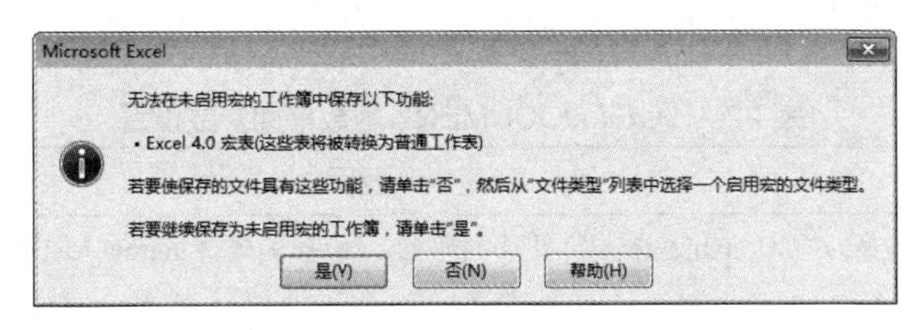

图 22-4　保存带有宏表函数的工作簿

22.1.3 设置 Excel 的宏安全性

如果打开带有宏表的工作簿时宏表函数无法运行，可在“选项”中，将宏安全性设置为“禁用所有宏，并发出通知”，然后再重新打开工作簿，如图 22-5 所示。

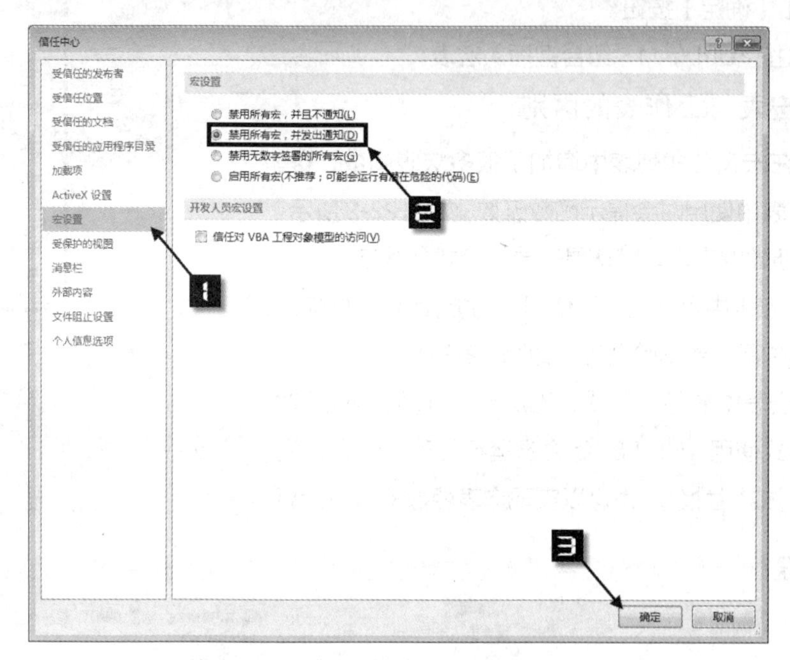

图 22-5 设置 Excel 宏安全性

如果设置为“禁用所有宏，并且不通知”，则宏功能不能正常运行。

如果设置为“启用所有宏”，在打开陌生文件时，可能会运行有潜在危险的代码。

22.2 工作表信息函数 GET.DOCUMENT

GET.DOCUMENT 函数用于返回关于工作簿中工作表的信息。其语法如下。

```
GET.DOCUMENT(type_num,name_text)
```

type_num 是指明信息类型的数。此数字范围为 1 ~ 88。表 22-1 为 type_num 的常用值与对应结果。

表 22-1 GET.DOCUMENT 函数常用参数设置

type_num	返回
2	作为文字，包括 name_text 的目录的路径。如果工作簿 name_text 未被保存，返回错误值 #N/A
50	当前设置下欲打印的总页数，其中包括注释，如果文件为图表，值为 1

续表

type_num	返回
64	行数的数组，相应于手动或自动生成页中断下面的行
65	列数的数组，相应于手动或自动生成页中断右边的列
76	以 [book1]sheet1 的形式返回活动工作表或宏表的文件名
88	以 book1 的形式返回活动工作簿的文件名

22.2.1　在宏表中获得当前工作表信息

在工作簿中插入一个宏表，依次单击【公式】选项卡，【显示公式】按钮，如图 22-6 所示。

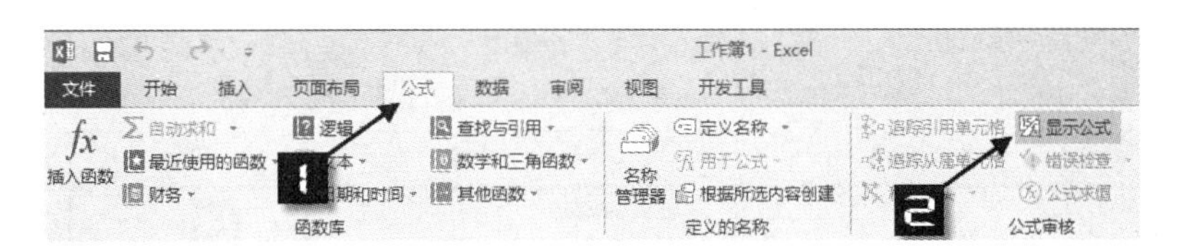

图 22-6　取消显示公式

也可以按 <Ctrl+ ~ > 组合键取消显示公式。

示例 22-1　获得当前工作表信息

如图 22-7 所示，在 A2 单元格输入以下公式，得到当前工作簿的路径。

```
=GET.DOCUMENT(2)
```

在 A3 单元格输入以下公式，以 [book1]sheet1 的形式得到当前工作表的名称。

```
=GET.DOCUMENT(76)
```

在 A4 单元格输入以下公式，以 book1 的形式得到当前工作簿的名称。

```
=GET.DOCUMENT(88)
```

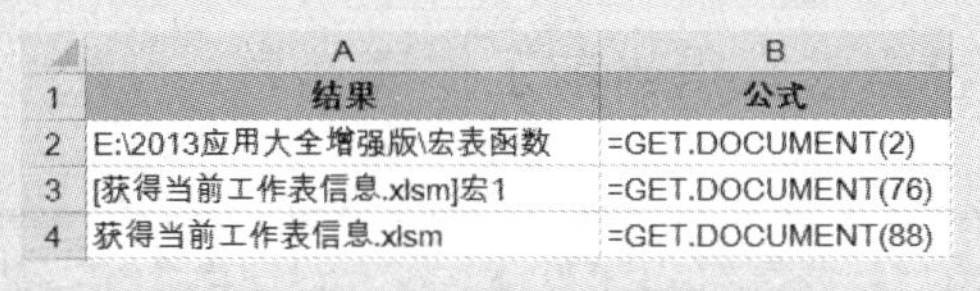

	A	B
1	结果	公式
2	E:\2013应用大全增强版\宏表函数	=GET.DOCUMENT(2)
3	[获得当前工作表信息.xlsm]宏1	=GET.DOCUMENT(76)
4	获得当前工作表信息.xlsm	=GET.DOCUMENT(88)

图 22-7　获得当前工作表信息

宏表中的函数不能自动重算，可用以下方法处理。

方法 1：单击公式所在列列标（如 A 列），单击【数据】选项卡【分列】按钮，在弹出的【文本分列向导】对话框中单击【完成】按钮，可实现该列函数的重算，如图 22-8 所示。

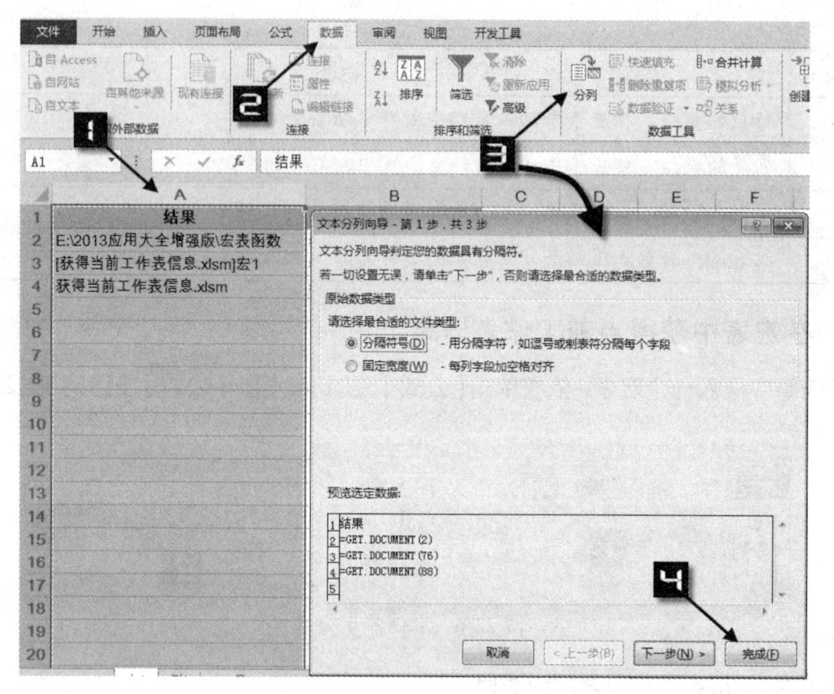

图 22-8 【分列】方法使宏表中的函数重算

方法 2：按<Ctrl+H>组合键，调出【替换】对话框。在【查找内容】和【替换为】编辑框内均输入等号"="，单击【全部替换】按钮，可实现整个宏表内所有公式的重算，如图 22-9 所示。

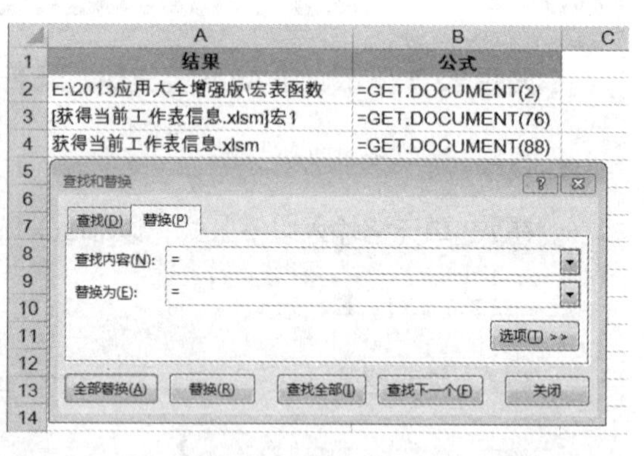

图 22-9 【替换】方法使宏表中的函数重算

宏表函数不可以在工作表中直接使用，但可以在"宏表"及"定义名称"中运算。在宏表中写宏表函数并运算，是为了写公式方便及易于展示。本章后面的篇幅，均使用"定义名称"的方法应用宏表函数。

22.2.2 使用定义名称方法获得当前工作表信息

示例 22-2 使用定义名称方法获得当前工作表信息

如图 22-10 所示，定义名称"路径"，公式如下。

```
=GET.DOCUMENT(2)&T(NOW())
```

定义名称"工作表名"，公式如下。

```
=GET.DOCUMENT(76)&T(NOW())
```

定义名称“工作簿名”，公式如下。

```
=GET.DOCUMENT(88)&T(NOW())
```


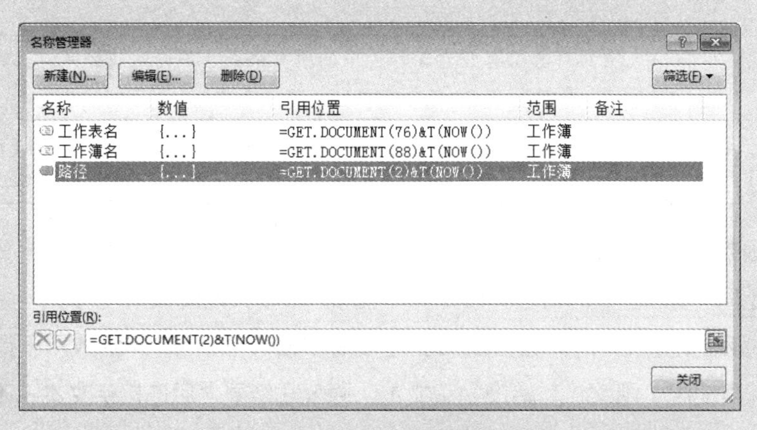

图 22-10 设置自定义名称

如图 22-11 所示，在 A2 单元格输入以下公式，得到当前工作簿的路径。

= 路径

在 A3 单元格输入以下公式，以 [book1] sheet1 的形式得到当前工作表的名称。

= 工作表名

在 A4 单元格输入以下公式，以 book1 的形式得到当前工作簿的名称。

= 工作簿名

	A	B
1	结果	公式
2	E:\2013应用大全增强版\宏表函数	=路径
3	[使用定义名称方法获得当前工作表信息.xlsm]例1	=工作表名
4	使用定义名称方法获得当前工作表信息.xlsm	=工作簿名

图 22-11 使用定义名称方法获得当前工作表信息

关于定义名称的详细内容，请参阅第 9 章。

22.2.3 在 Excel 中触发重算的方法

绝大部分宏表函数不能自动重新计算，必须按 <Ctrl+Alt+F9> 或 <Ctrl+Shift+Alt+F9> 组合键。用于重新计算的组合键功能如表 22-2 所示。

表 22-2　用于重新计算的组合键

组合键	功能
F9	重新计算所有打开工作簿中，自上次计算后进行了更改的公式以及依赖于这些公式的公式。如果工作簿设置为自动重新计算，则不必按 <F9> 键重新计算
Shift+F9	重新计算活动工作表中，自上次计算后进行了更改的公式以及依赖于这些公式的公式
Ctrl+Alt+F9	重新计算所有打开工作簿中的所有公式，不论这些公式自上次重新计算后是否进行了更改
Ctrl+Shift+Alt+F9	重新检查相关的公式，然后重新计算所有打开工作簿中的所有公式，不论这些公式自上次重新计算后是否进行了更改

使宏表函数重算的常用方法是，在定义名称时加入一个易失性函数。这样只要有单元格触发了重新计算，宏表函数即可重新计算。一般加入的易失性函数有两种。

（1）计算结果为文本时，在公式后面连接 &T(NOW( ))。NOW 函数用于得到系统当前的日期时间，再使用 T 函数将其转换为空文本。原公式结果之后连接空文本，不影响单元格显示。如示例 22-2 中定义名称“路径”的公式如下。

```
=GET.DOCUMENT(2)&T(NOW())
```

（2）计算结果为数值时，在公式后面连接 +NOW( )*0。用 NOW 函数得到的日期时间乘以 0，结果为 0。原公式结果加 0，不影响最终计算结果。如示例 22-3 中定义名称“总页数”的公式如下。

```
=GET.DOCUMENT(50)+NOW()*0
```

NOW 函数的结果仅在计算工作表时才改变，它并不会持续更新。只有单元格触发了重新计算，NOW 函数才会更新，此宏表函数也会重新计算。或者按 <F9> 键也会使宏表函数重新计算。

22.2.4　显示打印页码

示例 22-3　显示打印页码

如图 22-12 所示，定义名称“总页数”，公式如下。

```
=GET.DOCUMENT(50)+NOW()*0
```

定义名称“当前页”，公式如下。

```
=FREQUENCY(GET.DOCUMENT(64)+NOW()*0,ROW())+1
```

名称管理器

新建(N)...　编辑(E)...　删除(D)　筛选(F)

名称	数值	引用位置	范围	备注
当前页	{...}	=FREQUENCY(GET.DOCUMENT(64)+NOW()*0,ROW())+1	工作簿	
总页数	{...}	=GET.DOCUMENT(50)+NOW()*0	工作簿	

引用位置(R):

=FREQUENCY(GET.DOCUMENT(64)+NOW()*0,ROW())+1

关闭

图 22-12　设置自定义名称

如图 22-13 所示，在 D2、D27、D64 单元格输入以下公式。

="第"&当前页&"页总共"&总页数&"页"

单击工作簿右下方【视图切换】的【分页预览】按钮，进入【分页预览】视图，单击左键拖动的粗体蓝线，手动调整每页打印的行数，如图 22-14 所示。调整页面设置后，按 <F9> 键使公式重新计算，D2、D27、D64 单元格公式将显示调整后的页码。

D2　="第"&当前页&"页 总共"&总页数&"页"

	A	B	C	D	E	F
1	姓名	月份	销量	页码		
2	吴国-华佗	1月	100	第1页 总共3页		
3	吴国-华佗	2月	148			
26	姓名	月份	销量	页码		
27	蜀国-刘备	1月	132	第2页总共3页		
28	蜀国-刘备	2月	131			
63	姓名	月份	销量	页码		
64	魏国-夏侯惇	1月	77	第3页总共3页		
65	魏国-夏侯惇	2月	105			

图 22-13　输入公式

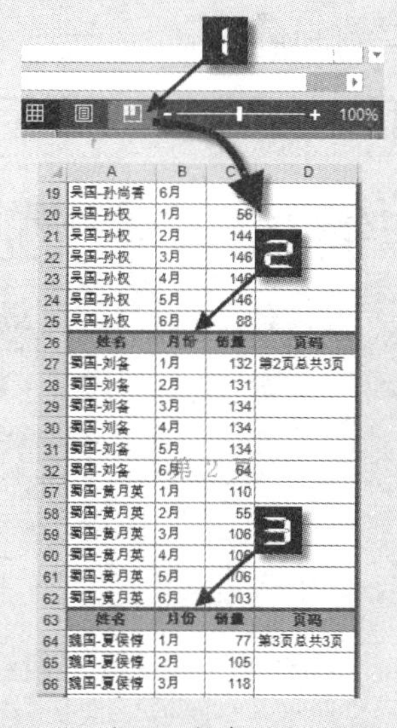

	A	B	C	D
19	吴国-孙尚香	6月	[illegible]	
20	吴国-孙权	1月	56	
21	吴国-孙权	2月	144	
22	吴国-孙权	3月	146	
23	吴国-孙权	4月	[illegible]	
24	吴国-孙权	5月	146	
25	吴国-孙权	6月	88	
26	姓名	月份	销量	页码
27	蜀国-刘备	1月	132	第2页总共3页
28	蜀国-刘备	2月	131	
29	蜀国-刘备	3月	134	
30	蜀国-刘备	4月	134	
31	蜀国-刘备	5月	134	
32	蜀国-刘备	6月	64	
57	蜀国-黄月英	1月	110	
58	蜀国-黄月英	2月	55	
59	蜀国-黄月英	3月	106	
60	蜀国-黄月英	4月	[illegible]	
61	蜀国-黄月英	5月	106	
62	蜀国-黄月英	6月	103	
63	姓名	月份	销量	页码
64	魏国-夏侯惇	1月	77	第3页总共3页
65	魏国-夏侯惇	2月	105	
66	魏国-夏侯惇	3月	118	

图 22-14　手动调整每页打印的行数

公式中 GET.DOCUMENT(50) 部分，得到当前设置下欲打印的总页数。

加 NOW( )*0 的作用是利用 NOW 函数的易失性，使每次按 <F9> 键，都可以使公式自动重算。

GET.DOCUMENT(64)+NOW( )*0 部分，得到行数的数组，相应于手动或自动生成页中断下面的行，结果为 { 26,63 } 。

最后使用 FREQUENCY 函数，得到公式所在行位于打印的第几页。

> **注意** 由于每次调用 GET.DOCUMENT(64)，都会让 Excel 重新计算打印页码，所以用此方法计算页数会比较慢。

22.3 文件名清单信息函数 FILES

FILES 函数用于返回指定目录的所有文件名的水平文字数组。使用 FILES 可以建立一个供宏操作的文件名清单。其基本语法如下。

```
FILES(directory_text)
```

directory_text：指定从哪一个目录中返回文件名。

directory_text：接受通配符：星号（*）代表文件名中任意长度的字符，问号（?）代表文件名中的单个字符。

如果 directory_text 没有指定，FILES 返回活动工作簿所在目录下的所有文件名。

注意：如果把 FILES 输入到单个单元格，则只返回一个文件名。通常结合 INDEX 函数，在一列中提取相应的所有文件名。

22.3.1 提取指定目录下的文件名

示例 22-4 提取指定目录下的文件名

如图 22-15 所示，是当前工作簿所在文件夹中所有的文件。

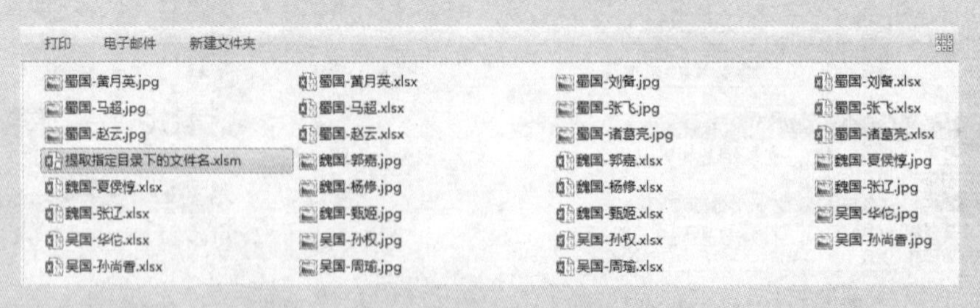

图 22-15 当前工作簿所在文件夹中的文件

如图 22-16 所示，定义名称“D 盘文件”，公式如下。

```
=FILES("D:\*.*")&T(NOW())
```

定义名称“Excel 文件”，公式如下。

```
=FILES(GET.DOCUMENT(2)&"\*.xls*")&T(NOW())
```

定义名称“当前工作簿”，公式如下。

=FILES(GET.DOCUMENT(2)&"*.*")&T(NOW())

定义名称“蜀国”，公式如下。

=FILES(GET.DOCUMENT(2)&"\蜀国*.*")&T(NOW())

定义名称“头像”，公式如下。

=FILES(GET.DOCUMENT(2)&"*.jpg")&T(NOW())

定义名称“魏国头像”，公式如下。

=FILES(GET.DOCUMENT(2)&"\魏国*.jpg")&T(NOW())

定义名称“指定路径”，公式如下。

=FILES("E:\2013应用大全增强版\宏表函数\提取指定目录下的文件名*.*")&T(NOW())

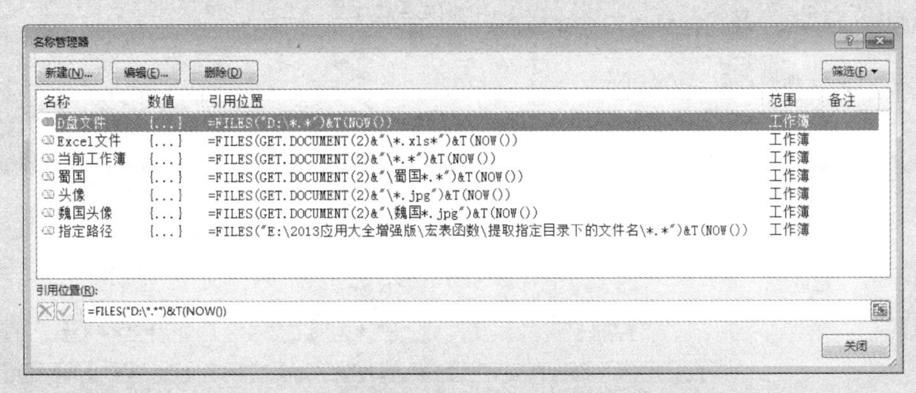

图 22-16　定义名称

如图 22-17 所示，A2 单元格输入以下公式，向下复制到 A9 单元格，得到 D 盘目录下所有文件的名称。

=INDEX(D盘文件,ROW(1:1))

FILES 函数只能得到文件的名称，并不能得到文件夹的名称。如果计算机中没有 D 盘，或者 D 盘目录下只包含文件夹而没有任何文件，将返回错误值 #N/A。

B2 单元格输入以下公式，向下复制到 B9 单元格，得到指定路径下的所有文件名称。

=INDEX(指定路径,ROW(1:1))

C2 单元格输入以下公式，向下复制到 C9 单元格，得到当前工作簿所在文件夹中的所有文件名称。

=INDEX(当前工作簿,ROW(1:1))

D2 单元格输入以下公式，向下复制到 D9 单元格，得到当前工作簿所在文件夹中的所有 Excel 文件，即 xls、xlsx、xlsm 等格式的文件。

```
=INDEX(Excel 文件 ,ROW(1:1))
```

B12 单元格输入以下公式，向下复制到 B19 单元格，得到当前工作簿所在文件夹中的所有 jpg 格式的图片名称。

```
=INDEX( 头像 ,ROW(1:1))
```

C12 单元格输入以下公式，向下复制到 C19 单元格，得到当前工作簿所在文件夹中的所有以“蜀国”开头的文件名称。

```
=INDEX( 蜀国 ,ROW(1:1))
```

D12 单元格输入以下公式，向下复制到 D19 单元格，得到当前工作簿所在文件夹中的所有以“魏国”开头，并且为 jpg 格式的图片名称。

```
=INDEX( 魏国头像 ,ROW(1:1))
```

	A	B	C	D
1	=INDEX(D盘文件,ROW(1:1))	=INDEX(指定路径,ROW(1:1))	=INDEX(当前工作簿,ROW(1:1))	=INDEX(Excel文件,ROW(1:1))
2	FILES函数示例文件1.xlsm	吴国-华佗.jpg	吴国-华佗.jpg	吴国-华佗.xlsx
3	宏表函数示例文件1.docx	吴国-华佗.xlsx	吴国-华佗.xlsx	吴国-周瑜.xlsx
4	宏表函数示例文件1.xlsx	吴国-周瑜.jpg	吴国-周瑜.jpg	吴国-孙尚香.xlsx
5	#REF!	吴国-周瑜.xlsx	吴国-周瑜.xlsx	吴国-孙权.xlsx
6	#REF!	吴国-孙尚香.jpg	吴国-孙尚香.jpg	示例1-4 提取指定目录下的文件名.xlsm
7	#REF!	吴国-孙尚香.xlsx	吴国-孙尚香.xlsx	蜀国-刘备.xlsx
8	#REF!	吴国-孙权.jpg	吴国-孙权.jpg	蜀国-张飞.xlsx
9	#REF!	吴国-孙权.xlsx	吴国-孙权.xlsx	蜀国-诸葛亮.xlsx
10				
11		=INDEX(头像,ROW(1:1))	=INDEX(蜀国,ROW(1:1))	=INDEX(魏国头像,ROW(1:1))
12		吴国-华佗.jpg	蜀国-刘备.jpg	魏国-夏侯惇.jpg
13		吴国-周瑜.jpg	蜀国-刘备.xlsx	魏国-张辽.jpg
14		吴国-孙尚香.jpg	蜀国-张飞.jpg	魏国-杨修.jpg
15		吴国-孙权.jpg	蜀国-张飞.xlsx	魏国-甄姬.jpg
16		蜀国-刘备.jpg	蜀国-诸葛亮.jpg	魏国-郭嘉.jpg
17		蜀国-张飞.jpg	蜀国-诸葛亮.xlsx	#REF!
18		蜀国-诸葛亮.jpg	蜀国-赵云.jpg	#REF!
19		蜀国-赵云.jpg	蜀国-赵云.xlsx	#REF!

图 22-17　提取指定目录下的文件名

以定义名称“魏国头像”为例。

```
=FILES(GET.DOCUMENT(2)&"\ 魏国 *.jpg")&T(NOW())
```

GET.DOCUMENT(2) 部分，得到当前工作簿在计算机中的路径。

GET.DOCUMENT(2)&"\ 魏国 *.jpg" 部分，利用通配符，使 FILES 函数可以提取以“魏国”开头的 jpg 格式文件名。

FILES(GET.DOCUMENT(2)&"\ 魏国 *.jpg") 部分，提取得到满足条件的数组。

```
{" 魏国 - 夏侯惇 .jpg"," 魏国 - 张辽 .jpg"," 魏国 - 杨修 .jpg"," 魏国 - 甄姬 .jpg","
```

魏国 - 郭嘉 .jpg"}

最后使用 INDEX 函数，依次提取数组中的名称到相应的单元格。

魏国 - 夏侯惇 .jpg、魏国 - 张辽 .jpg、魏国 - 杨修 .jpg……

当提取的数量多于数组中元素的个数时，将返回错误值 #REF!。

提示 

为方便演示，本例每个公式只复制到 8 个单元格，并未实际提取相应路径下的所有文件的名称。实际使用时，可根据需要复制到合适的位置，以便提取全部文件名称。

22.3.2 制作动态文件链接

利用 FILES 函数提取到相应的文件名，然后结合 HYPERLINK 函数制作超链接，以便在 Excel 文件中建立链接，打开任意的其他文件。

示例 22-5 制作动态文件链接

如图 22-18 所示，选中 D1 单元格，依次单击【数据】→【数据验证】，在弹出的【数据验证】对话框中，设置【允许】为“序列”，在【来源】处输入以下内容。

*，魏国 *，蜀国 *，吴国 *

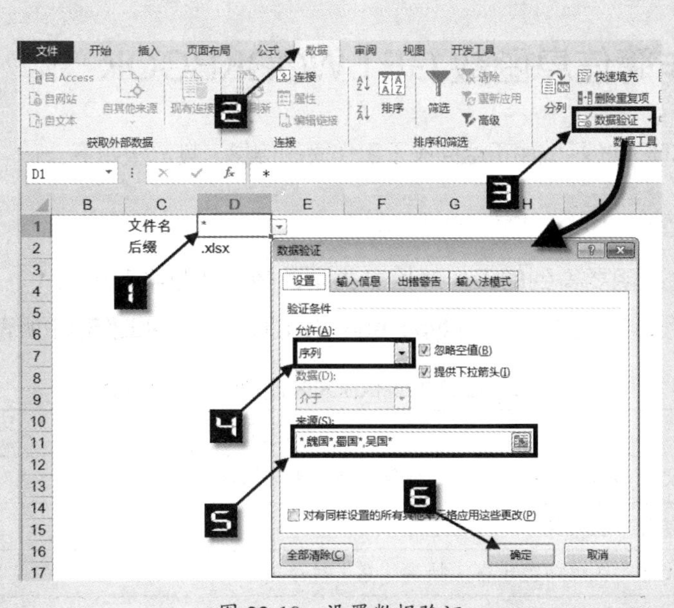

图 22-18 设置数据验证

以相同方式设置 D2 单元格的【数据验证】，在【来源】处输入以下内容。

.*，.jpg，.xlsx，.xls*

定义名称“路径”，公式如下。

```
=GET.DOCUMENT(2)&T(NOW())
```

定义名称“文件名”，公式如下。

```
=FILES(路径&"\"&例1!$D$1&例1!$D$2)&T(NOW())
```

A2 单元格输入以下公式，向下复制到 A40 单元格。

```
=IFERROR(HYPERLINK(路径&"\"&INDEX(文件名,ROW(1:1)),INDEX(文件名,ROW(1:1))),"")
```

设置完成后，单击相应的单元格，即可打开该文件，如图 22-19 和图 22-20 所示。

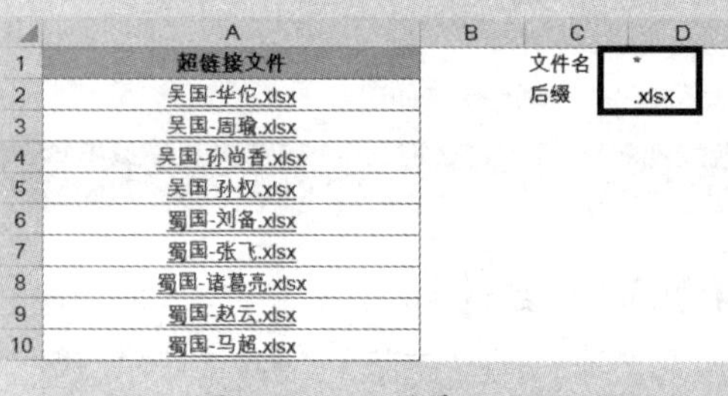

图 22-19 结果展示 1

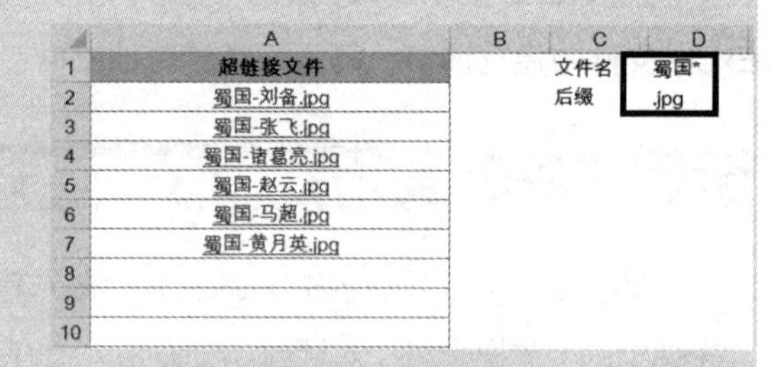

图 22-20 结果展示 2

22.4 工作簿信息函数 GET.WORKBOOK

GET.WORKBOOK 函数用于返回关于工作簿的信息。其语法如下。

```
GET.WORKBOOK(type_num,name_text)
```

type_num：指明要得到的工作簿信息类型的数。此数字范围为 1 ~ 38。表 22-3 为 type_num 的常用值与对应结果。当 type_num 为 1 时，将返回工作簿中所有表名称。

表 22-3 GET.WORKBOOK 函数常用参数设置

type_num	返回
1	正文值的水平数组，返回工作簿中所有表的名字
4	工作簿中表的数
33	以文字形式返回显示在［摘要信息］对话框中的文件的标题

续表

type_num	返回
34	以文字形式返回显示在 [摘要信息] 对话框中的文件的主题
35	以文字形式返回显示在 [摘要信息] 对话框中的文件的作者
36	以文字形式返回显示在 [摘要信息] 对话框中的文件的关键字
37	以文字形式返回显示在 [摘要信息] 对话框中的文件的注释
38	活动工作表的名字

22.4.1 制作当前工作簿中各工作表链接

示例 22-6 制作当前工作簿中的工作表链接

如图 22-21 所示，定义名称“目录”，公式如下。

```
=GET.WORKBOOK(1)&T(NOW())
```

方法 1：A2 单元格输入以下公式，向下复制到 A9 单元格。

```
=IFERROR(HYPERLINK(INDEX(目录,ROW(1:1))&"!A1"),"")
```

单击 A 列相应的单元格，即可跳转到相应工作表的 A1 单元格。

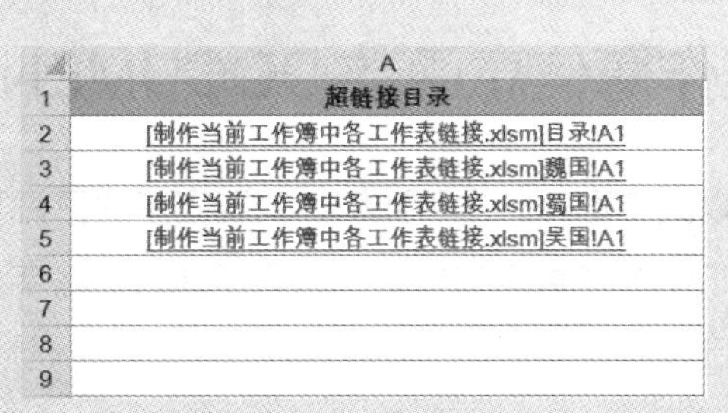

	A
1	超链接目录
2	[制作当前工作簿中各工作表链接.xlsm]目录!A1
3	[制作当前工作簿中各工作表链接.xlsm]魏国!A1
4	[制作当前工作簿中各工作表链接.xlsm]蜀国!A1
5	[制作当前工作簿中各工作表链接.xlsm]吴国!A1
6	
7	
8	
9	

图 22-21 工作表超链接

定义名称“目录”公式中的 GET.WORKBOOK(1) 部分，生成一个 [book1]sheet1 形式的工作表名数组。

{"[制作当前工作簿中各工作表链接.xlsm]目录","[制作当前工作簿中各工作表链接.xlsm]魏国","[制作当前工作簿中各工作表链接.xlsm]蜀国","[制作当前工作簿中各工作表链接.xlsm]吴国"}

INDEX(目录,ROW(1:1))&"!A1" 部分，依次提取该数组中的每一个元素，然后连接 "!A1"，形成一个完整的工作表地址。最后使用 HYPERLINK 函数建立超链接。

IFERROR 函数的作用是屏蔽错误值。

方法 2：C2 单元格输入以下公式，向下复制到 C9 单元格，如图 22-22 所示。

```
=IFERROR(HYPERLINK(INDEX(目录,ROW(1:1))&"!A1",MID(INDEX(目录,ROW(1:1)),FIND("]",INDEX(目录,ROW(1:1)))+1,99)),"")
```

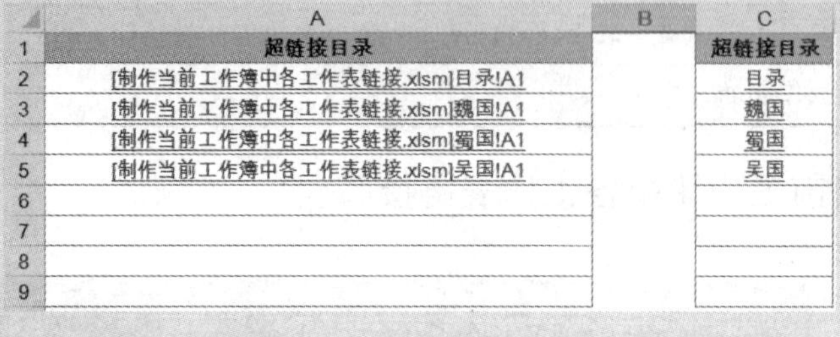

	A	B	C
1	超链接目录		超链接目录
2	[制作当前工作簿中各工作表链接.xlsm]目录!A1		目录
3	[制作当前工作簿中各工作表链接.xlsm]魏国!A1		魏国
4	[制作当前工作簿中各工作表链接.xlsm]蜀国!A1		蜀国
5	[制作当前工作簿中各工作表链接.xlsm]吴国!A1		吴国
6			
7			
8			
9			

图 22-22　工作表超链接美化

由于每个工作簿名都以"]"结尾，如："[制作当前工作簿中各工作表链接.xlsm]魏国"。先使用 FIND 函数查找"]"的位置，再使用 MID 函数，从此字符位置之后的一个字符提取文本，便得到相应的工作表名称，并以此作为 HYPERLINK 函数的第二参数，也就是单元格显示内容。

22.5　已打开工作簿信息函数 DOCUMENTS

DOCUMENTS 函数以文字形式的水平数组，返回指定的已打开工作簿中按字母顺序排列的名字。使用 DOCUMENTS 函数可以检索已打开工作簿的名字，供处理该打开工作簿的其他函数使用。其语法如下。

```
DOCUMENTS(type_num,match_text)
```

type_num：是一个数字，按表 22-4 参数，指定在工作簿中是否包含加载宏工作簿。

match_text：指定要返回工作簿的名字，可以包含通配符。如果 match_text 默认，DOCUMENTS 函数返回所有已打开工作簿的名字。

表 22-4　DOCUMENTS 函数参数设置

type_num	返回
1 或默认	除了加载宏工作簿的所有打开工作簿的名字
2	仅为加载宏工作簿的名字
3	所有打开工作簿的名字

22.5.1　提取全部已打开工作簿名称

示例 22-7　提取已打开工作簿名称

定义名称“已打开工作簿”，公式如下。

```
=DOCUMENTS(1)&T(NOW())
```

A2 单元格输入以下公式，向下复制，可提取全部已打开工作簿名称，如图 22-23 所示。

```
=IFERROR(INDEX(已打开工作簿,ROW(1:1)),"")
```

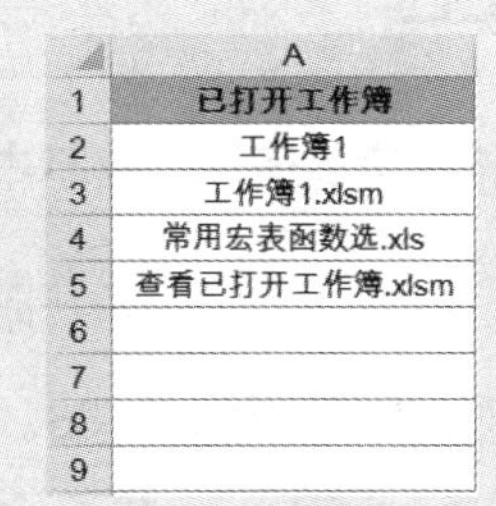

	A
1	已打开工作簿
2	工作簿1
3	工作簿1.xlsm
4	常用宏表函数选.xls
5	查看已打开工作簿.xlsm
6	
7	
8	
9	

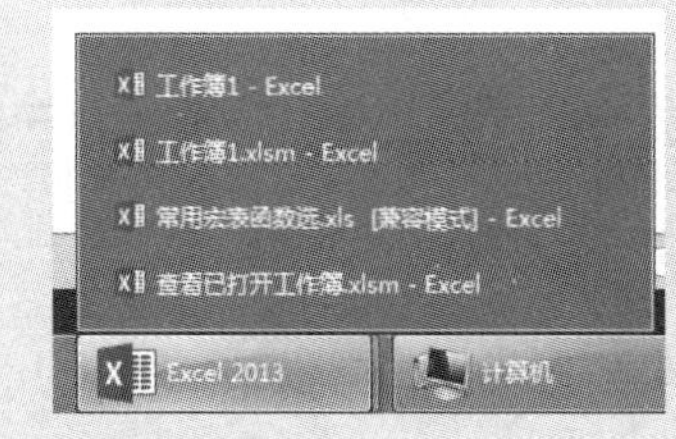

图 22-23　提取已打开工作簿名

22.5.2　判断是否打开了指定工作簿

示例 22-8　判断是否打开了指定工作簿

定义名称“判断工作簿”，公式如下。

```
=DOCUMENTS(1,"蜀国-刘备.xlsx")&T(NOW())
```

在 A2 单元格输入以下公式。

```
=判断工作簿
```

如果工作簿“蜀国 - 刘备 .xlsx”已经打开，则在 A2 单元格返回该工作簿的名称“蜀国 - 刘备 .xlsx”，如图 22-24 所示。

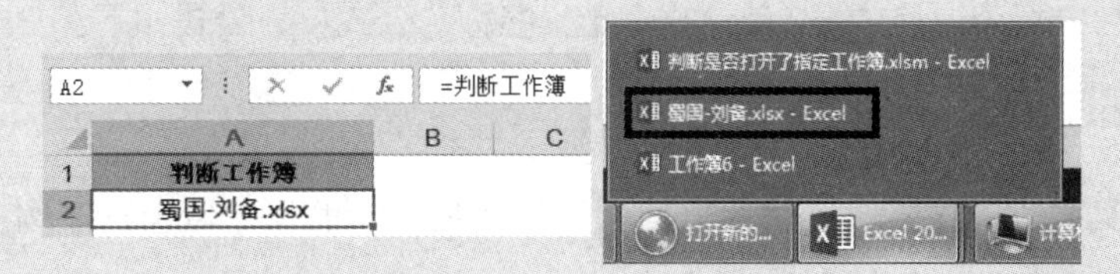

图 22-24　判断已打开工作簿

如果工作簿“蜀国 - 刘备 .xlsx”未打开，公式将返回错误值“#N/A”，如图 22-25 所示。

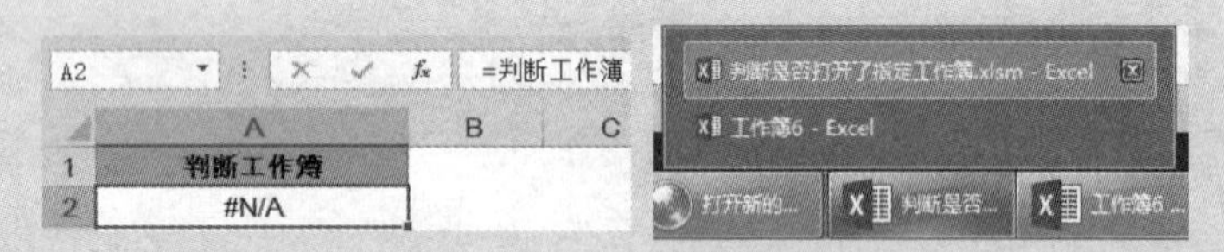

图 22-25　判断已打开工作簿

22.6　单元格信息函数 GET.CELL

GET.CELL 函数返回关于格式化，位置或单元格内容的信息。其基本语法如下。

```
GET.CELL(type_num,reference)
```

type_num：指明单元格中信息类型的数。此数字范围为 1 ～ 66。表 22-5 列出 type_num 的常用值与对应结果。

表 22-5　GET.CELL 函数常用参数设置

type_num	返回
6	文字，以工作区设置决定的 A1 或 R1C1 类型引用公式
7	文字的单元格的数字格式（如“m/d/yy”或“General”）
24	是 1 ～ 56 的一个数字，代表单元格中第一个字符的字体颜色。如果字体颜色为自动生成，返回 0
40	单元格风格，文字形式
63	返回单元格的填充（背景）颜色
88	以 book1 的形式返回活动工作簿的文件名

22.6.1　返回单元格公式字符串

示例 22-9　返回单元格公式字符串

如图 22-26 所示，选中 B2 单元格，定义名称“公式”，公式如下。

```
=GET.CELL(6,!A2)&T(NOW())
```

注意定义名称时，所选中单元格与引用单元格之间的相对位置。本例中先选中 B2 单元格，然后定义名称时引用 A2 单元格。

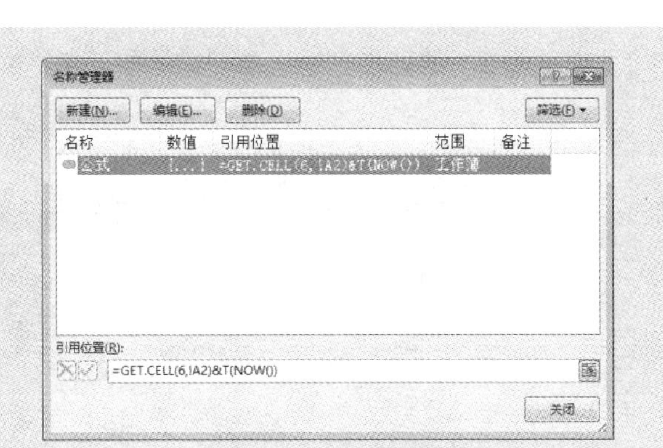

图 22-26　定义名称

reference 参数，去掉了“!”前面的工作表名称，只保留“!A2”，使在本工作簿的任意工作表中使用此定义名称时，都可以得到其左侧单元格的公式文本，而不局限在当前的工作表内。

B2 单元格输入以下公式，向下复制到 B6 单元格，能够以字符串形式返回 A 列的公式，如图 22-27 所示。

```
=公式
```

B2　=公式

	A	B
1	公式计算	公式内容
2	2	=1+1
3	2015/7/28	=DATE(2015,7,28)
4	4	=ROW()
5	42219	=SUM(A1:A4)
6	例1	=MID(CELL("filename",$A$1),FIND("]",CELL("filename",$A$1))+1,99)

图 22-27　返回单元格公式文本

这个方法在 Excel 2010 及之前的版本比较常用，Excel 2013 新增了 FORMULATEXT 函数，使用更加便捷。

22.6.2　返回单元格格式

示例 22-10　返回单元格格式

选中 C2 单元格，定义名称“格式”，公式如下：

```
=GET.CELL(7,!B2)&T(NOW())
```

C2 单元格输入以下公式，并向下复制到 C12 单元格。

```
=格式
```

按<F9>键，使公式自动重算，得到B列相应单元格的单元格格式，如图22-28所示。

C2 =格式

	A	B	C
1		例	单元格格式
2		2015/7/28	yyyy/m/d
3		星期二	[$-804]aaaa;@
4		七月二十八日	[DBNum1][$-804]m"月"d"日";@
5		4.22E+04	0.00E+00
6		1.00%	0.00%
7		US$1.00	"US$"#,##0.00;-"US$"#,##0.00
8		000001	000000
9		12:00:00	[$-F400]h:mm:ss AM/PM
10		12时00分	h"时"mm"分"
11		1/2	# ???/???
12		abc	@

图22-28 返回单元格格式

22.6.3 根据单元格格式求和

根据每个单元格的不同格式不同，使用SUMIF函数，实现不同格式分别求和。

示例22-11 根据单元格格式求和

选中C2单元格，定义名称“格式”，公式如下。

```
=GET.CELL(7,!B2)&T(NOW())
```

C2单元格输入以下公式，向下复制到C9单元格，按<F9>键，使公式自动重算。

```
=格式
```

F2和F3单元格分别输入以下公式，得到不同币种的总额，如图22-29所示。

```
=SUMIF(C:C,$C$3,B:B)
=SUMIF(C:C,$C$2,B:B)
```

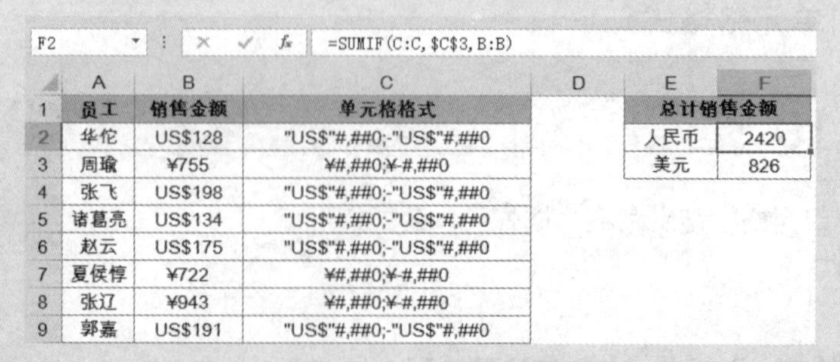

F2 =SUMIF(C:C,$C$3,B:B)

	A	B	C	D	E	F
1	员工	销售金额	单元格格式		总计销售金额	
2	华佗	US$128	"US$"#,##0;-"US$"#,##0		人民币	2420
3	周瑜	¥755	¥#,##0;¥-#,##0		美元	826
4	张飞	US$198	"US$"#,##0;-"US$"#,##0			
5	诸葛亮	US$134	"US$"#,##0;-"US$"#,##0			
6	赵云	US$175	"US$"#,##0;-"US$"#,##0			
7	夏侯惇	¥722	¥#,##0;¥-#,##0			
8	张辽	¥943	¥#,##0;¥-#,##0			
9	郭嘉	US$191	"US$"#,##0;-"US$"#,##0			

图22-29 根据单元格格式求和

22.6.4　返回单元格的字符色和背景色

示例 22-12　返回单元格的字符色和背景色

如图 22-30 所示，选中 C2 单元格，定义名称“字符色”，公式如下。

```
=GET.CELL(24,!B2)+NOW()*0
```

定义名称“背景色”，公式如下。

```
=GET.CELL(63,!A2)+NOW()*0
```

C2 单元格输入以下公式，向下复制到 C11 单元格。

```
=字符色
```

D2 单元格输入以下公式，向下复制到 D11 单元格。

```
=背景色
```

字符色返回值为 0，说明使用的默认的“自动”颜色。

背景色返回值为 0，说明使用的是“无填充颜色”。

对于一些相近的颜色，会返回相同的数值。颜色返回值为 1 ~ 56 之间的数字，参考示例 22-12 文件所示。

C2　=字符色

	A	B	C	D
1	员工	销量	字符色	背景色
2	华佗	128	3	45
3	周瑜	755	44	6
4	张飞	198	23	0
5	诸葛亮	134	1	45
6	赵云	175	23	6
7	夏侯惇	722	1	0
8	张辽	943	10	45
9	郭嘉	191	0	0
10	孙权	192	0	33
11	马超	193	3	33

图 22-30　根据单元格格式求和

22.7　计算文本算式函数 EVALUATE

EVALUATE 函数的作用是对以文字表示的一个公式或表达式求值，并返回结果。其语法如下。

```
EVALUATE(formula_text)
```

formula_text 是一个要求值的以文字形式表示的表达式。

22.7.1　常规的计算文本方式

示例 22-13　计算简单的文本算式

选中 C2 单元格，定义名称“计算 1”，公式如下。

```
=EVALUATE(!B2&T(NOW()))
```

C2 单元格输入以下公式，并向下复制到 C9 单元格，计算出 B 列的算式结果，如图 22-31 所示。

```
=计算1
```

EVALUATE 函数的参数最多只支持 255 个字符（2^8-1=255），超出时返回错误值 #VALUE!。

EVALUATE 函数不仅可以计算简单的数学表达式，也可以计算含有其他函数的文本算式，如图 22-32 所示。

C2 =计算1

	A	B	C
1	员工	销量	销售金额
2	华佗	8*2000+6*4000	40000
3	周瑜	1*2000+6*500+2*7000+5*4000	39000
4	张飞	1*2000+1*7000+2*4000	17000
5	诸葛亮	6*500+2*7000+5*4000	37000
6	赵云	2*7000+6*4000	38000
7	夏侯惇	2*2000+6*500	7000
8	张辽	2*2000+6*500+9*4000	43000
9	郭嘉	2*2000+5*4000	24000

图 22-31 计算文本算式

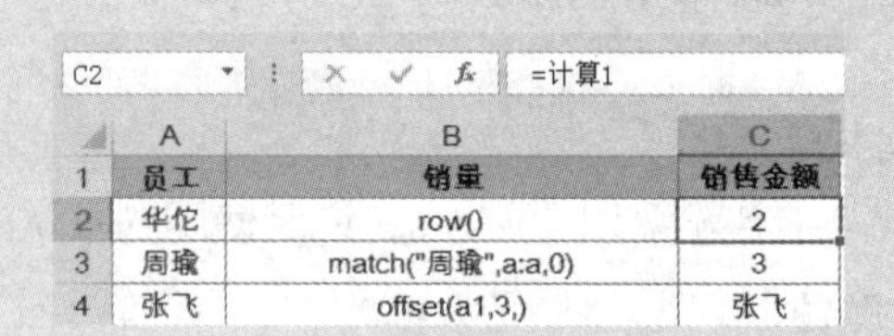

C2 =计算1

	A	B	C
1	员工	销量	销售金额
2	华佗	row()	2
3	周瑜	match("周瑜",a:a,0)	3
4	张飞	offset(a1,3,)	张飞

图 22-32 计算含有其他函数的文本算式

22.7.2 计算复杂文本算式

示例 22-14 计算复杂的文本算式

如图 22-33 所示，选中 C2 单元格，定义名称“计算 2”，公式如下。

```
=EVALUATE(SUBSTITUTE(SUBSTITUTE(!B2,"[","+N("""),"]",""")")&T(NOW()))
```

C2 单元格输入以下公式，复制到 C9 单元格。

```
=计算2
```

下面以 B2 单元格“8*2000[空调]+6*4000[洗衣机]”为例，主要思路如下。

（1）将字符串中的中文部分剔除影响，[空调]、[洗衣机]等。

（2）常规的直接替换的方法均无效，于是使用 N 函数，因为 N 函数的参数如果为“文本”，则 N("文本") 结果为 0。

（3）目标：将以上字符串改为“8*2000+N("空调")+6*4000+N("洗衣机")”，这样便可以使用 EVALUATE 进行计算。

C2　=计算2

	A	B	C
1	员工	销量	销售金额
2	华佗	8*2000[空调]+6*4000[洗衣机]	40000
3	周瑜	1*2000[空调]+6*500[电风扇]+2*7000[电视]+5*4000[洗衣机]	39000
4	张飞	1*2000[空调]+1*7000[电视]+2*4000[洗衣机]	17000
5	诸葛亮	6*500[电风扇]+2*7000[电视]+5*4000[洗衣机]	37000
6	赵云	2*7000[电视]+6*4000[洗衣机]	38000
7	夏侯惇	2*2000[空调]+6*500[电风扇]	7000
8	张辽	2*2000[空调]+6*500[电风扇]+9*4000[洗衣机]	43000
9	郭嘉	2*2000[空调]+5*4000[洗衣机]	24000

图 22-33　复杂的计算文本算式

以下为公式中不同部分的说明。

（1）SUBSTITUTE(B2,"[","+N(""") 部分，首先将字符串中的左中括号“[”替换为“+N("”，得到字符串“8*2000+N(" 空调]+6*4000+N(" 洗衣机]”。

（2）SUBSTITUTE(SUBSTITUTE(B2,"[","+N("""),"]",""")") 部分，将字符串中的右中括号“]”替换为“")”，得到字符串“8*2000+N(" 空调 ")+6*4000+N(" 洗衣机 ")”。

（3）&T(NOW( )) 部分，连接易失性函数 NOW，以方便有单元格发生变化时进行自动重算。

（4）EVALUATE(SUBSTITUTE(SUBSTITUTE(!B2,"[","+N("""),"]",""")")&T(NOW( ))): 相当于 EVALUATE("8*2000+N(" 空调 ")+6*4000+N(" 洗衣机 ")")。

使用 N 函数，参数如果为“文本”，则 N(" 文本 ") 结果为 0。

注意，在函数中，如果得到的结果中需要英文状态的半角双引号，则公式中的双引号数量需要加倍，如 A10 单元格输入公式 ="""" ，4 个英文状态下的半角双引号，则 A10 单元格返回结果为一个双引号“"”。

22.8　活动单元格函数 ACTIVE.CELL

ACTIVE.CELL 函数作为外部引用返回选择中的活动单元格的引用。其语法如下。

```
ACTIVE.CELL( )
```

22.8.1　制作“聚光灯”

在浏览超出屏幕范围的表格数据时，能够高亮显示选中单元格的行和列，准确查看对应的行标题和列标题，类似“聚光灯”效果。

示例 22-15 制作“聚光灯”

定义名称“行”，公式如下。

```
=ROW(ACTIVE.CELL())+NOW()*0
```

定义名称“列”，公式如下。

```
=COLUMN(ACTIVE.CELL())+NOW()*0
```

ACTIVE.CELL( ) 部分，返回所选单元格。例如，单击 C9 单元格，则此函数就代表 C9 单元格。

ROW(ACTIVE.CELL( )) 得到所选 C9 单元格的行号，结果为 9。

COLUMN(ACTIVE.CELL( )) 得到所选 C9 单元格的列号，结果为 3。

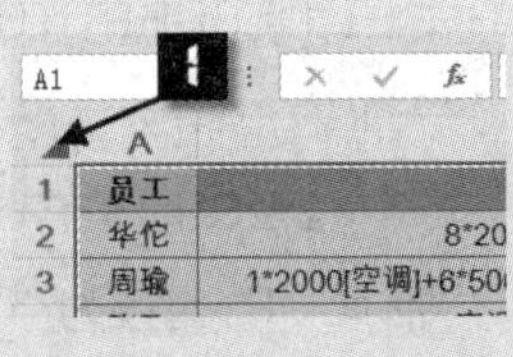

图 22-34 全选工作表

用鼠标单击工作表左上方，行和列的交叉位置，全选整个工作表。用户也可以连按两次 <Ctrl+A> 组合键全选工作表，如图 22-34 所示。

设置行方向上的“聚光灯”效果，按以下步骤设置条件格式，如图 22-35 所示。

在【开始】选项卡中依次单击【条件格式】→【新建规则】，弹出【新建格式规则】对话框。

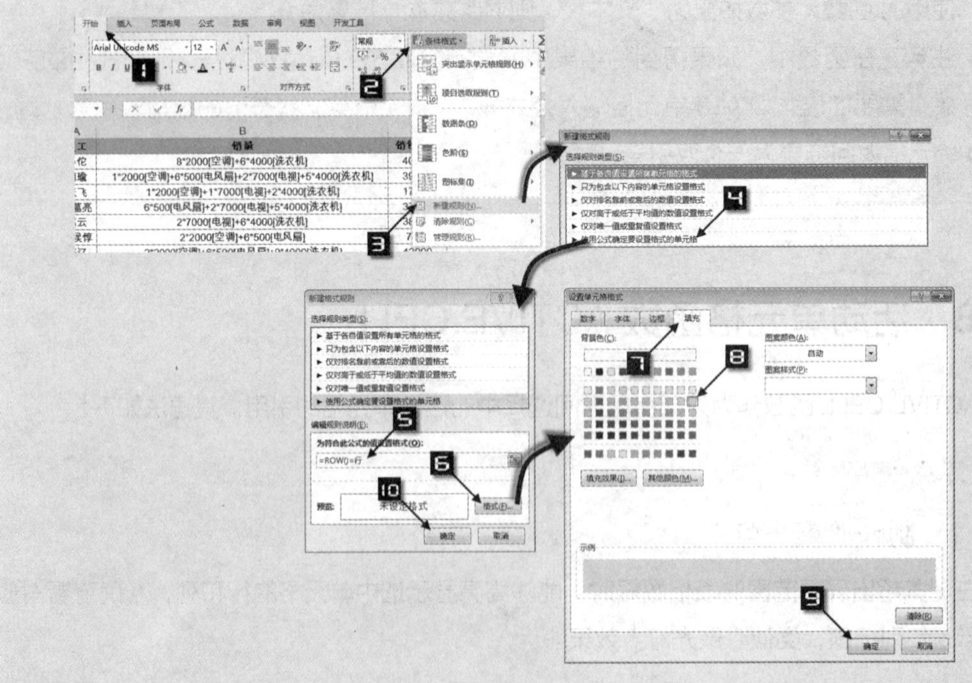
图 22-35 设置聚光灯的条件格式

在【新建格式规则】对话框的【选中规则类型】列表框中，选择【使用公式确定要设置格式的单元格】。在【为符合此公式的值设置格式】编辑框中输入条件公式。

```
=ROW()=行
```

单击【格式】按钮，在【设置单元格格式】对话框中，单击【填充】选项卡。选择适合的颜色，如橙色，依次单击【确定】按钮，完成条件格式设置。

重复上述步骤设置列方向上的“聚光灯”效果，输入以下条件格式公式。

```
=COLUMN()=列
```

单击工作表中的任意单元格，按 <F9> 键，所选单元格的行和列均高亮显示，如图 22-36 和图 22-37 所示。

	A	B	C	D
1	员工	销量	销售金额	
2	华佗	8*2000[空调]+6*4000[洗衣机]	40000	
3	周瑜	1*2000[空调]+6*500[电风扇]+2*7000[电视]+5*4000[洗衣机]	39000	
4	张飞	1*2000[空调]+1*7000[电视]+2*4000[洗衣机]	17000	
5	诸葛亮	6*500[电风扇]+2*7000[电视]+5*4000[洗衣机]	37000	
6	赵云	2*7000[电视]+6*4000[洗衣机]	38000	
7	夏侯惇	2*2000[空调]+6*500[电风扇]	7000	
8	张辽	2*2000[空调]+6*500[电风扇]+9*4000[洗衣机]	43000	
9	郭嘉	2*2000[空调]+5*4000[洗衣机]	24000	
10				

图 22-36 聚光灯效果 1

	A	B	C	D
1	员工	销量	销售金额	
2	华佗	8*2000[空调]+6*4000[洗衣机]	40000	
3	周瑜	1*2000[空调]+6*500[电风扇]+2*7000[电视]+5*4000[洗衣机]	39000	
4	张飞	1*2000[空调]+1*7000[电视]+2*4000[洗衣机]	17000	
5	诸葛亮	6*500[电风扇]+2*7000[电视]+5*4000[洗衣机]	37000	
6	赵云	2*7000[电视]+6*4000[洗衣机]	38000	
7	夏侯惇	2*2000[空调]+6*500[电风扇]	7000	
8	张辽	2*2000[空调]+6*500[电风扇]+9*4000[洗衣机]	43000	
9	郭嘉	2*2000[空调]+5*4000[洗衣机]	24000	
10				

图 22-37 聚光灯效果 2

由于在设置条件格式的时候，全选了整个工作表，会对表格的计算造成影响。实际应用时，可以根据自己表格的范围，选择适合的区域。

每选择一个单元格后，需要按 <F9> 键，才能使宏表函数 ACTIVE.CELL 重新计算，“聚光灯”才有效果。

第 23 章　自定义函数

自定义函数与 Excel 工作表函数相比具有更强大和灵活的功能，自定义函数通常用来简化公式，也可以用来完成 Excel 工作表函数无法完成的功能。

本章学习要点

（1）认识自定义函数。

（2）创建和引用自定义函数。

（3）如何制作加载宏。

（4）常见自定义函数的应用。

23.1　什么是自定义函数

自定义函数就是用户利用 VBA 代码创建的用于满足特定需求的函数。Excel 已经内置了数百个工作表函数可供用户使用，但是这些内置工作表函数并不能完全满足用户的特定需求，而自定义函数是对 Excel 内置工作表函数的扩展和补充。

自定义函数具有以下特点。

（1）可以简化公式：一般情况下，多个 Excel 工作表函数组合使用可以满足绝大多数应用需求，但是复杂的公式比较冗长和烦琐，可读性差，不易于修改，除公式的作者之外，公式的使用者可能很难理解公式的含义，此时就可以通过自定义函数来有效地进行简化。

（2）与 Excel 工作表函数相比，具有更强大和更灵活的功能。实际使用中的需求是多种多样的，仅仅凭借 Excel 工作表函数有时不能圆满地解决问题，此时可以使用自定义函数来满足实际工作中的个性化需求。

（3）将自定义函数做成加载宏加载到工作表中，以便日后多次重复使用。

与 Excel 工作表函数相比，自定义函数的效率要远远低于 Excel 工作表函数，完成同样的功能需要花费更长的时间。因此，使用 Excel 工作表函数可以直接完成的计算，无须再去开发同样功能的自定义函数。

23.2　自定义函数的工作环境

23.2.1　设置工作表的环境

由于自定义函数调用的是 VBA 程序，需要将宏安全性设置为“禁用所有宏，并发出通知”。关于设置 Excel 宏安全性的详细内容，请参阅 22.1.3 小节。

在 Excel 2013 的默认设置中，功能区中并不显示【开发工具】选项卡，在功能区中显示【开发工具】选项卡的步骤如下。

步骤① 单击【文件】选项卡中的【选项】命令，打开【Excel 选项】对话框。

步骤② 在打开的【Excel 选项】对话框中单击【自定义功能区】选项卡。

步骤③ 在右侧列表框中勾选【开发工具】复选框，单击【确定】按钮，关闭【Excel 选项】对话框，如图 23-1 所示。

图 23-1　显示【开发工具】选项卡

这样在功能区便可以看到新增加的【开发工具】选项卡，如图 23-2 所示。

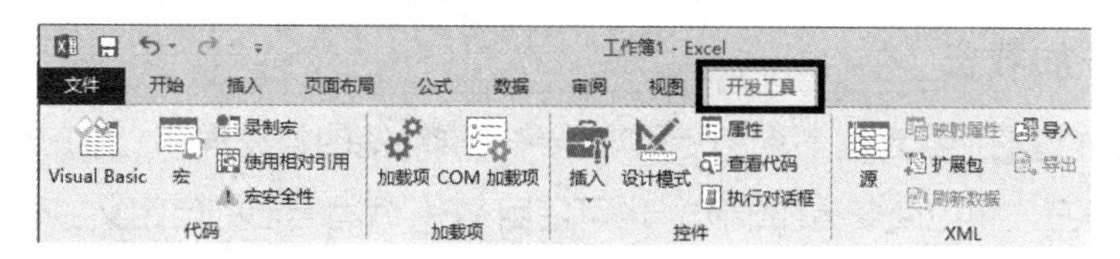

图 23-2　【开发工具】选项卡

23.2.2　编写自定义函数

步骤① 单击【开发工具】选项卡中【代码】组中的【Visual Basic】按钮，打开 Visual Basic 编辑器，如图 23-3 所示。

也可以使用 <Alt+F11> 组合键打开 Visual Basic 编辑器。

步骤② 单击【插入】选项→【模块】。

也可以在【工程资源管理器】窗口单击鼠标右键→【插入】→【模块】。

步骤③ 在【代码窗口】编写自定义函数程序，输入以下代码。

```
Function ShtName()
    ShtName = ActiveSheet.Name
End Function
```

在工作表任意单元格输入以下公式，即可得到当前工作表的名称，如图 23-4 所示。

```
=ShtName()
```

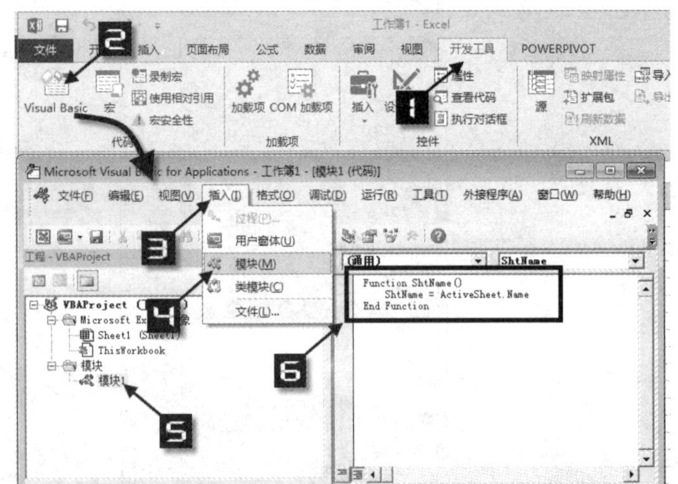

图 23-3 编写自定义函数

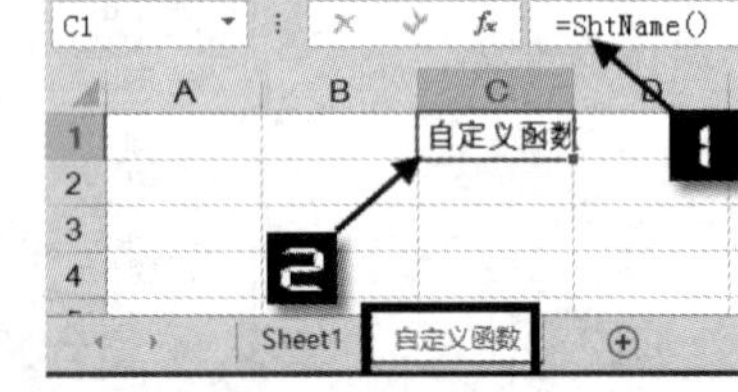

图 23-4 使用自定义函数

注意

自定义函数的代码应该放置于标准模块中，否则无法在工作表中使用该自定义函数。自定义函数只能用于代码所编写的工作簿，不能用于其他工作簿中。

23.2.3 制作加载宏

加载宏是通过增加自定义命令和专用功能来扩展功能的补充程序。用户可从 Microsoft Office 网站或第三方供应商获得加载宏，也可使用 VBA 编写自己的自定义加载宏程序。

制作加载宏的步骤非常简单，通过以下两种方法可以将普通工作簿转换为加载宏。

方法 1：修改工作簿的 IsAddin 属性。

步骤① 在 VBE 的【工程资源管理器】窗口中，单击选中“ThisWorkbook”。

步骤② 在【属性窗口】中修改 IsAddin 属性的值为 True，如图 23-5 所示。

方法 2：另存为加载宏。

步骤① 在 Excel 窗口中依次单击【文件】→【另存为】→【计算机】→【浏览】。

步骤② 在【另存为】对话框中单击【保存类型】下拉列表框，选择“Excel 加载宏（*.xlam）”，Excel 将自动为工作簿添加扩展名 xlam。

步骤③ 选择保存位置，加载宏的默认保存目录为：“C:\Users\< 用户名 >\AppData\Roaming\Microsoft\AddIns”，单击【保存】按钮完成另存为的操作，如图 23-6 所示。

也可以直接按 <F12> 键调出【另存为】对话框。

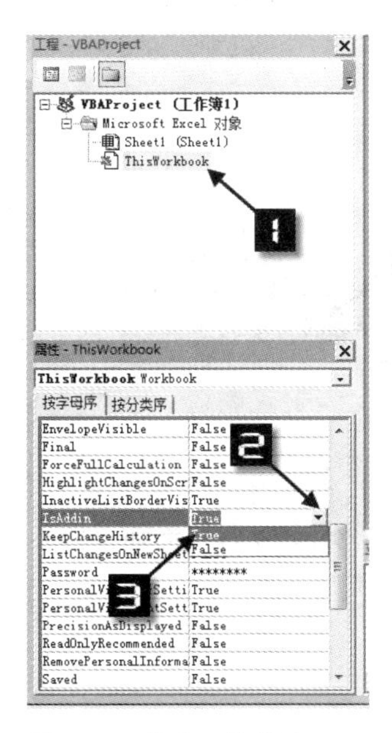

图 23-5　修改工作簿的 IsAddin 属性

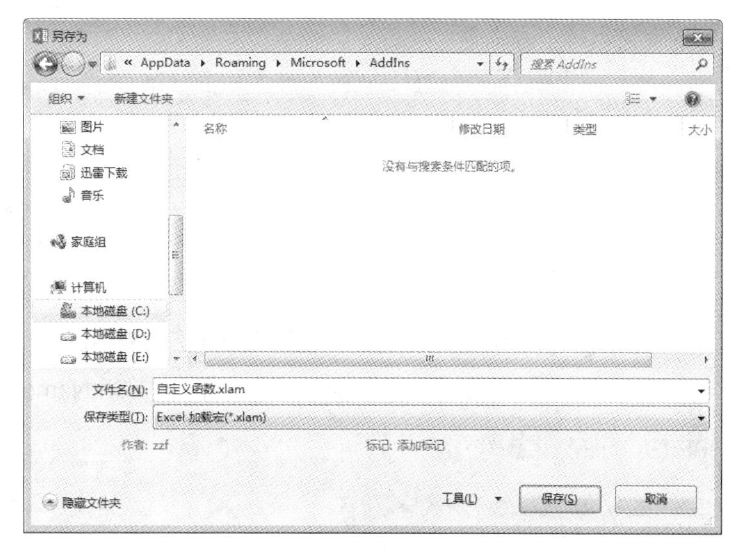

图 23-6　保存加载宏

在 Excel 2013 中，系统默认的加载宏扩展名为 xlam，但是并非一定要使用 xlam 作为加载宏的扩展名，使用任意的支持宏功能的扩展名，如 xlsm、xlsb 等，都不会影响加载宏的功能。但是为了便于识别和维护，建议使用 xlam 作为加载宏的扩展名。

23.2.4　使用加载宏

制作好的加载宏，需要通过加载项加载到 Excel 表格中，才可以使用。

步骤① 单击【开发工具】选项卡中【加载项】组中的【加载项】，如图 23-7 所示。

步骤② 在弹出的【加载宏】对话框中，单击【浏览】按钮。

步骤③ 在弹出的对话框中，打开已经制作的加载宏所保存的文件夹。

步骤④ 选择相应的加载宏文件，单击【确定】按钮。

步骤⑤ 返回到【加载宏】对话框，勾选新加载的“自定义函数”，并单击【确定】按钮，如图 23-8 所示。

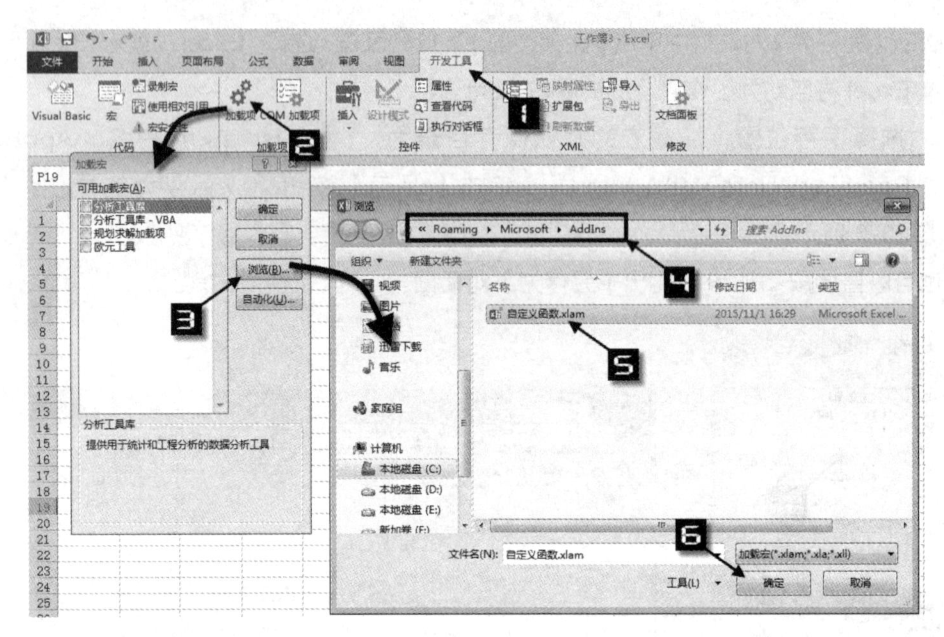

图 23-7　插入加载宏

至此，ShtName 函数已经被加载到 Excel 工作表中。

新建 Excel 工作簿，在任意单元格输入公式“=ShtName( )”，均可以得到当前工作表的名称，如图 23-9 所示。

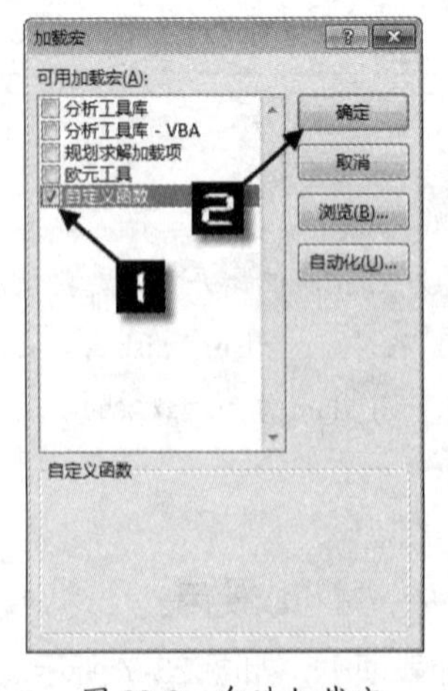

图 23-8　勾选加载宏

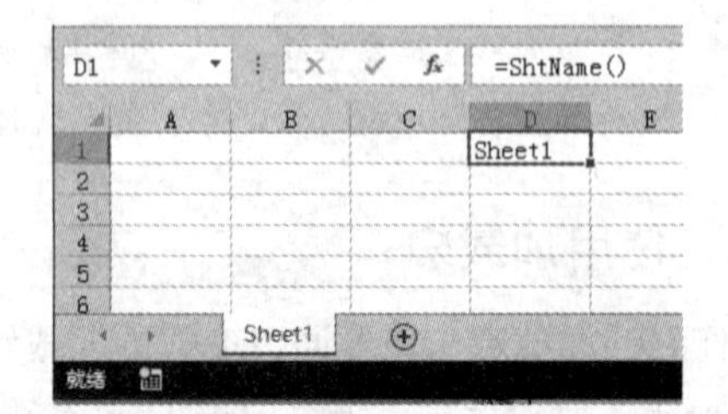

图 23-9　使用自定义函数

23.3　自定义函数示例

以下介绍几种实用的自定义函数，可以提高工作效率，完成部分 Excel 工作表函数不能完成的功能。

23.3.1 字符串连接函数 Contxt

示例 23-1 字符串连接函数 Contxt

在【模块】的【代码窗口】中输入以下代码。

```
Function Contxt(ParamArray args() As Variant) As Variant
    Dim tmptext As Variant,i As Variant,cellv As Variant
    Dim cell As Range
    tmptext = ""
    For i = 0 To UBound(args)
        If Not IsMissing(args(i)) Then
            Select Case TypeName(args(i))
            Case "Range"
                For Each cell In args(i)
                    tmptext = tmptext & cell
                Next cell
            Case "Variant()"
                For Each cellv In Application.Transpose(args(i))
                    tmptext = tmptext & cellv
                Next cellv
            Case Else
                tmptext = tmptext & args(i)
            End Select
        End If
    Next i
    Contxt = tmptext
End Function
```

此时在工作表中即可使用 Contxt 函数连接多个单元格区域的数据，如图 23-10 所示。

以下公式连接 B2:B4 单元格区域数据。

```
=Contxt(B2:B4)
```

以下公式连接 B2:C3 单元格区域数据。

```
=Contxt(B2:C3)
```

以下公式将 B2:D2 单元格区域的数据连接并用逗号“,”分隔。

```
=MID(Contxt(","&B2:D2),2,99)
```

序号	姓名	性别	员工部门
1	刘备	男	蜀国
2	法正	男	蜀国
3	吴国太	女	吴国

结果	公式
刘备法正吴国太	=Contxt(B2:B4)
刘备男法正男	=Contxt(B2:C3)
刘备，男，蜀国	{=MID(Contxt("，"&B2:D2),2,99)}
吴，国，太	{=MID(Contxt("，"&MID(B4,ROW(INDIRECT("1:"&LEN(B4))),1)),2,99)}
刘备法正	{=Contxt(IF(C2:C4="男",B2:B4,""))}
1，刘备，2，法正	{=MID(Contxt(IF(D2:D4="蜀国","，"&A2:B4,"")),2,99)}

图 23-10　字符串连接函数 Contxt

将逗号“,”与每一个单元格连接，形成数组{",刘备",",男",",蜀国"}，然后通过 Contxt 函数将数组中的 3 个元素连接，得到结果“",刘备,男,蜀国"”，最后使用 MID 函数从字符串的第二位开始提取到字符串结尾，得到最终结果：刘备，男，蜀国。

以下公式可以将一个字符串中每个字符之间插入一个逗号。

```
=MID(Contxt(","&MID(B4,ROW(INDIRECT("1:"&LEN(B4))),1)),2,99)
```

以下公式连接性别为“男”的人员姓名。

```
=Contxt(IF(C2:C4="男",B2:B4,""))
```

以下公式连接“蜀国”人员的序号和姓名。

```
=MID(Contxt(IF(D2:D4="蜀国",","&A2:B4,"")),2,99)
```

23.3.2　人民币小写金额转大写

根据中国人民银行规定的票据填写规范，将阿拉伯数字转换为中文大写，是财务人员经常使用的一项功能。编写自定义函数并保存成加载宏，可以提高效率与准确率。

示例 23-2　人民币小写金额转大写

在【模块】的【代码窗口】输入以下代码。

```
Function CNUMBER(Number As Double)
    Dim arr,brr,crr,drr
    Dim lngNumber1 As Long,i As Long
    Dim strSign As String,strUnit As String,strChinese As String
    arr = Array("零","壹","贰","叁","肆","伍","陆","柒","捌","玖")
```

```
        brr = Array("","拾","佰","仟")
        crr = Array("元","万","亿","万亿")
        If Number = 0 Then
            CNUMBER = "零元整"
            Exit Function
        End If
        If Number < 0 Then strSign = "负"
        Number = Abs(Round(Number,2))
        drr = Split(Number,".")      '将数字拆分数组，分为整数与小数两部分
            For i = 1 To Len(drr(0))
                lngNumber1 = CLng(Mid(Number,Len(drr(0)) - i + 1,1))   '
将整数部分从个位开始，逐位取数字
                    If i Mod 4 = 1 Then '位于个位、万位、亿位、万亿位的描述单位，
从数组 crr 中提取
                        If lngNumber1 = 0 Then
                            strUnit = crr(i \ 4) & "零" '如果此位置数字为
0，在描述单位后连接字符"零"
                        Else
                            strUnit = crr(i \ 4)
                        End If
                    Else
                        If lngNumber1 = 0 Then
                            strUnit = ""
                        Else
                            strUnit = brr((i - 1) Mod 4)      '位于其它位置
的数字，从数组 brr 中提取描述单位拾、佰、仟
                        End If
                    End If
                strChinese = arr(lngNumber1) & strUnit & strChinese '连
接整数部分
            Next
            If UBound(drr) = 0 Then
                strChinese = strChinese & "整"   '如果只有整数，连接"整"字
            Else
                If Right(drr(0),1) = "0" Then
                    strChinese = strChinese & "零"
```

```
                End If
                If Len(drr(1)) = 1 Then
                    strChinese = strChinese & arr(drr(1)) & "角整"
                Else
                    strChinese = strChinese & arr(Left(drr(1),1)) & "角"
                    strChinese = strChinese & arr(Right(drr(1),1)) & "分"
                End If
            End If
        For i = 1 To 4
            strChinese = Replace(strChinese,"零零","零")
        Next
        For i = 1 To UBound(crr)
            strChinese = Replace(strChinese,"零" & crr(i - 1),crr(i - 1))
'将零亿、零万、零元等字样中的"零"替换掉
        Next
        strChinese = Replace(strChinese,"零整","整")
        If Number < 0.1 Then
            strChinese = Replace(strChinese,"零角","")
        Else
            strChinese = Replace(strChinese,"零角","零")
        End If
        CNUMBER = strSign & strChinese
    End Function
```

在 B2 单元格输入以下公式，并向下复制到 B12 单元格，如图 23-11 所示。

```
=CNUMBER(A2)
```

B2 =CNUMBER(A2)

	A	B
1	数字	大写金额
2	1	壹元整
3	12	壹拾贰元整
4	123	壹佰贰拾叁元整
5	1234	壹仟贰佰叁拾肆元整
6	12345	壹万贰仟叁佰肆拾伍元整
7	123456789	壹亿贰仟叁佰肆拾伍万陆仟柒佰捌拾玖元整
8	123.45	壹佰贰拾叁元肆角伍分
9	10002000030.4	壹佰亿零贰佰万零叁拾元零肆角整
10	-10305.07	负壹万零叁佰零伍元零柒分
11	0.9	玖角整
12	0.09	玖分

图 23-11 人民币小写金额转大写

提示

在银行规范中有两条。

（1）中文大写金额数字到“元”为止的，在“元”之后，应写“整”（或“正”）字，在“角”之后可以不写“整”（或“正”）字。

（2）阿拉伯金额数字万位或元位是“0”，或者数字中间连续有几个“0”，万位、元位也是“0”，但千位、角位不是“0”时，中文大写金额中可以只写一个零字，也可以不写“零”字。

对于这两条可以写也可以不写的情况，本文中的代码，采用写“零”和“整”的方式编写。

23.3.3　汉字转换成汉语拼音

在部分公司，会根据员工姓名的汉语拼音来为员工设置公司邮箱。将汉字转换成汉语拼音，在 Excel 的工作表函数中并没有相关的函数可以完成，此时可以通过自定义函数完成此功能。

示例 23-3　汉字转换成汉语拼音

在【模块】的【代码窗口】编写以下代码。

```
Function PinYin(Hz As String)
Dim PinMa As String
Dim MyPinMa As Variant
Dim Temp As Integer,i As Integer,j As Integer
PinMa = "a,20319,ai,20317,an,20304,ang,20295,ao,20292,"
PinMa = PinMa & "ba,20283,bai,20265,ban,20257,bang,20242,bao,20230,
bei,20051,ben,20036,beng,20032,bi,20026,bian,20002,biao,19990,bie,19986,
bin,19982,bing,19976,bo,19805,bu,19784,"
PinMa = PinMa & "ca,19775,cai,19774,can,19763,cang,19756,cao,19751,
ce,19746,ceng,19741,cha,19739,chai,19728,chan,19725,chang,19715,chao,19
540,che,19531,chen,19525,cheng,19515,chi,19500,chong,19484,chou,19479,
chu,19467,chuai,19289,chuan,19288,chuang,19281,chui,19275,chun,19270,chuo,
19263,ci,19261,cong,19249,cou,19243,cu,19242,cuan,19238,cui,19235,cun,
19227,cuo,19224,"
PinMa = PinMa & "da,19218,dai,19212,dan,19038,dang,19023,dao,19018,
de,19006,deng,19003,di,18996,dian,18977,diao,18961,die,18952,ding,18783,
diu,18774,dong,18773,dou,18763,du,18756,duan,18741,dui,18735,dun,18731,
```

```
duo,18722,"
    PinMa = PinMa & "e,18710,en,18697,er,18696,"
    PinMa = PinMa & "fa,18526,fan,18518,fang,18501,fei,18490,fen,18478,
feng,18463,fo,18448,fou,18447,fu,18446,"
    PinMa = PinMa & "ga,18239,gai,18237,gan,18231,gang,18220,gao,1821
1,ge,18201,gei,18184,gen,18183,geng,18181,gong,18012,gou,17997,gu,17
988,gua,17970,guai,17964,guan,17961,guang,17950,gui,17947,gun,17931,
guo,17928,"
    PinMa = PinMa & "ha,17922,hai,17759,han,17752,hang,17733,hao,1773
0,he,17721,hei,17703,hen,17701,heng,17697,hong,17692,hou,17683,hu,17
676,hua,17496,huai,17487,huan,17482,huang,17468,hui,17454,hun,17433,
huo,17427,"
    PinMa = PinMa & "ji,17417,jia,17202,jian,17185,jiang,16983,jiao,169
70,jie,16942,jin,16915,jing,16733,jiong,16708,jiu,16706,ju,16689,juan,
16664,jue,16657,jun,16647,"
    PinMa = PinMa & "ka,16474,kai,16470,kan,16465,kang,16459,kao,16452,
ke,16448,ken,16433,keng,16429,kong,16427,kou,16423,ku,16419,kua,16412,
kuai,16407,kuan,16403,kuang,16401,kui,16393,kun,16220,kuo,16216,"
    PinMa = PinMa & "la,16212,lai,16205,lan,16202,lang,16187,lao,16180,l
e,16171,lei,16169,leng,16158,li,16155,lia,15959,lian,15958,liang,15944,
liao,15933,lie,15920,lin,15915,ling,15903,liu,15889,long,15878,lou,1570
7,lu,15701,lv,15681,luan,15667,lue,15661,lun,15659,luo,15652,"
    PinMa = PinMa & "ma,15640,mai,15631,man,15625,mang,15454,mao,15448,
me,15436,mei,15435,men,15419,meng,15416,mi,15408,mian,15394,miao,15385,
mie,15377,min,15375,ming,15369,miu,15363,mo,15362,mou,15183,mu,15180,"
    PinMa = PinMa & "na,15165,nai,15158,nan,15153,nang,15150,nao,15149,
ne,15144,nei,15143,nen,15141,neng,15140,ni,15139,nian,15128,niang,15121,
niao,15119,nie,15117,nin,15110,ning,15109,niu,14941,nong,14937,nu,14933,
nv,14930,nuan,14929,nue,14928,nuo,14926,"
    PinMa = PinMa & "o,14922,ou,14921,"
    PinMa = PinMa & "pa,14914,pai,14908,pan,14902,pang,14894,pao,14889,
pei,14882,pen,14873,peng,14871,pi,14857,pian,14678,piao,14674,pie,14670,
```

```
pin,14668,ping,14663,po,14654,pu,14645,"
    PinMa = PinMa & "qi,14630,qia,14594,qian,14429,qiang,14407,qiao,143
99,qie,14384,qin,14379,qing,14368,qiong,14355,qiu,14353,qu,14345,quan,
14170,que,14159,qun,14151,"
    PinMa = PinMa & "ran,14149,rang,14145,rao,14140,re,14137,ren,14135,
reng,14125,ri,14123,rong,14122,rou,14112,ru,14109,ruan,14099,rui,14097,
run,14094,ruo,14092,"
    PinMa = PinMa & "sa,14090,sai,14087,san,14083,sang,13917,sao,13914,
se,13910,sen,13907,seng,13906,sha,13905,shai,13896,shan,13894,shang,13
878,shao,13870,she,13859,shen,13847,sheng,13831,shi,13658,shou,13611,shu,
13601,shua,13406,shuai,13404,shuan,13400,shuang,13398,shui,13395,shun,1
3391,shuo,13387,si,13383,song,13367,sou,13359,su,13356,suan,13343,sui,1
3340,sun,13329,suo,13326,"
    PinMa = PinMa & "ta,13318,tai,13147,tan,13138,tang,13120,tao,13
107,te,13096,teng,13095,ti,13091,tian,13076,tiao,13068,tie,13063,ting,
13060,tong,12888,tou,12875,tu,12871,tuan,12860,tui,12858,tun,12852,
tuo,12849,"
    PinMa = PinMa & "wa,12838,wai,12831,wan,12829,wang,12812,wei,12802,
wen,12607,weng,12597,wo,12594,wu,12585,"
    PinMa = PinMa & "xi,12556,xia,12359,xian,12346,xiang,12320,xiao,123
00,xie,12120,xin,12099,xing,12089,xiong,12074,xiu,12067,xu,12058,xuan,1
2039,xue,11867,xun,11861,"
    PinMa = PinMa & "ya,11847,yan,11831,yang,11798,yao,11781,ye,11604,
yi,11589,yin,11536,ying,11358,yo,11340,yong,11339,you,11324,yu,11303,
yuan,11097,yue,11077,yun,11067,"
    PinMa = PinMa & "za,11055,zai,11052,zan,11045,zang,11041,zao,11038,
ze,11024,zei,11020,zen,11019,zeng,11018,zha,11014,zhai,10838,zhan,10832,
zhang,10815,zhao,10800,zhe,10790,zhen,10780,zheng,10764,zhi,10587,zhong,
10544,zhou,10533,zhu,10519,zhua,10331,zhuai,10329,zhuan,10328,zhuang,10
322,zhui,10315,zhun,10309,zhuo,10307,zi,10296,zong,10281,zou,10274,zu,1
0270,zuan,10262,zui,10260,zun,10256,zuo,10254"
    MyPinMa = Split(PinMa,",")
```

```
    For i = 1 To Len(Hz)
    Temp = Asc(Mid(Hz,i,1))
        If Temp < 0 Then
          Temp = Abs(Temp)
          For j = 791 To 1 Step -2
              If Temp <= Val(MyPinMa(j)) Then
                  PinYin = PinYin & MyPinMa(j - 1) & " "
                  Exit For
              End If
          Next
        End If
    Next
    PinYin = Trim(PinYin)
    End Function
```

在 B2 单元格输入以下公式，并向下复制到 B8 单元格，得到姓名的汉语拼音，如图 23-12 所示。

```
=PinYin(A2)
```

在 C2 单元格输入以下公式，将拼音中间的空格替换为空并连接公司邮箱域名，以完成邮箱地址的设置。

```
=SUBSTITUTE(B2," ",)&"@excelhome.com"
```

	A	B	C
1	姓名	汉语拼音	邮箱
2	刘备	liu bei	liubei@excelhome.com
3	法正	fa zheng	fazheng@excelhome.com
4	吴国太	wu guo tai	wuguotai@excelhome.com
5	陆逊	lu xun	luxun@excelhome.com
6	张昭	zhang zhao	zhangzhao@excelhome.com
7	孙策	sun ce	sunce@excelhome.com
8	孙权	sun quan	sunquan@excelhome.com

图 23-12　汉字转换成汉语拼音

提示

此自定义函数无法根据上下文对多音字进行准确的注音。

23.3.4　计算身份证校验码

公民身份证号码是由 17 位数字本体码和一位数字校验码组成。排列顺序从左至右依次为：6 位数字地址码，8 位数字出生日期码，3 位数字顺序码，最后一位是数字校验码。

示例 23-4　计算身份证校验码

在【模块】的【代码窗口】输入以下代码。

```
Function CheckID(strID As Variant)
    Dim strCheck As String
    Dim lngTemp As Long,lngPosi As Long,i As Long
    Dim arr(1 To 17),brr(1 To 17)
    strCheck = "10X98765432"
    For i = 1 To 17
        arr(i) = Mid(strID,i,1)
        brr(i) = arr(i) * 2 ^ (18 - i)
        lngTemp = lngTemp + brr(i)
    Next i
        lngPosi = (lngTemp Mod 11) + 1
        CheckID = Mid(strCheck,lngPosi,1)
End Function
```

在 B2 单元格输入以下公式，向下复制到 B3 单元格，计算校验码，如图 23-13 所示。

```
=CheckID(A2)
```

在 B4 单元格输入以下公式，向下复制到 B5 单元格，根据校验码检测身份证号是否有效。

```
=IF(RIGHT(A4)=CheckID(A4)," 身份证号合法 "," 身份证号不合法 ")
```

	A	B
1	身份证号	校验码
2	12345678912345678	3
3	12345678987654321	6
4	110119120110119120	身份证号不合法
5	110120190007281236	身份证号合法

图 23-13　计算身份证校验码

23.3.5　验证银行卡号的有效性

银行卡号是通过 Luhn 算法进行检验的一组号码，目的是防止意外出现的错误。

该校验的过程如下。

（1）从卡号最后一位数字开始，逆向将奇数位相加，即倒数第 1 位、倒数第 3 位、倒数第 5 位……

（2）从卡号最后一位数字开始，逆向将偶数位数字，先乘以 2，如果乘积为两位数，则将其减去 9，再求和。

（3）将奇数位总和加上偶数位总和，结果如能被 10 整除，则为有效的银行卡号，反之则为无效的银行卡号。

示例 23-5 验证银行卡号的有效性

在【模块】的【代码窗口】输入以下代码。

```
Function CheckCard(Number As Variant)
    Dim lngLenNum As Long,lngOdd As Long,lngEven As Long
    Dim i As Long
    lngLenNum = Len(CStr(Number))
    For i = lngLenNum To 1 Step -2
        lngOdd = lngOdd + CLng(Mid(Number,i,1))
    Next
    For i = lngLenNum - 1 To 1 Step -2
        lngEven = lngEven + (Mid(Number,i,1) * 2 Mod 9)
    Next
    If (lngOdd + lngEven) Mod 10 = 0 Then
        CheckCard = "卡号有效"
    Else
        CheckCard = "卡号无效"
    End If
End Function
```

在 B2 单元格输入以下公式，向下复制到 B12 单元格，以计算银行卡号的有效性，如图 23-14 所示。

```
=CheckCard(A2)
```

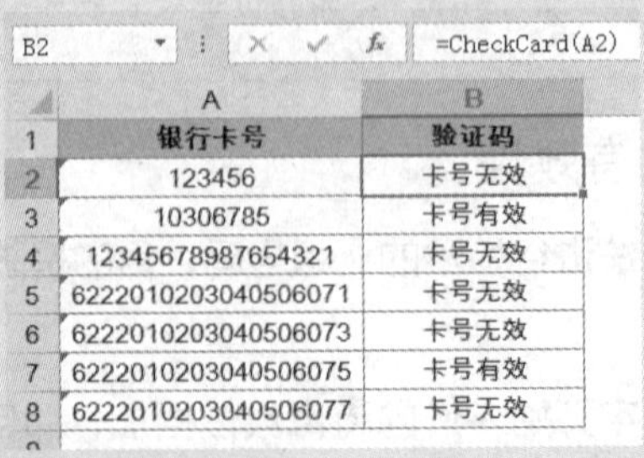

B2 =CheckCard(A2)

	A	B
1	银行卡号	验证码
2	123456	卡号无效
3	10306785	卡号有效
4	12345678987654321	卡号无效
5	6222010203040506071	卡号无效
6	6222010203040506073	卡号无效
7	6222010203040506075	卡号有效
8	6222010203040506077	卡号无效

图 23-14 验证银行卡号的有效性

提示

此校验公式适用于各种银行卡号。

23.3.6　提取非重复值

在数据中，提取非重复值，如果使用工作表函数，常见的是使用 INDEX+SMALL+IF+ROW 的函数组合。当数据量较大时，运算速度明显会减慢。

而在 VBA 中，通过使用字典的方法进行自定义函数，可以快速、方便的提取非重复值。

示例 23-6　提取非重复值

在【模块】的【代码窗口】输入以下代码。

```
Function NotRepeat(ParamArray rn() As Variant)
    Dim arr,cell
    Set dic = CreateObject("scripting.dictionary")
        arr = Application.Transpose(rn(0))
        For Each cell In arr
            If IsEmpty(cell) Then
                cell = ""
            End If
            dic(cell) = ""
        Next
        NotRepeat = dic.keys
End Function
```

在 D2 单元格输入以下公式，并向下复制到 D5 单元格，提取不重复部门名称，如图 23-15 所示。

```
=INDEX(NotRepeat($B$2:$B$10),ROW(1:1))
```

自定义函数 NotRepeat 得到的是一个非重复的内存数组 { " 蜀国 "," 吴国 "," 群雄 "," 魏国 " }，使用 INDEX 函数将此数组中的每一个元素提取到单元格当中。

在 F2 和 G2 分别输入以下两个公式，按 <Ctrl+Shift+Enter> 组合键，并分别向下复制到 F8 和 G8 单元格，提取姓名、员工部门两个条件同时都不重复的姓名与员工部门。

```
{=TRIM(LEFT(INDEX(NotRepeat($A$2:$A$10&REPT("  ",10)&$B$2:$B$10),
ROW(1:1)),10))}
{=TRIM(RIGHT(INDEX(NotRepeat($A$2:$A$10&REPT("  ",10)&$B$2:$B$10),
```

```
ROW(1:1)),10))}
```

$A$2:$A$10&REPT(" ",10)&$B$2:$B$10 部分，将姓名与员工部门两部分连接起来，方便判断每一组值是否重复。中间用 10 个空格分隔，以便最后将连接起来的字符串再分别提取到相应的单元格中。

通过 INDEX 和 NotRepeat 函数得到不重复的姓名与员工部门连接起来的字符串，之后分别使用 LEFT 和 RIGHT 函数提取左侧 10 个字符和右侧 10 个字符。

最后通过 TRIM 函数将多余的空格清除掉，得到最终结果。

	A	B	C	D	E	F	G
1	姓名	员工部门		不重复部门		不重复员工与部门	
2	刘备	蜀国		蜀国		刘备	蜀国
3	法正	蜀国		吴国		法正	蜀国
4	吴国太	吴国		群雄		吴国太	吴国
5	陆逊	吴国		魏国		陆逊	吴国
6	吕布	群雄				吕布	群雄
7	刘备	蜀国				袁绍	群雄
8	袁绍	群雄				荀彧	魏国
9	刘备	蜀国					
10	荀彧	魏国					

图 23-15　提取非重复值

23.3.7　提取不同类型字符

想要在字符串中提取不同部分的内容一直是工作表函数的弱势。如果规律性较强，或者字符串具有较明显特征，工作表函数还可以完成。如果内容过于复杂，或规律不明显，工作表函数则没有办法处理。

在 VBA 中，使用正则表达式方法自定义函数，可以较好地处理此难题。

自定义 GetChar 函数，用于从一个字符串中提取相应类型的字符，并形成一个一维的内存数组。GetChar 有两个参数。

第 1 个参数为需要处理的字符串或单元格。

第 2 个参数为需要从字符串中提取的类型，有 3 种类型。

数字 1 或者 number，代表从字符串中提取数字，包括正数、负数、小数。

数字 2 或者 english，代表从字符串中提取英文字母。

数字 3 或者 chinese，代表从字符串中提取中文汉字。

参数 number、english、chinese 不区分大小写。

示例 23-7　提取不同类型字符

在【模块】的【代码窗口】输入以下代码。

```
Function GetChar(strChar As String,varType As Variant)
    Dim objRegExp As Object
    Dim objMatch As Object
    Dim strPattern As String
    Dim arr
    Set objRegExp = CreateObject("vbscript.regexp")
    varType = LCase(varType)
    Select Case varType
        Case 1,"number"
            strPattern = "-?\d+(\.\d+)?"
        Case 2,"english"
            strPattern = "[a-z]+"
        Case 3,"chinese"
            strPattern = "[\u4e00-\u9fa5]+"
    End Select
    With objRegExp
        .Global = True
        .IgnoreCase = True
        .Pattern = strPattern
        Set objMatch = .Execute(strChar)
    End With
    If objMatch.Count = 0 Then
        GetChar = ""
        Exit Function
    End If
    ReDim arr(0 To objMatch.Count - 1)
    For Each cell In objMatch
        arr(i) = objMatch(i)
        i = i + 1
    Next
    GetChar = arr
    Set objRegExp = Nothing
    Set objMatch = Nothing
End Function
```

在 A2 单元格输入以下公式，向下复制到 A7 单元格，提取字符串中的数字，如图 23-16 所示。

```
=IFERROR(INDEX(GetChar($A$1,1),ROW(1:1)),"")
```

GetChar($A$1,1) 部分，函数的第二参数使用数字 1，代表提取数字，得到结果为一维数组：{ "10","-3.5","16.8" }

使用 INDEX 函数结合 ROW 函数，从该数组中依次提取出数字 10、-3.5、16.8 到相应的单元格。最后使用 IFERROR 函数屏蔽错误值。

在 B2 单元格输入以下公式，向下复制到 B7 单元格，提取字符串中的英文字母。

```
=IFERROR(INDEX(GetChar($A$1,2),ROW(1:1)),"")
```

在 C2 单元格输入以下公式，向下复制到 C7 单元格，提取字符串中的中文汉字。

```
=IFERROR(INDEX(GetChar($A$1,"chinese"),ROW(1:1)),"")
```

	A	B	C	D	E	F	G
1	张飞，买了10元钱的肉，看到刘备说Good Morning！-3.5加16.8等于多少，Bye！						
2	10	Good	张飞				
3	-3.5	Morning	买了				
4	16.8	Bye	元钱的肉				
5			看到刘备说				
6			加				
7			等于多少				

图 23-16　提取字符基础应用

在此字符串中，可以快速的直接提取第一组或最后一组数据，如图 23-17 所示。

在 C9 单元格输入以下公式，提取字符串中的第一组数字。

```
=GetChar($A$1,1)
```

在 C10 单元格输入以下公式，提取字符串中的第一组英文单词。

```
=GetChar($A$1,2)
```

GetChar 的结果是一个数组，当在一个单元格中书写此公式的时候，该单元格中显示数组中的第一个元素，即得到字符串中第一组符合条件的结果。

在 C11 单元格输入以下公式，提取字符串中的最后一组数字。

```
=LOOKUP(" 々 ",GetChar($A$1,1))
```

使用 GetChar 函数得到的数字，是文本格式的数字，所以可以使用 LOOKUP 函数查找最后一组文本，便得到最后一组数字 16.8。

在 C12 单元格输入以下公式，提取字符串中的最后一组中文汉字。

```
=INDEX(GetChar($A$1,3),COUNTA(GetChar($A$1,3)))
```

使用 COUNTA 函数计算出 GetChar 函数得到的数组中共有多少个元素，然后结合 INDEX 函数便可以提取到数组中的最后一组中文汉字。

	A	B	C	D	E	F	G
1	张飞，买了10元钱的肉，看到刘备说Good Morning！-3.5加16.8等于多少，Bye！						
9	提取第一组数字		10				
10	提取第一组英文单词		Good				
11	提取最后一组数字		16.8				
12	提取最后一组中文汉字		等于多少				

图 23-17　提取指定位置字符串

GetChar 函数不仅可以直接提取字符，还可以作为参数嵌套在其他函数中进行计算，例如使用 SUM、PRODUCT 函数进行求和、乘积的计算。

示例 23-8　对 GetChar 函数的参数计算

在 B2 单元格输入以下数组公式，按 <Ctrl+Shift+Enter> 组合键，并复制到 B4 单元格，如图 23-18 所示。

```
{=SUM(--GetChar(A2,1))}
```

在 B8 单元格输入以下数组公式，按 <Ctrl+Shift+Enter> 组合键，并复制到 B10 单元格，如图 23-19 所示。

```
{=PRODUCT(--GetChar(A8,1))}
```

B2　{=SUM(--GetChar(A2,1))}

	A	B
1	销售结果	产品数量
2	刘备销售5台电冰箱，1台空调，2辆自行车	8
3	关羽卖2台空调，5部手机	7
4	张飞卖出3台电扇，1台电视机	4

图 23-18　对 GetChar 进行求和计算

B8　{=PRODUCT(--GetChar(A8,1))}

	A	B
7	销售结果	金额合计
8	刘备销售5台电冰箱，单价3000元	15000
9	关羽卖2台空调，每台11000元	22000
10	张飞卖出3台电扇，每一台300块钱	900

图 23-19　对 GetChar 进行乘积计算

使用 GetChar 函数提取出来的数字，是文本格式的数字，并不能直接嵌套在 SUM、PRODUCT 等函数中进行计算，本文中采用“--”（减负）的方式将文本型数字转换为可以用于计算的数值型数字。

自定义函数并不是只能与工作表函数组合，几个不同的自定义函数之间也可以互相嵌套，例如使用 Contxt 函数将 GetChar 函数得到的字符进行连接。

示例 23-9 对 GetChar 函数的参数进行连接

在 B2 单元格输入以下数组公式，按 <Ctrl+Shift+Enter> 组合键，如图 23-20 所示。

```
{=MID(Contxt(","&GetChar(SUBSTITUTE(A2,"学号",),3)),2,99)}
```

根据字符串的特点，只有汉字与数字，并且汉字除了需要的人员姓名外，只有“学号”两个多余的字。于是先用 SUBSTITUTE 函数，将字符串中的“学号”替换为空，得到“"刘备 0001 关羽 0002 张飞 0003"”。使用 GetChar 函数将此字符串中的汉字提取出来，形成数组“{"刘备","关羽","张飞"}”。

然后用 Contxt 函数将逗号(,)与数组中的汉字进行连接，得到",刘备,关羽,张飞"。

最后使用 MID 函数从第 2 位字符提取，得到最后需要的结果：刘备，关羽，张飞。

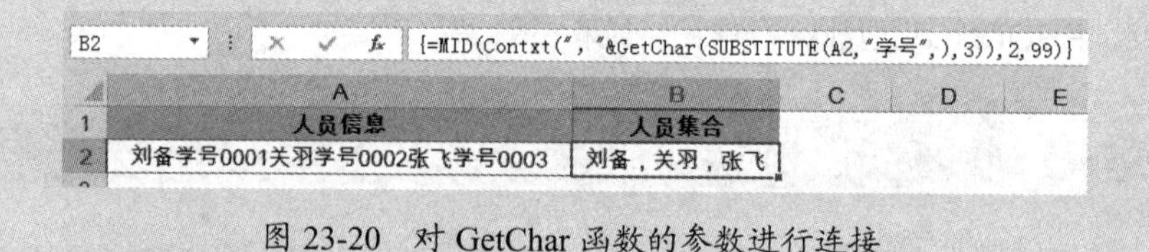

图 23-20 对 GetChar 函数的参数进行连接

第三篇

函数综合应用

本篇综合了多种与工作、生活、学习密切相关的示例，包括循环引用、条件筛选技术、排名与排序技术、数据重构技巧和数据表处理等多个方面。本篇向读者全面展示函数公式的魅力，详细介绍函数公式在实际工作中的多种综合技巧和用法。

第 24 章　循环引用

Excel 的循环引用是一种特殊的计算模式。通过设置启用迭代计算来实现对变量的循环引用和计算，从而依照设置的条件对参数多次计算直至达到特定的结果。本章着重介绍 Excel 中的循环引用在实际工作中的使用技巧。

本章学习要点

（1）认识循环引用。

（2）将单元格历次输入过的数值累加求和。

（3）自动记录历史价格并提取最高价、最低价。

（4）自动记录操作时间。

（5）计算多元一次方程组。

（6）将字符串逆序输出。

（7）限定花费下拆分礼品选购方案。

（8）单元格中显示同名次的并列姓名。

（9）模拟角谷猜想。

24.1　认识循环引用和迭代计算

循环引用是指引用自身单元格值或引用依赖其自身单元格值进行计算的公式。用户可以通过设置迭代次数，根据需要设置公式开启和结束循环引用的条件，控制迭代计算的过程和结果。迭代计算在计算过程中调用公式自身所在单元格的值，随着循环引用次数的增加，对包含迭代变量的公式重复计算，每一次计算都将计算结果作为新的变量代入下一步计算，直至达到特定的结果或者完成用户设置的迭代次数为止。

24.1.1　产生循环引用的原因

当公式在计算过程中包含自身值时，无论是对自身单元格的值的直接引用还是间接引用，都会产生循环引用，如以下两种情况，都会产生循环引用。

（1）在 A1 单元格中输入公式 =A1+1，会直接引用自身单元格值。

（2）在单元格 A1 中输入公式 =B1+1，在单元格 B1 中输入公式 =A1+1，两个公式互相引用，仍然是引用依赖其自身单元格的值。

默认情况下，为了避免公式计算陷入死循环，Excel 不允许在公式中使用循环引用。当公式存在循环引用时，会弹出提示对话框，如图 24-1 所示。

但当公式在计算过程中仅引用包含自身单元格的行号、列标而非本身值时，不产生循环引用，例如在单元格 A1 中输入以下两个公式，都不会产生循环引用。

```
=ROW(A1)
=COLUMN(A1)
```

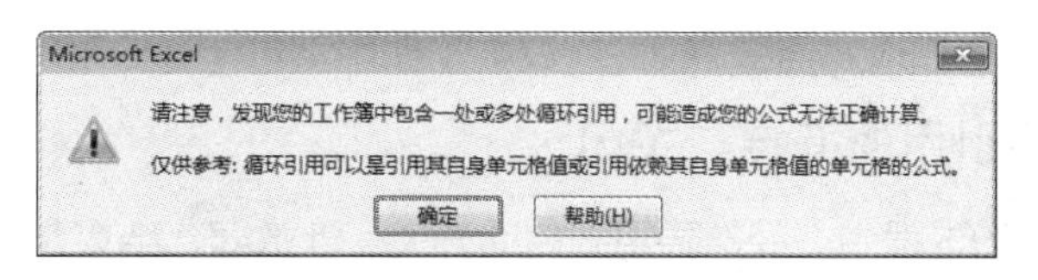

图 24-1 循环引用提示

24.1.2 设置循环引用的最多迭代次数和最大误差

要在 Excel 中使用循环引用进行计算，必须先开启计算选项中的迭代计算，并设定最多迭代次数和最大误差。

用户可以通过单击【文件】→【选项】，打开【Excel 选项】→【公式】，勾选“启用迭代计算”复选框，根据需要填写最多迭代次数和最大误差，最后单击【确定】按钮，如图 24-2 所示。

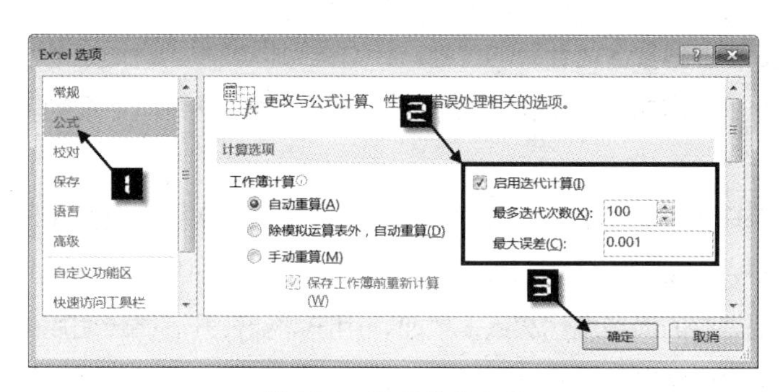

图 24-2 设置迭代次数

Excel 2013 支持的最多迭代次数为 32767 次。设置的最多迭代次数越大，在进行复杂的条件计算时越有可能返回满足条件的结果，但同时 Excel 执行迭代计算所需要的运算时间也就越长，实际工作中应根据工作需求设置合理的最多迭代次数。

在工作簿中设置迭代次数时，遵循以下几个规则。

（1）Excel 的计算选项可以针对每个单独的工作簿设定，即每个工作簿文件可以设置为不同的最多迭代次数和最大误差。

（2）当用户同时打开多个工作簿文件时，即使多个工作簿设置的迭代计算选项不同，也都按照第一个打开的工作簿设置的迭代计算选项，来对所有打开的工作簿应用此设置。

（3）当用户同时打开多个工作簿文件时，改变迭代计算选项的操作会对所有打开的工作簿文件生效，但仅在当前操作的工作簿中保存该选项设置。

（4）当多个设置了不同迭代计算选项的工作簿关闭后再重新单独打开时，依然按照其自身的迭代计算选项执行运算。

（5）当最先打开的工作簿未开启迭代计算选项时，后续打开的工作簿如果包含循环引用，会弹出如图 24-1 所示的提示对话框，因此建议在工作中将包含循环引用的工作簿单独打开。

24.1.3　控制循环引用的开启与关闭

在使用循环引用的过程中，经常要用到启动开关、计数器、结束条件。

（1）启动开关。

一般利用 IF 函数对第一参数判断其是 TRUE 或 FALSE，来开启或关闭循环引用。逻辑值 TRUE 和 FALSE 的生成经常使用表单控件中的“复选框”链接单元格来实现，如图 24-3 所示。

用户可以便捷地通过对复选框的勾选与去除勾选操作，来控制循环引用的开启与关闭。

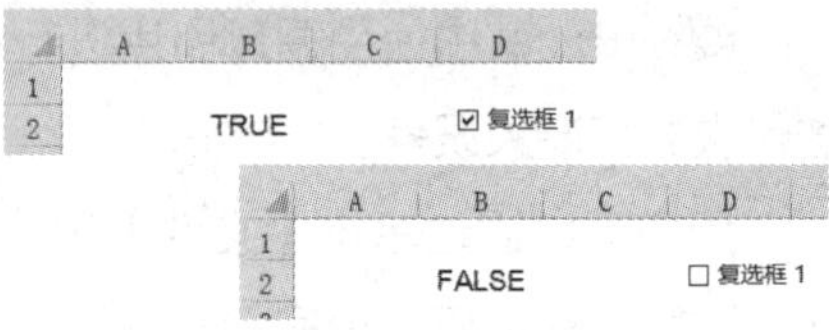

图 24-3　复选框链接单元格

（2）计数器。

一般利用在单元格中设置包含自身值的公式来制作循环引用的计数器。随着迭代计算的过程，计数器可以按照用户设定的步长增加，每完成一次迭代计算，计数器增加一次步长。如果将步长设为 1，计数器记录的就是当前迭代计算的完成次数。

使用循环引用并非一定要使用计数器。比如当最多迭代次数设置为 1 时，或者需要用户手动按 <F9> 键来控制循环引用的过程时，都不必专门设置计数器公式。

但当循环引用需要的最多迭代次数很大时，用户需要在开启循环引用的工作簿中设置计数器公式，利用其引用自身值的特点引发 Excel 的自动重算，保证循环引用可以正常运行直至达到用户设置的最多迭代次数。

在某些循环引用的公式中，如果当前工作簿不包含计数器，即使在迭代计算选项中设置的最多迭代次数是 100，循环引用的公式也只能执行 1 次迭代计算。此种情况下，用户需要按 <F9> 键手动激活 Excel 的重算，来使循环引用继续向下执行。

（3）结束条件。

用户可以在循环引用的公式中设置结束条件，即当满足特定条件时公式退出迭代计算。

使用循环引用并非一定要设置结束条件。当用户关闭循环引用的开关或者迭代计算的执行次数达到最多迭代次数时，循环引用都会结束。

24.2　将单元格历次输入过的数值累加求和

示例 24-1　将单元格历次输入过的数值累加求和

如图 24-4 所示，需要将 A4 单元格历次输入过的数值累加求和，在 B4 单元格中显示累加结果。

首先在 Excel 选项中启用迭代计算，并设置最多迭代次数为 1，最大误差为 0.001。

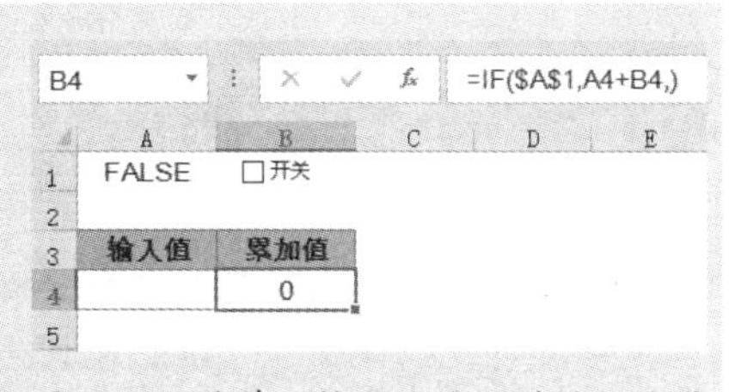

图 24-4　将单元格历次输入过的数值累加求和

从【开发工具】选项卡中单击【插入】，在表单控件菜单中选择【复选框】按钮，在 B1 单元格插入一个名为“复选框 1”复选框，如图 24-5 所示。

右键单击复选框，在扩展菜单中单击【编辑文字】，将按钮文字改为“开关”。再次右键单击复选框，在扩展菜单中单击【设置控件格式】，在弹出的【设置控件格式】对话框中单击【控制选项卡】，将单元格链接设为 A1 单元格，以此作为循环引用的开关，如图 24-6 所示。

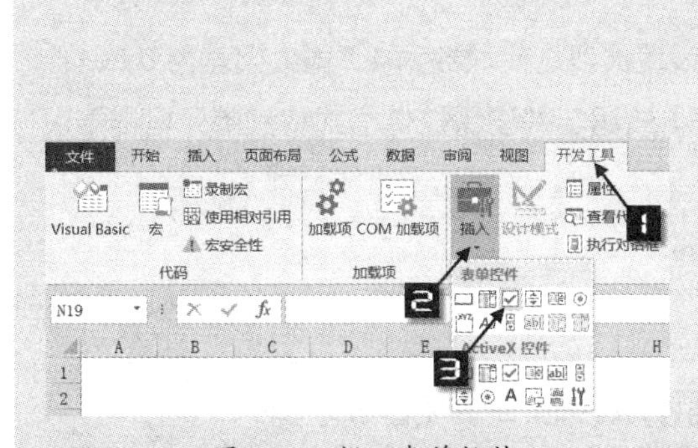

图 24-5　插入表单控件

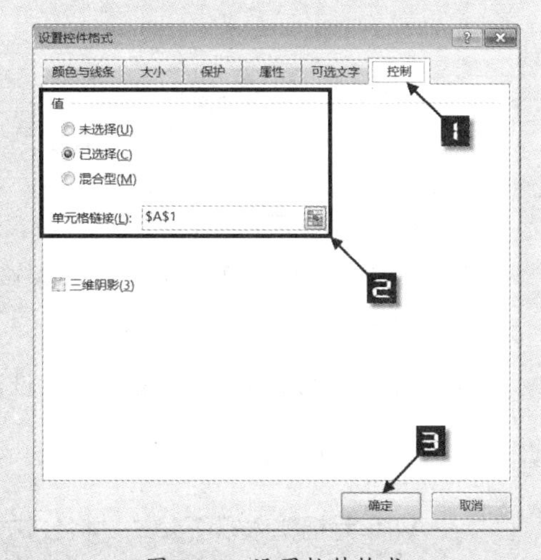

图 24-6　设置控件格式

在 B4 单元格输入以下公式。

```
=IF($A$1,A4+B4,)
```

公式利用 IF 函数实现当开关启动时，执行 A4+B4 的迭代计算，开关关闭时返回 0。当勾选开关后，在 A4 单元格中依次输入 1、2、3，B4 单元格会自动累加计算得到结果 6。

24.3　自动记录历史价格并提取最高价、最低价

示例 24-2　自动记录历史价格并提取最高价、最低价

如图 24-7 所示，用户需要实现在 C4 单元格输入价格时，能自动登记在 A 列的历史价格中，并在 D4 和 E4 单元格分别提取历史价格中的最高价、最低价。

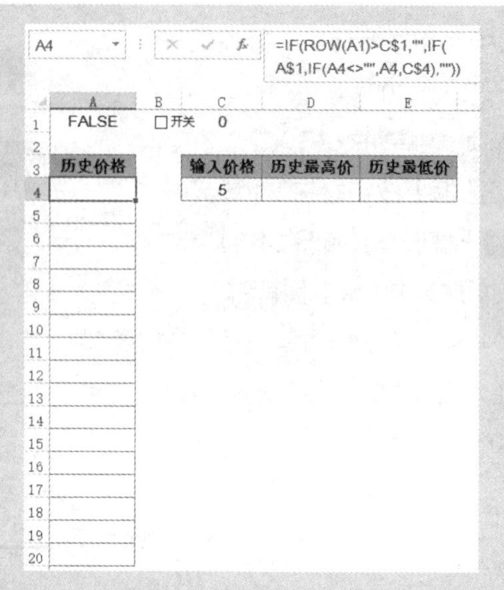

图 24-7　自动记录历史价格并提取最高价、最低价

首先在 Excel 选项中启用迭代计算，并设置最多迭代次数为 1，最大误差为 0.001。

从【开发工具】选项卡中插入【复选框】按钮，并设置控件格式将其单元格链接设为 A1 单元格。

在 C1 单元格输入以下公式，作为计数器。

```
=IF($A$1,C1+1,0)
```

在 A4 单元格输入以下公式，将公式复制到 A4:A20 单元格区域。

```
=IF(ROW(A1)>C$1,"",IF(A$1,IF(A4<>"",A4,C$4),""))
```

公式利用 IF 函数判断当公式所在行数超出计数器记录的迭代次数时，返回空值 ""，否则判断循环引用是否开启，如果开启，则判断当前单元格是否已有价格。如果已有价格则保持不变，否则记录 C4 单元格的价格。如果循环引用未开启，返回空文本 ""。

提取历史最高价、最低价，在 D4 和 E4 单元格分别输入以下两个公式。

```
=IF($A$1,MAX(C4,D4),"")
=IF($A$1,MIN(C4,E4),"")
```

当勾选开关后，C4 单元格输入的价格会自动登记在 A 列相应位置，并自动提取最高价、最低价。

24.4　自动记录操作时间

示例 24-3　自动记录操作时间

如图 24-8 所示，用户需要在 A 列填写操作记录时，B 列对应单元格能自动登记当前的操作时间内信息。

首先在 Excel 选项中启用迭代计算，并设置最多迭代次数为 1，最大误差为 0.001。

从【开发工具】选项卡中插入【复选框】按钮，并设置控件格式将其单元格链接设为 A1 单元格。

在 B4 单元格输入以下公式，将公式向下复制到 B13 单元格。

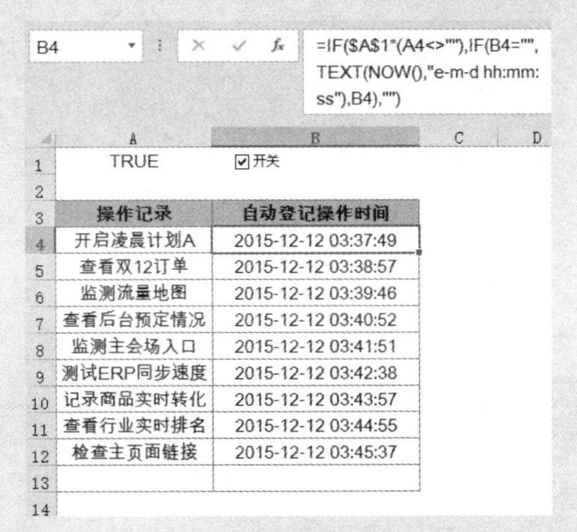

B4　=IF($A$1*(A4<>""),IF(B4="",TEXT(NOW(),"e-m-d hh:mm:ss"),B4),"")

	A	B	C	D
1	TRUE	☑开关		
2				
3	操作记录	自动登记操作时间		
4	开启凌晨计划A	2015-12-12 03:37:49		
5	查看双12订单	2015-12-12 03:38:57		
6	监测流量地图	2015-12-12 03:39:46		
7	查看后台预定情况	2015-12-12 03:40:52		
8	监测主会场入口	2015-12-12 03:41:51		
9	测试ERP同步速度	2015-12-12 03:42:38		
10	记录商品实时转化	2015-12-12 03:43:57		
11	查看行业实时排名	2015-12-12 03:44:55		
12	检查主页面链接	2015-12-12 03:45:37		
13				
14				

图 24-8　自动记录操作时间

```
=IF($A$1*(A4<>""),IF(B4="",TEXT(NOW(),"e-m-d hh:mm:ss"),B4),"")
```

勾选开关后，即可使 Excel 执行自动登记操作时间。

公式中的 $A$1*(A4<>"") 部分，表示同时判断循环引用的开关是否开启、A4 单元格是否非空这两个条件，当两个条件同时满足时返回 TRUE，最外层的 IF 函数执行第二个 IF 函数的迭代计算部分，当任一条件不满足则返回 FALSE，最外层的 IF 函数返回第三参数空文本 ""。

TEXT(NOW( ),"e-m-d hh:mm:ss") 部分，利用 NOW 函数返回当前时间，再利用 TEXT 函数使时间以需要的格式显示出来。

公式中的 IF(B4="",TEXT(NOW( ),"e-m-d hh:mm:ss"),B4) 部分，利用 IF 函数判断，如果 B4 单元格为空，则记录当前时间，否则保持原有单元格的值不变。

24.5　计算多元一次方程组

示例 24-4　计算多元一次方程组

Excel 的循环引用可以用于计算多元一次方程组，以二元一次方程组为例，二元一次方程组如下。

$$\begin{cases}2x+3y=33\\7y+5x=19\end{cases}$$

需要在 D4 和 D5 分别计算 *x* 值和 *y* 值，如图 24-9 所示。

首先在 Excel 选项中启用迭代计算，并设置最多迭代次数为 1，最大误差为 0.001。

	A	B	C	D	E
1	TRUE	☑开关			
2					
3	多元一次方程组		参数	计算结果	验证
4	2X+3Y=33		X	16.5	TRUE
5	7Y-5X=19		Y	14.5	TRUE

图 24-9　计算多元一次方程组

从【开发工具】选项卡中插入【复选框】按钮，并设置控件格式将其单元格链接设为 A1 单元格。

在 D4 单元格输入以下公式。

```
=IF($A$1,(33-3*D5)/2,0)
```

在 D5 单元格输入以下公式。

```
=IF($A$1,(19+5*D4)/7,0)
```

勾选开关后，即可使 Excel 执行迭代计算，返回一组 *x* 值和 *y* 值。

公式根据二元一次方程组中 *x* 和 *y* 的对应关系，将 *x* 值和 *y* 值分别代入公式迭代计算。

为了便于验证计算出来的 *x* 值和 *y* 值是否符合方程组要求，在 E4 和 E5 单元格输入公式分别验证。

```
=IF($A$1,2*D4+3*D5=33,"")
=IF($A$1,7*D5-5*D4=19,"")
```

两个单元格都返回 TRUE，表示 *x* 值和 *y* 值计算结果满足方程组要求。这组 *x* 值和 *y* 值可以满足方程组要求，但不一定是唯一的结果，如果公式继续迭代还可返回其他结果。

此例仅通过一次迭代计算即可得到正确结果，实际运用中设置的最多迭代次数可以根据需要求解的方程组复杂程度而定，如果无法返回满足条件的结果可以增大最多迭代次数。由于计算机的浮点运算，计算结果可能存在微小的误差。

24.6　将字符串逆序输出

示例 24-5　将字符串逆序输出

如图 24-10 所示，需要在 B 列将 A 列字符串按逆序输出。

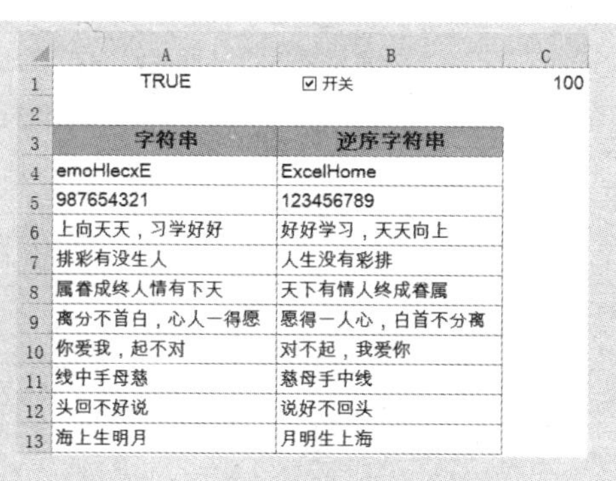

	A	B	C
1	TRUE	☑ 开关	100
2			
3	字符串	逆序字符串	
4	emoHlecxE	ExcelHome	
5	987654321	123456789	
6	上向天天，习学好好	好好学习，天天向上	
7	排彩有没生人	人生没有彩排	
8	属眷成终人情有下天	天下有情人终成眷属	
9	离分不首白，心人一得愿	愿得一人心，白首不分离	
10	你爱我，起不对	对不起，我爱你	
11	线中手母慈	慈母手中线	
12	头回不好说	说好不回头	
13	海上生明月	月明生上海	

图 24-10　将字符串逆序输出

首先在 Excel 选项中启用迭代计算，并设置最多迭代次数为 100，最大误差为 0.001。

从【开发工具】选项卡中插入【复选框】按钮，并设置控件格式将其单元格链接设为 A1 单元格。

在 C1 单元格输入以下公式，作为计数器。

```
=IF(A1,C1+1,0)
```

在 B4 单元格输入以下公式，将公式向下复制到 B13 单元格。

```
=IF($A$1*(A4<>""),B4&RIGHT(LEFT(A4,LEN(A4)-LEN(B4))),"")
```

勾选开关后，即可使 Excel 执行迭代计算。

将 $A$1*(A4<>"") 作为 IF 函数的第一参数，表示仅当循环引用开启且 A 列字符串不为空这两个条件同时满足时，执行逆序提取字符串。

公式中的 B4&RIGHT(LEFT(A4,LEN(A4)-LEN(B4))) 部分，利用几个文本函数实现从字符串右侧逐一提取单个字符，使用“&”依次连接其后逆序提取的字符直至左侧的首字符，从而实现了逆序提取字符串的功能。

此例设置的最多迭代次数为 100，表示可以逆序提取长度不超过 100 的字符串，如果实际工作中需要用到更长的字符串，需要加大最多迭代次数，否则无法返回正确结果。

24.7　限定花费下拆分礼品选购方案

示例 24-6　限定花费下拆分礼品选购方案

如图 24-11 所示，在限定 50 元花费时，根据 13 种礼物的单项花费，选择礼品选购方案。

	A	B	C	D
1	TRUE	☑ 开关	5000	50
2				
3	待选礼物	花费	选择否	
4	礼物1	1	0	
5	礼物2	2	2	
6	礼物3	3	3	
7	礼物4	4	4	
8	礼物5	5	0	
9	礼物6	6	0	
10	礼物7	7	0	
11	礼物8	8	8	
12	礼物9	9	9	
13	礼物10	10	0	
14	礼物11	11	11	
15	礼物12	12	0	
16	礼物13	13	13	
17	已选礼物金额合计：		50	

图 24-11　限定花费下拆分礼品选购方案

首先在Excel选项中启用迭代计算，并设置最多迭代次数为5000，最大误差为0.001。

从【开发工具】选项卡中插入【复选框】按钮，并设置控件格式将其单元格链接设为 A1 单元格。

在 C1 单元格输入以下公式，作为计数器。

```
=IF(A1,C1+1,0)
```

在 D1 单元格输入 50，作为各分项花费之和。

在 C4 单元格输入以下公式，将公式向下复制到 C16 单元格。

```
=IF($A$1,IF(SUM(C$4:C$16)=$D$1,C4,B4*RANDBETWEEN(0,1)),"")
```

勾选开关后，即可使 Excel 执行迭代计算。

公式中的 SUM(C$4:C$16)=$D$1 部分，用于判断 C 列的已选择方案的分项花费之和是否等于总花费要求的 50 元。

B4*RANDBETWEEN(0,1) 部分，利用 RANDBETWEEN 函数随机生成 0 或 1，得到对应 B 列的花费金额或 0。

利用 IF 函数进行条件判断，如果各分项花费之和等于 50，保持 C 列的值不变，否则重新随机选择各礼品项，继续进行迭代计算判断，直至返回满足条件的结果。

24.8　单元格中显示同名次的并列姓名

示例 24-7　单元格中显示同名次的并列姓名

图 24-12 展示的是某班级的考试成绩表，需要单元格中显示同名次的并列姓名。

定义名称：name。

```
=Sheet1!$A$4:$A$18
```

定义名称：data。

```
=Sheet1!$B$4:$B$18
```

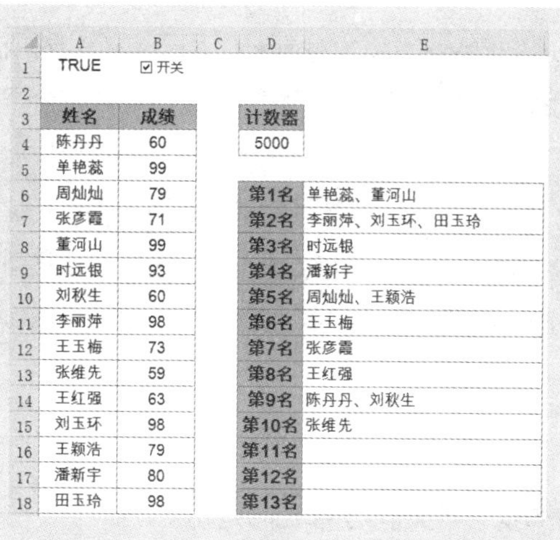

	A	B	C	D	E
1	TRUE	☑开关			
2					
3	姓名	成绩		计数器	
4	陈丹丹	60		5000	
5	单艳蕊	99			
6	周灿灿	79		第1名	单艳蕊、董河山
7	张彦霞	71		第2名	李丽萍、刘玉环、田玉玲
8	董河山	99		第3名	时远银
9	时远银	93		第4名	潘新宇
10	刘秋生	60		第5名	周灿灿、王颖浩
11	李丽萍	98		第6名	王玉梅
12	王玉梅	73		第7名	张彦霞
13	张维先	59		第8名	王红强
14	王红强	63		第9名	陈丹丹、刘秋生
15	刘玉环	98		第10名	张维先
16	王颖浩	79		第11名	
17	潘新宇	80		第12名	
18	田玉玲	98		第13名	

图 24-12　单元格中显示同名次的并列姓名

在 Excel 选项中启用迭代计算，并设置最多迭代次数为 100，最大误差为 0.001。

从【开发工具】选项卡中插入【复选框】按钮，并设置控件格式将其单元格链接设为 A1 单元格。

在 D4 单元格输入以下公式，作为计数器。

```
=IF(A1,D4+1,0)
```

在 E6 单元格输入以下公式，向下填充至 E18 单元格。

```
=IFERROR(IF($D$4>COUNTA(name),E6,IF($A$1,E6&IF(INDEX(data,$D$4)=LARGE
(IF(FREQUENCY(data,data),data),ROW(A1)),IF(E6<>"","、",""))&INDEX(name,
$D$4),""),"")),"")
```

勾选开关后，即可使 Excel 执行迭代计算。

公式中的 $D$4>COUNTA(name) 部分，用于判断计数器中显示的迭代计算次数是否大于班级中的成绩个数。

FREQUENCY(data，data) 部分，利用 FREQUENCY 函数判断 data 中的每个成绩是否首次出现，如果是首次出现返回其出现个数，否则返回 0。得到一个由首次出现的成绩个数与 0 构成的数组。

```
{2;2;2;1;0;1;0;3;1;1;1;0;0;1;0;0}
```

公式中的 IF(FREQUENCY(data,data),data) 部分，利用 IF 函数构建一个由首次出现的成绩和 FALSE 构成的数组。

```
{60;99;79;71;FALSE;93;FALSE;98;73;59;63;FALSE;FALSE;80;FALSE;FALSE}
```

利用 LARGE 函数随着公式向下复制，依次提取这个数组中的第 1、2、3…*n* 大的值。

INDEX(data,$D$4) 部分，随着 $D$4 单元格的计数器从 1 递增至班级成绩的最大个数，利用 INDEX 函数依次提取每个成绩。

IF(E6<>"","、","") 部分，用于判断公式所在单元格内是否已有姓名，如果已有姓名，则在后续使用顿号“、”继续连接下一个符合要求的成绩，否则返回空文本 ""。

将每个成绩与班级成绩中的最大值相比，如果相等，返回对应的姓名，否则返回空文本 ""。每次得到符合要求的姓名时，在写入单元格之前时，先判断原单元格是否已有姓名，如果已有提取的姓名则使用顿号“、”连接新提取到的姓名，依此类推遍历班级内的每一个成绩进行迭代计算。不满足条件的成绩返回空文本，不影响显示。

24.9 模拟角谷猜想

示例 24-8 模拟角谷猜想

角谷猜想，又称为冰雹猜想，由日本的角谷静夫提出，只要依照两条极简单的规则，可以对任何一个自然数进行变换，最终使它陷入“4-2-1”的死循环。

任意选一个自然数 N，规则如下。

如果 N 为奇数，就进行运算 N*3+1。

如果 N 为偶数，就进行运算 N/2。

不断重复这样的运算，一定可以得到 1。

现在需要在 Excel 中模拟角谷猜想，将输入的自然数的变换过程及结果展示出来，如图 24-13 所示。

在 Excel 选项中启用迭代计算，并设置最多迭代次数为 100，最大误差为 0.001。

从【开发工具】选项卡中插入【复选框】按钮，并设置控件格式将其单元格链接设为 A1 单元格。

B7 =IF(B$2<ROW(A1),"",IF(B7="",B$4,B7))

	A	B
1	TRUE	☑ 开关
2	计数器：	17
3	输入自然数N：	88
4	计算结果：	1
5		
6	分步计数器	分步运算结果
7	1	44
8	2	22
9	3	11
10	4	34
11	5	17
12	6	52
13	7	26
14	8	13
15	9	40
16	10	20
17	11	10
18	12	5
19	13	16
20	14	8
21	15	4
22	16	2
23	17	1

图 24-13 模拟角谷猜想

在 B2 单元格输入以下公式，作为计数器。

```
=IF(A1,IF(B4=1,B2,B2+1),0)
```

在 B3 单元格输入要进行角谷猜想的自然数 N，例如 88。

在 B4 单元格输入以下公式，计算角谷猜想的最后结果：

```
=IF($A$1,IF(B4=1,B4,IF(MOD(B4,2),3*B4+1,B4/2)),B3)
```

公式利用 MOD 函数对 2 求余数，来判定自然数的奇偶。如果 MOD 函数返回 1，

则判定为奇数，执行 3*N+1 运算，否则判定为偶数，执行 N/2 运算。

在 A7 单元格输入以下公式，向下复制到 A106 单元格，显示分步计数器。

```
=IF(B$2<ROW(A1),"",IF(A7="",B$2,A7))
```

在 B7 单元格输入以下公式，向下复制到 B106 单元格，显示分步运算结果。

```
=IF(B$2<ROW(A1),"",IF(B7="",B$4,B7))
```

公式利用 ROW 函数返回 A1 单元格的行号的算法，当公式向下复制时从 1 依次变为 2、3、…、n。

公式中的 B$2<ROW(A1) 部分，用于判断当公式复制的位置行号不超过计数器时，返回迭代计算的过程值，否则返回空文本 ""。

=IF(B7="",B$4,B7) 部分，用于判断当公式所在单元格已有提取到的数据时，保持原有数据不变，否则返回 B$4 单元格的分步计算结果。

第 25 章　条件筛选技术

实际工作中经常需要对原始数据进行条件筛选，Excel 提供了丰富的条件筛选功能，如筛选、高级筛选、数据透视表筛选、VBA 编程筛选等。本章主要介绍 Excel 使用函数与公式进行条件筛选的技术。函数与公式的优势在于一旦设定好，公式会自行对数据进行条件筛选从而返回结果，数据源变动时公式结果也能同步更新，处理数据表时避免了重复的手动操作，提高工作效率。

本章学习要点

（1）单条件、多条件筛选技术。

（2）单条件、多条件下提取不重复值技术。

（3）比对并提取单列、多列区域的差异记录技术。

25.1　提取不重复值

25.1.1　对单字段不重复提取数据表记录

示例 25-1　对单字段不重复提取数据表记录

图 25-1 展示的是某企业的销售记录表，其中包含不同业务员销售产品的数据，现在需要按照 A 列的产品提取不重复记录。

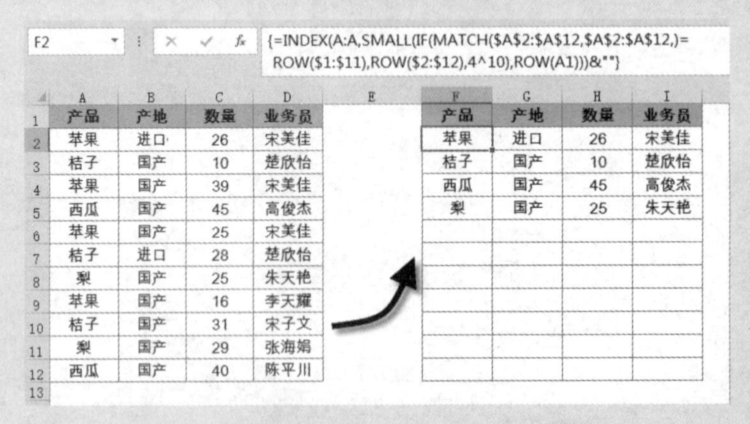

	A	B	C	D
1	产品	产地	数量	业务员
2	苹果	进口	26	宋美佳
3	桔子	国产	10	楚欣怡
4	苹果	国产	39	宋美佳
5	西瓜	国产	45	高俊杰
6	苹果	国产	25	宋美佳
7	桔子	进口	28	楚欣怡
8	梨	国产	25	朱天艳
9	苹果	国产	16	李天耀
10	桔子	国产	31	宋子文
11	梨	国产	29	张海娟
12	西瓜	国产	40	陈平川

	F	G	H	I
1	产品	产地	数量	业务员
2	苹果	进口	26	宋美佳
3	桔子	国产	10	楚欣怡
4	西瓜	国产	45	高俊杰
5	梨	国产	25	朱天艳

图 25-1　对单字段不重复提取数据表记录

方法 1：在 F2 单元格输入以下数组公式，按 <Ctrl+Shift+Enter> 组合键，将公式复制到 F2:I12 单元格区域。

```
{=INDEX(A:A,SMALL(IF(MATCH($A$2:$A$12,$A$2:$A$12,)=ROW($1:$11),ROW(
$2:$12),4^10),ROW(A1)))&""}
```

要按照产品提取不重复记录，思路是提取产品首次出现的行号，将后续重复出现的行号忽略，再引用数据表中该行所包含的数据。

公式中的 MATCH($A$2:$A$12,$A$2:$A$12,) 部分，利用 MATCH 函数分别提取 $A$2:$A$12 中的每一个单元格数据在 $A$2:$A$12 单元格区域的位置，返回数组 { 1;2;1;4;1;2;7;1;2;7;4 } 。数组中的每个元素，标识着当前产品在 $A$2:$A$12 单元格区域首次出现的位置。

ROW($1:$11) 部分，利用 ROW 函数构建一个从 1 ~ 11 的自然数构成的数组，即 { 1;2;3;4;5;6;7;8;9;10;11 } 。

MATCH($A$2:$A$12,$A$2:$A$12,)=ROW($1:$11) 部分，将两个数组中的元素一一对比，返回一个由逻辑值 TRUE 和 FALSE 构成的数组。

```
{TRUE;TRUE;FALSE;TRUE;FALSE;FALSE;TRUE;FALSE;FALSE;FALSE;FALSE}
```

数组中的 TRUE 表示产品在 $A$2:$A$12 首次出现。

IF(MATCH($A$2:$A$12,$A$2:$A$12,)=ROW($1:$11),ROW($2:$12),4^10) 部分，利用 IF 函数判断如果产品是首次出现，则返回对应的行号，否则返回一个较大的数值 4^10，即 1048576。得到一个由不重复产品所在行号和 1048576 构成的数组。

```
{2;3;1048576;5;1048576;1048576;8;1048576;1048576;1048576;1048576}
```

将这个数组作为 SMALL 函数的第一参数，分别提取第 1,2,3…*n* 个最小值，即不重复的产品所在的行号。

将 ROW(A1) 作为 SMALL 函数的第二参数，用于当公式向下复制时，自动从 1 变为 2,3,…,*n*，最后用 INDEX 函数从指定列中按照提取出来的行号进行引用，返回对应数据。

方法 2：在 K2 单元格输入以下数组公式，按 <Ctrl+Shift+Enter> 组合键，将公式复制到 K2:N12 单元格区域。

```
{=IFERROR(INDEX(A:A,MATCH(0,COUNTIF($K$1:$K1,$A$2:$A$12),)+1),"")}
```

公式中的 COUNTIF($K$1:$K1,$A$2:$A$12) 部分，利用 COUNTIF 函数在公式所在位置上方的单元格区域中，分别查找 $A$2:$A$12 单元格区域每个数据的个数。COUNTIF 函数的第一参数 $K$1:$K1 利用绝对引用和相对引用，用于当公式向下复制时，查找区域依次变为 $K$1:$K2,$K$1:$K3,…,$K$1:$K11。COUNTIF 函数返回一个由 0 和 1 构成的数组，其中 0 表示是首次出现的数据，1 表示对应位置的产品在公式上方出现过，即重复数据。

公式中的 MATCH(0,COUNTIF($K$1:$K1,$A$2:$A$12),) 部分，利用 MATCH 函数在 COUNTIF 函数返回的数组中查找 0，即查找首次出现的数据所在的位置，得到一个数字。由于数据表的标题行占了 1 行，将这个数字加 1 就是需要提取的不重复数据在数据表中列的位置。

再利用 INDEX 函数，根据行号引用对应位置上的数据。当公式复制的区域超出不重复数据的个数时，INDEX 函数返回错误值 #N/A，最后利用 IFERROR 函数，将返回的错误值转换为空文本 ""。

方法 3：在 P2 单元格输入以下数组公式，按 <Ctrl+Shift+Enter> 组合键，将公式复制到 P2:S12 单元格区域。

```
{=INDEX(A:A,MIN(IF(COUNTIF($P$1:$P1,$A$2:$A$12),4^10,ROW($2:$12))))&""}
```

公式中的 IF(COUNTIF($P$1:$P1,$A$2:$A$12),4^10,ROW($2:$12)) 部分，表示当数据为首次出现时，返回其对应的行号，否则返回一个很大的数值 4^10，即 1048576。以 P2 单元格为例，返回内存数组结果如下。

```
{2;3;4;5;6;7;8;9;10;11;12}
```

为 P3 单元格为例，返回内存数组结果如下：

```
{1048576;3;1048576;5;1048576;7;8;1048576;10;11;12}。
```

利用 MIN 函数从这个数组中提取最小值，即首次出现的数据所在的行号。最后用 INDEX 函数引用这个行号上对应的数据。

25.1.2 对多字段不重复提取数据表记录

示例 25-2 对多字段不重复提取数据表记录

图 25-2 展示的是某企业的销售记录表，其中包含不同业务员销售产品的数据，现在需要按照“产品”和“产地”提取不重复记录。

在 F2 单元格输入以下数组公式，按 <Ctrl+Shift+Enter> 组合键，将公式复制到 F12:I12 单元格区域。

```
{=INDEX(A:A,SMALL(IF(MATCH($A$2:$A$12&$B$2:$B$12,$A$2:$A$12&$B$2:$B$12,)=ROW($1:$11),ROW($2:$12),4^10),ROW(A1)))&""}
```

要同时考虑两个条件判定不重复值，可以先将两个条件合并在一起作为一个条件再继续判定。

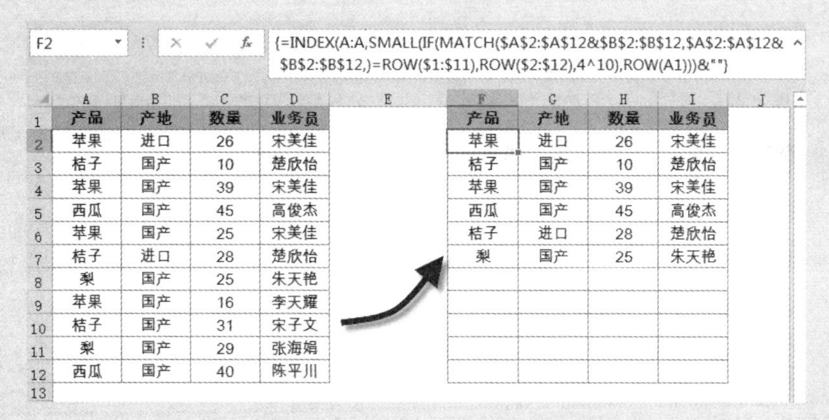

F2 {=INDEX(A:A,SMALL(IF(MATCH($A$2:$A$12&$B$2:$B$12,$A$2:$A$12&$B$2:$B$12,)=ROW($1:$11),ROW($2:$12),4^10),ROW(A1)))&""}

	A	B	C	D
1	产品	产地	数量	业务员
2	苹果	进口	26	宋美佳
3	桔子	国产	10	楚欣怡
4	苹果	国产	39	宋美佳
5	西瓜	国产	45	高俊杰
6	苹果	国产	25	宋美佳
7	桔子	进口	28	楚欣怡
8	梨	国产	25	朱天艳
9	苹果	国产	16	李天耀
10	桔子	国产	31	宋子文
11	梨	国产	29	张海娟
12	西瓜	国产	40	陈平川

	F	G	H	I
1	产品	产地	数量	业务员
2	苹果	进口	26	宋美佳
3	桔子	国产	10	楚欣怡
4	苹果	国产	39	宋美佳
5	西瓜	国产	45	高俊杰
6	桔子	进口	28	楚欣怡
7	梨	国产	25	朱天艳

图 25-2 对多字段不重复提取数据表记录

公式中的 $A$2:$A$12&$B$2:$B$12 部分，使用“&”将需要同时判断的两个条件 $A$2:$A$12 和 $B$2:$B$12 连接，MATCH 函数的第二参数也同理。

公式中的其他部分在 25.1.1 小节已有解析，此处不再赘述。

25.1.3 在筛选状态下按条件提取不重复值

示例 25-3 在筛选状态下按条件提取不重复值

图25-3展示的某企业的销售信息表，其中包括不同品牌下多种型号产品的销售信息。

	A	B	C	D	E	F	G
1	品牌	型号	进价	售价	数量	销售额	利润
2	夏新	A90	850	1500	56	84,000	36,400
3	东信	EG835	1029	1470	45	66,150	19,845
4	TCL	施耐德U3	980	1400	45	63,000	18,900
5	科健	K508	813	1162	42	48,804	14,658
6	科健	K269	735	1050	32	33,600	10,080
7	南方高科	V16	826	1180	29	34,220	10,266
8	首信	C6388	1050	1500	26	39,000	11,700
9	三星	K360	1200	1800	26	46,800	15,600
10	首信	C6088A+	890	1272	25	31,800	9,550
11	首信	C5168	875	1250	24	30,000	9,000
12	东信	EG888C	760	1099	23	25,277	7,797
13	TCL	2,188	924	1320	23	30,360	9,108
14	西门子	2,128	1100	1600	20	32,000	10,000
15	三星	K320	960	1300	20	26,000	6,800
16	摩托罗拉	C480	1100	1480	20	29,600	7,600
17	夏新	B90	1800	2689	16	43,024	14,224
18	东信	EG868	1050	1500	15	22,500	6,750
19	夏新	B60	1200	1620	12	19,440	5,040
20	三星	K480	1600	2400	9	21,600	7,200
21							

图 25-3 销售信息表

为了便于管理者了解主要品牌的销售情况，在销售记录表中筛选出销售额大于 3 万元的数据，如图 25-4 所示。现在需要在筛选状态下提取销售额大于 3 万元的不重复品牌名称。

A23 {=INDEX(A:A,SMALL(IF(IFERROR(MATCH(A$2:A$20,IF(SUBTOTAL(3,OFFSET(A$1,ROW($1:$19),)),A$2:A$20),0)=ROW($1:$19),0),ROW($2:$20),4^10),ROW(A1)))&""}

	A	B	C	D	E	F	G
1	品牌	型号	进价	售价	数量	销售额	利润
2	夏新	A90	850	1500	56	84,000	36,400
3	东信	EG835	1029	1470	45	66,150	19,845
4	TCL	施耐德U3	980	1400	45	63,000	18,900
5	科健	K508	813	1162	42	48,804	14,658
6	科健	K269	735	1050	32	33,600	10,080
7	南方高科	V16	826	1180	29	34,220	10,266
8	首信	C6388	1050	1500	26	39,000	11,700
9	三星	K360	1200	1800	26	46,800	15,600
10	首信	C6088A+	890	1272	25	31,800	9,550
13	TCL	2,188	924	1320	23	30,360	9,108
14	西门子	2,128	1100	1600	20	32,000	10,000
17	夏新	B90	1800	2689	16	43,024	14,224
21							
22	不重复品牌						
23	夏新						
24	东信						
25	TCL						
26	科健						
27	南方高科						
28	首信						
29	三星						
30	西门子						

图 25-4 在筛选状态下按条件提取不重复值

方法 1：在 A23 单元格输入以下数组公式，按 <Ctrl+Shift+Enter> 组合键，将公式向下复制到 A30 单元格。

```
{=INDEX(A:A,SMALL(IF(IFERROR(MATCH(A$2:A$20,IF(SUBTOTAL(3,OFFSET(
A$1,ROW($1:$19),)),A$2:A$20),0)=ROW($1:$19),0),ROW($2:$20),4^10),ROW
(A1)))&""}
```

要在筛选状态下提取不重复值，解决思路可以分为两步。

（1）判断是否为筛选后显示的单元格。

（2）判断是否为不重复值。

利用 SUBTOTAL 函数可以判断当前行是否处在筛选状态，再利用 MATCH 函数配合 IF 函数和 ROW 函数判断是否为不重复值。

公式中的 OFFSET(A$1,ROW($1:$19),) 部分，先使用 ROW($1:$19) 生成从 1 ~ 19 的自然数构成的内存数组，再利用 OFFSET 函数以 A$1 为起始点，向下依次偏移 1,2,3,…,19 行进行引用，返回一个由 A2:A20 单元格区域中每个单元格为元素的内存数组。

```
{"夏新";"东信";"TCL";"科健";……;"东信";"夏新";"三星"}
```

SUBTOTAL(3,OFFSET(A$1,ROW($1:$19),)) 部分，利用 SUBTOTAL 函数第一参数设为 3，等同于 COUNTA 函数功能，对 OFFSET 函数返回的多维单元格区域，依次统计其中非空单元格个数。以 A23 单元格所在公式为例，SUBTOTAL 函数返回数组如下。

```
{1;1;1;1;1;1;1;1;1;0;0;1;1;0;0;1;0;0;0}
```

数组元素中的 1 表示筛选后显示的单元格，0 表示筛选后隐藏的单元格。

IF(SUBTOTAL(3,OFFSET(A$1,ROW($1:$19),)),A$2:A$20) 部分，利用 IF 函数实现当筛选后的行显示时，返回 A$2:A$20 单元格中对应的数据，否则返回逻辑值 FALSE。得到一个由显示的单元格和 FALSE 构成的数组，以 A23 单元格为例，结果如下。

```
{"夏新";……;FALSE;FALSE;"TCL";"西门子";FALSE;FALSE;"夏新";FALSE;FALSE;FALSE}
```

利用 MATCH 函数将 A$2:A$20 中的每个单元格，提取其在上面数组中的位置，得到一个由数字和错误值 #N/A 构成的数组。

```
{1;2;3;4;4;6;7;8;7;7;2;3;13;8;#N/A;1;2;1;8}
```

这个数组中的数字表示 A$2:A$20 的每个单元格在 IF 函数返回的数组中首次出现的位置，错误值 #N/A 表示该单元格在筛选中被隐藏。

将这个数组与 ROW($1:$19) 返回的数组中的元素一一比对，返回一个由逻辑值 TRUE、FALSE 和错误值 #N/A 构成的数组。其中的 TRUE 表示该单元格同时满足首次出现且筛选后显示这两个条件，FALSE 表示该单元格不是首次出现，错误值 #N/A 表示该单元格在筛选中被隐藏。

利用 IFERROR 函数将这个数组中的错误值转换为 0，返回一个由逻辑值 TRUE、FALSE 和 0 构成的数组。

```
{TRUE;TRUE;TRUE;TRUE;FALSE;……;FALSE;0;FALSE;FALSE;FALSE;FALSE}
```

将这个数组作为 IF 函数的第一参数，当 TRUE 时返回数组 ROW($2:$20) 对应的数值作为行号，否则返回一个较大的数值 4^10 作为行号，得到以下数组。

```
{2;3;4;5;1048576;……;1048576;1048576;1048576;1048576;1048576;1048576}
```

这个数组中小于 1048576 的数字则代表满足条件的数据所在的行号，再利用 SMALL 函数依次提取这个数组中的第 1,2,3,…,*n* 个值。

利用 INDEX 函数以 SMALL 函数的结果作为索引值返回 A 列对应行中的引用，公式最后使用 &"" 连接空文本是为了当公式所在位置超过不重复数据的个数时，结果显示空。

方法 2：选定 A23:A30 的单元格区域，输入以下多单元格区域数组公式，按 <Ctrl+Shift+Enter> 组合键。

```
{=OFFSET(A1,SMALL(IF((IFERROR(MATCH(A2:A20,IF(SUBTOTAL(3,OFFSET(A1,
ROW(1:19),)),A2:A20),),)=ROW(1:19)),ROW(1:19),4^10),ROW(1:9)),)&""}
```

此种方法的条件筛选和提取技术的思路跟方法一相似。公式中使用 ROW(1:9) 作为 SMALL 函数的第二参数，是为了依次提取符合条件的多个单元格数据，其中的 9 需要大于等于符合条件的个数。

25.2 提取差异记录

25.2.1 比对并提取两个单列数据的差异记录

示例 25-4 比对并提取两个单列数据的差异记录

图 25-5 展示的是需要比对的两列数据 a 和 b，两列数据中既有相同的数据又有不同的数据，需要分别提取。

（1）a 中有但 b 中没有的数据。

（2）b 中有但 a 中没有的数据。

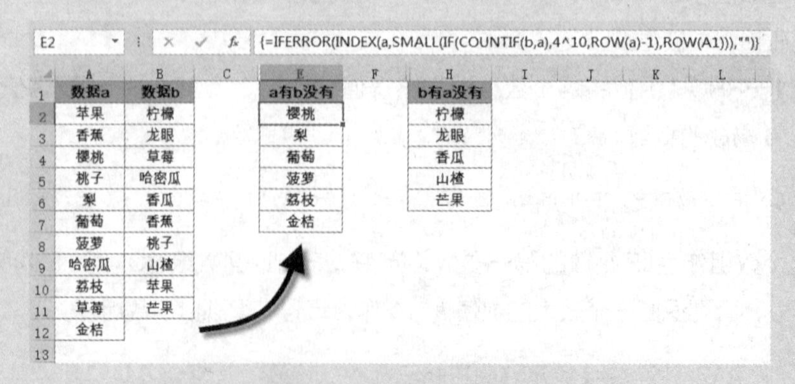

图 25-5 比对并提取两个单列数据的差异记录

1. 提取 a 中有但 b 中没有的数据

为了便于输入公式并使公式适用于后期数据扩展后，公式结果可以自动更新，先定义两个名称。

创建名称 a，公式如下。

```
=OFFSET(Sheet1!$A$2,,,COUNTA(Sheet1!$A:$A)-1)
```

名称 a 表示从 A2 到 A 列最后一个非空单元格之间的连续区间，可以随着数据源的增减而自动更新引用的单元格区域范围。

用同样方法创建名称 b，公式如下。

```
=OFFSET(Sheet1!$B$2,,,COUNTA(Sheet1!$B:$B)-1)
```

名称 b 与 a 相似，可以随 B 列数据源变动而相应更新其引用范围，如图 25-6 所示。

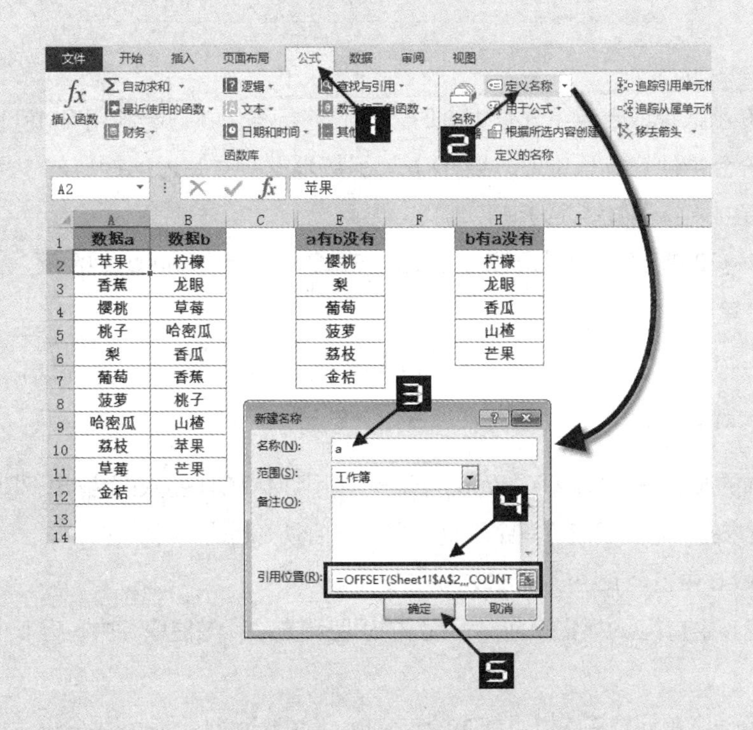

图 25-6　定义名称

创建完成后检查两个名称，可以从名称管理器中查看，如图 25-7 所示。

方法 1：E2 单元格输入以下数组公式，按 <Ctrl+Shift+Enter> 组合键，将公式向下复制到 E12 单元格。

```
{=IFERROR(INDEX(a,SMALL(IF(COUNTIF(b,a),4^10,ROW(a)-1),ROW(A1))),"")}
```

公式中的 COUNTIF(b,a) 部分，利用 COUNTIF 函数在 b 列中依次查找 a 列每个单元格的个数，返回一个由数值构成的数组，其中大于 0 的，表示该数据在 a 和 b 中都有，0 的位置表示在 b 列里没有，即需要提取的数据。

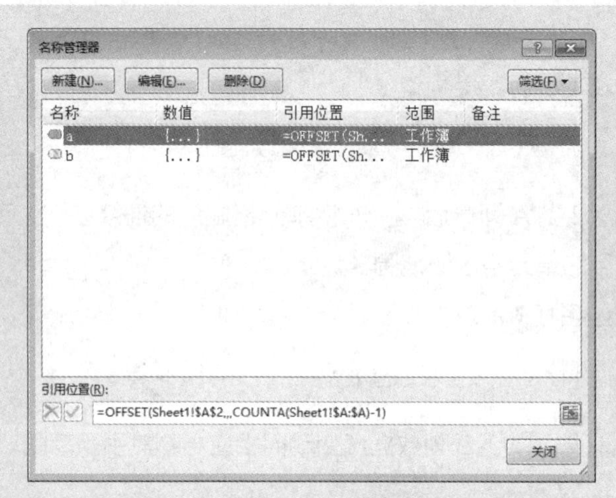

图 25-7　名称管理器查看名称

利用 IF 函数提取数组中元素为 0 时，对应的行号位置。再利用 SMALL 函数依次提取这些符合条件的行号位置。用 INDEX 函数根据行号，返回相应的引用。最后用 IFERROR 函数将错误值转换为空文本 ""。

方法 2：E2 单元格输入以下数组公式，按 <Ctrl+Shift+Enter> 组合键，将公式向下复制到 E12 单元格。

```
{=IFERROR(INDEX(a,SMALL(IF(ISERROR(MATCH(a,b,)),ROW(a)-1,4^10),ROW(A1))),"")}
```

公式中的 ISERROR(MATCH(a,b,)) 部分，利用 MATCH 函数配合 ISERROR 函数实现了符合要求的行号的提取，其余思路与方法一相似，此处不再赘述。

2. 提取 b 中有但 a 中没有的数据

要提取 b 中有但 a 中没有的数据用到的思路和方法，与提取 a 中有但 b 中没有的数据相似。

方法 1：H2 单元格输入以下数组公式，按 <Ctrl+Shift+Enter> 组合键，将公式向下复制到 H12 单元格。

```
{=IFERROR(INDEX(b,SMALL(IF(COUNTIF(a,b),4^10,ROW(b)-1),ROW(A1))),"")}
```

方法 2：H2 单元格输入以下数组公式，按 <Ctrl+Shift+Enter> 组合键，将公式向下复制到 H12 单元格。

```
{=IFERROR(INDEX(b,SMALL(IF(ISERROR(MATCH(b,a,)),ROW(b)-1,4^10),ROW(A1))),"")}
```

25.2.2　比对并提取两个多列区域的差异记录

示例 25-5　比对并提取两个多列区域的差异记录

图 25-8 中 A1:C12 单元格区域是数据表 1，E1:G10 单元格区域是数据表 2，需要使用公式分别提取。

（1）数据表 1 中包含但数据表 2 中没有的记录。

（2）数据表 2 中包含但数据表 1 中没有的记录。

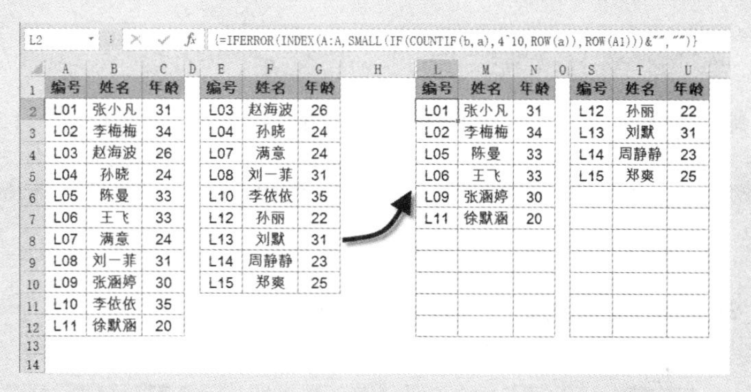

L2　{=IFERROR(INDEX(A:A,SMALL(IF(COUNTIF(b,a),4^10,ROW(a)),ROW(A1)))&"","")}

	A	B	C	D	E	F	G	H	L	M	N	O	S	T	U
1	编号	姓名	年龄		编号	姓名	年龄		编号	姓名	年龄		编号	姓名	年龄
2	L01	张小凡	31		L03	赵海波	26		L01	张小凡	31		L12	孙丽	22
3	L02	李梅梅	34		L04	孙晓	24		L02	李梅梅	34		L13	刘默	31
4	L03	赵海波	26		L07	满意	24		L05	陈曼	33		L14	周静静	23
5	L04	孙晓	24		L08	刘一菲	31		L06	王飞	33		L15	郑爽	25
6	L05	陈曼	33		L10	李依依	35		L09	张涵婷	30				
7	L06	王飞	33		L12	孙丽	22		L11	徐默涵	20				
8	L07	满意	24		L13	刘默	31								
9	L08	刘一菲	31		L14	周静静	23								
10	L09	张涵婷	30		L15	郑爽	25								
11	L10	李依依	35												
12	L11	徐默涵	20												
13															
14															

图 25-8　比对并提取两个多列区域的差异记录

首先创建名称 a，公式如下。

```
=OFFSET(Sheet1!$A$2,,,COUNTA(Sheet1!$A:$A)-1)
```

创建名称 b，公式如下。

```
=OFFSET(Sheet1!$E$2,,,COUNTA(Sheet1!$E:$E)-1)
```

1．提取数据表 1 中包含但数据表 2 中没有的记录

方法 1：在 L2 单元格输入以下数组公式，按 <Ctrl+Shift+Enter> 组合键，将公式复制到 L12:N12 单元格区域。

```
{=IFERROR(INDEX(A:A,SMALL(IF(COUNTIF(b,a),4^10,ROW(a)),ROW
(A1)))&"","")}
```

公式中的 SMALL(IF(COUNTIF(b,a),4^10,ROW(a)),ROW(A1)) 部分，利用 COUNTIF 函数在 b 区域中依次统计 a 区域中每个单元格的数量，配合 IF 函数提取 a 中有但 b 中没有的数据所在的行，再利用 SMALL 函数依次提取这些行号。

最后用 INDEX 函数引用这些行号上的数据，利用 IFERROR 函数消除错误值。

公式向右复制时，M 列和 N 列 INDEX 函数的第一参数自动变为 B:B 和 C:C，即从数据表 1 的姓名和年龄中提取符合要求的记录。

方法 2：将方法 1 中的数组公式更换为以下数组公式。

```
{=IFERROR(INDEX(A:A,SMALL(IF(ISERROR(MATCH(a,b,)),ROW(a),4^10),ROW(A1)))&"","")}
```

此公式的条件筛选原理在示例 25-4 中已有解析，不再赘述。

2. 提取数据表 2 中包含但数据表 1 中没有的记录

方法 1：在 S2 单元格输入以下数组公式，按 <Ctrl+Shift+Enter> 组合键，将公式向下复制到 S12:U12 单元格区域。

```
{=IFERROR(INDEX(E:E,SMALL(IF(COUNTIF(a,b),4^10,ROW(b)),ROW(A1)))&"","")}
```

方法 2：将方法 1 的数组公式变更为以下数组公式。

```
{=IFERROR(INDEX(E:E,SMALL(IF(ISERROR(MATCH(b,a,)),ROW(b),4^10),ROW(A1)))&"","")}
```

25.2.3 按单字段单条件提取多列数据记录

示例 25-6 按单字段单条件提取多列数据记录

图 25-9 展示的是某企业的销售记录表，需要提取产品为苹果的数据表区域的多列记录。

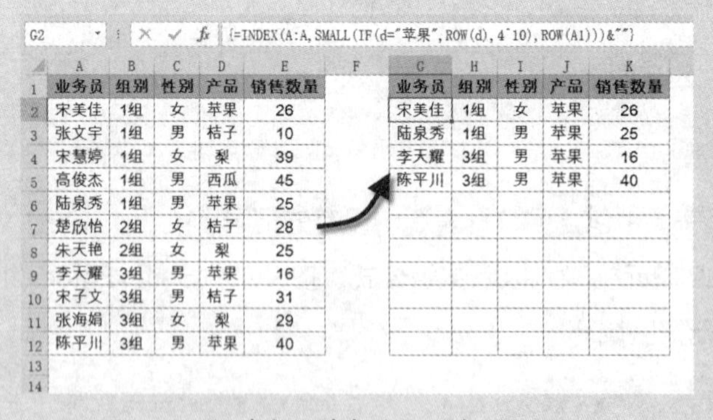

业务员	组别	性别	产品	销售数量
宋美佳	1组	女	苹果	26
张文宇	1组	男	桔子	10
宋慧婷	1组	女	梨	39
高俊杰	1组	男	西瓜	45
陆泉秀	1组	男	苹果	25
楚欣怡	2组	女	桔子	28
朱天艳	2组	女	梨	25
李天耀	3组	男	苹果	16
宋子文	3组	男	桔子	31
张海娟	3组	女	梨	29
陈平川	3组	男	苹果	40

业务员	组别	性别	产品	销售数量
宋美佳	1组	女	苹果	26
陆泉秀	1组	男	苹果	25
李天耀	3组	男	苹果	16
陈平川	3组	男	苹果	40

图 25-9 按单字段单条件提取多列数据记录

创建名称 d，公式如下。

```
=OFFSET(Sheet1!$D$2,,,COUNTA(Sheet1!$D:$D)-1)
```

在 G2 单元格输入以下数组公式，按 <Ctrl+Shift+Enter> 组合键，将公式复制到 G12:K12 单元格区域。

```
{=INDEX(A:A,SMALL(IF(d="苹果",ROW(d),4^10),ROW(A1)))&""}
```

25.2.4　按单字段多个“或”条件提取多列数据记录

示例 25-7　按单字段多个“或”条件提取多列数据记录

图 25-10 展示的是某企业的销售记录表，需要提取产品为苹果或桔子的数据表区域的多列记录。

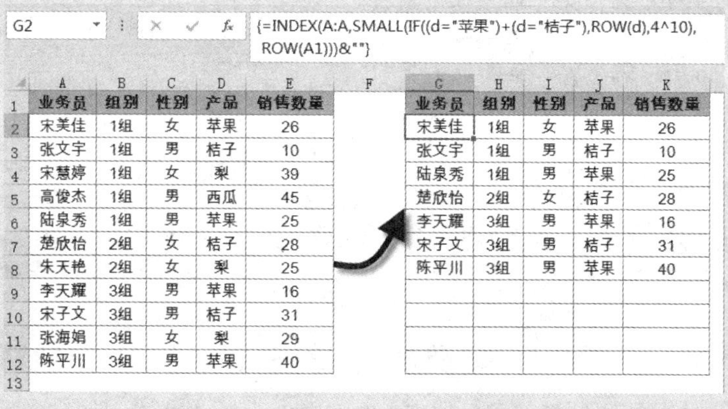

G2　{=INDEX(A:A,SMALL(IF((d="苹果")+(d="桔子"),ROW(d),4^10),ROW(A1)))&""}

	A	B	C	D	E	F	G	H	I	J	K
1	业务员	组别	性别	产品	销售数量		业务员	组别	性别	产品	销售数量
2	宋美佳	1组	女	苹果	26		宋美佳	1组	女	苹果	26
3	张文宇	1组	男	桔子	10		张文宇	1组	男	桔子	10
4	宋慧婷	1组	女	梨	39		陆泉秀	1组	男	苹果	25
5	高俊杰	1组	男	西瓜	45		楚欣怡	2组	女	桔子	28
6	陆泉秀	1组	男	苹果	25		李天耀	3组	男	苹果	16
7	楚欣怡	2组	女	桔子	28		宋子文	3组	男	桔子	31
8	朱天艳	2组	女	梨	25		陈平川	3组	男	苹果	40
9	李天耀	3组	男	苹果	16						
10	宋子文	3组	男	桔子	31						
11	张海娟	3组	女	梨	29						
12	陈平川	3组	男	苹果	40						
13											

图 25-10　按单字段多个“或”条件提取多列数据记录

创建名称 d, 公式如下。

```
=OFFSET(Sheet1!$D$2,,,COUNTA(Sheet1!$D:$D)-1)
```

在 G2 单元格输入以下数组公式，按 <Ctrl+Shift+Enter> 组合键，将公式复制到 G12:K12 单元格区域。

```
=INDEX(A:A,SMALL(IF((d=" 苹果 ")+(d=" 桔子 "),ROW(d),4^10),ROW(A1)))&""
```

公式中的 (d=" 苹果 ")+(d=" 桔子 ") 部分，是将两个条件作为“或”关系，任意满足其一则返回 A 列对应的行号。由 SMALL 函数依次提取行号后，再由 INDEX 函数返回 A 列对应行的引用。

25.2.5　按单字段多个“且”条件提取多列数据记录

示例 25-8　按单字段多个“且”条件提取多列数据记录

图 25-11 展示的是某企业的销售记录表，需要提取销售数量大于 20 且小于 30 的数据表区域的多列记录。

创建名称 e, 公式如下。

```
=OFFSET(Sheet1!$E$2,,,COUNTA(Sheet1!$E:$E)-1)
```

G2 {=INDEX(A:A,SMALL(IF((e>20)*(e<30),ROW(e),4^10),ROW(A1)))&""}

	A	B	C	D	E
1	业务员	组别	性别	产品	销售数量
2	宋美佳	1组	女	苹果	26
3	张文宇	1组	男	桔子	10
4	宋慧婷	1组	女	梨	39
5	高俊杰	1组	男	西瓜	45
6	陆泉秀	1组	男	苹果	25
7	楚欣怡	2组	女	桔子	28
8	朱天艳	2组	女	梨	25
9	李天耀	3组	男	苹果	16
10	宋子文	3组	男	桔子	31
11	张海娟	3组	女	梨	29
12	陈平川	3组	男	苹果	40

G	H	I	J	K
业务员	组别	性别	产品	销售数量
宋美佳	1组	女	苹果	26
陆泉秀	1组	男	苹果	25
楚欣怡	2组	女	桔子	28
朱天艳	2组	女	梨	25
张海娟	3组	女	梨	29

图 25-11 按单字段多个“且”条件提取多列数据记录

在 G2 单元格输入以下数组公式，按 <Ctrl+Shift+Enter> 组合键，将公式复制到 G12:K12 单元格区域。

```
{=INDEX(A:A,SMALL(IF((e>20)*(e<30),ROW(e),4^10),ROW(A1)))&""}
```

公式中的 (e>20)*)e<30) 部分，是将两个条件作为“且”关系，如果同时满足则返回 A 列对应的行号。由 SMALL 函数依次提取行号后，再由 INDEX 函数返回 A 列对应行的引用。

25.2.6 按多字段多条件提取多列数据记录

示例 25-9 按多字段多条件提取多列数据记录

图 25-12 展示的是某企业的销售记录表，需要提取销售数量大于 20 且产品为苹果的数据表区域的多列记录。

G2 {=INDEX(A:A,SMALL(IF((e>20)*(d="苹果"),ROW(e),4^10),ROW(A1)))&""}

	A	B	C	D	E
1	业务员	组别	性别	产品	销售数量
2	宋美佳	1组	女	苹果	26
3	张文宇	1组	男	桔子	10
4	宋慧婷	1组	女	梨	39
5	高俊杰	1组	男	西瓜	45
6	陆泉秀	1组	男	苹果	25
7	楚欣怡	2组	女	桔子	28
8	朱天艳	2组	女	梨	25
9	李天耀	3组	男	苹果	16
10	宋子文	3组	男	桔子	31
11	张海娟	3组	女	梨	29
12	陈平川	3组	男	苹果	40

G	H	I	J	K
业务员	组别	性别	产品	销售数量
宋美佳	1组	女	苹果	26
陆泉秀	1组	男	苹果	25
陈平川	3组	男	苹果	40

图 25-12 按多字段多条件提取多列数据记录

创建名称 d，公式如下。

```
=OFFSET(Sheet1!$D$2,,,COUNTA(Sheet1!$D:$D)-1)
```

创建名称 e，公式如下。

```
=OFFSET(Sheet1!$E$2,,,COUNTA(Sheet1!$E:$E)-1)
```

在 G2 单元格输入以下数组公式，按 <Ctrl+Shift+Enter> 组合键，将公式复制到 G12:K12 单元格区域。

```
{=INDEX(A:A,SMALL(IF((e>20)*(d=" 苹果 "),ROW(e),4^10),ROW(A1)))&""}
```

公式中的 (e>20)*(e<30) 部分，是将两个条件作为“且”关系，如果同时满足则返回 A 列对应的行号。由 SMALL 函数依次提取行号后，再由 INDEX 函数返回 A 列对应行的引用。

第 26 章　排名与排序

日常工作中，经常需要处理与排名相关的计算，比如统计成绩的名次、划分数据的排位、多关键字综合权重排名等。Excel 提供了强大的的排名与排序函数，本章着重介绍排名与排序函数在实际工作中的使用技巧。

本章学习要点

（1）美式排名与中国式排名。
（2）按百分比排名。
（3）按文本排名。
（4）多列、多工作表统一排名。
（5）按条件分组排名。
（6）多关键字综合权重排名。

26.1　美式排名

美式排名是指出现并列的数据时，并列的数据也占用名次。比如对 5、5、4 进行降序排名，结果为第一名、第一名、第三名。

Excel 2013 中常用的排序函数有 RANK.EQ 函数、RANK.AVG 函数，RANK 函数也很常用，但在 2013 版本中被归入兼容函数类别。以上 3 个函数都可以返回数字在列表中的排位。

这 3 个函数的基本语法结构相同。

```
RANK.EQ(number,ref,[order])
RANK.AVG(number,ref,[order])
RANK(number,ref,[order])
```

参数说明也相同。

number 为必需。要找到其排位的数字。

ref 为必需。数字列表的数组，对数字列表的引用。ref 中的非数字值会被忽略。

order 为可选。一个指定数字排位方式的数字。

使用方法中的相同点如下。

（1）如果 order 为 0（零）或省略，Excel 对数字的排位是基于 ref 为按降序排列的列表。

（2）如果 order 不为零，Excel 对数字的排位是基于 ref 为按照升序排列的列表。

（3）都支持多单元格区域引用和多工作表区域引用，但不支持数组引用。

使用方法中的不同点如下。

（1）如果列表中有多个重复的数据，RANK.EQ 函数返回该组数据的最高排位。

（2）如果列表中有多个重复的数据，RANK.AVG 函数返回该组数据的平均排位。

（3）RANK 函数的处理方式与 RANK.EQ 相同。Excel 2013 保留 RANK 函数是为了保持与 Excel 早期版本的兼容性。

示例 26-1 美式排名

图 26-1 中的 A1:B12 单元格区域展示的是某班级的学生成绩表，现在需要统计每人成绩的美式排名。

	A	B	C	D	E
1	姓名	成绩	RANK	RANK.EQ	RANK.AVG
2	张建	95	1	1	1.5
3	楚欣怡	95	1	1	1.5
4	李晶晶	92	3	3	3
5	李小冉	90	4	4	5
6	王涵	90	4	4	5
7	狄小涵	90	4	4	5
8	黄依依	80	7	7	7.5
9	梁洁	80	7	7	7.5
10	王焕	70	9	9	9
11	凤霞	60	10	10	10.5
12	郑洁莹	60	10	10	10.5
13					

图 26-1 美式排名

在单元格 C2、D2、E2 分别使用 RANK 函数、RANK.EQ 函数、RANK.AVG 函数统计排名，公式分别如下。

```
=RANK(B2,B$2:B$12)
=RANK.EQ(B2,B$2:B$12)
=RANK.AVG(B2,B$2:B$12)
```

其中，RANK 函数和 RANK.EQ 函数的计算结果相同，RANK.AVG 函数对于重复的数据返回该组数据的平均排位。

26.2 中国式排名

中国式排名，即无论有几个并列名次，后续的排名紧跟前面的名次顺延生成，并列排名不占用名次。例如对 100、100、90 统计的中国式排名结果分别为第一名、第一名、第二名。

示例 26-2 中国式排名

图 26-2 中 A1:B15 单元格区域展示的是某班级的成绩表，需要统计每个学生成绩的中国式排名。

	A	B	C	D	E	F	G	H
1	姓名	成绩	公式1	公式2	公式3	公式4	公式5	
2	张欣	92	1	1	1	1	1	
3	楚欣怡	92	1	1	1	1	1	
4	魏苗苗	90	2	2	2	2	2	
5	李小曼	61	10	10	10	10	10	
6	王军	78	6	6	6	6	6	
7	赵晓雪	72	7	7	7	7	7	
8	宋梅梅	82	5	5	5	5	5	
9	王小丫	70	8	8	8	8	8	
10	王志军	82	5	5	5	5	5	
11	孙鸿志	58	11	11	11	11	11	
12	李艾	87	3	3	3	3	3	
13	满文丽	64	9	9	9	9	9	
14	王一	61	10	10	10	10	10	
15	赵胜利	83	4	4	4	4	4	
16								

图 26-2　中国式排名

要统计成绩的中国式排名，实质就是要计算所有大于等于当前成绩的不重复个数。

方法 1：在 C2 单元格输入以下公式，将公式向下复制到 C15 单元格。

```
=SUMPRODUCT((B$2:B$15>=B2)*(1/COUNTIF(B$2:B$15,B$2:B$15)))
```

公式中的 (1/COUNTIF(B$2:B$15,B$2:B$15)) 部分，利用 COUNTIF 函数在 B$2:B$15 单元格区域中依次查找 B$2:B$15 中每个单元格中成绩出现的个数，再取其倒数，使求和后不会重复计数统计，结果得到一个数组。

```
{0.5;0.5;1;0.5;1;1;0.5;1;0.5;1;1;1;0.5;1}
```

用于后续用 SUMPRODUCT 函数对这个数组求和，统计所有成绩的不重复个数。

公式中的 (B$2:B$15>=B2) 部分，将 B$2:B$15 单元格区域中每一个成绩依次与当前行成绩比较，返回一个由逻辑值 TRUE 和 FALSE 构成的数组。

```
{TRUE;TRUE;FALSE;……;FALSE;FALSE;FALSE;FALSE}
```

利用 SUMPRODUCT 函数将前面两部分返回的数组中的元素对应相乘再求和，得到的就是同时满足大于等于当前成绩且不重复的成绩个数，即所求的中国式排名。

方法 2：在 D2 单元格输入以下公式，将公式向下复制到 D15 单元格。

```
=SUMPRODUCT(N(IF(FREQUENCY(B$2:B$15,B$2:B$15),B$2:B$15,0)>=B2))
```

公式中的 FREQUENCY(B$2:B$15,B$2:B$15) 部分，利用 FREQUENCY 函数统计频率时，对重复出现的数字返回 0 的特性，得到数组 {2;0;1;2;1;1;2;1;0;1;1;1;0;1;0}，其中 0 所在位置标识着重复成绩出现的位置。

将这个数组作为 IF 函数的第一参数，利用 IF 函数实现当 B$2:B$15 单元格区域中的成绩不重复时返回对应的成绩，当成绩重复出现过则返回 0，得到一个由不重复的成绩和 0 构成的数组。

```
{92;0;90;61;78;72;82;70;0;58;87;64;0;83;0}
```

公式中的 IF(FREQUENCY(B$2:B$15,B$2:B$15),B$2:B$15,0)>=B2 部分，将这个数组与当前行成绩比较，如果大于等于当前行成绩则返回逻辑值 TRUE，否则返回逻辑值 FALSE。

```
{TRUE;FALSE;FALSE;FALSE;……;FALSE;FALSE;FALSE;FALSE}
```

将这个数组作为 N 函数的参数，将其转换为 1 和 0 构成的数组，其中 TRUE 转换为 1，FALSE 转换为 0，其中 1 的位置标识着大于等于当前行成绩的不重复成绩。

```
{1;0;0;0;0;0;0;0;0;0;0;0;0;0;0}
```

最后利用 SUMPRODUCT 函数对这个数组求和，即得到了所有大于等于当前行成绩的不重复个数，即中国式排名。

方法 3：在 E2 单元格输入以下数组公式，按 <Ctrl+Shift+Enter> 组合键，将公式向下复制到 E15 单元格。

```
{=SUM(N(IF(B$2:B$15>=B2,MATCH(B$2:B$15,B$2:B$15,)=ROW($1:$14))))}
```

公式中的 MATCH(B$2:B$15,B$2:B$15,)=ROW($1:$14) 部分，用于判定 B$2:B$15 单元格区域中的每个成绩是否重复，返回一个由逻辑值 TRUE 和 FALSE 构成的数组。


```
{TRUE;FALSE;TRUE;TRUE;TRUE;TRUE;TRUE;TRUE;FALSE;TRUE;TRUE;TRUE;FALS
E;TRUE}
```

数组中 TRUE 表示该成绩首次出现，FALSE 表示该成绩非首次出现，即重复数据。

公式中的 B$2:B$15>=B2 部分，用于判别是否大于等于当前行成绩。最后利用 SUM 函数配合 N 函数，对同时满足大于等于当前行成绩且不重复的成绩统计个数，即中国式排名。

方法 4：在 F2 单元格输入以下数组公式，按 <Ctrl+Shift+Enter> 组合键，将公式向下复制到 F15 单元格。

```
{=COUNT(0/FREQUENCY(IF(B$2:B$15>=B2,B$2:B$15),B$2:B$15))}
```

公式中的 IF(B$2:B$15>=B2,B$2:B$15) 部分，依次判断 B$2:B$15 单元格中的每个区域是否大于等于当前行成绩，是则返回对应的成绩，否则返回 FALSE，得到一个由符合要求的成绩和 FALSE 构成的数组。

```
{92;92;FALSE;FALSE;FALSE;FALSE;FALSE;FALSE;FALSE;FALSE;FALSE;FALSE;
FALSE;FALSE}
```

将这个数组作为 FREQUENCY 函数的第一参数，利用 FREQUENCY 函数统计频率时，对重复出现过的数字返回 0 的特性，排除掉重复出现的成绩，只保留首次出现的大于等于当前行成绩的成绩。返回内存数组结果如下。

```
{2;0;0;0;0;0;0;0;0;0;0;0;0;0;0}
```

最后用 0 除以这个数组，再利用 COUNT 函数统计其数组中数字的个数，即同时满足大于等于当前行成绩且不重复的成绩统计个数，即中国式排名。

方法 5：在 G2 单元格输入以下数组公式，按 <Ctrl+Shift+Enter> 组合键，将公式向下复制到 G15 单元格。

```
{=SUM(N(FREQUENCY(IF(B$2:B$15>=B2,B$2:B$15),B$2:B$15)>0))}
```

公式中的 IF(B$2:B$15>=B2,B$2:B$15) 部分，利用 IF 函数提取满足大于等于当前行成绩的数据，如不符合返回逻辑值 FALSE，返回数组。

```
{92;92;FALSE;FALSE;FALSE;FALSE;FALSE;FALSE;FALSE;FALSE;FALSE;FALSE;
FALSE;FALSE}
```

利用 FREQUENCY 函数，对这个数组中的不重复数据统计频率。

公式中的 FREQUENCY(IF(B$2:B$15>=B2,B$2:B$15),B$2:B$15) 部分，返回一个由大于 0 的数值和 0 构成的数组，其中大于 0 的数值表示同时满足大于等于当前行成绩且不重复，只要统计出这些自然数的个数，也就得到了中国式排名。

将这个数组中的每个元素与 0 比较大小，返回一个由逻辑值 TRUE 和 FALSE 构成的数组。再利用 SUM 函数配合 N 函数统计数组中 TRUE 的个数，得到最后结果。

26.3 按百分比排名

Excel 2013 中能统计百分比排位的函数有 PERCENTRANK.EXC 函数、PERCENTRANK.INC 函数和 PERCENTRANK 函数，它们都可以返回某个数值在一个数据集中的百分比排位。其区别在于 PERCENTRANK.EXC 函数返回的百分比值的范围不包含 0 和 1，PERCENTRANK.INC 函数和 PERCENTRANK 函数返回的百分比值的范围包含 0 和 1。

其基本语法如下。

```
PERCENTRANK.EXC(array,x,[significance])
PERCENTRANK.INC(array,x,[significance])
PERCENTRANK(array,x,[significance])
```

array 为必需。定义相对位置的数值数组或数值数据区域。

x 为必需。需要得到其排位的值。

significance 为可选。用于标识返回的百分比值的有效位数的值。如果省略，则函数结果使用 3 位小数（0.xxx）。

说明：

（1）如果数组为空，则函数返回错误值 #NUM!。

（2）如果 significance<1，则函数返回错误值 #NUM!。

（3）如果 x 与数组中的任何一个值都不匹配，则函数将插入值以返回正确的百分比排位。

示例 26-3 按百分比排名

图 26-3 中 A1:B17 单元格区域展示的是某企业的 KPI 考核得分表，现在需要对每个员工的 KPI 得分统计其百分比排名，并按照规则评定级别。规则为从 KPI 得分从高到低降序排列，依次按全部员工的 10%、20%、30%、40% 评定为 A、B、C、D 级。

（1）所有员工中的前 10% 评定为 A 级。

（2）10% ~ 30% 的评定为 B 级。

（3）30% ~ 60% 的评定为 C 级。

（4）60% 以后的评定为 D 级。

	A	B	C	D	E	F
1	姓名	KPI得分	PERCENTRANK.EXC	PERCENTRANK.INC	PERCENTRANK	分级
2	卢若男	2.8	0.47	0.466	0.466	C
3	赵志	4.1	0.764	0.8	0.8	D
4	李帅	4.1	0.764	0.8	0.8	D
5	杜春梅	2.3	0.235	0.2	0.2	B
6	李鲁	1.5	0.117	0.066	0.066	A
7	李天宇	2.7	0.411	0.4	0.4	C
8	董亚琦	3.5	0.588	0.6	0.6	D
9	王慧丽	2.6	0.294	0.266	0.266	B
10	赵伟	4.1	0.764	0.8	0.8	D
11	颜龙	3.1	0.529	0.533	0.533	C
12	贺玉龙	3.9	0.705	0.733	0.733	D
13	纪红月	3.6	0.647	0.666	0.666	D
14	黄可鑫	2.6	0.294	0.266	0.266	B
15	苏卫静	1.8	0.176	0.133	0.133	B
16	于倩	1.2	0.058	0	0	A
17	高楠	4.6	0.941	1	1	D
18						

图 26-3 按百分比排名

首先分别利用 PERCENTRANK.EXC 函数、PERCENTRANK.INC 函数和 PERCENTRANK 函数统计每个 KPI 得分的百分比排位。

在 C2 ~ E2 单元格分别输入以下公式，将公式向下复制到 C17 ~ E17 单元格。

```
=PERCENTRANK.EXC(B$2:B$17,B2)
=PERCENTRANK.INC(B$2:B$17,B2)
=PERCENTRANK(B$2:B$17,B2)
```

在 F2 单元格输入以下公式，将公式向下复制到 F17 单元格，根据 KPI 得分的百分比排位评定等级。

```
=LOOKUP(PERCENTRANK(B$2:B$17,B2),{0,0.1,0.3,0.6},{"A","B","C","D"})
```

公式中的 PERCENTRANK(B$2:B$17,B2) 部分，利用 PERCENTRANK 函数计算 KPI 得分的百分比排位，再利用 LOOKUP 函数，根据划分的百分比排位区间，进行对应分级。

26.4 按文本排名

Excel 中的文本数据本身没有大小可言，不能直接使用 RANK 等排位函数进行统计排名。要进行文本排序，实质是根据其字符串中各个字符在系统字符集中内码值的大小顺序，得到文本的排名。

示例 26-4 按文本排名

图 26-4 展示的是某市举办运动会的赞助商名单，现在需要对赞助商的名称进行文本排名，并依文本顺序列出赞助商的名单列表。

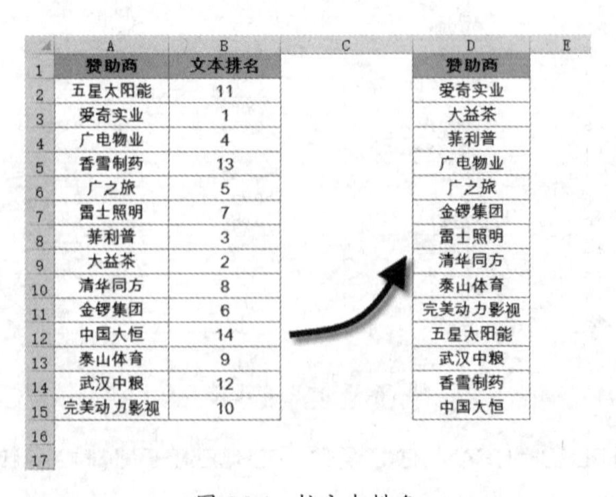

	A	B	C	D	E
1	赞助商	文本排名		赞助商	
2	五星太阳能	11		爱奇实业	
3	爱奇实业	1		大益茶	
4	广电物业	4		菲利普	
5	香雪制药	13		广电物业	
6	广之旅	5		广之旅	
7	雷士照明	7		金锣集团	
8	菲利普	3		雷士照明	
9	大益茶	2		清华同方	
10	清华同方	8		泰山体育	
11	金锣集团	6		完美动力影视	
12	中国大恒	14		五星太阳能	
13	泰山体育	9		武汉中粮	
14	武汉中粮	12		香雪制药	
15	完美动力影视	10		中国大恒	
16					
17					

图 26-4 按文本排名

首先统计文本排名，在 B2 单元格输入以下公式，将公式向下复制到 B15 单元格。

```
=COUNTIF(A$2:A$15,"<="&A2)
```

利用 COUNTIF 函数，对 A$2:A$15 单元格区域中的每个赞助商名称依次与当前行的赞助商名称比较大小，返回小于等于当前行的赞助商名称的个数，即文本排名。

再以列表形式，按照文本顺序从小到大列出赞助商名单。

在 D2 单元格输入以下数组公式，按 <Ctrl+Shift+Enter> 组合键，将公式复制到 D15 单元格。

```
{=INDEX(A:A,RIGHT(SMALL(COUNTIF(A$2:A$15,"<="&A$2:A$15)*100+ROW($2:
$15),ROW(A1)),2))}
```

公式中的 COUNTIF(A$2:A$15,"<="&A$2:A$15)*100+ROW($2:$15) 部分，表示对文本顺序优先考虑，对其乘以 100 扩大权重，在其基础上加上行号信息，便于后续提取行号，得到数组结果如下。

```
{1102;103;404;1305;506;707;308;209;810;611;1412;913;1214;1015}
```

数组中的每个元素都包含文本顺序号和行号信息，以 1102 为例，前两位 11 为文本排名，后面的 02 表示该数据位于第 2 行。利用 SMALL 函数从小到大依次提取出数组中的元素，再使用 RIGHT 函数提取行号信息。最后用 INDEX 函数根据行号进行引用，返回对应的赞助商名称。

26.5 多列统一排名

示例 26-5 多列统一排名

图 26-5 展示的是某年级 3 个班级的考试成绩表，需要在 J 列统计每个学生的年级排名。

在 J2 单元格输入以下公式，将公式向下复制到 J22 单元格。

```
=RANK.EQ(SUMIF($A$2:$E$8,I2,$B$2:$F$8),$B$2:$F$8)
```

公式中的 SUMIF($A$2:$E$8,I2,$B$2:$F$8) 部分，利用 SUMIF 函数提取学生姓名对应的成绩。再利用 RANK.EQ 函数，在 $B$2:$F$8 多列单元格区域中，对成绩统计其年级排名。

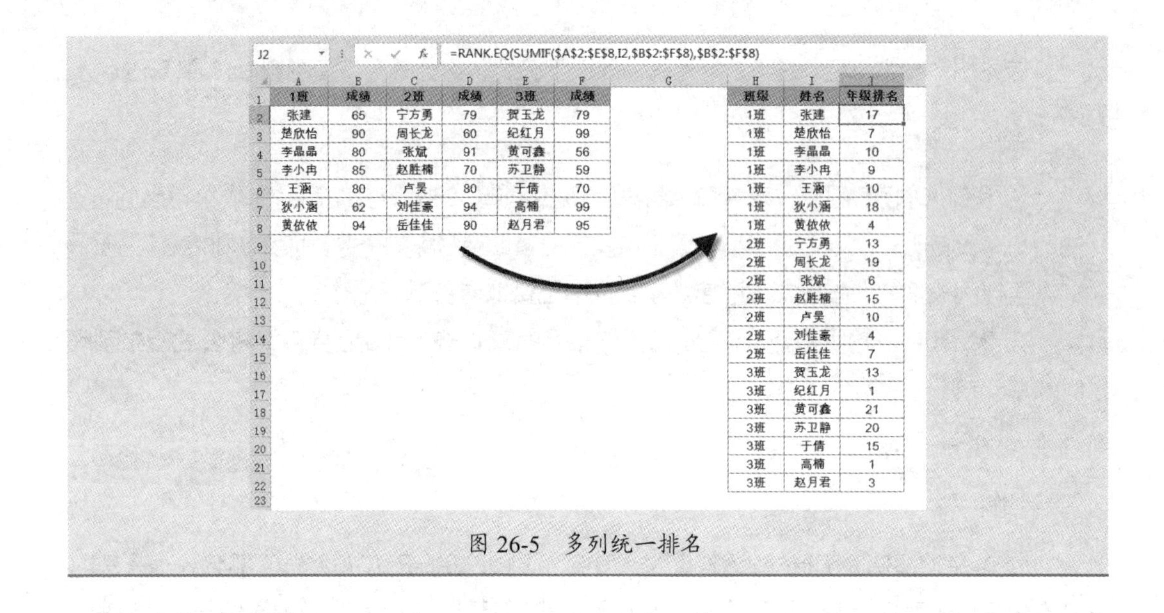

J2 =RANK.EQ(SUMIF($A$2:$E$8,I2,$B$2:$F$8),$B$2:$F$8)

1班	成绩	2班	成绩	3班	成绩
张建	65	宁方勇	79	贺玉龙	79
楚欣怡	90	周长龙	60	纪红月	99
李晶晶	80	张斌	91	黄可鑫	56
李小冉	85	赵胜楠	70	苏卫静	59
王涵	80	卢昊	80	于倩	70
狄小涵	62	刘佳豪	94	高楠	99
黄依依	94	岳佳佳	90	赵月君	95

班级	姓名	年级排名
1班	张建	17
1班	楚欣怡	7
1班	李晶晶	10
1班	李小冉	9
1班	王涵	10
1班	狄小涵	18
1班	黄依依	4
2班	宁方勇	13
2班	周长龙	19
2班	张斌	6
2班	赵胜楠	15
2班	卢昊	10
2班	刘佳豪	4
2班	岳佳佳	7
3班	贺玉龙	13
3班	纪红月	1
3班	黄可鑫	21
3班	苏卫静	20
3班	于倩	15
3班	高楠	1
3班	赵月君	3

图 26-5　多列统一排名

26.6　多工作表统一排名

示例 26-6　多工作表统一排名

图 26-6 展示的是某年级的学生成绩表，每个班级的成绩分别位于一个工作表中，现在需要在“多工作表统一排名”工作表中对每个学生的年级排名进行计算。

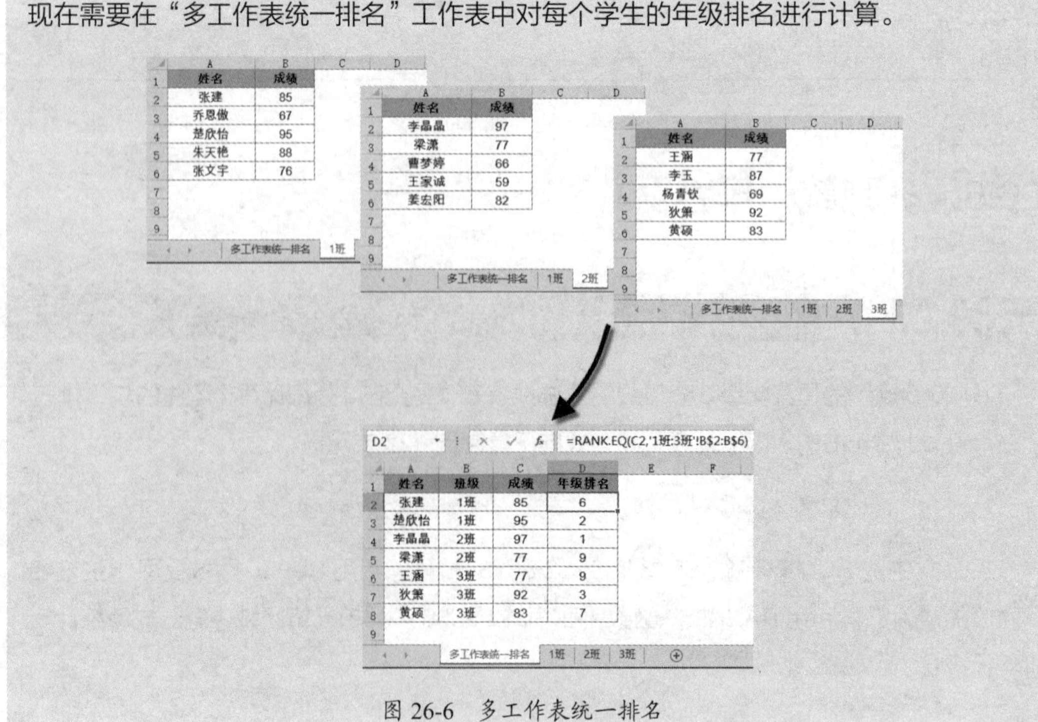

1班

姓名	成绩
张建	85
乔恩傲	67
楚欣怡	95
朱天艳	88
张文宇	76

2班

姓名	成绩
李晶晶	97
梁潇	77
曹梦婷	66
王家诚	59
姜宏阳	82

3班

姓名	成绩
王涵	77
李玉	87
杨青钦	69
狄箫	92
黄硕	83

多工作表统一排名　D2 =RANK.EQ(C2,'1班:3班'!B$2:B$6)

姓名	班级	成绩	年级排名
张建	1班	85	6
楚欣怡	1班	95	2
李晶晶	2班	97	1
梁潇	2班	77	9
王涵	3班	77	9
狄箫	3班	92	3
黄硕	3班	83	7

图 26-6　多工作表统一排名

在“多工作表统一排名”工作表的D2单元格输入以下公式，将公式向下复制到D8单元格。

```
=RANK.EQ(C2,'1 班 :3 班 '!B$2:B$6)
```

利用 RANK.EQ 函数可以跨表统计的特性，统计学生的年级排名。

26.7　按条件分组排名

示例 26-7　按条件分组排名

图 26-7 展示的是某班级的学生成绩表，其中包括 3 个分组的学生成绩，现在需要按照成绩统计每个学生的分组排名，即 1 组的成绩只在 1 组学生内排名，不考虑其他两组。

D2　=B2&TEXT(SUMPRODUCT((B$2:B$18=B2)*(C$2:C$18>=C2)),"第0名")

	A	B	C	D
1	姓名	组别	成绩	分组排名
2	于倩	1组	58	1组第6名
3	高楠	1组	79	1组第4名
4	赵月君	1组	88	1组第1名
5	宁方勇	1组	69	1组第5名
6	周长龙	1组	85	1组第3名
7	张斌	1组	87	1组第2名
8	赵胜楠	2组	96	2组第2名
9	卢昊	2组	86	2组第5名
10	刘佳豪	2组	59	2组第6名
11	李天宇	2组	99	2组第1名
12	董亚琦	2组	93	2组第4名
13	王慧丽	2组	95	2组第3名
14	赵伟	3组	63	3组第3名
15	颜龙	3组	88	3组第1名
16	贺玉龙	3组	58	3组第4名
17	纪红月	3组	87	3组第2名
18	黄可鑫	3组	56	3组第5名
19				

图 26-7　按条件分组排名

在 D2 单元格输入以下公式，将公式向下复制到 D18 单元格。

```
=B2&TEXT(SUMPRODUCT((B$2:B$18=B2)*(C$2:C$18>=C2)),"第0名")
```

公式中的 SUMPRODUCT((B$2:B$18=B2)*(C$2:C$18>=C2)) 部分，利用 SUMPRODUCT 函数统计同时满足组别等于当前行所在分组、成绩大于等于当前行成绩这两个条件的数据个数，即所求的分组排名。

TEXT 函数的第二参数使用“第 0 名”用于转化形式，再用“&”连接 B 列组别信息和 TEXT 函数返回的分组排名信息，将分组排名的数字转换为便于查看的形式。

26.8 分权重综合排名

示例 26-8 分权重综合排名

图 26-8 展示的是某班级学生在学期末统计的试卷分和考勤分。根据规定，要按照期末考试的试卷分占比 80%，平日上课积累的考勤分占比 20% 计算综合分数，现在需要按照综合分数计算每个学生的综合排名。

在 D2 单元格输入以下公式，将公式向下复制到 D12 单元格。

```
=SUMPRODUCT(N((B$2:B$12*0.8+C$2:C$12*0.2>=B2*0.8+C2*0.2)))
```

D2 =SUMPRODUCT(N((B$2:B$12*0.8+C$2:C$12*0.2>=B2*0.8+C2*0.2)))

姓名	试卷分	考勤分	综合排名
陈晓梅	95	80	2
孙怡	95	85	1
李晶晶	90	80	3
李小冉	92	59	5
王涵	68	61	8
狄小涵	91	75	4
黄依依	60	67	10
梁洁	57	61	11
王焕	63	75	9
凤霞	77	88	6
郑洁莹	77	76	7

图 26-8 分权重综合排名

公式中的 B$2:B$12*0.8+C$2:C$12*0.2 部分，表示将试卷分配以 0.8 的权重，将考勤分配以 0.2 的权重，两部分相加得到最终的综合分数。

(B$2:B$12*0.8+C$2:C$12*0.2>=B2*0.8+C2*0.2) 部分，表示将 B$2:B$12 和 C$2:C$12 单元格区域中的每一个试卷分和考勤分计算出综合分数，分别与当前行的综合分数比较，如果大于等于，则计入需统计的部分。得到一个由逻辑值 TRUE 和 FALSE 构成的数组。

```
{TRUE;TRUE;FALSE;FALSE;FALSE;FALSE;FALSE;FALSE;FALSE;FALSE;FALSE}
```

利用 N 函数将这个数组转化为 1 和 0 构成的数组后，再利用 SUMPRODUCT 函数对数组中的元素求和，得到综合排名。

26.9 按多关键字排名

示例 26-9 按多关键字排名

图 26-9 展示的是某次全运会的奖牌信息表，其中包括各个代表团获得的金、银、铜奖牌数。现在需要按照“优先考虑金牌数，其次考虑银牌数，最后考虑铜牌数”的规则统计各代表团的综合排名。

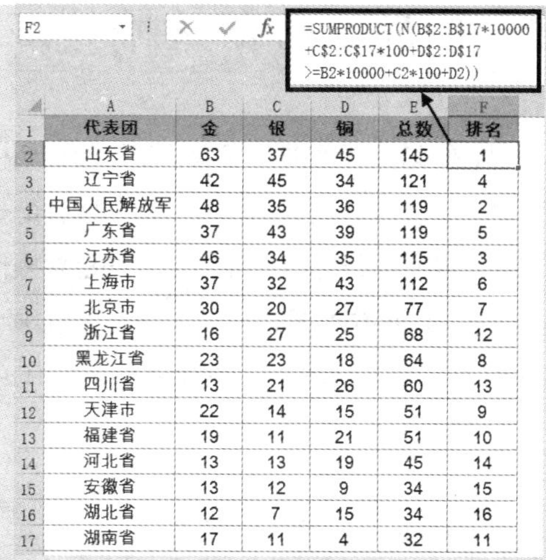

F2 =SUMPRODUCT(N(B$2:B$17*10000+C$2:C$17*100+D$2:D$17>=B2*10000+C2*100+D2))

	A	B	C	D	E	F
1	代表团	金	银	铜	总数	排名
2	山东省	63	37	45	145	1
3	辽宁省	42	45	34	121	4
4	中国人民解放军	48	35	36	119	2
5	广东省	37	43	39	119	5
6	江苏省	46	34	35	115	3
7	上海市	37	32	43	112	6
8	北京市	30	20	27	77	7
9	浙江省	16	27	25	68	12
10	黑龙江省	23	23	18	64	8
11	四川省	13	21	26	60	13
12	天津市	22	14	15	51	9
13	福建省	19	11	21	51	10
14	河北省	13	13	19	45	14
15	安徽省	13	12	9	34	15
16	湖北省	12	7	15	34	16
17	湖南省	17	11	4	32	11

图 26-9 按多关键字排名

在 F2 单元格输入以下公式，将公式向下复制到 F17 单元格。

```
=SUMPRODUCT(N(B$2:B$17*10000+C$2:C$17*100+D$2:D$17>=B2*10000+C2*100
+D2))
```

公式中的 B$2:B$17*10000+C$2:C$17*100+D$2:D$17 部分，表示分别对金、银、铜奖牌数配权 10000、100、1 得到一个考虑权重的综合得分。

再利用 SUMPRODUCT 函数，将数据表中大于等于当前行综合得分的记录计入统计，得到考虑多关键字综合权重的排名。

第 27 章　数据重构技巧

在实际数据处理的过程中，经常需要根据不同需求变换数据结构以满足函数计算。通常情况下可以通过创建辅助列单元格区域解决这类问题，但创建辅助列也有很多弊端，如源数据结构不允许增删行列、源数据经常更新导致创建辅助列的重复操作、创建辅助列的过程过于烦琐而费时费力等。掌握一些 Excel 中数据重构的技巧，可以事半功倍的在内存中得到想要的数据结构。本章着重介绍 MMULT 函数、LOOKUP 函数、TRANSPOSE 函数等在处理内存数组中的使用技巧。

本章学习要点

（1）一维数组的倒置技巧。
（2）一维数组的提取技巧。
（3）构建多行多列数组。
（4）数组的扩展技巧。
（5）数组合并。
（6）多行多列数组的提取技巧。
（7）LOOKUP 函数构建数组技巧。
（8）MMULT 函数构建数组技巧。

27.1　列数组倒置

示例 27-1　列数组倒置

❖ 数字形式列数组倒置。

如图 27-1 所示，需要将 A 列的数组倒置。

选中 C2:C10 单元格区域，输入多单元格数组公式，按 <Ctrl+Shift+Enter> 组合键。

```
{=LOOKUP(10-ROW(1:9),A2:A10)}
```

利用 LOOKUP 函数第一参数构建一个 { 9;8;7;6;5;4;3;2;1 } 的内存数组，将 A 列数组进行倒置。

❖ 文本形式列数组倒置。

如图 27-2 所示，需要将 F 列的文本数组倒置。

定义名称：a。

```
=$F$2:$F$10
```

选定 H2:H10 单元格区域，输入多单元格数组公式，按 <Ctrl+Shift+Enter> 组合键。

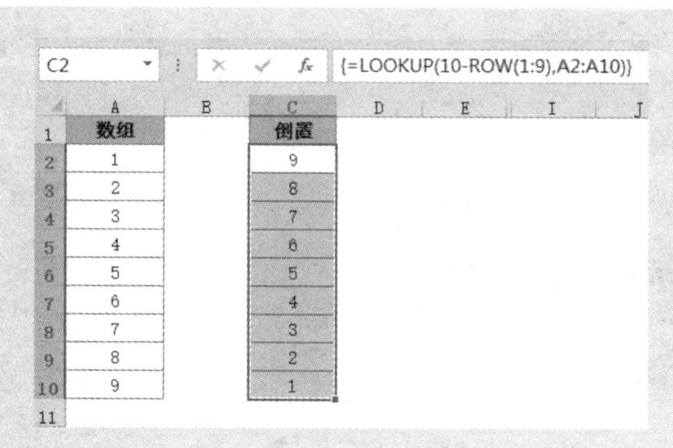

图 27-1　数字形式列数组倒置

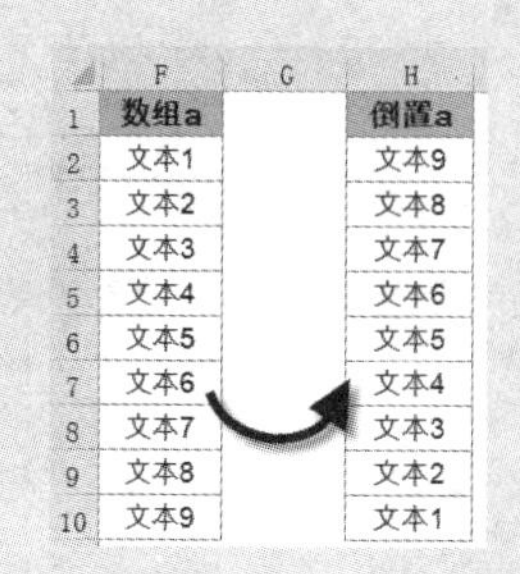

图 27-2　文本形式列数组倒置

```
{=LOOKUP(ROWS(a)+1-ROW(INDIRECT("1:"&ROWS(a))),ROW(INDIRECT("1:"&ROWS(a))),a)}
```

公式中的 ROW(INDIRECT("1:"&ROWS(a))) 部分，利用 ROW 函数和 INDIRECT 函数，生成一个由 1 开始，到数组高度的递增序列数组。

```
{1;2;3;4;5;6;7;8;9}
```

ROWS(a)+1-ROW(INDIRECT("1:"&ROWS(a))) 部分，构建了一个从代表数据高度的自然数到 1 的递减序列数组。

```
{9;8;7;6;5;4;3;2;1}
```

将这个倒置的数组作为 LOOKUP 函数的第一参数，得到原数组的倒置数组。

27.2　行数组倒置

示例 27-2　行数组倒置

❖ 数字形式行数组倒置。

如图 27-3 所示，需要将第一行数组倒置。

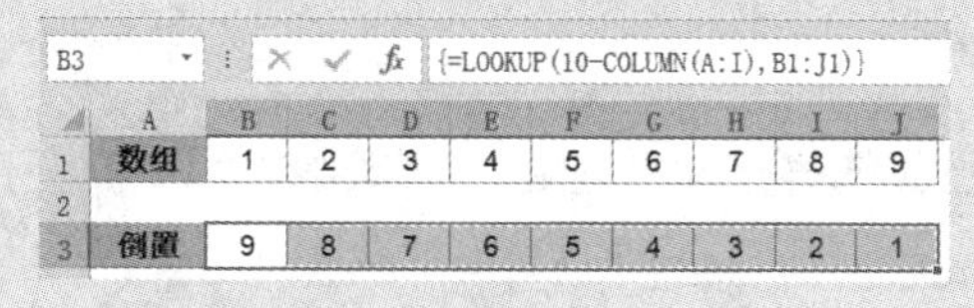

图 27-3　数字形式行数组倒置

选中 B3:J3 单元格区域，输入多单元格数组公式，按 <Ctrl+Shift+Enter> 组合键。

```
=LOOKUP(10-COLUMN(A:I),B1:J1)
```

❖ 文本形式行数组倒置。

如图 27-4 所示，需要将第 6 行的文本数组倒置。

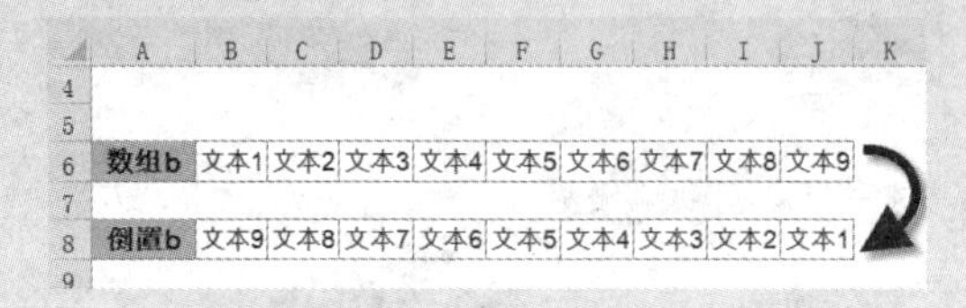

	A	B	C	D	E	F	G	H	I	J
4										
5										
6	数组b	文本1	文本2	文本3	文本4	文本5	文本6	文本7	文本8	文本9
7										
8	倒置b	文本9	文本8	文本7	文本6	文本5	文本4	文本3	文本2	文本1

图 27-4　文本形式行数组倒置

定义名称：b。

```
=$B$6:$J$6
```

选中 B8:J8 单元格区域，输入多单元格数组公式，按 <Ctrl+Shift+Enter> 组合键。

```
{=LOOKUP(COLUMNS(b)+1-COLUMN(INDIRECT("1:"&COLUMNS(b))),COLUMN(INDIRECT("1:"&COLUMNS(b))),b)}
```

此公式的技巧与列数组的倒置相似，其中将 ROW 函数和 ROWS 函数换成了 COLUMN 函数和 COLUMNS 函数。

27.3 一维数组的提取技巧

示例 27-3 一维数组的提取技巧

❖ 提取数组中奇数位元素。

如图 27-5 所示，需要提取 A 列数组中奇数位的元素构建一个新的数组。

选中 C2:C6 单元格区域，输入多单元格数组公式，按 <Ctrl+Shift+Enter> 组合键。

```
{=LOOKUP(ROW(1:5)*2-1,A2:A10)}
```

公式将 LOOKUP 函数的第一参数构建内存数组 { 1;3;5;7;9 } 来进行匹配查找，返回对应数组中的奇数位元素。

❖ 提取数组中后 5 位元素。

如图 27-6 所示，需要提取 A 列数组中的后 5 位元素。

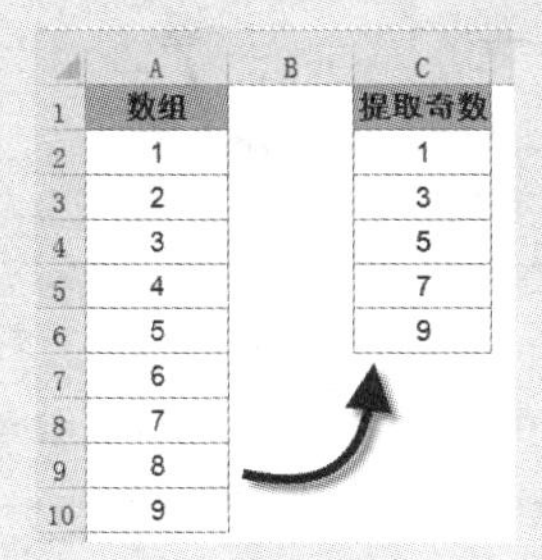

图 27-5 提取数组中奇数位元素

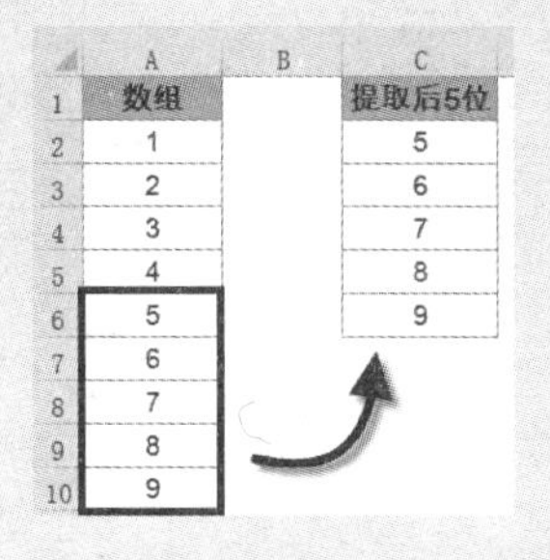

图 27-6 提取数组中后 5 位元素

选中 C2:C6 单元格区域，输入多单元格数组公式，按 <Ctrl+Shift+Enter> 组合键。

```
{=LOOKUP({5;6;7;8;9},A2:A10)}
```

27.4 构建多行多列数组

示例 27-4 构建多行多列数组

❖ 构建 4 行 3 列数组。

如图 27-7 所示，需要将 A 列数据构建为 4 行 3 列数组。
选中 C2:E5 单元格区域，输入多单元格数组公式，按 <Ctrl+Shift+Enter> 组合键。

```
{=LOOKUP((ROW(1:4)-1)*3+COLUMN(A:C),A2:A13)}
```

公式中的 (ROW(1:4)-1)*3+COLUMN(A:C) 部分，构建一个 4 行 3 列的数组。

```
{1,2,3;4,5,6;7,8,9;10,11,12}
```

将其作为 LOOKUP 函数的第一参数，使返回的数组也是 4 行 3 列。

❖ 构建 3 行 4 列数组。

如图 27-8 所示，需要将 A 列数据构建为 3 行 4 列数组。
选在 C2:F4 单元格区域，输入多单元格数组公式，按 <Ctrl+Shift+Enter> 组合键。

```
{=LOOKUP((ROW(1:3)-1)*4+COLUMN(A:D),A2:A13)}
```

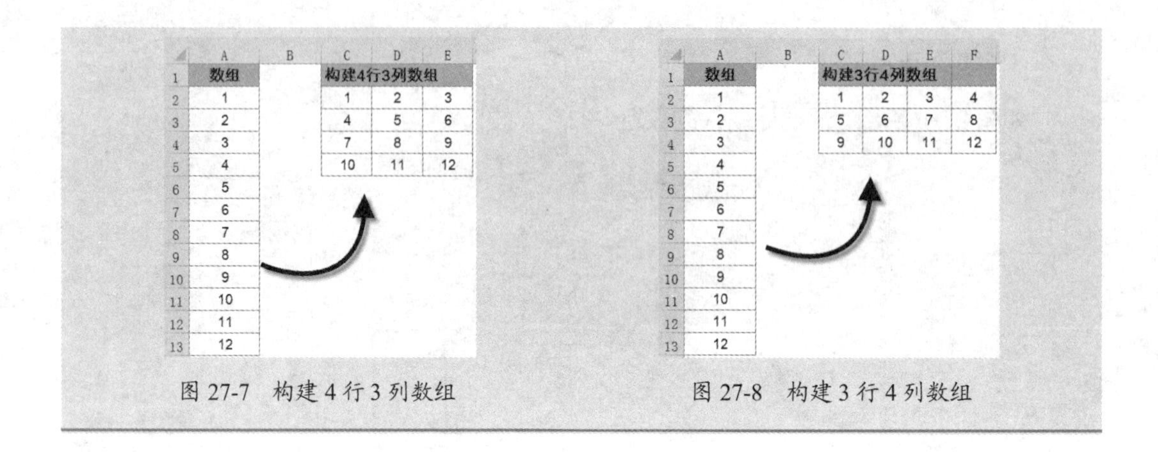

图 27-7　构建 4 行 3 列数组

图 27-8　构建 3 行 4 列数组

27.5　数组的扩展技巧

示例 27-5　数组的扩展技巧

❖ 列方向扩展数组。

如图 27-9 所示，需要将 A 列数组的高度分别扩展 2 倍、3 倍构建两个新的内存数组。

定义名称：d。

```
=$A$2:$A$6
```

选中 C2:C11 单元格区域，输入多单元格数组公式，按 <Ctrl+Shift+Enter> 组合键。

```
{=LOOKUP(MOD(ROW(INDIRECT("1:"&2*ROWS(d)))-1,ROWS(d))+1,ROW(INDIRECT("1:"&ROWS(d))),d)}
```

公式中的 MOD(ROW(INDIRECT("1:"&2*ROWS(d)))-1,ROWS(d))+1 部分，利用 MOD 函数，生成数组 { 1;2;3;4;5;1;2;3;4;5 } 作为 LOOKUP 函数的第一参数，将原数组在高度方向上扩展 2 倍。

选定 E2:E16 单元格区域，输入多单元格数组公式，按 <Ctrl+Shift+Enter> 组合键。

```
{=LOOKUP(MOD(ROW(INDIRECT("1:"&3*ROWS(d)))-1,ROWS(d))+1,ROW(INDIRECT("1:"&ROWS(d))),d)}
```

利用 LOOKUP 函数的第一参数将数组高度扩展为 3 倍，实现构建需求。

❖ 列方向重复数组元素。

如图 27-10 所示，需要将 A 列数组的元素分别重复 2 次、3 次得到新的内存数组。

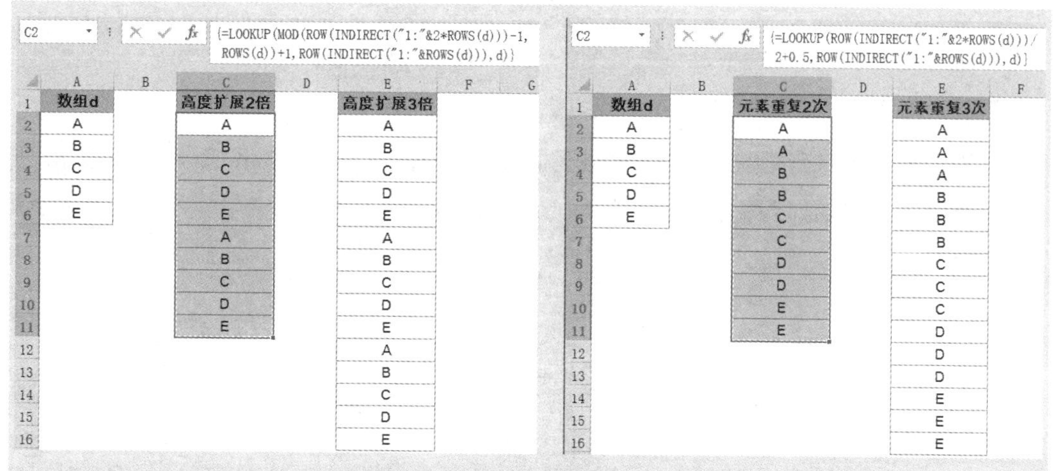

	A	B	C	D	E
1	数组d		高度扩展2倍		高度扩展3倍
2	A		A		A
3	B		B		B
4	C		C		C
5	D		D		D
6	E		E		E
7			A		A
8			B		B
9			C		C
10			D		D
11			E		E
12					A
13					B
14					C
15					D
16					E

图 27-9 列方向扩展数组

	A	B	C	D	E
1	数组d		元素重复2次		元素重复3次
2	A		A		A
3	B		A		A
4	C		B		A
5	D		B		B
6	E		C		B
7			C		B
8			D		C
9			D		C
10			E		C
11			E		D
12					D
13					D
14					E
15					E
16					E

图 27-10 列方向重复数组元素

定义名称：d。

```
=$A$2:$A$6
```

选中 C2:C11 单元格区域，输入多单元格数组公式，按 <Ctrl+Shift+Enter> 组合键。

```
{=LOOKUP(ROW(INDIRECT("1:"&2*ROWS(d)))/2+0.5,ROW(INDIRECT("1:"&ROWS(d))),d)}
```

公式中的 ROW(INDIRECT("1:"&2*ROWS(d)))/2+0.5 部分，生成数组结果如下。

```
{1;1.5;2;2.5;3;3.5;4;4.5;5;5.5}
```

将其作为 LOOKUP 函数的第一参数，从而得到需要的结果。

选中 E2:E16 单元格区域，输入多单元格数组公式，按 <Ctrl+Shift+Enter> 组合键。

```
{=LOOKUP(ROW(INDIRECT("1:"&3*ROWS(d)))/3+2/3,ROW(INDIRECT("1:"&ROWS(d))),d)}
```

❖ 行方向扩展为二维数组。

如图 27-11 所示，需要将 A 列数组在行方向上分别扩展为两列、三列的内存数组。

C2 {=LOOKUP(ROW(INDIRECT("1:"&ROWS(e)))*{1,1},ROW(INDIRECT("1:"&ROWS(e))),e)}

	A	B	C	D	E	F	G	H
1	数组e		元素重复2次			元素重复3次		
2	A		A	A		A	A	A
3	B		B	B		B	B	B
4	C		C	C		C	C	C
5	D		D	D		D	D	D
6	E		E	E		E	E	E

图 27-11 行方向扩展为二维数组

定义名称：e。

```
=$A$2:$A$6
```

选中 C2:D6 单元格区域，输入多单元格数组公式，按 <Ctrl+Shift+Enter> 组合键，实现元素在行方向重复两次。

```
{=LOOKUP(ROW(INDIRECT("1:"&ROWS(e)))*{1,1},ROW(INDIRECT("1:"&ROWS(e))),e)}
```

将 LOOKUP 函数的第一参数构建为内存数组 { 1,1;2,2;3,3;4,4;5,5 } 进行查询，从而得到需要的结果。

选中 F2:H6 单元格区域，输入多单元格数组公式，按 <Ctrl+Shift+Enter> 组合键，实现元素在行方向重复 3 次。

```
{=LOOKUP(ROW(INDIRECT("1:"&ROWS(e)))*{1,1,1},ROW(INDIRECT("1:"&ROWS(e))),e)}
```

LOOKUP 函数的第一参数构建为内存数组 { 1,1,1;2,2,2;3,3,3;4,4,4;5,5,5 }，查询后得到元素重复 3 次的结果。

27.6 数组合并

示例 27-6 数组合并

如图 27-12 所示，需要将 A 列和 C 列的两个数组拼接合并为新的内存数组。

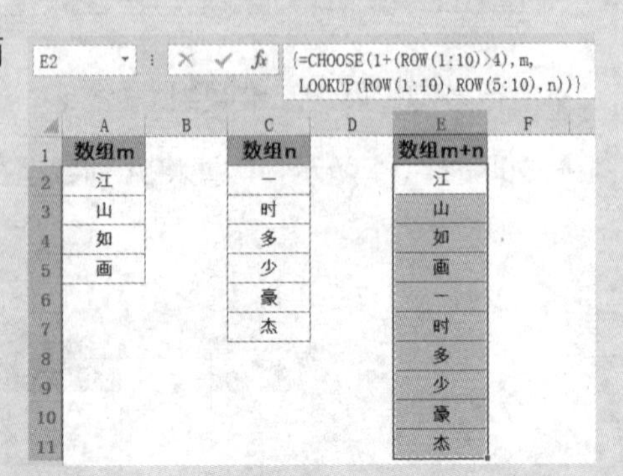

图 27-12 数组合并

定义名称：m。

```
=$A$2:$A$5
```

定义名称：n。

```
=$C$2:$C$7
```

选中 E2:E11 单元格区域，输入多单元格数组公式，按 <Ctrl+Shift+Enter> 组合键。

```
{=CHOOSE(1+(ROW(1:10)>4),m,LOOKUP(ROW(1:10),ROW(5:10),n))}
```

公式中的 1+(ROW(1:10)>4) 部分，构建一个内存数组 { 1;1;1;1;2;2;2;2;2;2 } 作为 CHOOSE 函数的第一参数，对应返回数组 m 和数组 n 的每个元素，从而合并后构建新的内存数组。

公式中的 LOOKUP(ROW(1:10),ROW(5:10),n) 部分，返回数组结果如下。

```
{#N/A;#N/A;#N/A;#N/A;"一";"时";"多";"少";"豪";"杰"}
```

虽然此数组元素包含错误值，但不影响 LOOKUP 函数查询。

27.7　多行多列数组的提取技巧

示例 27-7　多行多列数组的提取技巧

❖ 从多行多列数组中提取偶数行构建新的内存数组。

如图 27-13 所示，需要从 A1:C8 单元格区域的多行多列数组中，提取偶数行部分构建新的内存数组。

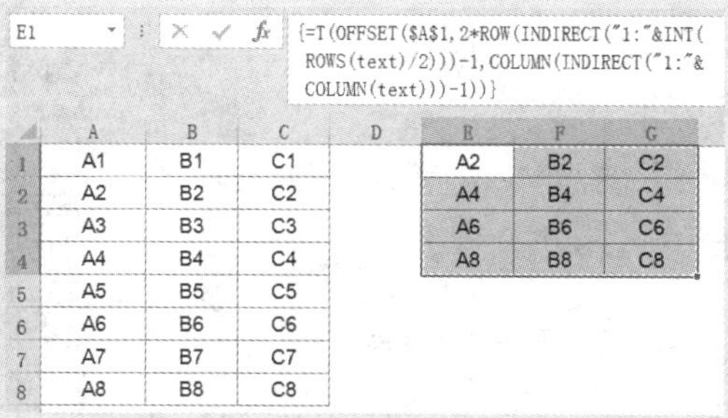

E1　{=T(OFFSET($A$1,2*ROW(INDIRECT("1:"&INT(ROWS(text)/2)))-1,COLUMN(INDIRECT("1:"&COLUMN(text)))-1))}

	A	B	C	D	E	F	G
1	A1	B1	C1		A2	B2	C2
2	A2	B2	C2		A4	B4	C4
3	A3	B3	C3		A6	B6	C6
4	A4	B4	C4		A8	B8	C8
5	A5	B5	C5				
6	A6	B6	C6				
7	A7	B7	C7				
8	A8	B8	C8				

图 27-13　从多行多列数组中提取偶数行构建新的内存数组

定义名称：text。

```
=$A$1:$C$8
```

选中 E1:G4 单元格区域，输入多单元格数组公式，按 <Ctrl+Shift+Enter> 组合键。

```
{=T(OFFSET($A$1,2*ROW(INDIRECT("1:"&INT(ROWS(text)/2)))-1,COLUMN(INDIRECT("1:"&COLUMN(text)))-1))}
```

公式中的 2*ROW(INDIRECT("1:"&INT(ROWS(text)/2)))-1 部分，根据原数组 text 的高度提取其奇数行的行号，构建内存数组 { 1;3;5;7 } ，将其作为 OFFSET 函数向下偏移的行数。

COLUMN(INDIRECT("1:"&COLUMN(text)))-1 部分，根据原数组 text 的宽度构建内存数组 { 0,1,2 }，将其作为 OFFSET 函数向右偏移的列数。

利用 OFFSET 函数，以 A1 单元格为起点，进行相应位置的行列偏移，从而得到新的内存数组。

❖ 从多行多列数组中提取奇数行构建新的内存数组。

选中 I1:K4 单元格区域，输入多单元格数组公式，按 <Ctrl+Shift+Enter> 组合键。

```
{=T(OFFSET($A$1,2*ROW(INDIRECT("1:"&INT(ROWS(text)/2)))-2,COLUMN(INDIRECT("1:"&COLUMN(text)))-1))}
```

27.8 LOOKUP 函数构建数组技巧

示例 27-8 LOOKUP 函数构建数组技巧

图 27-14 展示的是部分水果品类与品种的对应信息表，需要根据 A 列合并单元格的位置，在 C 列生成由对应品类构成的内存数组。

选中 C2:C16 单元格区域，输入多单元格数组公式，按 <Ctrl+Shift+Enter> 组合键。

```
{=LOOKUP(ROW(A2:A16),ROW(A2:A16)/(A2:A16>""),A2:A16)}
```

C2 {=LOOKUP(ROW(A2:A16),ROW(A2:A16)/(A2:A16>""),A2:A16)}

	A	B	C
1	品类	品种	LOOKUP内存数组
2	苹果	红富士	苹果
3		黄元帅	苹果
4		红星	苹果
5		澳洲青苹	苹果
6		国光	苹果
7	桃	蟠桃	桃
8		水蜜桃	桃
9		黄桃	桃
10	梨	丰水梨	梨
11		皇冠梨	梨
12		雪花梨	梨
13		烟台梨	梨
14	桔子	蜜桔	桔子
15		芦柑	桔子
16		金桔	桔子

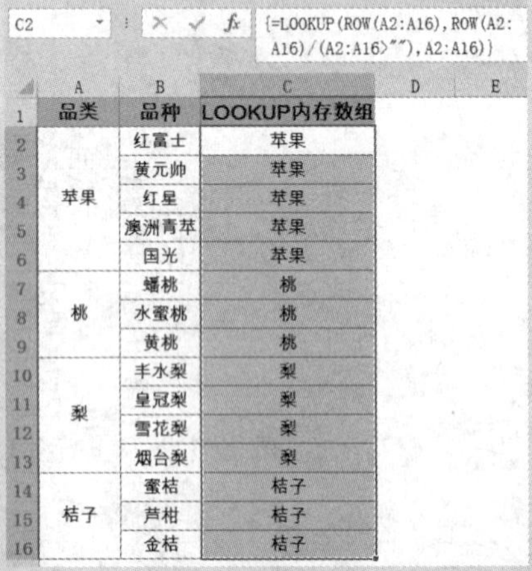

图 27-14 LOOKUP 函数构建数组技巧

公式中的 ROW(A2:A16)/(A2:A16>"") 部分，构建一个包含合并单元格起始行号和错误值的数组。

```
{2;#DIV/0!;#DIV/0!;#DIV/0!;#DIV/0!;7;#DIV/0!;#DIV/0!;10;#DIV/0!;#DIV/0!;#DIV/0!;14;#DIV/0!;#DIV/0!}
```

利用 LOOKUP 函数查询时忽略错误值特性，在这个数组中查找 2 ~ 16 行的行号，返回对应的地区，从而生成符合要求的内存数组。

27.9　MMULT 函数构建数组技巧

示例 27-9　MMULT 函数构建数组技巧

图 27-15 展示的是某企业的入库记录表，需要根据入库记录在 C 列生成由每天的累计入库数量构成的内存数组。

选中 C2:C9 单元格区域，输入多单元格数组公式，按 <Ctrl+Shift+Enter> 组合键。

```
{=MMULT(N(ROW(B2:B9)>=TRANSPOSE(ROW(B2:B9))),B2:B9)}
```

公式中的 N(ROW(B2:B9)>=TRANSPOSE(ROW(B2:B9))) 部分，构建了一个内存数组，如图 27-16 所示。

	A	B	C
1	日期	入库数量	MMULT内存数组
2	2016/7/1	2	2
3	2016/7/2	3	5
4	2016/7/3	4	9
5	2016/7/4	5	14
6	2016/7/5	2	16
7	2016/7/6	3	19
8	2016/7/7	6	25
9	2016/7/8	7	32

图 27-15　MMULT 函数构建数组技巧

1	0	0	0	0	0	0	0
1	1	0	0	0	0	0	0
1	1	1	0	0	0	0	0
1	1	1	1	0	0	0	0
1	1	1	1	1	0	0	0
1	1	1	1	1	1	0	0
1	1	1	1	1	1	1	0
1	1	1	1	1	1	1	1

图 27-16　内存数组

利用 MMULT 函数对数组进行矩阵运算，从而得到由每天入库数量的累加值构成的内存数组。

第 28 章　数据表处理

实际工作中，经常需要处理包含多个工作表的数据源，进行多表查询、汇总、总表拆分为分表、分表合并为总表等操作。在处理数据表的过程中，还经常遇到对合并单元格进行处理、转换数据表的表现形式，数据记录的重新排列等需求。本章结合实例，重点介绍一些在实际工作中经常用到的使用技巧。

本章学习要点

（1）填充合并单元格。
（2）多表求和。
（3）拆分显示记录行。
（4）按条件跨表查询。
（5）按条件跨表汇总。
（6）按条件对数据表记录排序显示。
（7）总表拆分为分表。
（8）分表合并为总表。

28.1　按合并单元格填充

示例 28-1　按合并单元格填充

图 28-1 展示的是某企业的市场分布覆盖表，包含业务覆盖的省份及下属市。其中 A 列的省份的合并单元格形式不便于后续的数据调用，需要取消合并单元格并将其按 B 列对应的市填充省份信息。

在 C2 单元格输入以下公式，将公式向下复制到 C14 单元格。

```
=LOOKUP(1,0/(A$2:A2<>""),A$2:A2)
```

合并单元格中只有最左上角单元格有数据，其他为空。

公式中的 A$2:A2<>"" 部分，利用 A$2:A2<>"" 依次判断每个单元格是否非空，返回一个由逻辑值 TRUE 和 FALSE 构成的数组，使用混合引用使数组元素随公式的向下填充而不断扩展。

为了便于读者理解，将 A$2:A14<>"" 和 0/(A$2:A14<>"") 生成的内存数组形式展示，如图 28-2 所示。

逻辑值 TRUE 参与运算时转化为 1，用 0 除以条件返回由 0 和错误值 #DIV/0! 构成的数组。

```
{0;#DIV/0!;#DIV/0!;0;#DIV/0!;0;#DIV/0!;#DIV/0!;#DIV/0!;0;0;#DIV/0!;#DIV/0!}
```

C2　=LOOKUP(1,0/(A$2:A2<>""),A$2:A2)

	A	B	C
1	省	市	智能填充
2	江苏省	南京市	江苏省
3		无锡市	江苏省
4		苏州市	江苏省
5	浙江省	杭州	浙江省
6		宁波	浙江省
7	河北省	石家庄市	河北省
8		保定市	河北省
9		邯郸市	河北省
10		唐山市	河北省
11	山西省	太原市	山西省
12	福建省	福州市	福建省
13		厦门市	福建省
14		三明市	福建省
15			

图 28-1　按合并单元格填充

E2　{=A$2:A14<>""}

	A	B	C	D	E	F
1	省	市	智能填充		条件	0/条件
2	江苏省	南京市	江苏省		TRUE	0
3		无锡市	江苏省		FALSE	#DIV/0!
4		苏州市	江苏省		FALSE	#DIV/0!
5	浙江省	杭州	浙江省		TRUE	0
6		宁波	浙江省		FALSE	#DIV/0!
7	河北省	石家庄市	河北省		TRUE	0
8		保定市	河北省		FALSE	#DIV/0!
9		邯郸市	河北省		FALSE	#DIV/0!
10		唐山市	河北省		FALSE	#DIV/0!
11	山西省	太原市	山西省		TRUE	0
12	福建省	福州市	福建省		TRUE	0
13		厦门市	福建省		FALSE	#DIV/0!
14		三明市	福建省		FALSE	#DIV/0!
15						

图 28-2　内存数组

其中的 0 的位置标识了每个合并单元格开始的位置。

利用 LOOKUP 函数在查找时兼容错误值，在返回的数组中查找 1。由于数组中各元素都比 1 小，LOOKUP 函数找不到查找值时，根据数组中小于查找值的最大值返回匹配值。

由于数组中有多个 0 满足条件，LOOKUP 函数返回满足条件的记录中的最后一条，即从下向上的第一个非空值，得到对应的省份名称。

28.2　汇总连续多个工作表相同单元格区域的数据

示例 28-2　汇总连续多个工作表相同单元格区域的数据

图 28-3 展示的是某企业全年的销售情况，各工作表内是各分公司不同产品 1 ~ 12 月的销售额，工作表的结构完全相同。现在需要在汇总表的 B2 ~ F4 单元格区域中计算相应产品和分公司的销售额。

选定汇总表的 B2:F4 单元格区域，输入以下公式后，按 <Ctrl+Enter> 组合键。

```
=SUM('*'!B2)
```

该公式在按 <Ctrl+Enter> 组合键后会自动变为以下形式。

```
=SUM('1:12'!B2)
```

公式中的 SUM('*'!B2) 部分，利用 SUM 函数支持多表三维引用的特性，实现对工作簿中除了公式所在的当前工作表外，其余的工作表的单元格区域进行汇总求和。

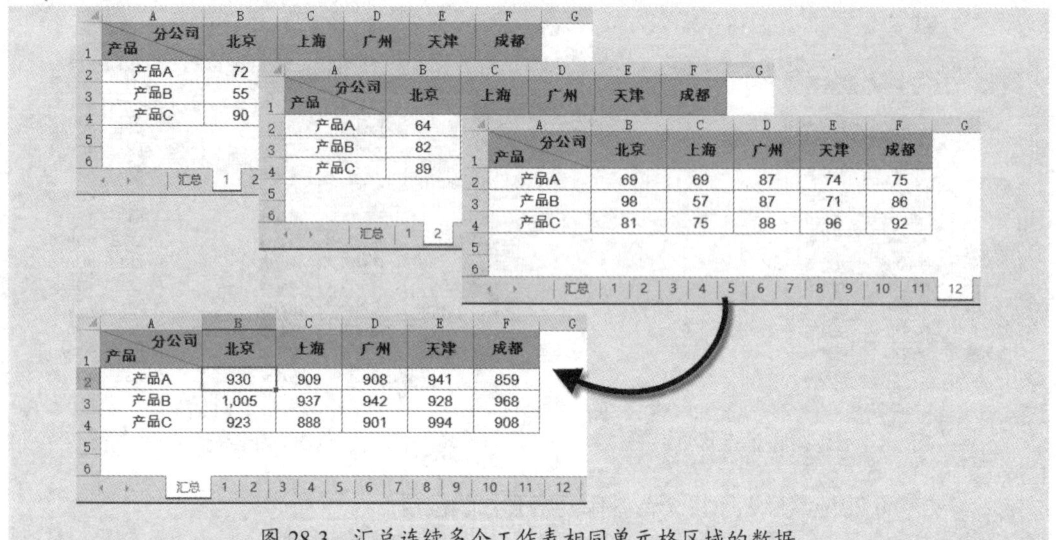

图 28-3 汇总连续多个工作表相同单元格区域的数据

通配符“*”表示匹配除了当前工作表外，任意名称工作表名称的工作表。但当工作簿中只有当前一个工作表时，输入公式 =SUM('*'!B2) 会被系统提示不能输入，所以此形式的公式不能适用于只有一个工作表的工作簿。

28.3 拆分工资条

示例 28-3 拆分工资条

图 28-4 展示的是某企业员工工资表的部分内容，为了便于打印后按每个员工拆分，需要将员工工资表拆分显示为每条记录上方带标题行、下方带空行的形式。

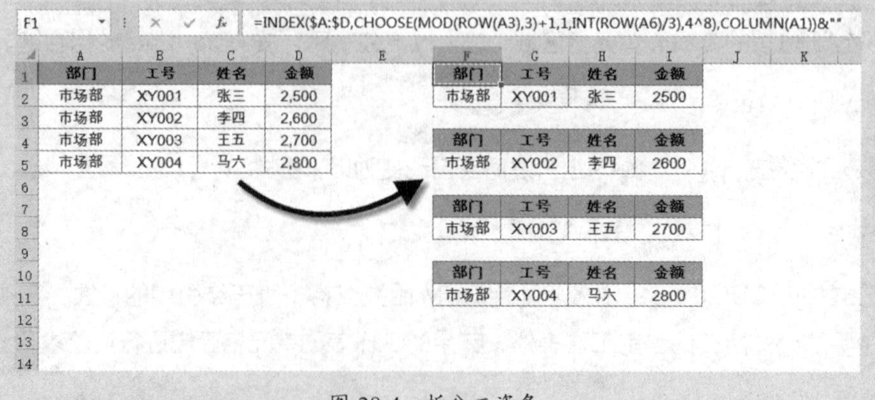

图 28-4 拆分工资条

选定 F1:I11 单元格区域，输入以下公式后，按 <Ctrl+Enter> 组合键。

```
=INDEX($A:$D,CHOOSE(MOD(ROW(A3),3)+1,1,INT(ROW(A6)/3),4^8),COLUMN(A1))&""
```

公式中的 MOD(ROW(A3),3)+1 部分，利用 MOD 函数结合 ROW 函数对 3 求余数，随着公式向下复制生成 1,2,3,1,2,3,1,2,3…的循环序列。

INT(ROW(B6)/3) 部分，利用 INT 函数结合 ROW 函数，随着公式向下复制生成 2,2,2,3,3,3,4,4,4…的循环序列。

4^8 代表 4 的 8 次方，作为 CHOOSE 函数的第四参数。INDEX 函数以此作为索引值时最终返回工作表空白区域的引用。

利用 CHOOSE 函数的第一参数分别为 1、2、3 时，对应返回标题行、工资记录和空行，实现将工资表拆分为工资表显示。

28.4 VLOOKUP 函数跨表查询

示例 28-4 VLOOKUP 函数跨表查询

图 28-5 展示的是某企业的订单信息表，其中分 3 个工作表分别放置从北京、上海、广州分公司收集的订单信息。现在需要在“跨表查询”工作表中，根据 B 列的订单编号查询订单的信息，并在 A 列显示来源于哪家分公司。

要实现 VLOOKUP 函数跨表查询，先要确定需要查询的数据所属的工作表名称，再引用其区域进行查询。

为了便于计算，先定义一个代表工作簿中各个工作表名称的名称：ShtName。

```
=REPLACE(GET.WORKBOOK(1),1,FIND("]",GET.WORKBOOK(1)),)&T(NOW())
```

在本例中，ShtName 返回一个包含各个工作表名称的数组。

```
{"跨表查询","北京","上海","广州"}
```

在跨表查询的 C2 单元格输入以下数组公式，按 <Ctrl+Shift+Enter> 组合键，将公式复制到 C2:J11 单元格区域。

```
{=VLOOKUP($B2,INDIRECT("'"&INDEX(ShtName,MATCH(0,0/COUNTIF(INDIRECT("'"&ShtName&"'!A:A"),$B2),))&"'!A:I"),COLUMN(B1),)}
```

28章

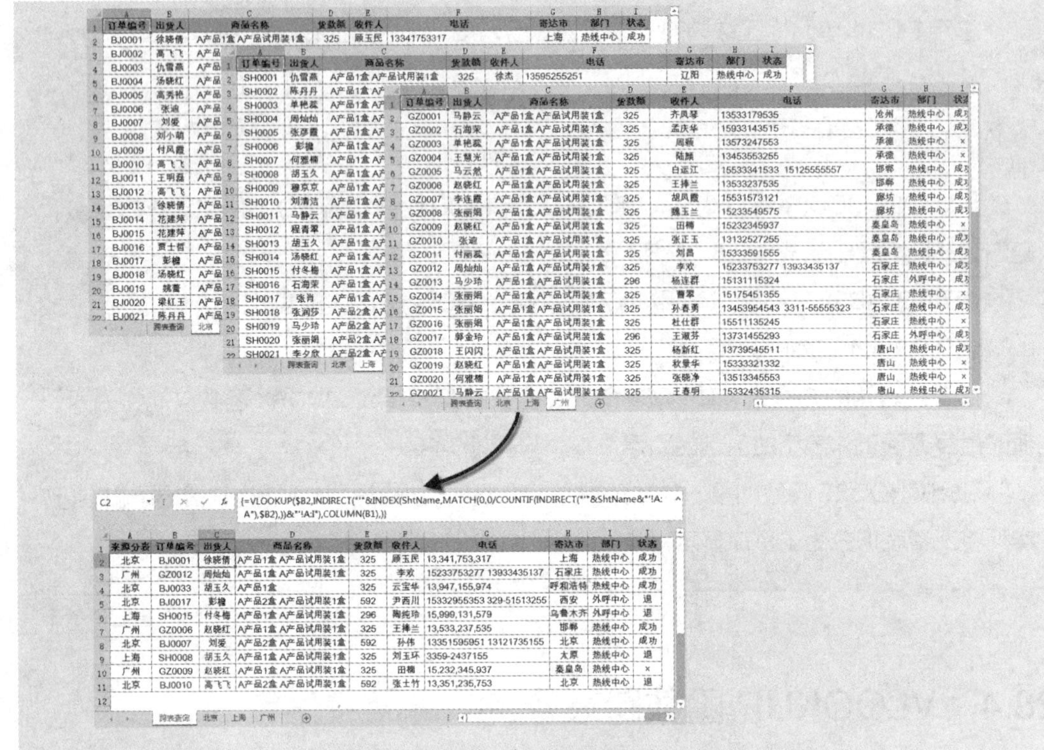

图 28-5　VLOOKUP 函数跨表查询

公式中的 INDIRECT("'"&ShtName&"'!A:A") 部分，利用 INDIRECT 函数引用每个工作表的 A 列。

COUNTIF(INDIRECT("'"&ShtName&"'!A:A"),$B2) 部分，利用 COUNTIF 函数统计各个工作表中 A 列里包含 $B2 的个数，返回一个由 1 和 0 构成的数组。

用 0 除以这个 1 和 0 构成的数组，得到 0 和错误值 #DIV/0! 构成的数组。

利用 MATCH 函数在这个数组中查找 0 的位置，即查询数据所处工作表对应的位置。

利用 INDEX 函数返回需要的工作表名称，最后利用 VLOOKUP 函数查询。

公式中的 COLUMN(B1) 部分，利用 COLUMN 函数返回所引用单元格的列标，得到 2。这个数字会随着公式向右复制而依次变为 3,4,5…

在跨表查询的 A2 单元格输入以下数组公式，按 <Ctrl+Shift+Enter> 组合键，将数组公式向下复制到 A11 单元格，提取来源分表的工作表名称信息。

```
{=LOOKUP(1,0/COUNTIF(INDIRECT("'"&ShtName&"'!a:a"),B2),ShtName)}
```

公式利用 LOOKUP 函数结合 COUNTIF 函数进行求解。

由于使用了宏表函数定义名称 ShtName，需要在打开工作表时启用宏，否则无法正确显示结果。

28.5　SUMIF 函数跨表汇总

示例 28-5　SUMIF 函数跨表汇总

图 28-6 展示的是某企业的产品销量表，包含全年 12 个月每种产品的销量。需要在汇总表的 B4 ~ C11 单元格区域，根据所选择的月份，计算每种产品的月销量和从 1 月到所选择月份的累计销量。

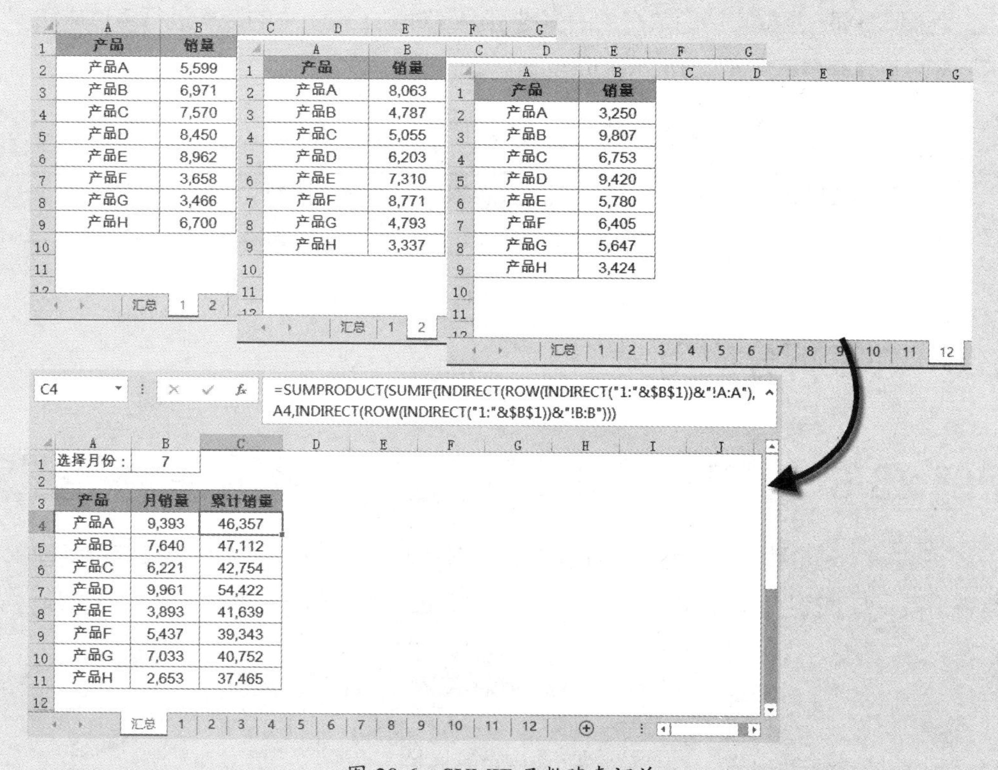

工作表 1：

产品	销量
产品A	5,599
产品B	6,971
产品C	7,570
产品D	8,450
产品E	8,962
产品F	3,658
产品G	3,466
产品H	6,700

工作表 2：

产品	销量
产品A	8,063
产品B	4,787
产品C	5,055
产品D	6,203
产品E	7,310
产品F	8,771
产品G	4,793
产品H	3,337

工作表 12：

产品	销量
产品A	3,250
产品B	9,807
产品C	6,753
产品D	9,420
产品E	5,780
产品F	6,405
产品G	5,647
产品H	3,424

汇总表（C4 =SUMPRODUCT(SUMIF(INDIRECT(ROW(INDIRECT("1:"&$B$1))&"!A:A"),A4,INDIRECT(ROW(INDIRECT("1:"&$B$1))&"!B:B")))）：

选择月份： 7

产品	月销量	累计销量
产品A	9,393	46,357
产品B	7,640	47,112
产品C	6,221	42,754
产品D	9,961	54,422
产品E	3,893	41,639
产品F	5,437	39,343
产品G	7,033	40,752
产品H	2,653	37,465

图 28-6　SUMIF 函数跨表汇总

❖　计算月销量。

在汇总表的 B4 单元格输入以下公式，将公式向下复制到 B11 单元格。

```
=VLOOKUP(A4,INDIRECT($B$1&"!A:B"),2,)
```

利用 INDIRECT 函数，根据所选择的月份引用相应的工作表的单元格区域，以此作为 VLOOKUP 函数的第二参数查询月销量。

❖　计算累计销量。

在汇总表的 C4 单元格输入以下公式，将公式向下复制到 C11 单元格。

=SUMPRODUCT(SUMIF(INDIRECT(ROW(INDIRECT("1:"&$B$1))&"!A:A"),A4,INDIRECT(ROW(INDIRECT("1:"&$B$1))&"!B:B")))

公式中的 ROW(INDIRECT("1:"&$B$1))&"!A:A" 部分，利用 ROW 函数和 INDIRECT 函数，生成从工作表“1”，到 B1 单元格所选择数字“7”各工作表 A 列的单元格区域构成的数组。

{"1!A:A";"2!A:A";"3!A:A";"4!A:A";"5!A:A";"6!A:A";"7!A:A"}

利用 SUMIF 函数支持函数产生的多维引用，对多工作表中的数据进行条件求和，返回多个工作表中符合要求的销量构成的数组。

{5599;8063;4355;8275;7357;3315;9393}

最后利用 SUMPRODUCT 函数对这个数组求和，即累计销量。

28.6 总表拆分应用

示例 28-6 按出入库类型将总表拆分到分表

图 28-7 展示的是某仓库出入库明细表的部分内容，包含了入库和出库两种类型的数据记录，需要通过函数公式分别将其拆分到“入库”和“出库”两个工作表中。

	A	B	C	D	E	F	G
1	出入库类型	单号	日期	商品名称	数量	单价	金额
2	入库	AR001	9月20日	A173	500	3.42	¥1,710.00
3	出库	AC001	9月28日	A173	85	3.6	¥306.00
4	入库	RR001	10月3日	RA929	300	5.37	¥1,611.00
5	出库	AC002	10月3日	A173	110	3.55	¥390.50
6	出库	AC003	10月3日	A173	171	3.7	¥632.70
7	入库	RR002	10月5日	RA929	100	5.4	¥540.00
8	出库	RC001	10月7日	RA929	140	5.72	¥800.80
9	出库	AC004	10月13日	A173	92	3.64	¥334.88
10	入库	AR002	10月19日	A173	200	3.45	¥690.00
11	出库	AC005	10月20日	A173	78	3.75	¥292.50

出入库明细表 | 入库 | 出库

图 28-7 出入库明细表

为了保证数据动态更新，使用以下公式将“出入库明细表”中的数据定义为工作簿级名称“总表”，来动态引用数据。

=OFFSET(出入库明细表!$A$1,,,COUNTA(出入库明细表!$A:$A),COUNTA(出入库明细表!$1:$1))

为了使入库和出库工作表中的公式一致，使用以下公式定义工作簿级名称 ShtName 来取得当前工作表标签名。

```
=MID(GET.DOCUMENT(1),FIND("]",GET.DOCUMENT(1))+1,255)
```

以“入库”工作表为例，提取结果如图 28-8 所示。

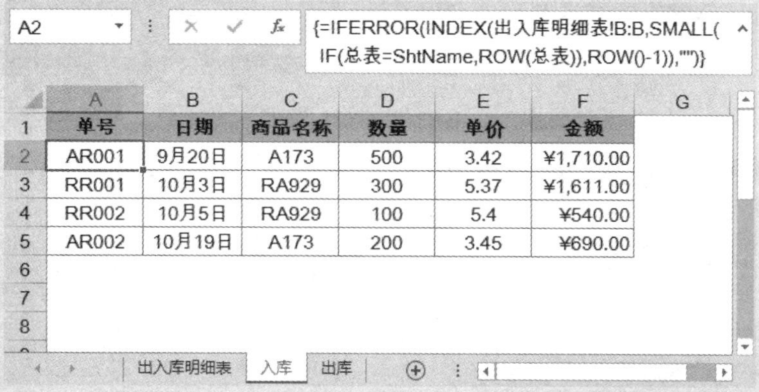

A2 {=IFERROR(INDEX(出入库明细表!B:B,SMALL(IF(总表=ShtName,ROW(总表)),ROW()-1)),"")}

	A	B	C	D	E	F	G
1	单号	日期	商品名称	数量	单价	金额	
2	AR001	9月20日	A173	500	3.42	¥1,710.00	
3	RR001	10月3日	RA929	300	5.37	¥1,611.00	
4	RR002	10月5日	RA929	100	5.4	¥540.00	
5	AR002	10月19日	A173	200	3.45	¥690.00	
6							
7							
8							

出入库明细表 入库 出库

图 28-8 将入库记录提取到“入库”工作表

在“入库”工作表的 A1:F1 单元格区域建立表头，在 A2 单元格输入以下数组公式，按 <Ctrl+Shift+Enter> 组合键，将公式复制到 A2:F8 单元格区域。

```
{=IFERROR(INDEX(出入库明细表!B:B,SMALL(IF(总表=ShtName,ROW(总表)),ROW()-1)),
"")}
```

公式主要利用 SMALL 函数结合 IF 函数提取“出入库类型”为“入库”的记录行号，再利用 INDEX 函数来返回具体的记录信息，最后使用 IFERROR 函数做容错处理。

“出库”工作表的数据提取方法和“入库”工作表完全一致，此处不再赘述。

公式使用了宏表函数，因此要将设置好的工作簿另存为 xlsm 类型启用宏的工作簿。

28.7 分表合并总表应用

在人事部门的工作中，如需将各个部门的员工列表汇总到总表，可以直接使用复制粘贴的方法，但如果人事数据经常变动，那么使用函数公式来生成动态的结果将是更好的方式。

示例 28-7 将人员信息表汇总到总表

图 28-9 展示的是某企业各部门人员信息表的部分内容，需要将人力资源部、资产管理部、信息技术中心 3 个部门的人员信息汇总到总表。

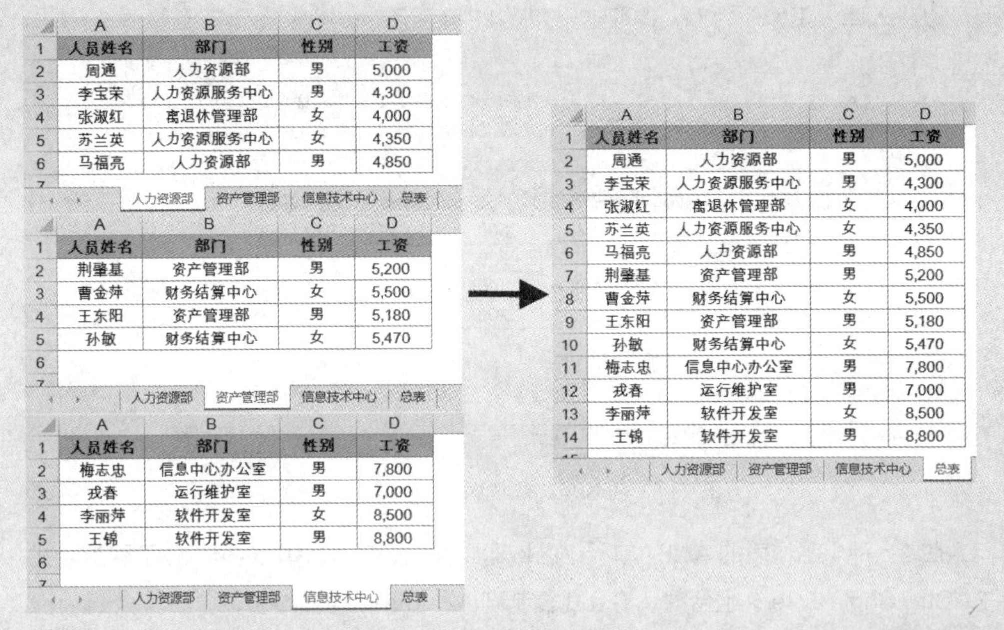

	A	B	C	D
1	人员姓名	部门	性别	工资
2	周通	人力资源部	男	5,000
3	李宝荣	人力资源服务中心	男	4,300
4	张淑红	离退休管理部	女	4,000
5	苏兰英	人力资源服务中心	女	4,350
6	马福亮	人力资源部	男	4,850

人力资源部 | 资产管理部 | 信息技术中心 | 总表

	A	B	C	D
1	人员姓名	部门	性别	工资
2	荆肇基	资产管理部	男	5,200
3	曹金萍	财务结算中心	女	5,500
4	王东阳	资产管理部	男	5,180
5	孙敏	财务结算中心	女	5,470

人力资源部 | 资产管理部 | 信息技术中心 | 总表

	A	B	C	D
1	人员姓名	部门	性别	工资
2	梅志忠	信息中心办公室	男	7,800
3	戎春	运行维护室	男	7,000
4	李丽萍	软件开发室	女	8,500
5	王锦	软件开发室	男	8,800

人力资源部 | 资产管理部 | 信息技术中心 | 总表

	A	B	C	D
1	人员姓名	部门	性别	工资
2	周通	人力资源部	男	5,000
3	李宝荣	人力资源服务中心	男	4,300
4	张淑红	离退休管理部	女	4,000
5	苏兰英	人力资源服务中心	女	4,350
6	马福亮	人力资源部	男	4,850
7	荆肇基	资产管理部	男	5,200
8	曹金萍	财务结算中心	女	5,500
9	王东阳	资产管理部	男	5,180
10	孙敏	财务结算中心	女	5,470
11	梅志忠	信息中心办公室	男	7,800
12	戎春	运行维护室	男	7,000
13	李丽萍	软件开发室	女	8,500
14	王锦	软件开发室	男	8,800

人力资源部 | 资产管理部 | 信息技术中心 | 总表

图 28-9　将各部门人员信息汇总到总表

为便于公式的理解，先将公式中涉及的要点定义为名称。

（1）获取当前工作表名称：ThisSh。

```
=SUBSTITUTE(GET.DOCUMENT(1),"["&GET.DOCUMENT(88)&"]",)
```

（2）获取工作薄中所有工作表的名称：ShtNames。

```
=SUBSTITUTE(GET.WORKBOOK(1),"["&GET.DOCUMENT(88)&"]",)
```

（3）生成 1 到工作表总数的序数数组：RowAll。

```
=ROW(INDIRECT("1:"&COLUMNS(ShtNames)))
```

（4）生成 1 到“工作表总数 -1”的序数数组：Row_1。

```
=ROW(INDIRECT("1:"&COLUMNS(ShtNames)-1))
```

（5）获取除当前“总表”工作表外，其余工作表名称数组：SH。

```
=LOOKUP(SMALL(IF(ShtNames<>ThisSh,TRANSPOSE(RowAll)),Row_1),RowAll,
ShtNames)
```

至此，创建了除当前“总表”工作表外，动态引用其余工作表名称的数组，结果为 { "人力资源部";"资产管理部";"信息技术中心" }。即使修改工作表名称，改变工作表顺序，公式仍能得出正确的结果。

（6）获取各表记录数：Sdata。

```
=COUNTIF(INDIRECT(SH&"!A:A"),"<>")-1
```

利用三维引用统计各表的记录数，结果为 { 5;4;4 } 。

（7）生成累加各表记录数：RecNum。

```
=MMULT(N(Row_1>TRANSPOSE(Row_1)),SData)
```

该名称主要利用累加技术对内存数组 SData 进行逐个累加，结果为 { 0;5;9 } 。

通过以上名称定义，再结合多个名称进行相应运算，就能够得到各表的数据记录序号，再利用引用函数，即可返回具体的人员信息。

“总表”工作表的 A2 单元格输入以下数组公式，按 <Ctrl+Shift+Enter> 组合键，将公式复制到 A2:D16 单元格区域。

```
{=IF(ROW()-1>SUM(SData),"",OFFSET(INDIRECT(LOOKUP(ROW()-2,RecNum,SH)&"!A1"),ROW()-1-LOOKUP(ROW()-2,RecNum),COLUMN()-1))}
```

公式利用 LOOKUP 函数查找行序号返回对应的数据表名，通过 INDIRECT 函数返回各数据表中 A1 单元格的引用。

利用 ROW 函数与 LOOKUP 函数组合，通过查找 0 ~ 12 的序号返回对应的累计数，再与行号相减，即可得到各数据表的记录行序号。为便于理解，以下将“ROW()-1-LOOKUP(ROW( )-2,RecNum)”部分公式运算过程列出，如图 28-10 所示。

I2　{=ROW()-1-LOOKUP(ROW()-2,RecNum)}

	E	F	G	H	I	J	K
1		自然序号	累计数		最终序列		
2		1	0		1		
3		2	0		2		
4		3	0		3		
5		4	0		4		
6		5	0		5		
7		6	5	两者相减	1		
8		7	5		2		
9		8	5		3		
10		9	5		4		
11		10	9		1		
12		11	9		2		
13		12	9		3		
14		13	9		4		

图 28-10　部分公式运算过程演示

最后利用 OFFSET 函数返回具体的人员信息。

第四篇

其他功能中的函数应用

本篇重点介绍了函数公式在条件格式、数据验证中的应用技巧，以及在高级图表制作中的函数应用。

第 29 章　条件格式中使用函数

条件格式，顾名思义，即当满足某种条件时对单元格进行相应的标识，以便起到凸显效果，使数据更加清晰直观。可设置的格式包括填充颜色、边框、字体、字形、字体下划线等。使用条件格式不但可以帮助用户突出显示所关注的单元格或单元格区域，还可以辅助用户直观地查看和分析数据、发现关键问题以及识别模式和趋势。

条件格式是基于条件更改单元格区域的外观显示效果的。在工作中的很多实际场景中，我们要设置的条件较为复杂，需要使用函数来实现条件判断，如果条件为 TRUE，则基于该条件设置单元格区域的格式；如果条件为 FALSE，则不基于该条件设置单元格区域的格式。本章重点讲解条件格式中函数的使用方法，结合实例来展示条件格式中使用函数的应用方法。

本章学习要点

（1）单条件判定下的使用方法。

（2）多条件判定下的使用方法。

（3）使用通配符实现模糊条件判定。

29.1　实现突出显示双休日

示例 29-1　实现突出显示双休日

图 29-1 展示的是某企业加班记录表的部分内容，为了便于人资部门查看加班情况，希望把“日期”列中为双休日的记录行整行标示黄色背景颜色以突出显示。

	A	B	C	D	E	F	G	H	I
1	日期	加班人	职务	加班原因	从何时开始	到何时结束	加班所用时间	加班费	核准人
2	2016/4/15								
3	2016/4/16								
4	2016/4/17								
5	2016/4/18								
6	2016/4/19								
7	2016/4/20								
8	2016/4/21								
9	2016/4/22								
10	2016/4/23								
11	2016/4/24								
12	2016/4/25								
13	2016/4/26								
14	2016/4/27								
15									

	A	B	C	D	E	F	G	H	I
1	日期	加班人	职务	加班原因	从何时开始	到何时结束	加班所用时间	加班费	核准人
2	2016/4/15								
3	2016/4/16								
4	2016/4/17								
5	2016/4/18								
6	2016/4/19								
7	2016/4/20								
8	2016/4/21								
9	2016/4/22								
10	2016/4/23								
11	2016/4/24								
12	2016/4/25								
13	2016/4/26								
14	2016/4/27								

图 29-1　加班记录表

29章

操作步骤如下。

步骤1 选定要设置条件格式的区域，即 A2:I14 单元格区域。

步骤2 单击【开始】选项卡，依次单击【条件格式】→【新建规则】按钮。

步骤3 在弹出的【新建格式规则】对话框中单击【使用公式确定要设置格式的单元格】按钮，如图 29-2 所示。

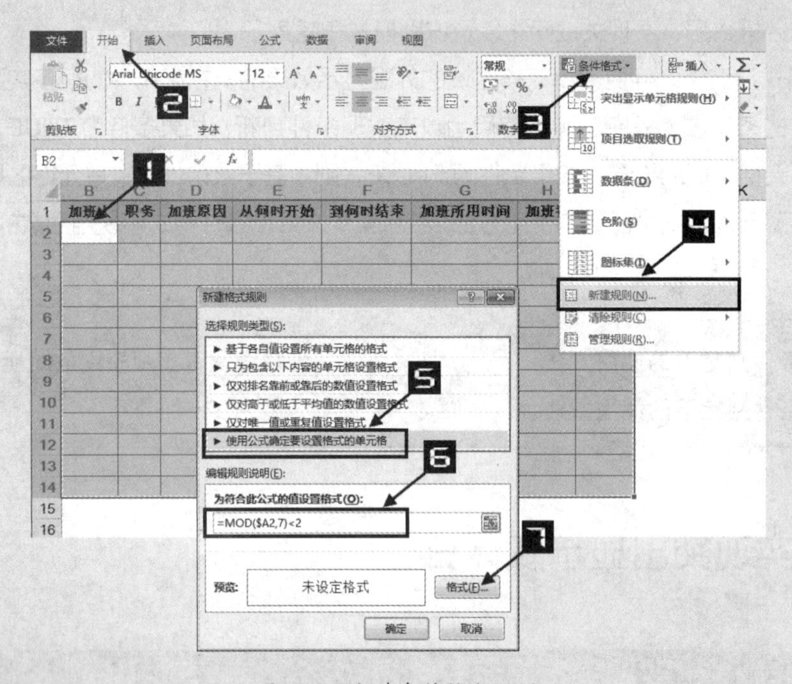

图 29-2 新建条件格式规则

步骤4 在【为符合此公式的值设置格式】文本框中输入以下公式。

```
=MOD($A2,7)<2
```

步骤5 单击【格式】按钮，在弹出的【设置单元格格式】对话框中单击【填充】选项卡，选择背景色，例如“黄色”，单击【确定】按钮。

步骤6 返回【新建格式规则】对话框后，单击【确定】按钮，如图 29-3 所示。

设置完成后，单元格区域 A2:I14 中“日期”列为双休日的整行被标识为黄色背景突出显示。

条件格式公式中的 MOD($A2,7) 部分，使用 MOD 函数对 7 求余，返回 0 ~ 6 之间的数字。Excel 中的日期实际是数值格式，1900 年 1 月 1 日是周日，对应数值 1，1900 年 1 月 2 日是周一，对应数值 2，依此类推。由于一周有 7 天，所以 MOD($A2,7) 部分分别返回 1,2,3,4,5,6,0，周六对应返回 0，周日对应返回 1，使用 MOD($A2,7)<2 即可标识双休日的日期，如图 29-4 所示。

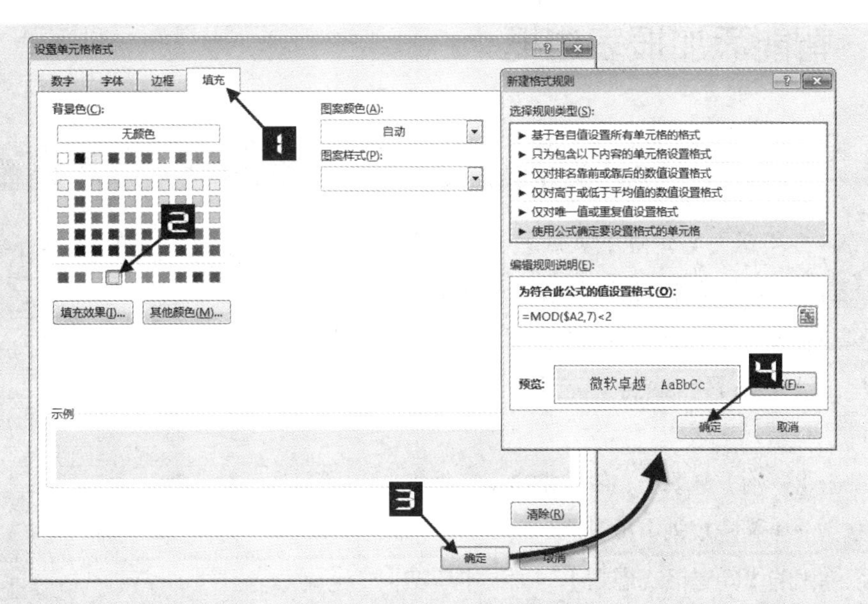

图 29-3　设置单元格颜色

D2　=MOD(A2, 7)　　=WEEKDAY(A2, 2)

	A	B	C	D	E
1	数值形式	日期形式	星期	公式1	公式2
2	1	1900/1/1	日	1	7
3	2	1900/1/2	一	2	1
4	3	1900/1/3	二	3	2
5	4	1900/1/4	三	4	3
6	5	1900/1/5	四	5	4
7	6	1900/1/6	五	6	5
8	7	1900/1/7	六	0	6
9	8	1900/1/8	日	1	7
10	9	1900/1/9	一	2	1
11	10	1900/1/10	二	3	2
12	11	1900/1/11	三	4	3
13	12	1900/1/12	四	5	4
14	13	1900/1/13	五	6	5
15	14	1900/1/14	六	0	6
16	15	1900/1/15	日	1	7

图 29-4　公式计算原理

条件格式公式还可以使用 WEEKDAY 函数来实现，即在步骤 4 中输入以下公式。

```
=WEEKDAY($A2,2)>5
```

WEEKDAY 函数返回某日期为星期几。当其第二参数为 2 时，对从星期一至星期日的日期依次返回 1 ~ 7，通过“=WEEKDAY($A2,2)>5”来突出显示 WEEKDAY 函数返回结果为 6 和 7 的日期，即星期六和星期日。

在条件格式中使用公式时，针对活动单元格进行设置，设置后的规则应用于所选定的全部区域。

29.2 智能添加报表边框

示例 29-2 智能添加报表边框

图 29-5 所示为某企业的入库登记表。为了使报表更加美观，要求当入库行记录或备注列信息增加时，边框自动扩展至数据区域。

	A	B	C	D	E	F
1	入库日期	品名	型号	件数	备注	
2	2016/1/4	A	RS01	35	******	
3	2016/1/4	B	RS02	23	******	
4	2016/1/5	A	RS03	49	******	
5	2016/1/5	C	RS01	80	******	
6	2016/1/6	B	RS02	54	******	
7	2016/1/6	A	RS01	25	******	
8	2016/1/6	C	RS01	76	******	
9	2016/1/7	B	RS02	86	******	
10	2016/1/8	A	RS01	80	******	
11	2016/1/9	A	RS02	25	******	
12	2016/1/10	A	RS01	21	******	
13	2016/1/11	C	RS01	77	******	
14	2016/1/12	B	RS02	16	******	
15	2016/1/13	A	RS01	30	******	
16						
17						

入库登记表

图 29-5 入库登记表

步骤① 单击工作表行列交叉点，选定入库登记表的所有单元格区域。

步骤② 单击【开始】选项卡，依次单击【条件格式】→【新建规则】按钮。

步骤③ 在弹出的【新建格式规则】对话框中单击【使用公式确定要设置格式的单元格】按钮。

步骤④ 在【为符合此公式的值设置格式】文本框中输入公式。

```
=($A1<>"")*(A$1<>"")
```

步骤⑤ 单击【格式】按钮，在弹出的【设置单元格格式】对话框中单击【边框】选项卡，选择【颜色】为“蓝色”，【线条】样式选择连续直线，单击【外边框】按钮，单击【确定】按钮。

步骤⑥ 返回【新建格式规则】对话框后，单击【确定】按钮，如图 29-6 所示。

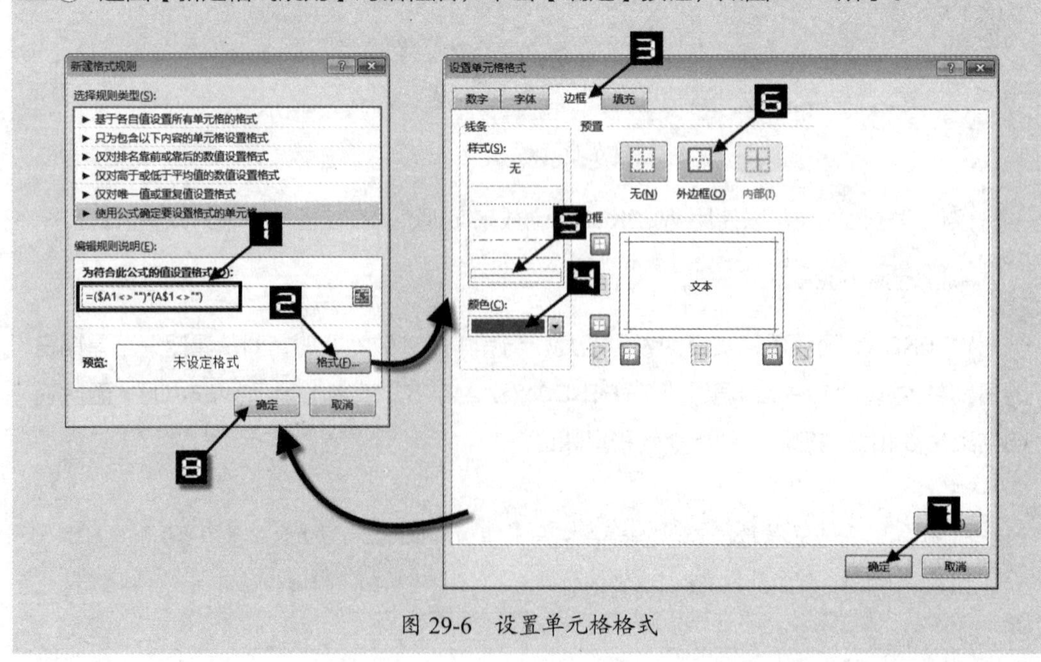

图 29-6 设置单元格格式

设置完成后，当入库登记表行记录或列标题增加时，边框自动扩展，如图 29-7 所示。

	A	B	C	D	E	F
1	入库日期	品名	型号	件数	备注	
2	2016/1/4	A	RS01	35	******	
3	2016/1/4	B	RS02	23	******	
4	2016/1/5	A	RS03	49	******	
5	2016/1/5	C	RS01	80	******	
6	2016/1/6	B	RS02	54	******	
7	2016/1/6	A	RS01	25	******	
8	2016/1/6	C	RS01	76	******	
9	2016/1/7	B	RS02	86	******	
10	2016/1/8	A	RS01	80	******	
11	2016/1/9	A	RS02	25	******	
12	2016/1/10	A	RS01	21	******	
13	2016/1/11	C	RS01	77	******	
14	2016/1/12	B	RS02	16	******	
15	2016/1/13	A	RS01	30	******	
16	2016/1/14					
17						

入库登记表

	A	B	C	D	E	F
1	入库日期	品名	型号	件数	备注	备注2
2	2016/1/4	A	RS01	35	******	
3	2016/1/4	B	RS02	23	******	
4	2016/1/5	A	RS03	49	******	
5	2016/1/5	C	RS01	80	******	
6	2016/1/6	B	RS02	54	******	
7	2016/1/6	A	RS01	25	******	
8	2016/1/6	C	RS01	76	******	
9	2016/1/7	B	RS02	86	******	
10	2016/1/8	A	RS01	80	******	
11	2016/1/9	A	RS02	25	******	
12	2016/1/10	A	RS01	21	******	
13	2016/1/11	C	RS01	77	******	
14	2016/1/12	B	RS02	16	******	
15	2016/1/13	A	RS01	30	******	
16	2016/1/14					
17						

入库登记表

图 29-7 行列记录增加时边框自动扩展

全选工作表后当前活动单元格为 A1，用“($A1<>"")”实现报表行记录增加时边框自动扩展，用“(A$1<>"")”实现报表列字段增加时边框自动扩展，“=($A1<>"")*(A$1<>"")”灵活运用混合引用实现当前单元格所在行的 A 列单元格及所在列的第一行同时不为空时，显示边框，从而实现了智能添加报表边框。

29.3 不显示错误值

示例 29-3 不显示错误值

图 29-8 为某企业的年度经营完成情况表。为了更加清晰地查看年度经营情况，需要屏蔽由于公式计算产生的错误值。

	A	B	C	D	E	F
1	公司	去年累计利润	本年累计利润	本年预算利润	达成率	增长率
2	天津分公司	72,245	87,235	89,768	97%	21%
3	沈阳分公司	无	1,256	2,000	63%	#VALUE!
4	柳州分公司	600	本年度关闭	3,200	#VALUE!	#VALUE!
5	杭州分公司	1,251	1,380	2,000	69%	10%
6	成都分公司	2,380				
7	武汉分公司	8,789				
8	岳阳分公司	7,658				
9	南通分公司	1,705				
10	吉林分公司	3,900				
11	厦门分公司	2,561				
12	福州分公司	600				
13						
14						

	A	B	C	D	E	F
1	公司	去年累计利润	本年累计利润	本年预算利润	达成率	增长率
2	天津分公司	72,245	87,235	89,768	97%	21%
3	沈阳分公司	无	1,256	2,000	63%	
4	柳州分公司	600	本年度关闭	3,200		
5	杭州分公司	1,251	1,380	2,000	69%	10%
6	成都分公司	2,380	1,980	2,000	99%	-17%
7	武汉分公司	8,789	9,510	10,000	95%	8%
8	岳阳分公司	7,658	7,588	8,900	85%	-1%
9	南通分公司	1,705	1,890	2,200	86%	11%
10	吉林分公司	3,900	4,500	4,100	110%	15%
11	厦门分公司	2,561	3,260	3,000	109%	27%
12	福州分公司	600	821	1,000	82%	37%
13						
14						

图 29-8 年度经营完成情况表

步骤① 选定 A2:F14 单元格区域。

步骤② 单击【开始】选项卡，依次单击【条件格式】→【新建规则】按钮。

步骤③ 在弹出的【新建格式规则】对话框中单击【使用公式确定要设置格式的单元格】按钮。

步骤④ 在【为符合此公式的值设置格式】文本框中输入公式。

```
=ISERROR(A2)
```

步骤⑤ 单击【格式】按钮，在弹出的【设置单元格格式】对话框中单击【字体】选项卡，【颜色】选择“白色”作为主题颜色，单击【确定】按钮。

步骤⑥ 返回【新建格式规则】对话框后，单击【确定】按钮，如图 29-9 所示。

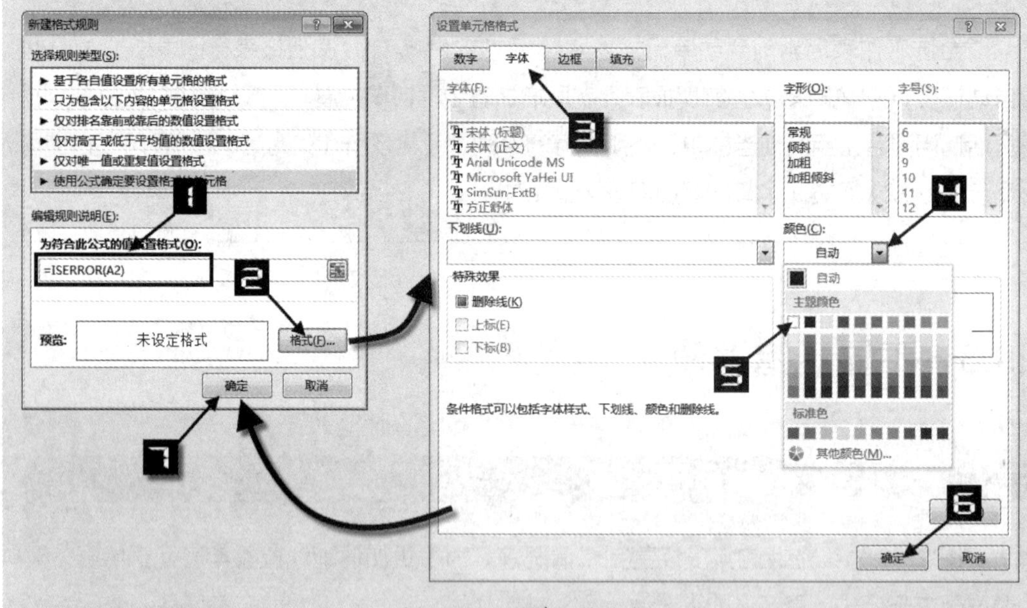

图 29-9 设置单元格格式

设置完成后，错误值将显示成白色字体，与背景色一致，所以不再显示出来。

29.4 根据关键字动态标识行记录

示例 29-4 根据关键字动态标识行记录

图 29-10 所示为某企业的计划进程表。为了更清晰、直观地查看计划完成情况，需要当 E 列标识“是”时，该行背景色自动变为绿色。

	A	B	C	D	E	F
1	序号	事项	完成标准	拟完成日期	是否完成	备注
2	1	召开开发区项目推介会	按实施标准组织	2015/10/22	是	******
3	2	广告宣传片商定方案	确定脚本，合作方及形式	2015/10/23		******
4	3	上报人力资源表	确认13年度人力需求	2016/1/12	是	******
5	11	上报所得税资料	年度所得税	2016/1/15		******
6	4	利润旬报	分析预算完成情况	2016/1/18	是	******
7	5	报表格式修订				
8	6	新产品价格表审核				
9	7	召开部门年度总结会议				
10	8	审核差旅费政策				
11	9	审核业务员奖金制度				
12	10	锁定系统				
13	12	开展校园招聘会				

	A	B	C	D	E	F
1	序号	事项	完成标准	拟完成日期	是否完成	备注
2	1	召开开发区项目推介会	按实施标准组织	2015/10/22	是	******
3	2	广告宣传片商定方案	确定脚本，合作方及形式	2015/10/23		******
4	3	上报人力资源表	确认13年度人力需求	2016/1/12	是	******
5	11	上报所得税资料	年度所得税	2016/1/15		******
6	4	利润旬报	分析预算完成情况	2016/1/18	是	******
7	5	报表格式修订	确定上报报表格式	2016/1/25		******
8	6	新产品价格表审核	合适新产品价格合理性	2016/1/29	是	******
9	7	召开部门年度总结会议	工作总结	2016/2/1		******
10	8	审核差旅费政策	针对销售人员出差规定	2016/2/18		******
11	9	审核业务员奖金制度	如何合理有效刺激销量	2016/2/19		******
12	10	锁定系统	确保数字准确合理	2016/2/22		******
13	12	开展校园招聘会	补齐缺编岗位并达成储备	2016/3/5		******

图 29-10　计划进程表

步骤① 选定 A2:F13 单元格区域。

步骤② 单击【开始】选项卡，依次单击【条件格式】→【新建规则】按钮。

步骤③ 在弹出的【新建格式规则】对话框中单击【使用公式确定要设置格式的单元格】按钮。

步骤④ 在【为符合此公式的值设置格式】文本框中输入以下公式。

```
=$E2="是"
```

步骤⑤ 单击【格式】按钮，在弹出的【设置单元格格式】对话框中单击【填充】选项卡，选择“绿色”作为背景色，单击【确定】按钮。

步骤⑥ 返回【新建格式规则】对话框后，单击【确定】按钮。如图 29-11 所示。

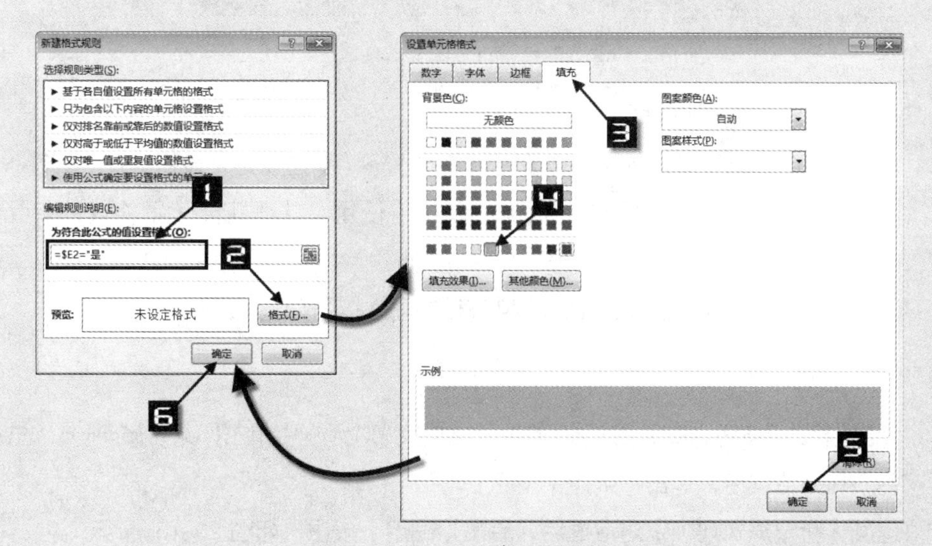

图 29-11　设置单元格格式

设置完成后，当用户在 E 列标识“是”时，该行背景色自动变为绿色。

29.5 突出显示汇总行记录

示例 29-5 突出显示汇总行记录

图 29-12 为某企业的销售人员业绩汇总表。为了更加直观地查看每个销售人员的汇总信息，需要突出显示小计行记录。

	A	B	C	D
1	销售人员	销售区域	销量	金额
2	曹志超	衡水	50	260
3	曹志超	石家庄	750	3450
4	曹志超	北京	1950	8872.5
5	小计		2750	12582.5
6	陈化文	武汉	10425	44827.5
7	陈化文	长沙	5000	26500
8	小计		15425	71327.5
9	孟祥勇	新疆		
10	孟祥勇	兰州		
11	孟祥勇	银川		
12	小计			
13	白明山	郑州		
14	白明山	太原		
15	白明山	驻马店		
16	小计			
17				

	A	B	C	D
1	销售人员	销售区域	销量	金额
2	曹志超	衡水	50	260
3	曹志超	石家庄	750	3450
4	曹志超	北京	1950	8872.5
5	小计		2750	12582.5
6	陈化文	武汉	10425	44827.5
7	陈化文	长沙	5000	26500
8	小计		15425	71327.5
9	孟祥勇	新疆	7650	34807.5
10	孟祥勇	兰州	200	1080
11	孟祥勇	银川	500	2275
12	小计		8350	38162.5
13	白明山	郑州	1000	4650
14	白明山	太原	1125	5456.25
15	白明山	驻马店	1000	6400
16	小计		3125	16506.3

图 29-12 销售人员业绩表

步骤① 选定 A2:D16 单元格区域。

步骤② 单击【开始】选项卡，依次单击【条件格式】→【新建规则】按钮。

步骤③ 在弹出的【新建格式规则】对话框中单击【使用公式确定要设置格式的单元格】按钮。

步骤④ 在【为符合此公式的值设置格式】文本框中输入以下公式。

```
=$A2=" 小计 "
```

步骤⑤ 单击【格式】按钮，在弹出的【设置单元格格式】对话框中单击【填充】选项卡，选择“黄色”作为背景色，单击【确定】按钮。

步骤⑥ 返回【新建格式规则】对话框后，单击【确定】按钮，如图 29-13 所示。

设置完成后，小计行背景颜色自动标识为黄色。

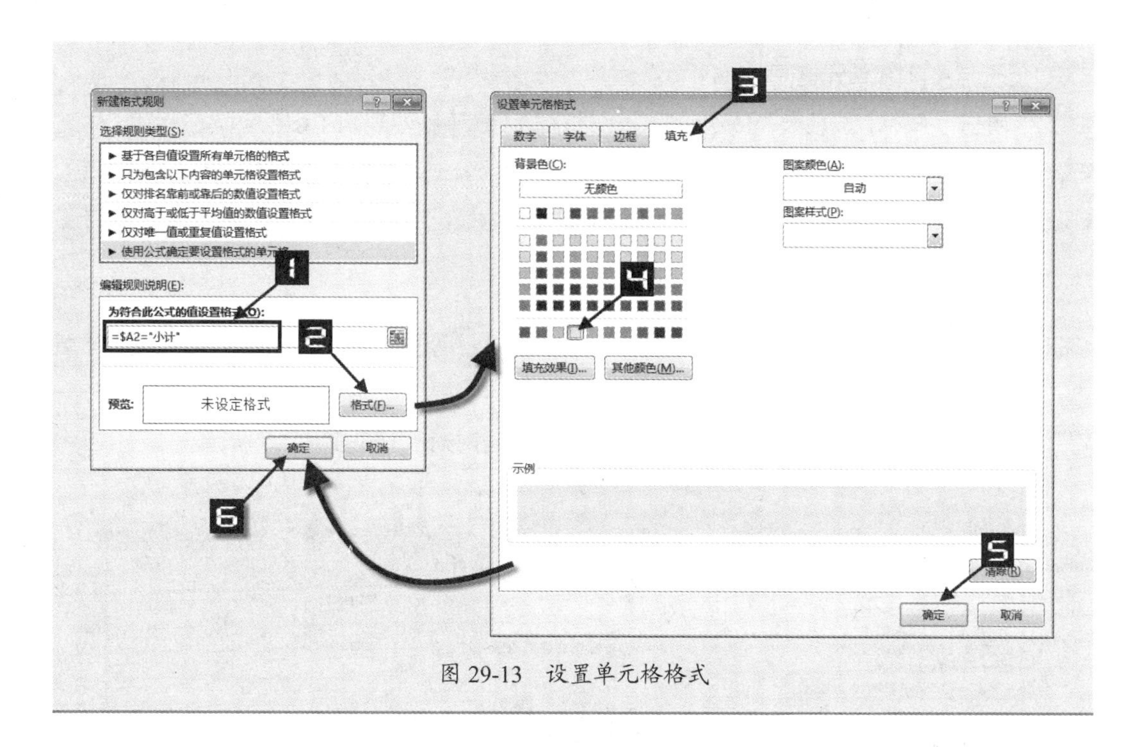

图 29-13　设置单元格格式

29.6　实现智能显示生日提醒

示例 29-6　实现智能显示生日提醒

图 29-14 所示为某企业的员工信息表。为表示对员工的关怀，企业在员工生日当天赠送蛋糕，工作人员需要提前 7 天统计并准备相关事宜。为了便于工作人员从众多的出生日期中挑出快过生日的员工，可以使用条件格式配合公式在 Excel 中实现生日自动提醒。

	A	B	C	D	E	F	G	H	I
1	员工编号	姓名	性别	身份证号码	出生日期	部门	入职时间	学历	职称
2	RS0001	方成建	男	510121197009090030	1970/9/9	市场部	1993/7/10	本科	高级经济师
3	RS0002	何宇	男	510121196408058434	1964/8/5	市场部	1983/3/20	硕士	高级经济师
4	RS0003	曾科	男	510121198506208452	1985/6/20	财务部	2007/7/20	本科	会计师
5	RS0004	李莫薷	女	530121198011298443	1980/11/29	物流部	2003/7/10	本科	助理会计师
6	RS0005	周苏嘉	女	310681197905210924	1979/5/21	行政部	2001/6/30	本科	工程师
7	RS0006	林菱	女	521121198304298428	1983/4/29	市场部	2005/6/28	大专	无
8	RS0007	令狐珊	女	320121196606278248	1966/6/27	培训部	1984/5/10	高中	无
9	RS0008	慕容勤	男	780121196402108211	1964/2/10	财务部	1984/6/25	中专	助理会计师
10	RS0009	柏国力	男	510121195703138215	1957/3/13	培训部	1980/7/5	硕士	高级经济师
11	RS0010	刘民	男	110151196908028015	1969/8/2	市场部	1993/7/10	硕士	高级工程师
12	RS0011	尔阿	男	356121196405258012	1964/5/25	物流部	1986/7/20	本科	工程师
13	RS0012	皮桂华	女	511121196502268022	1965/2/26	物业部	1987/6/29	大专	助理工程师
14	RS0013	段齐	男	512521196804057835	1968/4/5	培训部	1993/7/18	本科	工程师
15	RS0014	费乐	女	512221196412018827	1964/12/1	财务部	1987/6/30	本科	会计师
16	RS0015	高亚玲	女	460121197802168822	1978/2/16	物业部	2001/7/15	本科	工程师

员工信息登记表

图 29-14　员工信息登记表

步骤1 选定 A2:I18 单元格区域。

步骤2 单击【开始】选项卡，依次单击【条件格式】→【新建规则】按钮。

步骤3 在弹出的【新建格式规则】对话框中单击【使用公式确定要设置格式的单元格】按钮。

步骤4 在【为符合此公式的值设置格式】文本框中输入以下公式。

```
=DATEDIF($E2,NOW()+7,"yd")<=7
```

步骤5 单击【格式】按钮，在弹出的【设置单元格格式】对话框中单击【填充】选项卡，选择“黄色”作为背景色，单击【确定】按钮。

步骤6 返回【新建格式规则】对话框后，单击【确定】按钮，如图 29-15 所示。

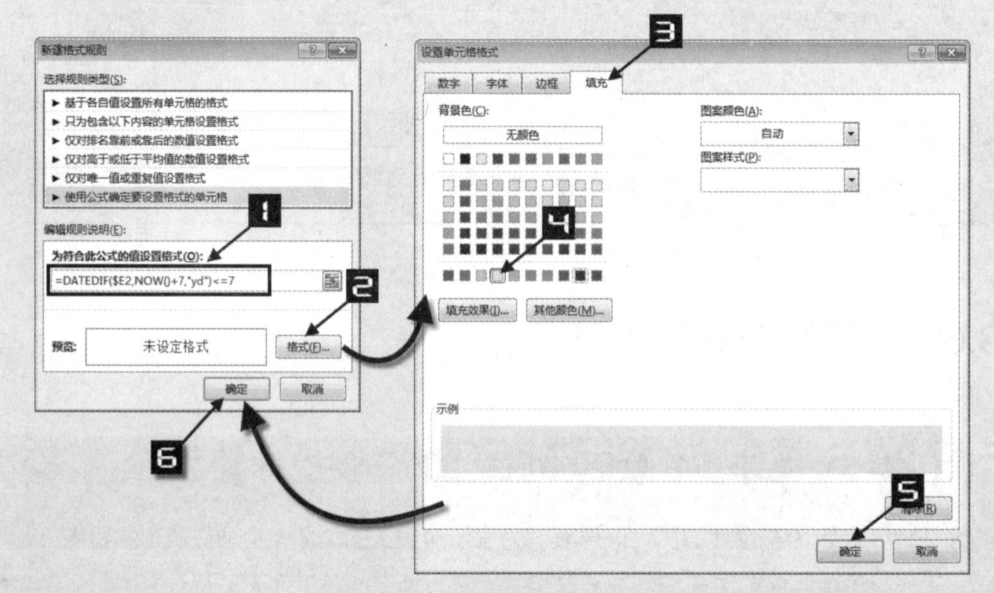

图 29-15 设置单元格格式

设置完成后，员工信息登记表中一周内即将过生日的员工记录行会突出显示，如图 29-16 所示。

DATEDIF 函数是 Excel 的隐藏函数，用于计算两日期之间的间隔时间。当其第三参数为“yd”时，计算同一年中两日期的天数差。

NOW 函数返回当前的系统时间，“=DATEDIF($E2,NOW( )+7,"yd")”用于计算出生日期距离当前时间 7 天后的间隔天数，当其小于等于 7 的时候即需要提醒工作人员的时间。

提示

由于 DATEDIF 函数第二参数在使用“YD”时有特殊的计算规则，因此当结束日期是 3 月时，计算结果可能会出现一天的误差。

员工编号	姓名	性别	身份证号码	出生日期	部门	入职时间	学历	职称
RS0001	方成建	男	510121197009090030	1970/9/9	市场部	1993/7/10	本科	高级经济师
RS0002	何宇	男	510121196408058434	1964/8/5	市场部	1983/3/20	硕士	高级经济师
RS0003	曾科	男	510121198506208452	1985/6/20	财务部	2007/7/20	本科	会计师
RS0004	李莫薷	女	530121198011298443	1980/11/29	物流部	2003/7/10	本科	助理会计师
RS0005	周苏嘉	女	310681197905210924	1979/5/21	行政部	2001/6/30	本科	工程师
RS0006	林菱	女	521121198304298428	1983/4/29	市场部	2005/6/28	大专	无
RS0007	令狐珊	女	320121196606278248	1966/6/27	培训部	1984/5/10	高中	无
RS0008	慕容勤	男	780121196402108211	1964/2/10	财务部	1984/6/25	中专	助理会计师
RS0009	柏国力	男	510121195703138215	1957/3/13	培训部	1980/7/5	硕士	高级经济师
RS0010	刘民	男	110151196908028015	1969/8/2	市场部	1993/7/10	硕士	高级工程师
RS0011	尔阿	男	356121196405258012	1964/5/25	物流部	1986/7/20	本科	工程师
RS0012	皮桂华	女	511121196502268022	1965/2/26	物业部	1987/6/29	大专	助理工程师
RS0013	段齐	男	512521196804057835	1968/4/5	培训部	1993/7/18	本科	工程师
RS0014	费乐	女	512221196412018827	1964/12/1	财务部	1987/6/30	本科	会计师
RS0015	高亚玲	女	460121197802168822	1978/2/16	物业部	2001/7/15	本科	工程师

员工信息登记表

图 29-16 突出显示生日提醒

29.7 标识未达标的记录

示例 29-7 标识未达标的记录

图 29-17 所示为某企业的员工能力测评表。根据规定每项得分低于该项分值的 60% 时不达标，要突出显示得分列不达标的单元格。

序号	考核项目	权重	考核标准	分值	得分
1	接受客户销售和服务咨询，负责客户来电记录、来信、来函的收集，并将信息向相关部门传递	31%	1、电话接听的及时性与服务态度	15	10
			3、来电、来信、来函的登记	8	4
			4、有效信息传递的及时性	8	5
2	负责客户投诉的授理与跟踪，并对每次投诉及处理结果进行记录和归档	28%	1、客户投诉授理和跟踪记录	18	15
			2、客户投诉跟踪的及时性	5	4
			3、客户投诉及处理结果的存档工作	5	4
3	负责现场满意度调查工作	12%	1、现场满意度调查问卷的设计	4	2.2
			2、现场满意度调查问卷的记录和归档	4	3
			3、现场满意度调查问卷的满意度分析	4	2
4	负责销售档案的上传	7%	销售档案上传的及时性	7	4
5	检查各项与销售服务及客服有关准则执行情况以及对相关表格进行记录和存档	7%	1、销售部：集客量档案、试乘试驾资料	4	2.5
			2、客服部：回访登记表、纠正措施表	3	1.8
6	执行公司客户满意度计划和策略	7%	执行力	7	3
7	具团队意识，协调相关部门，良好合作	8%	团队协作	8	6
汇总		100%			66.5

图 29-17 能力测评表

步骤① 选定 F2:F15 单元格区域。

步骤② 单击【开始】选项卡，依次单击【条件格式】→【新建规则】按钮。

步骤③ 在【新建格式规则】对话框中单击【使用公式确定要设置格式的单元格】。

步骤④ 在【为符合此公式的值设置格式】文本框中输入以下公式。

```
=(F2<>"")*(F2<E2*0.6)
```

步骤⑤ 单击【格式】按钮，在【设置单元格格式】对话框中单击【设置】选项卡，选定【黄色】背景，单击【确定】按钮，如图 29-18 所示。

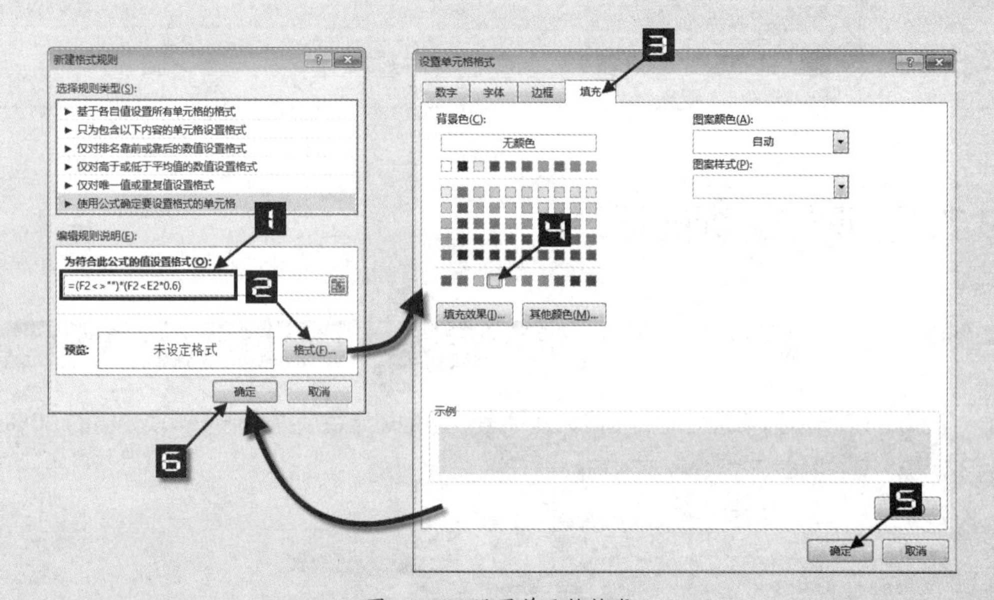

图 29-18　设置单元格格式

完成设置后，F 列中每项得分低于对应 E 列分值的 60% 的单元格以黄色背景突出显示。

公式中的 (F2<>"")*(F2<E2*0.6) 部分，使用两个逻辑表达式相乘，实现同时满足得分不为空且得分小于分值的 60% 这两个条件时，执行条件格式。

29.8　突出显示超过两门成绩不及格的学生姓名

示例 29-8　突出显示超过两门成绩不及格的学生姓名

图 29-19 所示为某班级的学生成绩表。要在 A 列突出显示超过两门不及格的学生姓名。可以通过设置条件格式来实现，方法如下。

	A	B	C	D	E	F	G	H	I
1	姓名	数学	语文	英语	物理	化学	生物	政治	体育
2	陈昱妍	82	53	97	54	70	72	92	79
3	王晓丫	51	85	78	54	68	77	93	73
4	赵梦岚	72	62	98	93	88	65	88	61
5	钱慧玲	71							
6	朱依晨	51							
7	王华珏	53							
8	宋美佳	71							
9	张雅楠	86							
10	陆泉秀	77							
11	乔恩傲	51							
12	楚欣怡	97							
13	朱天艳	65							
14	张文宇	75							
15	李晶晶	59							

	A	B	C	D	E	F	G	H	I
1	姓名	数学	语文	英语	物理	化学	生物	政治	体育
2	陈昱妍	82	53	97	54	70	72	92	79
3	王晓丫	51	85	78	54	68	77	93	73
4	赵梦岚	72	62	98	93	88	65	88	61
5	钱慧玲	71	82	50	58	84	50	83	89
6	朱依晨	51	82	59	56	56	60	66	60
7	王华珏	53	79	52	71	69	77	62	57
8	宋美佳	71	67	96	82	94	72	76	58
9	张雅楠	86	59	89	52	63	84	83	97
10	陆泉秀	77	80	62	65	84	72	79	58
11	乔恩傲	51	76	89	86	65	85	55	83
12	楚欣怡	97	57	51	57	97	54	73	98
13	朱天艳	65	55	64	63	66	88	90	98
14	张文宇	75	88	83	64	65	65	80	85
15	李晶晶	59	94	54	56	95	73	96	94

图 29-19　学生成绩表

步骤① 选定 A2:A15 单元格区域。

步骤② 单击【开始】选项卡，依次单击【条件格式】→【新建规则】按钮。

步骤③ 在【新建格式规则】对话框中单击【使用公式确定要设置格式的单元格】。

步骤④ 在【为符合此公式的值设置格式】文本框中输入以下公式。

```
=SUM(N($B2:$I2<60))>2
```

步骤⑤ 单击【格式】按钮，在【设置单元格格式】对话框中单击【设置】选项卡，选定【黄色】背景，单击【确定】按钮，如图 29-20 所示。

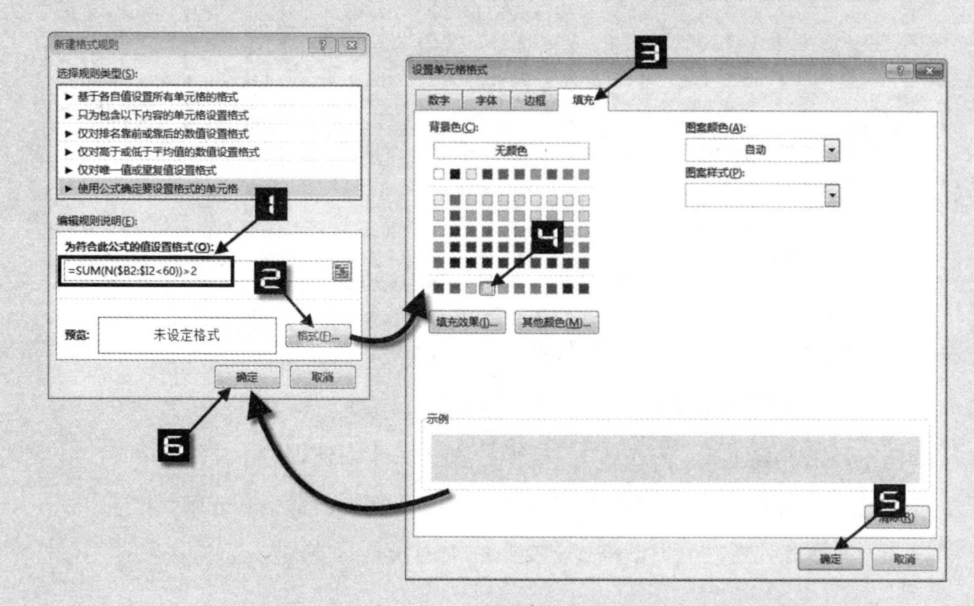

图 29-20　设置单元格格式

完成设置后，A 列中超过两门不及格的学生姓名以黄色背景突出显示。

公式中的 $B2:$I2<60 部分依次判断各科成绩是否不及格，返回一个由逻辑值 TRUE 和 FALSE 构成的数组。N($B2:$I2<60) 将逻辑值转换为 1 和 0，TRUE 转换为 1，FALSE 转换为 0，即某科成绩不及格时对应返回 1，及格则返回 0。最后使用 SUMPRODUCT 函数对这个由 1 和 0 构成的数组求和，得到的结果如果大于 2，则说明有两门以上成绩不及格，执行条件格式突出显示为黄色。

29.9 突出显示高级职称的员工档案记录

示例 29-9 突出显示高级职称的员工档案记录

图 29-21 所示为某企业的员工档案表，为了便于管理者快捷找到高级职称的人员在各部门的分布，需要将职称中包含“高级”的记录行突出显示。

	A	B	C	D	E	F	G	H	I
1	员工编号	姓名	性别	出生日期	学历	入职日期	部门	职务	职称
2	5101	刘一飞	男	1982/12/12	硕士	2013/7/20	数据分析部	员 工	统计员
3	5102	秦民明	男	1990/3/4	本科	2012/7/14	数据分析部	副主管	统计师
4	5103	张小珍	女	1980/12/5	本科	2009/5/5	财务部	经理	高级会计师
5	5104	何远强	女	1978/6/1	本科	2011/7/6	财务部	主 管	会计师
6	5105	王丽							
7	5106	杨子峰							
8	5107	陈中华							
9	5108	包青青							
10	5109	刘红微							
11	5111	蒋成煜							
12	5112	倪语婷							
13	5113	高俊杰							
14	5114	许雨婷							
15	5116	宋慧婷							
16	5118	宋雅芳							
17									

	A	B	C	D	E	F	G	H	I
1	员工编号	姓名	性别	出生日期	学历	入职日期	部门	职务	职称
2	5101	刘一飞	男	1982/12/12	硕士	2013/7/20	数据分析部	员 工	统计员
3	5102	秦民明	男	1990/3/4	本科	2012/7/14	数据分析部	副主管	统计师
4	5103	张小珍	女	1980/12/5	本科	2009/5/5	财务部	经理	高级会计师
5	5104	何远强	女	1978/6/1	本科	2011/7/6	财务部	主 管	会计师
6	5105	王丽	女	1980/4/16	本科	2011/7/7	财务部	员 工	助理会计师
7	5106	杨子峰	男	1980/7/8	博士	2012/7/8	工程部	主 管	工程师
8	5107	陈中华	男	1979/12/25	本科	2011/9/9	数据分析部	经理	高级统计师
9	5108	包青青	女	1980/1/6	硕士	2009/8/5	工程部	经理	高级工程师
10	5109	刘红微	女	1980/8/9	本科	2013/3/2	财务部	员 工	会计师
11	5111	蒋成煜	男	1990/3/21	本科	2014/1/5	财务部	员 工	会计员
12	5112	倪语婷	女	1988/3/2	硕士	2013/2/6	财务部	员 工	助理会计师
13	5113	高俊杰	男	1991/4/2	本科	2015/6/7	财务部	员 工	会计员
14	5114	许雨婷	女	1992/3/29	硕士	2014/12/8	工程部	员 工	技术员
15	5116	宋慧婷	女	1989/3/4	本科	2014/11/10	工程部	员 工	技术员
16	5118	宋雅芳	女	1990/2/23	博士	2015/8/12	数据分析部	员 工	统计员
17									

图 29-21 员工档案表

步骤① 选定 A2:I16 单元格区域。

步骤② 单击【开始】选项卡，依次单击【条件格式】→【新建规则】按钮。

步骤③ 在【新建格式规则】对话框中单击【使用公式确定要设置格式的单元格】。

步骤④ 在【为符合此公式的值设置格式】文本框中输入以下公式。

```
=FIND("高级",$I2)
```

步骤⑤ 单击【格式】按钮，在【设置单元格格式】对话框中单击【设置】选项卡，选定【黄色】背景，单击【确定】按钮，如图 29-22 所示。

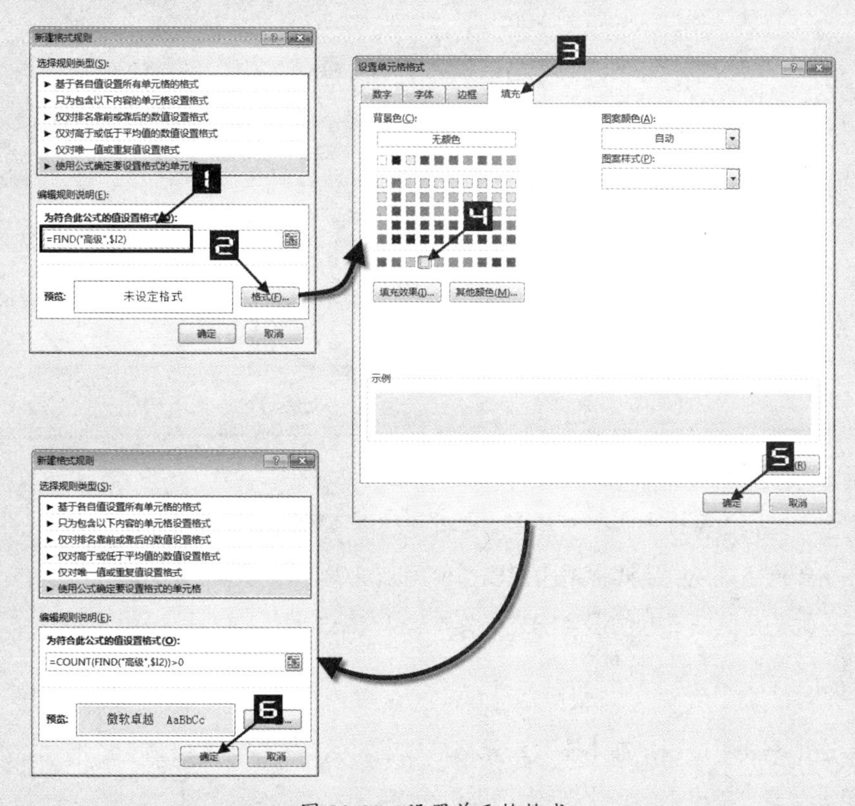

图 29-22　设置单元格格式

完成设置后，员工档案表中的员工档案记录行以黄色背景突出显示。

公式中的 FIND(" 高级 ",$I2) 部分，使用 FIND 函数在职称中查找“高级”，返回“高级”在职称中的位置，找不到则返回错误值 #VALUE!。

当职称中包含“高级”时，FIND 函数返回一个数字，执行条件格式突出显示该行为黄色背景。否则 FIND 函数返回错误值，不执行条件格式。

29.10　突出显示同一天重复签到的人员姓名

示例 29-10　突出显示同一天重复签到的人员姓名

图 29-23 所示为某企业的签到记录表。为了便于管理，需要在 B 列突出显示相同日期下重复签到的人员姓名。

	A	B	C	D
1	签到日期	姓名	部门	备注
2	2016/5/10	刘一飞	市场部	******
3	2016/5/10	张小珍	销售部	******
4	2016/5/10	何远强	销售部	******
5	2016/5/10	刘一飞	市场部	
6	2016/5/11	杨子峰	销售部	
7	2016/5/11	陈中华	销售部	
8	2016/5/11	陈中华	销售部	
9	2016/5/11	倪语婷	销售部	
10	2016/5/12	高俊杰	销售部	
11	2016/5/12	许雨婷	销售部	
12	2016/5/12	高俊杰	销售部	
13	2016/5/12	宋慧婷	销售部	
14	2016/5/12	许雨婷	销售部	
15	2016/5/12	宋雅芳	销售部	
16				

	A	B	C	D
1	签到日期	姓名	部门	备注
2	2016/5/10	刘一飞	市场部	******
3	2016/5/10	张小珍	销售部	******
4	2016/5/10	何远强	销售部	******
5	2016/5/10	刘一飞	市场部	******
6	2016/5/11	杨子峰	销售部	******
7	2016/5/11	陈中华	销售部	******
8	2016/5/11	陈中华	销售部	******
9	2016/5/11	倪语婷	销售部	******
10	2016/5/12	高俊杰	销售部	******
11	2016/5/12	许雨婷	销售部	******
12	2016/5/12	高俊杰	销售部	******
13	2016/5/12	宋慧婷	销售部	******
14	2016/5/12	许雨婷	销售部	******
15	2016/5/12	宋雅芳	销售部	******

图 29-23 签到记录表

步骤① 选定 B2:B15 单元格区域。

步骤② 单击【开始】选项卡，依次单击【条件格式】→【新建规则】按钮。

步骤③ 在【新建格式规则】对话框中单击【使用公式确定要设置格式的单元格】。

步骤④ 在【为符合此公式的值设置格式】文本框中输入以下公式。

```
=COUNTIFS(A$2:A2,A2,B$2:B2,B2)>1
```

步骤⑤ 单击【格式】按钮，在【设置单元格格式】对话框中单击【设置】选项卡，选定【黄色】背景，单击【确定】按钮，如图 29-24 所示。

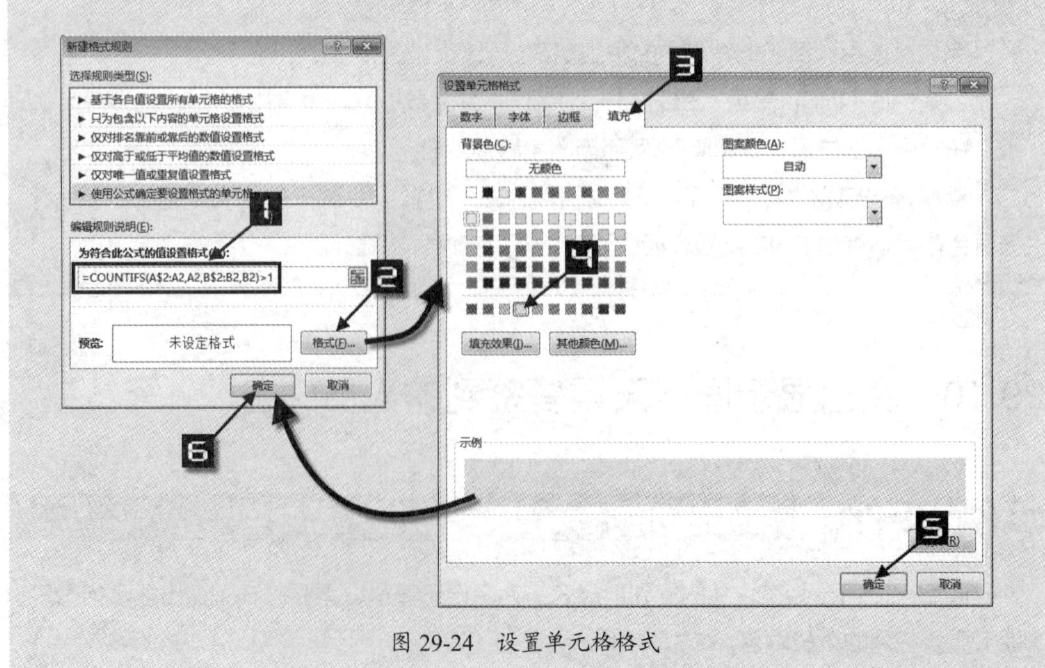

图 29-24 设置单元格格式

完成设置后，B 列中相同日期下重复签到的人员姓名以黄色背景突出显示。

公式 COUNTIFS(A$2:A2,A2,B$2:B2,B2) 部分，使用 COUNTIFS 函数统计满足签到日期相同和姓名相同的双条件的记录数，当其大于 1 时为同一天的重复签到。

29.11　标记同类产品首记录为加粗倾斜显示

示例 29-11　标记同类产品首记录为加粗倾斜显示

图 29-25 所示为某企业的产品记录表。为了便于工作人员快速查看，需要以加粗倾斜字体突出显示记录表中每类产品的首行记录。

	A	B	C	D
1	产品名称	日期	销售额	备注
2	水果	2016/5/10	353	******
3	水果	2016/5/10	807	******
4	水果	2016/5/10	232	******
5	水果	2016/5/10	453	******
6	日用品	2016/5/10		
7	日用品	2016/5/10		
8	日用品	2016/5/10		
9	办公用品	2016/5/10		
10	办公用品	2016/5/10		
11	办公用品	2016/5/10		
12	办公用品	2016/5/10		
13	耗材	2016/5/10		
14	耗材	2016/5/10		
15	耗材	2016/5/10		
16				

	A	B	C	D
1	产品名称	日期	销售额	备注
2	***水果***	***2016/5/10***	***353***	******
3	水果	2016/5/10	807	******
4	水果	2016/5/10	232	******
5	水果	2016/5/10	453	******
6	***日用品***	***2016/5/10***	***458***	******
7	日用品	2016/5/10	457	******
8	日用品	2016/5/10	824	******
9	***办公用品***	***2016/5/10***	***691***	******
10	办公用品	2016/5/10	971	******
11	办公用品	2016/5/10	295	******
12	办公用品	2016/5/10	161	******
13	***耗材***	***2016/5/10***	***200***	******
14	耗材	2016/5/10	238	******
15	耗材	2016/5/10	664	******
16				

图 29-25　产品记录表

步骤 1　选定 A2:D15 单元格区域。

步骤 2　单击【开始】选项卡，依次单击【条件格式】→【新建规则】按钮。

步骤 3　在【新建格式规则】对话框中单击【使用公式确定要设置格式的单元格】。

步骤 4　在【为符合此公式的值设置格式】文本框中输入以下公式。

```
=COUNTIF($A$2:$A2,$A2)=1
```

步骤 5　单击【格式】按钮，在【设置单元格格式】对话框中单击【字体】选项卡，选定【加粗倾斜】字形，单击【确定】按钮，如图 29-26 所示。

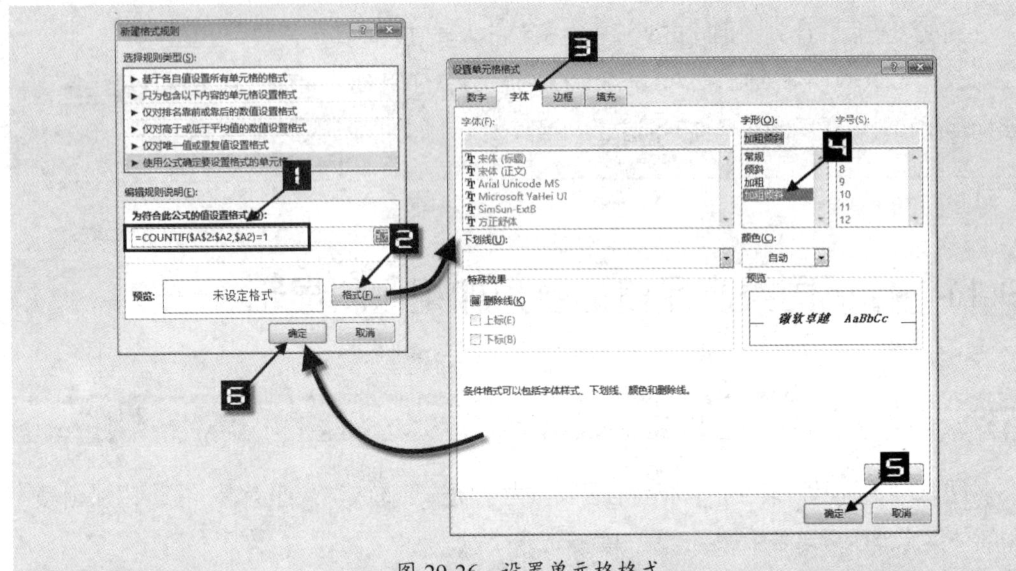

图 29-26　设置单元格格式

完成设置后，产品记录表中每类产品的首行记录以加粗倾斜突出显示。

公式中 COUNTIF($A$2:$A2,$A2) 部分，使用 COUNTIF 函数统计 A 列从第 2 行到当前行中产品名称出现的次数，当其等于 1 时为首次出现，即同类产品的首行记录。

29.12　条件格式实现项目进度图

示例 29-12　条件格式实现项目进度图

图 29-27 所示为某企业的项目进度表。为了便于管理人员快捷查看项目进度，需要在表中按照项目的开始、结束日期在对应单元格的行区域中突出显示进度条。

	A	B	C	D	E	F	G	H	I	J	K	L	M	N
1	项目名称	开始日期	结束日期	5/10	5/11	5/12	5/13	5/14	5/15	5/16	5/17	5/18	5/19	5/20
2	项目1	2016/5/10	2016/5/14											
3	项目2	2016/5/11	2016/5/12											
4	项目3	2016/5/11	2016/5/13											
5	项目4	2016/5/12	2016/5/14											
6	项目5													
7	项目6													
8	项目7													
9	项目8													
10	项目9													
11	项目10													

	A	B	C	D	E	F	G	H	I	J	K	L	M	N
1	项目名称	开始日期	结束日期	5/10	5/11	5/12	5/13	5/14	5/15	5/16	5/17	5/18	5/19	5/20
2	项目1	2016/5/10	2016/5/14											
3	项目2	2016/5/11	2016/5/12											
4	项目3	2016/5/11	2016/5/13											
5	项目4	2016/5/12	2016/5/14											
6	项目5	2016/5/13	2016/5/17											
7	项目6	2016/5/14	2016/5/16											
8	项目7	2016/5/15	2016/5/19											
9	项目8	2016/5/16	2016/5/20											
10	项目9	2016/5/17	2016/5/18											
11	项目10	2016/5/18	2016/5/20											

图 29-27　项目进度表

步骤① 选定 D2:N11 单元格区域。

步骤② 单击【开始】选项卡，依次单击【条件格式】→【新建规则】按钮。

步骤③ 在【新建格式规则】对话框中单击【使用公式确定要设置格式的单元格】。

步骤④ 在【为符合此公式的值设置格式】文本框中输入以下公式。

```
=(D$1>=$B2)*(D$1<=$C2)
```

步骤⑤ 单击【格式】按钮，在【设置单元格格式】对话框中单击【填充】选项卡。

步骤⑥ 单击【填充效果】按钮，在弹出的【填充效果】对话框中选择颜色 1 为绿色，颜色 2 为白色，单击【确定】按钮。

步骤⑦ 单击【设置单元格格式】对话框中的【确定】按钮。

步骤⑧ 单击【新建格式规则】对话框中的【确定】按钮，如图 29-28 所示。

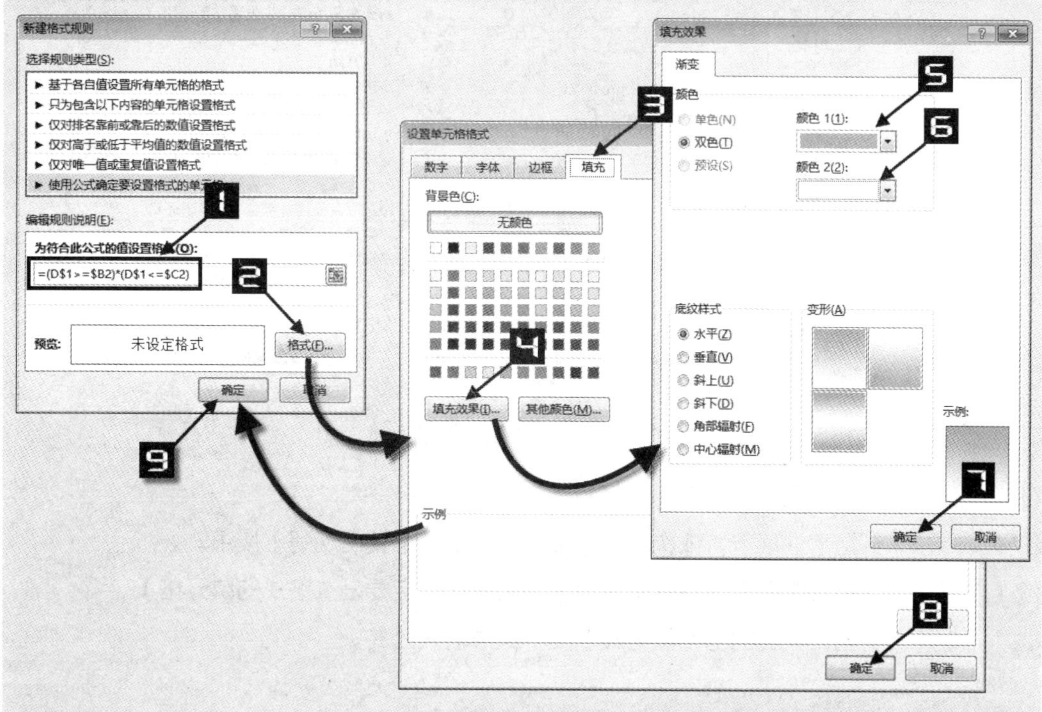

图 29-28　设置单元格格式

完成设置后，项目进度表中按照项目的开始、结束日期，在对应单元格位置突出显示进度条。

公式中的 (D$1>=$B2)*(D$1<=$C2) 部分，表示同时满足大于等于项目开始日期和小于等于项目结束日期双条件时，执行条件格式。

29.13 使用通配符实现模糊条件凸显行记录

示例 29-13 使用通配符实现模糊条件凸显行记录

图 29-29 所示为某企业的售后记录表。为了便于管理人员掌握快递的送货时效问题，需要突出显示 E 列的投诉说明中包含“慢”的行记录。

	A	B	C	D	E
1	售后日期	顾客ID	产品型号	接待客服	投诉说明
2	2016/5/10	金刀兔	D	阿呆	料子单薄不厚实，失望，要退款
3	2016/5/10	xufeng	E	阿呆	物流太慢了，3天还没到
4	2016/5/10	cmvi	A	阿呆	裙子开线了
5	2016/5/10	myq531	B	小雪	穿着不舒服，版型不正
6	2016/5/10	网络人			
7	2016/5/10	qulei4845			
8	2016/5/10	黑白色			
9	2016/5/10	清晨			
10	2016/5/10	oceanmap			
11	2016/5/11	仰望天猪			
12	2016/5/11	fangcloudy			
13	2016/5/11	liweike			
14	2016/5/11	嘉诚			
15	2016/5/11	天涯浪子			
16	2016/5/11	dingdang			

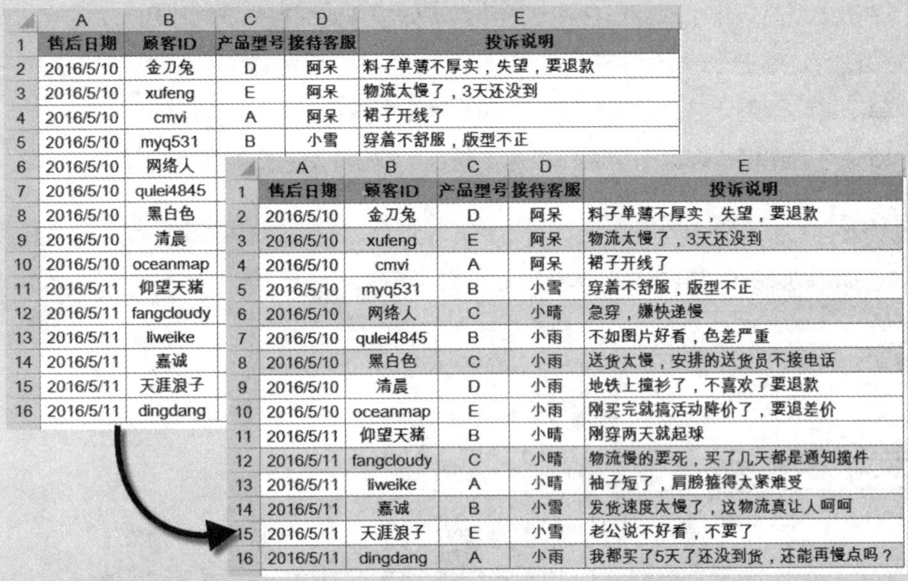

	A	B	C	D	E
1	售后日期	顾客ID	产品型号	接待客服	投诉说明
2	2016/5/10	金刀兔	D	阿呆	料子单薄不厚实，失望，要退款
3	2016/5/10	xufeng	E	阿呆	物流太慢了，3天还没到
4	2016/5/10	cmvi	A	阿呆	裙子开线了
5	2016/5/10	myq531	B	小雪	穿着不舒服，版型不正
6	2016/5/10	网络人	C	小晴	急穿，嫌快递慢
7	2016/5/10	qulei4845	B	小雨	不如图片好看，色差严重
8	2016/5/10	黑白色	C	小雨	送货太慢，安排的送货员不接电话
9	2016/5/10	清晨	D	小雨	地铁上撞衫了，不喜欢了要退款
10	2016/5/10	oceanmap	E	小雨	刚买完就搞活动降价了，要退差价
11	2016/5/11	仰望天猪	B	小晴	刚穿两天就起球
12	2016/5/11	fangcloudy	C	小晴	物流慢的要死，买了几天都是通知揽件
13	2016/5/11	liweike	A	小晴	袖子短了，肩膀箍得太紧难受
14	2016/5/11	嘉诚	B	小雪	发货速度太慢了，这物流真让人呵呵
15	2016/5/11	天涯浪子	E	小雪	老公说不好看，不要了
16	2016/5/11	dingdang	A	小雨	我都买了5天了还没到货，还能再慢点吗？

图 29-29 售后记录表

步骤① 选定 A2:E16 单元格区域。

步骤② 单击【开始】选项卡，依次单击【条件格式】→【新建规则】按钮。

步骤③ 在【新建格式规则】对话框中单击【使用公式确定要设置格式的单元格】。

步骤④ 在【为符合此公式的值设置格式】文本框中输入公式。

```
=COUNTIF($E2,"*慢*")
```

步骤⑤ 单击【格式】按钮。

步骤⑥ 在【设置单元格格式】对话框中单击【设置】选项卡，选定【黄色】背景，单击【确定】按钮，如图 29-30 所示。

完成设置后，E 列的投诉说明中包含“慢”的行记录以黄色背景突出显示。

公式中的 COUNTIF($E2,"*慢*") 部分，使用 COUNTIF 函数配合通配符“*”统计包含“慢”的字符串个数，当统计结果大于 0 时，即包含“慢”，执行条件格式。

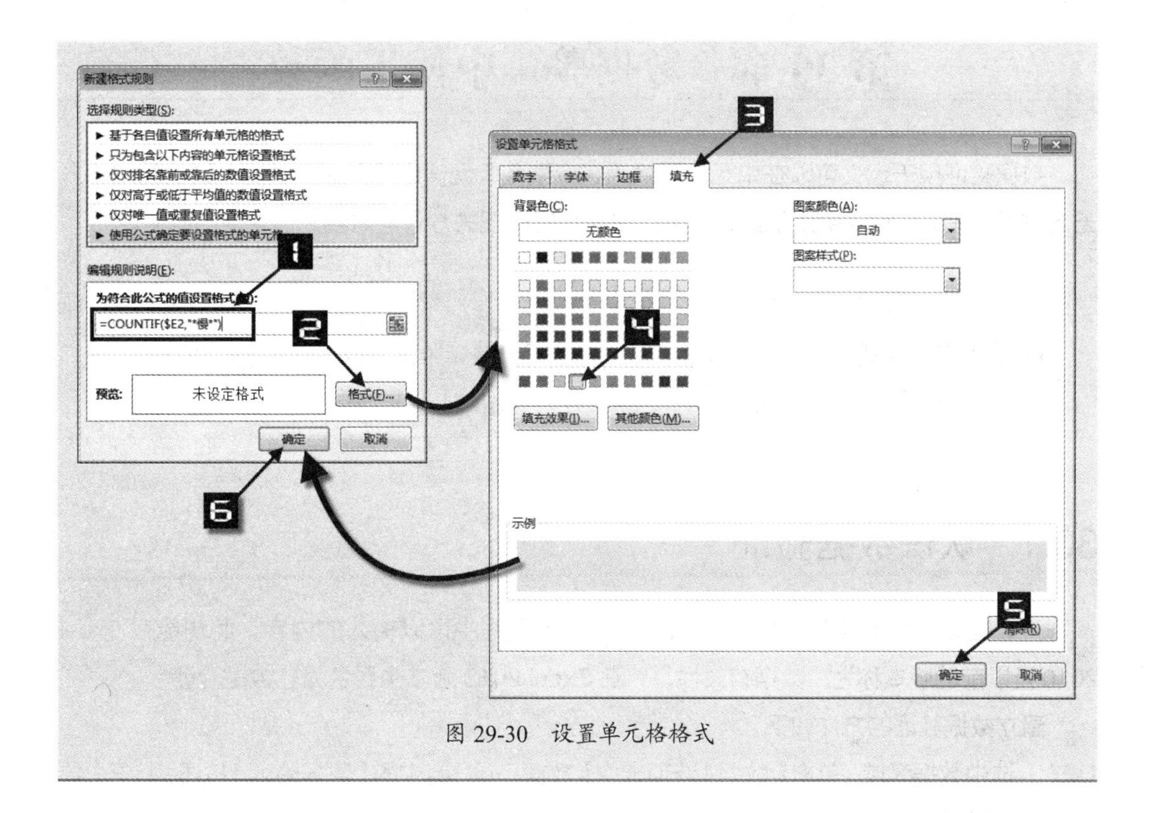

图 29-30　设置单元格格式

第 30 章　数据验证中使用函数

数据验证用于定义可以在单元格中输入或应该在单元格中输入哪些数据，防止用户输入无效数据。在数据验证中使用函数，可以丰富数据验证的方式与内容，扩展使用范围。

本章学习要点

（1）认识数据验证。

（2）在数据验证中使用函数。

（3）数据验证的高级应用。

30.1　认识数据验证

“数据验证”能够建立特定的规则，限制单元格中可以输入的内容，此功能在 Excel 2010 及以前的版本称为“数据有效性”，在 Excel 2013 版本中更名为“数据验证”。

建立数据验证的方法如下。

步骤① 选中数据区域，单击【数据】选项卡中【数据工具】组中的【数据验证】按钮，打开【数据验证】对话框，如图 30-1 所示。

步骤② 在【允许】下拉列表中选择相应的类别，并进行数据验证的相关设置后，单击【确定】按钮完成设置。

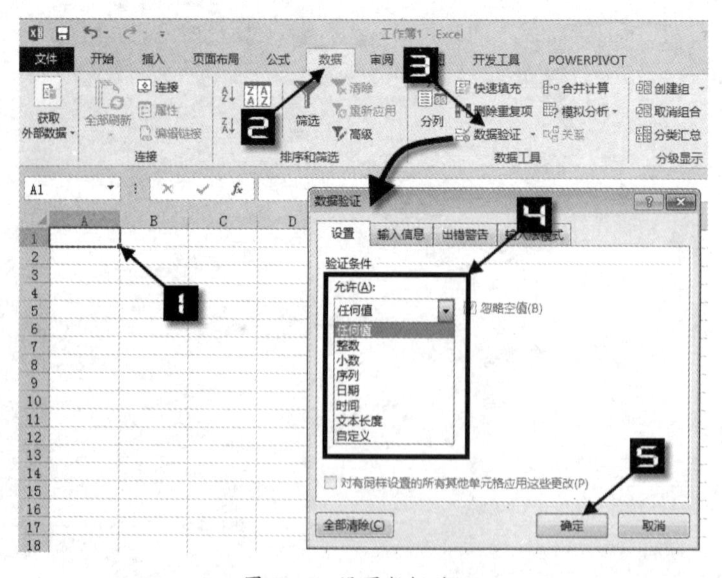

图 30-1　设置数据验证

在设置了数据验证的单元格中输入数据时，会根据设置的规则出现输入信息和出错警告。

在下列情况下，不会出现这些消息。

（1）用户通过复制或填充输入数据。

（2）通过 VBA 在单元格中输入了无效数据。

用户可以使用选择性粘贴的方法，将已经设置好的数据验证粘贴到其他单元格，完成快速设置数据验证的效果，如图 30-2 所示。这个功能在 Excel 2010 及以前的版本叫做“有效性验证”。

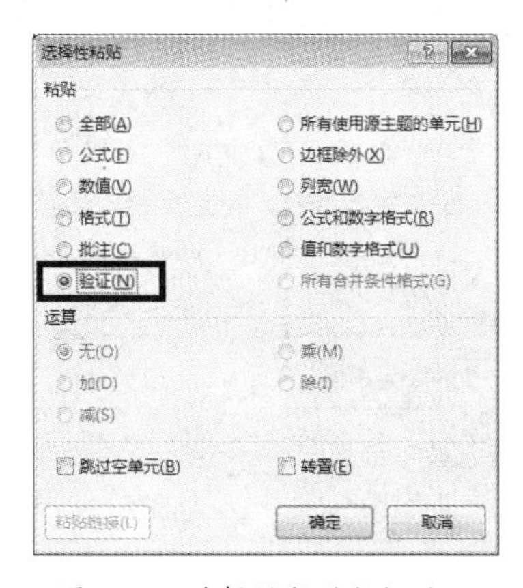

图 30-2　选择性粘贴数据验证

30.2　动态限制输入数字范围

在输入数字的时候，可以通过限制数字的范围，以减少输入的错误。

示例 30-1　动态限制输入数字范围

图 30-3 展示的是某单位员工考核表的部分内容，在 C 列录入员工考核分数时，需要限制录入的分数范围，最小值和最大值分别由 E2 单元格和 F2 单元格指定。

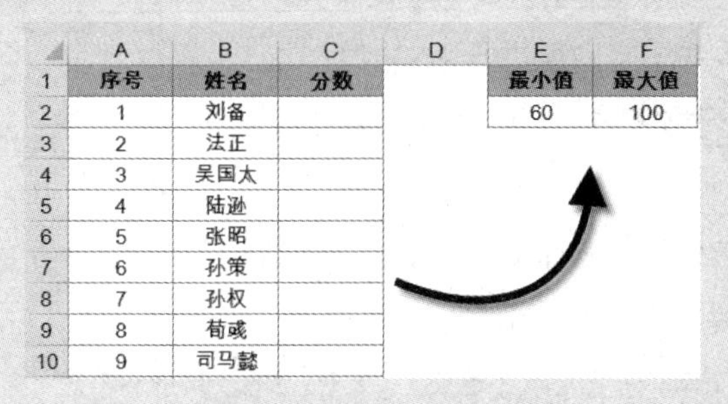

	A	B	C	D	E	F
1	序号	姓名	分数		最小值	最大值
2	1	刘备			60	100
3	2	法正				
4	3	吴国太				
5	4	陆逊				
6	5	张昭				
7	6	孙策				
8	7	孙权				
9	8	荀彧				
10	9	司马懿				

图 30-3　员工分数表

选中 C2:C10 单元格区域，按图 30-4 所示设置【数据验证】。

步骤① 在【允许】下拉列表中选择【小数】，在【数据】下拉列表中选择“介于”。

步骤② 在【最小值】和【最大值】编辑框中分别输入公式：“=$E$2”和“=$F$2”。

如果输入的数据不在允许的范围内，将弹出警告对话框。此时单击【重试】按钮，将返回单元格等待再次编辑。如果单击【取消】按钮，则取消之前的输入操作，如图 30-5 所示。

图 30-4 动态限制输入数字范围

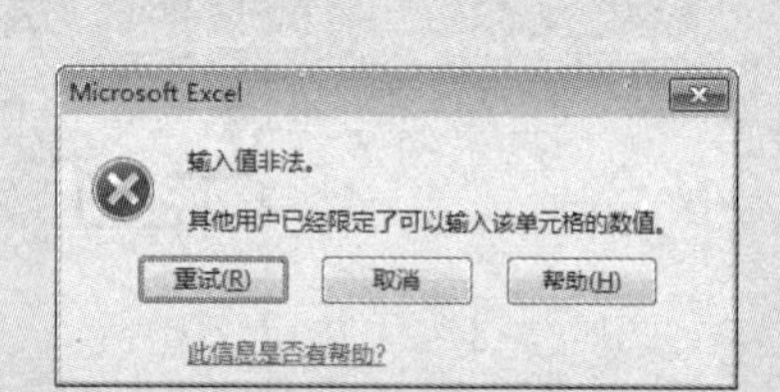

图 30-5 警告对话框

这种方法适用于分批输入不同区间的数据。设置数据验证后，通过修改最小值和最大值的单元格的数值，可以动态调整数据验证允许的数值范围。

30.3 限制录入出库数据范围

通常情况下，商品出库数量的录入不能超过目前的库存，即截至目前所有入库数量减去出库数量的差值。用户可以通过添加数据验证的方法，以免录入出库的数量超过库存数量。

示例 30-2 限制录入出库数据范围

图 30-6 展示的是某商品出入库登记表的部分内容，需要对 D 列录入的出库数量进行限制。

选中 D2:D14 单元格区域，按图 30-7 所示设置【数据验证】。

步骤① 在【允许】下拉列表中选择【整数】，在【数据】下拉列表中选择“小于或等于”。

步骤② 在【最大值】编辑框中输入以下公式，单击【确定】按钮。

	A	B	C	D
1	序号	日期	入库	出库
2	1	2015/11/1	100	
3	2	2015/11/2	150	
4	3	2015/11/3		120
5	4	2015/11/4		120
6	5	2015/11/5	60	
7	6	2015/11/6		70
8	7	2015/11/7	140	
9	8	2015/11/8		140
10	9	2015/11/9		
11	10	2015/11/10		
12	11	2015/11/11		
13	12	2015/11/12		
14	13	2015/11/13		

图 30-6 出入库数据单

```
=SUM($C$1:C2)-SUM($D$1:D1)
```

SUM($C$1:C2) 部分，得到从 C1 到当前录入位置所有入库数量的总和。公式中的 $C$1 使用绝对引用，C2 使用相对引用，随录入出库的单元格变化，引用范围逐步递增。

SUM($D$1:D1) 部分，同理得到从 D1 到录入位置之前所有“出库”数量的总和，二者的差值即是目前商品的库存。

当输入的出库数量超过当前的库存时，则会弹出警告对话框，如图 30-8 所示。

图 30-7 限制录入出库数据范围

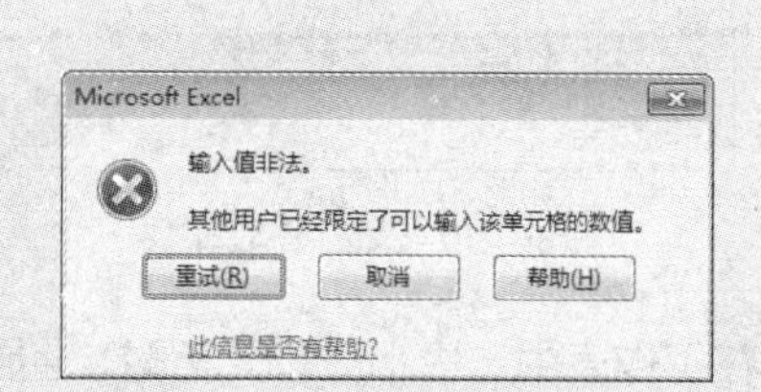

图 30-8 输入出库数量超过库存

注意

在数据验证中使用公式时，以选中区域的活动单元格（通常为该区域中左上角第一个单元格）为目标参照，同时需注意单元格的相对引用位置。

30.4 录入限定日期

示例 30-3 录入限定日期

图 30-9 展示的是某公司项目验收记录表的部分内容，要求验收完毕后 3 日内录入验收日期。

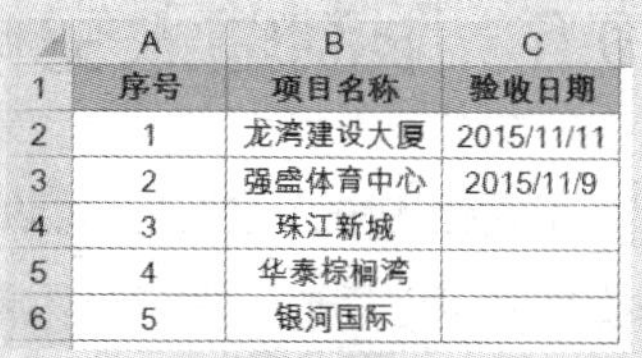

	A	B	C
1	序号	项目名称	验收日期
2	1	龙湾建设大厦	2015/11/11
3	2	强盛体育中心	2015/11/9
4	3	珠江新城	
5	4	华泰棕榈湾	
6	5	银河国际	

图 30-9 验收记录表

选中 C2:C6 单元格区域，按图 30-10 所示设置【数据验证】。

步骤① 在【允许】下拉列表中选择【日期】，在【数据】下拉列表中选择“大于”。

步骤② 在【开始日期】编辑框中输入以下公式，单击【确定】按钮。

```
=TODAY()-3
```

步骤③ 在【数据验证】对话框中单击【输入信息】选项卡，在【标题】编辑框中输入“日期说明”，在【输入信息】编辑框中输入“请录入 3 日以内的日期（含今日）”，单击【确定】按钮，如图 30-11 所示。

图 30-10　录入限定日期

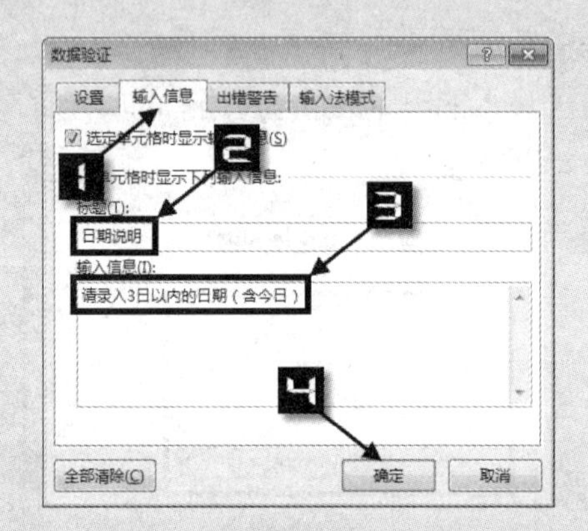

图 30-11　增加输入信息提示

在工作表中选中相应单元格时，会显示“输入信息”，提示单元格中可以输入的信息。

假设今天为 2015 年 11 月 11 日，则 TODAY( )-3 为 2015 年 11 月 8 日，限制条件是大于此日期，所以只能输入 2015 年 11 月 9 日至 11 月 11 日 3 天的日期。如果超出该范围，则弹出警告对话框，如图 30-12 所示。

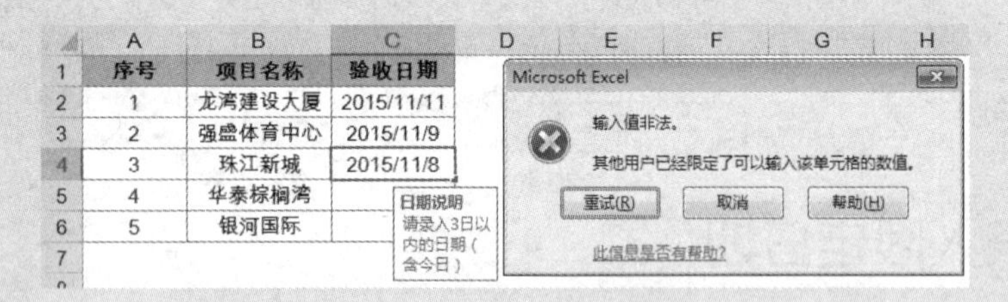

序号	项目名称	验收日期
1	龙湾建设大厦	2015/11/11
2	强盛体育中心	2015/11/9
3	珠江新城	2015/11/8
4	华泰棕榈湾	
5	银河国际	

图 30-12　日期录入错误提示

30.5　限制输入空格

单元格中输入姓名时，部分用户会以添加空格的方式使数据对齐。为避免影响到数据的准确性，可以通过数据验证限制录入空格。

示例 30-4　限制输入空格

图 30-13 展示的是某单位员工信息表的部分内容，需要对 B 列姓名的录入进行限制。

选中 B2:B6 单元格区域，按图 30-14 所示设置【数据验证】。

步骤① 在【允许】下拉列表中选择【自定义】。

步骤② 在【公式】编辑框中输入以下公式，单击【确定】按钮。

```
=ISERR(FIND(" ",ASC(B2)))
```

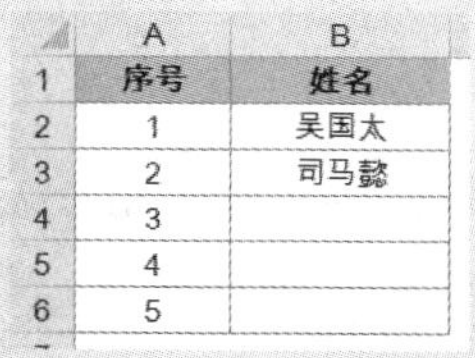

	A	B
1	序号	姓名
2	1	吴国太
3	2	司马懿
4	3	
5	4	
6	5	

图 30-13　员工信息表

图 30-14　限制输入空格

使用 ASC(B2)，使 B2 单元格中的全角空格转化为半角空格。然后通过 FIND 函数，从 B2 单元格中查找空格，如果包含空格则返回一个数字，表示空格所在字符串中的位置；如果没有空格，则返回错误值 #VALUE!。

最后通过 ISERR 函数，将不包含空格时返回的错误值转换为逻辑值 TRUE。将包含空格时返回的数值转换为 FALSE，表示禁止输入此内容，如图 30-15 所示。

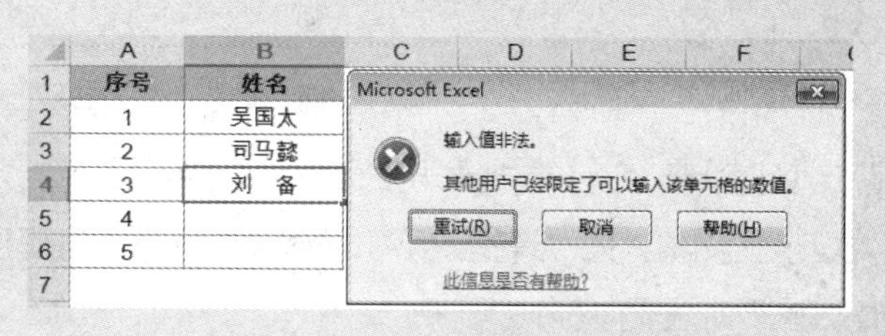

图 30-15　输入空格时弹出警告

> **提示**
>
> 数据验证中的【自定义】，是通过设置公式，并将相应的参数、单元格引用的值进行计算。当最终的计算结果为 TRUE 或是不等于 0 的数值时，单元格允许输入。如果计算结果为 FALSE、0、错误值或文本，则禁止输入信息。

30.6　规范电话号码的输入

电话号码分为 11 位的手机号和带有区号的座机号，区号与电话号码之间用“-”连接。

我国各省市的区号全部都是以数字 0 开头，长度为 3 位或 4 位，电话号码为 7 位或 8 位，根据以上条件可以设置较为复杂的数据验证。

示例 30-5 规范电话号码的输入

图30-16展示的是某单位员工信息表的部分内容，需要对C列电话号码的录入进行限制。

选中 C2:C6 单元格区域，按图 30-17 所示设置【数据验证】。

步骤① 在【允许】下拉列表中选择【自定义】。

步骤② 在【公式】编辑框中输入以下公式，单击【确定】按钮。

```
=IF(ISNUMBER(FIND("-",C2)),AND(LEFT(C2)="0",OR(FIND("-",C2)=4,FIND
("-",C2)=5),OR(LEN(MID(C2,FIND("-",C2)+1,99))=7,LEN(MID(C2,FIND
("-",C2)+1,99))=8)),AND(LEFT(C2)="1",ISNUMBER(C2),LEN(C2)=11))
```

	A	B	C
1	序号	姓名	电话号码
2	1	吴国太	13812345678
3	2	司马懿	022-12344569
4	3	刘备	0987-78909876
5	4	孙权	
6	5	曹操	

图 30-16 输入电话号码

图 30-17 规范电话号码的输入

步骤③ 激活【出错警告】选项卡，在【样式】下拉列表中选择“警告”，然后在【错误信息】文本框中输入自定义文本，如“请输入手机号码，或区号 - 号码形式的座机号码。确认是否继续输入？”，如图 30-18 所示。

ISNUMBER(FIND("-",C2)) 部分，判断输入的信息中是否包含有“-”。如果包含“-”，则按照座机的格式进行验证。

LEFT(C2)="0"，判断最左边第一位是否是数字 0。

OR(FIND("-",C2)=4，FIND("-",C2)=5)，判断“-”的位置是否在第 4 或第 5 位，即区号长度是否为 3 位或 4 位。

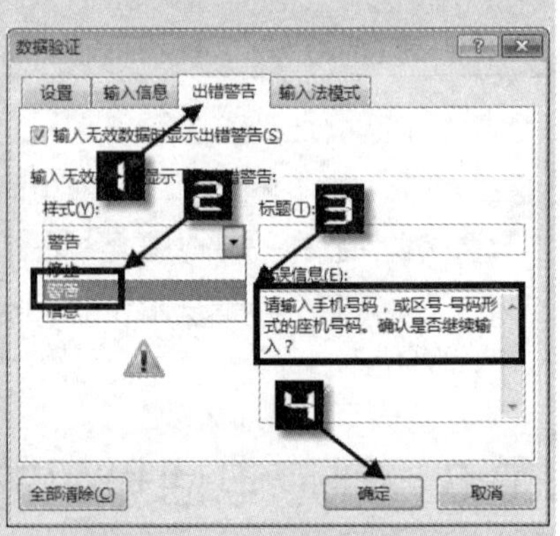

图 30-18 错误信息设置

OR(LEN(MID(C2,FIND("-",C2)+1,99))=7,LEN(MID(C2,FIND("-",C2)+1,99))=8))，将“-”后面的数字取出，判断其数字长度是否为 7 位或 8 位。

如果输入的信息中不包含“-”，则按照手机的格式进行验证。

AND(LEFT(C2)="1",ISNUMBER(C2),LEN(C2)=11))，判断最左边第一位是否是数字 1，整体是否为 11 位长度的数字。

满足以上条件，则为一个符合标准的电话号码，如果不符合，则会弹出警告对话框。单击“是”按钮，接受输入。单击“否”按钮，则继续编辑此条信息，如图 30-19 所示。

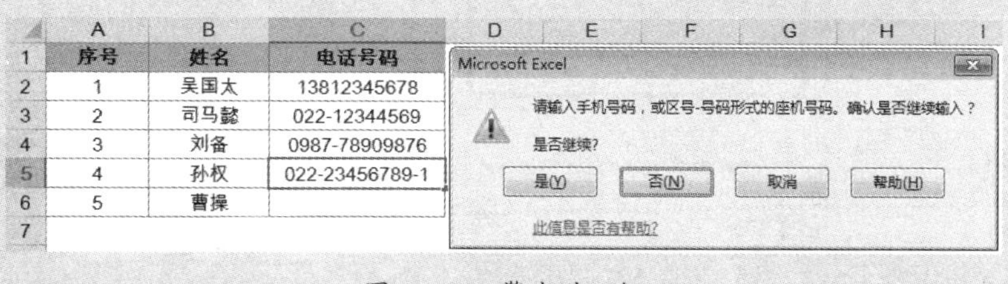

	A	B	C
1	序号	姓名	电话号码
2	1	吴国太	13812345678
3	2	司马懿	022-12344569
4	3	刘备	0987-78909876
5	4	孙权	022-23456789-1
6	5	曹操	
7			

图 30-19　警告对话框

数据验证的【出错警告】中，可供选择的样式包括以下 3 种。

（1）停止：拒绝用户在单元格中输入无效数据。“停止”警告消息具有两个选项，即“重试”或“取消”。

（2）警告：在用户输入无效数据时发出警告，但不会禁止输入无效数据。在出现“警告”警告消息时，用户可以单击“是”继续输入，单击“否”重新编辑，或单击“取消”结束当前操作。

（3）信息：通知用户输入了无效数据，但不会拒绝输入。在出现“信息”警告消息时，用户可单击“确定”按钮继续输入，或单击“取消”按钮结束当前操作。

30.7　限制输入重复信息

示例 30-6　限制输入重复信息

图 30-20 展示的是某单位员工信息表的部分内容，通过数据验证，可以限制重复录入姓名。

选中 B2:B11 单元格区域，按图 30-21 所示设置【数据验证】。

步骤① 在【允许】下拉列表中选择【自定义】。

步骤② 在【公式】编辑框中输入以下公式，单击【确定】按钮。

```
=COUNTIF(B:B,B2)=1
```

此时如果输入单元格区域中已有内容，则公式 COUNTIF(B:B,B2) 的计算结果超过 1，Excel 弹出警告对话框，如图 30-22 所示。

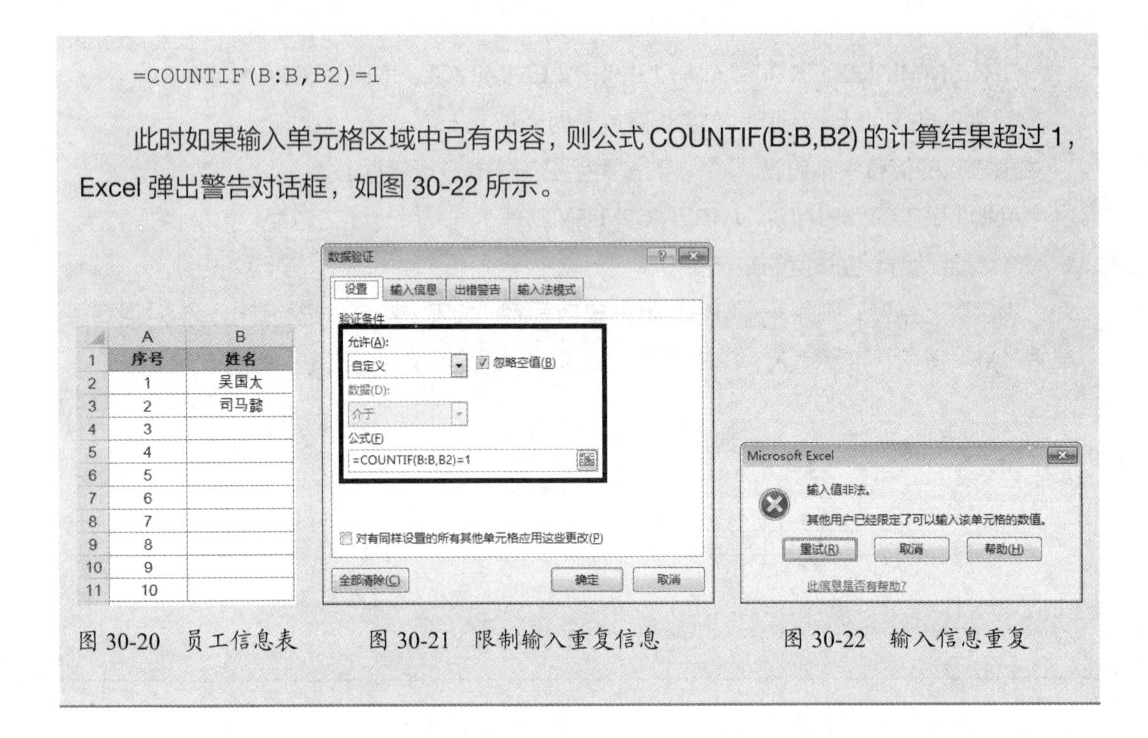

	A	B
1	序号	姓名
2	1	吴国太
3	2	司马懿
4	3	
5	4	
6	5	
7	6	
8	7	
9	8	
10	9	
11	10	

图 30-20 员工信息表　　图 30-21 限制输入重复信息　　图 30-22 输入信息重复

30.8 限定输入身份证号码

公民身份号码是由 17 位数字本体码和一位数字校验码组成。排列顺序从左至右依次为：6 位数字为地址码，8 位数字为出生日期码，3 位数字为顺序码，最后一位是数字校验码。它是根据身份证号码前 17 位数字依照规则计算出来的，校验码的计算规则如下。

（1）将身份证号的第 1 至 17 位数字，依次乘以 2 的 17 次方、2 的 16 次方……2 的 1 次方。

（2）将以上的 17 组乘积相加，并除以 11 的余数加 1，得到序数 *n*。

（3）从字符串“10X98765432”中取出第 *n* 位作为验证码。

示例 30-7 限定输入身份证号码

在图 30-23 所示的员工信息表中，需要对 C 列输入的身份证号码进行验证。

选中 C2:C7 单元格区域，按图 30-24 所示设置【数据验证】。

步骤① 在【允许】下拉列表中选择【自定义】。

步骤② 在【公式】编辑框中输入以下公式，单击【确定】按钮。

```
=AND(LEN(C2)=18,MID("10X98765432",MOD(SUM(MID(C2,ROW($1:$17),1)*2^
(18-ROW($1:$17))),11)+1,1)=RIGHT(C2))
```

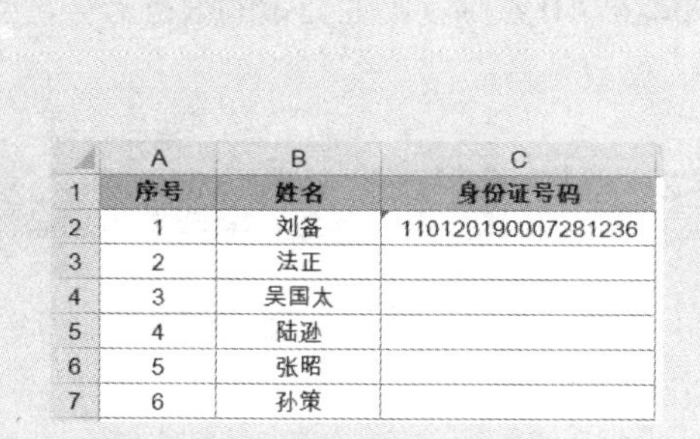

	A	B	C
1	序号	姓名	身份证号码
2	1	刘备	110120190007281236
3	2	法正	
4	3	吴国太	
5	4	陆逊	
6	5	张昭	
7	6	孙策	

图 30-23　录入身份证号

图 30-24　限定输入身份证号码

LEN(C2)=18 部分，首先限定输入的身份证号长度必须等于 18 位。

然后使用 MID 的部分计算出此身份证号的校验码，最后与已经输入的身份证号的最后一位进行对比，如果相同，则说明身份证号有效。否则说明身份证号码错误，Excel 拒绝输入。

设定数据验证时候，如果单元格为空，则会弹出【公式当前包含错误，是否继续？】的提示对话框，但是不影响数据验证的设定，单击按钮【是】按钮即可，如图 30-25 所示。

当输入的身份证号码错误时，会弹出警告对话框，如图 30-26 所示。

图 30-25　公式包含错误

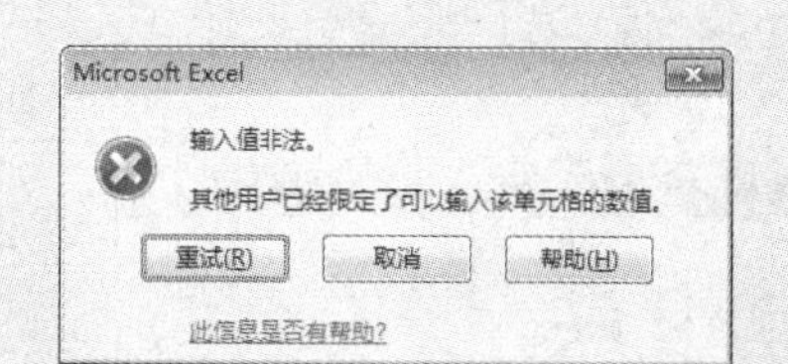

图 30-26　输入身份证号错误

在对单元格设置数据验证时，如果使用了较长的公式，可在其他单元格中先编写公式，再将公式复制到数据验证的公式编辑框中。

30.9　限定输入银行卡号

银行卡号是通过 Luhn 算法进行检验的一组号码，目的是防止意外出现的错误。在输入银行卡号时，设置数据验证可以有效减少输入错误。

银行卡号校验的过程如下。

（1）从卡号最后一位数字开始，逆向将奇数位相加，即倒数第 1 位、倒数第 3 位、倒数第 5 位……

（2）从卡号最后一位数字开始，逆向将偶数位数字，先乘以 2，如果乘积为两位数，则将其减去 9，再求和。

（3）将奇数位总和加上偶数位总和，结果如能被 10 整除，则为有效的银行卡号，反之则为无效的银行卡号。

示例 30-8 限定输入银行卡号

在图 30-27 所示的员工信息表中，需要对 C 列录入的银行卡号进行限制。

选中 C2:C7 单元格区域，按图 30-28 所示设置【数据验证】。

步骤① 在【允许】下拉列表中选择【自定义】。

步骤② 在【公式】编辑框中输入以下公式，单击【确定】按钮。

```
=MOD(SUM(--MID(RIGHT(REPT(0,30)&C2,30),ROW($1:$15)*2,1),MOD(MID(RIGHT(REPT(0,30)&C2,30),ROW($1:$15)*2-1,1)*2,9)),10)=0
```

	A	B	C
1	序号	姓名	银行卡号
2	1	刘备	10306785
3	2	法正	6222010203040506075
4	3	吴国太	
5	4	陆逊	
6	5	张昭	
7	6	孙策	

图 30-27 录入银行卡号

图 30-28 限定输入银行卡号

不同银行卡号的位数不统一，RIGHT(REPT(0,30)&A1,30) 部分，在卡号左侧连接 30 个 0 补位，然后取数字串右侧的 30 位数字。

MID(RIGHT(REPT(0,30)&A1,30),ROW($1:$15)*2,1) 部分，依次提取该字符串的偶数位。

MOD(MID(RIGHT(REPT(0,30)&C3,30),ROW)$1:$15)*2-1,1)*2,9) 部分，首先依次提取该字符串的奇数位，结果乘以 2。之后通过 MOD 函数判断和 9 相除的余数，相当于将大于 9 的数字减去 9 进行处理。

最后通过 SUM 函数将以上所提取的数字进行求和，再用 MOD 函数计算求和结果除以 10 的余数，如果余数为 0，则说明此串数字为有效的银行卡号，反之则为无效的银行卡号。

数据验证的条件中不能使用数组常量，如图 30-29 所示。

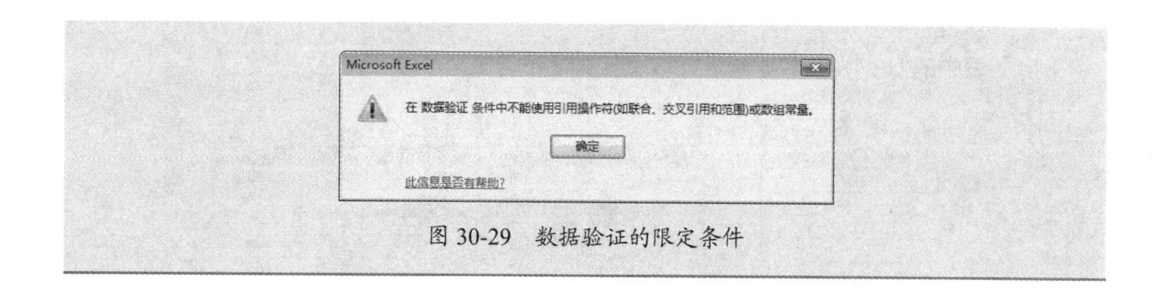

图 30-29　数据验证的限定条件

30.10　创建引用序列

使用【序列】的方式创建数据验证，可以为单元格提供下拉列表，方便输入信息。创建下拉列表的常规方法有两种，一是直接引用单元格区域，如图 30-30 所示。

另外一种是手动输入序列内容，内容间使用半角逗号隔开，如图 30-31 所示。

图 30-30　引用单元格区域

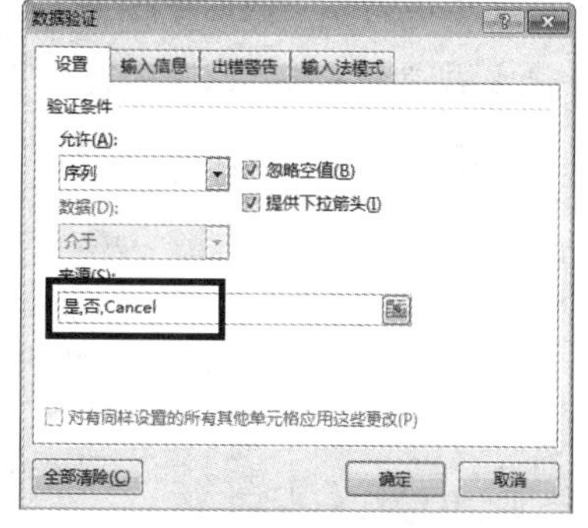

图 30-31　手动输入序列内容

【序列】来源中不能使用常量数组，如 {"是","否","Cancel"}，如果需要引用通过公式得到的常量数组，可以将计算结果写到单元格中，再引用相应的单元格区域即可。

30.11　创建动态引用序列

使用动态引用序列的方式，可以自动将新增的内容加入到设置了数据验证的单元格下拉列表中，不必再手动调整数据验证引用的范围。

示例 30-9　创建动态引用序列

在如图 30-32 所示的员工信息表中，人事清单工作表中的 B 列为员工姓名，需要对

“例 1”表中的 B 列设置数据验证，以下拉列表的方式输入员工姓名。

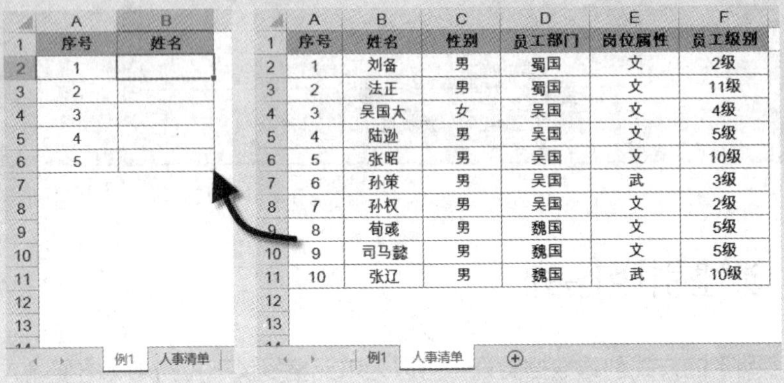

	A	B
1	序号	姓名
2	1	
3	2	
4	3	
5	4	
6	5	

	A	B	C	D	E	F
1	序号	姓名	性别	员工部门	岗位属性	员工级别
2	1	刘备	男	蜀国	文	2级
3	2	法正	男	蜀国	文	11级
4	3	吴国太	女	吴国	文	4级
5	4	陆逊	男	吴国	文	5级
6	5	张昭	男	吴国	文	10级
7	6	孙策	男	吴国	武	3级
8	7	孙权	男	吴国	文	2级
9	8	荀彧	男	魏国	文	5级
10	9	司马懿	男	魏国	文	5级
11	10	张辽	男	魏国	武	10级

图 30-32 以下拉列表方式输入员工姓名

选中“例 1”表的 B2:B7 单元格区域，按图 30-33 所示设置【数据验证】。

步骤 1 在【允许】下拉列表中选择【序列】。

步骤 2 在【来源】编辑框中输入以下公式，单击【确定】按钮。

```
=OFFSET(人事清单!$B$1,1,,COUNTA(人事清单!$B:$B)-1)
```

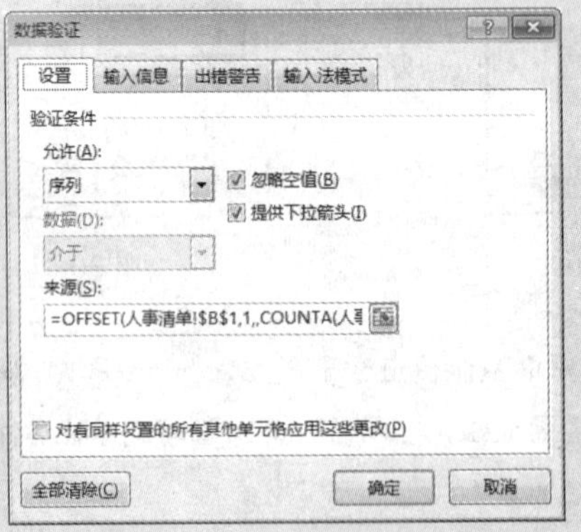

图 30-33 创建动态引用序列

COUNTA(人事清单!$B:$B)-1 部分，使用 COUNTA 函数计算有多少个非空单元格，然后减 1，将标题“姓名”排除在外，得到人事清单表中的 D 列共有多少个姓名，以此作为 OFFSET 函数的引用区域。

OFFSET 函数以人事清单!$B$1 单元格为基点，向下偏移一行，新引用的区域为 COUNTA 函数的计算结果，最终返回全部姓名的单元格区域引用。

创建下拉列表后，在人事清单表中增加新员工信息，下拉列表的名单也自动扩展，如图 30-34 所示。

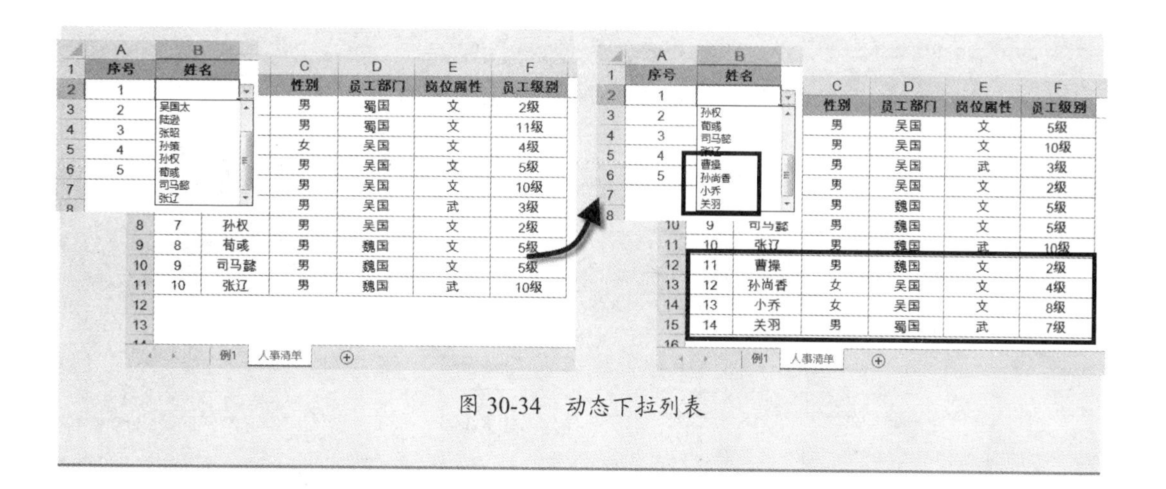

图 30-34　动态下拉列表

提示

使用此方法动态引用时，姓名所在单元格区域必须是连续输入，姓名之间不能包含空单元格，否则将无法得到正确的结果。

30.12　创建二级下拉列表

结合定义名称和 INDIRECT 函数，可以方便地创建二级下拉列表，二级下拉列表的选项能够根据第一个下拉列表输入的内容调整范围。

示例 30-10　创建二级下拉列表

如图 30-35 所示，是员工信息表的部分内容，需要根据“花名册”工作表中的 A:C 列数据区域创建二级下拉菜单。

	A	B	C
1	序号	部门	姓名
2	1	魏国	曹操
3	2	蜀国	
4	3		
5	4		
6	5		
7	6		
8			
9			
10			

	A	B	C
1	魏国	蜀国	吴国
2	荀彧	刘备	吴国太
3	司马懿	法正	陆逊
4	张辽	关羽	张昭
5	曹操	诸葛亮	孙策
6	于禁	马岱	孙权
7		张飞	孙尚香
8			小乔
9			太史慈
10			

图 30-35　二级下拉列表

步骤 1　首先需要根据花名册建立名称。按 <F5> 键调出【定位】对话框，单击【定位条件】按钮，在弹出的【定位条件】对话框中单击【常量】单选钮，然后单击【确定】按钮。此时表格中的常量全部被选中，如图 30-36 所示。

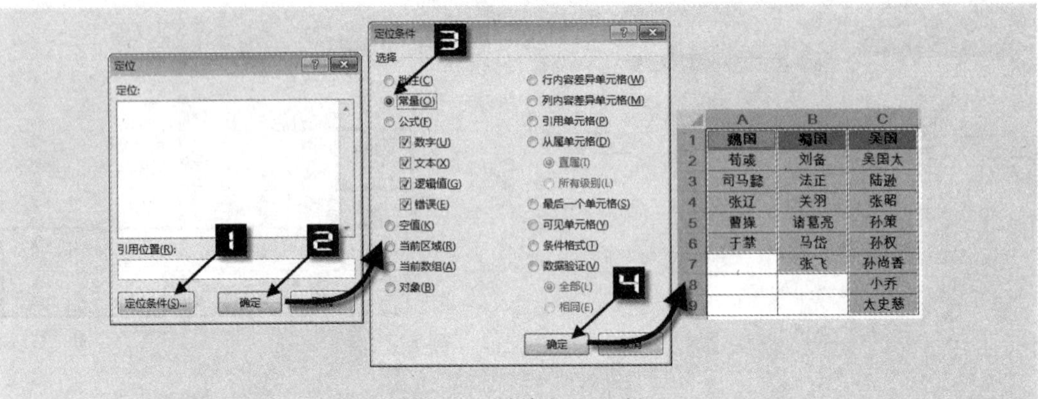

图 30-36　选中数据区域

步骤② 单击【公式】选项卡中【定义的名称】组中的【根据所选内容创建】按钮，在弹出的【以选定区域创建名称】对话框中勾选【首行】复选框，然后单击【确定】按钮，完成创建定义名称，如图 30-37 所示。

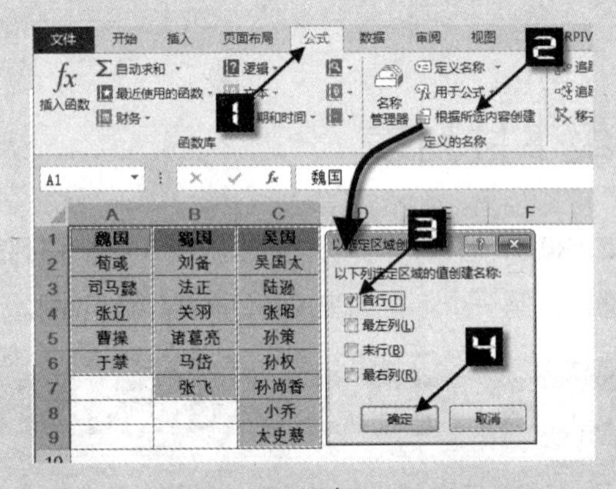

图 30-37　创建定义名称

按 <Ctrl+F3> 组合键打开【名称管理器】，可以看到刚刚定义的名称，如图 30-38 所示。

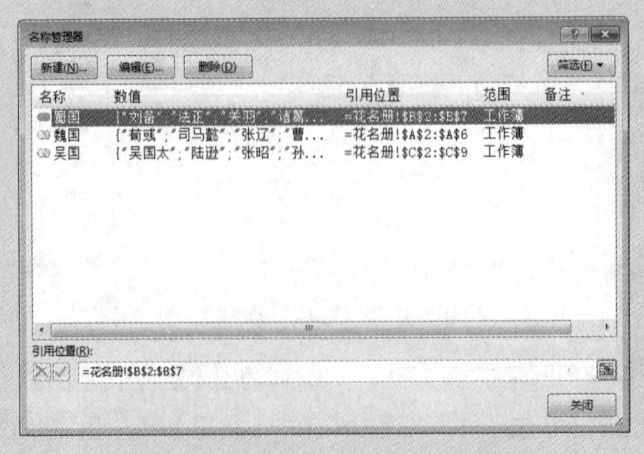

图 30-38　完成定义的名称

步骤③ 创建一级下拉列表。切换到“例 1”工作表，选中 B2:B7 单元格区域，设置【数据验证】。在【允许】下拉列表中选择【序列】，单击【来源】编辑框，选中“花名册”工作表的 A1:C1 单元格区域，单击【确定】按钮，如图 30-39 所示。

步骤④ 创建二级下拉列表。选中 C2:C7 单元格区域，设置【数据验证】，在【允许】下拉列表中选择【序列】，在【来源】编辑框中输入以下公式，单击【确定】按钮，如图 30-40 所示。

```
=INDIRECT(B2)
```

图 30-39　创建一级下拉列表

图 30-40　创建二级下拉列表

二级下拉列表制作完成，在 B 列单元格选择不同的部门，C 列的姓名下拉列表会动态变化，如图 30-41 所示。

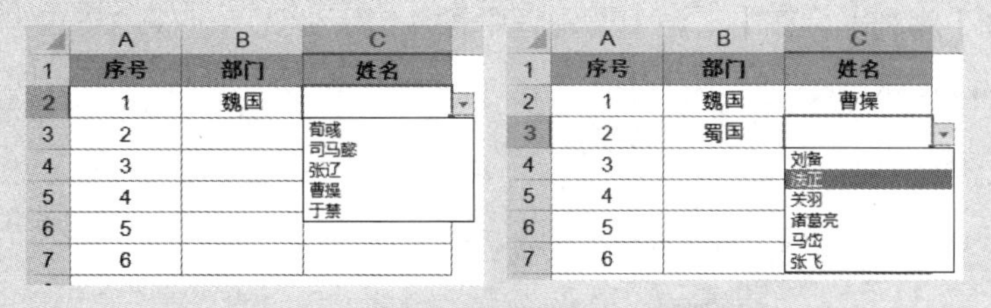

图 30-41　二级下拉列表效果

30.13　创建动态二级下拉列表

使用示例 30-10 中的方法创建的二级下拉列表不能自动扩展区域，如果部门内新增员工或新增部门，还需要重新对定义名称进行修正。此时可以结合 OFFSET 函数创建动态的二级下拉列表。

示例 30-11 创建动态二级下拉列表

仍以示例 30-10 中的数据为例，需要根据“花名册”工作表中的 A:C 列数据区域创建动态二级下拉列表。

步骤① 选中 B2:B7 单元格区域，设置【数据验证】，在【允许】下拉列表中选择【序列】类别。

步骤② 在【来源】编辑框中输入以下公式，创建动态一级下拉列表，如图 30-42 所示。

```
=OFFSET(花名册!$A$1,,,,COUNTA(花名册!$1:$1))
```

通过 COUNTA 函数统计出“花名册”工作表第一行的非空单元格数量，即部门的数量。然后使用 OFFSET 函数作为部门的引用区域，如图 30-43 所示。

图 30-42 创建动态一级下拉列表

	A	B	C
1	魏国	蜀国	吴国
2	荀彧	刘备	吴国太
3	司马懿	法正	陆逊
4	张辽	关羽	张昭
5	曹操	诸葛亮	孙策
6	于禁	马岱	孙权
7		张飞	孙尚香
8			小乔
9			太史慈
10			

例1 花名册

图 30-43 员工花名册

步骤③ 选中“例 1”工作表 C2:C7 单元格区域，设置【数据验证】。在【允许】下拉列表中选择【序列】，在【来源】编辑框中输入以下公式，创建动态二级下拉列表，如图 30-44 所示。

```
=OFFSET(花名册!$A$1,1,MATCH(B2,花名册!$1:$1,)-1,COUNTA(OFFSET(花名册!$A:$A,,MATCH(B2,花名册!$1:$1,)-1))-1)
```

图 30-44 创建动态二级下拉列表

MATCH(B2, 花名册 !$1:$1,)-1 部分，通过 B2 单元格已选择的部门，计算出该部门在花名册中位于第几列，结果减 1，用作 OFFSET 函数向右偏移的列数。

COUNTA(OFFSET(花名册 !$A:$A,,MATCH(B2, 花名册 !$1:$1,)-1))-1，OFFSET 函数以 A:A 作为基点，向右偏移的列数为 MATCH 函数的计算结果，再使用 COUNTA 统计出该列非空单元格个数，即部门的人数，计算结果作为最外层 OFFSET 函数的新引用行数。

最外层 OFFSET 函数，以 A:A 为基点，向右偏移的列数为 MATCH 函数的计算结果，新引用行数为 COUNTA 函数的计算结果。

创建完成的二级下拉列表，在花名册中新增部门或人员时能自动扩展，而不需要再次修改公式和数据验证设置，如图 30-45 所示。

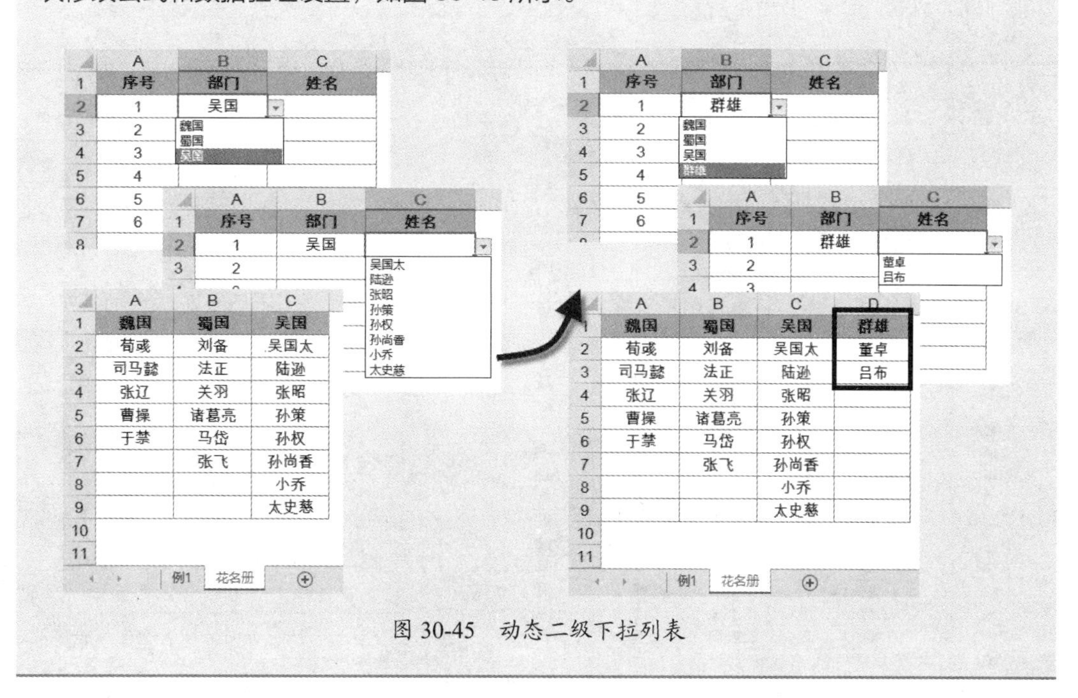

图 30-45　动态二级下拉列表

30.14　不规范名单创建动态二级下拉列表

日常工作中的名单，一般不会如上例中的那样规范，需要先对数据源进行处理，然后便可以使用示例 30-11 中的方法来完成设置。

示例 30-12　不规范名单创建动态二级下拉列表

如图 30-46 所示，需要根据公司的人事清单，制作动态二级下拉列表。

创建定义名称“员工部门”，公式如下。

```
=OFFSET(人事清单!$D$1,1,,COUNTA(人事清单!$A:$A)-1)
```

在“花名册”工作表的A1单元格，输入以下数组公式，按<Ctrl+Shift+Enter>组合键，并向右复制到D1单元格，提取人事清单中的非重复部门。

```
{=IFERROR(INDEX(人事清单!$D:$D,SMALL(IF(MATCH(员工部门,人事清单!$D:$D,)=
ROW(员工部门),ROW(员工部门)),COLUMN(A:A))),"")}
```

在“花名册”工作表的A2单元格，输入以下数组公式，按<Ctrl+Shift+Enter>组合键，将公式复制到A2:D13单元格区域，将人事清单中的人员姓名提取到相应的部门列，如图30-47所示。

```
{=IFERROR(INDEX(人事清单!$B:$B,SMALL(IF(员工部门=A$1,ROW(员工部门)),
ROW(1:1))),"")}
```

	A	B	C	D	E	F
1	序号	姓名	性别	员工部门	岗位属性	员工级别
2	1	刘备	男	蜀国	文	2级
3	2	法正	男	蜀国	文	11级
4	3	吴国太	女	吴国	文	4级
5	4	陆逊	男	吴国	文	5级
6	5	张昭	男	吴国	文	10级
7	6	孙策	男	吴国	武	3级
8	7	孙权	男	吴国	文	2级
9	8	荀彧	男	魏国	文	5级
10	9	司马懿	男	魏国	文	5级
11	10	张辽	男	魏国	武	10级
12	11	曹操	男	魏国	文	2级
13	12	孙尚香	女	吴国	文	4级
14	13	小乔	女	吴国	文	8级
15	14	关羽	男	蜀国	武	7级
16	15	诸葛亮	男	蜀国	文	4级
17	16	马岱	男	蜀国	武	11级
18	17	太史慈	男	吴国	武	11级
19	18	于禁	男	魏国	武	8级
20						

例1 人事清单 花名册

图 30-46 人事清单

	A	B	C	D
1	蜀国	吴国	魏国	
2	刘备	吴国太	荀彧	
3	法正	陆逊	司马懿	
4	关羽	张昭	张辽	
5	诸葛亮	孙策	曹操	
6	马岱	孙权	于禁	
7		孙尚香		
8		小乔		
9		太史慈		
10				
11				
12				
13				
14				

例1 人事清单 花名册

图 30-47 制作规范的花名册清单

定义名称“员工部门”的公式OFFSET(人事清单!$D$1,1,,COUNTA(人事清单!$A:$A)-1)部分，得到人事清单中员工部门的明细，即“人事清单!$D$2:$D$19”单元格区域。使用OFFSET+COUNTA函数组合，为了当清单中增加人员的时候，公式可以通用。也可以直接使用一个较大的区域代替，例如“人事清单!$D$2:$D$500”，这样在计算的时候，虽然公式较短，但由于产生了大量的无用计算，使公式的计算效率很低。

之后使用INDEX+SMALL+IF+ROW函数组合提取不重复数据。关于提取不重复数据的详细内容，请参阅25.1节。

以上清单中通过函数得到空文本 ""，不是真正的空单元格，会纳入 COUNTA 函数的统计范围。为了在统计不重复数据时排除空文本 "" 的影响而只统计不重复的非空文本个数，需要用 COUNTIF（区域，"><"）代替 COUNTA 函数部分。

根据上例中创建下拉列表的方式，将设置一级下拉列表的公式修改如下。

```
=OFFSET(花名册!$A$1,,,,COUNTIF(花名册!$1:$1,"><"))
```

将设置二级下拉列表的公式修改如下。

```
=OFFSET(花名册!$A$1,1,MATCH(B2,花名册!$1:$1,)-1,COUNTIF(OFFSET(花名册!$A:$A,,MATCH(B2,花名册!$1:$1,)-1),"><")-1)
```

COUNTIF(区域,"><")部分，使用"><"，用于统计区域中有多少个单元格大于“<”，因为所有的汉字、英文字母、数字等都比“<”要大，而空（""）是比“<”要小，由此便可以得到需要引用的数据区域。

此时在人员清单中新增入职员工之后，在花名册中自动增加了新的部门及员工，同时在录入页的下拉列表中，也自动添加了相应的下拉选项，如图 30-48 所示。

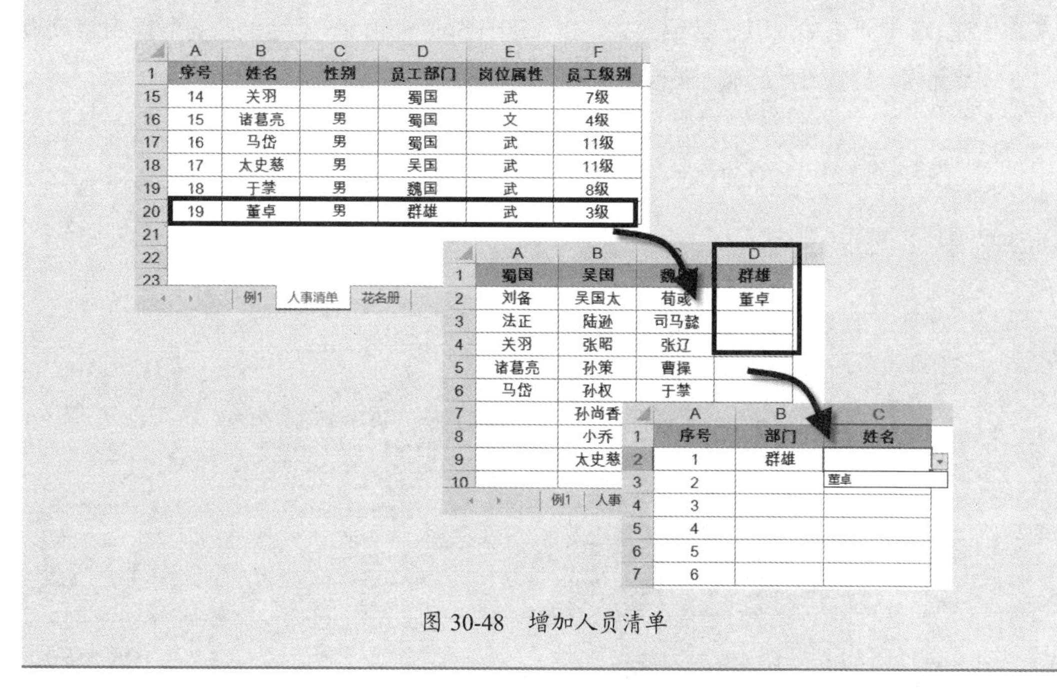

	A	B	C	D	E	F
1	序号	姓名	性别	员工部门	岗位属性	员工级别
15	14	关羽	男	蜀国	武	7级
16	15	诸葛亮	男	蜀国	文	4级
17	16	马岱	男	蜀国	武	11级
18	17	太史慈	男	吴国	武	11级
19	18	于禁	男	魏国	武	8级
20	19	董卓	男	群雄	武	3级

	A	B	C	D
1	蜀国	吴国	魏国	群雄
2	刘备	吴国太	荀彧	董卓
3	法正	陆逊	司马懿	
4	关羽	张昭	张辽	
5	诸葛亮	孙策	曹操	
6	马岱	孙权	于禁	
7		孙尚香		
8		小乔		
9		太史慈		

	A	B	C
1	序号	部门	姓名
2	1	群雄	
3	2		董卓
4	3		
5	4		
6	5		
7	6		

图 30-48　增加人员清单

30.15　根据输入关键字或简称自动更新下拉列表

在创建下拉列表时候，为了避免可选择的条目太多，不易分辨查找，需要根据输入的关键字或简称，通过 CELL 函数的 contents 参数设置公式，使下拉列表自动更新，只包含与已输入内容相关的项。

示例 30-13 根据输入关键字或简称自动更新下拉列表

图 30-49 展示的是公司名称清单的部分内容，需要在 B2:B7 单元格区域准确录入 F 列的公司名称。

	A	B	C	F
1	序号	录入公司名称		公司清单
2	1			中国石油化工股份有限公司
3	2			中国石油天然气股份有限公司
4	3			中国建筑股份有限公司
5	4			中国移动有限公司
6	5			中国工商银行股份有限公司
7	6			中国铁建股份有限公司
8				上海汽车集团股份有限公司
9				中国中铁股份有限公司
10				中国建设银行股份有限公司
11				中国农业银行股份有限公司
12				中国人寿保险股份有限公司

图 30-49 录入公司名称

步骤① 在 D2 单元格输入以下数组公式，按 <Ctrl+Shift+Enter> 组合键，向下复制到 D30 单元格，提取符合已输入关键字条件的公司名称，如图 30-50 所示。

```
{=IFERROR(INDEX(F:F,SMALL(IF(ISNUMBER(SEARCH("*"&CELL("contents")&
"*",OFFSET($F$1,,,COUNTA($F:$F)))),ROW(OFFSET($F$1,,,COUNTA($F:$F)))),
ROW(1:1))),"")}
```

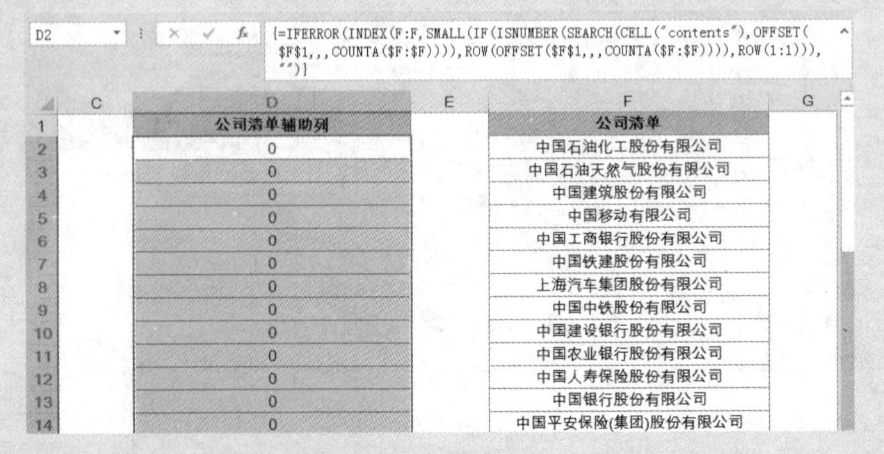
D2 {=IFERROR(INDEX(F:F,SMALL(IF(ISNUMBER(SEARCH(CELL("contents"),OFFSET($F$1,,,COUNTA($F:$F)))),ROW(OFFSET($F$1,,,COUNTA($F:$F)))),ROW(1:1))),"")}

	C	D	E	F	G
1		公司清单辅助列		公司清单	
2		0		中国石油化工股份有限公司	
3		0		中国石油天然气股份有限公司	
4		0		中国建筑股份有限公司	
5		0		中国移动有限公司	
6		0		中国工商银行股份有限公司	
7		0		中国铁建股份有限公司	
8		0		上海汽车集团股份有限公司	
9		0		中国中铁股份有限公司	
10		0		中国建设银行股份有限公司	
11		0		中国农业银行股份有限公司	
12		0		中国人寿保险股份有限公司	
13		0		中国银行股份有限公司	
14		0		中国平安保险(集团)股份有限公司	

图 30-50 设定提取公式

CELL("contents") 部分，参数 contents 返回的是引用区域中左上角单元格的值。由于省略了 CELL 函数的第二参数 reference，于是 CELL 函数返回给最后更改的单元格的值。

用 SEARCH 函数查找公司清单中符合已输入的关键字的公司名称，并使用 ISNUMBER 函数将数字转换为逻辑值 TRUE，将错误值转换为逻辑值 FALSE。

然后使用 IF 函数进行判断，返回符合条件的公司的相应行号。使用 SMALL 函数将这些行号从小到大依次取出，最后使用 INDEX 函数从公司清单中将这些公司名称提取出来放在 D 列。

当在 D2 单元格输入数组公式按组合键确认时，会提示产生循环引用，如图 30-51 所示。因为此时 CELL("contents") 部分引用的是当前编写公式的 D2 单元格的值，所以造成循环引用，单击【确定】按钮即可。公式设置完成后，在其他单元格再输入内容，引用位置发生变化，就可以正确进行运算。

图 30-51　循环引用提示框

步骤② 选中 B2:B7 单元格区域，设置【数据验证】，在【允许】下拉列表中选择【序列】。

步骤③ 在【来源】编辑框中输入以下公式，单击【确定】按钮，如图 30-52 所示。

```
=OFFSET($D$1,1,,COUNTIF($D:$D,"><")-1)
```

步骤④ 激活【出错警告】选项卡，取消【输入无效数据时显示出错警告】的勾选，然后单击【确定】按钮完成设置，如图 30-53 所示。

图 30-52　建立下拉列表

图 30-53　取消勾选出错警告

在 B2 单元格输入“石油”，然后单击下拉按钮，下拉列表中列出所有包含“石油”二字的公司名称，然后单击需要的选项，如图 30-54 所示。

在 B3 单元格输入“人*保”，然后单击下拉按钮则列出所有包含“人”字和“保”字的公司名称，如图 30-55 所示。

图 30-54 输入关键字的下拉列表

图 30-55 输入简称的下拉列表

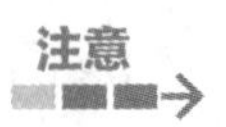

注意：使用模糊查询的方式，字与字之间必须使用通配符“*”，如“中＊石＊化”。

30.16 已输入人员不再出现

在某些情况下，对于已经选择的选项，希望下拉列表中不再出现。

示例 30-14 已输入人员不再出现

图 30-56 展示的是球员的 18 人大名单，根据名单中的人员排出首发的 11 人。

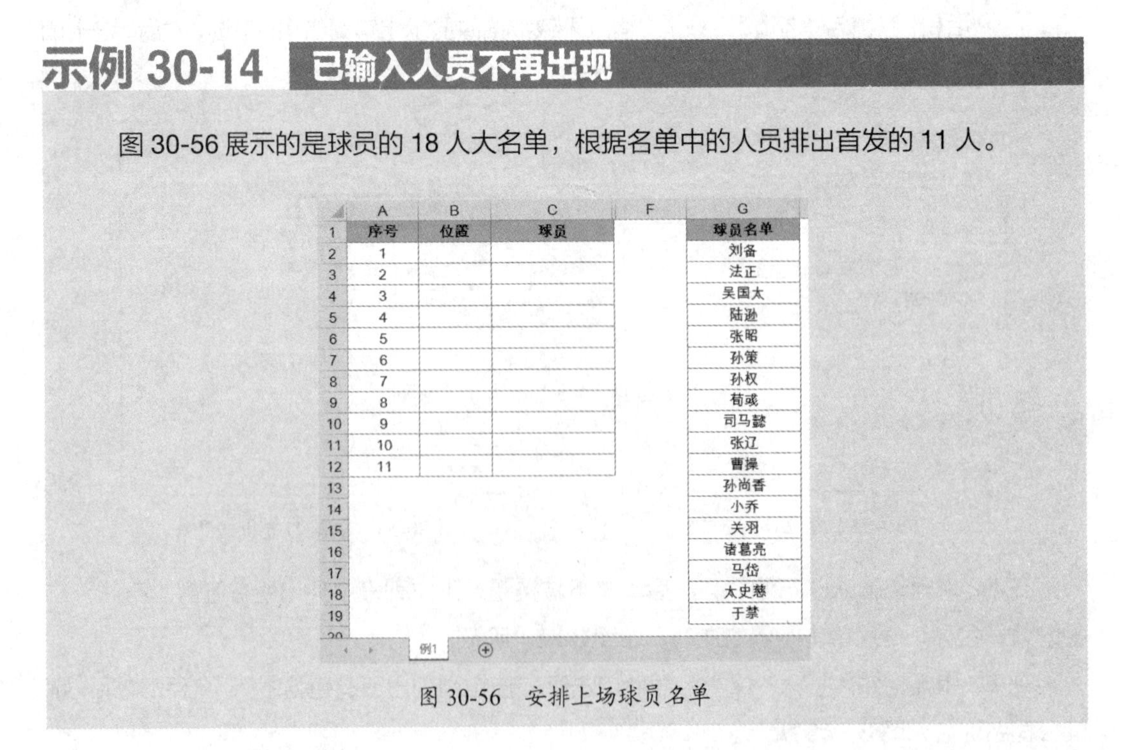

图 30-56 安排上场球员名单

步骤 1　在 E2 单元格输入以下数组公式，按 <Ctrl+Shift+Enter> 组合键，向下复制到 E19 单元格，列出尚未被选中的球员名单，如图 30-57 所示。

```
{=IFERROR(INDEX(G:G,SMALL(IF(ISNA(MATCH($G$2:$G$19,$C$2:$C$12,)),RO
W($G$2:$G$19)),ROW(1:1))),"")}
```

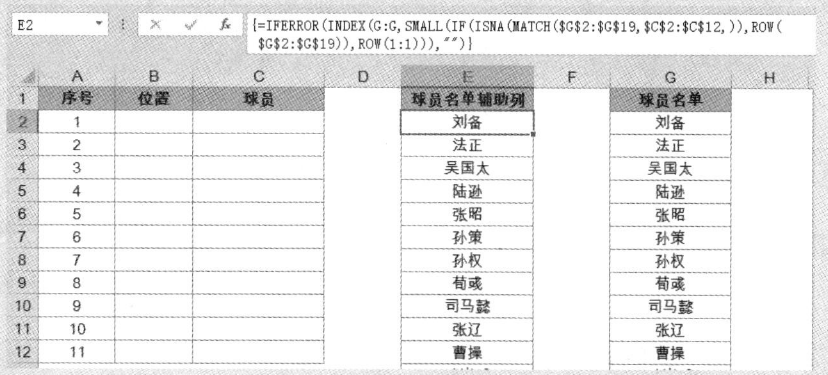

E2　{=IFERROR(INDEX(G:G,SMALL(IF(ISNA(MATCH($G$2:$G$19,$C$2:$C$12,)),ROW($G$2:$G$19)),ROW(1:1))),"")}

	A	B	C	D	E	F	G	H
1	序号	位置	球员		球员名单辅助列		球员名单	
2	1				刘备		刘备	
3	2				法正		法正	
4	3				吴国太		吴国太	
5	4				陆逊		陆逊	
6	5				张昭		张昭	
7	6				孙策		孙策	
8	7				孙权		孙权	
9	8				荀彧		荀彧	
10	9				司马懿		司马懿	
11	10				张辽		张辽	
12	11				曹操		曹操	

图 30-57　列出尚未被选中的球员名单

MATCH($G$2:$G$19,$C$2:$C$12,) 部分，将 G 列的 18 个球员名单依次与 C 列已经安排完的球员名单匹配，如果没有分配，则 MATCH 函数返回错误值 #N/A。

然后用 ISNA 函数将 #N/A 转化为逻辑值 TRUE，通过 IF 函数返回还没有分配球员的相应行号。

最后使用 SMALL 函数从小到大依次提取行号，并以此作为 INDEX 函数的索引值，将这些球员依次提取到 E 列中。

步骤 2　选中 B2:B12 单元格区域，设置【数据验证】，在【允许】下拉列表中选择【序列】类别，在【来源】编辑框中输入以下内容。

```
门将，后卫，中场，前锋
```

步骤 3　选中 C2:C12 单元格区域，设置【数据验证】，在【允许】下拉列表中选择【序列】，在【来源】编辑框中输入以下公式。

```
=OFFSET($E$1,1,,COUNTIF($E:$E,"><")-1)
```

COUNTIF 函数用于返回 E 列不为空的单元格个数，结果减去 1，用于去掉对 E1 单元格标题的计数。OFFSET 函数以 E1 为基点，向下偏移一行，引用的行数范围为 COUNTIF 函数的计算结果。

随着 C 列人数的增加，E 列辅助列中的人员相应减少，即下拉列表中的可选人员也相应减少，如图 30-58 所示。

	A	B	C	D	E
1	序号	位置	球员		球员名单辅助列
2	1	门将	刘备		法正
3	2	后卫	于禁		吴国太
4	3	后卫	关羽		张昭
5	4	后卫	孙权		荀彧
6	5	后卫	司马懿		孙尚香
7	6	中场	曹操		小乔
8	7	中场	诸葛亮		马岱
9	8	中场	陆逊		太史慈
10	9	前锋	张辽		
11	10	前锋	孙策		
12	11	前锋			

图 30-58　安排球员

30.17　圈释无效数据

数据验证无法限制已经输入完成的数据，同时也无法限制通过“复制 - 粘贴”或编写 VBA 的方式输入数据。而“复制 - 粘贴”的方式更是会覆盖原已设置的数据验证。

沿用示例 30-4 限制输入空格的例子，对姓名区已经输入的姓名，可以使用【圈释无效数据】功能，对其中的无效数据进行标注，起到提醒以便及时补救的作用。方法如下。

步骤① 首先对 B2:B5 单元格区域重新设置数据验证，以防姓名是通过“复制 - 粘贴”的方式输入，将原有的数据验证覆盖。

步骤② 单击【数据】选项卡中【数据工具】组中的【数据验证】→【圈释无效数据】，如图 30-59 所示。

完成效果如图 30-60 所示，自动添加红色圆圈以标识无效数据。这些标识无法被选中、移动。

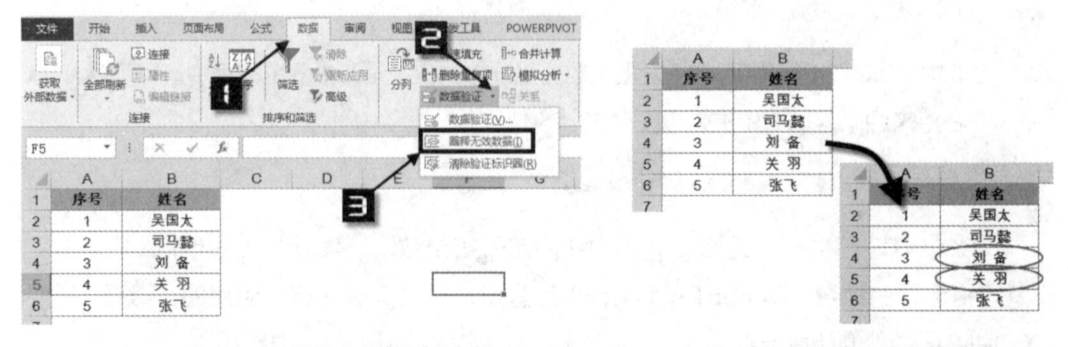

图 30-59　圈释无效数据　　　图 30-60　圈释无效数据效果

可以将无效数据进行修改以符合规则，红色圆圈标识会相应消失。或者单击【数据验证】→【清除验证标识圈】命令，可以取消所有标识。

第 31 章　图形制作中的函数应用

在使用 Excel 制作图表图形时，利用函数对数据源进行整理，可以使图形的制作更加灵活。特别是在制作一些高级图表、动态图表的时候，更需要函数的帮助。本章将介绍 Excel 函数在作图时的作用及常用技巧。

本章学习要点

（1）认识 SERIES 公式。

（2）使用函数改造数据源作图。

（3）使用定义名称及 OFFSET 等函数制作动态图表。

31.1　动态引用照片

在员工信息卡中，通过选择不同的姓名，可以查看该员工的基础人事信息，并且员工的照片可以随之变化，如图 31-1 所示。

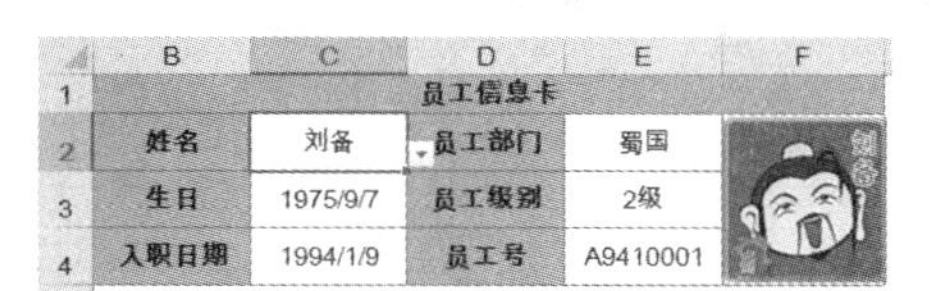

员工信息卡				
姓名	刘备	员工部门	蜀国	
生日	1975/9/7	员工级别	2级	
入职日期	1994/1/9	员工号	A9410001	

图 31-1　员工信息卡

示例 31-1　动态引用照片

现有一份人事清单信息，如图 31-2 所示，其中 C 列是每名员工的照片，其余列是员工的入职日期、员工部门等信息。制作动态引用照片的步骤如下。

序号	姓名	照片	生日	入职日期	员工部门	员工级别	员工号
1	郭嘉		1980/7/9	2012/10/3	魏国	6级	B1210014
3	黄月英		1980/3/25	2011/12/11	蜀国	10级	B1120002
4	刘备		1975/9/7	1994/1/9	蜀国	2级	A9410001
5	马超		1983/4/14	2013/11/18	蜀国	9级	B1310002

例1　员工头像

图 31-2　人事清单信息

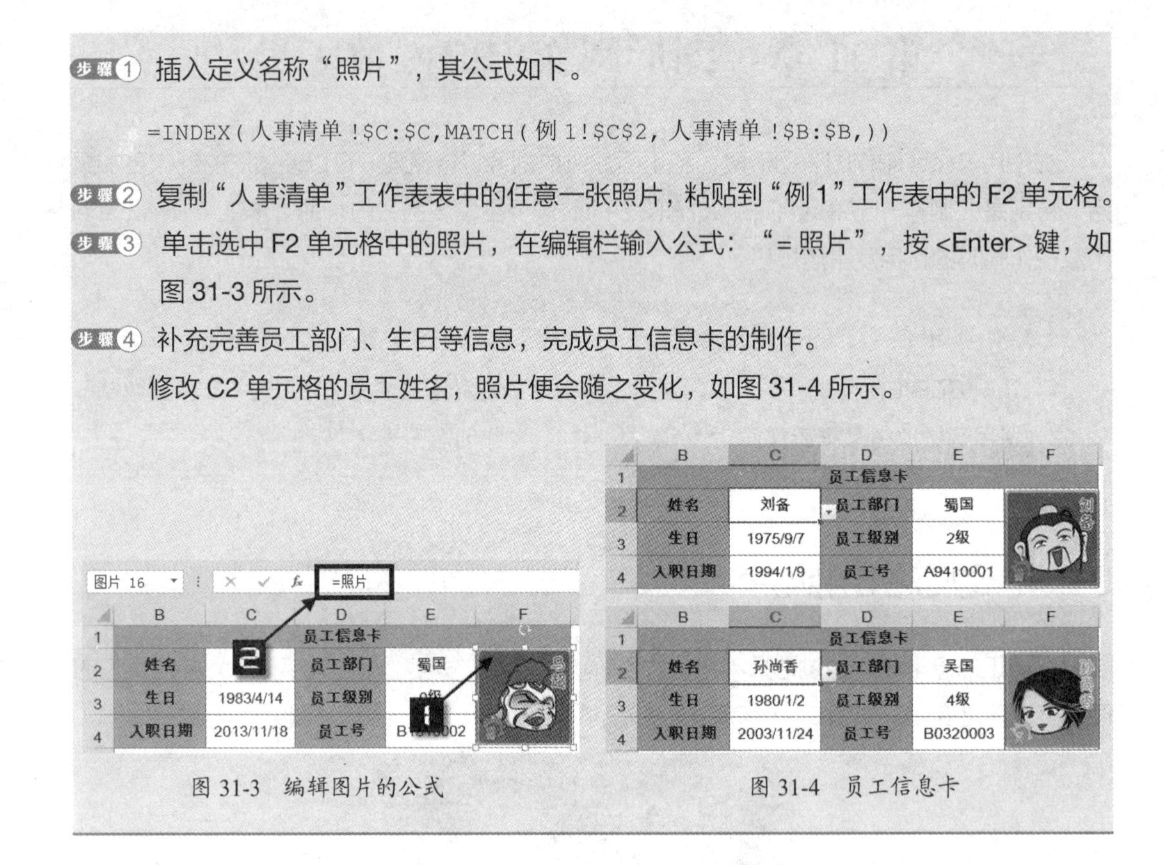

步骤① 插入定义名称“照片”，其公式如下。

```
=INDEX(人事清单!$C:$C,MATCH(例1!$C$2,人事清单!$B:$B,))
```

步骤② 复制“人事清单”工作表表中的任意一张照片，粘贴到“例 1”工作表中的 F2 单元格。

步骤③ 单击选中 F2 单元格中的照片，在编辑栏输入公式：“= 照片”，按 <Enter> 键，如图 31-3 所示。

步骤④ 补充完善员工部门、生日等信息，完成员工信息卡的制作。

修改 C2 单元格的员工姓名，照片便会随之变化，如图 31-4 所示。

图 31-3 编辑图片的公式

图 31-4 员工信息卡

31.2 认识 SERIES 公式

每一个图表系列都有它自己的 SERIES 公式。当在图表中选中一个数据系列时，它的 SERIES 公式就会出现在编辑栏中，如图 31-5 所示。这个 SERIES 公式实际上并不是一个常规意义的函数公式，它不能写在单元格中进行运算，而且也不能在 SERIES 公式中使用工作表函数。但是，可以在 SERIES 公式中使用定义名称，或者编辑参数以改变数据源的引用范围。

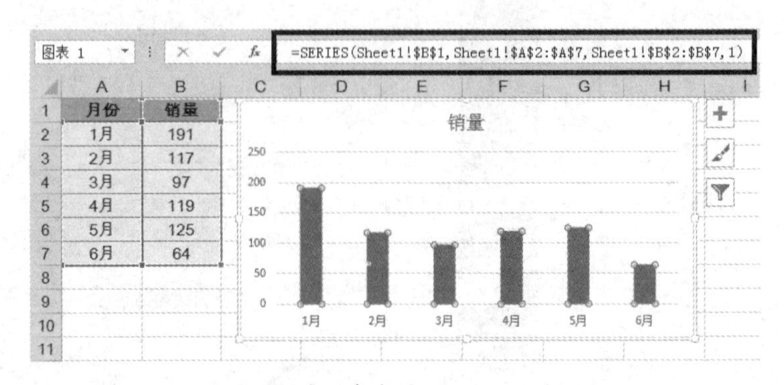

图 31-5 图表中的 SERIES 公式

SERIES 的语法如下。

```
=SERIES([ 系列名称 ],[ 分类轴标签 ], 系列值 , 数据系列编号 ,[ 气泡大小 ])
```

系列名称：（可选）所选图表系列的名称的单元格引用，如图 31-5 中的 Sheet1!$B$1。

分类轴标签：（可选）指所选图表系列的坐标轴内容的单元格引用，对于 XY（散点图）这个参数指定 *x* 轴的值，如图 31-5 中的 Sheet1!$A$2:$A$7。

系列值：（必选）指所选图表系列的数据的单元格引用，对于 XY（散点图）这个参数指定 *y* 轴的值，如图 31-5 中的 Sheet1!$B$2:$B$7。

数据系列编号：（必选）指定数据系列的绘图顺序，必须是 0 ~ 255 之间的整数，不允许使用单元格引用。这个参数在图表包含多个系列时才有效。

气泡大小：（只用于气泡图中）代表气泡的大小。

在 SERIES 中使用定义名称，必须包含工作簿名称。

```
=SERIES(Sheet1!$B$1, 制作双色柱形图 .xlsx! 月份 , 制作双色柱形图 .xlsx! 销量 ,1)
```

将名称使用范围定义为“工作簿”。在实际输入名称时，如果工作簿名称比较长，不便于输入，可以输入当前工作表名称加定义名称的方式，如=SERIES(,,Sheet1! 销量,1)，按 <Enter> 键后，会自动更正为工作簿名 =SERIES(,, 制作双色柱形图 .xlsx! 销量 ,1)。

31.3　双色柱形图

示例 31-2　双色柱形图

用柱形图展示公司一年的销售业绩，对低于平均销售数量的月份使用浅色柱形图，高于平均销售数量的月份使用深色柱形图显示，如图 31-6 所示。

步骤 1　根据 A1:B13 单元格区域的数据作图，添加辅助列，如图 31-7 所示。

在 C2 单元格输入以下公式，并向下复制到 C13 单元格。

```
=IF($B2>AVERAGE($B$2:$B$13),$B2,0)
```

在 D2 单元格输入以下公式，并向下复制到 D13 单元格。

```
=IF($B2<AVERAGE($B$2:$B$13),$B2,0)
```

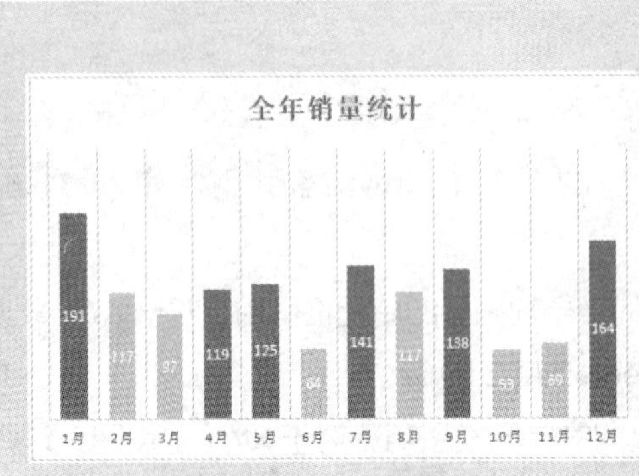

图 31-6 双色柱形图

	A	B	C	D
1	月份	销量		
2	1月	191	191	0
3	2月	117	0	117
4	3月	97	0	97
5	4月	119	119	0
6	5月	125	125	0
7	6月	64	0	64
8	7月	141	141	0
9	8月	117	0	117
10	9月	138	138	0
11	10月	63	0	63
12	11月	69	0	69
13	12月	164	164	0

图 31-7 添加辅助列

步骤② 按住 <Ctrl> 键，同时选中 A2:A13 和 C2:D13 单元格区域，依次单击【插入】选项卡中【图表】工作组中的【插入柱形图】→【堆积柱形图】命令，如图 31-8 所示。

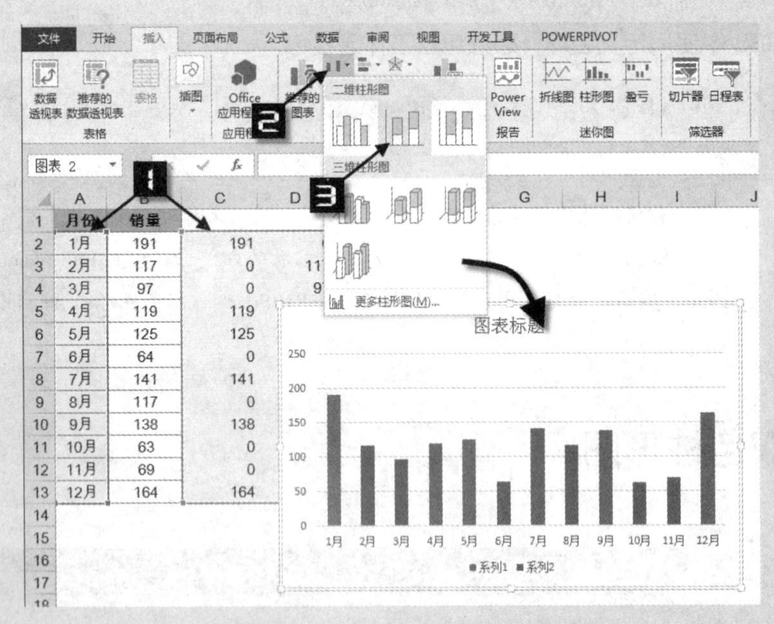

图 31-8 插入堆积柱形图

步骤③ 单击【设计】选项卡，选择【图标样式】工作组中“样式 2”，以更改图表的样式，如图 31-9 所示。

步骤④ 双击系列 1 蓝色柱的数据标签，打开【设置数据标签格式】任务窗格，切换到【数字】选项，选择【类别】为“自定义”，在【格式代码】文本框中输入“#,##0;-#,##0;”，单击【添加】按钮，将格式代码添加到【类型】列表中，如图 31-10 所示。设置完成后的标签，0 值均不显示。

步骤⑤ 双击系列 2 红色柱的数据标签，以同样步骤设置其标签格式为“#,##0;-#,##0;”。

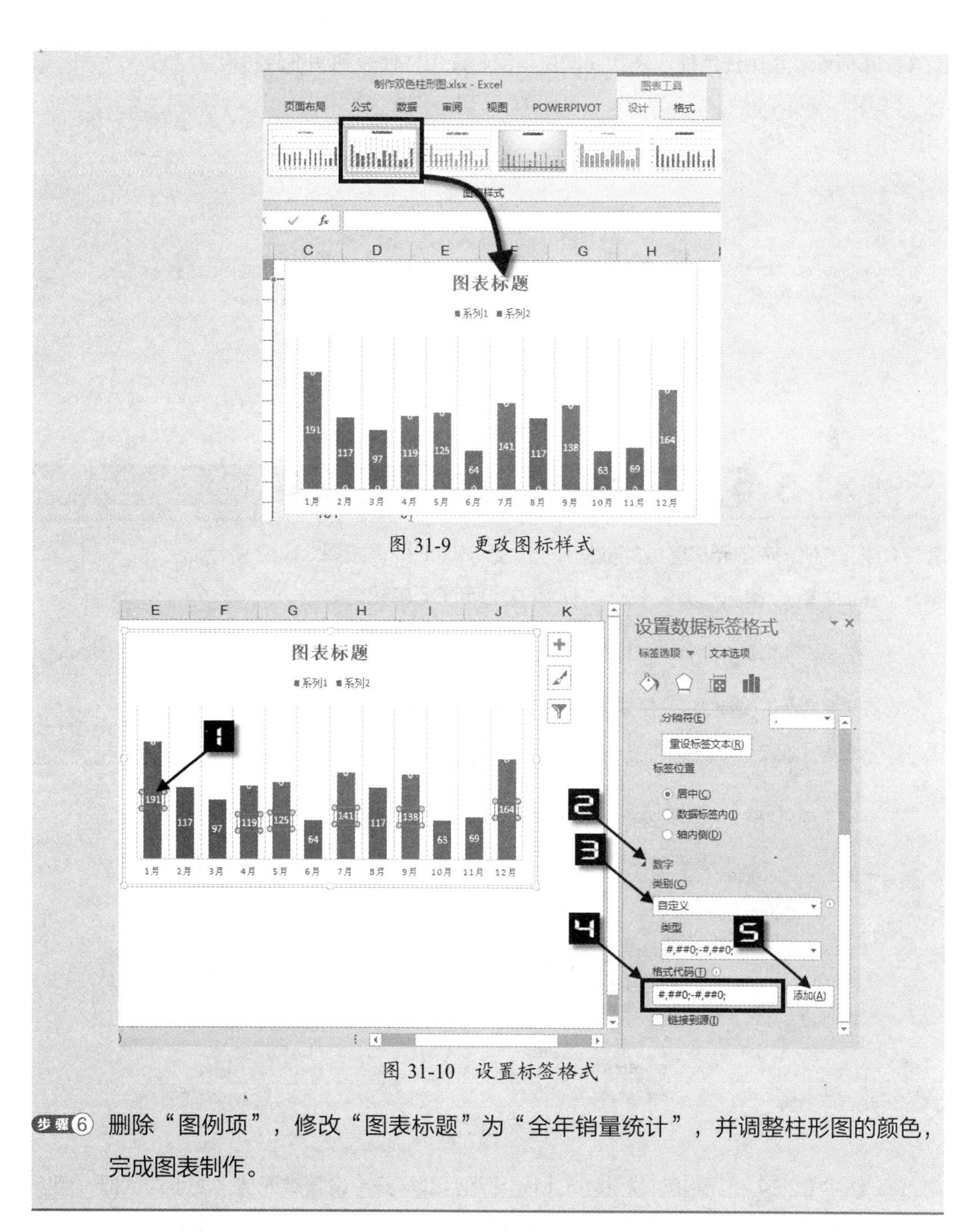

图 31-9　更改图标样式

图 31-10　设置标签格式

步骤 6 删除“图例项”，修改“图表标题”为“全年销量统计”，并调整柱形图的颜色，完成图表制作。

31.4　瀑布图

瀑布图是由麦肯锡顾问公司所独创的图表类型，因为形似瀑布流水而称为瀑布图。此种图表采用绝对值与相对值结合的方式，适用于表达数个特定数值之间的数量变化关系，如

图 31-11 所示，其中浅色柱代表利润增长科目，深色柱代表利润下降科目。

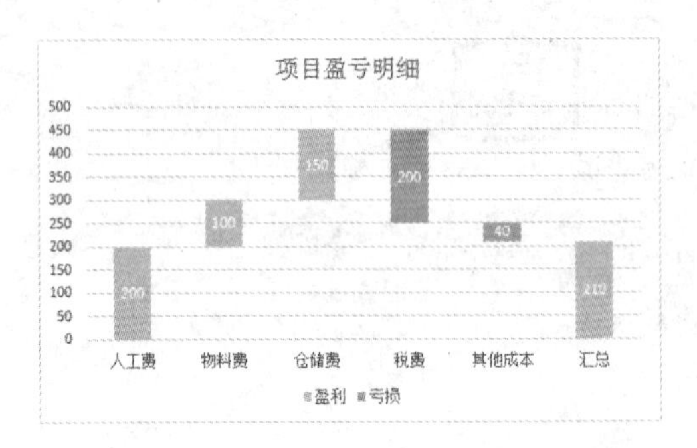

图 31-11 瀑布图

示例 31-3 瀑布图

步骤① 根据 A1:B7 单元格区域的数据作图，添加辅助列，如图 31-12 所示。

在 C2 单元格输入以下公式，并向下复制到 C7 单元格。

```
=IF(A2="汇总",0,MIN(SUM($B$1:$B1),SUM($B$1:$B2)))
```

在 D2 单元格输入以下公式，并向下复制到 D7 单元格。

```
=MAX(B2,0)
```

在 E2 单元格输入以下公式，并向下复制到 E7 单元格。

```
=MAX(-B2,0)
```

	A	B	C	D	E
1	科目	利润	占位柱	盈利	亏损
2	人工费	200	0	200	0
3	物料费	100	200	100	0
4	仓储费	150	300	150	0
5	税费	-200	250	0	200
6	其他成本	-40	210	0	40
7	汇总	210	0	210	0

图 31-12 添加辅助列

步骤② 选中 D2:E7 单元格区域，按 <Ctrl+1> 组合键打开【设置单元格格式】对话框，切换到【数字】选项卡，在【分类】中选择“自定义”，在类型处输入单元格类型代码“#,##0;-#,##0;”，单击【确定】按钮完成设置。设置完成后，所选单元格区域中的数字 0 不再显示，如图 31-13 所示。

步骤② 按住 <Ctrl> 键同时选中 A1:A7 和 C1:E7 单元格区域，插入“堆积柱形图”，如图 31-14 所示。

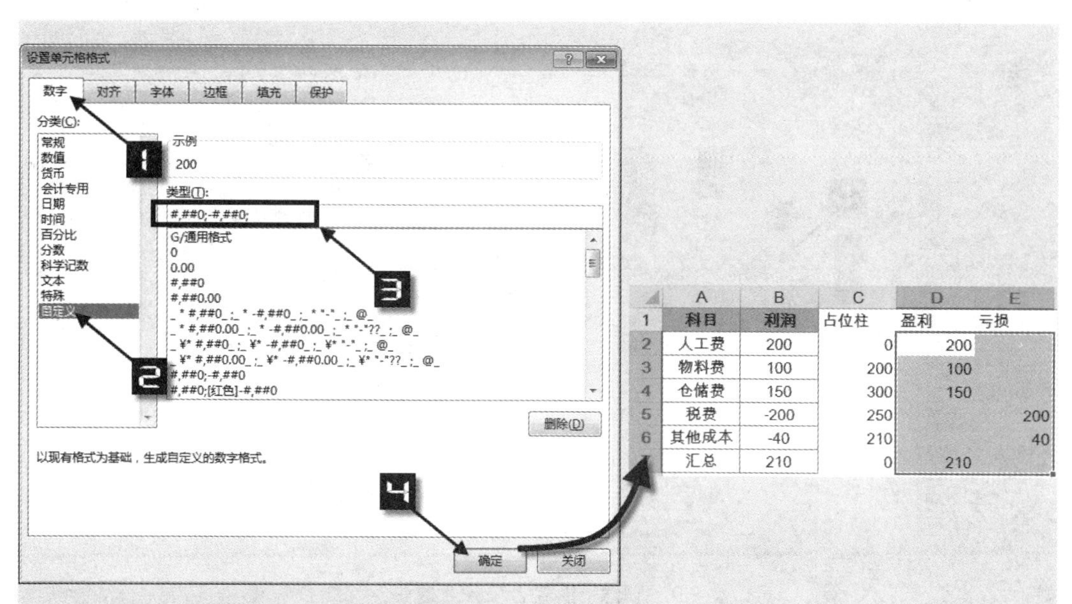

图 31-13　设置单元格格式

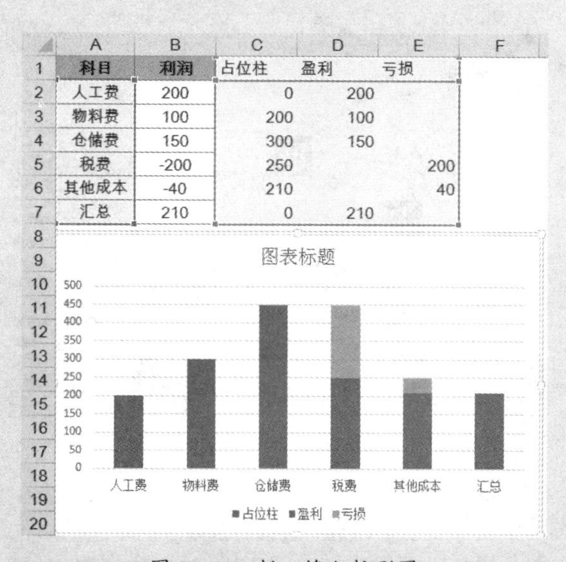

图 31-14　插入堆积柱形图

步骤③ 双击图表中的“占位柱”系列，打开【设置数据标签格式】任务窗格，切换到【填充线条】选项卡，选择【无填充】和【无线条】，如图 31-15 所示。

步骤④ 单击选中图表中的“亏损”系列，然后单击图表右上角的【图表元素】快速微调按钮，勾选【数据标签】复选框。再单击刚刚图表中添加的数据标签，单击【常规】选项卡中【字体】工作组中的【字体颜色】按钮，将数据标签设置为“白色”，如图 31-16 所示。以同样的步骤给图表中的“盈利”系列添加数据标签并设置白色字体。

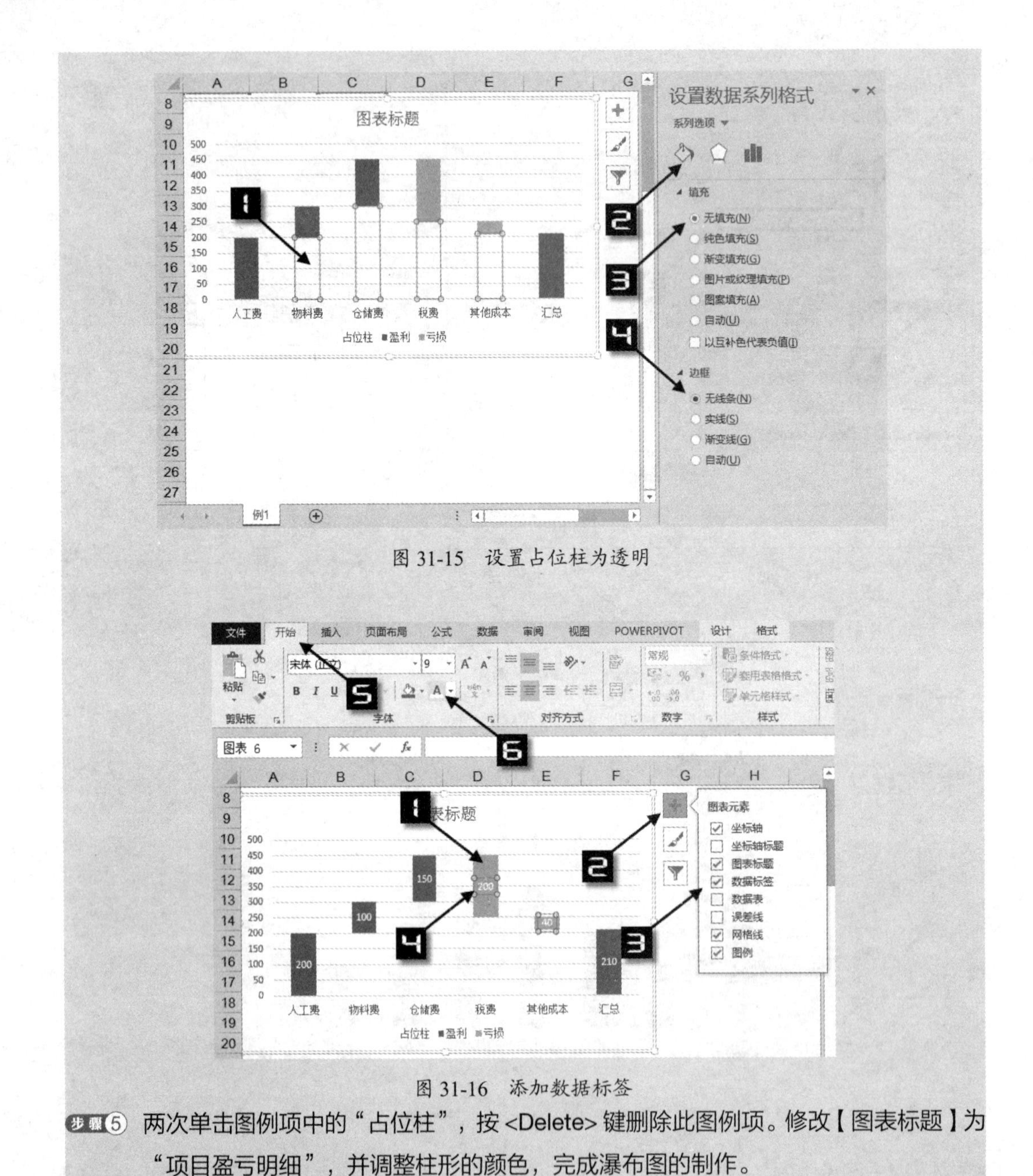

图 31-15　设置占位柱为透明

图 31-16　添加数据标签

步骤⑤ 两次单击图例项中的“占位柱”，按 <Delete> 键删除此图例项。修改【图表标题】为“项目盈亏明细”，并调整柱形的颜色，完成瀑布图的制作。

31.5　旋风图

旋风图也称为成对条形图或金字塔图，即以左右对称形式表示两类数据的条形图，如图 31-17 所示。

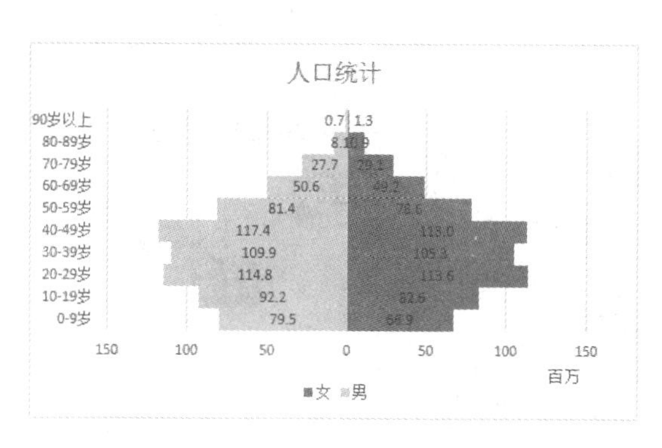

图 31-17　旋风图

示例 31-4　旋风图

步骤① A1:C11 单元格区域数据选自第六次人口普查的统计结果，在 D2 单元格输入以下公式，并向下复制到 D11 单元格。

```
=-B2
```

步骤② 设置 D2:D11 单元格区域的格式为“0;0;0”，效果如图 31-18 所示。

D2　fx　=-B2

	A	B	C	D
1	年龄	男	女	男
2	0-9岁	79527231	66886928	79527231
3	10-19岁	92172107	82625469	92172107
4	20-29岁	114845611	113580759	114845611
5	30-39岁	109912926	105251236	109912926
6	40-49岁	117385096	112963421	117385096
7	50-59岁	81446172	78619473	81446172
8	60-69岁	50582897	49197667	50582897
9	70-79岁	27682312	29142218	27682312
10	80-89岁	8117312	10887814	8117312
11	90岁以上	657440	1326780	657440

图 31-18　添加辅助列

步骤③ 按住 <Ctrl> 键，同时选中 A1:A11 和 C1:D11 单元格区域，依次单击【插入】选项卡中【图表】工作组中的【插入条形图】→【堆积条形图】命令，如图 31-19 所示。

步骤④ 双击纵坐标轴，打开【设置坐标轴格式】任务窗格，切换到【坐标轴选项】，选择【标签位置】为“低”，如图 31-20 所示。

步骤⑤ 单击横坐标轴，在【设置坐标轴格式】任务窗格对横坐标轴进行设置，切换到【坐标轴选项】，选择【显示单位】为“百万”。切换到【数字】选项，选择【类别】为“自定义”。在【格式代码】文本框中输入“0;0;0”，单击【添加】按钮，将格式代码增加到【类型】列表中，如图 31-21 所示。

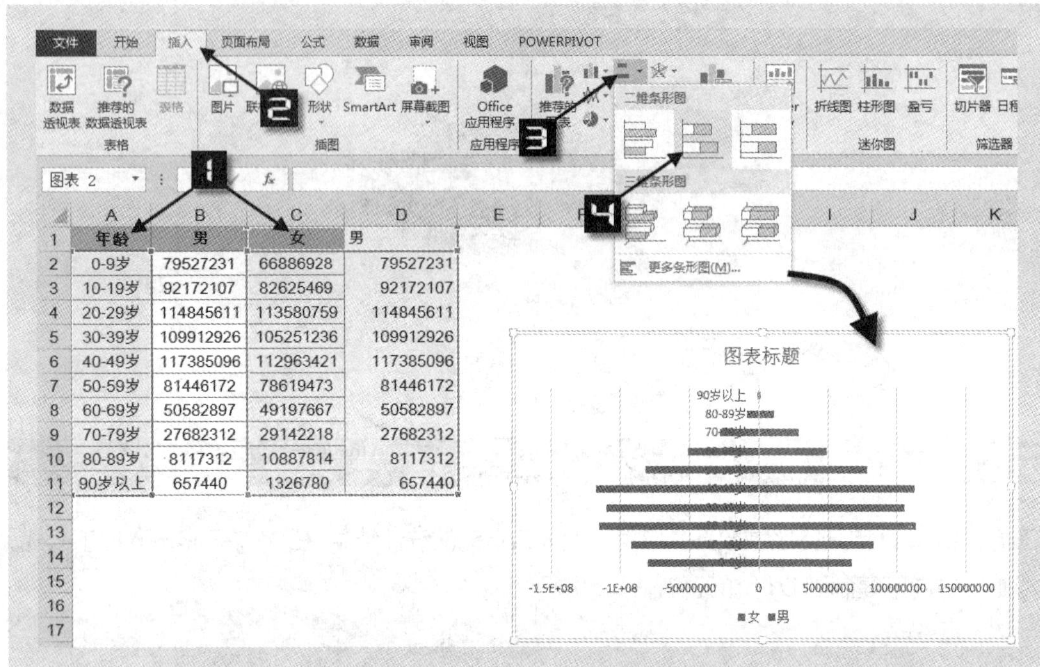

图 31-19　插入堆积条形图

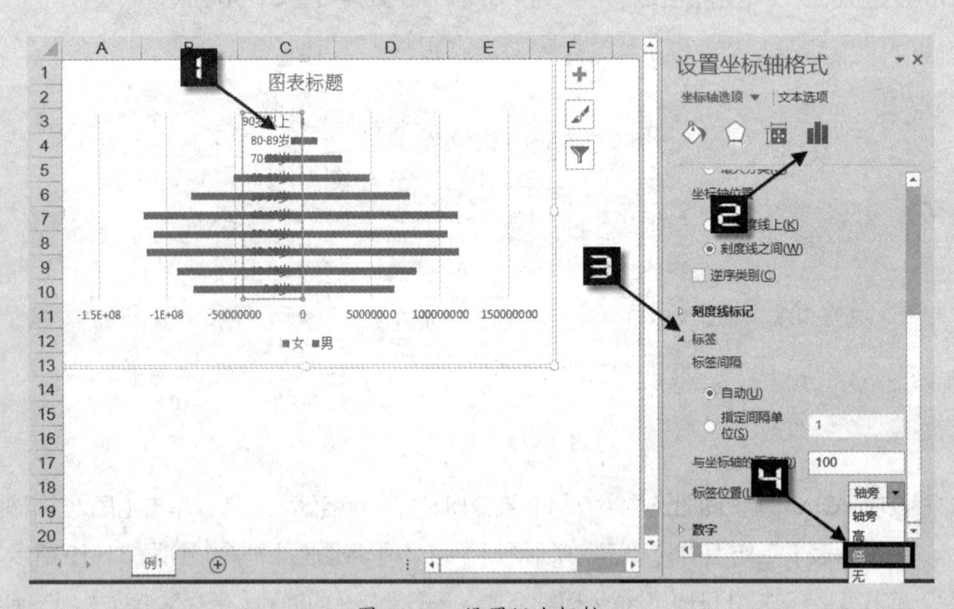

图 31-20　设置纵坐标轴

步骤⑥ 单击选中系列“男”，在【设置数据系列格式】任务窗格切换到【系列选项】，修改【分类间距】为“.00%”，如图 31-22 所示。

步骤⑦ 为图表添加标签，并将其数字格式设置为“0.0;0.0;0”。然后修改图表标题为“人口统计”，并调整条形图的颜色，如图 31-23 所示。

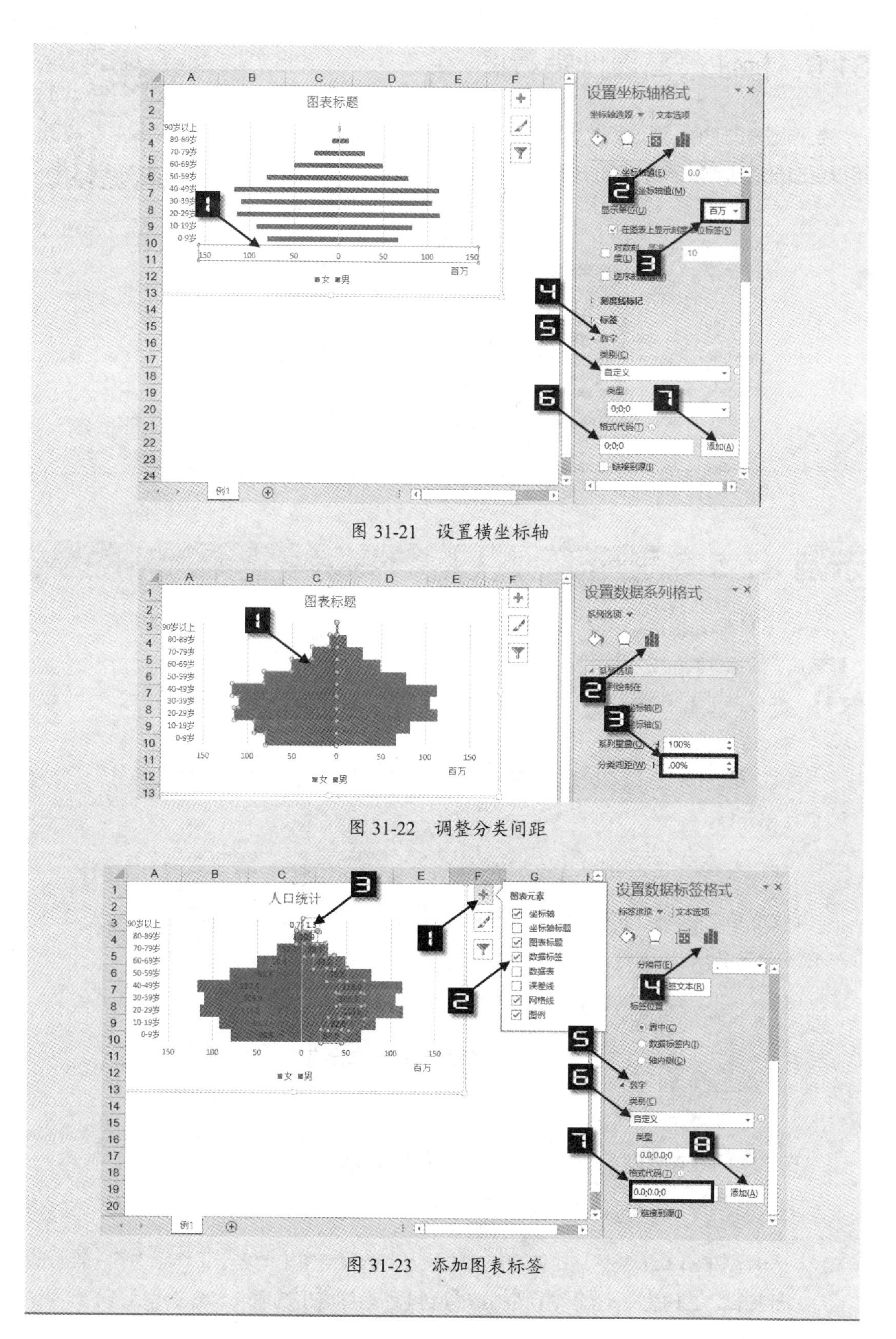

图 31-21　设置横坐标轴

图 31-22　调整分类间距

图 31-23　添加图表标签

31.6 标注最高最低销量图

制作图表的时候，通过函数增加辅助数据，标注出来最高和最低销量，可以更加直观地了解销售情况，如图 31-24 所示。

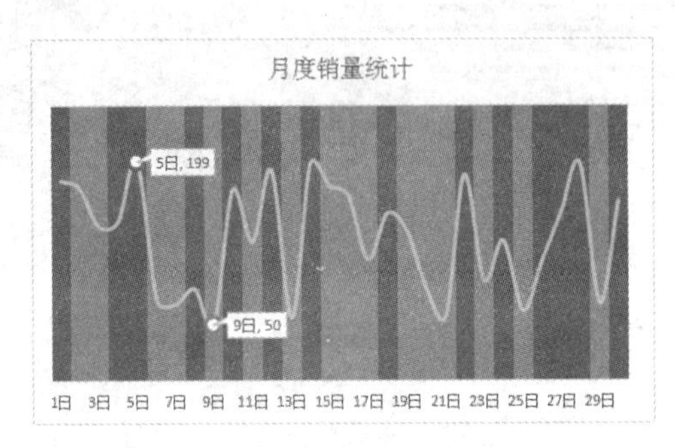

图 31-24 标注最高最低销量图

示例 31-5 标注最高最低销量图

A1:B31 单元格区域是 1 日到 30 日的销量数据，根据这两列数据作图。

步骤① 在 C:F 列使用公式制作辅助列，如图 31-25 所示。

	A	B	C	D	E	F
1	日期	销量	最大销量	最小销量	涨趋势	降趋势
2	1日	182	#N/A	#N/A	250	0
3	2日	175	#N/A	#N/A	0	250
4	3日	140	#N/A	#N/A	0	250
5	4日	145	#N/A	#N/A	250	0
6	5日	199	199	#N/A	250	0
7	6日	72	#N/A	#N/A	0	250
8	7日	69	#N/A	#N/A	0	250
9	8日	83	#N/A	#N/A	250	0
10	9日	50	#N/A	50	0	250
11	10日	173	#N/A	#N/A	250	0
12	11日	126	#N/A	#N/A	0	250
13	12日	191	#N/A	#N/A	250	0
14	13日	57	#N/A	#N/A	0	250
15	14日	197	#N/A	#N/A	250	0
16	15日	177	#N/A	#N/A	0	250
17	16日	168	#N/A	#N/A	0	250
18	17日	110	#N/A	#N/A	0	250
19	18日	152	#N/A	#N/A	250	0
20	19日	136	#N/A	#N/A	0	250

图 31-25 制作辅助列

在 C2 单元格输入以下公式，并向下复制到 C31 单元格。

```
=IF(B2=MAX($B$2:$B$31),B2,NA())
```

在 D2 单元格输入以下公式，并向下复制到 D31 单元格。

```
=IF(B2=MIN($B$2:$B$31),B2,NA())
```

在 E2 单元格输入以下公式，并向下复制到 E31 单元格。

```
=IF(B2>=N(B1),250,)
```

在 F2 单元格输入以下公式，并向下复制到 F31 单元格。

```
=IF(B2<N(B1),250,)
```

步骤② 选中 A1:F31 单元格区域，依次单击【插入】选项卡中【图表】工作组中的【推荐的图表】，在【插入图表】对话框中切换到【所有图表】选项卡，单击【组合】选项。

在右侧下方选择图表类型中，将“销量”“最大销量”“最小销量”3 个系列选择【折线图】。将“涨趋势”“降趋势”两个系列选择【堆积柱形图】，单击【确定】按钮插入图表，如图 31-26 所示。

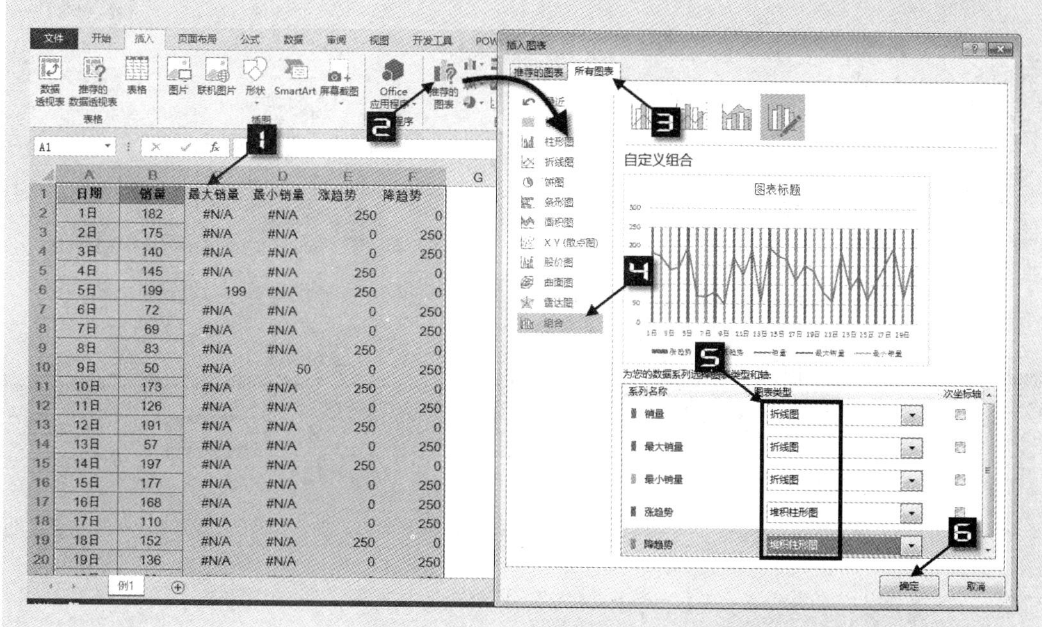

图 31-26　插入组合图表

步骤③ 双击纵坐标轴，打开【设置坐标轴格式】任务窗格，切换到【坐标轴选项】，将【坐标轴选项】的边界最大值设置为“250.0”，如图 31-27 所示。

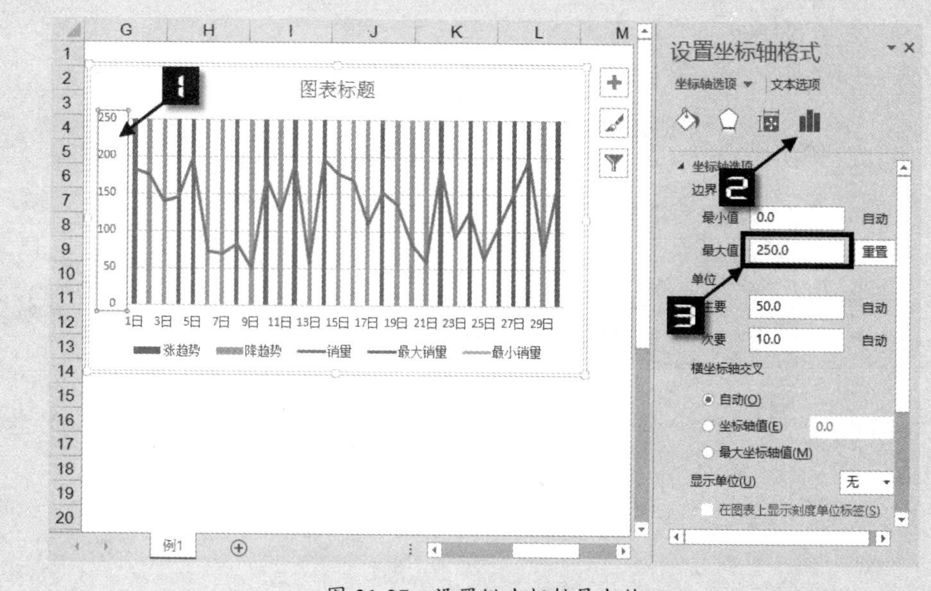

图 31-27　设置纵坐标轴最大值

步骤④ 单击【格式】选项卡，在【当前所选内容】工作组中的下拉菜单中选择【系列"涨趋势"】，在【设置数据系列格式】任务窗格切换到【系列选项】，设置分类间距为“.00%”，如图 31-28 所示。

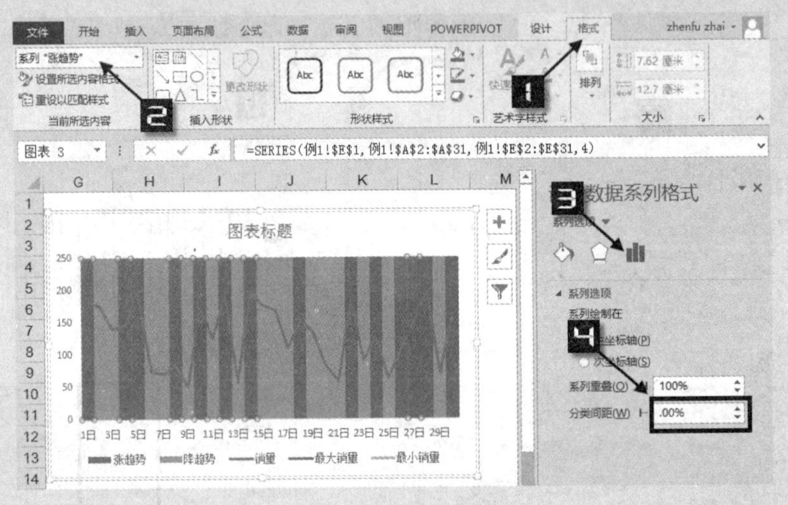

图 31-28 调整分类间距

步骤⑤ 单击【格式】选项卡，在【当前所选内容】工作组中的下拉菜单中选择【系列"销量"】，在【设置数据系列格式】任务窗格切换到【填充线条】，勾选【平滑线】复选框，如图 31-29 所示。

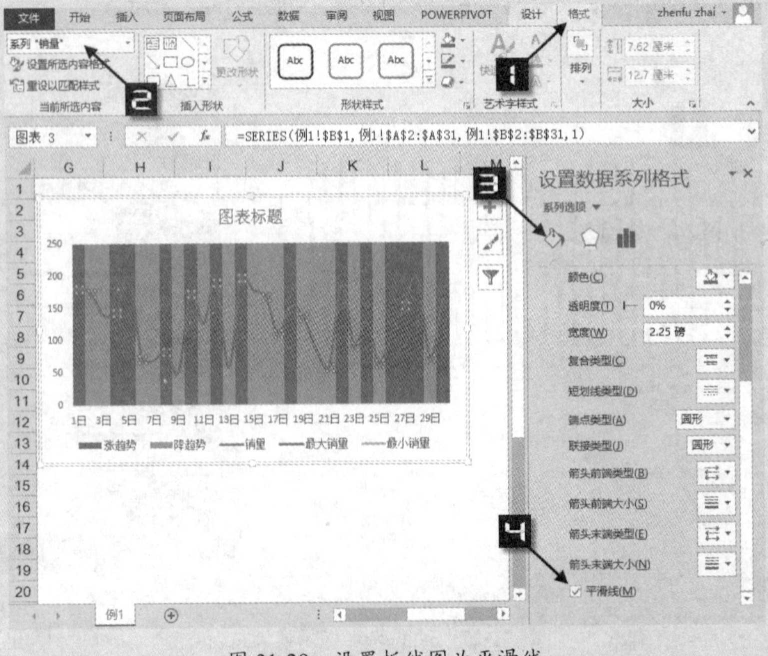

图 31-29 设置折线图为平滑线

步骤⑥ 单击【格式】选项卡，在【当前所选内容】工作组中的下拉菜单中选择【系列 " 最大销量 " 】，选择【设置数据系列格式】任务窗格的【填充线条】→【标记】，设置【数据标记选项】为【内置】，类型选择“圆形”，大小设置为“10”。设置【填充】为【纯色填充】，颜色选择“白色”。设置【边框】为【实线】，颜色选择“红色”，宽度为“2 磅”，如图 31-30 所示。

步骤⑦ 鼠标右键单击最大销量的数据标签，单击选择【添加数据标签】→【添加数据标注】，如图 31-31 所示。

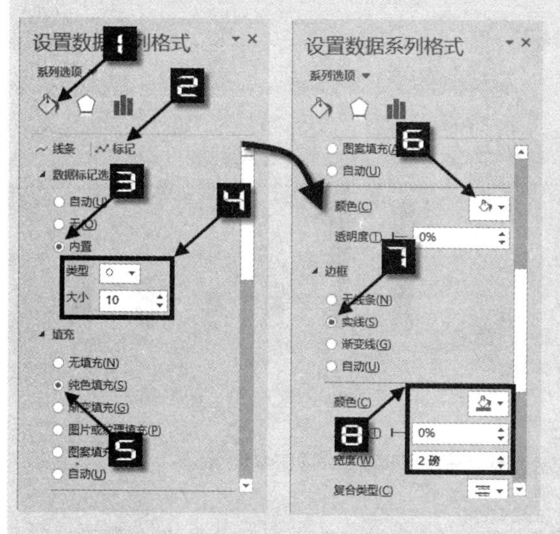

图 31-30　设置最大销量系列格式

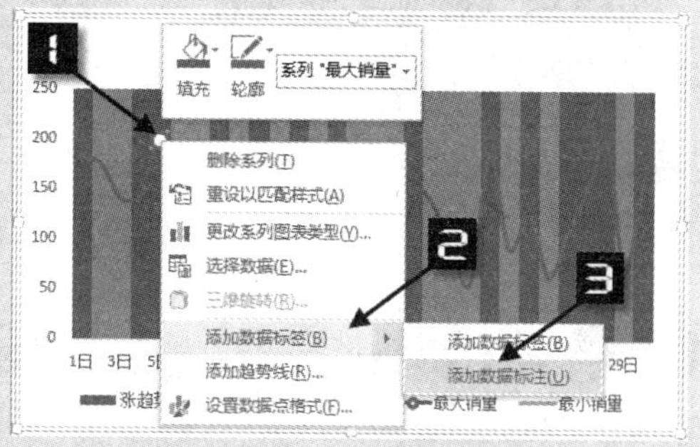

图 31-31　添加数据标注

步骤⑧ 以相同步骤设置【系列 " 最小销量 " 】，其中边框设置颜色选择“绿色”，并单击【添加数据标注】按钮。

步骤⑨ 删除“图例项”“纵坐标轴”，修改图表标题为“月度销量统计”，并调整折线的颜色，完成图表设置。

31.7　公式法动态图

公式法动态图表利用数据验证和设置了公式的辅助列来完成，达到使用鼠标点选单元格更换值，而动态更新图表的显示效果。

示例 31-6　公式法动态图

步骤① 设置 F1 单元格的【数据验证】，选择【验证条件】→【序列】，【来源】为“=$B$1:$D$1”。

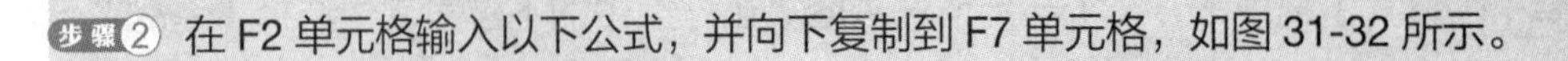

步骤② 在 F2 单元格输入以下公式，并向下复制到 F7 单元格，如图 31-32 所示。

```
=HLOOKUP(F$1,$A$1:$D$7,ROW(),0)
```

步骤③ 按住 <Ctrl> 键同时选中 A1:A7 和 F1:F7 单元格区域，并插入“簇状柱形图”，即完成动态图的设置，如图 31-33 所示。

	A	B	C	D	E	F
1	月份	魏国	蜀国	吴国		魏国
2	1月	169	182	84		169
3	2月	192	54	114		192
4	3月	62	116	156		62
5	4月	54	162	161		54
6	5月	51	107	89		51
7	6月	138	81	165		138

图 31-32　添加辅助列

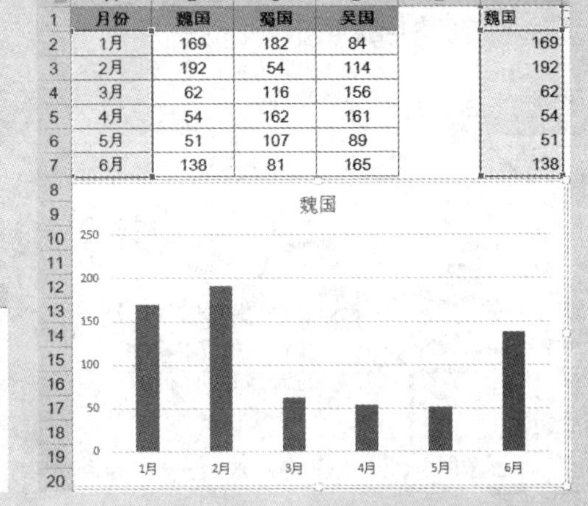

	A	B	C	D	E	F
1	月份	魏国	蜀国	吴国		魏国
2	1月	169	182	84		169
3	2月	192	54	114		192
4	3月	62	116	156		62
5	4月	54	162	161		54
6	5月	51	107	89		51
7	6月	138	81	165		138

图 31-33　插入簇状柱形图

在下拉选项中选择 F1 单元格的值，图表也随之变化，如图 31-34 所示。

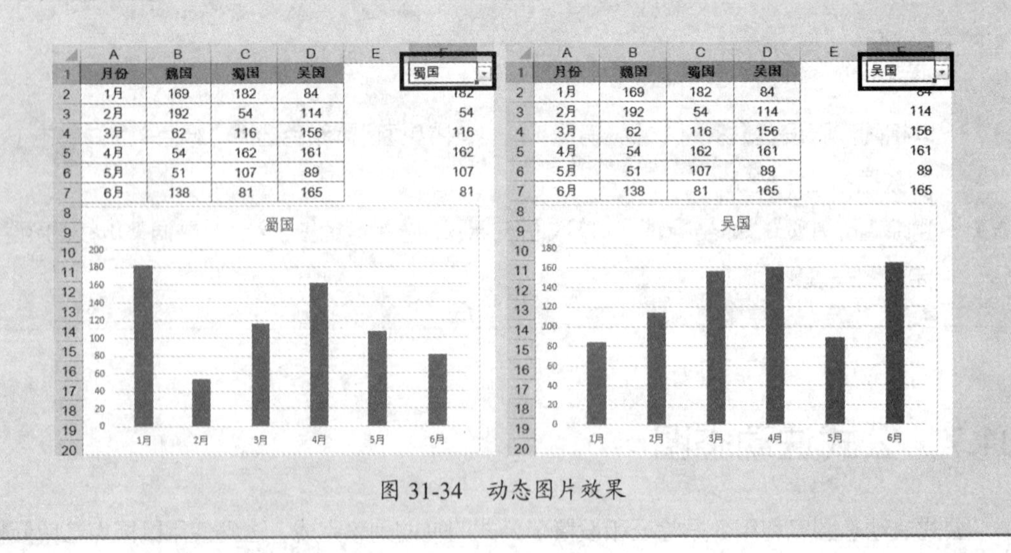

	A	B	C	D	E	F
1	月份	魏国	蜀国	吴国		蜀国
2	1月	169	182	84		182
3	2月	192	54	114		54
4	3月	62	116	156		116
5	4月	54	162	161		162
6	5月	51	107	89		107
7	6月	138	81	165		81

	A	B	C	D	E	F
1	月份	魏国	蜀国	吴国		吴国
2	1月	169	182	84		84
3	2月	192	54	114		114
4	3月	62	116	156		156
5	4月	54	162	161		161
6	5月	51	107	89		89
7	6月	138	81	165		165

图 31-34　动态图片效果

31.8　定义名称法动态图

使用定义名称的方法确定引用区域，也是制作动态图经常使用的方法之一。

示例 31-7　定义名称法动态图

步骤① 设置 E2:E3 单元格区域的【数据验证】，选择【验证条件】→【序列】，【来源】为“=$A$2:$A$13”，如图 31-35 所示。

步骤② 按 <Ctrl+F3> 组合键，打开名称管理器。

定义名称“动态月份”，公式如下。

```
=OFFSET( 例 1!$A$1,MIN(MATCH( 例 1!$E$2, 例 1!$A:$A,),MATCH( 例 1!$E$3, 例 1!$A:$A,))-1,0,ABS(MATCH( 例 1!$E$3, 例 1!$A:$A,)-MATCH( 例 1!$E$2, 例 1!$A:$A,))+1)
```

定义名称“动态销量”，公式如下。

```
=OFFSET( 例 1!$A$1,MIN(MATCH( 例 1!$E$2, 例 1!$A:$A,),MATCH( 例 1!$E$3, 例 1!$A:$A,))-1,1,ABS(MATCH( 例 1!$E$3, 例 1!$A:$A,)-MATCH( 例 1!$E$2, 例 1!$A:$A,))+1)
```

步骤③ 选中 A:B 列的任意一部分区域，如 A1:B9，并插入“簇状柱形图”，如图 31-36 所示。

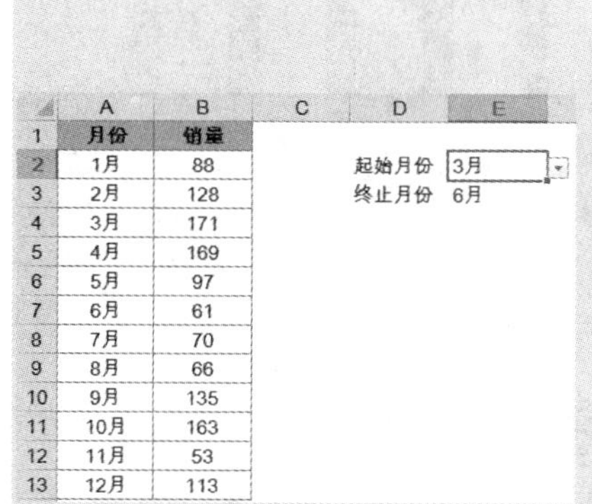

图 31-35　设置数据验证

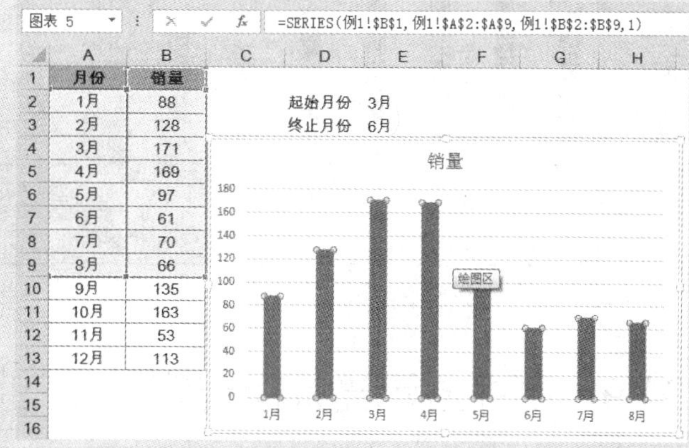

图 31-36　插入簇状柱形图

步骤④ 单击选中图表中的“销量”数据系列，在编辑栏中将 SERIES 公式修改为以下公式，如图 31-37 所示。

```
=SERIES( 例 1!$B$1, 定义名称法动态图 .xlsx! 动态月份 , 定义名称法动态图 .xlsx! 动态销量 ,1)
```

至此，完成通过定义名称制作动态图。更改 E2:E3 单元格区域的月份，图表也随之变化，如图 31-38 所示。

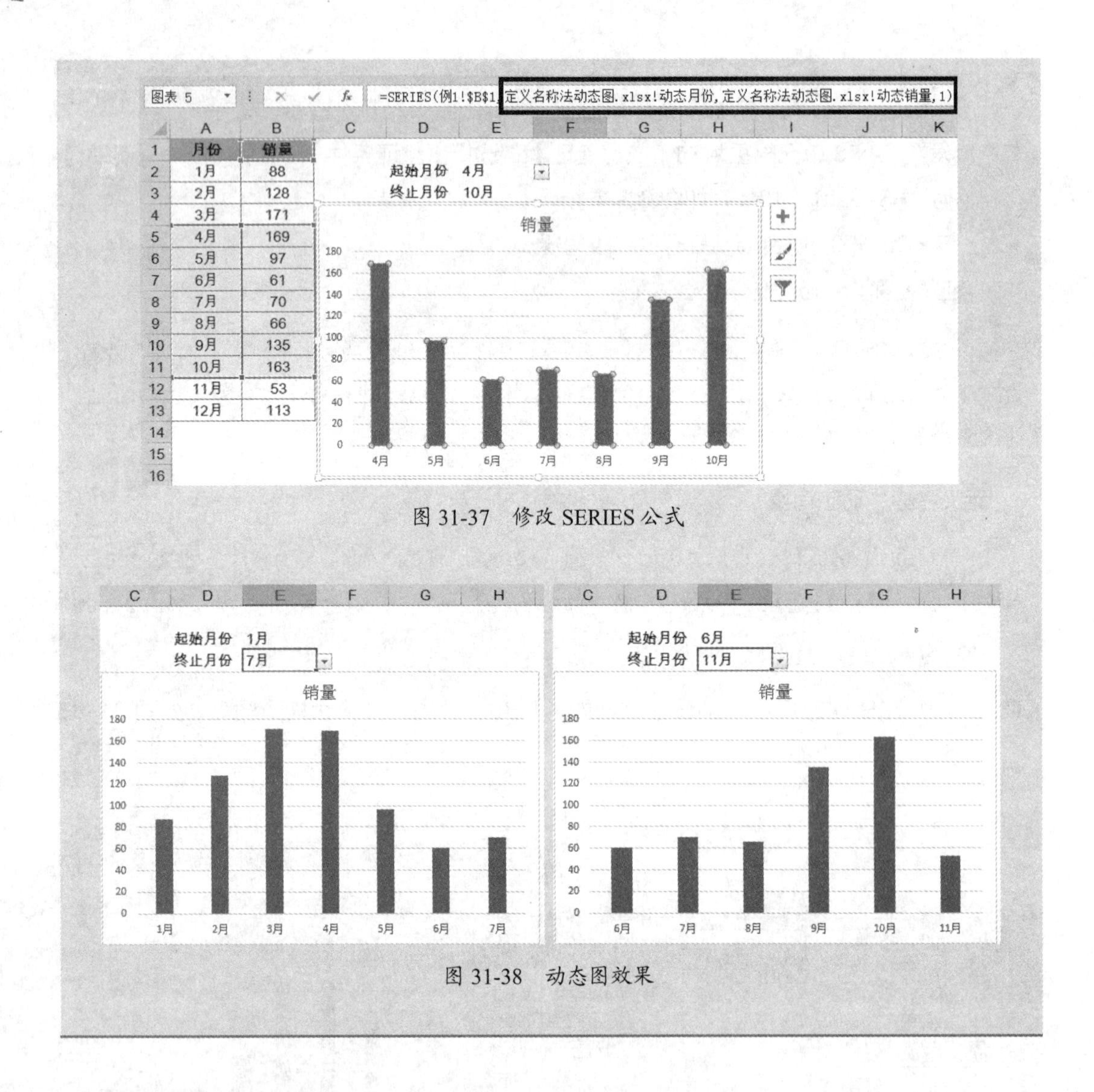

图 31-37　修改 SERIES 公式

图 31-38　动态图效果

31.9　高亮显示光标所选定数据的图表

使用 CELL 函数，结合 VBA 事件，可以达到鼠标单击哪个值，便在图表中将此值图形高亮显示。

示例 31-8　高亮显示光标所选定数据的图表

步骤1　在 A9:G11 单元格区域构建辅助区域。

在 A10 单元格输入以下公式，并向下复制到 A11 单元格。

```
=INDEX($A$1:$A$7,CELL("row"))
```

在 B10 单元格输入以下公式，并向右复制到 G10 单元格。

```
=VLOOKUP($A$10,$A$1:$G$7,COLUMN(),)
```

在 B11 单元格输入以下公式，并向右复制到 G11 单元格。

```
=IF(CELL("col")=COLUMN(),VLOOKUP($A11,$A$1:$G$7,COLUMN(),),0)
```

CELL 函数如果省略了第二参数，将参数中指定的信息返回给最后更改的单元格，如图 31-39 所示。

	A	B	C	D	E	F	G
1	销量	1月	2月	3月	4月	5月	6月
2	刘备	89	122	174	177	187	123
3	关羽	170	171	112	131	83	144
4	张飞	81	50	129	70	199	103
5	赵云	73	72	195	190	54	150
6	马超	165	117	192	145	123	94
7	黄忠	133	116	87	196	166	194
8							
9	销量	1月	2月	3月	4月	5月	6月
10	黄忠	133	116	87	196	166	194
11	黄忠	0	0	0	0	0	194

图 31-39　构建辅助区域

步骤 2 按 <Alt+F11> 组合键打开 Visual Basic 编辑器，在 Sheet1 的代码窗口输入以下代码，如图 31-40 所示。

```
Private Sub Worksheet_SelectionChange(ByVal Target As Range)
If Target.Row <= 7 And Target.Column <= 7 And Target.Column > 1 Then
    ActiveSheet.Calculate
End If
End Sub
```

这段代码的作用是，在选择 A2:G7 单元格区域内的任意单元格时，触发公式的自动重算，从而使 CELL 函数返回当前所选单元格的相应信息。

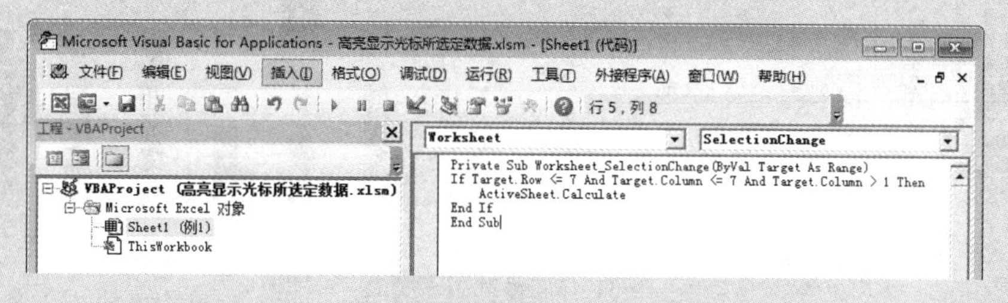

图 31-40　VBA 代码

步骤 3 选择 A9:G11 单元格区域，插入“簇状柱形图”，如图 31-41 所示。

步骤4 删除“图例”，并给蓝色柱系列“添加数据标签”。

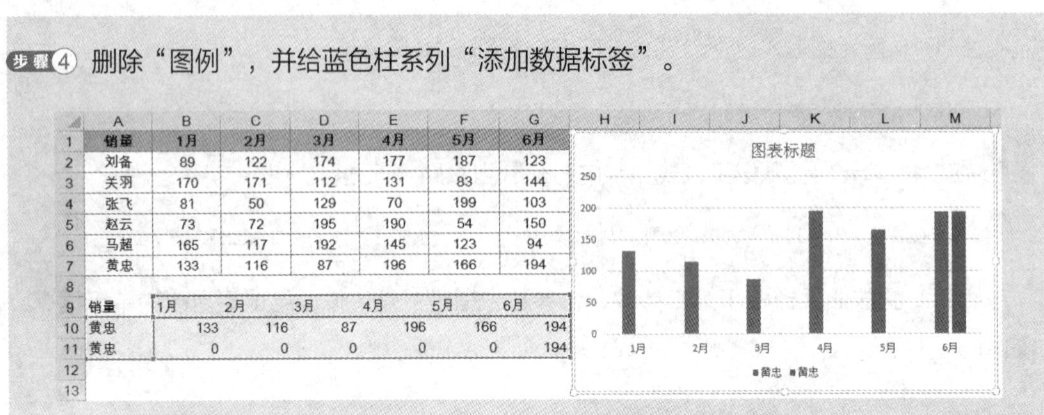

	A	B	C	D	E	F	G
1	销量	1月	2月	3月	4月	5月	6月
2	刘备	89	122	174	177	187	123
3	关羽	170	171	112	131	83	144
4	张飞	81	50	129	70	199	103
5	赵云	73	72	195	190	54	150
6	马超	165	117	192	145	123	94
7	黄忠	133	116	87	196	166	194
8							
9	销量	1月	2月	3月	4月	5月	6月
10	黄忠	133	116	87	196	166	194
11	黄忠	0	0	0	0	0	194

图 31-41　插入簇状柱形图

步骤5 在【设置数据系列格式】任务窗格切换到【系列选项】，修改【系列重叠】为 100%，如图 31-42 所示。

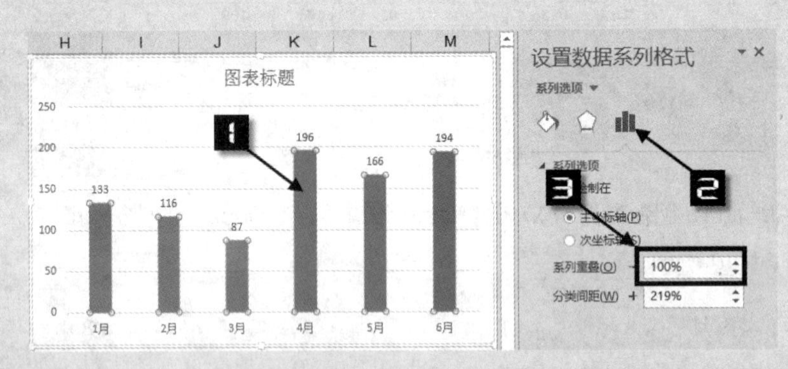

图 31-42　修改柱形图系列重叠

步骤6 单击选中图表标题，在公式编辑栏输入“= 例 1!$A$10”，并将红色柱填充色修改为橙色，完成图表制作，如图 31-43 所示。

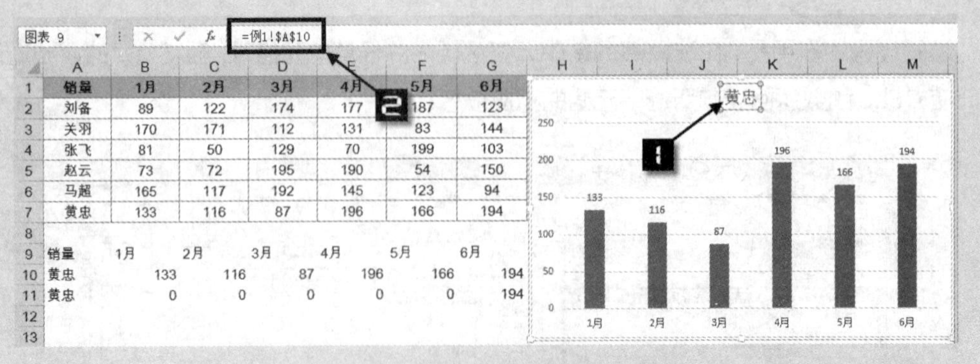

	A	B	C	D	E	F	G
1	销量	1月	2月	3月	4月	5月	6月
2	刘备	89	122	174	177	187	123
3	关羽	170	171	112	131	83	144
4	张飞	81	50	129	70	199	103
5	赵云	73	72	195	190	54	150
6	马超	165	117	192	145	123	94
7	黄忠	133	116	87	196	166	194
8							
9	销量	1月	2月	3月	4月	5月	6月
10	黄忠	133	116	87	196	166	194
11	黄忠	0	0	0	0	0	194

图 31-43　修改图表标题

完成的效果如图 31-44 所示。选择单元格变化，切换到相应人员的销量数据，图表标题变化为相应人员的姓名，并且所选月份的柱形变为橙色。

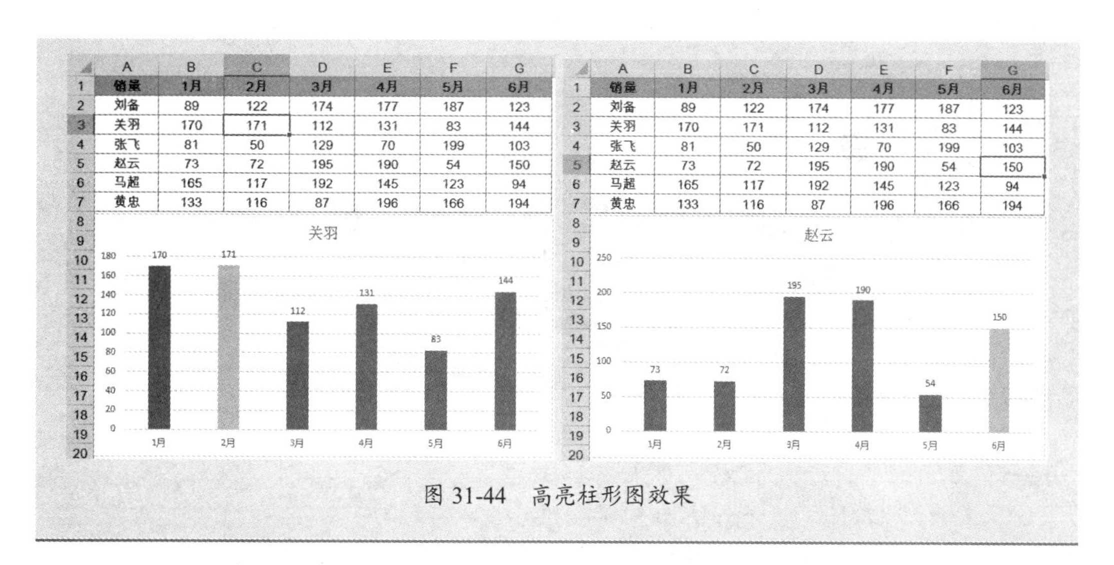

销量	1月	2月	3月	4月	5月	6月
刘备	89	122	174	177	187	123
关羽	170	171	112	131	83	144
张飞	81	50	129	70	199	103
赵云	73	72	195	190	54	150
马超	165	117	192	145	123	94
黄忠	133	116	87	196	166	194

图 31-44　高亮柱形图效果

31.10　制作变化多端的万花筒图案

利用表单控件结合三角函数，可以制作出来变化多端的万花筒图案。

示例 31-9　制作变化多端的万花筒图案

步骤① 添加滚动条。选择【开发工具】选项卡中【控件】组中的【插入】→【表单控件】→【滚动条（窗体控件）】，如图 31-45 所示。在工作表中画出两个横向的滚动条。

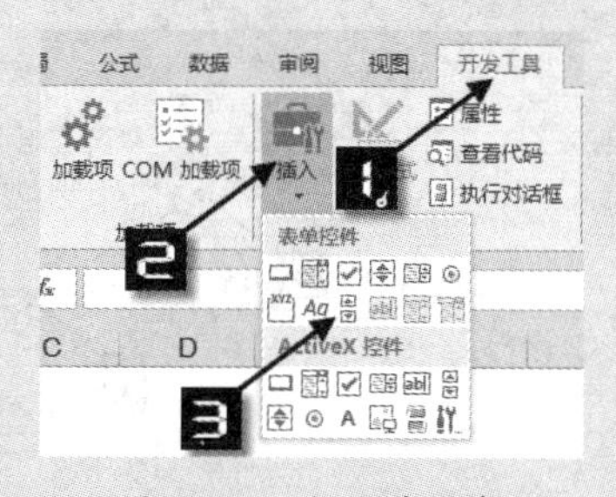

图 31-45　插入滚动条

步骤② 鼠标右键单击第一个滚动条，在下拉菜单中单击选择【设置控件格式】，在弹出的对话框中切换到【控制】选项卡。依次设置【最小值】为 20，【最大值】为 100，【步长】为 1，【页步长】为 10，【单元格链接】为 $D$1。然后单击【确定】按钮结束，如图 31-46 所示。

步骤③ 以相同步骤设置第二个滚动条，依次设置【最小值】为 1，【最大值】为 20，【步长】为 1，【页步长】为 5，【单元格链接】为 $D$2。

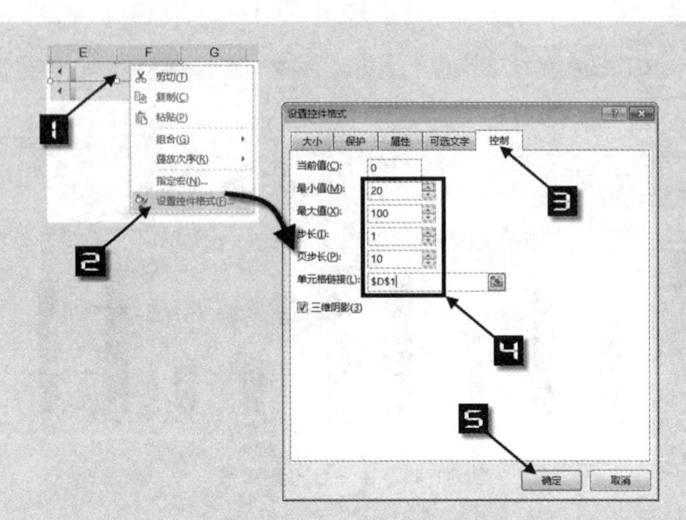

图 31-46　插入并设置滚动条

步骤④ 在 A2:B361 单元格区域建立数据区域。

在 A2 输入以下公式，并向下复制到 A361 单元格。

```
=-($D$1-$D$2)*COS(ROW(1:1))-90*COS(($D$1/$D$2-1)*ROW(1:1))
```

在 B2 输入以下公式，并向下复制到 B361 单元格。

```
=($D$1-$D$2)*SIN(ROW(1:1))-90*SIN(($D$1/$D$2-1)*ROW(1:1))
```

步骤⑤ 选中 A2:B361 单元格区域，选择【插入】选项卡中【图表】工作组中的【插入散点图（X、Y）或气泡图】→【带平滑线的散点图】命令，如图 31-47 所示。

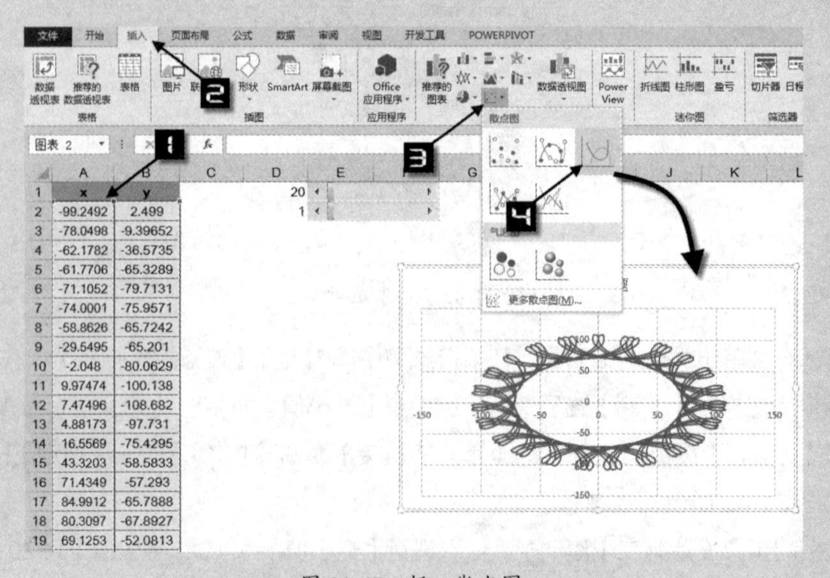

	A	B
1	x	y
2	-99.2492	2.499
3	-78.0498	-9.39652
4	-62.1782	-36.5735
5	-61.7706	-65.3289
6	-71.1052	-79.7131
7	-74.0001	-75.9571
8	-58.8626	-65.7242
9	-29.5495	-65.201
10	-2.048	-80.0629
11	9.97474	-100.138
12	7.47496	-108.682
13	4.88173	-97.731
14	16.5569	-75.4295
15	43.3203	-58.5833
16	71.4349	-57.293
17	84.9912	-65.7888
18	80.3097	-67.8927
19	69.1253	-52.0813

图 31-47　插入散点图

步骤6 美化万花筒图。删除图表标题，删除横坐标轴，删除纵坐标轴，并拖动图表边框，使图形接近于正圆。

用鼠标拖动滚动轴使 D1:D2 单元格的数值发生变化，万花筒的图形也随之发生变化，如图 31-48 所示。

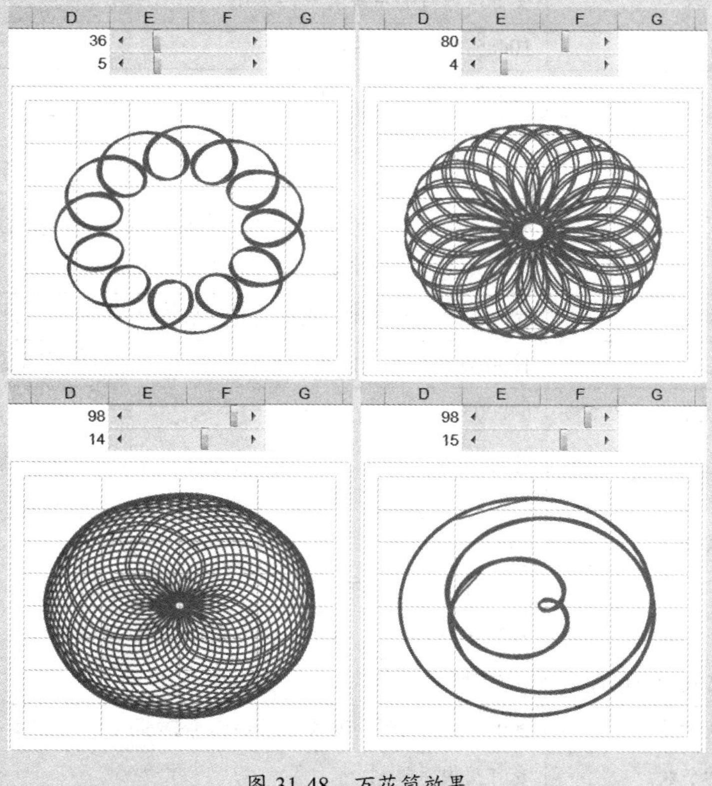

图 31-48　万花筒效果

附录A　Excel 2013规范与限制

附表 A-1　工作表和工作簿规范

功能	最大限制
打开的工作簿个数	受可用内存和系统资源的限制
工作表大小	1048576 行 ×16384 列
列宽	255 个字符
行高	409 磅
分页符个数	水平方向和垂直方向各 1026 个
单元格可以包含的字符总数	32767 个字符。单元格中能显示的字符个数由单元格大小与字符的字体决定；而编辑栏中可以显示全部字符
工作簿中的工作表个数	受可用内存的限制（默认值为 1 个工作表）
工作簿中的颜色数	1600 万种颜色（32 位，具有到 24 位色谱的完整通道）
唯一单元格格式个数 / 单元格样式个数	64000
填充样式个数	256
线条粗细和样式个数	256
唯一字型个数	1024 个全局字体可供使用；每个工作簿有 512 个
工作簿中的数字格式数	200 ～ 250 之间，取决于所安装的 Excel 的语言版本
工作簿中的命名视图个数	受可用内存限制
自定义数字格式种类	200 ～ 250 之间，取决于所安装的 Excel 的语言版本
工作簿中的名称个数	受可用内存限制
工作簿中的窗口个数	受可用内存限制
窗口中的窗格个数	4
链接的工作表个数	受可用内存限制
方案个数	受可用内存的限制；汇总报表只显示前 251 个方案
方案中的可变单元格个数	32
规划求解中的可调单元格个数	200
筛选下拉列表中项目数	10000
自定义函数个数	受可用内存限制
缩放范围	10% ～ 400%
报表个数	受可用内存限制
排序关键字个数	单个排序中为 64。如果使用连续排序，则没有限制
条件格式包含条件数	64

续表

功能	最大限制
撤销次数	100
页眉或页脚中的字符数	255
数据窗体中的字段个数	32
工作簿参数个数	每个工作簿 255 个参数
可选的非连续单元格个数	2147483648 个单元格
数据模型工作簿的内存存储和文件大小的最大限制	32 位环境限制为同一进程内运行的 Excel、工作簿和加载项最多共用 2GB 虚拟地址空间。数据模型的地址空间共享可能最多运行 500 ～ 700 MB，如果加载其他数据模型和加载项则可能会减少 64 位环境对文件大小不作硬性限制。工作簿大小仅受可用内存和系统资源的限制

附表 A-2　共享工作簿规范与限制

功能	最大限制
共享工作簿的同时使用用户数	256
共享工作簿中的个人视图个数	受可用内存限制
修订记录保留的天数	32767（默认为 30 天）
可一次合并的工作簿个数	受可用内存限制
共享工作簿中突出显示的单元格数	32767
标识不同用户所作修订的颜色种类	32（每个用户用一种颜色标识。当前用户所做的更改用深蓝色突出显示）
共享工作簿中的 Excel 表格	0（含有一个或多个 Excel 表格的工作簿无法共享）

附表 A-3　计算规范和限制

功能	最大限制
数字精度	15 位
最大正数	9.99999999999999E+307
最小正数	2.2251E-308
最小负数	-2.2251E-308
最大负数	-9.99999999999999E+307
公式允许的最大正数	1.7976931348623158e+308
公式允许的最大负数	-1.7976931348623158e+308
公式内容的长度	8192 个字符
公式的内部长度	16384 个字节

续表

功能	最大限制
迭代次数	32767
工作表数组个数	受可用内存限制
选定区域个数	2048
函数的参数个数	255
函数的嵌套层数	64
数组公式中引用的行数	无限制
自定义函数类别个数	255
操作数堆栈的大小	1024
交叉工作表相关性	64000 个可以引用其他工作表的工作表
交叉工作表数组公式相关性	受可用内存限制
区域相关性	受可用内存限制
每个工作表的区域相关性	受可用内存限制
对单个单元格的依赖性	40 亿个可以依赖单个单元格的公式
已关闭的工作簿中的链接单元格内容长度	32767
计算允许的最早日期	1900 年 1 月 1 日（如果使用 1904 年日期系统，则为 1904 年 1 月 1 日）
计算允许的最晚日期	9999 年 12 月 31 日
可以输入的最长时间	9999:59:59

附表 A-4　数据透视表规范和限制

功能	最大限制
数据透视表中的页字段个数	256（可能会受可用内存的限制）
数据透视表中的数值字段个数	256
工作表上的数据透视表个数	受可用内存限制
每个字段中唯一项的个数	1048576
数据透视表中的个数	受可用内存限制
数据透视表中的报表过滤器个数	256（可能会受可用内存的限制）
数据透视表中的数值字段个数	256
数据透视表中的计算项公式个数	受可用内存限制
数据透视图中的报表筛选个数	256（可能会受可用内存的限制）
数据透视图中的数值字段个数	256
数据透视图中的计算项公式个数	受可用内存限制

续表

功能	最大限制
数据透视表项目的 MDX 名称的长度	32767
关系数据透视表字符串的长度	32767
筛选下拉列表中显示的项目个数	10000

附表 A-5 图表规范和限制

功能	最大限制
与工作表链接的图表个数	受可用内存限制
图表引用的工作表个数	255
图表中的数据系列个数	255
二维图表的数据系列中数据点个数	受可用内存限制
三维图表的数据系列中数据点个数	受可用内存限制
图表中所有数据系列的数据点个数	受可用内存限制

附录 B　Excel 2013 常用快捷键

附表 B-1　Excel 常用快捷键

序号	执行操作	快捷键组合
在工作表中移动和滚动		
1	向上、下、左或右移动单元格	箭头键
2	移动到当前数据区域的边缘	Ctrl+ 箭头键
3	移动到行首	Home
4	移动到窗口左上角的单元格	Ctrl+Home
5	移动到工作表的最后一个单元格	Ctrl+End
6	向下移动一屏	Page Down
7	向上移动一屏	Page Up
8	向右移动一屏	Alt+Page Down
9	向左移动一屏	Alt+Page Up
10	移动到工作簿中下一个工作表	Ctrl+Page Down
11	移动到工作簿中前一个工作表	Ctrl+Page Up
12	移动到下一工作簿或窗口	Ctrl+F6 或 Ctrl+Tab
13	移动到前一工作簿或窗口	Ctrl+Shift+F6
14	移动到已拆分工作簿中的下一个窗格	F6
15	移动到被拆分的工作簿中的上一个窗格	Shift+F6
16	滚动并显示活动单元格	Ctrl+Backspace
17	显示“定位”对话框	F5
18	显示“查找”对话框	Shift+F5
19	重复上一次“查找”操作	Shift+F4
20	在保护工作表中的非锁定单元格之间移动	Tab
21	最小化窗口	Ctrl+F9
22	最大化窗口	Ctrl+F10
处于“结束模式”时在工作表中移动		
23	打开或关闭“结束模式”	End
24	在一行或列内以数据块为单位移动	End，箭头键
25	移动到工作表的最后一个单元格	End，Home
26	在当前行中向右移动到最后一个非空白单元格	End，Enter

续表

序号	执行操作	快捷键组合
处于“滚动锁定”模式时在工作表中移动		
27	打开或关闭“滚动锁定”模式	Scroll Lock
28	移动到窗口中左上角处的单元格	Home
29	移动到窗口中右下角处的单元格	End
30	向上或向下滚动一行	上箭头键或下箭头键
31	向左或向右滚动一列	左箭头键或右箭头键
预览和打印文档		
32	显示“打印内容”对话框	Ctrl+P
在打印预览中时		
33	当放大显示时，在文档中移动	箭头键
34	当缩小显示时，在文档中每次滚动一页	Page Up
35	当缩小显示时，滚动到第一页	Ctrl+ 上箭头键
36	当缩小显示时，滚动到最后一页	Ctrl+ 下箭头键
工作表、图表和宏		
37	插入新工作表	Shift+F11
38	创建使用当前区域数据的图表	F11 或 Alt+F1
39	显示“宏”对话框	Alt+F8
40	显示“Visual Basic 编辑器”	Alt+F11
41	插入 Microsoft Excel 4.0 宏工作表	Ctrl+F11
42	移动到工作簿中的下一个工作表	Ctrl+Page Down
43	移动到工作簿中的上一个工作表	Ctrl+Page Up
44	选择工作簿中当前和下一个工作表	Shift+Ctrl+Page Down
45	选择当前工作簿或上一个工作簿	Shift+Ctrl+Page Up
在工作表中输入数据		
46	完成单元格输入并在选定区域中下移	Enter
47	在单元格中换行	Alt+Enter
48	用当前输入项填充选定的单元格区域	Ctrl+Enter
49	完成单元格输入并在选定区域中上移	Shift+Enter
50	完成单元格输入并在选定区域中右移	Tab
51	完成单元格输入并在选定区域中左移	Shift+Tab
52	取消单元格输入	Esc
53	删除插入点左边的字符，或删除选定区域	Backspace

续表

序号	执行操作	快捷键组合
54	删除插入点右边的字符，或删除选定区域	Delete
55	删除插入点到行末的文本	Ctrl+Delete
56	向上下左右移动一个字符	箭头键
57	移到行首	Home
58	重复最后一次操作	F4 或 Ctrl+Y
59	编辑单元格批注	Shift+F2
60	由行或列标志创建名称	Ctrl+Shift+F3
61	向下填充	Ctrl+D
62	向右填充	Ctrl+R
63	定义名称	Ctrl+F3
	设置数据格式	
64	显示“样式”对话框	Alt+’（撇号）
65	显示“单元格格式”对话框	Ctrl+1
66	应用“常规”数字格式	Ctrl+Shift+～
67	应用带两个小数位的“贷币”格式	Ctrl+Shift+$
68	应用不带小数位的“百分比”格式	Ctrl+Shift+%
69	应用带两个小数位的“科学记数”数字格式	Ctrl+Shift+^
70	应用年月日“日期”格式	Ctrl+Shift+#
71	应用小时和分钟“时间”格式，并标明上午或下午	Ctrl+Shift+@
72	应用具有千位分隔符且负数用负号（-）表示	Ctrl+Shift+!
73	应用外边框	Ctrl+Shift+&
74	删除外边框	Ctrl+Shift+_
75	应用或取消字体加粗格式	Ctrl+B
76	应用或取消字体倾斜格式	Ctrl+I
77	应用或取消下划线格式	Ctrl+U
78	应用或取消删除线格式	Ctrl+5
79	隐藏行	Ctrl+9
80	取消隐藏行	Ctrl+Shift+9
81	隐藏列	Ctrl+0（零）
82	取消隐藏列	Ctrl+Shift+0
	编辑数据	
83	编辑活动单元格，并将插入点移至单元格内容末尾	F2

续表

序号	执行操作	快捷键组合
84	取消单元格或编辑栏中的输入项	Esc
85	编辑活动单元格并清除其中原有的内容	Backspace
86	将定义的名称粘贴到公式中	F3
87	完成单元格输入	Enter
88	将公式作为数组公式输入	Ctrl+Shift+Enter
89	在公式中键入函数名之后，显示公式选项板	Ctrl+A
90	在公式中键入函数名后为该函数插入变量名和括号	Ctrl+Shift+A
91	显示“拼写检查”对话框	F7
插入、删除和复制选中区域		
92	复制选定区域	Ctrl+C
93	剪切选定区域	Ctrl+X
94	粘贴选定区域	Ctrl+V
95	清除选定区域的内容	Delete
96	删除选定区域	Ctrl+-（短横线）
97	撤销最后一次操作	Ctrl+Z
98	插入空白单元格	Ctrl+Shift+=
在选中区域内移动		
99	在选定区域内由上往下移动	Enter
100	在选定区域内由下往上移动	Shift+Enter
101	在选定区域内由左往右移动	Tab
102	在选定区域内由右往左移动	Shift+Tab
103	按顺时针方向移动到选定区域的下一个角	Ctrl+.（句号）
104	右移到非相邻的选定区域	Ctrl+Alt+ 右箭头键
105	左移到非相邻的选定区域	Ctrl+Alt+ 左箭头键
选择单元格、列或行		
106	选定当前单元格周围的区域	Ctrl+Shift+*（星号）
107	将选定区域扩展一个单元格宽度	Shift+ 箭头键
108	选定区域扩展到单元格同行同列的最后非空单元格	Ctrl+Shift+ 箭头键
109	将选定区域扩展到行首	Shift+Home
110	将选定区域扩展到工作表的开始	Ctrl+Shift+Home
111	将选定区域扩展到工作表的最后一个使用的单元格	Ctrl+Shift+End
112*	选定整列	Ctrl+ 空格

续表

序号	执行操作	快捷键组合
113*	选定整行	Shift+ 空格
114	选定活动单元格所在的当前区域	Ctrl+A
115	如果选定了多个单元格则只选定其中的活动单元格	Shift+Back space
116	将选定区域向下扩展一屏	Shift+Page Down
117	将选定区域向上扩展一屏	Shift+Page Up
118	选定了一个对象，选定工作表上的所有对象	Ctrl+Shift+ 空格
119	在隐藏对象、显示对象之间切换	Ctrl+6
120	使用箭头键启动扩展选中区域的功能	F8
121	将其他区域中的单元格添加到选中区域中	Shift+F8
122	将选定区域扩展到窗口左上角的单元格	ScrollLock，Shift+Home
123	将选定区域扩展到窗口右下角的单元格	ScrollLock，Shift+End
处于“结束模式”时扩展选中区域		
124	打开或关闭“结束模式”	End
125	将选定区域扩展到单元格同列同行的最后非空单元格	End，Shift+ 箭头键
126	将选定区域扩展到工作表上包含数据的最后一个单元格	End，Shift+Home
127	将选定区域扩展到当前行中的最后一个单元格	End，Shift+Enter
128	选中活动单元格周围的当前区域	Ctrl+Shift+*（星号）
129	选中当前数组，此数组是活动单元格所属的数组	Ctrl+/
130	选定所有带批注的单元格	Ctrl+Shift+O（字母 O）
131	选择行中不与该行内活动单元格的值相匹配的单元格	Ctrl+\
132	选中列中不与该列内活动单元格的值相匹配的单元格	Ctrl+Shift+|（竖线）
133	选定当前选定区域中公式的直接引用单元格	Ctrl+［（左方括号）
134	选定当前选定区域中公式直接或间接引用的所有单元格	Ctrl+Shift+{（左大括号）
135	只选定直接引用当前单元格的公式所在的单元格	Ctrl+］（右方括号）
136	选定所有带有公式的单元格，这些公式直接或间接引用当前单元格	Ctrl+Shift+}（右大括号）
137	只选定当前选定区域中的可视单元格	Alt+；（分号）

部分组合键可能与 Windows 系统快捷键或其他常用软件快捷键（如输入法）冲突，如果遇到无法使用某组合键的情况，需要调整 Windows 系统快捷键或其他常用软件快捷键。

附录 C　Excel 函数及功能

附表 C-1　Excel 函数及功能

函数名称	函数功能
兼容性函数	
BETADIST 函数	返回 beta 累积分布函数
BETAINV 函数	返回指定 beta 分布的累积分布函数的反函数
BINOMDIST 函数	返回一元二项式分布的概率
CHIDIST 函数	返回 $\chi 2$ 分布的单尾概率
CHIINV 函数	返回 $\chi 2$ 分布的单尾概率的反函数
CHITEST 函数	返回独立性检验值
CONFIDENCE 函数	返回总体平均值的置信区间
COVAR 函数	返回协方差（成对偏差乘积的平均值）
CRITBINOM 函数	返回使累积二项式分布小于或等于临界值的最小值
EXPONDIST 函数	返回指数分布
FDIST 函数	返回 F 概率分布
FINV 函数	返回 F 概率分布的反函数
FLOOR 函数	向绝对值减小的方向舍入数字
FTEST 函数	返回 F 检验的结果
GAMMADIST 函数	返回 γ 分布
GAMMAINV 函数	返回 γ 累积分布函数的反函数
HYPGEOMDIST 函数	返回超几何分布
LOGINV 函数	返回对数累积分布函数的反函数
LOGNORMDIST 函数	返回对数累积分布函数
MODE 函数	返回在数据集内出现次数最多的值
NEGBINOMDIST 函数	返回负二项式分布
NORMDIST 函数	返回正态累积分布
NORMINV 函数	返回正态累积分布的反函数
NORMSDIST 函数	返回标准正态累积分布
NORMSINV 函数	返回标准正态累积分布函数的反函数
PERCENTILE 函数	返回区域中数值的第 k 个百分点的值
PERCENTRANK 函数	返回数据集中值的百分比排位
POISSON 函数	返回泊松分布
QUARTILE 函数	返回一组数据的四分位点
RANK 函数	返回一列数字的数字排位
STDEV 函数	基于样本估算标准偏差
STDEVP 函数	基于整个样本总体计算标准偏差

续表

函数名称	函数功能
TDIST 函数	返回学生 t- 分布
TINV 函数	返回学生 t- 分布的反函数
TTEST 函数	返回与学生 t- 检验相关的概率
VAR 函数	基于样本估算方差
VARP 函数	计算基于样本总体的方差
WEIBULL 函数	返回 Weibull 分布
ZTEST 函数	返回 z 检验的单尾概率值
多维数据集函数	
CUBEKPIMEMBER 函数	返回重要性能指标（KPI）属性，并在单元格中显示 KPI 名称。KPI 是一种用于监控单位绩效的可计量度量值，如每月总利润或季度员工调整
CUBEMEMBER 函数	返回多维数据集中的成员或元组。用于验证多维数据集内是否存在成员或元组
CUBEMEMBERPROPERTY 函数	返回多维数据集中成员属性的值。用于验证多维数据集内是否存在某个成员名并返回此成员的指定属性
CUBERANKEDMEMBER 函数	返回集合中的第 *n* 个或排在一定名次的成员。用来返回集合中的一个或多个元素，如业绩最好的销售人员或前 10 名的学生
CUBESET 函数	通过向服务器上的多维数据集发送集合表达式来定义一组经过计算的成员或元组（这会创建该集合），然后将该集合返回到 Microsoft Office Excel
CUBESETCOUNT 函数	返回集合中的项目数
CUBEVALUE 函数	从多维数据集中返回汇总值
数据库函数	
DAVERAGE 函数	返回所选数据库条目的平均值
DCOUNT 函数	计算数据库中包含数字的单元格的数量
DCOUNTA 函数	计算数据库中非空单元格的数量
DGET 函数	从数据库提取符合指定条件的单个记录
DMAX 函数	返回所选数据库条目的最大值
DMIN 函数	返回所选数据库条目的最小值
DPRODUCT 函数	将数据库中符合条件的记录的特定字段中的值相乘
DSTDEV 函数	基于所选数据库条目的样本估算标准偏差
DSTDEVP 函数	基于所选数据库条目的样本总体计算标准偏差
DSUM 函数	对数据库中符合条件的记录的字段列中的数字求和
DVAR 函数	基于所选数据库条目的样本估算方差
DVARP 函数	基于所选数据库条目的样本总体计算方差
日期和时间函数	
DATE 函数	返回特定日期的序列号

续表

函数名称	函数功能
DATEDIF 函数	计算两个日期之间的天数、月数或年数。此函数在用于计算年龄的公式中很有用
DATEVALUE 函数	将文本格式的日期转换为序列号
DAY 函数	将序列号转换为月份日期
DAYS 函数	返回两个日期之间的天数
DAYS360 函数	以一年 360 天为基准计算两个日期间的天数
EDATE 函数	返回用于表示开始日期之前或之后月数的日期的序列号
EOMONTH 函数	返回指定月数之前或之后的月份的最后一天的序列号
HOUR 函数	将序列号转换为小时
ISOWEEKNUM 函数	返回给定日期在全年中的 ISO 周数
MINUTE 函数	将序列号转换为分钟
MONTH 函数	将序列号转换为月
NETWORKDAYS 函数	返回两个日期间的完整工作日的天数
NETWORKDAYS.INTL 函数	返回两个日期之间的完整工作日的天数（使用参数指明周末有几天并指明是哪几天）
NOW 函数	返回当前日期和时间的序列号
SECOND 函数	将序列号转换为秒
TIME 函数	返回特定时间的序列号
TIMEVALUE 函数	将文本格式的时间转换为序列号
TODAY 函数	返回今天日期的序列号
WEEKDAY 函数	将序列号转换为星期日期
WEEKNUM 函数	将序列号转换为代表该星期为一年中第几周的数字
WORKDAY 函数	返回指定的若干个工作日之前或之后的日期的序列号
WORKDAY.INTL 函数	返回日期在指定的工作日天数之前或之后的序列号（使用参数指明周末有几天并指明是哪几天）
YEAR 函数	将序列号转换为年
YEARFRAC 函数	返回代表 start_date 和 end_date 之间整天天数的年分数
工程函数	
BESSELI 函数	返回修正的贝塞尔函数 In（x）
BESSELJ 函数	返回贝塞尔函数 Jn（x）
BESSELK 函数	返回修正的贝塞尔函数 Kn（x）
BESSELY 函数	返回贝塞尔函数 Yn（x）
BIN2DEC 函数	将二进制数转换为十进制数
BIN2HEX 函数	将二进制数转换为十六进制数
BIN2OCT 函数	将二进制数转换为八进制数
BITAND 函数	返回两个数的按位“与”
BITLSHIFT 函数	返回左移 shift_amount 位的计算值接收数

续表

函数名称	函数功能
BITOR 函数	返回两个数的按位“或”
BITRSHIFT 函数	返回右移 shift_amount 位的计算值接收数
BITXOR 函数	返回两个数的按位“异或”
COMPLEX 函数	将实系数和虚系数转换为复数
CONVERT 函数	将数字从一种度量系统转换为另一种度量系统
DEC2BIN 函数	将十进制数转换为二进制数
DEC2HEX 函数	将十进制数转换为十六进制数
DEC2OCT 函数	将十进制数转换为八进制数
DELTA 函数	检验两个值是否相等
ERF 函数	返回误差函数
ERF.PRECISE 函数	返回误差函数
ERFC 函数	返回互补误差函数
ERFC.PRECISE 函数	返回从 x 到无穷大积分的互补 ERF 函数
GESTEP 函数	检验数字是否大于阈值
HEX2BIN 函数	将十六进制数转换为二进制数
HEX2DEC 函数	将十六进制数转换为十进制数
HEX2OCT 函数	将十六进制数转换为八进制数
IMABS 函数	返回复数的绝对值（模数）
IMAGINARY 函数	返回复数的虚系数
IMARGUMENT 函数	返回参数 theta，即以弧度表示的角
IMCONJUGATE 函数	返回复数的共轭复数
IMCOS 函数	返回复数的余弦
IMCOSH 函数	返回复数的双曲余弦值
IMCOT 函数	返回复数的余弦值
IMCSC 函数	返回复数的余割值
IMCSCH 函数	返回复数的双曲余割值
IMDIV 函数	返回两个复数的商
IMEXP 函数	返回复数的指数
IMLN 函数	返回复数的自然对数
IMLOG10 函数	返回复数的以 10 为底的对数
IMLOG2 函数	返回复数的以 2 为底的对数
IMPOWER 函数	返回复数的整数幂
IMPRODUCT 函数	返回从 2 ～ 255 的复数的乘积
IMREAL 函数	返回复数的实系数
IMSEC 函数	返回复数的正切值
IMSECH 函数	返回复数的双曲正切值
IMSIN 函数	返回复数的正弦

续表

函数名称	函数功能
IMSINH 函数	返回复数的双曲正弦值
IMSQRT 函数	返回复数的平方根
IMSUB 函数	返回两个复数的差
IMSUM 函数	返回多个复数的和
IMTAN 函数	返回复数的正切值
OCT2BIN 函数	将八进制数转换为二进制数
OCT2DEC 函数	将八进制数转换为十进制数
OCT2HEX 函数	将八进制数转换为十六进制数
财务函数	
ACCRINT 函数	返回定期支付利息的债券的应计利息
ACCRINTM 函数	返回在到期日支付利息的债券的应计利息
AMORDEGRC 函数	使用折旧系数返回每个记账期的折旧值
AMORLINC 函数	返回每个记账期的折旧值
COUPDAYBS 函数	返回从票息期开始到结算日之间的天数
COUPDAYS 函数	返回包含结算日的票息期天数
COUPDAYSNC 函数	返回从结算日到下一票息支付日之间的天数
COUPNCD 函数	返回结算日之后的下一个票息支付日
COUPNUM 函数	返回结算日与到期日之间可支付的票息数
COUPPCD 函数	返回结算日之前的上一票息支付日
CUMIPMT 函数	返回两个付款期之间累积支付的利息
CUMPRINC 函数	返回两个付款期之间为贷款累积支付的本金
DB 函数	使用固定余额递减法，返回一笔资产在给定期间内的折旧值
DDB 函数	使用双倍余额递减法或其他指定方法，返回一笔资产在给定期间内的折旧值
DISC 函数	返回债券的贴现率
DOLLARDE 函数	将以分数表示的价格转换为以小数表示的价格
DOLLARFR 函数	将以小数表示的价格转换为以分数表示的价格
DURATION 函数	返回定期支付利息的债券的每年期限
EFFECT 函数	返回年有效利率
FV 函数	返回一笔投资的未来值
FVSCHEDULE 函数	返回应用一系列复利率计算的初始本金的未来值
INTRATE 函数	返回完全投资型债券的利率
IPMT 函数	返回一笔投资在给定期间内支付的利息
IRR 函数	返回一系列现金流的内部收益率
ISPMT 函数	计算特定投资期内要支付的利息
MDURATION 函数	返回假设面值为￥100 的有价证券的 Macauley 修正期限
MIRR 函数	返回正和负现金流以不同利率进行计算的内部收益率

续表

函数名称	函数功能
NOMINAL 函数	返回年度的名义利率
NPER 函数	返回投资的期数
NPV 函数	返回基于一系列定期的现金流和贴现率计算的投资的净现值
ODDFPRICE 函数	返回每张票面为￥100 且第一期为奇数的债券的现价
ODDFYIELD 函数	返回第一期为奇数的债券的收益
ODDLPRICE 函数	返回每张票面为￥100 且最后一期为奇数的债券的现价
ODDLYIELD 函数	返回最后一期为奇数的债券的收益
PDURATION 函数	返回投资到达指定值所需的期数
PMT 函数	返回年金的定期支付金额
PPMT 函数	返回一笔投资在给定期间内偿还的本金
PRICE 函数	返回每张票面为￥100 且定期支付利息的债券的现价
PRICEDISC 函数	返回每张票面为￥100 的已贴现债券的现价
PRICEMAT 函数	返回每张票面为￥100 且在到期日支付利息的债券的现价
PV 函数	返回投资的现值
RATE 函数	返回年金的各期利率
RECEIVED 函数	返回完全投资型债券在到期日收回的金额
RRI 函数	返回某项投资增长的等效利率
SLN 函数	返回固定资产的每期线性折旧费
SYD 函数	返回某项固定资产按年限总和折旧法计算的每期折旧金额
TBILLEQ 函数	返回国库券的等价债券收益
TBILLPRICE 函数	返回面值￥100 的国库券的价格
TBILLYIELD 函数	返回国库券的收益率
VDB 函数	使用余额递减法，返回一笔资产在给定期间或部分期间内的折旧值
XIRR 函数	返回一组现金流的内部收益率，这些现金流不一定定期发生
XNPV 函数	返回一组现金流的净现值，这些现金流不一定定期发生
YIELD 函数	返回定期支付利息的债券的收益
YIELDDISC 函数	返回已贴现债券的年收益；例如，短期国库券
YIELDMAT 函数	返回在到期日支付利息的债券的年收益
信息函数	
CELL 函数	返回有关单元格格式、位置或内容的信息
ERROR.TYPE 函数	返回对应于错误类型的数字
INFO 函数	返回有关当前操作环境的信息
ISBLANK 函数	如果值为空，则返回 TRUE
ISERR 函数	如果值为除 #N/A 以外的任何错误值，则返回 TRUE
ISERROR 函数	如果值为任何错误值，则返回 TRUE
ISEVEN 函数	如果数字为偶数，则返回 TRUE
ISFORMULA 函数	如果有对包含公式的单元格的引用，则返回 TRUE

续表

函数名称	函数功能
ISLOGICAL 函数	如果值为逻辑值，则返回 TRUE
ISNA 函数	如果值为错误值 #N/A，则返回 TRUE
ISNONTEXT 函数	如果值不是文本，则返回 TRUE
ISNUMBER 函数	如果值为数字，则返回 TRUE
ISODD 函数	如果数字为奇数，则返回 TRUE
ISREF 函数	如果值为引用值，则返回 TRUE
ISTEXT 函数	如果值为文本，则返回 TRUE
N 函数	返回转换为数字的值
NA 函数	返回错误值 #N/A
SHEET 函数	返回引用工作表的工作表编号
SHEETS 函数	返回引用中的工作表数
TYPE 函数	返回表示值的数据类型的数字
逻辑函数	
AND 函数	如果其所有参数均为 TRUE，则返回 TRUE
FALSE 函数	返回逻辑值 FALSE
IF 函数	指定要执行的逻辑检测
IFERROR 函数	如果公式的计算结果错误，则返回您指定的值；否则返回公式的结果
IFNA 函数	如果该表达式解析为 #N/A，则返回指定值；否则返回该表达式的结果
NOT 函数	对其参数的逻辑求反
OR 函数	如果任一参数为 TRUE，则返回 TRUE
TRUE 函数	返回逻辑值 TRUE
XOR 函数	返回所有参数的逻辑异或值
查找和引用函数	
ADDRESS 函数	以文本形式将引用值返回到工作表的单个单元格
AREAS 函数	返回引用中涉及的区域个数
CHOOSE 函数	从值的列表中选择值
COLUMN 函数	返回引用的列号
COLUMNS 函数	返回引用中包含的列数
FORMULATEXT 函数	将给定引用的公式返回为文本
GETPIVOTDATA 函数	返回存储在数据透视表中的数据
HLOOKUP 函数	查找数组的首行，并返回指定单元格的值
HYPERLINK 函数	创建快捷方式或跳转，以打开存储在网络服务器、Intranet 或 Internet 上的文档
INDIRECT 函数	返回由文本值指定的引用
LOOKUP 函数	在向量或数组中查找值

续表

函数名称	函数功能
MATCH 函数	在引用或数组中查找值
OFFSET 函数	从给定引用中返回引用偏移量
ROW 函数	返回引用的行号
ROWS 函数	返回引用中的行数
RTD 函数	从支持 COM 自动化的程序中检索实时数据
TRANSPOSE 函数	返回数组的转置
VLOOKUP 函数	在数组第一列中查找，然后在行之间移动以返回单元格的值
数学和三角函数	
ABS 函数	返回数字的绝对值
ACOS 函数	返回数字的反余弦值
ACOSH 函数	返回数字的反双曲余弦值
ACOT 函数	返回一个数的反余切值
ACOTH 函数	返回一个数的双曲反余切值
AGGREGATE 函数	返回列表或数据库中的聚合
ARABIC 函数	将罗马数字转换为阿拉伯数字
ASIN 函数	返回数字的反正弦值
ASINH 函数	返回数字的反双曲正弦值
ATAN 函数	返回数字的反正切值
ATAN2 函数	返回 x 和 y 坐标的反正切值
ATANH 函数	返回数字的反双曲正切值
BASE 函数	将一个数转换为具有给定基数的文本表示
CEILING 函数	将数字舍入为最接近的整数或最接近的指定基数的倍数
CEILING.MATH 函数	将数字向上舍入为最接近的整数或最接近的指定基数的倍数
CEILING.PRECISE 函数	将数字舍入为最接近的整数或最接近的指定基数的倍数。无论该数字的符号如何，该数字都向上舍入
COMBIN 函数	返回给定数目对象的组合数
COMBINA 函数	返回给定数目对象具有重复项的组合数
COS 函数	返回数字的余弦值
COSH 函数	返回数字的双曲余弦值
COT 函数	返回角度的余弦值
COTH 函数	返回数字的双曲余切值
CSC 函数	返回角度的余割值
CSCH 函数	返回角度的双曲余割值
DECIMAL 函数	将给定基数内的数的文本表示转换为十进制数
DEGREES 函数	将弧度转换为度
EVEN 函数	将数字向上舍入到最接近的偶数
EXP 函数	返回 e 的 n 次方

续表

函数名称	函数功能
FACT 函数	返回数字的阶乘
FACTDOUBLE 函数	返回数字的双倍阶乘
FLOOR 函数	向绝对值减小的方向舍入数字
FLOOR.MATH 函数	将数字向下舍入为最接近的整数或最接近的指定基数的倍数
FLOOR.PRECISE 函数	将数字向下舍入为最接近的整数或最接近的指定基数的倍数。无论该数字的符号如何，该数字都向下舍入
GCD 函数	返回最大公约数
INT 函数	将数字向下舍入到最接近的整数
ISO.CEILING 函数	返回一个数字，该数字向上舍入为最接近的整数或最接近的有效位的倍数
LCM 函数	返回最小公倍数
LN 函数	返回数字的自然对数
LOG 函数	返回数字的以指定底为底的对数
LOG10 函数	返回数字的以 10 为底的对数
MDETERM 函数	返回数组的矩阵行列式的值
MINVERSE 函数	返回数组的逆矩阵
MMULT 函数	返回两个数组的矩阵乘积
MOD 函数	返回除法的余数
MROUND 函数	返回一个舍入到所需倍数的数字
MULTINOMIAL 函数	返回一组数字的多项式
MUNIT 函数	返回单位矩阵或指定维度
ODD 函数	将数字向上舍入为最接近的奇数
PI 函数	返回 pi 的值
POWER 函数	返回数的乘幂
PRODUCT 函数	将其参数相乘
QUOTIENT 函数	返回除法的整数部分
RADIANS 函数	将度转换为弧度
RAND 函数	返回 0 和 1 之间的一个随机数
RANDBETWEEN 函数	返回位于两个指定数之间的一个随机数
ROMAN 函数	将阿拉伯数字转换为文本式罗马数字
ROUND 函数	将数字按指定位数舍入
ROUNDDOWN 函数	向绝对值减小的方向舍入数字
ROUNDUP 函数	向绝对值增大的方向舍入数字
SEC 函数	返回角度的正割值
SECH 函数	返回角度的双曲正切值
SERIESSUM 函数	返回基于公式的幂级数的和
SIGN 函数	返回数字的符号

续表

函数名称	函数功能
SIN 函数	返回给定角度的正弦值
SINH 函数	返回数字的双曲正弦值
SQRT 函数	返回正平方根
SQRTPI 函数	返回某数与 pi 的乘积的平方根
SUBTOTAL 函数	返回列表或数据库中的分类汇总
SUM 函数	求参数的和
SUMIF 函数	按给定条件对指定单元格求和
SUMIFS 函数	在区域中添加满足多个条件的单元格
SUMPRODUCT 函数	返回对应的数组元素的乘积和
SUMSQ 函数	返回参数的平方和
SUMX2MY2 函数	返回两数组中对应值平方差之和
SUMX2PY2 函数	返回两数组中对应值的平方和之和
SUMXMY2 函数	返回两个数组中对应值差的平方和
TAN 函数	返回数字的正切值
TANH 函数	返回数字的双曲正切值
TRUNC 函数	将数字截尾取整
统计函数	
AVEDEV 函数	返回数据点与它们的平均值的绝对偏差平均值
AVERAGE 函数	返回其参数的平均值
AVERAGEA 函数	返回其参数的平均值，包括数字、文本和逻辑值
AVERAGEIF 函数	返回区域中满足给定条件的所有单元格的平均值（算术平均值）
AVERAGEIFS 函数	返回满足多个条件的所有单元格的平均值（算术平均值）
BETA.DIST 函数	返回 beta 累积分布函数
BETA.INV 函数	返回指定 beta 分布的累积分布函数的反函数
BINOM.DIST 函数	返回一元二项式分布的概率
BINOM.DIST.RANGE 函数	使用二项式分布返回试验结果的概率
BINOM.INV 函数	返回使累积二项式分布小于或等于临界值的最小值
CHISQ.DIST 函数	返回累积 beta 概率密度函数
CHISQ.DIST.RT 函数	返回 χ2 分布的单尾概率
CHISQ.INV 函数	返回累积 beta 概率密度函数
CHISQ.INV.RT 函数	返回 χ2 分布的单尾概率的反函数
CHISQ.TEST 函数	返回独立性检验值
CONFIDENCE.NORM 函数	返回总体平均值的置信区间
CONFIDENCE.T 函数	返回总体平均值的置信区间（使用学生 t- 分布）
CORREL 函数	返回两个数据集之间的相关系数
COUNT 函数	计算参数列表中数字的个数
COUNTA 函数	计算参数列表中值的个数

续表

函数名称	函数功能
COUNTBLANK 函数	计算区域内空白单元格的数量
COUNTIF 函数	计算区域内符合给定条件的单元格的数量
COUNTIFS 函数	计算区域内符合多个条件的单元格的数量
COVARIANCE.P 函数	返回协方差（成对偏差乘积的平均值）
COVARIANCE.S 函数	返回样本协方差，即两个数据集中每对数据点的偏差乘积的平均值
DEVSQ 函数	返回偏差的平方和
EXPON.DIST 函数	返回指数分布
F.DIST 函数	返回 F 概率分布
F.DIST.RT 函数	返回 F 概率分布
F.INV 函数	返回 F 概率分布的反函数
F.INV.RT 函数	返回 F 概率分布的反函数
F.TEST 函数	返回 F 检验的结果
FISHER 函数	返回 Fisher 变换值
FISHERINV 函数	返回 Fisher 变换的反函数
FORECAST 函数	返回线性趋势值
FREQUENCY 函数	以垂直数组的形式返回频率分布
GAMMA 函数	返回 γ 函数值
GAMMA.DIST 函数	返回 γ 分布
GAMMA.INV 函数	返回 γ 累积分布函数的反函数
GAMMALN 函数	返回 γ 函数的自然对数，Γ（x）
GAMMALN.PRECISE 函数	返回 γ 函数的自然对数，Γ（x）
GAUSS 函数	返回小于标准正态累积分布 0.5 的值
GEOMEAN 函数	返回几何平均值
GROWTH 函数	返回指数趋势值
HARMEAN 函数	返回调和平均值
HYPGEOM.DIST 函数	返回超几何分布
INTERCEPT 函数	返回线性回归线的截距
KURT 函数	返回数据集的峰值
LARGE 函数	返回数据集中第 k 个最大值
LINEST 函数	返回线性趋势的参数
LOGEST 函数	返回指数趋势的参数
LOGNORM.DIST 函数	返回对数累积分布函数
LOGNORM.INV 函数	返回对数累积分布的反函数
MAX 函数	返回参数列表中的最大值
MAXA 函数	返回参数列表中的最大值，包括数字、文本和逻辑值
MEDIAN 函数	返回给定数值集合的中值

续表

函数名称	函数功能
MIN 函数	返回参数列表中的最小值
MINA 函数	返回参数列表中的最小值，包括数字、文本和逻辑值
MODE.MULT 函数	返回一组数据或数据区域中出现频率最高或重复出现的数值的垂直数组
MODE.SNGL 函数	返回在数据集内出现次数最多的值
NEGBINOM.DIST 函数	返回负二项式分布
NORM.DIST 函数	返回正态累积分布
NORM.INV 函数	返回正态累积分布的反函数
NORM.S.DIST 函数	返回标准正态累积分布
NORM.S.INV 函数	返回标准正态累积分布函数的反函数
PEARSON 函数	返回 Pearson 乘积矩相关系数
PERCENTILE.EXC 函数	返回某个区域中的数值的第 k 个百分点值，此处的 k 的范围为 0～1（不含 0 和 1）
PERCENTILE.INC 函数	返回区域中数值的第 k 个百分点的值
PERCENTRANK.EXC 函数	将某个数值在数据集中的排位作为数据集的百分点值返回，此处的百分点值的范围为 0～1（不含 0 和 1）
PERCENTRANK.INC 函数	返回数据集中值的百分比排位
PERMUT 函数	返回给定数目对象的排列数
PERMUTATIONA 函数	返回可从总计对象中选择的给定数目对象（含重复）的排列数
PHI 函数	返回标准正态分布的密度函数值
POISSON.DIST 函数	返回泊松分布
PROB 函数	返回区域中的数值落在指定区间内的概率
QUARTILE.EXC 函数	基于百分点值返回数据集的四分位，此处的百分点值的范围为 0～1（不含 0 和 1）
QUARTILE.INC 函数	返回一组数据的四分位点
RANK.AVG 函数	返回一列数字的数字排位
RANK.EQ 函数	返回一列数字的数字排位
RSQ 函数	返回 Pearson 乘积矩相关系数的平方
SKEW 函数	返回分布的不对称度
SKEW.P 函数	返回一个分布的不对称度：用来体现某一分布相对其平均值的不对称程度
SLOPE 函数	返回线性回归线的斜率
SMALL 函数	返回数据集中的第 k 个最小值
STANDARDIZE 函数	返回正态化数值
STDEV.P 函数	基于整个样本总体计算标准偏差
STDEV.S 函数	基于样本估算标准偏差
STDEVA 函数	基于样本（包括数字、文本和逻辑值）估算标准偏差

续表

函数名称	函数功能
STDEVPA 函数	基于样本总体（包括数字、文本和逻辑值）计算标准偏差
STEYX 函数	返回通过线性回归法预测每个 *x* 的 *y* 值时所产生的标准误差
T.DIST 函数	返回学生 t- 分布的百分点（概率）
T.DIST.2T 函数	返回学生 t- 分布的百分点（概率）
T.DIST.RT 函数	返回学生 t- 分布
T.INV 函数	返回作为概率和自由度函数的学生 t 分布的 t 值
T.INV.2T 函数	返回学生 t- 分布的反函数
T.TEST 函数	返回与学生 t- 检验相关的概率
TREND 函数	返回线性趋势值
TRIMMEAN 函数	返回数据集的内部平均值
VAR.P 函数	计算基于样本总体的方差
VAR.S 函数	基于样本估算方差
VARA 函数	基于样本（包括数字、文本和逻辑值）估算方差
VARPA 函数	基于样本总体（包括数字、文本和逻辑值）计算标准偏差
WEIBULL.DIST 函数	返回 Weibull 分布
Z.TEST 函数	返回 z 检验的单尾概率值
文本函数	
ASC 函数	将字符串中的全角（双字节）英文字母或片假名更改为半角（单字节）字符
BAHTTEXT 函数	使用 ß（泰铢）货币格式将数字转换为文本
CHAR 函数	返回由代码数字指定的字符
CLEAN 函数	删除文本中所有非打印字符
CODE 函数	返回文本字符串中第一个字符的数字代码
CONCATENATE 函数	将几个文本项合并为一个文本项
DBCS 函数	将字符串中的半角（单字节）英文字母或片假名更改为全角（双字节）字符
DOLLAR 函数	使用￥（人民币）货币格式将数字转换为文本
EXACT 函数	检查两个文本值是否相同
FIND、FINDB 函数	在一个文本值中查找另一个文本值（区分大小写）
FIXED 函数	将数字格式设置为具有固定小数位数的文本
LEFT、LEFTB 函数	返回文本值中最左边的字符
LEN、LENB 函数	返回文本字符串中的字符个数
LOWER 函数	将文本转换为小写
MID、MIDB 函数	从文本字符串中的指定位置起返回特定个数的字符
NUMBERVALUE 函数	以与区域设置无关的方式将文本转换为数字
PHONETIC 函数	提取文本字符串中的拼音（汉字注音）字符
PROPER 函数	将文本值的每个字的首字母大写

续表

函数名称	函数功能
REPLACE，REPLACEB functions	替换文本中的字符
REPT 函数	按给定次数重复文本
RIGHT、RIGHTB 函数	返回文本值中最右边的字符
SEARCH、SEARCHB 函数	在一个文本值中查找另一个文本值（不区分大小写）
SUBSTITUTE 函数	在文本字符串中用新文本替换旧文本
T 函数	将参数转换为文本
TEXT 函数	设置数字格式并将其转换为文本
TRIM 函数	删除文本中的空格
UNICHAR 函数	返回给定数值引用的 Unicode 字符
UNICODE 函数	返回对应于文本的第一个字符的数字（代码点）
UPPER 函数	将文本转换为大写形式
VALUE 函数	将文本参数转换为数字
与加载项一起安装的用户定义的函数	
CALL 函数	调用动态链接库或代码源中的过程
EUROCONVERT 函数	用于将数字转换为欧元形式，将数字由欧元形式转换为欧元成员国货币形式，或利用欧元作为中间货币将数字由某一欧元成员国货币转化为另一欧元成员国货币形式（三角转换关系）
REGISTER.ID 函数	返回已注册过的指定动态链接库（DLL）或代码源的注册号
SQL.REQUEST 函数	连接到一个外部的数据源并从工作表中运行查询，然后将查询结果以数组的形式返回，无须进行宏编程
Web 函数	
ENCODEURL 函数	返回 URL 编码的字符串
FILTERXML 函数	通过使用指定的 XPath，返回 XML 内容中的特定数据
WEBSERVICE 函数	返回 Web 服务中的数据

| 积淀孕育创新　智慧创造价值 |